S. S. ROGINSKI

ADSORPTION UND KATALYSE AN INHOMOGENEN OBERFLÄCHEN

S. S. ROGINSKI

Adsorption und Katalyse an inhomogenen Oberflächen

MIT EINEM VORWORT
VON
PROFESSOR DR. PETER ADOLF THIESSEN

AKADEMIE-VERLAG · BERLIN
1958

С. З. Рогинский
Адсорбция и катализ на неоднородных поверхностях

Erschienen im Verlag der Akademie der Wissenschaften der UdSSR
Moskau-Leningrad 1948

Übersetzt aus dem Russischen von H. Vogel

Wissenschaftliche Redaktion: Dipl.-Chem. J. Völter und Dipl.-Chem. N. Hansen
I. Chemisches Institut der Humboldt-Universität zu Berlin

Die Herausgabe dieses Werkes wurde gefördert vom Kulturfonds der Deutschen Demokratischen Republik

Erschienen im Akademie-Verlag GmbH, Berlin W 8, Mohrenstraße 39
Lizenz-Nr. 202 · 100/508/58

Gesamtherstellung: Druckhaus „Maxim Gorki“, Altenburg
Bestell- und Verlagsnummer: 5184
Printed in Germany

Vorwort

S. S. ROGINSKI hat unter den Forschern auf dem Gebiet der Adsorption und Katalyse einen geachteten Namen. Eine Reihe seiner Arbeiten über den Einfluß der Inhomogenität von Phasengrenzflächen auf die Mechanismen der Adsorption und Katalyse zeichnen sich aus durch originelle Fragestellung sowie durch vielseitige experimentelle und theoretische Bearbeitung der Fragestellung. Die Arbeiten von S. S. ROGINSKI, die im Westen bekanntgeworden sind, stellen indes nur einen kleinen Teil seiner wissenschaftlichen Leistungen auf diesem Gebiet dar. Eine große Zahl wertvoller Veröffentlichungen, die in russischer Sprache erschienen, sind über den Bereich der Sowjetunion hinaus weniger bekannt geworden, als sie es ihrer Bedeutung nach verdient hätten. Unmittelbar nach dem Kriege hat S. S. ROGINSKI seine Arbeiten über die Adsorption und Katalyse an inhomogenen Oberflächen in einer besonderen Monographie zusammengefaßt. Der Unterzeichnete hatte Anlaß und Gelegenheit, während seiner Tätigkeit in der Sowjetunion von den Ergebnissen der Arbeiten S. S. ROGINSKIs mehrfach Gebrauch zu machen. Er benutzte dabei die angegebene Monographie. 1956 erfuhr er, daß der Akademie-Verlag eine Übersetzung dieser Monographie von S. S. ROGINSKI abgeschlossen hatte und demnächst veröffentlichen wollte. Es wurde dabei die Frage gestellt, ob zu diesem Zeitpunkt eine Übersetzung noch sinnvoll erscheine. Denn auf dem Gebiet der Adsorption und Katalyse schreitet die Erkenntnis so schnell fort, daß Zusamenfassungen rasch veralten. Der Unterzeichnete hat nach sorgfältiger Prüfung des Für und Wider dem Verlag vorgeschlagen, diese Monographie in deutscher Sprache herauszubringen. Die Begründung dafür liegt in der Hauptsache darin, daß wesentliche Grundlagen der früheren Arbeiten von S. S. ROGINSKI bis zum heutigen Tage ihren Wert behalten haben und durchaus noch nicht hinreichend ausgewertet sind. Über die Berechtigung mancher Auffassungen von S. S. ROGINSKI wird man streiten können. Der Unterzeichnete hat indes an sich selbst die Erfahrung gemacht, daß er aus den Auffassungen von S. S. ROGINSKI auch da Anregungen empfangen hat, wo er mit dessen Gedankengängen nicht einverstanden war.

Das vorliegende Werk von S. S. ROGINSKI zeigt insofern eine gewisse Unsymmetrie, als neben den integralen Vorgängen die phänomenologische Betrachtung und morphologische Begründung verhältnismäßig knapp behandelt sind. Außerdem sind unter den Bedingungen der unmittelbaren Nachkriegszeit die Gewichte der internationalen Beteiligung an dem Stande der Erkenntnis auf diesem Gebiete nicht richtig verteilt. Der Unterzeichnete hat deshalb der Übersetzung ein Verzeichnis einschlägiger zeitgenössischer Literatur zugefügt, das es ermöglicht, die Monographie von S. S. ROGINSKI einigermaßen gerecht einzuordnen. Es sei indes nachdrücklich darauf hingewiesen, daß die Bewertung der Gedankengänge des Autors selbst durch die besagte Asymmetrie nicht ernsthaft beeinträchtigt wird. Dies liegt vor allem daran, daß er in seinem Laboratorium, zusammen mit einer Gruppe sehr fähiger Mitarbeiter, ein tragfähiges Fundament experimenteller und theoretischer Erkenntnis gesammelt hat.

Wie der Unterzeichnete aus zahlreichen Diskussionen und Auseinandersetzungen mit S. S. ROGINSKI erfuhr, soll der vorliegenden übersetzten Monographie ein Werk folgen, das auf dieser aufbaut und die wertvollen, oft sehr originellen und immer anregenden Arbeiten seines Laboratoriums zusammenfassend behandeln wird.

Um Mißverständnissen vorzubeugen, bemerkt der Unterzeichnete, daß die Verantwortung für die Güte der Übersetzung und für die Richtigkeit des Textes ausschließlich der Übersetzer und die wissenschaftliche Redaktion tragen.

Prof. THIESSEN

Inhaltsverzeichnis

TEIL I

Die Inhomogenität der Oberfläche realer Festkörper und die statistische Methode ihrer Behandlung

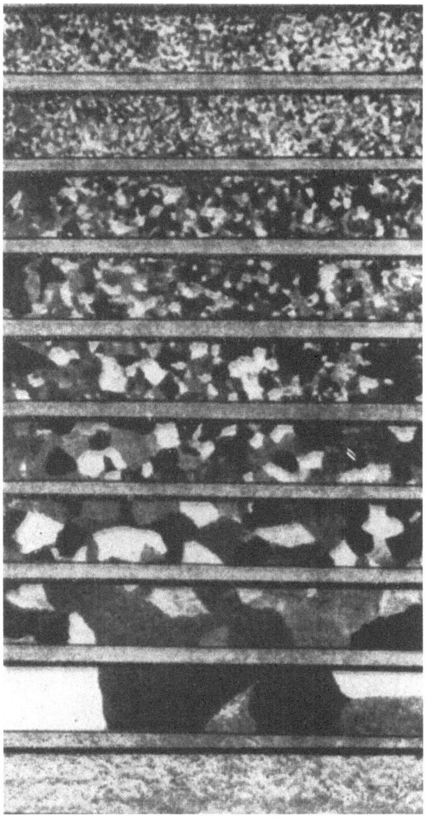

Abb. 1. Ein Beispiel für einen polykristallinen massiven Körper. Photographien von Proben einer Aluminiumfolie mit verschiedenen Anzahlen von Kristallen; diese sind bedingt durch den Grad der Dehnung des Ausgangsmaterials (nach VAN ARKEL und VON BRUGGEN). *1:* Ausgangsmaterial; *2:* 2%ige Dehnung; *3:* 3%ige Dehnung; *4:* 4%ige Dehnung; *5:* 5%ige Dehnung; *6:* 6%ige Dehnung; *7:* 7%ige Dehnung; *8:* 8%ige Dehnung; *9:* 9%ige Dehnung; *10:* 10%ige Dehnung.

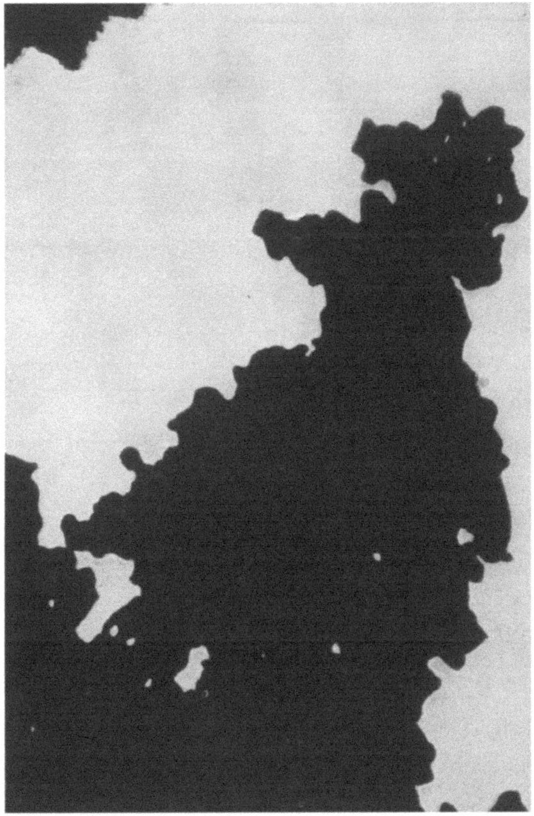

Abb. 2. Silhouette eines polykristallinen Teilchens von frischgefälltem Bariumsulfat. Elektronenmikroskopische Aufnahme von ROGINSKI, SCHOCHTJOR und SACHAROWA. Etwa 15000fache Vergrößerung. Die Grenzen und Spitzen der einzelnen Kristalle, die das Korn bilden, sind deutlich zu sehen.

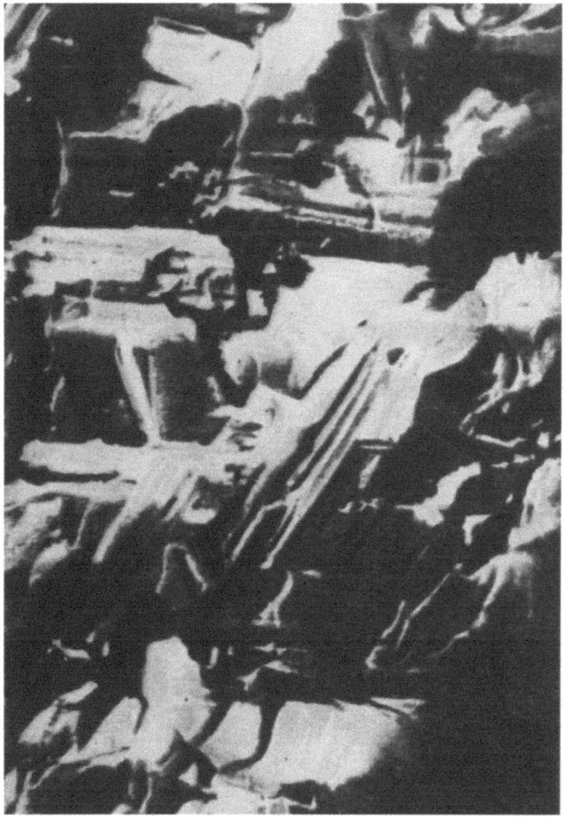

Abb. 3. Elektronenmikroskopische Aufnahme der Oberfläche einer aktiven, lange Zeit im Betrieb befindlichen Palladiumplatte. Hergestellt von I. I. TRETJAKOW und A. W. SCHOCHTJOR unter Verwendung eines Schattenabdrucks. Etwa 16000fache Vergrößerung.

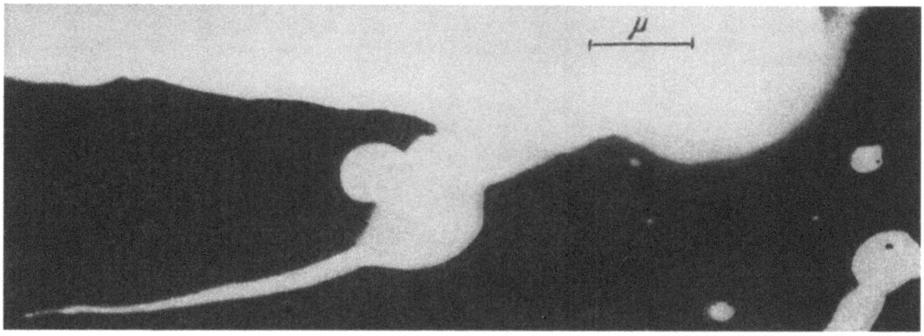

Abb. 4

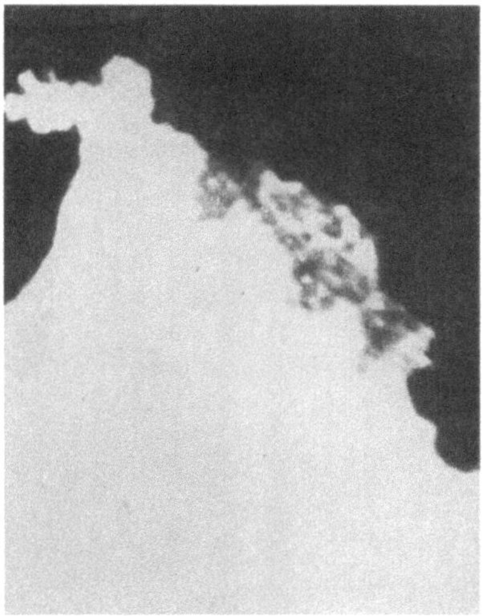

Abb. 5

Abb. 6

Abb. 4. Poren von Bimsstein bei starker elektronenmikroskopischer Vergrößerung nach Aufnahmen von SCHOCHTJOR und JETSCHENSTOWA. Etwa 13000fache Vergrößerung.

Abb. 5. Elektronenmikroskopische Aufnahmen der Mikroporen an den Wänden der Makroporen von Aktivkohle (nach ROGINSKI und SCHOCHTJOR). Etwa 35000fache Vergrößerung. Die feinste netzförmige (schaumige) Struktur der Wände der Makroporen, auf der die hohe Adsorptionskapazität beruht, ist deutlich sichtbar. Das System dieser feinsten Poren und Spalten durchdringt das ganze Korn.

Abb. 6. Elektronenmikroskopische Aufnahmen einer leichten Aufdampfung von Magnesiumoxyd (nach SCHOCHTJOR, ROGINSKI und SACHAROWA). Etwa 10000fache Vergrößerung. In der Aufnahme sind die einzelnen Kriställchen des Oxyds mit ihrer regulären Form deutlich zu sehen. Die Kriställchen haben verschiedene Abmessungen und bilden durchbrochene netzförmige Aggregate.

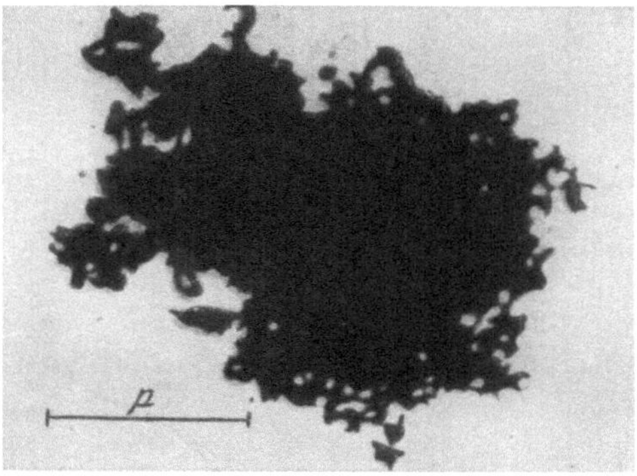

Abb. 7. Elektronenmikroskopische Aufnahme eines Nickel-Skelett-Kontaktes (nach SCHOCHTJOR und JETSCHENSTOWA). Etwa 20000fache Vergrößerung. In der Aufnahme ist die entwickelte Sekundärstruktur des schwammigen porösen Korns deutlich zu sehen. Charakteristisch ist die komplizierte Einkerbung der Ränder und das Vorhandensein großer Einbuchtungen in der Masse des Korns.

KAPITEL 1

Experimentelle Beweise für die Inhomogenität im Aufbau der realen Festkörper

Die Festkörper sind in den meisten Fällen zusammengesetzte polykristalline Gebilde (Abb. 1, 2) mit einer makroskopischen Porosität, die mit unbewaffnetem Auge sichtbar ist, und einer unsichtbaren mikroskopischen Porosität (Abb. 3, 4 und 5). Aber auch in den selteneren Fällen, in denen der Festkörper aus einzelnen Einkristallen besteht, sind gleichzeitig Kristalle verschiedener Abmessungen vorhanden (Abb. 6). Wesentlich häufiger wachsen die Kristalle zu größeren sekundären Aggregaten, den Kristallkörnern, zusammen, die sich durch Form, Ausdehnung und Lagerung der Kristalle in ihnen unterscheiden (Abb. 7). Es kann als ausgemacht gelten, daß auch die einzelnen Einkristalle, welche die Bausteine bilden, aus denen sich die polykristallinen Aggregate zusammensetzen, ihrer Struktur nach bedeutend von der idealen Ordnung und der strengen Periodizität abweichen, die in der klassischen Festkörpertheorie vorausgesetzt wird. Es gibt mehrere Arten von Störungen in der idealen Anordnung der Atome im Gitter und an der Kristalloberfläche; sie beruhen auf der thermischen Bewegung, auf der Einlagerung von Fremdsubstanzen und der Abweichung der binären und komplizierteren Verbindungen von der strengen Stöchiometrie[1]) (Abb. 8—10). Häufig sind auch die primären Teilchen selbst keine kleinen Einkristalle, sondern Kügelchen oder amorphe ovale Körnchen (Abb. 11, 12).

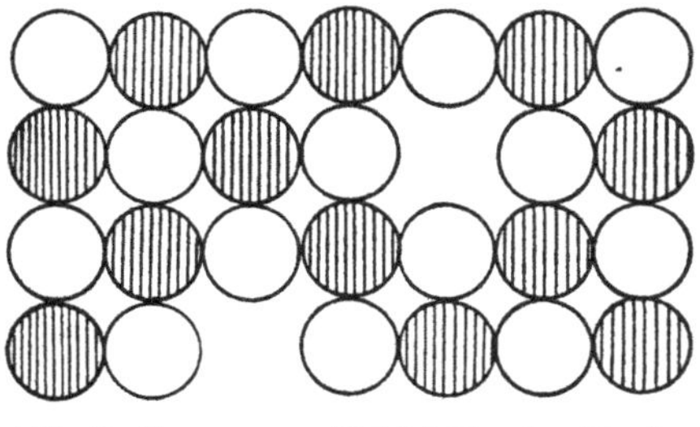

Abb. 8. SCHOTTKY-Fehlstellen im idealen Kristallgitter am Beispiel des FeS (nach LAVES und HÄGG und SUKEDORF). Die weißen Kreise sind S-Atome, die gestrichelten Kreise Fe-Atome.

Das Auftreten sekundärer Formen der Aggregation beeinflußt die Grenzfläche des Festkörpers und erzeugt Zonen verschiedener Zugänglichkeit, verschiedener Form und verschiedener Krümmung.

Die Abweichungen des Gitters in Struktur und chemischer Zusammensetzung vom Idealzustand müssen natürlich auch auf die Eigenschaften der Oberfläche von Einfluß sein. Es kann deshalb nicht wundernehmen, daß die meisten festen

Oberflächen nicht nur durch große geometrische und topographische Kompliziertheit, sondern auch durch Heterogenität ihres Kraftfeldes gekennzeichnet sind.

Die grobe Heterogenität der Oberfläche, die Bereiche mit Ausdehnungen bis zu 10^{-6} cm umfaßt, läßt sich durch unmittelbare Methoden nachweisen. So beobachtet man bei der elektronenmikroskopischen Durchstrahlung der Abdrücke von massiven Oberflächen, die man durch Auftragen dünner Schichten hochpolymerer Verbindungen erhält, Vertiefungen, Spalten, Vorsprünge, ungeordnete Bereiche. Als Beispiel hierfür mögen die Oberflächenstrukturen einer Palladiumplatte (Abb. 3) und einer Magnesium-Mangan-Legierung dienen, die mit Hilfe der Methode der Replik hergestellt wurden (Abb. 13), ferner die Struktur einer Antimonaufdampfung auf eine Platte (Abb. 14).

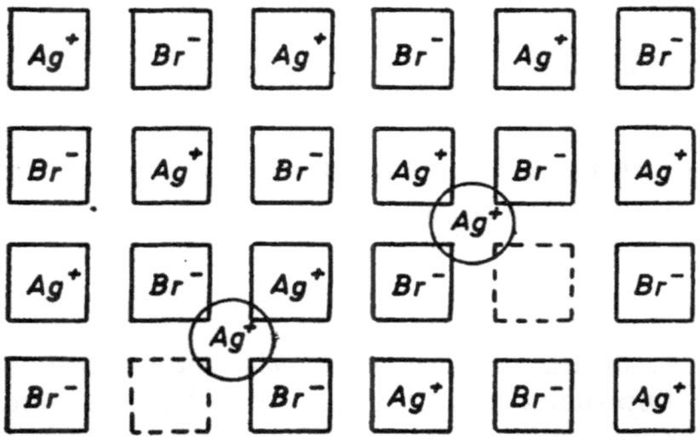

Abb. 9. Frenkel-Fehlordnung in einem Gitter am Beispiel des Silberbromids (nach Wagner und Bayer). Einzelne Silberionen verlassen ihre normalen Plätze im Gitter und setzen sich auf Zwischengitterplätzen fest.

Mit Hilfe der direkten Methode der elektronenmikroskopischen Strukturuntersuchung der Oberflächen an Hand der Topographie aus der Elektronenemission entdeckt man auf den Oberflächen der festen Elektroden Zonen mit stark verringerter Austrittsarbeit der Elektronen; sie zeichnen sich in den Auf-

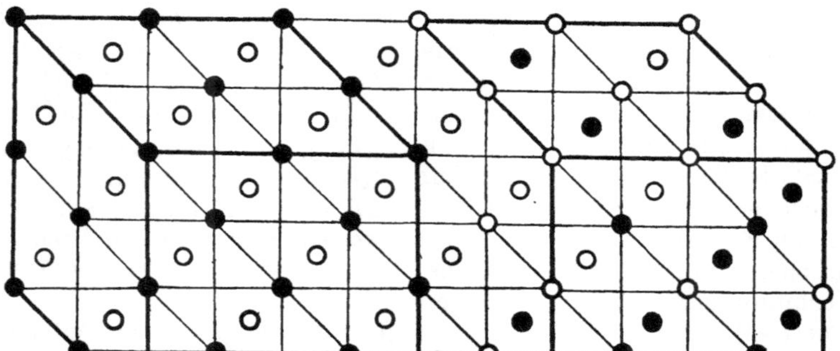

Abb. 10. Fehlordnung im Kristallgitter für die Legierung $CuAu^{II}$ (nach Johansen und Linde). Die schwarzen Kreise stellen Au-, die weißen Cu-Atome dar. In der Abbildung ist die Änderung der Anordnung von Au und Cu in bestimmten Netzebenen dargestellt. Zwischen der dritten und der vierten Zelle ist die normale Reihenfolge gestört, wodurch Blöcke mit verschiedenen Eigenschaften entstehen.

Abb. 11

Abb. 12

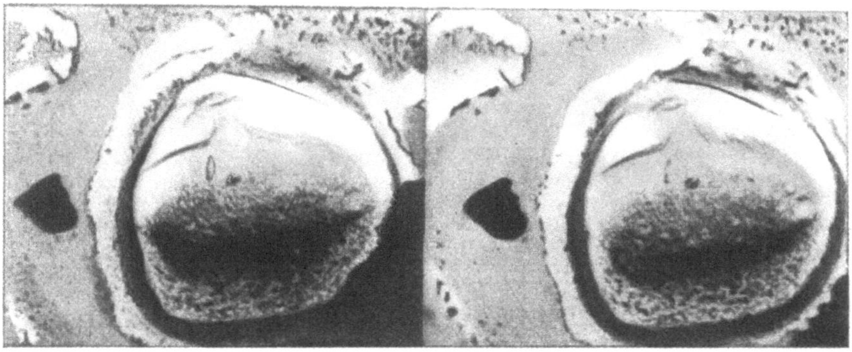

Abb. 13

Abb. 11. Elektronenmikroskopische Aufnahme von frisch hergestelltem Mangandioxyd (nach Schochtjor, Roginski und Sacharowa). Etwa 8000fache Vergrößerung. In der Aufnahme sieht man die Abrundung der einzelnen Teilchen, die die durchbrochene, poröse Struktur des aktiven Oxyds bilden.

Abb. 12. Ketten von Teilchen mit abgerundeten Rändern („Kügelchen") in einer Goldaufdampfung. Elektronenmikroskopische Aufnahme (nach Schochtjor, Roginski und Sacharowa). Etwa 10000fache Vergrößerung. Die vielfache Zerteilung der Kügelchen ist deutlich zu sehen.

Abb. 13. Stereoskopische Aufnahme des Oberflächenreliefs einer Metallfolie (Legierung von Magnesium und Mangan), hergestellt mit Hilfe des Abdruckverfahrens in einem Elektronenmikroskop (nach Keller und Geissler). Man sieht eine charakteristische Höhlung mit komplizierter innerer Topographie.

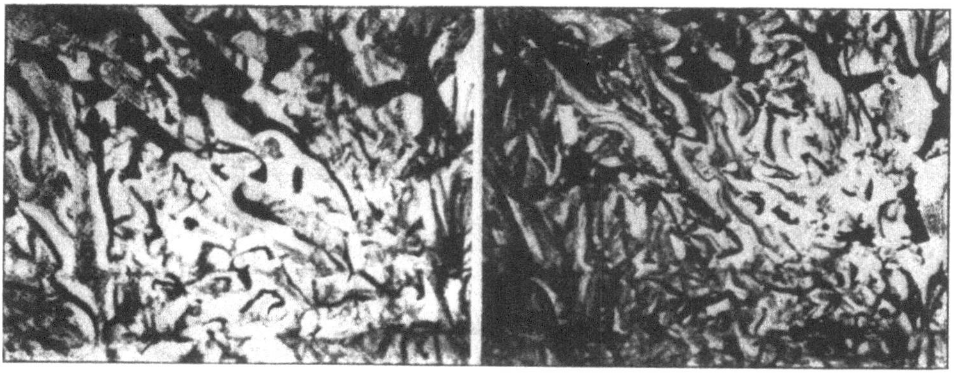

Abb. 14

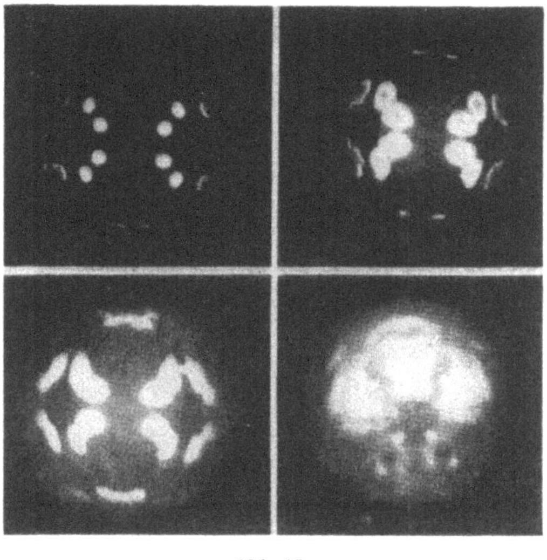

Abb. 15

Abb. 14. Stereoskopische Aufnahme einer Antimonschicht, hergestellt von WILLIAMS und WYKOFF, mit einem Elektronenmikroskop. Etwa 11000fache Vergrößerung. Man sieht die komplizierte Verzweigung der Kristalle und das Labyrinth der Erhöhungen und Vertiefungen.

Abb. 15. Barium auf Wolfram nach einem Emissionselektronogramm. Etwa 200000fache Vergrößerung. Die hellen Flecken sind die Bereiche, die mit metallischem Barium überdeckt sind; dieses erleichtert den Austritt der Elektronen. Man sieht die streng symmetrische Verteilung des Bariums und seine Lokalisierung an bestimmten Bereichen der Oberfläche der Wolframspitze.

nahmen als helle Flecke ab (Abb. 15). Zu ähnlichen Ergebnissen führt die radiochemische Untersuchung der festen Oberflächen.

Die Verteilung einer adsorbierten radioaktiven Substanz auf der Oberfläche eines Festkörpers läßt sich mit Hilfe photographischer Abdrücke feststellen, die man erhält, wenn man Körner des Adsorbens auf eine Photoplatte bringt. Solche Radiogramme für Polonium auf Silber sind in Abb. 62, für Thorium B auf Platin in Abb. 63 dargestellt.

Keine der erwähnten direkten Methoden ist zur Untersuchung der Homogenitätsstörungen geeignet, deren geometrische Ausdehnung in der Größenordnung der Atomabmessungen liegt. Auf die Existenz solcher Störungen kann man bisher nur auf Grund indirekter Daten schließen. Die Anzahl dieser Daten ist aber sehr bedeutend; sie ergaben sich auf Grund verschiedener unabhängiger Verfahren. So beobachtet man beispielsweise bei der Untersuchung der Absorptionsspektren von Jod, Brom und Cäsium auf dünnen Schichten von Calciumfluorid nach Angaben von DE BOER und KÖSTERS[2]) deutliche Unterschiede zwischen dem Absorptionsspektrum der zuerst adsorbierten Mengen, die einer weniger als einprozentigen Auffüllung der gesamten Oberfläche entsprechen, und dem Absorptionsspektrum für die vollständige, fast monomolekulare Bedeckung der Oberfläche (Abb. 16).

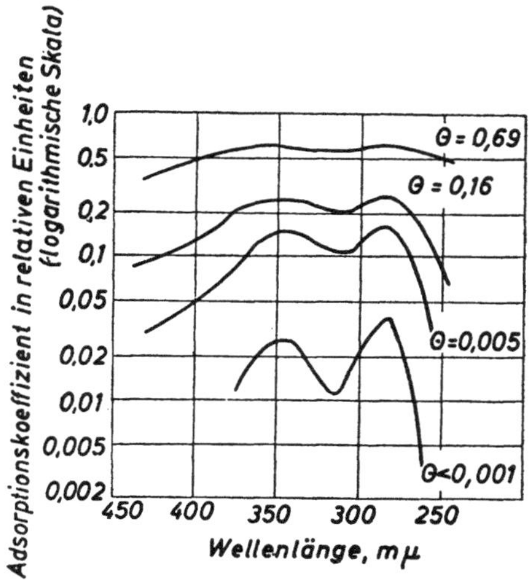

Abb. 16. Mikrophotogramm des Absorptionsspektrums von Jod auf Calciumfluorid (nach DE BOER und KÖSTERS). Man sieht, wie mit wachsender Besetzung Θ das Absorptionsgebiet sich zur langwelligen Seite hin ausdehnt, wobei die Absorption im kurzwelligen Gebiet aufrechterhalten und sogar etwas verstärkt wird. Die langwellige Absorption wird durch die Molekeln bedingt, die an Bereichen von geringer Aktivität adsorbiert sind, die kurzwellige durch die an den aktiven Bereichen adsorbierten Molekeln.

Zu einem ähnlichen Ergebnis führen auch Untersuchungen der Adsorptionsgleichgewichte und der Adsorptionswärmen. So erhielt TITOW[3]) für die differentiellen Adsorptionswärmen für die Adsorption von Kohlendioxyd an Aktivkohle auf kalorimetrischem Wege folgende Werte:

q: Menge des adsorbierten Gases in cm³	$\frac{dQ_{ads}}{dq}$, cal/mol	q: Menge des adsorbierten Gases in cm³	$\frac{dQ_{ads}}{dq}$, cal/mol
0— 2,3	7720	22,6—33,4	6720
2,3—11,3	7260	33,4—43,9	6600
11,3—22,6	6830	43,9—50,8	6550

Es besteht hinreichender Grund zu der Annahme, daß die höheren Anfangswerte von $\frac{dQ_{ads}}{dq}$ für die aktivsten Bereiche, die zuerst aufgefüllt werden, kennzeichnend sind.

Bei der Untersuchung des Verhaltens von Cäsiumatomen, die an Wolfram adsorbiert waren, kam LANGMUIR zu der Schlußfolgerung, daß die ersten 0,5% der adsorbierten Atome bedeutend fester an die Oberfläche gebunden sind als die übrigen. Dieser Unterschied muß auf das Vorhandensein einer geringen Anzahl aktiver Bereiche mit stark erhöhter Adsorptionsfähigkeit auf der Wolframoberfläche zurückgeführt werden[4]). Ähnliche Ergebnisse erhielt man mit Erdalkalimetallen und anderen massiven Metallen, insbesondere mit Nickel.

Die Inhomogenität der Oberflächen kommt noch stärker zum Ausdruck, wenn man von den massiven Metallen zu Pulvern übergeht. Insbesondere wird in der Literatur häufig beschrieben, daß bei der Adsorption der ersten Gasmengen anomal hohe Wärmemengen freigesetzt werden; dies führt zu der Schlußfolgerung, daß die Oberfläche des betreffenden Adsorbens eine beschränkte Menge von Bereichen mit stark erhöhtem Adsorptionspotential enthält.

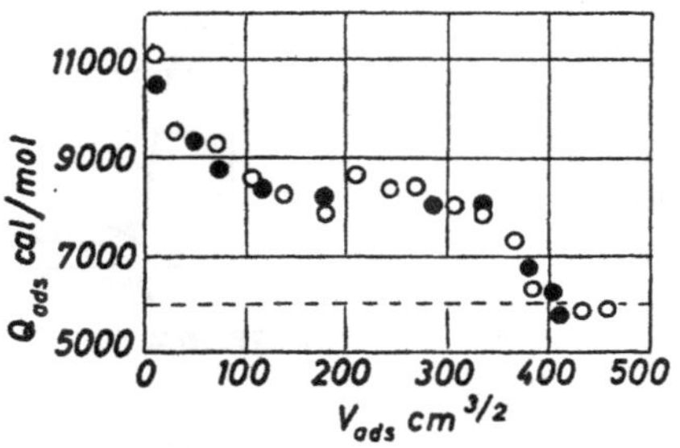

Abb. 17. Differentielle isostere Adsorptionswärmen für Schwefeldioxyd an Aktivkohle (nach WILLIAMS). Punktiert ist die normale latente Verdampfungswärme dargestellt.

Wir geben noch einige Beispiele für diese weit verbreitete Erscheinung.

Bei der Untersuchung der Adsorption von Sauerstoff an aktivem Platin erhielten TAYLOR, KISTIAKOWSKI und PERRY[5]) für die ersten Kubikzentimeter eines Gases eine differentielle Adsorptionswärme, die höher war als 100000 cal/Mol.

WILLIAMS[6]) erhielt für die Adsorption von Schwefeldioxyd an Aktivkohle eine sehr komplizierte Kurve für die differentielle Adsorptionswärme; ihren anfänglichen Abfall führen selbst die hartnäckigsten Anhänger der Abstoßungskräfte auf die Inhomogenitäten zurück[7]).

Ein Diagramm aus dieser Arbeit ist in Abb. 17 dargestellt. Als zweites Beispiel wird die Kurve für die Änderung der differentiellen Wärme bei der Chemisorption von Sauerstoff an Aktivkohle aus einer Arbeit von KIS und MARSHALL angegeben (Abb. 18). Für eine Reihe aktiver fester Körper, unter anderem für die Alumosilicatkatalysatoren des Erdölcrackens, erhielt KISSELJEW[8]) in der letzten Zeit ähnliche Ergebnisse. Sehr viele Beispiele finden sich in der Übersicht von BEEBE[9]). Es muß hervorgehoben werden, daß an und für sich die Abnahme der differentiellen Adsorptionswärme mit zunehmender Auffüllung kein eindeutiger Beweis für die Inhomogenität ist. Zu diesem Ergebnis können auch Abstoßungskräfte zwischen den adsorbierten Molekeln führen. Bei kleinen Auffüllungsgraden ist jedoch diese zweite Erklärung nur von geringer Wahrscheinlichkeit.

Zusammenfassend kann man sagen, daß die Menge zuverlässiger Beobachtungen, die von der Inhomogenität der Oberflächen der Festkörper und von dem Vorhandensein bestimmter aktiver Bereiche auf diesen Oberflächen zeugen, sehr groß ist[10]). Jede Theorie, die diesem Umstand nicht Rechnung trägt, muß in einem bestimmten Augenblick notwendigerweise zu Diskrepanzen mit dem Experiment gelangen und läßt sich nur als sehr starke Idealisierung der tatsächlichen Erscheinungen auffassen.

Auf dem Gebiet der Adsorption und der Katalyse wurden diese Tatsachen schon ziemlich früh klar, gleich nach dem Erscheinen der ersten quantitativen Theorien, die sich auf das vereinfachte Modell der idealglatten Oberfläche stützten, welche in allen ihren Teilen gleich beschaffen ist. An Versuchen einer Revision und Ergänzung der Ausgangsannahmen und an neuen Modellen war kein Mangel.

Hinsichtlich der Adsorption kann man die wichtigsten Versuche dieser Art in mehrere Gruppen einteilen. Zur ersten Gruppe zählen die Arbeiten, die der Inhomogenität der Oberfläche Rechnung zu tragen versuchen; zur zweiten gehören die Arbeiten, die die Wechselwirkung zwischen den adsorbierten Molekeln als Hauptfaktor ansehen; zur dritten die Theorien, die zur Erklärung die Vielschichtigkeit der Adsorption und die Kondensation des Adsorbats in den Poren heranziehen, zur vierten die Arbeiten, die eine Erschwerung bei der dichten Besetzung aller Bereiche der Oberfläche und eine Möglichkeit einer Umlagerung durch eine Oberflächenwanderung, ein „Kriechen", voraussetzen.

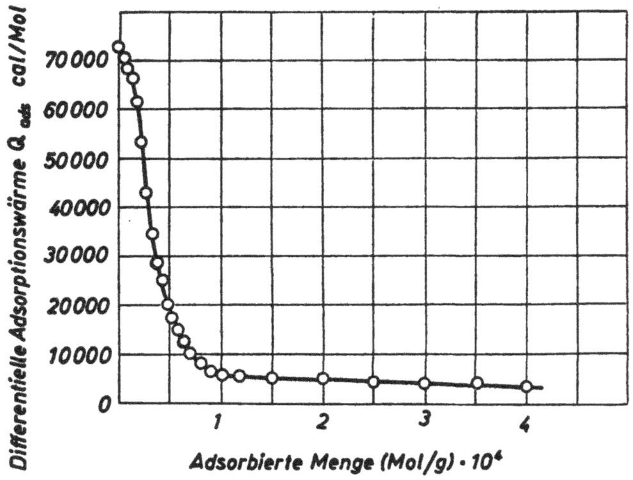

Abb. 18. Differentielle kalorimetrische Wärmen für die Chemisorption von Sauerstoff an Aktivkohle (nach KIS und MARSHALL).

Zweifellos haben hinsichtlich der Katalyse die beiden ersten Richtungen die Hauptbedeutung. Sie wurden von einer Anzahl sowjetischer und ausländischer Gelehrter entwickelt und brachten viele wertvolle Ergebnisse. Ihre weitere Entwicklung wurde durch das Fehlen allgemeiner Untersuchungsmethoden für stark inhomogene Systeme behindert. In der letzten Zeit gelang es, diese wesentliche Lücke zum Teil zu schließen und eine allgemeine, sehr einfache, wenn auch nur angenäherte Methode zur theoretischen Analyse dieser Probleme zu entwickeln[11]).

Infolgedessen wurde es zum ersten Male möglich, die allgemeinen Gesetze aufzufinden, die für die Adsorption und die Katalyse an inhomogenen Oberflächen gültig sind, mit beliebigen, stetigen Verteilungstypen der aktiven Bereiche über die Adsorptions- und kinetischen Koeffizienten, sowie die grundlegende Abhängigkeit zwischen dem Typ der Verteilung der energetischen Größen und den verschiedenen sekundären Eigenschaften der Oberfläche aufzufinden. Dank der Einfachheit und Anschaulichkeit der Methode kann man eine große Anzahl von Problemen, die mit der Theorie der Adsorption und Katalyse an zusammengesetzten Oberflächen zusammenhängen, von einem einheitlichen Standpunkt aus behandeln.

Literatur

1. Френкель, Я. И., Кинетическая теория жидкостей. Изд. АН СССР (J. I. Frenkel, Kinetische Theorie der Flüssigkeiten, Verl. Akad. Wiss. UdSSR), 1945, Kap. I; Schottky, W., Z. Elektrochem. angew. physik. Chem., **45**, 33 (1939); Fricke, R., Handb. d. Katalyse, **4**, 1 (1943).
2. Де Бур, Ж., Электронная Эмиссия и явления адсорбции, ОНТИ (de Boer, Elektronenemission und Adsorptionserscheinungen, ONTI), 1936.
3. Титов, А. А., Об адсорбции газов углем (A. A. Titow, Über die Adsorption von Gasen an Kohle), Moskau 1910, Dissertation.
4. Langmuir, I., J. Amer. chem. Soc., **54**, 2793 (1932); Taylor, J. B., und I. Langmuir, Physic. Rev., **44**, 432 (1933).
5. Taylor, H. S., Kistiakowsky, G. B., und Perry, J. H., J. physic. Chem., **34**, 799 (1934).
6. Williams, Proc. Roy. Soc., **37**, 161 (1917).
7. Roberts, J. K., Some problems in adsorption. Cambridge 1939.
8. Киселев, А. В., Проблемы кинетики и катализа (A. W. Kisselew, Probleme der Kinetik und Katalyse), Heft 5, 1948, S. 230; Киселев, А. В., Шербаков, К. Д., Доклады Академии Наук СССР (A. W. Kisselew u. K. D. Tscherbakow, Ber. Akad. Wiss. UdSSR), **45**, 257 (1944); Acta Physicochimica URSS, **21**, 539 (1946).
9. Beebe, R., Handb. d. Katalyse, **4**, 473 (1943).
10. Umfangreiches experimentelles Material über die Inhomogenität der Struktur realer Festkörper findet man in folgenden Monographien und Übersichten: Кузнецов, В. Д., Физика т, вердого тела (W. D. Kusnezow, Physik des festen Körpers), Bd. I (1937), Bd. II (1941), Tomsk; Френкель, Я. И.[1]), Бугаков, В. С., и Нескучаев, В. Д., Диффузия в металлах (J. I. Frenkel[1]), W. S. Bugakow und W. D. Neskutschajew, Diffusion in Metallen), Charkow 1931; Jost, W., Diffusion und chemische Reaktion fester Stoffe, 1937; Smekal, A., Strukturempfindliche Eigenschaften der Kristalle, Handb. d. Physik XXIV, 795 (1933); О. Хан. Прикладная радиохимия, Госхимиздат (O. Chan, Angewandte Radiochemie, Staatl. Chem. Verl.), 1947; Laves, F., Borelius, G., Schottky, W., usw., Z. Elektrochem. angew. physik. Chem., **45**, 2, 16, 33 (1939); Barrer, Diffusion into and through solids, 1941; Fricke, R., Handb. d. Katalyse, **4**, 1 (1943).
11. Рогинский, С. З., Доклады Академии Наук СССР (S. S. Roginski, Ber. Akad. Wiss. UdSSR), **45**, 66 (1944); Журнал Физической Химии (Z. physik. Chem.), **19**, 185 (1945); Рогинский, С. З., Доклады Академии Наук СССР (S. S. Roginski, Ber. Akad. Wiss. UdSSR), **45**, 206 (1944).

KAPITEL 2

Die Entwicklung der statistischen Richtung in der Theorie der zusammengesetzten Oberflächen

Bei der Entwicklung der modernen Theorie der Adsorption und der Katalyse spielten die Untersuchungen von LANGMUIR zur Theorie der Adsorptionsgleichgewichte und über die Kinetik der heterogenen Gasreaktionen eine große Rolle.

Schon in seinen frühen experimentellen Arbeiten stieß LANGMUIR auf deutliche Anzeichen für die Inhomogenität der Oberflächen[1]). In den darauffolgenden Arbeiten über die Emission von mit Cäsium und Thorium versetztem Wolfram, die zur Klärung der eigenartigen Form der Adsorptionsisothermen angestellt wurden, verwendete LANGMUIR die Vorstellung einer elektrostatischen Abstoßung der polarisierten adsorbierten Atome[2]) und einer langsamen Besetzung zufälliger Lücken[3]). In der Näherungsform jedoch, die sich in der Wissenschaft unter dem Namen LANGMUIRsche Adsorptionstheorie der Katalyse eingebürgert hat, werden nur die Fälle der Adsorption und der Reaktion an einer homogenen Oberfläche behandelt, wobei die Wechselwirkung innerhalb der adsorbierten Schicht vollständig wegfällt.

Die Einfachheit und Anschaulichkeit des molekularkinetischen Bildes, das dieser Theorie zugrunde liegt, hat in Verbindung mit der Anpassungsfähigkeit der kinetischen Gleichungen schnell zu ihrer allgemeinen Anerkennung geführt, so daß sie für ein Jahrzehnt die Hauptrichtung der theoretischen Arbeiten auf dem Gebiet der Adsorption und der Kinetik der katalytischen Reaktionen bestimmte. Hierbei führte, wie häufig in der Entwicklung der Wissenschaft, der Erfolg der vereinfachten Theorie zu einer Vernachlässigung und Unterschätzung der tatsächlich viel größeren Kompliziertheit der Verhältnisse, deren Umfang ihr Begründer selbst durchaus richtig einschätzte.

Es dauerte ein ganzes Jahrzehnt, bis man die Unmöglichkeit einsah, gewisse wichtige Erscheinungen der Katalyse ohne Verzicht auf die Vorstellung der Homogenität der Oberfläche auch nur qualitativ zu beschreiben, und bis man eine Theorie der aktiven Zentren formulierte[4,5]), deren Keime bereits in den experimentellen Arbeiten über die katalytische Adsorption des Kohlenoxyds an Platin enthalten waren[1]).

Die Theorie der aktiven Zentren bildete die Richtschnur bei der qualitativen Deutung vieler Erscheinungen, die mit der Aktivität der Katalysatoren und mit ihren Änderungen unter dem Einfluß äußerer Bedingungen in Zusammenhang stehen. Diese Begriffsbildung fand jedoch keine Widerspiegelung in der mathematischen Theorie der Geschwindigkeiten katalytischer Prozesse, denn für diese ist es unwesentlich, ob die ganze Oberfläche oder nur ein geringer Teil arbeitet; von Bedeutung ist es nur, daß alle tatsächlich in Aktion tretenden Bereiche gleichartig sind und daß man die Wechselwirkung der adsorbierten Molekeln während ihres Aufenthalts auf der Oberfläche und die Einwirkung auf das Adsorptionspotential, das unmittelbar mit dieser Größe zusammenhängt, vernachlässigen kann.

Es vergingen wiederum etwa 15 Jahre, bis ganz klar wurde, daß eine quantitative Beschreibung des Verlaufs der meisten katalytischen Reaktionen auf Grund der LANGMUIRschen Theorie unmöglich ist, auch wenn diese durch die Vorstellung des Vorhandenseins einer Gruppe gleichartiger aktiver Zentren ergänzt ist. Diese Theorie bildet eine gute Näherung für einzelne heterogene Gasreaktionen, die unter stark vereinfachten Bedingungen ablaufen; sie ist zweifellos für einen Versuch einer auch nur annähernd vollständigen Beschreibung der Prozesse an den hochaktiven technischen Kontakten ungeeignet. Bei den meisten aktiven Katalysatoren und guten Adsorbenten folgt die Molekularadsorption der Ausgangsstoffe und der Endprodukte der katalysierten Reaktion nicht der LANGMUIRschen Isotherme[6]), und die für die Katalyse interessante spezifisch aktivierte Sorption folgt einem eigentümlichen kinetischen Gesetz, das mit dem vereinfachten molekularkinetischen Schema unvereinbar ist[7]). Schließlich treten auch in der Kinetik katalytischer Reaktionen in sehr großem Umfange bedeutende Abweichungen von der LANGMUIRschen Gleichung auf. Indessen gibt diese Theorie zweifellos bestimmte qualitative kinetische Gesetzmäßigkeiten richtig wieder und beruht auf einer unantastbaren, wenn auch vereinfachten physikalischen Grundlage.

Einer der möglichen Wege zur Vervollkommnung der Theorie der Adsorption besteht darin, daß man ihre Grundannahmen und Ergebnisse für jeden einzelnen Bereich der zusammengesetzten Oberfläche und für jede Gruppe gleichartiger Bereiche dieser Oberfläche beibehält, aber gleichzeitig die Möglichkeit in Betracht zieht, daß sich die kinetischen und Adsorptionskonstanten beim Übergang von einer Art Bereiche zur anderen ändern.

Die makroskopischen Konstanten einer zusammengesetzten Oberfläche erhält man hierbei als Mittel über die Elementarkonstanten der verschiedenen Typen von Bereichen. Hierbei können, in Abhängigkeit von der relativen Häufigkeit der verschiedenen Typen von Bereichen auf der Oberfläche, die durch die statistische Verteilungsfunktion gegeben wird (siehe unten), bestimmte Elementargesetze zu verschiedenen makroskopischen Gesetzmäßigkeiten führen.

Da sich durch mehrere unabhängige Methoden eine starke Inhomogenität vieler Oberflächen nachweisen läßt, macht eine solche Behandlungsweise nur ein Mindestmaß an willkürlichen Vorstellungen erforderlich und stützt sich auf feststehende Tatsachen. Nur im Falle ihrer Unzulänglichkeit ist es zweckmäßig, zusätzliche Überlegungen heranzuziehen und weitere mehr oder weniger hypothetische Faktoren in die Betrachtung einzubeziehen.

Ein Pionier der statistischen Richtung in der Theorie der katalytischen Aktivität ist CONSTABLE[8]). Bei der Untersuchung der katalytischen Dehydrierung von Alkoholen an Kupfer stieß er auf einige Anomalien, die sich mit Hilfe der einfachen Theorie nur schwer erklären ließen; er versuchte sie auf

Grund der Vorstellung einer Inhomogenität der Oberfläche, die er statistisch behandelte, zu deuten. Von diesen Anomalien nennen wir das starke Anwachsen des Faktors vor dem Exponentialausdruck mit wachsender Aktivierungsenergie E in der ARRHENIUSschen Gleichung.

CONSTABLE nahm an, daß die Wahrscheinlichkeit für die Abweichung des Abstandes zwischen zwei Atomen der Oberfläche von seinem Mittelwert einer GAUSS-Verteilung folgt. Ferner setzte er eine quadratische Abhängigkeit der überschüssigen Energie jener Atome und damit die Herabsetzung der Aktivierungsenergie von den erwähnten Abweichungen voraus und erhielt ein exponentielles Verteilungsgesetz für die Oberflächenbereiche der Aktivierungsenergie; auf diese Weise erklärte er das starke Anwachsen des Faktors vor dem Exponentialausdruck mit wachsender Aktivierungsenergie, das er bei Vergleich von Katalysatoren verschiedener Aktivität beobachtet hatte. SCHWAB und CREMER wandelten die CONSTABLEschen Ideen ab; sie führten zur Erklärung des erwähnten Zusammenhanges zwischen dem Faktor vor dem Exponentialausdruck und der Aktivierungsenergie die sehr anschauliche, jedoch zweifelhafte Vorstellung der Existenz eines eingefrorenen Gleichgewichts an der Oberfläche des Katalysators ein[9]). Die erwähnten Arbeiten waren ohne wesentlichen Einfluß auf die Entwicklung der Theorie der Katalyse, denn die einzige quantitative Abhängigkeit, mit deren Deutung sie sich beschäftigen, kann ganz verschiedener Herkunft sein und ist für die heterogenen Reaktionen nicht spezifisch[10]).

Die Erscheinung selbst, die manchmal angezweifelt wurde, ist aber zweifellos tatsächlich vorhanden[11]) und auf dem Gebiet der Katalyse weit verbreitet, wie die Arbeiten von BALANDIN[12]), KUBOKAWA[13]) und die unseres eigenen Laboratoriums[14]) überzeugend nachweisen (siehe auch [40])).

Gleich zu Anfang der in meinem Laboratorium durchgeführten Arbeiten stießen wir auf deutliche Anzeichen für die Inhomogenität der Katalysatoren und die Notwendigkeit, zu ihrer quantitativen Kennzeichnung statistische Vorstellungen heranzuziehen. Schon im Jahre 1934 beschrieben SELDOWITSCH und ROGINSKI die Selbsthemmung der aktivierten Adsorption von Kohlenmonoxyd[15]), deren Geschwindigkeit bei zunehmender Auffüllung exponentiell abnimmt:

$$w = \frac{dq}{dt} = a \exp\,[-\alpha q] \qquad (1)$$

und ein ähnliches Gesetz für den Verlauf einer katalytischen Reaktion[16]). In der Gleichung (1) bedeuten q die adsorbierte Menge, w die Geschwindigkeit; a und α sind Größen, die für einen gegebenen Katalysator bei fester Temperatur konstant sind. Diese Gleichung wurde als Folge der Selbstvergiftung der inhomogenen Oberfläche durch das gebildete Kohlendioxyd gedeutet. Eine Zusammenstellung der Angaben in der Literatur zeigt den weiten Anwendungsbereich dieses kinetischen Gesetzes auf dem Gebiet der aktivierten Gassorption an Katalysatoren. Von diesem Zeitpunkt an begann die gleichmäßige Verteilung über die Aktivierungsenergien als Erklärungsmöglichkeit eine Rolle zu spielen[17]). Diese Ursache für die exponentielle Abnahme der Geschwindigkeit für die Sorption von Kohlenmonoxyd an Mangandioxyd wurde von JELOWITSCH und CHARACHORIN bestätigt[18]). In Zusammenhang hiermit sind die Ergebnisse einer Arbeit von LEIPUNSKI von Bedeutung, der die Existenz großer sterischer

Faktoren für die erhöhte Geschwindigkeit der Sorption[19]) und ihr Fehlen bei der Sorption von Wasserstoff an besonders reinen Kupferschichten nachwies. Sie wurden durch Aufdampfen im Vakuum hergestellt[20]).

Von großer grundsätzlicher Bedeutung war auch die Arbeit von SELDOWITSCH, der im Jahre 1935 die Möglichkeit zeigte, daß infolge einer Summierung LANGMUIRscher Isothermen bei einer exponentiellen Verteilungsfunktion der Oberflächenbereiche über die Sorptionswärmen eine sehr verbreitete und für die empirischen Isothermen kennzeichnende Form, die sogenannte FREUNDLICHsche Isotherme, herauskommt[21]).

Dieses Ergebnis erhielten fünf Jahre später ohne Kenntnis der Arbeit von SELDOWITSCH in Deutschland CREMER und FLÜGGE[22]), sie brachten es mit dem oben erwähnten zweifelhaften SCHWAB-CONSTABLEschen Modell der aktiven Oberfläche in Zusammenhang*. JELOWITSCH und CHARACHORIN zeigten jedoch, daß man bei einer statistischen Deutung der FREUNDLICHschen Isotherme Vorsicht walten lassen muß, da in dem von ihnen untersuchten Fall eine FREUNDLICHsche Isotherme für ein Adsorbens mit praktisch konstanter spezifischer Adsorptionswärme beobachtet wurde**. Auf dem Gebiet der Kinetik der katalytischen Reaktionen haben unsere statistischen Arbeiten dazu beigetragen, Klarheit in die Kinetik und den Mechanismus der katalytischen Oxydation des Kohlenmonoxyds[23]) und in den der katalytischen Hydrierung des Äthylens zu bringen[24]). Parallel zu den Arbeiten unseres Laboratoriums über die Theorie der zusammengesetzten Oberflächen und unabhängig von diesen führten FRUMKIN und seine Schüler Arbeiten mit ähnlicher Zielsetzung durch. Den Ausgangspunkt bildeten Arbeiten über die elektrochemische Adsorption des Wasserstoffs an Platin[25, 26]). Hierdurch wurde entdeckt, daß diese Oberflächen zusammengesetzt sind und daß die Adsorptionsisotherme eine ungewöhnliche logarithmische Form aufweist. Die experimentellen Daten wurden in den Arbeiten von TJOMKIN über die Theorie der Oberflächen mit gleichmäßiger Verteilung der Bereiche über die Adsorptionswärmen gedeutet[27]). In diesen Arbeiten sind bemerkenswert die Herleitung der logarithmischen Form der Adsorptionsisotherme aus der gleichmäßigen Verteilung der Bereiche über die Adsorptionswärmen und die statistische Deutung der gebrochenen Potenzen in der Kinetik der Katalyse, die auch gleich ihre Anwendung in der Theorie der Ammoniaksynthese fand[28]). In diesen Arbeiten wird ständig als weitere gleichberechtigte Erklärungsmöglichkeit der beobachteten Erscheinungen die verzerrende Wirkung hypothetischer Abstoßungskräfte zwischen den adsorbierten Molekeln angenommen, wobei dieser Deutung sogar in gewisser Hinsicht der Vorzug gegeben wird.

Der Kreis der statistisch behandelten Erscheinungen wurde in den Arbeiten von KUBOKAWA[29]) erweitert; er wies die Möglichkeit einer statistischen Deutung

---

* Vor ganz kurzer Zeit (1947) wurde dieselbe Deutung der FREUNDLICHschen Isotherme zum drittenmal von TAYLOR und HALSEY in den Vereinigten Staaten vorgeschlagen[43]).

** Die Bedeutung dieses Einwandes wird abgeschwächt durch die Kleinheit des Wertbereiches von p, innerhalb dessen die Isothermen $-\ln \frac{p_1}{p_2} \approx 3$ aufgenommen wurden; der Wertbereich der Adsorptionswärmen kann nicht größer als $Q_1 - Q_2 \approx 3\,RT$ sein (siehe Kapitel 8, Teil II).

der von ihm beobachteten „Isothermen" für die Vergiftung des Platins durch Kontaktgifte nach. Diese Isothermen enthalten die Konzentration des reversiblen Giftes als negative, gebrochene Potenz.

Von den experimentellen Arbeiten, die unmittelbare Hinweise auf die Inhomogenität der Oberfläche enthalten, sind die zahlreichen Untersuchungen von FRAZER und seinen Mitarbeitern über die Adsorption und die katalytische Oxydation von Gasen an aktiven Oxyden zu erwähnen[30]), ferner die sorgfältigen Untersuchungen von BURSTEIN über die Adsorption von Gasen an Aktivkohle und insbesondere über die Umwandlung von para-Wasserstoff in ortho-Wasserstoff an diesem Kontakt sowie über den Isotopenaustausch des leichten und des schweren Wasserstoffs[31]). Wertvolles Material über die Inhomogenität von Kontakten enthalten die langjährigen Untersuchungen von BORESKOW über die Kinetik der Oxydation von Schwefeldioxyd an verschiedenen Katalysatoren[32]). Obwohl alle diese theoretischen und experimentellen Arbeiten die Perspektive der statistischen Richtung hinreichend erhellten, führten sie durchaus noch nicht zu einer abgeschlossenen statistischen Theorie der Vorgänge an inhomogenen Oberflächen.

So wichtige Probleme wie die Kriterien für Homogenität und Inhomogenität und der allgemeine Charakter des Zusammenhanges zwischen dem Typ der Verteilungsfunktion und der Form des makroskopischen Gesetzes, das die katalytischen und Adsorptionseigenschaften des festen Körpers kennzeichnet, waren noch bei weitem nicht geklärt. Unklar war meistens auch, wieweit die Ergebnisse spezieller Arbeiten eindeutig waren und wieweit man sie verallgemeinern konnte; es fehlten unmittelbare Methoden zur Feststellung des Verteilungstyps über die Grundgrößen der Kinetik und der Adsorption.

Dieser Stand der Theorie mit der daraus resultierenden ungenügenden Ausnutzung der Möglichkeiten, welche die statistischen Vorstellungen von heterogenen Prozessen bieten, beruhte in gewissem Grade auf der Kompliziertheit der mathematischen Behandlungsmethoden, durch die die Analyse jedes Teilproblems zu einer schwierigen und zeitraubenden Aufgabe wird. Im Jahre 1940 begannen wir an der Beseitigung dieser Mängel der Theorie zu arbeiten; wir begannen mit den Problemen der Aktivität und Vergiftung der Katalysatoren und verallgemeinerten allmählich den Umfang der berührten Probleme[33–39]). In der Folge beteiligte sich auch O. M. TODES an unserer Arbeit; er lieferte einen wesentlichen Beitrag zur Theorie der Adsorption der Gemische und zur Vervollkommnung des mathematischen Apparates der Theorie; wertvolle Beiträge verdanken wir auch W. I. LEWIN und F. F. WOLKENSTEIN[41, 42]).

Literatur

1. LANGMUIR, I., J. Amer. chem. Soc., **37**, 1139 (1915); ibid., **40**, 1361 (1918); Trans. Faraday Soc., **17**, 607 (1922).
2. LANGMUIR, I., J. Amer. chem. Soc., **54**, 2798 (1932); TAYLOR, J. B., LANGMUIR, I., Physic. Rev., **44**, 432 (1933).
3. LANGMUIR, I., J. chem. Soc. [London], 511 (1940).
4. TAYLOR, J. B., J. physic. Chem., **30**, 145 (1926).
5. SMEKAL, Z. Elektrochem. angew. physik. Chem., **34**, 477 (1928); **35**, 135 (1929).

6. Зельдович, Я. (SELDOWITSCH, J.), Acta Physicochimica URSS, **1**, 961 (1935); ARMBRUSTER, M. H., J. Amer. chem. Soc., **64**, 2545 (1942); ARMBRUSTER, M. H., AUSTIN, J. B., ibid., **66**, 159 (1944).
7. Рогинский, С. (S. ROGINSKI), Nature, **134**, 935 (1934); Рогинский, С. З., Проблемы кинетики и катализа (S. S. ROGINSKI, Probleme der Kinetik und der Katalyse), **3**, 356 (1937).
8. CONSTABLE, H., Proc. Roy. Soc. A, **108**, 355 (1926).
9. SCHWAB, G. M., CREMER, E., Z. physik. Chem. Abt. A, **144**, 243 (1929).
10. Рогинский, С. З., и Розенкевич, Л. В., Журнал Физической Химии (S. S. ROGINSKI und L. W. ROSENKOWITSCH, J. physik. Chem.) **1**, 293 (1930); Гапон, Е. Н. (E. N. GAPON), ibid., **2**, 253 (1931); Гольдшмидт, В. А., Воробьев, Н. К., и Потапов, И. В., Журнал общей Химии (W. A. GOLDSCHMIDT, N. K. WOROBJOW und I. W. POTAPOW, J. allg. Chem.), **6**, 757 (1936).
11. FAIRCLOUGH, HINSHELWOOD, J. chem. Soc. [London], 538, 1575 (**1937**); HINSHELWOOD, LAIDLER, TIMM, ibid., 848 (**1937**); LAIDLER and HINSHELWOOD, ibid., 858 (**1937**); TIMM, HINSHELWOOD, ibid., 862 (**1937**); FAIRCLOUGH, ibid., 1186 (**1938**); KILPATRICK, M., Handb. Katalyse, **2**, 249 (1940); BELL, R., ibid., **2**, 204 (1940).
12. Баландин, А. А., (A. A. BALANDIN), Z. physik. Chem., **19**, 451 (1932), Журнал Физической Химии (J. physik. Chem.), **4**, 257 (1933); Баландин, А. А., и Козьмин, Ф. Л., Уч. Зап. МГУ, (A. A. BALANDIN u. F. L. KOSMIN, Wissen. Mitt. Staatl. Univ. Moskau), **71**, 210.
13. KUBOKAWA, M., Rev. physik. Chem. Japan, **11**, 202 (1937).
14. Марголис, Л. Я., Кандидатская диссертация ИФХ АН СССР (L. J. MARGOLIS, Kandidaten-Dissertation am Inst. f. physik. Chem. Akad. Wiss. UdSSR), 1945; Рогинский, С. З., Журнал Физической Химии (S. S. ROGINSKI, J. physik. Chem.), **21**, 1143 (1947).
15. Рогинский, С., и Зельдович, Я. (S. S. ROGINSKI u. J. SELDOWITSCH), Acta Physicochimica URSS, 554, 595 (1934); Зельдович, Я. Б., Журнал Физической Химии (J. B. SELDOWITSCH, J. physik. Chem.), **6**, 234 (1935).
16. Елович, С. Ю., и Рогинский, С. З., Журнал Физической Химии (S. J. JELOWITSCH u. S. S. ROGINSKI, J. physik. Chem.), **10**, 667 (1937); Бюллетень Гос. ин-та азота (Bull. Staatl. Stickstoff Inst.), Nr. 14 (1938).
17. Зельдович, Я. Б., Кандидатская диссертация ИХФ АН СССР (Kandidaten-Dissertation am Inst. physik. Chem. Akad. Wiss. UdSSR), 1936.
18. Елович, С. Ю., и Харахорин, Ф. Ф., Проблемы кинетики и катализа, (S. J. JELOWITSCH u. F. F. CHARACHORIN, Probleme der Kinetik und Katalyse), **3**, 222 (1937).
19. Луйпунский, О. И., Доклады Академии Наук СССР (O. J. LEIPUNSKI, Ber. Akad. Wiss. UdSSR), **1**, 30 (1935).
20. Лейпунский, О. И. (O. J. LEIPUNSKI), Acta Physikochimica URSS, **2**, 737 (1935).
21. Зельдович, Я. (J. SELDOWITSCH), Acta Physicochimica URSS, **1**, 961 (1935).
22. CREMER, E., FLÜGGE, S., Z. physik. Chem., Abt. B, **41**, 453 (1939).
23. Елович, С. Ю., и Рогинский, С. З., Бюлл. Гос. ин-та азота (S. J. JELOWITSCH u. S. S. ROGINSKI, Bull. Staatl. Stickstoff. Inst.), Nr. 14, 1938; Елович, С. Ю., и Качур, Л. А., Журнал общей Химии (S. J. JELOWITSCH u. L. A. KATSCHUR, J. allg. Chem.), **9**, 714 (1938); Брунс, Б. П., Журнал Физической Химии (B. P. BRUNS, J. physik. Chem.), **21**, 1011 (1947).
24. Елович, С. Ю., и Жаброва, Г. М., Журнал Физической Химии (S. J. JELOWITSCH u. G. M. SHABROWA, J. physik. Chem.), **12**, 1761, 1775 (1939).
25. Шлыгин, А. И., и Фрумкин, А. Н., Доклады Академии Наук СССР, (A. J. SCHILGIN u. A. N. FRUMKIN, Ber. Akad. Wiss. UdSSR), **2**, 176 (1934); Известия Академии Наук СССР, Отделение Химических Наук (Nachr. Akad. Wiss. UdSSR, Abt. chem. Wiss.), 773 (1936).

26. Фрумкин, А. Н., Долин, П. И., и Эршлер, Б. В., Журнал Физической Химии (A. N. FRUMKIN, P. J. DOLIN u. B. W. ERSCHLER, J. physik. Chem.), **14**, 886 (1940); Долин, Диссертация: Кинетика разряда и ионизации водорода на платиновом електроде (DOLIN, Dissertation: Kinetik der Spaltung und der Ionisierung des Wasserstoffs an einer Platinelektrode), Moskau 1939.
27. Темкин, М. И., Журнал Физической Химии (M. I. TJOMKIN, J. physik. Chem.), **15**, 314 (1941).
28. Темкин и Пыхов, Журнал Физической Химии (TJOMKIN u. PYSHOW, J. physik. Chem.), **18**, 851 (1939).
29. KUBOKAWA, M., Rev. physic. Chem. Japan, **11**, 82, 96, 217 (1937).
30. FRAZER u. ALBERT, J. physic. Chem., **40**, 201 (1936).
31. Бурштейн, Р., и Каштанов, П., Журнал Физической Химии (R. BURSTEIN u. P. KATSCHTANOW, J. physik. Chem.), **6**, 243 (1935), **9**, 19 (1937); Бурштейн, Журнал Физической Химии, (BURSTEIN, J. physik. Chem.), **12**, 185 (1938).
32. Боресков и Соколова, Журнал Прикладной Химии (BORESKOW u. SOKOLOWA, J. angew. Chem.), **14**, 1241 (1937); Боресков, Г. К., Журнал Физической Химии (BORESKOW, J. physik. Chem.), **19**, 135 (1945).
33. Рогинский, С. З., Сборник рефератов работ химических институтов АН СССР (S. S. ROGINSKI, Sammelband von Referaten über die Arbeiten der chemischen Institute der Akad. Wiss. UdSSR), von 1940, S. 114.
34. Рогинский, С. З., Доклады Академии Наук СССР (S. S. ROGINSKI, Ber. Akad. Wiss. UdSSR), **45**, 66 (1944).
35. Рогинский, С. З., Доклады Академии Наук СССР (S. S. ROGINSKI, Ber. Akad. Wiss. UdSSR), **45**, 206 (1944).
36. Рогинский, С. З., Журнал Физической Химии (S. S. ROGINSKI, J. physik. Chem.), **19**, 185 (1945).
37. Рогинский, С. З., Известия Академии Наук СССР, Отделение Химических Наук (S. S. ROGINSKI, Nachr. Akad. Wiss. UdSSR, Abt. chem. Wiss.), 14 (1945)
38. Рогинский, С. З., Доклады Академии Наук СССР, (S. S. ROGINSKI, Ber. Akad. Wiss. UdSSR), **47**, 430 (1945).
39. Рогинский, С. З., Доклады Академии Наук СССР (S. S. ROGINSKI, Ber. Akad. Wiss. UdSSR), **47**, 497; 579 (1945).
40. HINSHELWOOD, C., J. chem. Soc. [London], 694 (**1947**).
41. Рогинский, С. З., и Тодес, О. М. (S. S. ROGINSKI u. O. N. TODES), Acta Physicochimica URSS, **20**, 307, 695 (1945).
42. Тодес, О. М., и Бондарева, А. Н., Журнал Прикладной Химии (O. M. TODES u. A. N. BONDAREWA, J. angew. Chem.), **21**, Heft 7 (1948); Левин, В. И., и Рогинский, С. З., Известия Академии Наук СССР, Отделение химических Наук (1948) (в печати) (W. I. LEWIN u. S. S. ROGINSKI, Nachr. Akad. Wiss. UdSSR, Abt. chem. Wiss. (1948)); Волькенштейн, Ф. Ф., Журнал Физической Химии (F. F. WOLKENSTEIN, J. physik. Chem.), **21**, 163 (1947).
43. TAYLOR, H. S., HALSEY, G., J. chem. Physics, **15**, 624 (1947).

KAPITEL 3

Statistische Voraussetzungen der Theorie

§ 1: *Klassifikation der statistisch behandelten Größen*

Die Theorie der aktiven Oberflächen in ihrer üblichen Form berücksichtigt die Inhomogenität der Oberflächen in sehr vereinfachter Weise, indem sie annimmt, daß sich auf dieser eine oder mehrere Gruppen besonders aktiver Bereiche befinden, die innerhalb jeder Gruppe identisch sind.

In Wirklichkeit kann eine solche Oberfläche Bereiche und Zonen mit sehr verschiedenen Eigenschaften enthalten.

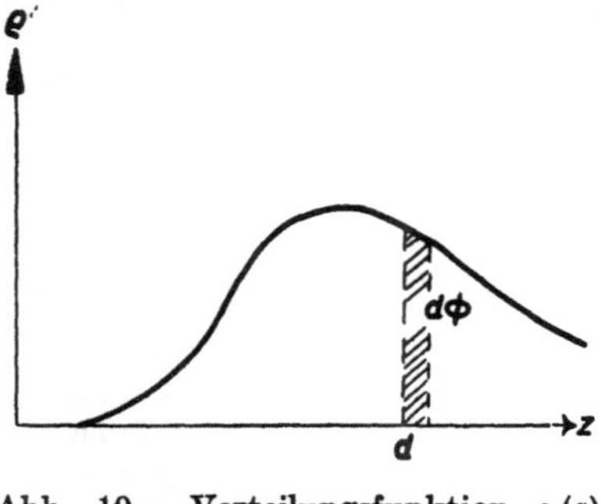

Abb. 19. Verteilungsfunktion $\varrho(z)$. Das Flächenelement $d\Phi$ ist gestrichelt dargestellt.

Wir bezeichnen mit $d\Phi$ den Anteil der Gesamtfläche, der durch Werte einer Eigenschaft z gekennzeichnet ist, die innerhalb der Grenzen z und $z + dz$ liegen. Das Verhältnis $\frac{d\Phi}{dz} = \varrho(z)$ benutzen wir als Maß für die Häufigkeit der Werte von z auf der Oberfläche und bezeichnen dieses Verhältnis als Verteilungsfunktion (Abb. 19). Eine solche Größe wird in der Statistik häufig als Wahrscheinlichkeitsdichte bezeichnet[1]). Diese Festsetzungen gelten auch für Oberflächen, die in Gruppen von Bereichen (Stellen) zerfallen, für die die Größe z bestimmte diskrete Werte z_1, z_2 usw. annimmt.

Wir bezeichnen mit $n(z_i)$ die Anzahl der Bereiche mit Werten der gegebenen Eigenschaft z, die kleiner sind als ein gegebener Wert z_i. Dann gilt für den entsprechenden Teil der Bereiche

$$\Phi(z_i) = \frac{n(z_i)}{N}, \tag{1}$$

wobei N die Gesamtzahl aller Bereiche der Oberfläche und $\Phi(z)$ die integrale Verteilungsfunktion ist, die sich zur Charakterisierung der Statistik der Oberfläche mit dem gleichen Recht wie die gebräuchlichere differentielle Verteilungsfunktion $\varrho(z)$ benutzen läßt*. Ändert sich die Größe z unstetig, so wächst die Funktion $\Phi(z)$ bei bestimmten Werten $z = z_i$ sprunghaft und bleibt zwischen diesen Werten konstant. Zwischen den Werten z_i ist die Wahrscheinlichkeitsdichte

$$\varrho(z) = \frac{d\Phi(z)}{dz} \tag{1a}$$

formal gleich Null; bei einem $z = z_i$ wird $\varrho(z)$ unendlich. Die natürliche Normungsbedingung für die ganze Oberfläche ist

$$\int \varrho(z)\, dz = 1\,, \tag{2}$$

sie läßt sich im Fall diskreter Bereiche durch das STIELTJESsche Integral

$$\int d\Phi(z) = 1 \tag{2a}$$

ersetzen.

Wir werden die Form der Verteilungsfunktion und ihren Wert bei gegebenem z als feste Charakteristika der Oberfläche ansehen, die sich bei partieller Besetzung der Oberfläche mit adsorbierten Molekeln nicht ändern, werden also die Möglichkeit einer Wechselwirkung zwischen den adsorbierten Molekeln vernachlässigen. Bei dieser Beschränkung vermindern sich die Änderungen, die bei der Adsorption vonstatten gehen, auf die Blockierung eines bestimmten Teils der Oberfläche ohne Änderung der Eigenschaften der übrigen freien Oberfläche.

Zur statistischen Kennzeichnung der inhomogenen Oberflächen muß man im allgemeinen Fall $\varrho(z)$, die Verteilungsfunktion der Bereiche der Oberfläche über eine gegebene Eigenschaft z, und das Änderungsgesetz von $\varrho(z)$ in Abhängigkeit von den untersuchten Parametern kennen. Durch Integration des Ausdrucks $z\varrho(z)\, dz$ in den gegebenen Grenzen kann man grundsätzlich den Gesamtwert der Größe z für das System als Ganzes sowie den Mittelwert $\bar{z}$ unter verschiedenen Bedingungen sowie die Ableitungen $\frac{\partial z}{\partial i}, \frac{\partial z}{\partial r}$ usw. nach beliebigen Parametern i, r usw. gewinnen, deren funktioneller Zusammenhang mit z bekannt ist. Praktisch kann man sich, wie weiter unten gezeigt wird, in den meisten Fällen auf eine Berücksichtigung der Prozesse an einer kleinen Gruppe von Bereichen beschränken, die in den Verteilungsfunktionen durch einen schmalen Streifen dargestellt wird; man muß aber diesen Streifen auffinden und seine Eigenschaften aufzuklären wissen.

Die Größen, deren Statistik bei der Untersuchung der Erscheinungen an inhomogenen Oberflächen berücksichtigt werden muß, lassen sich schematisch in zwei Hauptgruppen einteilen. Zur ersten Gruppe gehören die Größen, welche die Oberfläche als solche oder einen bestimmten Teil von ihr kennzeichnen, zur zweiten die Größen, welche die verschiedenen äußeren Bedingungen kennzeichnen, die nicht unmittelbar mit den konstanten Eigenschaften der Oberfläche zusammenhängen, aber an verschiedenen Teilen der Oberfläche verschiedene Werte annehmen können. Die Bedeutung der Faktoren, die zu diesen beiden Gruppen gehören, und ihre Anwendungsgebiete sind verschieden. Die

---

* Bei einer beschränkten Zahl diskreter Werte von z hat die integrale Verteilungsfunktion bestimmte Vorzüge; der größeren Anschaulichkeit halber werden wir aber in der Regel die differentielle Verteilungsfunktion benutzen.

Elementarbereiche der Oberfläche, die sich unmittelbar an der Mehrzahl der Einwirkungen auf die einzelnen Molekeln beteiligen, haben Abmessungen von der Größenordnung des Molekül- oder Atomquerschnitts, das heißt einer Fläche von der Größenordnung 10^{-15} cm², selbst dann, wenn sie sich in größeren Gebilden befinden, in Inseln, die ein eingelagertes Fremdatom umgeben, oder Streifen, die längs einer Grenze zwischen zwei Phasen verlaufen usw. Schon für einen isolierten Einkristall können sich diese Bereiche ihrer Natur (positive und negative Ionen, eingeschlossene Fremdsubstanz) oder ihrer Anordnung nach (Bereiche, die auf Erhebungen oder auf Einsenkungen liegen, und Bereiche, die in der Mitte der Flächen liegen) unterscheiden. Ferner sind Unterschiede in den Bereichen möglich, die auf Unterschieden in der Struktur der größeren Gebilde beruhen, etwa zusammenhängend mit den verschiedenen Eigenschaften der Kristallflächen verschiedener Indizes.

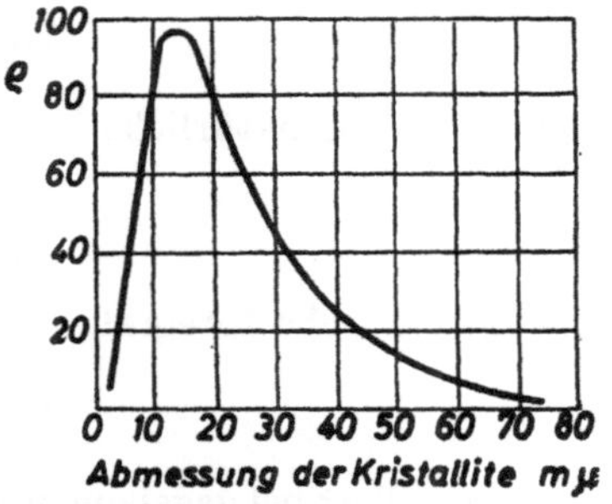

Abb. 21. Statistische Kurve der Abmessungen der Kristallite einer Aufdampfung von Cadmiumoxyd (nach von Ardenne), gewonnen durch Ausmessung einer elektronenmikroskopischen Aufnahme.

Die strukturellen und chemischen Unterschiede führen zu einer Verschiedenheit der Elementarbereiche in den Adsorptionspotentialen und Phasenvolumina und infolgedessen auch in ihrer Auffüllung bei gegebener Volumenkonzentration. Im allgemeinen Fall sind auch die Aktivierungswärmen und die Häufigkeit

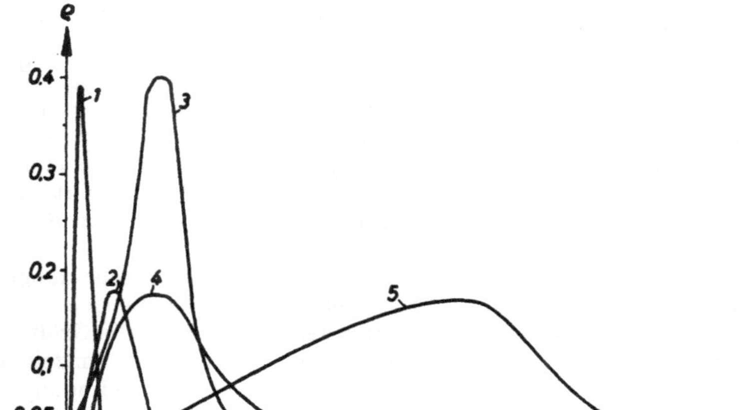

Abb. 22. Statistische Kurven der Abmessungen für die Teilchen verschiedener Rußsorten, gewonnen durch Ausmessung von elektronenmikroskopischen Aufnahmen (nach amerikanischen Angaben). *1:* Ruß superextra; *2:* Acetylenruß; *3:* Ruß P-33; *4:* Kerzenruß; *5:* Termaxruß.

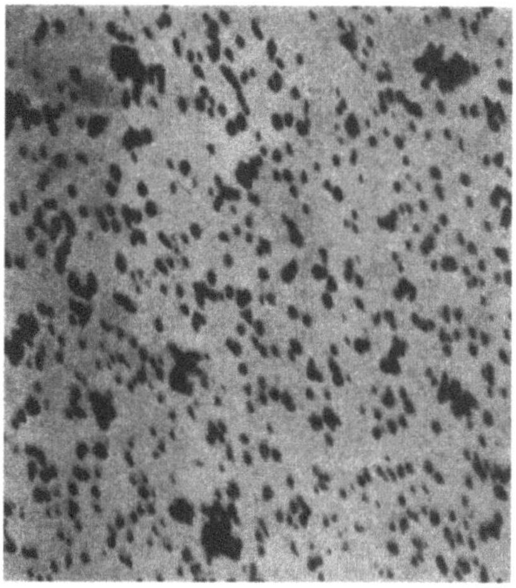

Abb. 20

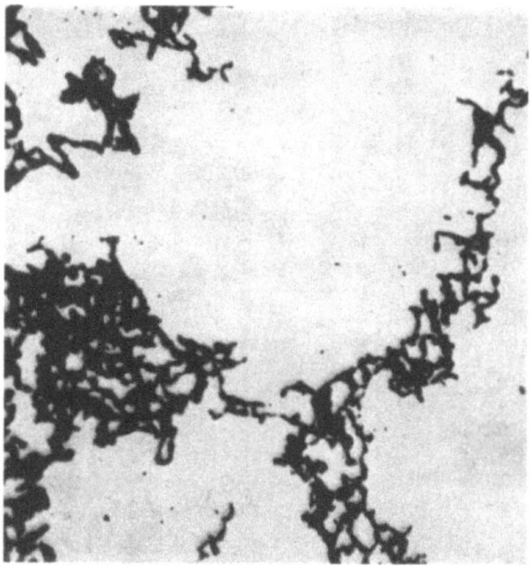

Abb. 23

Abb. 24

Abb. 20. Kolloidaler Katalysator von PAAL nach VAN ARDENNE (elektronenmikroskopische Aufnahme, 70000fache Vergrößerung). Man sieht die einzelnen Teilchen und kleine Aggregate aus diesen Primärteilchen. Die Abmessungen der Primärteilchen schwanken in weiten Grenzen.

Abb. 23. Frisch hergestellte Aufdampfung von Silberchlorid. Man sieht den Beginn der Bildung von netzförmigen Aggregaten. Elektronenmikroskopische Aufnahme, etwa 7000fache Vergrößerung (ROGINSKI, SCHOCHTJOR und SACHAROWA).

Abb. 24. Frisch gewonnener Niederschlag von Zinksulfid. Man sieht entwickelte netzförmige Aggregate, gebildet aus Teilchen verschiedener Abmessungen. Elektronenmikroskopische Aufnahme. Etwa 10000fache Vergrößerung (ROGINSKI, SCHOCHTJOR und SACHAROWA).

einer katalysierten Reaktion und der Chemisorption und infolgedessen auch die entsprechenden Geschwindigkeitskonstanten verschieden.

Selbst bei den einfachsten Kontakten und Adsorbenten, den freien Kristalliten — ein Beispiel hierfür bilden die kolloidalen Metalle vom Typ der PAALschen Kontakte (Abb. 20) —, überlagert sich der Statistik der Elementarbereiche innerhalb jedes einzelnen Kristallits die Statistik der Abmessungen der Kristallite (Abb. 21, 22). Diese Statistik ist bedeutungsvoll als Faktor, der die Größe der Gesamtoberfläche und die physikalische und chemische Stabilität der Kristallite bestimmt. Andererseits kann die Statistik der Dispersität von Einfluß sein auf die Verteilung der Oberflächenbereiche über die primären Eigenschaften. Bei sehr kleinen Abmessungen der Kristallite können sich mit Änderung ihrer Größe auch ihre Reinheit, ihre Kristallisationsform und ihr energetisches Relief merklich ändern. Natürlich können im allgemeinen Teilchen verschiedener Abmessungen auch verschiedene Adsorptionscharakteristiken, verschiedene spezifische katalytische Oberflächenaktivität usw. besitzen[2,3,4].

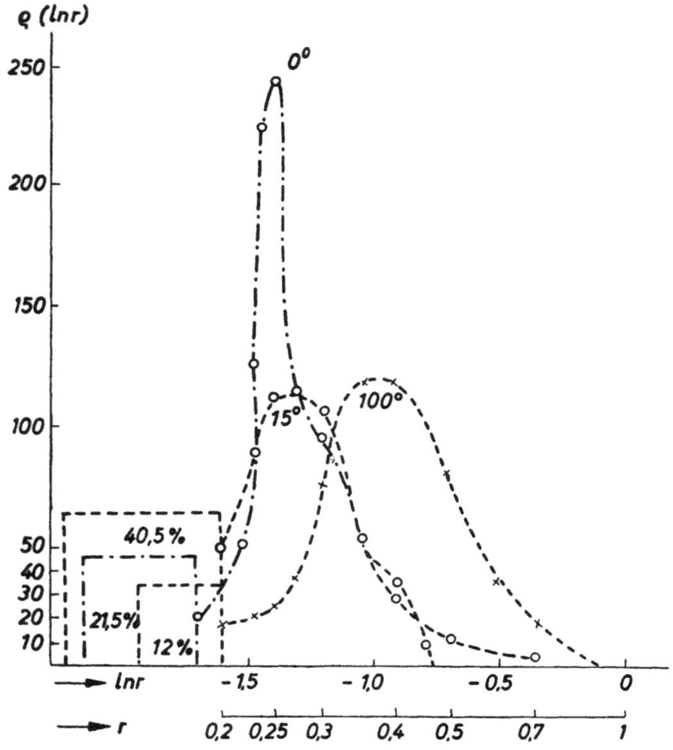

Abb. 25. Verteilung der Teilchen eines Niederschlages von Bariumsulfat über die Teilchengröße; der Niederschlag wurde bei verschiedenen Temperaturen hergestellt (nach SVEDBERG). Auf der Abszissenachse ist der Logarithmus des Radius in Mikron, auf der Ordinatenachse die Verteilungsfunktion über diesen logarithmischen Radius aufgetragen. In den Quadraten links sind in Prozenten die Anteile der Teilchen mit noch kleineren Abmessungen aufgetragen.

Geht man durch immer engere Zusammenballung von freien Einzelteilchen über netzförmige Aggregate (Abb. 23, 24) bis zu einem massiven polykristallinen Korn, ferner zu einer Ansammlung isolierter polykristalliner Körner verschiedener Abmessungen (Abb. 25) und schließlich zu Pulvern und porösen Stoffen (Abb. 2 und 4) über, so treten neue Strukturelemente auf, die mit den Kristallgrenzen und den Poren verknüpft sind. Gleichzeitig hiermit überlagert sich der Statistik der Abmessungen der einzelnen Kristallite die Statistik der Abmessungen der Körner, die Statistik der Poren (Abb. 26, 27) usw. Diese Komplizierung der Struktur ist von wesentlicher Bedeutung für Verschiedenheiten sowohl in den äußeren Bedingungen als auch in der Zusammensetzung des Substrats an verschiedenen Oberflächenbereichen. Zusätzliche statistische Größen treten beim Übergang zu den Misch- und Trägerkontakten auf.

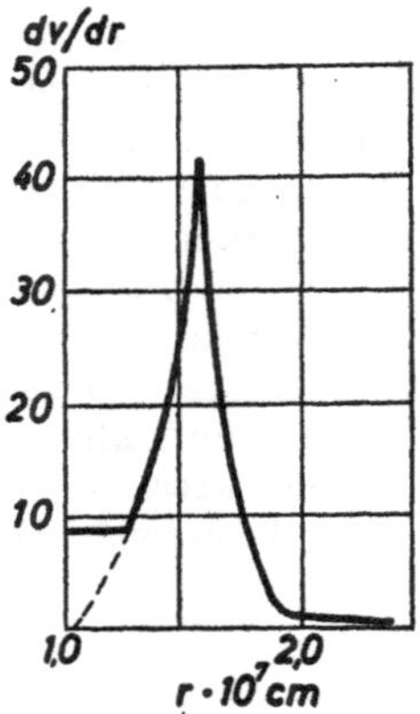

Abb. 26. Differentielle Strukturkurven eines Ferrogels, berechnet von FOSTER an Hand der Sorptionsisothermen von Benzoldämpfen, die von LAMBERT und CLARK aufgenommen wurden. Auf der Abszissenachse ist der Kurvenradius r, auf der Ordinatenachse $\varrho(r)$ aufgetragen, das in diesem Fall gleich $\frac{dv}{dr}$ ist, wobei v das in den Poren kondensierte Volumen des flüssigen Adsorbats ist.

Die Statistik der Oberflächeneigenschaften, die auf Besonderheiten der Elementarbereiche beruhen, kommt in reiner Form zum Ausdruck, wenn der Verlauf der Katalyse und der Adsorption durch die chemische Reaktion, nicht

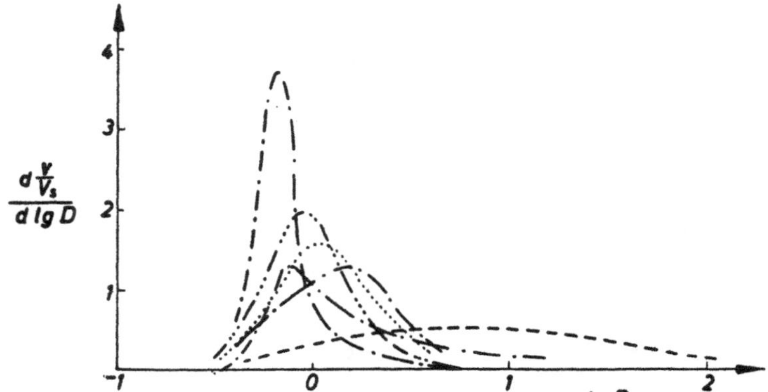

Abb. 27. Differentielle Strukturkurven, für 6 verschiedene Aktivkohlen aus den Sorptionsisothermen für Benzol nach KUBELIK hergestellt. Auf der Abszissenachse ist der Logarithmus des Porendurchmessers, auf der Ordinatenachse die Ableitung der relativen Sättigung des Adsorbens $\left(\frac{v}{v_s}\right)$ nach dem Logarithmus des Durchmessers aufgetragen; v ist das kondensierte Volumen, v_s das Volumen bei Sättigung.

aber durch die Diffusion oder durch eine Zwischenschicht bestimmt wird, d. h. unter Bedingungen, bei denen die Geschwindigkeit der Gesamtreaktion durch die elementaren chemischen und physikalischen Vorgänge an der Oberfläche bestimmt werden und nicht durch die Bedingungen des Stoff- oder des Energietransports. Im chemischen Bereich, solange also der Prozeß unter isothermen und statischen Bedingungen untersucht wird, kann man für die gesamte Oberfläche die gleichen äußeren Bedingungen annehmen, und das ganze Bild wird durch die Statistik der Bereiche auf der zugänglichen Oberfläche bestimmt. Unter diesen Bedingungen kommen die charakteristischen Eigenschaften der Reaktion, die auf der Statistik der Elementarbereiche beruhen, besonders klar zum Ausdruck und werden nicht durch sekundäre Faktoren verzerrt; deshalb sind sie besonders geeignet zur Erforschung der Eigenschaft der Adsorbenten und Kontakte und für vergleichende Untersuchungen. Gleichzeitig tritt bei chemischen Reaktionen die selektive Wirkung des Katalysators, die für den Verlauf komplizierter Reaktionen so wesentlich ist, deutlich in Erscheinung. Der Übergang von statischen zu dynamischen Reaktionsbedingungen läßt die Statistik der Oberfläche im Hinblick auf ihre Elementargrößen in den Hintergrund treten*.

An erste Stelle rücken jetzt die Erscheinungen, die mit der Konzentrationsänderung der Reaktionspartner längs des Katalysators, mit der Wärmeableitung u. a. m. in Zusammenhang stehen. Schon in den selteneren Fällen, in denen die Katalyse im strömenden System isotherm abläuft und nur durch die Geschwindigkeit der chemischen Reaktion bestimmt wird, lassen sich die kinetischen Grundbeziehungen schwerer enthüllen, ohne deren Kenntnis eine quantitative Bestimmung der Aktivität des Katalysators unmöglich ist.

Während der Arbeit des Katalysators kann an den verschiedenen Bereichen seiner Oberfläche das Substrat eine verschiedene Zusammensetzung haben, was sich in der Zusammensetzung der adsorbierten Schicht widerspiegelt und von Einfluß auf die Geschwindigkeit der katalytischen Reaktion sein muß. Die Unterschiede in der Zusammensetzung des Substrats, in erster Linie in den Konzentrationen der Ausgangs- und Endsubstanzen, können sogar bei einer homogenen Oberfläche zu verschiedenen spezifischen Geschwindigkeiten in den verschiedenen Zonen führen. Die beobachtete Gesamtgeschwindigkeit ist das Ergebnis einer statistischen Summierung der Reaktionen in diesen Zonen. Infolgedessen hat man im allgemeinen Fall die Statistik der Konzentrationen des Substrats an der Oberfläche zu berücksichtigen. Diese Statistik wird bei gegebenen äußeren Bedingungen durch die Verteilung des Katalysators im Reaktionsraum und durch die Zugänglichkeit seiner verschiedenen Teile bestimmt. Unter diesem Gesichtspunkt sind die Dicke der katalysierenden Schicht, die Abmessungen und die gegenseitige Lage der Körner, die Porosität und weitere sekundäre Struktureigenschaften besonders wichtig. Jede dieser Größen hat im allgemeinen Fall ihre besonderen Verteilungsgesetze, die auf die Statistik des Substrats von Einfluß sind.

---

* Bei der technischen Verwendung der Kontakte sind isotherme und statische Bedingungen nicht unbedingt notwendig. Häufig ist es zweckmäßig, eine bestimmte Temperaturverteilung im Kontaktofen zu schaffen, und fast stets ist es vorteilhaft, dynamisch zu arbeiten.

Ein Grenzfall, bei dem die Faktoren dieser Gruppe eine besonders wichtige Rolle spielen, ist die Arbeit eines Katalysators im Diffusionsgebiet. In diesem Fall wird die Geschwindigkeit durch den Gradienten der Konzentration der am langsamsten diffundierenden Komponente der Reaktion an den verschiedenen Teilen der Oberfläche bestimmt. Die Statistik der Oberflächengradienten hängt außer von äußeren Bedingungen — dem Druck, der Strömungsgeschwindigkeit, dem Vermischungsgrad usw. — von den oben erwähnten Strukturfaktoren ab. Im Gegensatz dazu verlieren die feineren Elementareigenschaften der Oberfläche und insbesondere die Statistik der Verteilung der Bereiche über die Adsorptionseigenschaften und über die Aktivitäten im Diffusionsgebiet ihre Bedeutung, ebenso auch die Verteilung der Größen, die das geometrische Mikrorelief der Oberfläche kennzeichnen. Offenbar liegen günstigere Bedingungen für das Zutagetreten der tieferen elementaren Unterschiede zwischen den einzelnen Bereichen bei der Arbeit mit flüssigen Kontakten vor, für die der Ausgleich der Temperaturen und Konzentrationen bedeutend besser ist und bei denen die ganze Oberfläche der Teilchen ausgenutzt wird[5]).

In dieser Monographie werden wir uns mit der Statistik der äußeren Bedingungen nicht beschäftigen und uns auf die Erscheinungen beschränken, die unmittelbar auf der Statistik der Elementarbereiche beruhen.

§ 2: *Die grundlegenden Funktionalbeziehungen in der Statistik der Oberfläche*

Wir bezeichnen mit x irgendeine primäre Größe, die eine inhomogene Oberfläche kennzeichnet.

Nach der früher getroffenen Definition wird die Wahrscheinlichkeit, daß ein bestimmter Bereich einen bestimmten Wert der Größe x hat, durch die Verteilungsfunktion $\varrho(x)$ gegeben, wobei

$$\varrho(x) = \frac{d\Phi}{dx} = \frac{1}{N} \cdot \frac{dn}{dx} \tag{3}$$

ist. Hierbei wird $\bar{x}$, der Mittelwert der Größe x für die ganze Oberfläche, gegeben durch

$$\bar{x} = \frac{\int x\varrho(x)\,dx}{\int \varrho(x)\,dx}. \tag{2a}$$

Überall, wo nichts anderes gesagt wird, werden wir annehmen:

$$\int \varrho(x)\,dx = 1, \tag{2b}$$

d. h. das Integral auf eins normieren.

Ferner seien die Bereiche der Oberfläche gekennzeichnet durch sekundäre Größen y, z usw., wobei die Abhängigkeiten $y = y(x)$, $z = z(x)$ usw. bekannt seien. Die inversen Funktionalbeziehungen bezeichnen wir:

$$x = f(y) \qquad \text{bzw.} \qquad x = F(z). \tag{4}$$

Eines der typischen Probleme der Statistik der Oberflächenprozesse reduziert sich auf den Übergang von $\varrho(x)$ zu $\varrho(y)$ oder zu $\varrho(z)$ und die inversen Übergänge. Bei Eindeutigkeit der Funktionalbeziehungen zwischen x, y und z muß die Gleichung

$$d\Phi = \varrho(x)\,dx = \varrho(y)\,dy = \varrho(z)\,dz \tag{5}$$

erfüllt sein. Sie ist trivial, wenn die Funktion $\varrho(x)$ stetig ist. Springt diese Funktion in einem Intervall, so zerfällt die entsprechende Gleichung in zwei unabhängige Gleichungen, von denen die eine für die x-Werte vor dem Sprung und die andere für die x-Werte nach dem Sprung gilt (siehe Seite 13).

Aus der Gleichung (4) folgt

$$\left.\begin{aligned} \varrho(y) &= \varrho(x)\,\frac{dx}{dy}, \\ \varrho(z) &= \varrho(x)\,\frac{dx}{dz} = \varrho(y)\,\frac{dy}{dz}, \end{aligned}\right\} \tag{5a}$$

oder

$$\varrho(y) = \varrho[x = x(y)] \cdot x' \quad \text{usw.} \tag{6}$$

Kennt man $\varrho(y)$, $\varrho(z)$ usw., so kann man die Mittelwerte dieser Größen leicht bestimmen und den Einfluß der Inhomogenität der Oberfläche auf die untersuchten Größen ermitteln.

Das Ergebnis, das in den Gleichungen (5) und (6) enthalten ist, bedarf dann keiner Diskussion, wenn Anwachsen bzw. Abnahme beider Argumente der Funktion ϱ, d. h. x und y, x und z usw., in gleicher Richtung erfolgt (symbat).

Ändern sich x und y, x und z usw. in entgegengesetztem Sinn, d. h. sind diese Größen antibat, so erhält das Ergebnis das falsche Vorzeichen $-\varrho(y)$, $\varrho(z)$ usw., es wird negativ. Das ist physikalisch sinnlos und beruht darauf, daß man nicht, wie eigentlich notwendig, die Integrationsgrenzen beim Vergleich der bestimmten Integrale mit verschiedenen Variablen vertauscht hat. Es ist daher richtiger, an Stelle von $\varrho(y)$, $\varrho(z)$ usw. mit ihren Absolutwerten $|\varrho(y)|$, $|\varrho(z)|$ usw. zu arbeiten. Im allgemeinen Fall ist

$$\left.\begin{aligned} |\varrho(y)| &= |\varrho(x)| \cdot \left|\frac{dx}{dy}\right|, \\ |\varrho(z)| &= |\varrho(x)| \cdot \left|\frac{dx}{dz}\right| \quad \text{usw.} \end{aligned}\right\} \tag{7}$$

Diese Gleichung ist sowohl bei symbater als auch bei antibater Änderung von x und y, x und z usw. verwendbar. Die Formulierung in Beträgen deutet auf die Möglichkeit verschiedener Vorzeichen für die Ableitung hin, nämlich plus bei symbatem und minus bei antibatem Verlauf der beiden Argumente.

Der Erfolg der statistischen Analyse hängt in hohem Grade von der richtigen Wahl der Grundgrößen ab.

Als Grundgröße wählt man zweckmäßigerweise die HELMHOLTZsche freie Energie ΔF oder die entsprechende GIBBSsche freie Enthalpie ΔG, die die Energieänderung beim Übergang eines Mols aus dem Gaszustand in einen Oberflächenzustand in dem betreffenden Bereich wiedergeben. Für echte Adsorptions- und chemische Gleichgewichte entspricht das der vollständigen Adsorption oder einer vollständigen chemischen Oberflächenreaktion.

In diesem Fall sind in den Ausdrücken

$$\left.\begin{aligned} \Delta F &= \Delta U - T\Delta S \\ \text{und} \qquad \Delta G &= \Delta H - T\Delta S \end{aligned}\right\} \tag{8}$$

die Änderungen der inneren Energie ΔU oder die entsprechende Änderung des Wärmeinhalts ΔH für Adsorption äquivalent den Adsorptionswärmen bei konstantem Volumen bzw. Druck: $\Delta U = Q_{v\,\text{ads}}$, $\Delta H = Q_{p\,\text{ads}}$.

Für eine chemische Reaktion sind ΔH und ΔU äquivalent den Reaktionswärmen Q_p und Q_v. Alle diese Wärmen Q beziehen sich auf bestimmte Bereiche.

In der Kinetik der Adsorption, der Desorption und der Katalyse wird der Verlauf der Reaktion durch einen Übergangskomplex an der Oberfläche bestimmt, der sich im Gleichgewicht mit bestimmten stabilen Molekeln befindet. In diesem Fall sind ΔU und ΔH die Aktivierungsenergien der Reaktion, die bei konstantem Volumen bzw. konstantem Druck zu beobachten sind, d. h. E_v und E_p.

ΔF und ΔG werden bei konstanter Temperatur für jeden Bereich außer durch ΔH und ΔU durch die Entropieänderung ΔS bestimmt.

Die Entropieglieder können ihrer Größe nach mit ΔH und ΔU vergleichbar sein; man darf sie deshalb bei quantitativen Rechnungen auf keinen Fall vernachlässigen. Jedoch wird der Wert ΔS beim Übergang einer Molekel aus der Gasphase in einen stabilen oder vorübergehenden Oberflächenkomplex und beim umgekehrten Übergang von einem Oberflächenkomplex in die Gasphase in der Hauptsache durch die verschiedenen Freiheitsgrade der Molekel in der Gasphase und in der Oberflächenschicht bestimmt. Man kann annehmen, daß diese Unterschiede zwischen der Molekel in der Gasphase und der gleichen Molekel an der Oberfläche oftmals für verschiedene Oberflächenbereiche, die bei der Verteilung auftreten, die gleiche Größe haben werden. In solchen Fällen kann man die Verteilung über ΔF und ΔG für die echten Gleichgewichte durch die Verteilung über die thermischen Effekte Q ersetzen, für die Kinetik durch die Verteilung über die Aktivierungsenergien E. In den meisten Fällen erhält man dadurch richtige Ergebnisse*.

Die Statistik dieser Größen legen wir der theoretischen Analyse zugrunde, wodurch diese anschaulicher wird und sich leichter mit den experimentellen Daten verknüpfen läßt.

Wir nehmen also als Grundgrößen die Adsorptionswärme Q_a und die Desorptionswärme Q_d, die Aktivierungsenergie des Adsorptions- bzw. des Desorptionsprozesses E_a bzw. E_d, die Aktivierungsenergie der katalytischen Reaktion E und die Reaktionswärme Q. Die Statistik aller übrigen Größen betrachten wir nun nach Maßgabe ihres Zusammenhanges mit den aufgezählten Energiegrößen. Jeder konkrete Wert x einer der erwähnten Grundgrößen bezieht sich auf einen bestimmten Bereich oder auf eine Gruppe ähnlicher Bereiche.

Als sekundäre Größen werden wir betrachten: 1. die relative Besetzung der Oberfläche bei der Adsorption, 2. die Geschwindigkeit der aktivierten Adsorption, 3. die Desorptionsgeschwindigkeit, 4. die katalytischen Aktivitäten,

* Die thermodynamischen Beziehungen zwischen der Adsorptionsarbeit und der Adsorptionswärme wurden in letzter Zeit von KISSELJEW behandelt[8]).

ausgedrückt durch die Reaktionsgeschwindigkeitskonstanten. Kennen wir diese Größen, so erhalten wir leicht Ausdrücke für die Adsorptionsisothermen, für die Kinetik der Adsorption und Desorption, für die Kinetik der katalytischen Reaktion, für die Vergiftungsisothermen usw.

Die thermischen Effekte bestimmen den relativen Besetzungsgrad der Oberfläche bei der Adsorption und die Gleichgewichtskonstante bei der chemischen Reaktion. Mit derselben Genauigkeit bestimmen die relativen Werte der Aktivierungsenergien die Geschwindigkeitskonstanten der Adsorption, der Desorption, der katalytischen Reaktion usw. Der Zusammenhang dieser Größen mit der katalytischen Aktivität, der Vergiftbarkeit und der Kinetik der katalytischen Reaktion ist offensichtlich *.

Jede der oben genannten energetischen Grundgrößen bestimmt explizit und eindeutig den Wert einer der uns interessierenden sekundären Größen, die den gegebenen Bereich der Oberfläche kennzeichnen. In den einfachsten Fällen ist der Zusammenhang zwischen der sekundären Größe und der entsprechenden Grundgröße exponentiell:

$$y = y_0 e^{\pm \beta x}. \tag{9}$$

Solcherart ist die Abhängigkeit der Geschwindigkeitskonstanten für Adsorption, Desorption und Katalyse von der Aktivierungsenergie, die Abhängigkeit der Dauer des Haftens der Molekel an der Oberfläche und der Adsorptionskoeffizienten von der Adsorptionswärme usw. In komplizierteren Fällen muß die Beschränktheit der Oberfläche, ihre zeitliche Änderung und die Möglichkeit einer Änderung von y_0 mit Änderung von x berücksichtigt werden.

Der exponentielle Charakter des Zusammenhanges zwischen y und x führt zu gewissen allgemeinen Eigenschaften der inhomogenen Oberflächen, die für verschiedene Verteilungsfunktionen gültig sind. Die wesentlichste von ihnen ist die, daß Bereiche mit sehr verschiedenen x-Werten keine vergleichbare Rolle für das Verhalten der Gesamtoberfläche spielen. Bei gleichen äußeren Bedingungen sind die Zahlenwerte von y und z für Bereiche mit verschiedenem x so verschieden, daß man in der Regel eine beschränkte Gruppe von Bereichen aussondern kann, welche die beobachteten Werte für die Größe y bestimmen. Die übrigen Bereiche spielen hierbei keine unmittelbar merkliche Rolle. Aus dieser Eigenschaft folgt die Möglichkeit, die mathematische Behandlung der uns interessierenden Probleme weitgehend zu vereinfachen; hiervon wird im folgenden Kapitel genauer die Rede sein.

---

* Die aufgezählten energetischen Grundparameter und ihre Abweichungen an bestimmten Bereichen von den für die gegebene Oberfläche normalen Parameterwerten sind an und für sich Funktionen noch elementarerer primärer Größen. So ist jede Aktivierungsenergie eine Funktion der Bindungsenergie der Ausgangs- und Endmolekeln, der Form der Potentialkurven und des Zusammenhanges der Elektronenterme des Systems im Ausgangs- und Endzustand. Die Adsorptionswärme hängt ab von der Bindungsenergie, der Beweglichkeit der Molekel an der Oberfläche usw. In allen diesen Fällen spielen die Elementarparameter, die die Struktur und das System der Elektronenterme der Oberfläche des festen Körpers kennzeichnen, eine wesentliche Rolle. Jedoch ist der Zusammenhang zwischen den energetischen Größen des einzelnen Bereichs und den erwähnten primären Elementargrößen nicht so einfach und eindeutig, daß es sinnvoll wäre, bei der statistischen Kennzeichnung der Oberfläche von diesen Elementargrößen auszugehen.

Literatur

1. Бернштейн, С. Н., Теория вероятностей. 4-е изд., Гостехиздат (S. N. BERNSTEIN, Wahrscheinlichkeitstheorie, 4. Aufl., Staatl. Techn.-Verlag, 1946; Колмогоров, А. Н., Основные понятия теории вероятностей ГОНТИ (A. I. KOLMOGOROW, Grundbegriffe der Wahrscheinlichkeitstheorie, GONTI), 1936; Романовский, В. И., Применение математической статистики в опытном деле, Гостехиздат (W. I. ROMANOWSKI, Anwendung der mathematischen Statistik in der experimentellen Wissenschaft, Staatl. Techn.-Verlag), 1947.
2. Данков, П. Д., и Кочетков, А. А., Доклады Академии Наук СССР (P. D. DANKOW u. A. A. KOTSCHETKOW, Ber. Akad. Wiss. UdSSR), 359 (1934).
3. Рубинштейн, А. М., Проблемы кинетики и катализа (A. N. RUBINSTEIN, Probleme der Kinetik und Katalyse), Heft 5, Seite 11, 1948.
4. Рогинский, С. З., Журнал Физической Химии (1948) (в печати) (S. S. ROGINSKI, J. physik. Chem.), (1948).
5. KALBACH, J., Chem. metallurg. Engng., 51, 94 (1944); THOMAS, C., HOEKSTRA, J., Ind. Engng. Chem., 37, 332 (1945).
6. Киселев, А. В., Журнал Физической Химии (A. W. KISSELJEW, J. physik. Chem.), 20, 239 (1946).

KAPITEL 4

Der Zusammenhang zwischen den Verteilungsfunktionen, ihre Typen und ihre wahrscheinliche Herkunft

§ 1: *Beziehungen zwischen den Verteilungsfunktionen*

In der Theorie der Reaktionen an inhomogenen Oberflächen ist die Art der Korrelation zwischen den Änderungen der primären energetischen Größen von erstrangiger Bedeutung.

Die Adsorptionswärmen für verschiedene Gase können gleichzeitig wachsen oder gleichzeitig fallen, wenn man von einer Sorte von Bereichen der Oberfläche zu einer anderen übergeht. In diesem Fall sprechen wir von einer Korrelation. Der eine Typ ist der symbate Gang. Der entgegengesetzte Fall der Korrelation ist der antibate Gang zweier oder mehrerer Größen, bei der ein Anwachsen einer von ihnen mit einer Abnahme der übrigen verbunden ist oder umgekehrt (Abb. 28).

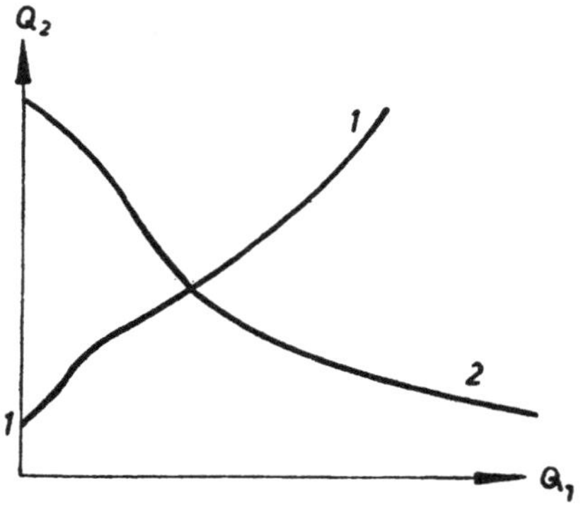

Abb. 28. Symbate (*1*) und antibate (*2*) Änderung der Adsorptionswärmen.

Ist überhaupt keine gesetzmäßige Beziehung zwischen den Änderungen zweier Größen vorhanden, so sagt man, es sei keine Korrelation vorhanden (Abb. 29).

Die Adsorptionswärmen verschiedener Stoffe, die Aktivierungsenergien der verschiedenen Reaktionen, die Reaktionswärmen usw. können symbat, antibat oder nichtkorrelierend sein.

In der Theorie der Adsorptionsgeschwindigkeiten, in der Theorie der Vergiftung der Katalysatoren, in der Kinetik der katalytischen Reaktionen usw. hat die Art des Zusammenhanges zwischen den verschiedenen Energiegrößen entscheidende Bedeutung. Er bildet den Hauptparameter, der das Verhalten des Systems bestimmt. Natürlich werden wir bei der Untersuchung der verschiedenartigsten Probleme auf diese Parameter stoßen. Hier beschränken wir uns auf einige Andeutungen über die Art des Zusammenhangs zwischen den Verteilungen der primären Größen bei verschiedenen Typen der gegenseitigen Abhängigkeit dieser Größen.

Um etwas Bestimmtes vor Augen zu haben, erläutern wir diese Frage am Beispiel der Adsorptionswärmen von Gasen, die auf der gleichen inhomogenen Oberfläche adsorbiert sind. Die Ergebnisse dieser Analyse lassen sich leicht auf andere Fälle übertragen.

Bei symbatem und antibatem Zusammenhang zwischen den Adsorptionswärmen besteht zwischen ihnen eine Funktionalbeziehung

$$Q_2 = F(Q_1) \qquad \text{oder} \qquad Q_1 = G(Q_2)\,. \tag{1}$$

In den Bereichen mit einer Adsorptionswärme Q_1 für die erste Substanz hat die Adsorptionswärme für die zweite Substanz einen ganz bestimmten Wert Q_2, den man aus der Bedingung (1) finden kann. In Abb. 28 ist dies graphisch dargestellt.

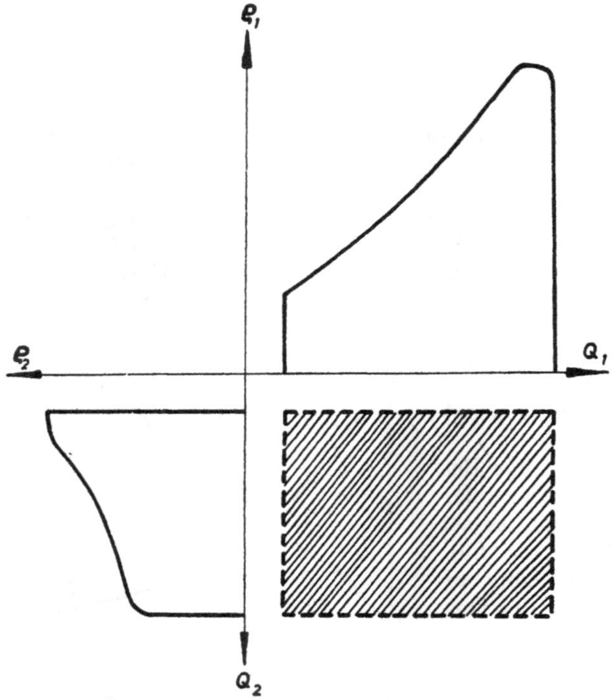

Abb. 29. Verteilungsfunktionen ϱ_1 (Q_1) und ϱ_2 (Q_2) bei Nichtkorrelation der beiden Adsorptionswärmen. Das gestrichelte Gebiet deutet die möglichen Kombinationen von Q_1 und Q_2 an.

Für Bereiche mit einer Adsorptionswärme für den ersten Stoff, die zwischen Q_1 und $Q_1 + dQ_1$ liegt, variiert die Adsorptionswärme für den zweiten Stoff innerhalb der Grenzen

$$Q_2 = F(Q_1)$$
und
$$Q_2 + dQ_2 = F(Q_1) + \frac{dF(Q_1)}{dQ_1}\,dQ_1\,. \tag{2}$$

Unter Benutzung der Verteilungsfunktion der Bereiche über die Adsorptionswärmen für das erste Gas $\varrho_1(Q_1)$ und für das zweite Gas $\varrho_2(Q_2)$ können wir den Anteil der Oberfläche $d\Phi$, für den die Adsorptionswärmen in das Intervall dQ fällt, durch die Gleichung

$$\begin{aligned} d\Phi &= \varrho_1(Q_1)\,dQ_1 \\ &= \varrho_2(Q_2)\,dQ_2 \end{aligned} \tag{3}$$

ausdrücken. Die Gleichungen (1) bis (3) liefern den gesuchten Zusammenhang zwischen den Verteilungsfunktionen

$$\varrho_2(Q_2) = \varrho_1(Q_1)\,\frac{dQ_1}{dQ_2} = \varrho_1[G(Q_2)]\cdot G'(Q_2)\,. \tag{4}$$

Von den verschiedenen speziellen Formen des Zusammenhanges zwischen den Adsorptionswärmen ist die lineare Beziehung von größter Bedeutung:

$$Q_2 = \beta Q_1 + C; \tag{5}$$

die Koeffizienten β und C können dabei sowohl positive als auch negative Werte

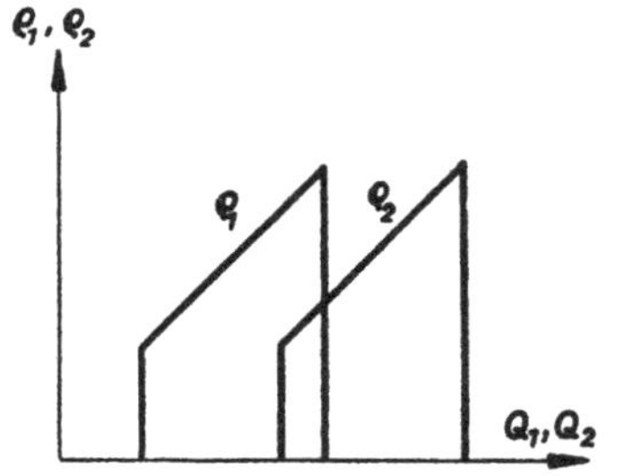

Abb. 30. Änderung einer linearen Verteilungsfunktion beim Übergang von Q_1 zu Q_2 ($\beta = 1$ und $C > 0$).

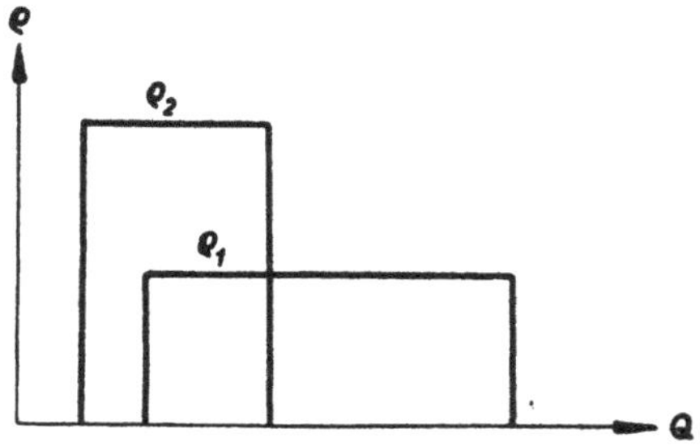

Abb. 31. Änderung einer gleichmäßigen Verteilungsfunktion beim Übergang von Q_1 zu Q_2 ($\beta = 1/2$, $C = 0$).

haben. Bei $\beta < 0$ ändern sich die Adsorptionswärmen antibat, bei $\beta > 0$ symbat.

Setzen wir (5) in (4) ein, so erhalten wir

$$\varrho_2(Q_2) = \varrho_1\left(\frac{Q_2 - C}{\beta}\right) \cdot \frac{1}{\beta}. \tag{6}$$

Bei $\beta = 1$, d. h. in dem Fall, daß sich Q_2 und Q_1 nur um eine konstante Größe C unterscheiden, sind die Funktionen ϱ_1 und ϱ_2 nach Form und Charakter einander ähnlich. Dem Übergang von Q_1 zu Q_2 entspricht hierbei ein Sprung der gesamten Verteilung um eine konstante Größe in Richtung wachsender Q bei positivem C und in Richtung abnehmender Q bei negativem C, wie in Abb. 30 dargestellt.

Bei $\beta > 0$ ergibt sich die Funktion ϱ_2 aus der Funktion ϱ_1 durch Dehnung des Maßstabs auf der Abszissenachse um den Faktor β und Verkürzung des Ordinatenmaßstabs um den gleichen Faktor. Man kann also die Kurven $\varrho_1(Q_1)$ und $\varrho_2(Q_2)$ als ähnlich betrachten (Abb. 31 und 32).

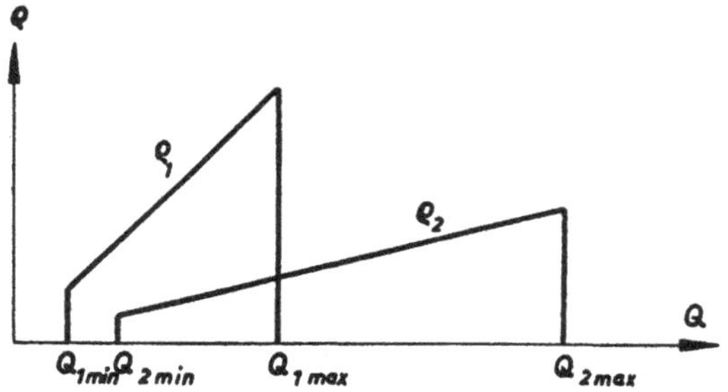

Abb. 32. Übergang von ϱ_1 zu ϱ_2 für eine lineare Verteilung bei $\beta = 2$ und $C = 0$.

Einem von Null verschiedenen Wert der Konstante C entspricht hierbei eine Verschiebung der ganzen Kurve längs der Abszissenachse um die Größe C/β. Diese Verhältnisse werden durch die Abb. 31 für $\beta < 1$ und $C = 0$ und in Abb. 32 für $\beta > 1$ und $C = 0$ erläutert.

Bei $\beta < 0$ haben wir einen antibaten Verlauf der Adsorptionswärmen. Da die Anzahl dn der Bereiche offenbar positiv ist, muß die allgemeine Beziehung (4) durch

$$\varrho_2(Q_2) = \varrho_1[G(Q_2)] \cdot |G'(Q_2)| \tag{4a}$$

ersetzt werden, und für den Fall (6) folgt

$$\varrho_2(Q_2) = \varrho_1\left(\frac{C - Q_2}{|\beta|}\right) \cdot \frac{1}{|\beta|}. \tag{6a}$$

In diesem Fall ergibt sich die eine Verteilungsfunktion aus der anderen außer durch die oben betrachteten Deformationen — Dehnung, Verkürzung und Verschiebung — durch eine zusätzliche Spiegelung an der senkrechten Achse $Q = C/2$, wie in Abb. 33 für $\beta = -1$ dargestellt ist.

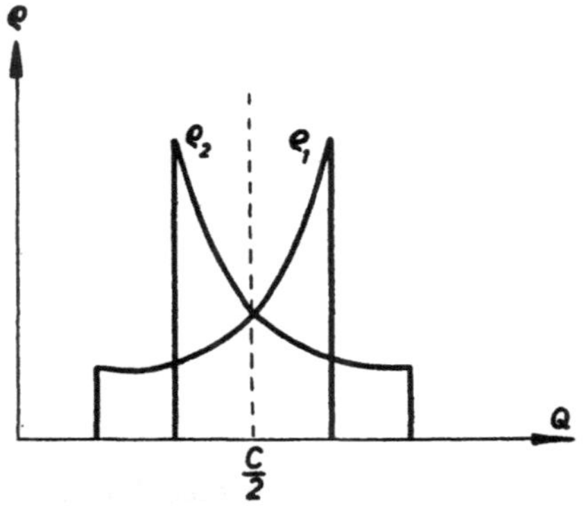

Abb. 33. Übergang von ϱ_1 zu ϱ_2 bei einer antibaten linearen Beziehung zwischen Q_1 und Q_2.

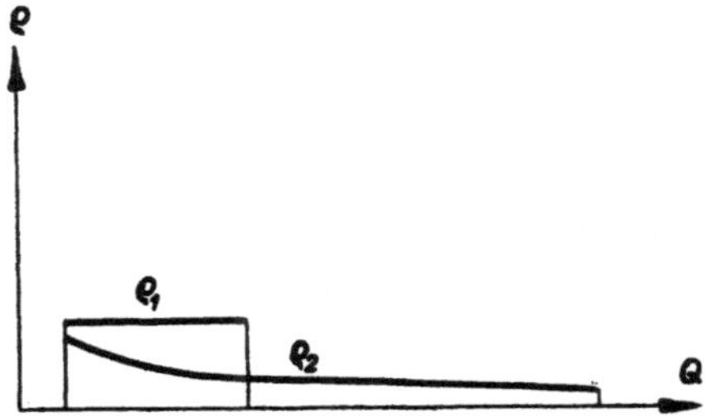

Abb. 34. Übergang von ϱ_1 zu ϱ_2 bei einer symbaten Potenzbeziehung zwischen Q_1 und Q_2.

Neben dem einfachen linearen Zusammenhang (5) der Adsorptionswärmen der beiden Komponenten sind auch kompliziertere Beziehungen möglich. Als Beispiel leiten wir den Zusammenhang zwischen den Verteilungsfunktionen in zwei komplizierteren Fällen ab:

1. Wir setzen $Q_2 = \gamma Q_1^n$, also $Q_1 = \frac{Q_2^{1/n}}{\gamma^{1/n}}$; bei $n > 0$ wird die Ableitung

$$\frac{dQ_1}{dQ_2} = \frac{Q_2^{\frac{1}{n}-1}}{n\gamma^{1/n}}. \tag{7}$$

Multiplikation der Gleichungen (7) und (4) führt zu der Gleichung (8) für den untersuchten Typ des symbaten Ganges von Q_1 und Q_2:

$$\varrho_2(Q_2) = \frac{Q_2^{\frac{1}{n}-1}}{n\gamma^{1/n}} \cdot \varrho_1\left(\frac{Q_2^{1/n}}{\gamma^{1/n}}\right). \tag{8}$$

Dies illustriert Abb. 34 für den speziellen Fall $\varrho_1 = \text{const}$ und $n > 1$.

2. Es sei $Q_2 = C \exp(-\alpha Q_1)$ oder $Q_1 = -1/\alpha \ln Q_2/C$ mit $c > 0$ und $\alpha > 0$. Dann ist

$$\frac{dQ_1}{dQ_2} = -\frac{1}{\alpha Q_2} \tag{9}$$

und nach Gleichung (4)
$$\varrho_2(Q_2) = \frac{1}{\alpha Q_2} \cdot \varrho_1 \left[\frac{1}{\alpha} \ln \left(\frac{C}{Q_2}\right)\right]. \tag{10}$$

Dies ist der Ausdruck für $\varrho_2(Q_2)$ beim experimentiellen Typ des antibaten Ganges.

§ 2: *Typen der Verteilungsfunktionen*

Für zusammengesetzte Oberflächen wurden verschiedene Typen der Verteilung der Adsorptionswärmen und Aktivierungsenergien angenommen, von der exponentiellen bis zur gleichmäßigen Verteilung (Abb. 35, 36). In selteneren Fällen führte die Untersuchung der Oberflächenprozesse zu der Schlußfolgerung, daß die Oberfläche für die angegebenen Energien

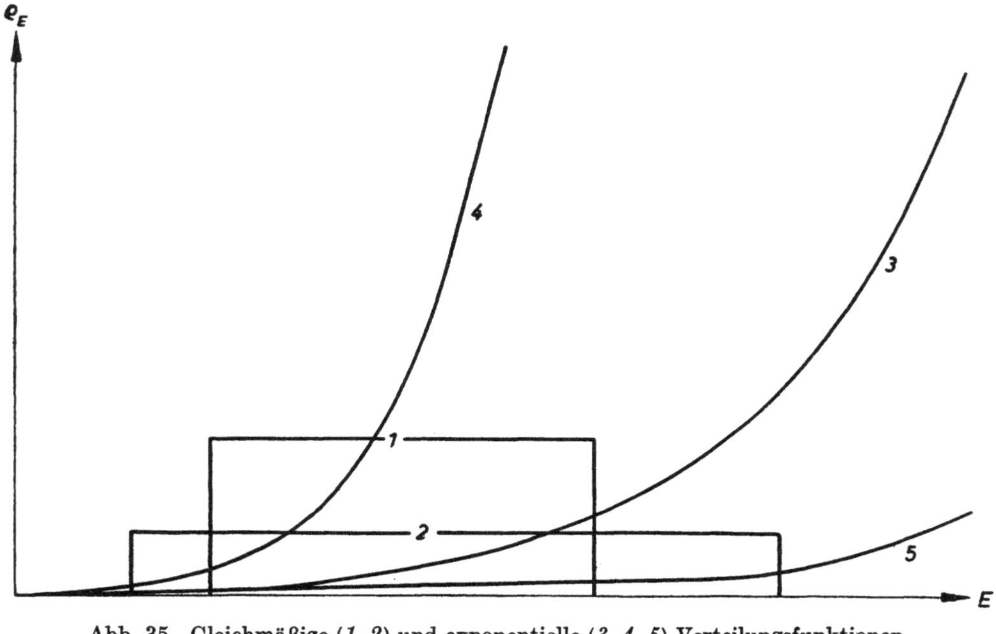

Abb. 35. Gleichmäßige (*1*, *2*) und exponentielle (*3*, *4*, *5*) Verteilungsfunktionen.

homogen ist oder daß es nur zwei oder drei diskrete Gruppen von Bereichen gibt (Abb. 37). Man kann sich natürlich außerdem noch eine Menge anderer Verteilungsfunktionen vorstellen. Wichtig ist zu wissen, welche dieser Funktionen physikalisch möglich sind und in der Wirklichkeit vorkommen.

Bis vor kurzem bestand die einzige Möglichkeit einer direkten Untersuchung über Verteilungsfunktionen der Energien in einer kalorimetrischen Messung der differentiellen Adsorptionswärmen bei hinreichend kleinen Besetzungen. Es wäre falsch, diese differentielle Wärme mit der Adsorptionswärme für eine bestimmte diskrete Teilchengruppe zu identifizieren. Wie klein auch die Menge des Adsorbats ist, sie verteilt sich stets in Übereinstimmung mit den Verhältnissen der Adsorptionswärmen oder ihrer Geschwindigkeiten auf alle Sorten von Bereichen. Jedes Q_{diff} ist deshalb in Wirklichkeit ein mittlerer thermischer

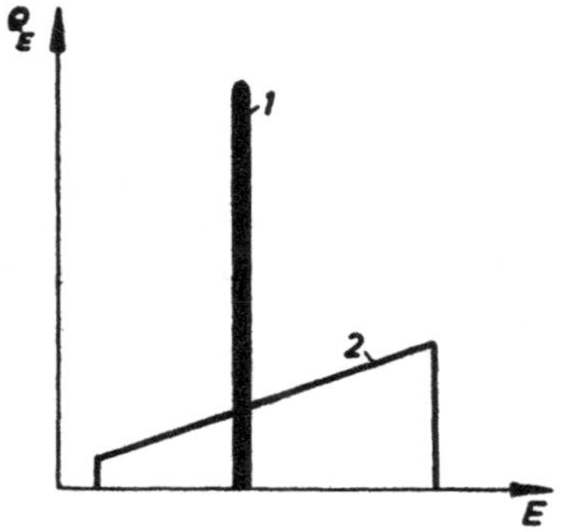

Abb. 36. Eine Oberfläche mit einer linearen Verteilung (*2*) und eine homogene Oberfläche (*1*).

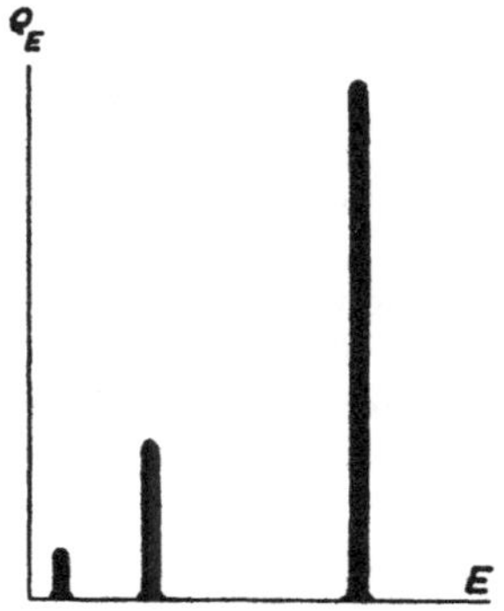

Abb. 37. Eine Verteilung mit drei diskreten Maxima.

Effekt $\overline{Q}$; dieses $\overline{Q}$ kann sich für inhomogene Oberflächen mit der Besetzung ändern und die Größe des thermischen Effekts für die Bereiche widerspiegeln, die bei gegebenem Φ vorzugsweise besetzt werden. Leider ist diese Methode zur Untersuchung langsamer Adsorptionsprozesse nur von geringem Nutzen, und diese gerade interessieren den Forscher, der auf dem Gebiet der Katalyse arbeitet, in erster Linie. Ferner kann man nur bei sehr kleinen Besetzungen mit Sicherheit annehmen, daß keine Komplikationen infolge der Wechselwirkung der adsorbierten Molekeln untereinander eintreten. Bei der Aufnahme der differentiellen Wärmen bei kleinen Φ an Hand der Kurven der Wärmeabgabe, die für das uns interessierende Gebiet der Besetzungen mit hinreichender Vollständigkeit vorhanden sind, erhält man in der Regel eine „geneigte" Verteilung, d. h. eine solche, bei der sich $\varrho(Q)$ mit wachsendem Q verringert. Genauere Angaben über die Typen von $\varrho(Q)$ lassen sich den kalorimetrischen Daten bisher nicht entnehmen; dazu ist niemals gewiß, ob sich das gegebene Q_{diff} auf einen bestimmten Typ von Bereichen oder auf ein bestimmtes Φ bezieht.

Eine Auswertung der Daten über die Adsorption mit Hilfe der vorgeschlagenen Methoden liefert ein vollständigeres Bild (siehe Teil II, Kapitel 7), falls die Verteilungen „breit" sind und keine schmalen „Spitzen" enthalten.

Für einzelne Systeme kann man mit hoher Wahrscheinlichkeit den Typ der Funktionen $\varrho(Q)$ und $\varrho(E)$ ermitteln, wobei die Anzahl der Möglichkeiten beschränkt ist.

§ 3: *Wahrscheinlichkeitstheoretische Behandlung der Verteilung*

Häufig wird das Problem des Zusammenhanges der aktiven Strukturen mit statistischen Schwankungen des Gitters erörtert, die infolge der thermischen Bewegung entstehen.

In einer Reihe von Arbeiten[1,2,3]) griff man dieses Problem konsequent an und identifizierte die aktiven Bereiche mit Störungen der normalen Verteilung der Atome oder ihrer Anzahl in der Oberflächenschicht; dabei wurde angenommen, daß der Anteil der Oberfläche, der auf die für Adsorption und Katalyse wichtigen Störungen entfällt, völlig durch die statistische Wahrscheinlichkeit der entsprechenden Gebilde bei der gegebenen Temperatur bestimmt wird*. Die verschiedenen Typen dieser Störungen der Gitterstrukturen wurden von HEVESY[4]), JOFFE und FRENKEL[5]), SCHOTTKY[6]) u. a. angegeben. Für jede dieser Typen gibt es eine entsprechende Oberflächenstruktur. Eine allgemeine Eigenschaft aller dieser Typen und aller anderen Gleichgewichtsgebilde ist die exponentielle Abhängigkeit der Gleichgewichts„konzentration" der Störstellen von dem Energieüberschuß der entsprechenden Störstelle und von der reziproken Temperatur:

$$\varrho \cong \exp\left(-\Delta U/RT\right); \tag{11}$$

dabei ist $\Delta U = U - U_T$, und U_T ist die mittlere Energie der Teilchen bei der Temperatur T.

Die Verteilung über U muß also exponentiell sein. Dynamische Verteilungen dieser Art treten notwendigerweise in jedem Körper bei beliebiger Temperatur auf. Solange aber die Geschwindigkeit der Entstehung und des Verschwindens der Störstellen größer ist als die Geschwindigkeit der Reaktionen, die unter ihrer Beteiligung an der Oberfläche ablaufen, liegt keine Inhomogenität der Oberfläche in dem oben definierten Sinn dieses Wortes vor, denn es ist kein fester Zusammenhang der Verteilung mit bestimmten Atomen der Oberfläche vorhanden. Der Einfluß der erwähnten vollständig reversiblen Störungen auf die Oberflächenprozesse ist schwer von dem Einfluß der Energieschwankungen der Gasmolekeln zu trennen und geht implizit auch in die exponentielle Temperaturabhängigkeit der Adsorptionskoeffizienten und -geschwindigkeiten an homogenen Oberflächen ein.

Damit eine Schwankung des geschilderten Typs zum Auftreten der Anomalien führt, die für die inhomogenen Oberflächen kennzeichnend sind, muß die Verteilung eng an bestimmte Atome der Oberfläche gebunden sein und einer Temperatur T^* entsprechen, die verschieden ist von der Temperatur T, bei der an der Oberfläche die untersuchten Vorgänge ablaufen.

Das statistische Gleichgewicht kann seinem Charakter nach vom BOLTZMANNschen Typ sein, es ist jedoch notwendig eingefroren. Dazu ist es notwendig, aber noch nicht hinreichend, daß die Ungleichung

$$T^* \gg T$$

erfüllt ist.

---

* WOLKENSTEIN hat die Adsorption an Oberflächen dieses Typs in letzter Zeit besonders eingehend untersucht.

Besteht zwischen Q und E einerseits und U andererseits ein Funktionalzusammenhang, so kann man auf diesem Wege leicht zu einer exponentiellen Verteilung über die Adsorptionswärmen und Aktivierungsenergien gelangen. Jedoch ist das Schema der rein thermischen Entstehung aktiver Strukturen als allgemeine Konzeption recht zweifelhaft. Häufig liegt die Entstehungstemperatur des aktiven festen Körpers unterhalb der Temperatur, bei der die Reaktion abläuft. Trotzdem verhält sich die Oberfläche, als ob sie stark inhomogen wäre. Zweifelhaft ist auch die katalytische Wirksamkeit der meisten einfachen auf derartigen Schwankungen beruhenden Störungen.

Schematischer und elastischer sind die Begriffsbildungen, die das Auftreten aktiver Strukturen als Folge einer Wahrscheinlichkeitsverteilung der Energien nach einer quadratischen GAUSS-Funktion betrachten:

$$\varrho(U) \cong \exp\left[-\frac{U-U_0}{\delta U}\right]^2. \tag{12}$$

Hierbei ist U_0 die mittlere Energie eines Oberflächenatoms, $U-U_0$ die Abweichung von diesem Mittelwert, δU die Breite der Verteilung[7]).

Nach der GAUSSschen Gleichung sind, solange δU klein ist, Abweichungen von der Homogenität äußerst selten, und $\varrho(U)$ hat nur in einem schmalen Intervall erhebliche Werte. Mit wachsendem δU verbreitert sich die Verteilung,

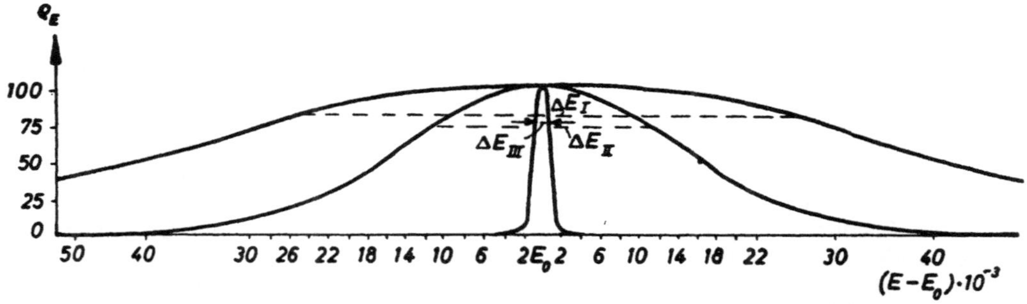

Abb. 38. GAUSSsche Wahrscheinlichkeitsverteilung bei verschiedener Verteilungsbreite, gegeben durch die Größe des Parameters ΔE.

wobei sich die Ausdehnung des mittleren gleichförmigen Teils vergrößert. Je breiter δU wird, desto mehr nähert sich die Verteilung der Bereiche über U der gleichmäßigen Verteilung (Abb. 38).

Damit die Verteilung über die U-Werte zu einer Inhomogenität hinsichtlich Q und E führt, muß eine „Stabilisierung" dieser Verteilung möglich und ein Funktionalzusammenhang zwischen Q und E einerseits und U andererseits gegeben sein. Für Prozesse, die auf chemischen Kräften beruhen, muß ein solcher Zusammenhang vorhanden sein.

Wenn Q und E symbat mit $U-U_0$ wachsen, ist der Typ der Verteilung über Q und E ähnlich dem der Verteilung über U. Ist $U-U_0$ antibat zu Q und E, so muß die Ähnlichkeit im Hinblick auf Homogenität oder Inhomogenität erhalten bleiben, jedoch werden Verteilungen, die hinsichtlich $U-U_0$ „geneigt" sind, zu „ansteigenden" Verteilungen über Q und E führen und umgekehrt.

Dies läßt sich leicht für den einfachsten Fall eines linearen Zusammenhanges zwischen Q (bzw. E) und U veranschaulichen. Es sei

$$E = E_0 + \gamma U, \tag{13}$$

wobei γ sowohl positiv als auch negativ sein kann.

Nach den Gleichungen (4) und (5) aus Kapitel III ist

$$\varrho(E) = \varrho(U)\frac{dU}{dE}. \tag{13a}$$

Aus Gleichung (13) geht hervor, daß $U = (E - E_0)/\gamma$ ist, also

$$\frac{dU}{dE} = 1/\gamma \tag{13b}$$

oder

$$\varrho(E) = \frac{\varrho\left(\frac{E}{\gamma} - \frac{E_0}{\gamma}\right)}{\gamma}. \tag{13c}$$

Bei $\gamma > 0$ sind die Funktionen ϱ symbat, bei $\gamma < 0$ antibat.

Wir setzen nun für $\varrho(U)$ den Ausdruck

$$e^{-\frac{U-U_0}{RT^*}} = e^{-\beta(U-U_0)} = Ce^{-\beta u} \tag{14}$$

mit $T^* \neq T_{\text{Vers}}$. Dann ist bei $\gamma > 0$

$$\varrho(E) = \frac{C}{\gamma}\cdot e^{-\frac{\beta}{\gamma}E}\cdot e^{+\frac{\beta}{\gamma}E_0} = C_1 e^{-\alpha E}, \tag{14a}$$

wobei C_1 und α Konstanten sind.

Bei $\gamma < 0$ ist umgekehrt

$$\varrho(E) = \frac{C}{\gamma}\cdot e^{-\frac{\beta}{\gamma}E}\cdot e^{-\frac{\beta}{\gamma}E_0} = C_2 e^{+\alpha E}, \tag{14b}$$

wobei gewöhnlich $\alpha > 0$ ist. Wie wir andeuteten, ist eine rein thermische Entstehung aktiver Bereiche bei Adsorbenten und Katalysatoren mit darauffolgender Stabilisierung als Hauptmechanismus wenig wahrscheinlich. Jedoch kann auch eine Berührung einer wachsenden Phase mit der Ausgangsphase, die sich weit entfernt vom „gesättigten" Zustand befindet, zu den ursprünglichen GAUSSschen Verteilungstypen führen [8]). Diese Ausgangsphase kann die Rolle eines chemischen „Plasmas" spielen, aus dem die aktiven Strukturen des festen Körpers und seiner Oberfläche entstehen; dabei ist der Gehalt an verschiedenen aktiven Formen in diesem „Plasma" um so größer und die Entstehung aktiver Strukturen um so wahrscheinlicher, je höher die freie Energie des Systems ist. Bei $U \gg U_0$ geht die GAUSS-Verteilung in eine exponentielle über, die U^2 im Exponenten enthält: $\varrho \sim \exp[-U^2/(\delta U)^2]$.

Nimmt man die Breite der entstehenden GAUSS-Verteilung δU als proportional zur überschüssigen freien Energie des („übersättigten") Systems an, so wird

$$\delta U \cong \Delta F \tag{14c}$$

und alles, was oben über den Einfluß von δU auf den Typ der Verteilung gesagt wurde, gilt jetzt auch für den Einfluß der überschüssigen freien Energie des Entstehungsprozesses auf die Verteilung. Mit anderen Worten glättet eine Steigerung der Übersättigung bei der Entstehungsreaktion den mittleren Teil der Verteilung aus, d. h., das „Gleichförmigkeitsgebiet" wird erweitert.

Bei exponentiellen Verteilungen vom BOLTZMANNschen Typ kann man die gleichen Ergebnisse erhalten, wenn man die Quasitemperatur T^*, die in der Verteilungsfunktion auftritt, als proportional ΔF ansieht.

In beiden Fällen ist das Endergebnis das gleiche. Bei einer rein zufälligen Entstehung aktiver Strukturen steigt ihr Gesamtgehalt in der Oberfläche mit zunehmender Übersättigung bei der Entstehung. Hierbei muß gleichzeitig ein allmählicher Übergang der Verteilung von Bereichen über den Energieüberschuß von einer homogenen zu einer ungleichmäßigen inhomogenen und schließlich zu einer gleichmäßigen inhomogenen Verteilung stattfinden.

Die Verteilungen über U führen bei Vorliegen eines Funktionalzusammenhanges zwischen dem U des Bereiches und den Energiewerten Q und E der Wechselwirkung mit dem Gas für den gleichen Bereich zu einer analogen Verteilung über Q und E. Von wesentlicher Bedeutung sind hierbei der symbate oder der antibate Verlauf dieser Größen. So kann man sich die Entstehung sowohl ungleichförmiger als auch gleichförmiger Verteilungen verschiedener Typen vorstellen, hinter denen sich Verteilungen mit breiteren oder schmaleren Maxima verbergen.

§ 4: *Topographische Behandlung der Verteilung*

Unabhängig von ihrer Entstehung werden die aktiven Strukturen durch eine bestimmte Ausdehnung und ein Gesetz für die Abnahme der entsprechenden Eigenschaft innerhalb der aktiven Zone gekennzeichnet.

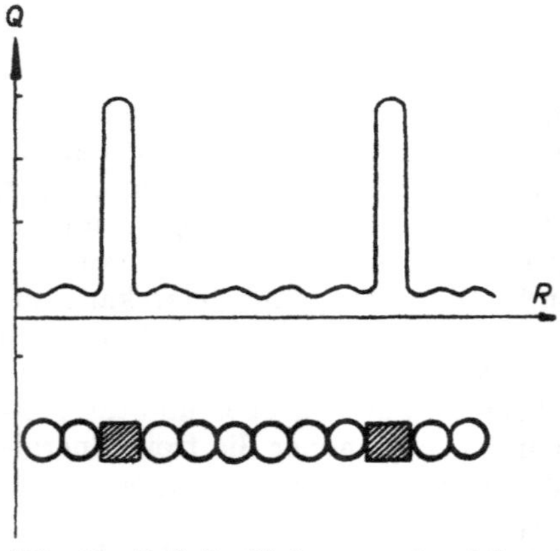

Abb. 39. Lokale Steigerung der Adsorptionswärme infolge des Eindringens eines Fremdatoms in das Oberflächengitter eines festen Körpers.

Man kann eine Reihe von Argumenten für den Zusammenhang der Aktivität mit scharf ausgeprägten und stabilen Strukturgebilden anführen [9]. Häufig wurde auf die Bedeutung der Korn- und Phasengrenzen, der Risse, der Fremdatome und -molekeln, die in die Oberfläche des festen Körpers eingedrungen sind, für Adsorption und Katalyse hingewiesen. Zweifelhaft ist nur der relative Effekt der verschiedenen Strukturen dieser Art. Der Einfachheit halber nehmen wir an, daß nur eine Sorte dieser stabilen Gebilde von merklichem Effekt ist. Dann besteht kein Grund, starke Variationen in den Eigenschaften der einzelnen Zentren anzunehmen, und man kann in erster Näherung alle Grenzzonen, in denen sich zwei Phasen

A und B berühren, oder alle Bereiche, die durch Einschluß eines Fremdatoms in der Oberfläche entstehen, als gleichartig betrachten. Nimmt hierbei die Störung, die durch diese Abweichung von der normalen Periodizität hervorgerufen wird, nach außen hin genügend schnell ab und erstreckt sich

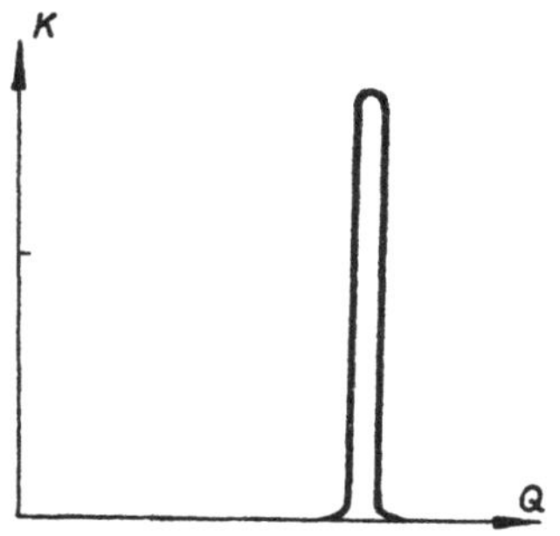

Abb. 40. Diskretes Maximum in der Verteilung, das einer lokalen Änderung der Adsorptionswärme entspricht.

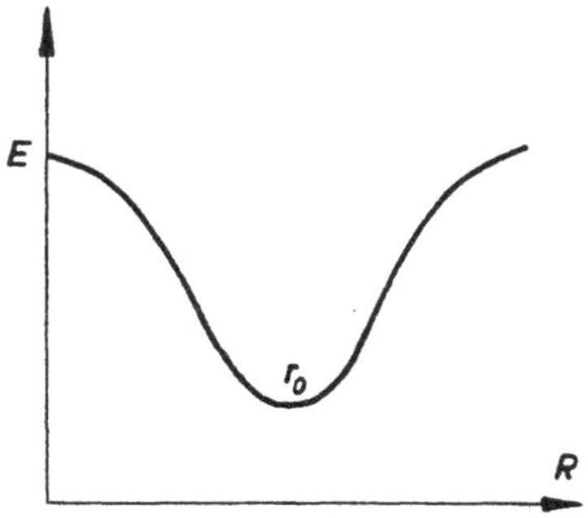

Abb. 41. Änderung der Aktivierungsenergie bei der Entfernung vom Zentrum einer aktiven Zone.

nicht auf die benachbarten Atome und Teilchen (Abb. 39), so müssen stark inhomogene Verteilungen der katalytischen Aktivitäten mit scharfen Maxima, die dem Wert der untersuchten Größe für die erwähnten Gebilde entsprechen, entstehen (Abb. 40). Wahrscheinlicher ist, daß um das Zentrum der Störung eine endliche, wenn auch kleine Zone besteht, innerhalb der der Wert der untersuchten primären Größe sich stetig ändert. Die Grenzwerte für diese Änderung werden durch diejenigen Atome des Gitters, welche unmittelbar an die Phasengrenze oder den Fremdeinschluß anstoßen, und durch den Normalwert der Atome auf der ungestörten Oberfläche gegeben. Schematisch ist dies in Abb. 41 für die Aktivierungsenergie längs einer Linie dargestellt, die ein einzelnes Zentrum schneidet, in Abb. 42 für eine Linie, die mehrere solcher Zentren schneidet. Hierbei wird angenommen, daß E für die aktiven Zentren einen Wert $E_{\min}$ nicht unterschreitet und daß für die normale Oberfläche ein Wert $E_0 \gg E_{\min}$ gilt. Für Q_{ads} müßte man annehmen $Q_{\max} \gg Q_0$.

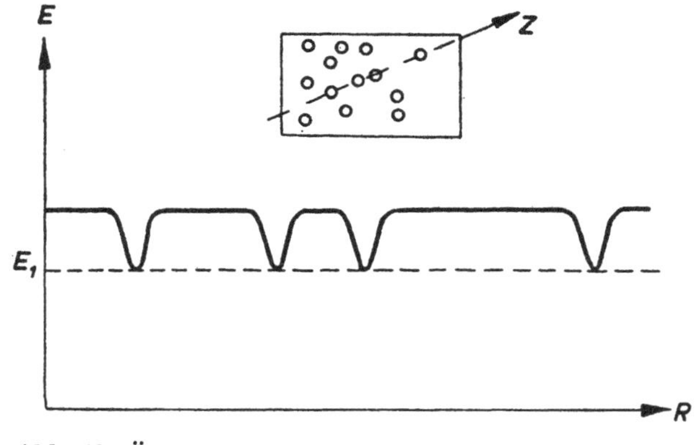

Abb. 42. Änderung der Aktivierungsenergie bei Berührung mehrerer aktiver Zonen.

In Abb. 43 ist der Verlauf der Kurven gleicher Aktivierungsenergie um ein punktförmiges und ein lineares Zentrum mit dem Änderungsgesetz, das Abb. 41 entspricht, dargestellt.

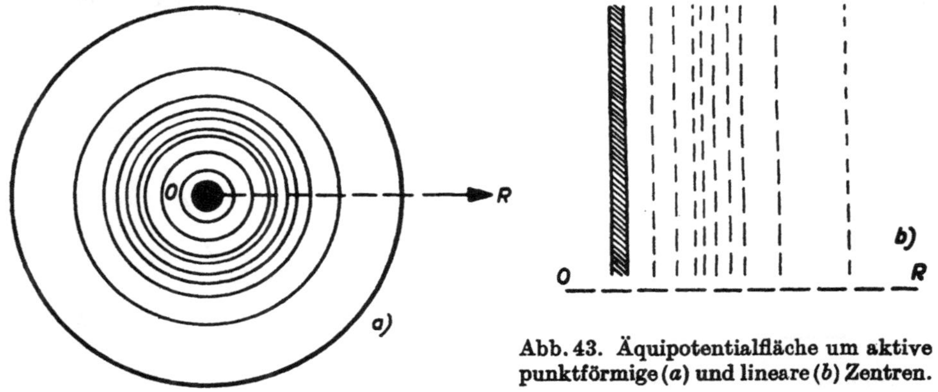

Abb. 43. Äquipotentialfläche um aktive punktförmige (*a*) und lineare (*b*) Zentren.

Wir betrachten zwei Grenzfälle dieser Gebilde:

1. Punktförmige Zentren. Die aktiven Bereiche mögen kleine Gebiete darstellen, die eine winzige Störung umgeben; ihr Durchmesser betrage eine oder wenige Atomabmessungen. Am anschaulichsten kann man sich eine solche Störung als eingedrungenes Fremdatom vorstellen (Abb. 44); hierbei haben unsere Daten über den Einfluß eingedrungener Mikropromotoren auf die Aktivität reiner Metalle besondere Bedeutung [10–12]). Mit zunehmender Entfernung eines Atoms von dem Ort dieser starken Störung wächst die Aktivierungsenergie nach einem bestimmten Gesetz. Der Einfachheit halber nehmen wir an, daß alle aktiven punktförmigen Zentren so benachbarte Werte der Aktivierungsenergie besitzen, daß man diese in erster Näherung als identisch betrachten kann. Dann gibt es um jedes punktförmige Zentrum, das selbst einen sehr kleinen Radius r_0 besitzt, eine Zone mit einem größeren Radius R, innerhalb der die Aktivierungsenergie nach einem bestimmten Gesetz von dem Wert E_1, der die aktiven Zentren kennzeichnet, bis zur Aktivierungsenergie E_0 der normalen Atome der Oberfläche anwächst; dem entspricht eine Abnahme der Adsorptionswärme von einem Wert Q_1 auf Q_0.

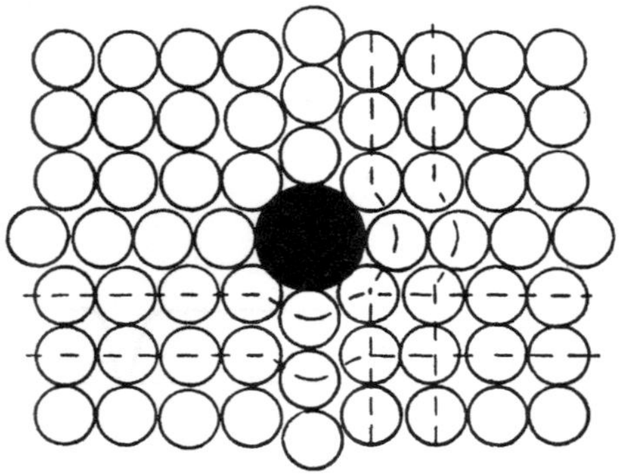

Abb. 44. Modell eines aktiven punktförmigen Zentrums. Schematisch dargestellt ist die Verschiebung der Nachbaratome des Gitters durch das Eindringen des Fremdatoms.

Man kann zeigen, daß das Verteilungsgesetz der Energien sich auch dann nur schwach ändert und mehr oder weniger gleichförmig bleibt, wenn das Gesetz für das Anwachsen von E (oder die Abnahme von A) mit zunehmender Entfernung vom Zentrum des aktiven Bereiches sich stark ändert. Wir zeigen dies am Beispiel der Verteilung über die Aktivierungswärme. Es sei

$$E = E_1 \left(\frac{R}{r_0}\right)^n, \tag{15}$$

wobei n jedenfalls größer als eins ist, denn diejenigen Störungen der Oberfläche eines festen Körpers, die in der Lage sind, die Werte Q und E für chemische und Adsorptionsprozesse wesentlich abzuändern, können sich nicht über viele Atomabstände erstrecken.

Wir beschränken uns auf die Betrachtung der Werte R zwischen r_0, wo $E = E_1$ ist, und einem $R_{\max}$, bei dem E praktisch gleich E_0 ist.

Enthält die Oberfläche m aktive Zentren, deren Abstände voneinander hinreichend groß sind, so ist $\varrho(R)$, die Verteilungsfunktion der Oberflächenbereiche über die Abstände von den Zentren der aktiven Zone,

$$\varrho(R) = 2\pi R m, \tag{16}$$

mit

$$r_0 \leqq R \leqq R_{\max}. \tag{16a}$$

Zum Übergang zu $\varrho(E)$ benutzen wir die Gleichung

$$\varrho(E) = \varrho(R) \frac{dR}{dE}; \tag{16b}$$

ferner ist nach Gleichung (15)

$$R = \frac{r_0}{E_1^{1/n}} E^{1/n}. \tag{16c}$$

Es ergibt sich also

$$\varrho(E) = \frac{2\pi m r_0^2}{n E_1^{2/n}} E^{\frac{2}{n}-1} = H E^{\frac{2}{n}-1}. \tag{17}$$

Die oben angegebene Normierung von R entspricht einer Normierung der Größe E auf das Intervall zwischen E_1 und E_0. Bei $n = 1$ ist

$$\varrho(E) = HE. \tag{18}$$

Bei $n \to \infty$

$$\varrho(E) \to HE^{-1}, \tag{19}$$

wobei H gleichzeitig gegen Null geht.

Einer Änderung der Größe n von 1 bis ∞ in Gleichung (15) entspricht eine Änderung des Exponenten von E in der Gleichung für $\varrho(E)$ von $+1$ bis -1.

Bei $n = 2$ ist

$$\varrho(E) = H. \tag{20}$$

Die betrachteten drei Fälle sind in Abb. 45 dargestellt. Offenbar ähnelt die Gleichung (15) mit $n = \infty$ der Gleichung für das exponentielle Anwachsen von E_1 mit zunehmendem R. In diesem Fall kann man eine Gleichung erwarten, die (19) ähnelt.

Es sei

$$E = E_1 \exp\left[+\alpha(R - r_0)\right]. \tag{21}$$

Bei $R = R_{\max}$ ist

$$E = E_1 e^{+\alpha(R_{\max} - r_0)}; \tag{21a}$$

bei $R = r_0$

$$E = E_1.$$

Hierdurch werden die Normierungsbedingungen gegeben:

$$\ln \frac{E}{E_1} = a(R - r_0) \quad \text{oder} \quad R = r_0 + \frac{1}{a} \ln \frac{E}{E_1}, \tag{22}$$

so daß die Ableitung $$R' = a^{-1} E^{-1} \tag{22a}$$

beträgt; schließlich ist

$$\varrho(E) = \frac{2\pi m}{a} \left[\frac{r_0 - \frac{1}{a} \ln E_1}{E} + \frac{1}{aE} \ln E \right], \tag{23}$$

$$\varrho(E) = \frac{H + \beta \ln E}{E}. \tag{23a}$$

Der Exponent unterscheidet sich von dem Fall $n = \infty$ durch das Zusatzglied $\beta \frac{\ln E}{E}$, das auf die Form von $\varrho(E)$ keinen merklichen Einfluß haben kann, da der Einfluß des E im Nenner auf diese Größe sehr viel erheblicher ist.

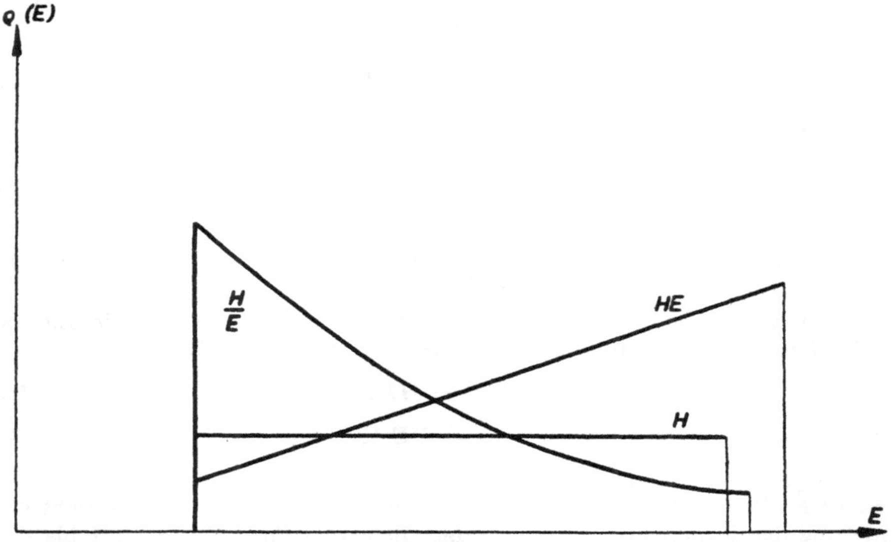

Abb. 45. Grenzfälle der Verteilungsfunktion, die für die durch punktförmige Fremdzentren hervorgerufenen aktiven Zonen typisch sind.

2. Lineare Zentren. Wir betrachten den Fall, daß das aktive Zentrum lineare Form hat. Es kann sich z. B. um die Grenze zwischen zwei Kristallkörnern in einem polykristallinen Aggregat handeln, längs der Fremdsubstanz eingedrungen ist (Abb. 46), oder auch um eine Kante des Kristalls. Der Verlauf der Äquipotentialkurven für diesen Fall ist in Abb. 43b dargestellt.

Für die statistische Rechnung ist wesentlich, daß für jeden konkreten Typ eines linearen Zentrums in erster Näherung $\varrho(R) = ml$ ist, wobei l die Länge des linearen Zentrums ist. Setzen wir in dieser Gleichung für $\varrho(R)$ die früheren Werte für $E = E(R)$ und R' ein, so erhalten wir für eine Potenzverteilung

$$\varrho(E) = HE^{\frac{1}{n}-1}$$

mit

$$E_1 \leqq E \leqq E_0; \tag{24}$$

bei $n = 1$

$$\varrho(E) = H = \frac{m l r_0}{E_1}; \tag{25}$$

bei $n = 2$

$$\varrho(E) = HE^{-1/2} = \frac{m l r_0}{2 E_1^{1/2}} E^{-1/2}; \tag{26}$$

bei $n \to \infty$

$$\varrho(E) \to HE^{-1}, \tag{27}$$

wobei H gegen Null geht; schließlich ist bei $E = E_1 e^{+\alpha(R-r_0)}$

$$\varrho(E) = HE^{-1} = \frac{ml}{\alpha E}. \tag{28}$$

Offenbar erhalten wir also bei stark verschiedenen Gesetzen für die Abnahme der Aktivierungsenergie und damit der Aktivität mit dem Abstand vom Zentrum der aktiven Zone ziemlich ähnliche Verteilungen über E: sie variieren von einfachsten Potenzfunktionen bis zu streng gleichmäßigen Verteilungen. Diese Schlußfolgerung beruht nicht auf einem bestimmten Modell der aktiven Punkte und Zonen und setzt nur die sehr naheliegende Zonenstruktur voraus, d. h. den allmählichen, wenn auch oft recht steilen Übergang zwischen den Werten E_1 und E_0 bei wachsender Entfernung vom Zentrum der Zone. Damit dies zutrifft, ist hinreichend, daß E wenigstens innerhalb weniger Atomabstände kleiner als E_0 ist.

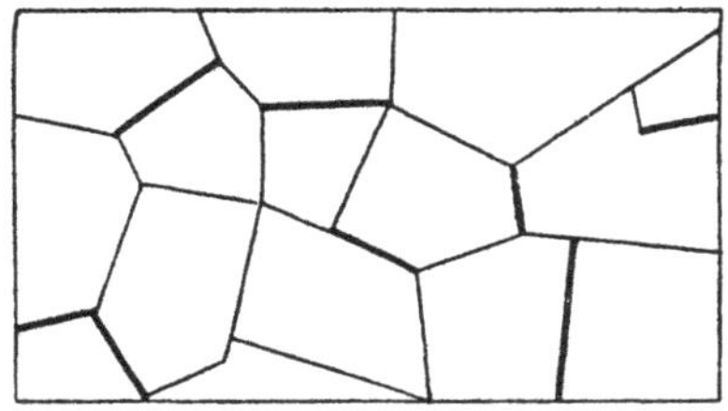

Abb. 46. Aktive Zentren an Kristallgrenzflächen.

In der katalytischen Literatur ist kein Mangel an Versuchen, die geometrische Form der aktiven Zentren genauer zu fassen. Mehrfach wurden Argumente für die besondere Rolle der Spitzen der Kristallite vorgebracht, die nach unserer Klassifizierung das einfachste Beispiel für punktförmige Zonen sind. SCHWAB und PIETSCH[13]) brachten in ihrer Adlineationstheorie der Katalyse eine Reihe kinetischer Argumente zugunsten der linearen Form der aktiven Zentren, die sie mit den Kristallkanten und den Schnitten der Korngrenzen mit der Oberfläche bei polykristallinen Aggregaten identifizierten.

Eine eindeutige Entscheidung darüber, ob irgendein bestimmter Strukturtyp vorherrscht, liegt noch jenseits der Grenzen unserer experimentellen Möglichkeiten. Trotzdem haben die gewonnenen Gleichungen prinzipielle Bedeutung. In der Tat entspricht die schematische Ausgangsverteilung, die für vollständiges Fehlen einer Übertragung der Störung auf die Nachbarbereiche kennzeichnend ist, einem homogenen aktiven Katalysator, der auf einen indifferenten

Träger „aufgepflanzt" ist. Eine solche Oberfläche muß sich wie ein homogenes System oder ein Gemisch zweier verschiedener homogener Systeme verhalten, was sich im Kurvenbild durch ein einziges Maximum oder zwei scharfe und weit voneinander entfernte Maxima ausdrückt (von diesen Maxima wird in den allermeisten Fällen nur eines in Erscheinung treten). Liegen allmähliche, wenn auch sehr steile Übergänge von den Energien, die für die aktiven Bereiche im Zentrum der Störzone kennzeichnend sind, und den Werten der gleichen Energien für die ungestörte Oberfläche vor, so entstehen die typisch homogenen Systeme mit Verteilungen, die zwischen der gleichmäßigen Verteilung und (geneigten oder ansteigenden) Potenzfunktionen mit kleinen Exponenten liegen, wie in Abb. 45 dargestellt ist. Besonders bemerkenswert ist, daß die typisch inhomogenen Verteilungen bei völliger Identität der einzelnen Zentren entstehen, die dem chemischen Modell zugrunde gelegt wurde.

Der Typ der Verteilung ist eine Funktion der Form der einzelnen aktiven Zone und des Gesetzes für die Änderung der Energie innerhalb dieser Zone. Bei der topographischen Behandlung der aktiven Bereiche brechen die entstehenden Verteilungen in Richtung kleiner E scharf ab und können in Richtung großer E ein hohes Maximum haben.

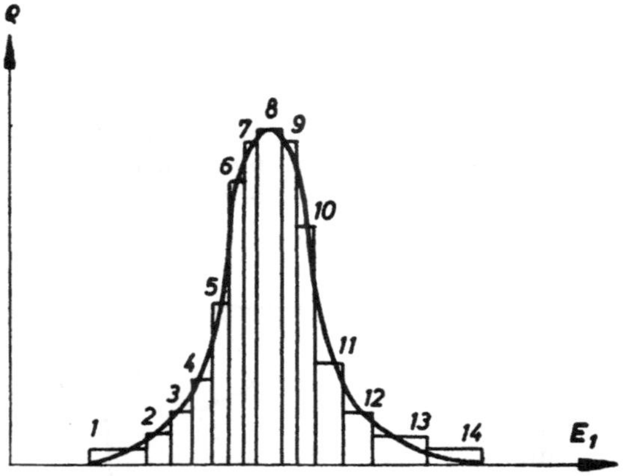

Abb. 47. Zerlegung einer GAUSS-Kurve für minimale Aktivierungsenergien E_1 bei ausgedehnten aktiven Zentren in rechteckige senkrechte Streifen. Jedem Streifen entspricht eine Gruppe aktiver Zentren mit bestimmtem E_1.

Eine Berücksichtigung einer möglichen Inhomogenität der aktiven Zentren selbst, d. h. verschiedener E-Werte unter ihnen, ändert nichts Wesentliches. Wir zeigen dies für den Fall, daß die Verteilung der aktivsten Zentren über die Energien E_1 nicht durch einen vertikalen schmalen Streifen, sondern durch eine Kurve vom GAUSSschen Typ gegeben wird (Abb. 47).

Der Anschaulichkeit halber nehmen wir an, daß das Gesetz für die Abnahme von E mit wachsendem R und die Form des Zentrums so beschaffen sind, daß bei Übereinstimmung aller E_1 — dem entspricht ein schmaler vertikaler Streifen in dem Diagramm $\varrho(E_1)$ — eine gleichmäßige Verteilung herauskommt. Wir zerlegen nun die Fläche unterhalb der Verteilungsfunktion in eine Reihe schmaler vertikaler Streifen. Jeder dieser Streifen ergibt eine gleichmäßige Verteilung. Beispielsweise ergibt der Streifen 1 in Abb. 47 den horizontalen Streifen 1 in Abb. 48, der Streifen 2 den horizontalen Streifen 2 usw.

Wir erhalten eine Verteilung, die in ihrem mittleren und „hinteren" Teil praktisch nicht von der gleichmäßigen Verteilung abweicht (Abb. 48). Wir weisen darauf hin, daß der Maßstab der Abb. 47 bedeutend größer ist als der der Abb. 48.

Geringe Abweichungen treten nur für kleine E auf. Sie bestehen darin, daß das scharfe Abbrechen bei dem Minimalwert von E in einen flacheren Abfall übergeht, dessen Steilheit und Form durch Steilheit und Form der linken Seite des Maximums bestimmt werden. Das Ergebnis einer gleichmäßigen Verteilung gilt auch für die übrigen Verteilungen. Wir betonen nochmals, daß es nur schwach von der konkreten Form der Abhängigkeit der Energie E von R abhängt.

In der Tat spiegeln sich, wie oben gezeigt, so starke Änderungen des Funktionalzusammenhanges zwischen E und R, wie der Übergang von

$$E = E_1 \cdot (R/r_0)^n$$

mit kleinem n zu

$$E = E_1 e^{+\alpha (R - r_0)}$$

nur schwach in der Form der Funktion $\varrho(E)$ wider. Indessen hat man es praktisch mit bedeutend kleineren Variationen von $E(R)$ zu tun. Dies beruht darauf, daß für die Geschwindigkeit von Prozessen an inhomogenen Oberflächen der „Kopf" der Verteilung, d. h. der Abschnitt der Kurve $\varrho(E)$ mit Werten E, die nahe an $E = E_1 = E_{\min}$ liegen, die Hauptrolle spielt; für diesen Abschnitt lassen sich die verschiedensten Funktionen gut durch die Gleichung einer Geraden

$$E = E_1 \cdot \left(\frac{R}{r_0}\right)$$

oder einer Parabel

$$E = E_1 \cdot \left(\frac{R}{r_0}\right)^2$$

approximieren. Bei punktförmigen Zentren ergibt der erste Ausdruck für $E(R)$ eine Verteilung $\varrho(E) = HE$, der zweite $\varrho(E) = H$. Für lineare Zentren liefert der erste Ausdruck $\varrho(E) = H$, der zweite $\varrho(E) = HE^{-1/2}$. Mit anderen Worten braucht man in dem oben dargelegten topographischen Modell lokaler autonomer Zentren nur die Funktionen $\varrho(E) = H$, $\varrho(E) = HE^{-1/2}$ und $\varrho(E) = HE$ zu berücksichtigen; zur ersten Orientierung kann man sich häufig sogar auf die einfachste dieser Funktionen, $\varrho(E) = H$, beschränken.

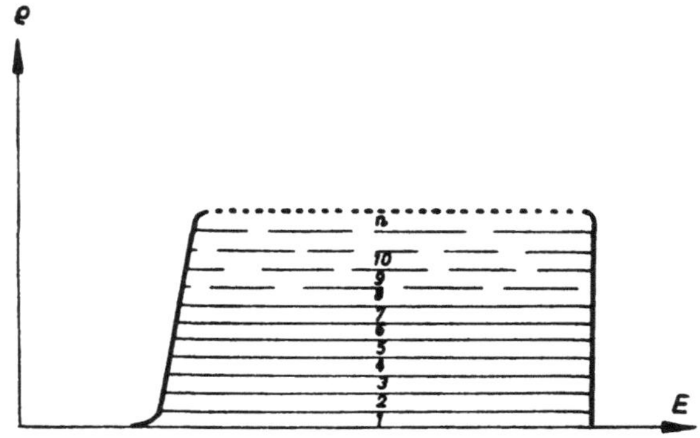

Abb. 48. Verteilungsfunktion über die Aktivierungsenergien, die man bei GAUSSscher Streuung der Werte der minimalen Aktivierungsenergien E_1 ausgedehnter aktiver Zentren und bei einer Abhängigkeit $E(R)$ erhält, die bei $E_1 = \text{const}$ $\varrho(E) = H$ liefert.

Diese besondere Form von $\varrho(E)$ folgt letzten Endes aus der Geometrie der aktiven Zentren; wenn also in der Katalyse aktive Strukturen des erwähnten Typs die überwiegende Rolle spielen, ist der Typ der Verteilungsfunktion wenig empfindlich gegen die Größe der Übersättigung bei der Entstehungsreaktion[8]), obwohl diese Größe sowohl auf den Wert von H als auch auf die minimale Aktivierungsenergie E_1 von Einfluß sein kann.

Die angestellten Überlegungen hatten das Ziel, den möglichen Zusammenhang zwischen dem Typ der Verteilungsfunktion und Entstehung und Natur der aktiven Oberfläche zu zeigen. Entstehen die aktiven Strukturen der Oberfläche durch statistische Schwankung des Gitters, dann bilden sich bei kleinen Übersättigungen Oberflächen mit stark inhomogenen Verteilungen; bei größeren Übersättigungen des Entstehungsprozesses werden diese Verteilungen breiter und gleichförmiger.

Diese Schlußfolgerungen gelten unabhängig von der konkreten Natur und der Topographie der aktiven Gebilde. Im Gegensatz hierzu gelten die geometrischen Überlegungen, die zu gleichförmigen und einfachsten Potenzverteilungen führen, unabhängig von der Anwendbarkeit oder Nichtanwendbarkeit des GAUSSschen Fehlergesetzes oder der BOLTZMANNschen Gleichung auf die Statistik der aktiven Zentren. Notwendig ist nur ein stetiger Übergang von den Werten der entsprechenden Energien für den aktiven Bereich zu den Energien der normalen Oberfläche.

Schon durch die Natur des Problems wird die Möglichkeit ausgeschlossen, auf spekulativem Wege eindeutigere Ergebnisse zu erlangen. Nur eine Analyse eines umfangreichen experimentellen Materials und eine Zuordnung der experimentell beobachteten Verteilungen zu den Typen der Oberfläche und ihren Entstehungsbedingungen kann Klarheit in diese Frage bringen.

Vorläufig kann man, wenn man alles oben Gesagte berücksichtigt, das Vorhandensein von Verteilungen als wahrscheinlich ansehen, die der exponentiellen, der gleichmäßigen und der Potenzverteilung mit positiven und negativen Exponenten n von nahezu eins ähneln. Die GAUSS-Verteilung rechnen wir nicht zu den Grundverteilungen. Einerseits gibt es keine ausreichende physikalische Begründung für eine unmittelbare Anwendung der Fehlertheorie auf die Statistik der Energien, welche die Kinetik und Statik der heterogenen Reaktionen kennzeichnen; andererseits kann man leicht zeigen, daß die Verwendung dieser Verteilung in der Theorie der Erscheinungen, die unsere Monographie behandelt, nichts wesentlich Neues bringen würde.

In der Tat sind sehr schmale Verteilungen vom GAUSSschen Typ kaum verschieden von schmalen rechteckigen Spitzen, wie sie die homogenen Oberflächen charakterisieren (Abb. 11). Sehr breite GAUSS-Verteilungen stimmen in ihrem Hauptteil mit gleichmäßigen Verteilungen überein; bei mittleren Breiten tritt wegen des oben hervorgehobenen exponentiellen Zusammenhangs der unmittelbar beobachtbaren Größen mit der Energie fast stets nur entweder der linke oder nur der rechte Ast der Kurve in Aktion, während der andere Ast praktisch nicht ins Gewicht fällt. In allerletzter Zeit erhielten DUBININ und RADUSCHKEWITSCH bei der Ableitung der Adsorptionsisothermen vielversprechende Ergebnisse mit einer integralen Verteilungsfunktion, die im Exponenten das Quadrat des Adsorptionspotentials enthält[14]). In der Folge werden wir zur Veranschaulichung der Eigenschaften inhomogener Oberflächen in der Hauptsache folgende Typen von Verteilungsfunktionen benutzen:

Die exponentielle	die Potenz-	und die gleichmäßige Verteilung
$\varrho = H \exp(\pm a x)$	$\varrho = H x^{\pm n}$	$\varrho = H$

Gehen a und n gegen Null, so gehen die exponentielle und die Potenzverteilung in die gleichmäßige über; in kleinen Intervallen läßt sich eine exponentielle

Verteilung mit einem von Null verschiedenen α nicht von einer Potenzverteilung unterscheiden, wie schon aus der bekannten Gleichung für die Reihenentwicklung der Exponentialfunktion hervorgeht:

$$\left.\begin{aligned} e^{+x} &= 1 + x + \frac{1}{2}x^2 + \frac{1}{6}x^3 + \cdots \\ e^{-x} &= 1 - x + \frac{1}{2}x^2 - \frac{1}{6}x^3 + \cdots \end{aligned}\right\} \qquad (29)$$

Schon aus diesem Grunde kann man sämtliche Schlußfolgerungen über den Charakter der Verteilung nur auf die Abhängigkeiten gründen, die man bei einer hinreichend großen Änderung der zu variierenden Parameter erhält.

Literatur

1. Constable, H., Proc. Roy. Soc. A, **108**, 355 (1926).
2. Schwab, G. M., u. Cremer, E., Z. physik. Chem. Abt. A, **144**, 243 (1929).
3. Cremer, E., u. Flügge, E., Z. physik. Chem., Abt. B, **41**, 453 (1939).
4. Hevesy, G., Z. physik. Chem., Abt. A, **101**, 337 (1922).
5. Иоффе, А. Ф. (A. F. Joffe), Ann. Physik, **72**, 461 (1923); Френкель, Я. И. (J. I. Frenkel), Z. Physik, **35**, 652 (1926); Sov. Phys., **8**, 185 (1935); **9**, 158 (1936); Журнал Эксперименталной и Теоретической Физики (Z. exp. theor. Physik), **16**, 39 (1946).
6. Schottky, W., Wagner, C., Z. physik. Chem., Abt. B, **11**, 163 (1930); Wagner, C., ibid., **11**, 139 (1930); Schottky, W., Z. Elektrochem. angew. physik. Chem., **45**, 33 (1939).
7. Бернштейн, С. Н., Теория вероятностей, 4-е изд., Гостехиздат (S. N. Bernstein, Wahrscheinlichkeitstheorie, 4. Aufl., Staatl.-techn. Verlag), 1946; Гончаров, Теория вероятностей Оборонгиз (Gontscharow, Wahrscheinlichkeitstheorie), 1939; Романовский, В. И., Применение математической статистики в опытном деле, Гостехиздат (W. I. Romanowski, Anwendung der mathematischen Statistik in der experimentellen Wissenschaft, Staatl. techn. Verlag), 1947.
8. Рогинский, С. З. (S. S. Roginski), Acta Physicochimica URSS, **4**, 729 (1936); Журнал Физической Химии (J. physik. Chem.), **15**, 707 (1941).
9. Рогинский, С. З., Журнал Физической Химии (S. S. Roginski, J. physik. Chem.), **15**, 1 (1941).
10. Рогинский, С. З., и Аблезова, К. С. (S. S. Roginski u. K. S. Ablesowa), Z. physik. Chem., Abt. A, **174**, 449 (1935).
11. Мочан, И. В., и др. Доклады Академии Наук СССР (I. W. Motschan u. a., Ber. Akad. Wiss. UdSSR), **30**, 26, 32 (1941).
12. Равдель, А. А., и Юдин, И. П., Доклад Академии Наук СССР (A. A. Rawdel u. I. P. Judin, Ber. Akad. Wiss. UdSSR), **30**, 37 (1941).
13. Schwab, G. M., u. Pietsch, E., Z. physik. Chem., Abt. B, **1**, 835 (1929); Z. Elektrochem. angew. physik. Chem., **35**, 573 (1929).
14. Дубинин, М. М., Юбилейн сборн, АН СССР, посвященный 30-летию Великой Октябьской социалистической революции (M. M. Dubinin, Jubiläumsband der Akad. Wiss. UdSSR zum 30. Jahrestag der Großen Sozialistischen Oktoberrevolution), Bd. 1, 1947, Seite 562.

TEIL II

Adsorption

KAPITEL 1

Das Adsorptionsgleichgewicht an homogenen Oberflächen

§ 1: *Der physikalische Inhalt des Modells und der Isotherme von* LANGMUIR

Der Idealfall, mit dessen Analyse die Entwicklung der modernen Adsorptionstheorie begann, ist die Adsorption an Oberflächen, die aus einer beschränkten Anzahl völlig identischer Bereiche bestehen.

Die Künstlichkeit dieses Postulats ergibt sich schon aus dem Vorhandensein von Graten und Spitzen auf den Einkristallen, an denen sich das Adsorptionspotential notwendigerweise vom Potential am übrigen Teil des Kristalls unterscheiden muß. Hierzu kommt die Möglichkeit, daß gleichzeitig Kristallflächen verschiedener Indizes und bei polykristallinen Aggregaten Grenzen zwischen den einzelnen Kristalliten, die das Aggregat bilden, vorhanden sind. Die beste Annäherung an das erwähnte Modell bilden große, vollkommene Einkristalle, wie beispielsweise frisch hergestellte, dünne Glimmerblättchen.

Das zweite Postulat verlangt, daß zwischen den einzelnen adsorbierten Molekeln keine Wechselwirkung herrscht. Es ist um so besser erfüllt, je geringer die spezifische Besetzung der Oberfläche ist, d. h. je weiter die Molekeln im Mittel voneinander entfernt sind und je schneller ihre Wechselwirkung mit wachsendem Abstand abnimmt. Bei der Adsorption von Ionen, deren Wechselwirkungspotential mit dem Abstand nach dem Gesetz

$$V = \pm \frac{e_1 \cdot e_2}{\varkappa r} \tag{1}$$

abnimmt, kann man deshalb kaum erwarten, daß diese Bedingung erfüllt ist.

In der Gleichung (1) sind e_1 und e_2 die Ladungen zweier Ionen, r der Abstand zwischen ihnen. Das $+$Zeichen entspricht der Abstoßung gleichnamiger und das $-$Zeichen der Anziehung ungleichnamiger Ladungen; $\varkappa$ ist ein Zahlenkoeffizient, analog der Dielektrizitätskonstante.

Am besten ist das zweite Postulat bei einer Adsorption auf Grund von chemischen Kräften erfüllt, deren Potential mit dem Abstand nach einem Exponentialgesetz

$$V = A e^{-ar} \tag{2}$$

mit großem Absolutwert des Koeffizienten a abnimmt; die Koeffizienten A und a hängen von der Natur der beiden betrachteten Teilchen ab.

Das dritte Postulat nimmt an, daß es bei der Adsorption eine scharf ausgeprägte Sättigung gibt, die einer monomolekularen Bedeckung der Oberfläche entspricht. Der besetzte Teil θ der Oberfläche kann folglich zwischen Null und Eins liegen. Dies ist gleich der Behauptung, daß der Teil der Oberfläche, der frei von Adsorption ist, $\gamma = 1 - \theta$, zwischen Eins und Null variieren kann, wobei stets

$$\gamma + \theta = 1 \tag{3}$$

ist. Die Zahl der Molekeln der adsorbierten Substanz, die das gegebene Adsorbens aufgenommen hat, beträgt:

$$n = n_0 S \theta, \tag{4}$$

dabei ist S die absolute Größe der Oberfläche des gegebenen Adsorbens und n_0 die Anzahl der Plätze auf der Flächeneinheit, gleich der Anzahl der Molekeln, die bei Sättigung auf einem Quadratzentimeter sitzen. In der Bestimmung der Zahl n_0 bleibt stets eine gewisse Unbestimmtheit. In gewissen Fällen setzt man

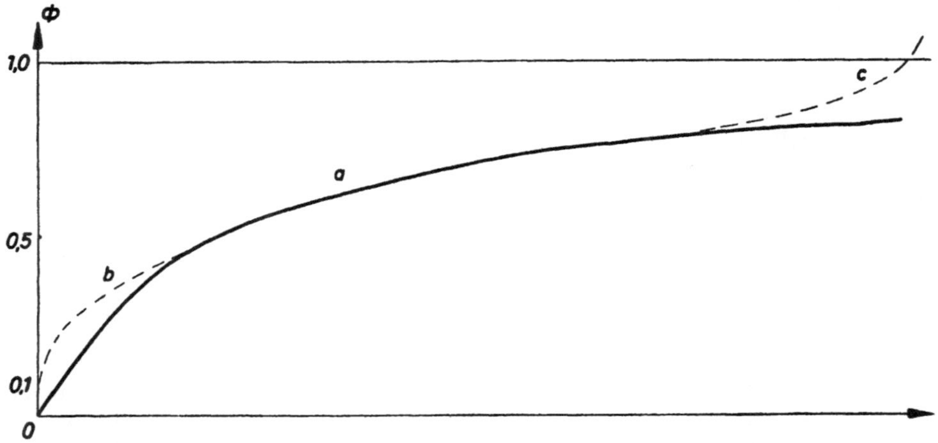

Abb. 49. LANGMUIRsche Isotherme und Abweichungen von ihr (punktierte Abschnitte *b* und *c*) bei kleinen und großen Besetzungen.

sie gleich der Anzahl der Atome des festen Körpers im Quadratzentimeter der Oberfläche oder einem einfachen Vielfachen dieser Zahl: 0,5; 1,5 usw. Dies entspricht der Vorstellung einer chemischen Valenzbindung der adsorbierten Teilchen an die Atome der Oberfläche. Adsorbierte Teilchen dieser Art sind wenig beweglich. In anderen Fällen setzt man n_0 gleich der Anzahl adsorbierter Molekeln, die bei dichter Lagerung auf einem Quadratzentimeter der Oberfläche Platz haben. Auch der Einfluß der Wärmeausdehnung ist zu berücksichtigen, falls sich die adsorbierte Substanz wie ein zweidimensionales Gas verhält. Beim Übergang von n zum Gewicht q der adsorbierten Substanz pro Gramm des Adsorbens hat man n mit dem Molekulargewicht zu multiplizieren und durch die AVOGADROsche Zahl N und die Masse des Adsorbens m zu dividieren:

$$q = \frac{nM}{Nm}. \tag{5}$$

Die Annahme der Monomolekularität der Adsorption muß der Wirklichkeit um so näher kommen, je stärker die Adsorptionskräfte mit wachsendem Abstand von der Oberfläche abnehmen. Man kann also erwarten, daß dieses Postulat für eine Adsorption, die auf chemischen Resonanzkräften beruht, gut erfüllt ist. In der Tat setzt infolge der Absättigbarkeit, die für die chemischen Kräfte kennzeichnend ist, in den typischsten Fällen eine chemische Bindung zwischen einer Gasmolekel und einem Bereich der Oberfläche sowohl die Molekel als auch den Bereich außerstande zur Bildung neuer chemischer Bindungen mit irgendeinem neuen Teilchen.

Im Gegensatz dazu ist der Sättigungseffekt bei einer auf elektrostatischen Kräften beruhenden Adsorption und bei der Kohäsionsadsorption schwächer.

Für das angegebene Modell muß die Abhängigkeit der adsorbierten Menge von der Konzentration des Adsorbats $q = q(c)$ bei konstanter Temperatur, d. h. die Adsorptionsisotherme, die in Abb. 49 dargestellte Form haben.

Isothermen dieser Art trifft man ziemlich häufig, jedoch beobachtet man bei genauerer Untersuchung in der Regel merkliche Abweichungen von der angegebenen Form, und zwar sowohl am Anfang als auch am Ende (Abb. 49). Als Beispiel mögen die Adsorptionsisothermen des Argons, des Stickstoffs und einer Reihe anderer Gase an dem Eisenkatalysator der Ammoniaksynthese dienen (Abb. 50). In diesem Fall, der für poröse und pulverförmige Adsorbentien typisch ist, ist die Abweichung bedeutend und scharf ausgeprägt. An Stelle eines fast horizontalen Abschnittes zeigen die Isothermen ein geneigtes Stück, das in einen erneuten steilen Anstieg übergeht, so daß die ganze Isotherme die in Abb. 50 dargestellte Form annimmt.

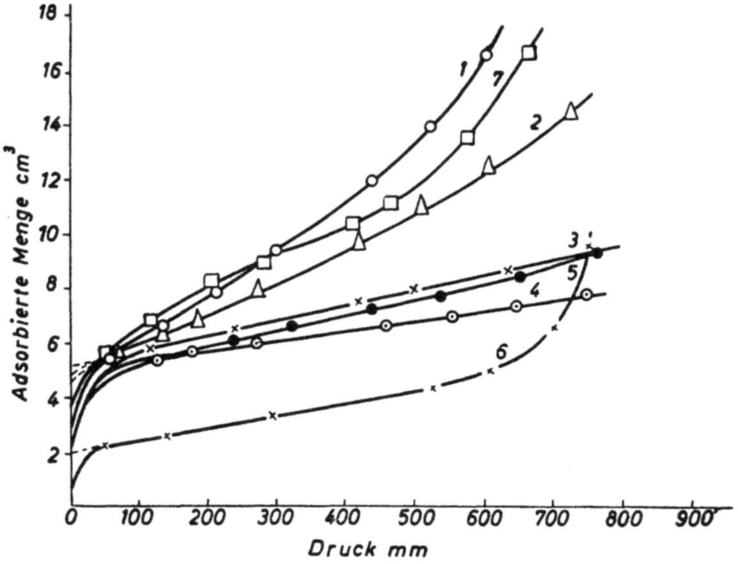

Abb. 50. Isothermen der Adsorption von Gasen auf einem Eisenkatalysator der Ammoniaksynthese bei tiefen Temperaturen (nach BRUNAUER). Für Stickstoff ist die Deformation der Isothermen mit der Temperatur gezeigt. *1*: O_2 bei 183°; *2*: Ar bei 283°; *3*: CO_2 bei 78,5°; *4*: N_2 bei 183°; *5*: CO bei 183°; *6*: C_4H_{10} bei 0°; *7*: N_2 bei 195,8°.

Nach EMMET und BRUNAUER[1]) beobachtet man auch andere Typen von Isothermen, auf die wir nicht mehr eingehen werden; wir beschränken uns auf die Abb. 51, in der 5 Typen von Isothermen dargestellt sind; die Isotherme 1 ist eine LANGMUIRsche Isotherme.

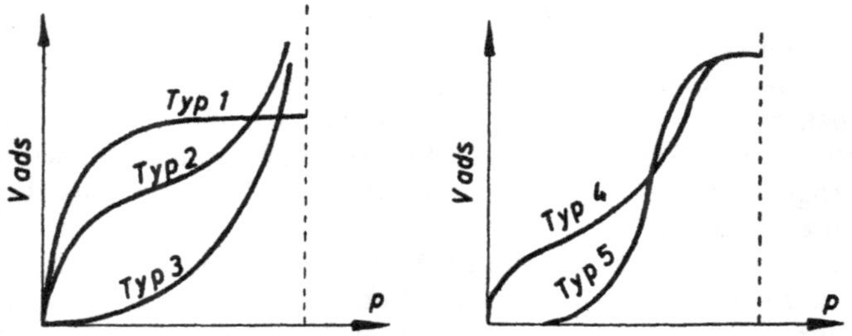

Abb. 51. Typen vollständiger Adsorptionsisothermen (nach EMMET und BRUNAUER). Typ *1*: LANGMUIRsche Isotherme; Typ *2*: Isotherme mit konvexem, steilem Anfang und konkavem, flachem Mittelteil ohne Sättigung am Ende; Typ *3*: ständig steiler werdende konkave Isotherme; Typ *4*: Analogon zum Typ *2* mit Sättigung; Typ *5*: S-förmige Isotherme.

Nun wiederholen wir in leicht abgeänderter Form die allgemein bekannte molekularkinetische Ableitung der LANGMUIRschen Isotherme, deren Realität in letzter Zeit von ihrem Urheber selbst angezweifelt wurde, der bei der Adsorption von Caesium an Wolfram eine Konstanz der Adsorptionsgeschwindigkeit w_a bei einer Änderung der relativen Auffüllung der Oberfläche um mehr als eine Größenordnung feststellte.

Aus der Gesamtoberfläche greifen wir einen beliebigen Bereich heraus, der eine Molekel des Adsorbats festhalten kann, und berechnen den Bruchteil der Zeit, innerhalb dessen dieser Bereich im Mittel frei ist. Unter gleichen äußeren Bedingungen werden sich auch alle übrigen Bereiche ähnlich verhalten, abgesehen von statistischen Abweichungen vom Mittelwert; auch die homogene Oberfläche als Ganzes wird sich entsprechend verhalten (jetzt aber ohne merkliche statistische Abweichungen).

Der Bereich habe eine Fläche $s = \pi r^2 = 10^{-15}$ cm², d. h. einen Radius von etwa 2 Å. In einem cm² der Oberflächen befinden sich dann 10^{15} solcher Bereiche, und auf jeden von ihnen treffen im Mittel in der Sekunde ν Molekeln aus dem Volumen auf, wobei

$$\nu = \frac{1}{4} n \bar{u} s \approx 2n \, 10^{-16} \sqrt{\frac{8\,RT}{\pi M}} \tag{6}$$

ist; $\bar{u}$ ist die mittlere Geschwindigkeit der Gasmolekeln und M ihr Molekulargewicht, n die Anzahl der Molekeln in der Volumeneinheit bei gegebener Temperatur T und gegebenem Druck p, R die Gaskonstante. Infolgedessen ist die mittlere Zeit zwischen zwei Stößen der Molekel gegen einen Bereich der Oberfläche

$$\vartheta = \frac{1}{\nu} \cong \frac{10^{16}}{2\pi \sqrt{\frac{8\,RT}{\pi M}}}. \tag{7}$$

Bei gegebenen äußeren Bedingungen und bekanntem Adsorptionspotential φ hat die auf einem beliebigen Bereich der Oberfläche adsorbierte Molekel eine bestimmte mittlere Aufenthaltsdauer auf der Oberfläche, die nicht von der Auffüllung abhängt; wir nennen sie τ. Der Aufenthalt der Molekel an der Oberfläche bei der Adsorption beruht auf dem Vorhandensein eines Potentialtopfes, dessen Tiefe $U_S - U_a = \Delta\varphi$ gleich der Adsorptionswärme Q_{ads} ist, abgesehen von einem konstanten Koeffizienten (Abb. 52). Je höher die Adsorptionswärme ist, desto länger wird jede Molekel im Mittel an der Oberfläche zurückgehalten.

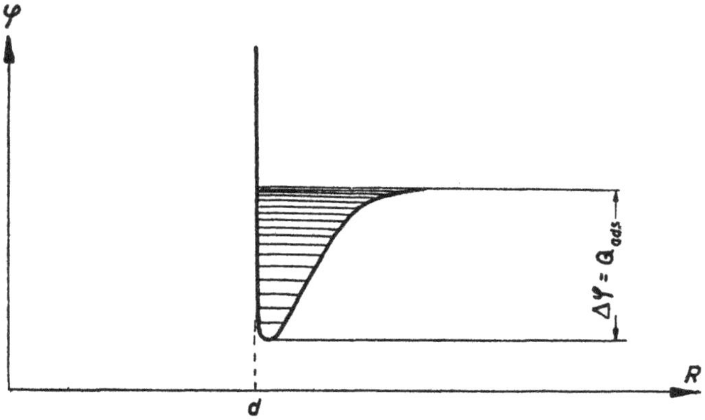

Abb. 52. Potentialtopf der Adsorption. Die Schwingungsterme, die gegen die Dissoziationsgrenze hin gegeneinander rücken, sind angedeutet.

Wir nehmen an, daß bei der gegebenen Temperatur ein konstanter Anteil β sämtlicher Stöße von Molekeln aus dem Volumen auf die freien Bereiche zu einer Adsorption führt. Der Haftkoeffizient β ist bei der physikalischen Adsorption nicht sehr verschieden von Eins. Im Gegensatz dazu kann bei der chemischen Adsorption, die in der Bildung einer chemischen Bindung zwischen den Molekeln (Atomen) des Adsorbats und den Atomen der Oberfläche besteht, β sehr klein sein. Wie zuerst TAYLOR zeigte, beruht die Chemisorption häufig auf der Überwindung von Aktivierungsschwellen, wodurch in dem Ausdruck für β ein Exponentialfaktor $\exp(-E_a/RT)$ auftritt, wobei E_a die Aktivierungsenergie des Adsorptionsprozesses ist:

$$\beta = \beta_0 e^{-E_a/RT}. \tag{8}$$

Wir beginnen die Zeitrechnung mit dem Augenblick der Adsorption einer Molekel an dem gegebenen Bereich. Die mittlere Aufenthaltsdauer der Molekel im Potentialtopf ist eine Exponentialfunktion der Energie I, die zur Befreiung der Molekel aus dem Topf erforderlich ist. Solange die Adsorption ohne Aktivierungsenergie verläuft, erfordert die Desorption, als Austritt aus dem Potentialtopf behandelt, eine Energiezunahme um die Adsorptionswärme $I = Q$. Im Fall aktivierter Adsorption muß nach dem Prinzip des detaillierten Gleichgewichts die Desorption der Molekel über den gleichen aktivierten Zustand erfolgen wie die Adsorption, also $I = Q_{\text{ads}} + E_{\text{akt.ads}}$, und die mittlere Lebensdauer an der Oberfläche beträgt infolgedessen

$$\tau = \tau_0 e^{+\frac{Q_{\text{ads}}}{RT}} \cdot e^{+\frac{E_{\text{akt.ads}}}{RT}}. \tag{8a}$$

Nach Ablauf der Zeit $\bar{\tau}$ ist im Mittel der Bereich für eine Zeit Δ wieder frei, wobei Δ gleich ist der mittleren Zeit ϑ, die zwischen zwei aufeinanderfolgenden Stößen der Molekel auf den einzelnen Bereich verläuft, dividiert durch den Haftkoeffizienten β. (Siehe Gleichung (9)):

$$\Delta = \frac{\vartheta}{\beta} \cong \frac{10^{16}\,\beta^{-1}}{2n\sqrt{\frac{8RT}{\pi M}}} = \frac{\Delta_0\, e^{+E_a/RT}}{n}. \tag{9}$$

Im Mittel erfolgen in der Zeiteinheit auf dem gegebenen Bereich y Adsorptionen und Desorptionen, folglich ist

$$y\bar{\tau} + y\Delta = 1, \tag{10}$$

d. h., in der Sekunde erfolgen

$$y = \frac{1}{\bar{\tau} + \Delta} \tag{11}$$

Elementarakte der Adsorption und Desorption. Diese Zahl, multipliziert mit der mittleren Aufenthaltsdauer an der Oberfläche gibt den Zeitabschnitt, während dessen der Bereich der Oberfläche bei einer Gesamtzeit von einer Sekunde im Mittel besetzt ist, d. h. die gesuchte spezifische Besetzungszeit $\theta_\tau = y\tau$. Nach (11), (9) und (8a) ist

$$\theta_\tau = \frac{\bar{\tau}}{\bar{\tau} + \Delta} = \frac{1}{1 + \Delta/\bar{\tau}} = \left[1 + \frac{\Delta_0}{\tau_0 n}\, e^{-Q_a/RT}\right]^{-1}, \tag{12}$$

oder wenn wir gleichzeitig mit Hilfe der trivialen Gleichung

$$n = \frac{p}{760} \cdot 2{,}7 \cdot 10^{19} \cdot \frac{273}{T}, \tag{12a}$$

von n zu p übergehen:

$$\theta_\tau = \frac{1}{1 + \frac{\Delta_0 T\, 760 \exp\,[-Q/RT]}{\tau_0\, 2{,}7 \cdot 10^{19} p \cdot 273}}. \tag{13}$$

Natürlich wird bei einer großen Anzahl gleichartiger Bereiche der Prozentsatz der in einem beliebigen gegebenen Zeitpunkt besetzten Bereiche genau gleich der relativen mittleren Besetzungszahl jedes einzelnen Bereichs sein, also

$$\theta = \theta_\tau = \frac{1}{1 + b/p} = \frac{1}{1 + \frac{b_0}{p} \exp\,(-Q/RT)}. \tag{14}$$

Vergleichen wir dies mit der allgemein bekannten Formel von LANGMUIR:

$$\theta = \frac{ap}{1 + ap} = \frac{1}{1 + \frac{1}{a} \cdot \frac{1}{p}} = \frac{1}{1 + b/p}, \tag{14a}$$

so sehen wir, daß unser b gleich dem $1/a$ aus der LANGMUIRschen Isotherme ist, d. h. gleich dem reziproken Adsorptionskoeffizienten. Nach den Gleichungen (13) und (9) ist:

$$b_0 \cong \frac{10^{16} \cdot 760\, T}{2\,\tau_0 \beta_0 \sqrt{\frac{8\,RT}{\pi M}}\, 7 \cdot 4 \cdot 10^{21}}. \tag{15}$$

In der einfachsten Variante der LANGMUIRschen Theorie ist $\tau_0 = 1/\omega$ und $\beta_0 = 1$, wobei ω die Frequenz der thermischen Schwingungen der Atome des Gitters ist, d.h. eine Größe von der Größenordnung 10^{12} bis 10^{13} $\sec^{-1}$. Somit ist

$$b_0 = B\sqrt{MT} \cong 4 \cdot 10^5 \sqrt{MT}. \tag{15a}$$

Die statistische und thermodynamische Behandlung der Adsorption führt zu ähnlichen Gleichungen mit einem etwas anderen Wert für die Konstante b_0^2. Für das Adsorptionsgleichgewicht tritt hier an die Stelle von $\tau_0 = 1/\omega$ die Größe τ_0^1, die das Verhältnis des Produktes der statistischen Realisierungsmöglichkeiten der adsorbierten Molekeln zu dem analogen Produkt für die Molekeln im Volumen darstellt.

$$\tau_0^1 = \frac{f_{\mathrm{tr}\,(a)} \cdot f_{\mathrm{rot}\,(a)} \cdot f_{\mathrm{vibr}\,(a)}}{f_{\mathrm{tr}} \cdot f_{\mathrm{rot}} \cdot f_{\mathrm{vibr}}}. \tag{16}$$

Wie eine Reihe von Forschern zeigten, führt die Gleichung (16) auf Koeffizienten, die wesentlich von ω^{-1} abweichen. In der Gleichung (16) sind die f die statistischen Realisierungsmöglichkeiten der Molekel des Adsorbats in der Gasphase, f_a die gleichen Funktionen für die Molekel an der Oberfläche. Die Indizes tr, rot und vibr kennzeichnen die Translations-, Rotations- und Schwingungs-Freiheitsgrade. Analog geht auch der Ausdruck

$$w = z\theta\beta = z\theta\beta_0 \exp\,[-E/RT] \tag{17}$$

für die Geschwindigkeit der aktivierten Adsorption (z ist die Anzahl der Molekelstöße gegen die Flächeneinheit in einer Sekunde) in einen komplizierteren über, der einen zu (16) analogen Bruch enthält, in dem jedoch sämtliche statistischen Zustände der normalen adsorbierten Molekeln durch die entsprechenden Zustände der Molekeln des Übergangskomplexes aus den Molekeln des Adsorbats und den Atomen der Oberfläche ersetzt sind (siehe Kapitel I).

Wir zeigen jetzt, von welcher Größenordnung die Änderungen sind, die durch die statistische Behandlung in die Adsorptionskoeffizienten hineinkommen. Hierzu führen wir angenäherte Rechnungen für drei Modelle der adsorbierten Schicht durch.

Modell 1. Das adsorbierte Gas wird wie ein gewöhnliches Gas behandelt, das sich im Volumen v befindet und seine Dichte infolge eines Adsorptionspotentials u aufrechterhält, das für dieses ganze Volumen konstant ist [2, 4]. In diesem Fall ist der Adsorptionskoeffizient $a = 1/b$ ohne Übergang von der Konzentration zum Druck

$$a = S\delta \cdot e^{+u/kT}, \tag{18}$$

wobei S die Fläche des Adsorbens und δ der Durchmesser der Molekeln ist [2].

Modell 2. Die adsorbierten Molekeln verhalten sich wie die Atome der Oberfläche des festen Körpers. In diesem Fall ist für das einatomige Gas[3])

$$a = \frac{S n_0 h^3 e^{u/kT}}{(1 - e^{-h\nu/kT})^3 (2\pi m k T)^{3/2}}, \tag{18a}$$

oder bei $h\nu \gg kT$

$$a = \frac{S n_0 h^3 e^{u/kT}}{(2\pi m k T)^{3/2}}. \tag{18b}$$

In der Gleichung (18a) ist h die PLANCKsche Konstante, m die Masse der Molekel, k die BOLTZMANN-Konstante.

Modell 3. Falls die adsorbierten Molekeln parallel zur Oberfläche frei beweglich sind und senkrecht zur Oberfläche schwingen[4]), wird der Adsorptionskoeffizient gegeben durch den Ausdruck

$$a = \frac{S h e^{u/kT}}{\sqrt{2\pi m k T}}. \tag{18c}$$

In die Gleichungen, die sich für die drei Modelle ergeben, gehen die gemeinsamen Faktoren $e^{u/kT}$ und S ein.

Wir bezeichnen die Größe $\frac{a}{S} e^{-u/kT}$ mit a' und nehmen an, um etwas Bestimmtes vor Augen zu haben, daß die Anzahl der Plätze pro Flächeneinheit $n_0 = 10^{15}$ ist. Ferner sei die Masse der adsorbierten Molekel $m = 5 \cdot 10^{-23}$, also nahezu gleich der Masse der Molekeln von Stickstoff und Sauerstoff. Schließlich nehmen wir an: $T = 300°$. Dann nehmen die Werte a' für die drei gekennzeichneten Fälle folgende Form an:

1. $a' = \delta \cong 5 \cdot 10^{-8}$;

2. $a' = \frac{n_0 h^3}{(2\pi m k T)^{3/2}} = \frac{10^{15} (6{,}6 \cdot 10^{-27})^3}{(1{,}26 \cdot 10^{-35})^{3/2}} \cong 6 \cdot 10^{-12}$;

3. $a' = \frac{h}{(2\pi m k T)^{1/2}} = \frac{6{,}6 \cdot 10^{-27}}{(1{,}26 \cdot 10^{-35})^{1/2}} \cong 2 \cdot 10^{-9}$,

und unter Berücksichtigung der Willkür, die in der Wahl von m, n_0 und T liegt, kann man annehmen, daß für das erste Modell

$$10^{-8} < a' < 10^{-7};$$

für das zweite Modell $\quad 10^{-12} < a' < 10^{-10}$

und für das dritte Modell $\quad 10^{-10} < a' < 10^{-8}$

ist, oder, wenn man alle drei Modelle als möglich annimmt,

$$10^{-12} < a' < 10^{-7}.$$

Der Bereich der möglichen Änderungen des Koeffizienten a' vergrößert sich noch mehr bei Berücksichtigung der inneren Freiheitsgrade der zusammengesetzten Molekeln und der Möglichkeit einer Dissoziation der Molekeln in Atome. Aus dem oben Gesagten [vergleiche Gleichung (16) und den darauffolgenden Text] geht hervor, daß die statistischen Korrekturen wesentlichen Einfluß auf die Zahlenwerte der Gleichgewichtskonstanten haben können, ebenso auch auf die Zahlenwerte der Gleichgewichtsbesetzungen bei vorgegebenen Volumenkonzentrationen. Eine statistische Berücksichtigung der Änderung der Beweglichkeit bei der Adsorption führt ebenfalls zum Auftreten sterischer Faktoren, die wesentlich verschieden von Eins sind, in der Gleichung für die Geschwindigkeit der aktivierten Adsorption; diese Korrekturen sind jedoch ohne Einfluß auf die Form der Isothermen.

Kennt man den Wert für die Adsorption bei Sättigung q_∞, so kann man leicht von der Isotherme $\theta = \theta(p)$ zur Menge der adsorbierten Substanz als Funktion des Partialdrucks des Adsorbats übergehen:

$$q = q_\infty \theta = \frac{q_\infty}{1 + b/p}. \tag{19}$$

In der Theorie der Adsorption an zusammengesetzten Oberflächen hat man es ständig mit der Abhängigkeit von θ und q von der Adsorptionswärme zu tun.

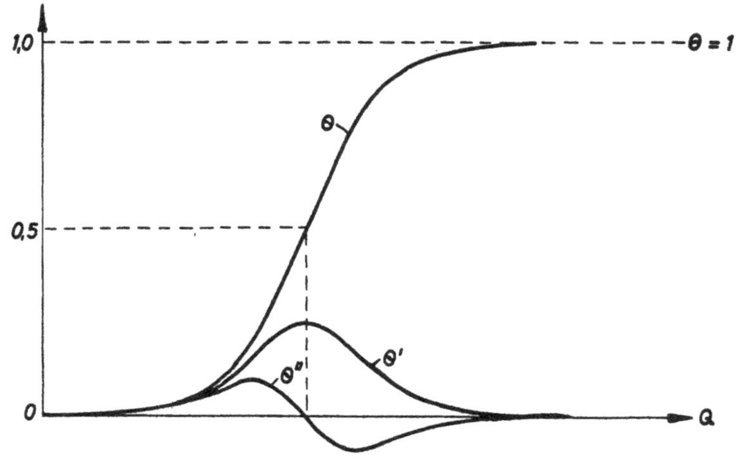

Abb. 53. Abhängigkeit der spezifischen Besetzung der Oberfläche und ihrer Ableitungen von der Adsorptionswärme für eine Adsorption nach der LANGMUIRschen Isotherme.

Zu ihrer Bestimmung bilden wir die erste und zweite Ableitung der Größe θ nach Q (Abb. 53).

$$\theta; \frac{d\theta}{dQ}, \frac{d^2\theta}{dQ^2}.$$

Wir formen den Ausdruck für die LANGMUIRsche Isotherme (14) folgendermaßen um:

$$\theta = (1 + e^{-\lambda Q + \ln \Omega})^{-1} = (1 + e^{-\lambda Q + r})^{-1}, \tag{20}$$

dabei ist $\Omega = \frac{b_0}{p}$; $\lambda = (RT)^{-1}$ und $r = \ln \Omega$.

Die erste Ableitung von θ nach der Adsorptionswärme Q ist dann

$$\frac{d\theta}{dQ} = \theta' = \frac{\lambda e^{-\lambda Q + r}}{(1 + e^{-\lambda Q + r})^2}. \tag{20 a}$$

Diese Ableitung geht gegen Null nur bei $Q = \infty$, wo $\theta = 1$ ist, d. h., die Funktion $\theta(Q)$ hat weder Maxima noch Minima. Im Gegensatz dazu erhält die zweite Ableitung von θ nach Q den Wert 0 bei einem bestimmten Wert θ und bei einem Q, das für gegebenen Druck genau bestimmt ist. In der Tat ist, wie man leicht sieht,

$$\frac{d^2\theta}{dQ^2} = \theta'' = \frac{\lambda^2 e^{-\lambda Q + r}[e^{-\lambda Q + r} - 1]}{(1 + e^{-\lambda Q + r})^3}, \tag{20 b}$$

also verwandelt sich θ'' in 0 bei $e^{-(\lambda Q - r)} - 1 = 0$, d. h. bei

$$e^{-\lambda Q + r} = 1, \tag{21}$$

dort ist also ein Wendepunkt.

Die Gleichung (21) besagt: $$r - \lambda Q = 0. \tag{21 a}$$

Dies ist äquivalent $$\ln \Omega = \lambda Q, \tag{21 b}$$

oder $$b_0/p = \exp(\lambda Q), \tag{21 c}$$

das heißt $$p = b_0 \exp(-\lambda Q), \tag{21 d}$$

oder schließlich $$Q = -RT \ln p/b_0. \tag{22}$$

Bei diesem Wert Q hat also die Isotherme als Funktion der Adsorptionswärme einen Wendepunkt. Die folgende Ableitung verschwindet in zwei Punkten a und b, die symmetrisch beiderseits des Wendepunkts liegen (Abb. 53). Setzen wir den Wert p aus (22) in die Gleichung für die LANGMUIRsche Isotherme (3) ein, so erhalten wir das für das Folgende äußerst wichtige Ergebnis:

$$\theta_{\text{wendep.}} = \gamma_{\text{wendep.}} = 0{,}5. \tag{22 a}$$

Bei gegebenem Druck p des Adsorbats sind für eine homogene Oberfläche θ und γ einander gleich, und zwar gleich 0,5, bei einem Wert der Adsorptionswärme von

$$Q = -RT \ln p/b_0. \tag{22 b}$$

Bei diesem Wert $\theta = \gamma$ liegt bei den Kurven $\theta = \theta(Q)$ und $\gamma = \gamma(Q)$ der Wendepunkt (Abb. 54 und 53).

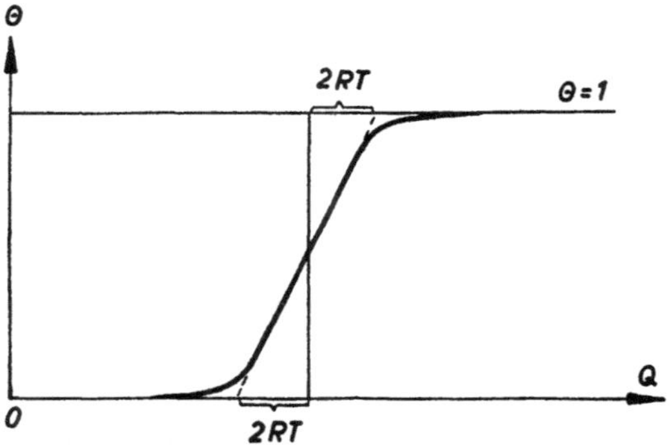

Abb. 54. Wendepunkt im Diagramm der Abhängigkeit der relativen Besetzung von der Adsorptionswärme. Die Länge der Strecken, welche die Tangente an die Kurve im Wendepunkt auf den Geraden $\theta = 0$ und $\theta = 1$ abschneidet, ist angedeutet.

Eine genaue experimentelle Untersuchung der Adsorption zweiatomiger Molekeln (H_2, O_2 usw.) führte schon vor langer Zeit zu der Schlußfolgerung, daß bei der Adsorption eine Dissoziation der Molekeln in Atome möglich sei. Eine

Reihe indirekter Daten aus dem Gebiet der katalytischen Kinetik deutet auf die Möglichkeit ähnlicher Erscheinungen auch für große Molekeln hin, für die unter bestimmten Bedingungen eine Dissoziation in ein Atom und ein Radikal oder in zwei Radikale angenommen wird. Für eine Adsorption unter dem Einfluß der LONDONschen Dispersionskräfte ist eine Dissoziation ausgeschlossen, für eine chemische Adsorption gesättigter Molekeln jedoch sehr wahrscheinlich. Bei der Adsorption kann man auch eine Assoziation der Molekeln des Adsorbats in größere Doppel- und Dreifachmolekeln nicht für ausgeschlossen halten. Wir untersuchen jetzt, in welcher Weise die Änderung der Abmessungen der Molekeln bei der Adsorption in der Form der Isothermen und der Abhängigkeit der Besetzung von der Adsorptionswärme zum Ausdruck kommt.

§ 2: *Die Adsorptionsisotherme bei Dissoziation und Assoziation der Molekeln*

Wir untersuchen das Adsorptionsgleichgewicht bei Dissoziation und Assoziation.

Bei der Dissoziation an der Oberfläche zerfällt die Ausgangsmolekel A in n kleinere Teilchen:

$$A = B_{1\text{ads}} + B_{2\text{ads}} + \dots$$

oder im einfachsten Fall, auf dessen Behandlung wir uns hier beschränken:

$$A \rightleftarrows n\,B_{\text{ads}}. \tag{23}$$

Bei der Assoziation verwandeln sich s Molekeln A in der adsorbierten Schicht in eine einzige Molekel:

$$sA \rightleftarrows B_{\text{ads}}. \tag{24}$$

Das Endergebnis der Adsorption wird nur durch die Differenz der freien Energien des Ausgangs- und des Endzustandes bestimmt, sie ändert sich also nicht bei Einführung beliebiger zusätzlicher Gleichgewichtsglieder. Auf Grund dessen ersetzen wir die Gleichgewichte (23) und (24) durch Komplexe aus zwei Gleichgewichten:

a) Dissoziation:

$$1.\ A \rightleftarrows n\,B_{\text{gas}} \tag{23a}$$

$$2.\ nB_{\text{gas}} \rightleftarrows nB_{\text{ads}} \tag{23b}$$

[äquivalent dem Gleichgewicht (23)];

b) Assoziation:

$$\left.\begin{array}{l} 1.\ sA \rightleftarrows B_{\text{gas}} \\ 2.\ B_{\text{gas}} \rightleftarrows B_{\text{ads}} \end{array}\right\} \tag{24a, b}$$

[äquivalent dem Gleichgewicht (24)].

Wir führen die Analyse für die Dissoziation bis zu Ende durch. Der Gleichung (23a) entspricht die Gleichgewichtskonstante

$$K = K_0 e^{-D/RT}, \tag{25}$$

wobei D die Dissoziationswärme für die Dissoziation der Molekel A in n Teile im Gasvolumen ist.

Nach (23a) und (25) ist

$$p_B = \left\{K \cdot p_A\right\}^{1/n} = K^{1/n} e^{-D/nRT} \cdot p_A{}^{1/n}. \tag{25a}$$

Auf das Gleichgewicht (23b) kann man ohne weiteres die LANGMUIRsche Isotherme anwenden, also

$$\theta_B = (1 + b_B/p_B)^{-1} = \left(1 + \frac{b_{0B}e^{-Q_B/RT}}{p_B}\right)^{-1}, \tag{26}$$

dabei ist Q_B die Adsorptionswärme des Atoms B.

Setzen wir in die Gleichung (26) den Wert p_B aus (25a) ein, so erhalten wir

$$\theta_B = (1 + b_{0B}\,K_0^{-1/n}\,e^{-Q_B/RT}\,e^{+D/nRT}\,p_A^{-1/n})^{-1}, \tag{26a}$$

oder

$$\theta_B = \frac{1}{1 + \frac{b_A^{1/n}}{p_A^{1/n}}} = \frac{1}{1 + \frac{b_{0A}^{1/n}}{p_A^{1/n}} \cdot e^{-Q_A/nRT}} \tag{26b}$$

mit

$$b_{0A} = b_{0B}^n \cdot K_0^{-1} \text{ und } Q_A = nQ_B - D. \tag{26c}$$

Folglich ist Q_A die Adsorptionswärme für ein Mol der Ausgangssubstanz unter Berücksichtigung des Zerfalls in Atome, mit dem der Vorgang verbunden ist.

Die entsprechende Analyse der Adsorption mit Assoziation liefert

$$\theta_B = [1 + b_{0A}\,(e^{-Q_A/RT})^s\,p_A^{-s}]^{-1} = \frac{1}{1 + b_A^s/p_A^s} = \frac{1}{1 + \frac{b_{0A}^s}{p_A^s} \cdot e^{-\frac{sQ_A}{RT}}}, \tag{27}$$

mit

$$b_{0A} = b_{0B}^{1/s} \cdot K_0^{-1} \text{ und } Q_A = \frac{Q_B + D}{s}. \tag{27a}$$

In diesem Fall ist Q_A die Adsorptionswärme unter Berücksichtigung der Assoziation, bezogen auf ein Mol der Ausgangssubstanz A.

Die Isothermen für eine mit Dissoziation oder Assoziation verbundene Adsorption unterscheiden sich also von den Isothermen der gewöhnlichen Adsorption dadurch, daß sowohl der Partialdruck als auch der reziproke Adsorptionskoeffizient b in eine ganze oder gebrochene Potenz y erhoben sind:

$$\theta = \frac{1}{1 + b^y/p^y}. \tag{28}$$

Solange $b^y/p^y \gg 1$ ist, ist die spezifische Besetzung proportional p^y/b^y.

$$\theta \approx p^y/b^y = a^y\,p^y. \tag{28a}$$

Bei $b^y/p^y \ll 1$ geht die spezifische Besetzung θ gegen 1, wobei die Abhängigkeit der Größe θ von p in diesem Teil der Isotherme näherungsweise durch die Gleichung

$$\theta \cong 1 - b^y/p^y \tag{28b}$$

gegeben wird.

Die Isothermen sind am Anfang und zum Schluß nicht linear, wobei einem Wert $y = 1/n < 1$ ein konvexer Anfang (Abb. 55) und ein abgeflachtes Ende entspricht. Umgekehrt entspricht Werten $y = s > 1$ ein konkaver Anfang und ein steilerer Verlauf der Isotherme in der Nähe der vollständigen Besetzung. Der Charakter der Abhängigkeit der Größe θ von p ändert sich also merklich, wenn mit der Adsorption noch Assoziations- und Dissoziationsvorgänge verbunden sind.

Im Gegensatz dazu ändert sich die Form der Abhängigkeit von θ von der Adsorptionswärme bei gegebenem p praktisch nicht. In diesem Fall ist

$$\theta = [1 + e^{-\lambda_\gamma Q_A + \ln \Omega_\gamma}]^{-1}, \qquad (28\,c)$$

mit $\lambda_\gamma = y/RT$ und $\Omega_y = b_0^y/p^y = \text{const}$.

Die vollständige Übereinstimmung mit der Gleichung (20) berechtigt uns, auf diesen Fall alle Schlußfolgerungen zu übertragen, die wir bei einer Adsorption ohne Änderung der Molekelzahl für die Abhängigkeit der Größe θ von Q erhielten.

Die Isotherme hat wie zuvor ihren Wendepunkt bei $\gamma = \theta = 0{,}5$.

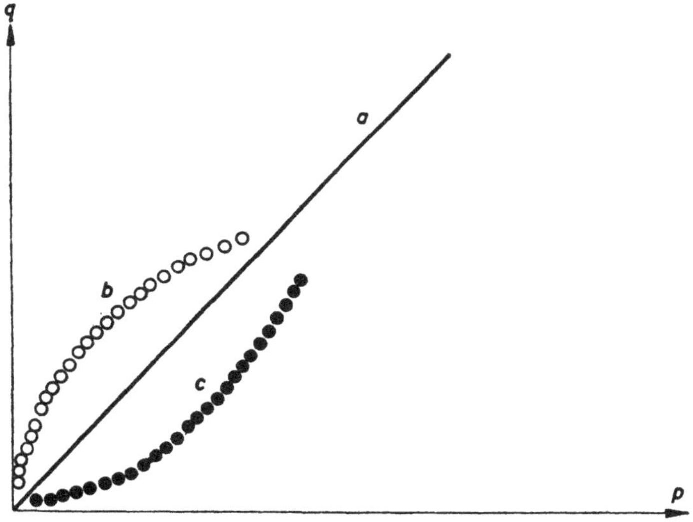

Abb. 55. Einfluß der Dissoziation (*b*) und der Assoziation (*c*) auf den Anfang einer Adsorptionsisotherme für homogene Oberflächen. *a:* linearer Beginn in Abwesenheit von Assoziation und Dissoziation.

In der Tat ist θ'' gleich Null bei $\ln \Omega_y = \lambda_y Q$, d. h. bei $\ln (b_0^y/p^y) = \frac{yQ}{RT}$.

Daraus folgt $$p^y/b_0^y = \exp(-yQ/RT)$$

oder $$p = b_0 \exp(-Q_A/RT) = b.$$

Durch Einsetzen in (28) erhalten wir $\theta = \gamma = 0{,}5$. Die Lage des Wendepunktes und ihre Änderung mit dem Druck ist also genau dieselbe wie bei der Adsorption ohne Dissoziation und Assoziation. Die Kurvenform selbst ist ganz analog der Kurvenform bei der Adsorption ohne Dissoziation und Assoziation, wenn man sie in den Koordinaten θ und Q_A aufträgt. Nur der Maßstab ändert sich, da der Exponent im Nenner in unserem Fall den Ausdruck $-\frac{yQ}{RT}$ statt einfach $-\frac{Q}{RT}$ wie im Fall der einfachen Adsorption enthält.

Formal entspricht dies einem Übergang von der Temperatur T zu einer neuen Temperatur T^* mit

$$T^* = \frac{T}{y}. \tag{29}$$

Folglich ist bei der Assoziation die Kurve steiler und bei der Dissoziation flacher, wobei sie ihre Form aber beibehält. Statt T durch T^* zu ersetzen, kann man auch Q_A durch $Q_A^* = Q_A y$ und ΔQ_A durch $\Delta Q_A y$ ersetzen.

Bei $y = s > 1$ ist $$Q_A^* = Q_A \cdot y = s Q_A, \tag{30}$$

d. h., es ist s-mal so groß wie Q_A und gleich der Adsorptionswärme einer assoziierten Molekel.

Bei $y = 1/n < 1$ ist $$Q_A^* = \frac{Q_A}{n}, \tag{30a}$$

d. h., Q_A^* ist n-mal kleiner als Q_A und gleich der Adsorptionswärme eines einzelnen Atoms.

Mit anderen Worten erhält man völlige Identität der Kurven $\theta = \theta(Q)$, wenn man die Adsorptionswärme auf eine Molekel des Adsorbats und nicht auf eine Molekel des Ausgangsgases im Volumen bezieht, wobei man berücksichtigt, daß die Molekel des Adsorbats das Produkt einer s-fachen Assoziation oder einer n-fachen Dissoziation sein kann.

Außer der Komplikation, die auf Assoziation und Dissoziation beruht, sind auch noch andere Faktoren von Einfluß.

In der bisherigen Darlegung wurde die LANGMUIRsche Isotherme als einzige vernünftige Isotherme für die Adsorption an homogenen Oberflächen betrachtet.

Im Hinblick auf die Fülle der experimentellen Daten, die sich nicht mit dieser Isotherme decken, wurden in letzter Zeit mehrere Versuche einer grundsätzlichen Revision der Theorie der Adsorptionsgleichgewichte unternommen. Von diesen Versuchen verdient die Theorie von BRUNAUER-EMMETT-TELLER [5]) besondere Beachtung; sie zieht die Gültigkeit des Postulats einer Sättigung bei monomolekularer Bedeckung in Zweifel. Bei vereinfachten Voraussetzungen hat die Adsorptionsisotherme die Form

$$\frac{p}{q\,(p_s - p)} = \frac{1}{c q_m} + \frac{c-1}{c q_m} \cdot \frac{p}{p_s}, \tag{31}$$

wobei q die bei einem Druck p des Adsorbats tatsächlich adsorbierte Gasmenge ist; q_m ist die Menge des Adsorbats, die der monomolekularen Schicht entspricht; p_s ist der Druck des gesättigten Dampfes bei der gegebenen Temperatur.

Die Konstante c hat folgenden Wert:

$$c \cong \exp\left(\frac{Q_1 - Q_2}{RT}\right), \tag{31a}$$

dabei ist Q_1 die Adsorptionswärme einer Molekel in der ersten Schicht und Q_2 die Kondensationswärme an einer ebenen Flüssigkeitsoberfläche.

Die Voraussetzungen für die Gleichung sind nicht hinreichend begründet, und man hat sie infolgedessen nur als halbempirische Gleichung anzusehen. Etwas besser begründet ist die Gleichung von GARKINS und JURA (siehe [6])

$$\ln p = B - \frac{A}{q^2}, \tag{32}$$

also

$$q = \frac{\sqrt{A}}{(B - \ln p)^{1/2}} = \frac{C}{(B - \ln p)^{1/2}}, \tag{32a}$$

wobei A, B und C Konstante sind.

Diese Isotherme läßt sich aus der Voraussetzung ableiten, daß an der Oberfläche des Adsorbens ein linearer Abfall des ebenen Oberflächendrucks π bei Zunahme der mittleren Fläche s, die auf eine Molekel in der adsorbierten Schicht kommt, vorhanden ist:

$$\pi = \beta - \alpha s. \quad (33)$$

Wie die Gleichung von BRUNAUER, EMMETT und TELLER beschreibt auch die Gleichung von GARKINS und JURA die mittleren Teile der Isotherme gut und liefert für sehr große und sehr kleine Werte merkliche Diskrepanzen.

Unklar bleibt, ob es in Wirklichkeit Systeme gibt, die in ihren Eigenschaften diesen Modellen entsprechen.

§ 3: *Die Seitenbeweglichkeit der adsorbierten Molekeln*

Das im vorigen Paragraphen dargelegte molekularkinetische Bild der Adsorption läßt die Frage nach dem Grad der Beweglichkeit der adsorbierten Molekeln parallel zur Oberfläche offen. Die LANGMUIRsche Isotherme gilt in gleichem Maße für so verschiedene Modelle der adsorbierten Schicht wie das Modell eines zweidimensionalen Gases, dessen Molekeln sich längs der Oberfläche mit den Geschwindigkeiten der thermischen Bewegung verschieben können, wobei sie gegeneinander stoßen und einen ebenen „Druck" erzeugen, und das Modell, das jeder adsorbierten Molekel eine genaue Lage bei einem bestimmten Atom der Oberfläche des Adsorbens zuweist, wobei jede seitliche Verschiebung vollkommen ausgeschlossen ist.

Im ersten Fall haben die Gasmolekeln zwei Freiheitsgrade der Translation, die volle Zahl der Rotationsfreiheitsgrade, die volle Zahl der inneren Schwingungsfreiheitsgrade und einen zusätzlichen Schwingungsfreiheitsgrad senkrecht zur Oberfläche, im zweiten Fall überhaupt keine translatorischen Freiheitsgrade, die Rotationsfreiheitsgrade können ebenfalls ganz verschwinden oder ihre Zahl kann sich verringern, wobei eine zusätzliche Energie zur Überwindung des Potentialwalles auftritt; schließlich können zusätzliche Schwingungsfreiheitsgrade auftreten, die mit den Schwingungen der Molekel um ihre Lage an der Oberfläche verknüpft sind. Änderungen in der Form der Isotherme entstehen auch bei der Assoziation oder Dissoziation in der adsorbierten Schicht.

Die Unterschiede in Anzahl und Art der Freiheitsgrade müssen auf die absolute Größe der reziproken Adsorptionskoeffizienten $b = b_0 e^{-Q/kT}$ von Einfluß sein, die in dem Faktor b_0 vor dem Exponenten das Verhältnis der statistischen Realisierungsmöglichkeiten der Molekeln des Adsorbats im adsorbierten und im freien Zustand enthalten. Die Änderung von b_0 infolge der Änderung des Verhältnisses läßt sich bei Absolutrechnungen keinesfalls vernachlässigen, denn eine Änderung von b_0 ändert die Größe der Gleichgewichtsbesetzung beim gegebenen Partialdruck und den Gleichgewichtsdruck bei gegebener Besetzung. Der Typ der Grundfunktionen, welche das Adsorptionsgleichgewicht kennzeichnen — der Isotherme $q = q(p_{T=\mathrm{const}})$, der Isobare $q = q(T_{p=\mathrm{const}})$ und der Isostere $p = p(T_{q=\mathrm{const}})$ —, ändert sich bei einer solchen Änderung der elastischen Zustände infolge einer Änderung der Oberflächenbeweglichkeit der Molekeln des Adsorbats jedoch nicht.

Anders ist die Situation in der Kinetik der Oberflächenprozesse, in der Unterschiede im Grad der Flächenbeweglichkeit zu verschiedenartigsten Zusatzeffekten führen können.

So kann beispielsweise bei der Adsorption an porösen Körpern das Vorhandensein einer seitlichen Diffusion von großem Einfluß auf die Geschwindigkeiten und das kinetische Gesetz für die Besetzung der inneren Poren und Risse sein, die für eine direkte Besetzung aus der Gasphase schwer zugänglich sind.

Bei einer Adsorption, die mit einem Zerfall in Atome oder Radikale bei unbeweglichem Haften verbunden ist, können Verzögerungen in der Erreichung des Gleichgewichtes eintreten, weil es unmöglich ist, die unbesetzt gebliebenen einzelnen Bereiche auszunutzen[7]), ähnlich wie in einem Filmtheater Schwierigkeiten mit der Besetzung der übriggebliebenen Einzelplätze eintreten können, wenn die Hauptmenge der Kinobesucher aus Paaren oder zahlreicheren Gruppen besteht. Ähnlich wie man im Kino diese Plätze durch Verschiebung der Zuschauer ausnutzen kann, wird auch bei der Adsorption diese Schwierigkeit überwunden, wenn eine Seitenbeweglichkeit vorhanden ist, die mit Hilfe einer Umlagerung auch die Einzelplätze auszunutzen gestattet (Abb. 56 und 57); in diesem Fall ist nämlich die Bewegung der adsorbierten Atome längs der Oberfläche äquivalent einer Wanderung der freien Plätze (Löcher), die sich einen bestimmten Teil der Zeit in unmittelbarer Nachbarschaft miteinander befinden können. Im Augenblick des Zusammentreffens zweier Löcher ist an der entsprechenden Stelle der Oberfläche eine Adsorption einer neuen Molekel mit dessen Zerfall in seine Teile möglich. Hierbei erfolgt die Adsorption vermittels „Dreierstöße" zweier Löcher mit einer Molekel aus dem Gasvolumen. Der Unterschied zwischen dem zweidimensionalen Gas und der zweidimensionalen festen Schicht im Hinblick auf die Besetzung der letzten Bereiche kann sich im gewissen Umfange verwischen, da das Gleichgewicht dynamisch ist und hieraus die Möglichkeit resultiert, eine Molekel über das Gasvolumen durch wiederholte Verdampfung und Adsorption zu verlagern. Infolge des Desorptionsprozesses ändern sich selbst im Falle völliger Seitenunbeweglichkeit der adsorbierten Molekeln Anzahl und Lage der unbesetzten Bereiche in der Schicht, und letzten Endes ist in Übereinstimmung mit dem Gleichgewicht die ganze Oberfläche ausnutzbar, einschließlich der Bereiche, die ursprünglich wegen ihrer Isolierung nicht besetzbar

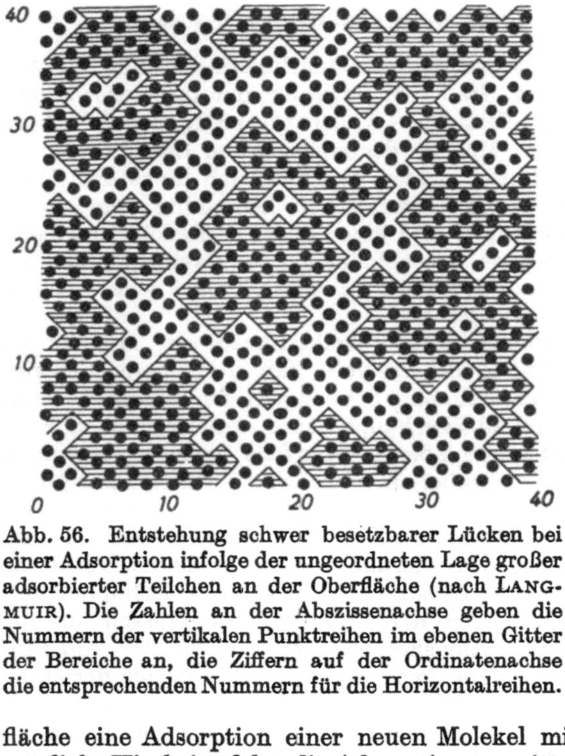

Abb. 56. Entstehung schwer besetzbarer Lücken bei einer Adsorption infolge der ungeordneten Lage großer adsorbierter Teilchen an der Oberfläche (nach LANGMUIR). Die Zahlen an der Abszissenachse geben die Nummern der vertikalen Punktreihen im ebenen Gitter der Bereiche an, die Ziffern auf der Ordinatenachse die entsprechenden Nummern für die Horizontalreihen.

waren. Ein Schema für eine solche Ausnutzung ist in Abb. 57 dargestellt. In der Kinetik drückt sich dies im Auftreten sehr langsamer „Schwänze" der Adsorption aus.

Weitaus bedeutender ist der Einfluß der Seitenbeweglichkeit auf die Kinetik der Reaktionen an inhomogenen Oberflächen, die durch eine breite Verteilung der Werte für Adsorptionswärmen und Aktivierungsenergien von Adsorptions- oder chemischen Prozessen gekennzeichnet sind.

Änderungen im Grad der Beweglichkeit können die Gleichungen für Adsorptions- und Desorptionsgeschwindigkeit (Kapitel 3 und 4) und die Gesetze für die Vergiftung der Katalysatoren (Teil III, Kapitel 4) stark abändern und auch ganz neue Effekte in der Kinetik der katalytischen Vorgänge hervorrufen.

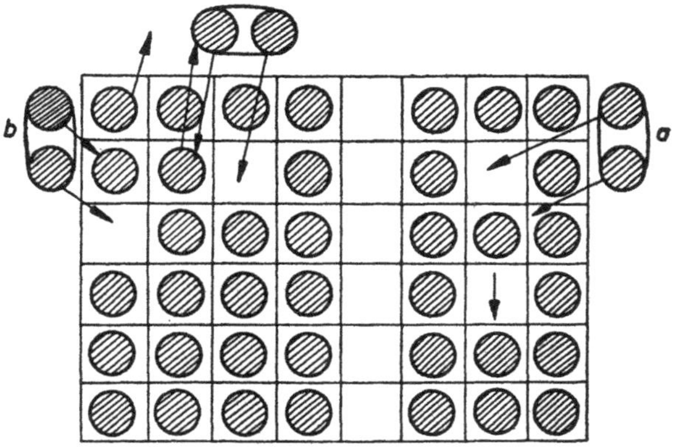

Abb. 57. Die beiden Mechanismen der Besetzung einzelner Leerstellen mit zweiatomigen Molekeln durch Seitenbeweglichkeit (*a*) und Verdampfung (*b*).

Dementsprechend ist eine nähere Kenntnis der experimentellen Daten über die Seitenbeweglichkeit der adsorbierten Molekeln von großer Bedeutung.

Die ersten unzweifelhaften Beobachtungen einer Flächendiffusion stammen von VOLMER und seinen Mitarbeitern.

Bei der Untersuchung der Abscheidung von Quecksilberkristallen aus der Dampfphase im Hochvakuum an stark gekühlten Wänden (Abb. 58) beobachteten VOLMER und ESTERMANN[8]) ein scharf lokalisiertes Wachstum der einzelnen Kristallite, das zur Entstehung winziger Nadeln führte, deren Länge nach etwa 10 Minuten $3 \cdot 10^{-2}$ cm und deren Dicke etwa $3 \cdot 10^{-6}$ cm betrug. Diese Nadeln ragen als Borsten ins Volumen und berühren die Oberfläche nur punktförmig.

Die Verdickungsgeschwindigkeit, berechnet aus der Zahl der Stöße auf die Fläche in einer Minute, würde $3 \cdot 10^{-5}$ cm in 10 Min. betragen. Die Nadeln wachsen folglich in der Länge 1000mal schneller und in der Dicke 10mal langsamer, als man auf Grund molekularkinetischer Überlegungen erwarten müßte. Die einzig

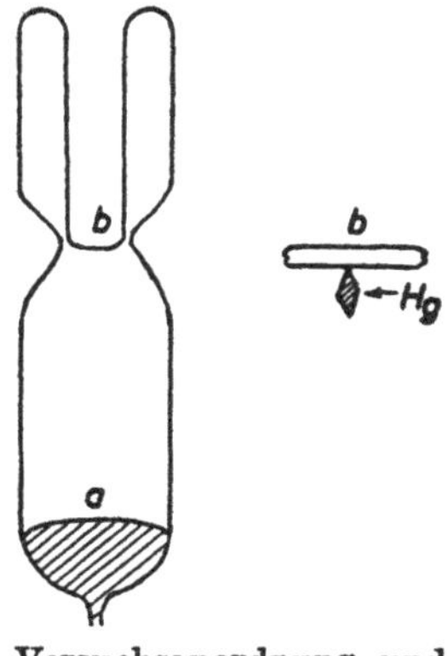

Abb. 58. Wachstum von Quecksilberkristalliten. Schema der Versuchsanordnung und der Orientierung der Kristallite nach VOLMER. *a:* Ursprüngliches Quecksilbertröpfchen in der Spitze. *b* wird mit flüssiger Luft gekühlt, hier erfolgt Kondensation. Rechts ist im größeren Maßstab ein einzelner Kristallit des Kondensats an der Wand dargestellt.

mögliche Erklärung besteht in einer Umlagerung der kondensierten Atome zwischen den Flächen des wachsenden Kristalls durch Kriechen von den schneller wachsenden, d. h. sich langsam verschiebenden Flächen zu den langsam wachsenden*. Später erhielten auch andere Forscher ähnliche Ergebnisse. Eine Messung der Verhältnisse der geometrischen Abmessungen des wachsenden Kristalls in Verbindung mit den molekularkinetischen Daten gestattet eine absolute Abschätzung der Geschwindigkeit der Oberflächendiffusion, die das Material für das Wachstum der Spitze des nadelförmigen Kristalls heranschafft. Diese Geschwindigkeit erweist sich in einer Reihe von Fällen als sehr groß, so daß man also den Metallatomen, die auf der Oberfläche des gleichen Metalls adsorbiert sind, die Eigenschaften eines zweidimensionalen Gases und die Fähigkeit zur Wanderung über Abstände von Millionen und Milliarden Atomradien zugestehen muß. Die adsorbierten Metallatome verlieren ihre Beweglichkeit nur, wenn sie an den Rand eines ebenen Keimes gelangen, wo sie sich in die Reihe der übrigen Atome einfügen müssen und dort unbeweglich festsitzen. Ebenso schnell erfolgt nach den Angaben von VOLMER[9]) über das Auswaschen von Benzophenon durch Quecksilber die Verschiebung von Benzophenonmolekeln an der Oberfläche der eigenen Kristallite. Dies zeigen besonders deutlich Versuche über die Kristallisation von Benzophenon in einzelnen Tröpfchen, wobei die Kristalle weit über die Grenzen des Muttertropfens hinauswachsen (siehe Abb. 59, die der Monographie von VOLMER[10]) entnommen wurde). In weniger direkter Form führen die Versuche von MARSELEN[11]) über das Wachstum organischer Kristalle sowohl aus der Dampf- als auch aus der flüssigen Phase zu den gleichen Ergebnissen. Auch für Metalle gibt es eine Vielzahl von Beobachtungen über die Bildung fadenförmiger Kristalle aus Lösungen, die sich ohne eine Oberflächenwanderung über große Abstände nicht erklären lassen. Ein charakteristisches Beispiel dafür ist das Wachstum von Silberfäden an Kohle aus der Lösung von Silbernitrat in Anwesenheit einiger Reduktionsmittel.

Allerdings wird die Übertragung dieser Schlußfolgerungen auf die gewöhnliche Adsorption durch die Sonderstellung der Adsorption an der eigenen Oberfläche, d. h. des Falls, daß Adsorbat und Adsorbens chemisch identisch sind, beeinträchtigt.

In etwas näherer Beziehung zu dem uns interessierenden Fall der Adsorption von Gasen an fremden Oberflächen stehen die Daten über das „Kriechen“ von organischen und anorganischen Molekeln auf Glas.

Ein ausgezeichnetes Beispiel hierfür ist wieder Benzophenon auf einer Glasoberfläche. Bei den Versuchen von VOLMER und seinen Mitarbeitern[12]) sammelten sich auf dem Glas in Abständen von 0,01 und sogar 0,1 mm vom Benzophenonkristall Quecksilbertröpfchen. Diese Tröpfchen, die den Kristall nicht berührten, enthielten eine Menge Benzophenon, die wesentlich größer war als die Menge, die von der Gasphase absorbiert werden kann. Das Benzophenon wanderte sehr intensiv über das Glas, und infolge seiner ebenen Diffusion vom

* Aus elementaren geometrischen Betrachtungen folgt, daß, wenn die Schichtung der Materie auf die Oberfläche eines wachsenden Kristalls in verschiedenen Richtungen mit verschiedenen Geschwindigkeiten erfolgt, diejenigen Flächen, an denen die Schichtung schneller vor sich geht (und die sich infolgedessen schneller verschieben), ihre Oberfläche langsamer vergrößern, (langsamer wachsen), als die Flächen, an denen die Materieschicht langsamer wächst (die sich langsamer verschieben).

Rand des Kristalls zu der Stelle, wo der Tropfen sich bildete, erfolgte eine Anreicherung der zusammenlaufenden Quecksilbertropfen an Benzophenon. Der Diffusionskoeffizient war hierbei mehr als 100mal größer als der Diffusionskoeffizient der Molekeln dieser Substanz in Lösung.

Die Daten über eine genau so intensive Diffusion über eine Flüssigkeitsoberfläche (Wasser, Quecksilber) sind ebenfalls zahlreich, und die Erscheinung der Oberflächendiffusion ist zweifellos weit verbreitet. Wir führen noch ein indirektes, aber besonders frappantes Beispiel für die Intensität der lateralen „Kriechbewegung" an.

Beim Aufbringen auf den Träger verteilt sich in der Regel der Katalysator nicht homogen über dessen Oberfläche, sondern bildet einzelne mehr oder weniger isolierte Kristallite. Ein Beispiel für eine solche Anordnung ist die Verteilung von Platin auf Asbest (Abb. 60). Die Rolle der Lateraldiffusion der Metallatome über die Oberfläche des Trägers wird hierbei und in entsprechenden Fällen des Aufbringens von Metall aus einem Molekularstrahl im Vakuum offensichtlich, wo die Anzahl der auftreffenden Molekeln berechnet werden kann und eine Wiederverdampfung ausgeschlossen ist.

Die Ergebnisse für Zink sind in Abb. 61 angedeutet; hier ist eine elektronenmikroskopische Abbildung einer Zinkaufdampfung auf einer dünnen Kolloidumfolie dargestellt. Der mittlere Abstand, den die Zinkatome bei ihrer Diffusion überwinden, ist ein Viertel des mittleren Abstandes zwischen zwei benachbarten Kristalliten. In unserem Fall beträgt er etwa 1 Mikron bei einem Atomradius des Kohlenstoffs von $1{,}67 \cdot 10^{-8}$, des Stickstoffs von $1{,}5 \cdot 10^{-8}$ und des Sauerstoffs von $1{,}36 \cdot 10^{-8}$ cm. Der Abstand, den die Zinkatome an der Oberfläche des Kollodiums überwinden, ist also einige tausendmal größer als der Abstand zwischen zwei benachbarten Atomen der Unterlage.

Die Form der Kristallite zeigt, daß hierbei ebenfalls eine Oberflächendiffusion über die Kristallflächen erfolgt. Damit die adsorbierten Zinkatome einen solchen Abstand überwinden können, müssen sie sich verhalten wie die Molekeln eines zweidimensionalen Gases, die sich schnell über die ganze Oberfläche des Trägers ausbreiten und darauf leicht diffundieren. Das bedeutet, daß mindestens für gewisse Bahnen der ebenen Bewegung das Adsorptionspotential in sehr geringen Grenzen schwankt, so daß ein Atom, das sich auf dieser Bahn bewegt, weder tiefe Potentialtöpfe noch scharfe Spitzen berührt*. Wertvolle zusätzliche Daten über die Lateraldiffusion liefern radiochemische Untersuchungen, bei denen die Verschiebung der adsorbierten Atome (oder Ionen oder Molekeln), die durch ein Radioisotop markiert sind, an Hand der Strahlung, die den Kernzerfall begleitet, verfolgt werden kann. Die ersten Daten über die Oberflächendiffusion, die auf diesem Weg gewonnen wurden, stammen von OBRUTSCHEWA und HEVESY[13]. Der Aufenthaltsort der Atome, welche die Strahlung emittieren, läßt sich an Hand der Intensitätsverteilung der Ionisation der Luft und unter besonders günstigen Bedingungen auch radiographisch, d. h. an Hand der chemischen Wirkung der Strahlung auf die Photoplatte, ermitteln. Ein gutes Beispiel sind die Radiogramme von SCHWARZ[14]). In Abb. 62 ist links ein runder

* Ähnliche Beobachtungen wurden in letzter Zeit für die Diffusion von Metallen längs der fadenförmigen Kristalle von Asbest und Zinkoxyd gemacht (A. B. SCHOCHTJOR, L. I. JETSCHENSTOWA und I. I. TRETJAKOW)[24]).

Fleck von Polonium zu sehen, das chemisch dem Tellur entspricht und auf einer Silberplatte niedergeschlagen wurde. Rechts sieht man in derselben Abbildung den gleichen Fleck nach einer Temperung bei einer Temperatur von 480°. Man sieht deutlich eine dünne Aureole von auseinandergeflossenem Polonium um den hellen ursprünglichen Fleck in der Mitte der Platte. In der Ausbreitungszone dieser Aureole sieht man deutlich die Ungleichmäßigkeit der Verteilung des Poloniums. An einzelnen Stellen hat es sich stärker angesammelt, was im Radiogramm helleren Flecken innerhalb der schwachen Aureole entspricht. Man kann annehmen, daß im Fall des Poloniums die Oberfläche der Unterlage an und für sich heterogen ist, doch gelten alle bisher gewonnenen Ergebnisse auch für völlig homogene Oberflächen. Dieselbe Ungleichmäßigkeit wie bei der Verteilung von Polonium auf Silber ist noch deutlicher in einem Radiogramm der Diffusion von Th B (Radioisotop des Bleis) über eine Platinoberfläche zu sehen (Abb. 63). Links sieht man zwei dunkle scharfe Segmente, die durch einen hellen Streifen getrennt sind. Es handelt sich um eine negative Abbildung der beiden Zonen, in denen das Th B ursprünglich konzentriert war, getrennt durch einen feinen Streifen. Rechts ist die gleiche Fläche nach einer Temperung bei einer Temperatur von 550° gezeigt. Die Segmente haben, wie man deutlich sieht, zu zerfließen begonnen, und gleichzeitig sammelt sich das ganze Th B in Flecken in einer Anhäufungszone[15]). Es erfolgt eine Verschiebung des Adsorbats zu den Stellen maximaler Absorptionsenergie hin. Die Abstände, welche die einzelnen Molekeln des Adsorbats überwinden, messen nach Millimetern, d. h. nach Millionen Atomabständen.

Beim Polonium auf Silber und beim Th B auf Platin wird die Diffusion nur bei gesteigerter Temperatur merklich, und ihre Geschwindigkeit ist geringer als in dem früher behandelten Fall der Diffusion von Benzophenon. Noch langsamer diffundieren Thorium- und Bariumatome über eine Wolframoberfläche. Damit diese Diffusion bemerkbar wird, müssen sehr hohe Temperaturen angewandt werden. Umgekehrt diffundieren Cäsiumatome über eine Wolframfläche verhältnismäßig leicht und noch leichter über eine Oberfläche des gleichen Metalls, die mit einer monomolekularen Schicht adsorbierter Cäsiumatome bedeckt ist.

Man könnte noch viele weitere Veranschaulichungen für die Realität der Lateraldiffusion beibringen. Für uns ist wesentlich hervorzuheben, daß diese Erscheinung weit verbreitet ist und daß ihre Geschwindigkeit für verschiedene Systeme sehr verschiedene Werte haben kann. In den Fällen, wo die Geschwindigkeit gering ist, aber mit wachsender Temperatur stark ansteigt, liegt es nahe, das Vorhandensein von Aktivierungsschwellen auf dem Diffusionswege anzunehmen, die durch das Potentialrelief bedingt sind: adsorbierte Atome (Molekeln) können sich nur in den Potentialtöpfen festsetzen, und jeder Diffusionsschritt, der in einem Übergang aus einem Adsorptionstopf in den benachbarten besteht, erfordert eine Energie E, gleich der Höhe der Schwelle zwischen den Töpfen, gemessen vom Boden des ersten Topfes an; die Diffusion hat also den Charakter einer aktivierten Diffusion. Eine Reihe von Abschätzungen dieser Größe, die LANGMUIR, BECKER[17]), CHARITON, SEMJONOW und SCHALNIKOW[16]) u. a. ausführten, zeigte, daß die Aktivierungsenergien für die ebene Diffusion für verschiedene Systeme sehr verschieden sind und in einem großen Wertebereich von Null bis zu 100 kcal pro Grammatom (bzw. Mol) der adsorbierten Substanz liegen.

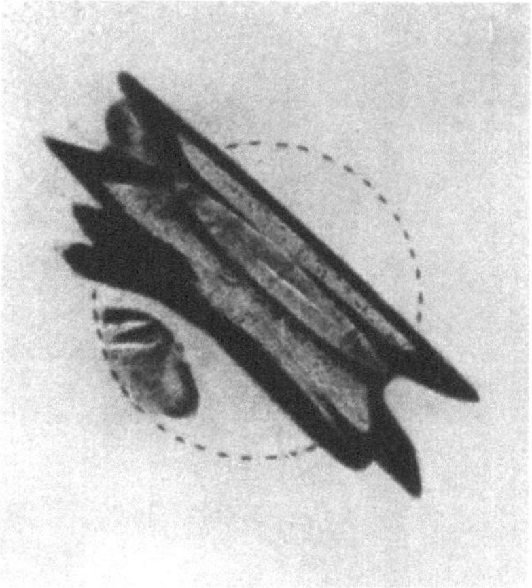

Abb. 59

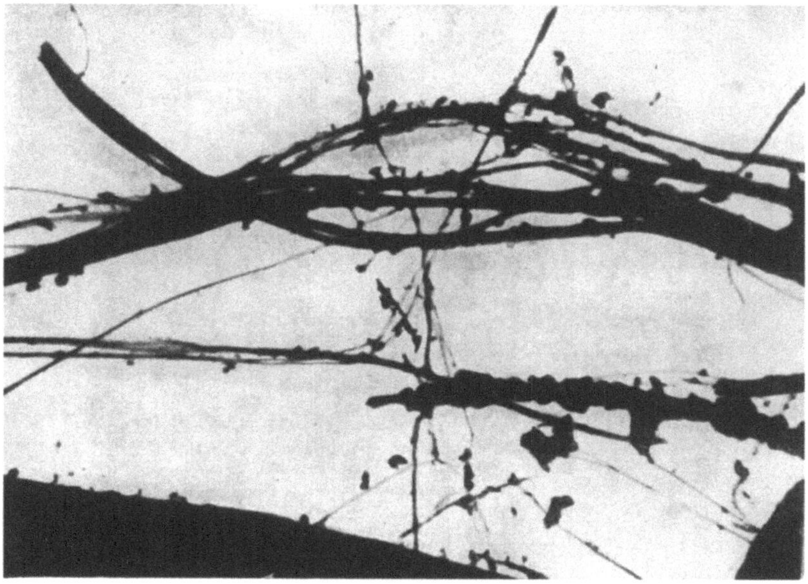

Abb. 60

Abb. 59. Kristallisation eines Benzophenontröpfchens nach VOLMER. Punktiert ist der Umriß des ursprünglichen Flüssigkeitströpfchens auf dem Glas angedeutet. Die unregelmäßig begrenzte Figur ist der Umriß des Kristalls, der aus dem Tröpfchen hervorwächst und dessen Grenzen überschreitet.

Abb. 60. Elektronenmikroskopische Aufnahme von Platinasbest (ROGINSKI, SCHOCHTJOR und ISSAJEW). Etwa 25000fache Vergrößerung. Man sieht isolierte Kristallite des Metalls und größere Kristalle auf den Asbestfäden. Charakteristisch sind die großen leeren Abschnitte auf der Oberfläche der Fäden. Hochprozentiges Präparat (30 Gewichtsprozente Platin).

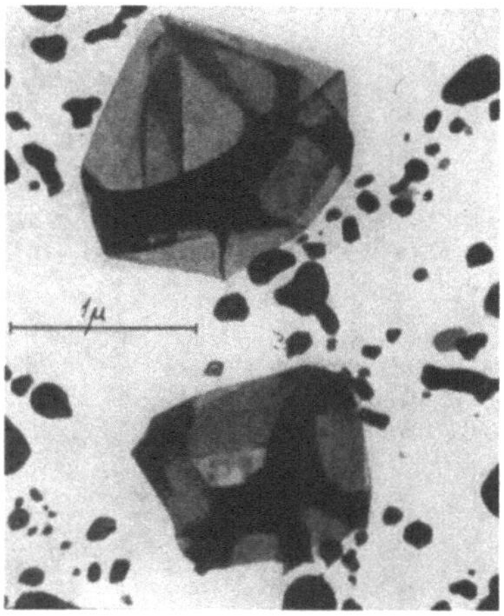

Abb. 61

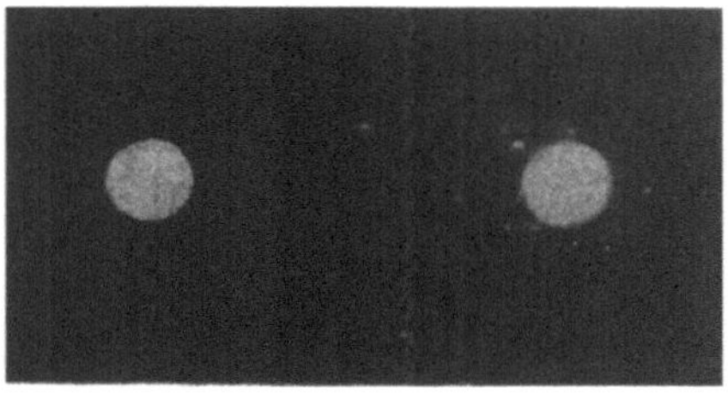

Abb. 62

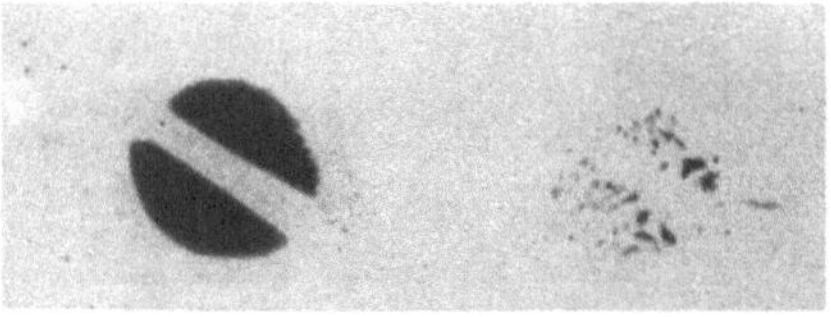

Abb. 63

Abb. 61. Strukturreine Vakuumaufdampfung metallischen Zinks nach PICCARD und DIEFENDAK. 18000fache Vergrößerung. Man sieht isolierte Kristalle verschiedener Größen und große Lücken in der Schicht zwischen ihnen.

Abb. 62. Radiogramm der Diffusion von Polonium auf Silber nach SCHWARZ. Links ursprünglicher Poloniumfleck, rechts derselbe nach einer Erhitzung.

Abb. 63. Radiogramm der Diffusion von Thorium B (Radioisotop des Bleis) über eine Platinoberfläche. Links: ursprüngliche Verteilung des Th B auf der Platte. Rechts: Verteilung des Th B nach der Diffusion in die Grundsubstanz und über ihre Oberfläche, beschleunigt durch Temperung (nach SEITH und ATEN).

So ist für Cäsium in der ersten Schicht $E \cong 14000$ cal/Mol, in der zweiten Schicht dagegen nur 2300 cal/Mol; für Thorium auf Wolfram beträgt die Aktivierungsenergie der ebenen Diffusion nahezu 90000 cal/Mol usw. Für Metalldämpfe an den Kristallflächen des eigenen wachsenden Kristalls und für Benzophenon auf Glas und auf Quecksilber ist offenbar E nahezu Null. Die Diffusionsgeschwindigkeit ist eine strukturempfindliche Größe. In einer Anzahl von Fällen beobachtet man starke Unterschiede zwischen den Diffusionsgeschwindigkeiten längs der Einkristallflächen und längs der Kristallgrenzen. Diese letzteren sind häufig Zonen besonders intensiver Diffusionsverschiebung.

Die vorhandenen Daten reichen nicht aus, um eindeutige Schlüsse über den Zusammenhang zwischen dem Typ der Adsorption und den Charakter der einwirkenden Kräfte einerseits und der Leichtigkeit der Diffusion andererseits zuzulassen.

Im Fall einer unspezifischen Molekularadsorption ist z. B. die Seitenbeweglichkeit der adsorbierten Teilchen sehr groß. Bei der Bindung der Molekeln durch chemische Kräfte der Oberfläche geht die gewöhnliche Diffusion in der Regel in eine aktivierte Oberflächendiffusion über, die durch eine Aktivierungsenergie gekennzeichnet ist. Im Hinblick auf die Diffusion sowie auch auf die Größe des Adsorptionspotentials sind die Oberflächen inhomogen, und es gibt sowohl Bahnen erleichterter Diffusion als auch Bahnen, die infolge sehr hoher Potentialschwellen praktisch ungangbar sind.

Leider bringen diese Angaben noch keine hinreichende Klarheit in das Problem des Grades der Seitenbeweglichkeit aktiviert adsorbierter Gasmolekeln, für die in den interessantesten Fällen die Adsorptionswärmen klein gegen die Adsorptionswärmen von Thorium und Sauerstoff auf Wolfram sind, während die Aktivierungsenergien der Lateraldiffusion unbekannt sind. Man kann annehmen, daß für aktiviert adsorbierte Gasmolekeln sämtliche Zwischenstufen von der vollständigen Beweglichkeit bis zum vollständigen Festsitzen möglich sind. In den Fällen, in denen die Schichten ihrer Beweglichkeit nach einem zweidimensionalen Gas ähneln, läßt sich der Zustand der adsorbierten Schicht durch die Gleichung

$$\pi \cdot (\Omega - \beta) = kT \tag{34}$$

ausdrücken, wobei π der ebene Druck, Ω die Fläche des Adsorbens, β die von Molekeln des Adsorbats bedeckte Fläche ist[18]).

Ähnliche Möglichkeiten bestehen auch für die Beweglichkeit der Molekeln eines Kontaktgiftes auf der Oberfläche eines Katalysators. Wahrscheinlich besitzen irreversible Gifte in der Regel eine geringe Seitenbeweglichkeit, während die reversiblen Gifte in ihrer Beweglichkeit mehr einem molekular adsorbierten Stoff ähneln. Direkte Messungen der Beweglichkeit für diese Systeme fehlen noch, und bei der theoretischen Analyse muß man die Möglichkeiten für die verschiedenen Grade der Flächenbeweglichkeit erörtern.

Die einzige Gruppe von Experimenten, die eine Vorstellung vom Grade der Flächenbeweglichkeit der reagierenden Substanzen an der Oberfläche von Katalysatoren gibt, beruht auf der Untersuchung der Kinetik katalytischer Reaktionen in der adsorbierten Schicht. Bei dieser Methode wird die Ausgangssubstanz (oder eine der Ausgangssubstanzen) an die Oberfläche des Katalysators gebracht, und man untersucht dann die Umwandlung dieser beschränkten adsorbierten Stoffmenge. Ist keine Flächenbeweglichkeit vorhanden, so muß man allmählich abklingende Kurven erwarten (Abb. 64 punktiert); statt dessen beobachtet man bei der Dehydratation einiger Alkohole[19]) und bei der Hydrierung des Äthylens[20]) Kurvenabschnitte mit konstanter Geschwindigkeit. Diese Sachlage läßt sich schwer deuten, ohne daß man eine schnelle Lateraldiffusion zu den aktiven Bereichen hin annimmt. Den Beginn einer Geschwindigkeitssenkung beobachtet man unter Bedingungen, bei denen infolge des erhöhten mittleren Abstandes bis zu den aktiven Stellen die Diffusion den Vorgang nicht in hinreichendem Maße versorgen kann, so daß die Besetzung der aktiven Stellen merklich geringer zu werden beginnt.

Bei kleineren Abständen, dem entspricht der lineare Teil der Kurve, sind die aktiven Bereiche dauernd besetzt; der katalytische Prozeß an diesen Stellen und an der Oberfläche als Ganzem ist von nullter Ordnung.

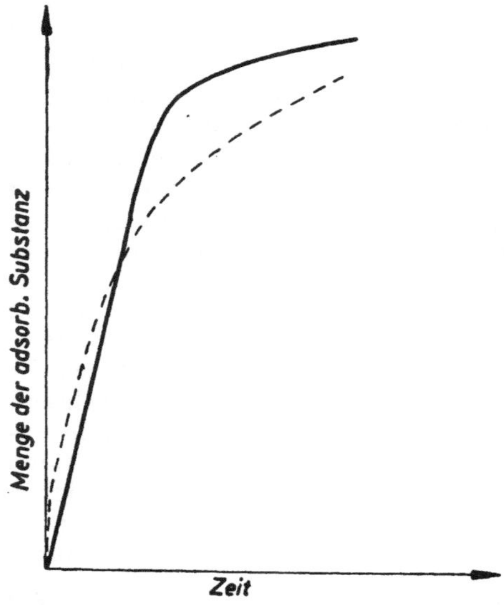

Abb. 64. Kinetik der Hydrierung von Äthylen in einer Schicht bei konstantem Wasserstoffdruck. Punktiert ist die theoretische Kurve dargestellt, die für eine homogene Oberfläche zu erwarten wäre.

In Abb. 64 sind die charakteristischen Kurven für die Kinetik der Hydrierung von Äthylen in einer Schicht an der Oberfläche von Aktivkohle dargestellt. Wahrscheinlich waren in diesem Fall die aktiven Zentren topographisch gebunden an die Mineralzusätze Fe und Cu. Von ähnlicher Art sind auch die kinetischen Kurven für den Zerfall von Alkoholen an Bauxit nach Angaben von DOHSE und KÄLBERER[19]). Leider ist die Anzahl der auf diese Weise untersuchten Systeme noch sehr gering, und es ist unklar, inwieweit die gewonnenen Ergebnisse Allgemeingültigkeit besitzen [vergleiche auch die neuen Arbeiten von WASSERBERG[21]), ANDREJEW[22]) und KAWTARADSE[22])]. Die Frage nach dem Mechanismus des ebenen Kriechens über die Oberfläche und über die Rolle dieses Kriechens bei der Formänderung der Kristalle und der Bildung der natürlichen Oberfläche wurde kürzlich von FRENKEL[23]) im Zusammenhang mit den Daten der interessanten experimentellen Untersuchungen von LUKIRSKI erörtert; dieser hatte gezeigt, daß eine Kugel, die aus einem Kochsalzeinkristall herausgeschnitten wird, bei anhaltender Erhitzung sich mit Kristallkörnern bedeckt. Der Umbau durch Verdampfung und Rekondensation ist unter den Versuchsbedingungen von KUKIRSKI ausgeschlossen. Es ist deshalb sehr wahrscheinlich, daß die von ihm beschriebenen Erscheinungen durch ebenes Oberflächenkriechen zustande kommen, wobei dieses durch die Störungen erleichtert wird, die in dem Kristall bei den mechanischen Einwirkungen der Herstellung der Kugel entstehen.

Die Arbeit von FRENKEL bringt mehr Klarheit in die Umbauvorgänge der Kristalle bei höheren Temperaturen und ist von wesentlicher Bedeutung für die Theorie des Kristallwachstums und der Rekristallisation.

Hypothesen über die Natur der aktiven Zentren der Oberfläche der Adsorbenten und der Katalysatoren, die in dieser Arbeit ausgesprochen werden, sind dagegen nicht originell und wurden ohne hinreichende Berücksichtigung der experimentellen Daten zu diesem Problem aufgestellt.

Literatur

1. Брюнауэр, Адсорбция газов и паров, перевод под ред М. М. Дубинина, Гос. Изд. Ин. лит. (BRUNAUER, Adsorption von Gasen und Dämpfen, Übersetzung unter Redaktion von M. M. DUBININ), 1948.
2. Гуревич, Л. Э., Проблемы кинетики и катализа (L. E. GURJEWITSCH, Probleme der Kinetik und Katalyse), **3**, 251 (1937); Френкел, Я. И., Статистическая физика (J. I. FRENKEL, Statistische Physik), Band **1**, (1933) 110; Дубинин, М. М., Физико-химические основы сорбционой техники (M. M. DUBININ, Physikochemische Grundlagen der Sorptionstechnik), 1935.
3. STERN, Z. Elektrochem. angew. physik. Chem., **30**, 508 (1924); GLASSTONE, S., LAIDLER, K. J. u. EYRING H., The Theory of Rate Processes. New York, London 1941.
4. Жуховицкий, А. А., Адсорбция газов и наров, ГОНТИ (A. A. SHUCHOWIZKI, Adsorption von Gasen und Dämpfen), 1938.
5. BRUNAUER, EMMETT, TELLER, J. Amer. chem. Soc., **66**, 1362 (1944).
6. Дубинин, М. М., Проблемы кинетики и катализа M. M. DUBININ, Probleme der Kinetik und Katalyse), Heft 5 (1948) S. 213.
7. LANGMUIR, I., J. Chem. Soc. [London] 511 (**1940**); RIELS, Proc. Cambridge Phil. Soc. **32**, 471 (1936); TONKS, J..chem. Physics 8, 477 (1940); ROBERTS, J. K., Some problems in adsorption. Cambridge, 1936.
8. VOLMER, M., ESTERMANN, J., Z. Physik **7**, 13 (1921).
9. VOLMER, M., ADHIKARI, G., Z. Physik **35**, 170 (1925).
10. VOLMER, M., Kinetik der Phasenbildung, Dresden, 1939.
11. Марселен, А., Поверхностые растворы (A. MARSELEN, Oberflächenlösungen), Moskau 1936.
12. VOLMER, M., ADHIKARI, G., Z. Physik **35**, 170 (1925); Z. physik. Chem., Abt. A, **119**, **46** (1926); Moll Fr. ibid., **136**, 183 (1928).
13. Обручева, А. Д. (A. D. OBRUTSCHEWA), G. HEVESY, Nature, **115**, 674 (1925).
14. SCHWARZ, K., Z. physik. Chem., Abt. A, **168**, 241 (1934).
15. SEITH, W., ATEN, A., Z. physik. Chem., Abt. B, **10**, 296 (1930).
16. LANGMUIR, I., Z. angew. Chem., **46**, 719 (1933); BECKER, Trans. Amer. Electrochem. Soc., **55**, 169 (1929).
17. Семенов, Н. Н., и Харитон, Ю. Б., Журнал Русского Физико-Химического общества (N. M. SEMJONOW u. J. B. CHARITON, J. russ. physik.-chem. Ges.), **56**, 143 (1924); Семенов, Н. Н. (N. N. SEMJONOW), ibid. 62, 33 (1930); Харитон, Ю., Семенов, Н., и Шальников, А. (J. CHARITON, M. SEMJONOW u. A. SCHAINIKOW), Trans. Faraday Soc., **28**, 169 (1932).
18. VOLMER, M., Z. physik. Chem., Abt. A, **115**, 253 (1925).
19. DOHSE, H., KÄLBERER, H., Z. physik. Chem., Abt. B, **5**, 131 (1929); DOHSE, H., ibid., **6**, 343 (1929); Z. Elektrochem. angew. physik. Chem. **36**, 677 (1930).
20. Шустер, К., Проблемы кинетики и катализа (K. SCHUSTER, Probleme der Kinetik und Katalyse), **3**, 435 (1937).
21. Вассерберг, В. Э., Проблемы кинетики и катализа (W. E. WASSERBERG, Probleme der Kinetik und Katalyse), **5**, 306 (1948).

22. Андреев, Е. А., Доклад на Всес. конф. по катализу (J. A. ANDREJEW, Vortrag auf der Konferenz über Katalyse), 1947; Кавтарадзе, Н. Н., Доклады Академии Наук СССР (N. N. KAWTARADSE, Ber. Akad. Wiss. UdSSR), 1948.
23. Френкель, Я. И., Журнал Эксперементалной и теоретической Физики (J. I. FRENKEL, J. expt. theoret. Physik), **16**, 29, 39 (1946).
24. Шехтер, А. Б., и Ечеистова, А. И., Известия Академии Наук СССР, Отделение Химических Наук (A. B. SHECHTER u. A. I. JETSCHENSTOWA, Nachr. Akad. Wiss. UdSSR, Abt. chem. Wiss. [1948]).

KAPITEL 2

Das Adsorptionsgleichgewicht an inhomogenen Oberflächen

§ 1: *Ausgangsannahmen*

Bei der theoretischen Erörterung der Adsorptionsgleichgewichte beschränken wir uns auf eine erste Näherung, in der die einzelnen Bereiche der Oberfläche als völlig unabhängig voneinander betrachtet werden und die Möglichkeit einer Wechselwirkung zwischen den an diesen Bereichen adsorbierten Molekeln vernachlässigt wird. Ferner beschränken wir uns auf die Behandlung der Adsorption von Gasen, obwohl sich der Hauptteil der Ergebnisse auch auf die Adsorption in Lösung übertragen läßt. In dieser Näherung ist nur die Verteilungsfunktion der Bereiche über eine Eigenschaft variabel. Die Gasmenge q, die im Gleichgewicht adsorbiert ist, hängt von der Natur des Gases und des Adsorbens, von der Größe der spezifischen Oberfläche, von der Vorgeschichte des Adsorbens, von der Zusammensetzung des Gasgemisches und der Temperatur ab.

Eine strenge quantitative Berechnung der Größe q aus den Materialkonstanten, die Gas und festen Körper kennzeichnen, ist bislang selbst für die einfachsten Systeme bei vollständiger Homogenität der Oberfläche undurchführbar. Bestenfalls gelingt es, die Größenordnung des Adsorptionspotentials richtig abzuschätzen und damit die Möglichkeit für noch gröbere Abschätzungen des Adsorptionskoeffizienten zu erhalten[1, 2, 3]).

Bei dem gegenwärtigen Stande der Theorie wäre ein Versuch zu einer quantitativen Berechnung der Absolutwerte der Adsorption für inhomogene Oberflächen völlig verfehlt. Wir beschränken uns also auf die Herleitung von Gleichungen für

$$\left.\begin{array}{ll} \text{die Isotherme} & q = q(p)_{T=\text{const}} \\ \text{die Isobare} & q = q(T)_{p=\text{const}} \\ \text{und die Isostere} & p = p(T)_{q=\text{const}} \end{array}\right\}; \tag{1}$$

als Sonderformen der allgemeinen thermischen Adsorptionsgleichung

$$q = q(p, T). \tag{1a}$$

Wir beginnen unsere Analyse mit der Isotherme und dehnen sie dann auf die Isobare und die Isostere aus.

Wir nehmen an, daß für jede i-te Gruppe identischer Bereiche die LANGMUIR-sche Gleichung

$$\theta_i = \frac{p}{p + b_i} = \frac{1}{1 + b_i/p} = \frac{1}{1 + \frac{b_{i0}}{p} e^{-Q_i/RT}} \tag{2}$$

gültig sei, wobei θ_i die relative Besetzung der i-ten Bereichsgruppe ist, die durch die Adsorptionswärme Q_1 und den Faktor b_{i0} vor dem Exponentialausdruck gekennzeichnet wird; p ist der Partialdruck der adsorbierten Substanz,

$$b_i = b_{0i} \exp(-Q_i/RT) \tag{3}$$

ist der reziproke Adsorptionskoeffizient, der die Dimension eines Druckes hat und zahlenmäßig gleich dem Druck bei $\theta_i = 0{,}5$ ist, wie bereits in Kapitel I festgestellt wurde. In der Größe b_{i0}, die im einfachsten Fall die Größenordnung $4 \cdot 10^5 \sqrt{MT}$ hat, verbirgt sich ein Entropiefaktor*, der sich beim Übergang von $e^{-F/RT}$ zu $e^{+S/R}\, e^{-Q/RT}$ ergibt:

$$e^{-F/RT} = e^{+S/R}\, e^{-Q/RT}. \tag{4}$$

Auf ähnliche Weise kann man für jede der Bereichsgruppen den Ausdruck für die mittlere Verweilzeit an der Oberfläche hinschreiben:

$$\tau = \tau_0 \exp(Q/RT), \tag{5}$$

dabei liegt τ_0 im einfachsten Fall zwischen 10^{-11} und 10^{-13} sec.

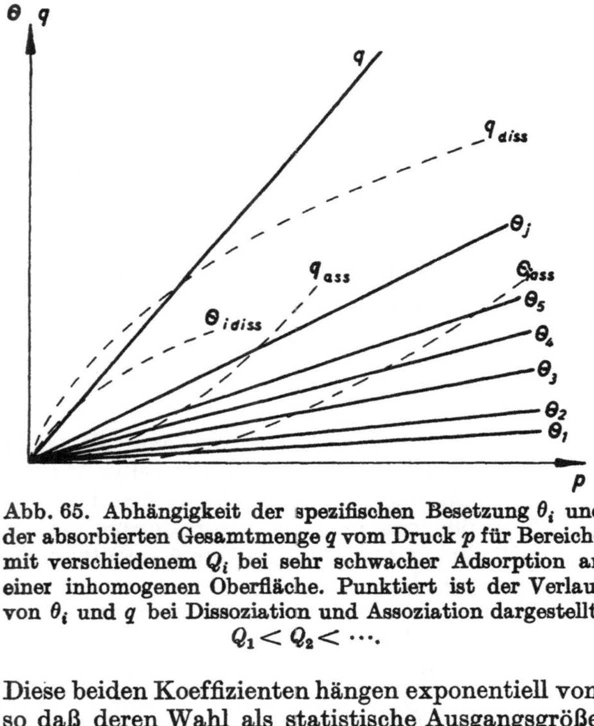

Abb. 65. Abhängigkeit der spezifischen Besetzung θ_i und der absorbierten Gesamtmenge q vom Druck p für Bereiche mit verschiedenem Q_i bei sehr schwacher Adsorption an einer inhomogenen Oberfläche. Punktiert ist der Verlauf von θ_i und q bei Dissoziation und Assoziation dargestellt. $Q_1 < Q_2 < \cdots$.

Die Unterschiede in den Bereichen im Hinblick auf das Adsorptionsgleichgewicht sind vollständig gegeben durch die Größe eines der Adsorptionskoeffizienten b und τ. Diese beiden Koeffizienten hängen exponentiell von der Adsorptionswärme Q ab, so daß deren Wahl als statistische Ausgangsgröße eine große Empfindlichkeit sowohl gegen geringe Änderungen des Verteilungstyps als auch gegen die Lage des betreffenden Bereichs auf der Verteilungskurve gewährleistet. Diese Empfindlichkeit der Grundabhängigkeit ermöglicht, wie bereits in der Einleitung erwähnt, eine weitgehende Vereinfachung der mathematischen Behandlung[4, 5]).

---

* In Gleichung (4) ist F die Änderung der freien Energie, S die Änderung der Entropie und Q die Änderung der inneren Energie bei der Adsorption.

Nach Gleichung (2) gibt es bei jedem vorgegebenen Partialdruck p des Adsorbats an der Oberfläche, die im Hinblick auf die Adsorptionswärmen Q inhomogen ist, Bereiche mit verschiedenen Besetzungsgraden. Diese Besetzungen verringern sich in Übereinstimmung mit der Formel (2) beim Übergang von Bereichen mit großen Adsorptionswärmen zu solchen mit kleinen Adsorptionswärmen (Abb. 65).

Für die Oberfläche im ganzen wird die relative Besetzung durch das Integral

$$\Phi = \int_{b_{\min}}^{b_{\max}} \theta(b)\,\varrho(b)\,db = \int_{b_{\min}}^{b_{\max}} \frac{p}{p+b}\cdot\varrho(b)\,db \tag{6}$$

gegeben.

Wir beginnen mit Drucken, bei denen selbst in den Bereichen mit den größten Adsorptionswärmen $p \ll b$ und die Besetzung $\theta \ll 1$ ist. In diesem Fall ist θ_i für ein beliebiges i nach Gleichung (2) eine lineare Funktion des Druckes (Abb. 65), und bei gegebenem Druck eine exponentielle Funktion der Adsorptionswärme und der Temperatur (Abb. 66 und 67):

$$\theta_i \cong \frac{p}{b_i} \tag{7}$$
$$= \frac{p}{b_{0i}} \exp(Q_i/RT)$$
$$= a_0 p \exp(Q_i/RT)$$
$$= a_i p .$$

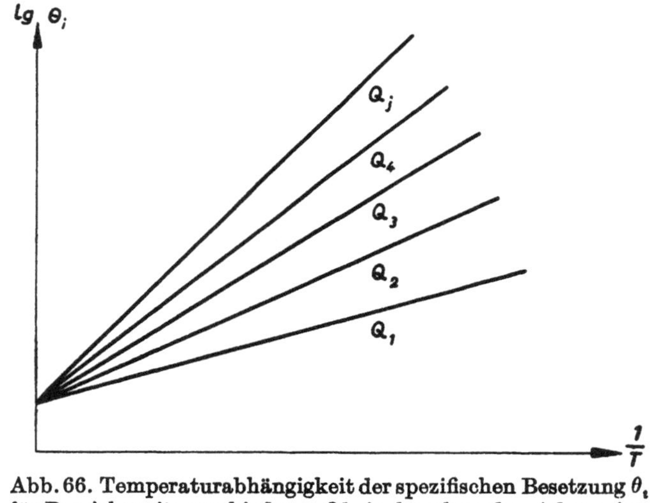

Abb. 66. Temperaturabhängigkeit der spezifischen Besetzung θ_i für Bereiche mit verschiedenen Q bei sehr schwacher Adsorption an einer inhomogenen Oberfläche. $Q_1 < Q_2 < \cdots$.

Benutzen wir die Gleichung (7) und die differentiellen Verteilungsfunktionen, so können wir für die ganze Oberfläche schreiben:

$$\Phi(p) \cong A p, \tag{7a}$$

wobei A sich mit Hilfe der differentiellen Verteilungsfunktion in Form eines Integrals ausdrücken läßt:

$$A = \int_{a_{\min}}^{a_{\max}} a\,\varrho(a)\,da = \int_{b_{\min}}^{b_{\max}} \frac{\varrho(b)}{b}\,db = \int_{Q_{\min}}^{Q_{\max}} \frac{\varrho(Q)}{b_0} \exp(Q/RT)\,dQ. \tag{8}$$

Nach Gleichung (7a) steigt bei hinreichend kleinen Drucken und dementsprechend bei hinreichend kleinen Besetzungen die Besetzung ebenso wie die ihr proportionale Größe $q = q_{\text{sätt}}\Phi$ linear mit wachsendem p. Folglich muß die Adsorptionsisotherme für jede inhomogene Oberfläche grundsätzlich mit einem HENRYschen Bereich beginnen. (Wie weiter unten gezeigt werden wird, ist dies nicht mehr gültig für eine Adsorption, die unter Dissoziation oder Assoziation verläuft.)

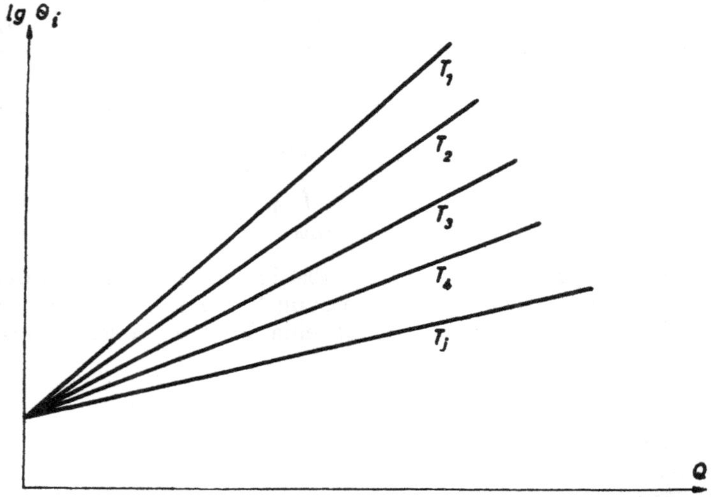

Abb. 67. Abhängigkeit der spezifischen Besetzung θ_i von der Adsorptionswärme bei verschiedenen Temperaturen. $T_1 < T_2 < \cdots$.

Gemäß der statistischen Bedeutung der Integrale (8) ist der Koeffizient A der Mittelwert des HENRYschen Adsorptionskoeffizienten für die ganze Oberfläche

$$A = \bar{a}. \tag{8a}$$

Die Breite des HENRYschen Bereichs der Adsorptionsisotherme für inhomogene Oberflächen wird durch ihre Breite für die Abschnitte mit den Maximalwerten der Adsorptionskoeffizienten gegeben, ist also sehr klein. Mit wachsendem p treten also Bedingungen ein, unter denen die gemachte Voraussetzung $\theta_i \ll 1$ allmählich für gewisse Abschnitte zu gelten aufhört. Für diesen Druckbereich bleibt das Anwachsen von θ linear für die Abschnitte mit kleinem Q, verlangsamt sich aber für die Abschnitte mit größerem Q. Aus Abb. 68 sieht man, daß sich hierbei im Diagramm der Verteilung eine steile Front auszubilden beginnt, welche die Bereiche mit $\theta \approx 1$ von den

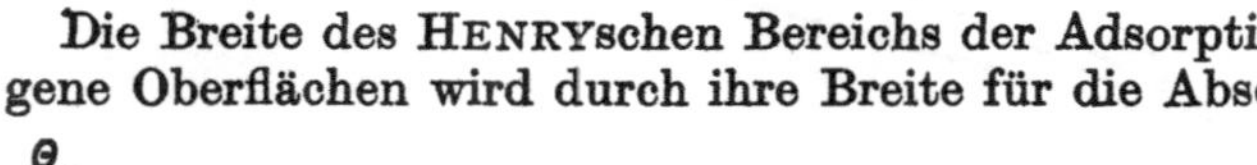

Abb. 68. Verschiebung der Grenze zwischen den besetzten und den freien Bereichen mit wachsendem Druck im Diagramm $\theta = \theta(Q)$. Die punktierte Gerade $\theta = 0{,}5$ geht durch die Wendepunkte.

Bereichen $\theta \approx 0$ trennt. Bei weiterer Steigerung des Druckes verschiebt sich diese Grenze in gesetzmäßiger Weise nach links in Richtung kleinerer Q (Abb. 68).

Bei Drucken, die größer sind als ein gewisser Minimaldruck p, gibt es bei beliebigem Typ der Verteilungsfunktion im Diagramm $\varrho = \varrho(Q)$ (Abb. 69) Werte von Q, denen Bereiche entsprechen, die praktisch vollständig vom Adsorbat besetzt sind, und Werte von Q, denen Bereiche entsprechen, die praktisch frei sind. Zwischen diesen beiden Extremen liegt ein mehr oder weniger breiter Übergangsbereich (vergleiche Abb. 68 und 69), auf dem der Übergang von $\theta \approx 1$ zu $\theta \approx 0$ erfolgt.

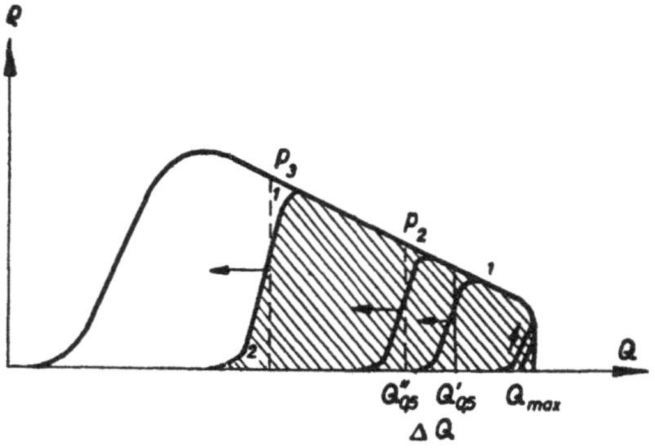

Abb. 69. Verschiebung der Grenze zwischen den besetzten und den freien Bereichen mit wachsendem Druck im Diagramm $\varrho = \varrho(Q)$.

Schließlich ist bei hinreichend großen p für alle Bereiche $p/b \gg 1$, und dann ist sogar für die Bereiche mit den größten Werten von b

$$\theta_i = \frac{p}{p+b} = \frac{1}{1+\frac{b_i}{p}} \cong 1 - \frac{b_i}{p}. \tag{9}$$

In diesem Fall ist

$$\Phi(p) \cong \int\limits_{b_{\min}}^{b_{\max}} \left(1 - \frac{b}{p}\right) \varrho(b)\, db = 1 - \frac{1}{p} \int\limits_{b_{\min}}^{b_{\max}} b\varrho(b)\, db = 1 - \frac{B}{p}. \tag{10a}$$

Gemäß der statistischen Bedeutung der Integrale (10a) ist die Größe B der Mittelwert des reziproken Adsorptionskoeffizienten b für die ganze Oberfläche:

$$B = \bar{b}. \tag{10b}$$

Ferner ist offensichtlich

$$q(p) = q_{\text{sätt}}\, \Phi(p) = q_{\text{sätt}} - \frac{q_{\text{sätt}}\,\bar{b}}{p}. \tag{10c}$$

Wir wenden uns nun wieder dem Diagramm $\theta = \theta(Q)$ zu, dessen Form bei unseren ursprünglichen Annahmen nicht von der Form der Funktion $\varrho(Q)$ abhängt, und analysieren Charakter und Breite des Übergangsgebiets. Die Form der Grenze zwischen den besetzten und den freien Bereichen hängt unmittelbar mit der Form der Isotherme für die Gruppen gleicher Bereiche zusammen. Für eine LANGMUIRsche Isotherme entspricht infolge der vollständigen Symmetrie der Abhängigkeiten der Größe θ von p und von $a = 1/b$ die Grenzkurve im Diagramm $\theta(a)$ genau der üblichen LANGMUIRschen Isotherme $\theta(p)$, während die Grenzkurve $\theta(Q)$ der LANGMUIRschen Adsorptionsisotherme, aufgetragen in halblogarithmischer Skala, $\theta = \theta(\ln p)$ entsprechen muß.

Dies ist offensichtlich, da wir an Stelle des Drucks in dem Koeffizienten

$$a = b^{-1} = b_0^{-1} \exp (Q/RT)$$

$$\theta = \frac{ap}{1 + ap} \tag{11}$$

der Gleichung (11) die Wärme Q setzen. In diese Gleichung geht a symmetrisch mit p ein, während

$$Q = RT \ln a + RT \ln b_0 = RT \ln a + \text{const} \tag{12}$$

ist. Folglich entspricht einer linearen Änderung von Q in unseren Diagrammen 68 und 69 eine logarithmische Änderung von p in den üblichen Isothermen.

Bei einer Bewegung von links nach rechts wächst θ zunächst streng exponentiell mit wachsendem Q; dann verlangsamt sich der Anstieg, und schließlich ändert sich θ nur noch sehr langsam. Die letzten Teile von θ erstrecken sich über ein unendlich großes Druckintervall. Bei einer Abschätzung der Breite des Zwischengebietes benutzen wir das Vorhandensein des Wendepunktes bei $\theta = 0{,}5$ in der Kurve $\theta = \theta(Q)$ und legen in diesem Punkt die Tangente an die Kurve. Man kann leicht zeigen, daß die beiden Schnittpunkte der Tangente mit der Abszissenachse und mit der Geraden $\theta = 1$ in Q-Richtung einen Abstand $4RT$ haben. Diese Größe kann man als Breite des Übergangsgebiets ansehen. In Wirklichkeit ist an den Grenzen dieses Intervalls der obere Wert von θ nahezu 0,95, der untere nahezu 0,05. Die erwähnte Tangente verläuft rechts vom Punkt $\theta = 0{,}5$ oberhalb der Grenzkurve und links von diesem Punkt unterhalb der Grenzkurve. In Abb. 68 sind die Abschnitte 1 und 2 genau einander gleich.

Natürlich muß, damit ein Übergangsgebiet sich ausbilden und die angegebene Form annehmen kann, der gesamte Wertebereich von Q bedeutend größer als $4RT$ sein. Sämtliche weiteren Überlegungen beziehen sich auf derartige Verteilungen.

Beim Übergang zu einem neuen höheren Druckwert entspricht jedem gegebenen θ ein neuer geringerer Wert der Adsorptionswärme Q. Dadurch verschiebt sich die ganze Grenze nach links. Mit Ausnahme der Bereiche zu Beginn der Verteilung innerhalb eines Intervalls von der Größenordnung $2RT$ und der Bereiche ganz am Ende der Verteilung mit entsprechender Breite erfolgt die Verschiebung der Grenze praktisch parallel ohne Änderung ihrer Form, denn bei Exponentialfunktionen ändert eine Verschiebung des Nullpunkts (von Q_i nach Q_j usw.) die Form der Funktion $\exp(\Delta Q/RT)$, die die Veränderung von θ bei einer Verschiebung längs der Q-Achse angibt, nicht. Die Größe der Verschiebung der Grenzkurve ist proportional $\ln p$. Offenbar muß ein exponentieller Zusammenhang zwischen der Adsorptionswärme, die einer gegebenen relativen Besetzung entspricht, und den Werten des Außendrucks, bei denen diese Besetzung für die Bereiche mit gegebenem Q erreicht wird, bestehen. Zweckmäßigerweise legt man die halbe Besetzung zugrunde, die dem Wendepunkt der Grenzkurve entspricht. Bei $\theta = 0{,}5$ ist

$$p_{0,5} = b = b_0 \exp(-Q/RT)$$

und

$$Q_{0,5} = -RT \ln p_{0,5}/b_0 . \tag{13}$$

Alles Obige bezog sich auf das Diagramm $\theta = \theta(Q)$. Bei der Adsorption an zusammengesetzten Oberflächen hat man, um χ, d. h. die an den Bereichen jeden Typs adsorbierte Menge, zu finden, das entsprechende θ_Q mit ϱ_Q und einem weiteren Faktor zu multiplizieren:

$$\chi = \gamma \theta_Q \cdot \varrho_Q. \tag{14}$$

Die ganze adsorbierte Menge ist streng genommen gleich dem Integral $q = \int \chi \, dQ$ über das ganze Intervall der Werte von Q. Ist die Verteilung hinreichend breit und p so beschaffen, daß sich eine steile Grenzkurve zwischen den besetzten und den freien Bereichen einstellen kann, so kann man für die meisten Typen von Verteilungsfunktionen die Integration über die ganze Verteilung durch eine Integration bis zu einem Q, das einem bestimmten θ entspricht, ersetzen. Am einfachsten integriert man bis zu der Wärme, die $\theta = 0{,}5$ entspricht, und setzt für das ganze Intervall von Q_{max} bis $Q_{\theta=0,5}$ $\theta = 1$ und für alle $Q < Q_{\theta=0,5}$ $\theta = 0$. In dieser Näherung wird die reale Grenzkurve durch die Senkrechte ersetzt (Abb. 70), welche die Abszisse bei der Wärme schneidet, die $\theta = 0{,}5$ entspricht. Diese Wärme ist gleichzeitig die Grenzwärme bei der Integration (Q_{gr}), die differentielle Adsorptionswärme Q_{diff} (unter der angenommenen Näherung) und die Adsorptionswärme der Bereiche, die in Wirklichkeit zu 50% vom Adsorbat besetzt sind:

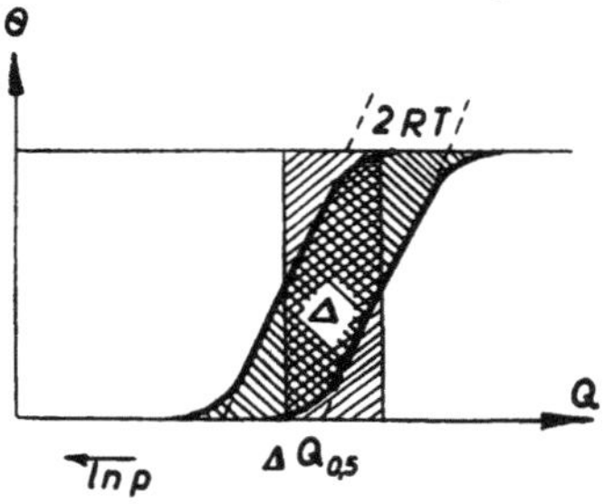

Abb. 70. Graphische Darstellung der Näherung, die bei der Ersetzung der eigentlich krummlinigen Grenzen durch die Vertikalen in den Wendepunkten im Diagramm $\theta = \theta(Q)$ vorgenommen wird.

$$Q_{0,5} = Q_{gr} = Q_{diff} = -RT \ln \frac{p}{b_0}. \tag{15}$$

Wir zeigen die Richtigkeit der Gleichung (15).

Definitionsgemäß ist $Q_{diff} = \frac{dL}{d\Phi}$, wobei L der gesamte thermische Effekt ist, der einer adsorbierten Substanzmenge q entspricht, die den Φ-ten Teil der gesamten Oberfläche des gegebenen Adsorbens einnimmt. Offenbar ist im allgemeinen Fall $L = L(\Phi)$.

$$\Phi = \int_{Q_{min}}^{Q_{max}} \theta(Q)\,\varrho(Q)\,dQ; \quad L = \int_{Q_{min}}^{Q_{max}} Q\theta(Q)\,\varrho(Q)\,dQ \ldots \tag{16}$$

In unserer Näherung ist

$$\Phi \cong \int_{Q_{0,5}}^{Q_{max}} \varrho(Q)\,dQ \quad \text{und} \quad L = \int_{Q_{0,5}}^{Q_{max}} Q\varrho(Q)\,dQ. \tag{17}$$

Folglich
$$\frac{d\Phi}{dQ_{0,5}} = \varrho(Q_{0,5}) \quad \text{und} \quad \frac{dL}{dQ_{0,5}} = Q_{0,5}\,\varrho(Q_{0,5}), \tag{17a}$$

also
$$Q_{diff} = \frac{dL}{d\Phi} = \frac{dL}{dQ_{0,5}} \cdot \frac{dQ_{0,5}}{d\Phi} = Q_{0,5}. \tag{18}$$

Aus Gleichung (15) folgt ein interessanter Zusammenhang zwischen der mittleren Aufenthaltszeit der Molekeln an den halbbesetzten Bereichen und dem Partialdruck des Adsorbats. Bekanntlich ist

$$\tau = \tau_0 \exp\left(\frac{Q}{RT}\right).$$

Wir ersetzen Q durch $Q_{0,5}$ und entnehmen diesen Wert aus der Gleichung (15); dann wird für $\theta = 0{,}5$

$$\tau = \tau_0 \exp\left[\frac{-RT \ln p/b_0}{RT}\right] = \frac{\tau_0 b_0}{p} = \frac{\tau_0'}{p}. \tag{19}$$

Die Gleichung (15) ist gleichzeitig die Gleichung für die differentielle Adsorptionswärme und die Gleichung für die Adsorptionsisostere:

$$p = b_0 \exp\left(-\frac{Q_{\mathrm{diff}}}{RT}\right). \tag{20}$$

Im Diagramm $\varrho = \varrho(Q)$ (Abb. 71) entspricht die angenommene Näherung einer Ersetzung der Integration über die exakte Kurve *CDEF* durch eine Integration über die vereinfachte Kurve *CKDL*, die für den Wert q zu einem Fehler Δq führt, der gleich der Differenz der Flächen *CKD* und *DEL* ist. Je steiler die

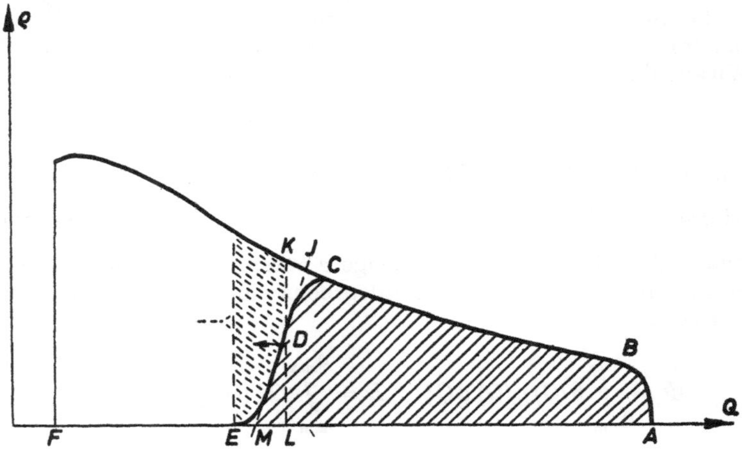

Abb. 71. Genaue Form *CDE* und angenäherte Form *KDL* der Grenzkurve in den Koordinaten ϱ und Q.

Grenzkurve ist, d. h., je niedriger T ist, desto kleiner ist der absolute Fehler, denn mit wachsender Temperatur deformiert sich die Kurve *CDE* für ein gegebenes q und geht in der Grenze für ein T von 0° K gegen die Gerade *KDL*.

Unsere Näherung läßt sich etwas verbessern, wenn man die vertikale Gerade *KDL* durch die Tangente *IDM* ersetzt, jedoch wird hierbei der mathematische Ausdruck bedeutend komplizierter (siehe Kapitel 8); wir beschränken uns also auf die erste Näherung. Unter unseren Voraussetzungen ist

$$q = \gamma \int_{Q_{0,5} = -RT \ln p/b_0}^{Q_{\max} = -RT \ln p_{\min}/b} 1 \cdot \varrho(Q)\, dQ. \tag{21}$$

In der Gleichung (21) berücksichtigt der Normierungsfaktor die Größe der Oberfläche des Adsorbens und die Anzahl der Stellen pro cm² der Oberfläche.

Bei einer theoretischen Analyse der allgemeinen Gesetzmäßigkeiten ist es wünschenswert, sich dieses Faktors zu entledigen. Hierzu werden wir statt mit q mit dem Anteil Φ der Gesamtoberfläche arbeiten, der unter den gegebenen Umständen besetzt ist. Offenbar ist

$$\Phi = q/q_\infty, \tag{22}$$

dabei ist q_∞ die Gasmenge, die bei Sättigung in monomolekularer Schicht adsorbiert ist. In unserer Näherung und bei der Normierung des Integrals $\int \varrho(Q)\, dQ$ auf Eins nimmt die Gleichung (21) die Form an:

$$\Phi \cong \int_{Q_{0,5}}^{Q_{\max}} \varrho(Q)\, dQ. \tag{23}$$

Im ersten Teil erwähnten wir die integralen Verteilungsfunktionen $n(b)$, $n(Q)$ usw. (vergleiche Seite 17). Nach der Definition ist $n(z)$ das Integral über die Funktion $\varrho(z)$ von einem konstanten unteren Wert bis zu dem gegebenen laufenden Wert des Arguments. Insbesondere ist

$$\int_{Q}^{Q_{\max}} \varrho(Q)\, dQ = \int_{Q}^{Q_{\max}} dn(Q) \tag{23a}$$

und folglich in unserer Näherung

$$\Phi(Q_{0,5}) \cong n(Q_{0,5}) = n(RT \ln b_0/p) = n(-RT \ln p + C). \tag{23b}$$

Mit Ψ bezeichnen wir den freien Teil der Gesamtfläche; dann ist stets

$$\Phi + \Psi = 1. \tag{24}$$

Die Gleichungen (21) und (23) geben uns nach einer Integration wegen des einfachen und expliziten Zusammenhangs der Integrationsgrenzen mit dem Druck unmittelbar die Abhängigkeit der Größen q und Φ von p, d. h. die Adsorptionsisotherme. Für den gesamten Mittelteil der Verteilung außer den beiden Randzonen von der Breite $2RT$ muß diese Näherung die Form der Funktionen $q = q(p)$ und $\Phi = \Phi(p)$ mit dem oben angegebenen absoluten Fehler wiedergeben. Die relative Genauigkeit ist um so größer, je tiefer die Temperatur ist und je näher die Ausgangsverteilung der Gleichgewichtsverteilung kommt.

In der Tat verschiebt sich, solange im Übergangsgebiet, d. h. in einem Intervall der Werte Q von $4RT$, die Änderungen von $\varrho(Q)$ klein sind gegenüber ihrem Absolutwert, bei jedem Verteilungsgesetz die Kurve fast parallel zu sich selbst, ohne ihre Form zu ändern. Unter diesen Bedingungen führt eine Berücksichtigung des Übergangsgebiets zur Einführung einer konstanten Korrektur in die Werte $\varrho(Q)$ in der Nähe der Grenze bei der Integration der Funktion.

Dem entspricht eine Änderung der Integrationsgrenze um eine kleine Größe, die ohne Einfluß auf die Abhängigkeiten von q und Φ von der Adsorptionswärme und dem Druck bleibt. Nur im Fall $\varrho(Q) = \text{const}$ ist die Korrektur genau gleich Null, denn in diesem Fall ist

$$\frac{d\varrho(Q)}{dQ} = 0, \tag{25}$$

und die Grenzkurven in den Koordinaten ϱ und Q sind streng parallel. In allen sonstigen Fällen, wenn

$$\Delta\varrho(Q) = \Delta Q \cdot \frac{d\varrho(Q)}{dQ} \tag{26}$$

klein gegenüber $\varrho(Q)$ ist, ist die Korrektur ebenfalls klein, und man kann die Vorstellung von der Parallelverschiebung der Grenze beibehalten. Die Anwendbarkeitsbedingung für dieses Verfahren kann man folgendermaßen schreiben:

$$\frac{RT\, d\varrho(Q)}{\varrho(Q)\, dQ} \ll 1 \text{ oder } RT\,\frac{d \ln \varrho(Q)}{dQ} \ll 1. \tag{27}$$

Formell ist infolge der Symmetrie der Adsorptionsgleichung in den Größen p und $1/b = a$ unser Schema von der Verschiebung der Grenze zwischen dem besetzten und dem unbesetzten Teil ähnlich der Verschiebung der Konzentrationsfront des Adsorbats im SCHILOWschen Gebiet[6]) der Parallelverschiebung in der Sorptionsdynamik*.

Ähnlich wie bei der Sorption unter dynamischen Bedingungen zur Einstellung einer stabilen Sorptionsfront die Durchdringung einer minimalen Schicht von der Dicke Δl notwendig ist, erfolgt auch in unserem Fall bei der adsorptiven Besetzung einer Oberfläche, die durch eine breite Verteilung der Adsorptionswärmen gekennzeichnet ist, zuerst in einem Abschnitt der Adsorptionswärmen von der Größenordnung von $2\,RT$ die Einstellung einer steilen Grenze, die sich von Werten $\theta \approx 1$ bis zu Werten $\theta \approx 0$ erstreckt, und erst danach beginnt die Parallelverschiebung dieser Grenze. Dem Abstand von der Koordinate l in der Sorptionsdynamik entspricht in der statistischen Theorie des Gleichgewichts an zusammengesetzten Oberflächen die Koordinate $RT \ln p$, d. h. Q, und dem Abschnitt Δl_0 ein bestimmter Wert $RT \ln_{p_1/p_{\min}}$, der erforderlich ist, um die Parallelverschiebung der Grenze des besetzten Teiles zu ermöglichen. Unterhalb dieses Drucks sind die oben abgeleiteten Gleichungen nicht anwendbar. Wir verweisen auch auf die Analogie der Korrekturen, die durch die endliche Dicke der Schicht und die Begrenzung

---

* Die Theorie von SCHILOW bildet eine erste Näherung zur Lösung eines dynamischen Problems, die in ihrer Einfachheit und Anschaulichkeit äußerst wertvoll ist. Innerhalb dieser Näherung wurde die Theorie später von SELDOWITSCH vervollkommnet und kürzlich von TODES auf die Adsorption von Gasgemischen ausgedehnt[7]. Die exakte Lösung des Problems findet sich in den Untersuchungen von SHUCHOWIZKI, SABESHINSKI und TICHONOW (1946)[8]. Ein ausgedehntes experimentelles Material über die Dynamik der Sorptionsvorgänge, das nähere Aussagen über die Natur der Faktoren, die unter realen Bedingungen wirken, und über die Anwendbarkeitsgrenzen der verschiedenen Theorien gestattet, findet man in den Untersuchungen von M. M. DUBININ und seiner Schule[10]), ALEXEJEWSKI[11]) u. a.

des Intervalls der Adsorptionswärmen bedingt werden. In der Sorptionsdynamik beginnt in einem Abstand Δl_k von der äußeren abschließenden Oberfläche der Schicht eine Verzerrung, die zu einer Störung der Parallelverschiebung führt. In unserem Fall verzerrt sich in einem Abstand von etwa $2\,RT$ von der minimalen Adsorptionswärme die Grenzkurve, was zu einem Abbiegen der Isotherme und dem Auftreten einer Sättigung führt, die in der statistischen Gleichung für den mittleren Teil der Verteilung nicht berücksichtigt wird. Das Gesetz für dieses Abklingen der Sorption gegen Ende gibt die Gleichung (10), das Gesetz für den Anstieg zu Beginn die Gleichung (7). Die Breite des Mittelteils, d. h. das Anwendbarkeitsgebiet unserer Methode, ist um so größer, je breiter die Verteilung ist.

Die Methode ist grundsätzlich nicht auf eine Verteilung mit einem Intervall

$$Q_{\max} - Q_{\min} \gtreqless 4\,RT \tag{28}$$

anwendbar. Nach den obigen Bemerkungen kann man für die meisten Verteilungsfunktionen außer den ganz steilen als Maß für den Anstieg des besetzten Teils der Oberfläche $\Delta\Phi$ die Fläche nehmen, die der Abschnitt der Kurve $\varrho(Q)$ mit der Abszissenachse und mit den beiden Vertikalen bildet, die durch die Werte θ_α bei zwei bestimmten Wärmen verlaufen (im einfachsten Fall durch $\theta_{0,5}$; vergleiche Abb. 70).

$$\Delta\Phi \cong \int_{Q_2}^{Q_1} \varrho(Q)\, dQ. \tag{28a}$$

Für die gesamte adsorbierte Menge q gilt die entsprechende Formel (21).

Die Integrale (17) und (21) liefern unmittelbar die Abhängigkeit der Größe q (oder Φ) von p, nachdem man in die Endgleichung oder die Ausgangsfunktion statt $Q_{\max}$ und Q die entsprechenden Werte $Q_{\max} = -RT \ln p_{\min}/b_0$ und $Q = -RT \ln p/b_0$ eingesetzt hat. Das Ergebnis hat die Form

$$q = B + f(p) = q(p). \tag{29}$$

Ist $Q_{\max}$ konstant und $p_{\min} \ll p$, so kann man die Größe B gegenüber $f(p)$ vernachlässigen. In unserer Näherung reduziert sich also die Bestimmung der Adsorptionsisotherme für eine gegebene Verteilungsfunktion auf eine einfache Integration mit darauffolgender Substitution. Ebenso einfach läßt sich auch die umgekehrte Aufgabe lösen, die Verteilung aus der bekannten Adsorptionsisotherme zu bestimmen.

Aus dem Gesagten folgt, daß $\varrho(Q) = \dfrac{df(p)}{dQ}$ ist, oder, was das gleiche ist,

$$\varrho(Q) \cong -\frac{d\Phi}{dQ_{\text{diff}}} = -\frac{dq}{\gamma\, dQ_{\text{diff}}}. \tag{30}$$

Im Prinzip sind die Gleichungen (21), (23) und (30) sowohl auf die Isothermen als auch auf die Isobaren anwendbar. Wir betrachten zunächst die Isothermen. Aus Gleichung (30) erhält man durch einfache Umformungen die sehr grundlegende und einfache Gleichung

$$\varrho(Q) \cong \frac{d\Phi}{d[RT \ln p/b_0]} = \frac{d\Phi}{RT\, d \ln p/b_0} = \frac{d\Phi}{RT\, d\ln p}. \tag{31}$$

Dieses Ergebnis erhält man wegen der Konstanz von T, R und b_0; es folgt daraus $d \ln b_0 = 0$.

Adsorptionsgleichgewichte an inhomogenen Oberflächen.

Typ der Verteilungs-funktion	Verteilungs-funktion	Exakte und angenäherte Isotherme für den besetzten Teil der Oberfläche $\Phi = \frac{q}{q_\infty}$
Potenzfunktion	$H(Q_{\max} - Q)^n$	$\Phi = \frac{H}{n+1} (RT \ln p/p_{\min})^{n+1}$ bei $n \neq -1$
	$n = 1$	$\Phi^{1/2} = \left(\frac{H}{2}\right)^{1/2} RT \ln p/p_{\min} \cong a \ln p + C$
	$n = \frac{1}{2}$	$\Phi^{2/3} = \left(\frac{2H}{3}\right)^{2/3} RT \ln p/p_{\min} \cong a \ln p + C$
	$n = -\frac{1}{2}$	$\Phi^2 = (2H)^2 \; RT \ln p/p_{\min} \cong a \ln p + C$
Hyperbolische Funktion	HQ	$\Phi = H_1^1 - H \ln \ln b_0/p$
Exponential-funktion	$He^{-\alpha \dot{Q}}$	$\Phi = \frac{H}{\alpha b_0{}^{\alpha RT}} \left[p^{\alpha RT} - p_{\min}^{\alpha RT}\right] \cong a p^{1/n}$
Gleichförmige Verteilung	H	$\Phi = HRT \ln p/p_{\min} \cong a \ln p$

Allgemeine Bedingungen: $p_{0,5} = b_0 \exp(-Q_{0,5}/RT)$; für die Isostere ist $Q = -RT \ln p/b_0$;

Die Gleichung (31) kann man folgendermaßen schreiben:

$$\varrho(Q) \cong \frac{d\Phi}{RT} \frac{p}{dp} = \frac{p}{RT} \frac{d\Phi}{dp}. \tag{32}$$

Ein Übergang zu q erfordert nur die Einführung des Normierungsfaktors γ.

Die Gleichungen (21), (31) und (32) folgen aus der Ausgangsnäherung

$$b_{\text{grenz}} = b_0 \exp\left(-\frac{Q_{0,5}}{RT}\right) = p. \tag{33}$$

Die Anwendung der abgeleiteten Gleichungen auf die Haupttypen der Verteilungen, die im ersten Teil aufgezählt wurden, führt zu den Isothermen, die in Tabelle 1, Spalte 3, angegeben sind. Insbesondere ergibt sich für die Exponentialverteilung die FREUNDLICHsche Isotherme.

TABELLE 1

Isothermen, Isobaren und differentielle Wärmen

Isobare	Abhängigkeit der differentiellen Wärme vom besetzten Anteil der Oberfläche
$\Phi = \frac{H}{n+1}(Q_{max} - CT)^{n+1}$	$Q = Q_{max} - a' \Phi^{\frac{1}{n+1}}$
$\sqrt{\Phi} = \sqrt{\Phi_0} - C_1 T$	$Q = Q_{max} - a^1 \sqrt{\Phi}$
$\Phi^{2/3} = \Phi_0^{2/3} - C_1 T$	$Q = Q_{max} - a^1 \sqrt[3]{\Phi^2}$
$\Phi^2 = \Phi_0^2 - C_1 T$	$Q = Q_{max} - a^1 \Phi^2$
$\Phi = H'' - C_2 \ln T$	$Q = Q_{max}\, e^{-\Phi/H}$
$\Phi = a(e^{-\gamma T} - e^{-\gamma T_{min}}) \cong \cong a e^{-\gamma T}$ wo $\gamma = \alpha C = \frac{C}{nRT}$	$Q = -\frac{1}{\alpha}\ln\left[e^{-\alpha Q_{max}} + \frac{\Phi}{H}\right] = Q_{max} - \frac{1}{\alpha}\ln\left[1 + \frac{\Phi}{He^{-\alpha Q_{max}}}\right];$ $Q \cong RT \ln b_0 - n\, RT \ln\frac{\Phi}{a} \cong C - \frac{1}{\alpha}\ln\Phi.\ \alpha = \frac{1}{nRT}$
$\Phi = \Phi_0 - CT$	$Q = Q_{max} - \frac{\Phi}{H} = Q_{max} - \beta\Phi$

$\theta_i = \frac{1}{1 + b_i/p}$; für die Isobare ist $Q = CT$.

In der Tat ist

$$q = \gamma \int_Q^{Q_{max}} H e^{-\alpha Q}\, dQ = \frac{\gamma H}{\alpha}\left[e^{-\alpha Q} - e^{-\alpha Q_{max}}\right]$$

$$= \frac{\gamma H}{\alpha}\left[e^{+\alpha RT \ln p/b_0} - e^{+\alpha RT \ln \frac{p_{min}}{b_0}}\right]$$

$$= \frac{\gamma H}{\alpha}\left[\left(\frac{p}{b_0}\right)^{\alpha RT} - \left(\frac{p_{min}}{b_0}\right)^{\alpha RT}\right]$$

oder

$$q = \frac{\gamma H}{\alpha b_0^{\alpha RT}}\left[p^{\alpha RT} - p_{min}^{\alpha RT}\right] = a p^{RT} + C,$$

mit $a = \frac{\gamma H}{\alpha b_0^{\alpha RT}}$. Bei $p_{min} \ll p$ (dem entspricht $Q_{max} \gg Q$) kann man das

Glied $p_{\min}^{\alpha RT}$ vernachlässigen. Dann ist

$$q \cong a p^{1/n}. \tag{34}$$

Dieses Ergebnis ist nicht neu[12]). Der Exponent ist $1/n = \alpha RT$, wobei α der „Ungleichförmigkeitskoeffizient" ist. Die Anwendbarkeit der Lösung wird durch die Bedingung $\alpha RT \ll 1$ eingeschränkt. Bei einem αRT von nahezu Eins ist die Grundannahme über die quasiparallele Verschiebung der Grenze nicht erfüllt. Bei $\alpha = 0$ geht die Exponentialverteilung in eine gleichförmige $\varrho(Q) = H$ über. Wie die Integration zeigt, entspricht diesem $\varrho(Q)$ die logarithmische Isotherme

$$q = a \ln p + C. \tag{35}$$

In Teil I, Kapitel 3 zeigten wir, daß für eine Oberfläche mit fester Topographie der Störungen vor allem Potenzfunktionen mit Exponenten zwischen $+1$ und -1 in Betracht kommen. In Tabelle 1 sind die Endisothermen für $n = 1$; $n = 1/2$ und $n = -1/2$ dargestellt. Es handelt sich um

$$\sqrt{q} = a \ln p + C; \tag{36}$$

$$q^{2/3} = a \ln p + C; \tag{37}$$

$$q^2 = a \ln p + C; \tag{38}$$

$$q^{\frac{1}{n+1}} = a \ln p + C. \tag{39}$$

Soweit uns bekannt ist, sind diese Isothermen neu, ebenso wie die schematische Isotherme (39).

Das Ergebnis, das wir für $\varrho = He^{-\alpha Q}$ erhielten, wurde früher auf kompliziertere, aber etwas exaktere Weise von SELDOWITSCH[12]) sowie CREMER und FLÜGGE[12]) abgeleitet. Wie in Kapitel 8 gezeigt wurde, ist unsere Lösung bis auf einen konstanten Faktor β richtig. Bei $\alpha RT < 0{,}5$ ist β nahezu gleich Eins. Mit wachsendem αRT steigt auch β*. Bei einem αRT von nahezu Eins verliert die Annahme über die Parallelverschiebung der Grenze ihren Sinn. Die gleichförmige Verteilung bildet den Grenzfall sowohl für die Potenzverteilung mit $n = 0$ als auch für die Exponentialverteilung mit $\alpha = 0$. Hierin liegt ihre eigentliche Bedeutung, denn streng gleichförmige Verteilungen über die Adsorptionswärmen sind wenig wahrscheinlich.

Im Teil II, Kapitel 1, wurden für homogene Oberflächen die Gleichungen der Isotherme für Adsorptionsprozesse, die mit Dissoziation und Assoziation verbunden sind, abgeleitet. Nach diesen Gleichungen (26a) und (27) unterscheidet sich die Abhängigkeit der Größe θ von Q in nichts von der Abhängigkeit der gleichen Größen für den Fall der Adsorption ohne Änderung des Molekulargewichts, falls man die Adsorptionswärme auf eine Molekel des Adsorbats bezieht. Tut man dies nicht, so tritt statt Q/RT eine Größe $\gamma Q/RT$ auf, und die Form der Isostere ändert sich entsprechend:

$$p = p_0 e^{-\frac{Q}{RT/\gamma}} = p_0 \exp\left[-\frac{Q}{RT^*}\right],$$

* Die exaktere Lösung von SELDOWITSCH liefert für β den Wert $\beta = \frac{\sin \pi/n}{\pi/n}$.

dabei ist $T^* = T/y > T$ bei der Dissoziation und $T^* < T$ bei der Assoziation. Die konkrete Form der Grenzlinie, welche die besetzten von den freien Bereichen trennt, ändert sich etwas (Abb. 72). Für die i-te Gruppe von Bereichen muß die Gleichung $\theta_i = (1 + b_i/p)^{-y}$ gelten. Für hinreichend kleine p führt sie zu der Gleichung

$$\theta_i = a_i^{\gamma} p^{y}, \qquad (40)$$

die nach einer Integration über die ganze Oberfläche den Ausdruck

$$q \cong A p^{y} \qquad (40\,\mathrm{a})$$

liefert. Für die Dissoziation in n Teilchen ergibt sich daraus

$$q \cong A p^{1/n} \qquad (41)$$

und für die Assoziation von s Molekeln in ein neues (Abb. 65)

$$q \cong A p^{s}. \qquad (41\,\mathrm{a})$$

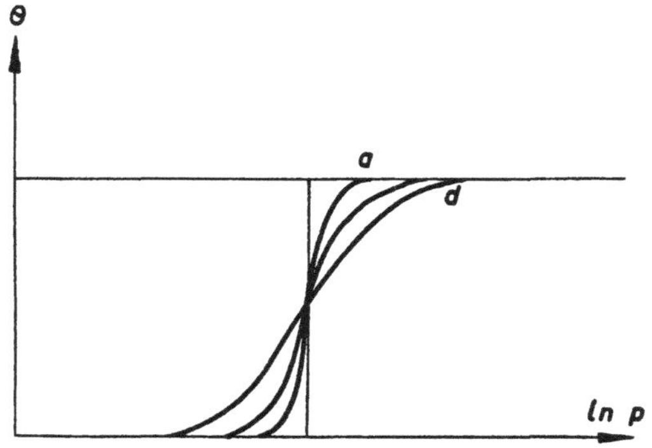

Abb. 72. Einfluß der Assoziation (a) und der Dissoziation (b) auf die Grenzkurve. Die mittlere Kurve bezieht sich auf Molekeln, die ohne Assoziation oder Dissoziation adsorbiert werden.

Wir bemerken eine formale Ähnlichkeit der Gleichung (41a) mit der FREUNDLICHschen Gleichung. Die Besonderheit der Isothermen mit gebrochenen y infolge der Dissoziation muß in der Konstanz von n für verschiedene Temperaturen und in seiner Ganzzahligkeit bestehen ($n = 2, 3, \ldots$). Ferner kann, falls der gebrochene Exponent auf einer Dissoziation beruht, die FREUNDLICHsche Gleichung nur im Gebiet verschwindend kleiner Gesamtbesetzungen gültig sein.

Analog den Gleichungen (9) und (10) erhält man leicht folgende Gleichung für die Adsorption der letzten Gasmengen:

$$q \cong q_\infty - B/p^{1/n}. \qquad (42)$$

Konstruiert man die Kurve für die Isothermen, so sieht man leicht, daß bei $y > 1$ die Annäherung an den Sättigungswert noch stärker ausgeprägt ist als bei den gewöhnlichen LANGMUIRschen Isothermen; bei $y < 1$ ist umgekehrt der Endabschnitt der Isothermen in die Länge gezogen. In logarithmischer Form sind die Kurven völlig symmetrisch. Dies war bei der vollständigen Übereinstimmung der Formeln für die Adsorption mit und ohne Änderung der Molekelzahl, die sich durch Substitution von T durch T^* erreichen läßt, auch nicht anders zu erwarten.

Folglich behält die Grenze zwischen den besetzten und den freien Bereichen im Diagramm $\theta = \theta(Q)$ ihre symmtrische Form auch bei Dissoziation oder Assoziation.

Wie bisher schneidet die Normale durch $\theta = 0{,}5$ im Diagramm $\theta = \theta(Q)$ völlig symmetrische Strecken ab.

In Kapitel 1 sahen wir, daß auch der Zusammenhang von $Q_{0,5}$ mit p keine Änderungen erleidet: es ist $p = b_0 \exp(-Q_{0,5}/RT)$; dies gibt uns das Recht, die mit Hilfe unserer Methoden gewonnenen Gleichungen für die Isothermen auch auf den Fall der Adsorption mit Dissoziation oder Assoziation auszudehnen. Diese Gleichungen müssen für den Hauptteil der Adsorptionsisotherme gelten. Die Unterschiede beschränken sich auf die Form des Anfangs- und des Endabschnittes der Isothermen, in denen keine Parallelverschiebung der Grenzen erfolgt. Deren Krümmung ist bei der Assoziation größer und bei der Dissoziation kleiner als bei der Adsorption ohne diese.

Hieraus ergibt sich eine entsprechende Genauigkeitsänderung für die Gleichgewichtsverteilungen. Für diese ist nach wie vor das Ergebnis völlig exakt, da sich ϱ bei Änderung von Q nicht ändert.

Unser Ergebnis gibt uns das Recht, in der Folge die Adsorption mit Dissoziation oder mit Assoziation nicht mehr von der üblichen Adsorption zu trennen und alle Ergebnisse, die wir in der Folge erhalten werden, innerhalb der Genauigkeitsgrenzen unserer Näherung als gültig bei beliebiger Änderung des Molekulargewichts innerhalb des Adsorptionsprozesses zu betrachten.

§ 2: *Bestimmung der Verteilung der Adsorptionswärmen aus den Isothermen*

Die Lösung des umgekehrten Problems, nämlich die Bestimmung der Verteilungsfunktion der Adsorptionswärmen aus den Isothermen, ist bei unserer Methode genau so einfach.

Gegeben seien die Isothermen

$$\Phi = a \ln p + C, \tag{a}$$

$$\Phi = a p^{1/n} + C \quad \text{und} \tag{b}$$

$$\ln p = B - \frac{A}{\Phi^2} \tag{c}$$

oder

$$\Phi = \frac{\sqrt{A}}{(B - \ln p)^{1/2}} = \frac{C}{(B - \ln p)^{1/2}}. \tag{c'}$$

Wie oben gezeigt, ist $\varrho(Q) = \frac{p\, d\Phi}{RT\, dp} = \frac{d\Phi}{RT\, d\ln p}$. Setzen wir hier für Φ die Ausdrücke (a), (b) und (c) ein, so erhalten wir

$$\text{a)}\ \varrho(Q) = \frac{d(a \ln p)}{RT\, d\ln p} = \frac{a}{RT} = H; \tag{43}$$

$$\text{b)}\ \varrho(Q) = \frac{p}{RT}\, \frac{d(a p^{1/n})}{dp} = \frac{a p}{nRT} \cdot p^{\frac{1}{n} - 1} = \frac{a}{nRT}\, p^{1/n}, \tag{44}$$

oder, nachdem wir p durch den Ausdruck $b_0 \exp(-Q/RT)$ ersetzt haben,

$$\varrho(Q) = \frac{a b_0^{1/n}}{nRT}\, e^{-Q/nRT} = H e^{-\alpha Q}, \tag{45}$$

mit

$$H = \frac{a b_0^{1/n}}{nRT} \quad \text{und} \quad \alpha = (nRT)^{-1}. \tag{45a}$$

Man kann das Problem auch eleganter lösen. Wir ersetzen $ap^{1/n}$ durch den identischen Ausdruck $ae^{+\ln p^{1/n}}$. Dann ist

$$\varrho(Q) = \frac{d(ae^{+\ln p^{1/n}})}{RT\,d\ln p} = \frac{a}{nRT}\,e^{+\ln p^{1/n}} = \frac{ap^{1/n}}{nRT} \quad \text{usw.} \tag{44a}$$

Ein beliebiges $\Phi = ap^m$ liefert

$$\varrho(Q) = \frac{ma}{RT}\,p^m = He^{-\beta Q} \tag{46}$$

mit $\beta = m/RT$. Man kann jedoch leicht zeigen, daß sich bei der Summation von LANGMUIRschen Isothermen kein Wert $m > 1$ ergeben kann.

Wir gehen nun zur Isotherme von JURA und GARKINS über:

$$\Phi = \frac{C}{(B - \ln p)^{1/2}}. \tag{c$_1$}$$

In diesem Fall benutzen wir die Substitution $p = p_0 e^{-\frac{Q}{RT}}$

$$\Phi = \frac{C}{\left(B - \ln p_0 + \dfrac{Q}{RT}\right)^{1/2}} = \frac{C'}{(B' + Q)^{1/2}}, \tag{c$_2$}$$

oder durch Differentiation nach Q

$$\varrho(Q) = \frac{d\Phi}{dQ} = \frac{C''}{(B' + Q)^{3/2}}. \tag{47}$$

Diese Verteilung, die einem sehr eigenartigen Gesetz folgt, ist das statistische Äquivalent zur Isotherme von GARKINS und JURA. Es wäre von Interesse, zu prüfen, ob nicht eine Verteilung

$$\varrho(Q) = \frac{C}{(B + Q)^n} \tag{47a}$$

mit einem anderen Wert von n als 3/2 (beispielsweise $n = 1$, $n = 1/2$, usw.) eine bessere Übereinstimmung mit dem Experiment gäbe. Die Isothermen $\Phi(p)$, die diesen anderen Werten von n entsprechen, sind leicht zu gewinnen.

Zur Abschätzung der Anwendbarkeit unserer Näherung bestimmen wir das Verhältnis $\dfrac{\Delta\varrho(Q)}{\varrho(Q)}$, das wir mit Ω bezeichnen. In einem Intervall ΔQ der Wärmen von der Größenordnung RT ist

$$\Omega = \frac{\Delta\varrho(Q)}{\varrho(Q)} = \frac{d\varrho}{dQ}\,\frac{RT}{\varrho} = RT\,\frac{d\ln\varrho}{dQ}. \tag{48}$$

Setzen wir ϱ der Reihe nach für H, $H\cdot(Q_0 - Q)^n$ und $He^{-\alpha Q}$ ein, so erhalten wir

$$\Omega = 0;\; \Omega = \frac{nRT}{Q_0 - Q} \quad \text{bzw.} \quad \Omega = -\alpha RT. \tag{49}$$

Dies bedeutet, daß bei gleichförmigen Verteilungen unsere Methode stets anwendbar ist, bei Potenzverteilungen des gewählten Typs mit $n > 0$ und $n < 0$

nur bei hinreichend großer Differenz zwischen Q_{max} und Q (die Gültigkeit dieser Schlußfolgerung läßt sich graphisch leicht nachweisen). Bei Exponentialverteilungen schließlich wird die Anwendbarkeit der Methode durch die Größe α bestimmt.

Als Bedingung für die Anwendbarkeit benutzen wir die Ungleichungen:

$$\frac{\Delta Q}{dQ}\left|\frac{d\varrho(Q)}{\varrho(Q)}\right| \ll 1 \quad \text{oder} \quad \Delta Q\left|\frac{d\ln\varrho(Q)}{dQ}\right| \ll 1 \text{ wenn } \Delta Q = RT. \tag{50}$$

Die Striche deuten an, daß der Absolutwert des Bruchs zu nehmen ist. Dann ist die Anwendbarkeitsbedingung für die Exponentialverteilung $\alpha RT \ll 1$ und für die lineare Verteilung $\frac{RT}{Q_{max} - Q} \ll 1$, d. h., Q muß um mehrere RT kleiner sein als Q_{max}. Auf ähnliche Weise kann man leicht die Anwendbarkeitsbedingungen für andere Fälle herleiten. Eingehender ist hierüber in Kapitel 8 die Rede.

Die angeführten Beispiele erläutern hinreichend den Anwendbarkeitsbereich unserer Näherung im Gebiet der Adsorptionsgleichgewichte und ihre außerordentliche Einfachheit.

Zur Veranschaulichung des Genauigkeitsgrades dieser Methode vergleichen wir die Ergebnisse für die FREUNDLICHsche Isotherme nach unserer allgemeinen Methode und nach der exakteren Teillösung von SELDOWITSCH[12]). Wie auf Seite 88 gezeigt [vergleiche die Gleichungen (44) und (45)], entspricht nach unserer Methode der FREUNDLICHschen Isotherme eine Exponentialverteilung mit einem Exponenten $\alpha = 1/nRT$ und mit einem konstanten Faktor $H = \frac{a b_0^{1/n}}{nRT}$. Bei SELDOWITSCH hat der Ungleichförmigkeitskoeffizient α die gleiche Bedeutung, während sich die Konstante H von unserer durch den Faktor $\frac{\sin \pi/n}{\pi/n}$ unterscheidet. Die Werte für diesen Korrekturfaktor für verschiedene $1/n$ sind in folgender Tabelle zusammengestellt.

$1/n$	0,10	0,2	0,3	0,4	0,5	0,6	0,7	0,8
$\frac{\sin \pi/n}{\pi/n}$	0,98	0,94	0,86	0,76	0,64	0,5	0,37	0,23
$\frac{\Delta Q}{RT}$	0,02	0,06	0,15	0,27	0,44	0,69	0,99	1,47

Da α genau wiedergegeben wird, liefert unsere Methode die Form der Verteilungsfunktion richtig. Die Ungenauigkeit in der Konstanten H wird nur bei Werten $1/n$ größer als 0,5 wesentlich. In diesem Fall beeinflußt aber, da wir die Absolutwerte von b_0 und den übrigen Konstanten kennen, eine Anhebung der ganzen Kurve oder genauer ihre in Abb. 73 dargestellte Verschiebung das Ergebnis nicht wesentlich. In der Tat kann man den in Frage stehenden Bruch in den Exponenten bringen:

$$H \frac{\sin \pi/n}{\pi/n} e^{-\alpha Q} = H e^{-\alpha Q + \ln \frac{\sin \pi/n}{\pi/n}} = H e^{-\alpha(Q + \Delta Q)}, \tag{50a}$$

wobei

$$\Delta Q = -RT \ln \frac{\sin \pi/n}{\pi/n} \tag{50b}$$

ist.

Die Werte für das Verhältnis $\Delta Q/RT$, die den verschiedenen Werten von $1/n$ entsprechen, sind in der dritten Zeile der Tabelle angegeben. Sogar bei $1/n = 0{,}8$ ist ΔQ nur etwa $1{,}5\,RT$, die Korrektur ist also klein.

Diesen Umstand haben TJOMKIN und LEWITSCH[9]) nicht beachtet, als sie wegen des Zusatzfaktors bei H pessimistische Schlüsse über die Anwendbarkeit unserer Näherung zu ziehen versuchten; sie betrachteten sie schon ab $1/n = 0{,}3$ als ungeeignet. Leider sind auch die anderen kritischen Bemerkungen in dieser Arbeit, deren theoretischer Wert in Kapitel 7, Teil II, gewürdigt wird, ebensowenig durchdacht.

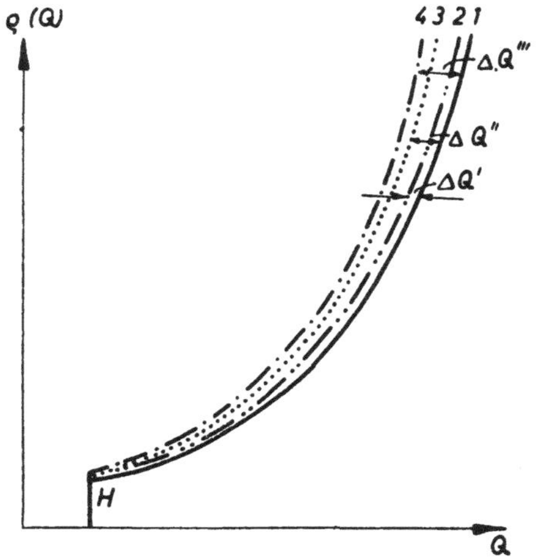

Abb. 73. Charakter und Größe der Abweichungen der Kurve $\varrho(Q)$ nach unserer Näherungsmethode (unterbrochen) von der genauen Form dieser Funktion (ausgezogene Linie) für die parabolische Isotherme mit drei Werten $1/n$, die drei verschiedenen Temperaturen entsprechen. Der Kurve *4* entspricht ein Fehler in H von $0{,}25\,H$ und ein Wert $1/n = 0{,}4$.

§ 3: *Isobaren und Isosteren*

In den vorhandenen Arbeiten zur statistischen Theorie der Adsorption an zusammengesetzten Oberflächen werden die Isobaren und Isosteren nicht behandelt, indessen haben diese Funktionen in vielen Fällen selbständige Bedeutung. Die in dieser Monographie angewandte Näherungsmethode betrachtet statt des Verhaltens sämtlicher Bereiche der Oberfläche nur das Verhalten einer beschränkten Gruppe von Bereichen, die den Prozeß beherrschen. Diese Methode, die wir als Methode der „kontrollierenden Zone" bezeichnen, ermöglicht auch für diese Funktionen eine einfachere Behandlungsweise[8]).

a) Die Isobaren. Wir zeichnen wieder die Kurve $\theta = \theta(Q)$, wobei wir diesmal die Temperatur ändern, während der Druck konstant bleibt, aber die Besetzung sich ebenfalls ändert (Abb. 74a).

In diesem Diagramm ziehen wir die Grenzkurve, die einer Temperatur T entspricht. In unserer Näherung entspricht einem konstanten Druck die Gleichung

$$b_0 e^{-Q/RT} = p = \text{const}, \qquad (51)$$

m. a. W.

$$\frac{Q}{T} = \text{const}, \quad \text{d.h.} \quad Q = \lambda T \qquad (52)$$

mit $\lambda = R \ln \frac{b_0}{p} = \text{const}$,

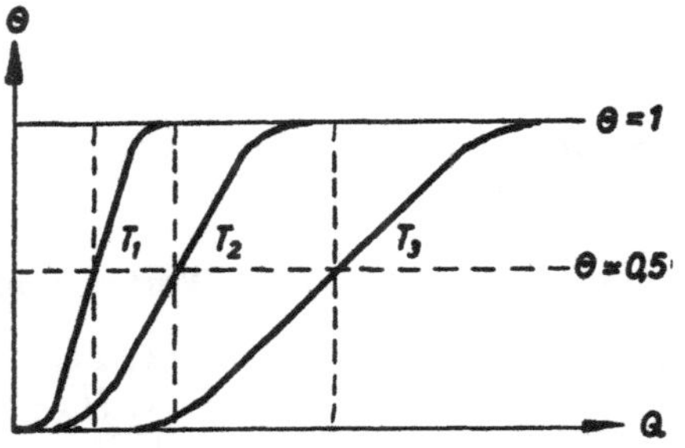

Abb. 74a. Abhängigkeit der spezifischen Besetzung der Bereiche von der Adsorptionswärme an diesen Bereichen bei konstantem p für drei Temperaturen $T_3 > T_2 > T_1$ („Isobaren").

denn b_0 und R sind konstant. Folglich ist das $Q_{0,5}$, das der Mitte der Grenzlinie entspricht, direkt proportional der absoluten Temperatur. Beim Übergang zu einer höheren Temperatur verschiebt sich also die Integrationsgrenze linear. Gleichzeitig wächst wegen des steigenden T auch die Neigung der Kurven, wobei ihre Form jedoch erhalten bleibt. In Abb. 74a sind die Kurven dargestellt, die verschiedenen Temperaturen T_1, T_2, T_3 mit $T_3 > T_2 > T_1$ entsprechen. In unserer Näherung ist infolge der gegenseitigen Kompensation der Flächen oben rechts und unten links die Neigung der Kurve, genauer die Neigung ihrer Tangente im Wendepunkt, ohne Einfluß auf den Wert $Q_{0,5}$. Der Einfluß der Temperatur auf die adsorbierte Menge reduziert sich völlig auf ihren Einfluß auf die Grenzwärme. Durch Integration des Ausdrucks $\varrho(Q)\,dQ$ von $Q = \lambda T$ bis $Q_{\max}$ erhalten wir also $\Phi(T)$. Umgekehrt erhält man, wenn man die Gleichung für die Isobare explizit vorliegen hat, durch Differentiation nach $Q = \lambda T$ leicht auch $\varrho(Q)$:

$$\Phi \cong \int_{Q=\lambda T}^{Q_{\max}} \varrho(Q)\,dQ, \qquad (53)$$

also

$$\varrho(Q) \cong -\frac{d\Phi}{dQ} = -\frac{d\Phi}{\lambda\,dT} \qquad (54)$$

bei $p = \text{const}$.

Wegen $Q/T = \text{const} = \lambda$ ist

$$dQ = d(\lambda T) = \lambda\,dT. \qquad (55)$$

Ersetzen wir in Gleichung (54) λ durch Q/T, so erhalten wir

$$\varrho(Q) \cong -\frac{T}{Q}\frac{d\Phi}{dT} = -\frac{1}{Q}\frac{d\Phi}{d\ln T} \qquad (56)$$

und schließlich unter Berücksichtigung der trivialen Gleichung $\lambda = Q/T = R \ln \frac{p}{b_0}$

$$\varrho(Q) \cong -\frac{d\Phi}{R \ln \frac{p}{b_0}\,dT}. \qquad (54\text{a})$$

Wir wenden die gewonnene Gleichung auf den Fall $\varrho(Q) = H/Q^m$ an. Nach Gleichung (53) ist

$$\Phi_{p=\mathrm{const}} = \Phi(T) \cong H \int\limits_{\lambda T}^{Q_{\max}} Q^{-m}\, dQ = \frac{H}{1-m} \Big|_{\lambda T}^{Q_{\max}} Q^{1-m} =$$

$$= \frac{H}{1-m}\,[Q_{\max}^{1-m} - (\lambda T)^{1-m}], \tag{57}$$

oder bei $m < 1$

$$\Phi(T) \cong C_1 - C_2 T^{1-m} \tag{57a}$$

mit

$$C_1 = \frac{H Q_{\max}^{1-m}}{1-m} \quad \text{und} \quad C_2 = \frac{H\lambda}{1-m}. \tag{58}$$

Diese Lösung gilt für beliebiges positives m mit Ausnahme von $m = 1$.

Bei $m > 1$ ist $1 - m < 0$, also

$$\Phi(T) \cong \frac{C_2}{T^{m-1}} - C_1 = \frac{C_2}{T^\gamma} - C_1 \quad \text{mit} \quad y > 0. \tag{57b}$$

Von den oben betrachteten Verteilungen diskutieren wir

$$\varrho(Q) = H(Q_{\max} - Q)^n, \tag{59a}$$

sie liefert

$$\Phi^{\frac{1}{n+1}} = C_1 - C_2 T \tag{59}$$

mit dem Spezialfall

$$\Phi = 1 - C_2 T \tag{60}$$

bei $n = 0$, d. h. bei $\varrho(Q) = H = \mathrm{const}$.

Die Exponentialverteilung $\varrho(Q) = H e^{-\alpha Q}$ führt auf die Gleichung

$$\Phi \cong a e^{-CT} \tag{61}$$

(siehe Tabelle 1).

Als Beispiel für die Lösung des umgekehrten Problems betrachten wir die Bestimmung der Funktion $\varrho(Q)$ für die logarithmische Isobare

$$\Phi = \Phi_0 - a \ln T. \tag{62}$$

Unter Benutzung der Gleichung (54) und der Beziehung $\lambda T = Q$ erhalten wir

$$\varrho(Q) \cong -\frac{1}{\lambda}\frac{d}{dT}\left(\Phi_0 - a \ln T\right) = \frac{a}{\lambda T} = \frac{a}{Q}, \tag{63}$$

oder nach Gleichung (56) wieder

$$\varrho(Q) \cong -\frac{1}{Q}\frac{d(\Phi_0 - a \ln T)}{d \ln T} = \frac{a}{Q}. \tag{64}$$

b) Die Isosteren. Wir wenden uns jetzt den Isosteren zu. Definitionsgemäß ist in diesem Fall $\Phi = \mathrm{const}$. In unserer Näherung entspricht eine Konstanz von Φ auch einer Konstanz von $Q_{0,5}$, so daß also der Mittelpunkt der Grenzlinie A festliegt. Damit dies bei verschiedenen T zutrifft, muß nach der Gleichung $Q_{0,5} = -RT \cdot \ln p/b_0$ oder $-Q_{0,5}/R = T \cdot \ln p/b_0$ das Produkt

$T \cdot \ln p/b_0$ konstant sein, d. h. der Druck p muß exponentiell mit der Temperatur ansteigen. Da unsere Näherung in der Identifikation von p_T mit $p_{0,5}$ besteht, erhalten wir die Beziehung

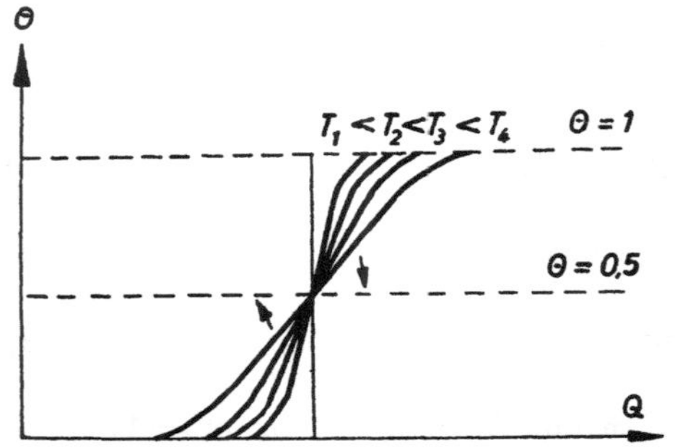

Abb. 74b. Abhängigkeit der spezifischen Besetzung der Bereiche von der Adsorptionswärme für verschiedene Temperaturen $T_1 < T_2 < T_3 < T_4$ (bei dem konstanten Wert der Adsorptionswärme, für den $\theta = 0{,}5$ ist, handelt es sich um die „Isosteren").

$$\ln p_T = \ln b_0 - \frac{Q_{0,5}}{RT}. \quad (65)$$

Die Form der Grenzlinie in den Koordinaten θ und Q ist in Abb. 74b dargestellt. Abb. 75 zeigt die Isostere in den Koordinaten $\ln p$ und $1/T$.

Für die Isostere führt also unsere Näherung zu einer strengen Exponentialfunktion, wobei die Wärme, die sich aus der Steigung der Geraden in Abb. 75 bestimmt, nicht irgendein mittleres Q für die gesamte besetzte Oberfläche, sondern das Q des Grenzstreifens ist. Infolgedessen liefert die Isostere für verschiedene Φ unmittelbar $Q = Q(\Phi)$ und $Q = Q(q)$.

§ 4: *Die differentiellen Adsorptionswärmen*

Wie im vorigen Paragraphen gezeigt wurde, bleibt die allgemein angewandte Methode zur Bestimmung der differentiellen Adsorptionswärmen aus der Temperaturabhängigkeit des Gleichgewichtsdrucks, der der gegebenen Besetzung entspricht, auch in unserem Modell gültig.

Wenn aber die Isobare oder die Isotherme explizit als $q = q(T)$ oder $q = q(p)$ gegeben sind, oder wenn die Form der Verteilungsfunktion der Bereiche über die Adsorptionswärmen bekannt ist, läßt sich die Änderung der differentiellen Wärmen mit der Besetzung einfacher als explizite Funktion der Größe Q_{diff} von Φ (oder entsprechend von q) gewinnen. Wie oben bei unserer Ausgangsnäherung erwähnt wurde, ist

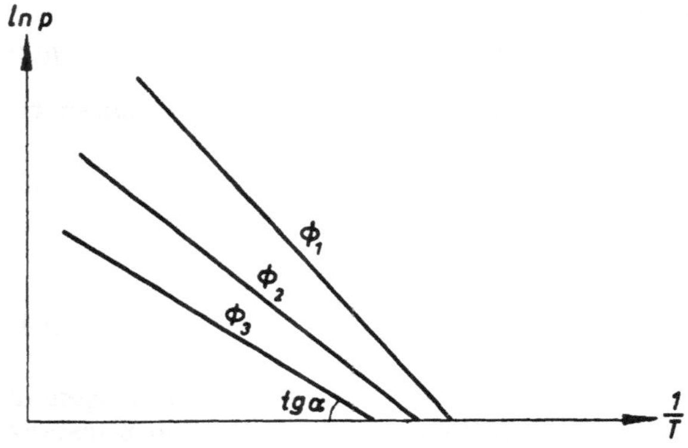

Abb. 75. Adsorptionsisothermen für inhomogene Oberflächen bei verschiedenen Besetzungen $\Phi_1 < \Phi_2 < \Phi_3$. In der Abbildung ist $\operatorname{tg} \alpha \sim Q_{\text{diff}}$.

$$Q_{\text{grenz}} = Q_{0,5} = Q_{\text{diff}} = Q. \quad (66)$$

Sind q oder Φ explizit als Funktionen von p oder T gegeben, so sind auch die inversen Funktionen

$$p = p(\Phi) \quad (67)$$

und

$$T = T(\Phi) \quad (68)$$

bekannt.

Die Abhängigkeit der Größe Q von q oder von Φ läßt sich unmittelbar gewinnen, indem man in Gleichung (67) p durch $b_0 \exp(-Q/RT)$ ersetzt. Nach der Gleichung der Isostere ist

$$Q_{\text{diff}} = -RT \ln p/b_0. \tag{67a}$$

Man kann auch in der Gleichung der Isobare (68) T durch Q/λ ersetzen, wobei $\lambda = R \ln p/b_0$ ist.

Häufig ist es einfacher, die Substitution anders vorzunehmen, beispielsweise in die Gleichung der Isosteren einfach $p = p(\Phi)$ einzusetzen:

$$Q_{\text{diff}} = Q_0 - RT \ln p \tag{69}$$

oder schließlich $T = T(\Phi)$ in die Gleichung

$$Q_{\text{diff}} = Q_0 - \lambda T \tag{69a}$$

einzusetzen. Alle diese Substitutionen beruhen auf der Verknüpfung der Gleichung der Isostere mit der Gleichung der Isotherme bzw. der Isobare. Wir veranschaulichen dies an einigen Beispielen.

1. Parabolische Isotherme $\Phi = a p^{1/n}$ oder $p = \Phi^n/a^n$.
Nach (69) ist

$$Q_{\text{diff}} = Q_0 + nRT \ln a - nRT \ln \Phi = Q_0' - nRT \ln \Phi. \tag{70}$$

$Q_{\text{diff}} = Q(\Phi)$ erhalten wir, indem wir ebenfalls in der Isotherme $p = b_0 \exp(-Q/RT)$ substituieren:

$$\Phi = a b_0^{1/n} \exp^{-Q/nRT} \tag{70a}$$

oder $$Q = Q_{\text{diff}} = nRT \ln (a b_0^{1/n}) - nRT \ln \Phi = Q_0' - nRT \ln \Phi. \tag{70b}$$

2. Logarithmische Isobare $\Phi = \Phi_\infty - a \ln T$.
Für T setzen wir den Wert $T = Q/\lambda$ ein, so daß

$$\Phi = \Phi_\infty - a \ln (Q/\lambda) \tag{71'}$$

oder

$$\Phi_\infty - \Phi = a \ln (Q/\lambda) \tag{71}$$

wird, also $$Q_{\text{diff}} = \lambda e^{+\frac{\Phi_\infty - \Phi}{a}} = \lambda e^{+\Phi_\infty/a} e^{-\Phi/a} = C e^{-\beta\Phi}. \tag{71a}$$

Ist die Form der Verteilungsfunktion über die Adsorptionswärmen bekannt, so erhält man die Isotherme der differentiellen Wärmen einfach, indem man die Gleichung (23) für Φ oder q benutzt:

$$\Phi \cong \int_Q^{Q_{\max}} \varrho(Q)\, dQ. \tag{23'}$$

Das Ergebnis dieser Integration ist die Menge adsorbierter Substanz oder der besetzte Anteil der Oberfläche als explizite Funktion von Q, d. h. die Beziehung $\Phi = \Phi(Q)$. Die Umkehrung dieser Abhängigkeit liefert die gesuchte Funktion $Q = Q(\Phi)$ bzw. $Q = Q(q)$. Für die von uns benutzten Verteilungsfunktionen sind die Gleichungen für $Q = Q(\Phi)$ in Tabelle 1 zusammengestellt.

§ 5: *Diskussion der Ergebnisse*

Die oben dargelegte Näherungsmethode führt zu sehr anschaulichen und einfachen Gleichungen zur Herleitung der Adsorptionsgleichgewichte aus der Verteilung über die Adsorptionswärmen. Eine ebenso einfache Form nimmt auch die umgekehrte Aufgabe, die Herleitung der Verteilung über die Adsorptionswärmen aus den Isothermen und den Isobaren, an. Die Temperaturabhängigkeit des Gleichgewichts erhält für die Isosteren einen bestimmten physikalischen Sinn. Mit Hilfe der dargestellten Methode kann man Grundbeziehungen herleiten, welche die Adsorptionsgleichgewichte an zusammengesetzten Oberflächen kennzeichnen.

Einfache und durchsichtige Abhängigkeiten ergeben sich auch für die differentiellen Adsorptionswärmen. Die Gleichung, die den Zusammenhang dieser Wärmen mit der Menge adsorbierter Substanz vermittelt, ergibt sich durch einfaches Einsetzen aus den Isothermen und den Isobaren und Integration über die Verteilungsfunktion.

Auf den ersten Blick erscheint unsere Näherung äußerst grob. In Wirklichkeit ist dies jedoch nicht der Fall. Die Kurven $\theta = \theta(Q)$, d. h. $\theta = \theta(-\ln p)$ haben eine sehr symmetrische Form, so daß im Diagramm $\theta = \theta(Q)$ (Abb. 68) die Flächen zwischen unserer Vertikalen und der Tangente im Wendepunkt fast einander gleich sind. Folglich stimmt unsere erste Näherung für die Berücksichtigung der Form der Grenzkurve, die die Form der Adsorptionsisotherme wiedergibt, mit der zweiten überein. Ein Fehler besteht nur in der Verschiedenheit der Größen der kleinen Gebiete 1 und 2, die Tangente und Grenzkurve in Abb. 69 bilden. In den meisten Fällen ist dies aber eine kleine Korrektur, da für den Hauptteil der Verteilung, der rechts von der Grenzlinie liegt, die Integration über die Kurve $\varrho(Q)$ ein fast exaktes Ergebnis liefert. Die einzige ernste Fehlerquelle ist die Änderung von $\varrho(Q)$ innerhalb der Grenzzone, durch die eine Korrektur in das Endergebnis kommt. Eine genauere Analyse dieses Problems zeigt, daß die Ungenauigkeit bei der Herleitung der Isotherme aus der Verteilung in der ersten Näherung für das direkte Problem $-2/3\, R\, T^2 d\varrho/dQ$ ist, also

$$\Phi(p)_{T=\mathrm{const}} \cong \int\limits_{Q=-RT\ln p/b_0}^{Q_{\max}} \varrho(Q)\, dQ - \frac{2}{3} RT^2 \left.\frac{d\varrho}{dQ}\right|_{Q=-RT\ln p/b_0}. \tag{72}$$

Für das umgekehrte Problem ist diese Ungenauigkeit $\frac{2}{3} \cdot \frac{d^3\Phi}{RT\,(d\ln p)^3}$

also
$$\varrho(Q) \cong \frac{d\Phi}{RT\, d\ln p} - \frac{2}{3} \cdot \frac{d^3\Phi}{RT\,(d\ln p)^3}. \tag{73}$$

Berücksichtigen wir das, was zu Beginn dieser Arbeit über die weitgehenden Vereinfachungen gesagt wurde, die jedem statistischen Modell zugrunde liegen, so können wir sagen, daß es gegenwärtig kaum von praktischem Nutzen wäre, strengere Näherungen durchzuführen.

In der Tat führt das Vorhandensein selbst kleiner zusätzlicher Wechselwirkungen zwischen den adsorbierten Molekeln oder von Unterschieden in der

Größe b_0 für die verschiedenen Bereiche zu Fehlern, die wesentlich größer sind als die Ungenauigkeiten der benutzten Methode im Fall breiter Verteilungen. Diese Methode ist um so genauer, je breiter die Verteilung ist, d. h. ein je größeres Intervall von Wärmen sie umfaßt und je näher sie der Gleichgewichtsverteilung kommt. Die beiden Wege zur Annäherung an die Homogenität sind aber Verengerung des Bereichs der Adsorptionswärmen bei gleichförmigen oder schwach ungleichförmigen Verteilungen und Vergrößerung der Steilheit der Verteilung bei beliebigen Intervallen. Folglich ist unsere Methode spezifisch für die typisch inhomogenen Oberflächen. Sie liefert um so bessere Ergebnisse, je stärker inhomogen die Oberfläche ist und je glatter die Verteilungsfunktion $\varrho(Q)$ verläuft. Maxima in der Verteilungskurve, deren Abstand voneinander von der Größenordnung einiger RT ist, müssen bei unserer Methode in ein breiteres und verwascheneres Maximum verschmelzen. Für eine Verteilung vom LANGMUIRschen Typ, d. h. für eine homogene Oberfläche, wäre es sinnlos, die Verteilung auf diesem Wege zu bestimmen; für sie würden wir an Stelle einer Vertikalen bei der Abszisse Q erhalten:

$$\varrho(Q) = + \frac{d\Phi}{RT\,d\ln p} = + \frac{bp}{RT(p+b)^2} = + \frac{pb_0 \exp(-Q/RT)}{RT\,[p + b_0 \exp(-Q/RT)^2]}. \quad (74)$$

Man kann leicht zeigen, daß diese Kurve ein symmetrisches Maximum von einer Breite von etwa $4RT$ darstellt und nach den Seiten hin steil abfällt. Folglich gibt auch in diesem Fall unsere Methode einen Hinweis auf die Existenz eines schmalen steilen Maximums, d. h. auf die Homogenität der Oberfläche, wenn auch mit geringer Genauigkeit, aus der hervorgeht, daß die Anwendung unserer Theorie hier unzweckmäßig wäre.

Die physikalischen Vorstellungen, die in dieser Arbeit der Theorie der Adsorption an zusammengesetzten Oberflächen zugrunde gelegt wurden, sind äußerst einfach und bestehen in der vollständigen Unabhängigkeit der Adsorption an den einzelnen Bereichen und darin, daß diese der Gleichung der LANGMUIRschen Theorie der reversiblen einschichtigen Adsorption an einheitlichen Oberflächen folgt. Unser Modell ist grundlegend verschieden von dem Modell, das der Potentialtheorie der Adsorption zugrunde gelegt wird; diese arbeitet mit flüssigen Schichten mit einem kritischen Kondensationsdruck, der von der Verdampfungswärme der adsorbierten Flüssigkeit abhängt; diese ist um das Adsorptionspotential von der Verdampfungswärme der gleichen Substanz als gewöhnliche Flüssigkeit verschieden:

$$Q_{\text{Verd ads}} = Q_{\text{Verd flüss}} + \varphi, \quad (75)$$

dabei ändert sich das letztere bei der Entfernung von der Oberfläche und bei einer Bewegung längs dieser.

Trotz dieses tiefgreifenden Unterschiedes der Modelle sind die Schlußgleichungen für die Adsorption einer Substanz ähnlich, und zwar infolge der Ähnlichkeit der Gleichungen, die Druck und Wärme in unserer Arbeit und in der Theorie von POLANYI verbinden. Dies ergibt sich durch einen Vergleich unserer Gleichung (20) mit der Gleichung (76), die für die Potentialtheorie kennzeichnend ist:

$$Q_{\text{ads}} = -RT \ln p/b_0 \quad \text{und} \quad Q_{\text{Kond ads fl}} = -RT \ln p/p_S. \quad (76)$$

In der Gleichung (76) ist p_s der Gleichgewichtsdampfdruck der Flüssigkeit bei der Temperatur T. Für die Form der Gleichung ist unwesentlich, daß Q in unserer Theorie die Desorptionswärme und in der Theorie von POLANYI die Verdampfungswärme der Molekel aus der Flüssigkeitsschicht ist, die sich in dem Bereich der Oberfläche mit dem gegebenen φ gebildet hat. Sehr wichtig ist, daß p_S mit der Temperatur stark anwächst, während b_0 nur schwach von ihr abhängt. Wir betonen die Analogie der charakteristischen Kurven von POLANYI mit unseren Kurven $q = q(RT \ln p)$. Diese Kurven stellen die Form der integralen Verteilungsfunktionen dar. Die differentielle Verteilungsfunktion $\varrho(Q)$ kann man durch graphische Differentiation der an Hand dieser Theorie berechneten charakteristischen Kurven erhalten.

Man darf jedoch die Übereinstimmung der Ergebnisse der beiden Theorien nicht überschätzen: so verliert insbesondere der Schluß, daß der Übergangskoeffizient proportional $\sqrt{a_1/a_2}$ ist, wobei a_1 und a_2 die VAN DER WAALSschen Koeffizienten sind, in unserer Theorie seine allgemeine Bedeutung, und bleibt nur für Systeme gültig, in denen bei der Adsorption vorwiegend Dispersionskräfte wirksam sind (siehe Kapitel 6).

Indessen fordert im Gegensatz zur Potentialtheorie unsere Theorie weder eine unbeschränkte Additivität der Wechselwirkungen der adsorbierten Molekel mit den Gitteratomen noch eine langsame Abnahme des Potentials mit dem Abstand. Sie ist also auch auf eine Adsorption infolge elektrostatischer Kräfte und sogar infolge chemischer Kräfte gültig, bei denen weder von einer Flüssigkeitsschicht noch von einer Fernwirkung die Rede sein kann. Ihr zweiter Vorzug besteht in ihrer Anwendbarkeit auf das Gebiet kleiner Besetzungen, in dem entgegen der weitverbreiteten Ansicht die Isothermen gewöhnlich nicht linear sind und in dem die Heterogenität der Oberfläche häufig besonders deutlich zum Ausdruck kommt.

Auf diese Fälle ist die Potentialtheorie nicht anwendbar, obwohl man auch für sie infolge der Ähnlichkeit der Endgleichungen charakteristische Kurven konstruieren und einen Teil der Ergebnisse der Potentialtheorie anwenden kann. Dagegen hat die Anwendung unserer statistischen Theorie im Gebiet großer Besetzungen keinen Sinn.

Die Übereinstimmung der Versuchsdaten mit den Ergebnissen der Potential- oder der statistischen Theorie allein reicht nicht aus zur Bestätigung der Anwendbarkeit des vorliegenden Modells auf das betreffende System, und es ist interessant, sich davon zu überzeugen, ob nicht die Übereinstimmung in einer Reihe von Fällen auf der Ähnlichkeit der Ergebnisse der beiden Theorien beruht. Als Beispiel für die Diskrepanz zwischen den beiden Theorien, die beide ihr natürliches Anwendungsgebiet haben, betrachten wir das Verhältnis der isosteren Gleichgewichtsdrucke bei zwei Temperaturen.

In unserer Näherung sind infolge der Gleichheit der Φ auch die $Q_{0,5}$ gleich. Daraus folgt

$$RT_2 \ln p_2/b_0 = RT_1 \ln p_1/b_0 \quad \text{oder} \quad \frac{\ln p_2/b_0}{\ln p_1/b_0} = \frac{T_1}{T_2}. \tag{77}$$

Kennen wir die Gleichgewichtsdrucke bei den beiden Temperaturen, so können wir leicht $\ln b_0$ berechnen und mit Hilfe dieses Wertes zu den p_T für eine beliebige andere Temperatur übergehen:

$$\ln b_0 = \frac{T_2 \ln p_2 - T_1 \ln p_1}{T_2 - T_1}. \tag{78}$$

In der Theorie von POLANYI entspricht einem konstanten Φ ein konstantes $\varphi = Q_{\text{ads}} + \lambda_{\text{kond}}$. Infolgedessen muß für die Adsorption eines bestimmten Gases bei zwei Temperaturen die Beziehung

$$\frac{\ln p_2/p_{S,2}}{\ln p_1/p_{S,1}} = T_1/T_2 \tag{79}$$

gelten, in der p_{S1} und p_{S2} einander nicht gleich sind und stark von der Temperatur abhängen. Selbst im Fall eines rein exponentiellen Anwachsens von p_S mit der Temperatur enthält die Gleichung zwei zusätzliche Konstanten p_∞ und λ aus der Gleichung $p_S = p_\infty e^{-\lambda/RT}$. Man muß diese beiden Konstanten oder die Werte von p_S für alle untersuchten Temperaturen kennen. Die eine Gleichung genügt also nicht zur Bestimmung aller Konstanten. In unserer Näherung hängt b_0 schwach von der Temperatur ab, entsprechend der Temperaturänderung der Entropiefaktoren.

Ferner stellen wir fest, daß in unserer Theorie die abgeleiteten Gleichungen auch oberhalb der kritischen Temperatur des Adsorbats erfüllt sein müssen, wo die Potentialtheorie der Adsorption, die mit Flüssigkeitsschichten arbeitet, prinzipiell unbrauchbar wird. Der Gegensatz zwischen den beiden Theorien wird noch einschneidender bei der Adsorption von Gemischen, deren Theorie in einem der folgenden Kapitel dargestellt wird.

Zum Schluß dieses Kapitels gehen wir noch kurz auf das Problem einer möglichen statistischen Deutung der verschiedenen Isothermen und Isobaren ein, die zur Beschreibung der Adsorption von Gasen benutzt werden. Die LANGMUIRsche Isotherme behält ihre Bedeutung als Grundisotherme für homogene Oberflächen bei völliger Abwesenheit einer Wechselwirkung der Molekeln des Adsorbats. Die FREUNDLICHsche Isotherme und die logarithmischen Isothermen entsprechen der exponentiellen und der gleichförmigen Verteilung. Die Isotherme von GARKINS und JURA entspricht der schmaleren Verteilung $H/(Q_0 + Q)^{3/2}$, die logarithmische Isobare der hyperbolischen Verteilung.

Die von verschiedenen Autoren abgeleiteten Isothermen und Isobaren, die sich auf verschiedene Gesetze und Typen der Wechselwirkung in der Schicht stützen, kann man also auch als Folge eines bestimmten Verteilungstyps der Oberflächenbereiche über die Adsorptionswärmen verstehen. Diese Zuordnung ist aber in den meisten Fällen nur formeller Natur. Damit es sinnvoll ist, die Gleichungen, die das Gleichgewicht kennzeichnen, statistisch zu deuten, muß man von der realen Überlegenheit einer bestimmten Gleichung über die anderen zur Beschreibung einer Erscheinung überzeugt sein, ferner davon, daß diese Gleichung nicht einfach eine bequeme empirische Interpolationsformel darstellt. Diese Bedingung ist bei weitem nicht immer erfüllt, so daß wir uns insbesondere nicht auf eine statistische Deutung der Isotherme von WILLIAMS und der von BRUNAUER, EMMETT und TELLER versteifen. Klar ist nur die größere Schmiegsamkeit der statistischen Begriffsbildungen und die Notwendigkeit zusätzlicher Kriterien für die Wahl zwischen dieser und anderen Anschauungen.

Die obige Darlegung unserer Adsorptionstheorie stützt sich auf die Verwendung differentieller Verteilungsfunktionen. In einigen Fällen kann auch der Übergang zu den integralen Verteilungsfunktionen von Interesse sein, die einige Forscher für zweckmäßiger halten als die differentiellen. Für diesen Übergang liefert die in diesem Buch angenommene Näherung die Gleichung

$$\Phi(z) \cong n(z) = \int_{Q(z)}^{Q_{\max}} \varrho(Q)\, dQ .$$

Benutzen wir diese Gleichung, so können wir ein endgültiges System von Beziehungen gewinnen, welche die Adsorptionsgleichgewichte beschreiben. Besonders einfach ist der Übergang von den verschiedenen Formen der thermischen Gleichung $\Phi(z)$ zu $n(Q)$ und umgekehrt. Hierzu braucht man nur die Form der Abhängigkeit zwischen Q und z zu kennen. So liefert insbesondere im Fall $z = p$ eine Einsetzung des Ausdrucks $Q = -RT \ln p/b_0$ in $n(Q)$ explizit die Adsorptionsisotherme; bei $z = T$ liefert die Substitution $Q = cT$ die Adsorptionsisobare usw. Zur Lösung des umgekehrten Problems braucht man nur p explizit durch Q zu ersetzen: $p = b_0 e^{-Q/RT}$, und diesen Ausdruck in $\Phi(z)$ einzusetzen. Für die weiteren Darlegungen ist folgende spezielle Schlußfolgerung von Interesse, die sich auf die Gleichung

$$Q = RT \ln b_0 - RT \ln p = C_1 - C_2 \ln p$$

stützt.

Der negative Logarithmus des Drucks für z liefert unmittelbar die integrale Funktion $n(Q)$ bis auf konstante Koeffizienten. Infolgedessen kann man durch einfaches Einzeichnen der experimentellen Punkte für $T = \text{const}$ in die Koordinaten q und $-\ln p$ oder noch besser in die Koordinaten q und $-RT \ln p$ die Kurve für die integrale Verteilungsfunktion über die Adsorptionswärmen herstellen. Ähnlich konstruiert man die Kurve $n(Q)$ durch Einzeichnen der experimentellen Punkte für verschiedene T, aber bei $p = \text{const}$ in die Koordinaten q und T. Dies ist die Begründung für die sehr einfachen graphischen Methoden zur Bestimmung von $\varrho(Q)$ (vergleiche das Kapitel 7 in diesem Teil).

Die statistische Theorie der Adsorptionsgleichgewichte, die in diesem Kapitel dargelegt wurde, beruht vollständig auf Arbeiten sowjetischer Forscher in dem Jahrzehnt von 1935 bis 1945. Erst im Jahre 1947 erschien eine Arbeit von Taylor und Halsay[14]), in der das direkte Problem der Bestimmung der Isotherme aus der bekannten Funktion $\varrho(Q)$ für die exponentielle und die gleichförmige Verteilung gelöst wird. Diese Arbeit ist weniger vollständig als die früheren Arbeiten von Seldowitsch, Tjomkin und dem Verfasser dieser Monographie. Versuche zur Lösung des umgekehrten Problems fehlen in der Arbeit von Taylor, ebenso Versuche zur Auffindung einer allgemeinen Lösungsmethode für solche Probleme.

Seltsamerweise werden die Untersuchungen der sowjetischen Physikochemiker, die unter anderem auch in amerikanischen Lehrbüchern und Monographien erwähnt werden, von den Verfassern völlig ignoriert, so daß sie erst 6 bis 12 Jahre später zu einer weniger vollständigen und weniger allgemeinen Wiederholung der von unseren Forschern veröffentlichten Arbeiten gelangen.

Literatur

1. Гельман, Г. Г., Квантовая Химия, ГОНТИ (G. G. GELMANN, Quantenchemie), 1937, S. 168; Лондон, Ф., Проблемы кинетики и катализа (F. LONDON, Probleme der Kinetik und Katalyse), 3, 329 (1937); Блохинцев и Шехтер, Успехи химии (BLOCHINZEW und SCHOCHTJOR, Fortschr. Chem.) 3, 586 (1934); POLANYI, M., Trans. Faraday Soc., 28, 316 (1932); BARRER, R., Proc. Roy. Soc. A, 161, 476 (1937); Брюнауэр, С., Адсорбция гозов и паров. Перевод под редакцией М. М. Дубинина (S. BRUNAUER, Adsorption von Gasen und Dämpfen, Übersetzung unter Redaktion von M. M. DUBININ), 1948.
2. LENEL, F. V., Z. physik. Chem., Abt. B, 23, 379 (1933); Де Бур, Ж. Г., Электронная эмиссия и явления адсорбции, ОНТИ (I. H. DE BOER, Elektronenemission und Adsorption), 1936.
3. Жуховицкий, А. А., Адсорбция газов и паров ГОНТИ (A. A. SHUCHOWIZKI, Adsorption von Gasen und Dämpfen, ONTI), 1938, S. 8; ORR, W., Trans. Faraday Soc., 35, 1247 (1939); Proc. Roy. Soc., 173, 349 (1939); PROSEN, I., SACHS, R., TELLER, F., Physic. Rev., 57, 1066 (1940).
4. Рогинский, С. З., Доклады Академии Наук СССР (Ber. Akad. Wiss. UdSSR), 45, 66 (1944); Журнал Физической Химии (J. physik. Chem.), 19, 185 (1945).
5. Рогинский, С. З., Известия Академии Наук СССР, Отделение химических Наук (Nachr. Akad. Wiss. UdSSR, Abt. chem. Wiss.), 1, 14 (1945).
6. Шилов, Н. А., и др., Журнал Русского Физико-Химического общества (N. A. SCHILOW u. a., J. russ. physik.-chem. Ges.), 61, 1107 (1929); Дубинин, М. М., Физико-химические основы сорбционной техники, ОНТИ (M. M. DUBININ, Physikochemische Grundlagen der Sorptionstechnik, ONTI), 1935.
7. Тодес, О. М., Журнал Прикладной Химии (O. M. TODES, J. angew. Chem.), 18, 591 (1945).
8. Жуховицкий, А. А., Забежинский и Тихонов, Журнал Физической Химии (A. A. SHUCHOWIZKI, SABESHINSKI und TICHONOW, J. physik. Chem.), 19, 253 (1945).
9. Левич, Б. Г., и Темкин, М. И., Журнал Физической Химии (G. B. LEWITSCH und M. I. TJOMKIN, J. physik. Chem.), 20, 1441 (1946).
10. Дубинин, М. М., Физико-химические основы сорбционной техники, ОНТИ (M. M. DUBININ, Physikochemische Grundlagen der Sorptionstechnik, ONTI), 1935; Дубинин, М. М., Юбилейн сборн АН СССР, посвященный 30-летию Великой Октябрьской социалистической ревелуции (M. M. DUBININ, Jubiläumsband der Akad. Wiss. UdSSR zum 30. Jahrestag der Großen Sozialistischen Oktoberrevolution), Teil I, 562 (1947).
11. Алексеевский, Е. В., Химия защиты, Оберонгиз (J. W. ALEXEJEWSKI, Chemie der Abwehrstoffe), 1939.
12. Зельдович, Я. Б. (J. B. SELDOWITSCH), Acta Physicochimica URSS, 1, 961 (1935); CREMER, E., und FLÜGGE, S., Z. physik. Chem., Abt. B, 41, 453 (1939).
13. Рогинский, С. З., Доклады Академии Наук СССР (S. S. ROGINSKI, Ber. Akad. Wiss. UdSSR), 45, 4206 (1944).
14. TAYLOR, H. S., HALSAY, J., J. chem. Physics, 15, 624 (1947).

KAPITEL 3

Die aktivierte Adsorption an inhomogenen Oberflächen

§ 1: *Die Ursachen der langsamen Sorption*

Die Adsorption eines Gases unter dem Einfluß von Dispersions- und elektrostatischen Kräften muß sehr schnell verlaufen. Eine Reihe unabhängiger Daten über die Akkommodationskoeffizienten, über die Topographie der Verteilung der Schichten, die sich durch Kondensation von Molekularstrahlen ergeben usw., zwingt zu der Annahme, daß bei diesen physikalischen Typen der Adsorption fast bei jedem Stoß gegen die Oberfläche ein Haften der Molekel erfolgt[1-3]). Mit anderen Worten ist der Haftkoeffizient β, das Verhältnis der Zahl der Molekeln, die auf die freie Oberfläche auftreffen, zur Anzahl der an dieser Oberfläche adsorbierten Molekeln in diesen Fällen nahezu Eins.

Einem solchen Wert β müssen sehr große Absolutgeschwindigkeiten der Adsorption entsprechen.

Wir setzen die Fläche eines einzelnen Bereichs der freien Oberfläche näherungsweise gleich 10^{-15} cm².

In einer Sekunde treffen auf jeden cm² der Oberfläche

$$z = {}^1/_4\, n\bar{u} \tag{1}$$

Gasmolekeln auf, d. h.

$$z = {}^1/_4\, \frac{p}{kT}\sqrt{\frac{8\,RT}{\pi M}}, \tag{1a}$$

oder auf jeden freien Bereich der Oberfläche*

$$z \cong 2{,}5 \cdot 10^{-16} n\bar{u} \cong \frac{3{,}5 \cdot 10^7}{\sqrt{TM}}\, p. \tag{1b}$$

Wir schätzen die Zeit ab, die zur Auffüllung der Oberfläche bei $\beta = 1$ und bei Zimmertemperatur $T \approx 300°$ K erforderlich ist.

Bei den vollkommensten vakuumtechnischen und sonstigen Methoden lassen sich katalytische und Adsorptionsmessungen zur Zeit nicht bei Drucken unter 10^{-6} Torr ausführen. Für p nehmen wir Werte zwischen etwa 10^{-6} Torr (d. h.

---

* In dieser Gleichung ist p in Torr ausgedrückt.

etwa 10^{-9} at) und einer Atmosphäre an. Für M nehmen wir Werte zwischen $M = 1$ (atomarer Wasserstoff) und $M = 320$ (etwa Tetraäthylblei) an.

Setzen wir die Grenzwerte für p und M in Gleichung (1b) ein, so erhalten wir folgende Zahlen:

Maximalwert $z \approx 1{,}5 \cdot 10^{9}$ bei $p = 760$ Torr und $m = 1$.

Minimalwert $z \approx 0{,}10$ bei $p = 10^{-6}$ Torr und $M = 320$.

Die Zeit, die zur Besetzung der Oberfläche notwendig ist (der Einfachheit halber setzen wir sie gleich dem mittleren Zeitraum zwischen zwei aufeinanderfolgenden Molekelstößen auf den gleichen Bereich der Oberfläche $\bar{\tau}$), liegt nach unseren Annahmen zwischen $\bar{\tau} \approx 10^{-9}$ und $\bar{\tau} \approx 10$ Sekunden.

Berücksichtigen wir außerdem die Möglichkeit großer Variationen der Temperatur und die Möglichkeit von Drucken oberhalb 1 Atmosphäre, so gelangen wir zu einem Intervall der Werte von $\bar{\tau}$ von etwa 10^{-10} Sekunden bis zu einigen Minuten.

Aus Gleichung (1b) geht hervor, daß die Geschwindigkeit der physikalischen Adsorption schwach von der Temperatur abhängig sein muß, und zwar umgekehrt proportional der Wurzel aus T.

Der Verlauf der in Wirklichkeit experimentell beobachteten Adsorption ist in vieler Hinsicht verschieden von dem, der diesen einfachsten Annahmen entspricht.

Oftmals erstreckt sich die Adsorption über Stunden, Wochen oder sogar Jahre. MacBain beschrieb Experimente über die Sorption von Jod an Aktivkohle, an denen die Adsorption mehrere Jahre nach Einführung der Aktivkohle in die Jodlösung noch nicht abgeschlossen war[4]). Titow beschrieb im Jahre 1910 den langsamen Verlauf der anerkanntermaßen physikalischen Adsorption von Gasen an Kohle und versuchte ihn durch kinetische Gleichungen zu beschreiben[5]). Wie besonders überzeugend von Taylor nachgewiesen wurde, steigt in vielen Fällen die Sorptionsgeschwindigkeit stark mit der Temperatur an[6]) und ist, bezogen auf 1 cm^2 der Oberfläche, äußerst empfindlich gegen das Herstellungsverfahren und den Zustand dieser Oberfläche.

Zu diesen Besonderheiten, die eine quantitative Charakterisierung der Vorgänge erschweren, kommt die Vielfalt der Erscheinungen in Typ und Mechanismus, die man unter dem allgemeinen Ausdruck Sorption zusammenfaßt. Von einer völligen Klarheit in diesem Problem ist man noch weit entfernt, jedoch können gewisse Teile schon jetzt als sichergestellt gelten.

Man kann annehmen, daß der langsame Verlauf der Sorption und der große positive Temperaturkoeffizient ihrer Geschwindigkeit mehrere verschiedene Gründe haben. Die Verlangsamung kann auf dem Volumencharakter der Sorption: auf der Langsamkeit der Diffusion in das Innere der Kristalle, das zur Bildung fester Lösungen führt, oder auf der Langsamkeit der Diffusion des Adsorbats zwischen den Kriställchen eines polykristallinen Korns beruhen. In beiden Fällen erfolgt die Ausbreitung durch Übergang der Molekeln von einem Potentialtopf in den nächsten (Abb. 76) und erfordert in jeder Etappe die Überwindung einer Aktivierungsenergie. Daher rührt der positive Temperaturkoeffizient einer solchen a k t i v i e r t e n D i f f u s i o n. Ein Beispiel hierfür sind die Volumenadsorption von Sauerstoff durch Silber, durch Nickeloxyd und viele andere Oxyde, die Aufnahme von Wasserstoff durch Palladium und Platin, die Adsorption von Stickstoff durch Molybdän, von Kohlenwasserstoffen durch Zeolithe[7]) usw.

Um die langsamen Prozesse der Lösung im Gitter vom langsamen Vordringen des Adsorbats längs der Kristallgrenzen, der Spalten und der übrigen singulären Zonen des realen Festkörpers unterscheiden zu können, sind äußerst spezielle Meßmethoden erforderlich. In beiden Fällen hat die Adsorption Volumencharakter.

In diesem Fall können radiochemische Methoden von großem Nutzen sein; man hat sie bereits mit Erfolg zur Feststellung der Topographie des umgekehrten Prozesses, der Desorption, verwendet.

In den Abb. 77 und 78 sind verschiedene Verteilungsarten der in den Kristallen enthaltenen Fremdsubstanzen und die Desorptionszonen für ein polykristallines Aggregat dargestellt; Abb. 79 zeigt ein Beispiel für die Verteilung der Fremdsubstanz, die mit Hilfe optischer Methoden festgestellt wurde.

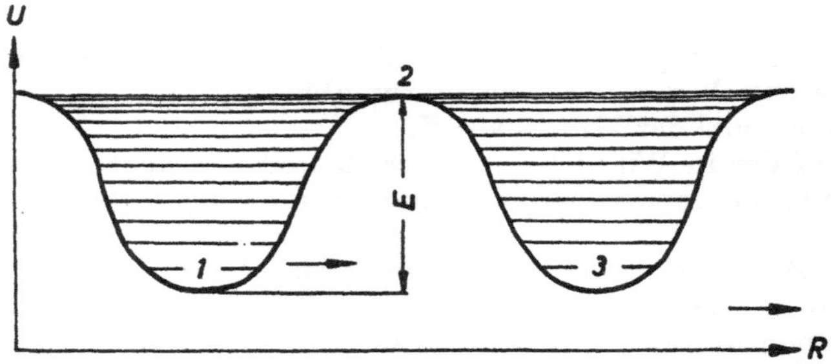

Abb. 76. Aktivierte Diffusion. Änderung der potentiellen Energie bei der Bewegung einer Molekel längs der Oberfläche zu den weniger zugänglichen Bereichen hin. E ist die Aktivierungsenergie für den Übergang von Zustand 1 in den Zustand 3.

Ein ähnlicher Mechanismus wird auch für bestimmte Fälle der aktivierten Adsorption postuliert, die als aktivierte ebene Diffusion über eine Oberfläche mit einem komplizierten Potentialrelief[8]) behandelt werden, wobei diese Diffusion von den Bereichen mit kleinem E und kleinem Q zu denen mit hohem E und Q oder von den geometrisch besser zugänglichen Bereichen zu den schlechter zugänglichen Bereichen, die aber eine höhere Adsorptionswärme haben, erfolgt.

In einer Anzahl von Fällen wurde für pulverförmige oder poröse aktive Substanzen mit großer Wahrscheinlichkeit ein dritter Sorptionsmechanismus nachgewiesen, der ebenfalls für die sehr geringen Geschwindigkeiten verantwortlich sein kann, und zwar eine chemische Reaktion mit den Atomen der Oberfläche des Adsorbens (des Kontakts), die mit einer erheblichen Aktivierungsenergie verbunden ist. Als Beispiel für Vorgänge dieser Art kann man die spezifische Adsorption von Stickstoff durch aktive Ammoniakkontakte ansehen [Emmett und Brunauer[9]), Reuter[10]), Morosow, Kagan[11])].

Ein entsprechender Charakter der Vorgänge wurde von Frazer und seinen Schülern für Kohlenmonoxyd auf Chromoxyd und gemischten Chromkatalysatoren nachgewiesen[12]), ferner von Steacie und Stovel[13]), Jelowitsch und Shabrowa[14]) für Äthylen auf Kupfer, Nickel usw., von mehreren Verfassern für Wasserstoff und Sauerstoff auf Kohle[15,16]).

Die Geschwindigkeit dieser Vorgänge hängt sehr stark von der Reinheit und dem Herstellungsverfahren des Adsorbens ab. So verlangsamt sich nach den Angaben von LEIPUNSKI[17]), MOTSCHAN u. a.[18]), ABLESOWA, ROGINSKI und ZELLINSKI[19]) die aktivierte Adsorption sehr stark, wenn man pulverförmige Adsorbentien durch Metallschichten ersetzt, die unter Bedingungen hergestellt wurden, die große Reinheit gewährleisten. An den gleichen Schichten erfolgt der Prozeß sehr schnell, wenn man in die Schicht im Augenblick ihrer Bildung geringe dosierte Mengen von Gasen einführt[18, 19]), welche die Rolle besonderer Mikropromotoren nicht nur für den katalytischen, sondern auch für den Adsorptionsprozeß spielen.

Im Gegensatz dazu beobachtete ROBERTS[20]) für massive Wolframdrähte, die durch Reduktion und sehr starke Temperung unter sehr reinen Bedingungen (unter Kontrolle des Zustandes der Oberfläche an Hand des Akkommodationskoeffizienten) gereinigt worden waren, eine verhältnismäßig schnelle Adsorption von Sauerstoff und Wasserstoff bei tiefen Temperaturen. Ein ähnliches Verhalten beobachtete man auch bei der Adsorption von Sauerstoff an Nickel[21]). Nach den Angaben von ROBERTS zeigten direkte thermische Messungen, daß die Sorption des Wasserstoffs durch reine Metalle mit einer gewaltigen Wärmeerzeugung verbunden ist und zweifellos chemischen Charakters ist. Die aktivierte Adsorption von Wasserstoff an gewöhnlichem, nicht vorbehandeltem Metall wird von diesen Verfassern als zweidimensionaler Reduktionsprozeß des Oberflächenoxyds durch den Wasserstoff aufgefaßt. Von ähnlichem Charakter ist offenbar die aktivierte Adsorption von Kohlenoxyd an Mangandioxyd. GLASSTONE, LAIDLER und EYRING[22]) hegen Zweifel an den Ergebnissen von ROBERTS und betrachten das Vorhandensein einer geringen Aktivierungswärme von etwa 2000 cal als wahrscheinlicher. Beobachtungen dieser Art führten zu einer Anschauungsweise, die die aktivierte Adsorption an den üblichen porösen und pulverförmigen Körpern als besondere chemische Austauschwechselwirkung der Molekeln, die vor Beginn des Versuches an der Oberfläche des Adsorbens saßen, mit dem eingeführten Adsorbat auffaßt[25]).

Das Problem gewinnt an Schärfe durch die Angaben von BEECK[23]), der eine momentane Chemisorption von Wasserstoff und Äthylen an einer Anzahl reiner Metalle unter Bedingungen beobachtete, die denen von ROBERTS nahekommen. Leider ist die Sorgfalt dieser Versuche, die mit dünnen Aufdampfschichten des Metalls durchgeführt wurden, zweifelhaft; direkte Versuche mit Schichten mit dosiertem Gasgehalt liegen nicht vor. Die letzten sehr sorgfältigen Untersuchungen von FRANKENBURG[24]) über die Adsorption von Wasserstoff an Wolfram zeigten in Übereinstimmung mit GLASSTONE u. a. das Vorhandensein eines kleinen Temperaturkoeffizienten und bestätigten die Ergebnisse von ROBERTS über die Form der Adsorptionsisothermen nicht. Man muß also gegenüber den Ergebnissen dieser Schule, die sich in scharfem Widerspruch zu den Angaben der meisten anderen Forscher befinden, große Vorsicht walten lassen.

Zweifellos kommen Vorgänge dieser Art, wie chemische Austauschreaktionen mit den Oberflächenatomen des Gitters, in Wirklichkeit vor und besitzen charakteristische Züge einer aktivierten Adsorption; man kann aber mit der Tendenz, ihnen weite Verbreitung zuzusprechen, nicht einverstanden sein. Es besteht ernsthafter Grund für die Annahme, daß in einer Reihe von Fällen bei der aktivierten Adsorption an gewöhnlichen Adsorbenten und Katalysatoren der grundlegende Vorgang in einer unmittelbaren Adsorption der Molekeln des Adsorbats durch die freien Bereiche der Oberfläche besteht. Es gibt also mindestens zwei Typen der zweidimensionalen aktivierten Oberflächenadsorption. Nahe verwandt mit ihnen ist ein dritter Fall: das adsorptive Eindringen von Molekeln (Atomen) des Gases in die Oberflächenschichten des Gitters selbst [von der Art der „Butterbrotschichten" von LUKIRSKI[26]) und der Oberflächenlegierungen von POLANYI[27])]. Alle Typen der aktivierten Adsorption zeigen die außerordentlich starke Empfindlichkeit des Prozesses gegen alle Faktoren, die auf die Idealität der Struktur des Festkörpers und seine Reinheit von Einfluß sind.

Geschwindigkeit und Kinetik der aktivierten Adsorption hängen stark vom Herstellungsverfahren des Präparats und von seiner thermischen und chemischen Vorbehandlung ab. Aus diesem Grunde können sich zwei verschiedene Präparate des gleichen Adsorbens in der Geschwindigkeit der aktivierten Adsorption eines bestimmten Gases ebenso unterscheiden wie Adsorbenten verschiedener Art. Als Beispiel erwähnen wir die Experimente von LEIPUNSKI mit Kupfer[16]), die in unserem Laboratorium durchgeführt wurden. Nach diesen Experimenten sind äußerst reine Kupferschichten, die durch Kondensation im Vakuum hergestellt wurden, nicht in der Lage, Wasserstoff aktiviert zu adsorbieren, obwohl dieser bei den gleichen Temperaturen durch pulverförmiges aktives Kupfer äußerst energisch adsorbiert wird (dieses zeigt alle die Anomalien, die für die aktivierte Adsorption charakteristisch sind). Der Prozeß der aktivierten Adsorption läßt sich ferner durch die üblichen Promotoren oder durch einen Übergang vom einfachen zum Mischkatalysator beschleunigen und durch Gifte lähmen. Alle diese Eigenheiten der aktivierten Adsorption sind äußerst günstig für das Auftreten von Oberflächen mit einem großen Bereich der kinetischen Konstanten, denn lokale Unterschiede in Reinheit und Idealität der Oberfläche müssen starke lokale Unterschiede in der Geschwindigkeit und im Charakter der aktivierten Adsorption erzeugen. Auf solchen stark inhomogenen Oberflächen sind ungeheure Unterschiede zwischen den Geschwindigkeiten der Prozesse in den verschiedenen Teilen der kinetischen Kurve möglich, so daß deren Anfangsteil leicht als momentane Adsorption vor der eigentlichen aktivierten durchlaufen werden kann. Aus diesem Grunde beginnen reale Messungen der Kinetik der aktivierten Adsorption in der Regel bei einer bedeutenden relativen Besetzung der Oberfläche. In Fällen, die für die Beobachtung besonders ungünstig sind, füllen sich beträchtliche Teile der monomolekularen Schicht oder die ganze monomolekulare Schicht mit großer Geschwindigkeit, und die unmittelbaren kinetischen Beobachtungen erfassen nur die Besetzung der letzten Lücken in dieser Schicht (oder sogar nur die Adsorption über diese Schicht hinaus, die mit einer Verdrängung nichts zu tun hat), oder nur die chemischen Austauschreaktionen in der Schicht. All dies führt zu den Versuchen, den einheitlichen Prozeß an der inhomogenen Oberfläche als Summe mehrerer Prozesse verschiedenen Typs zu behandeln. Gegenüber Schlußfolgerungen dieser Art, die sich auf die Unterschiede in Geschwindigkeiten und Temperaturkoeffizienten stützen, muß man stets sehr vorsichtig sein. In letzter Zeit wurde noch eine Möglichkeit für die Verlangsamung der Adsorption bei abgeschlossener monomolekularer Schicht erörtert. Sind die

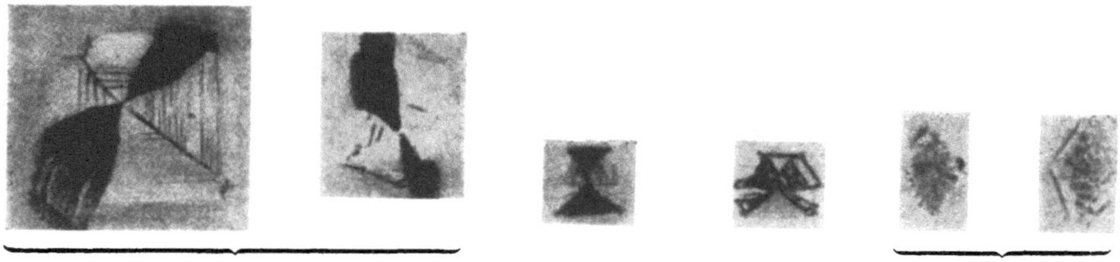

a b c d

Abb. 77

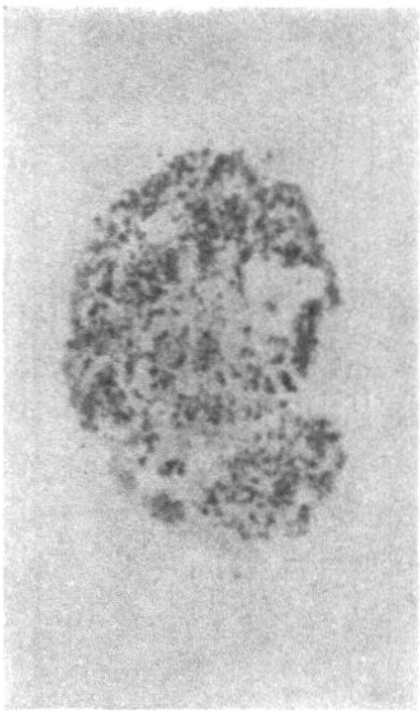

Abb. 78

Abb. 79

Abb. 77. *a*: Radiogramm von Ammoniumdichromat, das ein Radiumisotop (Th X) enthält. Man erkennt die Konzentration des Radiums in bestimmten Zonen; *b*: das gleiche für Ammoniumsulfat mit einem Isotop des Bleis (Th B); *c*: das gleiche für Ammoniumsulfat mit Radium (Th X); *d*: Einschluß von Radiokolloiden in Kupfersulfat.

Abb. 78. Diffusion längs der Kristallgrenzen. Radiogramm der Diffusion von Blei (Th B) in Wismut.

Abb. 79. *a*: Gipskristall, photographiert im Fluoreszenzlicht, das auf Beimischungen beruht, die sich an bestimmten Strukturzonen befinden; *b*: Radiogramm eines Rubidiumsulfatkristalls, der Spuren radioaktiven Bleis enthält.

Adsorptionsplätze streng lokalisiert und ist die Adsorption mit einer Dissoziation verbunden, ferner auch bei einer einfachen Adsorption von Molekeln, deren Abmessungen größer sind als die der Elementarplätze, so müssen zunächst Lücken in der Schicht des Adsorbats zurückbleiben, die nicht unmittelbar aus der Gasphase besetzt werden können und zu ihrer Auffüllung entweder eine Umlagerung durch Diffusion oder eine umgekehrte Reaktion mit merklicher Geschwindigkeit erfordern[28]).

Aus dem oben Gesagten erkennt man, daß es mehrere Typen langsamer Sorptionsprozesse gibt: die Volumenlösung im Grundgitter, die Adsorption an inneren Inhomogenitäten, einen langsamen Umbau der Schicht, eine unmittelbare chemische Bindung der Molekeln des Adsorbats durch die Atome der Oberfläche, eine Verdrängung von auf diese Weise gebundenen Molekeln durch andere usw.

Die beiden letzten Typen von Sorptionsprozessen mit oder ohne Lateraldiffusion müßte man als aktivierte Adsorption im engeren Sinne dieses Wortes bezeichnen. Nur um sie handelt es sich bei der weiteren Darlegung.

In unserem Laboratorium wurde zuerst nachgewiesen, daß die aktivierte Adsorption unter sehr starker Selbsthemmung verläuft, die zu einer anomal starken Senkung der Geschwindigkeit und manchmal sogar zum Aufhören des Prozesses vor Erreichen des vollen Gleichgewichts führt. In vielen Fällen[29]) folgt der Ablauf des Vorganges der logarithmischen Formel

$$q = 1/\alpha \cdot \ln (t + t_0), \tag{2}$$

die, wie zuerst von JELOWITSCH und CHARACHORIN und unabhängig von ihnen von SELDOWITSCH[30]) gezeigt wurde, für zusammengesetzte Oberflächen bei einer gleichförmigen Verteilung der Bereiche über die Aktivierungsenergien gültig sein kann. Hierdurch sowie durch die Werte der sterischen Faktoren, die bis zu 10^{-7} oder sogar bis zu 10^{-9} gehen[31]), wird wahrscheinlich gemacht, daß die Eigentümlichkeiten der Kinetik der aktivierten Adsorption auf der Inhomogenität der Oberfläche beruhen und daß diese Inhomogenität die komplizierten makroskopischen Gesetze erzeugt. Zugunsten dieser Deutung sprechen auch die oben erwähnten Beobachtungen über das Verschwinden oder die starke Verlangsamung der aktivierten Adsorption von Wasserstoff und Äthylen an einigen gereinigten Metallen und über die starke Beschleunigung der aktivierten Adsorption beim Eindringen der Promotorsubstanzen in den dünnschichtigen Katalysator. Wenn diese Anschauung richtig ist, so können wir mit Recht an Stelle einer universellen kinetischen Gleichung ein ganzes System solcher Gleichungen erwarten, von denen jede einem bestimmten Typ der Verteilungsfunktion über die Aktivitäten entspricht. Eine Ableitung dieser Gleichungen ist von großer Bedeutung für die statistische Theorie der zusammengesetzten Oberflächen, ferner auch das schwierigere umgekehrte Problem der Bestimmung der Verteilungsfunktionen über die Aktivierungsenergien an Hand der kinetischen Gleichungen. Besonders wesentlich ist dies im Zusammenhang mit der sehr wünschenswerten Bestimmung der Kriterien, durch die sich die kinetischen Anomalien, die auf der Inhomogenität der Oberfläche in bezug auf die Aktivierungsenergien beruhen, von den Anomalien unterscheiden, die im Falle einer unmittelbaren oder mittelbaren Wechselwirkung der adsorbierten Molekeln untereinander auftreten, welche die Wechselwirkung mit dem Gitter abschwächt und zu einer Steigerung der Aktivierungsenergie des Sorptionsprozesses an einer homogenen Oberfläche bei Zunahme der Besetzung führen kann[20]).

Wir wenden auf diesen Fall die in den vorangegangenen Kapiteln entwickelte vereinfachte Methode zur Lösung der statistischen Probleme der Oberfläche an. Ähnlich wie in der Theorie der Adsorptionsgleichgewichte an inhomogenen Oberflächen die Gleichgewichtsgesetze für homogene Oberflächen die Grundlage bildeten, beginnen wir auch hier mit der Kinetik der aktivierten Adsorption an homogenen Oberflächen bei völliger Abwesenheit einer direkten Wechselwirkung der adsorbierten Teilchen miteinander.

§ 2: *Kinetik der Adsorption an homogenen Oberflächen*

Wir betrachten den Verlauf einer aktivierten Adsorption an 1 cm² einer homogenen Oberfläche und arbeiten hierbei der Einfachheit halber mit relativen Besetzungen θ statt mit adsorbierten Mengen. Offenbar gelangt man von θ zu q einfach durch Multiplikation mit dem Übergangsfaktor q_∞, der die spezifische Oberfläche S, die Anzahl der Plätze auf 1 cm² dieser Oberfläche n_0 und die Masse einer adsorbierten Molekel m enthält:

$$q_\infty = S n_0 m, \tag{3}$$

$$\theta = q/q_\infty . \tag{4}$$

Entsprechend ist

$$q_\infty - q = q_\infty \gamma, \tag{5}$$

wobei q_∞ die in monomolekularer Bedeckung adsorbierte Substanzmenge und $\gamma = 1 - \theta$ ist.

Wir beginnen mit dem einfachsten Fall einer Adsorption ohne Assoziation und ohne Dissoziation und benutzen hierfür zunächst ein rein molekularkinetisches Modell. In jedem Augenblick ist die Adsorptionsgeschwindigkeit, ausgedrückt durch die Anzahl der adsorbierten Molekeln pro cm² der Oberfläche, gleich

$$w_n = \frac{dn_{\text{ads}}}{dt} = k' S n_0 \, \gamma z \tag{6}$$

mit

$$z = {}^1\!/_4 \, n\bar{u}. \tag{7}$$

Zur Herleitung der Gleichung, die den Verlauf des Prozesses **bei konstantem Druck** beschreibt, setzen wir die Adsorptionsgeschwindigkeit proportional zur Anzahl der freien Bereiche, also

$$w^{(\theta)} = + \frac{d\theta}{dt} = - \frac{d\gamma}{dt} = k\gamma \tag{8}$$

mit

$$k = k_0 \exp\,[-E/RT] \tag{9}$$

und

$$k_0 = k_0' p. \tag{10}$$

Ist der Vorgang irreversibel, so ist

$$\gamma = e^{-kt} \tag{11}$$

oder

$$\theta = 1 - e^{-kt}. \tag{12}$$

Für einen reversiblen Prozeß muß die Desorption berücksichtigt werden. Ihre Geschwindigkeit setzen wir naheliegenderweise proportional dem besetzten Anteil der Oberfläche:

$$w_{\text{des}} = -\frac{d\theta}{dt} = k_{\text{des}}\theta. \tag{13}$$

Laufen beide Prozesse gleichzeitig ab, so ist

$$-\frac{d\gamma}{dt} = k_1\gamma - k_2(1-\gamma) = k(\gamma - \beta') = -\frac{d(\gamma-\beta')}{dt}, \tag{14}$$

mit

$$k = k_1 + k_2 \tag{15}$$

und

$$\beta' = \frac{k_2}{k_1 + k_2}. \tag{16}$$

Hieraus folgt

$$\gamma_t = \beta' + (1-\beta')\,e^{-kt} = \gamma_\infty + (1-\gamma_\infty)\,e^{-kt} \tag{17}$$

und

$$\theta_t = 1 - \gamma_t = \theta_\infty\,(1 - e^{-kt}) = \frac{k_1}{k_1 + k_2}(1 - e^{-kt}). \tag{18}$$

$$\left.\begin{aligned} &\text{Bei } t = 0 \text{ ist } \gamma_t = 1 \quad \text{und} \quad \theta_t = 0;\\ &\text{bei } t = \infty \text{ ist } \gamma_t = \frac{k_2}{k_1+k_2} = \gamma_\infty \text{ und } \theta_t = \frac{k_1}{k_1+k_2} = \theta_\infty. \end{aligned}\right\} \tag{19}$$

Hierbei sind γ_∞ und θ_∞ die Gleichgewichtswerte von γ und θ, die folgendermaßen lauten:

$$\gamma_\infty = \frac{1}{1 + p/b}, \tag{20}$$

$$\theta_\infty = \frac{b/p}{1 + b/p}. \tag{20a}$$

Aus den Gleichungen (11) und (17) geht hervor, daß sowohl die irreversible als auch die reversible Adsorption an homogenen Oberflächen, ausgedrückt durch die Abnahme des freien Teils der Oberfläche, nach erster Ordnung verläuft*.

Wie schon oben bemerkt, muß man in vielen Fällen mit der Möglichkeit einer Dissoziation oder Assoziation rechnen. Hierbei wird die Kinetik der Prozesse an homogenen Oberflächen komplizierter, und es ist zweckmäßig, von dem einfachen molekularkinetischen Modell zum statistischen Modell des Übergangskomplexes überzugehen. Bei diesem Modell wird die Geschwindigkeit des Prozesses der Umwandlungsgeschwindigkeit eines Quasigleichgewichtsgebildes der Oberfläche gleichgesetzt, das aus den Molekeln des Adsorbats und den Atomen der Oberfläche besteht. Handelt es sich um die Berechnung der Absolutgeschwindigkeiten des Prozesses, so ist eine eingehende Analyse der statistischen Realisierungsmöglichkeiten des Übergangskomplexes notwendig, wie sie in

---

* Experimentelle Arbeiten über die Kinetik der Adsorption von Cäsium durch Wolfram, die vor dem Kriege durchgeführt wurden, zeigten, daß die einfache Annahme einer direkten Proportionalität zwischen w_{ads} und $1 - \theta = \gamma$ ebenso wie zwischen w_{des} und θ für bestimmte Systeme nicht zutreffen kann.

Kapitel 1 für das eigentliche Adsorptionsgleichgewicht der üblichen Molekeln durchgeführt wurde.

Auch bei der üblichen Adsorption enthält eine solche Analyse eine bedeutende Unbestimmtheit, die sich beim Übergang zu den Molekeln des Übergangskomplexes an der Oberfläche noch wesentlich verstärkt. Sämtliche Absolutrechnungen, die sich auf die Methode des Übergangskomplexes stützen, haben also notwendigerweise Näherungscharakter, sogar dann, wenn die Aktivierungsenergie aus experimentellen Daten genau bekannt ist. In der Tat sind zur exakten Berechnung jedes chemischen Gleichgewichts mit Hilfe dieser Methode genaue Angaben über die Energieterme und über den Charakter der Freiheitsgrade aller Arten von Molekeln, die sich am Gleichgewicht beteiligen, notwendig. Auch für stabile Molekeln, die einer unmittelbaren Untersuchung zugänglich sind, ist das nicht immer leicht; erst recht ist es ein sehr gewagtes Unterfangen, das für Molekeln durchführen zu wollen, die nur hypothetische Gebilde sind und in der physikalischen Statistik den gerichteten Stoß von Molekeln oder ihr gerichtetes Auftreffen auf eine Oberfläche symbolisieren.

Trotz dieser grundsätzlichen Schwierigkeiten gelingt es, die Größenordnung der möglichen Diskrepanz zwischen der Geschwindigkeit, die nach der primitiven molekularkinetischen Theorie berechnet wird, und der nach der vollkommeneren, aber weniger anschaulichen statistischen Theorie berechneten Geschwindigkeit abzuschätzen. Die Größe des so gewonnenen[32, 33]) sterischen Faktors kann für verschiedene Molekeln von 10^{-1} bis 10^{-4} schwanken.

Zum Glück interessiert uns im gegebenen Fall nicht so sehr der Absolutwert der Geschwindigkeit wie die Abhängigkeit dieser Größe vom Druck des Adsorbats und der Charakter der Änderungen, die beim Übergang von einer Art Bereiche der inhomogenen Oberfläche zu einer anderen eintreten.

In diesem Fall sind die Ergebnisse der Theorie des Übergangskomplexes hinreichend eindeutig und bestimmt. Man kann leicht zeigen, daß für die Form der Geschwindigkeitsgleichungen am wesentlichsten die Frage nach dem Grad der Ähnlichkeit der Zustände der Molekel des Übergangskomplexes mit dem Endzustand der an der Oberfläche festsitzenden Molekel und mit den Zuständen der gleichen Molekel in der Gasphase ist. Ähnelt die Molekel im Übergangskomplex der freien Gasmolekel, so wird die Geschwindigkeit in erster Linie durch das Gleichgewicht des Übergangskomplexes mit dem Gas bestimmt. Die Adsorptionsgeschwindigkeit ist unabhängig von Dissoziation oder Assoziation proportional der ersten Potenz des Drucks des adsorbierten Gases, und alle oben abgeleiteten Gleichungen behalten vollständig ihre Form, wobei $k_{\text{ads}} = k'_{\text{ads}} p$ ist. Ist umgekehrt der Übergangskomplex in seiner Struktur ähnlicher dem Endzustand der Molekel im Adsorptionsgleichgewicht, so ist die Konzentration der Molekeln des Übergangskomplexes proportional p^y, wobei $y = 1/n$ bei der Dissoziation der Molekeln in n Teile und $y = s$ bei der Assoziation von s Molekeln in eine neue ist.

Im ersten Fall liegt es nahe, anzunehmen, daß die Molekel des Übergangskomplexes eine bedeutende Beweglichkeit besitzt und sie als Molekel eines ebenen Gases zu behandeln; im zweiten Fall behandelt man sie als fest gebundenes Gebilde in der Art eines zweidimensionalen Festkörpers. Diese Unterschiede sind nicht nur von Einfluß auf den Wert der Zahlenkoeffizienten der Geschwindigkeit, sondern auch auf ihre Abhängigkeit vom Druck.

Wir geben jetzt die schematisierten Gleichungen für die typischen Fälle an.

Wir beginnen mit einer Adsorption ohne Dissoziation und Assoziation. In diesem Fall ist die Gleichgewichtskonstante für eine homogene Oberfläche, die in der Flächeneinheit c_s adsorptionsfähige Bereiche enthält, gegeben durch

$$K = \frac{c^*}{c_g c_s}, \tag{21}$$

wobei c^* die Anzahl der Molekeln des Übergangskomplexes pro Flächeneinheit und c_g die Konzentration des Gases ist.

Nach einem bekannten statistischen Gesetz ist

$$K = \frac{f^*}{f_g f_s}, \tag{22}$$

wobei f^*, f_s und f_g die Summen der statistischen Realisierungsmöglichkeiten jedes der drei aufgeführten Gebilde sind. Dabei ist $f_g = f_g'/v$, also bezogen auf die Volumeneinheit.

Die Geschwindigkeit der Adsorption an der Einheit der freien Oberfläche ist in diesem Fall

$$w_1 = c_g c_s \frac{kT}{h} \frac{f^*}{f_g f_s} \exp\left[-E_0/RT\right], \tag{23}$$

wobei E_0 die Bildungsenergie des Übergangskomplexes beim absoluten Nullpunkt ist.

Ist in der adsorbierten Schicht keine Beweglichkeit vorhanden, so liefert diese Gleichung nach einer Umformung für ein zweiatomiges Gas, das außer der Translations- noch eine Rotationsenergie hat, bei dem aber die Schwingungen eingefroren sind:

$$w_{1,0} = c_g c_s \frac{kT}{h} \frac{\sigma}{\sigma^*} \frac{h^4}{8\pi^2 I\,[2\pi m kT]^{3/2}} e^{-E_0/RT}, \tag{23a}$$

wobei σ und σ^* die Symmetriezahlen für die Gasmolekel und die Molekel des Übergangskomplexes sind und I ihr Trägheitsmoment ist. Der Index 1,0 deutet an, daß es sich um die Anfangsgeschwindigkeit für eine völlig freie Oberfläche handelt.

In dem zweiten Grenzfall voller Beweglichkeit der Molekeln des Übergangskomplexes auf einer völlig unbesetzten Oberfläche und ohne jede Lokalisierung geht (23a) über in

$$w_{1,0} = c_g \frac{kT}{h} \cdot \frac{h}{[2\pi m kT]^{1/2}} e^{-E_0/RT}. \tag{23b}$$

Unter Benutzung der Gleichung $c_g kT = p$ lassen sich die beiden Gleichungen folgendermaßen schreiben:

$$w_{1,0} = \frac{h^3 \sigma c_s \exp\left[-E_0/RT\right]}{\sigma^*\, 8\pi^2 I\,[2\pi m kT]^{3/2}}\, p = k_1 p \tag{24}$$

und

$$w_{1,0} = \frac{p}{[2\pi m kT]^{1/2}} \exp\left[-E_0/RT\right] = k_1 p. \tag{24a}$$

Für die Oberfläche eines Adsorbens, die zu einem Bruchteil γ frei ist, gilt in beiden Fällen

$$w_1 = -\frac{d\gamma}{dt} = k_1 \gamma p = k\gamma. \tag{25}$$

Weder Assoziation noch Dissoziation bewirken also in den Fällen, wo der Übergangskomplex nur die undissoziierte Ausgangsmolekel enthält und die weiteren Umwandlungen dieser Molekel nicht von Einfluß auf den Prozeß sind, wesentliche Änderungen in den kinetischen Gleichungen.

Für die weniger wahrscheinliche Variante eines beweglichen Übergangskomplexes mit l-facher Assoziation ändert sich nichts, wenn man die Geschwindigkeit in der Anzahl verschwindender Gasmolekeln ausdrückt. Die Geschwindigkeitskonstante ist beim Übergang zur Anzahl adsorbierter Atome bei n-facher Dissoziation einfach mit n zu multiplizieren und für den Übergang zur Anzahl assoziierter Molekeln durch l zu dividieren (l ist die Anzahl primärer Molekeln, die zu einer neuen assoziieren).

Für den wahrscheinlicheren Fall einer unbeweglichen Schicht tritt ein zusätzlicher Zahlenkoeffizient auf, der die Wahrscheinlichkeit dafür ausdrückt, daß sich in unmittelbarer Nachbarschaft zueinander die erforderliche Anzahl unbesetzter Plätze befindet.

Die kinetischen Gleichungen ändern ihren Charakter in dem Fall, daß der Übergangskomplex seiner Zusammensetzung und Struktur nach dem adsorbierten Endzustand ähnelt. In diesem Fall gilt für die Adsorption mit Dissoziation in n Teile

$$w_{1,0} = c_g^{1/n} c_s \frac{kT}{h} \frac{f^*}{f_g^{1/n} f_s} e^{-E_0/RT} \tag{26}$$

entsprechend bei einer Adsorption mit l-facher Assoziation

$$w_{1,0} = c_g^l c_s \frac{kT}{h} \frac{f^*}{f_g^l f_s} e^{-E_0/RT}. \tag{26a}$$

Nach einfachen Umformungen dieser Gleichungen gelangt man zu folgenden Ausdrücken für w_1:

$$w_1 = -\frac{d\gamma}{dt} = k' p^{1/n} \gamma \tag{27}$$

und für die Assoziation:

$$w_1 = -\frac{d\gamma}{dt} = k' p^l \gamma. \tag{27a}$$

Dimension und Größe der Konstante k' sind für Assoziation und Dissoziation verschieden, weil die Größe f_g in verschiedenen Potenzen eingeht. Weitere Änderungen der Größe k' beruhen auf der Möglichkeit verschiedener Beweglichkeiten der Molekeln des Übergangskomplexes an der Oberfläche. Die Form der Gleichung für w_1 ändert sich dabei jedoch nicht.

Bei $p = \text{const}$ ist in allen Fällen $w_1 = -d\gamma/dt = k\gamma$, und es müssen folglich die Gleichungen (11) und (12) gelten.

Bei Änderung des Drucks führen die Unterschiede zwischen den Gleichungen (25) und (27) zu erheblichen Unterschieden in der Kinetik des Prozesses.

Wir stellen fest, daß die Wahl einer bestimmten Variante der Vorstellungen über den Bau des Übergangskomplexes für den Adsorptionsprozeß die Form der kinetischen Gleichung für die Desorption vorherbestimmt, denn unabhängig vom konkreten kinetischen Mechanismus enthält die Gleichung für das Adsorptionsgleichgewicht den Druck stets in der Potenz y ($p^{1/n}$ oder p^s). In Verbindung mit der trivialen Bedingung, nach der im Gleichgewicht $w_{ads} = w_{des}$

sein muß, werden hierdurch die möglichen Varianten der Desorptionskinetik bei gegebenem Adsorptionsgesetz in der Nähe des Gleichgewichtszustandes eingeschränkt.

Im Kapitel 7 werden wir nochmals auf diese Frage zurückkommen.

Dies waren die Gleichungen für die Geschwindigkeit der aktivierten Adsorption individueller Substanzen an homogenen Oberflächen.

Bei inhomogenen Oberflächen unterscheiden sich die einzelnen Bereiche durch ihre kinetischen Größen. Im allgemeinen Fall kann man sich leicht vorstellen, daß mehrere Arten von Unterschieden zwischen den Bereichen möglich sind.

Die Unterschiede können nicht nur die Größe der Aktivierungsenergie E betreffen, sondern auch den Charakter des Übergangskomplexes mit den hieraus resultierenden Möglichkeiten für verschiedene Werte des Faktors k_0' vor dem Exponentialausdruck, sowie für Assoziations- und Dissoziationsprozesse auch die Möglichkeit verschiedener Abhängigkeiten vom Partialdruck. Auch Unterschiede im Mechanismus des Prozesses und im Typ der sorptiven Bindung sind möglich. Für uns ist der Fall am interessantesten, wo der Typ des Übergangskomplexes nach Zusammensetzung und Beweglichkeit für alle Bereiche übereinstimmt. In diesem Fall sind die Werte k_0' und $k_0 = k_0' p^\nu$ für alle Bereiche gleich, und diese unterscheiden sich nur durch die Größe E. Unsere Analyse wird sich vorwiegend auf diesen Fall beziehen, bei dem die Möglichkeit verschiedener Bindungsmechanismen vernachlässigt wird. Die Gleichsetzung sämtlicher $k_{0,i}'$ ist äquivalent einer Gleichsetzung der Entropieglieder für alle Arten von Bereichen.

§ 3: *Die kinetischen Isothermen für inhomogene Oberflächen*

Zunächst beschränken wir uns der Einfachheit halber[34]) auf die Adsorptionsprozesse bei konstantem Druck und beginnen mit Oberflächen, für die die aktivierte Adsorption praktisch an allen Bereichen irreversibel verläuft. Dann verliert die Verteilung der Bereiche über die Adsorptionswärmen ihre unmittelbare Bedeutung, und wesentlich bleibt nur die Verteilung über die Aktivierungsenergien. Diese sei gegeben durch eine beliebige Funktion

$$\varrho(E) = \frac{d\Phi}{dE}, \tag{28}$$

wobei die Adsorption an den verschiedenen Bereichen völlig unabhängig erfolgt; die Geschwindigkeitskonstanten seien

$$k_i = k_{0,i} \exp\left[-E_i/RT\right], \tag{29}$$

wobei k_i und E_i Geschwindigkeitskonstante und Aktivierungsenergie der Adsorption am i-ten Bereich sind. Der Einfachheit halber nehmen wir an, daß der Koeffizient $k_{0,i}$, der den Entropiefaktor $e^{\Delta S_i/R}$ des Übergangszustandes enthält, für sämtliche Bereiche gleich ist; dann wird bei konstantem Druck des Adsorbats für jeden Typ von Bereichen der zur Zeit t unbesetzte Anteil

$$\gamma_{i,t} = 1 - \theta_{i,t}, \tag{30}$$

gegeben durch

$$\gamma_{i,t} = e^{-k_i t} \tag{31}$$

oder

$$\gamma_{i,t} = \exp\left\{k_{0,i}\, t e^{-E_i/RT}\right\}. \tag{32}$$

Wir konstruieren die Kurve $\gamma = \gamma(E)$, also die Kurve der Besetzung der Bereiche mit verschiedenen Aktivierungsenergien (Abb. 80) bei $t = \text{const}$ (Isochrone).

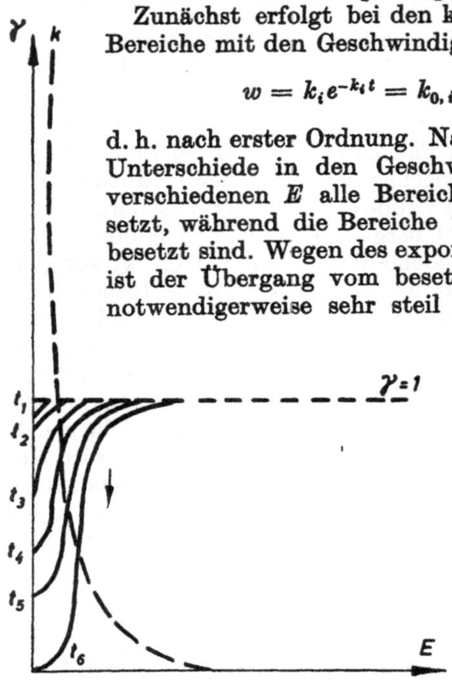

Zunächst erfolgt bei den kleinsten Zeiten die Besetzung der ersten Bereiche mit den Geschwindigkeiten

$$w = k_i e^{-k_i t} = k_{0,i} e^{-E_i/ET} \cdot \exp\left[-t k_{0,i} e^{-E_i/RT}\right], \tag{33}$$

d. h. nach erster Ordnung. Nach einiger Zeit sind infolge der großen Unterschiede in den Geschwindigkeitskonstanten der Bereiche mit verschiedenen E alle Bereiche mit den minimalen E_i praktisch besetzt, während die Bereiche mit maximalen E_i noch fast völlig unbesetzt sind. Wegen des exponentiellen Zusammenhanges von k und E ist der Übergang vom besetzten Teil der Verteilung zum freien Teil notwendigerweise sehr steil (Abb. 81).

Von einer bestimmten Zeit an sind in jedem gegebenen Zeitpunkt die aktivsten Bereiche mit Aktivierungsenergien zwischen $E_{\min}$ und einer Größe E_i besetzt, und es besteht eine steile Grenze, die im Diagramm die besetzten Bereiche mit $\theta \approx 1$ von den freien Bereichen mit $\theta \approx 0$ trennt.

Wir versuchen jetzt, Lage und Form dieser Grenze genauer zu bestimmen. Die erste Ableitung der Größe γ nach E gibt uns den Ausdruck für den Rich-

Abb. 80. Anfangsstadien der aktivierten Adsorption: Ausbildung der Front. Die Buchstaben t_1, t_2 usw. bezeichnen die aufeinanderfolgenden Lagen der Grenze zwischen den besetzten (links) und den freien Bereichen (rechts). Punktiert ist der Wert der Geschwindigkeitskonstante k für die Bereiche mit verschiedenen E angedeutet.

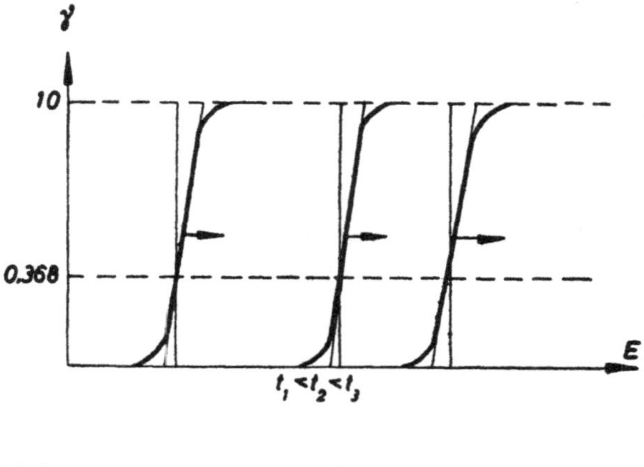

Abb. 81. Parallelverschiebung der ausgebildeten Grenze zwischen den besetzten und den freien Bereichen bei fortschreitender aktivierter Adsorption.

tungsfaktor der Tangente, der nirgends gegen 0 geht. Die zweite Ableitung geht gegen 0 unter der Bedingung

$$E_{\text{Wendep.}} = RT \ln t k_0 \tag{33a}$$

oder, wenn wir $\tau_0 = 1/k_0$ einführen, unter der Bedingung

$$E_{\text{Wendep.}} = RT \ln \frac{t}{\tau_0}. \tag{33b}$$

Setzen wir $E = E_{\text{Wendep.}} = RT \ln t k_0$ in Gleichung (32) ein, so erhalten wir $\gamma = 1/e$.

Bei diesen Werten γ und E hat die Kurve einen Wendepunkt. Man kann leicht zeigen, daß die Tangente am Wendepunkt einen konstanten Richtungsfaktor hat, der von der Lage der Grenzkurve unabhängig ist. Diese verschiebt sich also im Verlauf des Prozesses in Richtung größerer E, bleibt dabei sich selbst aber immer ähnlich. Ferner ist klar, daß die Tangente die Abszissenachse $\gamma = 0$ bei $E = RT \ln t/\tau_0 - RT$ schneidet, d. h. in einem Abstand $\Delta E = -RT$ vom Wendepunkt $E_{\text{Wendep.}}$. Dem Wert $\gamma = 1$ entspricht $E = RT \ln t/\tau_0 + (e-1) RT$ oder

$$\Delta E = (e-1)\, RT \cong 1{,}7\, RT. \tag{34}$$

Daraus folgt

$$E_{\gamma=0} \cong E_{\text{Wendep.}} - RT \tag{35}$$

und

$$E_{\gamma=1} \cong E_{\text{Wendep.}} + 1{,}7\, RT. \tag{35a}$$

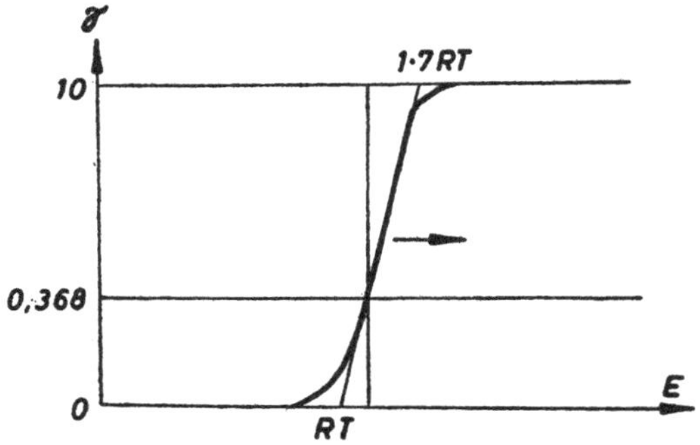

Abb. 82. Form der Grenzkurve $\gamma(E)$ und Breite des Übergangsgebiets im Diagramm $\gamma = \gamma(E)$. Die Abschnitte, welche die Tangente an die Grenzkurve im Wendepunkt auf den Geraden $\gamma = 1$ und $\gamma = 0$ abschneidet, sind angedeutet.

Die Gesamtbreite des Übergangsgebietes beträgt also $2{,}7\, RT$ (Abb. 82). Es ist also etwas schmaler als im Fall der Adsorptionsgleichgewichte an zusammengesetzten Oberflächen, für die wir früher eine Breite von $4\, RT$ erhielten.

Wie oben bemerkt, ist im Wendepunkt

$$\gamma_{\text{Wendep.}} = 1/e \cong 0{,}37. \tag{36}$$

In diesem Punkt ist ferner

$$\theta_{\text{Wendep.}} = 1 - \gamma_{\text{Wendep.}} \cong 0{,}63. \tag{36a}$$

Dieser Punkt verschiebt sich mit wachsender Besetzung der Oberfläche, ohne seine Ordinate zu ändern, in Richtung wachsender E, und zwar proportional $RT \ln t k_0$.

Die oben angeführte Überlegung für $\theta = \theta(E)$ und $\gamma = \gamma(E)$ gilt für jede Verteilung. Für die Kinetik des Prozesses hat nicht θ_i selbst, sondern das Produkt von θ_i mit dem Faktor ϱ_i unmittelbare Bedeutung, der die absolute Menge unbesetzter Bereiche mit dem gegebenen Wert E_i der Aktivierungsenergie angibt (Abb. 83).

Die Steilheit der Grenze und die strenge Parallelverschiebung in Abb. 82 führen dazu, daß in Abb. 83 das Übergangsgebiet zwischen $\gamma_i \approx 0$ und $\gamma_i \approx 1$

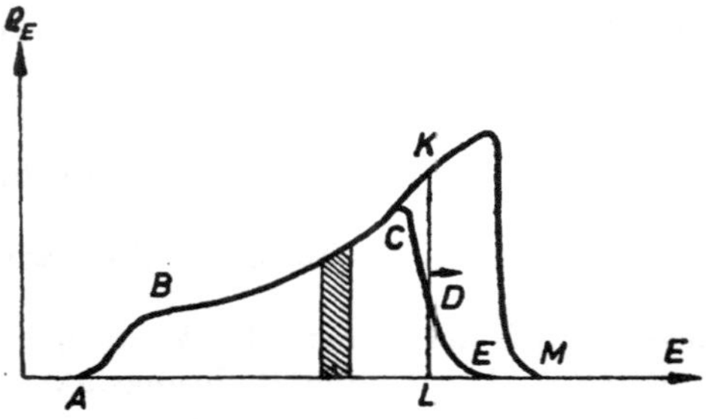

Abb. 83. Allmähliche Auffüllung der Bereiche. Im Diagramm ist die eigentliche Grenze *BCDM*, welche die besetzten von den freien Bereichen trennt, und die in unserer Näherung statt ihrer benutzte Vertikale *KDL* gezeichnet. Schraffiiert ist der „kontrollierende Streifen" in einem vorhergehenden Augenblick.

schmal und seiner Form nach mehr oder weniger konstant ist. Infolgedessen ist fast stets eine Übertragung der Bedingung (33b) auf die Kurve $\varrho = \varrho(E)$ möglich:

$$t = \tau_0 \exp[E/RT] = \frac{1}{k_0} \exp[E/RT]. \tag{37}$$

Das entspricht einer Ersetzung der Integration über die reale Gesamtfläche *ABCDE* durch eine Integration über den Kurvenzug *ABKL*, d. h. einer Ersetzung der Grenzkurve durch eine Vertikale im Wendepunkt. Dies führt zu folgender Gleichung für die Menge adsorbierter Substanz, ausgedrückt durch den besetzten Anteil der Oberfläche:

$$\Phi \cong \int_{E_{\min}}^{E} 1 \cdot \varrho(E)\, dE, \tag{38}$$

die für die kinetische Isotherme die Form

$$\Phi = \Phi(t) \cong \int_{E_{\min}}^{E = RT \ln t/\tau_0} \varrho(E)\, dE = \int_{E_{\min} = RT \ln t_{\min} - C}^{E = RT \ln t - C} \varrho(E)\, dE \tag{38a}$$

annimmt. Ohne in Gleichung (38a) die Integration auszuführen, können wir unter Berufung auf die Umkehrbarkeit des Integrationsprozesses sofort die Gleichung zur angenäherten Ermittlung der Verteilungsfunktion $\varrho(E)$ aus $\Phi(t)$ hinschreiben:

$$\varrho(E) \cong \frac{d\Phi(t)}{dE} = \frac{d\Phi(t)}{RT\, d\ln t}, \tag{39}$$

oder in etwas anderer Form

$$\varrho(E) = \frac{t}{RT} \frac{d\Phi}{dt}. \tag{39a}$$

Die Bedingung für die Anwendbarkeit der Gleichungen (38), (39) und (39a) ist die Ungleichung

$$RT \frac{d \ln \varrho(E)}{dE} \ll 1. \tag{39b}$$

Die Gleichungen (38a) und (39a) sind völlig analog den Gleichungen, die in der Theorie des Adsorptionsgleichgewichts an einer inhomogenen Oberfläche zur

Bestimmung der Isothermen aus den differentiellen Verteilungsfunktionen über die Adsorptionswärmen und für das umgekehrte Problem galten. In der Formel besteht der einzige Unterschied darin, daß der Druck p hier durch die Zeit t ersetzt ist. Das ist auch durchaus plausibel, da der Zusammenhang der Zeit, in der die Bereiche der gegebenen Art besetzt werden, mit ihrer Aktivierungsenergie nach Gleichung (37) in der Kinetik der aktivierten Adsorption, abgesehen vom Vorzeichen, genau mit der Beziehung zwischen dem Gleichgewichtsdruck und der Adsorptionswärme in der Theorie der Gleichgewichte an inhomogenen Oberflächen übereinstimmt; dieser Zusammenhang wird ja gegeben durch die Gleichung

$$p_{0,5} = b_0 \exp\,[-\,Q/RT]\,.$$

Die Ähnlichkeit wird noch deutlicher beim Übergang von den Koeffizienten b zu den mittleren Verweilzeiten $\overline{\tau}$ an der Oberfläche in den Gleichungen für die Gleichgewichtsisotherme:

$$\tau = \tau_0 \exp\,[Q/RT]\,.$$

Hierdurch wird die Erwartung bestätigt, daß bei ähnlichen Verteilungen über die Energien eine große Ähnlichkeit zwischen den Abhängigkeiten der Menge adsorbierten Gases von der Zeit $\Phi = \Phi(t)$ in den kinetischen Gleichungen und der Abhängigkeit der gleichen Größe vom Gleichgewichtsdruck $\Phi = \Phi(p)$ in der Theorie des Gleichgewichts herauskommt. Die Funktionen $\Phi(t)$ müssen analog sein den Funktionen $\Phi(p)$. Diese Ähnlichkeit wurde zuerst empirisch festgestellt und führte zu einer Gleichung für die Adsorptionskinetik von der Form $q = at^{1/n}$, die völlig analog der FREUNDLICHschen Isotherme ist.

Wir werden die Lösung des Integrals (38a) für verschiedene $\varrho(E)$ nicht durchführen, denn diese Lösungen unterscheiden sich im Grundsätzlichen nur wenig von der Integration über $\int \varrho(Q)\,dQ$ bei der Ableitung der Adsorptionsisothermen in Kapitel 2. An Stelle dessen bringen wir hier in Tabelle 2 einen Überblick über die Gleichungen für die kinetischen Isothermen, die sich mit Hilfe unserer Methoden für verschiedene $\varrho(E)$ ergeben. Die erstaunliche Ähnlichkeit mit den Angaben der Tabelle 1 (Kapitel 2) springt sogleich ins Auge. Die gleichmäßige Verteilung führt zu einer logarithmischen Abhängigkeit der Besetzung Φ von der Zeit, die exponentielle zu einer gebrochenen Potenz der Zeit. Für breite Potenzverteilungen bei $E \gg E_{\min}$ gilt

$$\sqrt[1+n]{\Phi} \cong a \ln t + C_1, \tag{40a}$$

wobei n der Exponent ist, mit dem E in der Verteilung auftritt usw.

Die Bestimmung der Verteilung aus der Kinetik erläutern wir am Beispiel der bekannten empirischen Gleichung

$$\Phi = a t^{\frac{1}{n}}, \tag{40}$$

die nach MACBAIN den Verlauf vieler Sorptionsvorgänge ausgezeichnet wiedergibt[35]) (Abb. 84). Die oben hervorgehobene enge Analogie mit den Isothermen gibt Grund zu der Annahme, daß sich hinter der Funktion (40) eine exponentielle Verteilung über die Aktivierungsenergien verbirgt, ebenso wie sich hinter der parabolischen Adsorptionsisotherme

$$\Phi = a p^{\frac{1}{n}} \tag{41}$$

TABELLE 2

Kinetik der Adsorption und Desorption an inhomogenen Oberflächen

Für die Adsorption ist $B = \Phi$, für die Desorption $B = \psi$.

A. Kinetik bei bewegtem kontrollierenden Streifen

Typ der Verteilung	Gleichung für $\varrho(E)$		Kinetische Isotherme $B = B(t)$ bei $T = \text{const}$ und $p = \text{const}$	Isochrone $B = B(T)$ bei $t = \text{const}$ und $p = \text{const}$	Isotherme differentielle Aktivierungswärmen $E = E(B)$ bei $T = \text{const}$ und $p = \text{const}$	
Potenzverteilung	HE^n	$n = 1$	$B^{1/2} \cong a \ln t + C$ (bei $E_t \gg E_{\min}$)	$B^{1/2} \cong B_0 + CT$ (bei $E_t \gg E_{\min}$)	$E \cong E_0 + \gamma B^{1/2}$ (bei $E_t \gg E_{\min}$)	bei $p = \text{const}$
		$n = \frac{1}{2}$	$B^{2/3} \cong a \ln t + C$ (bei $E_t \gg E_{\min}$)	$B^{2/3} \cong B_0 + CT$ (bei $E_t \gg E_{\min}$)	$E \cong E_0 + \gamma B^{2/3}$ (bei $E_t \gg E_{\min}$)	
		$n = -\frac{1}{2}$	$B^2 \cong a \ln t + C$ (bei $E_t \gg E_{\min}$)	$B^2 \cong B_0 + CT$ (bei $E_t \gg E_{\min}$)	$E \cong E_0 + \gamma B^2$ (bei $E_t \gg E_{\min}$)	
			$B^{\frac{1}{n+1}} \cong a \ln t + C$	$B = C_1 T^{n+1} - C_2 \cong C_1 T^{n+1}$	$E \cong E_0 + \gamma B^{\frac{1}{n+1}}$	
Hyperbolische Verteilung	H/E		$B \cong H \ln \ln t k_0 + C_1$	$B \cong B_0 + \gamma \ln T$	$E \cong e^{+B/H} \cong e^{+\alpha B}$	
Exponentialverteilung	$He^{+\alpha E}$		$B \cong a t^{1/n} - C$	$B \cong B_0 e^{+\gamma T}$	$E \cong E_0 + \frac{1}{\alpha} \ln B$	
Gleichförmige Verteilung	H		$B \cong a \ln t + C$	$B \cong B_0 + \gamma T$	$E \cong E_0 + \gamma B$	

B. Kinetik bei unbewegtem kontrollierenden Streifen

a) E und Q korrelieren, und eine Umlagerung ist möglich

Sämtliche Verteilungstypen	$B \cong B_0 + \gamma t$	$B \cong B_0 + Ce^{-E_{\min}/RT}$	$E = \text{const} = E_{\min}$	bei $p = \text{const}$
	$B \cong (1 - e^{-kt})$	$1 - B = e^{-k_0'' e^{-E_{\min}/RT}}$	$E = \text{const} = E_{\min}$	Bei abnehmendem p und $k'_0 = k_0 p$

b) E und Q korrelieren nicht, und eine Umlagerung ist möglich

Sämtliche Verteilungs-typen	$B \cong 1 - e^{-kt}$	$1 - B = e^{-k_0'' e^{-E_{\min}/RT}}$	$E = \text{const} = E_{\min}$	Bei $p = \text{const}$
	zweiter Ordnung			Bei abnehmendem p und $k'_0 = k_0 p$

Die Bedingungen für das Auftreten des bewegten und des unbewegten Streifens sind für Adsorption und Desorption verschieden.

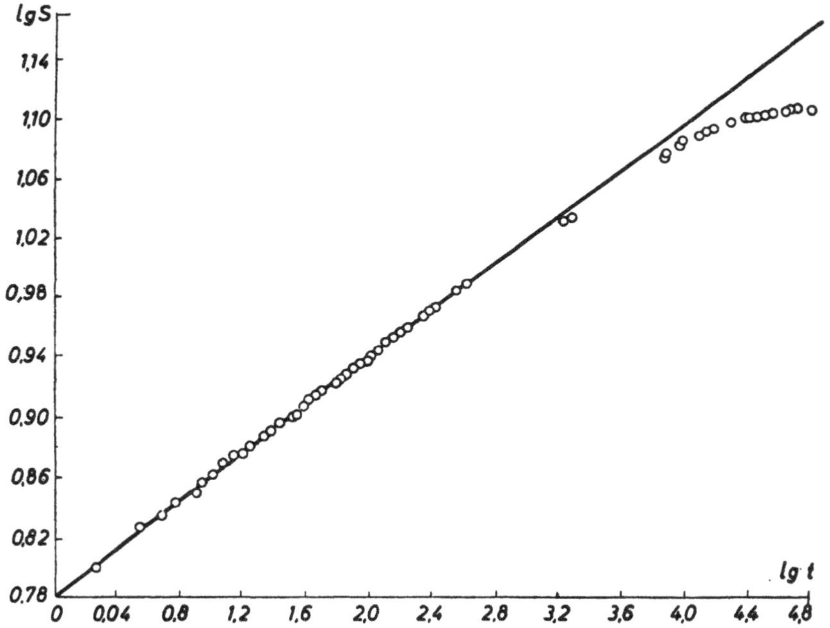

Abb. 84. Kinetik der Adsorption von Ammoniak an Glas (nach McBain). Der Prozeß folgt der parabolischen Gleichung von Bangham-Burt. Die Größe S kennzeichnet die Besetzung im gegebenen Zeitpunkt t.

eine exponentielle Verteilung über die Adsorptionswärmen verbirgt[34]). Man kann dies leicht nachweisen, indem man Formel (39) benutzt und die Gleichung (40) in die äquivalente Gleichung

$$\Phi = a e^{+\ln t^{1/n}} = a e^{+\frac{1}{n}\ln t} \tag{42}$$

umwandelt. (42) führen wir unter Benutzung von (39) über in

$$\varrho(E) \cong \frac{d\Phi}{RT\,d\ln t} = \frac{d\left[a e^{+\frac{1}{n}\ln t}\right]}{RT\,d\ln t} = \frac{a t^{1/n}}{nRT} \tag{42a}$$

oder nach einer Substitution entsprechend der Gleichung (33) $t = \tau_0 \exp(E/RT)$ in

$$\varrho(E) = \frac{a\tau_0^{1/n}}{nRT} e^{+E/nRT} = He^{+\alpha E} \tag{42b}$$

mit

$$H = a[k_0^{1/n} nRT]^{-1} \quad \text{und} \quad \alpha = (nRT)^{-1}. \tag{42c}$$

Als zweites Beispiel betrachten wir die empirische Gleichung von MOLES und CRESPY[35]), die sich bei der Auswertung von Versuchsdaten ergeben hat:

$$q = k[\lg(t + 1)]^{2/5}. \tag{43}$$

Sie führt auf die Verteilung $$\varrho(E) \cong H/E^{2/5}, \tag{44}$$

die nur schwer von $$\varrho(E) \cong H/E^{1/2} \tag{45}$$

zu unterscheiden ist. Die oben entwickelte Methode ist um so brauchbarer, je stärker ausgeprägt die Inhomogenität der Oberfläche ist. Den Übergang zur Homogenität kann man auf zweifache Art vollziehen: durch Zusammen-

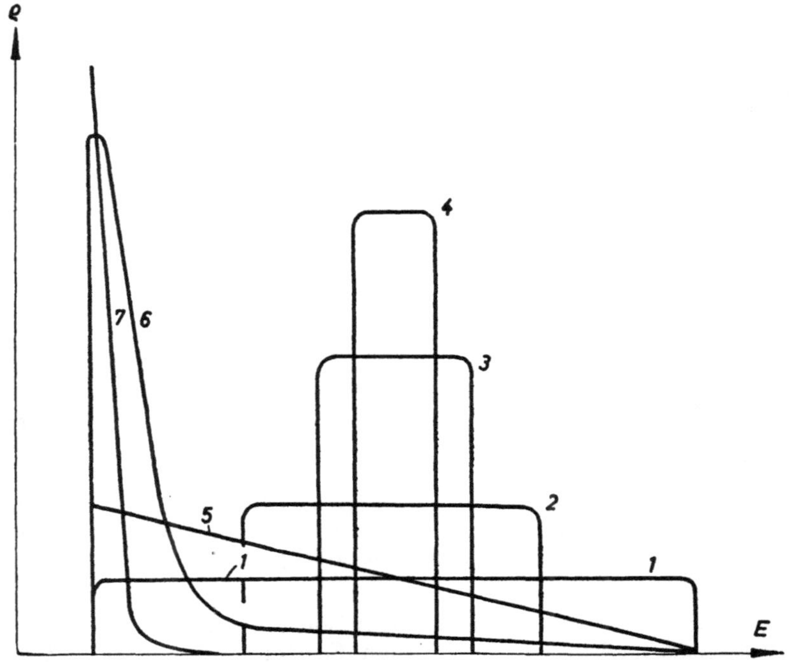

Abb. 85. Annäherung an die Homogenität durch Zusammenziehung des Intervalls (Kurven 1, 2, 3, 4) oder durch Vergrößerung der Steilheit der Verteilung (Kurven 5, 6, 7).

schrumpfenlassen des Intervalls der Aktivierungsenergien bei flachen Verteilungen (Abb. 85) und durch Vergrößerung der Steilheit der Verteilung. Für gleichförmige Verteilungen liefert die Breite der Verteilung ein Kriterium für die Anwendbarkeit:

$$E_{max} - E_{min} \gg 3RT.$$

Im zweiten Fall erhält man aus der Bedingung (38a) die Anwendbarkeitsgrenze für einen beliebigen Verteilungstyp. Insbesondere erhalten wir für die Exponentialverteilung $\varrho(E) = H e^{+\alpha E}$ die Bedingung

$$\alpha RT < 1.$$

Je kleiner αRT ist, desto genauer ist das gewonnene Ergebnis. Die oben angegebene Herleitung hat zur Voraussetzung die völlige Irreversibilität des Adsorptionsprozesses. Mit geringen Korrekturen sind jedoch die abgeleiteten Gleichungen auch auf die interessantesten Fälle der reversiblen Adsorption anwendbar.

§ 4: *Isochronen und Isosteren*

Das Anwendbarkeitsgebiet der Gleichungen (38) und (39) beschränkt sich durchaus nicht auf die Bedingungen $T = \text{const}$ und $p = \text{const}$. Ebenso wie in der Gleichgewichtstheorie die Isobaren und Isosteren gleichberechtigt neben den Isothermen stehen, benutzt man in der Kinetik der aktivierten Adsorption natürlich auch Isochronen und kinetische Isosteren.

Als Isochrone bezeichnen wir die Abhängigkeit

$$\Phi = \Phi(T)_{t=\text{const}}. \tag{46}$$

Als kinetische Isosteren bezeichnen wir entsprechend die Funktionen, welche die Zeit zur Erreichung der gleichen Besetzung bei verschiedenen Temperaturen angeben:

$$t = t(T)_{\Phi=\text{const}}. \tag{47}$$

Das physikalische Modell, das bei der Herleitung dieser Funktionen benutzt wurde, unterscheidet sich in nichts von dem oben geschilderten. Die Menge adsorbierter Substanz wird vollständig bestimmt durch den Wert der Aktivierungsenergie an der Grenze in dem Integral $\int \varrho(E)\, dE$ bei diesem Grenzwert E. Natürlich ist bei gegebenem t und bei Änderung der Temperatur der Wert E an der Grenze um so größer, je höher die Temperatur ist, wie in Abb. 86

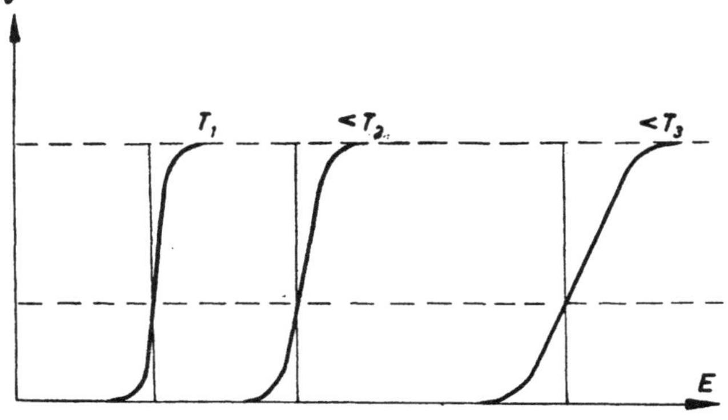

Abb. 86. Änderung der Grenze mit der Temperatur bei $t = \text{const.}$ (Isochronen): $T_2 = 2\,T_1$ und $T_3 = 2\,T_2$.

angedeutet; hier ist die Änderung der Grenze, die den besetzten Teil der Verteilung von dem leeren trennt, für verschiedene Temperaturen und den gleichen Zeitpunkt dargestellt.

Für die Werte von E an der Grenze müssen folgende Formeln gelten:

Bei $T_3 > T_2 > T_1$ ist

$$E_{T3} > E_{T2} > E_{T1}, \tag{48}$$

und weiter, da bei jeder Temperatur die Bedingung

$$E = RT \ln t/\tau_0 \tag{49}$$

gilt und der Vergleich bei $t = \text{const}$ erfolgt, für die Isochronen bei beliebigem $\varrho(E)$

$$E_{t=\text{const}} = CT. \tag{50}$$

Die Gleichung (50) ist eine der Isochronengleichungen. Sie besagt, daß mit wachsender Temperatur der Wert von E an der Grenze sich linear verschiebt und daß bei beliebiger Temperatur für die Isochronen

$$\frac{E_{\text{grenz}}}{T} = C \tag{51}$$

gilt. Mit wachsender Temperatur verschiebt sich die Grenzkurve parallel zur Abszissenachse, wobei die Breite des Übergangsgebietes proportional T ist.

Explizit wird die Abhängigkeit der Besetzung Φ von T durch folgende Gleichung gegeben:

$$\Phi(T)_{t=\text{const}} \cong \int_{E_{\min}}^{CT} \varrho(E)\, dE. \tag{52}$$

Ersetzen wir E durch CT in dem Ausdruck für die Integrationsgrenze oder in dem Ausdruck für $\Phi(E)$, der sich durch Integration von (52) ergibt, so erhalten wir die Isochrone $\Phi = \Phi(T)$ in expliziter Form.

Gleichung (52) ist völlig analog der Gleichung für die Isobare im Kapitel 6. Der einzige Unterschied liegt in dem Wert C: für die Isobare ist $C = R \ln p/b_0$, für die Isochrone $C = R \ln t/\tau_0$. Wieder ergibt sich, wie in der Theorie der kinetischen Isothermen, die kinetische Gleichung durch einfache Ersetzung von p durch t in der entsprechenden statischen Gleichung.

Diese Analogie erstreckt sich auch auf die Gleichungen für das umgekehrte Problem, die Bestimmung der Verteilungsfunktion über die Energien aus der Temperaturabhängigkeit der adsorbierten Menge bei Konstanthaltung der zweiten unabhängigen Veränderlichen in der statischen und der kinetischen Variante der thermischen Adsorptionsgleichung: die statische thermische Gleichung lautet

$$\Phi = \Phi(T, p), \tag{53}$$

die kinetische thermische Gleichung

$$\Phi = \Phi(T, t). \tag{54}$$

Nach Gleichung (52) hat man zur Bestimmung der Verteilungsfunktion über die Aktivierungsenergien aus der Isochrone die Gleichung der Isochrone nach der Temperatur zu differentieren.

$$\varrho(E) \cong \frac{d\Phi(T)}{C\, dT}. \tag{55}$$

Dies Verfahren steht in völliger Analogie zur Formel:

$$\varrho(Q) \cong \frac{d\Phi(T)}{C\,dT}, \tag{55a}$$

die in Kapitel 2 in der Theorie der Isobaren hergeleitet wurde. Sämtliche speziellen Gleichungen des Kapitels 2 für die Form der Isobaren bei verschiedenen $\varrho(Q)$ lassen sich also auf die Theorie der Adsorptionsgeschwindigkeit übertragen, indem man einfach $C_{(p)}$ durch $C_{(t)}$ ersetzt. Die auf diese Weise gewonnenen Gleichungen sind in Tabelle 2 zusammengestellt.

Die erwähnte Analogie erstreckt sich auch auf die Isosteren. Der physikalischen Bedeutung nach entspricht den Isosteren $\Phi = \text{const}$ jetzt die Gleichung $E_{gr} = \text{const}$. Man sieht, daß eine Konstanz von $E = RT \ln t/\tau_0 = \text{const}$ nur bei

$$t = \tau_0 e^{+E/RT} \tag{56}$$

möglich ist. Folglich entspricht jeder Isostere eine Gleichung (56) mit einem bestimmten Wert

$$E = E_\Phi \tag{57}$$

(Abb. 87). Die Gleichung (49) ist die Gleichung einer Isostere für jedes $\varrho(E)$, das der Ausgangsnäherung entspricht, ähnlich wie die Gleichung (15) in Kapitel 2 für beliebige Typen der Verteilungsfunktion $\varrho(Q)$ die Gleichung einer Isosteren war.

Diese Gleichungen kann man auf eine Form bringen, bei der der Einfluß der Funktion ϱ explizit dargestellt wird. Zu diesem Zweck haben wir E_Φ und Q_Φ durch $\Phi(T)_{\text{kin}}$ und $\Phi(T)_{\text{stat}}$ zu ersetzen.

In allen Fällen gilt die Gleichung

$$\ln t = \ln \tau_0 + f(\Phi) \cdot \frac{1}{T}, \tag{58}$$

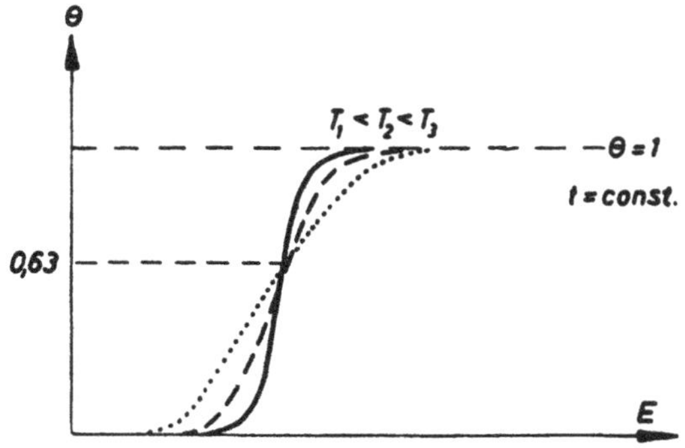

Abb. 87. Änderung der Grenze mit der Temperatur bei $E_{\text{Grenz}} = \text{const}$ (Isosteren).

d. h. der Logarithmus der Zeit wächst linear mit der reziproken Temperatur, jedoch sind die Werte des Koeffizienten

$$f(\Phi) = \frac{E_\Phi}{R} \tag{59}$$

bei T^{-1}, ausgedrückt durch Φ, verschieden.

Für die Exponentialverteilung ergibt sich $\ln \frac{\Phi}{aR}$, für die gleichförmige Verteilung Φ/HR usw.

Der Tangens des Neigungswinkels φ der Tangente an die Kurven

$$\ln t = f(1/T) \tag{60}$$

für die kinetischen Isosteren und die Kurven $\ln p = f(1/T)$ für die statischen Isosteren hängt bei verschiedenen Formen der Funktion ϱ im verschiedenen

Grade von Φ ab. Die Form dieser Abhängigkeit kann als Kriterium für den Typ der Verteilung dienen und liefert unmittelbar die Form der Gleichung für die differentiellen Adsorptionswärmen; es ist nämlich $\operatorname{tg} \varphi = E/R$ und

$$\operatorname{tg} \varphi = f(\varphi) = \frac{E(\Phi)}{R}. \tag{61}$$

§ 5: *Die differentiellen Aktivierungsenergien*

In der oben entwickelten Theorie der Geschwindigkeit der aktivierten Adsorption wird das Hauptgewicht auf das Vorhandensein von Bereichen mit verschiedenen Aktivierungsenergien und auf die Änderung der „kontrollierenden" Aktivierungsenergie im Verlauf des Prozesses gelegt. Hierdurch wird eine explizite Herleitung der Gleichungen zwischen E und der Menge adsorbierter Substanz wünschenswert gemacht. Hierzu bestehen mehrere Möglichkeiten. Falls die Form der Adsorptionsisotherme oder -isochrone bekannt ist, kann man die Funktion $E = E(\Phi)$ erhalten, indem man einfach in der Gleichung (49) für t dessen Wert aus der entsprechenden Isotherme einsetzt. Wir erläutern dies durch einige Beispiele.

1. Wir nehmen an, die Isotherme sei gegeben durch die parabolische Gleichung $\Phi = a t^{1/n}$; dann ist

$$t = \left(\frac{\Phi}{a}\right)^n; \tag{62a}$$

setzen wir diesen Wert in Gleichung (49) ein, so erhalten wir

$$E = RT \ln \frac{\Phi^n}{\tau_0 a^n} \tag{62}$$

oder

$$E = nRT \ln \Phi - RT \ln (\tau_0 a^n) = nRT \ln \Phi + C, \tag{63}$$

wo

$$C = RT \ln k_0 - nRT \ln a \tag{63a}$$

gleich $E_{\min}$ sein muß.

2. Die Isochrone sei gegeben durch die Gleichung

$$\Phi = aT - b \tag{64}$$

oder

$$T = \frac{\Phi + b}{a}. \tag{64a}$$

Wir setzen diesen Wert in die Gleichung (53) ein. Dann wird

$$E = \frac{C}{a}\Phi + \frac{C}{a}b$$

oder

$$E = E_{\min} + a\Phi. \tag{65}$$

Ist $\Phi = \Phi(t)$ unbekannt, $\varrho(E)$ aber bekannt, so erfordert die Bestimmung von $E = E(\Phi)$ ebenfalls nur zwei einfache mathematische Operationen. Zunächst findet man, indem man $\varrho(E)\, dE$ ohne jede Substitution integriert, die Funktion $\Phi = \Phi(E)$ und erhält dann durch Umkehrung dieser Gleichung

$E = E(\Phi)$. Wir zeigen dies am Beispiel der hyperbolischen Verteilung $\varrho(E) = H/E$:

$$\Phi = H\left\{\ln E - \ln E_{\min}\right\} = H \ln E - C$$

oder

$$E = C_1 e^{+\Phi/H} = C_1 e^{+a\Phi}. \tag{66}$$

Ist keine der Funktionen $\Phi = \Phi(t)$, $\Phi = \Phi(T)$, $\varrho(E)$ oder $t = t(T)$ explizit gegeben, so bestimmt man zunächst eine dieser Funktionen mit Hilfe der oben angegebenen Methoden und ermittelt dann aus diesen beiden Funktionen $E = E(\Phi)$. Hierzu kann man auch die Isosteren benutzen.

§ 6: *Aktivierte Adsorption mit einer Quasigleichgewichtsverteilung des Adsorbats über die Bereiche der Oberfläche*

In den vorigen Paragraphen wurde der Grenzfall eines festen Haftens der adsorbierten Molekeln an den Orten der primären Adsorption betrachtet. In diesem Paragraphen behandeln wir den entgegengesetzten Grenzfall einer völligen Beweglichkeit der adsorbierten Molekeln.

Wir nehmen an, daß ohne Rücksicht auf den Abstand des Gesamtsystems vom Gleichgewichtszustand die Verteilung der Molekeln auf die einzelnen Bereiche der Oberfläche in jedem Augenblick dem Verhältnis ihrer Adsorptionspotentiale und dem Endgleichgewicht bei einem Druck des Adsorbats p^* (verschieden von p_t) entspricht. Mit Ablauf des Prozesses rückt der Wert p^* gegen p_t, in der Grenze werden beide gleich. Die Bedingungen, unter denen während der aktivierten Adsorption eine solche Quasigleichgewichtsverteilung besteht, sind bei verschiedenen Beziehungen zwischen der Aktivierungs- und Adsorptionsenergien verschieden. Sind diese beiden Größen antibat, d. h. nimmt E mit wachsendem Q ab, so ist die primäre Verteilung der adsorbierten Molekeln nahezu eine Quasigleichgewichtsverteilung, und um diese wirklich zu erreichen, ist keine bedeutende Umlagerung erforderlich. Bei symbatem Gang der beiden Wärmen erfordert die Einstellung eines Quasigleichgewichts eine Umlagerung durch Oberflächendiffusion. Solange diese Umlagerung langsam vonstatten geht, sind die Anfangsgeschwindigkeit und die Kinetik der Adsorption fast von derselben Art wie bei irreversibler Adsorption, und erst der Schlußteil wird durch die Umlagerung kompliziert. Ist dagegen die Umlagerungsgeschwindigkeit groß, so unterscheidet sich die Kinetik grundsätzlich von der Kinetik der irreversiblen Adsorption. In dieser Hinsicht ist der Fall, daß kein Funktionalzusammenhang zwischen Aktivierungsenergie und Adsorptionswärme besteht, dem eben erwähnten ähnlich. In kinetischer Beziehung ist er jedoch weniger interessant. Das Vorhandensein und die Intensität der Umlagerungsprozesse an der Oberfläche müssen also in der Kinetik der aktivierten Adsorption eine bedeutende Rolle spielen. Übrigens sind die absoluten Abstände, die bei dieser Umlagerung überwunden werden, sehr klein; beispielsweise beträgt bei einprozentiger Besetzung der monomolekularen Schicht und gleichmäßiger Verteilung der punktförmigen aktiven Zentren die maximale Entfernung von der primären Adsorptionsstelle höchstens 10 Atomabstände. Bei der Herleitung der kinetischen Gleichungen beschränken wir uns zunächst auf die Prozesse bei konstantem Druck. Die Kinetik dieser Vorgänge wird in erster Linie durch den Zusammenhang zwischen Aktivierungs- und Adsorptionsenergie für die Bereiche einer Gruppe bestimmt.

1. Zwischen der Aktivierungsenergie des Adsorptionsprozesses an einem bestimmten Bereich und der Adsorptionswärme an dem gleichen Bereich bestehe kein Funktionalzusammenhang: $E \neq E(Q)$. Jedem Wert Q entspricht die gleiche Verteilung der Bereiche über die Aktivierungsenergien, und umgekehrt entspricht jedem Wert E die gleiche Verteilung der Bereiche über die Adsorptionswärmen.

Bei diesen energetischen Verhältnissen der Oberfläche entspricht der Gleichgewichtsverteilung der adsorbierten Molekeln eine Besetzung der Oberfläche in der Reihenfolge abnehmender Adsorptionswärmen, wobei einer Besetzung eines bestimmten Teiles der Bereiche der ganzen Oberfläche eine proportionale Verringerung sämtlicher $\theta_{(E)}$ entspricht. Hieraus folgt $\Phi = a\Phi_0 = a\ \Sigma\,\varrho_{(E)}\,\theta_{(E)}$. Infolgedessen verringert sich die Anzahl der leeren Bereiche mit einem beliebigen Wert von E um einen bestimmten Prozentsatz, der proportional der adsorbierten Substanzmenge ist. Die Folge ist eine Verminderung der Höhe der Verteilung über E ohne Änderung ihrer Form, und die ursprüngliche Verteilung der Bereiche über die Aktivierungsenergien muß bis zum Ende erhalten bleiben (Abb. 88). Die relative Beteiligung der Bereiche mit verschiedenen Werten von E an der Gesamtgeschwindigkeit des Prozesses bleibt konstant. Man kann leicht zeigen, daß praktisch nur die Bereiche mit den geringsten Werten von E in Aktion treten und daß die Wirkung der gesamten inhomogenen Oberfläche auf die Geschwindigkeit äquivalent der Wirkung einer homogenen Oberfläche mit $n_0\,RT\varrho_{(E_{\min})}$ Bereichen ist, wobei n_0 die Gesamtzahl der Bereiche ist. Die beobachtete Aktivierungsenergie ist dabei gleich $E_{\min} + RT$ und bleibt während des ganzen Vorganges konstant. Gleichzeitig verringert sich die Höhe $\varrho_{(E_{\min})}$ des „kontrollierenden Streifens"; sie ist proportional $\Phi = q/q_\infty$ (Abb. 88). In Abb. 88 ist auch $k = k(E)$ für die gesamte Oberfläche angedeutet. Wegen der Steilheit der Funktion $k(E)$ beträgt ihr Integral für die ganze Oberfläche $k_1 RT\varrho_{(E_{\min})}$, d. h., die Wirkung der Gesamtoberfläche läßt sich durch die Wirkung eines schmalen Streifens von der Breite RT und der Höhe $\varrho_{(E_{\min})}$ ersetzen. Bei beliebig kompliziertem Energierelief der Oberfläche verläuft der Adsorptionsprozeß bei $p = \text{const}$ nach einem monomolekularen Gesetz:

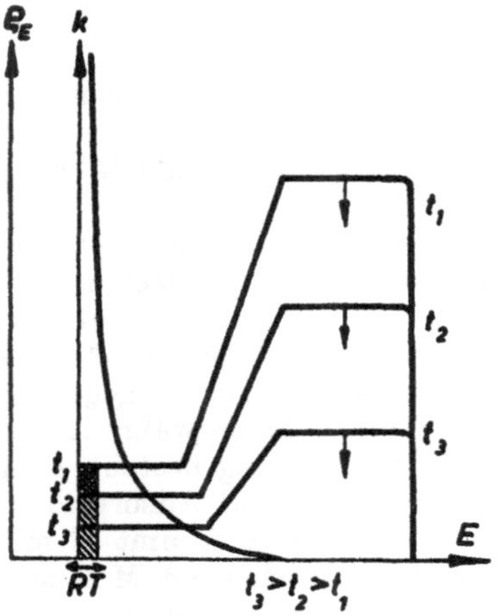

Abb. 88. Allmähliche Auffüllung der Oberfläche ohne jede Korrelation zwischen E und Q. Die Indizes t_1, t_2 und t_3 deuten die Lage der oberen Grenzen des freien Teils der Verteilung in den entsprechenden Zeitpunkten an. Der „kontrollierende Streifen" ist schraffiert dargestellt.

$$\frac{d\Phi}{dt} = k(1 - a\Phi). \tag{67}$$

Das Energierelief ist ohne Einfluß auf die Kinetik. Der Fall, daß kein Zusammenhang zwischen E und Q besteht und auch keine Umlagerung möglich ist, kommt natürlich bei Reversibilität des Prozesses nicht in Frage.

2. Aktivierungsenergie und Adsorptionswärme ändern sich symbat, d. h. Q wächst mit wachsendem E.

Bei konstantem Druck gilt die Gleichung

$$\theta_i = \left\{1 + \frac{b_0}{p} \exp\left[-Q_i/RT\right]\right\}^{-1} \tag{68}$$

und die analoge Gleichung für χ_i

$$\chi_i = \varrho(Q_i)\left\{1 + \frac{b_0}{p} \exp\left[-Q_i/RT\right]\right\}^{-1}. \tag{68a}$$

Da wir Quasigleichgewichtsprozesse betrachten und da die minimale Aktivierungsenergie der minimalen Adsorptionswärme entspricht, d. h. der für die Adsorption ungünstigsten Wärme, müssen wir eine Umlagerung zulassen, welche die adsorbierten Molekeln zu den Bereichen mit maximalen Adsorptionsenergien bringt.

Wir betrachten zuerst die Prozesse bei $p = \text{const}$ und bei praktischer Irreversibilität, d.h. unter der Bedingung $\Phi_{\text{Gleichgew.}} \approx 1$. In diesem Falle werden sämtliche Molekeln zunächst an den Bereichen mit minimaler Aktivierungsenergie adsorbiert und gehen durch „Kriechen" auf die Bereiche mit maximalen E und Q über. Es ergibt sich das in Abb. 89 schematisch dargestellte Verhalten.

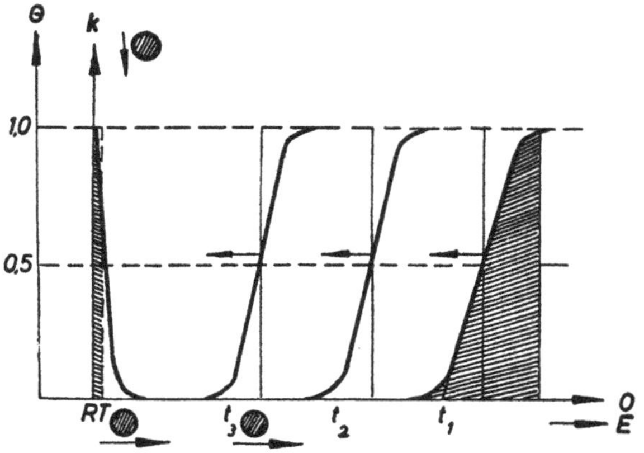

Abb. 89. Schema der Adsorption bei symbatem Gang von E und Q. Die nach links gerichteten Pfeile deuten die Verschiebungsrichtung der Grenze zwischen den besetzten (schraffierten) und den freien Bereichen an. Die Pfeile bei den Kreisen bezeichnen die Verschiebungsrichtung der Molekeln längs der Koordinate Q.

In diesem Diagramm sind die Bereiche, deren Beitrag zur Gesamtgeschwindigkeit von merklichem Einfluß ist, am äußersten linken Rand gelegen. Der „kontrollierende Streifen" hat eine Breite von einigen RT, liegt am linken Rand und kann sich mit dem Ablauf des Vorganges nicht verschieben. Unter diesen Bedingungen hat die Besetzung der Oberfläche fast bis zum Schluß des Vorganges keinen merklichen Einfluß auf die Geschwindigkeit des Prozesses, d. h., die Adsorption verläuft in ihrem Hauptteil mit konstanter Geschwindigkeit (falls Temperatur und Druck konstant sind) und mit konstanter Aktivierungsenergie, die erst ganz am Ende beim Einmünden in die Gleichgewichtsbesetzung scharf abbricht (Abb. 90). Bei unseren Voraussetzungen läßt sich der Einfluß des Druckes leicht berücksichtigen. Steigt er, so wächst auch die Geschwindigkeit (Abb. 90) und bleibt innerhalb jedes Versuches fast bis zum Schluß konstant. Bei diesen Überlegungen ist die Reversibilität der Adsorption nicht berücksichtigt worden. Wir nehmen an, es sei $\Phi_\infty \gg \Phi$. In den Diagrammen $\theta = \theta(Q)$ und $\varrho = \varrho(Q)$ kann im Gleichgewicht nur der gestrichelte Teil be-

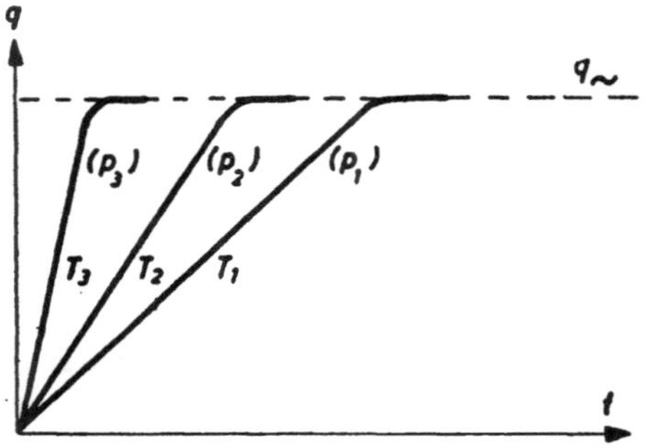

Abb. 90. Kinetik der Adsorption bei symbatem Gang von E und Q. Zeitlicher Verlauf der irreversiblen Adsorption und Einfluß von Temperatur und Druck auf ihn. Die drei Kurven entsprechen sowohl der Kinetik bei drei verschiedenen Temperaturen T_1, T_2 und T_3 und bei $p = \text{const}$, als auch der Kinetik bei drei Drucken p_3, p_2 und p_1, aber bei $T = \text{const}$.

setzt sein, dessen Größe sich mit Druck und Temperatur ändert (vergleiche die einfach und doppelt schraffierten Bereiche in Abb. 91). Bei symbatem Gang der beiden Energien haben Änderungen von p und T doppelte Wirkung: a) sie verändern die Gleichgewichtsgrenze der Adsorption, und b) sie verändern die Adsorptionsgeschwindigkeit. Das Ergebnis ist in den Abb. 92 und 93 dargestellt. Bei Steigerung von Druck und Temperatur wächst die Geschwindigkeit, bleibt aber natürlich innerhalb des Versuchs konstant. Auch die frühere

Abb. 91. Im Gleichgewicht besetzter Teil der Verteilung in den Koordinaten ϱ und Q bei verschiedenen Drucken und Temperaturen. Die einfache Schraffur entspricht p_1; T_2. Die doppelte Schraffur deutet an, welcher Teil der Verteilung im Gleichgewicht mit dem adsorbierten Gas bei p_2, T_1 und p_1, T_1 zusätzlich besetzt werden kann; $p_2 > p_1$ und $T_2 > T_1$. Links liegt der „Kontrollstreifen", $k = k(Q)$.

Aktivierungsenergie, die $E_{\min}$ entspricht, bleibt erhalten. Es vergrößert sich aber die Grenze, die bei der Sättigung erreicht wird, wobei die aktivsten Bereiche auch nach Abschluß der Adsorption unbesetzt bleiben. Das System durchläuft nacheinander die Zustände, die den Gleichgewichten bei p_1, p_2 usw. entsprechen bis zum Druck, der bei dem betreffenden Versuch herrscht.

Wir kommen nun zu dem dritten und interessantesten Fall, dem antibaten Gang von E und Q, d. h. zu dem Fall, daß E mit wachsendem Q abnimmt, etwa nach dem einfachsten linearen Gesetz

$$E = E_0 - aQ. \tag{69}$$

In diesem Fall erfolgt die Besetzung an der Seite kleiner E, d. h. an der Seite

Abb. 92. Einfluß der Temperatur auf die Kinetik der reversiblen aktivierten Adsorption bei symbatem Gang der beiden Energien. $T_3 > T_2 > T_1$. Mit wachsender Temperatur steigt auch die Geschwindigkeit, während die Gleichgewichtsgrenze der Adsorption abnimmt.

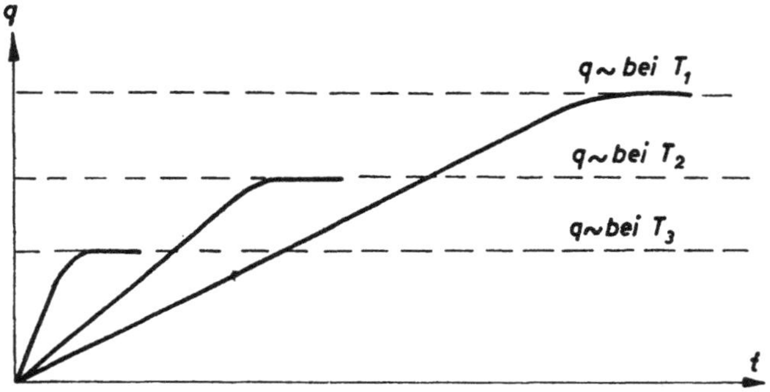

großer Q, für die $\theta = 1$ ist, und verschiebt sich allmählich in Richtung größerer E, bei denen $\theta \approx 0$ ist.

Die Verhältnisse, die hier vorliegen, sind in Abb. 94 angedeutet. Oben rechts ist in den Koordinaten θ und Q die Grenze zwischen den besetzten (rechts) und den freien Bereichen (links) für zwei Drucke p_1 und p_2 dargestellt. Solange vorwiegend die Bereiche mit $\theta \approx 1$ besetzt werden, unterscheidet sich die Kinetik der reversiblen Adsorption nicht von der Kinetik der irreversiblen; insbesondere

Abb. 93. Einfluß des Drucks auf die Kinetik der reversiblen aktivierten Adsorption bei symbatem Gang von E und Q. $p_3 > p_2 > p_1$. Mit wachsendem p steigen gleichzeitig die Geschwindigkeit und die Grenze, gegen die die Adsorption im Gleichgewicht strebt.

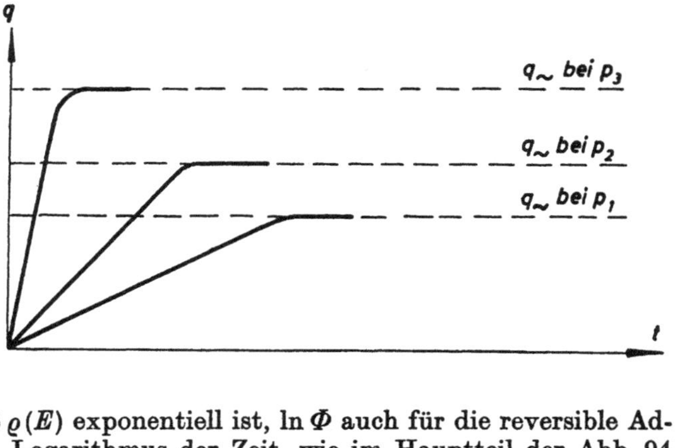

wächst in dem Fall, daß $\varrho(E)$ exponentiell ist, ln Φ auch für die reversible Adsorption linear mit dem Logarithmus der Zeit, wie im Hauptteil der Abb. 94 angedeutet ist. Erst von dem Augenblick an, wo die Bereiche mit $\theta \approx 1$ erschöpft sind und diejenigen mit einem von Eins merklich verschiedenen θ die führende Rolle zu spielen beginnen, verläuft der reversible Prozeß wesentlich anders als der irreversible.

Dieser Teil der kinetischen Kurven umfaßt aber in der Regel nur ein kleines Intervall von Φ, da wegen der starken Abhängigkeit der Größe θ von Q, die diesen Bereich kennzeichnet, die Abweichungen nur ganz zum Schluß des Vorganges merklich werden. Da $\Phi_{\text{Gleichgew.}}$ als Adsorptionsgrenze mit p steigt, verbreitert sich auch das Gebiet, in dem die Kinetik der reversiblen und des irreversiblen Vorganges übereinstimmt, mit wachsendem p (Abb. 94).

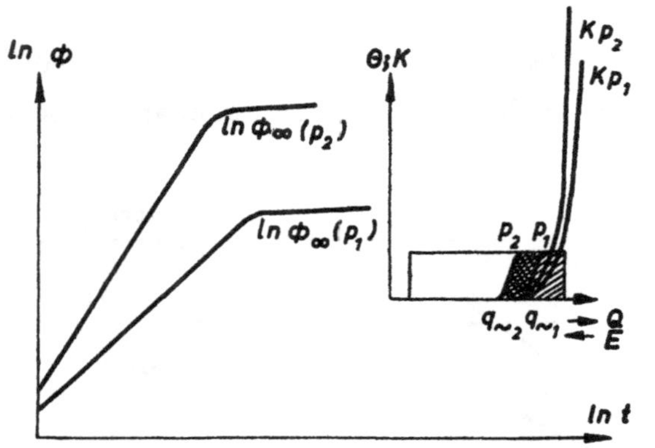

Abb. 94. Einfluß des Drucks auf die Kinetik der aktivierten Adsorption bei antibatem Gang von E und Q. Exponentialverteilung. Oben rechts sind die Änderung der Gleichgewichtsbesetzung (schraffiert) bei Druckänderung und der Einfluß dieser Änderung auf $k = k(Q)$ angedeutet. Links ist das Anwachsen der Geschwindigkeit unter Erhaltung des kinetischen Gesetzes und mit Steigerung der Gleichgewichtsgrenze der Adsorption beim Übergang von p_2 zu p_1 in den Koordinaten $\ln \Phi$ und $\ln t$ dargestellt.

§ 7: *Berücksichtigung des Einflusses eines veränderlichen Druckes*

Der Gasdruck im Volumen beeinflußt die Geschwindigkeit der aktivierten Adsorption in zweifacher Weise: einerseits verändert sich unabhängig vom konkreten Adsorptionsmechanismus die Konzentration der Molekeln des Übergangskomplexes im dynamischen Gleichgewicht proportional einer Potenz des Druckes; infolgedessen tritt in der Gleichung für die Geschwindigkeit der Faktor p^{ν} auf. Gleichzeitig ändert sich die Lage der Grenze der besetzten Bereiche in den Diagrammen

$$\theta = \theta(Q) \quad \text{und} \quad \varrho = \varrho(Q).$$

Eine Berücksichtigung dieser beiden Umstände ist nicht schwer, wenn man zwei Versuche bei verschiedenen Drucken, die aber innerhalb jedes Versuchs konstant bleiben, miteinander vergleicht.

Für alle Typen des Zusammenhanges zwischen E und Q muß eine m-fache Zunahme des ursprünglichen, innerhalb des Prozesses konstanten Druckes die Geschwindigkeitskonstante ebenfalls um den Faktor m ändern, falls der Übergangskomplex der Adsorption eine Molekel des Ausgangsgases enthält, oder aber um den Faktor $m^{1/n}$ oder m^{s}, wenn der Übergangskomplex den n-ten Teil einer Molekel enthält oder das Produkt einer Assoziation von s Ausgangsmolekeln ist.

Gleichzeitig verändert eine Änderung von p die im Gleichgewicht adsorbierte Gasmenge:

$$\Phi \cong H \int\limits_{Q = -RT \ln p/b_0}^{Q_{\max}} \varrho(Q)\, dQ\,. \tag{70}$$

Sowohl bei symbatem als auch bei antibatem Gang von E und Q ändert sich hierdurch wieder der Bereich der Aktivierungsenergien, für den unsere Näherung gültig ist, und die Kinetik folgt den oben abgeleiteten Formeln.

In den Ausdrücken für die Geschwindigkeit $w = w(t)$ und für die adsorbierte Substanzmenge $q = q(t)$ enthält die Konstante k_0 den Druck p. Falls der Übergangskomplex eine unveränderte Molekel des Adsorbats enthält, ist $k_0 = k_0' p$. Durch Einführung von k_0' an Stelle von k_0 berücksichtigen wir also implizit den Einfluß eines konstanten Druckes p auf die Geschwindigkeit.

Bei abnehmendem Druck liegen die Dinge anders: in jedem Augenblick ist die Geschwindigkeit des Prozesses für einen beliebigen Typ von Bereichen

$$\frac{d\gamma_i}{dt} = k_0 e^{-E_i/RT} \cdot (p_0 - \lambda_1 q)^\nu \gamma_i. \tag{70a}$$

Hier ist λ_1 ein Koeffizient, der die Empfindlichkeit der Adsorption gegen den Druck kennzeichnet. Der Koeffizient λ_1 hängt von dem Volumen des Reaktionsgefäßes, von den Einheiten, in denen die Größen p und q gemessen werden, usw. ab. Ferner ist q die gesamte Gasmenge, die im Zeitpunkt t adsorbiert ist, p_0 ist der Anfangsdruck des Gases. Wir schreiben (70) etwas anders:

$$\frac{1}{(p_0 - \lambda_1 q)^\nu} \cdot \frac{d\gamma_i}{dt} = k_0 e^{-E_i/RT} \gamma_i. \tag{70b}$$

Da eine Änderung von $p_0 - \lambda q$ ohne Einfluß auf das Verhältnis der Adsorptionsgeschwindigkeiten an den verschiedenen Bereichen ist und nur ihre Absolutwerte verändert, bleibt das Gesamtbild der Adsorption und der Verschiebung der Grenze gültig, und es ändert sich nur das Gesetz der zeitlichen Verschiebung der Grenze.

Die Geschwindigkeit ist in jedem Augenblick angenähert

$$w = \frac{d\Phi}{dt} = \varrho_{E_\Phi} \cdot k_{E_\Phi} \cdot (p_0 - \lambda\Phi)^\nu, \tag{70c}$$

also

$$\frac{d\Phi}{dt} = k_0 \varrho_{E_\Phi} (p_0 - \lambda\Phi)^\nu \exp(-E_\Phi/RT) \tag{70d}$$

oder

$$\frac{d\Phi \exp(E_\Phi/RT)}{(p_0 - \lambda\Phi)^\nu \varrho_{E_\Phi}} = k_0\, dt. \tag{70e}$$

Bei symbater Änderung von E und Q und bei schneller Umlagerung muß eine Abnahme des Drucks zu einer entsprechenden Abnahme der Geschwindigkeitskonstanten in den oben hergeleiteten Gleichungen führen.

Im einfachsten Fall ist $k = k_1 p$. Ein derartiger Zusammenhang muß bei symbatem Gang von E und Q die Vorgänge, die mit konstanter Geschwindigkeit ablaufen, in Prozesse erster Ordnung verwandeln, dagegen bei Fehlen eines Zusammenhanges zwischen E und Q die Prozesse erster Ordnung in solche zweiter Ordnung.

Man kann sich leicht auch andere Fälle vorstellen, nämlich die Erhöhung der Ordnung um $1/n$ oder um s. Gleichzeitig mit höherer Ordnung wächst auch die Fläche, die im Diagramm der Gleichgewichtsverteilung beim Anfangsdruck von der Grenze umschlossen wird.

Diese Verhältnisse sind in Abb. 95 angedeutet.

Wir betonen, daß in beiden betrachteten Fällen die Aktivierungsenergie im ganzen Verlauf des Vorganges konstant ist und nicht vom Anfangsdruck abhängt. Die Änderungen, welche eine Änderung des Drucks in der Kinetik der irreversiblen Adsorption und der Adsorption bei antibatem Gang der Adsorptionswärmen und Aktivierungsenergien bewirkt, sind nicht so einfach. Die entsprechenden Verhältnisse sind schematisch in Abb. 96 dargestellt. Die ausgezogenen Linien deuten die Lage der Grenze zwischen den besetzten und den freien Bereichen in den Zeitpunkten t_1, t_2 usw. an. Rechts von der Grenze liegen die besetzten, links die freien Bereiche; ferner ist $t_1 < t_2 < t_3$. Die punktierten Kurven zeigen die Lage der Gleichgewichtsgrenze der Adsorption für die gleichen Zeitpunkte.

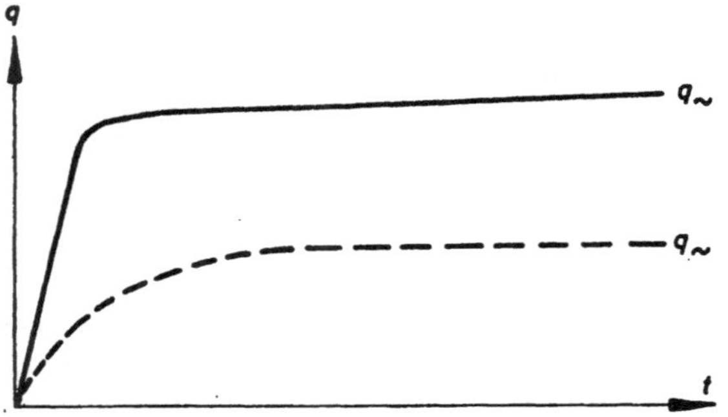

Abb. 95. Adsorption bei konstantem und bei abnehmendem Druck für eine Oberfläche mit symbatem Q und E. Die obere Kurve entspricht $p = \text{const}$ (konstante Geschwindigkeit), die untere einem variablen p (erste Ordnung).

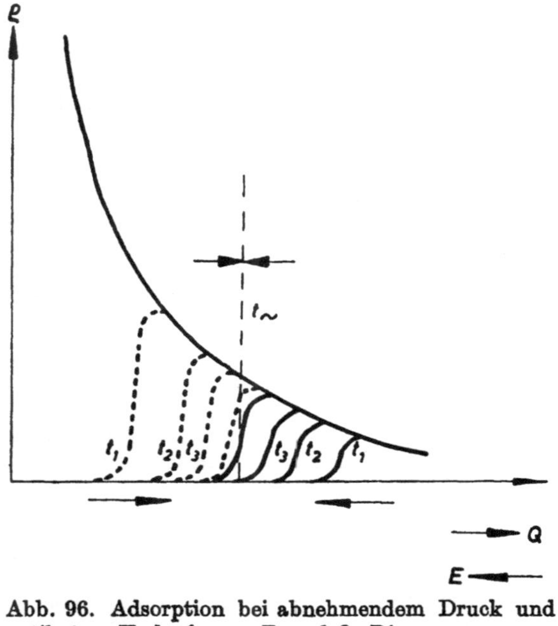

Abb. 96. Adsorption bei abnehmendem Druck und antibatem Verlauf von E und Q. Die ausgezogenen Linien sind die kinetischen Grenzen in den Zeitpunkten $t_1 < t_2 < t_3$ usw.; die gestrichelten Kurven sind die Gleichgewichtsgrenzen für die gleichen Zeitpunkte bei antibatem Gang von Q und E.

Das Problem der Berücksichtigung einer Druckänderung wurde kürzlich von LEWIN[37]) gelöst; der Grundgedanke seiner Lösung besteht in folgendem.

Bei veränderlichem Druck wird die Integration der Gleichung (8) nicht mehr durch Formel (11) geleistet, da in die Geschwindigkeitskonstante k in Gleichung (8) der Druck p als Faktor eingeht, der hier eine Funktion der Zeit ist. Statt (11) erhalten wir aus (8) den komplizierteren Ausdruck

$$\gamma = \exp \left[-k_0' e^{-E/RT} \int_0^t p^\gamma(t)\, dt \right], \quad (71\,\text{a})$$

den man jedoch auf eine Form bringen kann, die mit (11) äußerlich übereinstimmt;

man braucht hierzu nur eine „Zeit“ t^*

$$t^* = \int_0^t p^\gamma(t)\, dt \tag{72a}$$

einzuführen. In der Tat erhalten wir, indem wir das Integral in (71a) durch t^* ersetzen, für γ bei variablem Druck folgenden Ausdruck:

$$\gamma = \exp\left[-k_0' e^{-E/RT} \cdot t^*\right] = e^{-k't^*}, \tag{71b}$$

der sich aus (11) durch Ersetzung von k durch $k' = k_0' e^{-E/RT}$ und von t durch t^* ergibt. Aus der Ähnlichkeit der Ausdrücke (11) und (71b) geht hervor, daß, solange y für die ganze Oberfläche konstant ist, die oben für die Kinetik bei konstantem Druck durchgeführte Analyse auch im Fall variablen Drucks gültig bleibt, falls man in allen Überlegungen die Zeit t durch die neue Größe t^* ersetzt. Entsprechend lassen sich sämtliche oben für konstanten Druck abgeleiteten Gleichungen und Formeln auch bei variablem Druck verwenden, wenn man t durch t^* ersetzt.

Bei der praktischen Durchführung der Rechnung hat man für jeden Wert t das Integral (72a) zu berechnen, was stets möglich ist, da die Abhängigkeit des Drucks von der Zeit $p = p(t)$, die unter dem Integral steht, das unmittelbare Ergebnis der kinetischen Messungen ist. Die Berechnung von t^* kann sowohl graphisch durch Konstruktion der Kurve $p^y = p^y(t)$ als auch analytisch durch Approximation von $p^y = p^y(t)$ durch eine empirische Funktion erfolgen.

Ist beispielsweise die experimentell gewonnene kinetische Isotherme von der Form der Gleichung (40)

$$\Phi(t) = a t^{1/n},$$

so ist offenbar bei $y = 1$

$$t^* = \int_0^t p\, dt = \int_0^t (p_0 - \lambda\Phi)\, dt = p_0 t - \lambda a \int_0^t t^{1/n}\, dt = p_0 t - \frac{\lambda a n}{1+n}\, t^{\frac{1+n}{n}}. \tag{72b}$$

Mit Hilfe von (72b) kann man t^* für jeden Zeitpunkt t bestimmen. Den Exponenten y (die Ordnung, in der die Adsorption vom Druck abhängt) kann man ebenfalls aus den experimentellen Daten entnehmen.

Sind uns die Ergebnisse zweier Experimente bei der gleichen Temperatur, aber bei verschiedenen (innerhalb des Versuchs aber konstanten) Drucken p_1 und p_2 gegeben, so schneiden sich für zwei Werte $\Phi_1 = \Phi_2$ die Kurven $\gamma = \gamma(E)$ bei einem Wert E und bei verschiedenen Zeiten t_1 und t_2, also

$$\gamma = e^{-k_0^1 e^{-E/RT} \cdot p_1^\gamma t_1} = e^{-k_0^1 e^{-E/RT} \cdot p_2^\gamma t_2} = \gamma_2;$$

daraus folgt $$k_0^1 e^{-E/RT} \cdot p_1^\gamma t_1 = k_0^1 e^{-E/RT} p_2^\gamma t_2$$

oder $$p_1^\gamma t_1 = p_2^\gamma t_2$$

und hieraus wiederum $$y = \frac{\log t_2 - \log t_1}{\log p_1 - \log p_2}. \tag{73}$$

Aus dem Gesagten geht hervor, daß die Hauptergebnisse für die Adsorption unter konstantem Druck auch im Fall abnehmenden Drucks erhalten bleiben.

Mit Hilfe der von LEWIN eingeführten Funktion t^* kann man die Versuchsdaten, die sich bei abnehmendem Druck ergeben, statistisch analysieren. Wenn es aber möglich ist, so sind Messungen bei konstantem oder unwesentlich variierendem Druck vorteilhafter, wie sie insbesondere in den Arbeiten unseres Laboratoriums angestellt wurden (vergleiche auch Kapitel 9, § 2), da sich hierbei alle Rechnungen sehr vereinfachen. Die Schwierigkeiten verschwinden, wenn man zur Charakterisierung des Vorganges die Abhängigkeit der Geschwindigkeit von der Zeit und der Besetzung benutzt.

§ 8: *Ausdrücke für die Geschwindigkeit der aktivierten Adsorption*

Von den Gleichungen, die sich für die Zeitabhängigkeit bei konstantem Druck ergeben haben, gelangt man leicht zu Ausdrücken für die Geschwindigkeit des gehemmten Adsorptionsprozesses.

Differenzieren wir Φ nach der Zeit, so erhalten wir für die Potenzverteilung in allgemeiner Form

$$w = \frac{d\Phi}{dt} \cong H \left[\ln (t \cdot k_0)\right]^n \frac{1}{t} \tag{74}$$

oder

$$(wt)^{\frac{1}{n}} \cong a \ln t + C. \tag{74a}$$

Diese Gleichung kann man auch anders schreiben:

$$wt \cong A\Phi^{\frac{n}{n+1}} \cong A\Phi^m, \tag{75}$$

dabei ist $m = \frac{n}{n+1}$.

Bei $n = 0$ nimmt die Gleichung die Form an:

$$wt = A = \text{const}, \tag{76}$$

also

$$w^{-1} = at,$$

oder wegen $t \sim e^{\beta\Phi}$

$$w \cong A e^{-\beta\Phi} = A e^{-\alpha q}. \tag{76a}$$

Für die Exponentialverteilung ist

$$w \cong \frac{1}{n} a t^{\left(\frac{1}{n} - 1\right)}, \tag{77}$$

oder unter Berücksichtigung von $t \cong \left(\frac{\Phi}{a}\right) n$

$$w \cong A\Phi^{1-n} = \frac{A}{\Phi^m} \tag{78}$$

oder

$$\overline{C} = wt \cong A_1 \Phi \tag{78a}$$

(die Größen n in der Exponential- und der Potenzverteilung sind von ganz verschiedener Natur).

Die Gleichung (75) und die ähnliche Gleichung (78a) sind die universellen Gleichungen für die Geschwindigkeit der aktivierten Adsorption an stark inhomogenen Oberflächen bei wachsender Aktivierungsenergie und konstantem Druck. $\overline{C}$ hat die Dimension einer Konzentration.

Wir wenden uns jetzt den Prozessen bei abnehmendem Druck zu. Wenn $y = 1$ ist, gilt

$$w = + \frac{d\Phi}{dt} = k_0 R T \varrho(E_\Phi) \exp[-E_\Phi/RT] \cdot (p_0 - \lambda\Phi). \tag{79}$$

Da $p_0 - \lambda\Phi$ der laufende Druck p_t ist, der im Experiment unmittelbar gemessen wird, liegt es nahe, als Maß für die Intensität des Prozesses die Geschwindigkeit bezogen auf die Druckeinheit zu nehmen:

$$\omega = \frac{w}{p_t} = k_0 R T \varrho(E_\Phi) \cdot e^{-E_\Phi/RT}. \tag{79a}$$

Bei den drei oben genannten Verteilungen hat diese reduzierte Geschwindigkeit die Form:

a) für die gleichförmige Verteilung

$$\omega = k' e^{-\beta\Phi}, \tag{80}$$

mit

$$k = HRTk_0 \exp[-E_{\min}RT] \tag{80a}$$

oder

$$\ln \omega = \ln k' - \beta\Phi; \tag{81}$$

b) für die Potenzverteilung

$$\omega = k_0 RTH \left[\frac{n+1}{H}\Phi + E_{\min}^{n+1}\right]^{\frac{n}{n+1}} \cdot e^{-\frac{1}{RT}\left[\frac{n+1}{H}\Phi + E_{\min}^{n+1}\right]^{\frac{1}{n+1}}}. \tag{82}$$

Bei mittleren und großen Werten von Φ kann man $E_{\min}$ vernachlässigen und schreiben:

$$\omega \cong k' \Phi^{\frac{1}{n+1}} e^{-\beta'\Phi^{\frac{1}{n+1}}}, \tag{82a}$$

oder

$$\ln \omega \cong \ln k'' + \frac{n}{n+1} \ln \Phi - \beta' \Phi^{\frac{1}{n+1}}. \tag{82b}$$

c) Für die Exponentialverteilung

$$\omega \cong k_0 RTH \left[\frac{\alpha}{H}\Phi + e^{\alpha E_{\min}}\right]^{\left(1 - \frac{1}{\alpha RT}\right)} \tag{83}$$

oder bei mittleren und großen Φ *

$$\omega = k''' \Phi^{\left(1 - \frac{1}{\alpha RT}\right)} = \frac{k'''}{\Phi^m}. \tag{83a}$$

---

* Unabhängig vom Charakter der Druckänderung wird die Abhängigkeit der Größe Φ von E_Φ gegeben durch die Gleichung

$$\Phi = \int_{E_{\min}}^{E_\Phi} \varrho(E)\, dE,$$

aus der im Fall der gleichförmigen Verteilung $\varrho(E) = H$ folgt:

$$E_\Phi = \frac{\Phi}{H} + E_{\min}.$$

Setzen wir diesen Ausdruck in Formel (79a) ein, so erhalten wir

$$\omega = k_0 RTH e^{-\frac{\Phi}{HRT}} \cdot e^{-\frac{E_{\min}}{RT}} = k' e^{-\beta\Phi}.$$

Auf ähnliche Weise ergeben sich die Formeln (82) bis (83).

Die oben entwickelte Theorie gilt vorwiegend für aktivierte Adsorptionsvorgänge, für die der Übergangskomplex eine undissoziierte Molekel des Ausgangsgases enthält.

Wir geben kurz die Änderungen an, die eine Assoziation oder eine Dissoziation der Gasmolekeln, die den Übergangskomplex bilden, für die Kinetik bedingt.

Dazu kehren wir nochmals zu den Gleichungen (27) und (27a) zurück, welche die Geschwindigkeit der Adsorption kennzeichnen, falls der Übergangskomplex dissoziierte bzw. assoziierte Molekeln enthält:

$$w_1 = k^1 p^{1/n} \Psi = k_0^1 p^{1/n} \Psi e^{-E/RT}; \tag{84}$$

$$w_1 = k_0^1 e^{-E/RT} p^l \Psi. \tag{84a}$$

Bei konstantem Druck beschränken sich die Unterschiede zwischen den Gleichungen für die Vorgänge, die unter Bildung von Übergangskomplexen verschiedener Zusammensetzung vonstatten gehen, auf eine Änderung des Zahlenwerts von k im Hauptteil der kinetischen Kurve und eine andere Abhängigkeit der Geschwindigkeitskonstante vom Anfangsdruck.

Folglich bleiben alle allgemeinen und speziellen Schlußfolgerungen in Kraft, die weiter oben über die Kinetik der Prozesse an inhomogenen Oberflächen ohne Berücksichtigung der Assoziation und der Dissoziation gezogen wurden.

Bei ständig abnehmendem Druck ändert sich die Lage etwas. Sämtliche Konstanten k_1 werden jetzt proportional $p - \lambda\Phi$, erhoben in die $1/n$-te Potenz für die Dissoziation und in die l-te Potenz für die Assoziation.

Der Wert des Koeffizienten λ hängt wie in den bisherigen Fällen in erster Linie vom Verhältnis der Oberfläche des Adsorbens zum gesamten vom Gas eingenommenen Volumen ab:

$$\lambda \sim s/v. \tag{85}$$

Ist λ so groß, daß p schon vor der Ausbildung der steilen Front merklich abnimmt, so ergibt sich an Stelle der linearen Abhängigkeit der Größe w von $p_0 - \lambda\Phi$ eine Proportionalität mit $(p_0 - \lambda\Phi)^{1/n}$ für die Dissoziation und mit $(p_0 - \lambda\Phi)^l$ für die Assoziation.

Im ersten Fall ist ganz zu Anfang

$$d\Phi/dt = k(p_0 - \lambda\Phi)^{1/n},$$

oder

$$\frac{d\,(p_0 - \lambda\Phi)}{(p_0 - \lambda\Phi^{1/n})} = -\lambda k\, dt, \tag{86}$$

und im zweiten Fall

$$\frac{d\,(p_0 - \lambda\Phi)}{(p_0 - \lambda\Phi)^l} = -\lambda k\, dt. \tag{87}$$

Ganz zu Anfang verläuft also der Prozeß nicht mehr nach erster Ordnung, sondern nach $1/n$-ter bzw. l-ter Ordnung.

Ähnliche Gleichungen beschreiben die Adsorptionsgeschwindigkeit bei symbatem Gang von E und Q (sie treten an Stelle der konstanten Geschwindigkeit, die für Konstanz von p kennzeichnend ist). In diesem Fall bleiben aber die angegebenen Ordnungen während des ganzen Vorganges erhalten.

Die praktische Abtrennung der Bereiche, die den Gleichungen (86) oder (87) folgen, in den experimentellen kinetischen Kurven ist dann sehr schwer, wenn dieser Anfangsteil, der einer Adsorption vor Einstellung der Parallelverschiebung der Grenze der besetzten Bereiche entspricht, schon bei sehr kleinen Φ abgeschlossen ist. Umgekehrt macht bei symbatem Gang von E und Q die Bestimmung der Ordnung gar keine Schwierigkeiten. Ist keine Korrelation vorhanden, so muß eine Ersetzung von $k_0 p$ durch $k_0 p^l$ bei abnehmendem Druck zu einem Übergang von einem Prozeß erster Ordnung zu einem Prozeß $l + 1$-ter Ordnung führen.

Hat sich für die Prozesse, die unter wachsendem E ablaufen, eine steile Grenze eingestellt, so ist der Einfluß des veränderlichen Drucks komplizierter.

Zusammenfassend betonen wir, daß für den interessantesten Fall der Adsorption mit wachsender Aktivierungsenergie eine Berücksichtigung der Dissoziation und der Assoziation an der Kinetik des Prozesses bei konstantem Druck gar nichts ändert und auch auf den Typ der kinetischen Kurven bei variablem Druck nur unbedeutenden Einfluß hat. Das Vorhandensein der steilen Grenze und die starke Änderung von k mit wachsendem E überdeckt alle schwächeren kinetischen Effekte. Wesentlich ändert sich jedoch der Charakter der Konstanten, die in die Gleichungen eingehen.

Schluß

Wie oben gezeigt, sind für die Kinetik der Adsorption an stark inhomogenen Oberflächen drei Haupttypen von Vorgängen möglich.

Der erste Typ ist kennzeichnend für Oberflächen, die im Hinblick auf die Adsorptionswärmen inhomogen, im Hinblick auf die Aktivierungsenergien praktisch homogen sind, sowie für die Oberflächen, die im Hinblick auf die Aktivierungsenergie inhomogen sind, aber keinen Funktionalzusammenhang zwischen E und Q und eine Quasigleichgewichtsverteilung der adsorbierten Molekeln auf der Oberfläche aufweisen. In diesem Fall verläuft in Abhängigkeit von der Konstanz oder der Inkonstanz des Drucks des Adsorbats der Vorgang entweder nach erster oder nach zweiter Ordnung. Die Aktivierungsenergie ist konstant und entweder gleich der für die ganze Oberfläche einheitlichen Energie oder gleich der minimalen Aktivierungsenergie. Eine Dissoziation liefert bei abnehmendem p eine gebrochene Ordnung.

Der zweite Typ der Prozesse liegt vor, wenn die Werte der Aktivierungsenergie (bei beliebigem Typ der Verteilung) für die verschiedenen Bereiche der Oberfläche in einem hinreichend großen Intervall liegen und wenn die Adsorption praktisch irreversibel und ohne Umlagerung der adsorbierten Molekeln verläuft. Weiter gehören zu diesem Typ die Vorgänge, für die bei Vorhandensein einer Umlagerung Aktivierungsenergie und Adsorptionswärme sich antibat ändern. Bei allen Prozessen des zweiten Typs müssen sehr einfache Gleichungen gelten, welche die Kinetik der Adsorption mit der Verteilung verknüpfen; sie entsprechen vollständig den Gleichungen für die Adsorptionsisothermen zusammengesetzter Oberflächen, falls man den Druck durch die Zeit ersetzt. Hierauf beruhen insbesondere die guten Ergebnisse, die man bei Verwendung der parabolischen Formel $\Phi = at^{1/n}$ in der Adsorptionskinetik erhält, denn $\Phi = ap^{1/n}$ ist eine Sorptionsisotherme, die für mehr Systeme brauchbar ist als jede andere Isotherme. Eine ebenso vollständige Analogie besteht zwischen den Isobaren und Isochronen sowie zwischen den statischen und kinetischen Isosteren.

Die Bedeutung dieser Übereinstimmungen für eine schnelle Orientierung über die Verteilungstypen ist offensichtlich. Dieser Umstand ermöglicht auch eine Aussage über den Charakter des Zusammenhangs von E und Q, denn bei einem linearen Zusammenhang müssen die Gleichungen für die Kinetik der aktivierten Sorption und die Gleichungen für das Gleichgewicht ganz ähnliche Form haben, und umgekehrt deutet ein Fehlen einer solchen Ähnlichkeit sofort auf das Vorhandensein einer anderen Abhängigkeit hin und läßt im Prinzip sogar eine Bestimmung dieser Abhängigkeit zu.

Der dritte charakteristische Fall, der symbate Gang von E und Q, führt zu einer konstanten Geschwindigkeit und Aktivierungsenergie des Prozesses, die bis auf eine Größe RT mit der Aktivierungsenergie der aktivsten Bereiche übereinstimmt. Wir betonen, daß der erste und der dritte Fall trotz der wesentlich verschiedenen physikalischen Modelle bestimmten Typen der Adsorptionskinetik an homogenen Oberflächen ähneln.

Alle diese Schlußfolgerungen gelten streng für die Prozesse bei konstanter oder unbedeutend variierender Konzentration des Adsorbats. Starke Konzentrationsänderungen bringen eine Komplizierung der Kinetik mit sich, die durch den Übergang zu reduzierten Geschwindigkeiten abgeschwächt werden kann. Der Einfluß von Dissoziation und von Assoziation läßt sich leicht berücksichtigen und hat in den charakteristischsten Fällen nur wenig Einfluß auf die Kinetik.

Literatur

1. Семенов, Н. Н., Харитон, Ю. Б., Журнал Русского Физико-Химического общества (N. N. Semjonow und J. B. Chariton, J. russ. physik.-chem. Ges.), **56**, 143 (1924); Семенов, Н. Н., Журнал Русского Физико-Химического общество (N. N. Semjonow, J. russ. physik.-chem. Ges.), **62**, 33 (1930).
2. Френкель, Я. И., Журнал Русского Физико-Химического общества (J. I. Frenkel, J. physik.-chem. Ges.), **56**, 148 (1924); Успехи Физ. наук (Fortschr. physik. Wiss.), Band XX, Seite 85 (1938).
3. Захарьин, Г., и Спивак, Г., Журнал Экспериментальной и теоретической Физики (G. Sacharin und G. Spiwak, J. expt. theor. Physik), **6**, 1113 (1936).
4. McBain, J. W., Trans. Faraday Soc., **14**, 202 (1919).
5. Титов, А. (A. Titow), Z. physik. Chem., **74**, 641 (1910), Об адсорбции газов. М. Диссертация (Über die Adsorption von Gasen durch Kohle), 1910.
6. Тейлор, Г., Новые идеи в катализе (G. Taylor, Neue Gedanken zur Katalyse), Leningrad, 1933; J. Amer. chem. Soc., **53**, 578 (1931).
7. Смителлс, К., Газы и металлы, Металлургиздат (K. Smittels, Gase und Metalle, Metallurgischer Verlag), 1940; Barrer, R. M., Diffusion in and through solids, Cambr. Univ. Press. 1941, Chap. 5.
8. Труды конференции Фарадеевского об-ва по адсорбции (Arbeiten der Konferenz der Faraday-Gesellschaft über Adsorption), Trans. Far. Soc., **28** (1932).
9. Эмметт и Брюнауэр, Проблемы кинетики и катализа (Emmett und Brunauer, Probleme der Kinetik und Katalyse), Heft **3**, 394 (1937); J. Amer. chem. Soc., **56**, 35 (1934).
10. Гаухман и Ройтер, А. В., Журнал Физической Химии (Gauchmann und Reuter, J. physik. Chem.), **11**, 569 (1938).
11. Морозов, Н. М., и Каган, М. Я., Журнал Русской Химии (N. M. Morosow und M. J. Kargan, J. russ. Chem.), **12**, 1 (1938); **8**, 677 (1936).
12. Frazer und Albert, J. physic. Chem., **40**, 201 (1934).
13. Steacie und Stovel, J. chem. Physics, **2**, 581 (1934).
14. Елович, С. Ю., и Жаброва, Г. М., Журнал Физической Химии (S. J. Jelowitsch und G. M. Schabrowa, J. physik. Chem.), **13**, 1775 (1939).
15. Бурштейн, Р. Х., Докторская диссертация, Физ-хим. институт им Карпова (R. Ch. Burstein, Doktordissertation, Physik.-chem. Carpow-Institut), 1940.

16. Кейер, Н. П., и Рогинский, С. З., Известия Академии Наук СССР, Серия Химическая (N. P. Keiler und S. S. Roginski, Nachr. Akad. Wiss. UdSSR, Serie Chemie), 571 (1947).
17. Лейпунский, О. Н. (O. N. Leipunski), Acta Physicochimica URSS, 2, 737 (1935).
18. Бобкова, М., и Мочан, И. В., Доклады Академии Наук СССР (M. Bobkowa und I. W. Motschan, Ber. Akad. Wiss. UdSSR), **30**, 32 (1941); Жадановская, К., Королев, В., и Мочан, И. В., Доклады Академии Наук СССР (K. Shadanowskaja, W. Korolew und I. W. Motschan, Ber. Akad. Wiss. UdSSR), **30**, 26 (1941).
19. Аблезова, К. С., Рогинский, С. З., и Целлинская, Т. Ф., Доклады Академии Наук СССР (K. S. Ablesowa, S. S. Roginski und T. F. Zellinskaja, Ber. Akad. Wiss. UdSSR), **30**, 29 (1941).
20. Roberts, J. K., Some problems in adsorption, Cambridge (1939).
21. Russel, W. W., und Ghering, L. G., J. Amer. chem. Soc., **55**, 4468 (1933).
22. Glasstone, S., Laidler, K. J., und Eyring, H., The theory of rate processes, New York, London (1941).
23. Beeck, O., Rev. Mod. Physik, **17**, 67 (1945); Beeck, O., Schmith, Wheeler, Proc. Roy. Soc., A, **177**, 62 (1940).
24. Frankenburg, W., J. Amer. chem. Soc., **66**, 1827 (1944).
25. Burrage, L., Trans. Faraday Soc., **28**, 192 (1932).
26. Рыжанов, С. (S. Ryshanow), Z. Physik, **71**, 325 (1931); Лукирский, П., и Рыжанов, С., там же (P. Lukirski und Ryshanow, ibid.), **75**, 249 (1932); Лукирский, П. (P. Lukirski), Physik. Z. d. Sowjetunion, **4**, 212 (1933).
27. Polanyi, M., Physik. Z. d. Sowjetunion, **4**, 144 (1933).
28. Langmuir, I., J. Chem. Soc. [London], 511 (**1940**); Доклад на юбилейной сессии Академии Наук СССР (Vortrag auf der Jubiläumssitzung der Akad. Wiss. UdSSR), (1945).
29. Рогинский, С. З. (S. S. Roginski), Nature, **134**, 935 (1934).
30. Елович, С. Ю., и Харахорин, Ф. Ф., Проблемы кинетики и катализа (S. J. Jelowitsch und F. F. Characorin, Probleme der Kinetik und Katalyse), Heft **3**, 322 (1937); Зельдович, Я. Б., Диссертация ИХФ (J. B. Seldowitsch, Dissertation des Inst. für physik. Chem.), Leningrad (1936).
31. Лейпунский, О. И., Доклады Академии Наук СССР (O. I. Leipunski, Ber. Akad. Wiss. UdSSR), **1**, 30 (1935).
32. Kimball, G. E., J. chem. Physics, **6**, 447 (1938); Laidler, K. J., Glasstone, S., und Eyring, H., ibid., **8**, 659 (1940).
33. Темкин, М., Журнал Физической Химии (M. Tjomkin, Z. physik. Chem.), **11**, 169 (1938).
34. Рогинский, С. З., Известия Академии Наук СССР, Отделение Химических Наук (S. S. Roginski, Nachr. Akad. Wiss. UdSSR, Abt. chem. Wiss.), **1**, 14 (1945).
35. Мак-Бен, Дж., Сорбция газов и паров твердыми телами, ОНТИ (J. McBain, Sorption von Gasen und Dämpfen an festen Körpern), 1934, S. 34.
36. Рогинский, С. З., Проблемы кинетики и катализа (S. S. Roginski, Probleme der Kinetik und Katalyse), Heft **3**, 357 (1937).
37. Левин, В. И., Доклады Академии Наук СССР (W. I. Lewin, Ber. Akad. Wiss. UdSSR), **59**, 269 (1948); Успехи химии (Fortschr. Chem.), **17**, 174 (1948).

KAPITEL 4

Kinetik der Desorption von Gasen von inhomogenen Oberflächen

§ 1: *Ausgangsannahmen*

Bis in die letzte Zeit hinein wies die Theorie der Prozesse an inhomogenen Oberflächen eine wesentliche Lücke auf: es gab keine ausgearbeitete Theorie der Desorption.

Ohne eine detaillierte Theorie dieses Problems ist es aber unmöglich, die Theorie der Adsorptionsgeschwindigkeit an die Theorie der Adsorptionsgleichgewichte anzuschließen. Ferner spielt die Kinetik der Desorption eine wichtige Rolle in der Kinetik der katalytischen Prozesse; schließlich gibt es eine bedeutende Gruppe von für die Technik wesentlichen Erscheinungen, bei denen die Kinetik der Desorption selbständige Bedeutung hat. Alle diese Gründe rechtfertigen das Interesse für unser Problem.

Bisher wurde in den meisten theoretischen Arbeiten über die statistische Theorie inhomogener Oberflächen die Desorption im Anschluß an die Adsorptionstheorie behandelt und als zweitrangiger komplizierender Faktor betrachtet. Auch die Anzahl der Experimentaluntersuchungen, die speziell der Desorptionskinetik gewidmet sind, ist sehr beschränkt. Von den Arbeiten der letzten Zeit verdient besondere Beachtung die Untersuchung von KOBOSEW und GOLDFELD, die neues experimentelles Material enthält[1]). Leider wird der Wert dieser Untersuchung durch die zweifelhafte Grundkonzeption einer abstoßenden Fernwirkung durch das Gitter verringert; diese Konzeption bestimmte nicht nur die Deutung der Ergebnisse, sondern auch die Richtung der experimentellen Forschungen. Die Berechnungen von WOLKENSTEIN[2]) machen jedoch sehr wahrscheinlich, daß die gegenseitige Beeinflussung der Molekeln infolge der Deformation des Gitters bei der Adsorption mit dem Abstand nach dem gleichen Gesetz abnehmen muß wie ihre unmittelbare Wechselwirkung, und daß hierbei eine geringe Zunahme des Adsorptionspotentials mindestens ebenso wahrscheinlich ist wie eine geringe Abnahme. Gleichzeitig kann man das exponentielle Gesetz der Änderung der Geschwindigkeit mit der Besetzung, das KOBOSEW und GOLDFELD erhalten, nicht als spezifisch für Abstoßungskräfte ansehen; es tritt auch für inhomogene Oberflächen mit gleichmäßiger Verteilung der Bereiche über die Adsorptionswärmen auf[3]).

In der vorliegenden Untersuchung beschränken wir uns bei der Behandlung der Desorptionskinetik wie in den vorhergehenden Kapiteln auf den Fall, daß man die Wechselwirkung der adsorbierten Molekeln miteinander vernachlässigen kann. Ferner werden wir annehmen, daß das gesamte adsorbierte Gas frei desorbieren kann und daß die Geschwindigkeit des Gesamtprozesses unmittelbar durch die Geschwindigkeit der Ablösung der Molekeln von der Oberfläche bestimmt wird. Der entgegengesetzte Grenzfall, daß nämlich der Diffusionsprozeß der beherrschende ist, wurde seinerzeit von GREENBERG erfolgreich untersucht [4]). Schließlich werden wir überall, wo nichts Besonderes gesagt ist, den Desorptionsprozeß als praktisch irreversibel ansehen und die Adsorptionspotentiale durch die Adsorptionswärmen ersetzen.

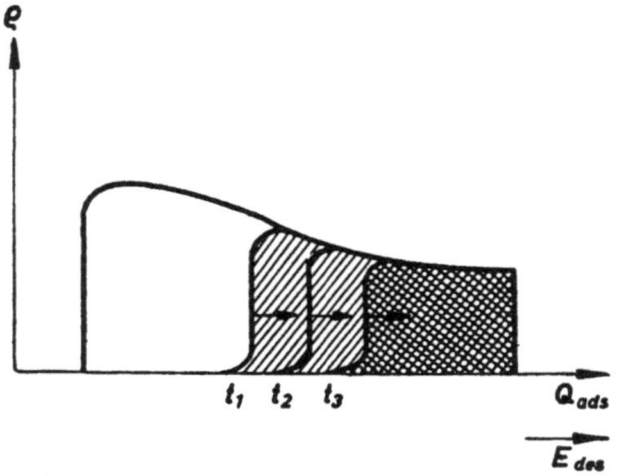

Abb. 97. Ursprüngliche Quasigleichgewichtsverteilung, bei der infolge des symbaten Ganges von E_{des} und Q_{ads} der Quasigleichgewichtscharakter erhalten bleibt. Die Grenzen des besetzten Teils der Verteilung für die Zeitpunkte t_1, t_2 und t_3 sind dargestellt $(t_1 < t_2 < t_3)$.

Bei der Desorption von zusammengesetzten Oberflächen besteht immer eine gewisse Unbestimmtheit im Ausgangszustand. Selbst wenn man die völlig reale Möglichkeit einer Okklusion von Teilen des Gases im Innern des festen Körpers und die Besetzung der Oberflächenschicht aus dieser Quelle ignoriert, muß man die Möglichkeit verschiedener Verteilungen der gegebenen Menge des Adsorbats über die verschiedenen Gruppen von Bereichen der Oberfläche berücksichtigen.

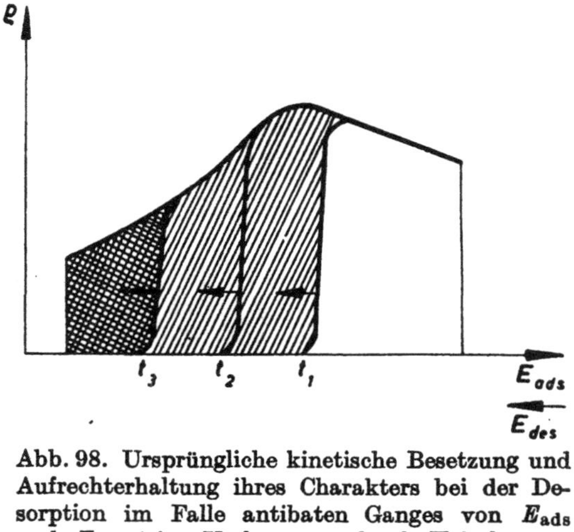

Abb. 98. Ursprüngliche kinetische Besetzung und Aufrechterhaltung ihres Charakters bei der Desorption im Falle antibaten Ganges von E_{ads} und E_{des} (eine Umlagerung durch Kriechen an der Oberfläche ist ausgeschlossen).

Die Grenzfälle dieser Verteilung sind: 1. Der Quasigleichgewichtstyp: Im Ausgangszustand entspricht die Verteilung der adsorbierten Molekeln über die verschiedenen Bereiche der Oberfläche den relativen Werten ihrer Adsorptionspotentiale. Die Verteilung ist im ganzen so beschaffen wie im Gleichgewicht bei einem bestimmten Druck p^*, der verschieden ist vom Druck p des Versuchs (aber bei der Temperatur des Versuchs). 2. Der kinetische Typ: Die Ausgangsverteilung des Gases bildet einen eingefrorenen kinetischen Zustand, der einem bestimmten

Zeitpunkt t des Adsorptionsprozesses entspricht, der die relativen Besetzungsgeschwindigkeiten der verschiedenen Bereichsgruppen widerspiegelt und nicht unmittelbar mit den Adsorptionspotentialen zusammenhängt. Der erste Verteilungstyp setzt die Möglichkeit einer Umlagerung längs der Oberfläche von Stellen mit geringeren Potentialen zu solchen mit höheren Potentialen voraus, der zweite ein unbewegliches Haften jeder Molekel an der Stelle, an die sie beim Elementarakt der Adsorption gelangt ist. Zwischen diesen beiden Grenzfällen sind Übergänge möglich. Die gleiche Alternative besteht auch während des Desorptionsprozesses. Die Ablösung der Molekeln von der Oberfläche kann langsamer als ihre Verschiebung in der Schicht erfolgen. Dann entspricht jeder augenblickliche Zustand der adsorbierten Schicht einer Quasigleichgewichtsverteilung. Umgekehrt kann diese Ablösung bedeutend schneller als die Umlagerung erfolgen. Dann gibt der augenblickliche Zustand der adsorbierten Schicht die Änderungen wieder, die in der ursprünglichen Verteilung

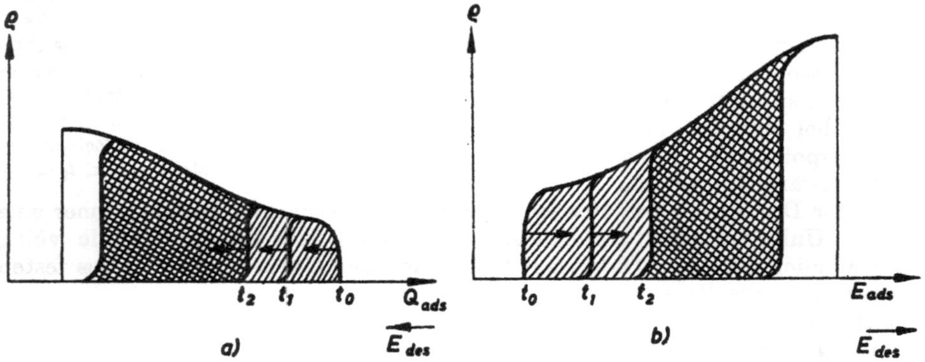

Abb. 99. Beispiele für die Änderung der Besetzung bei Desorption und Entstehungsmechanismus der Reliktzonen. *a*: Q_{ads} und E_{des} ändern sich antibat, so daß zuerst die Bereiche mit maximalem Q frei werden; *b*: bei kinetischem Charakter der ursprünglichen Besetzung sind E_{ads} und E_{des} symbat, so daß zuerst die Bereiche mit minimalen E_{ads} frei werden. Die Reliktzonen im Zeitpunkt t_2 sind durch Doppelschraffur hervorgehoben.

durch die Unterschiede in den Ablösungsgeschwindigkeiten für die einzelnen Bereiche bedingt werden, ohne zusätzliche Verschiebung der Molekeln innerhalb der Schicht von den Stellen mit geringeren Adsorptionspotentialen zu Stellen mit höheren Potentialen. Beispiele für diese Verhältnisse sind in den Abb. 97, 98 und 99 dargestellt.

Ebenso wie im Fall der Adsorptionskinetik wird die Desorptionskinetik in erster Linie durch die Beziehungen zwischen Aktivierungsenergie und Adsorptionswärme bestimmt. Wie wir schon bei der Charakterisierung des Anfangszustandes sahen, ist beim kinetischen Typ der Zusammenhang der Aktivierungsenergie mit den Adsorptionswärmen entscheidend. Die Änderungen, welche die primäre Verteilung erleidet, hängt in ähnlicher Weise von dem Zusammenhang zwischen E_{des} und $Q_{des} = -Q_{ads}$ ab. Es ist daher zweckmäßig, den Zusammenhang der beiden Aktivierungswärmen miteinander und mit der Adsorptionswärme zu untersuchen. Im Gegensatz zu E_{ads} ist E_{des} stets vorhanden.

Der Adsorptionsprozeß ist exotherm, also ist E_{des} für jeden Bereich gleich der Summe von E_{ads} und Q_{ads}:

$$E_{des} = E_{ads} + Q,$$

oder
$$E_2 = E_1 + Q, \qquad (1)$$

bei
$$E_1 = O, E_2 = Q.$$

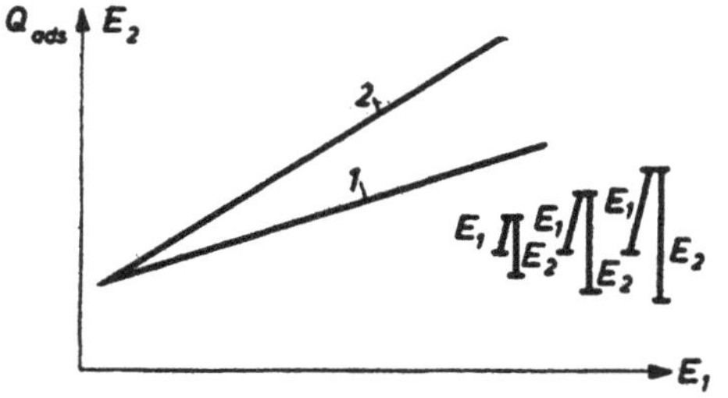

Abb. 100. Symbates Verhalten von E_1 und E_2 im Fall symbaten Ganges von E_1 und Q. Die Gerade 1 stellt die Änderung von Q_{ads} mit wachsendem E_1 dar, die Gerade 2 dasselbe für E_2. Rechts sind die möglichen gleichzeitigen Werte von E_1 und E_2 dargestellt.

Offenbar ändert sich, wenn sich E_1 und Q beim Übergang von einer Bereichsgruppe zur anderen symbat ändern, auch die Aktivierungsenergie der Desorption E_2 symbat mit Q (Abb. 100), d. h. es ist stets

bei $\begin{matrix}\to E_1\\ \to Q\end{matrix}$ auch $\begin{matrix}\to E_2\\ \to Q\end{matrix}$, also $\begin{matrix}\to E_1\\ \to E_2\\ \to Q\end{matrix}$.

Bei antibatem Verlauf von E_1 und Q hängt alles vom Typ und von den Zahlenkoeffizienten der Gleichung ab, die diesen Zusammenhang ausdrückt.

Wir veranschaulichen dies der Einfachheit halber für den Fall linearen Zusammenhanges zwischen E_1 und Q. Es sei also

$$E_1 = E_{01} - aQ. \qquad (2)$$

In diesem Fall hängt alles von dem Wert a ab. Tatsächlich ergibt sich durch Verknüpfung der Gleichungen (1) und (2)

$$E_2 = E_{01} + (1 - a)Q, \qquad (3)$$

und folglich ist bei $a > 1$ E_2 antibat mit Q, $\begin{matrix}\to E_1\\ \leftarrow Q\\ \to E_2\end{matrix}$, aber symbat mit E_1 (siehe Abb. 101). Bei $a < 1$ ist E_2 symbat mit Q bei antibatem Gang

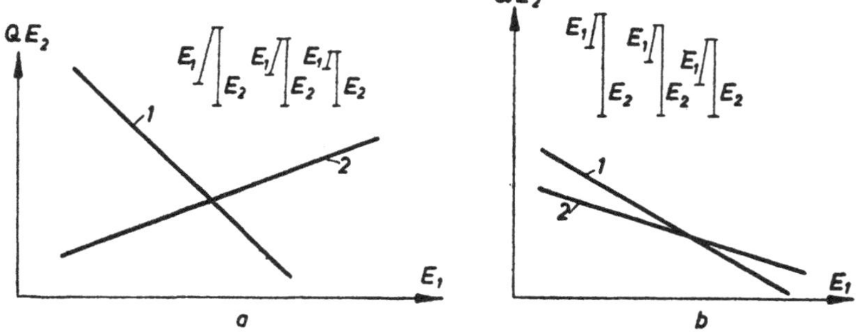

Abb. 101. *a*: Symbater Verlauf von E_1 und E_2 (Gerade *2*) bei antibatem Gang von E_2 und Q und damit auch von E_1 und Q (Gerade *1*), für $a > 1$; *b*: antibater Gang von E_1 und E_2 (Gerade *1*) bei antibatem Gang von E_1 und Q (Gerade *2*).

von E_1 und Q, und folglich ist E_2 antibat mit E_1, aber symbat mit Q (Abb. 101).

$$\begin{matrix} \rightarrow E_1 \\ \leftarrow Q \\ \leftarrow E_2 . \end{matrix} \quad (3a)$$

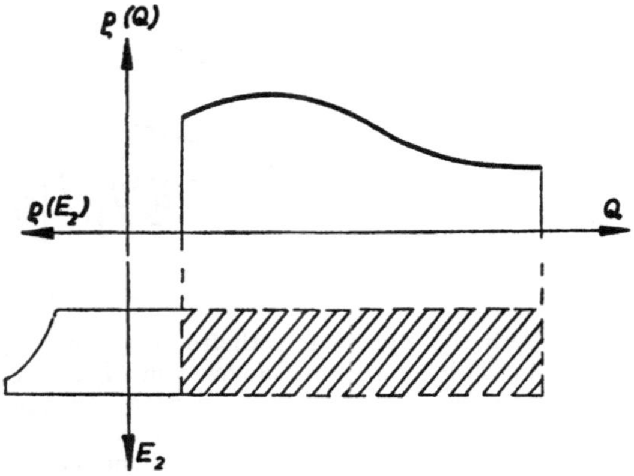

Abb. 102. Nichtkorrelation von Q und von E_1, die zu einer Nichtkorrelation für Q und E_2 führt. Im Diagramm ist der Bereich möglicher Beziehung von Q und E_2 schraffiert.

Besteht keine Korrelation zwischen den Änderungen von E_1 und Q, so fällt auch die Korrelation zwischen E_2 und E_1 fort*. Schematisch bedeutet dies folgende in Abb. 102 veranschaulichte Sachlage. Jedem E entspricht ein gemeinsamer schraffierter Satz von Q Werten. Solange dieser Bereich breiter ist als der Bereich der E-Werte, die einem bestimmten Q entsprechen, kann man nicht von einer Korrelation der beiden E sprechen; ist dagegen der Bereich der Q-Werte kleiner als der Bereich der E-Werte, so muß im Mittel eine gewisse Korrelation der beiden Aktivierungsenergien vorhanden sein, und der Wert E_2 für die größten E_1 ist größer als das E_2 für die kleinsten E_1. Ist keine Korrelation zwischen E_1 und Q vorhanden, so entspricht einem Quasigleichgewicht als Ausgangszustand eine bestimmte konstante Anfangsbesetzung der Bereiche mit verschiedenen E (Abb. 103). In Abb. 103 ist für eine willkürliche Verteilungsfunktion $\varrho(E)$ die Anfangsverteilung der adsorbierten Molekeln über E_1 in den Koordinaten θ_0 und E schraffiert und die Änderung von $\theta(E)$ mit der Zeit angedeutet.

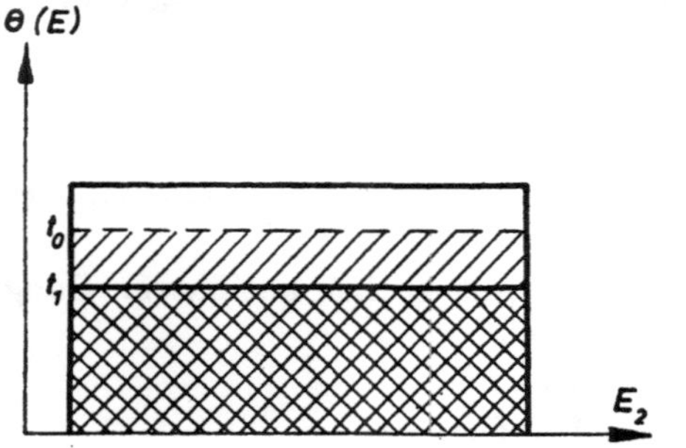

Abb. 103. Änderung von $\Theta(E)$ mit der Zeit t bei Nichtkorrelation zwischen E_1 und Q. θ_E hat für alle Werte E_2 denselben Wert. Bei der Desorption ändert sich θ_E für die Bereiche mit verschiedenen E_2 in gleicher Weise.

Die angeführten allgemeinen Überlegungen genügen zur Herleitung der kinetischen Gleichungen der Desorption in den typischen Fällen unter Benutzung der in den vorhergehenden Kapiteln entwickelten Methode des kontrollierenden Streifens. Die beigefügten Diagramme zeigen anschaulich, wie ähnlich die Kinetiken von Adsorption und Desorption an stark inhomogenen Oberflächen einander sind.

* Eine partielle Korrelation zwischen E_2 und Q bleibt hierbei erhalten.

§ 2: *Kinetik der abklingenden Desorption*

Nach dem Charakter des zeitlichen Verlaufs der Desorption kann man mehrere Gruppen unterscheiden. Einteilungsprinzipien sind symbater oder antibater Verlauf der entsprechenden Energiegrößen, Typ der Ausgangsverteilung und Vorhandensein oder Fehlen einer Umlagerung durch „seitliches Kriechen". Wir nehmen an, E_1 und Q seien antibat. In diesem Fall stimmt die ursprüngliche Quasigleichgewichtsverteilung praktisch mit der kinetischen überein. Die besetzten Bereiche bilden im Diagramm $\theta = \theta(Q)$ eine scharf begrenzte Gruppe, die an die maximalen Q-Werte angrenzt, und eine ebenso scharf begrenzte Gruppe an der Seite minimaler E im Diagramm $\theta = \theta(E)$. Besteht hierbei ein symbater Gang zwischen E_2 und Q (d. h. ein antibater Verlauf mit E_1), so bleibt während der Desorption die steile Grenze zwischen den besetzten und den freien Bereichen erhalten. Mit Ablauf des Prozesses verschiebt sich diese Grenze in Richtung größerer E_2 und Q. Bei der Desorption verläuft die Verschiebung in umgekehrter Richtung wie bei der Adsorption (Abb. 104).

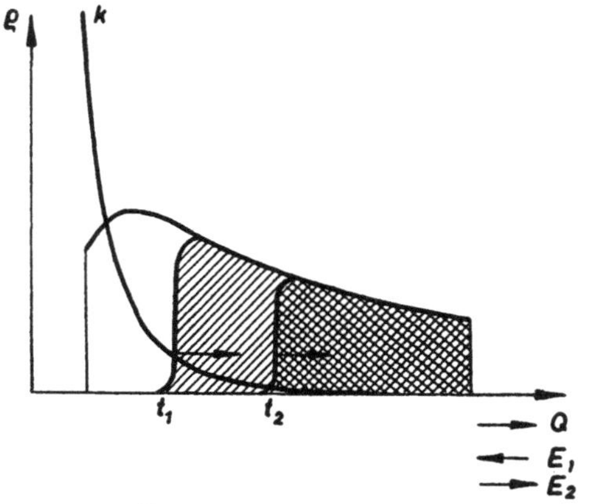

Abb. 104. Änderung des besetzten Teils der Oberfläche mit der Zeit bei symbatem Gang von E_2 und Q; die Folge ist ein Abklingen der Geschwindigkeit.

Unter unseren Voraussetzungen kann es keine merklichen Unterschiede zwischen den Grenzfällen der Desorption bei vollständiger Beweglichkeit und dementsprechend freier Umlagerung des Gases an die Oberfläche und der Desorption ohne solche Umlagerung geben. Ebenso wie im Diagramm $\theta = \theta(E_2)$, so verschiebt sich auch im Diagramm $\varrho = \varrho(E_2)$ in beiden Fällen die Grenze stetig von $E_{2\min}$ und $Q_{\min}$ nach $E_{2\max}$ und $Q_{\max}$. Wegen des exponentiellen Zusammenhanges zwischen k_{des} und E_{des} nehmen im Diagramm die Geschwindigkeitskonstanten $k = k(E_2)$ mit wachsender Entfernung von der kontrollierenden Grenze bei $E_{2\min}$ stark ab.

Für jede Bereichsgruppe mit gegebenem E_{2i} verläuft der Prozeß nach erster Ordnung:

$$\theta_i = \theta_{0,i} e^{-k_i t} = \theta_{0,i} e^{-t k_0 \exp[-E_2/RT]}. \tag{4}$$

Wegen der Schärfe der Grenze der ursprünglichen Verteilung mit $\theta_{0,i} \cong 1$ ist

$$\theta_i = 1 \cdot e^{-t k_0 \exp(-E_2/RT)}, \tag{5}$$

und der freie Teil der Verteilung beträgt für die i-te Bereichsgruppe

$$\gamma_i = 1 - \theta_i = 1 - e^{-t k_0 \exp[-E_2/RT]}. \tag{6}$$

Schließlich beträgt der bei gegebenen E und t besetzte Teil der Verteilung

$$\varrho(E_2)_t \cong \varrho(E_2)_0 \, e^{-t k_0 \exp[-E_2/RT]}. \tag{7}$$

Ein Vergleich mit den Ausgangsgleichungen für die Adsorption zeigt, daß die Desorptionsgleichungen für θ_i in dem betrachteten Fall völlig identisch mit der Adsorptionsgleichung für θ_i sein müssen, wenn man E_{ads} durch E_{des} ersetzt. Dies gibt uns das Recht, ohne weitere Rechnungen die Ergebnisse der Theorie der Adsorptionsgeschwindigkeit für inhomogene Oberflächen auf diesen Fall zu übertragen.

Eine zweimalige Differentiation von $\theta = \theta(E_2)$ und Nullsetzen der zweiten Ableitung liefert uns den Wendepunkt, der durch die Werte $\theta = 1/e$ und $E_2 = RT \ln k_{02} t$ gekennzeichnet wird. In der Adsorptionstheorie waren die entsprechenden Größen

$$\gamma = 1/e \quad \text{und} \quad E_1 = RT \ln k_0 t. \tag{7a}$$

Die Breite des Übergangsgebiets, definiert als Abstand der Schnittpunkte der Wendetangente mit den Geraden $\theta = 1$ und $\theta = 0$ längs der Koordinate E, ist genau so wie in der Adsorptionstheorie $\Delta E = eRT$. Der erste Schnittpunkt hat hierbei die Abszisse $E_{2\text{schn}} + 1{,}7\,RT$, der zweite $E_{2\text{schn}} - RT$.

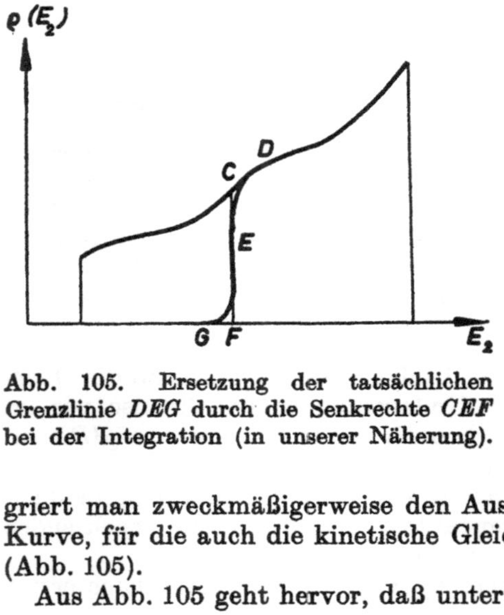

Abb. 105. Ersetzung der tatsächlichen Grenzlinie *DEG* durch die Senkrechte *CEF* bei der Integration (in unserer Näherung).

Zur Charakterisierung der Desorption benutzt man zweckmäßigerweise zwei Funktionen, nämlich die uns bereits bekannte Größe $\Phi = \Phi(t, T)$ und die neue Größe $D = D(t, T)$; dies gibt den Teil der monomolekularen Schicht an, der durch Desorption frei geworden ist. War die Oberfläche ursprünglich vollständig besetzt, so ist D identisch mit der Größe Ψ, d. h. mit dem vom Adsorbat unbesetzten Teil der Oberfläche.

Bei $\Phi_0 = 1$ ist

$$D_t = 1 - \Phi_t = \Psi_t. \tag{8}$$

Zur Herleitung der Zeit- und Temperaturabhängigkeiten von Φ und D integriert man zweckmäßigerweise den Ausdruck $\varrho(E_2)\,dE_2$ über die vereinfachte Kurve, für die auch die kinetische Gleichung der Adsorption abgeleitet wurde (Abb. 105).

Aus Abb. 105 geht hervor, daß unter unseren Normierungsbedingungen

$$\left.\begin{aligned} \Phi &\cong \int_E^{E_{max}} \varrho(E_2)\,dE; \\ D &\cong \int_{E_{min}}^{E} \varrho(E_2)\,dE \end{aligned}\right\} \tag{9}$$

ist. In beiden Fällen kann man unter Vernachlässigung der umgekehrten Prozesse schreiben:

$$E_2 = RT \ln k_0 t. \tag{10}$$

Aus der Gleichung ist ersichtlich, daß die Ableitung von Φ nach E mit dem Minuszeichen und von D nach E mit dem Pluszeichen die Verteilung der Desorption über die Aktivierungsenergie darstellen. Mit der oben angegebenen Genauigkeit (vergleiche Kapitel 3) ist

$$\varrho(E_2) \cong -\frac{d\Phi}{dE_2} = +\frac{dD}{dE_2}. \tag{11}$$

In Abhängigkeit von den Versuchsbedingungen kann E_2 entweder nur eine Funktion von t oder nur von T sein, so daß man leicht Ausdrücke für $\varrho(E_2)$ als Funktionen von t und von T erhält. Aus Gleichung (10) erhalten wir bei $T = \text{const}$

$$\varrho(E_2) \cong -\frac{d\Phi}{RT\,d\ln t} = \frac{dD}{RT\,d\ln t} \tag{12}$$

und bei $t = \text{const}$

$$\varrho(E_2) \cong -\frac{d\Phi}{C\,dT} = \frac{dD}{C\,dT}. \tag{13}$$

Ebenso wie in der Adsorptionstheorie kann man an Stelle der analytischen Differentiation der Funktionen für die kinetische Isotherme und Isochrone auch eine graphische Differentiation nach dem Logarithmus der Zeit bzw. der Temperatur durchführen.

Das umgekehrte Problem der Bestimmung von $D = D(t, T)$ und $\Phi = \Phi(t, T)$ reduziert sich auf die Integration der Gleichung (9) für eine vorgegebene Funktion $\varrho(E_2)$ oder auf eine graphische Integration der Kurve $\varrho = \varrho(E_2)$. Da die entsprechenden Probleme für die Adsorptionskinetik und das Adsorptionsgleichgewicht bereits gelöst wurden, können wir, ohne die Integration durchzuführen, die fertigen Ergebnisse, die in Tab. 2 zusammengestellt sind, benutzen.

Unter unseren Voraussetzungen sind die Gleichungen für die Desorptionskinetik völlig analog den Gleichungen für die Adsorptionskinetik für die entsprechenden Verteilungstypen.

Wie bisher entsprechen der gleichförmigen Verteilung $\varrho = H$, die den Grenzfall $\alpha = 0$ der Exponentialverteilung und den Grenzfall $n = 0$ für die Potenzverteilung darstellt, die kinetischen Gleichungen

$$D \cong a \ln t + C \tag{14}$$

und

$$w \cong A e^{-\alpha D} = A e^{+\beta\Phi}. \tag{15}$$

Für die Exponentialverteilung erhalten wir wieder

$$D \cong a t^{1/n} \tag{16}$$

und

$$w \cong A/D^m \tag{17}$$

usw.

Die Gleichungen für die Herleitung der Verteilung aus der Kinetik und umgekehrt der Kinetik aus der Verteilung bleiben die gleichen. Auch die vollständige Analogie zwischen den Gleichgewichtsisothermen $\Phi = \Phi(p)$ und den kinetischen Isothermen $D = D(t)$ bleibt erhalten usw.

Übrigens zeigte Tjomkin seinerzeit für den Spezialfall der gleichförmigen Verteilung bei linearem Zusammenhang zwischen E_2 und Q, daß die früher für die Adsorptionsgeschwindigkeit abgeleitete Exponentialgleichung auch bei der Desorption gültig ist. Ferner ist klar, daß ein exponentieller Abfall der Desorptionsgeschwindigkeit mit Abnahme der Besetzung im Gegensatz zu KOBOSEW und GOLDFELD weder die allgemeine Gleichung der Kinetik dieser Prozesse noch ein Charakteristikum für das Vorhandensein von Abstoßungskräften, die durch das Gitter entstehen sollen, ist. Es ist nur eine aus der Reihe möglicher kinetischer Gleichungen für die Desorption von inhomogenen Oberflächen. Sie läßt sich bei Vernachlässigung der Abstoßung aus der gleichförmigen Verteilung gewinnen.

Zuerst wurde sie zur Beschreibung der Kinetik der Desorption des Cäsium von Wolfram vorgeschlagen und mit der Abnahme des Adsorptionspotentials unter dem Einfluß elektrostatischer Abstoßungskräfte in Verbindung gebracht[5]).

Die oben erwähnten Schlußfolgerungen ergaben sich unter sehr konkreten kinetischen Voraussetzungen; man kann jedoch zeigen, daß auch einige andere kinetische Schemata zu ähnlichen Ergebnissen führen und daß infolgedessen der Anwendungsbereich dieser einfachsten Theorie größer sein muß, als es auf den ersten Blick scheint.

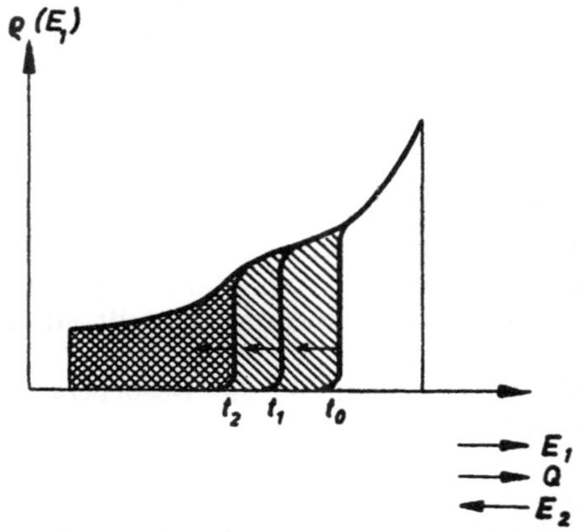

Abb. 106. Allmähliche Entleerung der Bereiche durch Desorption bei einem Zusammenhang $\begin{smallmatrix}\to E_1\\ \to Q\\ \leftarrow E_2\end{smallmatrix}$ und ohne Umlagerung.

So haben wir besonders dann, wenn bei der Desorption keine Umlagerung möglich ist, bei beliebiger Anfangsverteilung und bei beliebigem Zusammenhang zwischen E_1 und Q bis zum Fehlen jeder Korrelation sowohl zwischen diesen beiden Größen als auch zwischen E_2 und Q dasselbe Bild, nur daß $\varrho(E_2)$ nicht vollständig mit dem $\varrho(E_1)$ übereinstimmen kann, das sich bei quasistationärer Verteilung einstellen würde. Sind insbesondere E_1 und Q symbat, ist keine Umlagerung möglich, und ist die Adsorption in einem Zeitpunkt abgebrochen worden, in dem die Front $\theta(E_1)$ bei einem $E_1 = RT \ln k_0 t$ angelangt war, so erfolgt bei der Desorption von nicht allzu steilen Verteilungen eine stetige Verschiebung der rechten Grenze nach links, falls E_2 und E_1 antibat sind, bzw. der linken Grenze nach rechts, falls die beiden Größen symbat sind (Abb. 106).

Im ersten Fall durchlaufen wir in umgekehrter Richtung die gleichen Zustände wie bei der Adsorption und kehren sozusagen zu Zuständen zurück, die früheren Zeitpunkten der Adsorption entsprechen; im zweiten Fall ist der Verlauf der Desorption grundsätzlich verschieden von dem der Adsorption, und wenn wir die Desorption in einem bestimmten Augenblick unterbrechen, so gelangen wir zu einem Zustand, der bei irreversibler Adsorption ohne Umlagerung nicht erreichbar wäre. In diesem Zustand sind die aktivsten Bereiche frei, und ein bestimmter Streifen ist aus der Mitte der Verteilung herausgeschnitten. Dies ist möglich, solange das System weit vom Gleichgewicht entfernt ist. Im

Gleichgewicht müssen für alle Bereichsgruppen die direkten und die umgekehrten Geschwindigkeiten gleich sein. Bei antibatem Gang verläuft nach einer partiellen Regeneration die erneute Adsorption nach den gleichen kinetischen Kurven, beginnt nur nicht mit Null, sondern mit dem Φ_0, das dem nicht desorbierten Rest entspricht. Im zweiten Fall muß schon bei der partiellen Desorption die Anfangsgeschwindigkeit mit der Anfangsgeschwindigkeit am reinen Adsorbens übereinstimmen, und dementsprechend kann die Erreichung der letzteren nicht immer als Kriterium für eine Regeneration angesehen werden (Abb. 107). Das Vorhandensein solcher besetzten Zonen im Mittelteil der Verteilung muß zu charakteristischen Erscheinungen führen. In den Kurven $D = D(t)$ muß bei Wiederholung der Adsorption ein Knick bei Erreichung des „Relikt"bereichs auftreten (xy in den Abb. 107 und 108). An dieser Stelle muß die Geschwindigkeit stark abnehmen, und zwar von dem Wert, der E_{2x} entspricht, bis zu dem Wert, der E_{2y} entspricht. Das Verhältnis dieser beiden Geschwindigkeiten wird gegeben durch den Ausdruck

$$\exp\left(-\frac{E_y - E_x}{RT}\right)\frac{\varrho_{E_y}}{\varrho_{E_x}}. \tag{18}$$

Ferner sei gesagt, daß auch für die Quasigleichgewichtsadsorption mit schneller Umlagerung unabhängig von der Art des Zusammenhanges zwischen E und Q ein symbater Gang von E_2 und Q hinreichend ist, damit die besagte Verschiebung

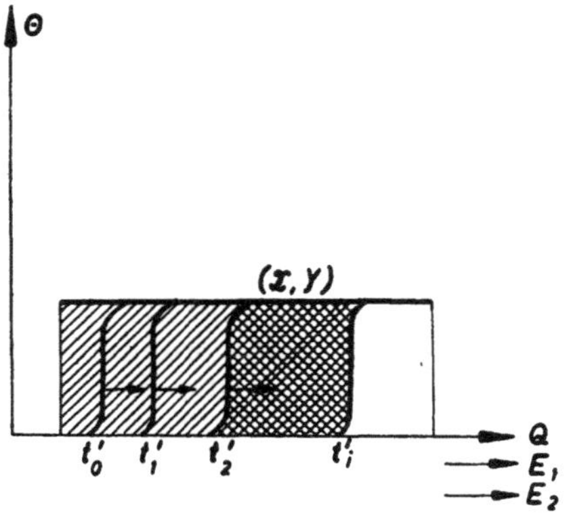

Abb. 107. Desorption bei symbatem Gang der drei Energien mit Bildung einer Reliktzone (ohne Umlagerung).

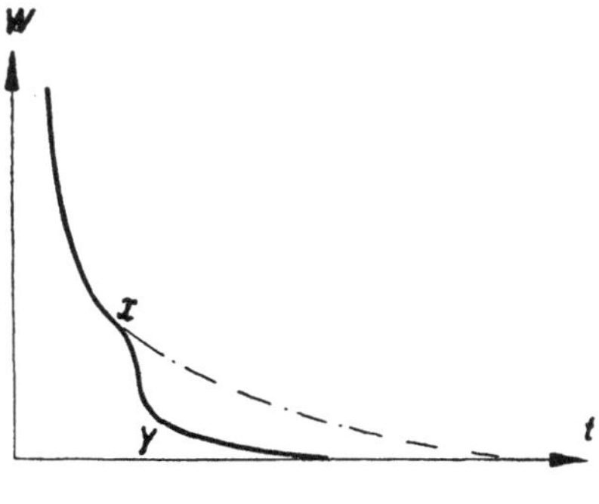

Abb. 108. Knick der kinetischen Kurve beim Durchgang durch die „Reliktzone", entsprechend der Zone (x, y) in Abb. 107.

des kontrollierenden Streifens eintritt und die oben gewonnenen Abhängigkeiten gelten. Der Kürze halber werden wir alle Fälle der Desorptionskinetik mit Parallelverschiebung der Grenze als schnell abklingende Desorption bezeichnen (da in diesem Fall die Geschwindigkeit schnell mit der Zeit abnimmt). Daneben ist auch eine langsam abklingende Desorption möglich, bei der die kontrollierende Grenze unbewegt bleibt und die Geschwindigkeitsabnahme langsamer erfolgt, E konstant bleibt und alle kinetischen Abhängigkeiten anderer Art sind. Aus dem oben Gesagten ergibt sich die große Verbreitung der schnell abklingenden Desorption und damit die Bedeutung des für diesen Fall entwickelten Gleichungssystems sowie das Fehlen eines eindeutigen Zusammenhanges der Kinetik dieses Typs mit bestimmten Beziehungen zwischen E_2, E_1 und Q.

Um auf Grund der Kinetik der abklingenden Desorption und der daraus folgenden Form der Funktionen $\varrho(E_2)$ und $D(t)$ ein konkretes Bild über die Zusammenhänge zwischen den Energiegrößen der Bereiche der Oberflächen zu gewinnen, sind zusätzliche Messungen entweder der Adsorptionskinetik oder der Isothermen des Adsorptionsgleichgewichts für das gleiche System oder endlich der Umlagerungsgeschwindigkeit notwendig. Mit anderen Worten liefert die Desorptionskinetik an und für sich noch keine ausreichenden Angaben über die Statistik der Oberfläche, kann aber in Verbindung mit anderen Messungen viel zum Verständnis dieser Statistik und des Beweglichkeitsgrades der adsorbierten Molekeln beitragen.

Wir betonen, daß für die abklingende Desorption ihre starke Verlangsamung mit der Zeit kennzeichnend ist. Die vollständige Entleerung der Oberfläche erfordert in diesem Fall bei konstanter Temperatur eine sehr lange Zeit. Wahrscheinlich beruhen hierauf die häufigen Fälle langsamer Entleerung, die gewöhnlich auf den langsamen Austritt des Gases aus dem Innern des festen Körpers an die Oberfläche zurückgeführt werden.

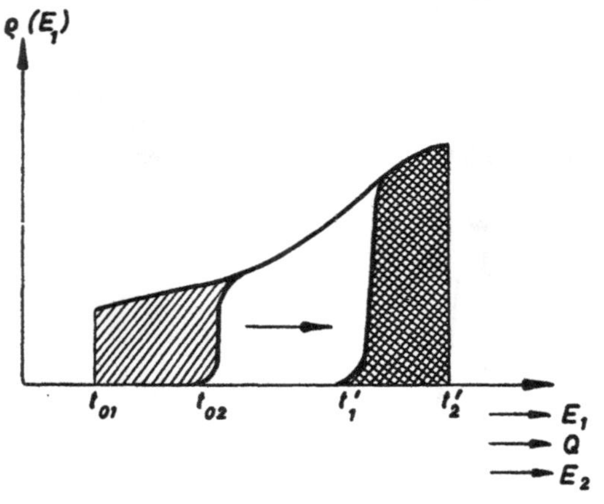

Abb. 109. Umlagerung durch Temperatursteigerung, die zu einem festeren Haften des adsorbierten Gases führt.

Beachtung verdient der eigentümliche Einfluß der Temperatur auf die abklingende Desorption. Eine Temperatursteigerung erhöht stets sämtliche Geschwindigkeitskonstanten in Übereinstimmung mit ihren Aktivierungsenergien und vergrößert die Breite des kontrollierenden Streifens, der zwischen den Grenzen der besetzten und der freien Bereiche liegt. Über diesen allgemeinen Effekt, der zu einer Beschleunigung der Desorption und insbesondere zu einer Beschleunigung der Desorption in den „Schwänzen" führt (infolge der großen E_2-Werte in den Bereichen, die im „Schwanz" entleert werden), überlagert sich bei einer Nichtgleichgewichtsverteilung des Gases über die Bereiche eine Beweglichkeitszunahme der Molekeln in der Oberflächenschicht, die zu bedeutenden Zusatzeffekten führen kann. Wir nehmen an, daß beim kinetischen Typ der ursprünglichen Verteilung infolge eines symbaten Ganges von E_1 und Q der Teil der Verteilung mit kleinen Q besetzt war (helle Schraffur in Abb. 109) und daß E_2 ebenfalls symbat mit Q ist. Dann verstärkt sich bei einer Zunahme der Temperatur der Platzwechsel der Molekeln in unbesetzte Bereiche mit größeren E_2 und Q, so daß ein Teil des Gases jetzt fester haftet und seine Desorption erschwert ist (dunkle Schraffur in Abb. 109).

§ 3: *Desorptionsisochronen und -isosteren und Berücksichtigung der Dissoziation und der Assoziation*

Im vorigen Paragraphen wurde die weitgehende Ähnlichkeit der Desorptions- und der Adsorptionskinetik für inhomogene Oberflächen gezeigt. Der wesentlichste Unterschied besteht in den Bedingungen, die für das Auftreten der entsprechenden Varianten notwendig sind.

Sämtliche Varianten, die in der Adsorptionskinetik bei antibatem Verlauf der Adsorptionswärme und der Aktivierungsenergie auftreten, liegen bei der Desorption bei symbatem Gang dieser Energien vor und umgekehrt. Nur die Nichtkorrelation der Energien führt in beiden Fällen zu den gleichen Ergebnissen.

Die Theorie der kinetischen Desorptionsisothermen ergab sich aus Gleichung (9). Diese Grundgleichung der Desorptionskinetik läßt sich nicht nur bei konstanter Temperatur, sondern auch bei konstanter Zeit und konstanter adsorbierter Menge anwenden; sie liefert also auch Gleichungen für die Desorptionsisochronen und -isosteren sowie Ausdrücke für die Abhängigkeit der differentiellen Aktivierungswärmen der Desorption von der desorbierten Menge. Bei $t = \text{const}$ ist die Grenzenergie der Desorption

$$E_2 = CT \tag{19}$$

oder

$$\frac{E_2}{T} = C. \tag{19a}$$

Hieraus erhalten wir sofort für die Isochronen

$$D(T)_{t=\text{const}} \cong \int_{E_{\min}}^{CT} \varrho(E_2)\, dE_2 \tag{20}$$

und

$$\varrho(E_2) \cong \frac{dD(T)}{C\,dT}. \tag{21}$$

Noch einfacher läßt sich die kinetische Isostere der Desorption bestimmen. Der Beziehung $D = \text{const}$ entspricht eine Konstanz der Integrale in (9) und (20). Diese führt aber in unserer Näherung zu

$$E_2 = RT \ln t/\tau_0 = \text{const} \tag{22}$$

oder, was dasselbe ist,

$$t = \tau_0 \exp(E/RT) = \tau_0 e^{+\text{const}/RT}. \tag{23}$$

Diese Gleichung ist völlig analog der Gleichung für die kinetische Isostere der Adsorption. Aus der Identität der Gleichungen für die kinetischen Isothermen, Isochronen und Isosteren folgt automatisch die vollständige Analogie der Gleichungen für die differentiellen Aktivierungsenergien und die Möglichkeit, auf diesen Fall die in Kapitel 3 dargelegten Methoden und Gleichungen anzuwenden. Diese Gleichungen, die in Tab. 2 zusammengestellt sind, werden völlig identisch, wenn man E_1 durch E_2 ersetzt. Diese Analogie erstreckt sich auch auf den Einfluß von Dissoziations- und Assoziationsprozessen auf die Kinetik.

Bisher haben wir diese Prozesse für die Desorption gar nicht berücksichtigt. In der Ausdrucksweise der Theorie des Übergangskomplexes entspricht dies der einfachsten Vorstellung einer Adsorption und Desorption undissoziierter Einzelmolekeln. In diesem Fall unterscheidet sich der Übergangskomplex nach Anzahl und Zusammensetzung der Gasmolekeln in nichts vom Ausgangszustand der Adsorption und vom Endzustand des freien Gases.

Falls sich die Molekel an der Oberfläche im dissoziierten oder assoziierten Zustand befindet, sind bei der Desorption zwei Fälle möglich.

Im ersten Fall spiegelt der Zustand der Molekel im Übergangskomplex den Zustand der adsorbierten Molekel wider, und deren wesentliche Strukturänderung erfolgt nach dem Durchtritt durch die Aktivierungsschwelle und ist nicht mit einer zusätzlichen Aktivierungsenergie verbunden.

Falls der Übergangskomplex die gleichen assoziierten Molekeln oder Dissoziationsprodukte enthält wie die stabil adsorbierte Molekel, ist die Kinetik der Desorption an homogenen und inhomogenen Oberflächen ihrem Typ nach nicht verschieden von der Desorptionskinetik ganzer einfacher Molekeln, und alle oben abgeleiteten Gleichungen bleiben in Kraft. Die Sachlage ändert sich, wenn die Gasmolekeln, die der Übergangskomplex der Desorption enthält, große Unterschiede von den Molekeln an der Oberfläche aufweisen und den freien Gasmolekeln ähneln.

In diesem Fall folgt der Prozeß schon für das Adsorbat an einer homogenen Oberfläche und für ein Adsorbat an einer Gruppe analoger Bereiche einer inhomogenen Oberfläche nicht mehr einem Gesetz erster Ordnung.

In der Tat ist in diesem Fall

$$c^* = c_a^s \frac{f^*}{f_a^s} \tag{24}$$

und

$$w = c^*/\tau = k c_a^s \tag{25}$$

mit

$$k = \frac{R T f^*}{N h f_a^s} \exp\left(-E_2/RT\right)_r, \tag{26}$$

d. h., die Desorption dissoziierter Molekeln von einer homogenen Oberfläche verläuft nach zweiter[1]), dritter (usw.) Ordnung. Bei $s < 1$, d. h. bei der Desorption assoziierter Molekeln, verläuft der Prozeß nach gebrochener Ordnung. Für inhomogene Oberflächen, für die E_2 und Q symbat sind, oder für eine Desorption ohne Umlagerung ist das Bild wesentlich anders.

Bestehen keine geometrischen Hindernisse, beispielsweise in der Form, daß in der Nachbarschaft kein zweites Atom oder Radikal vorhanden ist, so verläuft die Desorption einer dissoziierten Molekel trotz des komplizierteren Charakters der Änderungen, die sie erfährt, ebenfalls nach dem Schema der Verschiebung einer scharfen Grenze zwischen freien und besetzten Bereichen, und in jedem gegebenen Augenblick hängt die Geschwindigkeit des Prozesses in der Hauptsache von den beiden Werten ϱ_E, und $E_{2,t}$ im Grenzstreifen ab. Dabei müssen, abgesehen vom Anfang und vom Schluß des Prozesses, sämtliche früheren kinetischen Varianten mit den gleichen Gleichungen zur Bestimmung von D und E_2 bestehen bleiben, die bei der Desorption ohne Dissoziation und Rekombination gelten. Die Abweichungen von diesem Schema lassen sich leicht abschätzen. Wir werden darauf hier jedoch nicht genauer eingehen.

§ 4: *Die langsam abklingende Desorption*

Es sind Bedingungen denkbar, bei denen während des ganzen Prozesses der kontrollierende Streifen fest bleibt. Angenommen, E_2 und Q seien antibat. Ist keine Umlagerung möglich, so führt dies zu einer abklingenden Desorption (Abb. 110) mit einem sehr eigenartigen Deformationsgesetz für die Verteilung: die Bereiche mit großem Q werden früher vom Gas entleert als die mit kleinen Q, und es bilden sich charakteristische kinetische Besetzungen, die im Gleichgewicht nicht erreichbar sind.

In Abb. 111 ist der Restteil der Verteilung nach der partiellen Desorption des Gases im betrachteten Fall doppelt schraffiert. Die Bereiche rechts mit maximalem Q sind schon entleert, ebenso die Bereiche links mit minimalem Q. In der Mitte der Verteilung bleibt ein Streifen mit mittleren Werten von Q stehen.

Bei dem angedeuteten Zusammenhang von E_2 und Q möge eine Umlagerung möglich sein und hinreichend schnell vonstatten gehen; dann wird die Entfernung der Molekeln aus den Bereichen mit großen Q und kleinen E_2 sofort

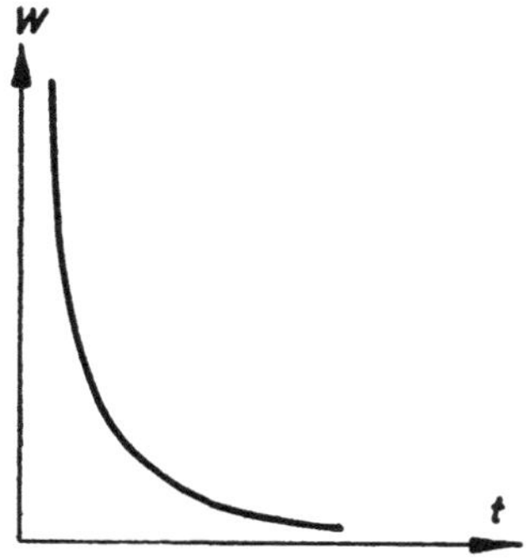

Abb. 110. Kinetik ohne Umlagerung im Fall antibaten Ganges von E_2 und Q_{ads}.

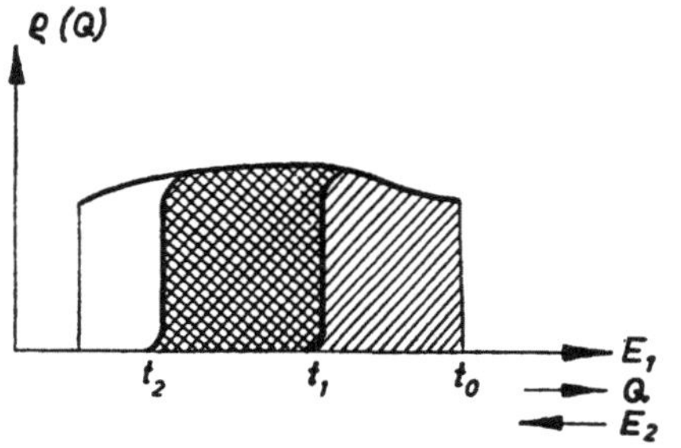

Abb. 111. Bildung einer „Reliktzone" bei der Desorption infolge antibaten Ganges von Q_{ads} und E_2.

durch ein Kriechen eines Teils des Gases von den Bereichen mit kleinerem Q in diese Bereiche kompensiert, so daß die Grenze der Verteilung von links nach rechts rückt und der Streifen, der die Geschwindigkeit beherrscht, fest bleibt und den Werten $E_{2\,min}$ und Q_{max} entspricht.

Unter diesen Bedingungen kann die Desorptionsgeschwindigkeit in einem größeren oder kleineren Intervall der Besetzungen konstant sein (nullte Ordnung) (Abb. 112 und 113).

Wir heben hervor, daß aus einem antibaten Gang von E_2 und Q eindeutig auch ein antibater Verlauf von E_1 und Q hervorgeht, bei dem eine nullte Ordnung für die Adsorption unmöglich ist; umgekehrt muß bei symbatem Gang von E_1 und Q und schneller Umlagerung, die zur nullten Ordnung in der Adsorption führt, die Desorption abklingen, da in diesem Fall die Energien E_2 und Q ebenfalls symbat sein können. Mit anderen Worten ist innerhalb unseres Modells die Möglichkeit ausgeschlossen, daß für das gleiche System sowohl Adsorption als auch Desorption von nullter Ordnung sind. Die nullte Ordnung ist sowohl bei der Desorption als auch bei der Adsorption eine Folge der Verschiebung der Besetzungsgrenze längs der Achse der Adsorptionswärmen ohne Verschiebung der Aktivitätszone.

Der Fall, daß beide Zonen unbeweglich sind und daß die Desorption ohne Änderung der Verteilungsgrenze mit einer gleichmäßigen Abnahme der Werte θ für alle E verbunden ist, führt zu einem langsamen Abklingen nach erster Ordnung, da Lage und Breite des kontrollierenden Streifens ungeändert bleiben, seine Höhe aber proportional der Gesamtmenge der adsorbierten Substanz abnimmt (vergleiche Abb. 114). Es muß also die Gleichung gelten:

$$-\frac{d\Phi}{dt} = k_0 RT e^{-\frac{E_{\min}}{RT}} (\Phi_0 - \Phi). \tag{27}$$

Aus dem Gesagten geht hervor, daß die erste Ordnung für die Desorption bei kinetischer Verteilung und fehlender Umlagerung ausgeschlossen ist; denn bei beliebigem Anfangszustand werden wegen des schnellen Anwachsens der Geschwindigkeit mit abnehmendem E die Molekeln in den Bereichen mit minimalen Werten von E_2 desorbiert, ehe sich die Anzahl der Molekeln in den

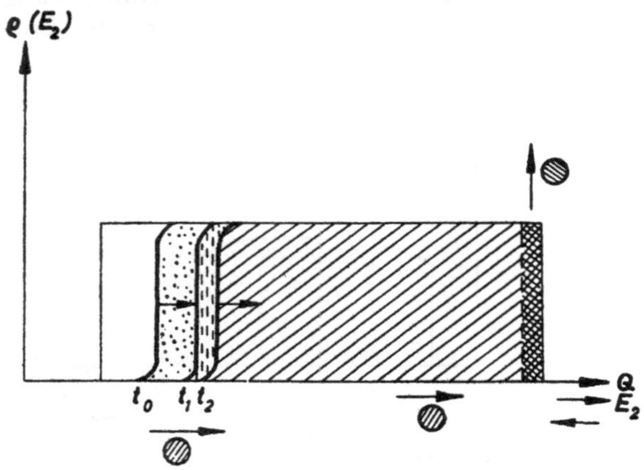

Abb. 112. Allmähliche Entleerung der Oberfläche durch Desorption bei dem gleichen Zusammenhang zwischen E_2 und Q wie in Abb. 110 und 111, aber mit Umlagerung. Ergebnis ist die in Abb. 113 dargestellte Kinetik.

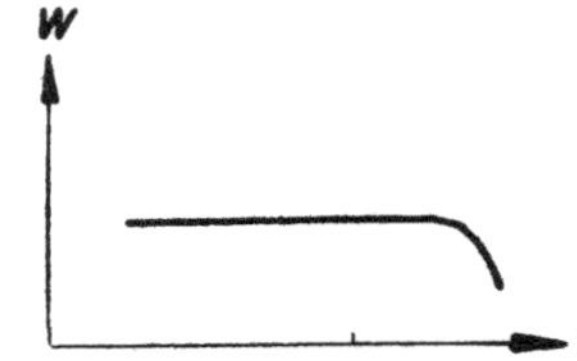

Abb. 113. Konstanz der Geschwindigkeit infolge schneller Umlagerung bei antibatem Gang von E_2 und Q.

Bereichen mit maximalen Werten von E_2 merklich ändern kann. Hierbei ist jedoch durchaus nicht jede Verteilung brauchbar. Zwischen E_{des} und Q_{ads} darf kein Funktionalzusammenhang bestehen. Dann rührt bei der Desorption der Hauptstrom der Molekeln von den Bereichen mit kleinen E her, die also als Schleusen dienen, durch die die Entleerung erfolgt. Bei hinreichend schneller Umlagerung und beim Fehlen eines Zusammenhangs zwischen E und Q stellt die thermische Bewegung an der Oberfläche ständig völlige Gleichheit der Bedingungen für die Bereiche mit verschiedenen E_2 her, und in jedem Augenblick ist der besetzte Anteil der Bereiche mit $E_{2\min}$ genau so groß wie für die Bereiche mit allen anderen Werten von E_2 (Abb. 114).

Es wäre falsch, hieraus zu schließen, daß die Bereiche der Q_{ads}-Werte konstant bleiben. Im Gegenteil: im Laufe der Desorption verschwinden aus den Bereichen mit allen Werten von E_2, unter anderem auch aus den Bereichen mit $E_{2\,min}$, zuerst und praktisch vollständig sämtliche Molekeln der Bereiche mit Q_{min}, dann diejenigen der Bereiche mit mittleren Werten von Q usw. In der Verteilung über die Q_{des} erfolgt also die Entleerung in der Reihenfolge wachsender Q_{des}, wobei eine scharfe Grenze zwischen besetzten und freien Bereichen in der für inhomogene Oberflächen typischen Weise über die Verteilung hinläuft (Abb. 115).

Wir betonen, daß ein derartiges Zusammentreffen von Bedingungen wenig wahrscheinlich ist und daß eine Desorption nach einem monomolekularen Gesetz nicht nur im Vergleich zur schnell abklingenden Desorption, sondern auch im Vergleich zur Desorption mit konstanter Geschwindigkeit selten sein muß.

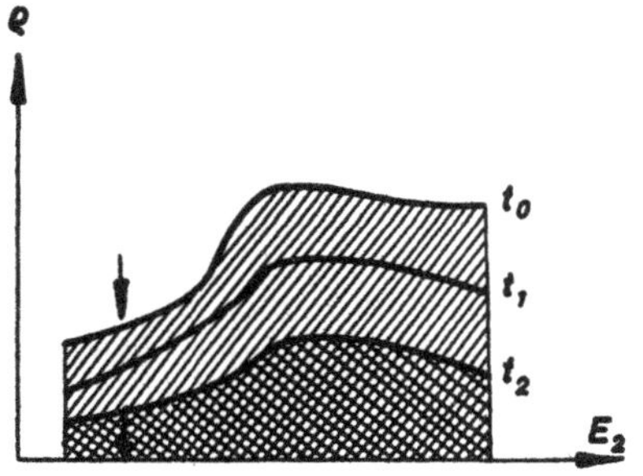

Abb. 114. Änderung der Besetzung im Diagramm $\varrho(E)$ bei Nichtkorrelation von E_2 und Q.

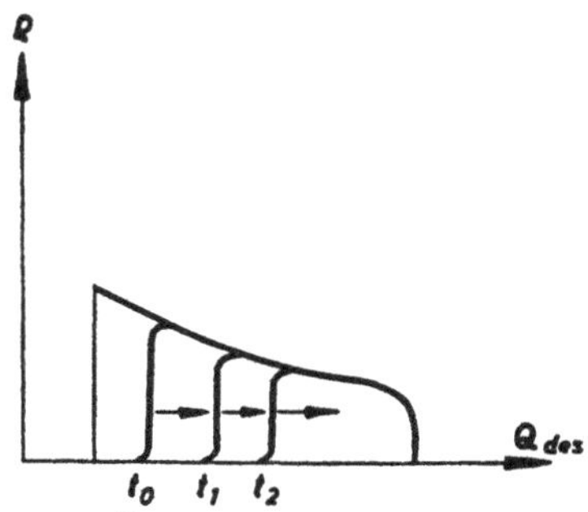

Abb. 115. Änderung der Besetzung im Diagramm $\varrho(Q)$ bei Nichtkorrelation von E_2 und Q.

§ 5: *Einfluß der äußeren Bedingungen auf die Desorptionskinetik*

Von den äußeren Bedingungen muß die Temperatur den stärksten Einfluß auf die Desorptionskinetik haben. In allen Fällen, wo die Desorption unter Verschiebung des Streifens verläuft, der die Geschwindigkeit beherrscht, muß die Aktivierungsenergie mit der Zeit zunehmen. Dabei kann die Form des Zusammenhanges von E_2 mit der desorbierten Substanzmenge und der Zeit, $E = E(D)$ und $E = E(t)$, ebenso wie der Umstand, daß das kinetische Gesetz der Desorption dieser Abhängigkeit entspricht, als natürliches Kriterium für die Anwendbarkeit der statistischen Theorie der inhomogenen Oberflächen auf die vorliegende Gruppe von Vorgängen dienen. Ein charakteristisches und äußerst wichtiges Merkmal ist die Änderung (das Anwachsen) von E_2 nach Maßgabe der Befreiung der Oberfläche vom Adsorbat.

Das andere Extrem bildet der Fall eines unbeweglichen Streifens, der die Geschwindigkeit des Prozesses kontrolliert. In diesem Fall muß die Aktivierungsenergie während des ganzen Vorganges konstant bleiben; das gilt sowohl für die wahrscheinlichere nullte Ordnung wie für die weniger wahrscheinliche erste Ordnung.

Das oben Gesagte bezieht sich auf den Fall der Desorption reiner Gase.

Aus dem großen und komplizierten Problemkreis der Desorption von Gemischen greifen wir hier nur die Frage heraus, ob Fremdgase von großem

Einfluß auf die Desorptionsgeschwindigkeit sein können. In der Theorie der Adsorptionsgleichgewichte[6]) wird gezeigt, daß für diesen Fall die obere Grenze des Einflusses durch den Platzbedarf der nach der Anzahl der eingenommenen Elementarplätze äquivalenten Menge des zweiten Gases gegeben wird. In der Regel wird diese obere Grenze nicht erreicht. Für zusammengesetzte Oberflächen ist der zweite Grenzfall typisch, nämlich die völlig unabhängige Adsorption zweier Gase, weil sich diese an verschiedenen Gruppen und Typen von Bereichen festsetzen.

Anders liegen die Dinge mit den Adsorptions- und Desorptionsgeschwindigkeiten. Es gibt eine schmale Gruppe von Bereichen, auf die sich die Desorption wegen besonders günstigen Werten von E fast ausschließlich beschränkt; infolgedessen kann eine adsorbierte Beimischung, die eine Verschiebung der Grenze der vom Hauptgas besetzten Verteilung bewirkt, starken Einfluß auf die Geschwindigkeit haben. In dieser Hinsicht sind besonders die Fälle ohne Abklingen oder mit langsamem Abklingen der Desorption interessant.

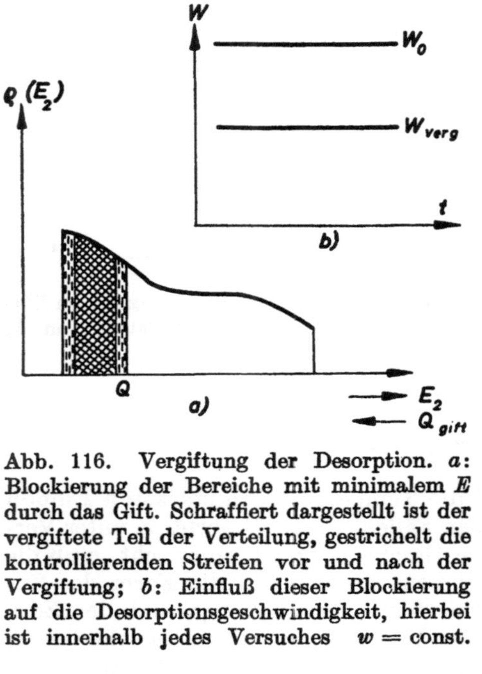

Abb. 116. Vergiftung der Desorption. *a*: Blockierung der Bereiche mit minimalem E durch das Gift. Schraffiert dargestellt ist der vergiftete Teil der Verteilung, gestrichelt die kontrollierenden Streifen vor und nach der Vergiftung; *b*: Einfluß dieser Blockierung auf die Desorptionsgeschwindigkeit, hierbei ist innerhalb jedes Versuches $w = \text{const.}$

Eine Fremdsubstanz, vorwiegend die Bereiche mit minimalem E_2, muß den kontrollierenden Streifen verschieben, und zwar infolge eines starken antibaten Verlaufs der Adsorptionswärmen der Fremdsubstanz mit dem E_2 des Hauptgases oder infolge eines symbaten Ganges der Aktivierungsenergie der Adsorption des Giftes mit E_2 (Abb. 116). Die Größe dieser Verschiebung ΔE längs der E-Achse, der Haupteffekt der Fremdsubstanz, ist um so bedeutender, je kleiner der Wert $\varrho(E_2)$ im Minimum ist. Ähnliche Effekte sind auch in der Adsorptionskinetik möglich.

Sowohl dem Mechanismus als auch den kinetischen Gesetzen nach ähnelt die Vergiftung der Desorptionsprozesse bei schwachem Abklingen stark der Vergiftung einfacher katalytischer Reaktionen. Deren Theorie, die im dritten Teil (Kapitel 4) entwickelt wird, liefert den unmittelbaren Zusammenhang der Vergiftungsisotherme $A = A(g)$ (A Aktivität, g adsorbierte Menge des Giftes) mit der Verteilungsfunktion der Bereiche über E und Q. Bei einem solchen Mechanismus kann man sich vorstellen, daß es möglich ist, die Desorption durch geringe Mengen eines Fremdgases zu verhindern; dieses Fremdgas blockiert nämlich die Desorptionsschleusen, d. h. die Bereiche mit minimalen Aktivierungsenergien des Desorptionsprozesses.

Analog ist auch eine starke Beschleunigung der Desorption durch ein zweites Adsorbat nicht ausgeschlossen; sie würde im wesentlichen einen rein kinetischen

Effekt darstellen, etwa in der Art der Promotorwirkung. Man kann sie jedoch auch als unmittelbare Verdrängung ansehen, die auf der Besetzung eines Teils der Oberfläche durch das Gift beruht. Angenommen, E_2 und Q seien symbat, und ein beschränkter Teil des Adsorbats, der in der Schicht enthalten ist, sei entsprechend einem Quasigleichgewicht verteilt. Dann nimmt die gegebene Menge q_0 einen gewissen Teil der Verteilung von $Q_{\max}$ bis Q bzw. von $E_{2\min}$ bis E_2 ein. Dieser beschränkte Wert E_2 bestimmt auch in erster Linie die Desorptionsgeschwindigkeit (dabei wird angenommen, daß das Gleichgewicht zwischen adsorbierter Schicht und Gas sich wesentlich langsamer einstellt als das Gleichgewicht in der Schicht). Eine Besetzung der Oberfläche durch eine gewisse Menge eines Kontaktgiftes an der Seite größerer Q verschiebt das Gebiet der besetzten Bereiche nach links und ändert die Größen E_{gr} und E_{beob} um eine Größe ΔE, deren Abhängigkeit von dem g des Giftes leicht angegeben werden kann, ebenso wie die Geschwindigkeitsgleichung für diesen Fall der Promotorwirkung (Abb. 117).

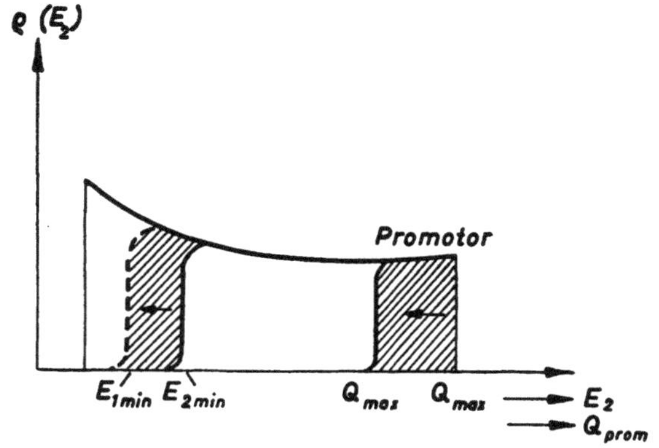

Abb. 117. Promotorwirkung bei der Desorption durch Verschiebung von $E_{2\min}$ in Richtung kleinerer E_2.

Solcherart sind die Zusammenhänge bei großer Seitenbeweglichkeit in der Schicht und bei fester Grenze der Aktivierungsenergien.

Für die abklingende Desorption ist der Einfluß von Fremdsubstanzen im Grunde ähnlich, jedoch ist die ganze Sachlage komplizierter. Besetzt das Gift einen Streifen mit minimalen Werten von E_{des}, so bedeutet dies, daß die Desorption mit verminderter Geschwindigkeit und gesteigerter Aktivierungsenergie beginnt, daß sie aber dann genau so verläuft wie die Desorption von einer unvergifteten Oberfläche. Die Änderung der Anfangsgeschwindigkeit als Funktion der Menge des Giftes ist die gleiche wie im vorhergehenden Fall, jedoch ändert sich hier nur die Anfangsgeschwindigkeit, während sich bei der langsam abklingenden Sorption die für den ganzen Prozeß konstante Geschwindigkeit änderte.

In allen diesen Überlegungen war die unabhängige Variable die Menge der zweiten Substanz, die an der Oberfläche adsorbiert ist. Auch die Herleitung der Abhängigkeiten $w(g)$ und $\lambda(g)$ von der Gleichgewichtskonzentration des Kontaktgiftes bei dessen reversibler Adsorption ist nicht schwierig[7]). Man erhält eine für alle Verteilungstypen gemeinsame Abhängigkeit, falls Q_{des} des Giftes sich antibat mit der Desorptionsenergie der Grundsubstanz ändert:

$$\lambda(\pi) \cong \frac{\lambda_0}{\pi^m}, \tag{28}$$

oder falls $\lambda_0 = 1$ ist:

$$\lambda(\pi) \cong \pi^{-m}, \tag{28a}$$

dabei ist π der Partialdruck des Giftes und m ein Zahlenkoeffizient, der mit Annäherung der Verteilung an eine inhomogene gleichförmige Verteilung gegen Eins geht. Im Fall der reversiblen Adsorption der zweiten Substanz hat man neben der Vergiftung des Desorptionsprozesses auch die Möglichkeit einer Aktivierung (Promotorwirkung) zu berücksichtigen, die auf einer Verschiebung der ganzen im Diagramm $\varrho(E)$ besetzten Bereichsgruppe in Richtung kleinerer Aktivierungsenergien beruht.

Im Fall des nichtabklingenden Prozesses kann dies eine Änderung der konstanten Geschwindigkeit proportional π^m bewirken. Im Fall der abklingenden Kinetik kann man für die Anfangsgeschwindigkeit einen ähnlichen Einfluß erwarten.

Wir fassen nun die Haupteigenschaften der Desorption von stark inhomogenen Oberflächen zusammen.

1. Man kann die Desorptionsprozesse nach ihrem kinetischen Gesetz in schnell abklingende, langsam abklingende und praktisch nicht abklingende einteilen.

2. Die Methode des kontrollierenden Streifens ergibt im ersten Fall dieselben Gleichungen wie im Fall der Kinetik der Adsorption an inhomogenen Oberflächen. Im zweiten und dritten Fall kann man Gesetze erster bzw. nullter Ordnung erwarten.

3. Die Kinetik wird bestimmt durch den symbaten oder antibaten Gang der kinetischen Ausgangsgrößen und durch die Geschwindigkeiten der Lateralbeweglichkeit und der Ablösung der Molekeln von der Oberflächenschicht, wobei die Bedingungen für das Auftreten bestimmter kinetischer Typen bei der Desorption entgegengesetzt den Bedingungen für das Auftreten der gleichen Typen bei der Adsorption sind.

4. Es besteht eine tiefgreifende und umfassende Analogie zwischen den kinetischen Gleichungen für Adsorption und Desorption für sämtliche Grundfunktionen, nämlich die kinetischen Isothermen, Isochronen, Isosteren und die Funktionen, welche die Abhängigkeit der differentiellen Aktivierungsenergien von der adsorbierten Menge angeben.

5. Völlig analog sind auch die Gleichungen zur Bestimmung der Verteilung der Bereiche über die Aktivierungsenergien aus den kinetischen Daten.

6. Spezifisch für die Desorption ist die Möglichkeit des Auftretens von Reliktzonen in der Verteilung, die vom Adsorbat besetzt bleiben, ferner die Effekte, die auf einer nicht mit Desorption verbundenen Umlagerung in der Schicht beruhen.

7. Neu ist die im Experiment noch nicht realisierte Möglichkeit einer beschleunigenden Wirkung bestimmter adsorbierter Fremdsubstanzen auf die Desorption.

Literatur

1. Кобозов, Н. И., и Гольдфельд, Ю. Б., Журнал Физической Химии (N. I. KOBOSEW und J. B. GOLDFELD, J. physik. Chem.), **10**, 261 (1937).
2. Волькенштейн, Ф. Ф., Журнал Физической Химии (F. F. WOLKENSTEIN, J. physik. Chem.), **21**, 163 (1947).

3. Темкин, М. И., журнал Физической Химии (M. I. TJOMKIN, J. physik. Chem.), **15**, 314 (1941).
4. Гринберг, Г. А., Журнал Эксперементальной и теоретической Физики (G. GREENBERG, J. expt. theor. Physik), **1**, 245 (1931).
5. Ленгмюр, И., Успехи химии (I. LANGMUIR, Fortschr. Chem., **2**, 649 (1933).
6. Тодес, О. М., Журнал Пригладной Химии (O. M. TODES, J. angew. Chem.), **18**, 591 (1945).
7. Рогинский, С. З., Доклады Академии Наук СССР (S. S. ROGINSKI, Ber. Akad. Wiss. UdSSR), **47**, 430, 579 (1945).

KAPITEL 5

Adsorption von Gemischen

Die Statik der unspezifischen Adsorption von Gemischen im Gebiet hoher Bedeckungen und der Kapillarkondensation ist theoretisch und experimentell gut untersucht[1]). Die Entwicklung der Dynamik dieser Erscheinungen ist eng verbunden mit der Chromatographie von ZWET[2]) und mit der Rekuperationstechnik. Für die Katalyse sind interessanter die spezifische Chemisorption von Gemischen bei Gesamtbesetzungen, welche die monomolekulare Schicht nicht erreichen, und die Verknüpfung dieser Chemisorption mit anderen weniger spezifischen Arten der Adsorption.

Bis in neueste Zeit ist dieser Typ der Sorption von Gemischen theoretisch völlig ungeklärt geblieben. In letzter Zeit jedoch gelang es, seine Besonderheiten durch Anwendung der Methode des kontrollierenden Streifens aufzuklären.

In unserer nun folgenden Darstellung der Ergebnisse einer Anwendung dieser Methode auf die Adsorption von Gemischen werden wir die mathematischen Entwicklungen zu den Adsorptionsgleichgewichten nicht in extenso darlegen, da diese in Zeitschriftenartikeln schon eingehend untersucht worden sind[3]). Im Gegensatz dazu werden die physikalischen Voraussetzungen der Theorie und die früher nirgends dargestellte Kinetik eingehend abgehandelt.

§ 1: *Adsorption von Gemischen an homogenen Oberflächen*

In den allermeisten Fällen erfolgt eine Adsorption aus einem Gemisch; selbst dann, wenn wir von einer Adsorption einzelner Substanzen reden, haben wir es in Wirklichkeit gewöhnlich nur mit einer stark vorherrschenden Adsorption einer Substanz gegenüber den übrigen zu tun.

Der Charakter der Adsorption von Gemischen ist im Gebiet großer und kleiner Besetzungen ganz verschieden. Im ersten Fall hat man das Adsorbat an der Oberfläche als einheitliche Phase aufzufassen, die im adsorbierten Zustand in ihren Eigenschaften von jeder der Komponenten verschieden ist. Bei entsprechender Wahl der Temperatur und der Partialdrucke kondensiert sich das Adsorbat in den Poren und Kapillaren des Adsorbens als Flüssigkeit: es entsteht eine flüssige Lösung. Hierbei sind starke Abweichungen von der Additivität möglich. Die Stabilitätsbedingungen sind in mancher Hinsicht ähnlich den Bedingungen, die für die üblichen Lösungen typisch sind. Vom thermodynamischen Standpunkt aus wurde dieses Problem besonders von SHUCHOWITZKI[3]) untersucht.

Bei kleinen Besetzungen treten an die Stelle von Kondensation und Lösung die Konkurrenz der verschiedenen Bereiche der Oberfläche und die gegenseitige Verdrängung der Molekeln.

Wir wenden die oben für die Adsorption einer einzelnen Substanz entwickelte Methode auf die Adsorption eines Gemisches an.

Wir greifen einen beliebigen Bereich der Oberfläche heraus, der von einer Molekel besetzt werden kann, und untersuchen, wie lange Zeit er im Mittel von den Molekeln jeder der Komponenten des Gemisches besetzt ist und wie lange er ganz unbesetzt ist. Die Molekel eines beliebigen i-ten Gases, die an diesem Bereich adsorbiert ist, bleibt dort im Mittel während einer Zeit

$$\tau_i = \tau_{0i} e^{+Q_i/RT} \tag{1}$$

sitzen. Der mittlere Zeitraum $\varDelta_i$ zwischen zwei Stößen von Molekeln des i-ten Gases gegen den freien Bereich, die zu einer Adsorption führen können, ist

$$\varDelta_i = \bar{\beta}\vartheta_i = \frac{\varDelta_{i0}}{p}, \tag{2}$$

wobei ϑ_i der mittlere Zeitraum zwischen zwei Stößen gegen den Bereich und $\bar{\beta}$ ein Koeffizient, und zwar der Kehrwert des Haftkoeffizienten, ist. Der Anteil der Gesamtzeit, in dem der Bereich durch das gegebene i-te Gas besetzt ist, ist um so größer, je länger eine Molekel dieses Gases jedesmal an der Oberfläche bleibt und je kürzer die Zeit bis zum nächsten wirksamen Stoß ist:

$$\theta_{\tau_1} : \theta_{\tau_2} : \theta_{\tau_3} : \ldots = \frac{\tau_1}{\varDelta_1} : \frac{\tau_2}{\varDelta_2} : \frac{\tau_3}{\varDelta_3} = \frac{p_1}{b_1} = \frac{p_2}{b_2} = \frac{p_3}{b_3} = \ldots \tag{3}$$

Unter Benutzung dieser Gleichungen gelangen wir sofort zu den von den verschiedenen Gasen besetzten Anteilen der Oberfläche.

Für zwei beliebige Paare von Gasen i und k ist

$$\theta_i : \theta_k = \frac{p_i}{b_i} : \frac{p_k}{b_k} = \frac{p_i}{b_{0i}} e^{+Q_i/RT} : \frac{p_k}{b_{0k}} e^{+Q_k/RT} \tag{4}$$

oder

$$\frac{\theta_i}{\theta_k} = \frac{p_i\, b_{0k}}{p_k\, b_{0i}} e^{+\frac{Q_i - Q_k}{RT}}. \tag{4a}$$

Der Anteil der Oberfläche, an dem gar keine Molekel sitzt, ist

$$\Psi = 1 - \Sigma_j\, \theta_j = 1 - \Phi. \tag{5}$$

Hieraus geht hervor, daß, solange die Oberfläche völlig vom Adsorbat besetzt ist, der Absolutwert jedes θ_j gleich dem Verhältnis p_j/b_j (proportional $\tau_j/\varDelta_j$) zur Summe aller p_i/b_i ist. Sind freie Plätze vorhanden, so tritt im Nenner als Summand zusätzlich die Eins auf, die das Vorhandensein der unbesetzten Bereiche berücksichtigt, d. h., diese Bereiche werden gewissermaßen durch das

Vorhandensein einer weiteren konkurrierenden Komponente mit dem Verhältnis $p/b = 1$ berücksichtigt*.

Wir können also für θ_i schreiben:

$$\theta_i = \frac{p_j/b_j}{1 + \Sigma p_i/b_i}, \tag{6}$$

und für Ψ, behandelt als Anteil der Oberfläche, der auf das Gas mit $p_i/b_i = 1$ kommt:

$$\Psi = \frac{1}{1 + \Sigma p_j/b_j} \tag{7}$$

und

$$\Phi = \Sigma\theta_j = 1 - \Psi = \frac{\Sigma p_j/b_j}{1 + \Sigma p_j/b_j}. \tag{8}$$

Ist in der Summe ΣQ_j eines der Verhältnisse p_x/b_x wesentlich größer als die übrigen, so tritt eine starke Blockierung durch die betreffende Substanz X ein. Hierbei vereinfacht sich der Nenner in den Ausdrücken (6), (7) und (8), und wir erhalten für θ_i, Ψ und Φ folgende Gleichungen:

$$\theta_i \cong \frac{p_i/b_i}{1 + p_x/b_x}; \tag{6a}$$

$$\Psi \cong \frac{1}{1 + p_x/b_x}; \tag{7a}$$

$$\Phi \cong \frac{p_x/b_x}{1 + p_x/b_x}. \tag{8a}$$

Ist gleichzeitig $p_x/b_x \gg 1$, so treten weitere Vereinfachungen auf:

$$\theta_i \cong \frac{p_i/b_i}{p_x/b_x} = \frac{p_i/b_{0x}}{p_x/b_{0i}}\, e^{\frac{Q_i - Q_x}{RT}}; \tag{9}$$

$$\Psi \cong \frac{b_x}{p_x} = \frac{b_{0x}}{p_x}\, e^{-Q_x/RT}; \tag{10}$$

$$\Phi \approx 1. \tag{11}$$

All dies bezog sich auf Gasgemische, deren Molekeln bei der Adsorption keine Änderungen ihrer Abmessungen erfahren. Werden die Gase sämtlich oder zum Teil unter Dissoziation oder Assoziation adsorbiert, so treten an Stelle von b_i/p_i in allen Ausdrücken die Größen b_i^y/p_i^y auf. An Stelle von Gleichung (4a) erhalten wir dann also

$$\frac{\theta_{i,y}}{\theta_k} = \frac{p_i^y\, b_{0k}}{p_k\, b_{0i}^y}\, e^{\frac{yQ_i - Q_k}{RT}}, \tag{12}$$

---

* Die Notwendigkeit der Einführung einer weiteren Komponente, welche die unbesetzten Plätze berücksichtigt, ist offensichtlich:

$$\theta_i = \frac{p_i/b_i}{y + \Sigma p_i/b_i}. \tag{5a}$$

$y = 1$ führt zu der einfachen Bedingung $\theta_i = p_i/b_i$ bei $\Sigma p_i/b_i \ll y$.

falls das i-te Gas unter Änderung der Molekelzahl, das k-te aber ohne solche Änderung adsorbiert wird. Wird dagegen nur das blockierende Gas X unter Änderung der Molekelzahl adsorbiert, so geht Gleichung (9) über in

$$\theta_i = \frac{p_i/b_i}{p_x^y/b_x^y} = \frac{p_i}{p_x^y}\frac{b_{0x}^y}{b_{0i}}\, e^{\frac{Q_i - yQ_x}{RT}} \tag{13}$$

usw. Man kann mit Leichtigkeit das volle Gleichungssystem für die Adsorption von Gemischen an homogenen Oberflächen unter Berücksichtigung einer Assoziation oder Dissoziation bestimmter Komponenten des Gemisches angeben. Die Anzahl der möglichen Varianten ist hierbei sehr groß, sie enthalten jedoch nichts wesentlich Neues.

§ 2: *Adsorption von Gemischen an inhomogenen Oberflächen*

Wie oben bemerkt, wird bei völliger Homogenität der Oberfläche und bei völliger Abwesenheit einer Wechselwirkung der Molekeln untereinander in der Schicht das Adsorptionsgleichgewicht durch eine LANGMUIRsche Adsorptionsisotherme gegeben. Beim Übergang zu inhomogenen Oberflächen wird die Sachlage bedeutend komplizierter. Erstens kann man sich nicht mehr auf mittlere Besetzungen und einheitliche Adsorptionskoeffizienten für die ganze Oberfläche beschränken. Zweitens kann auf der Oberfläche eine Rivalität zwischen den adsorbierten Gasen an den Bereichen verschiedener Art zu verschiedenen Ergebnissen führen. Insbesondere ist eine nichtproportionale Verteilung der verschiedenen Gase auf die Bereiche durchaus nicht unmöglich, wobei durch ihre Verteilung über die Zentren der Oberfläche mit verschiedenen Adsorptionskoeffizienten eine regelrechte Trennung erfolgen kann. Die spezifischen Besetzungen und die Zusammensetzung der haftenden Molekelschicht sind im allgemeinen Fall für die verschiedenen Bereichstypen verschieden. All das muß die Theorie berücksichtigen. Drittens ist auch die Berücksichtigung der Topographie der Adsorption wesentlich, von der die Möglichkeit oder Unmöglichkeit der Reaktion abhängen kann, falls die Adsorption im Zusammenhang mit der Katalyse behandelt wird.

Die Ähnlichkeit der Adsorptionswärmen für bestimmte Bereichsgruppen sagt noch nichts über ihre geometrischen Entfernungen aus. Bereiche des gleichen Typs können weiter voneinander entfernt sein als Bereiche mit sehr verschiedenen Adsorptionseigenschaften. In dieser Hinsicht tritt die formale statistische Theorie der Adsorption an inhomogenen Oberflächen in unmittelbare Beziehung zur physikalischen Theorie der aktiven Oberfläche. Bei einigen Modellen der aktiven Bereiche ist die Nachbarschaft zweier solcher Bereiche ausgeschlossen, bei anderen Modellen findet man dagegen eine bestimmte Gruppierung einzelner Bereiche mit gesteigerten Adsorptionseigenschaften. Durch all dies wird die Entwicklung einer statistischen Theorie der Adsorptionsgleichgewichte von Gemischen an inhomogenen Oberflächen sehr erschwert.

Beim Aufbau einer solchen Theorie geht man naheliegenderweise davon aus, daß sich auf jeden einzelnen Bereich eine LANGMUIRsche Adsorptionsisotherme für das Gemisch anwenden läßt, und summiert dann die Werte der Adsorptionsgrößen über die ganze Oberfläche. Die Gleichungen, die das Verhalten einer solchen Oberfläche bei der Adsorption kennzeichnen, wurden im vorhergegangenen Paragraphen behandelt.

Bei einer zusammengesetzten Oberfläche nimmt man bei vorgegebenen Werten für die Partialdrucke der Komponenten ähnliche Gleichungen für jede Gruppe ähnlicher Bereiche an, aber mit verschiedenen Werten b_k und b_i, deren Änderung in erster Linie auf der Änderung der Adsorptionswärmen jedes der Gase beim Übergang von einer Bereichsgruppe zur anderen beruht. In komplizierteren Fällen sind auch merkliche Unterschiede in den Werten der Faktoren vor dem Exponentialausdruck für die verschiedenen Bereiche möglich.

§ 3: *Der Zusammenhang zwischen den Adsorptionswärmen der verschiedenen Substanzen*

Das Verhältnis der spezifischen Besetzungen der Oberfläche durch die verschiedenen Substanzen wird für jede Gruppe identischer Bereiche durch die Partialdrucke und die Adsorptionswärmen bestimmt:

$$\theta_1 : \theta_2 : \ldots = \frac{p_1}{b_{01}} e^{\frac{Q_1}{RT}} : \frac{p_2}{b_{02}} e^{\frac{Q_2}{RT}} : \ldots \tag{4a}$$

Während die Partialdrucke p_i für das System als Ganzes gegebene Parameter sind, deren Werte aus den Bedingungen des Experiments zu bestimmen sind und im einfachsten, leicht realisierbaren Fall für die ganze Oberfläche übereinstimmen, werden die Zusammenhänge zwischen den Adsorptionswärmen der verschiedenen Gase an den Bereichen der verschiedenen Gruppen durch die Statistik der Oberflächenbereiche und die Natur der Oberflächenkräfte bestimmt. Diese Faktoren liefern den Zusammenhang zwischen den Verteilungen der Bereiche über die Wärmen für die verschiedenen Gase: $\varrho(Q_1)$; $\varrho(Q_2)$; $\varrho(Q_3)$ usw. sowie die Art des Zusammenhanges zwischen den verschiedenen Q_i für einen bestimmten Bereich.

Nach der Natur der vorherrschenden Kräfte kann man alle Typen der Adsorption in drei Gruppen einteilen: 1. die VAN DER WAALSsche Adsorption, bei der die unspezifischen Dispersionskräfte vorherrschen, 2. die elektrostatische Adsorption, bei der die Wechselwirkungskräfte zwischen den geladenen Teilchen der Oberfläche und den konstanten oder induzierten Dipolen des Adsorbats die Hauptrolle spielen; 3. die chemische Adsorption, bei der die Austausch-Resonanzkräfte vorherrschen.

1. Die VAN DER WAALSsche Adsorption. Die VAN DER WAALSsche Adsorption, häufig auch als molekulare Adsorption bezeichnet, beruht auf der Anziehung der adsorbierten Molekel durch alle Elementarteilchen, die den Kristall bilden.

Die in diesem Fall wirkenden Kräfte beruhen auf der wechselnden Dichte der Elektronenwolke jedes Atoms. Sie sind weder von der Temperatur noch vom Vorhandensein eines äußeren Feldes abhängig und beruhen auf der Nullpunktsenergie der Teilchen. Die Schwankung der Elektronendichte erzeugt nun kurzzeitige elektrische Momente (Abb. 118), die mit den entsprechenden Momenten anderer Atome und Molekeln in Wechselwirkung treten können. Da die Orientierung bei der Anziehung zweier solcher veränderlicher Dipole zu einer Verminderung, dagegen die Orientierung bei der Abstoßung zu einer Zunahme der potentiellen Energie führt, so muß die erstere häufiger eintreten, was zu einem Überwiegen der Anziehung führt. LONDON zeigte[4]), daß die potentielle Energie dieser Anziehung für zwei Teilchen durch den Ausdruck

$$\varphi = -\frac{C\alpha_1 \alpha_2}{r^6} \tag{14}$$

gegeben wird.

Der Koeffizient C, der in dieser Gleichung auftritt, ist eine Funktion der Ionisationspotentiale I_1 und I_2 der beiden Teilchen und läßt sich noch nicht mit hinreichender Genauigkeit berechnen; α_1 und α_2 sind die Polarisierbarkeiten der Teilchen, die man aus den Brechungsindizes bestimmen kann; r ist der Abstand zwischen den Mittelpunkten der beiden Molekeln.

Das gesamte Anziehungspotential einer Molekel, die sich im Feld der Dispersionskräfte eines festen Körpers befindet, ist gleich der Summe sämtlicher Teilchenpotentiale, welche die Wechselwirkung jedes der Teilchen des Kristalls mit der adsorbierten Molekel kennzeichnen, d. h. die Dispersionskräfte wirken streng additiv. Ersetzen wir die Summe durch ein Integral über die drei Raumkoordinaten, so senken wir damit den Exponenten bei r im Nenner des Ausdrucks für das Adsorptionspotential um drei Einheiten. [Bei strengerer Behandlung führt man die Summierung unmittelbar durch[5])]:

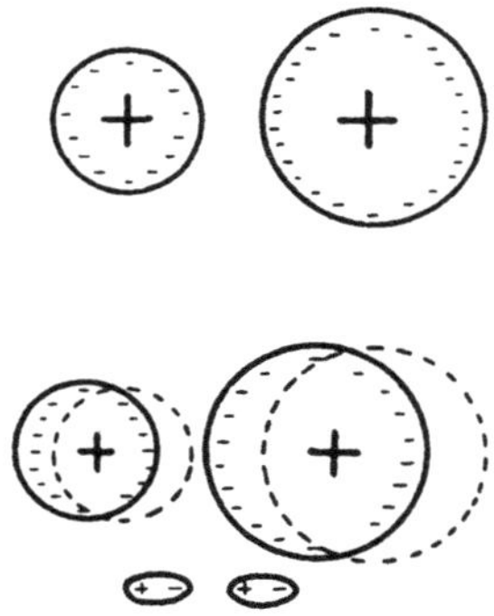

Abb. 118. Die Dispersionskräfte als Folge der Schwankungen der Elektronendichte in den Atomen, die zum Auftreten kurzzeitiger elektrischer Momente führen.

$$V = -\iiint_d^{\infty} \frac{C'_{\alpha_1\alpha_2}}{r^6}\, r^2\, dr\, d\vartheta\, d\Omega. \tag{15}$$

In Gleichung (15) sind die cartesischen Koordinaten durch sphärische ersetzt, weil dadurch die Integration einfacher wird. Infolge der Integration wird die Variable r durch den konstanten Durchmesser der Molekel d ersetzt, der eine Integrationsgrenze darstellt. Der Ausdruck für das gesamte Adsorptionspotential der Molekel an einer ebenen Oberfläche nimmt dann die Form an:

$$V = -\frac{C\alpha_n \alpha_a}{d^3}, \tag{16}$$

wobei α_n die Polarisierbarkeit des Gitteratoms und α_a die Polarisierbarkeit der adsorbierten Molekel ist. Da das Potential mit r^{-6} abnimmt, wirken die Bereiche der Oberfläche in unmittelbarer Nachbarschaft der gegebenen Molekel des Adsorbats viel stärker als die übrigen; trotzdem ist aber das Dispersionspotential, das durch ein einzelnes Gitteratom erzeugt wird, sehr klein gegen das Potential des Gesamtkristalls. Wesentliche Unterschiede in der Größe des Adsorptionspotentials für die verschiedenen Bereiche können entweder durch sekundäre

Strukturen — Spalten, Poren usw.[6]) — oder durch Einschluß ganzer Körner (Inseln) eines Materials mit einem anderen Wert α_n auftreten.

In Abb. 119 ist die Erhöhung des Potentials einer dispersiven Adsorption in einem engen Spalt dargestellt, in Abb. 120 der gleiche Effekt in der Nähe einer eingeschlossenen Gruppe von Fremdatomen. Unabhängig vom Ursprung der Inhomogenität des Adsorptionspotentials und der damit zusammenhängenden Adsorptionswärme läßt sich für jeden Punkt der Oberfläche das Potential der VAN DER WAALSschen Adsorption für jede Molekel als Produkt aus einem Faktor, der den gegebenen Oberflächenbereich, und einen Faktor, der das Adsorbat kennzeichnet, beschreiben. Infolgedessen müssen sich beim

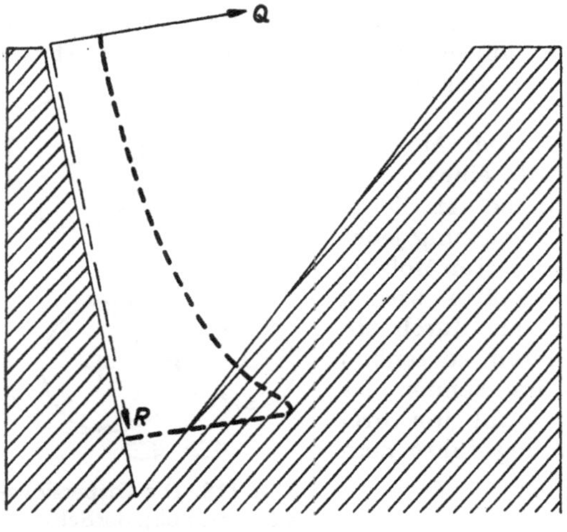

Abb. 119. Zunahme des Adsorptionspotentials in einer Spalte infolge der Additivität der Dispersionspotentiale.

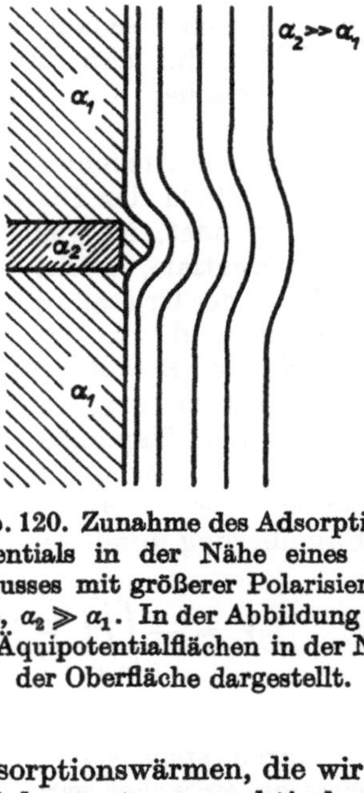

Abb. 120. Zunahme des Adsorptionspotentials in der Nähe eines Einschlusses mit größerer Polarisierbarkeit, $\alpha_2 \gg \alpha_1$. In der Abbildung sind die Äquipotentialflächen in der Nähe der Oberfläche dargestellt.

Übergang von einem Bereich zum anderen die Adsorptionswärmen, die wir der Einfachheit halber durch die Adsorptionspotentiale ersetzen, praktisch proportional zueinander ändern. In der Tat ist in erster Näherung

$$Q_i \cong \varphi_i \cong \frac{\alpha_{\text{ob}}\ \alpha_i}{d_i^3} \cong \alpha_{\text{ob}} \cdot g_i, \tag{17}$$

wobei α_{ob} und α_i die Polarisierbarkeiten der Atome des Adsorbens und der Atome (der Molekeln) der i-ten Sorte des Adsorbats bedeuten. Beim Übergang von einem Oberflächenbereich zu einem anderen kann sich die Größe α_{ob} ändern, wobei der Faktor g_i, der das Adsorbat kennzeichnet, konstant bleibt. Hieraus folgt, daß das Verhältnis der Adsorptionswärmen zweier verschiedener Gase in erster Näherung konstant sein muß:

$$\frac{Q_i}{Q_j} \cong \frac{g_i}{g_j} = \beta_{ij} = \text{const}, \tag{18}$$

und zwar für alle Punkte der Oberfläche, obwohl die Größen Q_i und Q_j sich von Bereich zu Bereich ändern können. Die Änderungen von Q_i und Q_j müssen stets gleichsinnig (symbat) verlaufen.

Nach den bekannten Beziehungen zwischen der Polarisierbarkeit α_i, der Konstanten aus der VAN DER WAALSschen Gleichung a_i und der kritischen Temperatur $T_{i,\mathrm{kr}}$ können wir angenähert entnehmen:

$$\beta_{ij} \cong \frac{\alpha_i}{\alpha_j} \cong \sqrt{\frac{a_i}{a_j}} \cong \sqrt{\frac{T_{i,\mathrm{kr}}}{T_{j,\mathrm{kr}}}}. \tag{19}$$

Bei dieser Schreibweise vernachlässigen wir die Unterschiede in der Größe d. Das ist nicht immer zulässig.

2. **Die elektrostatische Adsorption.** Es gibt mehrere Typen elektrostatischer Adsorption, die eingehend von FRENKEL, LORENTZ, ILJIN, MAGNUS, FRUMKIN u. a. untersucht wurden[7–8]). In der klassischen Elektrostatik wird gezeigt, daß immer, wenn sich ein Körper mit einem Dipolmoment einer Metalloberfläche nähert, zwischen beiden eine elektrische Anziehung auftritt, die äquivalent der Wechselwirkung zweier Dipole mit entgegengesetzten Vorzeichen ist. Dabei liegt der zweite Dipol dort, wo sich das Spiegelbild des ersten in bezug auf eine spiegelnde Oberfläche befinden würde. Das Potential dieser Bildkraft ist proportional dem Quadrat des Dipolmoments μ^2 und umgekehrt proportional dem Kubus des Abstandes des Dipols von der Oberfläche l (Abb. 121), wie aus Gleichung (20) ersichtlich ist. Der $\cos^2 \vartheta$ berücksichtigt in dieser Gleichung die Abhängigkeit des Wechselwirkungspotentials von der Orientierung des Dipols zur Oberfläche; ϑ ist der Winkel zwischen der Achse des Dipols und der Oberfläche.

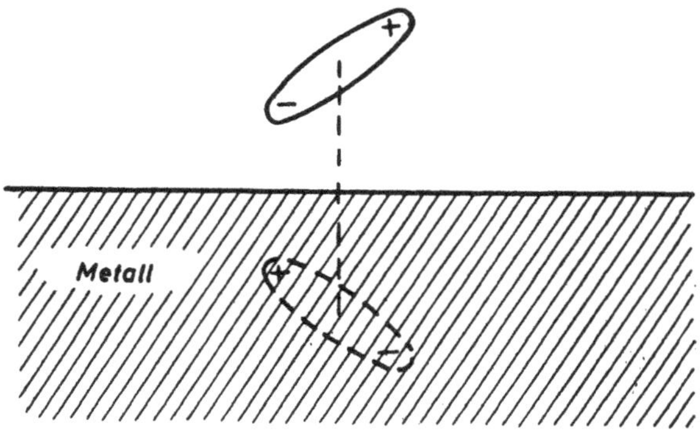

Abb. 121. Bildkraft zwischen einer Dipolmolekel und einem Metall.

$$\varphi \sim -\frac{\mu^2}{l^3}(2 - \cos^2 \vartheta). \tag{20}$$

Ein zweiter charakteristischer Fall der elektrostatischen Adsorption ist die Adsorption einer Molekel mit einem konstanten Dipolmoment an der Oberfläche eines Ionengitters, das aus gleichnamigen oder ungleichnamigen Ionen besteht.

Die elektrische Feldstärke an der Oberfläche eines Ionengitters wurde für die einfachsten Kristalltypen von LENNARD-JONES[9]), DE BOER[10]), LENEL[11]) u. a. berechnet. In unmittelbarer Nähe eines einwertigen Ions beträgt die Feldstärke

$$E_f = \frac{e}{r^2}, \tag{21}$$

wobei e die Ladung des Ions und r der Abstand ist.

Bei größerem Abstand von einer Gitterebene, die Ionen beider Vorzeichen enthält, nimmt das elektrische Feld schnell nach einem Exponentialgesetz ab[12]):

$$E_f = \frac{32\pi e}{a^2} \exp\left(-2\pi \sqrt{2}\, \frac{r}{a}\right), \tag{22}$$

dabei ist a der halbe Abstand zwischen zwei gleichnamigen Ionen im Gitter.

Die Kraft, mit der ein geladenes Teilchen durch die Oberfläche am gegebenen Ort angezogen wird, ist gleich dem Produkt der Feldstärke E_f mit der Ladung des Ions oder für eine polare Molekel mit dem Dipolmoment:

für das Ion $$F = E_f \cdot e, \tag{23}$$

für den Dipol $$F = E_f\, \mu \cdot \cos \Psi, \tag{24}$$

wobei Ψ der Winkel zwischen der Achse des Dipols und der Normalen auf die Oberfläche ist.

In den verschiedenen Punkten der Oberfläche sind die Feldstärke E_f und das Potential der elektrischen Kräfte verschieden. Wie eine Rechnung zeigt, ist für einen idealen polaren Kristall das Potential minimal über der Mitte glatter, geordneter Kristallebenen und maximal an den Ecken, wo es auch langsamer mit dem Abstand abnimmt, da die Kompensation durch die entgegengesetzt geladenen Ionen abgeschwächt ist. An Kristallkanten hat der Wert von E_f dazwischenliegende Werte.

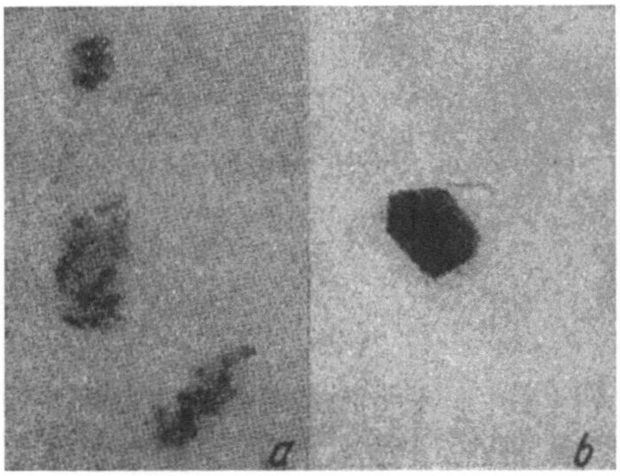

Abb. 122. *a*: Autogramm des Radioisotops des Bleis ThB, adsorbiert aus einer Bleibromidlösung durch Bariumbromidkristalle; *b*: zum Vergleich ein Autogramm des Radioisotops *ThX*, das gleichmäßig über die Bariumbromidkristalle verteilt ist, und zwar in fester Lösung mit Radiumbromid.

Noch größer ist die elektrische Feldstärke in Zonen nicht abgeschlossenen Wachstums.

Ähnliche Ergebnisse erhält man für das Potential der elektrostatischen Adsorption in den Fällen, wo die adsorbierte Molekel kein konstantes elektrisches Moment besitzt, aber dafür eine hohe Polarisierbarkeit. Die Adsorptionsenergie ist in diesen Fällen proportional der Polarisierbarkeit der Molekel. Als ausgezeichneter Indikator für die Stellen mit maximalen Potentialen der elektrostatischen Adsorption können Ionen radioaktiver Isotope dienen. Die aus der Lösung adsorbierten Ionen häufen sich an den Stellen mit maximalem Adsorptionspotential an. Die Radiogramme, die man bei der Einwirkung der Strahlung des Adsorbats auf eine Photoplatte erhält, zeigen ganz anschaulich die Verteilung des Adsorbats über die Oberfläche. Ein Beispiel für solche „Autogramme" adsorbierter Ionen ist in Abb. 122 dargestellt. Abb. 123 zeigt den Verlauf der Kurven für das Adsorptionspotential und der Äquipotentialkurven für die Adsorption auf einer Metalloberfläche nach LENNARD-JONES.

Dies sind die grundlegenden Formeln für das Adsorptionspotential an Metallen und an Ionenkristallen. In diese Ausdrücke gehen von den Größen, die die Molekel kennzeichnen, nur die Dipolmomente und die Polarisierbarkeiten ein, so daß sich beim Vergleich der Adsorption zweier Gase, falls diese nach dem gleichen Mechanismus erfolgt, ihre Energien beim Übergang von Bereich zu Bereich gleichsinnig, d. h. symbat, ändern müssen.

Für eine Reihe elektrostatischer Modelle der Wechselwirkung der Molekeln des Adsorbats mit der Oberfläche erhält man also leicht Ausdrücke, die der Gleichung (18) entsprechen und nur etwas andere Werte der Koeffizienten β_{ij} aufweisen. So geht zum Beispiel für die Adsorption von Dipolmolekeln mit den

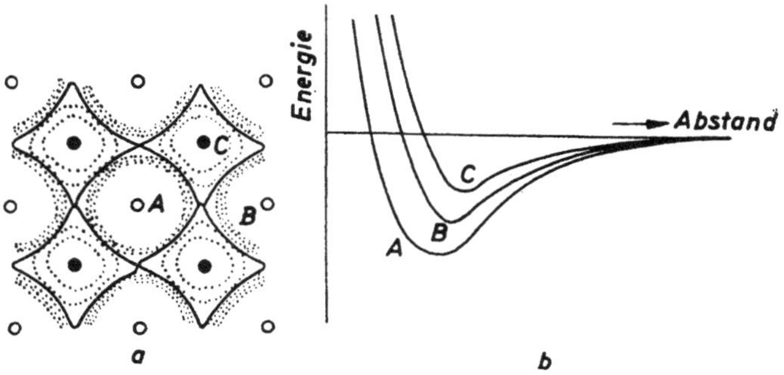

Abb. 123. *a*: Die ausgezogenen Linien stellen die Äquipotentialkurven des Adsorptionspotentials an einer Metalloberfläche nach LENNARD-JONES dar. Die Punkte *A*, *B* und *C* entsprechen drei Typen aktiver Zentren mit verschiedenen Werten des Adsorptionspotentials. *b*: Potentialkurven an diesen drei Punkten.

Dipolmomenten μ_i und μ_j an einer Metalloberfläche, auf der die Bildkraft den überwiegenden Anteil stellt, in den Koeffizienten β_{ij} als Grundgröße das Verhältnis der beiden Dipolmomente ein:

$$\beta_{ij} \sim \left(\frac{\mu_i}{\mu_j}\right)^2, \tag{25}$$

während bei der Adsorption leicht polarisierbarer Molekeln an einem Ionengitter, ebenso im Fall der Dispersionskräfte, das Verhältnis der Polarisierbarkeiten die Hauptrolle spielen muß:

$$\beta_{ij} \sim \frac{\alpha_i}{\alpha_j}. \tag{26}$$

Im Fall der Adsorption eines permanenten Dipols an einem Ionengitter ist

$$\beta_{ij} \sim \frac{\mu_i}{\mu_j} \tag{26a}$$

usw. In der Regel gilt bei elektrostatischer Adsorption als gute Näherung

$$Q_i = \beta_{ij} Q_j. \tag{27}$$

Für zwei wichtige Typen der Adsorption, nämlich für die molekulare und die elektrostatische, haben wir also Grund zu der Annahme, daß bei gleichzeitiger Adsorption verschiedener Molekeln nach ähnlichen Mechanismen ein symbates

Verhalten aller Adsorptionswärmen und ein ungefähr linearer Zusammenhang zwischen diesen Größen vorliegt.

3. Die chemische Adsorption. Der Fall der chemischen Adsorption ist von den beiden vorhergehenden scharf unterschieden. Für die chemischen Resonanzkräfte sind kennzeichnend ihre Spezifität, ihre völlige Absättigbarkeit und ihre starke Abnahme mit wachsender Entfernung*. Die Chemie der Oberflächen-Adsorptionserscheinungen ist noch wenig ausgearbeitet. Man kann jedoch mit ziemlicher Sicherheit behaupten, daß die chemischen Oberflächenreaktionen den Volumenreaktionen sehr ähnlich sind. Das gibt uns das Recht, in gewissem Umfang die Gesetzmäßigkeiten, die für die üblichen Volumenreaktionen festgestellt worden sind, auf die Oberflächenreaktionen zu übertragen, wenigstens bei der Erörterung allgemeiner Probleme. Stützt man sich beim Vergleich der Adsorptionsprozesse verschiedener Gase unter dem Einfluß von chemischen Resonanzkräften auf diese Analogien, so kann man folgende Gesetzmäßigkeiten annehmen:

a) Beim Vergleich von Adsorbaten, die ihrem chemischen Charakter nach ähnlich sind, beispielsweise beim Vergleich der Adsorption verschiedener Halogene oder verschiedener Olefine, kann man ein symbates Verhalten in den Änderungen der Adsorptionswärme beim Übergang von einem Bereichstyp zum anderen erwarten. Der Charakter des Zusammenhangs zwischen Q_i und Q_j kann dabei verschieden sein. In einzelnen Fällen kann man eine konstante oder annähernd konstante Differenz zwischen den Wärmen an verschiedenen Bereichen annehmen:

$$Q_i = Q_j + C_{ij}. \tag{28}$$

In anderen Fällen hat man lineare Abhängigkeiten vom Typ (18) oder auch kompliziertere Zusammenhänge anzunehmen.

b) Beim Vergleich der Adsorption von Substanzen, die in ihren Funktionen „antagonistisch" sind, beispielsweise von Gasen mit sauren und solchen mit basischen Eigenschaften oder von Gasen mit ausgeprägt oxydierender mit solchen mit typisch reduzierender Wirkung, kann man ein antibates Verhalten der Adsorptionswärmen erwarten:

$$\frac{dQ_i}{dQ_j} < 0, \tag{29}$$

wobei die Beziehungen zwischen beiden wieder ganz verschieden sein können (Abb. 124).

Das einfachste Beispiel für einen solchen Zusammenhang ist die Beziehung

$$Q_i = C_{ij} - Q_j. \tag{30}$$

c) Schließlich sind Fälle möglich, in denen für zwei chemisorbierte Molekeln gar kein unmittelbarer Zusammenhang zwischen ihren Adsorptionswärmen Q_i und Q_j vorhanden ist.

---

* Es gibt offenbar mehrere verschiedene Typen chemischer Resonanzwechselwirkungen von Molekeln mit der Oberfläche eines festen Körpers: eine Resonanzbindung mit den Oberflächenatomen eines Atomgitters, gekennzeichnet durch scharfe Lokalisierung, eine Bindung mit angeregten Halbleitertermen, an der sich auch die Leitungselektronen beteiligen, eine Bindung unter Ausnutzung der unbesetzten Terme des Atomgitters usw.

Selbst beim Vergleich der Adsorptionswärmen von Gasen, die nach dem gleichen Mechanismus sorbiert werden, sind also neben dem symbaten Verhalten, das für die physikalische Sorption typisch ist, ein antibater Gang oder ein vollständiges Fehlen eines Funktionalzusammenhangs zwischen diesen Wärmen an den verschiedenen Bereichen der Oberfläche möglich.

Die Verbreitung dieser Fälle muß wachsen, wenn man zur Adsorption von Gasen auf Grund von Kräften verschiedener Natur übergeht. Das liegt an den topographischen Besonderheiten der aktiven Bereiche. In der Tat liegen bei der VAN DER WAALSschen Adsorption die Bereiche mit maximalen Adsorptionswärmen in der Tiefe enger Poren und Spalten, dagegen die Bereiche mit minimalen Adsorptionswärmen auf den Spitzen und Kanten der Kristallite. Im Fall der elektrostatischen Sorption am Ionengitter dagegen ist das Potential in den Spalten am kleinsten, hat bei Ionen, die in der Mitte von Flächen liegen, einen mittleren Wert und ist noch größer an Kanten und Spitzen und am größten an Wachstumsstellen.

Dies ist ganz schematisch in Tabelle 3 dargestellt, einer von uns ergänzten Tabelle von DE BOER und CUSTERS[13]).

Beim Vergleich der Adsorption von Kohlenwasserstoffmolekeln, die durch kleine permanente und induzierte elektrische Momente gekennzeichnet sind, mit der Adsorption von Molekeln mit hohen Dipolmomenten oder hoher Polarisierbarkeit, etwa Wasser oder Kohlendioxyd, kann man also einen stark antibaten Gang der Adsorptionswärmen erwarten.

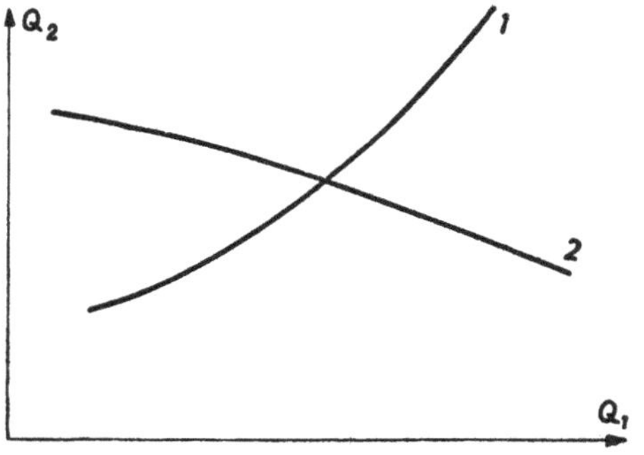

Abb. 124. Symbates (*1*) und antibates Verhalten (*2*) der Adsorptionswärmen.

Bei den Typen der physikalischen Adsorption ist gemeinsam die geringe Empfindlichkeit gegen Störungen der idealen Anordnung und gegen Fremdsubstanzen.

Für die Chemisorption ist die Ursache für die Änderung von Q eine wesentlich andere, da die Form der Oberfläche im allgemeinen Fall keine Rolle spielt. In den typischsten Fällen sind auch zwischen Atomen mit verschiedenem Abschirmungsgrad (Spitzen, Kanten, Flächen) keine starken Unterschiede zu erwarten. Umgekehrt müssen hier der Fehlordnungsgrad sowie das Eindringen bestimmter Fremdsubstanzen ins Gitter oder in die Oberflächenschicht, ferner das Auftreten von Lücken im Gitter von großem Einfluß auf die Adsorptionswärme sein, und zwar nicht nur für ein Atom, sondern in gewissem Maße für ganze Zonen der Oberfläche, wenn auch in verschiedenem Grade für die verschiedenen Atome dieser Zone. Man kann also erwarten, daß zwischen den Adsorptionswärmen zweier Gase, wenn beim einen die Adsorption vorwiegend auf Dispersionskräften, beim anderen vorwiegend auf chemischen Resonanzkräften beruht, kein Funktionalzusammenhang vorhanden ist oder sogar ein antibater Gang der beiden Adsorptionswärmen besteht. Beim Vergleich einer Adsorption infolge chemischer Kräfte mit einer Adsorption auf Grund elektrostatischer Kräfte sind Nichtkorrelation oder symbates Verhalten der

TABELLE 3

Typen der Adsorption

VAN DER WAALSsche Adsorption	Adsorption infolge elektrostatischer Kräfte	Adsorption infolge chemischer Resonanzkräfte
Die Adsorption ist am intensivsten in Vertiefungen und Spalten, minimal an hervorragenden Ecken, Kanten und Spitzen. In Poren und Spalten überwiegt dieser Adsorptionstyp über die Adsorption durch elektrostatische Polarisation. Die adsorbierten Atome liegen zwischen den Atomen der Elementarzellen und ziehen einander an. Ein Einschluß einzelner Fremdatome im Gitter sowie elementare Fehlstellen sind ohne wesentlichen Einfluß auf diesen Adsorptionstyp. Er kommt bei allen Arten fester Körper vor. Leichter Übergang zur Kondensation.	a) Ionengitter. Die Adsorption an hervorragenden Ecken und Kanten ist intensiver als an einer glatten Fläche oder in Spalten. Noch intensiver erfolgt sie an Wachstumsstellen. An diesen aktiven Bereichen kann diese Adsorption stärker sein als die VAN DER WAALSsche. Die adsorbierten Atome liegen unmittelbar über den Ionen der adsorbierenden Oberfläche. Die adsorbierten Ionen stoßen in der Regel einander ab. Von den Fehlstellen sind nur diejenigen von Einfluß auf die Adsorption, die zu einer örtlichen Schwächung der gegenseitigen Kompensation der Felder benachbarter gleichnamiger Atome führen. b) Metall. Die Adsorption an einer glatten Fläche erfolgt durch die Bildkräfte. Möglich für Ionen und Molekeln mit merklichen Dipolmomenten sowie für leicht polarisierbare Molekeln. Eine atomare Rauhheit ist ohne Einfluß auf das Wechselwirkungspotential.	Im allgemeinen Fall besteht kein Anlaß, eine Abhängigkeit der Adsorptionswechselwirkung von der Form der Oberfläche anzunehmen. In speziellen Fällen kann man an Ecken und Kanten eine intensivere Wechselwirkung vermuten. Das Adsorptionspotential hängt stark von sämtlichen Faktoren ab, die das System der Elektronenterme des Gitters beeinflussen: Fremdatome, Störungen der Stöchiometrie, Phasengrenzen, Fehlstellen, Spitzen usw. Erleichtert die Kondensation nicht.

Adsorptionswärmen wahrscheinlicher. Die Hauptvarianten sind in Tabelle 4 zusammengestellt. Aus dieser Tabelle ergibt sich die Möglichkeit eines symbaten und eines antibaten Ganges sowie einer Nichtkorrelation zwischen den Adsorptionswärmen von Adsorbaten an verschiedenen Bereichen der Oberfläche. Wie für symbates, so sind auch für antibates Verhalten weitere

TABELLE 4

Typische Abhängigkeiten zwischen den Adsorptionswärmen

Kräfte, die die Molekel des ersten Gases festhalten	Kräfte, die die Molekel des zweiten Gases festhalten			
	Dispersionskräfte	elektrostatische Bildkräfte	elektrostatische Ionenkräfte	chemische Kräfte
Dispersionskräfte	stets symbater Gang aller Wärmen	antibat	antibat	keine Korrelation antibat
elektrostatische Bildkräfte	in der Regel antibat	symbat	symbat	keine Korrelation symbat
elektrostatische Ionenkräfte	in der Regel antibat	symbat	symbat	keine Korrelation symbat
chemische Kräfte	keine Korrelation	keine Korrelation	keine Korrelation	keine Korrelation symbat

Variationen hinsichtlich des Funktionalzusammenhangs der Adsorptionswärmen möglich.

Offenbar greifen bei symbatem Gang der Adsorptionswärmen sämtliche adsorbierten Gase die gleichen Oberflächenbereiche an, und zwar in dem Maße, in dem die Verteilung thermodynamisch am günstigsten ist; eine Rivalität der Gase an der Oberfläche mit einer möglichen Vorherrschaft eines Gases an bestimmten Bereichen oder an der ganzen Oberfläche ist demnach unvermeidlich.

Bei antibatem Gang der Adsorptionswärmen wird an den Bereichen, an denen das erste Gas am intensivsten adsorbiert wird, das zweite am schlechtesten adsorbiert und umgekehrt, so daß diese Gase

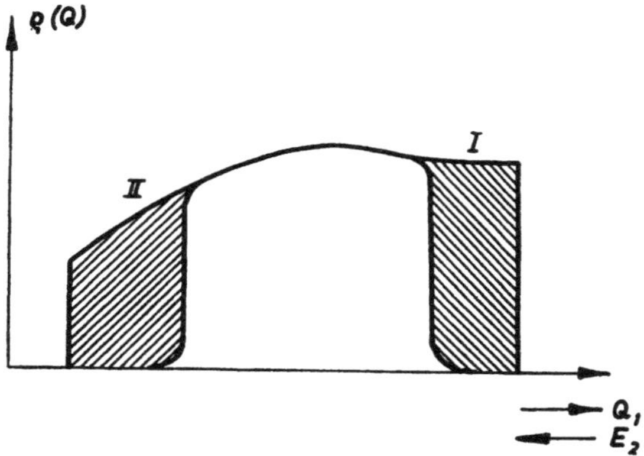

Abb. 125. Unabhängige Adsorption bei antibatem Gang der Adsorptionswärmen der beiden Gase I und II. Im Diagramm $\varrho(Q)$ nimmt jedes Gas einen bestimmten Teil der Verteilung ein, und zwischen diesen Teilen bleibt eine freie Zone bestehen.

bis zu einem gewissen Grade völlig unabhängig voneinander adsorbiert werden können (Abb. 125). Hierbei verhalten sich die Bereiche, die an den Rändern des statistischen Diagramms liegen, völlig unabhängig voneinander, während die Bereiche in der Mitte der Verteilung eine Zone gegenseitiger Beeinflussung bilden können. Schließlich sind bei völliger Nichtkorrelation sowohl Bereiche möglich, auf denen gleichzeitig alle (beide) Adsorptionswärmen groß sind, als auch Bereiche, für die nur die Adsorptionswärme eines der anwesenden Gase groß ist. Bei Nichtkorrelation der Wärmen wird also schon im einfachsten Fall eines binären Gemisches jeder Bereich durch eine Kombination der beiden unabhängigen Verteilungen gekennzeichnet, wodurch das Problem in mathematischer Hinsicht sehr kompliziert wird.

Wir führen nun eine kurze Analyse der Adsorptionsgleichgewichte für Gasgemische in allen drei oben gekennzeichneten Fällen durch und verweisen auf die eingehenderen Darstellungen in den einschlägigen Aufsätzen in Zeitschriften [3]).

Der Einfachheit halber beschränken wir uns, falls eine Funktionalbeziehung zwischen den Adsorptionswärmen besteht, auf den Fall eines linearen Zusammenhanges zwischen diesen Größen. Sämtliche kennzeichnende Gesetzmäßigkeiten der Adsorption der Gemische sind schon im einfachsten Fall der gleichzeitigen Adsorption zweier Gase hinreichend ausgeprägt. Wir geben also die theoretischen Hauptergebnisse für diesen Fall an.

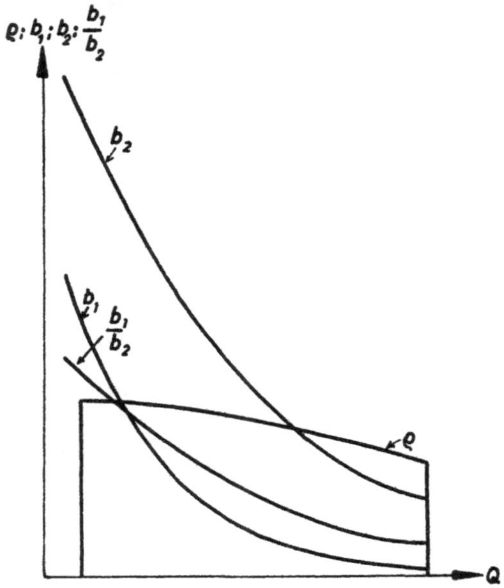

Abb. 126. Diagramm zur Analyse der Adsorptionsgleichgewichte bei symbatem Gang der Adsorptionswärmen mit den Ordinaten ϱ, b_1, b_2 und b_1/b_2 und der Abszisse Q_1.

§ 4: *Das Adsorptionsgleichgewicht eines Gasgemisches bei Vorliegen eines Funktionalzusammenhanges zwischen den Adsorptionswärmen*

Besteht ein Funktionalzusammenhang zwischen Q_1 und Q_2, so kann man alle Beziehungen in dem üblichen ebenen Diagramm darstellen, wobei man als Abszissenachse eine der Adsorptionswärmen wählt, etwa Q_1; kennt man nämlich den Zusammenhang zwischen Q_2 und Q_1, so kann man b_2 als Funktion von Q_1 ausdrücken (Abb. 126). Auf der anderen Achse sind die reziproken Adsorptionskoeffizienten jeder der Komponenten, b_1 und b_2, sowie ihr Verhältnis

$$\frac{b_1}{b_2} = \frac{b_{01}}{b_{02}} \exp\left(-\frac{Q_1 - Q_2}{RT}\right) \tag{31}$$

aufgetragen.

Wir heben nochmals hervor, daß unsere Adsorptionskoeffizienten b_1 und b_2 die reziproken LANGMUIRschen Adsorptionskoeffizienten sind und daß man sie auch als „Desorptionskoeffizienten" bezeichnen könnte; je größer nämlich diese Koeffizienten sind, desto schwächer ist die Adsorption. Wir setzen den Zusammenhang der beiden Q als linear voraus: $Q_2 = \beta Q_1 + C$.

Die exponentielle Abhängigkeit des Desorptionskoeffizienten von Q_1, $b_1 = b_{01} \exp(-Q_1/RT)$ bei einer Breite der Verteilung $\Delta Q = Q_{\max} - Q_{\min} \gg RT$ führt zu einer sehr starken Änderung dieses Koeffizienten innerhalb des erwähnten Intervalls der Q-Werte.

Um im gleichen Diagramm die Werte des Desorptionskoeffizienten b_2 für verschiedene Bereiche darstellen zu können, müssen wir in dem Aus-

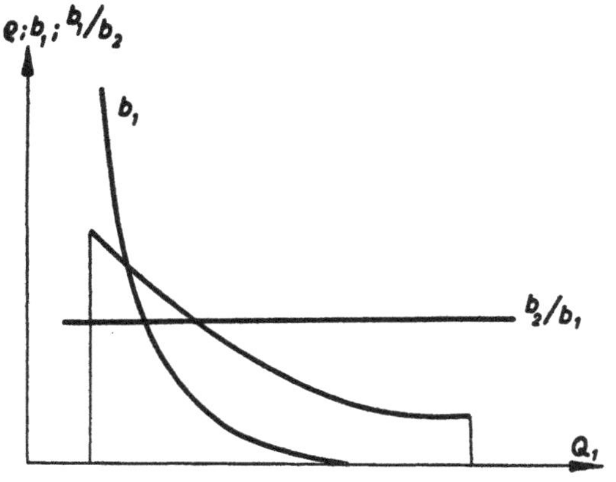

Abb. 127. Diagramm der b_1 und b_2/b_1 bei $Q_2 - Q_1 = C$.

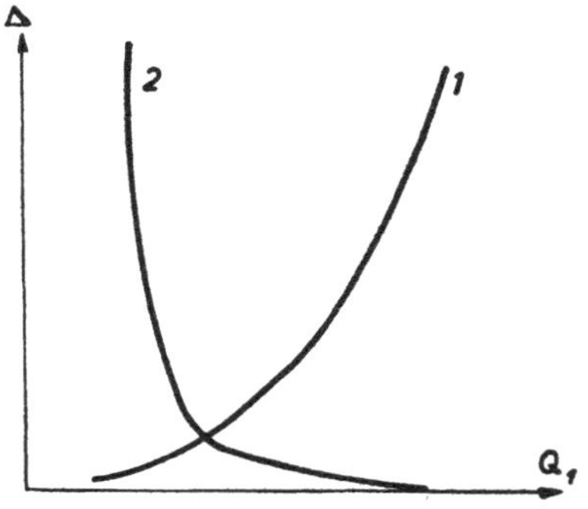

Abb. 128. Abhängigkeit der Größe Δ von Q_1 bei symbatem (*1*) und antibatem Gang (*2*) der beiden Adsorptionswärmen.

druck für b_2 die Größe Q_2 durch $\beta Q_1 + C$ ersetzen. Bei $\beta = 1$ und Konstanz der Differenz

$$Q_2 - Q_1 = C \tag{32}$$

gilt

$$b_2 = b_{02} e^{-C/RT} \cdot e^{-Q_1/RT}, \tag{33}$$

und das Verhältnis b_2/b_1 ist überall konstant und gleich $\frac{b_{02}}{b_{01}} e^{-C/RT}$ (Abb. 127). Bei einem gegebenen Wert p_2/p_1 ist auch das Verhältnis

$$\Delta = \frac{\theta_2}{\theta_1} = \frac{b_{01}}{b_{02}} \frac{p_2}{p_1} e^{+C/RT} \tag{34}$$

konstant.

Wir betrachten den Fall eines linearen Zusammenhanges zwischen Q_2 und Q_1 bei symbatem Verlauf und $C = 0$, d. h. bei

$$\frac{dQ_2}{dQ_1} > 0. \tag{35}$$

Nehmen wir insbesondere an, $\frac{dQ_2}{dQ_1} = \beta_1 > 1$. Da die Indizes willkürlich sind, umfaßt dies alle möglichen Fälle:

$$\frac{b_2}{b_1} = \frac{b_{02}}{b_{01}} e^{-\frac{Q_1(\beta-1)}{RT}} = \frac{b_{02}}{b_{01}} e^{-\frac{Q_1}{RT/(\beta-1)}}. \tag{36}$$

In diesem Fall steigt das Verhältnis

$$\Delta = \frac{\theta_2}{\theta_1} = \frac{p_2}{p_1}\frac{b_{01}}{b_{02}} e^{+\frac{Q_1}{RT/(\beta-1)}} \tag{37}$$

exponentiell mit wachsendem Q_1 (Abb. 128, Kurve 1). Bei antibatem Gang der Wärmen, d. h. bei $\frac{dQ_2}{dQ_1} < 0$, $\frac{db_2}{db_1} < 0$ und $\beta = -\alpha$ erhalten wir

$$b_2(Q_1) = b_{02} \exp\left(-\frac{Q_2}{RT}\right) = b_{02} \exp\left(-\frac{C}{RT}\right) \exp\left(\frac{\alpha Q_1}{RT}\right) = b'_{02}\, e^{\frac{Q_1}{RT/\alpha}} \tag{38}$$

und für das Verhältnis der reziproken Adsorptionskoeffizienten

$$\frac{b_2}{b_1} = \frac{b'_{02}}{b_{01}} e^{\frac{Q_1}{RT/(\alpha+1)}}. \tag{39}$$

In diesem Fall fällt

$$\Delta = \frac{\theta_2}{\theta_1} = \frac{p_2}{p_1}\frac{b_{01}}{b_{02}} e^{-\frac{Q_1}{RT/(\alpha+1)}} \tag{40}$$

mit wachsendem Q_1 (vergleiche Abb. 128, Kurve 2), und

$$\frac{b_2}{b_1} = \frac{b_{01}}{b'_{02}} e^{\frac{Q_1}{RT/(\alpha+1)}} \tag{40a}$$

steigt.

Unter Benutzung der Identität der Dimensionen von p und b kann man aus der Ordinate b in den Diagrammen $b = b(Q_1)$ auch eine Ordinate p machen. Aus der Theorie der Adsorption individueller Substanzen geht hervor, daß jedem p_i ein bestimmtes $b_1(Q_i)$ entspricht, bei dem in Abwesenheit weiterer Gase $\theta_i = 0{,}5$ ist. In Abb. 129 entspricht dies dem Schnittpunkt der Kurven $b_i = b_i(Q_1)$ mit der Geraden $p_i = \text{const}$ parallel zur Abszissenachse.

Wir zeichnen auch die Geraden für einen Partialdruck p_2 des zweiten Gases und für zwei verschiedene Partialdrucke p'_2 und p_1 des ersten Gases (Abb. 130).

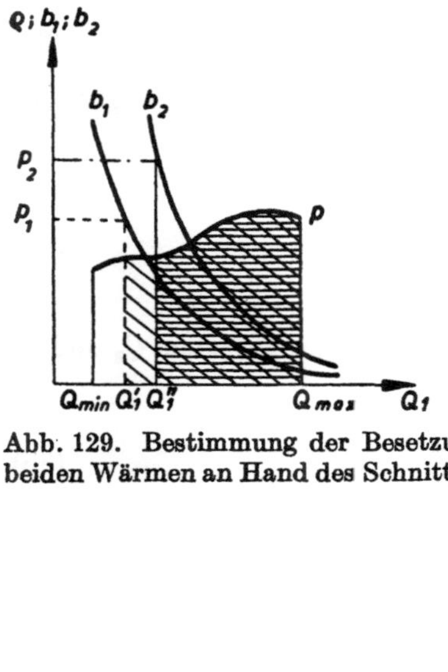

Abb. 129. Bestimmung der Besetzungsgrenze in der Verteilung bei symbatem Gang der beiden Wärmen an Hand des Schnittpunkts der Kurven $b_i(Q_1)$ mit den Geraden $p_i = \text{const}$.

Infolge der Steilheit der Front und der Abwesenheit eines zweiten Gases ist nach der Formel

$$\theta_1 = \frac{1}{1 + b_1/p_1} \qquad (40\,b)$$

links von $b_1 = p_1$ und $b_1 = p_1'$, $\theta_1 \cong 0$, und rechts davon (dichte Schraffur) $\theta \cong 1$. Bei einem Druck $p_1' \ll p_2$ verschiebt sich die Grenze stark in Richtung größerer Q_1 und liegt bei $Q_1 = Q_1'$. Aus den gleichen Gründen ist bei jedem p_2 in Abwesenheit des ersten Gases links von $b_2 = p_2$ die Besetzung $\theta_2 \cong 0$ und rechts davon $\theta_2 \cong 1$. Die Grenze liegt bei $Q_1 = Q_1''$. Wir bezeichnen den vom ersten Gas besetzten Teil der Gesamtfläche mit Φ_1 und den vom zweiten Gas besetzten mit Φ_2. Die Größen Φ_1 und Φ_2 haben verschiedene Werte, je nachdem ob reine Gase adsorbiert werden [$\Phi_1(p_1)$ und $\Phi_2(p_2)$], oder ob die gleichen Gase aus einem Gemisch adsorbiert werden [$\Phi_1(p_1, p_2)$ und $\Phi_2(p_1, p_2)$]. Im ersten Fall ist

$$\Phi_1(p_1) \cong \int_{Q_1'(p_1)}^{Q_{max}} 1 \cdot \varrho(Q_1)\, dQ_1; \qquad (41)$$

$$\Phi_2(p_2) \cong \int_{Q_1''(p_2)}^{Q_{max}} 1 \cdot \varrho(Q_1)\, dQ_1. \qquad (42)$$

Die Gesamtadsorption ist stets gleich der Adsorption desjenigen Gases x in Abwesenheit der anderen, für das bei der gegebenen Zusammensetzung des Gemisches der Grenzwert von Q_1 am kleinsten ist:

$$\Phi\,(p_1, p_2, \ldots) = \sum \Phi_i\,(p_1, p_2, \ldots) \cong \Phi_x\,(p_x). \qquad (43)$$

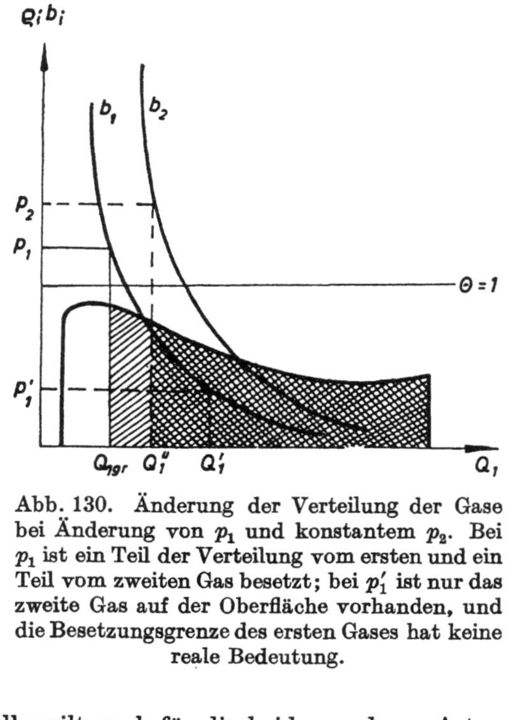

Abb. 130. Änderung der Verteilung der Gase bei Änderung von p_1 und konstantem p_2. Bei p_1 ist ein Teil der Verteilung vom ersten und ein Teil vom zweiten Gas besetzt; bei p_1' ist nur das zweite Gas auf der Oberfläche vorhanden, und die Besetzungsgrenze des ersten Gases hat keine reale Bedeutung.

$\Phi_1(p_1, p_2)$ und $\Phi_2(p_1, p_2)$ lassen sich aus den Adsorptionsisothermen der einzelnen reinen Gase $\Phi_1(p_1)$ und $\Phi_2(p_2)$ gewinnen. Dasselbe gilt auch für die beiden anderen Arten des Zusammenhanges zwischen Q_1 und Q_2, für antibates Verhalten und Nichtkorrelation. Im Prinzip gilt diese Schlußfolgerung auch für kompliziertere Gemische, die n Gase enthalten; praktisch ist jedoch die Analyse in diesen Fällen sehr kompliziert.

Bei symbatem Gang von Q_1 und Q_2 ändern sich mit wachsendem Q_1 die Verhältnisse stark zugunsten der Adsorption der zweiten Substanz. Bei hinreichend großen Werten des Verhältnisses p_1/p_2 und des Absolutwertes von p_2 kann insbesondere bei dem p_1' in Abb. 130 das Verhältnis b_2/b_1 überall kleiner als Eins sein. In diesem Fall herrscht überall an der besetzten Oberfläche das zweite Gas in entscheidender Weise vor; seine Grenze bei Q_1'' bildet überhaupt die Grenze des besetzten Teils der Verteilung:

$$\Phi\ (p_1, p_2) \cong \int_{Q_1''}^{Q_{max}} 1 \cdot \varrho\ (Q)\ dQ \cong \Phi_2\ (p_2). \tag{44}$$

In diesem Fall gibt es im Verteilungsdiagramm einen realen Grenzstreifen, und die Adsorption des ersten Gases läßt sich vernachlässigen. Dies wird besonders anschaulich, wenn man die Kurven b_2/b_1 mit p_2/p_1 als Ordinatenachse benutzt (Abb. 131). Anders liegen die Dinge, wenn sich das Verhältnis p_2/p_1 und der Absolutwert von p_2 so verhalten, daß das zweite Gas keinen solchen entscheidenden Vorteil erlangt. In diesem Fall liegt die Grenze Q_1' links von der Grenze Q_1'' und bildet die Grenze der Gesamtverteilung:

$$\Phi\ (p_1, p_2) \cong \int_{Q_1'}^{Q_{max}} 1 \cdot \varrho\ (Q_1)\ dQ_1 \cong \Phi_1\ (p_1). \tag{45}$$

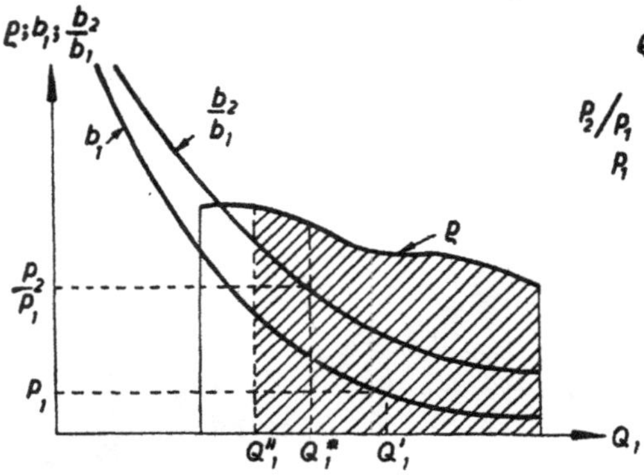

Abb. 131. Adsorption zweier Gase, wobei an der Oberfläche nur das zweite Gas verbleibt. Die Grenze Q_1 ist imaginär, da der Schnittpunkt der Kurve b_2/b_1 mit der Geraden p_2/p_1 links von Q_1 liegt.

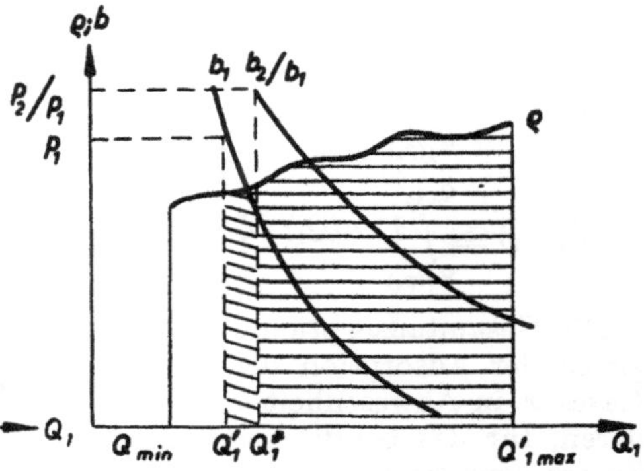

Abb. 132. Bestimmung der Grenze zwischen dem ersten und dem zweiten Gas. Die Grenze Q_1' wird graphisch aus der Bedingung $p_1 = b_1$ bestimmt und liegt links von der Grenze Q_1'', die sich aus der Gleichung $p_2/p_1 = b_2/b_1$ bestimmt. Die Oberfläche enthält gleichzeitig beide Gase. Das erste nimmt den Streifen der Verteilung zwischen Q_1' und Q_1'' ein, das zweite den übrigen schraffierten Teil der Verteilung.

Links von Q_1' ist nichts adsorbiert, rechts folgen zunächst Bereiche, die vom ersten Gas besetzt sind. Es besteht aber auch noch eine zweite Grenze Q_1, bei der die Zusammensetzung des Sorptivs an der Oberfläche sich stark ändert und ein entscheidendes Überwiegen der zweiten Substanz beginnt. Es gibt also im ganzen drei Gebiete: im ersten sind sowohl θ_1 als auch θ_2 nahezu gleich Null, im zweiten ist $\theta_1 \cong 1$ und $\theta_2 \cong 0$, im dritten ist $\theta_2 \cong 1$ und $\theta_1 \cong 0$. Die Grenze zwischen der zweiten und der dritten Zone wird bestimmt durch die Bedingung

$$p_2/p_1 = \frac{b_2(Q_1^*)}{b_1(Q_1^*)} = \frac{b_{02}}{b_{01}}\, e^{-\frac{Q_1^*}{RT/(\beta-1)}}. \tag{46}$$

Die Abszisse Q_1 findet man leicht graphisch, indem man $b_2/b_1 = F(Q_1)$ aufträgt und im selben Diagramm die Gerade p_1/p_2 bis zum Schnitt mit der Kurve b_1/b_2 führt (Abb. 132).

Analytisch läßt sich die Grenze auf Grund der Gleichung (47) finden, die man leicht aus Gleichung (46) erhält:

$$p_1^* = b_{01} \exp(-Q_1^*/RT) = b_{01} \left(\frac{p_2}{p_1} \frac{b_{01}}{b_{02}}\right)^{1/\beta - 1}. \tag{47}$$

Wir weisen darauf hin, daß stets p_1^* kleiner als p_1 ist. Zur Gewinnung der Gleichung (47) wurde die Substitution

$$e^{-Q_1^*/RT} = \left(\frac{b_{01}}{b_{02}} \frac{p_2}{p_1}\right)^{1/\beta - 1} \tag{47a}$$

benutzt.

Auf Grund des oben Gesagten kann man die Adsorptionsisothermen der einzelnen Komponenten des Gemisches auf folgende Form bringen:

$$\Phi_1(p_1, p_2) \cong \int_{Q_1'}^{Q_1^*} 1 \cdot \varrho(Q_1)\, dQ_1 \cong \Phi_1(p_1) - \Phi_1(p_1^*); \tag{48}$$

$$\Phi_2(p_1, p_2) \cong \int_{Q_1^*}^{Q_{1\,\max}} 1 \cdot \varrho(Q_1)\, dQ_1 \cong \Phi_1(p_1^*). \tag{48a}$$

In entsprechender Weise analysieren wir den Fall der antibaten Adsorption. Solange p_1 und p_2 so beschaffen sind, daß die Gebiete, die die beiden Gase in Abwesenheit des anderen einnehmen, sich nicht überschneiden, stören die Gase einander nicht. In der Verteilung liegen links die Bereiche, die das zweite Gas einnimmt, rechts die des ersten. Zwischen ihnen liegt ein freier Streifen (Abb. 133).

Es ist

$$\Phi_1(p_1, p_2) \cong \Phi_1(p_1), \tag{49}$$

$$\Phi_2(p_1, p_2) \cong \Phi_2(p_2) \tag{49a}$$

und

$$\Phi(p_1, p_2) \cong \Phi_1(p_1) + \Phi_2(p_2), \tag{49b}$$

d. h., es besteht völlige Additivität. Wir betonen, daß dies für den allergrößten Teil der Gesamtisotherme der Fall sein muß. Solange Φ wesentlich kleiner als Eins ist, ist die Adsorption der beiden Gase additiv.

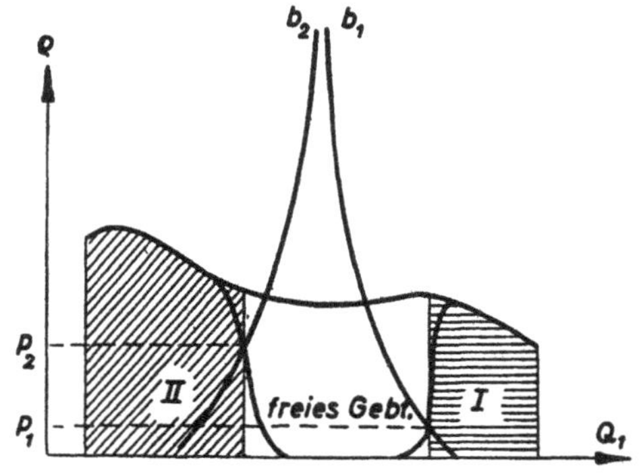

Abb. 133. Besetzung der Verteilung bei antibatem Gang der beiden Adsorptionswärmen. Die Grenze bestimmt man aus den Gleichungen $p_1 = b_1$ und $p_2 = b_2$; rechts liegt die Zone I, die vom ersten Gas besetzt ist, links die Zone II, die vom zweiten Gas besetzt ist.

Überschneiden sich die beiden Adsorptionsgebiete, so wird die ganze Oberfläche besetzt. In diesem Gebiet ändert sich Φ nicht mehr, doch kann sich das Verhältnis zwischen Φ_1 und Φ_2 stark ändern. Man kann zeigen (Abb. 134), daß in diesem Fall die Bereiche, die das erste und das zweite Gas besitzen, in der Verteilung durch eine steile Grenze getrennt sind, die bei einem bestimmten Wert Q_1 liegt.

Tragen wir in das Diagramm die Kurve $b_2/b_1 = F(Q_1)$ ein, wobei wir auf der Ordinatenachse den Wert p_2/p_1 auftragen und eine horizontale (gestrichelte)

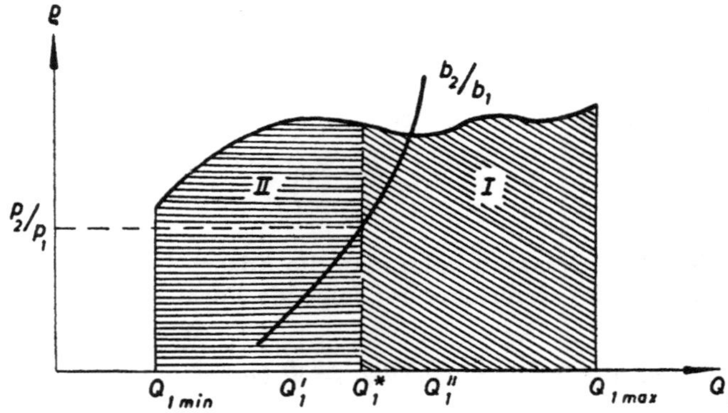

Abb. 134. Grenze zwischen den von den beiden Komponenten besetzten Zonen bei antibatem Gang der Adsorptionswärmen und in Abwesenheit freier Plätze. Die Grenze wird gegeben durch die Gleichung $p_2/p_1 = b_2/b_1$.

Linie bis zum Schnitt mit dieser Kurve ziehen, so finden wir diese Grenzabszisse Q_1, die sich aus der Beziehung

$$\frac{p_2}{p_1} = \frac{b_{02}}{b_{01}}\, e^{+Q_1^*/RT/(\alpha+1)} \tag{50}$$

ermitteln läßt. Die Adsorptionsisothermen jedes der Gase im Gemisch nehmen hierbei die Form an:

$$\Phi_1(p_1, p_2) \cong \Phi_1(p_1^*), \tag{50a}$$

$$\Phi_2(p_1, p_2) \cong \Phi_2(p_2^*) \tag{50b}$$

und

$$\Phi = \Phi_1 + \Phi_2 = 1, \tag{51}$$

wobei alles von den effektiven Partialdrucken p_1 und p_2 abhängt, die sich aus den Beziehungen

$$p_1^* = b_{01}\exp\left(-\frac{Q_1}{RT}\right) = b_{01}\left(\frac{p_1}{p_2}\cdot\frac{b'_{02}}{b_{01}}\right)^{\frac{1}{\alpha+1}} \tag{52}$$

und

$$p_2^* = b'_{02}\exp\left(+\frac{\alpha Q_1}{RT}\right) = b'_{02}\left(\frac{p_2}{p_1}\cdot\frac{b_{01}}{b_{02}}\right)^{\frac{\alpha}{\alpha+1}} \tag{53}$$

ermitteln lassen. Die beiden betrachteten Fälle sind die typischsten für die Adsorption binärer Gemische beim Vorhandensein eines Funktionalzusammenhanges zwischen den Adsorptionswärmen der Komponenten. Weniger wahrscheinlich ist der Fall einer konstanten Differenz zwischen den beiden Wärmen, auf den wir hier nicht eingehen wollen.

In allen erwähnten Fällen ist der Einfluß des Partialdruckes auf die Adsorption leicht zu analysieren. Charakteristisch ist die Möglichkeit einer unmittelbaren Herleitung sämtlicher Isothermen, welche die Adsorption des Gemisches kennzeichnen, aus den Adsorptionsisothermen der reinen Stoffe an der gleichen Oberfläche.

§ 5: *Adsorption von Gemischen bei Unabhängigkeit der Adsorptionswärmen*

Wesentlich schwieriger zu analysieren ist der Fall der Unabhängigkeit der Adsorptionswärmen zweier Gase. In diesem Fall wird jeder Bereich der Oberfläche durch zwei unabhängige Werte der beiden Wärmen Q_1 und Q_2 gekennzeichnet, was sich durch einen Punkt (Abb. 135) in der Ebene Q_1, Q_2 darstellen läßt. Zur Herleitung der uns interessierenden Abhängigkeiten zerlegen wir die Koordinatenfläche in vier Teile. Rechts oben nehmen wir als Koordinaten Q_1 (Abszisse) und ϱ_1; b_1; p_1 (Ordinate). Links unten verwenden wir als Koordinaten ϱ_2; b_2 und p_2 (Abszisse) und Q_2 (Ordinate) mit entgegengesetzten Vorzeichen (Abb. 136). In diesem Diagramm zeichnen wir die Kurven $b_1(Q_1)$ und $b_2(Q_2)$. Auf der Ordinatenachse tragen wir die Abschnitte auf, die gleich den Partialdrucken p_1 und p_2 sind; mit Hilfe ähnlicher geometrischer Konstruktionen findet man leicht in dem Quadranten unten rechts, der die möglichen Kombinationen der Werte Q_1 und Q_2 darstellt, die beiden Grenzlinien Q_1' und Q_2', die in diesem Quadranten die möglichen Werte der Sorptionswärmen in vier Gebiete einteilen (vergleiche Abb. 136). Im Gebiet *I* ist $p_1 \ll b_1$ und $p_2 \ll b_2$, also θ_1 und θ_2 klein gegen Eins; diese Bereiche sind völlig frei vom Sorptiv. Im Gebiet *II* ist $p_1 \ll b_1$, aber $p_2 \gg b_2$, so daß also diese Bereiche nur vom zweiten Gas besetzt sind: $\theta_2 \cong 1$ und $\theta_1 \cong 0$.

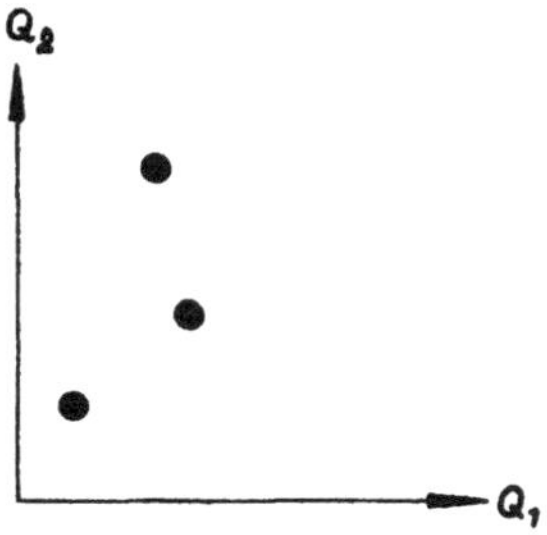

Abb. 135. Punkte in den Koordinaten Q_1 und Q_2, die konkrete Kombinationen von Q_1 und Q_2 für verschiedene Bereiche der Oberfläche bei Nichtkorrelation der beiden Adsorptionswärmen darstellen.

Analog ist im Gebiet *III* $\theta_1 \cong 1$ und $\theta_2 \cong 0$, und nur im Gebiet *IV*, wo $p_1 \gg b_1$ und $p_2 \gg b_2$ ist, liegt eine Konkurrenz der beiden Gase vor. Infolge dieser Konkurrenz schließt sich ein Teil der Bereiche von *IV* an das Gebiet *II* an, der andere Teil an das Gebiet *III*. Die Lage der Grenzlinie im Gebiet *IV*, der Grenze zwischen den Bereichen, die vom ersten bzw. zweiten Gas besetzt sind, ergibt sich aus der Bedingung

$$\frac{p_1}{b_1} = \frac{p_2}{b_2}, \quad \text{d. h.} \quad \theta_1 = \theta_2 = 0{,}5. \tag{54}$$

Wie man leicht zeigen kann, ist in der Ebene Q_1, Q_2 diese Grenze geradlinig und unter 45° gegen die Koordinatenachsen geneigt. Ohne auf die feineren Einzelheiten der Adsorption eines binären Gemisches ohne Korrelation der Wärmen einzugehen, bemerken wir nur, daß in diesem Fall zur Berechnung der Adsorptionsisothermen des Gemisches die unabhängigen Adsorptionsisothermen der einzelnen Komponenten nicht ausreichen; man muß wenigstens eine der beiden Verteilungsfunktionen explizit kennen. In unserer Näherung bedeutet dies die Bestimmung der Ableitung einer der Isothermen nach p oder nach $\ln p$ oder einer der Isobaren nach T.

Die endgültigen Gleichungen nehmen nach Substitution von Q durch $-RT \ln p$ usw. die Form an:

$$\left.\begin{aligned}\Phi_1(p_1, p_2) &\cong \Phi_1(p_1) - \int\limits_0^{p_1} \Phi_2\left(p \cdot \frac{p_2}{p_1}\right) \frac{d\Phi_1(p)}{dp}\, dp;\\ \Phi_2(p_1, p_2) &\cong \Phi_2(p_2) - \int\limits_0^{p_2} \Phi_1\left(p \cdot \frac{p_1}{p_2}\right) \frac{d\Phi_2(p)}{dp}\, dp;\\ \Phi(p_1, p_2) &\cong \Phi_1(p_1) + \Phi_2(p_2) - \Phi_1(p_1) \cdot \Phi_2(p_2).\end{aligned}\right\} \quad (55)$$

Man kann sie leicht ableiten, indem man Abb. 136 benutzt.

Auch in diesem Fall kann man also sämtliche Abhängigkeiten für die Adsorption eines Gemisches aus den Daten über die Adsorption der reinen Komponenten gewinnen. Die Gleichungen, die sich für die Grenzwärmen ergeben haben, enthalten alles Notwendige für die Analyse des Einflusses von Tem-

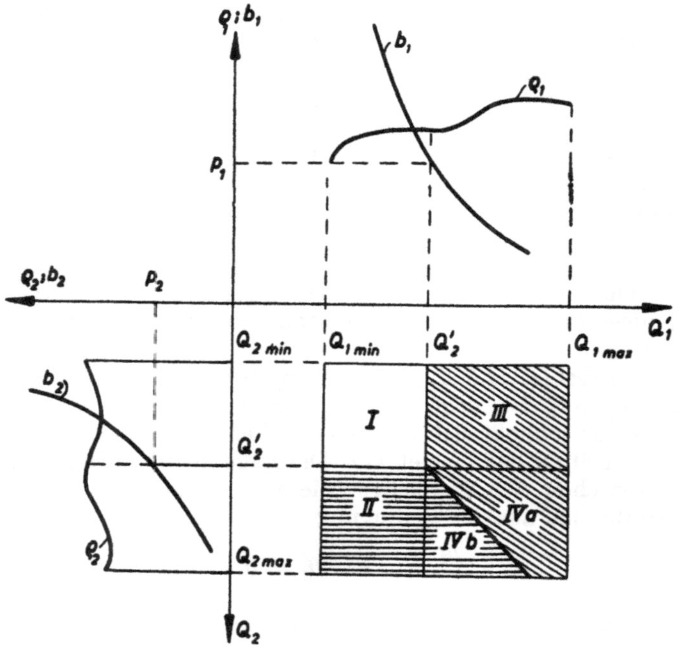

Abb. 136. Adsorption eines Gemisches bei Nichtkorrelation zwischen Q_1 und Q_2. Der Quadrant der Koordinatenebene Q_1, Q_2 unten rechts enthält die möglichen Verknüpfungen der Adsorptionswärmen und die Besetzung. In diesem Quadranten entspricht die Fläche *I* den von beiden Gasen freien Bereichen, die Fläche *II* den Bereichen, die das zweite Gas, aber nicht das erste enthalten; die Fläche *III* enthält nur das erste Gas, ebenso das Gebiet *IV*a, während *IVb* nur das zweite Gas enthält.

peratur und Druck auf die Zusammensetzung des Adsorbats und auf die Verteilung der Komponenten über die Bereiche, d. h. zur Bestimmung der Isobaren und Isothermen der Komponenten im Gemisch.

Das sind die Ergebnisse der analytischen Untersuchung der Adsorptionsisothermen von Gemischen ohne Korrelation der Adsorptionswärmen. Die oben benutzte zweidimensionale graphische Methode der Herleitung dieser Beziehungen gibt keine genügend anschauliche Vorstellung über die Statistik der Verknüpfung der Wärmen mit den einzelnen Bereichen. Ein vollständigeres Bild liefern die räumlichen Modelle, die wir hier nicht anführen werden.

Wir veranschaulichen die gewonnenen Ergebnisse an einem Beispiel.

a) Die Adsorptionsisothermen der beiden Gase mögen der Exponentialverteilung

$$\left.\begin{aligned} \Phi_1(p_1) &= a_1 p_1^{\frac{1}{n_1}}, \\ \Phi_2(p_2) &= a_2 p_2^{\frac{1}{n_2}}. \end{aligned}\right\} \tag{56}$$

entsprechen. Dann ist

$$\Phi_1\left(p\cdot\frac{p_1}{p_2}\right) = a_1\left(\frac{p_1}{p_2}\right)^{\frac{1}{n_1}} p^{\frac{1}{n_1}} = a_1' p^{\frac{1}{n_1}} \tag{56a}$$

und

$$\Phi_2\left(p\cdot\frac{p_2}{p_1}\right) = a_2' p^{\frac{1}{n_2}}, \tag{56b}$$

mit

$$a_1' = a_1\left(\frac{p_1}{p_2}\right)^{\frac{1}{n_1}} \quad \text{und} \quad a_2' = a_2\left(\frac{p_2}{p_1}\right)^{\frac{1}{n_2}}. \tag{56c}$$

Ferner ist

$$\frac{d\Phi_2(p)}{dp} = \frac{a_2}{n_2}\cdot p^{\frac{1}{n_2}-1} \tag{57}$$

und

$$\frac{d\Phi_1(p)}{dp} = \frac{a_1}{n_1}\cdot p^{\frac{1}{n_2}-1}. \tag{57a}$$

Setzen wir diese Ausdrücke in Gleichung (55) ein, so erhalten wir

$$\Phi_2(p_1, p_2) = a_2 p_2^{\frac{1}{n_2}} - \int\limits_0^{p_2} \frac{a_1 a_2}{n_2}\, p^{\left(\frac{1}{n_1}+\frac{1}{n_2}-1\right)}\cdot p_1^{\frac{1}{n_1}}\, p_2^{\frac{1}{n_1}}\, dp \tag{57b}$$

oder

$$\Phi_2(p_1, p_2) = a_2 p_2^{\frac{1}{n_2}} - \frac{a_1 a_2 p_1^{\frac{1}{n_1}}\, p_2^{\frac{1}{n_1}+\frac{1}{n_2}}\, n_1}{(n_1+n_2)\, p_2^{\frac{1}{n_1}}} =$$

$$= a_2 p_2^{\frac{1}{n_2}}\left[1 - \frac{a_1 n_1}{n_1+n_2}\, p_1^{\frac{1}{n_1}}\right]. \tag{55a}$$

Analog wird

$$\Phi_1(p_1, p_2) = a_1 p_1^{\frac{1}{n_1}}\left[1 - \frac{a_2 n_2}{n_1+n_2}\, p_2^{\frac{1}{n_2}}\right]. \tag{55b}$$

b) Es sei $\Phi_1 = a_1 p_1^{1/n}$ und $\Phi_2 = a_2 \ln p_2$.

In diesem Fall ist $\Phi_1\left(p \cdot \frac{p_1}{p_2}\right)$ wie bisher gleich $a_1' \cdot p^{1/n}$, aber

$$\Phi_2\left(p \cdot \frac{p_2}{p_1}\right) = a_2 \ln p + C, \tag{56d}$$

mit

$$C = a_2 \ln \frac{p_2}{p_1}. \tag{56e}$$

Dagegen hat $\frac{d\Phi_1(p)}{dp}$ den bisherigen Wert (57a), aber es ist

$$\frac{d\Phi_2}{dp} = \frac{a_2}{p}. \tag{58}$$

Hieraus folgt

$$\Phi_2(p_1, p_2) = a_2 \ln p_2 - \int\limits_0^{p_1} a_1' p^{\frac{1}{n_1}} a_2 \frac{dp}{p} = a_2 \ln p_2 - n a_1 a_2 p_1^{\frac{1}{n_1}} \tag{59}$$

und

$$\Phi_1(p_1, p_2) = a_1 p_1^{\frac{1}{n_1}} - \int\limits_0^{p_1} \frac{a_1 a_2}{n_1} \cdot p^{\frac{1}{n_1} - 1} \cdot \ln p \cdot dp - \int\limits_0^{p^1} \frac{C a_1}{n_1} p_1^{\frac{1}{n_1} - 1} \cdot dp \tag{59a}$$

oder $$\Phi_1(p_1, p_2) = a_1 p_1^{\frac{1}{n_1}} - a_1 a_2 p_1^{\frac{1}{n_1}} \cdot \ln p_1 + a_1 a_2 n_1 p_1^{\frac{1}{n_1}} - C a_1 p_1^{\frac{1}{n_1}}, \tag{59b}$$

d. h. $$\Phi_1(p_1, p_2) = a_1 p_1^{\frac{1}{n_1}} [1 + a_2 n_1 - a_2 \ln p_2]. \tag{60}$$

Die Herleitung der expliziten Funktionen $\Phi_1(p_1, p_2)$ und $\Phi_2(p_1, p_2)$ auch für die übrigen Kombinationen verschiedener Typen von Isothermen macht keine grundsätzlichen Schwierigkeiten. Die angegebenen Beispiele genügen zur Veranschaulichung des Charakters der Gleichungen, die wir für den Fall nichtkorrelierender Wärmen erhielten, sowie der Technik der Anwendung dieser Gleichungen auf spezielle Fälle.

§ 6: *Einfluß der Temperatur, des Partial- und des Gesamtdrucks auf das Gleichgewicht*

Eine Temperatursteigerung verändert in erster Linie die Werte b_1 und b_2 für alle Q, indem sie die entsprechenden Kurven $b(Q)$ nach oben und in Richtung größerer Q verschiebt.

Die Grenzen, die den freien Teil der Verteilung vom besetzten trennen, werden weniger steil, was aber bei unserer Methode ohne Einfluß auf die Ergebnisse bleibt und nur deren Genauigkeit etwas verringert. Die Verschiebung der freien Grenzen (Isobaren), welchen die freien Bereiche von den besetzten trennen, in Richtung größerer Q erfolgt wie bisher, im Fall der einfachen Adsorption, unter Wahrung der Ähnlichkeitsbedingung, die für die Isobare $Q_1/T = \text{const}$ gefunden wurde. Die Gleichungen für die Isosteren sind ebenfalls sehr ähnlich denjenigen, die oben für die Adsorption eines einzigen Gases abgeleitet wurden. Dem entspricht ein konstanter Wert Q_1 in der Gleichung

$$Q_1 = RT \ln \frac{b_0}{p}. \tag{61}$$

Natürlich muß mit wachsendem T zur Aufrechterhaltung des Wertes von Q_1 eine proportionale Abnahme von $\ln \frac{p}{b_0}$ erfolgen, d. h. wegen $b_0 = \text{const}$ muß $\ln p$ nach dem Gesetz

$$\ln p = \ln b_0 - \frac{Q_1}{RT} \tag{61a}$$

anwachsen. Das Änderungsgesetz der inneren Grenzen zwischen zwei Gebieten der Verteilung mit der Temperatur ist bei ähnlicher äußerer Form der Abhängigkeit wesentlich verschieden und empfindlich gegenüber der Art des Zusammenhanges zwischen den Adsorptionswärmen. Für den Fall $Q_2 = Q_1 + C$ ist bei wachsender Temperatur der Logarithmus des kritischen Druckverhältnisses, bei dem auf der ganzen Oberfläche der plötzliche Übergang vom Vorwiegen des ersten Gases zum Vorwiegen des zweiten Gases erfolgt, proportional der reziproken Temperatur:

$$\ln \left(\frac{p_2}{p_1}\right)_{\text{kr}} \cong -\frac{C}{RT} + \ln \frac{b_{02}}{b_{01}}. \tag{62}$$

Im Fall $Q_2 = \beta Q_1$ gilt die ähnliche Beziehung

$$\ln \frac{p_2}{p_1} = -\frac{Q^*}{R/(\beta - 1)} \cdot \frac{1}{T} + \ln \frac{b_{02}}{b_{01}} \tag{62a}$$

für die Isosteren in bezug auf die zweite Komponente. Bei konstanter Zusammensetzung der Gasphase $p_2/p_1 = \text{const}$ (Quasiisobare des Gemisches) ändert sich infolgedessen der Grenzwert Q^* nach dem Gesetz

$$Q_1^*/T = \text{const}.$$

Analoge Gesetzmäßigkeiten erhält man auch im antibaten Fall. Der Einfluß der Zusammensetzung des Gasgemisches p_2/p_1 und des Gesamtdrucks auf die Adsorptionsisothermen und die Gesetze der gegenseitigen Verdrängung ergeben sich aus den angeführten Gleichungen und Diagrammen. Wir heben noch besonders hervor:

1. die dominierende Rolle des Verhältnisses p_2/p_1 für die Lage der inneren Grenzen;
2. die logarithmische Abhängigkeit der Grenzwärme von diesem Verhältnis der beiden Partialdrucke; den großen Unterschied in der Adsorption bei symbater und antibater Änderung der Adsorptionswärmen;
3. in allen Fällen findet bei gegenseitiger Verdrängung auf zusammengesetzten Oberflächen eine zusätzliche Adsorption statt, und die verdrängte Menge ist kleiner als die adsorbierte; in allen Fällen gliedert sich der Hauptteil der Verteilung in die leeren und die von einem der beiden Gase besetzten Bereiche;
4. nur in dem schmalen Wertebereich von Q_1 zwischen Q_1 und $Q_1 + \Delta Q_1$ ist bei einer besonderen Kombination äußerer Bedingungen eine vergleichbare Adsorption beider Gase an Bereichen mit den gleichen Q_1-Werten möglich;

5. für die Adsorption eines Gemisches wird ebenso wie für die Adsorption reiner Stoffe das Bild im wesentlichen bestimmt durch Lage und Beweglichkeitsgrad der Grenzen, welche die leeren Bereiche von den besetzten und die von den verschiedenen Gasen besetzten Bereiche voneinander trennen. Eine Analyse der Lage und der Bewegung dieser Grenzen, die als kontrollierende Streifen fungieren, vermittelt ein vollständiges und anschauliches Bild der Erscheinungen in diesem komplizierten Fall.

§ 7: *Schluß*

Die oben entwickelte Theorie ist von Bedeutung für die Adsorption von Gemischen im Gebiet geringer Besetzungen für die üblichen technischen Adsorbenten: Aktivkohle, Silikagel; sie alle zeichnen sich nämlich durch eine starke Inhomogenität der Oberfläche hinsichtlich des Adsorptionspotentials aus. Ihr Hauptanwendungsgebiet liegt jedoch in der aktivierten Adsorption und in der Theorie der Katalyse.

Bei der aktivierten Adsorption, die auf chemischen Oberflächenkräften beruht, ist die Sättigung bei monomolekularer Bedeckung am schärfsten ausgeprägt, und in den meisten Fällen hat man es bei Bedeckungen, die einen gewissen Teil der monomolekularen Schicht ausmachen, mit ihr zu tun. Die chemischen Kräfte sind Nahwirkungskräfte und absättigbar; für sie ist deshalb vorwiegend ein Modell von Interesse, das sich auf die Unabhängigkeit der Vorgänge an den einzelnen Bereichen stützt, d. h. auf die Abwesenheit einer Wechselwirkung zwischen den einzelnen adsorbierten Molekeln.

Die Kinetik der heterogenen Katalyse wird in bedeutendem Maße durch die Konkurrenz der adsorbierten Molekeln um die Plätze der Oberfläche bestimmt. Die Adsorption erfolgt aus einem Gemisch, wobei in den allermeisten Fällen die spezifischen Besetzungen der Oberfläche durch jede einzelne Komponente und durch alle zusammen einen gewissen Teil der monomolekularen Schicht ausmachen. Darauf beruht die beherrschende Rolle, die die aktivierte Adsorption in der Katalyse spielt. Ferner sind das Vorhandensein aktiver Bereiche und das Temperaturgebiet noch mitbestimmend für die Katalyse. Häufig ist die Temperatur, bei der eine katalytische Reaktion vonstatten geht, bedeutend höher als die kritischen Temperaturen sämtlicher Reaktionskomponenten, und fast immer schließen die Temperatur- und Konzentrationsverhältnisse die Möglichkeit einer monomolekularen Bedeckung aus. In Verbindung mit der starken Inhomogenität der Oberfläche der meisten interessanten Kontakte wird hierdurch die oben entwickelte Theorie der Adsorption von Gemischen an stark inhomogenen Oberflächen die natürliche Grundlage zum Aufbau einer Theorie der Kontaktvorgänge.

Wenn also die katalytische Reaktion durch Vergiftung durch Fremdgifte oder Reaktionsprodukte kompliziert wird, wird der Teil der Verteilung, der den reagierenden Molekeln zur Verfügung steht, durch die Grenzbedingungen bestimmt, die oben für die verschiedenen Typen des Funktionalzusammenhanges gewonnen wurden. Die Adsorptionswärmen, mit denen man es zu tun hat, sind einerseits die Adsorptionswärme des Kontaktgiftes und andererseits die Adsorptionswärmen der Reaktionskomponenten; deren Änderung kann symbat, antibat oder nichtkorrelierend mit der Änderung der Adsorptionswärme des Giftes beim Übergang von einer Bereichsgruppe zur anderen sein.

Wenn man hiervon ausgeht und den Zusammenhang der Adsorptionswärmen mit den Aktivierungsenergien berücksichtigt, so erhält man leicht die allgemeinen Gesetzmäßigkeiten für die Vergiftung von Katalysatoren mit stark inhomogenen Oberflächen (siehe Teil III, Kapitel 4).

Etwas komplizierter ist der Zusammenhang der oben entwickelten Theorie der Adsorption von einzelnen Substanzen und Gemischen mit der Theorie der Geschwindigkeiten der katalytischen Prozesse. Die Hauptschwierigkeit besteht hier in einer gewissen Unbestimmtheit in der Formulierung der Bedingungen, die zur Realisierung einer katalytischen Reaktion an einer inhomogenen Oberfläche notwendig sind.

Man muß sich von der falschen Vorstellung freimachen, daß die Nachbarschaft oder die Identität der Gebiete, die von zwei Gasen eingenommen werden, im Verteilungsdiagramm auch ein geometrisches Zusammenfallen oder eine Nachbarschaft dieser Gebiete an der Oberfläche des Adsorbens bedeute. Zwei Bereiche mit übereinstimmendem Q_1 bzw. Q_2, Q_3 usw. können geometrisch beliebig weit voneinander entfernt sein, und es besteht kein Grund, für eine bimolekulare Reaktion Nachbarschaft dieser Bereiche zu fordern. Umgekehrt können Bereiche mit stark unterschiedlichen Werten der Q in unmittelbarer Nachbarschaft liegen, und falls für die Reaktion die Adsorption zweier Molekeln erforderlich ist, hat man den Grad der erforderlichen geometrischen Nähe der Adsorptionsstellen und das optimale Verhältnis der Adsorptionsenergien dieser

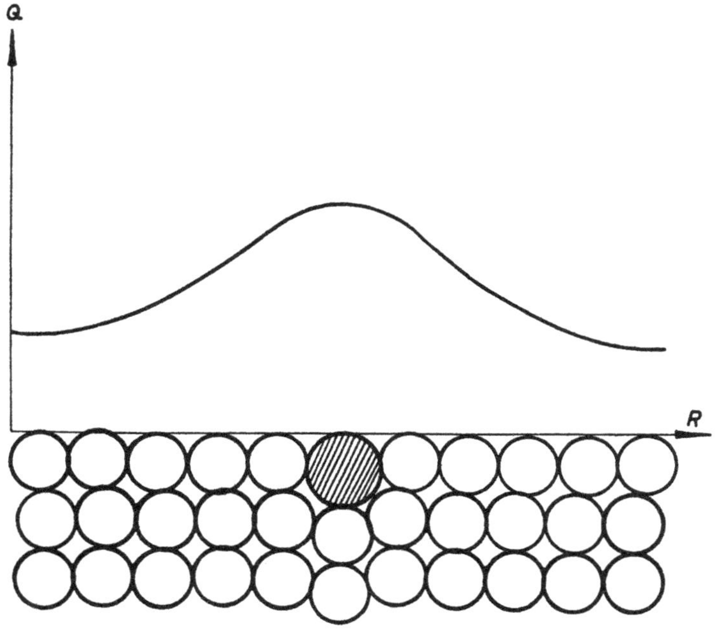

Abb. 137. Schema einer Zone mit gesteigerter Adsorptionswärme, die auf einem Fremdatom beruht. Dargestellt ist die Steigerung von Q in der Umgebung des eingedrungenen Atoms und die stetige Abnahme von Q mit der Entfernung von diesem Atom.

Molekeln besonders festzustellen. Auch durch Benutzung der Adsorptionswärme des Übergangskomplexes lassen sich diese Fragen nicht immer umgehen.

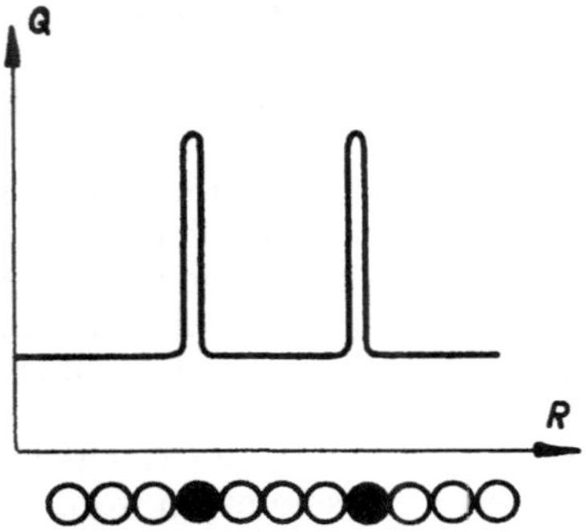

Abb. 138. Punktförmige aktive Chemisorptionszentren, die auf Fremdatomen beruhen, mit starker lokaler Steigerung der Adsorptionswärme.

Zur Anwendung auf diese Probleme bedarf die statistische Theorie der Adsorption von Gemischen an inhomogenen Oberflächen eines verfeinerten Ausgangsmodells. Bisher sind wir, indem wir uns nur um die Statistik der aktiven Bereiche kümmerten, einem vollständigen physikalischen Modell der aktiven Oberflächen aus dem Wege gegangen und haben nur bei der Untersuchung der möglichen Ursachen für die verschiedenen Verteilungstypen zwei Grenzfälle der aktiven Strukturen betrachtet:

1. aktive Zonen, die mehrere (viele) Atome umfassen, mit allmählicher Annäherung der Energiegrößen des Adsorptionsprozesses an die entsprechenden Größen der normalen

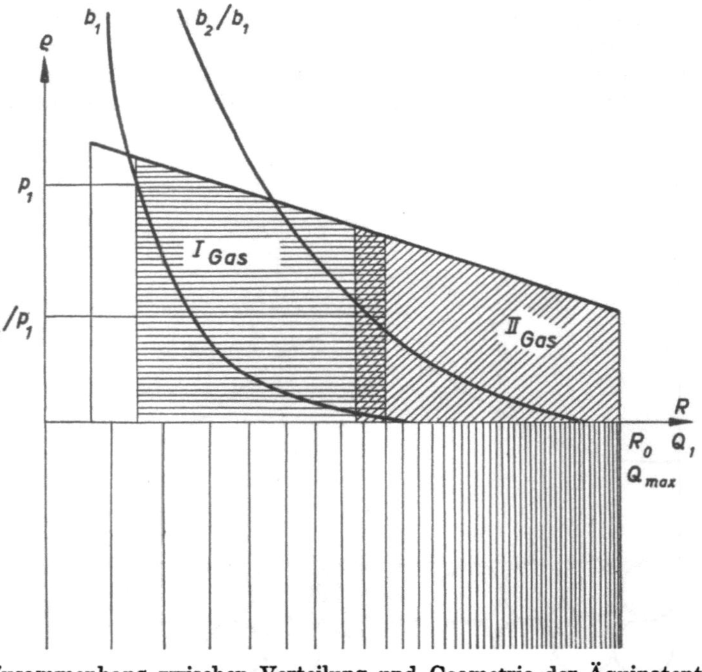

Abb. 139. Zusammenhang zwischen Verteilung und Geometrie der Äquipotentialkurven und Verteilung der Gase bei symbatem Gang ihrer Adsorptionswärmen. Dargestellt ist der Querschnitt einer Zone von ihrem Zentrum bei $R = R_0$ und mit $Q_1 = Q_{\max}$ bis zur Peripherie. Die Anordnung der von den beiden Gasen *I* und *II* besetzten Streifen und das Übergangsgebiet zwischen ihnen (Doppelschraffur) sind ebenfalls angedeutet. Unten ist die Lage der Äquipotentialkurven für eines der Gase gezeichnet.

Atome der Oberfläche bei Annäherung an die Ränder dieser Zone (Abb. 137) und

2. punktförmige Störungen in der Art oder Verteilung der einzelnen Atome, durch welche die Adsorptionskonstanten der Nachbaratome nicht erheblich abgeändert werden (Abb. 138).

Der Unterschied zwischen diesen beiden Typen aktiver Strukturen erstreckt sich auch auf die Adsorption von Gemischen. Im ersten Fall bilden die Kurven gleicher Adsorptionsenergie ein gesetzmäßig verteiltes System; infolgedessen liegen die Stellen mit den verschiedenen Q_i in bestimmter geometrischer Reihenfolge, und die Normale auf diese Äquipotentialkurven ist identisch mit der Q-Achse unserer Diagramme (Abb. 139 und 140). Die Zonen und Grenzen in unseren Verteilungen bei verschiedenen Beziehungen zwischen Q_1 und Q_2 treten deshalb bei jeder aktiven Zone auf, wie in den Abb. 139 und 140 angedeutet ist, die diese Schlußfolgerung speziell für den symbaten und den antibaten Gang der beiden Wärmen darstellen. An der Oberfläche besteht also eine mehr oder minder vollständige räumliche Trennung der beiden Gase, wobei Fälle möglich sind, in denen die ganze aktive Zone von einem der Gase besetzt ist, ferner auch Fälle, in denen innerhalb jeder Zone Streifen mit einem und auch Streifen mit dem anderen Gas vorhanden sind (Abb. 141 und 142). In beiden Fällen erfordert die Benutzung der aktivsten Struktur zur Beschleunigung der Prozesse, für die die Adsorption zweier oder mehrerer verschiedener Molekeln notwendig ist, eine ganz besondere Verknüpfung von Bedingungen. Umgekehrt bestehen keine Schwierigkeiten für die Realisierung von Stufenreaktionen, bei denen in jedem Augenblick die Adsorption einer Ausgangsmolekel oder einer Molekel des Übergangskomplexes hinreichend ist. Diese Schwierigkeiten fallen fort für Reaktionen, an denen sich zwei oder mehrere Molekeln der gleichen Substanz beteiligen.

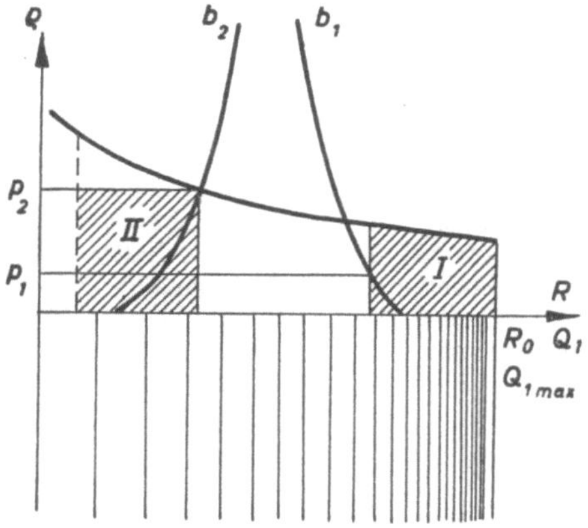

Abb. 140. Dasselbe wie in Abb. 139 bei antibatem Gang der Adsorptionswärmen. Dargestellt ist ein Fall, in dem die numerischen Verhältnisse so liegen, daß die von jedem Gas besetzten Zonen um das aktive Zentrum einander nicht berühren, sich also auch im Diagramm $\varrho = \varrho(Q_1)$ nicht überdecken.

Wir wenden uns nun den punktförmigen aktiven Zentren zu, die stets von Bereichen mit ganz anderen Eigenschaften umgeben sind. In diesem Fall ist die Wahrscheinlichkeit für eine räumliche Nachbarschaft zweier oder mehrerer aktiver Zentren klein, so daß eine gleichzeitige und unabhängige Adsorption nicht nur verschiedener Molekeln, sondern auch zweier oder mehrerer Molekeln der gleichen Substanz an benachbarten aktiven Zentren so gut wie ausgeschlossen ist. Möglich ist nur eine unmittelbare Nachbarschaft einer an einem aktiven Bereich adsorbierten Molekel mit einer anderen (oder mehreren anderen) an normalen Bereichen adsorbierten. Wir sehen, daß für die beiden extremen

Modelle Schwierigkeiten in der Unterbringung mehrerer reagierender Molekeln in der aktiven Zone auftreten, wobei diese Schwierigkeit für ausgedehnte aktive Zonen geringer ist. Dies kann von wesentlicher Bedeutung für den Mechanismus katalytischer Prozesse und für das Auftreten der Mehrstufenreaktion und einer starken Selektivität sein.

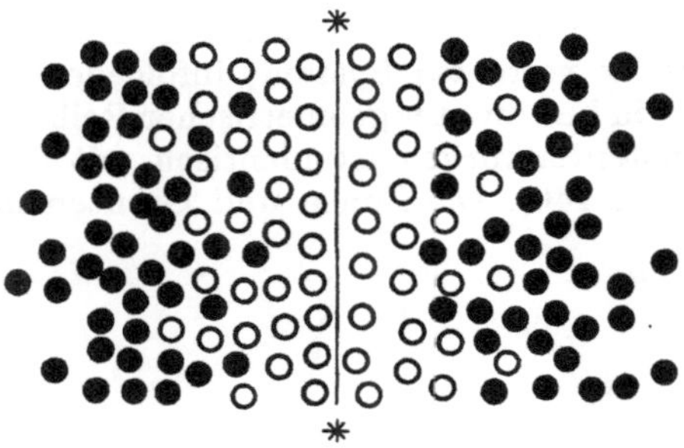

Abb. 141. Verteilungsschema der Molekeln zweier Gase um ein ausgedehntes aktives Zentrum bei symbatem Verhalten und hoher Besetzung. Die Sternchen bezeichnen den Verlauf der linearen aktiven Zone. Rechts und links von dieser Zone nehmen Q_1 und Q_2 ab.

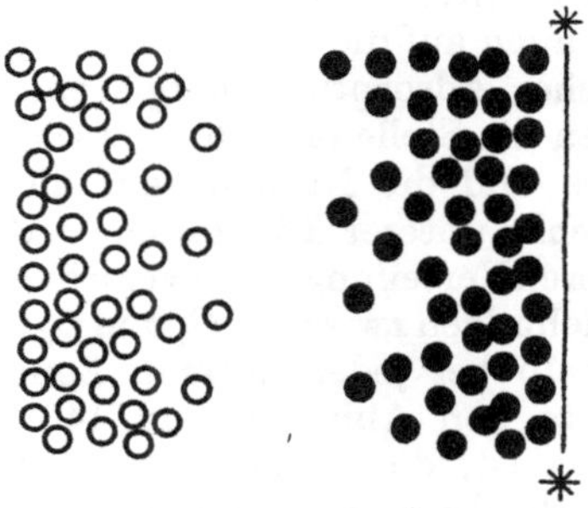

Abb. 142. Verteilungsschema der Molekeln zweier Gase um ein ausgedehntes aktives Zentrum bei antibatem Verhalten und mittleren Besetzungen. Die Sternchen bezeichnen den Verlauf der linearen aktiven Zone. Links davon nimmt Q_1 ab und Q_2 zu. Die entsprechende Situation rechts ist nicht dargestellt.

Literatur

1. Жуховицкий, А. А., Адсорбция Газов и паров, ОНТИ (A. A. SHUCHOWIZKI, Adsorption von Gasen und Dämpfen), Кар. 6 und 7; S. Брунауэр, С., Адсорбция газов и паров S. BRUNAUER, Adsorption von Gasen und Dämpfen), T. I, 1948.
2. Цвет, М. С., Хроматографическии анализ, Изд. АН СССР, 1946, Серия „Классики науки" (M. S. ZWET, Chromatographische Analyse, Verl. d. Akad. Wiss. UdSSR, 1946, Serie „Klassische Wissenschaft"); TISELIUS, A., Arkiv Kem. Min. Geol., **14**, Nr. 22 (1940); Nr. 32 (1941); CLAESSON, S., ibid., **20** A, Nr. 3 (1945) usw.
3. Рогинский, С. З., и Тодес, О. М. (S. S. ROGINSKI und O. M. TODES), Acta Physicochimica URSS, **20**, 307, 695 (1945); Проблемы кинетики и катализа, вып. 7 (подготовлястся к печати) (Probleme der Kinetik und Katalyse, Heft 7). Жуховицкий, А. А., Адсорбция гасов и паров, ОНТИ (A. A. SHUCHOWIZKI, Adsorption von Gasen und Dämpfen), 1938; Левин, В. И., Успехи химии (W. I. LEWIN, Fortschr. Chem.), **17**, 174 (1948).
4. Лондон, Ф., Проблемы кинетики и катализа (F. LONDON, Probleme der Kinetik und Katalyse), Heft **3**, 1937, Seite 329. Успехи Физич наук (Fortschr. Phys.), **17**, 421 (1937); Блохинцев и Шехтер, Успехи химии (BLOCHINZEW und SCHOCHTJOR, Fortschr. Chem.), **3**, 586 (1934).
5. ORR, Proc. Roy. Soc. A, **173**, 349 (1939); Trans. Faraday Soc., **35**, 1247 (1939).
6. POLANYI, M., Trans. Faraday Soc., **28**, 316 (1932).
7. Diese Theorien sind dargestellt in den Monographien: Ильин, Б. В., Молекулярны силы и их електрическая природа, Сб. статей, ГИЗ (B. W. ILJIN, Die Molekularkräfte und ihre elektrische Natur, Sammelband von Artikeln, Staats-Verl.), 1929. Френкель, Я. И., Электрическая теория твердых тел (J. I. FRENKEL, Elektrische Theorie des Festkörpers), 1924. Журнал Русского Физического общества (J. russ.

physik.-chem. Ges.), **56**, physikalischer Teil, 198 (1924). Райдил, Химия поверхностиых явлений, ОНТИ (RIDEAL, Chemie der Oberflächenerscheinungen, Allg. Wiss.-Techn. Verl.), 1936. Блю и Штарк, Адсорбция, Госхимтехиздат, 1933, и в статье Дозе и Марк, Проблемы кинетики катализа (BLEW und STARK, Adsorption, Staatl.-Chem.-Techn. Verl., 1933, sowie im Artikel von DOSE und MARK: Kinetische Probleme und Katalyse), Heft 3, 1937, Seite 6.

8. Ильин, Б. В., Изв. Ин-та боил. физики (B. W. ILJIN, Nachr. Inst. für Biophysik), 1 (1921); Журнал прикладной физик (J. angew. Physik), **2**, 251 (1925); Доклад Академии Наук (Ber. Akad. Wiss.), **56**, 269 (1947); Мокрушин, С. Г., и Есин, О. А., Журнал Русского физико Химического Общества (S. G. MOKRUSCHIN und O. A. JESEN, J. russ. physik.-chem. Ges.), **58**, 737 (1926); Лукирский, П., и Ечеистова, А., Журнал физической Химии (P. LUKIRSKI und A. JETSCHENSTOWA, J. physik. Chem.), **1**, 353 (1930).
9. MAGNUS, A., Z. anorg. Chem., **158**, 67 (1926); MAGNUS, A. KRAUSS, A., Z. physik. Chem. Abt. A, **158**, 161 (1932); LENNARD-JONES, J. E., DENT, J. E., Trans. Far. Soc., **24**, 92 (1928); LENNARD-JONES, J. E., ibid., **28**, 333 (1932).
10. Де-Бур, Ж. Г., Електронная эмиссия и Адсорбции. ОНТИ (J. H. DE BOER, Elektronenemission und Adsorption), 1936.
11. LENEL, F. V., Z. physik. Chem., Abt. B, **23**, 379 (1933).
12. Дискуссия в Фарадсевском об-ве (Diskussion in der FARADAY-Gesellschaft), Trans. Faraday Soc., **28** (1932).
13. DE BOER, J. H., GUSTERS, J. F. H., Z. physik. Chem., Abt. B, **25**, 237 (1934).

KAPITEL 6

Kinetik der Adsorption von Gemischen

In allen vorangegangenen Kapiteln war die Anzahl der primären Energiegrößen, die der statistischen Analyse zugrunde lagen, nicht viel größer als Zwei. In der Kinetik der Adsorption von Gemischen gibt es selbst im einfachsten Fall eines binären Gemisches sechs solcher Größen: die beiden Adsorptionswärmen, die beiden Aktivierungsenergien und aus Gründen, die im folgenden klar werden, noch zwei Desorptionsenergien. Die Anzahl der kinetischen Grundvarianten nimmt also stark zu. Trotz der Komplizierung der Sachlage wird infolge der engen Analogie der statistischen und kinetischen Gesetzmäßigkeiten der Adsorption an inhomogenen Oberflächen, die im Kapitel 4 bewiesen wurde, in Verbindung mit den Vereinfachungen, welche die Methode des kontrollierenden Streifens in der Behandlung kinetischer Probleme bringt, die Ableitung einer Reihe von Gesetzmäßigkeiten möglich, welche die Kinetik der Adsorption von Gemischen kennzeichnen.

Wie in den bisherigen Fällen beginnen wir mit der Adsorption an homogenen Oberflächen und betrachten die hierbei gewonnenen Abhängigkeiten als gültig für jede i-te Gruppe gleichartiger Bereiche.

Angenommen, die adsorptionsfähige Oberfläche sei charakterisiert durch die Adsorptionswärmen $Q_1, Q_2, \ldots,$ die Aktivierungsenergien $E_1, E_2, \ldots$ und die Faktoren vor dem Exponentialausdruck $b_{01}, b_{02} \ldots$ und $k_{01}, k_{02} \ldots$.

Wie in Kapitel 1 dieses Teils gezeigt wurde, wird bei Vorhandensein von n Gasen das endgültige Gleichgewicht an der Oberfläche durch n Gleichungen vom Typ

$$\theta_i = \frac{\frac{p_i}{b_i}}{1 + \sum \frac{p_i}{b_i}} \tag{1}$$

bestimmt, und das Verhältnis der spezifischen Besetzungen ist gleich dem Verhältnis der Brüche p_i/b_i:

$$\theta_1 : \theta_2 \cdots = \frac{p_i}{b_i} : \frac{p_2}{b_2} : \cdots \quad \text{oder} \quad \theta_1 : \theta_2 : \cdots = a_1 p_1 : a_2 p_2 . \tag{2}$$

Ist einer der Koeffizienten a_i viel größer als die übrigen (wegen einer besonders großen Adsorptionswärme oder eines besonders großen a_{0i}), so wird unter sonst gleichen Bedingungen an der Oberfläche die Substanz i in entscheidendem Maße vorherrschen und den überwiegenden Teil aller besetzten Bereiche einnehmen. Dieser Zustand ist völlig stabil, und nach seiner Erreichung steht bei ungeänderten äußeren Bedingungen die adsorbierte Schicht im dynamischen Gleichgewicht mit sämtlichen Gasen.

Damit aber zwei Gase den Endzustand gleichzeitig und monoton erreichen, ist eine wenig wahrscheinliche Kombination der Geschwindigkeitskonstanten k_1 und k_2 einerseits und der Adsorptionskoeffizienten a_1 und a_2 andererseits notwendig, die durch die Gleichung

$$k_1 : k_2 = a_1 : a_2 \tag{3}$$

oder

$$k_1 b_1 = k_2 b_2 \tag{3a}$$

gegeben wird.

Damit diese Gleichheit für eine inhomogene Oberfläche auch beim Übergang von einem Bereich zum anderen gültig bleibt, muß, da in a_1 und a_2 die Adsorptionswärmen Q_1 und Q_2 und in die Geschwindigkeitskonstanten k_1 und k_2 die Aktivierungsenergien E_1 und E_2 eingehen, bei Konstanz von b_0 und k_0 die Beziehung

$$\Delta (E_1 - E_2) = \Delta \cdot (Q_2 - Q_1) \tag{4}$$

gelten.

Ist das nicht der Fall, so wird selbst dann, wenn bei einer Temperatur für eine homogene Oberfläche die Gleichung (3) erfüllt ist, diese Gültigkeit bei Änderung der Temperatur verletzt. Immer wenn

$$\frac{k_1}{k_2} \neq \frac{a_1}{a_2} \tag{5}$$

ist, überholt bei der Adsorption eines Gemisches notwendig das eine der Gase das andere und nimmt einen größeren Teil der Oberfläche ein, als dem Gleichgewicht entspricht. Für dieses Gas muß die kinetische Kurve, die seine Adsorption aus dem Gemisch darstellt, nämlich

$$\Phi_1 = \Phi_1 (t; p_1; p_2), \tag{6}$$

ein Maximum aufweisen, nach dessen Erreichung die adsorbierte Menge wieder abnimmt und gegen den Gleichgewichtswert $\Phi_{1\infty}$ strebt, und zwar mit einer Geschwindigkeit, die der Desorptionsgeschwindigkeit des ersten Gases oder seiner Wanderungsgeschwindigkeit über die Oberfläche entspricht.

In besonders krasser Form gilt das dann, wenn die beiden Verhältnisse p_1/b_1 und p_2/b_2 bei Adsorption der einzelnen Gase eine praktisch vollständige Besetzung gewährleisten. Dann hat die Adsorptionskinetik eine Form, wie sie in Abb. 143 dargestellt ist. Die kinetische Kurve eines der Gase hat ein Maximum, und zwar ist dies dasjenige Gas, für das das Produkt kb größer ist. Dieser Effekt schwächt sich stark ab, wenn beide Gase schwach adsorbiert werden, d. h. wenn beide Gleichgewichtsbesetzungen klein sind.

Die mathematische Analyse dieses Falles für eine homogene Oberfläche führt zu vollständigen kinetischen Gleichungen von der Form

$$\left.\begin{aligned} w_2 &= A_1 e^{-\alpha_1 t} + B_1 e^{-\alpha_2 t}, \\ w_1 &= A_2 e^{-\alpha_1 t} + B_2 e^{-\alpha_2 t}, \end{aligned}\right\} \tag{7}$$

wobei a_1 und a_2 die Wurzeln der entsprechenden charakteristischen Gleichung sind und die Konstanten A_2 und B_2 durch die Konstanten A_1 und B_1 ausgedrückt werden können.

Diese Gleichungen ergeben sich bei simultaner Lösung der beiden einfachen Differentialgleichungen

$$\left.\begin{aligned} \frac{d\theta_1}{dt} &= k_1 p_1 (1 - \theta_1 - \theta_2) - k_3 \theta_1 \\ \text{und} \qquad \frac{d\theta_2}{dt} &= k_2 p_2 (1 - \theta_1 - \theta_2) - k_4 \theta_2, \end{aligned}\right\} \tag{8}$$

wobei k_1 und k_2 die Geschwindigkeitskonstanten der Adsorption für das erste und das zweite Gas und k_3 und k_4 die entsprechenden Desorptionskonstanten sind; die Lösung erfolgt nach den üblichen Methoden für Systeme linearer Differentialgleichungen.

Wie oben bemerkt, ist für die aktivierte Adsorption eine Adsorption der Molekeln mit Dissoziation oder Assoziation wahrscheinlich.

In diesem Fall steht in der Gleichung (8) eines der Glieder in einer von Eins verschiedenen Potenz. Für ein solches nichtlineares Gleichungssystem gibt es keine allgemeinen strengen analytischen Lösungsmethoden; man kann jedoch auf graphischem Wege zeigen, daß die Adsorptionskurven im ganzen die in Abb. 143 dargestellte Form beibehalten. Die kinetische Kurve eines der Gase Φ_1 hat nach wie vor ein Maximum bei einer Zeit t_m, die von dem Verhältnis der kinetischen Konstanten und den äußeren Bedingungen abhängt.

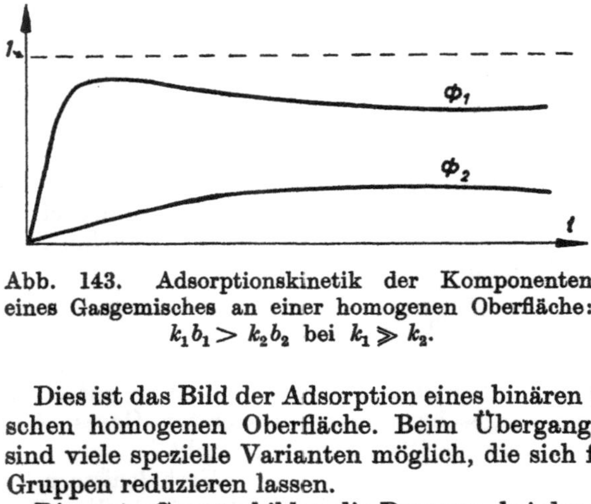

Abb. 143. Adsorptionskinetik der Komponenten eines Gasgemisches an einer homogenen Oberfläche: $k_1 b_1 > k_2 b_2$ bei $k_1 \gg k_2$.

Dies ist das Bild der Adsorption eines binären Gemisches an einer LANGMUIRschen homogenen Oberfläche. Beim Übergang zu inhomogenen Oberflächen sind viele spezielle Varianten möglich, die sich formell auf eine geringe Anzahl Gruppen reduzieren lassen.

Die erste Gruppe bilden die Prozesse, bei denen infolge einer geeigneten Verknüpfung von Bedingungen die Desorption, die das Maximum in den kinetischen Kurven erzeugt, keine merkliche Rolle im Gesamtprozeß spielt, bei denen also beide Prozesse praktisch irreversibel sind und keine Verdrängung stattfindet. Unter diesen Bedingungen bleiben von den sechs primären Energien nur zwei übrig, und der Prozeß ist seiner Kompliziertheit nach vergleichbar mit dem in Kapitel 5 behandelten Prozeß. Ein extremes Beispiel für diese Art von Systemen ist die irreversible Adsorption mit festem Haften der adsorbierten Molekeln. Hierbei ist das Problem rein kinetisch und reduziert sich auf den Wettbewerb der beiden Geschwindigkeiten an verschiedenen Bereichen. Die Molekel, die zuerst an dem gegebenen Bereich adsorbiert wurde, bleibt auch dort.

Infolge der großen Ähnlichkeit der kinetischen Gleichungen der irreversiblen Adsorption mit den statischen Gleichungen kann man auf diesen Fall die Methode der Analyse und das Gleichungssystem, die in Kapitel 5 für das Adsorptionsgleichgewicht eines Gemisches entwickelt wurde, in fertiger Form übertragen. Für den symbaten und antibaten Fall konstruiert man das Diagramm

$$\varrho = \varrho(E_1).$$

In diesem Diagramm trägt man k_1^{-1} als Funktion von E_1 auf und ebenso unter Benutzung des gegebenen Zusammenhanges zwischen E_2 und E_1 auch k_2^{-1}. Wie man leicht sieht, ist für eine Substanz in jedem gegebenen Augenblick an der Grenze, welche die besetzten von den freien Bereichen trennt, $t = 1/k$. Tragen wir also auf der Ordinatenachse außerdem $1/k$ und t für die beiden Gase auf, so erhalten wir für symbate E_1 und E_2 die Verhältnisse, die in Abb. 144 dargestellt sind. Das erste Gas nimmt praktisch den ganzen besetzten Teil der Verteilung bis $E_{1\,gr}$ ein. Das zweite Gas ist praktisch auf der Oberfläche nicht vorhanden.

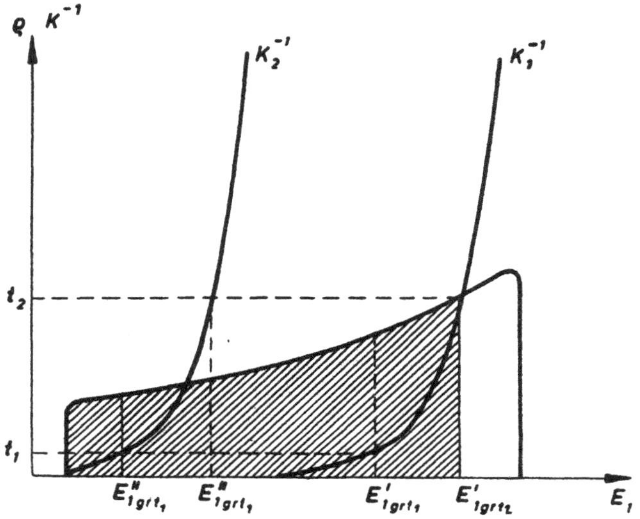

Abb. 144. Besetzung einer inhomogenen Oberfläche im Fall irreversibler Adsorption bei symbatem Gang der Aktivierungsenergien E_1 und E_2 im Diagramm $\varrho(E_1)$. Die Grenzen E_1' sind reell, die Grenzen E_2'' virtuell. $E_2 = E_1 + C$.

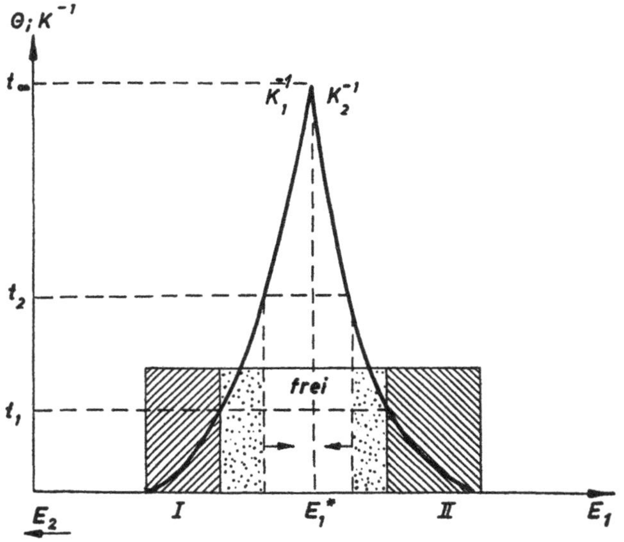

Abb. 145. Besetzung einer inhomogenen Oberfläche bei antibatem Gang der Aktivierungsenergien E_1 und E_2. Die Lage der Grenzen zwischen den von den beiden Gasen besetzten Gebieten ist für einen Zeitpunkt t_1 und $t_2 > t_1$ angedeutet, ferner ist der Treffpunkt E_1^* eingetragen.

Art und Aufeinanderfolge der Ausnutzung der Bereiche mit verschiedenen Aktivierungsenergien bei antibatem Gang von E_2 und E_1 sind in Abb. 145 dargestellt. Links liegt das vom ersten Gas besetzte Gebiet. Die Lage der Grenze des Gebietes wird gegeben durch die Abszisse des Schnittpunkts der Geraden t mit der Kurve k_1^{-1}. Rechts liegt das entsprechende Gebiet für das zweite Gas; seine Grenze wird gegeben durch die Bedingung

$$t = \frac{1}{k_2}. \tag{9}$$

Beide Grenzen verschieben sich mit der Zeit und streben gegen den Punkt, wo $k_1 = k_2$ ist, bei $E_1 = E_1^*$. Bei diesem Abszissenwert treffen die beiden Fronten zusammen, und die Adsorption hört auf. In der kinetischen Verteilung sind jetzt alle Bereiche links von E_1 vom Gas *I* und alle Bereiche rechts davon vom Gas *II* besetzt.

Die Berechnung des Abszissenwerts, bei dem die beiden Gebiete zusammenstoßen, ist nicht schwierig.

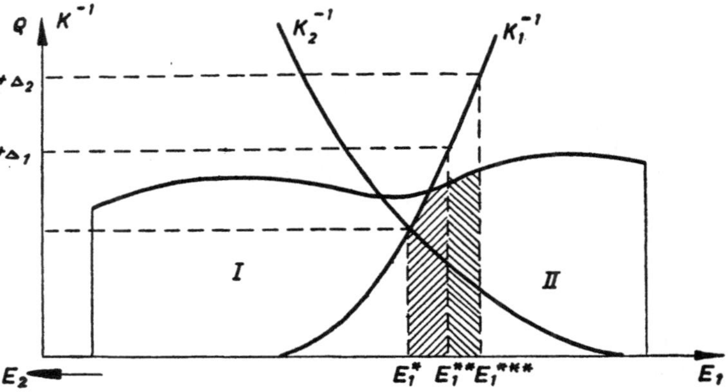

Abb. 146. Änderung der Aktivierungsenergie des Treffpunkts bei gleichzeitigem Einlaß der adsorbierten Gase. E^* Aktivierungsenergie des Treffpunkts bei gleichzeitigem Einlaß; E_1^{**} und E_1^{***} beziehen sich auf nichtgleichzeitigen Einlaß, wobei das Gas *I* eher eintritt als das Gas *II*.

Übrigens ist durchaus nicht notwendig, daß die beiden t-Werte gleich sind, was gleichzeitigem Einlaß der Gase entspricht. Wird eines der Gase, etwa *I*, früher eingelassen, so ist $t_1 \neq t_2$, und dementsprechend verschiebt sich auch die Abszisse des Treffpunkts (Abb. 146).

Die kinetischen Isothermen jedes der Gase verlaufen bis zum Treffpunkt genauso wie für die Adsorption der einzelnen Substanzen:

$$\left.\begin{aligned} \Phi_1 &\cong \int_{E_{1\,\min}}^{E_1} \varrho(E_1)\, dE_1, \\ \Phi_2 &\cong \int_{E_{2\,\min}}^{E_2} \varrho(E_2)\, dE_2 \end{aligned}\right\} \tag{10}$$

usw. Die Gesamtadsorption ist $\Phi = \Phi_1 + \Phi_2$. (11)

Bis zum Augenblick des Zusammentreffens der beiden Zonen verläuft die Adsorption jedes der Gase so, als wäre das andere gar nicht vorhanden, und die Gesamtadsorption ergibt sich exakt durch Summierung der beiden Φ.

Die gegenseitige Beeinflussung der Adsorptionsvorgänge kommt nur darin zum Ausdruck, daß die Besetzung der ganzen Oberfläche durch eines von ihnen unmöglich ist, ferner in der Abhängigkeit des Endwertes der Adsorption von der Zusammensetzung des Gemisches. Offenbar müssen bei gegebenen äußeren Bedingungen existieren: Endwerte der adsorbierten Menge jedes der Gase, ein bestimmter Zeitpunkt für das Zusammentreffen an dieser Grenze und genau bestimmte Werte für die E_1 und E_2 an diesem Treffpunkt (abhängig von der Differenz der Einlaßzeiten der beiden Gase).

Zur numerischen Berechnung dieser Größen muß man die beiden Aktivierungsenergien auf eine Größe zurückführen, d. h. den Zusammenhang zwischen E_1 und E_2 ausnutzen. Ferner sind aus den drei Gleichungen

$$E_1 = RT \ln k_{01} t, \quad E_2 = RT \ln k_{02} t \tag{12}$$

und

$$E_1 = f(E_2)$$

E_1 und E_2 zu eliminieren und der Zeitpunkt des Zusammentreffens zu bestimmen.

Wir führen die Ableitung für einige konkrete Beispiele bis zu Ende durch. Es sei

$$E_1 = E_0 - aE_2 \quad \text{und} \quad k_{02} = k_{01}. \tag{13}$$

Bei gleichzeitigem Einlaß ist also nach Gleichung (13)

$$RT \ln k_{01} t_{\text{tr}} = E_0 - aRT \ln k_{02} t_{\text{tr}} \tag{13a}$$

oder

$$E_0 = (1 + a)\, RT \ln k_0 t_{\text{tr}}. \tag{14}$$

Berücksichtigen wir $k_0 = 1/\tau_0$, so erhalten wir

$$t_{\text{tr}} = t_z \cong \tau_0 \exp\left[\frac{E_0}{(1 + a) RT}\right], \tag{15}$$

mit

$$\tau_0 = \frac{1}{k_0}. \tag{15a}$$

Durch Einsetzen in Gleichung (12) erhalten wir das folgerichtige, wenn auch paradoxe Ergebnis, daß bei Gleichheit von k_{01} und k_{02} am Treffpunkt auch $E_1 = E_2$ ist.

Bei $k_{01} \neq k_{02}$ ist

$$\ln k_{01} t_z + a \ln k_{02} t_z = \frac{E_0}{RT} \tag{16a}$$

oder

$$\ln [k_{01} t_z (k_{02} t_z)^a] = \frac{E_0}{RT}, \tag{16}$$

also

$$t_z^{1+a} = \frac{\exp\left(\frac{E_0}{RT}\right)}{k_{01} \cdot k_{02}^a}, \tag{17}$$

d. h.

$$t_z = \tau_0^* \exp\left[\frac{E_0}{(1 + a) RT}\right] = \tau^* \tag{18}$$

mit
$$\tau_0^* = \frac{1}{(k_{01} k_{02}^{\alpha})^{\frac{1}{1+\alpha}}}. \tag{19}$$

Für E_1 erhalten wir in diesem Fall nach Gleichung (12)

$$E_{1z} = RT \ln \left(\tau_0^* \, e^{\frac{+E_0}{RT(1+\alpha)}} \cdot k_{01}\right) \tag{20}$$

und
$$E_{2z} = RT \ln \left(\tau_0^* \, e^{\frac{+E_0}{RT(1+\alpha)}} \cdot k_{02}\right). \tag{21}$$

Aus (20) und (21) erhalten wir für das Verhältnis von E_1 zu E_2 die Gleichung

$$\frac{E_{1z}}{E_{2z}} = \frac{\ln \left(\tau_0^* \exp \left(+ \frac{E_0}{RT(1+\alpha)}\right)\right) - \ln \tau_{01}}{\ln \left(\tau_0^* \exp \left(+ \frac{E_0}{RT(1+\alpha)}\right)\right) - \ln \tau_{02}}, \tag{22a}$$

d. h.
$$\frac{E_{1z}}{E_{2z}} = \frac{1 - \dfrac{\ln \tau_{01}}{\ln \left(\tau_0^* \exp \left[\frac{E_0}{RT(1+\alpha)}\right]\right)}}{1 - \dfrac{\ln \tau_{02}}{\ln \left(\tau_0^* \exp \left[\frac{E_0}{RT(1+\alpha)}\right]\right)}} = \frac{1 - \dfrac{\ln \tau_{01}}{\ln \tau^*}}{1 - \dfrac{\ln \tau_{02}}{\ln \tau^*}}, \tag{22}$$

gleichzeitig aus den Gleichungen (20) und (21)

$$\frac{\exp\left(\frac{E_{1z}}{RT}\right)}{\exp\left(\frac{E_{2z}}{RT}\right)} = \frac{\tau_{02}}{\tau_{01}} = \tau^*. \tag{23}$$

Die gewonnenen Gleichungen sind sehr lehrreich. Der Zeitpunkt des Zusammentreffens, d. h. der Zeitpunkt der Beendigung des Prozesses, hängt exponentiell von der Temperatur ab und hat im Zähler den Exponenten E_0 aus Gleichung (13) und im Nenner den Ausdruck $(1+\alpha)RT$. Das Verhältnis der beiden Aktivierungsenergien am Treffpunkt hängt bei gegebener Temperatur nur von dem Verhältnis τ_{02}/τ_{01}, d. h. von dem Verhältnis k_{01}/k_{02} ab. All dies gilt bei linearem Zusammenhang der beiden Aktivierungsenergien.

Aus der integralen Abhängigkeit der Werte E_1 und E_2 an der Grenze von der Zeit erhält man leicht die differentielle Zeitabhängigkeit dieser Größen:

$$w_{E_1} = w_{E_2} = \frac{dE}{dt} = RT \cdot t^{-1}, \tag{24}$$

die für beide w_E gilt. Bei antibatem Gang der beiden E und bei $\alpha = 1$, d. h. bei $E_2 = E_0 - E_1$, ist die Annäherungsgeschwindigkeit der beiden Grenzwerte von E in den Diagrammen $\varrho(E_1)$ und $\varrho(E_2)$ gleich dem doppelten Wert w_E:

$$w_{E_{\text{ann}}} = 2\,RT \cdot t^{-1}. \tag{25}$$

Diese Formeln gelten, wie alle übrigen für E, bei jeder Verteilung. Bei $\alpha \neq 1$ ist

$$w_{E_{\text{ann}}} = (1 + \alpha)\ RT \cdot t^{-1}. \tag{25a}$$

Das Problem des Zusammentreffens der beiden Grenzen ist völlig analog dem Problem des Zusammentreffens zweier Züge oder zweier Kugeln, die durch einen Anfangsabstand getrennt sind und sich aufeinander zu bewegen. Eigentümlich ist die dauernde Verlangsamung der Bewegung der beiden Fronten nach den Gleichungen

$$\frac{d w_{E_1}}{dt} = -RT\,(t^{-2}) \tag{26}$$

und

$$\frac{d w_{E_2}}{dt} = -RT\,(t^{-2}). \tag{26a}$$

Aus diesen Gleichungen erhält man auch leicht den Zeitpunkt des Zusammentreffens, nachdem man die beiden Geschwindigkeiten auf die gleiche Abszisse E_1 oder E_2 bezogen hat.

Bei einem anderen Gesetz für den Zusammenhang zwischen E_1 und E_2 würden sich alle abgeleiteten Gleichungen ändern.

Wir heben noch eine interessante allgemeine Eigenschaft der Prozesse des betrachteten Typs hervor. Bei nicht gleichzeitigem Einlaß verschiebt sich der Treffpunkt zur Seite des später eingelassenen Gases hin, und zwar um den Betrag

$$RT \ln (t_z - t_0) - RT \ln t_z = RT \ln \frac{t_z - t_0}{t_z} = RT \ln \left(1 - \frac{t_0}{t_z}\right), \tag{27}$$

wobei t_0 der Zeitraum zwischen dem Einlaß des ersten und des zweiten Gases ist. Hierbei ist t_z wie bisher die Zeit des Zusammentreffens der beiden Fronten bei gleichzeitigem Einlaß. Wir heben auch den Charakter der Abhängigkeit von Zeit und Ort des Zusammentreffens vom Druck p hervor. Dieser geht implizit in k_0 ein, und zwar in erster Potenz für eine Adsorption ohne Assoziation und Dissoziation, mit dem Exponenten $1/n$ bei Dissoziation und mit dem Exponenten s bei Assoziation; folglich ist t_z proportional $\ln p$ mit verschiedenen Proportionalitätsfaktoren. Durch Änderung des Verhältnisses p_1/p_2 ändern wir auch Zeit und Ort des Zusammentreffens.

Die Ergebnisse für die irreversible Adsorption bei antibatem Zusammenhang der Aktivierungsenergien lassen sich mit gewissen Abänderungen auch auf zwei andere Fälle anwenden: 1. auf den Fall der reversiblen Adsorption der beiden Gase bei antibater Änderung jeder der Aktivierungsenergien sowohl mit der anderen Aktivierungsenergie als auch mit der eigenen Adsorptionswärme (hierbei sind auch die beiden Adsorptionswärmen antibat zueinander, wie in Abb. 147 dargestellt); 2. auf den Fall, daß E und Q für jedes Gas unter sich symbat, aber antibat zu den E und Q des anderen Gases sind. Im ersten Fall entspricht die kinetische Besetzungsfolge der einzelnen Bereiche der Verteilung ihrer statischen Folge. Der Prozeß verläuft bis zum Augenblick des Zusammentreffens genau so wie bei antibater irreversibler Adsorption. Wie bisher werden $\Phi_2(t)$ und $\Phi_1(t)$ gegeben durch die Integrale (10), wie bisher hängt die Zeit des Zusammentreffens nicht von der Form der Verteilungsfunktion ab usw. Bis t_z verhält sich das System genau nach den Gleichungen (12).

Ein Unterschied bildet sich jedoch nach dem Zusammentreffen heraus. Bei der reversiblen Adsorption stimmt die kinetische Grenze in der Regel nicht mit der Gleichgewichtsgrenze der Adsorption überein, die eindeutig durch Gleichung (16) bestimmt wird.

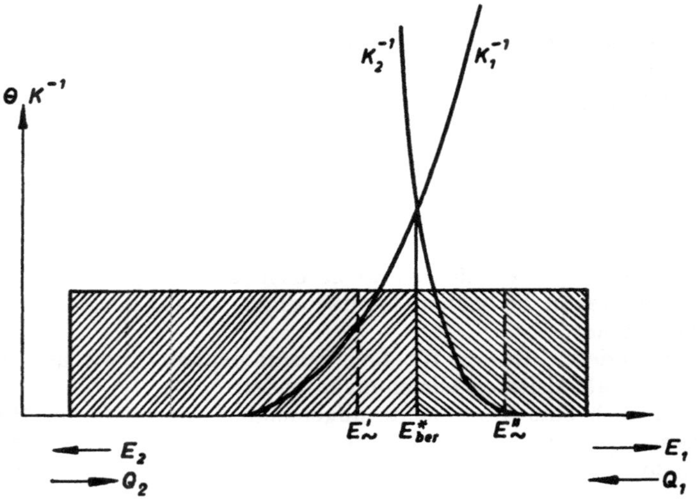

Abb. 147. Die Aktivierungsenergie des Treffpunkts E_z und ihre Lage zur Gleichgewichtsgrenze E_∞ bei reversibler Adsorption und antibatem Gang der Energien. E'_∞ entspricht dem Fall, daß im schließlichen Gleichgewicht ein Teil der Oberfläche, der vorher vom Gas *I* besetzt war, nun vom Gas *II* eingenommen wird, E''_∞ entspricht dem umgekehrten Fall.

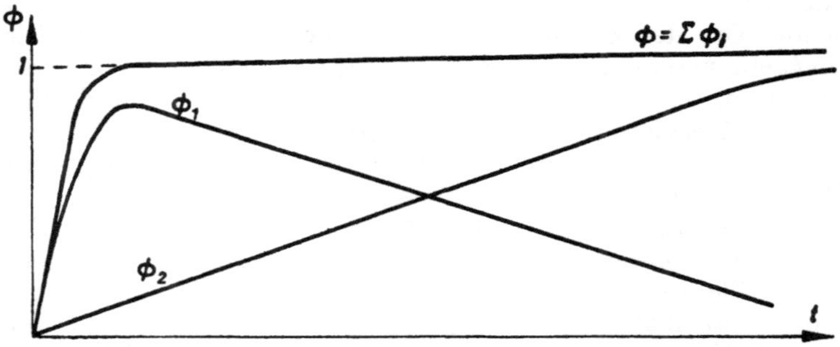

Abb. 148. Kinetik der aktivierten Adsorption eines Gemisches an einer Oberfläche mit exponentieller Verteilung über die Aktivierungsenergien in dem Fall, daß das langsam adsorbierte Gas das schnell adsorbierte vollständig und irreversibel verdrängt.

In Abb. 147 stellt die ausgezogene Linie den Treffpunkt dar, die beiden gestrichelten Linien die Gleichgewichtsgrenzen. Die erste dieser gestrichelten Grenzen entspricht dem Fall, daß infolge günstigerer Werte E und k_0 das erste Gas im Augenblick des Zusammentreffens einen Teil der Verteilung einnahm, der im Gleichgewicht dem zweiten Gas zusteht. Die zweite Grenze entspricht dem umgekehrten Fall, daß das zweite Gas infolge seiner schnelleren Adsorption die Grenzen seines Gleichgewichtsgebietes überschritten hat.

Nach dem Zusammentreffen bei E_2 erreicht die Gesamtadsorption $\Phi = \Phi_1 + \Phi_2$ ihren Höchstwert und ändert sich in der Folge nicht mehr. Das Verhältnis Φ_1/Φ_2 jedoch bleibt nicht konstant, sondern innerhalb der schraffierten Streifen erfolgt jetzt eine Verdrängung eines der Gase durch das andere.

Interessant ist der Spezialfall einer Verdrängung, bei der das eine (das langsamer adsorbierte) der beiden Gase praktisch irreversibel, das andere dagegen schnell und reversibel adsorbiert wird. Hierbei besetzt das letzte Gas zunächst einen bedeutenden Teil der Oberfläche, wird aber allmählich ganz durch das erste Gas verdrängt. Diese Fälle sind typisch für die Überlagerung einer schnellen Molekularadsorption über eine langsame aktivierte und können auch bei der Adsorption ein und desselben Stoffes vorkommen. Ein Beispiel für die hierbei auftretenden Verhältnisse ist in Abb. 148 schematisch dargestellt.

In Abhängigkeit vom Mechanismus der Verdrängung des weniger fest adsorbierten durch das fester adsorbierte Gas kann die Verdrängungskinetik, d. h. die Form der Funktion $\Phi_1/\Phi_2 = \Delta(t)$, verschiedener Natur sein.

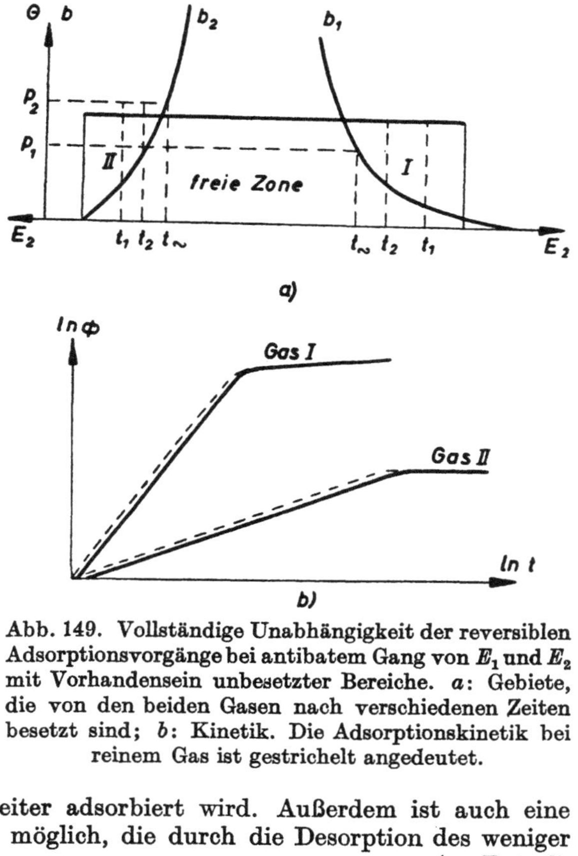

Abb. 149. Vollständige Unabhängigkeit der reversiblen Adsorptionsvorgänge bei antibatem Gang von E_1 und E_2 mit Vorhandensein unbesetzter Bereiche. *a*: Gebiete, die von den beiden Gasen nach verschiedenen Zeiten besetzt sind; *b*: Kinetik. Die Adsorptionskinetik bei reinem Gas ist gestrichelt angedeutet.

Bei der Verdrängung eines molekularadsorbierten Stoffes durch einen chemisorbierten ist eine unbehinderte Verdrängung möglich, bei der das verdrängende Gas nach Erreichung der Grenze nach dem früheren Gesetz weiter adsorbiert wird. Außerdem ist auch eine langsame Austauschbesetzung möglich, die durch die Desorption des weniger fest adsorbierten Gases mit einer Geschwindigkeit proportional $\exp\left(-\frac{E+Q}{RT}\right)$ bestimmt wird. Schließlich kann man sich auch den Fall einer unmittelbaren Austauschreaktion mit einer Aktivierungsenergie E_{aust} vorstellen, die sich von Bereich zu Bereich ändert.

In Abb. 149 ist schematisch die Adsorptionskinetik jeder der Komponenten und ihres Gemisches in dem ersten, einfachsten Fall dargestellt, wobei für jedes der Gase für sich Gültigkeit der BANGHAMschen Formel angenommen wird.

Bei Reversibilität des Adsorptionsprozesses ist ein Zusammentreffen der beiden Fronten nicht notwendig. Sie können zum Stehen kommen, ohne sich zu berühren, und einen Streifen freilassen, wie in Abb. 149 dargestellt. Dann verläuft die Adsorption der beiden Gase trotz der Reversibilität des Prozesses praktisch unabhängig, solange nicht eine Erhöhung des Partialdrucks einer der beiden Komponenten zum Zusammentreffen führt. In Abb. 149 sind gestrichelt die kinetischen Grenzen dargestellt, die bei t_1, t_2 bzw. t_∞ erreicht werden.

Die oben durchgeführte theoretische Analyse zeigt, daß bei antibatem Gang der beiden Aktivierungsenergien die Kinetik einer irreversiblen Adsorption formell völlig analog der Statik der Adsorption bei antibatem Gang der beiden Adsorptionswärmen ist (siehe Kapitel 2). Dieser Analogie bleibt für die Kinetik der irreversiblen Adsorption und für andere Typen des Funktionalzusammenhanges gewahrt: für symbates Verhalten und für Nichtkorrelation der beiden Aktivierungsenergien.

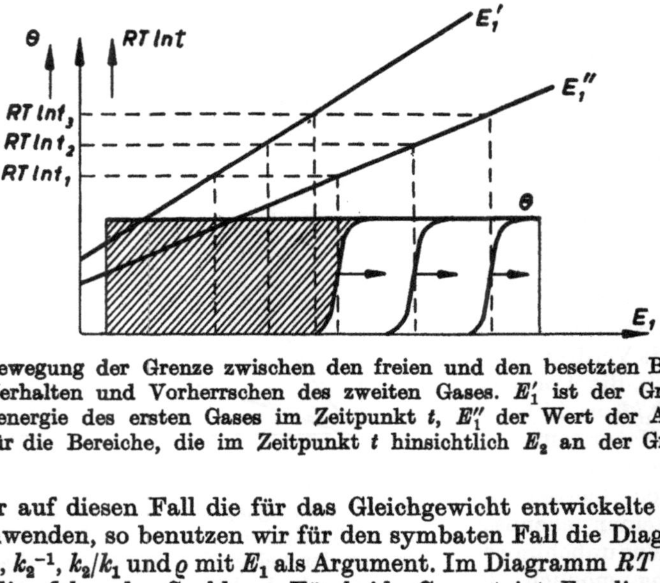

Abb. 150. Bewegung der Grenze zwischen den freien und den besetzten Bereichen bei symbatem Verhalten und Vorherrschen des zweiten Gases. E_1' ist der Grenzwert der Aktivierungsenergie des ersten Gases im Zeitpunkt t, E_1'' der Wert der Aktivierungsenergie E_1 für die Bereiche, die im Zeitpunkt t hinsichtlich E_2 an der Grenze liegen.

Wenn wir auf diesen Fall die für das Gleichgewicht entwickelte graphische Methode anwenden, so benutzen wir für den symbaten Fall die Diagramme der Größen k_1^{-1}, k_2^{-1}, k_2/k_1 und ϱ mit E_1 als Argument. Im Diagramm $RT \ln t = f(E_1)$ entspricht dies folgender Sachlage: Für beide Gase steigt $E_{1\,\mathrm{gr}}$ linear mit dem Logarithmus der Zeit, jedoch hat bei $\beta > 1$ in der Gleichung $E_2 = \beta E_1 + C$ die Gerade $E_1'' = E_1''(\ln t)$ für das zweite Gas einen kleineren Richtungsfaktor RT/β als die gleiche Gerade für das erste Gas (Richtungsfaktor RT); umgekehrt steigt bei $\beta < 1$ der Wert E_1 an der Grenze für das zweite Gas (E'') schneller als für das erste Gas*. Schneiden sich hierbei die Geraden nicht, so herrscht in der kinetischen Verteilung des Sorptivs über die Oberfläche ständig eines der Gase vor (Abb. 150). Umgekehrt hat, wenn ein Schnittpunkt existiert, das eine Gas bis zum betreffenden Moment die Oberhand, während danach das

* Es ist $E_2 = RT \ln t + RT \ln k_0 = RT \ln t + A'$; nach der Gleichung $E_2 = \beta E_1 + C$ gilt für das E_1, das $E_{2\,\mathrm{gr}}$ entspricht: $E_1'' = E_2/\beta - C/\beta$ oder $E_1'' = \frac{RT}{\beta} \ln t + A''$.

andere an die erste Stelle tritt. Dies kann dazu führen, daß für Bereiche mit verschiedenen E_1 verschiedene Gase die Oberhand haben, so daß sich Verteilungen überlagern, die den verschiedenen Gleichgewichten für die beiden Gase entsprechen (Abb. 151). Die Berücksichtigung dieses Umstandes und der Endverteilung, die sich auf diese Weise einstellt, gehört zur Theorie der Gleichgewichte von Gasgemischen. Solange die Verteilung des Gases über die Oberfläche und auf die einzelnen Bereiche von kinetischem Charakter ist, kann man zur Bestimmung des Gases, das auf Bereichen bestimmten Typs die Oberhand hat, die Diagramme $k^{-1}(E_1)$ usw. benutzen*.

Der Schnittpunkt der Kurven $k^{-1}(E_1)$ mit den Geraden, die in der Höhe t parallel zur Abszissenachse verlaufen, gibt die Adsorptionsgrenzen der individuellen Substanzen. Eine ähnliche Konstruktion für die Gerade t_1/t_2 mit der Kurve $k_2/k_1(E_1)$ gibt die Lage der Grenze zwischen den Zonen an. In dieser Beziehung entsprechen die Diagramme den Diagrammen für das Gleichgewicht

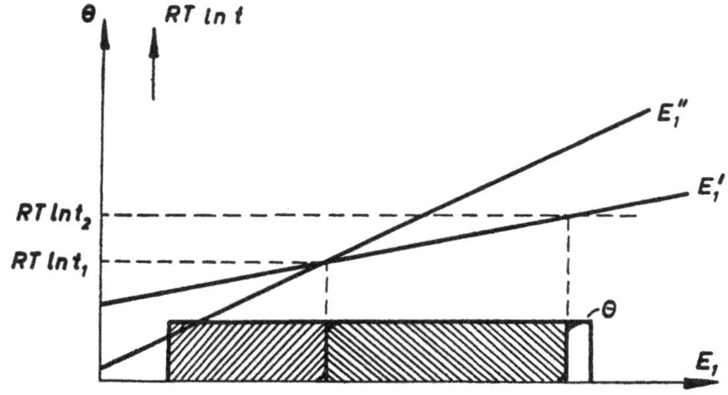

Abb. 151. Bewegung der Grenze und Auftreten einer vom zweiten Gas besetzten Zone bei Existenz eines Schnittpunktes der Geraden E_1' und $E_1''(t)$.

von Gemischen, in denen durch die Schnittpunkte der Kurven $b_i(Q)$ mit den Geraden $y = p_i$ und der Kurve $\frac{b_1}{b_2}(Q)$ mit der Geraden $y = p_1/p_2$ die Lage der Grenzen zwischen den Zonen bestimmt wird, die bei Einstellung des Gleichgewichts von jedem Gas für sich besetzt sind.

In Abb. 152 ist ein Beispiel für die Besetzung der Oberfläche in dem Fall dargestellt, daß k_1^{-1} bei allen E_1 größer ist als k_2^{-1} und daß das Verhältnis k_2/k_1 monoton steigt. In Abb. 153 ist der entgegengesetzte Fall dargestellt: k_2/k_1 fällt monoton, wobei zu Anfang $k_2/k_1 > 1$ und zum Schluß $k_2/k_1 < 1$ ist.

* In der Theorie des Adsorptionsgleichgewichts von Gasgemischen würde dem oben betrachteten Fall parallelen und unabhängigen linearen Anwachsens der beiden E mit wachsendem Logarithmus der Zeit vom Augenblick des Einlasses an eine Änderung des Adsorptionsgleichgewichts bei Steigerung des Gesamtdrucks des Gemisches entsprechen, wobei dieses aber konstante Zusammensetzung behält. Alle besonderen Varianten, die oben für die Kinetik erwähnt wurden, haben in diesem statischen Fall ihre vollständigen Analoga.

Aus den Abbildungen geht hervor, daß bei gleichzeitigem Einlaß, d. h. bei $t_1 = t_2$ praktisch nur ein Gas aus dem Gemisch adsorbiert wird. Dieser Fall ist in Abb. 152 dargestellt. Aus der relativen Lage der Kurven k_1^{-1} und k_2^{-1} sowie aus der Lage des Wertes E_1, der $k_2/k_1 = 1$ entspricht (links außerhalb der Verteilung), geht hervor, daß das erste Gas an der Oberfläche gar nicht vorhanden ist. Liegt umgekehrt der Wert E_1, der $k_2/k_1 = 1$ entspricht, rechts außerhalb der Verteilung, so hat hier ständig das erste Gas die Oberhand.

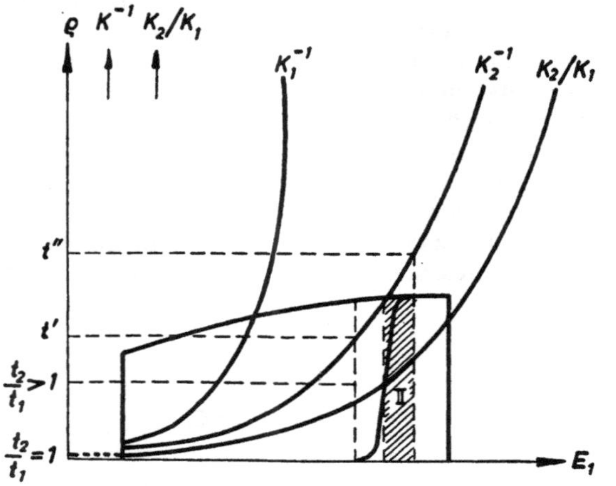

Bei $t' = t_2 + \tau_0$ ändert sich das Verhältnis t_1/t_2 mit wachsendem t_1; es beginnt mit beliebig hohen Werten und geht in der Grenze gegen Eins. In Abb. 152 würde dem die Möglichkeit entsprechen, daß eine

Abb. 152. Besetzung der Verteilung bei symbatem Gang von E_1 und E_2 und bei einem Verhältnis k_2/k_1, das für die ganze Verteilung größer als Eins ist, wobei k_2/k_1 mit wachsendem E_1 steigt. Das Vorliegen des zweiten Gases an der Oberfläche beruht auf den bedeutenden Unterschieden in der Einlaßzeit. Die gestrichelten Grenzen stellen die Lage des rechten Randes des besetzten Teils der Verteilung in den Zeitpunkten t_2' und t_2'' bei gleichzeitigem Einlaß dar. Das erste Gas ist praktisch nicht an der Oberfläche vorhanden. Die ausgezogene krummlinige Grenze trennt die vom ersten Gas besetzten Bereiche von denen, die vom zweiten Gas besetzt sind, wenn das Verhältnis k_1 und k_2 denselben Wert hat, aber das erste Gas bedeutend später eingelassen wurde als das zweite ($t_1 \gg t_2$).

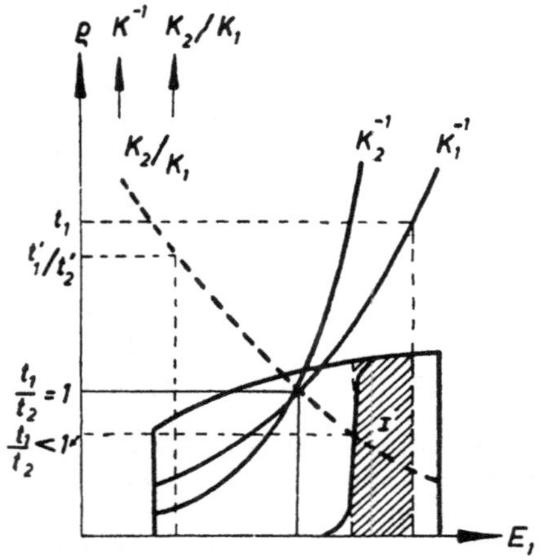

Zone auftritt, die bei kleinen E_1, d. h. bei kleinen Zeiten, vom ersten Gas besetzt ist, wogegen bei großen t und E_1 das zweite Gas überwiegt. Die Lage des Grenzwertes von E_1, bei dem der Übergang vom ersten zum zweiten Gas erfolgt, wird gegeben durch die Gleichung

$$\frac{t_2 + \tau_0}{t_2} = \frac{k_2}{k_1}. \tag{28}$$

Anders ist die Situation in dem in Abb. 153 dargestellten Fall. Da sich $k_2^{-1}(E_1)$ und $k_1^{-1}(E_1)$ mit wachsendem t

Abb. 153. Besetzung der Verteilung bei symbatem Gang von E_1 und E_2 und Existenz eines Schnittpunkts der Kurven k_2^{-1} und k_1^{-1}. Bei $t_1 = t_2$ treten bei genügend langem Ablauf des Vorganges in der Verteilung Gebiete auf, die vom zweiten Gas besetzt sind.

in einem bestimmten Zeitpunkt schneiden, ändert sich die gegenseitige Lage der Grenzwerte von E_1, d. h. von E_1' und E_1''. Infolgedessen wird selbst bei gleichzeitigem Einlaß beider Gase zuerst überwiegend eines adsorbiert, während später vom Schnittpunkt der Kurven k_2^{-1} und k_1^{-1} an praktisch nur das zweite Gas adsorbiert wird und in der Verteilung eine bestimmte Zone einnimmt. Der Einfluß der Nichtgleichzeitigkeit des Einlasses macht sich genau so geltend wie im Fall der sich nicht schneidenden Kurven in Abb. 152.

Besteht keine Korrelation zwischen den beiden Aktivierungsenergien, so hat man, um Aufschluß über den kinetischen Verlauf zu erhalten, über eine der Achsen die Kurven k_1^{-1} und k_2^{-1} zu konstruieren (Abb. 154). Die Grenze der besetzten Gebiete trennt unten rechts eine Gruppe von Bereichen O ab, die im Zeitpunkt t völlig frei von beiden Gasen sind; das übrigbleibende Gebiet zerfällt in eine Gruppe von Bereichen (I), die nur vom ersten Gas besetzt sind, eine zweite Gruppe von Bereichen (II), die nur vom zweiten Gas besetzt sind, und schließlich ein Gebiet von Kombinationen von E_1 und E_2, für die eine Adsorption beider Gase möglich ist.

Die Grenzstreifen, die diese Gruppen voneinander trennen und eine Breite von etwa $3\,RT$ haben, verlaufen längs der gestrichelten Linien. Mit Änderung der Zeit verkleinern sich das Gebiet O, das frei von beiden Gasen ist, sowie die Gebiete I und II, in denen keine Konkurrenz zwischen den beiden Gasen besteht, durch Vergrößerung des Gebietes, in dem die beiden Gase konkurrieren. Wie in allen übrigen Fällen der reversiblen Adsorption mit festem Haften am Adsorptionsort folgt die Änderung der beiden Größen E der gewöhnlichen kinetischen Isotherme. Die kinetischen Isothermen und Isobaren haben den für reine Gase üblichen Charakter und sind für verschiedene Verteilungstypen verschieden.

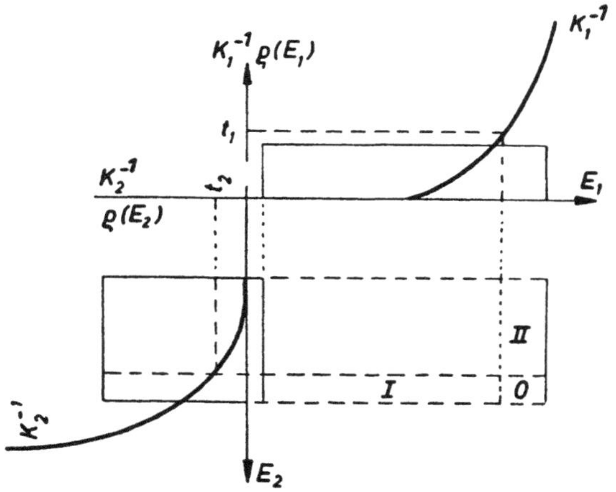

Abb. 154. Besetzung der verschiedenen Bereiche einer inhomogenen Oberfläche und Kombinationen der Aktivierungsenergien für besetzte und unbesetzte Bereiche bei Nichtkorrelation zwischen E_1 und E_2.

Die irreversible Adsorption mit fest haftenden Molekeln ist der einfachste Idealfall, für den die theoretische Analyse sich stark vereinfacht, da nur die beiden Energien E_1 und E_2 für den Prozeß von Bedeutung sind.

Darauf folgen ihrer Kompliziertheit nach die Prozesse, bei denen man die Desorption in den Gasraum vernachlässigen kann, bei denen aber die Molekeln nach ihrem Auftreffen auf die Oberfläche durch Oberflächendiffusion zu Bereichen mit vorteilhafteren Werten der Adsorptionswärme wandern können. Gilt dies für beide Gase und ist die Diffusion schnell, so sind die vier Größen E_1, E_2, Q_1 und Q_2 von Bedeutung für diesen Prozeß. In dem Spezialfall der Unbeweglichkeit eines der Gase bei Beweglichkeit des anderen fällt eine der

Energien Q fort, und es bleiben nur drei Größen. Der Übergang von den beiden primären Energien zu dreien und erst recht zu vieren erschwert die Analyse bedeutend, da sich hierdurch die Anzahl der möglichen Varianten vervielfacht.

Wir beschränken uns auf einzelne Beispiele, die eine Vorstellung über die Art der Komplizierungen geben, die beim Übergang von reinen Gasen zu Gemischen in der Kinetik auftreten.

Ein Fall der Kinetik der Adsorption eines binären Gemisches mit vier bestimmenden Energien wurde oben erwähnt. Es handelt sich um den Fall des allgemein antibaten Verhaltens:

$$\begin{matrix} E_1 \leftarrow & \rightarrow E_2 \\ \rightarrow Q_1 & Q_2 \leftarrow, \end{matrix}$$

bei dem die Kinetik bei schneller Umlagerung durch ebene Diffusion schwer von dem oben entwickelten Fall antibaten Verhaltens der beiden E zu unterscheiden ist (bei irreversibler Adsorption der festsitzenden Molekeln bis zur Überschneidung der beiden Zonen).

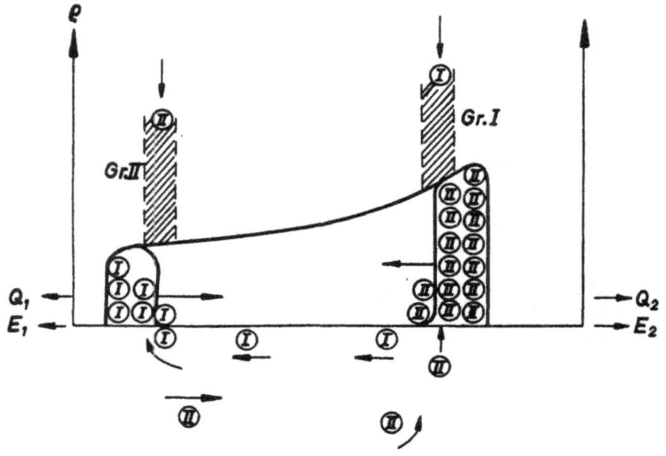

Abb. 155. Entstehung einer BANGHAMschen Kinetik für beide Komponenten durch gegenseitige Vergiftung bei der Adsorption aus einem Gemisch von Gasen, die jedes für sich mit konstanter Geschwindigkeit adsorbiert werden.

Schon wenn jedes Paar Q_i und E_i unter sich symbates Verhalten zeigt, während die beiden Q und die beiden E untereinander antibat sind:

$$\begin{matrix} E_1 \leftarrow & \rightarrow E_2 \\ Q_1 \leftarrow & \rightarrow Q_2, \end{matrix}$$

ändert sich die Kinetik entscheidend.

Bei symbatem Gang von Q und E wird bei konstantem Druck das reine Gas mit konstanter Geschwindigkeit adsorbiert, bei abnehmendem Druck dagegen mit einer Geschwindigkeit von erster Ordnung oder entsprechend einem Wurzelgesetz. Hierbei bleibt die Aktivierungsenergie konstant (siehe Kapitel 4). Eine gleichzeitige Adsorption zweier solcher Gase bei antibatem Gang der beiden Q

und dementsprechend auch der beiden E führt zu einer radikalen Änderung der ganzen Sachlage infolge der Vergiftung der aktiven Bereiche des einen Gases durch das andere. Infolgedessen gerät der kontrollierende Streifen jedes der Gase in Bewegung, und beide Prozesse müssen unter Bremsung und mit wachsender Aktivierungsenergie verlaufen (Abb. 155). Links in der Verteilung liegt der kontrollierende Streifen des zweiten Gases und der Ort der überwiegenden Adsorption des ersten, rechts der kontrollierende Streifen des ersten Gases und der Ort der überwiegenden Adsorption des zweiten Gases.

Die besetzten Zonen verbreitern sich bis zu ihrem Zusammentreffen; danach bleibt nur noch die Möglichkeit einer gegenseitigen Verdrängung unter Verschiebung der Grenzen zwischen den Zonen nach rechts oder nach links. Diese Möglichkeit werden wir vernachlässigen.

Die kinetischen Gleichungen der Adsorption für jedes Gas sind die Gleichungen für eine Adsorption mit Vergiftung. Dabei wird in jedem Zeitpunkt das erste Gas mit der Geschwindigkeit

$$w_1 = k_0^{\mathrm{I}}\,\varrho(E_t^{\mathrm{I}}) \exp\left[-\frac{E_t^{\mathrm{I}}}{RT}\right] \tag{29}$$

adsorbiert, wobei k_0^{I} implizit den Druck in erster Ordnung oder als Wurzel enthält.

Andererseits ist

$$w_2 = k_0^{\mathrm{II}}\,\varrho\,(E_t^{\mathrm{II}}) \exp\left[-\frac{E_t^{\mathrm{II}}}{RT}\right]. \tag{30}$$

E_t^{I} und E_t^{II} hängen von $\Phi_2(t)$ bzw. $\Phi_1(t)$ ab, d. h. von der Besetzung der Oberfläche durch das adsorbierte Fremdgas. Wir nehmen eine bestimmte Form des Funktionalzusammenhanges zwischen Q_2 und E^{I} bzw. Q_1 und E^{II} an und drücken Q_1 und Q_2 durch $\Phi_1(p)$ und $\Phi_2(p)$ aus.

Es sei $E^{\mathrm{I}} = E_0^{\mathrm{I}} - \beta_2 Q_2$, also

$$Q_2 = \frac{E_0^{\mathrm{I}} - E^{\mathrm{I}}}{\beta_2} \tag{31}$$

und $E^{\mathrm{II}} = E_0^{\mathrm{II}} - \beta_1 Q_1$, also

$$Q_1 = \frac{E_0^{\mathrm{II}} - E^{\mathrm{II}}}{\beta_1}, \tag{32}$$

und ferner

$$Q_2 = Q_2(\Phi_2) \quad \text{und} \quad Q_1 = Q_1(\Phi_1); \tag{32a}$$

also

$$E^{\mathrm{I}} = E_0^{\mathrm{I}} - \beta_1 Q_2(\Phi_2) \quad \text{und} \quad E^{\mathrm{II}} = E_0^{\mathrm{II}} - \beta_2 Q_1(\Phi_1). \tag{32b}$$

Bei exponentieller Verteilung über die beiden E, d. h. bei

$$\varrho(E_1) = H_1 e^{+\alpha_1 E_1} \quad \text{und} \quad \varrho(E_2) = H_2 e^{+\alpha_2 E_2}, \tag{33}$$

kann man w_1 und w_2 auf die Form bringen:

$$w_1 = H_1 k_0^{\mathrm{I}} e^{-\frac{\delta_1 E_0^{\mathrm{I}}}{RT}} \cdot e^{+\frac{\beta_2 \delta_1 Q_2}{RT}} = k_1^{\mathrm{I}} e^{+\frac{\beta_2 \delta_1 Q_2}{RT}}, \tag{34}$$

wobei

$$k_1^{\mathrm{I}} = H_1 k_0^{\mathrm{I}} e^{-\frac{E_1^{\mathrm{I}} \delta_1}{RT}} \quad \text{und} \quad \delta_1 = 1 - \alpha_1 RT \tag{34a}$$

ist. Analog ist
$$w_2 = k_1^{II} \exp\left(\frac{\beta_1 \delta_2 Q_1}{RT}\right) \tag{35}$$

mit
$$k_1^{II} = H_2 k_0^{II} e^{-\frac{E_0^{II}\,\delta_2}{RT}} \quad \text{und} \quad \delta_2 = 1 - \alpha_2 RT. \tag{35a}$$

Aus (31) und (33) erhalten wir unter Berücksichtigung der Änderung der Integrationsgrenzen und unter Benutzung der Gleichung $\varrho(Q) = \varrho(E)\,\frac{dE}{dQ}$:

$$\varrho(Q_2) = \bar{H}_1 e^{-\alpha_1 \beta_2 Q_2} \quad \text{und} \quad \varrho(Q_1) = \bar{H}_2 e^{-\alpha_2 \beta_1 Q_1}, \tag{36}$$

woraus nach den Gleichungen des Kapitels 2 bei $Q_2 \ll Q_{2\max}$ und $Q_1 \ll Q_{1\max}$ folgt:

$$Q_1 = -\frac{1}{\alpha_2 \beta_1} \ln \frac{\alpha_2 \Phi_1}{H_1^*}, \quad \text{wobei} \quad H_2^* = \beta_2 H_2\, e^{-\alpha_2 E_0^{II}}, \tag{37}$$

und
$$Q_2 = -\frac{1}{\alpha_1 \beta_2} \ln \frac{\alpha_1 \Phi_2}{H_2^*}, \quad \text{wobei} \quad H_1^* = \beta_1 H_1 e^{-\alpha_1 E_0^{I}}. \tag{38}$$

Kombiniert man die Gleichungen (34) und (35) sowie die Gleichungen (35) und (37), so gelangt man zu folgenden Differentialgleichungen:

$$w_1 = \frac{d\Phi_1}{dt} \cong \frac{w_1^{I}}{\Phi_2^{m_2}} \tag{39}$$

bzw.
$$w_2 = \frac{d\Phi_2}{dt} \cong \frac{w_0^{II}}{\Phi_1^{m_1}} \tag{40}$$

mit
$$m_1 = \frac{1 - \alpha_2 RT}{\alpha_2 RT} = \frac{\delta_2}{\alpha_2 RT} \quad \text{und} \quad m_2 = \frac{1 - \alpha_1 RT}{\alpha_1 RT} = \frac{\delta_1}{\alpha_1 RT}. \tag{41}$$

Dividieren wir Gleichung (39) gliedweise durch Gleichung (40), so erhalten wir

$$\frac{d\Phi_1}{d\Phi_2} \cong \frac{w_0^{I}}{w_0^{II}} \cdot \frac{\Phi_1^{m_1}}{\Phi_2^{m_2}} \tag{42}$$

und daraus
$$\Phi_1 = A_2^1\, \Phi_2^{\frac{1-m_2}{1-m_1}}. \tag{43}$$

Hieraus erhält man leicht die endgültigen kinetischen Gleichungen

$$\Phi_1 \cong A_1 t^{\frac{1}{s_1+1}} \tag{44}$$

und
$$\Phi_2 \cong A_2 t^{\frac{1}{s_2+1}} \tag{45}$$

mit
$$s_2 = \frac{m_1(1 - m_2)}{(1 - m_1)}$$

und
$$s_1 = \frac{m_2(1 - m_1)}{(1 - m_2)}. \tag{46}$$

Wegen der gegenseitigen Vergiftung der beiden Gase, die jedes die aktiven Bereiche des anderen blockieren, tritt bei konstantem Druck an die Stelle einer konstanten Adsorptionsgeschwindigkeit ein parabolisches Geschwindigkeitsgesetz, das das exponentielle Verteilungsgesetz und die durch die Vergiftung hervorgerufene Bewegung des kontrollierenden Streifens widerspiegelt.

Die angeführten Beispiele veranschaulichen die Anwendbarkeit unserer Methode auf die Adsorptionskinetik von Gemischen sowie den Charakter der gewonnenen Beziehungen. Ein weiteres Eingehen auf diese Frage ist kaum zweckmäßig, bevor experimentelles Material gesammelt worden ist, das zur Prüfung der Folgerungen aus der Theorie und zur Verfeinerung der experimentellen Bedingungen geeignet ist.

KAPITEL 7

Die Grenzen der Anwendbarkeit der statistischen Methoden zur Analyse der Adsorptionserscheinungen und der Vergleich mit dem Experiment

Ausgehend von dem Modell der idealen homogenen Oberfläche, die durch ein breites und ungleichmäßig erfülltes Intervall der Werte der energetischen Ausgangsgrößen, durch einen stetigen Verlauf der Verteilungsfunktion und durch völlig unabhängige Besetzung der einzelnen Bereiche der Oberfläche gekennzeichnet ist, sind wir zu einem System von Gesetzmäßigkeiten gelangt, die das Verhalten solcher Oberflächen bei der Adsorption charakterisieren. Zu einem eingehenden Vergleich dieser Theorie mit den experimentellen Daten bedarf es besonderer umfangreicher Untersuchungen; bisher begnügte man sich in den meisten Fällen mit Prüfung der Richtigkeit gewisser Gruppenabhängigkeiten und -kriterien. Im Zusammenhang damit ist es besonders wichtig, die Möglichkeiten und Perspektiven einer Anwendung der statistischen Methoden auf dem Gebiet der Oberflächenerscheinungen richtig einschätzen zu können. Hinsichtlich der Adsorption war dieses Problem vor kurzem Gegenstand einer besonderen Untersuchung[1]), deren Ergebnisse wir im folgenden mit geringen Abänderungen wiedergeben.

In den meisten Arbeiten zur statistischen Adsorptionstheorie wird das Hauptgewicht auf die Herleitung statistischer Gesetzmäßigkeiten für die beobachtbaren Größen (beispielsweise für die Adsorptionsisothermen) aus einer vorgegebenen Verteilung sowie auf das umgekehrte Problem, die Bestimmung einer unbekannten Verteilungsfunktion auf Grund bekannter sekundärer statistischer Gesetzmäßigkeiten gelegt. Von diesen beiden Aufgaben ist die zweite grundsätzlich schwieriger als die erste, denn eine Summation von bekannten Gliedern hat stets eine eindeutige Lösung, während das umgekehrte Problem, die Zerlegung einer Summe in ihre Summanden, im allgemeinen nicht eindeutig ist und zusätzliche Daten zur schärferen Fassung notwendig macht.

Auf die Frage nach den physikalischen Voraussetzungen der statistischen Behandlung der Oberflächenerscheinungen und auf die realen Grenzen der Anwendbarkeit dieser Theorien zur Analyse experimenteller Daten wurde hierbei bedeutend weniger Gewicht gelegt.

Indessen hat unser Problem keine selbständige mathematische Bedeutung, sondern ist ein physikalisches und physikochemisches Problem, zu dessen Lösung der Bequemlichkeit halber gewisse mathematische Methoden herangezogen werden. Deshalb muß schon die Formulierung des mathematischen Problems wesentlich vom Charakter der physikalischen Voraussetzungen abhängen, welche der Analyse der Erscheinungen zugrunde gelegt wurden; jede Abweichung der mathematischen Analyse von den physikalischen Voraussetzungen und den experimentellen Daten ist hierbei unzulässig.

§ 1: *Experimentelle Ausgangsdaten*

Dank den Erfolgen der Elektronenmikroskopie ist offenbar die Zeit nicht mehr fern, da die besonderen Strukturen, welche die aktive Oberfläche kennzeichnen, einer unmittelbaren Beobachtung zugänglich werden[2]. Bisher müssen wir uns jedoch mit den integralen und qualitativen Methoden zur Untersuchung der Inhomogenität der Oberfläche zufrieden geben. Selbst die direktesten Untersuchungsmethoden der Statistik des Energiereliefs der Oberfläche an Hand kalorischer, kinetischer oder Gleichgewichtsmessungen liefern nur Mittelwerte. Dies gilt insbesondere für die sogenannten differentiellen Adsorptionsenergien, differentiellen Aktivierungsenergien usw.

Je tiefer die Temperatur ist, desto enger ist die Gruppe der Bereiche, die im wesentlichen Maße an der Sorption der gegebenen Gasmenge beteiligt sind, und desto besser spiegelt die Kurve der differentiellen Sorptionswärmen die Verteilung über die Oberfläche wieder. Eine solche Temperatursenkung muß aber mit Vorsicht vorgenommen werden, denn bei sehr tiefen Temperaturen können die Gleichgewichtsdrucke und die Adsorptionsgeschwindigkeiten aus dem gut zu handhabenden Meßbereich herausrücken. Gleichzeitig wird bei einer schnellen Adsorption ein „Einfrieren" der zufälligen Verteilung der Molekel wahrscheinlich; diese bleiben an ihren Auftrefforten hängen, ohne eine Umlagerungsmöglichkeit durch „Kriechen" oder durch Desorption zu haben.

Um die übrigen direkten Untersuchungsmethoden der Adsorptionsschicht an Hand der Adsorptionsspektren, der Elektronenemission usw. ist es nicht besser bestellt. Mit Hilfe dieser Methoden kann man häufig überzeugend das Vorhandensein einer Inhomogenität einer Oberfläche nachweisen und die Größenordnung des Verhältnisses zwischen der Anzahl der aktivsten und der am wenigsten aktiven Bereiche grob abschätzen. Zu einer genaueren Untersuchung der Verteilungsfunktion über die Bindungs- oder die Aktivierungsenergien sind diese Methoden aber nicht geeignet.

Bis in letzte Zeit bestand die wichtigste Quelle unserer Kenntnisse über die Inhomogenität der Oberfläche in Adsorptionsmessungen. Durch Messung der Isothermen, der Isobaren und der Isosteren für verschiedene Besetzungen kann man versuchen, an Hand der Abweichungen dieser Abhängigkeiten von den die homogene Oberfläche kennzeichnenden Werten das Vorhandensein und den Charakter von Inhomogenitäten abzuleiten.

Adsorptionsmessungen sind verhältnismäßig einfach und genau, aber ihre Anwendung zu dem oben genannten Zweck begegnet ernsthaften Schwierigkeiten. Zwischen dem Typ der Endfunktionen für eine streng homogene und eine stark inhomogene Oberfläche besteht kein so einschneidender Unterschied. In allen Fällen haben die Kurven ähnlichen Verlauf, und zur Entdeckung der feinen Unterschiede in ihrer Form sind ziemlich komplizierte Analysemethoden erforderlich (siehe § 2).

Eine zusätzliche Schwierigkeit hierbei ist der Umstand, daß eine Abweichung vom gleichen Typ im Verlauf dieser Kurve nicht nur auf einer Inhomogenität, sondern auch auf einer Dissoziation oder einer Wechselwirkung der adsorbierten Molekeln beruhen kann.

Für breit inhomogene Oberflächen erfolgt die Besetzung der verschiedenen Bereiche vorwiegend bei Drucken, die in ihrer absoluten Größe sehr verschieden sind. Analog werden bei einer Inhomogenität hinsichtlich der Aktivierungsenergie die Bereiche mit verschiedenen Werten dieser Größe in sehr verschiedenen Zeitintervallen besetzt. Da der Zusammenhang der Gleichgewichtsdrucke oder -zeiten der Adsorption mit den entsprechenden Energiegrößen der Oberfläche exponentiell ist, hat man bei der Messung für ein hinreichend großes Intervall der Änderungen der Logarithmen von Druck und Zeit zu sorgen. Dem stehen drei Schwierigkeiten entgegen:

a) Der Bereich der zu verwirklichenden Variationen der Ausgangsgröße ist beschränkt. So kommt man beispielsweise, wenn man die zur Stabilisierung der aerodynamischen Bedingungen im Gasvolumen nach seinem Einlaß in die Apparatur* notwendigen 0,5 Sekunden und die Schwierigkeit exakter Messungen, die sich über mehrere Tage erstrecken, berücksichtigt, auf ein meßbares Zeitintervall von günstigenfalls höchstens 10^6, d. h. etwa 14 Einheiten des natürlichen Logarithmus der Zeit. Bei der Mehrzahl der besten kinetischen Messungen war das Zeitintervall um zwei bis drei Größenordnungen kleiner, umfaßte also 10^4 bis 10^3, d. h. eine Änderung des natürlichen Logarithmus um 9 bis 7 Einheiten.

Obwohl im Prinzip bei Messung der Adsorptionsgleichgewichte eine Druckänderung von millionstel Torr bis zu Hunderten von Atmosphären möglich ist, d. h. um einen Faktor von 10^{11} bis 10^{12}, sind in der Praxis die Druckvariationen des Adsorbats in einer Arbeit selten größer als 10^3 bis 10^4.

Noch schwieriger ist eine Änderung der absoluten Temperatur um einen wesentlichen Faktor.

Eine erhebliche Erweiterung des verfügbaren Bereichs erreicht man nur mit Hilfe besonderer physikalischer Methoden. So kann man, wenn man rein elektrische Methoden zur Messung des Gehalts an Cäsiumdämpfen im Gasraum anwendet, Adsorptionsmessungen mit Dämpfen dieses Metalls bei sehr großen Variationen des Dampfdrucks durchführen. Besonders empfindlich und aussichtsreich sind die radiochemischen Methoden der Konzentrationsmessung; doch wird ihr Anwendungsgebiet in den chemischen Laboratorien dadurch eingeschränkt, daß noch zu wenig Substanzen zur Verfügung stehen und daß diese in der Regel nur in Form gelöster Ionen vorliegen (Pb^{++}, Ra^{++}, Br^-).

b) Für die Ausnutzung der beschränkten Variationsbereiche der Ausgangsgrößen ist notwendig, daß die Adsorption in dem ganzen Intervall meßbar ist und sich merklich ändert. In Wirklichkeit ist häufig bei geringen Konzentrationen oder bei hohen Temperaturen die Adsorption unmeßbar klein, während bei hohen Konzentrationen, tiefen Temperaturen usw. praktisch vollständige

---

* Der Einfluß des Einströmens auf die Aerodynamik des Gases in engen Poren ist der Größe nach geringer, klingt aber wesentlich langsamer ab. In den meisten Fällen beginnen deshalb die ersten Messungen an porösen Körpern, sofern sie die wirklichen Druckwerte liefern sollen, erst 10 bis 20 Sekunden nach dem Einlaß.

Sättigung eintritt, und außerdem gibt es verzerrende Effekte, die auf Kondensation und Assoziation beruhen.

Derartige Umstände können den Bereich, innerhalb dessen man die Adsorption hinreichend genau messen kann, sehr einschränken.

c) Es gibt eine Reihe spezieller komplizierender Umstände, durch die umfassende und genaue Messungen erschwert werden. Viele Oberflächen kann man nicht in den „reinen" Ausgangszustand überführen, ohne die aktiven Strukturen irreversibel zu zerstören. Häufig liegen auch mehrere topographische Typen der Sorption (Adsorption, Okklusion, Lösung) oder mehrere Oberflächentypen, die sich in ihrem Mechanismus unterscheiden, vor. In solchen Fällen können wir, indem wir die Versuchsbedingungen innerhalb eines großen Intervalls ändern, gleichzeitig auch den vorherrschenden Typ des Prozesses abändern.

Durch all dies wird eine genaue Messung der Adsorption in einem großen Intervall der Ausgangsgrößen sehr erschwert (siehe auch Kapitel 8 und 9).

Aus diesem Grunde sind die experimentellen Möglichkeiten zur Untersuchung der Statistik der Oberflächen an Hand integraler Sorptionseffekte sehr bescheiden. In der Regel ist das Ergebnis einer solchen Messung ein beschränkter Abschnitt der Adsorptionskurve, aus dem man die Kurve als Ganzes kaum oder gar nicht konstruieren kann; aus diesem Abschnitt müssen aber die Grundeigentümlichkeiten der Oberflächenstruktur herausgelesen werden.

§ 2: *Grundeigenschaften der Adsorptionsisothermen für inhomogene Oberflächen*

Zur Illustration dessen, was im vorigen Paragraphen gesagt wurde, betrachten wir das Beispiel einer stark inhomogenen Oberfläche, die aus zwei Arten von Bereichen mit den Adsorptionswärmen Q_1 bzw. Q_2 besteht. Der Besetzungsgrad der gegebenen Bereichsgruppe θ_1 bzw. θ_2 wird gegeben durch die LANGMUIRsche Gleichung

$$\theta_1 = \frac{p}{p + b_1}, \tag{1}$$

$$\theta_2 = \frac{p}{p + b_2}. \tag{2}$$

Die beiden Kurven *1* und *2* sind in Abb. 156 unter der Bedingung $Q_1 < Q_2$, d. h. $b_1 > b_2$ dargestellt.

Betragen die relativen Anteile der Bereiche jeder Gruppe an der Gesamtfläche ϱ_1 bzw. ϱ_2, wobei $\varrho_1 + \varrho_2 = 1$ ist, so wird die Besetzung der gesamten Oberfläche bei dem gegebenen Druck durch den Ausdruck

$$\Phi(p) = \varrho_1 \frac{p}{p + b_1} + \varrho_2 \frac{p}{p + b_2} \tag{3}$$

gegeben. Diese Abhängigkeit (3) wird durch die Kurve *3* in Abb. 156 dargestellt. Wie aus der Abbildung hervorgeht, ist der qualitative Charakter der Isotherme $\Phi(p)$ für eine solche inhomogene Oberfläche nur wenig verschieden von den Isothermen $\theta_i(p)$, die für eine homogene Oberfläche kennzeichnend sind. Außerdem bleibt die Ableitung der Isotherme $\Phi(p)$ absolut monoton, d. h. das Vorzeichen jeder Ableitung im ganzen Intervall zwischen 0 und ∞ ist konstant und unterscheidet sich von der darauffolgenden Ableitung durch das Vorzeichen:

$$(-1)^{n+1}\,\Phi^{(n)}(p) > 0\,. \tag{4}$$

Diese Eigenschaft ist kennzeichnend für LANGMUIRsche Isothermen $\theta_i(p)$ für eine homogene Oberfläche.

Um also einen Einfluß der Inhomogenität der Oberfläche auf die Form der Isotherme zu entdecken, geht man zweckmäßigerweise zu anderen Koordinaten über und wählt insbesondere als unabhängige Variable den natürlichen Logarithmus des Drucks

$$x = \ln p \tag{5}$$

und als Parameter die Größe

$$z = \ln b = \ln b_0 - \frac{Q}{RT}, \tag{6}$$

welche die Adsorptionswärme Q als Bruchteil der mittleren thermischen

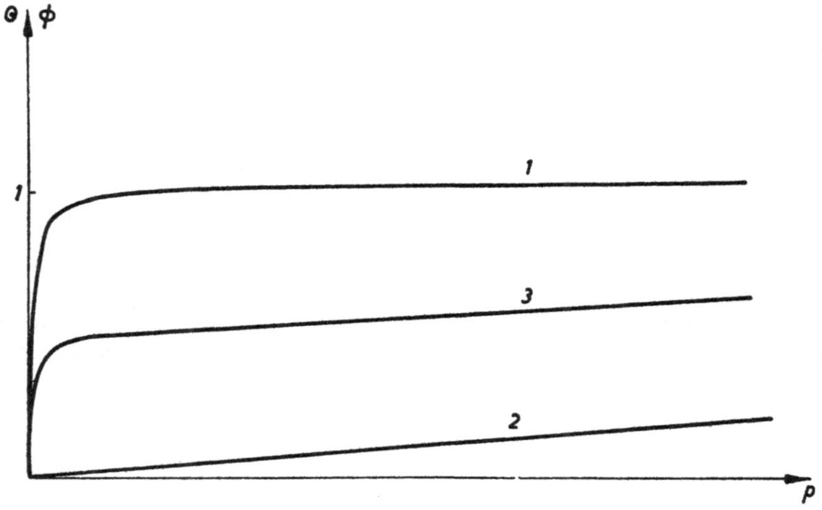

Abb. 156. Adsorptionsisotherme für eine Oberfläche mit zwei Typen von Bereichen, die in verschiedenen Mengen vorhanden sind. *1*: Bereiche mit hohen Adsorptionskoeffizienten; *2*: Bereiche mit kleinen Adsorptionskoeffizienten; *3*: Gesamtisotherme bei gleichzeitiger Adsorption an beiden Bereichstypen.

Energie RT ausdrückt. In diesen halblogarithmischen Koordinaten nehmen die Isothermen (*1*) und (*3*) die Form an:

$$\theta_i(x) = \frac{e^x}{e^x + e^{z_i}} \quad \text{mit} \quad i = 1, 2, \ldots \tag{7}$$

und

$$\Phi(x) = \varrho_1 \frac{e^x}{e^x + e^{z_1}} + \varrho_2 \frac{e^x}{e^x + e^{z_2}}. \tag{8}$$

In Abb. 157 sind die Isothermen (*7*) mit *1* und *2* bezeichnet, die Gesamtisotherme (*8*) mit *3*.

Wie aus dieser Abbildung hervorgeht, hat die LANGMUIRsche Isotherme für eine homogene Oberfläche in einer solchen halblogarithmischen Skala S-Form und ist nicht absolut monoton. Insbesondere haben diese Isothermen einen Wendepunkt, d. h. zwei Extrema in der zweiten Ableitung, deren Abstand voneinander $\ln \frac{2+\sqrt{3}}{2-\sqrt{3}} \cong 2{,}64$ Einheiten im logarithmischen Maßstab beträgt (annähernd eine Größenordnung im Numerus). Für eine inhomogene Oberfläche kann die Kurve $\Phi(x)$, die durch Überlagerung zweier Kurven vom Typ (7) entsteht, drei Wendepunkte haben (wie in Abb. 157 dargestellt), wenn die beiden Bereichsgruppen sich in den Werten ihres $\ln b_i$ um nicht weniger als vier Einheiten unterscheiden. Ist dagegen $(\ln b_1 - \ln b_2) < 4$, d. h., ist $Q_2 - Q_1 < 4RT$, so beult sich die Kurve $\Phi(x)$ aus, der mittlere Wendepunkt wird weniger deutlich und kann vollständig verschwinden. In diesem Fall unterscheidet sich auch in der halblogarithmischen Skala die Isotherme für die inhomogene Oberfläche qualitativ nicht von der für die homogene Oberfläche.

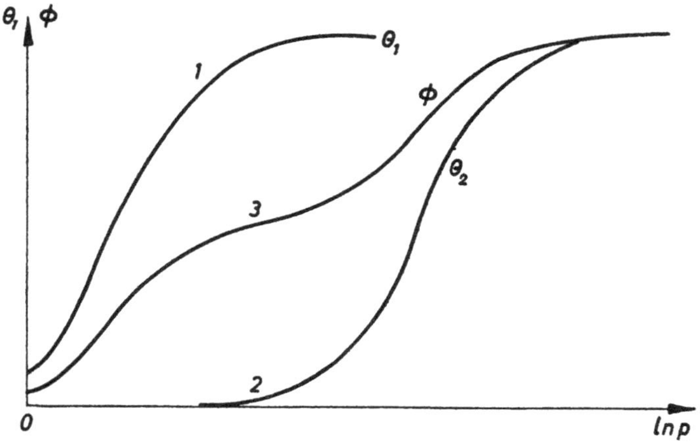

Abb. 157. Die Isothermen der Abb. 156 in halblogarithmischer Auftragung.

Alle diese Überlegungen und Schlußfolgerungen lassen sich leicht auf den Fall übertragen, daß die Anzahl der Bereichsgruppen mit verschiedenen Adsorptionswärmen Q_i und dementsprechend mit verschiedenen Werten des Sorptionskoeffizienten b_i größer ist als zwei.

Im Fall einer stetigen Verteilung der Bereiche der verschiedenen Gruppen hat die Adsorptionsisotherme die Form

$$\Phi(p) = \int_{b_{\min}}^{b_{\max}} \frac{p}{p+b} \varrho(b)\, db \tag{9}$$

mit der Normierungsbedingung

$$\int_{b_{\min}}^{b_{\max}} \varrho(b)\, db = 1. \tag{10}$$

Hierbei kann man die Integrationsgrenzen praktisch erweitern, indem man b_{min} durch Null und b_{max} durch Unendlich ersetzt, falls die differentielle Verteilungsfunktion $\varrho(b)$ mit wachsendem b hinreichend schnell abnimmt.

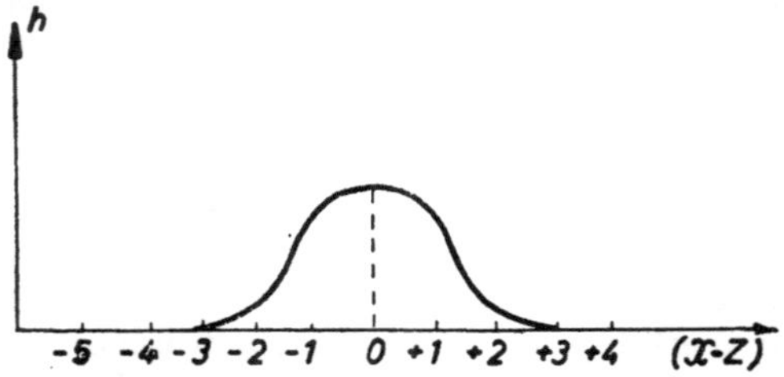

Abb. 158. Der Kern der Funktion unter dem Integral in Abhängigkeit von der reduzierten Adsorptionswärme.

Wie man leicht einsieht, genügt die Isotherme (*9*) wie bisher der Bedingung der absoluten Monotonie (*4*), und wie bisher hat infolgedessen für eine beliebig stark inhomogene Oberfläche die Isotherme qualitativ die gleiche Form wie die Isotherme (*1*) für die homogene Oberfläche. Diese Situation ändert sich wieder, wenn man zu halblogarithmischen Koordinaten übergeht. Benutzt man die Variablen (*5*) und (*6*), so geht die Isotherme (*9*) über in

$$\Phi(x) = \int_{-\infty}^{+\infty} \frac{e^x}{e^x + e^z} \cdot \varphi(z)\, dz, \tag{11}$$

wobei die neue Verteilungsfunktion über die dimensionslose Adsorptionswärme $\varphi(z)$ mit der alten $\varrho(b)$ folgendermaßen zusammenhängt:

$$\varrho(b)\, db = \varphi(z)\, dz, \qquad \text{also} \qquad \varphi(z) = b'\varrho(b), \tag{12}$$

und der Normierungsbedingung

$$\int_{-\infty}^{+\infty} \varphi(z)\, dz = 1 \tag{13}$$

genügt. Differenzieren wir das Integral (*11*) nach x, so erhalten wir die Steigung der Isotherme in diesen Koordinaten:

$$\frac{d\Phi(p)}{d \ln p} = \Phi'(x) = \int_{-\infty}^{+\infty} \frac{e^{x-z}}{(1 + e^{x-z})^2} \cdot \varphi(z)\, dz. \tag{14}$$

Der erste der beiden Faktoren unter dem Integral (14)

$$h(|x - z|) = \frac{e^{x-z}}{(1 + e^{x-z})^2} = \frac{e^{z-x}}{(1 + e^{z-x})^2} \tag{15}$$

ist in Abb. 158 dargestellt. Wie aus dieser Abbildung hervorgeht, nimmt die Funktion $h = h(|x - z|)$ bei $|x - z| > 2$ exponentiell ab. Stellt man die Verteilungsfunktion $\varphi(z)$ graphisch dar (Abb. 159), so sind zur Berechnung der Steigung der Isotherme im Punkt x (Abb. 160) am wesentlichsten die Werte der Verteilungsfunktion innerhalb des Streifens $x - 2 < z < x + 2$, der in Abb. 159 schraffiert dargestellt ist. Die Bereiche mit höheren und geringeren Sorptionswärmen $z < x - 2$ und $z > x + 2$ sind praktisch ohne Einfluß auf den Verlauf der Isotherme im Punkt x, falls die Verteilungsfunktion $\varphi(z)$ außerhalb dieser Grenzen nicht exponentiell anwächst (siehe weiter unten).

Hieraus folgt, daß, wenn die Verteilungsfunktion $\varphi(z)$ außerhalb gewisser Grenzen (z_1, z_2) praktisch gegen Null geht (siehe Abb. 159), die Steigung der Isotherme innerhalb eines etwas größeren Intervalls von x-Werten zwischen $z_1 - 2$ und $z_2 + 2$ merklich von Null verschieden ist.

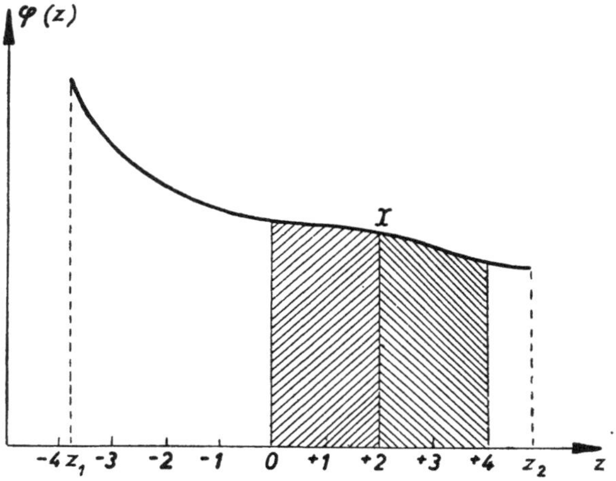

Abb. 159. Die Verteilungsfunktion über die reduzierten Adsorptionswärmen. Um die Abszisse x sind die Streifen schraffiert dargestellt, in denen die Bereiche liegen, die merklichen Einfluß auf die Adsorption haben.

Steigt in der Umgebung des Punktes $z = x$ die Verteilungsfunktion $\varphi(z)$ exponentiell an, d. h. proportional $e^{\gamma z}$ (bei $\gamma < 1$), so steigt die Breite des Streifens, der in Abb. 159 schraffiert dargestellt ist und bei der Berechnung des Integrals (14) die Hauptrolle spielt, und sein rechter Rand verschiebt sich bis

$$z = x + \frac{2}{1-\gamma}$$
$$= x + 2 + \frac{2\gamma}{1-\gamma}.$$

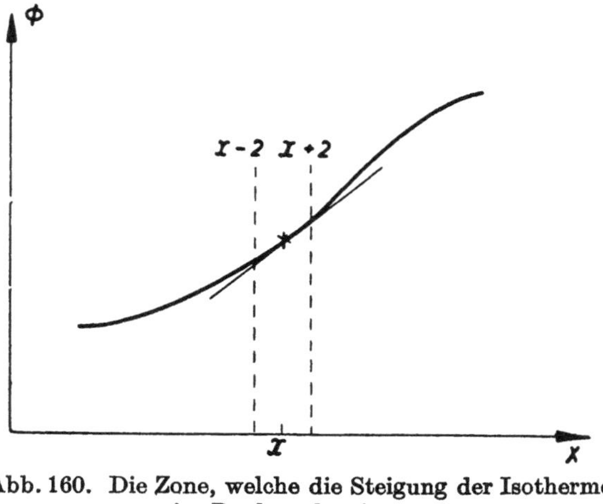

Abb. 160. Die Zone, welche die Steigung der Isotherme im Punkt x bestimmt.

Unsere Analyse zeigt uns, da sich die Isotherme (11) aus der Verteilungsfunktion (12) durch Integration ergibt, daß jede lokale Änderung der Form von $\varphi(z)$ auch in unserer halblogarithmischen Skala auf fast vier Einheiten im natürlich logarithmischen Maßstab verschmiert wird, d. h. um 1,5 bis 2 Größenordnungen des Drucks. Für eine homogene Oberfläche verläuft also der Hauptteil der Adsorption (von wenigen Prozent Besetzung bis zu fast vollständiger Sättigung) in einem Intervall der Druckänderung von etwa 1,5 bis 2 Größenordnungen (d. h. um einen Faktor zwischen 30 und 100); für eine stark inhomogene Oberfläche muß dieses Intervall um einige Male größer sein*.

* Die Breite des Intervalls des Drucklogarithmus, in dem der Hauptteil der Oberfläche besetzt wird, kann als rohes Kriterium für den Homogenitätsgrad der Oberfläche des Sorbens dienen.

§ 3: *Exakte und angenäherte Lösungen des umgekehrten Problems*

Die Adsorptionsisotherme $\Phi(p)$ hängt mit der Verteilungsfunktion $\varrho(b)$ folgendermaßen zusammen:

$$\Phi(p) = \int_0^\infty \frac{p}{p+b} \cdot \varrho(b)\, db. \tag{16}$$

Durch Messung der Adsorption bei verschiedenen Drucken können wir experimentell die Funktion $\Phi(p)$ feststellen und hieraus an Hand der Beziehung (16) die unbekannte Verteilungsfunktion $\varrho(b)$ zu ermitteln versuchen. Vom rein mathematischen Standpunkt aus ist diese Beziehung eine Integralgleichung erster Art und gehört zu einem speziellen Typ, der in den entsprechenden Lehrbüchern behandelt wird[3]). Wie eine eingehendere Analyse zeigt, kann aber keine der üblichen Lösungsmethoden für Integralgleichungen (FOURIER-Integralen, LAPLACE-Transformationen usw.) in unserem Fall zu guten Ergebnissen führen. Die mathematisch exakte Lösung des Problems der Bestimmung einer Verteilung an Hand der Isotherme ist zudem physikalisch unbrauchbar, da hierzu eine völlig unerlaubte Extrapolation der Isothermen über die Grenzen des beschränkten Meßbereichs hinaus notwendig ist.

Die Beschränktheit des Druckintervalls, innerhalb dessen eine genaue Messung der Adsorptionsisotherme möglich ist, wurde oben in § 1 angedeutet und macht die Forderung nach der Bestimmung der exakten Form der gesamten Verteilungsfunktion praktisch illusorisch. Es kann sich also nur um die Ermittlung zuverlässiger Näherungsmethoden handeln, mit deren Hilfe man die Verteilungsfunktion mit dem maximal möglichen Genauigkeitsgrad aus den vorhandenen experimentellen Daten bestimmen kann. Gleichzeitig sind experimentelle Arbeiten erforderlich, die ein größeres Druck- und Temperaturintervall umfassen, ferner experimentelle Arbeiten mit erhöhter Meßgenauigkeit innerhalb des gegebenen Intervalls.

Auch diese bescheidenere Aufgabe, die angenäherte Bestimmung der Verteilung aus den Isothermen, unterliegt jedoch einer weiteren Beschränkung. In Abb. 161a ist in halblogarithmischen Koordinaten der experimentell beobachtete Abschnitt der Isotherme $\Phi(x)$ dargestellt. In Abb. 161b ist die entsprechende Verteilungskurve $\varphi(z)$ im gleichen Maßstab dargestellt.

Wie schon oben und in § 2 gesagt, wird der Verlauf der Isotherme in der Umgebung des Punktes x_i durch den schraffierten Streifen $x_1 - 2 < z < x_1 + 2$ im Diagramm $\varphi(z)$ bestimmt. Die links von diesem schraffierten Streifen liegenden Bereiche der Verteilungskurve sind bei Drucken, die größer sind als der Wert $p_1 = e^{x_1}$, d. h. in dem gesamten gemessenen Abschnitt der Isotherme, praktisch vollständig besetzt. Sie sind deshalb praktisch ohne Einfluß auf den Verlauf der Isotherme im ganzen gemessenen Abschnitt und bestimmen nur die Größe Φ_1, die Besetzung der Oberfläche bei $p = p_1$.

Infolgedessen können wir natürlich aus Messungen der Adsorption im Abschnitt $p_1 < p < p_2$ nichts über den Verlauf der Verteilungsfunktion bei $z < x_1 - 2$ erfahren und können nur behaupten, daß die Gesamtfläche, die dieser Teil der Kurve begrenzt, größenordnungsmäßig gleich Φ_1 ist. Entsprechende Überlegungen für den rechten Rand der Isotherme führen zu dem Schluß, daß bei Drucken unterhalb $p_2 = e^{x_2}$ die Bereiche der Verteilungskurve mit kleinen Sorptionswärmen bei $z > x_2 + 2$ praktisch gar nicht adsorbieren. Die Form der Kurve $\varphi(z)$ für $z > x_2 + 2$ läßt sich also nicht bestimmen, und wir können nur behaupten, daß die Gesamtfläche dieses Teils der Kurve größenordnungsmäßig gleich dem beim Maximaldruck unbesetzten Teil der Oberfläche $1 - \Phi_2$ ist (siehe Abb. 161a).

Eine Messung der Adsorptionsisotherme in einem begrenzten Abschnitt (x_1, x_2) gestattet also keine zuverlässigen Schlüsse über den Verlauf der Verteilungsfunktion außerhalb des Intervalls $x_1 - 2 < z < x_2 + 2$. Andererseits hat die Tatsache, daß wir die genaue Form der Kurve $\varphi(z)$ außerhalb dieses Intervalls nicht kennen, dazu geführt, daß $\varphi(z)$ innerhalb dieses Intervalls nur näherungsweise bestimmt ist, und zwar am gröbsten in den in Abb. 161b schraffierten Intervallen

$$x_1 - 2 < z < x_1 + 2 \quad \text{und} \quad x_2 - 2 < z < x_2 + 2\,.$$

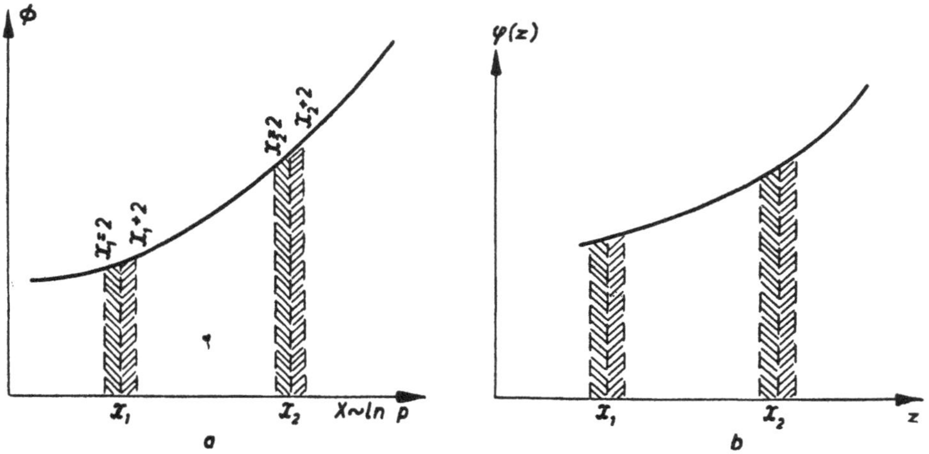

Abb. 161. Die Grenzbereiche fallen aus der Verteilung heraus, wenn diese aus der Isotherme bestimmt wird. *a*: Abszisse logarithmisch aufgetragen (d. h. in der Skala der Adsorptionswärmen); auf der Ordinate die Besetzungen Φ; *b*: Abszisse wie in *a*, Ordinate: Verteilungsfunktion.

Mit dieser Tatsache hat man bei jeder Methode zur Analyse der experimentellen Daten zu rechnen. Wie in § 2 erwähnt, ist für stark exponentielle Verteilungen die Breite dieser Intervalle noch größer. Dieser Umstand hat auch eine positive Seite: das Verhalten von Oberflächen mit verschiedenen Funktionen ϱ ist nicht sehr verschieden, also führt eine ungünstige Wahl von ϱ nicht zu großen Fehlern, und man erhält leicht schematische Gleichungen, die für verschiedene ϱ gelten.

Zur Bestimmung der genauen Form von ϱ sind aber die erwähnten Tatsachen sehr ungünstig; berücksichtigen wir sie, so gelangen wir zu folgender Formulierung des mathematischen Hauptproblems bei der Ermittlung der Verteilung aus den Adsorptionsdaten.

In der Integralgleichung

$$\Phi(x) = \int_{-\infty}^{+\infty} \frac{1}{1 + e^{z-x}} \varphi(z)\, dz \tag{17}$$

ist die Funktion $\Phi(x)$ im Intervall $x_1 < x < x_2$ vorgegeben. Es ist ein Näherungsausdruck für die Funktion $\varphi(z)$ zu finden, der diese in einem etwas engeren Intervall, beispielsweise für $x_1 + 2 < z < x_2 - 2$ möglichst gut beschreibt.

Die letzte Bedingung besagt, daß das Ausgangsintervall hinreichend breit sein muß, und zwar mindestens $x_1 + 2 \ll x_2 - 2$, d. h., $x_2 - x_1 \gg 4$. Beim Übergang zur Konzentration oder zum Druck entspricht dies der Notwendigkeit, die Adsorptionsmessungen in einem Intervall durchzuführen, das erheblich mehr als zwei Größenordnungen umfaßt ($e^4 \cong 53$); hierdurch gewinnen die angenäherten Untersuchungsmethoden große Bedeutung.

Die erste derartige Methode wurde vor etwa 10 Jahren von SELDOWITSCH vorgeschlagen; er ersetzte die LANGMUIRsche Isotherme für jedes Intervall in den Koordinaten Φ und p durch eine gebrochene Linie[5]).

Der Endausdruck für den Zusammenhang zwischen $\varrho(b)$ und Φ hat nach SELDOWITSCH die Form

$$\varrho(b) \cong -b \left.\frac{d^2\Phi(p)}{dp^2}\right|_{p=b}. \tag{18}$$

Ein Nachteil dieser Methode ist die Notwendigkeit, aus den Versuchsdaten zweite Ableitungen zu berechnen. Außerdem wird infolge des gewählten Approximationsverfahrens der Isotherme die Rolle der uninteressanten Bereiche mit kleinen Adsorptionswärmen übertrieben. Bedeutend einfacher ist die oben dargelegte Methode des kontrollierenden Streifens, die in Anwendung auf den betrachteten Fall die LANGMUIRsche Isotherme durch eine Kurve mit einem Sprung approximiert und zu der Gleichung

$$\varphi(z) \cong \left.\frac{d\Phi(x)}{dx}\right|_{x=z} \tag{19}$$

führt. Ein Vorteil dieser Methode ist die Verwendung der ersten Ableitung in der halblogarithmischen Skala. Die Methode entspricht der Ersetzung des Kerns $h(x-z)$ in der Gleichung (14) für das Gebiet seiner starken Änderung, das etwa vier Einheiten breit ist, durch eine vertikale Spitze. Ebenso wie sämtliche übrigen vorhandenen und möglichen Lösungsmethoden für das Problem sind die beiden erwähnten Methoden nur für ein hinreichend großes Druckintervall anwendbar, $p_2/p_1 \gg 100$; sie geben den Rand der Verteilung schlecht wieder. Der Einfluß dieses Nachteils verringert sich mit Verbreiterung des Intervalls, falls hinter der Isotherme eine hinreichend breite Verteilung steckt.

Außerdem verschmieren sehr schmale Spitzen und Täler in der Verteilung, d. h. Gruppen mit einer großen Anzahl homogener Bereiche oder fehlende Bereiche mit einem bestimmten x-Wert, in diesem Maßstab über etwa vier Einheiten.

Dieser Mangel läßt sich prinzipiell bei Verwendung der folgenden Näherung stark verringern; bei dieser wird der Kern $h(x-z)$ in Gleichung (14) durch ein Rechteck von einer Breite von vier Einheiten ersetzt; das entspricht einer

Ersetzung der LANGMUIRschen Isotherme durch eine gebrochene Linie in halblogarithmischen Koordinaten. Der geneigte Teil dieser gebrochenen Linie entspricht der Tangente an θ in dessen Wendepunkt.

Hierbei reduziert sich die Bestimmung der Verteilungsfunktion auf die Lösung der einfachen Funktionalgleichung

$$\varphi(x+2) - \varphi(x-2) = 4\Phi''(x). \tag{20}$$

Wir erwähnen, daß man unsere erste Näherung auf mehreren Wegen erhalten kann, unter anderem durch Reihenentwicklung der linken Seite der Gleichung (20), wobei man die Größe der hierbei unterlaufenden Ungenauigkeit leicht abschätzen kann. Fast strenge Ergebnisse liefert sie für hinreichend breite gleichmäßige Verteilungen. Für breite Exponentialverteilungen und für die ihnen entsprechenden parabolischen Isothermen ist das Ergebnis richtig bis auf den konstanten Faktor $\frac{\sin \gamma\pi}{\gamma\pi}$, der für $\gamma < \frac{1}{2}$ nahezu gleich Eins ist. Dies ist äquivalent einer Verschiebung der gesamten Verteilungskurve um die Größe $RT \ln \frac{\sin \gamma\pi}{\gamma\pi}$ längs der Abszissenachse in Richtung kleinerer Q-Werte, also um eine Größe, die gewöhnlich kleiner als RT ist (vergleiche Seite 91). Die Genauigkeit und das Intervall der Messungen sind jedoch häufig unzureichend für die Anwendung dieser wie auch der übrigen Näherungsmethoden.

Jeder wirkliche Fortschritt in Richtung auf eine Verbesserung der Lösung ist mit großen Komplizierungen des mathematischen Apparates verbunden, und infolgedessen werden exaktere Methoden in nächster Zeit wohl kaum auf weitere Verbreitung rechnen können.

Die oben entwickelte Theorie der Adsorption auf breit inhomogenen Oberflächen ist der idealisierte Grenzfall der Theorie für inhomogene Oberflächen, ebenso wie die LANGMUIRsche Adsorptionstheorie für homogene Oberflächen oder die Theorie der Kapillarkondensation oder die mehrschichtige Adsorption für poröse Körper bei hohen Besetzungsgraden.

Alle diese Theorien sind äußerst nützlich für eine Orientierung über die allgemeinen Eigentümlichkeiten der Erscheinungen und zur Bestimmung der Hauptparameter. Mit ihrer Hilfe kann man in günstigen Fällen die Größenordnung der Ausgangsgrößen abschätzen.

Um das Anwendungsgebiet der Adsorptionstheorie, die in den vorhergehenden Kapiteln dargelegt wurde, abzugrenzen, muß man möglichst zweckmäßige und einfache Methoden ihrer Anwendung zur Auswertung der experimentellen Daten entwickeln.

Die erste Aufgabe, vor die man sich hier gestellt sieht, ist die Aufstellung allgemeiner Kriterien für Homogenität und Inhomogenität, d. h. von Merkmalen, mit deren Hilfe man die Zugehörigkeit einer gegebenen Oberfläche zur ersten oder zweiten Kategorie hinsichtlich der Adsorption feststellen kann. Hierbei ermöglicht die oben erwähnte große Ähnlichkeit zwischen der Kinetik und der Statik der Prozesse an inhomogenen Oberflächen eine gleichzeitige Aufstellung von Inhomogenitätskriterien für viele Fälle, in denen der kontrollierende Streifen beweglich ist; nur in der Kinetik der Adsorption und Desorption bei unbeweglichem kontrollierenden Streifen treten Unterschiede hervor, die gesonderte Behandlung erfordern.

§ 4: *Inhomogenitätskriterien für Oberflächen mit bewegtem kontrollierenden Streifen*

Von den vielen in den Kapiteln 1 bis 6 hergeleiteten Abhängigkeiten gelten nur wenige für beliebige spezielle Verteilungstypen. Dazu gehören die Gleichungen für die Abhängigkeit der Größe E_{gr} von t bei konstantem Druck und die Abhängigkeit der Größe Q_{gr} von p:

$$E_{gr} = RT \ln \frac{t}{\tau_0} \tag{21}$$

und

$$Q_{gr} = -RT \ln \frac{p}{b_0} \tag{22}$$

die schematischen Integrale für $\Phi(p)$, $\Phi(T)$, $\Phi(t)$ usw. sowie die Gleichungen von der Form

$$\frac{d\Phi}{d\,U_{gr}} \cong \varrho(U), \tag{23}$$

die wir für die Herleitung der Verteilungsfunktionen $\varrho(E)$ und $\varrho(Q)$ erhielten.

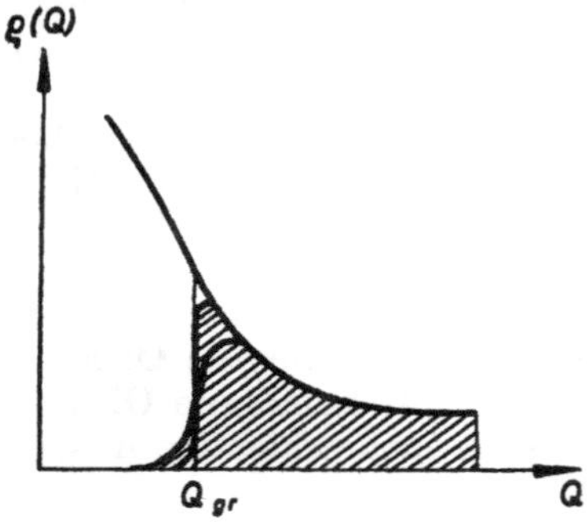

Abb. 162. Geringe Empfindlichkeit des Integrals der statistischen Isotherme gegen die Form der Grenzkurve bei unserer Näherung. Bei dem gegebenen p ist Φ gleich der schraffierten Fläche.

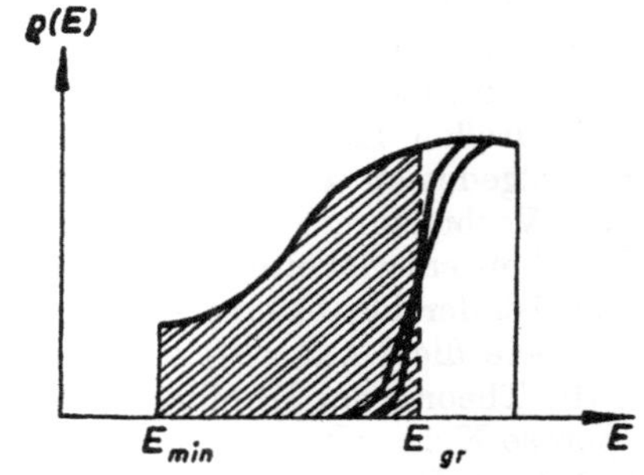

Abb. 163. Unempfindlichkeit der kinetischen Isotherme gegen die Form der Grenzkurve in unserer Näherung. Bei dem gegebenen t ist Φ gleich der schraffierten Fläche.

Für jede Verteilung gilt bei einer Adsorption mit bewegtem kontrollierenden Streifen:

$$\Phi \cong \int_{U_1}^{U_2} \varrho(U)\,dU \tag{24}$$

(im Gleichgewicht ist $U_1 = Q_{gr}$, für die Geschwindigkeit $U_2 = E_{gr}$).

Aus den Gleichungen geht hervor, daß in unserer Näherung bei Konstanz von Q_1 und Q_2 auch Φ konstant ist. Dies wird durch Abb. 162 und 163 für die Verteilungen über Q und E veranschaulicht. In Abb. 163 beispielsweise wird bei gegebenem E der besetzte Teil der Oberfläche durch die schraffierte Fläche gegeben, und zwar unabhängig von den äußeren Bedingungen, solange nur ϱ ungeändert bleibt.

Für statische und kinetische Isothermen sind die variablen Integrationsgrenzen

$$U_1 = Q_{0,5} = -RT\ln p + C \qquad (22\text{a})$$

und dementsprechend
$$U_2 = E_{0,37} = RT\ln t + C, \qquad (22\text{b})$$

also
$$Q_{0,5} = -RT\ln p \quad \text{und} \quad E_{0,37} = RT\ln t \qquad (22\text{c})$$

bis auf einen konstanten Summanden. Indessen stellen $\Phi(RT\ln k_0 t)$ und $\Phi(-RT\ln p/b_0)$ in unserer Näherung die Größen $n(E)$ und $n(Q)$ dar.

Infolgedessen müssen die Kurven $\Phi = \Phi(-RT\ln p/b_0)$ bzw. $q = q(-RT\ln p/b_0)$ für das Gleichgewicht und die Funktionen $\Phi = \Phi(RT\ln k_0 t)$ bzw. $q = q(RT\ln k_0 t)$ für die Kinetik für alle Temperaturen übereinstimmen. Mit anderen Worten müssen die Daten verschiedener Experimente, aufgetragen in einer derartigen logarithmischen Skala, auf der gleichen Kurve liegen. In Abb. 164 sind die Isothermen für die Temperaturen T_1, T_2 und T_3 in der einfachen Skala und die

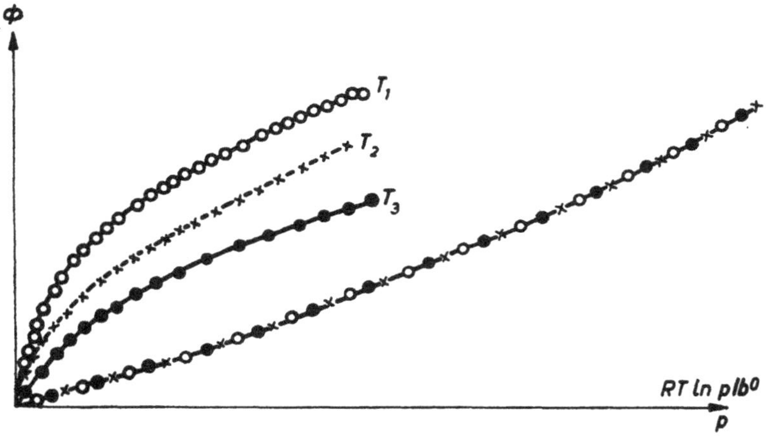

Abb. 164. Isothermen für verschiedene Temperaturen in linearen und halblogarithmischen Koordinaten. Die Temperaturabhängigkeit des Entropiegliedes ist vernachlässigt.

gemeinsame Isotherme für alle T in der logarithmischen Skala schematisch dargestellt. Der Einfluß der Entropiefaktoren ist hierbei vernachlässigt.

Eine eingehendere Analyse des Problems zeigt, daß auch eine unvollständige Übereinstimmung der Kurven $\Phi = \Phi(RT\ln x)$ möglich ist, die in erster Linie darauf beruht, daß in die Größen k_0 und b_0 Entropiefaktoren eingehen, die die Temperatur implizit enthalten.

Schematisch ist $k_0 = k_0^1 T^{-m}$ und $b_0 = b_0^1 T^{-m}$, wobei m eine kleine Größe ist, die größer als Eins ist. In den meisten Fällen ist m ganzzahlig oder ein einfacher Bruch vom Typ $m = \frac{2n+1}{2}$.

Infolge der Änderung von b_0 und k_0 mit der Temperatur sind Kurven, die sich auf höhere Temperaturen beziehen, um die konstante Größe $\Delta RT\ln p/b_0$ nach links in Richtung kleinerer Energien verschoben (bzw. um $\Delta RT\ln k_0 t$). Diese Kurven fallen bei einer Verschiebung parallel zur Abszissenachse zusammen

(Abb. 165). Aus der hierzu notwendigen Verschiebung kann man den Wert m abzuschätzen versuchen.

Ist keine Kongruenz vorhanden, so deutet dies auf die Einwirkung irgendwelcher unberücksichtigter Nebenumstände hin. Es kann sich zum Beispiel handeln um eine Änderung der Breite des zugänglichen Teils der Verteilung mit der Temperatur infolge einer Vergiftung, einer Alterung, einer Desorption der blockierenden Substanzen usw.

Wie in Kapitel 3 angedeutet, ist die Konstante k_0 eine Funktion von p. Im einfachsten Fall der Adsorption ohne Assoziation und Dissoziation ist

$$k_0 = k_0'' p. \tag{25}$$

Erfolgt eine Dissoziation der Molekeln in n Teile, so kann man entweder dieselbe Gleichung beibehalten oder sie ersetzen durch

$$k_0 = k_0'' p^{1/n}. \tag{26}$$

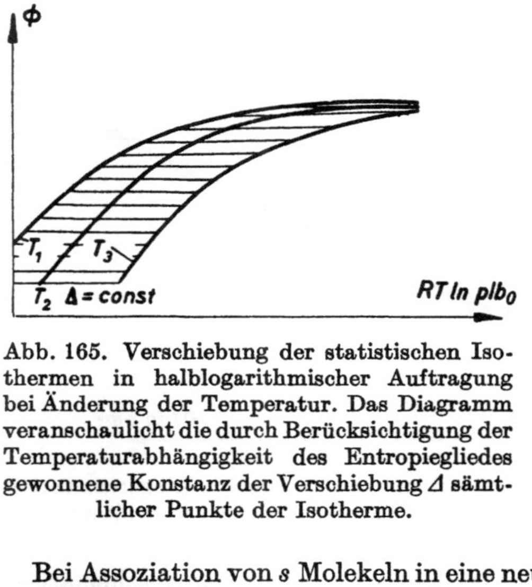

Abb. 165. Verschiebung der statistischen Isothermen in halblogarithmischer Auftragung bei Änderung der Temperatur. Das Diagramm veranschaulicht die durch Berücksichtigung der Temperaturabhängigkeit des Entropiegliedes gewonnene Konstanz der Verschiebung Δ sämtlicher Punkte der Isotherme.

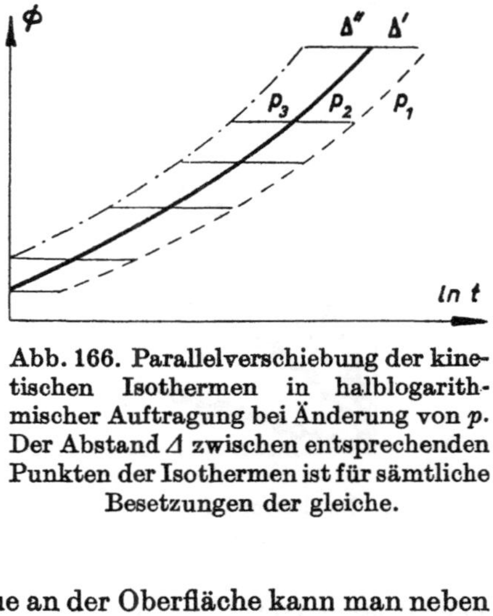

Abb. 166. Parallelverschiebung der kinetischen Isothermen in halblogarithmischer Auftragung bei Änderung von p. Der Abstand Δ zwischen entsprechenden Punkten der Isothermen ist für sämtliche Besetzungen der gleiche.

Bei Assoziation von s Molekeln in eine neue an der Oberfläche kann man neben der Gleichung (25) auch

$$k_0 = k_0'' p^s \tag{27}$$

verwenden. Unabhängig von der konkreten Form der Abhängigkeit ist die Tatsache der Druckabhängigkeit von k_0 selbst wichtig. $E = RT \ln k_0 t$ lautet eigentlich

$$E = RT \ln k_0'' + y\,RT \ln p + RT \ln t, \tag{28}$$

wobei $y = 1, 1/n$ oder s ist, in Abhängigkeit vom Typ des Übergangskomplexes der Adsorption.

Gleichen Φ_t müssen also bei zwei Werten des innerhalb des Experiments ungeänderten Druckes p und bei konstanter Temperatur T gleiche Summen

$$y\,RT \ln p_1 + RT \ln t_1 = y\,RT \ln p_2 + RT \ln t_2 \tag{29a}$$

oder

$$RT \ln (t_1/t_2) = y\,RT \ln p_2/p_1 \quad \text{bei} \quad \Phi_1 = \Phi_2 \tag{29}$$

entsprechen; da aber das Verhältnis p_2/p_1 für die beiden verglichenen Kurven konstant ist, muß auch die Differenz

$$R\,T\,[\ln t_1 - \ln t_2] = \text{const} \tag{30}$$

konstant sein. Eine Steigerung des Anfangsdrucks p muß also zu einer gleichmäßigen Verschiebung der ganzen kinetischen Isotherme nach links längs der Abszissenachse führen (Abb. 166). Entsprechende Änderungen erfahren auch die Isochronen.

Aus der Druckabhängigkeit der Verschiebung der Kurven kann man grundsätzlich versuchen, die Abhängigkeit der Größe k_0' von p zu ermitteln und dadurch Hinweise auf die Art des Übergangskomplexes zu erlangen.

Die Kongruenz von $q = q(p)$ und $q = q(t)$ bei Änderung von T und p ist ein wichtiges Kriterium für die Anwendbarkeit unseres statistischen Modells auf ein gegebenes System. Bei der Anwendung dieses Kriteriums muß man der Variationsbreite der Energie besondere Beachtung schenken. In der Tat ist, wie mehrfach betont, die oben entwickelte Theorie nur für breite Verteilungen mit einem Energiebereich anwendbar, der größer ist als die Breite des Übergangsgebiets. Für das Gleichgewicht ist diese Breite ungefähr $4RT$, für die Kinetik ungefähr $3\,RT$.

Vergleichen wir die Q- bzw. E-Werte für die Randpunkte nach den Gleichungen (1) und (2), so erhalten wir

$$Q_2 - Q_1 = \Delta Q = R\,T \ln (p_1/p_2), \tag{31}$$

$$E_2 - E_1 = \Delta E = R\,T \ln (t_2/t_1). \tag{32}$$

Nach Gleichung (11) entspricht $\Delta Q = 4\,R\,T$ die Gleichung $\ln p_1/p_2 = 4$ oder $\lg_{10} p_1/p_2 \cong 1{,}4$. Nach Gleichung (11) entspricht für die Kinetik der Gleichung $\Delta E = 2{,}7\,R\,T$ die Gleichung $\ln t_2/t_1 = 2{,}7$ oder $\lg_{10} t_2/t_1 \cong 1{,}2$. Die Drucke, bei denen die Isothermen gemessen werden, müssen also mindestens um einen Faktor 50—100 variieren und die Zeiten (für die kinetischen Isothermen) mindestens um einen Faktor 20—40 (eine Steigerung von Q auf $4{,}5\,R\,T$ erfordert eine Drucksenkung um den Faktor 100), damit man eine breite Verteilung analysieren kann*.

Etwas weitergehende Aussagen erlauben statische und kinetische Isosteren.

Die statischen Isosteren gehorchen bei beliebiger Form der Funktion ϱ der Exponentialgleichung $p_T = p_0 \exp(-Q/R\,T)$; bei jedem Φ ist also $\ln p_T = \ln p_0 - Q/R\,T$. Gilt diese Formel für mehrere Besetzungen, so zeigt dies die Richtigkeit der auf diese Weise bestimmten differentiellen Adsorptionswärmen $Q_{\text{diff}} = Q_{0,5} = -R\,T \ln p/p_0$. Bestimmen wir für mehrere $\Phi = \Phi_1$, Φ_2, Φ_3 usw. die Werte Q_{diff}, so können wir sofort feststellen, ob die Oberfläche hinsichtlich der Adsorptionswärmen homogen oder inhomogen ist, und durch Vergrößerung der Anzahl der Schnitte auch Q oder E als Funktionen von Φ bestimmen. Diese Methode setzt voraus, daß mindestens drei Isothermen

* Dieser Umstand wird in den meisten experimentellen Arbeiten nicht berücksichtigt. Besonders nachteilig wirkt sich ein Fortlassen der ersten Punkte und eine Ersetzung der numerischen Tabellen durch Diagramme aus, so daß in den meisten Fällen kein wirklicher Vergleich zwischen den Anwendbarkeitsgebieten der einzelnen Formeln möglich ist.

vorhanden sind (bzw. drei Isobaren, Isochronen), die zudem in einem sehr großen Druckintervall aufgenommen sind.

Die zweite direkte Methode zur Bestimmung von ϱ, die sich nur auf die Statik der Adsorption anwenden läßt, besteht in der thermochemischen Messung der differentiellen Adsorptionswärmen.

Falls diese Messung momentan erfolgt und keine Komplikationen vorhanden sind, die auf dem langsamen Temperaturausgleich bei tiefen Drucken beruhen, ist die Methode der differentiellen Wärmen die direkteste von allen vorhandenen. Leider ist es bei dieser Methode nicht möglich, den Verlauf der Wärmen, der auf der Statistik beruht, von dem Verlauf abzutrennen, der auf einer Wechselwirkung beruht. Direkte kalorische Messungen der differentiellen Chemisorptionswärmen werden oft durch die Langsamkeit der Wärmeerzeugung sehr erschwert und sind wenig zuverlässig. Hierdurch wird die Anwendbarkeit der Methode für die der Katalyse verwandten Adsorptionsprozesse stark eingeschränkt. ROBERTS[8]) und eine Reihe seiner Schüler fanden jedoch Fälle und Bedingungen, bei denen eine plötzliche und feste Adsorption von Wasserstoff und in einigen Fällen auch von Sauerstoff an Metallen mit einer Geschwindigkeit vor sich geht, die für thermische Messungen schon bei Temperaturen um 0° C ausreicht. Bei ihren Experimenten erhitzt die Adsorption des Gases infolge chemischer Kräfte das Adsorbens stark (dies ist meist als dünner, sorgfältig gereinigter Metalldraht ausgebildet). Die Möglichkeit einer direkten Messung der differentiellen Adsorptionswärmen ist also auch für gewisse Fälle der spezifisch chemischen Adsorption nicht ausgeschlossen*.

§ 5: *Bestimmung des Verteilungstyp über die Adsorptions- und Aktivierungswärmen*

Grundlegend für die Ableitung der differentiellen Verteilungsfunktionen über Q und E ist die allgemeine Gleichung $\varrho = \frac{d\Phi}{dH}$ bzw. $\varrho = \frac{d\Phi}{dU}$, wobei H und U für das Gleichgewicht durch Q und für die Kinetik durch E ersetzt werden und entsprechende Umformungen vorgenommen werden. Für die Desorption ist $\varrho \cong \frac{dD}{dH}$ bzw. $\varrho \cong \frac{dD}{dU}$. Die meisten Adsorptionsmessungen werden bei konstanter Temperatur angestellt. In diesem Fall erhalten wir für das Gleichgewicht den Typ der integralen Verteilungsfunktion $n(Q)$ durch einfache Auftragung von Φ oder q als Funktionen von $\ln p$; $\varrho(Q)$ erhalten wir durch Differentiation:

$$R T \varrho\,(Q) \cong \frac{d\Phi}{d \ln p}. \tag{33}$$

Analog ergibt sich für die Adsorptions- und die Desorptionsgeschwindigkeit der Typ der integralen Verteilungsfunktion $n(E)$ durch einfache Konstruktion

---

* Die letzte, sehr sorgfältige Arbeit von FRANKENBURG[9]), die die Ergebnisse von ROBERTS für die Adsorption an Wolfram wesentlich korrigiert, zeigte, daß die Zuverlässigkeit dieser Methode gering ist.

von $\Phi(\ln t)$, $\varrho(E)$ durch Differentiation:

$$R T \varrho (E) \cong \frac{d\Phi}{d \ln t}. \tag{34}$$

Das Produkt von ϱ und RT ist die dimensionslose differentielle Verteilungsfunktion, denn es ist $R T \cdot \varrho(Q) = \frac{RT}{dQ} d\Phi$ und $R T \varrho (E) = \frac{RT}{dE} d\Phi$ oder, was dasselbe ist,

$$R T \varrho (Q) = \frac{d\Phi}{d\,(Q/RT)} = \frac{d\Phi}{d\overline{\overline{Q}}} \tag{35}$$

und

$$R T \varrho (E) = \frac{d\Phi}{d\,(E/RT)} = \frac{d\Phi}{d\overline{\overline{E}}}. \tag{35a}$$

Von den verschiedenen Varianten der Bestimmung von ϱ aus den experimentellen Daten heben wir besonders zwei hervor:

1. die graphische Differentiation des Diagramms

$$\Phi/RT = \overline{\overline{\Phi}} = \overline{\overline{\Phi}}(\ln p) \tag{36}$$

oder

$$\Phi = \Phi\,(RT \ln p) \tag{36a}$$

für das Gleichgewicht, und analog

$$\Phi/RT = \overline{\overline{\Phi}} = \overline{\overline{\Phi}}\,(\ln t) \tag{37}$$

oder

$$\Phi = \Phi\,(RT \ln t) \tag{37a}$$

für die Adsorptionskinetik.

Ein Beispiel für dieses Verfahren ist in Abb. 167 dargestellt.

2. Die graphische Differentiation des Diagramms

$$D/RT = \overline{\overline{D}} = \overline{\overline{D}}\,(\ln t) \tag{38}$$

oder

$$D = D\,(RT \ln t) \tag{38a}$$

für die Desorptionskinetik.

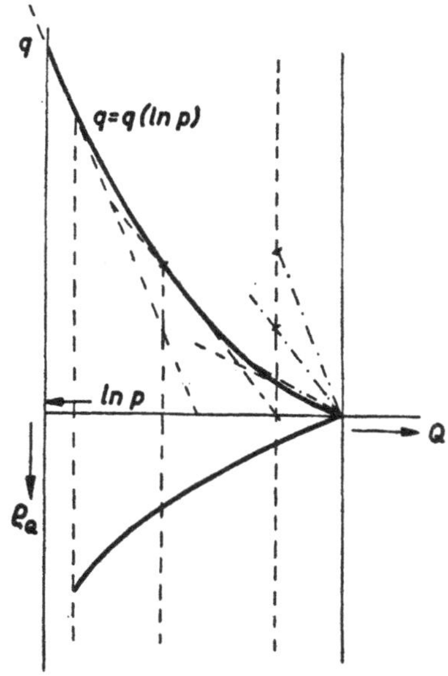

Abb. 167. Schema zur Bestimmung der Verteilungsfunktion durch graphische Differentiation der statischen Isothermen in halblogarithmischer Auftragung.

In einer Reihe von Punkten *1*, *2*, *3*, ... werden die Tangenten an die statische oder kinetische Isotherme gelegt. Die Richtungsfaktoren dieser Tangenten geben den Wert ϱ an. Dieses Verfahren ist schematisch in Abb. 167 erläutert. Bei diesen Konstruktionen benutzt man zweckmäßigerweise besondere Geräte wie z. B. optische Differentiatoren, die auf dem Prinzip der Kongruenz von Objekt und Spiegelbild beruhen. Dieses Verfahren wurde zur Konstruktion der Abb. 214 benutzt. Es läßt eine Reihe von Abwandlungen zu, deren Genauigkeit, wie die jeder graphischen Methode, nicht sehr groß ist. Bequem sind sie durch ihre Einfachheit; sie erfordern keine vorherige Feststellung der analytischen Form der Ausgangsfunktion, sind aber nur für

Isothermen sinnvoll, die in einem sehr großen Druck- bzw. Zeitintervall aufgenommen wurden.

Zur analytischen Bestimmung von ϱ benutzt man oftmals am besten folgende Varianten der Gleichungen (33) und (34):

$$\varrho(Q) \cong \frac{p}{RT}\frac{d\Phi}{dp} = \frac{p}{RT}\Phi^{\cdot} \tag{39}$$

und

$$\varrho(E) \cong \frac{t}{RT}\frac{d\Phi}{dt} = \frac{t}{RT}\Phi^{\cdot} \tag{40}$$

bzw.

$$\varrho(E_{\text{ads}}) \cong \frac{t}{RT}\frac{dD^{\cdot}}{dt} = \frac{t}{RT}D^{\cdot} = -\frac{t}{RT}\Phi^{\cdot}. \tag{41}$$

Daraus folgt

$$RT\varrho(Q) \cong p\Phi^{\cdot}, \tag{42}$$

$$RT\varrho(E) \cong t\Phi^{\cdot} \tag{43}$$

oder schließlich

$$RT\varrho(E_{\text{des}}) \cong tD^{\cdot}. \tag{44}$$

Legt man eine Tabelle der Φ-Werte für verschiedene p (oder verschiedene t) oder das entsprechende Diagramm zugrunde, so kann man die Werte $\Phi^{\cdot}$, die der Reihe der Argumentwerte entsprechen, durch Ersetzung von $\Phi^{\cdot}$ und $D^{\cdot}$ durch $\frac{d\Phi}{dp}$ oder $\frac{d\Phi}{dt}$ bestimmen. Man kann auch zum graphischen Verfahren greifen und Φ nach p oder t bzw. D nach t differenzieren.

In allen Fällen multipliziert man die Werte $\Phi^{\cdot}$ und $D^{\cdot}$ mit den entsprechenden Werten von p (bzw. t) und erhält so eine dimensionslose Verteilungsfunktion. Diese Differentiation und Multiplikation läßt sich ebenfalls leicht graphisch durchführen.

Sucht man die übliche Verteilungsfunktion ϱ mit der Dimension $[m^{-1} \cdot l^{-2} \cdot t^2]$, so hat man die Größe qp bzw. qt oder Dt außerdem mit einem Faktor zu multiplizieren, der für jede feste Temperatur konstant ist.

Zu einer hinreichend genauen Bestimmung des Charakters der Oberfläche ist ein sehr großes p- bzw. t-Intervall erforderlich. So muß für $\Delta H = 8RT$ das Verhältnis der Randwerte von p und t gegeben sein durch $\ln(p_1/p_2) = \ln(t_1/t_2) = 8$ oder $\lg_{10}(p_1/p_2) = \lg_{10}(t_1/t_2) \approx 3{,}5$, d. h. die Verhältnisse p_1/p_2 bzw. t_1/t_2 müssen etwa gleich 2000 sein. Für $\Delta H = 10\,RT$ müssen diese Verhältnisse sogar größer als 10000 sein usw. Eine genaue Analyse geringer Änderungen der Form der Kurven $q = q(\ln p)$ oder $q = q(\ln t)$ in einem Intervall $H < 4\,RT$ ist, wie oben erwähnt, ohne jeden praktischen Wert, wenn es sich um die Feststellung des Typs der Verteilung handelt. Prinzipiell kann man aber durch Steigerung der Meßgenauigkeit und der Anzahl der im gegebenen schmalen Intervall gemessenen Punkte auch den Einfluß von Bereichen, die um mehr als $2\,RT$ auseinanderliegen, feststellen.

Eine Aufnahme der Isothermen in einem so großen Intervall der Ausgangsgröße ist mit ernsten experimentellen Schwierigkeiten verbunden und in der Literatur selten anzutreffen; mit wenigen Ausnahmen reichen also die Angaben der Arbeiten, die ohne Verbindung mit der statistischen Theorie angestellt wurden, nicht zu einer hinreichend bestimmten Aussage über den Charakter der Verteilungsfunktion aus; es sind spezielle Messungen erforderlich, die unter Berücksichtigung der Ergebnisse der Theorie aufgestellt werden, um die Funktion ϱ zu bestimmen und die Theorie zu prüfen.

Alles, was über die Bestimmung der Funktion ϱ aus den Isothermen gesagt wurde, läßt sich leicht auf Isobaren und Isochronen übertragen.

In diesen Fällen haben die Ausgangsgleichungen die Form

$$\varrho\,(Q) \cong \frac{1}{Q}\,\frac{d\Phi}{d\ln T} = \frac{1}{\lambda_1}\,\frac{d\Phi}{dT}; \tag{45}$$

$$\varrho\,(E) \cong \frac{1}{E}\,\frac{d\Phi}{d\ln T} = \frac{1}{\lambda_2}\,\frac{d\Phi}{dT}; \tag{46}$$

$$\varrho\,(E_{\text{des}}) \cong \frac{1}{E_{\text{des}}}\,\frac{dD}{d\ln T} = \frac{1}{\lambda_3}\,\frac{dD}{dT}. \tag{47}$$

Bei graphischer Lösung bilden die Diagramme $\Phi = \Phi(T)$ den Ausgangspunkt; man legt an eine Reihe von Punkten dieser Kurven die Tangenten und bestimmt aus deren Richtungsfaktor die Größe ϱ. Dieses Verfahren zur Bestimmung von $\varrho(U)$ ist mit zwei Schwierigkeiten verbunden:

1. Man muß nicht nur p, sondern auch b_0 und nicht nur t, sondern auch τ_0 kennen, also Q oder E unabhängig für mindestens eine Besetzung bestimmen; diese Schwierigkeit läßt sich leicht umgehen, wenn mehrere Isothermen oder dazu mindestens eine Isostere bekannt sind.

2. Das Intervall der Φ-Werte muß hinreichend groß sein, und zwar mindestens so, daß das Q bzw. E für die Randwerte von Φ sich um einige RT unterscheidet.

Eine ähnliche Bedingung muß auch für die Desorption erfüllt sein.

Um aus dieser Bedingung eine Forderung an das T-Intervall abzuleiten, muß man die Konstante λ kennen. Bis auf den Umstand, daß T auch in τ_0 und b_0 auftritt, kann man sagen, daß das Temperaturintervall, das für eine Änderung von Q (oder E) um mehr als RT erforderlich ist, um so kleiner ist, je größer die t und p sind, bei denen die Messungen angestellt werden. In der Tat sind für konstantes Intervall $T_2 - T_1$ und konstantes p (bzw. t) für die Isobaren und Isochronen die Energieintervalle, die einem Temperaturanstieg von T_1 bis T_2 entsprechen,

$$\Delta Q = Q_{T_1} - Q_{T_2} = R \ln \frac{p}{b_0}\,[T_2 - T_1]; \tag{48}$$

$$\Delta E = E_{T_2} - E_{T_1} = R \ln \frac{t}{\tau_0}\,[T_2 - T_1]. \tag{48a}$$

ΔQ und ΔE müssen so groß sein, daß die Ungenauigkeit, die auf den Rändern und auf dem Näherungscharakter der Methoden beruhen, nicht die Änderungen verdecken können, die auf den Eigentümlichkeiten der Funktion ϱ beruhen. Je größer T ist, desto größer ist auch der Fehler. Als Bedingungen für die Verwendbarkeit der Isobaren und Isochronen zur Bestimmung von ϱ benutzt man also naheliegenderweise folgende Ungleichungen:

$$\left.\begin{aligned} \frac{\Delta Q}{RT_2} &= \frac{T_2 - T_1}{T_2} \ln p/b_0 > 4; \\ \frac{\Delta E}{RT_2} &= \frac{T_2 - T_1}{T_2} \ln t/\tau_0 > 3. \end{aligned}\right\} \tag{49}$$

Durch Umformung erhalten wir

$$\left.\begin{aligned} \left(1 - \frac{T_1}{T_2}\right) \ln \frac{p}{b_0} &> 4; \\ \left(1 - \frac{T_1}{T_2}\right) \ln \frac{t}{\tau_0} &> 3 \end{aligned}\right\} \tag{49a}$$

oder unter Berücksichtigung der Tatsache, daß Q stets positiv ist:

$$\left.\begin{aligned} &\frac{T_1}{T_2} < 1 - \frac{4}{\ln \frac{p}{b_0}} \\ \text{bzw.} \qquad &\frac{T_1}{T_2} < 1 - \frac{2{,}7}{\ln \frac{t}{\tau_0}}. \end{aligned}\right\} \tag{50}$$

Natürlich muß $\ln \frac{t}{\tau_0}$ größer als 2,7 sein.

Je größer das Verhältnis T_2/T_1, desto stärker ist die Ungleichung (50), desto besser sind also die für die Anwendbarkeit unserer Methode notwendigen Bedingungen erfüllt. Je größer p und t sind, desto größer ist die rechte Seite der Gleichung, und desto schmaler ist das T-Intervall, das den gegebenen Genauigkeitsgrad garantiert. Das für die Anwendbarkeit unserer Methode notwendige Verhältnis T_2/T_1 nimmt also ab, je größer die Werte von $p = \text{const}$ und $t = \text{const}$ sind.

Das Verfahren zur Bestimmung von ϱ durch Differentiation der adsorbierten Substanzmenge nach den verschiedenen Variablen ist dann besonders empfehlenswert, wenn sich die Verteilungsfunktion nicht durch eine einfache Gleichung ausdrücken läßt oder Maxima und Minima besitzt, deren Breite wesentlich größer ist als RT.

Für die gebräuchlichsten stetigen Verteilungsfunktionen oder für große Abschnitte ohne hervorstechende Punkte gibt es einen anderen Weg, der sich auf die Verwendung der Gleichungen für Isotherme, Isobare usw. gründet. Seine Anwendungsmöglichkeit ergibt sich sofort, wenn man die Isothermen in den Koordinaten q und $\ln p$ bzw. q und $\ln t$ oder die Isobaren und Isochronen in den Koordinaten q und T aufträgt.

Die gleichmäßigen Verteilungen $\varrho = H$ liefern hierbei Geraden, denn es ist $q(p) \approx a \ln p + C$ und $q(t) \approx a \ln t + C$ und schließlich $q(T) = C - aT$. Für ungleichmäßige „ansteigende" Verteilungen sind die q-Kurven nach oben und für ungleichmäßige „abfallende" Verteilungen nach unten gebogen. Das

Vorhandensein breiter Maxima muß sich im Auftreten von Wendepunkten ausdrücken usw. Falls in diesem Diagramm q im ganzen Intervall der Argumentwerte linear ist, ist es sinnlos, die Verwendbarkeit der übrigen Gleichungen zu prüfen. Entweder ist die Oberfläche tatsächlich hinsichtlich der gegebenen Größe (Q, E) gleichförmig, oder das Intervall ΔH und die Zahlenkoeffizienten in dem Ausdruck für ϱ sind so beschaffen, daß es nicht möglich ist, die verschiedenen Funktionen ϱ voneinander zu unterscheiden.

Die Entscheidung zwischen diesen beiden Möglichkeiten ist leicht zu fällen, indem man außerdem noch q doppeltlogarithmisch als Funktion von p oder ebenso q und D als Funktion von t usw. aufträgt.

Alle nicht sehr breiten monoton ansteigenden oder monoton abfallenden Verteilungen liefern ein $\Phi(t)$, das sich gut durch gebrochene Potenzen von p und t approximieren läßt. In doppeltlogarithmischer Auftragung ist dies eine Gerade. Analog hängen für Isobaren und Isochronen die Größen q und D bei einer Exponentialverteilung exponentiell von der Temperatur ab, so daß der Logarithmus dieser Größen eine lineare Funktion der Temperatur sein muß.

Man darf jedoch die Bedeutung der Ergebnisse, die man einzig und allein durch Analyse der Form von Isothermen, Isobaren, Isochronen usw. erhalten hat, nicht überschätzen. In logarithmischen Koordinaten haben alle Kurven die Tendenz, sich einer Geraden anzunähern. Insbesondere gibt die gewöhnliche LANGMUIRsche Isotherme in ihrem mittleren Teil in einem solchen Diagramm eine Gerade mit einer Steigung von 45°.

Eine gebrochene Potenz mit beliebigem Exponenten ist ihrerseits keine schlechte Interpolationsformel und sogar schmiegsamer als die LANGMUIRsche Isotherme. Infolgedessen darf man sich in den Fällen, wo aus Adsorptionsmessungen der Charakter der Statistik der Oberflächenbereiche bestimmt werden soll und eine formale quantitative Beschreibung der Erscheinungen nicht ausreicht, nicht allein auf einen Vergleich des Kurvenverlaufs mit den verschiedenen Gleichungen beschränken.

Wie oben gezeigt wurde, ist die Besetzung der Oberfläche nach Maßgabe fallender Q und wachsender E nicht der einzig mögliche Adsorptionstyp. Bei bestimmten Abhängigkeiten zwischen Q und E und bei hinreichend hoher Oberflächenbeweglichkeit können Adsorptions- und Desorptionsprozesse mit konstanter Geschwindigkeit erfolgen (nach nullter Ordnung). Dieser Fall ist für homogene Oberflächen ausgeschlossen, und sein Eintreten ist ein sicheres Anzeichen für eine Inhomogenität. Ist überhaupt keine Korrelation zwischen Q und E vorhanden und ist eine Umlagerung der Molekeln möglich, so ahmt die Kinetik des Prozesses fast genau die Kinetik eines Prozesses an einer inhomogenen Oberfläche nach. Die Feststellung einer Inhomogenität für solche Systeme ist bedeutend schwieriger. Sowohl bei symbatem als auch bei nichtkorrelierendem Gang von Adsorptionswärme und Aktivierungsenergie sind die beobachteten Aktivierungsenergien in einem großen Φ-Intervall konstant. Für Oberflächen, die so die homogenen nachahmen, sind Gleichgewichtsmessungen wichtig, denn für die Isothermen ist eine solche Nachahmung, wie sie für bestimmte Fälle der Kinetik kennzeichnend ist, unmöglich. Fehlen Gleichgewichtsmessungen oder lassen sie sich nicht durchführen, so ist eine Verschiebung des Temperaturintervalls nach unten nützlich, damit das ebene „Kriechen“ nicht sofort auf den primären Adsorptionsakt folgen kann. Die hierzu notwendigen Bedingungen ergeben sich aus dem Verhältnis der Aktivierungsenergien des Kriechens und der Adsorption.

Eine zweite Möglichkeit zur Entdeckung von Inhomogenitäten, die auch dann bestehen bleibt, wenn aus der Kinetik nichts zu entnehmen ist und Gleichgewichtsdaten fehlen, besteht in der Untersuchung des Einflusses einer Vergiftung auf die Adsorptions- und die Desorptionsgeschwindigkeit.

Hierzu ist notwendig, daß das adsorbierte Gift selbst antibat mit E adsorbiert wird, denn nur in diesem Fall gibt die Änderung der Geschwindigkeitskonstanten die Form der Verteilungsfunktion wieder. In den Kapiteln 4 und 5 von Teil III, die sich mit der Theorie der Vergiftung befassen, ist das näher ausgeführt.

Die Auffindung von Vergiftungsisothermen, die für inhomogene Oberflächen kennzeichnend sind, ist ein Argument zugunsten einer Inhomogenität; dagegen sagt das Auftreten von Vergiftungsisothermen, die für homogene Oberflächen typisch sind, an und für sich noch nichts aus, da ja ein ungeordnetes oder symbates Haften der Giftmolekeln möglich ist und da ferner eine ungleichmäßige Verteilung des Giftes über die Schicht des Adsorbens oder des Katalysators in Frage kommt.

Die zweite schwierige Aufgabe ist die Bestimmung des Funktionalzusammenhanges zwischen E und Q. Stützt man sich auf die üblichen Adsorptionsdaten, so kann man dies erreichen, indem man einfach unabhängig die Form der Verteilungen über E bzw. Q bestimmt und diese beiden Verteilungen vergleicht.

Werden sowohl die Statik als auch die Kinetik der Adsorption durch einen beweglichen Streifen kontrolliert, so kann man es mit folgendem Verfahren versuchen. Für breite Verteilungen ist $\Phi = \int \varrho(x)\,dx$ mit gewissen Integrationsgrenzen. Wir schreiben

$$\Phi_{\text{stat},\,T=\text{const}} = \Phi(p) \quad \text{und} \quad \Phi_{\text{kin},\,T=\text{const}} = \Phi(t)$$

in expliziter Form und vergleichen die statischen und kinetischen Φ (29), d. h. die kinetischen und statischen Isothermen für verschiedene Besetzungen.

Bei
$$\Phi(p) = \Phi(t) \tag{51}$$
entspricht jedem t ein bestimmtes p und umgekehrt. Ersetzen wir t und p durch

$$t = \tau_0 e^{+E/RT} \quad \text{und} \quad p = b_0 e^{-Q/RT}, \tag{51a}$$

so erhalten wir die schematische Abhängigkeit $E = E(Q)$.

Insbesondere ist für $\Phi_{\text{kin}} = a_1\, t^{1/n_1}$ und $\Phi_{\text{stat}} = a_2\, p^{1/n_2}$

$$a_1 \tau_0^{1/n_1} e^{-E/n_1RT} = a_2 b_0^{1/n_2} e^{-Q/n_2RT}, \tag{52}$$

also
$$E = n_1 RT \ln \frac{a_2 b_0^{1/n_2}}{a_1 \tau_0^{1/n_1}} - \frac{n_1 RT}{n_2 RT}\, Q \tag{52a}$$

oder
$$E = E_0 - \frac{n_1}{n_2}\, Q = E_0 - aQ. \tag{52b}$$

Die vollständige Gleichung mit $\Phi_{\text{kin}} = a_1 t^{1/n_1} + C_1$ und $\Phi_{\text{stat}} = a_2 p^{1/n_2} + C_2$ würde zu weniger durchsichtigen Ausdrücken führen; bei nicht allzu kleinen p ist aber $C_1 \ll a_1 t^{1/n}$ und bei nicht allzu kleinen p analog $C_2 \ll a_2 p^{1/n}$.

In der Theorie der Vergiftung und in der Kinetik der Kontaktreaktionen werden wir auf eine Möglichkeit stoßen, die Form des Zusammenhanges zwischen Q und E ohne Bezugnahme auf die konkrete Form der Funktionen $\varrho(Q)$ und $\varrho(E)$ festzustellen.

All dies bezieht sich auf breite inhomogene Verteilungen von der Einstellung der Front an (die sich im Verteilungsdiagramm verschiebt).

Eine der kennzeichnendsten Eigentümlichkeiten stark inhomogener Oberflächen ist die vollständige Unempfindlichkeit der Funktionen, die ihre Statik und Kinetik für einen großen Teil des Adsorptionsprozesses kennzeichnen, gegen das Vorhandensein von Dissoziation und Assoziation. Indessen ist dieses Problem von großer Bedeutung für die Theorie der Adsorption, insbesondere für ihren Mechanismus und den Mechanismus der mit ihr verbundenen Prozesse.

Das einzige Gebiet, in dem man für inhomogene Oberflächen Aussicht hat, unmittelbar Merkmale für Assoziation und Dissoziation zu finden, liegt ganz zu Anfang der Isothermen, wo noch keine vertikale Front besteht, sowie auch im Gebiet der Parallelverschiebung dieser Front. Da in diesem Teil der Isothermen auch keine Effekte vorhanden sind, die auf einer Wechselwirkung der Molekeln miteinander beruhen, ist das Vorhandensein einer Nichtlinearität [siehe Gleichungen (40a) und (41a) in Kapitel 2, Teil II] ein wichtiger Hinweis auf eine Änderung der Molekelabmessungen bei der Adsorption. Umgekehrt ist eine Verwendung der Gleichungen (42) aus Kapitel 2, Teil II, welche die Adsorptions„schwänze" kennzeichnen, für diesen Zweck sinnlos, da sich hier die Wechselwirkung der adsorbierten Molekeln verstärkt, ferner der verzerrende Einfluß der Okklusionsvorgänge usw. hinzutritt.

Aus all dem geht hervor, wie wichtig eine möglichst eingehende Untersuchung der Adsorption bei sehr kleinen Besetzungsgraden ist. Angaben hierüber sind in der Literatur noch selten, da bis vor kurzem keine Notwendigkeit zu einem besonderen Studium dieses Gebiets zu bestehen schien.

Hierbei muß hervorgehoben werden, daß die Begriffe „kleine" und „große" Besetzungen in gewissem Sinne relativ sind, da es sich nicht um die Bestimmung von Bruchteilen der Gesamtbesetzung handelt, sondern um die Mengen adsorbierter Substanz, bei denen am „Kopf" der Verteilung für kleine E oder große Q nur ein kleiner Teil der Bereiche besetzt ist.

Es sind durchaus Verteilungen denkbar, bei denen dieser Kopf der Verteilung so schmal und in die Länge gestreckt ist, daß die Einstellung einer Front von Besetzungen entspricht, die für Messungen nach den üblichen Verfahren praktisch unzugänglich sind. In solchen Fällen ist die Entdeckung einer Dissoziation oder Assoziation an Hand der statischen Isothermen unmöglich. Für die kinetischen Isothermen bleibt noch die Möglichkeit, die Druckabhängigkeit der Verschiebung der Isotherme zu benutzen (siehe Seite 224). Wenn Dissoziation oder Assoziation sich in der Zusammensetzung des Übergangskomplexes geltend machen und p in k_0 in einer von Eins verschiedenen Potenz steht, muß die Änderung der Molekelgröße bei der Adsorption grundsätzlich feststellbar sein. Die Bedeutung dieses Kriteriums steigt infolge der erwähnten Uneindeutigkeit der Folgerungen, die man aus der Potenz, in der die Zeit in die Gleichung für die Anfangsgeschwindigkeit eingeht, über die Dissoziation ziehen kann.

Zum gleichen Typ der kinetischen Kurven können folgende Umstände führen: a) eine breite Exponentialverteilung ohne Rücksicht auf Assoziation oder Dissoziation, b) eine Diffusion und c) eine Adsorption bei geringen Besetzungen an einer homogenen Oberfläche, sofern sie mit einer Dissoziation verbunden ist. Im ersten und letzten der genannten Fälle ist $\Phi = a p^{1/n}$ für das Gleichgewicht und $\Phi = a t^{1/n}$ sowie $D = a t^{1/n}$ für die Kinetik.

Aussicht zur Trennung dieser beiden Fälle hat man, wenn $n \gg 2$ ist oder stark von der Ganzzahligkeit abweicht; andernfalls ist eine Untersuchung des Einflusses von Temperaturänderungen erforderlich, denn bei Temperatursteigerung nimmt $n = (aRT)^{-1}$ ab, während das n, das einer Dissoziation entspricht, sich nicht ändert. In einigen Fällen vereinfacht sich das Problem durch die Möglichkeit einer Dissoziation in nur zwei Teile. In diesem Fall spricht jede Abweichung der Potenz $1/n$ von 0,5 gegen eine Dissoziation.

Ist für das Gleichgewicht $n = 2$ und ändert es sich mit der Temperatur nicht, so nimmt man sicherlich mit Recht eine Dissoziation an. In der Adsorptions- und Desorptionskinetik hat man in diesem Fall auch die Möglichkeit einer Diffusionskinetik zu beachten, bei der ebenfalls Φ proportional $\sqrt{t}$ ist.

Hieraus ist ersichtlich, wie sehr das Problem der Feststellung einer Dissoziation sich bei der Adsorption an inhomogenen Oberflächen erschwert. Umgekehrt läßt sich eine Assoziation leicht feststellen, denn um durch Inhomogenität Beziehungen $\Phi \sim p^m$ für das Gleichgewicht und $\Phi \sim t^m$ für die Geschwindigkeit mit $m > 1$ zu erhalten, wären wenig wahrscheinliche Verteilungstypen erforderlich, und eine Diffusion kann ein derartiges Gesetz nicht liefern.

Das sind die Möglichkeiten für die Anwendung der Theorie auf die Adsorption reiner Gase.

Offenbar sind zur Ausnützung aller Möglichkeiten der Theorie besondere umfangreiche Experimentalarbeiten notwendig, welche die Eigentümlichkeiten der Adsorption an inhomogenen Oberflächen berücksichtigen; offensichtlich ist es wenig wahrscheinlich, in der bisherigen Literatur viele Experimentaldaten zu finden, die zu einem ins einzelne gehenden Vergleich zwischen Theorie und Experiment geeignet sind. Dies gilt in noch höherem Maße für die experimentellen Daten über die Adsorption von Gemischen, mit der wir uns hier nicht näher beschäftigen wollen.

§ 6: *Neuere Arbeiten über exakte Methoden zur Bestimmung der Verteilungsfunktion*

Die Frage nach strengen Methoden zur Bestimmung der Verteilungsfunktionen der Oberflächenbereiche des Sorbens über die Adsorptionswärme aus experimentellen Daten über das Adsorptionsgleichgewicht wurde in letzter Zeit von TODES und seinen Mitarbeitern eingehend untersucht[6]). Ihre Analyse stützte sich auf einige allgemeine Eigenschaften jeder Adsorptionsisotherme $\Phi(p)$, die sich durch Summation von LANGMUIRschen Isothermen für eine inhomogene Oberfläche ergibt, ferner auf die Eigentümlichkeiten des umgekehrten Problems bei beschränktem experimentell aufgenommenen Abschnitt von $\Phi(p)$. Die Verfasser zeigten, daß man den oben genannten Forderungen

— absolute Monotonie, Linearität von $\Phi(p)$ bei $p \ll b_{\min}$ und Linearität von $\Phi(1/p)$ bei $p \gg b_{\max}$ — noch eine sehr wichtige Bedingung hinzufügen muß. Betrachtet man p als komplexes Argument (das ist mathematisch möglich, falls die Isotherme in analytischer Form vorgegeben ist), so muß $\Phi(p)$ eine NEVANLINNAsche Funktion sein, d. h. folgenden Bedingungen genügen:

$$\left.\begin{array}{l} \text{a) } \Phi_\infty = 1 \\ \text{b) } \operatorname{Im}\{\Phi(p)\} > 0 \text{ für } \operatorname{Im}(p) > 0, \\ \text{also in der oberen Halbebene;} \\ \text{c) } \Phi(p) \text{ regulär und positiv für } 0 < p < \infty. \end{array}\right\} \tag{53}$$

Die Anwendung dieser Forderungen auf eine Reihe empirischer bekannter Funktionen, die für die Isothermen angegeben wurden, zeigt, daß die FREUNDLICHsche Isotherme für $n > 1$ allen Bedingungen außer der ersten entspricht, da sie keine Sättigung liefert. Auch die einfache Exponentialfunktion $1 - e^{-ap}$ und die einfache logarithmische Isotherme $q = a \log p$ sind ungeeignet. Dagegen genügt die seinerzeit von ZEISE vorgeschlagene empirische Isotherme

$$\Phi(p) = \frac{\Gamma p^{\frac{1}{n}}}{1 + \Gamma p^{\frac{1}{n}}} \tag{54}$$

sämtlichen Bedingungen, ferner die Isotherme

$$\Phi(p) = \frac{1}{2} + \frac{1}{\pi} \operatorname{arc\,tg} [\log (\alpha p)] \tag{55}$$

sowie die erweiterte logarithmische Isotherme

$$\Phi(p) = \frac{\log \dfrac{\beta(\alpha + p)}{\alpha(\beta + p)}}{\log \dfrac{\beta}{\alpha}} \tag{56}$$

und einige andere. Mit anderen Worten ist strenggenommen keine der einfachsten und gebräuchlichsten Funktionen, welche die Isotherme für reale Oberflächen abbilden, zur Beschreibung des Verhaltens zusammengesetzter Oberflächen geeignet; verwenden wir sie, so verzichten wir damit von vornherein auf die Möglichkeit, die genaue Form der Funktionen $\varrho(Q)$ und $\varrho(b)$ zu finden. Diese Aufgabe kann man sich eigentlich erst stellen, wenn man mit den experimentell gefundenen $\Phi(p)$ oder mit analytischen Funktionen, welche die oben genannten Bedingungen erfüllen, arbeitet.

Die grundlegende Integralgleichung, die zur Bestimmung der Verteilungsfunktion dient, wird von den Verfassern in einer Form angegeben, die von der in unserer Monographie gebräuchlichen etwas abweicht, und zwar als Integralgleichung erster Art

$$\Phi(p)_{T=\text{const}} = \int_{b=0}^{b=\infty} \frac{p}{p+b}\, dn(b), \tag{57}$$

in der als Integrationsvariable der reziproke Adsorptionskoeffizient b und an Stelle der differentiellen Verteilungsfunktion $\varrho(b)$ die integrale Verteilungsfunktion $n(b)$ steht, die den Anteil der Bereiche mit Koeffizientenwerten von Null bis zu einem laufenden Wert b angibt.

TODES und seine Mitarbeiter zeigen nun, daß viele verschiedene exakte Lösungen der Gleichung (57) möglich sind, die sich in der Form und hinsichtlich dessen unterscheiden, wie in diesen Lösungen die experimentell bestimmten Werte der Isotherme $\Phi(p)$ benutzt werden. In der Regel ist jede exakte Lösung das Ergebnis einer unendlichen Folge von nach einem bestimmten „Rezept" angestellten Operationen. Bricht man diese Folge bei einem bestimmten Glied ab, so erhält man statt der exakten Lösung eine Näherungslösung von höherer oder geringerer Genauigkeit. Daß die sogenannten „exakten" Lösungen illusorisch sind, ist dabei klar, denn zur praktischen Ausrechnung dieser „exakten" Lösung hat man wieder Näherungsmethoden zu benutzen. Es ist also nur sinnvoll, von Näherungsmethoden von dem oder jenem Genauigkeitsgrad zu sprechen. Die besten dieser Methoden (sie werden in der zitierten Arbeit zusammengestellt) werden auf eine Form gebracht, die sich vermutlich in nächster Zeit für praktische Auswertungen verwenden lassen werden.

Ausführlich beschäftigen sich die Verfasser mit der Bestimmung der Verteilungsfunktion aus einer Isotherme, die durch $2N-1$ Punkte gegeben ist:

$$\Phi(p_1), \Phi(p_2), \ldots, \Phi(p_\alpha), \ldots, \Phi(p_{2N-1}), \tag{57a}$$

sie führt auf das komplizierte Gleichungssystem

$$\Phi(p_\alpha) = \sum_{k=1}^{k=N} \frac{p_\alpha}{p_k + b_k} \cdot n_k \quad (\text{mit } \alpha = 1, 2, 3, \ldots, 2N-1), \tag{57b}$$

aus dem man in Verbindung mit der Normierungsbedingung $\sum_{k=1}^{k=N} n_k = 1$ im Prinzip die Lösung für $n(b)$ als Stufenkurve mit Sprungpunkten erhalten kann, wenn man sämtliche unbekannten $b_1, b_2 \ldots b_N$ und $n_1, n_2 \ldots n_N$ bestimmt hat. Läßt man N gegen Unendlich gehen, so erhält man auch die exakte Lösung der Ausgangsgleichung.

Diese Lösung ist jedoch bei einer nicht allzu geringen Punktzahl schon äußerst schwierig, bei einer sehr kleinen Punktzahl dagegen sehr ungenau. Etwas weniger kompliziert ist die allgemeine Lösung des Problems, die von der STIELTJESschen Lösung für das Problem der Momente ausgeht.

Unter bestimmten Bedingungen kann man $\Phi(p)$ in eine Reihe $\Phi(p) = 1 - c_1/p + c_2/p^2 - c_3/p^3 + \cdots$ entwickeln. Hierbei sind nach STIELTJES die Koeffizienten c_k dieser asymptotischen Reihe die sogenannten Momente k-ter Ordnung der Funktion $n(b)$, und das Problem reduziert sich auf die Bestimmung der Funktion $n(b)$ aus den vorher bestimmten Momenten beliebig hoher Ordnung dieser Funktion. In der Monographie von STIELTJES werden Regeln für die Lösung dieses Problems angegeben, mit deren Hilfe man insbesondere die Isotherme $\Phi(p)$ unmittelbar als Summe

$$\sum_{j=1}^{j=m} \frac{p}{p + b_j} \cdot n_j$$

schreiben kann (d. h. als Summe LANGMUIRscher Isothermen), wobei die Entwicklungskoeffizienten n_j den Anteil der Bereiche der betreffenden Art angeben. In ihrer praktischen Anwendung ist diese mathematische Methode aber fast so unhandlich wie die Methode der Bestimmung aus einzelnen Punkten.

Handlicher ist eine andere Methode zur Bestimmung der differentiellen Verteilungsfunktion $\varrho(b)$ aus den Momenten c_k, die, wie oben gesagt, die Koeffizienten in der asymptotischen Entwicklung von $\Phi(p)$ nach Potenzen p^{-1} sind. Hierbei ergibt sich die gesuchte Funktion $\varrho(b)$ als Reihe aus LAGUERREschen Polynomen. Diese Methode ist für eine beschränkte, aber sehr große Klasse von Funktionen $\varrho(b)$ anwendbar. Der schwierigste Schritt ist hierbei die Entwicklung von $\Phi(p)$ in die asymptotische Reihe nach Potenzen von p^{-1}. Aus den Koeffizienten c_k dieser Reihe berechnet man mit Hilfe einer fertigen Formel die Koeffizienten der Entwicklung von $\varrho(b)$ in eine Reihe nach LAGUERREschen Polynomen. Je mehr Glieder die Reihe hat, desto genauer ist die Lösung; bei unendlicher Gliederzahl geht sie gegen die exakte Lösung. Die Behandlung eines Spezialfalles, die die Verfasser bis zu Ende durchführen, zeigt, daß man schon mit Hilfe von vier LAGUERREschen Polynomen eine richtige Vorstellung über den Typ der Verteilung erhält, und zwar sogar in dem äußerst schwierigen Fall, daß eine schmale Spitze von einer Breite der Größenordnung RT vorhanden ist; bei weiterer Steigerung der Anzahl der benutzten Polynome verbessert sich das Ergebnis nur sehr langsam. Die Methode ist auch auf schmale Verteilungen anwendbar.

Besonders eingehend behandelt TODES die beiden Lösungsmethoden, die auf dem Gebiet der Integralgleichungen weit verbreitet sind, nämlich die FOURIER- und die LAPLACE-Transformation.

Im ersten Fall führt man zur Lösung die neuen Hilfsfunktionen

$$F(x) = \frac{\Phi(p)}{\sqrt{p}}\Big|_{p=e^x} \quad \text{und} \quad X(\xi) = \sqrt{b}\,\varrho(b)\,\Big|_{b=e^{\xi}} \tag{58a}$$

ein. Durch Anwendung dieser Funktionen reduziert sich unser Problem auf die Gleichung

$$F(x) = \int_{-\infty}^{+\infty} \frac{1}{2\,\mathrm{ch}\left(\frac{x-\xi}{2}\right)} \cdot X(\xi)\, d\xi \tag{58}$$

mit symmetrischem Kern. Die Gleichung (58) läßt sich zur Bestimmung der unbekannten Funktion $X(\xi)$ aus der Funktion $F(x)$ benutzen; diese ist aus den experimentellen Daten bekannt. Letzten Endes dient zur Bestimmung also die Funktion $\Phi(p)$. Nach einigen Umformungen erhält man aus dieser Gleichung eine Lösung für

$$\varrho(\xi) = X(\xi) \cdot e^{\frac{\xi}{2}}$$

in der Form

$$\varrho(\xi) = \frac{e^{\frac{\xi}{2}}}{2\pi^2} \int_{-\infty}^{+\infty} e^{-i\pi\xi} \left\{ \mathrm{ch}\,(\pi u) \int_{-\infty}^{+\infty} e^{\frac{-x}{2}} \cdot F(x)\, e^{-iux}\, du \right\} d\xi. \tag{59}$$

Nach den Bedingungen, die von SMIRNOW formuliert wurden[3]), ist diese Lösung nur für den Fall geeignet, daß überall eine beschränkte differentielle Verteilungsfunktion $\varrho(b) < A$ existiert (A ist eine positive Zahl).

Die Lösung ist also unbrauchbar, wenn es auf der Oberfläche diskrete Bereichsgruppen mit übereinstimmenden Werten des Sorptionskoeffizienten gibt, was immer zu befürchten ist.

Hiermit sind die Schwierigkeiten noch nicht erschöpft. Die schematische Lösung ist ein Produkt der periodischen Funktion $e^{-i\pi\xi}$ mit einer Amplitude, die in (59) in geschweifte Klammern eingeschlossen ist. Diese zerfällt ihrerseits in zwei Faktoren: einen hyperbolischen Kosinus und das Ergebnis einer Integration über die entsprechend umgeformte Isotherme. Bei $u \to \infty$ wächst der erste Faktor wie $e^{\pi|u|}$ und damit das ganze Integral konvergiert — wäre das nicht der Fall, so hätte man es bei der praktischen Durchführung der Rechnungen mit einer divergierenden Reihe zu tun —, ist notwendig, daß das Ergebnis der inneren Integration im Unendlichen schneller als $e^{-\pi|u|}$ abnimmt. Das trifft nicht für jede Funktion $\Phi(p)$ zu. An dem gleichen grundsätzlichen Mangel krankt auch die andere Variante der Benutzung der FOURIER-Transformation, die kürzlich von TJOMKIN und LEWITSCH[8]) vorgeschlagen und von TODES im einzelnen ausgeführt wurde.

TODES zeigt, daß beide Varianten der Lösung nur für breit inhomogene Oberflächen brauchbar sind, falls für sie die differentielle Verteilungsfunktion überall endlich ist.

Bei der Benutzung beider Lösungen muß man vorher die experimentelle Isotherme möglichst gut durch eine analytische Funktion $\Phi(p)$ approximieren, wobei diese Funktion notwendig eine NEVANLINNAsche Funktion sein muß. Die Wahl dieser analytischen Funktion hat Näherungscharakter, und bisher sind keine Methoden zur fehlerfreien Bestimmung dieser Näherung vorhanden. Diese analytische Näherungsfunktion wird dann in logarithmische Koordinaten transformiert und in die schematische Gleichung (59) eingesetzt; dann versucht man zu integrieren. Die Integrale finden sich nur sehr selten in Tabellen. Man muß deshalb zu zusätzlichen mathematischen Operationen seine Zuflucht nehmen und neue Näherungen einführen, wobei der Charakter der Ausgangsfunktionen wenig günstig für solche Näherungsrechnungen ist. In der Arbeit von TODES und BONDARJEWA[6]) werden überzeugende Beispiele angegeben, welche die Unzuverlässigkeit und Unzweckmäßigkeit dieser Methode veranschaulichen.

Die Lösung der ursprünglichen Integralgleichung mit Hilfe der LAPLACE-Transformation, die von LEWITSCH vorgeschlagen wurde, ist von diesen Mängeln zum Teil frei.

In den mathematischen Lehrbüchern von TITMARSH und SMIRNOW[4]) wird neben der allgemeinen Analyse der Integralgleichungen erster Art mit einem Kern, der nur vom Absolutwert der Differenz der Argumente $|x - \xi|$ abhängt, gezeigt, daß man durch Verwendung der direkten und inversen LAPLACE-Transformation (siehe 3, 4) zu einer Gleichung für $\varrho(\xi)$ in Form einer einfachen Summe zweier Funktionen einer komplexen Variablen gelangt:

$$\varrho(\xi) = e^{\xi/2}\,\frac{e^{\frac{-\xi+i\pi}{2}}\,f(\xi+i\pi) + e^{\frac{-\xi-i\pi}{2}}\cdot f(\xi-i\pi)}{2\pi}. \tag{60}$$

Bei der Benutzung dieser Lösung zur Analyse der Adsorption an inhomogenen Oberflächen formten LEWITSCH und TJOMKIN[7]) sie zunächst folgendermaßen um:

$$\varrho(\log b) = \frac{f(\log b + i\pi) + f(\log b - i\pi)}{2\pi i} = \frac{1}{\pi} Im\{f(\log b + i\pi)\}, \quad (61)$$

wobei f die Adsorptionsisotherme in logarithmischen Koordinaten und $\varrho(\log b)$ die gesuchte differentielle Verteilungsfunktion über Q ist.

Berücksichtigt man die Art des Zusammenhanges zwischen b und p, so sieht man, daß diese Gleichung äquivalent folgendem einfachen Ausdruck ist:

$$\varrho(\log b) = \frac{1}{\pi} Im\{\Phi(-p)\}, \quad (62)$$

dabei ist $p = b = e^{\xi}$, Φ ist die Interpolationsisotherme, die zuvor im Einklang mit den Bedingungen von NEVANLINNA als beste Näherung zur Beschreibung der experimentellen Daten gewählt wurde.

Vor der Lösung nach der FOURIERschen Methode hat die Gleichung (62) ihre Einfachheit und Durchsichtigkeit voraus; die Ungenauigkeit und die Unbestimmtheit in der Wahl einer guten Interpolationsformel unter den strengen Einschränkungen von NEVANLINNA bleiben jedoch bestehen. An und für sich bringt die Überführung von $\Phi(-p)$ in komplexe Form häufig zusätzliche Schwierigkeiten mit sich. Für die theoretische Analyse allgemeiner Probleme bei vorgegebener analytischer Form von Φ ist diese Methode jedoch zweifellos von großer Bedeutung; sie ist nicht nur für das spezielle Problem der Bestimmung von $\varrho(b)$ von Nutzen. Zur Herleitung von ϱ aus den experimentellen Daten ist sie dagegen praktisch noch unbrauchbar, und es ist nicht abzusehen, ob weitere Verbesserungen in dieser Richtung möglich sind.

Der Wert der gewonnenen Lösung besteht darin, daß man sie in eine einfache, gut konvergierende Reihe überführen kann, indem man einfach $f(\log b \pm i\pi)$ nach Potenzen von $i\pi$ in eine TAYLOR-Reihe entwickelt (in den üblichen Koordinaten entspricht dem Übergang von $\log b$ zu $\log b \pm i\pi$ der Übergang von p zu $-p$).

Durch diese Entwicklung erhält man

$$\varrho(\log b) = f'(\log p) - \frac{\pi^2}{3!} f'''(\log p) + \frac{\pi^4}{5!} f^{V}(\log p) - \cdots \Big|_{p=b}. \quad (63)$$

Die Gleichung (63) unterscheidet sich von der von uns mit Hilfe des kontrollierenden Streifens gewonnenen nur durch die Wahl des Arguments. Sie zeigt unmittelbar, daß unsere Lösung, die nur $f'(\log p)$ verwendet, eine gute Näherung für die rasch konvergierende Reihe sein muß, da ja kein Glied mit f'' vorhanden ist und das Glied mit f''' in den meisten Fällen schon vernachlässigt werden kann.

Zu einem sehr ähnlichen Ergebnis sind wir früher mit Hilfe des kontrollierenden Streifens gekommen (siehe Teil II, Seite 96). Ein geringer Unterschied besteht nur im Zahlenwert des Koeffizienten von f'''. Bei uns betrug dieser Koeffizient 1,5, bei LEWITSCH und TJOMKIN $\frac{\pi^2}{3!}$, d. h. 1,64....

Die zweite interessante Eigentümlichkeit bezieht sich auf die integrale Verteilungsfunktion $n(\log b)$; sie hat die Form

$$n(\log b) = f(\log p) - \frac{\pi^2}{3!} f''(\log p) + \frac{\pi^4}{5!} f^{\mathrm{IV}}(\log p) \ldots \Big|_{p=b}. \qquad (64)$$

In der Näherung, die unserer Theorie entspricht, stimmt die integrale Funktion $n(Q) = n(\log p)$ unmittelbar mit der in einer logarithmischen Druckskala aufgetragenen Isotherme überein, worauf sich, wie oben erwähnt, das früher von uns angegebene Verfahren zur Bestimmung von $\varrho(Q)$ aus $\Phi(\log p)$ stützt. In der gewählten Näherung treten noch Korrekturglieder auf, welche die zweite, vierte usw. Ableitung enthalten. Um diese zu errechnen, muß man f sehr genau kennen, sonst können diese „Korrekturglieder" das Ergebnis sogar verschlechtern. Daraus geht hervor, warum es praktisch so schwer ist, über unsere Näherung hinauszukommen.

Die Analyse der Lösung von LEWITSCH und TJOMKIN, die TODES und seine Mitarbeiter durchführten, liefert also ebenso wie die Analyse einer Reihe anderer Lösungen, die Exaktheit anstreben, nebenbei zusätzliche Bestätigungen für die Richtigkeit und Zweckmäßigkeit unserer Näherung als eines Verfahrens zur halbquantitativen zuverlässigen Analyse der Erscheinungen.

TODES und seine Mitarbeiter weisen sehr überzeugend nach, daß die Zweifel an der Genauigkeit und der praktischen Brauchbarkeit unserer Methode, die in dem Artikel von TJOMKIN und LEWITSCH geltend gemacht werden[7]), sich zum Teil auf Mißverständnisse, zum Teil auf einen zu großen Optimismus hinsichtlich des Wertes und der praktischen Brauchbarkeit der von diesen Verfassern vorgeschlagenen Lösungen gründen[6]) (ein Beispiel für die Unerheblichkeit dieser Kritik haben wir schon auf Seite 91 gebracht).

Ebenso unbegründet ist der Vorzug, den LEWITSCH und TJOMKIN der Näherung von SELDOWITSCH geben; diese erfordert ungeachtet des unstreitigen Wertes einer in der Weltliteratur erstmalig richtigen Lösung noch die Kenntnis zweiter Ableitungen der Isotherme und ist deshalb für praktische Anwendung weniger geeignet.

Die Genauigkeit sämtlicher oben vorgeschlagenen strengen Methoden erweist sich bei genauerer Analyse als illusorisch; ihre praktische Anwendung für Näherungslösungen begegnet Schwierigkeiten, die, gemessen an dem bescheidenen Gewinn an Genauigkeit, der hierbei abfällt, unverhältnismäßig groß sind. Als die aussichtsreichste Lösung betrachtet TODES diejenige, welche sich auf die Benutzung eines unendlichen Systems linearer Gleichungen stützt. Diese Methode beruht auf folgenden Überlegungen. Zunächst kann man die Integralgleichung

$$\Phi(p) = \int_0^\infty \frac{p}{p+b} \varrho(b)\, db \qquad (57)$$

auf die Form

$$F(x) = \int_c^d K(x, y)\, R(y)\, dy \qquad (65)$$

bringen, wobei x und y in Übereinstimmung mit den Substitutionen $p = f(x)$ und $b = f(y)$ gewählt sind, durch die das Druckintervall $(0, \infty)$ auf ein gegebenes Intervall (c, d) abgebildet wird; dieses wird entsprechend den Funktionen gewählt, nach denen später entwickelt werden soll. Dementsprechend ist

$$F(x) = \Phi[f(x)], \quad K(x,y) = \frac{f(x)}{f(x) + f(y)} \quad \text{und} \quad R(y)\,dy = \varrho(b)\,db. \tag{66}$$

Nach einer Reihe von Umformungen kommt die Gleichung (65) auf die Form

$$a_l = \sum_{n=0}^{\infty} R_{kl} \cdot \beta_k, \tag{67}$$

wobei a_l und β_k die FOURIER-Koeffizienten der Reihenentwicklung der Funktionen $F_1(x) = \frac{F(x)}{F_0(x)}$ und $R_1(y) = \frac{R(y)}{R_0(y)}$ sind; $F_0(x)$ und $R_0(y)$ sind unbekannte Funktionen.

Die Lösung der Integralgleichung (57) wird also auf die Auflösung des unendlichen linearen Gleichungssystems (67) nach den Unbekannten β_k zurückgeführt.

Die Verfasser greifen dann zur Methode der Reduktion einer unendlichen Reihe, indem sie sie auf ein endliches System von N Gleichungen mit N Unbekannten bringen:

$$\gamma_n = \sum_{n-1}^{N} R_{mn}\beta_m \ (n = 1, 2, \ldots, N). \tag{68}$$

Unter bestimmten Bedingungen sind die abgekürzten Systeme die natürlichen Näherungen für die unendlichen Systeme, und zwar um so besser, je größer N ist. Bei gegebener zulässiger Ungenauigkeit ΔF für das abgekürzte System (68) kann man eine optimale Zahl N angeben, bei der die Größen β_m^N aus dem System (68) mit einer Genauigkeit bestimmt werden können, die der Genauigkeit entspricht, mit der Größen α_k und γ_n vorgegeben sind, d. h. der Genauigkeit des Experiments. Durch eine äußerst komplizierte Analyse dieses Problems, dessen Lösung die Ableitung und numerische Tabulierung mehrerer Zwischenfunktionen erfordert, kommen die Verfasser zu folgendem Endausdruck für die Verteilungsfunktion $\varrho(b)$ aus dem System der N Gleichungen

$$\varrho(b) = \sum_{n=0}^{N} \lambda_n^{(N)} M_n(b). \tag{69}$$

Diese Summe enthält in der Regel nur wenige Summanden. $M_n(b)$ ist z. B. für ein halbunendliches Intervall eine Funktion folgender Form

$$M_n(b) = \frac{e^{-b}}{(n!)^2} L_n(b), \tag{70}$$

wobei $L_n(b)$ das LAGUERREsche Polynom n-ter Ordnung in b ist [die Funktion $M_n(b)$ liegt tabuliert vor]. Der zweite Faktor $\lambda_n^{(N)}$ ist selbst eine Summe aus N Gliedern:

$$\lambda_n = \sum_{i=1}^{N} \omega_{in}^{(N)} \gamma_i, \tag{71}$$

dabei läßt sich ω_{in} aus besonderen Tabellen entnehmen und γ_i wiederum mit Hilfe von Tabellen aus den experimentellen Daten berechnen. Dank einer ungeheuren Rechenarbeit, die die Verfasser geleistet haben, besteht schließlich die praktische Bestimmung von ϱ nur noch in einer relativ einfachen Folge von Grundoperationen mit den einzelnen Meßwerten. Meßbereich und Meßgenauigkeit der Isothermenabschnitte bestimmen die erreichbare Genauigkeit des Endergebnisses. Die entsprechende Arbeit hat W. I. LEWIN kürzlich für die kinetischen Isothermen durchgeführt[11]).

Neben der kombinierten Methode, die eine STIELTJES-Entwicklung nach LAGUERREschen Polynomen benutzt, ist dies der einzige Lösungsweg, der reale Aussichten zur Bestimmung der Verteilung bietet, die sich hinter den experimentellen Isothermen verbirgt. Auch diese Methode ist jedoch noch nicht an experimentellem Material geprüft worden, und ihre Brauchbarkeit ist noch nicht nachgewiesen.

Auf solche Nachprüfungen wird man nicht mehr lange zu warten brauchen, denn die ernstesten mathematischen Schwierigkeiten auf diesem Wege sind bereits mit Erfolg beiseitegeschafft worden.

Zusammenfassend muß man sagen, daß im Gegensatz zu unserer ersten Näherung, die äußerst einfach und leicht auf die experimentellen Daten anzuwenden ist, alle weiteren Näherungen unvergleichlich schwieriger sind; trotz der ungeheuren und bewunderungswürdigen Arbeit sowjetischer Forscher ist heute noch keine Methode vorhanden, die auf wirkliche Anwendung bei der Auswertung des experimentellen Materials rechnen kann. Man kann nur hoffen, daß in nächster Zukunft eine solche Methode bis zu einer Endformel entwickelt wird, deren Anwendung auf besonders wichtige Fälle, wo unsere Näherung unzureichend ist oder grundsätzlich versagt, anwendbar ist.

Literatur

1. Рогинский, С. З., Проблемы кинетики и катализа (S. S. ROGINSKI, Probleme der Kinetik und Katalyse), Heft 5, 1948, S. 258; Рогинский С. З. и Тобес О. М. (S. S. ROGINSKI und O. M. TODES) Acta physicochimica URSS **21**, 519 (1946).
2. Шехтер, А. Б., Проблемы кинетики и катализа (A. B. SCHOCHTJOR, Probleme der Kinetik und Katalyse), Heft 5, 1948, S. 258; Радушкевич, Л. В., Успехи химии (1948) (L. W. RADUSCHKEWITSCH, Fortschr. Chem.), [1948].
3. Смирнов, В. И., Курс высшей математики (W. I. SMIRNOW, Lehrbuch der höheren Mathematik), Bd. IV und V, Seite 222, 223.
4. Титчмарш, Е., Введение и теорию интегралов Фурье, Гостехиздат (J. TITMARSH, Einführung in die Theorie der FOURIER-Integrale), 1948.
5. Зельдович, Я. Б., (J. B. SELDOWITSCH), Acta physicochimica URSS, **1**, 961 (1935).
6. Тодес, О. М., и Бондарева, А. К., Журнал Прикладной Химии (O. M. TODES und A. K. BONDARJEWA, J. angew. Chem.), 1948.
7. Левич, В., и Темкин, М., Журнал Физической Химии (W. LEWIN und M. TOMKIN, J. physik. Chem.), **20**, Heft 12 (1946).
8. ROBERTS, J. K., Some Problems in Adsorption, Cambridge (1939).
9. FRANKENBURG, W., J. Amer. chem. Soc., **66**, 1827, 1838 (1944).
10. Колмогоров, А. Н., Основные понятия теории вероятнотей (A. N. KOLMOGOROW, Grundbegriffe der Wahrscheinlichkeitstheorie), Moskau 1934; Хинчин, А. Я., Асимптотические законы теории вероятностей (A. J. CHINTSCHIN, Asymptotische Gesetze der Wahrscheinlichkeitstheorie), Moskau 1935; Крамер, Г., Случайные величины и распределение вероятностей (B. KRAMER, Zufallsgrößen und Wahrscheinlichkeitsverteilungen), Moskau 1947.
11. Левин, В. И., Доклады Академии Наук СССР [W. I. LEWIN, Ber. Akad. Wiss. UdSSR, **59**, 269 (1948)]; Успехи химии (Fortschr. Chem.), **17** 174 (1948).

KAPITEL 8

Vergleich der Theorie mit den experimentellen Daten über die Adsorptionsgleichgewichte

§ 1: *Verbreitung der parabolischen Isothermen*

Allgemein bekannt ist die weite Verbreitung der parabolischen Adsorptionsisotherme mit $q = ac^{1/n}$ für die Adsorptionsgleichgewichte an porösen und pulverförmigen Materialien. Eine große Anzahl von Beispielen für die Gültigkeit dieser Gleichung findet sich in den alten Monographien von HÜCKEL[1]) und MAC BAIN[2]). Ein Mangel der meisten dieser Daten liegt in der Unbestimmtheit der Größe der spezifischen Oberfläche (infolgedessen ist unklar, auf welche Besetzungen sich die entsprechenden Daten beziehen) und das nicht genügend breite Intervall der Konzentrations(Druck-)änderungen. Zweifellos sind in vielen Fällen die Messungen bei Besetzungen angestellt worden, für welche die physikalischen Voraussetzungen, die unserer Theorie zugrunde liegen, nicht mehr erfüllt sind. Die Fortschritte, die man in den Adsorptionsmethoden zur Messung absoluter Oberflächen von porösen und pulverförmigen Substanzen erzielt hat, ermöglichen hier jetzt ein gründlicheres Vorgehen.

Die ersten Beobachtungen, die deutlich auf starke Abweichungen der Adsorptionsisothermen von der Linearität im Gebiet kleiner Besetzungen hindeuten, stammen offenbar von SELDOWITSCH und dem Verfasser dieser Monographie[3]); den meisten heutigen Forschern entgingen diese Abweichungen. Bei der Untersuchung der molekularen Adsorption von Kohlendioxyd an Mangandioxyd bei tiefer Temperatur bemerkten wir, daß entgegen der üblichen Vorstellung der Anfang der Isothermen durchaus nicht linear ist, aber gut durch eine parabolische Formel beschrieben wird. Bei höheren Besetzungen tritt die normale LANGMUIRsche Isotherme auf; sie beginnt mit einem linearen Teil und schließt ab mit einer Sättigung, die in diesem Fall ziemlich deutlich ausgeprägt ist. In Abb. 168 ist ein Diagramm aus dieser Arbeit wiedergegeben, die dem Mechanismus der katalytischen Oxydation von Kohlenoxyd gewidmet war. Ein Ergebnis dieser Arbeit war folgendes:

„Die Isothermen der molekularen Sorption folgen bei kleinen Besetzungen in weiten Grenzen einem FREUNDLICHschen Gesetz, bei mittleren und hohen Besetzungen einem LANGMUIRschen Gesetz. . .“ Die nichtlineare Abhängigkeit der adsorbierten Menge vom Druck (bei kleinen Drucken) und insbesondere die Anwendbarkeit der FREUNDLICHschen Isotherme in diesem Gebiet (Abb. 169) lassen sich durch die Vorstellung einer Inhomogenität der Oberfläche mit einer bestimmten gesetzmäßigen Verteilung ihrer Bereiche über die Adsorptionswärmen verstehen. Bald darauf wurde diese Deutung von einem der Verfasser weiterentwickelt[4]); er zeigte einige Jahre vor den ausländischen Forschern[5]), daß sich bei exponentieller Verteilung der Bereiche über die Adsorptionswärmen eine FREUNDLICHsche Isotherme ergeben muß, falls für jede Gruppe

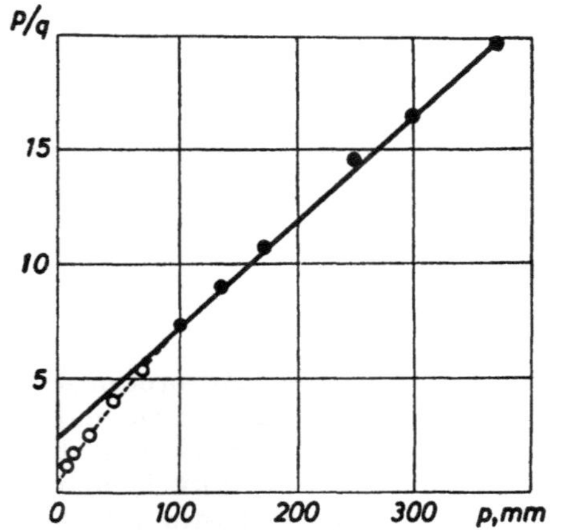

Abb. 168. Abweichung von der LANGMUIRschen Isotherme für Kohlenmonoxyd an Mangandioxyd bei kleinen Besetzungen (nach SELDOWITSCH und ROGINSKI).

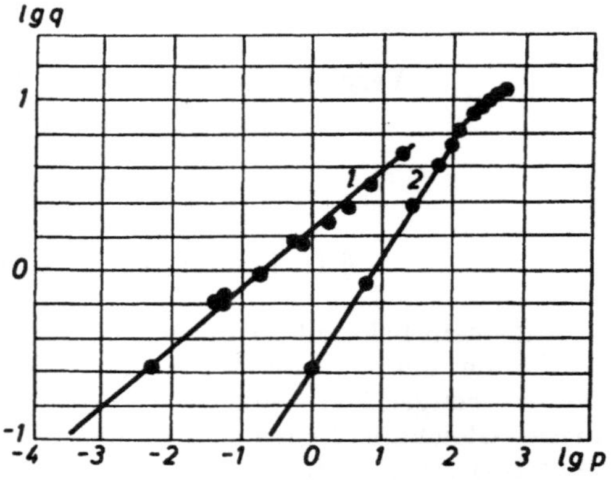

Abb. 169. Anwendbarkeit der parabolischen Isotherme auf die Anfangsabschnitte der Adsorptionsisothermen von Kohlenmonoxyd an Mangandioxyd (nach SELDOWITSCH und ROGINSKI). *1*: Ein Präparat, das bei 180° im Hochvakuum gereinigt wurde; *2*: desgleichen ein Präparat, das in Luft bei 180° getrocknet wurde.

gleichartiger Bereiche eine LANGMUIRsche Isotherme gilt. Drei Jahre später wurden analoge Beobachtungen über Abweichungen von der LANGMUIRschen Isotherme bei der Adsorption eines Gases im Gebiet kleiner Besetzungen auch von BARRER gemacht[6]). BARRER beobachtete diese Abweichungen für Wasserstoff, Stickstoff und Argon an Graphit bei Temperaturen zwischen 21 und 273° K und stellte fest, daß sich ähnliche Effekte auch in älteren Arbeiten über die Adsorption von Stickstoff an Zuckerkohle finden [HOMFRAY[7])], ferner für Wasserstoff an Zucker- und Holzkohle, für Methan und Wasserstoff an Holzkohle [CLAUDE[8])], für Argon an Acetylenkohle [RUFF und ROESNER[9])]. Für Wasserstoff an Holzkohle liegen auch Daten von BARRER und RIDEAL vor[10]). In der zitierten Arbeit von BARRER finden sich Diagramme für die molekulare Adsorption von Gasen an Graphit. An Stelle von Geraden ergeben sich stark gekrümmte Kurven. Der lineare Teil beginnt ziemlich weit oben. Für Wasserstoff, Stickstoff und Argon an Graphit hören die Abweichungen von der LANGMUIRschen Isotherme bei etwa 25% der Sättigungsbesetzung auf.

Als weitere Beispiele erwähnen wir die Ergebnisse einer kürzlich erschienenen Untersuchung von ARMBRUSTER und AUSTIN[11]) über die Adsorption von Gasen an Stahl. Die Ergebnisse dieser Untersuchung stimmen im Hinblick auf die Form der Isothermen völlig mit den oben angeführten Ergebnissen von SELDOWITSCH und ROGINSKI überein. In Abb. 170a und b sind Kurven aus der Arbeit[11]) dargestellt, welche die Adsorption von Stickstoff bei tiefen Temperaturen und Drucken an verschiedenen Eisenproben zeigen. Abb. 170b ist doppeltlogarithmisch aufgetragen. Die obere Gerade bezieht sich auf einen nicht besonders durch Wasserstoff reduzierten Stahl, die übrigen auf reduzierte Stähle. Auf Grund eigener Arbeiten über die Adsorption von Gasen an anderen Metallen und auf Grund von Literaturangaben sehen die Verfasser der Arbeit[11]) diese Beziehungen als so typisch an, daß sie zu ihrer Beschreibung eine „hybride" Isotherme vorschlagen:

$$q = q_\infty \sqrt[n]{\frac{ap}{1 + ap}},$$

die an die ältere Isotherme von ZEISE erinnert, die im Zusammenhang mit ähnlichen Anomalien vorgeschlagen wurde[12]). In seiner letzten Arbeit aus dem

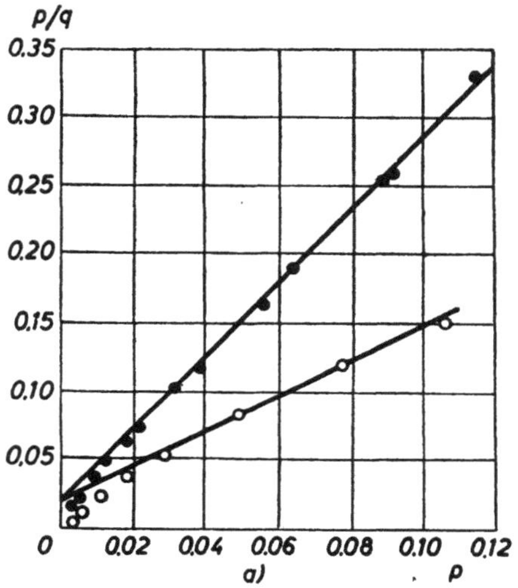

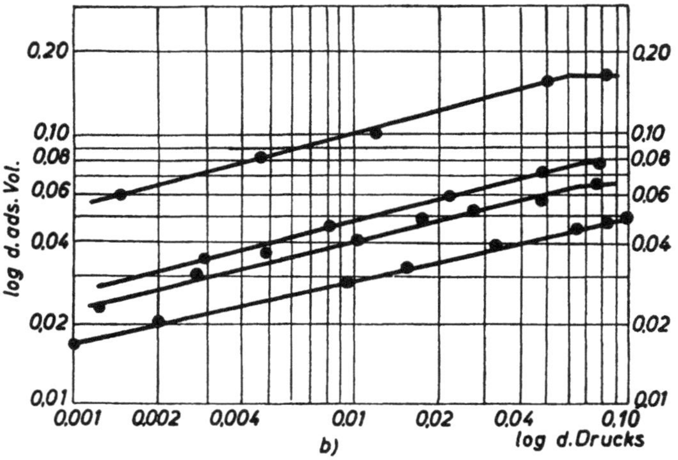

Abb. 170. *a*: Abweichungen von der LANGMUIRschen Isotherme bei Adsorption von Stickstoff an einem Eisenkontakt bei tiefen Temperaturen (nach ARMBRUSTER und AUSTIN); *b*: dasselbe in doppelt-logarithmischen Koordinaten.

Jahre 1946[11a]) fügt ARMBRUSTER dem Kreis untersuchter Systeme auch Wasserdampf und Sauerstoff an Eisen hinzu und erhält sehr ähnliche Ergebnisse (parabolische Isothermen).

In allen diesen Fällen ist der Druckbereich, innerhalb dessen die vorgeschlagene Gleichung gilt, klein; er entspricht etwa einem Faktor 100, d. h. ist kaum größer als 4 RT, so daß eine Ausnutzung dieser Arbeiten für eine eingehendere statistische Analyse nicht möglich ist. Wir heben auch hervor, daß im allgemeinen eben die VAN DER WAALSsche Adsorption nichtpolarer Gase an Oberflächen mit geringem Relief zur Prüfung der Theorie wenig geeignet ist, da die Unterschiede zwischen der Adsorptionswärme und der Kondensationswärme des Gases beim Übergang in die flüssige Phase gering sind. Trotzdem kann man in allen Fällen mit Sicherheit eine systematische Abnahme der Adsorptionswärmen, die aus der FREUNDLICHschen Isotherme berechnet werden, mit wachsender Besetzung feststellen.

TABELLE 5

Adsorptionswärme des Stickstoffs an Graphit in cal/Mol nach BARRER

Adsorption in cm^3 (NTP)	Temperatur in °K					
	273—194,5	194,5—155,5	155,5—131,2	131,2—113,8	113,8—89,0	89,0—79,5
0,10	4550	—	—	—	—	—
0,16	4500	—	—	—	—	—
0,25	4490	—	—	—	—	—
0,40	4360	—	—	—	—	—
0,63	4300	—	—	—	—	—
1,00	3930	—	—	—	—	—
1,60	3740	—	—	—	—	—
2,50	3430	3260	—	—	—	—
3,10	3300	3150	—	—	—	—
5,00	—	3000	—	—	—	—
6,30	—	2880	—	—	—	—
8,0	—	2760	3060	3050	2820	—
10,0	—	2700	2900	3000	2820	—
12,5	—	2680	2830	2960	2820	—
16,0	—	—	2810	2850	2810	—
20,0	—	—	2790	2820	2810	2710
25,0	—	—	2780	2750	2810	2640
31,0	—	—	2780	2730	2800	2610
40,0	—	—	—	2730	2800	2560
50,0	—	—	—	2730	2800	2540
63,0	—	—	—	2720	2800	2500
80,0	—	—	—	—	—	2500

Dies wird deutlich am Beispiel der Adsorption von Gasen am Graphit. Die Thermochemie dieses Prozesses für Wasserstoff, Argon und Stickstoff ist in Abb. 171 dargestellt, die der zitierten Arbeit von BARRER entnommen ist, ferner in Tab. 5, die aus der gleichen Arbeit stammt. ARMBRUSTER und AUSTIN weisen darauf hin, daß es bei weitem nicht immer gelingt, den Verlauf der Adsorptionswärme in diesem Gebiet festzustellen, und daß manchmal eine Berechnung aus den Isosteren auf Grund der CLAUSIUS-CLAPEYRONschen

Gleichung zu einem Anwachsen von Q mit der Besetzung führt. In der Tat sind die Werte Q klein, und die CLAUSIUS-CLAPEYRONsche Gleichung ist eine Näherung, die nicht immer anwendbar ist. Innerhalb unserer Monographie wollen wir uns mit solchen Problemen nicht eingehender beschäftigen, ebensowenig mit der Darlegung der interessanten thermodynamischen und statistischen Untersuchungen von MACINNES, ROWLEY u. a.[13]) zur Theorie dieses Problems. Zweifellos ist die reale Erscheinung komplizierter als das vereinfachte Schema, und insbesondere ist klar, daß mit wachsender Temperatur das an der Grenze adsorbierte Volumen zunimmt, was sich formal mit dem Auftauen gewisser zusätzlicher Freiheitsgrade erklären läßt. Jedoch sprechen sowohl die Daten aus den Isosteren in allen Fällen, wo das Gebiet groß ist, als auch die direkten kalorimetrischen Messungen, falls solche möglich sind, deutlich für eine systematische Abnahme von Q mit der Besetzung, d. h. zugunsten unserer Erklärung des Ursprungs der parabolischen Isothermen bei kleinen Besetzungen. Hiermit ist die Möglichkeit eines anderen Ursprungs dieser Abhängigkeit, die außerdem nur eine einigermaßen gute Interpolationsformel darstellt, natürlich nicht ausgeschlossen. Hieran muß man besonders bei der Deutung der Isothermen denken. Die parabolische Isotherme für kleine Φ ist ein ernsthaftes Argument zugunsten der energetischen Inhomogenität, besonders dann, wenn es durch Daten über die Abhängigkeit der Adsorptionswärme von der Besetzung auf Grund der Isosteren oder kalorimetrischer Messungen unterstützt wird. Hieraus folgt jedoch noch nicht ein exponentieller Charakter der Verteilung; er muß durch Gültigkeit dieser Gleichung in einem Bereich von vielen RT und durch eine genauere Rechnung bewiesen werden, für die in den zitierten Arbeiten nicht genügend Daten vorliegen. Hieraus ergeben sich auch die Forderungen an den Nenner n des Exponenten in den Isothermen. Nach der statistischen Theorie ist für breite Exponentialverteilungen

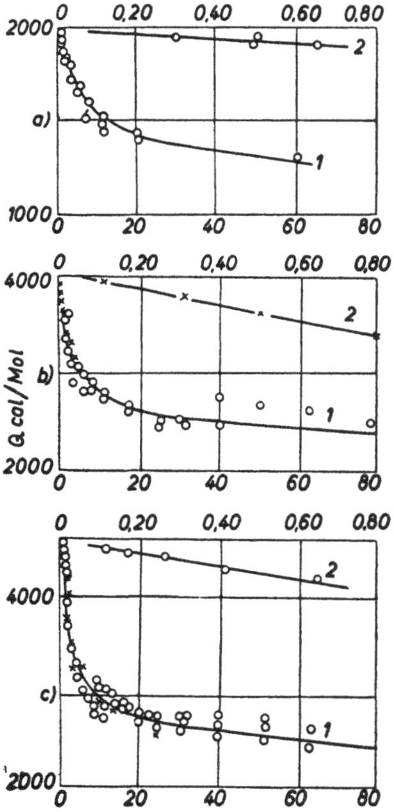

Abb. 171. Differentielle isostere Adsorptionswärmen für Gase an Graphit bei kleinen Besetzungen (nach BARRER). *a*: Wasserstoff; *b*: Argon; *c*: Stickstoff. Die Geraden 2 beziehen sich in allen drei Diagrammen auf die kleinsten Besetzungen und sind im oberen Teil in einem 100mal größeren Maßstab für die adsorbierte Gasmenge auf der Abszisse dargestellt.

$$n = (a\,RT)^{-1}. \tag{1}$$

Wenn wir es jedoch mit einem kleinen Gebiet einer ungleichmäßigen Verteilung zu tun haben, ist die Nachprüfung illusorisch. Man kann nur feststellen, daß n mit wachsendem T fallen und gegen Eins streben muß.

Diese Bedingung ist stets erfüllt, was sich durch Tab. 6 veranschaulichen läßt, die Daten von TITOW enthält.

TABELLE 6

Werte des Koeffizienten für verschiedene Gase
(nach Angaben von TITOW für Aktivkohle)

Gas	Temperatur in °C				
	151,5	80	30	0	—79
N_2	1,0	1,1	1,1	1,2	12,2
CO_2	1,1	1,4	2,0	2,7	11,6
NH_3	—	1,3	1,7	3,3	—

Eine sorgfältigere Analyse der experimentellen Daten zeigt, daß sehr häufig das Anwachsen von n mit der Temperatur schneller vor sich geht als nach Gleichung (1). Die möglichen Ursachen dieser Erscheinung werden wir später in dem Paragraphen über das Adsorptionsgleichgewicht von Wasserstoff an Wolfram diskutieren.

Sämtliche bisher angeführten Beispiele bezogen sich auf eine typische Molekularadsorption bei geringen Besetzungen. Wir betrachten zwei Fälle einer Adsorption, bei der die zahlenmäßigen Verhältnisse der Wechselwirkungsenergien zwischen den adsorbierten Molekeln und der Oberfläche einerseits und zwischen den Molekeln in der Schicht andererseits den Voraussetzungen unserer Theorie näher kommen.

ERBACHER untersuchte mit Hilfe einer radiochemischen Methode die Adsorptionsgleichgewichte von Blei- und Wismutsalzen an einer Reihe von Metallen[14]). Vorher wurden in besonderen Experimenten die Bedingungen festgestellt, unter denen die komplizierende gegenseitige Verdrängung der Ionen ausgeschlossen ist. In allen untersuchten Fällen (Salze des zweiwertigen Bleis an Nickel, Platin, Blei und Silber, Salze des dreiwertigen Wismuts an Nickel, Silber, Platin usw.) wird die Isotherme in ihrem Hauptteil durch die FREUNDLICHsche Gleichung beschrieben. Als Beispiel diene die Abb. 172.

Besondere Versuche legten mit großer Wahrscheinlichkeit die Annahme nahe, daß unmittelbar an der Oberfläche Metallkationen adsorbiert werden, hinter denen sich eine neutralisierende Anionenschicht ausbildet. Dadurch wird die rein elektrostatische Wechselwirkung in der Schicht abgeschwächt, und man kann in einer sehr groben Näherung das Wechselwirkungsgesetz für Dipole annehmen. Aus der wiedergegebenen Abbildung geht hervor, daß die FREUNDLICHsche Isotherme innerhalb 2 — 2,5 (in einzelnen Fällen 3,5 oder sogar 4) Größenordnungen erfüllt ist; dann tritt ein scharfer Übergang zur Sättigung ein. Das Intervall c_1/c_2 ist also größer als in den oben geschilderten Arbeiten über die Gasadsorption bei tiefen Temperaturen, so daß die Gültigkeit der FREUNDLICHschen Gleichung hier prinzipielle Bedeutung gewinnt. Der Wert des Exponenten n war in einzelnen Experimenten mit sehr kleinen Besetzungen (nach Abschätzungen des Verfassers ist überschlagmäßig $\Phi \sim 10^{-6}$) sehr nahe an Eins. Von unserem Standpunkt aus kann das als Hinweis auf eine Adsorption in dem Gebiet, das der Bildung des kontrollierenden Streifens vorausgeht, gedeutet werden (vgl. Gleichung (7), Kapitel 2, Teil II).

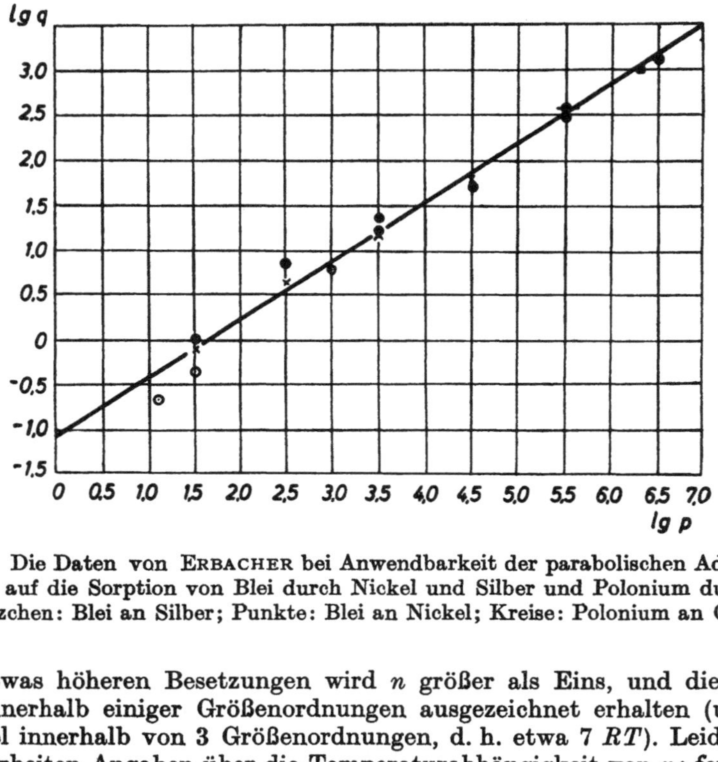

Abb. 172. Die Daten von ERBACHER bei Anwendbarkeit der parabolischen Adsorptionsisotherme auf die Sorption von Blei durch Nickel und Silber und Polonium durch Gold; Kreuzchen: Blei an Silber; Punkte: Blei an Nickel; Kreise: Polonium an Gold.

Bei etwas höheren Besetzungen wird n größer als Eins, und dieser Wert bleibt innerhalb einiger Größenordnungen ausgezeichnet erhalten (und zwar im Mittel innerhalb von 3 Größenordnungen, d. h. etwa 7 RT). Leider fehlen in den Arbeiten Angaben über die Temperaturabhängigkeit von n; ferner wird die hohe Empfindlichkeit der radiochemischen Messungen, mit deren Hilfe man im Prinzip das Intervall der Φ-Werte in Richtung kleinerer Werte bedeutend erweitern kann, nicht genügend ausgenutzt. Obwohl keine Temperaturänderung ausgeführt wird, zwingt eine Reihe von Beobachtungen über den Einfluß der äußeren Bearbeitung des Metalladsorbens auf das Gleichgewicht u. a. Erscheinungen den Verfasser zu der Ansicht, daß die Ursache für die beobachtete Form der Isothermen in der Inhomogenität der Oberfläche und dem Vorhandensein aktiver Zentren liegt. Man kann annehmen, daß in diesem Fall die Verteilung der Bereiche über die Adsorptionswärmen nahezu exponentiell ist.

Das Schema der Adsorption, das ERBACHER angab, ist zum Teil zweifelhaft[15]); es ist uns hier nicht möglich, auf den Inhalt der Diskussion einzugehen, die im Zusammenhang hiermit entstand und die Hauptergebnisse und -vorstellungen von ERBACHER bestätigte. Interessanterweise wurden ganz ähnliche

Isothermen in letzter Zeit von amerikanischen Forschern für die Adsorption von Strontium- und Bariumionen an Eisenhydroxyd beschrieben[15a]). Die Versuche begannen bei ultrakleinen Konzentrationen von 10^{-5} n und wurden mit radioaktivem Strontium Sr^{89} und radioaktivem Barium Ba^{133} durchgeführt.

In den Experimenten über die Adsorption von Ionen wird die Eindeutigkeit der Schlußfolgerungen durch die elektrische Ladung der adsorbierten Teilchen herabgesetzt. Günstiger in dieser Hinsicht sind die Bedingungen in einem anderen Spezialfall der Adsorption, der von BARRER untersucht wurde, nämlich der Sorption von gesättigten Kohlenwasserstoffen mit normaler Kette an Chabasit und Analcit.

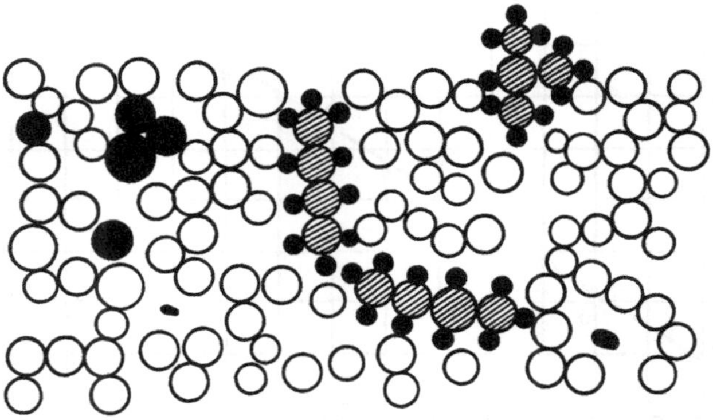

Abb. 173. Schema der Verteilung von Gasmolekeln in den engen Poren des Zeoliths. Dargestellt sind einatomige, zweiatomige und lineare Molekeln, die in die Poren eindringen, und verzweigte Molekeln, die nicht in den Zeolith eindringen können.

Auf den ersten Blick kann eine Ausdehnung der Ergebnisse unserer Theorie auf eine Adsorption mit Volumencharakter unzulässig scheinen. Tatsächlich sind die Sorbenten von BARRER Zeolithe mit einem Alumosilicat-Raumgitter, das Poren und Kanäle von atomaren Abmessungen enthält, die in den ursprünglichen Proben (natürlich und künstlich) von Wassermolekeln besetzt sind. Beim Trocknen im Vakuum wird dies weitverzweigte Netz ultramikroskopischer Poren und Kanäle frei und einer Adsorption zugänglich.

In gewissem Maße hat die Adsorption an jedem porösen Sorbens Volumencharakter (etwa an Aktivkohle, Silicagel, Ferrogel usw.), aber bei diesen gebräuchlicheren Sorbenten sind die Abmessungen von Poren und Kanälen größer. Wie das Experiment zeigt, sind die Poren des Schabasits so groß, daß kleine Molekeln, wie O_2, N_2, He, Ar, CH_4, NH_3, H_2O, C_2H_6 und C_2H_4, fast momentan adsorbiert werden, Molekeln der normalen Kohlenwasserstoffe vom Butan bis zum Heptan verhältnismäßig fest, aber langsamer adsorbiert werden, während die Molekeln von zyklischen und iso-Kohlenwasserstoffen praktisch nicht adsorbiert werden. Hieraus läßt sich der Schluß ziehen, daß der Querschnitt der Kapillaren zu klein ist, um Molekeln mit verzweigter Kette oder mit Ringstruktur durchzulassen. Innerhalb der Poren oder Kanäle ist weder eine Volumen- noch eine ebene Kondensation möglich, und es bleibt nur die Möglichkeit einer linearen Wechselwirkung zwischen den Enden der Molekeln (Abb. 173).

An gewissen Stellen ist auch die Bildung von Strukturen mit einer Dicke von etwa 1—3 Molekeln möglich.

Die Wechselwirkung zwischen den Molekeln, die fast in jeder Richtung voneinander durch Atome des Alumosilicats getrennt sind, ist also auf ein Mindestmaß beschränkt, während die Wechselwirkung mit dem Sorptiv dadurch vergrößert ist, daß dieses die Molekeln von allen Seiten umgibt. Die Sorption von Dipolmolekeln an Zeolithen wurde häufig untersucht[16]). In der zitierten Arbeit von BARRER und IBBITSON[17]) wird hauptsächlich die Adsorption unpolarer Molekeln betrachtet, obwohl daneben auch Kohlenwasserstoffe und Ammoniak untersucht werden. In Abb. 174 sind die Adsorptionsisothermen für einige Kohlenwasserstoffe an Chabasit nach BARRER und IBBITSON, in Abb. 175 die Isosteren aus der gleichen Arbeit dargestellt. Der Verlauf der differentiellen Wärmen, die aus den Isosteren berechnet wurden, deutet klar auf einen Zusammenhang zwischen dem Abfall der differentiellen Wärme und der wachsenden Besetzung hin (Abb. 176). Eine Umrechnung nach der doppeltlogarithmischen Formel liefert für die konvexen Isothermen sehr befriedigende Ergebnisse. Entsprechend dem kleinen Druckintervall (etwa zwei Größenord-

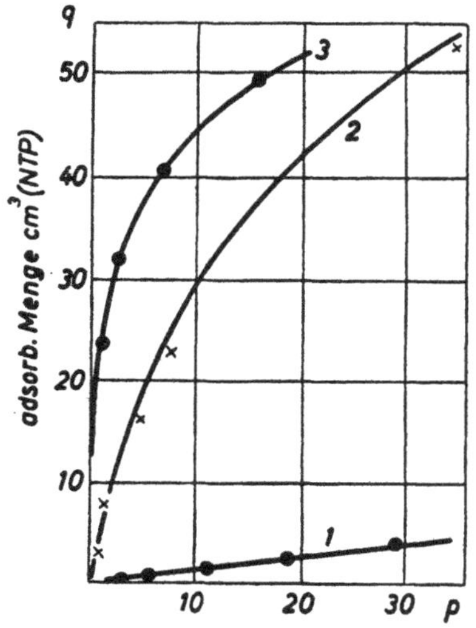

Abb. 174. Adsorptionsisothermen (nach BARRER und IBBITSON). *1*: Methan bei 196°, *2*: Propan bei 203° und *3*: n-Butan bei 204° an Chabasit.

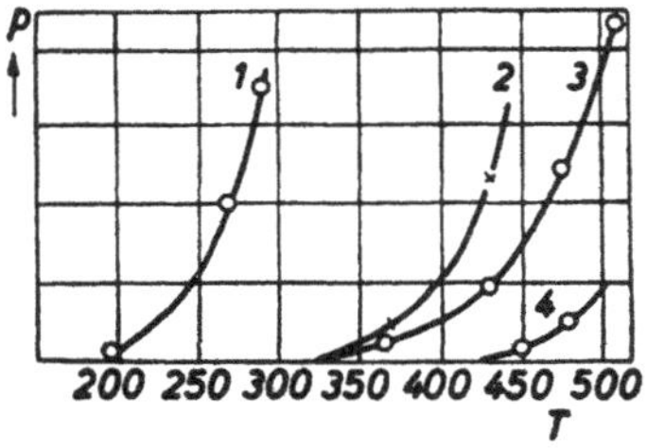

Abb. 175. Adsorptionsisosteren von Kohlenwasserstoffen an Chabasit (nach BARRER und IBBITSON). *1*: Methan, *2*: Äthan, *3*: Propan, *4*: n-Butan.

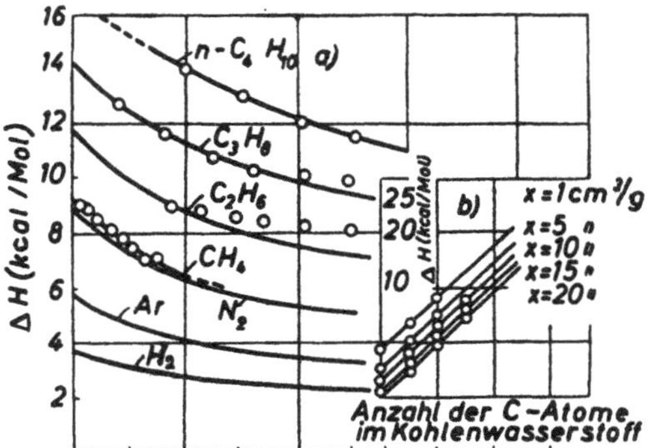

Abb. 176. *a*: Differentielle Adsorptionswärmen einer Reihe von Kohlenwasserstoffen sowie von Stickstoff, Argon und Wasserstoff (nach BARRER und IBBITSON); *b*: lineares Anwachsen der differentiellen Adsorptionswärmen bei Besetzung mit einer zunehmenden Zahl von C-Atomen im Kohlenwasserstoff.

nungen) sind die Änderungen der Adsorptionswärme gering. Die Gültigkeit der FREUNDLICHschen Gleichung läßt sich auf die Inhomogenität zurückführen, kann aber in Anbetracht der Ungenauigkeit der Berechnungen aus der Kurve nicht als Beweis für einen exponentiellen Charakter dienen.

Wir machen auf die hohen Anfangswerte von Q_{ads} aufmerksam, die für das Butan höher liegen als 14000 cal/Mol. Für das Heptan ist diese Größe offenbar sogar größer als 20000. Wir weisen ferner auf das Vorhandensein wesentlicher Aktivierungsenergien für die Kohlenwasserstoffe hin, das schon aus dem Beispiel der Adsorption von n-Heptan an Chabasit zwischen 208,5 und 300,4° folgt (Tab. 7).

TABELLE 7

Differentielle Aktivierungswärmen für n-Heptan an Chabasit

Temperatur. 208,5—300,4°

Adsorbierte Menge in cm³ (NTP) an 3,585 g	E cal/Mol	Adsorbierte Menge in cm³ (NTP) an 3,585 g	E cal/Mol
1,0	8100	4,0	9600
2,0	9500	5,0	9800
3,0	9400	6,0	10000

In keinem der bisher angeführten Fälle ist der Bereich der p-Werte (bzw. der Konzentrationen c) für kleine Φ ausreichend zu einer vollständigeren Prüfung der Theorie. Für die unspezifische Adsorption muß diese Prüfung bis zur Ausführung besonderer experimenteller Arbeiten aufgeschoben werden. Die Messung von Chemisorptionsgleichgewichten ist schon wegen des häufigen Vorhandenseins einer Aktivierungsenergie bedeutend schwieriger. Die Anzahl der experimentellen Arbeiten über dies Problem ist bedeutend geringer. Trotzdem gibt es gewisse Fälle, in denen der Meßbereich und die Meßbedingungen einen genaueren Vergleich zulassen. Infolge der Spezifität und der Absättigbarkeit der chemischen Kräfte fallen die Schwierigkeiten fort, die auf der Mehrschichtigkeit und der Kondensation beruhen. Die Grundvoraussetzungen unserer Theorie sind also erfüllt. Ein Beispiel für diese Systeme ist insbesondere die Adsorption von Wasserstoff an Wolfram, die im nächsten Paragraphen behandelt werden soll.

§ 2: *Adsorptionsgleichgewichte für Wasserstoff und Stickstoff an Wolfram*

Die Fähigkeit des Wolframs zur festen Adsorption von Wasserstoff ist wohlbekannt[18]). Infolge der hohen Schmelztemperatur des Wolframs läßt sich dieses leicht im Vakuum reinigen, so daß Messungen an einer ziemlich reinen Oberfläche angestellt werden können. Zu diesem Zweck erhitzt man in gewissen Fällen das Metall im Vakuum, bis der Sauerstoff in Form von Wolframoxyd abdampft; in anderen Fällen erhitzt man die Metalloberfläche, die stets adsorbierten Sauerstoff enthält, im Wasserstoff, wobei der Sauerstoff in Form von Wasser entfernt wird, und reinigt dann nochmals. Das erste Verfahren,

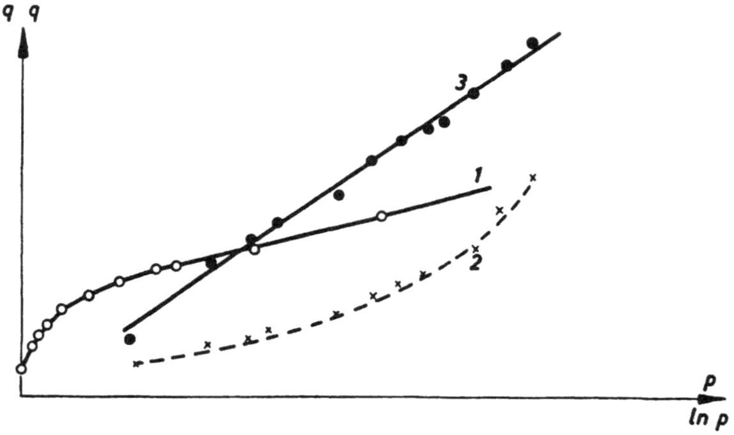

Abb. 177. Adsorptionsisotherme für Wasserstoff an Wolfram, aufgenommen von FRANKENBURGER und HODLER in den Koordinaten *1)* p und q; *2)* ln p und q; *3)* ln p und ln q (Kurven *2* und *3* von uns konstruiert).

dessen Wirksamkeit in letzter Zeit angezweifelt wurde, wird nur für Drähte und dünne Folien angewandt, das zweite auch für Pulver. Die Adsorptionsgleichgewichte wurden für beide Typen von Oberflächen untersucht (vgl. Abb. 177, 179, 180).

Unmittelbare Messungen der Adsorptionswärmen liegen nur für massives Metall vor. ROBERTS[19]) bestimmte unter Verwendung einer sehr empfindlichen neuen Methode Q_{diff} an Hand der Temperaturerhöhung dünner, sorgfältig gereinigter Drähte beim Einlaß von Wasserstoff. Die absolute Erwärmung war sehr gering, was nicht ohne Einfluß auf die Genauigkeit des Experiments bleiben konnte.

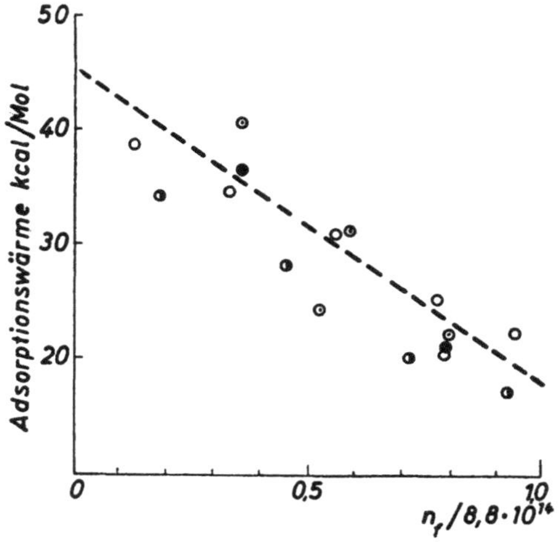

Abb. 178. Änderung der differentiellen Adsorptionswärme für Wasserstoff an Wolfram mit der Besetzung (nach den kalorimetrischen Daten von ROBERTS); n_f: Gesamtzahl der besetzten Plätze.

Das Hauptergebnis der Messungen von ROBERTS ist die monotone Abnahme von Q_{ads} mit der Besetzung und der sehr hohe Anfangswert von $Q^0_{\text{diff}} = 50\,000$ cal/Mol. Die Meßergebnisse sind in Abb. 178 dargestellt, die aus der Monographie[19]) stammt. Diese Daten rechtfertigen die Anwendung der von uns abgeleiteten Gleichungen auf die Adsorption von Wasserstoff an Wolfram, denn die Hauptforderung nach einer Abnahme von Q_{diff} mit wachsender Besetzung ist in einem Bereich der Wärmen Q_{diff} von etwa 30000 cal/Mol gut erfüllt. Bei tiefen Temperaturen ist $\Delta Q/RT$ sehr groß und geht bis zu 60!

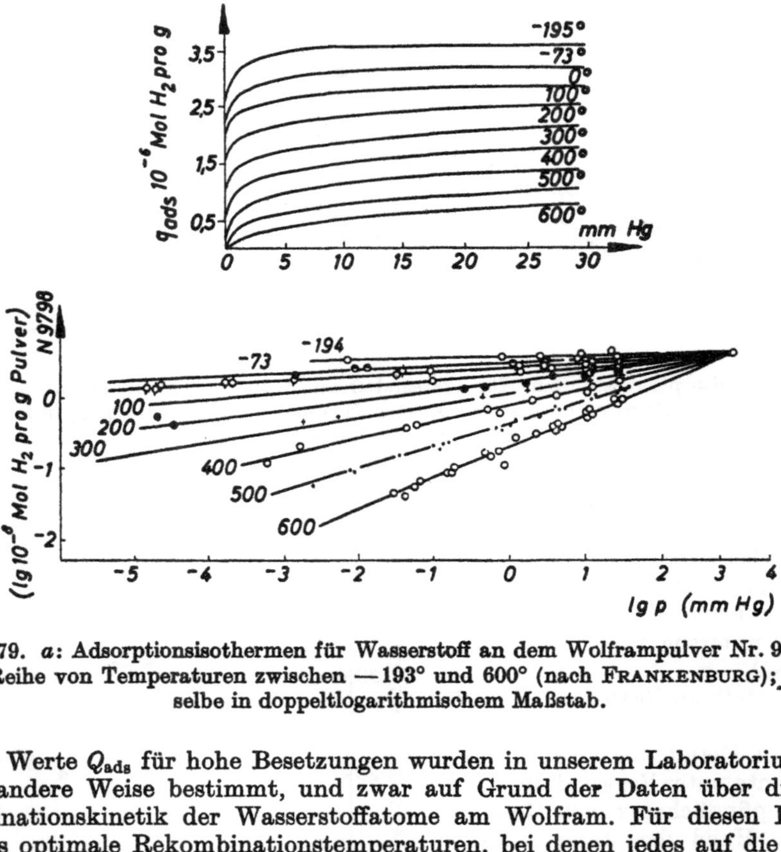

Abb. 179. *a*: Adsorptionsisothermen für Wasserstoff an dem Wolframpulver Nr. 9799 bei einer Reihe von Temperaturen zwischen —193° und 600° (nach FRANKENBURG); *b*: dasselbe in doppeltlogarithmischem Maßstab.

Die Werte Q_{ads} für hohe Besetzungen wurden in unserem Laboratorium auf ganz andere Weise bestimmt, und zwar auf Grund der Daten über die Rekombinationskinetik der Wasserstoffatome am Wolfram. Für diesen Prozeß gibt es optimale Rekombinationstemperaturen, bei denen jedes auf die Oberfläche auftreffende Atom als molekularer Wasserstoff in die Gasphase zurückkehrt. Unterhalb dieser Temperatur erfolgt nur eine partielle Rekombination infolge des Vorhandenseins einer kleinen Aktivierungsenergie, oberhalb dasselbe infolge der Desorption.

Indem man die unvollständige Rekombination bei hohen Temperaturen als Folge einer Entblößung der Oberfläche auffaßt und annimmt, daß bei diesen Temperaturen an der Oberfläche praktisch der gesamte Wasserstoff atomar vorliegt, kann man die Adsorptionswärme der Wasserstoffatome bestimmen; sie ergibt sich zu 56000 cal/Mol. Hieraus erhalten wir als Adsorptionswärme eines Mols H_2 12000 cal[20]). Unter den Annahmen, die der Rechnung zugrunde liegen, ist die Schicht nahezu vollständig besetzt; die gewonnene Größe ist also Q_{diff} für $\Phi \rightarrow 1$, für die nach ROBERTS $Q \cong 15000$ cal gilt. Die Übereinstimmung dieser Zahlen kann als gut angesehen werden, wenn man die großen Unterschiede in den Methoden, den Versuchssubstanzen und den Bedingungen berücksichtigt. Starke Variationen in der Konzentration der Atome im Volumen müssen das Temperaturgebiet, in dem die Schwächung der Rekombination beginnt, verschieben, ferner auch den Besetzungsgrad, bei dem die Rekombination erfolgt, ändern. Auf diese Weise kann man hoffen, die Änderung der differentiellen Wärmen im Gebiet mittlerer und hoher Besetzungen festzustellen.

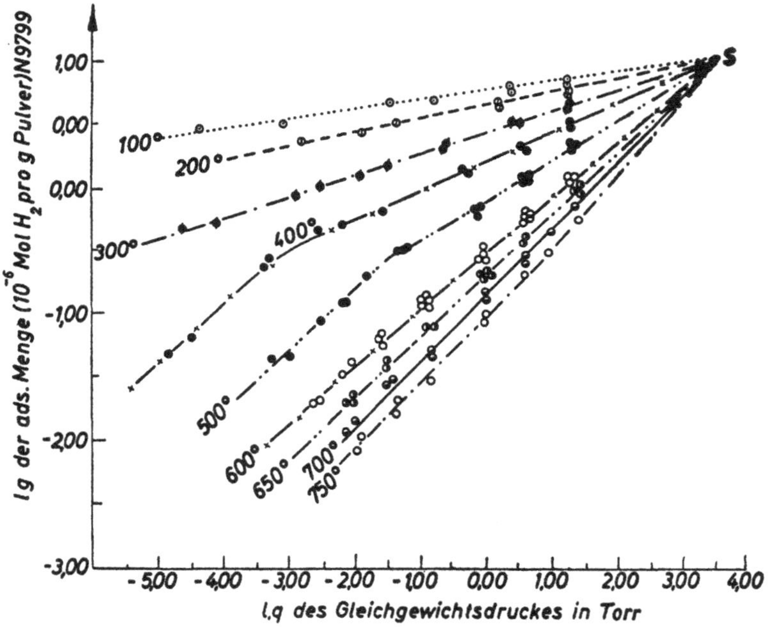

Abb. 180. Adsorptionsisothermen für Wasserstoff an dem Wolframpulver Nr. 9799 in doppeltlogarithmischer Auftragung bei den Temperaturen 100, 200, 300, 400, 500, 600, 650, 700, 750°.

Die Übereinstimmung der Angaben von SCHOCHTJOR und ROBERTS für hohe Besetzungen bestätigt die Vorstellung, daß der Wasserstoff im Gebiet hoher Besetzungen vollständig atomar vorliegt. Eine Aufnahme der Isothermen an glatten Oberflächen ist schwierig, so daß man sich nicht wundern kann, daß die in der Literatur vorhandenen Daten über die Adsorptionsisothermen von Wasserstoff an Wolfram keine Auswertung in der uns interessierenden Richtung zulassen. Anders liegen die Dinge mit der Adsorption von Wasserstoff an dispersem Wolfram.

Einen Übergang zwischen dem kompakten Metall und dispersen Pulvern bilden die Metallschichten, die sich an kalten Flächen kondensieren. Die Adsorption von Wasserstoff an solchen Schichten wurde eingehend von LEIPUNSKI untersucht; er arbeitete sowohl mit molekularem als auch mit atomarem Wasserstoff[21]). Das Hauptergebnis dieser Arbeiten ist die Vorstellung, daß sich der Charakter der Adsorption mit der Besetzung ändert und daß die Rekombinationsgeschwindigkeit mit wachsender Besetzung stark ansteigt[22]). Die ersten eingehenden Messungen der Adsorptionsgleichgewichte von Wasserstoff an Wolfram stammen von FRANKENBURGER und HODLER[18]) und beziehen sich auf disperse Pulver. Die Form der Isothermen ist sehr interessant: an die Stelle des steilen Anfanges tritt ein fast gradliniger und bedeutend flacherer Abschnitt (Abb. 177). Allem Anschein nach sind die Messungen nicht bis zu hohen Besetzungen durchgeführt worden, da in den Isothermen kein Anzeichen für eine Sättigung zu sehen ist. Dies entspricht einer der Voraussetzungen unserer Theorie. Das Gebiet der gemessenen Adsorptionswärmen ist, den Drucken nach zu urteilen, nicht groß. Die Verfasser und alle späteren Forscher nehmen an, daß diese Isothermen einer aktivierten Adsorption des Wasserstoffs zuzuschreiben sind.

Leider enthalten die Diagramme für 200° zu wenig experimentelle Punkte für eine Durchrechnung. An der Reinheit der Ausgangs-Wolframpräparate und an der Sauerstofffreiheit ihrer Oberfläche bestehen begründete Zweifel.

Der nächste große Schritt in der Erforschung der Adsorptionsgleichgewichte an diesem System sind die beiden umfangreichen Arbeiten von FRANKENBURG[23, 24]). Er kritisierte die schwachen Punkte der vorangegangenen Untersuchungen und setzte sich das Ziel, eine hohe Empfindlichkeit und Meßgenauigkeit für die Adsorption an Pulvern mit einer Beseitigung der Fehler zu verbinden, die auf der Verunreinigung der Oberfläche beruhen, die für die im Hochvakuum getemperten Drähte charakteristisch sind. Dies war um so wesentlicher, als die ernsten Diskrepanzen zwischen den Ergebnissen von FRANKENBURG und HODLER einerseits und ROBERTS andererseits von diesem auf die ungenügende Oberflächenreinheit der Pulver zurückgeführt wurden. ROBERTS sprach die weitgehende Annahme aus, nach der auch in anderen Fällen die Langsamkeit der aktivierten Adsorption und ihre eigenartige Kinetik eine Folge von Verunreinigungen der Oberfläche sein soll und nach der an reinen Oberflächen jede Adsorption momentan erfolgen soll. Dieser Standpunkt wurde in der Folge auch von anderen Verfassern vertreten, insbesondere von BEECK und seinen Mitarbeitern[25]).

In der Arbeit von FRANKENBURG erstreckte sich das Druckintervall von 10^{-5} bis 30 Torr, d. h. etwa über 6 Größenordnungen. Sehr groß war auch das Temperaturintervall: von 78° K (—195° C) bis 1023° K (+ 750 °C). Das Verhältnis T_2/T_1 beträgt also etwa 13. In besonderen Versuchen wurden mit Hilfe des Verfahrens von BRUNAUER-EMMETT-TELLER (BET) an Hand der Adsorption von Stickstoff bei tiefer Temperatur die absoluten Oberflächen der untersuchten Pulver gemessen. Die Arbeit wurde unter äußerst sorgfältiger Reinigung und unter Verwendung einer Reihe kleiner, aber wesentlicher experimenteller Verbesserungen durchgeführt, durch die die Sauberkeit und Zuverlässigkeit der Ergebnisse erhöht werden. Eine eingehende Analyse der Fehlerquellen deutete auf die Notwendigkeit einer komplizierten Eichung der Apparatur hin, zu der die Verfasser 4 bis 6 Wochen experimenteller Arbeit brauchten. Dadurch wurde aber eine gute Vergleichbarkeit der Ergebnisse für verschiedene Temperaturen erzielt. In ihrer Reinheit stehen offenbar die Pulveroberflächen von FRANKENBURG den Drähten von ROBERTS und SCHOCHTJOR und den kondensierten Schichten von LEIPUNSKI nicht nach und übertreffen die Präparate von

FRANKENBURG und HODLER bedeutend. Wir weisen auch auf die hohe Reinheit des Wolfram-Ausgangsmaterials hin, das in merklicher Menge nur Silicium enthielt. Der Gehalt an Eisen und Alkalien war kleiner als 0,01%. Infolge der großen Sorgfalt der FRANKENBURGschen Arbeit in Verbindung mit dem ungewöhnlich großen Druck- und Temperaturintervall werden diese Daten außerordentlich interessant. Ein Nachteil ist die Möglichkeit von Komplikationen infolge einer Polarisation des adsorbierten Wasserstoffs, der, nach photoelektrischen Untersuchungen und Messungen der Kontaktpotentialdifferenzen zu urteilen[26, 27]), an der Wolframoberfläche positiv aufgeladen ist. Mit anderen Worten ist die Bindung W—H stark polar. Bei solchen Eigenschaften des adsorbierten Wasserstoffs ist eine richtige Abschätzung der spezifischen Oberfläche und der Wasserstoffmenge, die einer monomolekularen Bedeckung entspricht, besonders wichtig. Trotz der Beachtung, die diesem Problem in der zitierten Arbeit gezollt wird, ist das Endergebnis noch zweifelhaft, denn die neuen amerikanischen Methoden zur Bestimmung der spezifischen Oberfläche sind als Relativmethoden sehr wertvoll, man darf aber die Genauigkeit der gewonnenen Absolutwerte nicht überschätzen. Die mit ihrer Hilfe berechneten Werte von S_∞ können sich von den wahren Werten um mehrere, vielleicht sogar um einige 100% unterscheiden. Dies wird besonders überzeugend nachgewiesen, wenn man die Ergebnisse einer Bestimmung der Dispersität und der spezifischen Oberfläche verschiedener Proben kolloidalen Kohlenstoffs vergleicht, die elektronenmikroskopisch bzw. nach der Methode von EMMETT gewonnen worden sind (siehe Tab. 8, die aus der Monographie[28]) stammt).

TABELLE 8

Teilchengrößen, bestimmt nach verschiedenen Verfahren

Bezeichnung des Rußes	Bestimmungsmethode		
	Elektronen-mikroskopisch	Verschiedene Adsorptionsmethoden (Mittelwert)	Adsorption von Stickstoff
Termax	274	350	—
R-33	76	135	213
Furnex	83	70	80
Acetylenruß	43	40	50
Mikronex	28	28	28
Pirles	27	11,6	9,1
Superextra	13	7,2	8,2

Eine Abschätzung der Teilchenabmessungen und der spezifischen Oberfläche des Wolframpulvers, wie sie in diesem Artikel durchgeführt wird (Tab. 9), kann also keinen Anspruch auf hohe Genauigkeit erheben.

In noch höherem Maße gilt dies für die Abschätzung des Wasserstoffvolumen, das bei monomolekularer Bedeckung adsorbiert ist, denn es besteht kein hinreichender Grund zu der Behauptung, daß schließlich an jedem Wolframatom an der Oberfläche tatsächlich genau ein Wasserstoffatom adsorbiert ist. Dies

TABELLE 9

Spezifische Oberfläche von Pulvern in m² *pro Gramm des Pulvers*

Nummer der Probe	Bestimmungsmethode					$\Delta = S_2/S_1$ (von uns berechnet)
	Mikroskopische Messung (S_1)	Methode von EMMETT (S_2)		Methode von EMMETT nach Reduktion und Temperung		
9799	0,47	2,79	2,85	2,08	2,05	6,0
9798	0,32	1,01	1,01	0,72	0,73	3,2
76—3	0,27	0,58		0,45		2,2

wäre richtig für eine streng homöopolare Bindung zwischen den H- und den W-Atomen, ist aber für eine Adsorption unter Beteiligung der Metallelektronen an der Oberfläche oder für eine Adsorption mit Ionisation und mit Beteiligung von Bildkräften durchaus nicht notwendig. Man hat häufig bedeutende Änderungen der Bedeckungen, die der monomolekularen Schicht entsprechen, mit der Temperatur beobachtet (für die aktivierte Adsorption). Man muß also zugeben, daß sowohl die Werte S_∞ als auch alle Absolutwerte von Φ, die in der Arbeit angegeben werden, wenig zuverlässig sind und einen bedeutenden konstanten Koeffizienten γ enthalten können, durch den sie sich von den wirklichen Φ-Werten unterscheiden:

$$\Phi_{\text{eig}} = \gamma \Phi; \tag{2}$$

hierbei besteht nicht einmal völlige Sicherheit, daß γ nicht noch eine Funktion der Temperatur ist, daß also

$$\gamma \neq \gamma\,(T) \tag{3}$$

ist.

Wir gehen jetzt unmittelbar zu den Isothermen über. Diese Isothermen haben eine Form ähnlich denen von FRANKENBURG und HODLER, noch ähnlicher allerdings den Adsorptionsisothermen von Wasserstoff an Metallschichten, die mehrfach in unserem Laboratorium untersucht wurden[29, 30]). Ein bedeutender Teil der Isotherme bis zu einer Besetzung, die einen beträchtlichen Teil der monomolekularen Schicht ausmacht (mehrere Dutzend Prozent), ist sehr steil, der übrige Teil der Isotherme fast linear (Abb. 179). Wie aus der doppeltlogarithmischen Darstellung hervorgeht (Abb. 180), folgt die Isotherme in einen großen Druckintervall gut der FREUNDLICHschen Gleichung

$$\lg_{10} q = \frac{1}{n} \lg_{10} p + C'. \tag{4}$$

Wie man leicht sieht, schneiden sich alle Isothermen in einem gemeinsamen Punkt und gehen dann fächerförmig auseinander.

In einzelnen Fällen, wenn nämlich die Anfangsteile der Isothermen bei besonders kleinen Besetzungen aufgenommen wurden, gibt es in der doppeltlogarithmischen Darstellung einen Knick bei Besetzungen von etwa 0,8%.

TABELLE 10

Werte des Exponenten der Isothermen

T °C	*T* °K	β	$\beta\ T \cdot 10^{-3}$	Φ_1—Φ_2	Mögliche Fehler bei der Bestimmung von β
—194	79	(67,4)	(5,32)	0,40 —0,52	±8,0
—73	200	(24,1)	(4,82)	0,30 —0,45	±4,0
0	273	16,63	4,84	0,22 —0,40	±2,5
100	373	10,82	4,05	0,16 —0,35	±1,77
200	473	7,58	3,58	0,087—0,30	±0,62
300	573	5,60	3,22	0,020—0,25	±0,42
400	673	4,17	2,82	0,015—0,21	±0,26
500	773	3,06	2,36	0,008—0,12	±0,18
600	873	2,31	2,15	0,008—0,10	±0,10
650	923	2,16	1,95	0,008—0,09	±0,14
700	973	1,85	1,80	0,008—0,05	±0,14
750	1023	1,72	1,76	0,008—0,04	±0,17

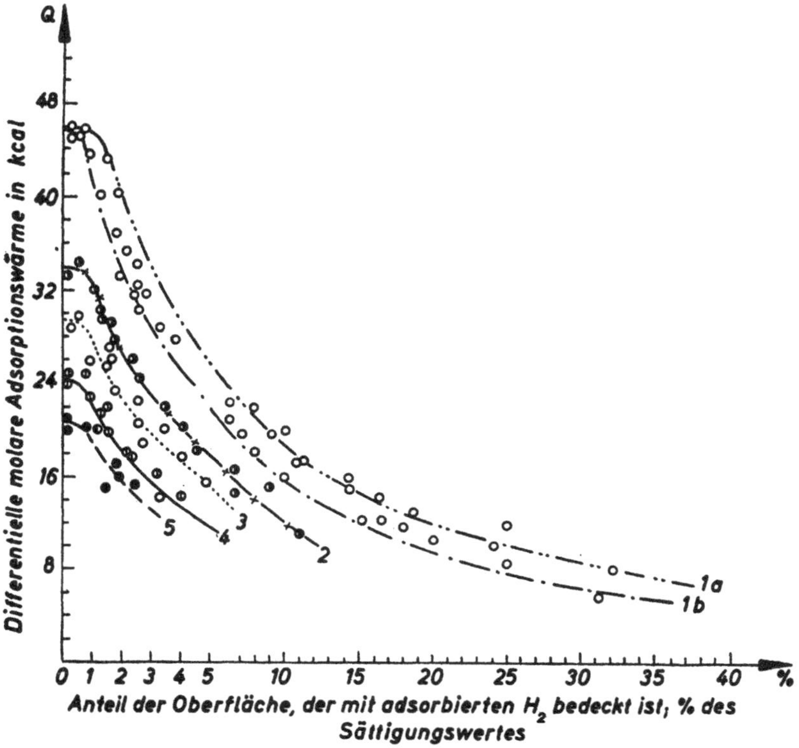

Abb. 181. Abnahme der differentiellen Adsorptionswärme für Wasserstoff an Wolfram mit der Besetzung (nach FRANKENBURG). Der Abszissenmaßstab ist von 5% an um den Faktor Zwei gestaucht, wodurch die Kurven einen künstlichen Knick erhalten. *1a* und *1b* sind die obere und die untere Grenze bei 529° (und darunter); *2*: 600°; *3*: 650°; *4*: 700°; *5*: 750°.

Die gemittelten Werte für die Richtungsfaktoren $\beta = 1/n$ sind in Tab. 10 zusammengestellt. Da eine Serie von Isothermen für verschiedene Temperaturen vorhanden war, konnte man die differentiellen Adsorptionswärmen nach der CLAUSIUS-CLAPEYRONschen Gleichung berechnen. Die Ergebnisse dieser Rechnung sind in Abb. 181 zusammengestellt. Aus dieser Abbildung geht hervor, daß die Adsorptionswärmen mit wachsender Besetzung stark abnehmen und nur im Gebiet kleinster Besetzungen, bei $\Phi \leq 0{,}008$, konstant sind.

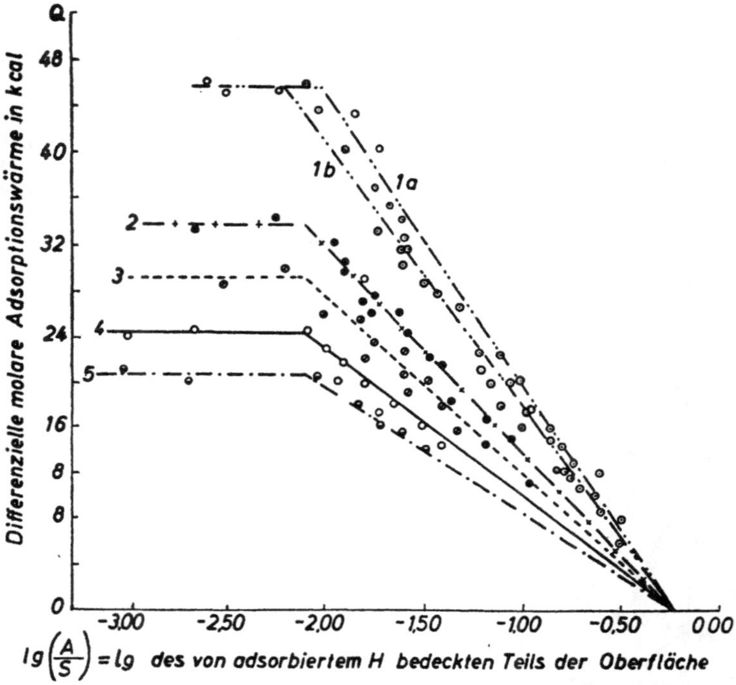

Abb. 182. Abhängigkeit der differentiellen Adsorptionswärme für Wasserstoff an Wolfram von der Besetzung in logarithmischer Auftragung (nach FRANKENBURG). Bei sehr kleinen Φ wird Q_{diff} konstant. *1a* und *1b* sind die obere und untere Grenze für tiefe Temperaturen; *2*: 600°; *3*: 650°; *4*: 700°; *5*: 750°.

Das systematische Anwachsen der Adsorptionswärme gibt uns das Recht, die Daten vom Standpunkt unserer Theorie genauer zu untersuchen. Wie weiter oben mehrfach festgestellt wurde, deutet die FREUNDLICHsche Isotherme bei der statistischen Behandlung auf eine exponentielle Verteilung über Q, also auch auf eine logarithmische Abnahme von Q_{diff} mit Φ hin (vgl. Tab. I, Kap. 2, Teil II).

Die Abb. 182, die der gleichen Arbeit entstammt, zeigt, daß für den Hauptteil der Isothermen von Besetzungen, die der Verfasser zu 0,008 abschätzt, bis etwa 0,50, d. h. über fast zwei Größenordnungen, diese Forderung tatsächlich erfüllt ist.

Es liegen also drei Eigentümlichkeiten vor, und zwar erstens der Charakter der Isothermen, zweitens die Inkonstanz der differentiellen Adsorptionswärmen und drittens ihr Änderungsgesetz mit der Besetzung, die miteinander und mit der statistischen Behandlung gut übereinstimmen.

Wir analysieren die Eigentümlichkeiten dieses Systems genauer. Zunächst stellen wir fest, ob man die große Änderung von a mit unserer Theorie erklären kann.

Nach der statistischen Theorie ist

$$n = \frac{1}{a_1 RT},$$

$$\Phi = ap^{1/n} = ap^{a_1 RT} = ap^{\gamma T}. \tag{5}$$

Daraus folgt

$$\ln \Phi = \ln a + \gamma T \ln p \tag{5a}$$

oder unter Berücksichtigung der Tatsache, daß die Größe $1/\beta$ in den Diagrammen von FRANKENBURG äquivalent unserem γT ist,

$$\beta\gamma T = 1 \qquad \text{oder} \qquad \beta T = 1/\gamma = \text{const}.$$

In Tab. 10 sind die Ergebnisse dieser Rechnung zusammengestellt.

Wie aus der Tabelle hervorgeht, verringert eine Berücksichtigung des Auftretens von T in β den Bereich, innerhalb dessen sich der Richtungsfaktor ändert, von 40 : 1 bis etwa auf 3 : 1, führt aber noch nicht auf eine Konstanz dieses Koeffizienten.

Der Umstand, daß T implizit in a steckt, kann β nicht beeinflussen. Dieser Koeffizient enthält in der statistischen Theorie die Größe $b_0^{1/n}$, vollständiger

$$a = \frac{\pi a RT}{b_0^{aRT} \sin(\pi a RT)}, \tag{5b}$$

wobei b_0 seinerseits eine Funktion der Temperatur vom Typ $l_0 T^m$ ist, also

$$a = \frac{a\pi R}{l_0 aRT \sin(a\pi RT)}\, T^{l - maRT}. \tag{5c}$$

Dies kann zu einer Verschiebung der ganzen Geraden, aber nicht zu einer Änderung von β führen.

Etwas größer ist der Einfluß der Größe C in der vollständigen Gleichung

$$\Phi = ap^{1/n} + C. \tag{6}$$

Mit wachsender Temperatur wächst auch C, und bei der Begradigung der dadurch entstehenden gekrümmten, zusammenlaufenden Kurven verringert sich also β um so stärker, je größer T ist.

Ein wesentlicher Einfluß dieses Faktors könnte kaum unbemerkt bleiben, da er zu einer Abweichung von der Linearität in doppeltlogarithmischer Auftragung führt. Er ist vielleicht die Ursache für ein geringes Zusammenlaufen der Geraden ganz am Ende, die in der Arbeit bemerkt und für eine sehr zweifelhafte Abschätzung von S_∞ benutzt wurde.

Wahrscheinlicher ist jedoch, daß die anomal starke Änderung von n mit der Temperatur, die in weniger ausgeprägter Form auch für viele andere Systeme beobachtet wurde, einen ganz anderen Grund hat, der bei genauerer

Analyse der Tabelle ins Auge fällt. Mißt der Experimentator Adsorptionsgleichgewichte, indem er die begrenzten Möglichkeiten hinsichtlich des Druck- und Temperaturbereichs ausnutzt, so stößt er unausweichlich auf folgende Tatsachen: Wenn es möglich ist, Φ im ganzen Druckintervall (bzw. im ganzen Konzentrationsintervall) zu messen, so entspricht dem gleichen p_1/p_2 bei verschiedenen T ein verschiedener Q_{ads}-Bereich, und zwar ist er um so größer, je höher T ist. Messungen der Isothermen bei verschiedenen Temperaturen erfassen also verschiedene Teile der Verteilung $\varrho(Q)$ (die wir in unserer Näherung als temperaturunabhängig ansehen).

Ist die Verteilung streng exponentiell, so kann dies den Wert von n nicht beeinflussen; bei jeder Abweichung vom exponentiellen Charakter, die auf die Linearität der doppeltlogarithmischen Abhängigkeit von geringem Einfluß sein kann, führt dies jedoch zu einer anomalen Veränderung des Inhomogenitätskoeffizienten n. Er nimmt zu, falls die Verteilung bei kleinen Q stärker zunimmt, als sie dürfte. Er nimmt ab, falls ϱ dem Ende zu flacher ansteigt, als es dürfte. Im Experiment ist die Lage jedoch in den meisten Fällen etwas anders[31]). Bei verschiedenen Temperaturen wird nicht nur ein verschieden großer Teil der Verteilung benutzt, sondern überhaupt verschiedene Teile. Nimmt man zum Beispiel an, daß in erster Näherung die Erreichung jedes Wertes Φ der erschöpfenden Bestimmung des Teiles der Verteilung zwischen $Q_{\max}$ bis Q_{Φ} bedeute, so entsprechen, wie aus der Tabelle hervorgeht, die tatsächlich aufgenommenen Teile der logarithmischen Isotherme für verschiedene Temperaturen verschiedenen Teilen der Verteilung. Der erwähnte Einfluß der Abweichungen vom strengen Exponentialcharakter kann sich also noch vergrößern. Wahrscheinlich ist er auch der Hauptgrund für die erwähnte Anomalie, die sich verringern würde, wenn man bei verschiedenen Temperaturen innerhalb des gleichen Φ-Intervalls messen würde.

Da in der Arbeit von FRANKENBURG primäre Angaben über die Adsorptionsisothermen fehlen, ist eine genauere Analyse dieses Problems und eine Nachprüfung der Richtigkeit der oben dargelegten Erklärung unmöglich. Eine Forderung unserer Theorie ist die Erfüllung der allgemeinen Gleichung

$$p = b_0 e^{-\frac{Q_{\text{diff}}}{RT}} \tag{7}$$

für jedes Φ und für das entsprechende Q_{diff}. Nach (7) ist

$$\ln p = C - \frac{Q}{RT} = C - \alpha \frac{1}{T}, \tag{8}$$

d. h. für jedes Φ muß ein exponentielles Gesetz für das Anwachsen von p mit T gelten, jedoch muß bei verschiedenen Φ die Steilheit des Anstiegs von p mit T verschieden sein. Zur Nachprüfung kann man die Tab. 11 verwenden.

In Abb. 183 sind die Kurven $\ln p = f(1/T)$ konstruiert. Das Diagramm zeigt, daß bei den drei höchsten Besetzungen (nach FRANKENBURG: 25,0; 10,0 und 5,0%) die Gleichung (8) gut erfüllt ist. Bei kleinen Besetzungen tritt keine Linearität ein, was möglicherweise auf einen systematischen Fehler in den Messungen in diesem Gebiet hindeutet.

Die Linearität der Isobaren zeugt von der Konstanz von Q_{diff} und zwingt zu der Annahme, daß die Verschiebung der Kurven $Q = Q(\Phi)$ und $Q = Q(\ln \Phi)$

TABELLE 11

φ nach FRANKENBURG %	Logarithmus des Drucks als Funktion von der Temperatur bei verschiedenen Besetzungen*								
	366 273	270 373	212 473	175 573	149 673	129 773	114 873	103 973	98 1023
0,5					$\bar{6}$,60	$\bar{4}$,84	$\bar{2}$,48	$\bar{1}$,30	$\bar{1}$,60
1,0					$\bar{5}$,90	$\bar{3}$,78	$\bar{1}$,0	$\bar{1}$,90	0,30
2,5					$\bar{3}$,6	$\bar{1}$,0	0,0	0,70	0,90
5,0			$\bar{6}$,48	$\bar{3}$,30	$\bar{2}$,90	0,0	0,70	1,25	1,42
10,0		$\bar{6}$,84	$\bar{3}$,00	$\bar{1}$,00	0,30	0,90	1,36	1,70	—
25,0	$\bar{3}$,7	$\bar{1}$,30	0,78	1,52					

in der besprochenen Arbeit eine Folge des Umrechnungsverfahrens ist. Hierdurch verschwindet der Hauptwiderspruch in dieser Arbeit, nämlich die Änderung der Kurven $Q = Q(\Phi)$ mit der Temperatur. Indessen zeigt unser Diagramm, daß man gegenüber Schlußfolgerungen, die aus den Anfangsabschnitten der Isothermen gezogen werden, sehr vorsichtig sein muß. Da primäre Zahlenangaben fehlen, ist es sicherer anzunehmen, daß die allgemeinen Forderungen der Theorie breit inhomogener Oberflächen erfüllt sind und daß die Verteilung über die Adsorptionswärmen ungleichmäßig ist. Zu einer genaueren Bestimmung des Typs von $\varrho(Q)$ kann man die isobaren Werte von Φ bei verschiedenen T verwenden.

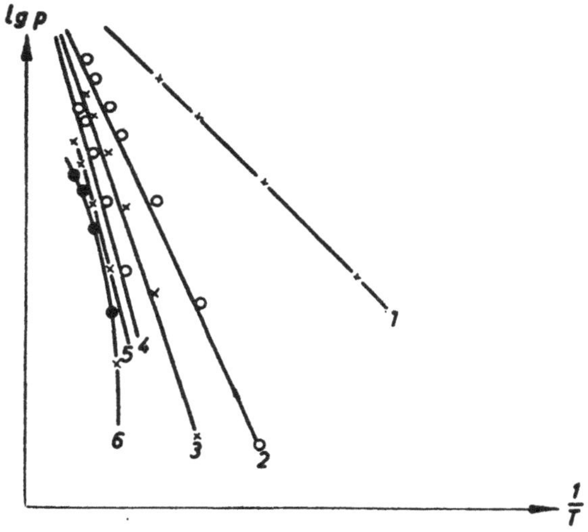

Abb. 183. Exponentieller Anstieg des Gleichgewichtsdrucks von H_2 an Wolfram mit der Temperatur und Änderung des Richtungsfaktors (dieser ist proportional Q_{diff}) mit der Besetzung. *1*: $\Phi = 25\%$; *2*: $\Phi = 10\%$; *3*: $\Phi = 5\%$; *4*: $\Phi = 2{,}5\%$; *5*: $\Phi = 1\%$; *6*: $\Phi = 0{,}5\%$.

Wie oben auf Seite 93 für exponentielle Verteilungen gezeigt wurde, haben die Isobaren die Form

$$\ln \Phi = A - \gamma T, \quad \text{mit} \quad \gamma = \alpha R \ln \frac{b_0}{p}. \tag{9}$$

* Obere Zahl: $1/T \cdot 10^{-5}$, untere: T.

Mit wachsendem p (das innerhalb jedes Versuchs konstant ist) muß γ langsam abnehmen. Wir benutzen wieder die Angaben von FRANKENBURG.

In Abb. 184 sind die Tabellenwerte im Maßstab $\ln \Phi = f(T)$ aufgetragen. Aus dem Diagramm geht hervor, daß keine strenge Linearität vorhanden ist. Offenbar ist hier die Exponentialverteilung als strenges Modell nicht brauchbar. Früher gelangten wir zu einem entsprechenden Ergebnis auf Grund der Abhängigkeit $n = n(T)$. Die Schlußfolgerung der Theorie über die Abnahme der Neigung der „Geraden" $\ln \Phi = f(T)$ mit wachsendem p ist dagegen erfüllt.

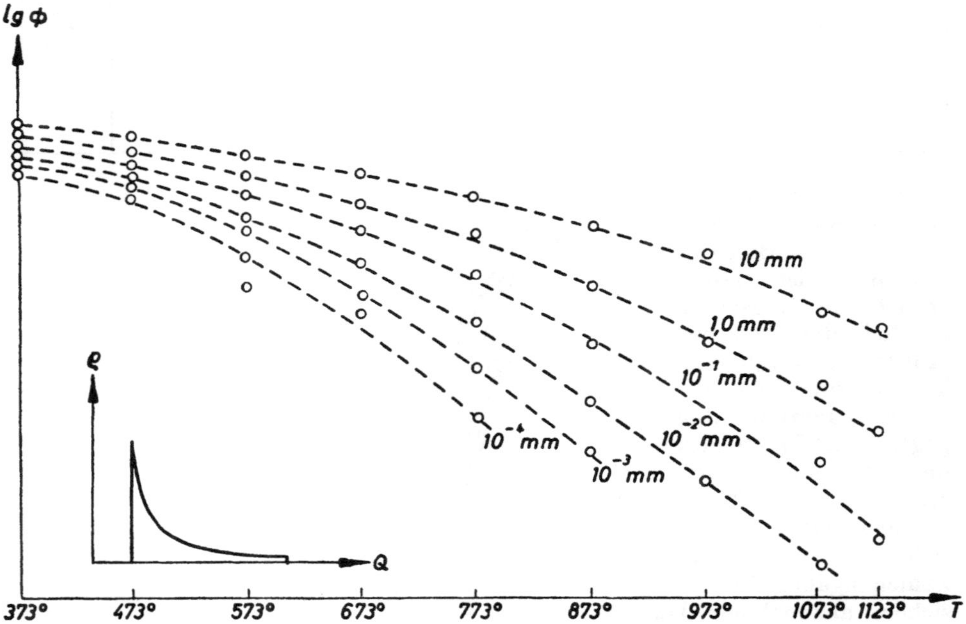

Abb. 184. Starke Abweichungen von der Linearität in den Koordinaten lg Φ und T. Links unten ist die Verteilung dargestellt, für die die Abnahme von lg Φ mit T linear wäre.

Bedeutend bessere Ergebnisse erhält man, wenn man die Daten an Hand der Gleichung

$$\Phi^{1/2} = C - \alpha T$$

auswertet, die einer linearen Verteilung entspricht (Abb. 185). In den Koordinaten $\sqrt{\Phi}$ und T werden die Isobaren gut durch Geraden dargestellt. Wir haben also das Recht, die oben über die Exponentialverteilung gezogenen Schlüsse zu revidieren. Die Schlußfolgerung, daß die Verteilung über Q linear ist, widerspricht nicht den Daten über die Änderung von Q mit der Besetzung. In Abb. 186 wird gezeigt, daß die Gleichung

$$Q_{\text{diff}} = Q_0 - \alpha \Phi^{1/2} \tag{8a}$$

die Änderung von Q mit der Besetzung ebenso gut wiedergibt wie die Gleichung

$$Q = C - a \ln \Phi. \tag{8b}$$

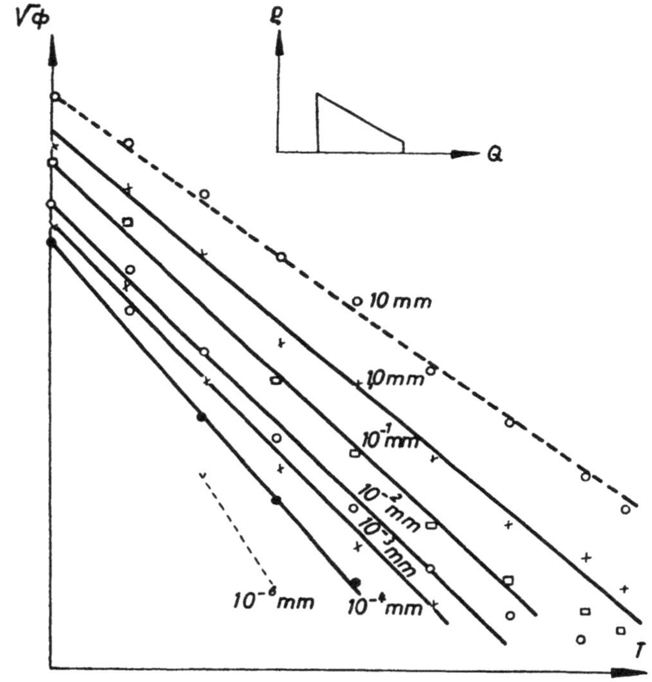

Abb. 185. Vergleich der Temperaturabhängigkeit der isobaren Besetzungen mit der Gleichung $\Theta^{1/2} = C - \beta T$, die der oben dargestellten linearen Verteilung entspricht.

In der diskutierten Arbeit wird noch eine interessante Eigentümlichkeit festgestellt: bei den kleinsten Besetzungen werden die Geraden $\ln \Phi = f(\ln p)$ einander parallel, wobei der Richtungsfaktor nahezu 0,5 beträgt. Dieser Umstand läßt sich im Rahmen unserer Begriffsbildungen ebenfalls leicht erklären. Bis zu einem gewissen Minimalwert von Φ, welcher der Ausbildung des kontrollierenden Streifens entspricht, müssen die Adsorptionsisothermen linear sein für Substanzen, die ohne Änderung der Molekelgröße adsorbiert werden, dagegen Potenzfunktionen mit einfachen gebrochenen oder ganzen Exponenten

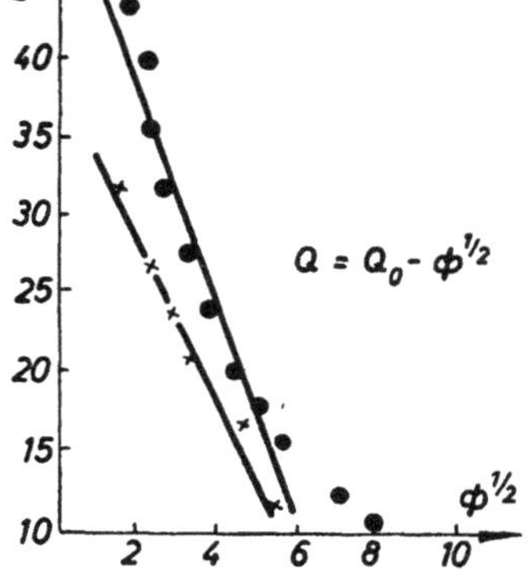

Abb. 186. Daten von FRANKENBURG für die differentiellen Wärmen, aufgetragen in den Koordinaten Q und $\Phi^{1/2}$. Die Linearität spricht für den angenommenen linearen Verteilungstyp.

für eine Adsorption unter Dissoziation oder Assoziation. Dies muß im doppeltlogarithmischen Diagramm zu konstanten Steigungen führen. Der Richtungsfaktor, den FRANKENBURG fand, entspricht einer Adsorption des Wasserstoffs unter Dissoziation in seine beiden Atome, was völlig im Einklang steht mit den Ergebnissen thermochemischer, photoelektrischer und anderer Messungen.

Zusammenfassend kann man sagen, daß im großen und ganzen die Schlußfolgerungen unserer Theorie auf die Daten von FRANKENBURG anwendbar sind; es ist sehr wahrscheinlich, daß in diesem Fall des Chemisorptionsgleichgewichts tatsächlich ein Beispiel für eine Adsorption an einer Oberfläche mit einer breiten Verteilung der Adsorptionswärmen vorliegt. Die Verteilungsfunktion ergibt sich bei dieser Behandlung als stark ungleichmäßig und läßt

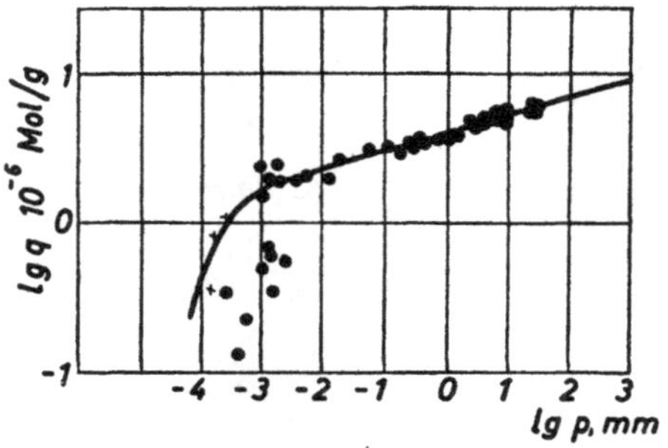

Abb. 187. Isotherme der aktivierten Adsorption von Stickstoff an Wolfram (nach R. DAVIES). Zu ihrer Konstruktion wurden die Ergebnisse von acht unabhängigen Experimenten an vier verschiedenen Proben eines und desselben Wolframmaterials verwendet. Die Streuung der Punkte unten links unterhalb der Kurve beruht auf einer später aufgedeckten Fehlerquelle: der Freisetzung des im Metall gelösten Wasserstoffs. Diese Fehlerquelle wurde in den mit Kreuzchen bezeichneten Versuchen beseitigt. Nur diese Werte sind also zu berücksichtigen. Im übrigen Teil der Kurve findet man keine systematischen Unterschiede in der Lage der Punkte, die zu den einzelnen Versuchen gehören.

sich in erster grober Näherung als linear oder exponentiell mit einem kleinen Inhomogenitätskoeffizienten ansehen. Zur Gewinnung der gleichen Gesetzmäßigkeit aus Abstoßungskräften müßte man bei der gleichmäßigen Verteilung der adsorbierten Teilchen ein äußerst seltsames Kraftgesetz für die Wechselwirkung in der Schicht annehmen[32]).

In allerletzter Zeit wurde die Untersuchung der Adsorption von Gasen an Wolfram im gleichen Laboratorium von DAVIES fortgesetzt[33]). Die Messungen erfolgten an den gleichen Präparaten und mit der gleichen Apparatur wie bei FRANKENBURG, jedoch wurde statt des Wasserstoffs Stickstoff untersucht. Die Adsorptionsisothermen des Stickstoffs erwiesen sich in einem sehr großen Temperaturintervall (400—750°) als ähnlich den Adsorptionsisothermen des Wasserstoffs, wie aus Abb. 187 hervorgeht. Über vier bis fünf Größenordnungen beobachtet man eine gut reproduzierbare parabolische Isotherme, der bei sehr kleinen Besetzungen ein Bereich vorangeht, der von der Parabelform abweicht und nicht so gut reproduzierbar ist. Unserer Deutung nach entspricht dieser Abschnitt für den Wasserstoff der Adsorption vor Einstellung der Front.

Mit Rücksicht auf das Temperaturgebiet, in dem die Messungen erfolgten, und auf das Vorhandensein erheblicher Aktivierungsenergien ist nicht daran zu zweifeln, daß DAVIES es mit einer aktivierten Adsorption zu tun hatte, deren Wärmen, nach den Besetzungen zu urteilen, im ganzen bedeutend höher waren als beim Wasserstoff.

Die weitgehende Analogie der Adsorptionsgleichgewichte von Wasserstoff und Stickstoff springt ins Auge; sie zeugt bei unserer Deutung von der Identität der Bereiche, an denen die Adsorption erfolgt, und von der Ähnlichkeit der Adsorptionsmechanismen für beide Gase.

Die Daten erlauben nicht, eine Erklärung der beobachteten Eigentümlichkeiten der Adsorption durch eine Abstoßung völlig auszuschließen.

Mit unserer Deutung der Adsorptionsisothermen stimmen die Daten über die differentiellen Adsorptionswärmen, die in Abb. 188 dargestellt sind, gut überein. Die Tendenz aller Isothermen für beide Gase, einander im gleichen Punkt zu schneiden, der bei mehreren Atmosphären liegt, bedarf einer besonderen Klärung (Abb. 189). Bei diesem Druck ist der extrapolierte Wert $\Phi_{\lim} = 0{,}25$, d. h. die spezifische Besetzung wäre nicht größer als 0,25 oder eine Stickstoffmolekel auf 4 Wolframatome.

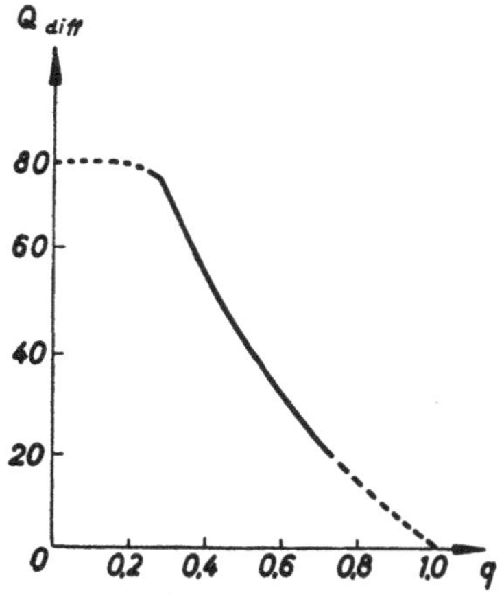

Abb. 188. Änderung der differentiellen Adsorptionswärme mit der Besetzung. Im Hauptteil des Diagramms ist der Kurvenverlauf nahezu linear. Die gestrichelten Abschnitte der Kurve wurden durch Umrechnung aus den extrapolierten Teilen der Isothermen gewonnen.

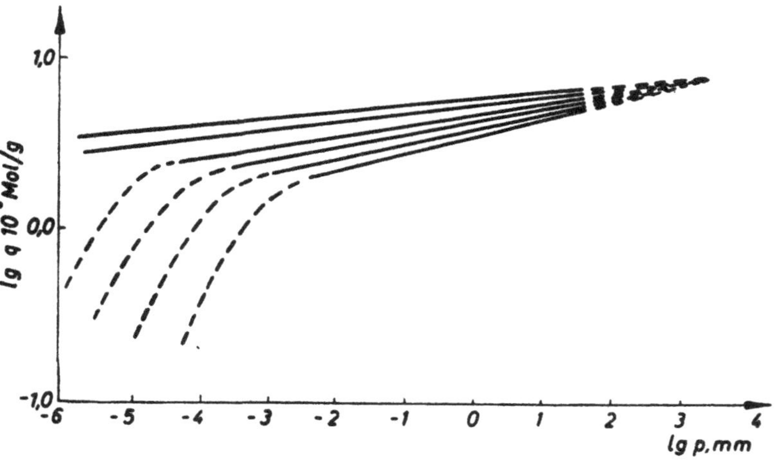

Abb. 189. Eine Schar von Sorptionsisothermen für Stickstoff an Wolfram. Die einzelnen Kurven entsprechen, von oben angefangen, den Temperaturen 400, 500, 600, 650, 700 und 750°. Die Strichelung rechts bedeutet eine Extrapolation, die Strichelung links die Anfangsabschnitte der Isothermen, die der FREUNDLICHschen Gleichung gehorchen.

Erfolgt die Adsorption unter Dissoziation in die Atome, so ist diese Größe mit Zwei zu multiplizieren, und $\Phi_{\lim}$ beträgt 0,50.

Auf eine sehr einfache Deutung der Tendenz der Kurven im Gebiet der Sättigung machte mich W. I. LEWIN aufmerksam. Die Verteilung der Bereiche über die Adsorptionswärmen Q hängt nicht von der Temperatur ab, solange keine Komplikationen vorhanden sind, die auf sekundärer Änderung infolge der thermischen Energie beruhen. Das bedeutet, daß mit wachsendem Druck die Besetzung

$$\Phi \cong \int_{Q_{gr}}^{Q_{max}} \varrho(Q)\, dQ \tag{8c}$$

gegen den Grenzwert

$$\Phi_{\lim} \cong \int_{Q_{min}}^{Q_{max}} \varrho(Q)\, dQ \tag{8d}$$

strebt, der temperaturunabhängig ist. Der Druck, der diesem Grenzwert $\Phi_{\lim}$ entspricht, beträgt

$$p_{max} = b_0 e^{-\frac{Q_{min}}{RT}} \tag{8e}$$

und hängt schwach von der Temperatur ab, da Q_{min} für breit inhomogene Verteilungen sehr klein ist. $\Phi_{\lim}$ ist die Grenzkapazität der inhomogenen Oberfläche im Hinblick auf die gegebene adsorbierte Substanz. Interessanterweise ist diese Kapazität halb so groß wie die Kapazität, die der Adsorption eines Atoms des Sorptivs durch jedes Atom der Metalloberfläche entspricht.

§ 3: *Die Verteilungsfunktion der aktiven Oberflächen, bestimmt durch die Adsorption des Propylens*

Die Arbeiten von FRANKENBURG und von DAVIES sind in ihrer Experimentaltechnik und den Intervallen von Druck und Temperatur nach die vollkommensten Untersuchungen über das Gleichgewicht einer Gasadsorption, die in der heutigen chemischen Literatur vorhanden sind. Leider schränken der rein induktive Charakter dieser Arbeiten ohne jeden Versuch einer weiteren theoretischen Deutung der darin enthaltenen wertvollen Beobachtungen sowie das Fehlen primärer Zahlenangaben den Wert dieser Arbeiten für die Aufklärung der Statistik der aktiven Oberflächen stark ein.

Die Arbeiten von JELOWITSCH und seinen Mitarbeitern[34]) weisen diese Mängel nicht auf; sie bilden die erste systematische Untersuchung der Statistik aktiver Oberflächen an Hand der Adsorptionsisothermen, die unter Berücksichtigung der oben entwickelten Theorie der Adsorption an weit inhomogenen Oberflächen durchgeführt wurde.

Eine der Aufgaben der Untersuchungen von JELOWITSCH war ein Vergleich der Verteilungsfunktionen über die Adsorptionswärmen des gleichen Gases an verschiedenen festen Stoffen.

Die wesentlichsten Experimente wurden mit Propylen durchgeführt, für das das Temperaturgebiet, das für Messungen mit den verbreitetsten Adsorbenten geeignet ist, nicht zu weit von 0° entfernt liegt.

Im Hinblick auf die meisten Adsorbenten kann man das Propylen in diesem Temperaturgebiet als chemisch indifferent ansehen. Für die Adsorptionsmessungen wurde ein kombiniertes manometrisches und gravimetrisches Verfahren verwandt. Für gut auskristallisierte Pulver ist dieses Verfahren nicht empfindlich genug, was die Verfasser veranlaßte, eine neue hochempfindliche

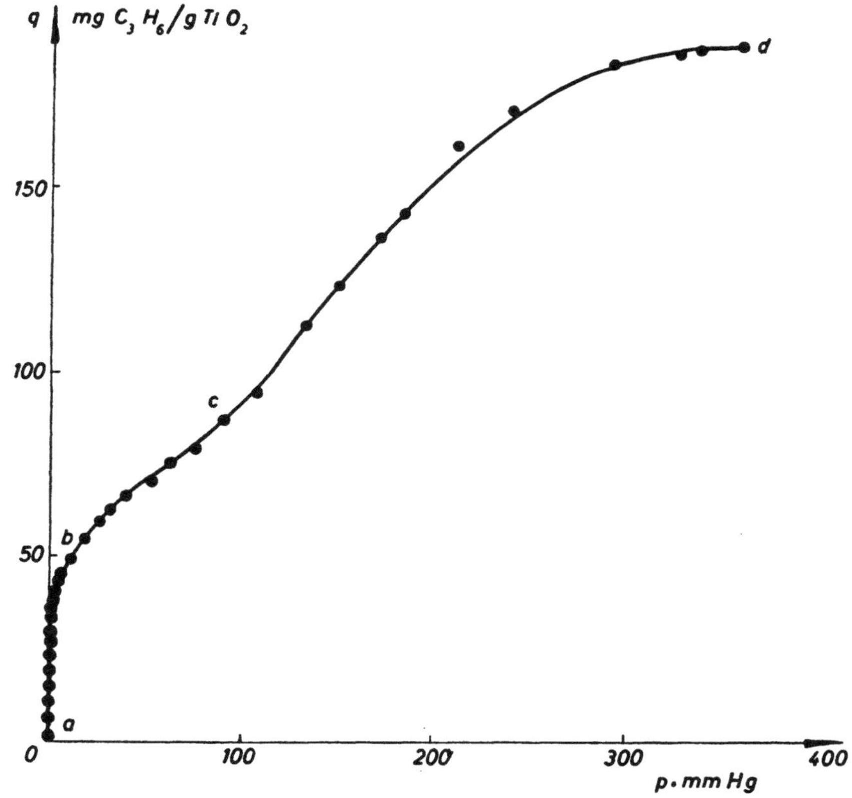

Abb. 190. Adsorptionsisotherme für Propylen an Titandioxyd bei −63,5°. Der Minimaldruck ist 0,0064 Torr, der Maximaldruck 360 Torr. Das Präparat wurde durch Hydrolyse von Titantetrachlorid hergestellt.

Differentialmethode anzuwenden, die in letzter Zeit im Laboratorium von DUBININ, BERING und SERPINSKI entwickelt worden war[35]).

Die Adsorptionsisothermen wurden in dem Teil, der der Ausbildung der monomolekularen Schicht vorangeht, in einem Druckintervall von 3—4 Größenordnungen gemessen. In unserer Näherungstheorie entspricht dies einem Intervall der Adsorptionswärmen von 7—9 RT. In diesem Intervall sind die Teile der Isothermen, die der monomolekularen Adsorption und der Kondensation entsprechen, nicht einbegriffen. Dieses Druckintervall reicht aus für eine ungefähre Abschätzung der Inhomogenität der Oberfläche, jedoch nicht zur Aufnahme ihres vollständigen „statistischen Profils“.

Die Untersuchung erfaßte einen großen Kreis von Adsorbenten: Aktivkohlen, Mineralgele, aktive pulverförmige Oxyde, einige Salze, Edelmetalle usw.

Die charakteristische Form der gesamten Adsorptionsisotherme und ihr Anfangsteil (im vergrößerten Maßstab) sind in den Abb. 190 und 191 dargestellt, die sich auf eines der aktiven Titanogel-Präparate beziehen. Die Form

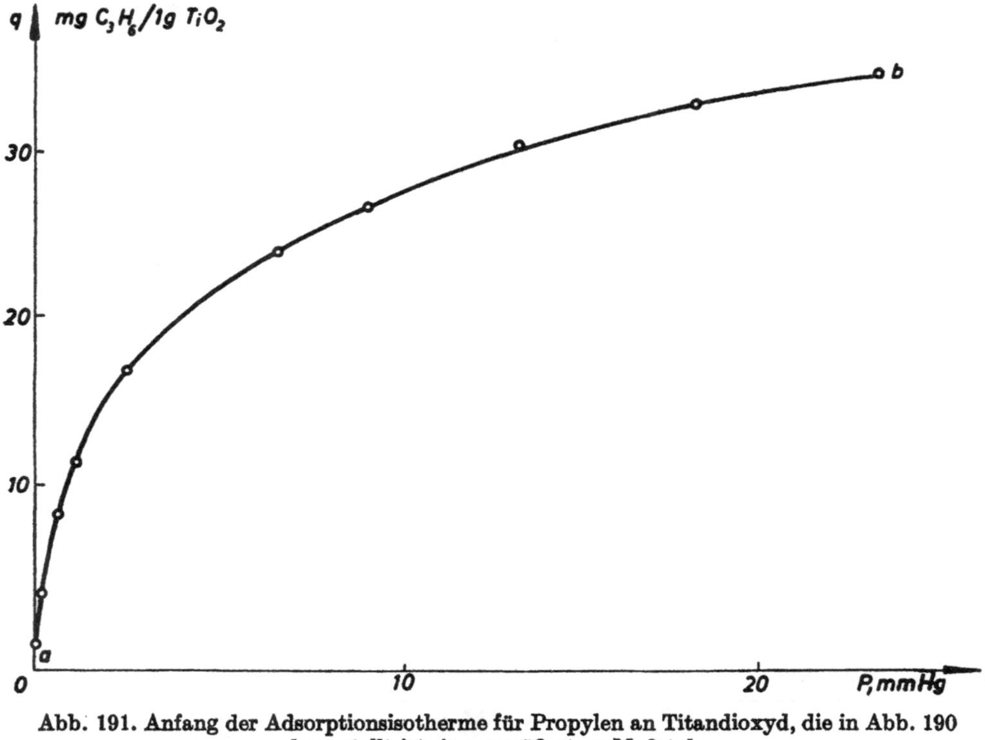

Abb. 191. Anfang der Adsorptionsisotherme für Propylen an Titandioxyd, die in Abb. 190 dargestellt ist, in vergrößertem Maßstab.

der Isothermen entspricht der vierten S-förmigen Klasse der BRUNAUERschen Klassifikation[36]). Bis zum Punkt *b* erstreckt sich das Gebiet kleiner Besetzungen. Das Gebiet *bc* entspricht dem Übergang zur Kapillarkondensation, der der rechte konvexe Ast der Isotherme *cd* entspricht. Dieser Ast könnte als Grundlage zur Bestimmung der Statistik der Poren und Kapillaren dienen. Für unsere Zwecke ist nur der Ast *ab* von Interesse.

Für sämtliche Isothermen, die JELOWITSCH und seine Mitarbeiter aufgenommen haben, ist die starke Nichtlinearität des konvexen Anfangsteils charakteristisch. In keinem einzigen Teil hatte die Kurve ein HENRYsches Gebiet, das wahrscheinlich bei noch kleineren Besetzungen liegt.

Nach unserer Theorie liefert eine graphische Differentiation der mit logarithmischer Druckkoordinate konstruierten Isothermen unmittelbar die Form der

Verteilungsfunktion. In Anwendung dieses Verfahrens erhielt JELOWITSCH für die meisten untersuchten Adsorbenten die Form der Verteilungsfunktion über die Adsorptionswärmen. Bei der Differentiation der bei verschiedenen Temperaturen aufgenommenen Isothermen ergaben sich fast identische Funktionen. Dies spricht für die Zuverlässigkeit des Verfahrens. Die von JELOWITSCH ermittelten Verteilungsfunktionen über die Adsorptionswärmen kann man in folgende Gruppen einteilen:

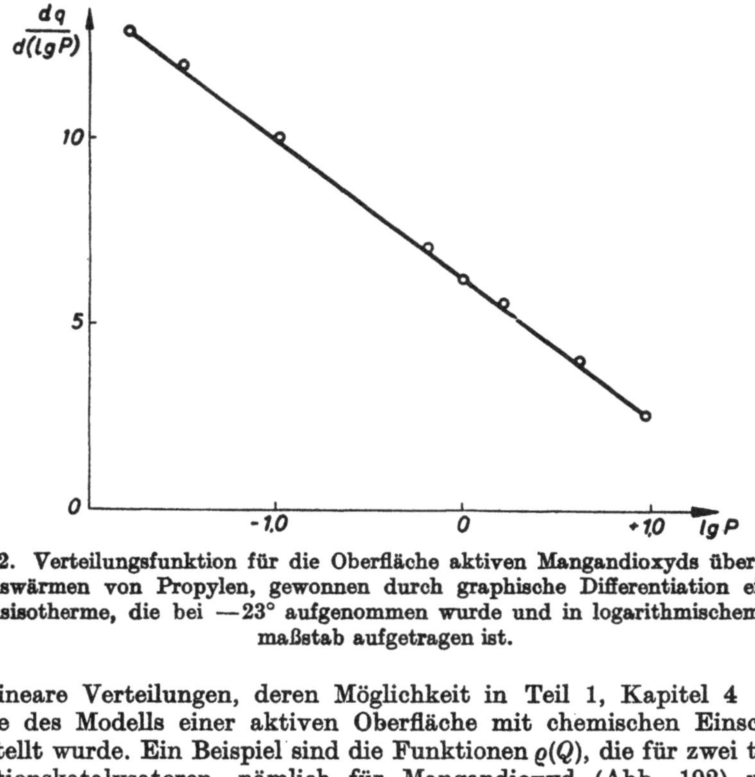

Abb. 192. Verteilungsfunktion für die Oberfläche aktiven Mangandioxyds über die Adsorptionswärmen von Propylen, gewonnen durch graphische Differentiation einer Adsorptionsisotherme, die bei —23° aufgenommen wurde und in logarithmischem Druckmaßstab aufgetragen ist.

1. Lineare Verteilungen, deren Möglichkeit in Teil 1, Kapitel 4 bei der Analyse des Modells einer aktiven Oberfläche mit chemischen Einschlüssen festgestellt wurde. Ein Beispiel sind die Funktionen $\varrho(Q)$, die für zwei typische Oxydationskatalysatoren, nämlich für Mangandioxyd (Abb. 192) und für Magnesiumchromit (Abb. 193) gewonnen wurden.

In beiden Abbildungen ist auf der Ordinatenachse die Ableitung von q nach dem Logarithmus des Gleichgewichtsdrucks $\lg p$ aufgetragen, auf der Abszissenachse der Logarithmus des Drucks. Die erste dieser Größen ist proportional der Verteilungsdichte ϱ, die zweite der Adsorptionsenergie Q_{ads}. Wir heben hervor, daß bei den kleinsten Drucken keine merklichen Abweichungen von der Linearität vorhanden sind. Bei unserer Behandlungsweise entspricht einer linearen Verteilung über Q_{ads} eine Adsorptionsisotherme $q^{1/2} \sim \lg p$. Die Abb. 194 und 195 zeigen, daß diese durchaus nicht einfache Isotherme das Adsorptionsgleichgewicht an den beiden oben erwähnten Katalysatoren gut beschreibt.

Berücksichtigt man die Übereinstimmung des Typs der Isotherme mit der Funktion ϱ, die durch direkte Differentiation der experimentellen Isothermen

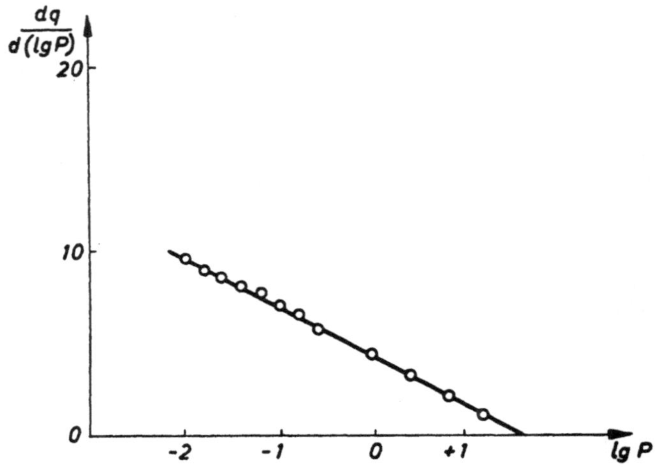

Abb. 193. Verteilungsfunktion für die Oberfläche eines Magnesium-Chrom-Kontakts über die Adsorptionswärmen von Propylen, gewonnen durch graphische Differentiation einer bei —63,5° aufgenommenen und im logarithmischen Druckmaßstab aufgetragenen Adsorptionsisotherme.

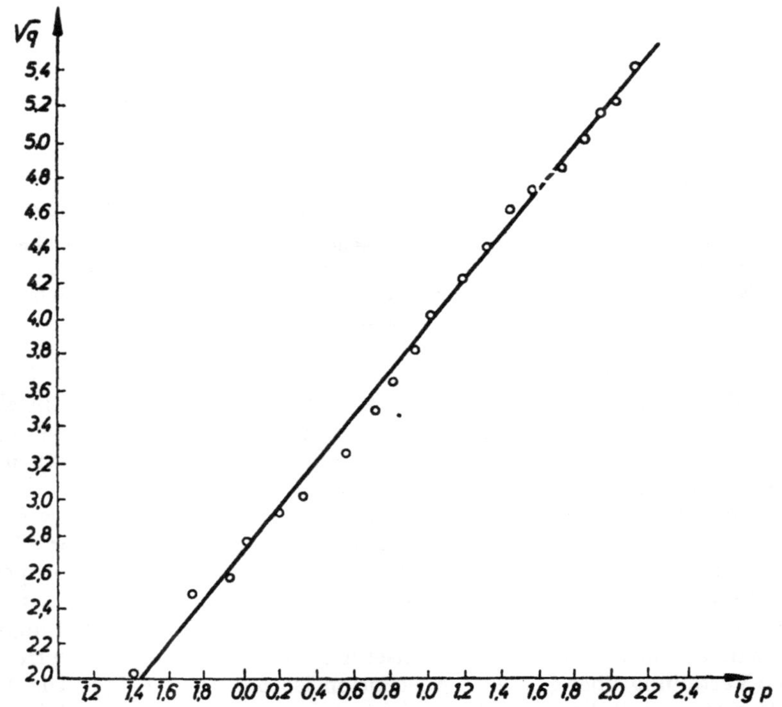

Abb. 194. Anwendbarkeit der Adsorptionsisotherme $q^{1/2} = a \lg p + C$, die einer linearen Verteilung über die Adsorptionswärmen entspricht, auf die Adsorption des Propylens bei kleinen und mittleren Besetzungen an einem Magnesium-Chrom-Kontakt. Temperatur —63,5°; $a = 1{,}26$; $C = 2{,}72$.

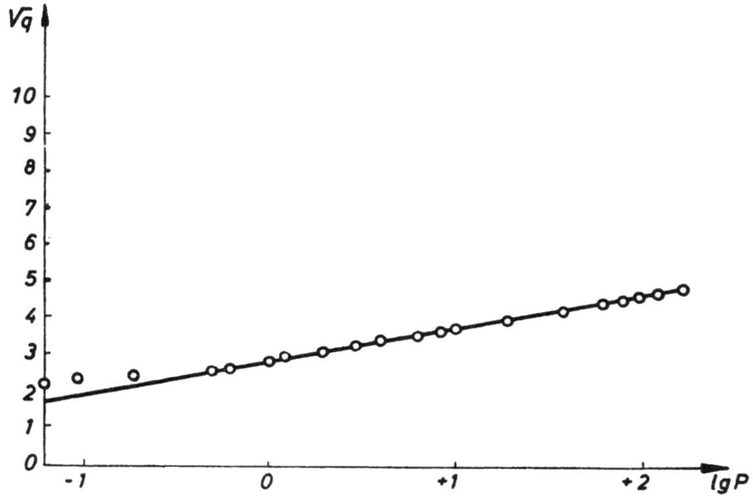

Abb. 195. Anwendbarkeit der Adsorptionsisotherme $q^{1/2} = a \lg p + C$, die einer linearen Verteilung über die Adsorptionswärmen entspricht, auf die Adsorption des Propylens bei kleinen und mittleren Besetzungen an Mangandioxyd bei —23°.

gewonnen wurde, so kann man die Realität dieser Verteilung als hinreichend gesichert ansehen. Offenbar ist dieser Verteilungstyp unter den einfachen und binären Oxydsystemen, die zur oxydativen Katalyse benutzt werden, sehr verbreitet. Sein Zusammenhang mit den ausgedehnten aktiven Zentren ist sehr wahrscheinlich.

2. Der zweite „reine" Verteilungstyp wurde für Platin, aufgetragen auf Bariumsulfat, festgestellt (Abb. 196 aus der Arbeit von BUTJAGIN und JELOWITSCH). In den logarithmischen Koordinaten q und $\lg p$ wird die Isotherme in ihrer ganzen Länge linear, d. h. über vier Größenordnungen hinweg.

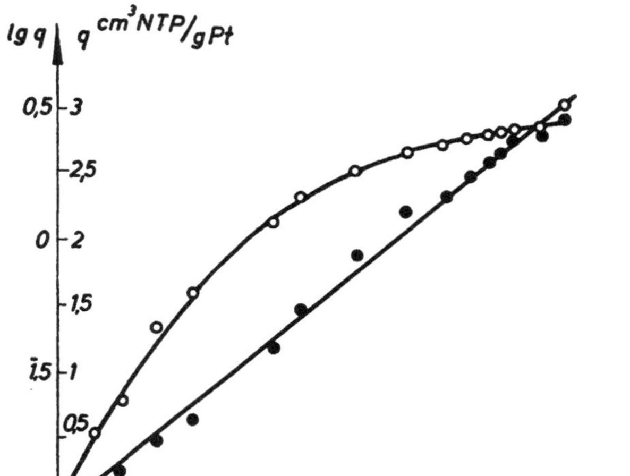

Abb. 196. Adsorptionsisotherme für Propylen an Platin, das auf Bariumsulfat aufgetragen wurde, bei —63°. Die weißen Kreise sind im doppeltlogarithmischen Maßstab dargestellt, für die schwarzen Kreise gelten als Koordinaten der Logarithmus des Drucks und die adsorbierte Menge.

In der gleichen Abbildung ist die Isotherme in doppeltlogarithmischen Koordinaten lg q und lg p dargestellt. Diese Isotherme ist deutlich gekrümmt.

Für die Adsorption von Gasen unter den üblichen Bedingungen ist dies der erste Fall einer logarithmischen Isotherme, die nach den Angaben von FRUMKIN und seinen Schülern[37]) eine gute Näherung für gewisse Fälle der Adsorption an Elektroden darstellt.

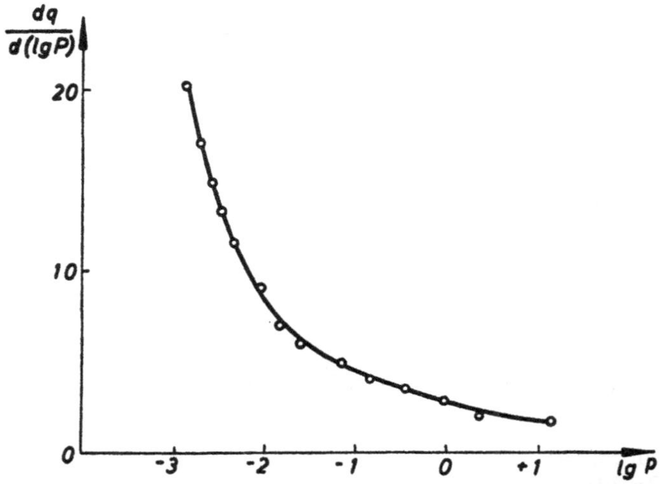

Abb. 197. Verteilungsfunktion für Aktivton (Gumbrin) über die Adsorptionswärmen für Propylen. Aufgenommen bei —23°.

Sehr verbreitet ist ein Verteilungstyp, bei dem ϱ (Q) mit wachsendem Q_{ads} nichtlinear abnimmt. Beispiele sind die Ergebnisse einer Auswertung der Adsorptionsisothermen für einen der besten Bleichtone (Gumbrin) (Abb. 197) sowie für Titandioxyd (Abb. 198). Die ebendort angegebene Kurve lg $\varrho = f\,(Q)$ zeigt, daß für Titanoxyd die Verteilungsfunktion nicht exponentiell sein kann. Dies wird auch durch die systematischen Abweichungen der doppeltlogarithmisch aufgetragenen Isothermen von der Linearität bestätigt (Abb. 199). Die Verteilung ist nahezu hyperbolisch: $\varrho\,(Q) = H/Q$. Es ist jedoch möglich, daß es sich nur um Teile komplizierterer Kurven handelt, wie sie in den folgenden Abbildungen dargestellt sind. Abb. 200 bezieht sich auf Bentonitton, Abb. 201 auf einen besonders behandelten Gumbrin, der verschieden ist von dem in Abb. 197. In beiden Fällen bestehen die Verteilungsfunktionen aus einem horizontalen Teil für die Bereiche mit mittleren und kleinen Adsorptionswärmen und einem nichtlinear abfallenden hyperbolischen Teil für große Q. Eine Verbreiterung der Verteilung in Richtung kleiner Q ist unmöglich, da bei weiterer Steigerung von p eine mehrschichtige Adsorption beginnt. Eine Verbreiterung in Richtung größerer Q ist dagegen möglich. Ihre Auffindung wäre von großer Bedeutung, da sie eine Klärung der Frage zulassen würde, ob dieser Verteilungstyp das Ergebnis einer Überlagerung einer gleichmäßigen Verteilung mit einer abnehmenden ist oder ob keine solche „Bastardverteilung“,

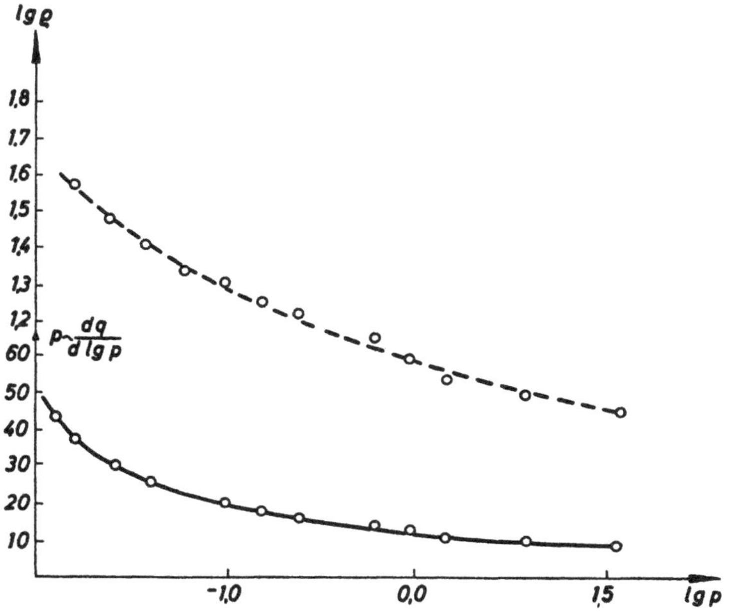

Abb. 198. Verteilungsfunktion über die Adsorptionswärmen für Propylen an einem besonders reinen Titandioxydpräparat, aufgenommen bei —63,5°. Das Präparat wurde bei 300° gereinigt. Die ausgezogene Linie stellt die Verteilungsfunktion in den üblichen Koordinaten dar, die gestrichelte die gleiche Funktion in einfachlogarithmischen Koordinaten (Ordinate: Logarithmus von ρ).

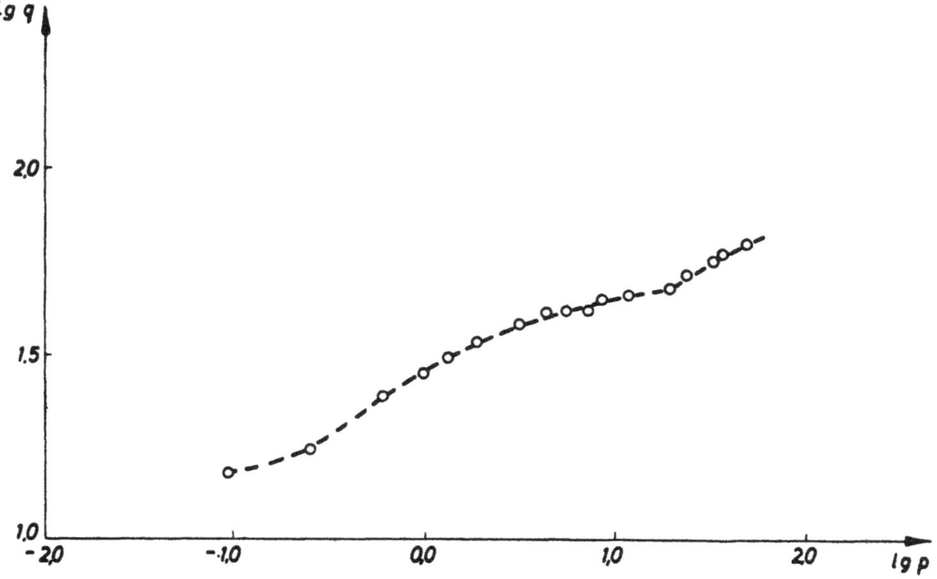

Abb. 199. Adsorptionsisotherme für Propylen an dem gleichen Titandioxydpräparat wie in Abb. 198 in doppeltlogarithmischen Koordinaten. Keine Linearität.

sondern ein Teil einer komplizierteren Verteilung, die sich nicht durch eine einfache analytische Funktion ausdrücken läßt, vorliegt. Wie oben erwähnt,

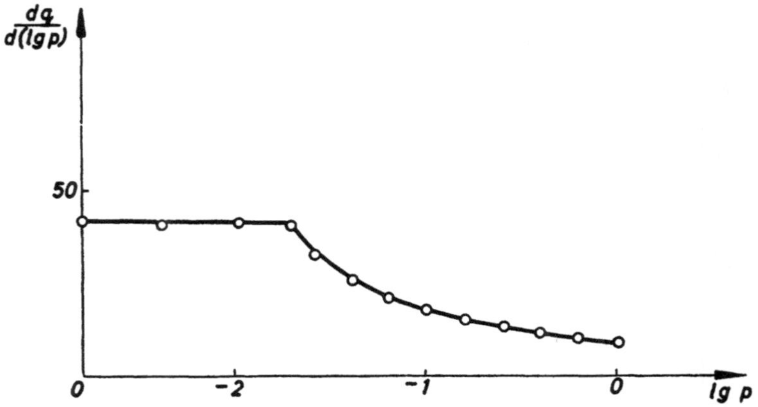

Abb. 200. Verteilungsfunktion der Bereiche über die Adsorptionswärmen für Propylen für Bentonitton, aufgenommen bei —23°.

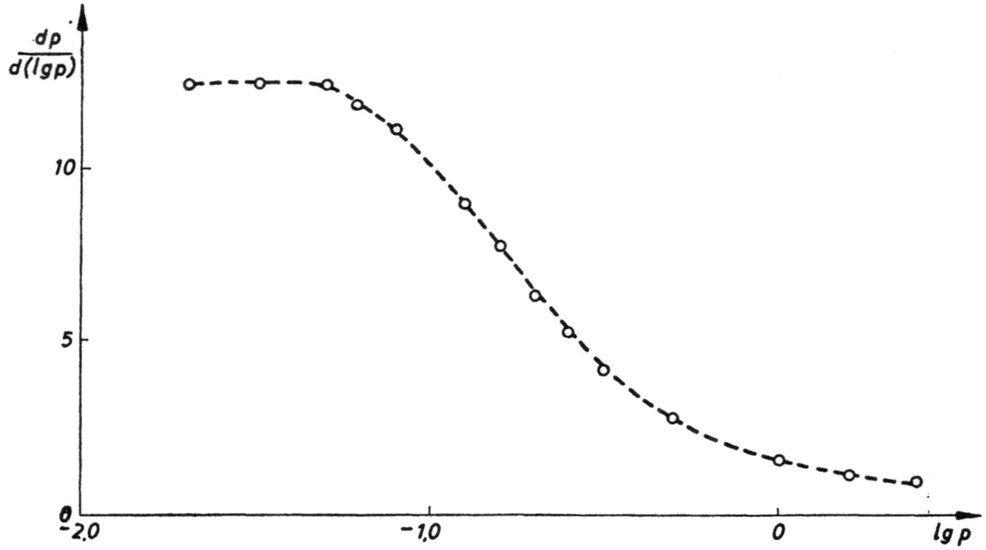

Abb. 201. Verteilungsfunktion der Bereiche über die Adsorptionswärmen für Propylen für eine Gumbrintonsorte nach zusätzlicher Aktivierung, gewonnen aus Adsorptionsisothermen bei —63,5°.

stimmen die Verteilungsfunktionen, die JELOWITSCH durch Differentiation der Isothermen für verschiedene Temperaturen am gleichen Adsorbens erhielt, praktisch überein. Dies wird besonders deutlich an Verteilungen von komplizierter Form, für die der Ort des Übergangs vom horizontalen zum abfallenden Teil unverändert bleibt.

Es wäre interessant, parallel dazu die Form der Verteilungsfunktion $\varrho(Q)$ aus der Temperaturabhängigkeit der isosteren Drucke zu bestimmen. Hier stößt man aber auf Schwierigkeiten, da die Gebiete, die bei verschiedenen Temperaturen aufgenommen werden, nicht übereinstimmen und die Meßfehler sich summieren.

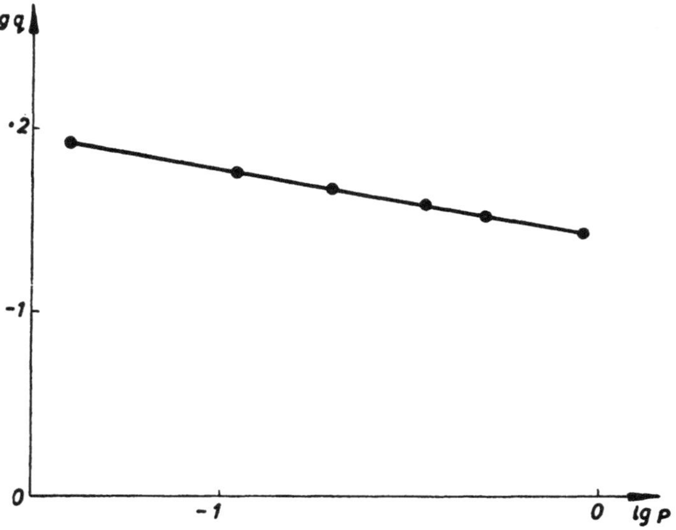

Abb. 202. Adsorptionsisotherme für Propylen an Kochsalz in doppeltlogarithmischer Auftragung nach der Methode von BERING und SERPINSKI.

Wo sie sich bestimmen ließen, fallen die Adsorptionswärmen systematisch mit wachsender Besetzung, was mit unserer Behandlungsweise der Oberfläche als breit inhomogen übereinstimmt. Die Abhängigkeit der isosteren ϱ-Werte von Q ist in der Arbeit nicht weiter ausgeführt. Es wäre sehr wünschenswert, auch hierüber etwas zu wissen und auch die Änderung der differentiellen Adsorptionswärme mit der Besetzung im Gebiet kleiner und sehr kleiner Besetzungen unmittelbar kalorimetrisch zu messen.

Die geschilderten Arbeiten zeigen eine Vielfalt von Verteilungstypen über die Adsorptionswärmen für die Adsorption eines und desselben Gases an verschiedenen Adsorbenten. Diese Verteilungsfunktionen ändern sich bei Änderung des Herstellungsverfahrens des Präparats und der Bedingungen seiner Vorbehandlung. Wünschenswert ist eine weitere Ansammlung experimentellen Materials, mit dessen Hilfe man den Zusammenhang zwischen dem Typ des festen Stoffes und dem Typ der Verteilungsfunktion sowie den Einfluß verschiedener Faktoren auf diese Verteilung untersuchen kann. Leider ist das Gebiet der p-Werte von 3 bis 4 Größenordnungen zu klein zur Aufnahme des statistischen Profils der Oberfläche. Hierfür müßte man bis auf 5 oder sogar 6 Größenordnungen kommen, was keine unüberwindlichen Schwierigkeiten bietet. Ferner müßte man zwei bis drei unabhängige Untersuchungsmethoden zur Verfügung haben. Zweifellos wird ein solches Verfahren wegen seiner Dringlichkeit auch entwickelt werden. Im Zusammenhang damit nennen wir neben der oben erwähnten Methode von BERING und SERPINSKI — ein Beispiel für die Anwendung dieses Verfahrens bildet die in Abb. 202 dargestellte Adsorptionsisotherme des Propylens an Kochsalz und die Isotherme für Methanol an Knochenkohle (Abb. 203) — noch die elektrochemische Methode von FRUMKIN-ERSCHLER-SCHLYGIN[41]). Wir heben nochmals das ungewöhnlich große Intervall der Φ-Werte in Abb. 203 hervor, das drei Größenordnungen unterhalb $\Phi \cong 1$ umfaßt.

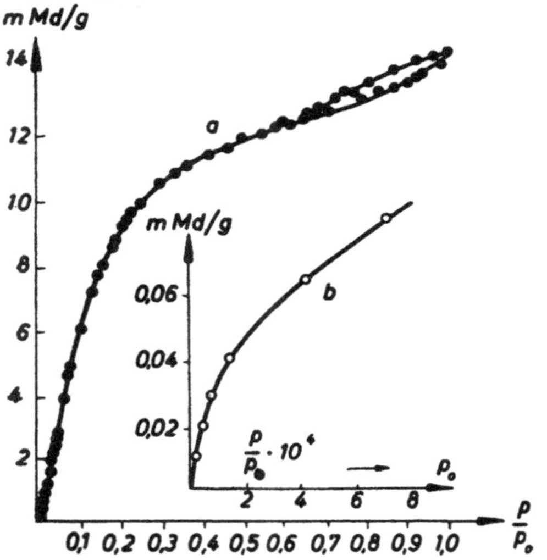

Abb. 203. Adsorptionsisotherme, aufgenommen nach der Methode von BERING und SERPINSKI für Methanol an aktiver Knochenkohle; *a*: die gesamte Isotherme; *b*: der Anfangsteil der Isotherme im vergrößerten Maßstab. In der Kurve *a* ist rechts eine Hysteresisschleife zu sehen.

Die Frage nach dem Typ der Verteilungsfunktion für kleine Besetzungen ist von großer Bedeutung für die Aktivkohlen, die manchmal bei kleinen Besetzungen verwendet werden. Dieses Problem wurde neuerdings von DUBININ und seinen Schülern an Kohle unter großen Variationen der Porosität untersucht; zur Auswertung ihrer Meßwerte verwendeten die Verfasser die neue Adsorptionsisotherme[38]) $\lg q = C + (RT \lg p)^2$, die unter der Voraussetzung eines besonderen, bisher nicht betrachteten Verteilungstyps abgeleitet wurde. Die experimentellen Daten, die in einem großen Bereich von p und Φ aufgenommen wurden, umfassen kleine und mittlere Besetzungen und stimmen mit dieser Formel gut überein.

Es wäre wünschenswert, die Eindeutigkeit der Lösung zu beweisen. Indessen ist eine Auswertung der Ergebnisse nach unseren Methoden unmöglich, weil uns die primären experimentellen Daten nicht zur Verfügung stehen. Wir verweisen im einzelnen auf die entsprechenden Artikel und erwähnen nur, daß im ganzen die Arbeiten, die in diesem Paragraphen besprochen wurden, im Einklang mit den oben entwickelten allgemeinen Begriffsbildungen stehen und die Brauchbarkeit unserer Methoden zur Analyse der Adsorptionsgleichgewichte zeigen.

§ 4: *Die Statistik der Oberflächen nach der elektrochemischen Methode von* FRUMKIN

Für die Gase, die bei der Elektrolyse an den Elektroden abgeschieden werden, gibt es schon eine interessante Möglichkeit zur Untersuchung der Adsorptionsisothermen, die zuerst von BOWDEN und RIDEAL angegeben wurde[39]).

Diese Möglichkeit beruht auf den Eigentümlichkeiten der Kurven der elektrochemischen Aufladung von Elektroden unter Bedingungen, bei denen die FARADAYsche elektrolytische Zersetzung keine wesentliche Rolle spielt und das Gleichgewichtspotential bei gegebener Besetzung der Oberfläche sich hinreichend schnell einstellt.

Bei einem Potential, das dem Gleichgewichtszustand genügend nahe kommt, können die Potentialänderungen der Elektrode, gemessen in bezug auf eine Standardelektrode, als Maß für die Änderung des chemischen Potentials des adsorbierten Gases dienen.

Wir nehmen an, daß ursprünglich die Elektrode durch andauernden Kontakt mit Wasserstoffgas oder durch elektrochemische Polarisation bis zu einem bestimmten Grad mit Wasserstoff beladen sei. Das entspricht einem bestimmten ursprünglichen elektrischen Potential der Oberfläche und einem bestimmten chemischen Potential des adsorbierten Gases. Nimmt man das mit Wasserstoff gesättigte Metall als Anode und läßt bei Potentialen, die die Elektrolyse ausschließen, einen Strom durchfließen, so kann man den Wasserstoff allmählich von der Oberfläche entfernen. Bei gegebener absoluter Größe der Oberfläche entspricht einer bestimmten durchgegangenen Elektrizitätsmenge ΔI in Coulomb die Wegführung einer genau bestimmten Zahl polarisierter Wasserstoffatome von der Oberfläche. Das bedeutet eine Abnahme der Besetzung der Oberfläche mit Wasserstoff q (analog einer Desorption) um eine Größe Δq, die mit einer Verringerung von Φ um $d\Phi$ verbunden ist.

Gleichzeitig erfolgt eine Potentialerhöhung der Elektrode um $\Delta \varphi$, wobei einer Änderung von φ um 0,029 Volt eine Abnahme des Wasserstoffdrucks, der mit dem von der Elektrode adsorbierten Wasserstoff im Gleichgewicht steht, um den Faktor 10 entspricht. Eine hinreichend genaue Messung der Abhängigkeit der Größe φ von I liefert in etwas ungewohnten Einheiten die Abhängigkeit des Logarithmus des Gleichgewichtsdrucks von der adsorbierten Menge und von der Besetzung, d. h. die Adsorptionsisotherme im logarithmischen Maßstab über den Druck und im einfachen Maßstab über der Besetzung. Ähnlich kann man auch die Adsorptionsisothermen des Sauerstoffs untersuchen.

Hierauf beruht die von FRUMKIN vorgeschlagene und von ihm gemeinsam mit SCHLYGIN[40]), ERSCHLER[41]), DOLIN[42]) u. a. in verschiedenen Varianten entwickelte Methode zur Untersuchung der Adsorption, die streng genommen nur auf aktiviert adsorbierte Gase anwendbar ist.

Wie das Experiment zeigt, erreichen die Potentialänderungen, die in den Ladungskurven im Abschnitt *a* bis zum Beginn des steilen Abschnitts *AB* (Abb. 204) zu beobachten sind — dieser Abschnitt entspricht dem Beginn der Ausbildung der normalen Doppelschicht —, einige Zehntel Volt, was einem für andere Methoden unzugänglichen Änderungsbereich der Quasigleichgewichtsdrucke des gasförmigen Wasserstoffs von mehreren Größenordnungen (bis zu 10 und mehr) entspricht. In dieser Hinsicht hat die Methode nicht ihresgleichen. Sie ist jedoch nicht frei von prinzipiellen Mängeln, die ihren Anwendungsbereich stark einschränken: 1. die Adsorption kann nur in Anwesenheit von Wasser und Elektrolytsubstanz untersucht werden; damit sind ständig auch Fremdionen vorhanden, die das Adsorptionspotential und das Gleichgewicht beeinflussen können; 2. das Gleichgewicht stellt sich nicht immer hinreichend schnell ein und besitzt eine gewisse Beweglichkeit; 3. auf diese Weise läßt sich nur die Adsorption von Substanzen, die das elektrische Potential merklich verändern, untersuchen. Es ist nicht überraschend, daß bisher zuverlässige Daten nur für Wasserstoff erzielt werden können und daß schon die Untersuchung der Adsorption von Sauerstoff an den meisten Metallen Schwierigkeiten macht.

Zweifellos ist jedoch diese Methode weiterer Vervollkommnung fähig. Die Möglichkeit, auch nur in einzelnen Fällen das Adsorptionsgleichgewicht in einem so großen Intervall der chemischen Potentiale des Gases zu verfolgen, ist von großer prinzipieller Bedeutung für das diskutierte Problem.

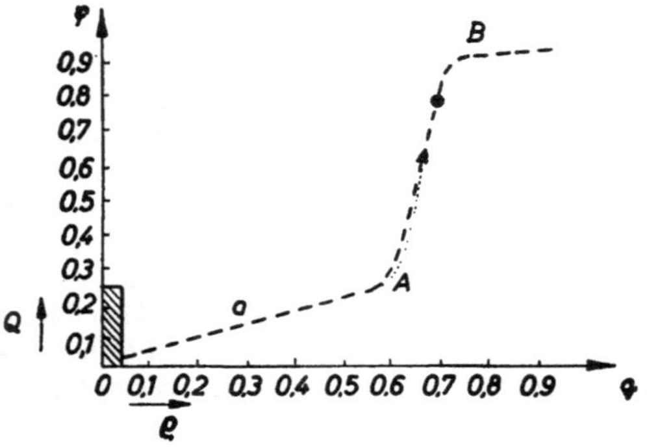

Abb. 204. Ladungskurve, welche die elektrochemische Entfernung des Wasserstoffs von einer Platinoberfläche in salzsaurer Lösung veranschaulicht.

Wir schildern nun die wesentlichsten Ergebnisse, die mit Hilfe dieser Methode gewonnen wurden.

Am eingehendsten untersucht wurde die Adsorption von Wasserstoff an metallischem Platin, das in Form von Präparaten mit verschiedener Vorbehandlung verwendet wurde, die durch verschiedene spezifische Oberfläche und durch verschiedene Reinheit dieser Oberfläche gekennzeichnet sind. Eine typische Ladungskurve für platiniertes Platin in normaler Salzsäurelösung ist in Abb. 204 dargestellt.

In diesem Fall wächst die adsorbierte Menge, ausgedrückt in Coulomb, in einem großen Intervall $\Delta\varphi$ und damit in einem großen Intervall der Logarithmen des Gleichgewichtsdrucks des H_2 fast linear. In der statistischen Deutung entspricht dies der in der Abbildung gestrichelt dargestellten gleichmäßigen Verteilung über die Adsorptionswärmen in einem Intervall von etwa 0,18 V, d. h. etwa $p_1/p_2 = 10^6$ oder etwa $14\,RT$ in Q_{ads}.

Die Genauigkeit dieses Ergebnisses darf nicht überschätzt werden, denn eingehendere Untersuchungen der gleichen Schule zeigten, daß die Ladungskurve in demselben Adsorptionsgebiet eine bedeutend weniger regu-

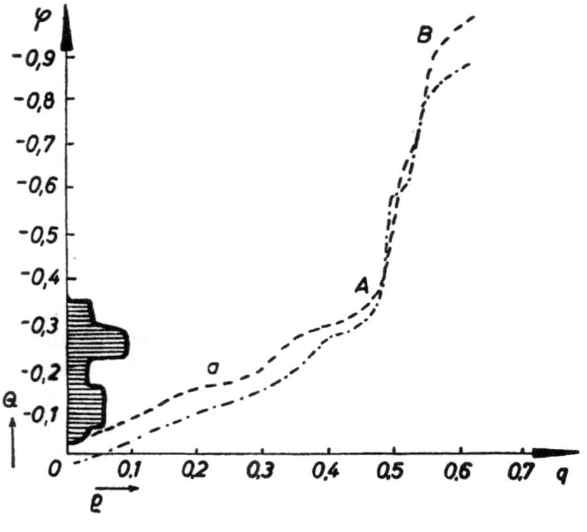

Abb. 205. Ladungskurve für Platin in schwefelsaurer Lösung.

läre Form zeigt, wenn man andere Elektrolyent verwendet: dies geht schon aus Abb. 205 hervor, welche die Ladungskurven in Schwefelsäure darstellt, und zwar für zwei Konzentrationen. Die obere ausgezogene Kurve würde einer ganz anderen Verteilung entsprechen, die schematisch in der gleichen Abbildung dargestellt ist.

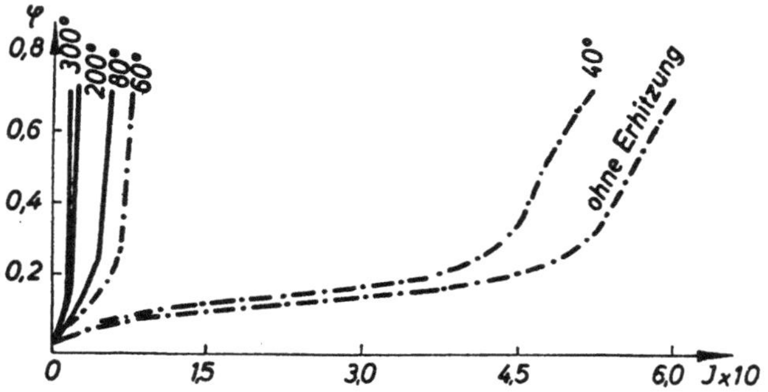

Abb. 206. Änderung der Ladungskurven von Platin durch vorherige Erhitzung des Platins auf verschiedene Temperaturen.

Noch komplizierter sind die Isothermen in alkalischer Lösung. Die Form des adsorptiven Anfangsteils der Ladungskurven ändert sich bei Erhitzung und bei vorheriger Behandlung mit Giften (Arsenik, Sublimat usw.) stark. Beispiele für solche Änderungen sind in den Abb. 206 und 207 dargestellt. Die erste dieser Abbildungen veranschaulicht den Einfluß einer vorherigen Erhitzung. Unter ihrem Einfluß

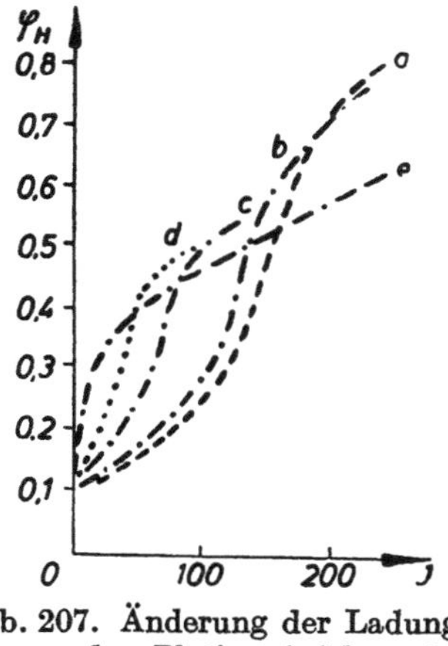

Abb. 207. Änderung der Ladungskurven des Platins infolge einer Vergiftung des Metalls durch Arsen. Kurve *a* bezieht sich auf das reine Metall, die Kurven *b* bis *e* auf ein Metall mit wachsendem Arsengehalt.

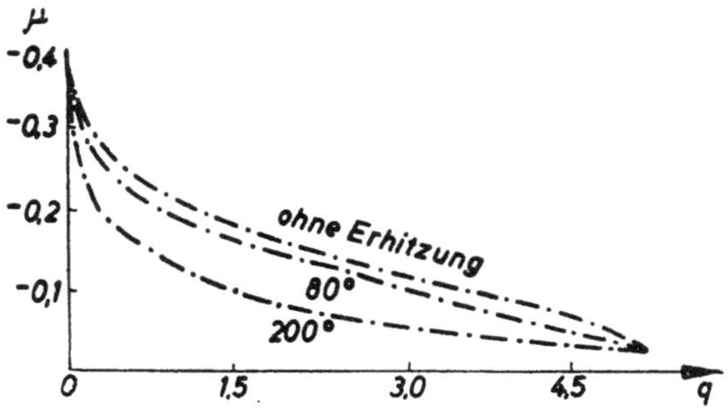

Abb. 208. Charakteristische Adsorptionskurven für Wasserstoff an Platinproben, elektrochemisch aufgenommen. Die obere Kurve entspricht dem reinen, die mittlere einem bis 80° erhitzten, die untere einem auf 200° erhitzten Metall. Auf der Abszissenachse ist q, auf der Ordinatenachse φ_{ads} aufgetragen. Der Maßstab für das Metall, das auf 80° erhitzt wurde, ist um den Faktor 11, für das Metall, das auf 200° erhitzt wurde, um den Faktor 23 gegenüber dem Maßstab der Kurve für das reine Metall gestreckt.

verringert sich die Adsorptionskapazität schnell, wobei aber das bisherige Potentialgebiet und damit auch das bisherige Gebiet der Gleichgewichtsdrucke des Wasserstoffs erhalten bleibt. Im zweiten Fall sind nach einer

Vergiftung die Änderungen der Kapazität nicht so groß, jedoch sinkt das Adsorptionspotential für kleine Besetzungen, d. h. die Bindungsenergie der „aktivsten“ Bereiche, stark ab. Gleichzeitig ändert sich auch die Form der Isothermen stark und damit auch die Form der Verteilungskurve, die sich hinter dieser Isotherme bei ihrer statistischen Deutung verbirgt.

Das gleiche tritt auch bei thermischer Behandlung ein. In Abb. 208 sind die charakteristischen Kurven für die Adsorption von Wasserstoff an Platin dargestellt, die FRUMKIN und SCHLYGIN aus den Ladungskurven der Abb. 206 erhielten.

In diesem Fall ist auf der Ordinatenachse in relativen elektrischen Einheiten das Adsorptionspotential aufgetragen, d. h. eine Größe, die mit Abnahme des Logarithmus des Gleichgewichtsdrucks linear wächst, auf der Abszissenachse die Menge adsorbierten Gases, wieder in relativen elektrischen Einheiten. Der Abszissenmaßstab ist für das Präparat, das auf 80° erhitzt wurde, um den Faktor 11 gestreckt, für das Präparat, das bis 200° erhitzt wurde, um den Faktor 23. Dadurch wird erreicht, daß Anfang und Ende der charakteristischen Kurven für alle drei Präparate aufeinanderfallen. Aus der Abbildung ist die Formänderung der charakteristischen Kurve und damit auch die Formänderung der Verteilungsfunktion durch eine Erhitzung ersichtlich.

Für ein stark erhitztes Präparat verschwindet praktisch der lineare Teil, d. h. die beobachtete Verteilung entfernt sich mehr von der gleichmäßigen, und schließlich erfolgt die größte relative Formänderung der Isothermen für die aktivsten Bereiche mit den maximalen φ_{ads}. Wir bemerken, daß in einem geringen p-Intervall in jeder dieser Kurven Bereiche abgegrenzt werden können, die von der Linearität nicht abweichen. Hieraus geht hervor, welche Vorsicht man den Isothermen, die in einem kleinen p-Intervall aufgenommen wurden, gegenüber walten lassen muß. Leider ist die Konstruktion der genauen Funktionen $\varrho(Q)$ an Hand der Diagramme allein ohne experimentelle Werte und Tabellen nicht möglich. Insgesamt stimmen die Beobachtungen von FRUMKIN und seinen Schülern mit dem Modell einer breit inhomogenen Oberfläche überein. Der Einfluß der Erhitzung ist mit einem Modell gegenseitiger Abstoßung schwerer vereinbar, obwohl man mit diesem formal die übrigen Eigentümlichkeiten der beobachteten Isothermen ebenso erfolgreich erklären könnte.

In letzter Zeit wurden die elektrochemischen Untersuchungen der Adsorption auf die Adsorption von Sauerstoff durch Silber und einige andere Systeme ausgedehnt.

Unerwartet war das Auftreten der typischen Ladungskurve mit breitem linearem Teil für Wasserstoff an Palladium, bei dem anerkanntermaßen Wasserstoff im ganzen Gitter gelöst ist. Dies führt zu der Annahme, daß komplizierte Wechselbeziehungen möglich sind, bei denen das Gas während der Adsorption in das Gitter eindringt, es verändert und dadurch auch sein Adsorptionspotential in gewissen Gebieten abändert. Diese Vorstellungen nehmen eine Mittelstellung zwischen dem einfachen Begriff der Inhomogenität und dem der Abstoßungswechselwirkung ein.

Die hochempfindliche Methode von FRUMKIN gestattet auch, den verschiedenartigen Änderungen der metallischen Oberflächen unter dem Einfluß äußerer Faktoren nachzuspüren und die Adsorptionsisothermen auf unabhängigem Wege abzuleiten. Diese weisen auf einen starken Abfall der Adsorptionswärmen in einem großen Intervall mit wachsender Menge adsorbierten Wasserstoffs hin. Da sich die Methode selbst auf das Vorhandensein eines Dipolmoments beim adsorbierten Wasserstoff stützt, ist in diesem Fall eine Abstoßungswechselwirkung in der Schicht wahrscheinlicher als in den übrigen Fällen, und es ist unmöglich, sie allein auf Grund elektrochemischer Messungen auszuschließen. Nach den Experimenten mit dem Palladium, durch die das Vorhandensein eines noch komplizierteren Typs des Einflusses der Adsorption der ersten Teilmengen auf die Adsorption der späteren wahrscheinlich gemacht wurde, ist das Problem noch verwickelter geworden.

Man muß jetzt versuchen, mit Hilfe unabhängiger direkter Methoden die Rolle der Inhomogenität und die der Wechselwirkung in der Schicht in den von FRUMKIN untersuchten Systemen voneinander abzugrenzen und die Grenzen der Anwendbarkeit dieser interessanten Methode für die Untersuchung der Statistik aktiver Oberflächen festzustellen.

§ 5: *Kalorimetrische Daten über die Inhomogenität der Oberflächen bei der Gasadsorption*

Das experimentelle Material in diesem Kapitel bezieht sich in der Hauptsache auf die Adsorptionsgleichgewichte bei kleinen Besetzungen. Eine genauere Untersuchung dieser Gleichgewichte weist überzeugend die Inhomogenität der Oberflächen einer Reihe aktiver fester Stoffe und das Vorhandensein eines großen Intervalls von Bereichen mit verschiedenen Adsorptionskoeffizienten an diesen Oberflächen nach. Hieraus lassen sich zwanglose Schlüsse auf das Vorhandensein von Bereichen mit verschiedenen Adsorptionswärmen ziehen, und unter günstigen Umständen läßt sich auch der vermutliche Verteilungstyp der Bereiche über die Adsorptionswärmen feststellen.

Da diese Schlußfolgerungen den Ausgangspunkt für weitere Überlegungen in der Theorie der Adsorption und Katalyse darstellen, wäre es sehr wünschenswert, sie durch unmittelbare kalorimetrische Messungen der differentiellen Adsorptionswärmen zu bestätigen. Die ersten Versuche zu solchen Messungen, die in den zwanziger Jahren im Zusammenhang mit der TAYLORschen Theorie der aktiven Zentren unternommen wurden, blieben erfolglos, weil die experimentelle Eigenart der Messung thermischer Effekte an Pulvern im Hochvakuum unbeachtet blieb.

Hieraus resultierte eine gewisse Skepsis im Hinblick auf die Möglichkeit einer direkten kalorimetrischen Bestimmung der differentiellen Wärmen und der Verteilungsfunktionen, die viele Forscher noch heute hegen. Indessen klärten spätere Untersuchungen aus den dreißiger Jahren die wichtigsten Fehlerquellen, zeigten zuverlässige Methoden zu ihrer Beseitigung und schufen damit reale Voraussetzungen für die Anwendung der Kalorimetrie in dem uns interessierenden Gebiet. Bisher sind diese Möglichkeiten nur sehr unvollständig ausgenutzt, und es gibt erst wenige systematische und konsequente kalorimetrische Untersuchungen über die Statistik aktiver Oberflächen, die auf der Grundlage der modernen Experimentaltechnik ausgeführt wurden. Indessen ist die Menge der kalorimetrischen Daten, die zugunsten einer energetischen Inhomogenität der Oberflächen sprechen, ziemlich groß; sie bilden eine gute Ergänzung zu den oben dargelegten Ergebnissen, die auf ganz andere Weise gewonnen wurde.

ZurVeranschaulichung dieser Situation geben wir nebenstehend eineTabelle der Systeme wieder, für die kalorimetrisch eine Abnahme der differentiellen Wärmen mit der Besetzung festgestellt wurde. Die Tabelle stammt aus dem Artikel von Beebe [43]), in dem ein ausführlicher kritischer Überblick über die Meßmethoden und die Zuverlässigkeit der Ergebnisse gegeben wird und zweifelhafte Daten fortgelassen sind. Infolge der besonderen Auswahl des Materials, die der Verfasser der Übersicht trifft, und infolge der Tatsache, daß er in einer Reihe von Fällen die ersten Zahlen der Tabelle fortläßt, entsteht ein zu schwacher Eindruck von der Breite des Bereichs der differentiellen Wärmen, auf die man im Experiment stößt. Trotzdem zeigen die Daten der Tabelle, wie verbreitet die fallenden Adsorptionswärmen bei der Adsorption von Gasen an aktiven Festkörpern, die als Katalysatoren verwendet werden, sind. Das ist ein zusätzliches Argument für die Richtigkeit unserer statistischen Begriffsbildung, die sich auf die Vorstellung einer breiten Inhomogenität der Oberflächen im Hinblick auf die energetischen Größen stützt.

Die typische Natur der in Tab. 12 zusammengestellten Ergebnisse wird durch die sowjetischen kalorimetrischen Arbeiten der letzten Jahre bestätigt, die von Kisseljew und seinen Mitarbeitern [44]) nach einem sehr vervollkommneten Verfahren durchgeführt wurde. Gegenstand dieser Untersuchungen waren verschiedene Silicagele, Aktivkohlen, Alumosilicatkatalysatoren des Crack-Prozesses usw. Parallel dazu wurden die absolute Größe der Oberfläche und die Statistik der Poren untersucht. Die Unterschiede zwischen den Q_{diff} für die Anfangspunkte und den mittleren Teil der Isotherme waren in einer Reihe von Fällen sehr groß. Für eine Aktivkohle insbesondere war bei der Adsorption von Methylalkoholdämpfen das Q_{ads} zu Anfang um 13 kcal/Mol größer als die mittleren Q-Werte.

Literatur

1. Hückel, E., Adsorption und Kapillarkondensation, Leipzig (1928); Freundlich, H., Kapillarchemie, Leipzig (1930).
2. Мак Бэн, Дж., Сорбция газов твердыми телами, ОНТИ (J. McBain, Sorption von Gasen durch Festkörper), 1934.
3. Рогинскии, С., и Зельдович, Я. (S. Roginski und J. Seldowitsch), Acta Physicochimica URSS, **1**, 554 (1934).
4. Зельдович, Я. (J. Seldowitsch), Acta Physicochimica URSS, **1**, 961 (1935).
5. Cremer, E., Flügge, Z. physik. Chem., Abt. B, **41**, 453 (1939).
6. Barrer, R. M., Proc. Roy. Soc. [London], **161**, 476 (1937); **149**, 253 (1935).
7. Homfray, J. R., Z. physik. Chem., **74**, 129 (1910).
8. Claude, G., C.R. hebd. Séances Acad. Sci., **158**, 861 (1914).
9. Ruff, O., u. Roesner, G., Ber. dtsch. chem. Ges., **60**, 414 (1927).
10. Barrer, R. M., Rideal, E. K., Proc. Roy. Soc., **149**, 231 (1935).
11. Armbruster, M. H., Austin, J. B., J. Amer. chem. Soc., **66**, 159 (1944).

11a. Armbruster, M., J. Amer. chem. Soc., **68**, 1342 (1946); Armbruster, Austin, ibid., **68**, 1347 (1946).

12. Zeise, H., Z. physik. Chem., **136**, 385 (1928).
13. Innes, Rowley, J. physic. Chem., **45**, 158 (1941); Palmer, Proc. Roy. Soc., **160**, 254 (1937).

TABELLE 12

Adsorptionswärmen für metallische und Oxydkontakte nach kalorimetrischen Messungen für Temperaturen von 0 bis 20°

(Zusammengestellt nach dem Artikel von BEEBE[41])

Gas	Adsorbens	Differentielle Adsorptionswärme in kcal/Mol
Wasserstoff	Kupfer	14÷ 8
,,	Nickel	16÷ 10
,,	,, ...	20÷ 10
,,	,, ...	20÷ 14
,,	Platin	18÷ 10
,,	,, ...	30÷ 9
,,	,, ...	29÷ 9
,,	Wolfram	34÷ 18
,,	Zinkchromit (reduz.)	19÷ 8
,,	,, ,, ...	13÷ 10
Kohlenmonoxyd	Kupfer	18÷ 14
,,	,, ...	12÷ 9
,,	,, ...	15÷ 14
,,	,, ...	21÷ 13
,,	,, ...	19÷ 14
,,	Eisen	20÷ 16
,,	Zinkoxyd (oxyd.)	18÷ 12
,,	Chromoxyd (reduz.)	15÷ 12
,,	Zinkchromit (oxyd.)	44÷ 16
Sauerstoff	Kupfer	80÷ 60
,,	Nickel	90÷ 68
		100÷ 60
,,	Platin	51÷ 8
,,	,, ...	161÷104
,,	,, ...	107÷ 48
,,	Wolfram	150÷ 48
Ammoniak	Eisen	16÷ 8
,,	Nickel	11÷ 7
Äthylen	Zinkoxyd	25÷ 19
,,	Zinkchromit (oxyd.)	20÷ 17
Kohlendioxyd	Nickel	9÷ 7
,,	Zinkoxyd	13÷ 9
,,	Zinkchromit	18÷ 16
,,	,, ...	15÷ 13
Schwefeldioxyd	Platin	37÷ 18

14. Erbacher, O., Z. physik. Chem., Abt. A, **180**, 141 (1937); **182**, 243, 246 (1938); Z. Elektrochem., angew. physik. Chem., **50**, 9 (1944).
15. Fischer, H. Z., ibid., **50**, 11 (1944).
15a. Kurbatov, J., Kulp, J., Nack, E., J. Amer. chem. Soc., **67**, 1923 (1945).
16. Grandjean, C.R. hebd. Séances Acad. Sci., **149**, 866 (1909); Sameshima, Bull. Chem. Soc. Japan, **4**, 96 (1929); Weigel, O., Steinhoff, E., Z. Kristallogr. Mineralog. Petrogr., **61**, 125 (1925); McBain, J., Kolloid-Z., **40**, 1 (1926); Schmidt, O., Z. physik. Chem., **133**, 280 (1928); Baba, T., Bull. Chem. Soc. Japan, **5**, 1901 (1930).
17. Barrer, R. M., Ibbitson, D. A., Trans. Faraday Soc., **40**, 195, 206 (1944); Barrer, R. M., ibid., **40**, 555 (1944); Barrer, R. M., Proc. Roy. Soc., **167**, 392, 406 (1938).
18. Frankenburger, Hodler, Trans. Faraday Soc., **28**, 229 (1932).
19. Roberts, J. K., Proc. Roy. Soc., **152**, 445 (1935); Some problems in adsorption, Cambridge (1939).
20. Шехтер, А. Б., Докторская диссертация ЛПИ (A. B. Schechtjor, Doktordissertation), (1939); Бубен, Н. Я., и Шехтер, А. Б., Журнал Физической Химии (N. J. Buben und A. B. Schechtjor, J. physik. Chem.), **13**, 267 (1939).
21. Лейпунский, О. (O. Leipunski), Acta Physicochimica URSS, **2**, 737 (1935); **5**, 807 (1936).
22. Лейпунский, О. (O. Leipunski), Acta Physicochimica URSS, **5**, 271 (1936).
23. Frankenburg, W. F., J. Amer. chem. Soc., **66**, 1827 (1944).
24. Frankenburg, W. F., J. Amer. chem. Soc., **66**, 1838 (1944).
25. Beeck, O., Rev. Mod. Physics, **17**, 61 (1945).
26. Юз и Де-Бридж, Фотоэлектрические явления, ОНТИ (Juza und de Bridge, Photoelektrische Erscheinungen).
27. Равдель, А. А., и Юдин, И. П., Доклады Академии Наук СССР (A. A. Rawdel und I. T. Judin, Ber. Akad. Wiss. UdSSR), **30**, 37 (1941).
28. Columbian Colloidal Carbons. Res. Lab., **3** (1942).
29. Аблезова, К., Рогинский, С., Целлинская, Т., Доклады Академии Наук СССР (K. Ablesowa, S. Roginski und T. Zwillinskaja, Ber. Akad. Wiss. UdSSR), **30**, 29 (1941).
30. Бабкова, М., и Мочан, И., Доклады Академии Наук СССР (M. Babkowa und I. Motschan, ibid., **30**, 32 (1941).
31. Жадановская, К., Королев, В. и Мочан, И., Доклады Академии Наук СССР, (K. Shadanowskaja, W. Korolew und I. Motschan, ibid.), **30**, 26 (1941).
32. Волькенштейн, Ф. Ф., Журнал Физической Химии (F. F. Wolkenstein, J. physik. Chem.), **21**, Nr. 2 (1947).
33. Davies, J. Amer. chem. Soc., **68**, 1395 (1946).
34. Елович, С. Ю. и Бутягин, П. Ю., Доклады Академии Наук СССР (S. J. Jelowitsch und P. J. Butjagin, Ber. Akad. Wiss. UdSSR), **54**, 607 (1946); Елович, С. Ю., Труды совещания по адсорбции, М. 1948 (S. J. Jelowitsch, Arbeiten der Konferenz über Adsorption), Moskau 1948.
35. Беринг, Б. П. и Серпинский, В. В., Доклады Академии Наук СССР (D. P. Bering und W. W. Serpinski, Ber. Akad. Wiss. UdSSR), **55**, 741 (1947).
36. Брунауэр, С., Адсорбция газов и паров. Пер. под. ред. М. М. Дубинина. М. Гос. Изд. ин. лит. (S. Brunauer, Adsorption von Gasen und Dämpfen), 1948.
37. Фрумкин, А. Н., Журнал Физической Химии (A. N. Frumkin, J. physik. Chem.), **14**, 1200 (1940).
38. Дубинин, М. М. и Радушкевич, Л. В., Доклады Академии Наук СССР (M. M. Dubinin und L. W. Raduschkewitsch, Ber. Akad. Wiss. UdSSR), **55**, 331 (1947).
39. Bowden, Rideal, E., Proc. Roy. Soc. (A), **120**, 59, 80 (1928); Bowden, ibid., **125**, 446 (1929).

40. Фрумкин, А. Н., и Шлыгин, А. В., Извести Академии Наук СССР, Отделение Химицческих Наук (A. N. Frumkin und B. G. Schlygin, Nachr. Akad. Wiss. UdSSR, Abt. chem. Wiss.), 773 (1936); Эршлер, Б., Журнал Физической Химии (B. Erschler, J. physik. Chem.), **13**, 1092 (1939).
41. Шлыгин, А. и Эршлер, Б. (A. Schlygin und B. Erschler), Acta Physicochimica URSS, **11**, 45 (1939).
42. Долин, П., Кандидатская диссертация. Физ.-хим. ин-т им. Карпова. (P. Dolin, Kandidatendissertation des phys.-chem. Karpow-Instituts), 1939.
43. Beebe, R. E., Handb. d. Katalyse, **4**, 473 (1943).
44. Киселев, А. В., Проблемы кинетики и катализа (A. W. Kisseljew, Probleme der Kinetik und Katalyse), Heft 5, 1948, Seite 230 und frühere Arbeiten.

KAPITEL 9

Vergleich der Theorie mit den experimentellen Daten über die Kinetik der aktivierten Adsorption

§ 1: *Allgemeine Forderungen*

Die momentane Adsorption ist weitaus seltener als die verlangsamte. Oftmals verläuft, wie z. B. bei den Experimenten von BAWN über die Adsorption von Gasen an Glimmer bei sehr tiefen Temperaturen, auch eine nachweislich VAN DER WAALSsche Adsorption verlangsamt[1]). Es gibt mehrere Gründe für die Verlangsamung. In einigen Fällen, besonders bei niedrigen Drucken, wird der Prozeß durch die langsame Ableitung der Adsorptionswärme verlangsamt, wodurch sich zuerst Φ_∞-Werte ergeben, die sehr hohen Temperaturen entsprechen. Hierauf beruhen viele Mißverständnisse in der experimentellen Literatur über die Adsorption. Insbesondere haben die imaginären Maxima der differentiellen Wärmen von TAYLOR und seinen Mitarbeitern[2]), die „rätselhaften" Effekte von SCHERESCHEWSKI[3]) usw., einen solchen Ursprung.

Der zweite Grund für eine Verlangsamung, die bei hohen Drucken und besonders bei der Adsorption aus Gemischen und aus Lösungen vorherrscht, ist die Diffusion. Die Adsorption wird durch die langsame Zufuhr des Materials zur Oberfläche aufgehalten. Eine Verlangsamung von dieser Art wird wesentlich bei der Okklusion in inneren Poren und bei der Oberflächenlösung, die man häufig nur schwer von der Oberflächenadsorption unterscheiden kann. Der dritte Typ der Verlangsamung, der für eine Adsorption auf Grund chemischer Kräfte kennzeichnend ist, beruht auf dem Vorhandensein einer Aktivierungsenergie des Adsorptionsprozesses.

Nur Systeme dieser Art und eng damit verwandte Systeme, bei denen man eine aktivierte Oberflächendiffusion, d. h. eine Umlagerung längs der Oberfläche, behindert durch Aktivierungsschwellen beobachtet, haben für uns unmittelbares Interesse. Leider lassen sie sich nicht immer von den Prozessen der aktivierten Diffusion im Innern des festen Körpers oder in seiner Oberflächenschicht, die ähnlichen kinetischen Gesetzen folgen, trennen.

Wie in Teil II, Kapitel 1, erwähnt, muß an homogenen Oberflächen unter Berücksichtigung einer Abstoßung die aktivierte Adsorption, die auf dem Vorhandensein einer Aktivierungsenergie beruht und nicht durch Diffusionsvorgänge kompliziert ist, bei konstantem Druck des Adsorbats nach einer Gleichung erster Ordnung und bei abnehmendem Druck nach einer Gleichung zweiter Ordnung verlaufen.

Für eine Diffusionskinetik mit oder ohne Aktivierungsenergie ist ein Wurzelgesetz $q \sim \sqrt{t}$ kennzeichnend; ganz zu Anfang (vor Einstellung stabiler Konzentrationsgradienten) und ganz zum Schluß des Vorganges sind beträchtliche Abweichungen hiervon möglich. Der zweite Typ von Komplikationen ist dann

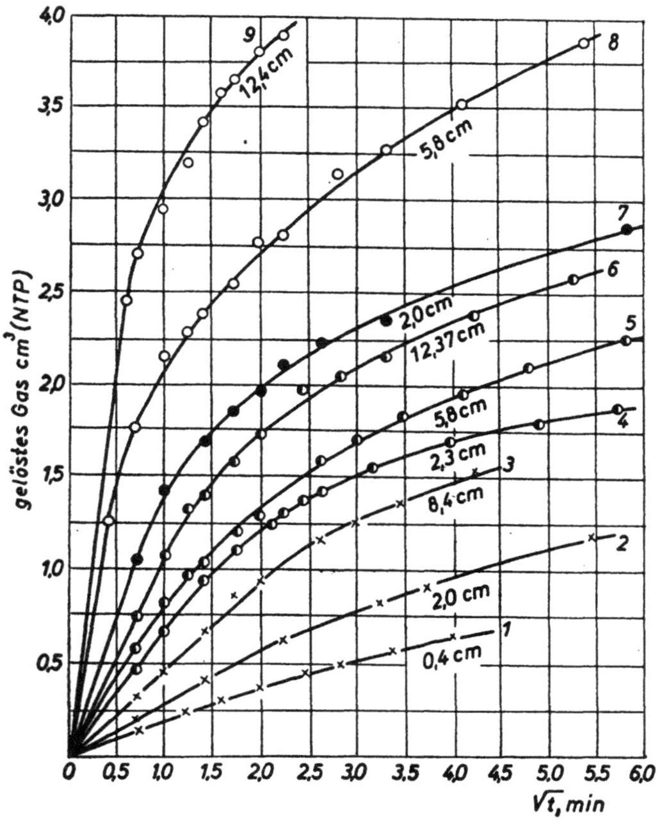

Abb. 209. Adsorptionskinetik für Wasserstoff an Kupfer bei verschiedenen Temperaturen und verschiedenen Wasserstoffdrucken nach WARD in den Koordinaten q und $\sqrt{t}$. Wird der Prozeß von der Diffusion beherrscht, so müssen die kinetischen Kurven in diesen Koordinaten zu Geraden werden; *1*, *2*, *3*: 85°; *4*, *5*, *6*: 122°; *7*: 168°; *8*: 201°.

möglich, wenn nicht die Volumkonzentration des Gases (der gelösten Substanz), sondern die Konzentration in der adsorbierten Schicht von unmittelbarem Einfluß auf die Diffusion innerhalb des Körpers ist[4–7]).

Genaue Messungen der Adsorptionskinetik setzen eine ganze Reihe von Bedingungen voraus, die sich verhältnismäßig selten realisieren lassen. Besonders störend wirkt die Schwierigkeit, die Anfangsgeschwindigkeiten zu messen, und die damit zusammenhängende schlechte Tradition, ohne hinreichenden

Grund die Anfangsabschnitte der kinetischen Isothermen fortzulassen und diese Abschnitte einem anderen, schnelleren Adsorptionstyp zuzuschreiben.

Wie das Experiment zeigt, beschreiben in den Fällen, wo hinreichend gründliche Messungen durchgeführt wurden, Gleichungen erster und zweiter Ordnung in der Regel den Ablauf des Prozesses nur schlecht. Zu Beginn erfolgt der Geschwindigkeitsabfall zu steil, zum Schluß zu langsam. Solche Abweichungen sind typisch für eine Diffusionskinetik. Es kann nicht wundernehmen, daß man dann, wenn die LANGMUIRschen kinetischen Gleichungen nicht mehr brauchbar sind, zu Diffusionsgleichungen greift, wobei die Linearität der Funktion $q = q\left(\sqrt{t}\right)$ in einem kleinen Bereich von t als hinreichendes Kriterium für eine Diffusionskinetik gewertet wird. Ein Beispiel für solche Kurven, die der Gleichung $q \sim \sqrt{t}$ sehr schlecht folgen, aber trotzdem als kinetische Isotherme einer Diffusion angeführt werden, sind die in Abb. 209 dargestellten Kurven aus einer Arbeit von WARD über die aktivierte Adsorption von Wasserstoff an Kupfer.

Schon vor etwa zwanzig Jahren machten BANGHAM und BURT[8]) auf eine parabolische kinetische Isotherme aufmerksam, die formal der FREUNDLICHschen Isotherme für Adsorptionsgleichgewichte völlig analog ist. Diese Gleichung beschreibt in einer Reihe von Fällen sehr gut den Verlauf der Adsorption in einem großen Zeitintervall, wie aus Abb. 84 hervorgeht, die der Monographie von MACBEAN entnommen ist.

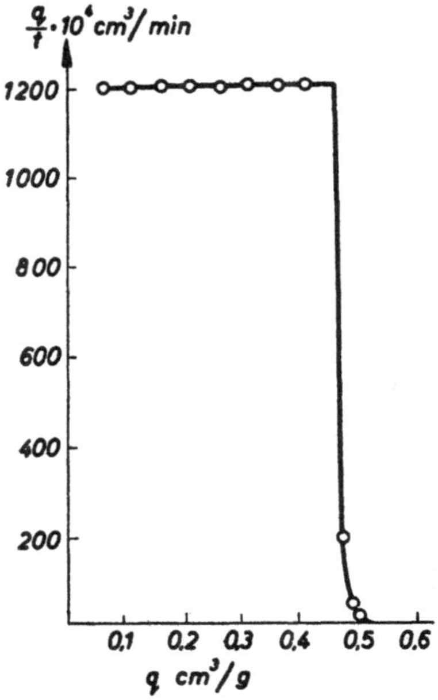

Abb. 210. Adsorptionskinetik für Sauerstoff an Eisen (nach BURSTEIN und Mitarbeitern). Auf der Abszissenachse ist die adsorbierte Gasmenge, auf der Ordinatenachse die Adsorptionsgeschwindigkeit in relativen Einheiten aufgetragen (reziproke Adsorptionszeit einer bestimmten Gasmenge); $p = \text{const}$.

Trotz ihrer erfolgreichen ersten Anwendungen erlangte diese kinetische Isotherme infolge ihrer empirischen Herkunft keine weite Verbreitung. Insbesondere versuchte man bis in die letzte Zeit nicht, sie auf die aktivierte Adsorption anzuwenden, und erst im Jahre 1944 zeigten wir parallel mit der statistischen Deutung der Isotherme von BANGHAM und BURT ihre umfassende Anwendbarkeit auf die Kinetik der aktivierten Adsorption. Schon im Jahre 1934 stießen wir bei der Untersuchung des Mechanismus der katalytischen Oxydation von Kohlenmonoxyd an Mangandioxyd[9]) zum erstenmal auf starke Abweichungen von der LANGMUIRschen Kinetik und stellten die Gültigkeit der Exponentialformel

$$\frac{dq}{dt} = a e^{-\alpha q} \tag{1}$$

fest. Die Gleichung (1) ist äquivalent der durch Integration von (1) gewonnenen Gleichung

$$q = a \ln (t + t_0). \tag{2}$$

Man kann leicht zeigen, daß der Verlauf vieler aktivierter Adsorptionsvorgänge recht gut durch diese Gleichung beschrieben wird.

Als Beispiel nennen wir die aktivierte Adsorption des Äthylens an Nickel[10]), des Stickstoffs an Eisen[11]), des Kohlenmonoxyds an Nickeloxyd[12]).

Im Gegensatz zur parabolischen Gleichung beruht unsere logarithmische Gleichung von vornherein auf bestimmten Vorstellungen über die Inhomogenität und die Abnahme der Aktivierungsenergie mit der Besetzung[13]).

Neben den Adsorptionsprozessen, deren Geschwindigkeit zu stark von der Zeit und von der Besetzung abhängig ist, gibt es, wenn auch selten, Fälle einer anomalen Konstanz der Geschwindigkeit. Ein Beispiel ist die Kinetik der Adsorption von Sauerstoff an metallischem Eisen nach den Angaben von BURSTEIN und ihren Mitarbeitern[14]).

Im Lichte der oben entwickelten Theorie entsprechen die parabolische und die logarithmische Gleichung verschiedenen Inhomogenitätstypen der Oberfläche, während die nullte Ordnung bei konstantem Druck sowie die erste Ordnung bei abnehmendem Druck einem symbaten Verhalten von E und Q bei freiem „Kriechen" entsprechen. Die Inhomogenitätskriterien für die Kinetik sind nahe verwandt mit den entsprechenden Kriterien für das Gleichgewicht. Das gleiche gilt auch für die Forderungen, die man in Hinblick auf das Zeit- und Besetzungsintervall an das Experiment zu stellen hat. Ebenso treffen auch sämtliche Bemerkungen, die im vorigen Kapitel über den physikalischen Sinn der Ersetzung der freien Energie durch den thermischen Effekt, ferner über die Möglichkeit von Systemen mit merklichen Variationen der Entropiefaktoren und schließlich über die nur vorsichtige Anwendung der CLAUSIUS-CLAPEYRONschen Gleichung zur Bestimmung der differentiellen Wärmen, auch auf die Aktivierungsenergien der Adsorptionsprozesse vollauf zu, die man richtiger als Aktivierungswärmen oder innere Energien der Aktivierung bezeichnen müßte. In der Tat ist E seiner physikalischen Bedeutung nach eine Differenz innerer Energien, d. h. die Wärmetönung der Bildung des instabilen Adsorptionskomplexes, und diese Größe unterscheidet sich thermodynamisch in keiner Weise von einer Bildungswärme einer normalen stabilen Adsorptionsstruktur.

Leider sind alle diese Präzisierungen und Bemerkungen, die für die Adsorptionsgleichgewichte trivial sind und in den entsprechenden Arbeiten lebhaft diskutiert werden, in der Kinetik der aktivierten Adsorption häufig nicht beachtet worden, woraus viele Mißverständnisse resultieren.

Wie auch bei der Behandlung der experimentellen Daten über die Adsorptionsgleichgewichte klären wir jetzt an konkreten Beispielen, inwieweit das Bild, das sich aus unserer Theorie ergibt, typisch ist, und ob es nicht zu offenbaren Widersprüchen führt. Dabei werden wir die Vor- und Nachteile des Verfahrens kennenlernen und sehen, welche Schlüsse man aus den im Experiment gefundenen Typen der Verteilungsfunktion ziehen kann.

Wie im Fall der Adsorptionsgleichgewichte führte die Ansammlung experimentellen Materials ohne Beachtung der Eigentümlichkeiten der stark inhomogenen Oberflächen dazu, daß die Meßbedingungen, in erster Linie der Variationsbereich von t, und in den allermeisten Fällen die Auswertung des Materials für eine eingehende Gegenüberstellung mit der Theorie ungenügend sind. Nur ein kleiner Teil der Daten ist brauchbar für eine Nachprüfung der Anwendbarkeit der Theorie, und nur in ganz seltenen Fällen sind die Angaben vollständig genug für eine eindeutige Analyse der Statistik der Oberflächen.

Da diese Situation in den experimentellen Angaben durchaus nicht auf unüberwindlichen Schwierigkeiten beruht, sondern nur an dem Mangel an klar formulierten Forderungen an das Experiment, der bisher herrschte, so kann man hoffen, daß in nicht allzu ferner Zukunft auch vollständigere und detailliertere Arbeiten erscheinen werden, durch die sich das Anwendungsgebiet unserer Theorie genauer umreißen läßt und die eine klarere Vorstellung über die Statistik der Oberflächen hinsichtlich der Aktivierungsenergie des Adsorptionsprozesse vermitteln.

Wir müssen darauf hinweisen, daß das System der Gleichungen und Kriterien, die oben in Teil II, Kapitel 3, abgeleitet wurden, strenggenommen für eine Adsorption bei konstantem Druck gilt. Die Änderungen, die eine Druckabnahme mit sich bringt, sind jedoch nicht von grundlegender Natur. Wir werden deshalb unter Berücksichtigung der geringen Genauigkeit der meisten Experimente in der Regel die Komplikationen, die beim Übergang vom konstanten zum abnehmenden Druck auftreten, nicht berücksichtigen.

§ 2: *Die aktivierte Adsorption von Gasen an Aktivkohlen*

Einer der interessantesten und meist untersuchten Adsorbenten ist die Aktivkohle. Die Kohlen, die man durch Verkokung und Ausglühen verschiedener organischer Materialien erhält, haben komplizierte Porenstrukturen, bestehend aus den ultramikroskopischen Graphitkristalliten. Anzahl, Abmessungen und Statistik der Poren hängen in größtem Maße von dem zur Herstellung benutzten Ausgangsmaterial und von Aktivierungsverfahren ab[15, 16]).

Diese Tatsache wird in der chemischen Industrie zur Herstellung einer großen Anzahl von Aktivkohlen mit verschiedenen physikalischen und physikochemischen Eigenschaften ausgenutzt. Insbesondere kann auch die aktivierte Adsorption von Gasen für Aktivkohlen verschiedener Arten und Marken wesentlich verschieden sein. Sämtliche Angaben beziehen sich also stets auf bestimmte Sorten von Aktivkohlen. Häufig müssen auch Einzelheiten des Herstellungsverfahrens mit angegeben werden.

Wenn man von Aktivkohlen spricht, vergißt man sehr oft ihren mineralischen Anteil, dabei enthalten aber sämtliche Kohlen einen sehr erheblichen Prozentsatz natürlicher Salze, die ihren Ursprung den mineralischen Komponenten des organischenu Asgangsmaterials verdanken. Da ein beträchtlicher Teil der organischen Substanz verbrennt, ist der Salzgehalt in der fertigen Aktivkohle um eine Größenordnung höher als im Ausgangsstoff. Zu den natürlichen Salzen kommen in mehreren Fällen noch künstliche Zusätze, die zur Verstärkung des Adsorptionsvermögens der Kohle im Hinblick auf bestimmte Substanzen beigefügt werden.

Eine der reinsten Aktivkohlen ist die Zuckerkohle, die man durch Verarbeitung von Rohrzucker bei hohen Temperaturen gewinnt[17]). In Abhängigkeit von der Reinheit des Zuckers und von Einzelheiten des Herstellungsverfahrens der Aktivkohle kann der Salzgehalt in der Zuckerkohle zwischen einem und einigen hundertstel Prozent schwanken. Noch reiner ist eine Aktivkohle, die man aus den gasförmigen Verbindungen CO, C_2H_2 und aus hochpolymeren Verbindungen über eine Gasphase erhält. Um zwei Größenordnungen unreiner sind die aktiven Pflanzenkohlen, die man aus verschiedenen Hölzern erhält, und die verschiedenen Knochenkohlen. Kohlen dieses Ursprungs enthalten gewöhnlich etwa 2—4% Salze, von denen ein erheblicher Teil aus löslichen Karbonaten der Alkalimetalle, vor allen Dingen des Kaliums besteht; in merklichen Mengen sind auch Silicium, Eisen, Mangan, Barium vorhanden. Diese Kohlensorte ist gewöhnlich durch große Makroporen gekennzeichnet, die von Mikroporen von atomaren Dimensionen umgeben sind. Sie stehen mit den Makroporen in Verbindung; hierdurch wird die Diffusion erleichtert.

Die chemische Zusammensetzung der Aktivkohlen, die man aus Steinkohle erhält, hängt vom Ausgangsmaterial und den Glühbedingungen ab. Diese Kohlen enthalten gewöhnlich beträchtlich mehr Salze, und zwar im wesentlichen unlösliche. Der Salzgehalt geht manchmal bis zu 40—50% und läßt sich durch eine entsprechende chemische Behandlung (HF; HNO_3 u. a.) herabsetzen; bei den Salzen herrschen Silicium, Aluminium, Eisen vor[18]). Die Adsorption, die dem Kohlenstoff der Aktivkohle zugeschrieben wird, erfolgt in Wirklichkeit häufig an den Salzeinschlüssen. In diesem Fall wirkt die Kohlenstoff-Grundsubstanz sozusagen als Träger, auf den das mineralische Adsorbens aufgebracht ist.

Eine Kohlenoberfläche, die sich an der Atmosphäre befindet, ist gewöhnlich bedeckt mit fest adsorbiertem Sauerstoff. Für die Untersuchung der aktivierten Adsorption irgendeines Gases an Aktivkohle ist also deren Reinheitsgrad von besonderer Bedeutung[19]). LANGMUIR[20]) zeigte, daß der Sauerstoff an einer Graphitoberfläche fest gebunden ist und daß er in Spuren auch noch nach einer Erhitzung auf 2000° erhalten bleibt. Die Zerstörung der Oxydschicht läßt sich durch Erhitzung der Kohle in einer Wasserstoffatmosphäre beschleunigen[21]). Hierbei wird jedoch ein gewisser Teil des Wasserstoffs von der gereinigten Oberfläche ziemlich fest gebunden. Noch schwieriger ist die Befreiung des Gitters von dem Wasserstoff, der beim Verkoken darin bleibt.

Die aktivierte Adsorption des Sauerstoffs

Es kann als sicher gelten, daß die aktivierte Adsorption des Sauerstoffs an Kohle bei Zimmertemperatur sehr langsam verläuft und kein Gleichgewicht erreicht. Die bei einer darauffolgenden Erhitzung desorbierten Produkte sind neben dem Sauerstoff auch Kohlendioxyd und Kohlenmonoxyd[22]). Wie JUZA und LANGHEIM[23]) durch Messung der Änderung des Paramagnetismus des adsorbierten Gases zeigten, kann eine Vorstufe der aktivierten Adsorption des Sauerstoffs in einer VAN DER WAALschen Adsorption bestehen.

Die aktivierte Adsorption des Sauerstoffs ist in ihrem Hauptteil ein irreversibler Prozeß. Ein Vergleich der Daten in der Literatur deutet darauf hin, daß die bei der Adsorption von Sauerstoff an Kohle ablaufenden Erscheinungen zusammengesetzt sind. Hinter der Adsorption des Sauerstoffs, die wir mit dem allgemeinen Ausdruck „aktivierte Adsorption" bezeichnen, kann sich offenbar die Bildung mehrerer verschiedener Formen von Oberflächenoxyden verbergen[24]), die sich voneinander durch die Festigkeit der Bindung des Sauerstoffs an die Kohlenstoffatome der Oberfläche und durch die Desorptionsprodukte unterscheiden.

Direkte Messungen der Adsorptionswärme des Sauerstoffs als Funktion der Besetzung der Oberfläche lassen eindeutig auf eine chemische Natur des Prozesses und auf eine starke Inhomogenität der Oberfläche schließen[25, 26]).

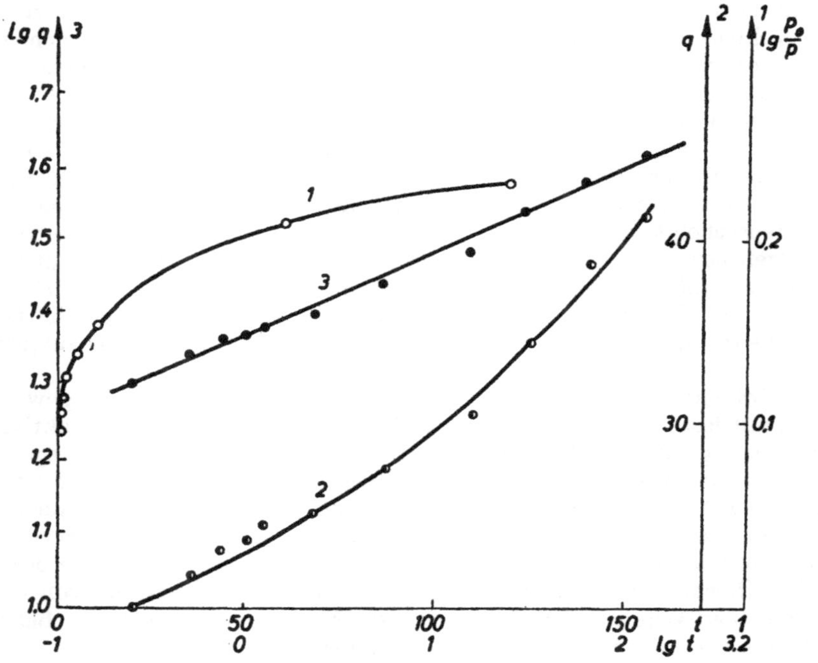

Abb. 211. Auswertung der Versuchsdaten von Rhead und Wheeler über die Adsorptionskinetik von Sauerstoff an Aktivkohle nach verschiedenen kinetischen Gleichungen. Kurve *1* hat die Koordinaten lg p_0/p und t; Kurve *2* die Koordinaten q und lg t; Kurve *3* die Koordinaten lg q und lg t. Temperatur 300°. Sauerstoffdruck 730 Torr.

Hierdurch erhöht sich die Wahrscheinlichkeit dafür, daß die kinetischen Anomalien ebenfalls auf der Inhomogenität der Oberflächen hinsichtlich der Aktivierungsenergien beruhen.

In Abb. 211 ist eine der kinetischen Kurven für die Adsorption des Sauerstoffs dargestellt, die von Rhead und Wheeler gewonnen wurden[27]). Die Kurve wurde dann im Hinblick auf drei Gleichungen ausgewertet, die einer homogenen Oberfläche, einer gleichmäßig inhomogenen mit $\varrho = \text{const}$ und einer exponentiell inhomogenen Oberfläche mit $\varrho = H \exp(\alpha E)$ entsprechen. Die Daten beziehen sich auf eine aktive Birkenkohle. Die Reinigung erfolgte bei 900—1000°. Die Kurve 1 deutet bei Benutzung einer Gleichung erster

Ordnung auf eine Nichtkonstanz der Geschwindigkeit hin,

$$\ln \frac{p_0}{p} = kt, \tag{3}$$

wobei p_0 der Ausgangsdruck und p der Gasdruck im Zeitpunkt t ist.

Die bimolekulare Gleichung, die eine Veränderung der Oberfläche berücksichtigt, hat die Form

$$\frac{dq}{dt} = k\,(p_0 - q)\,(S_0 - q). \tag{4}$$

Trägt man die Größe $\frac{dq}{dt\,/\,(p_0 - q)}$ als Funktion von q auf, so kann man leicht zeigen, daß auch in diesem Fall keine Linearität vorhanden ist.

Die Auswertung der Daten hinsichtlich der Gleichungen für die inhomogene Oberfläche ist in den Kurven *2* und *3* der Abb. 211 dargestellt. Die Form der Kurven in den Koordinaten q und $\ln t$ (Kurve *2*) deutet auf ein Anwachsen der Anzahl der Bereiche mit wachsender Aktivierungsenergie hin (Kapitel 3). Dagegen liegen die Punkte in den Koordinaten $\lg q$ und $\lg t$ auf einer Geraden. Das bedeutet, daß die Adsorptionskinetik einer Gleichung folgt, der in der statistischen Theorie eine exponentielle Verteilungsfunktion entspricht.

Die von den Verfassern angegebenen Werte lassen keine weitergehenden qualitativen Schlußfolgerungen über den Charakter der Verteilung zu.

Vollständigere Untersuchungsergebnisse über die aktivierte Adsorption von Sauerstoff an verschiedenen Aktivkohlen wurden in unserem Laboratorium durchgeführt. Bei einem Teil der Versuche war die Reinigungstemperatur nicht höher als 600° (zur Vermeidung irreversibler Veränderungen der Oberfläche). Wie aus den früher zitierten Arbeiten bekannt ist, bleibt bei dieser Temperatur ein Teil des am festesten an die Kohle gebundenen Sauerstoffs

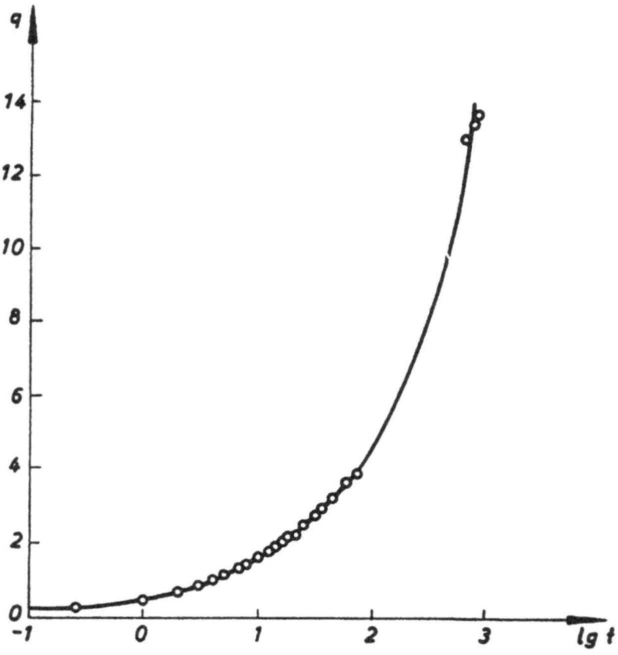

Abb. 212. Kinetik der aktivierten Adsorption von Sauerstoff an aktiver Zuckerkohle in den Koordinaten q und $\lg t$ (nach Keier und Roginski).

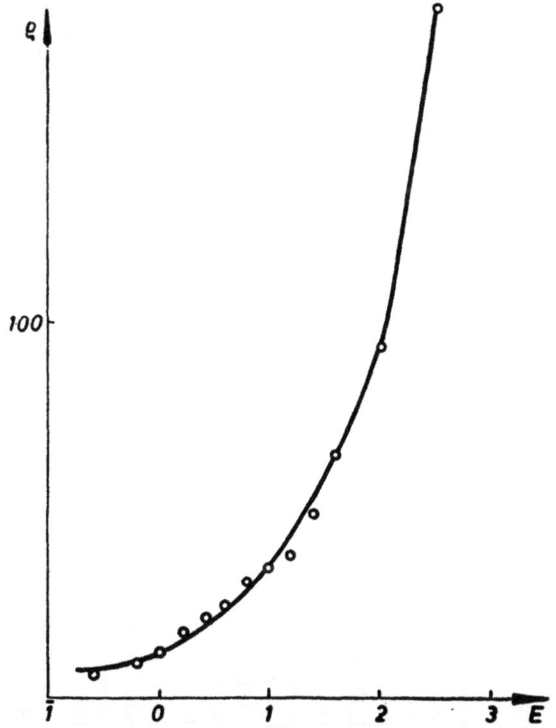

Abb. 213. Stark ansteigende Verteilung der Bereiche über die Aktivierungsenergien der Adsorption von Sauerstoff an Zuckerkohle, gewonnen durch graphische Differentiation der Kurven $q = q$ (lg t) der vorigen Abbildung.

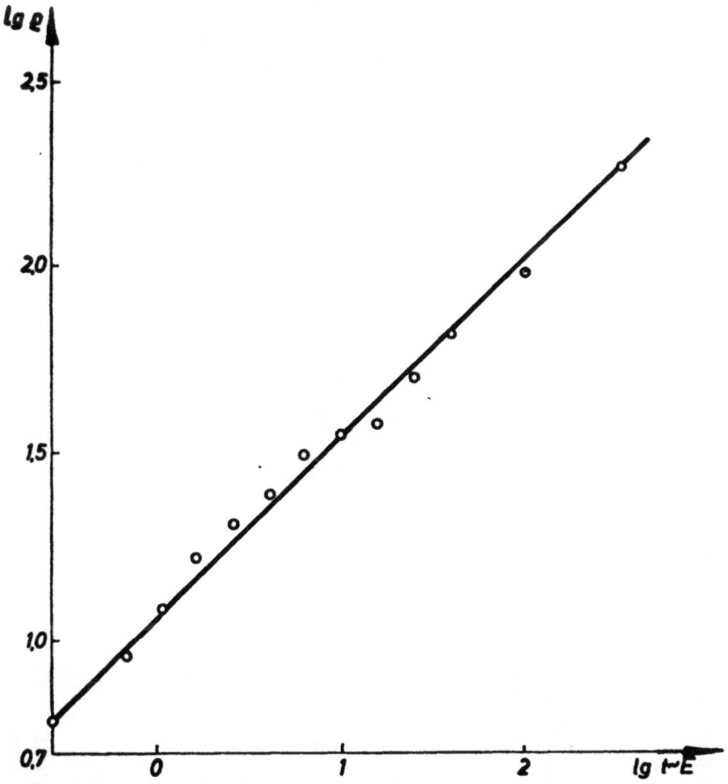

Abb. 214. Die Verteilungsfunktion $\varrho(E)$ von Abb. 213, aufgetragen in logarithmischem Maßstab lg $\varrho = f$(lg t). Es wird angenommen, daß E proportional lg t ist. Die Linearität des Zusammenhanges zwischen lg ϱ und E zeigt den exponentiellen Charakter der Verteilungsfunktion.

an der Oberfläche haften. Die Adsorptionskinetik wird also in diesem Fall nur durch den Teil der Oberfläche gekennzeichnet, der bei der geschilderten Behandlung freigesetzt wird. In den meisten Fällen wurde dagegen die Reinigung bei 900° und darüber durchgeführt.

Die Untersuchung der Kinetik der aktivierten Adsorption des Sauerstoffs in einem großen Temperaturbereich zeigte, daß drei Temperaturgebiete vorhanden sind, die sich durch das Verhältnis der Adsorptionsgeschwindigkeit und der Abspaltungsgeschwindigkeit des CO_2 in die Gasphase unterscheiden. Zur Untersuchung der Oberflächenstatistik sind nur die kinetischen Kurven geeignet, die sich auf das erste Gebiet tiefer Temperaturen beziehen, wo man die Abspaltung der Reaktionsprodukte vernachlässigen und somit den Adsorptionsprozeß als völlig irreversibel betrachten kann.

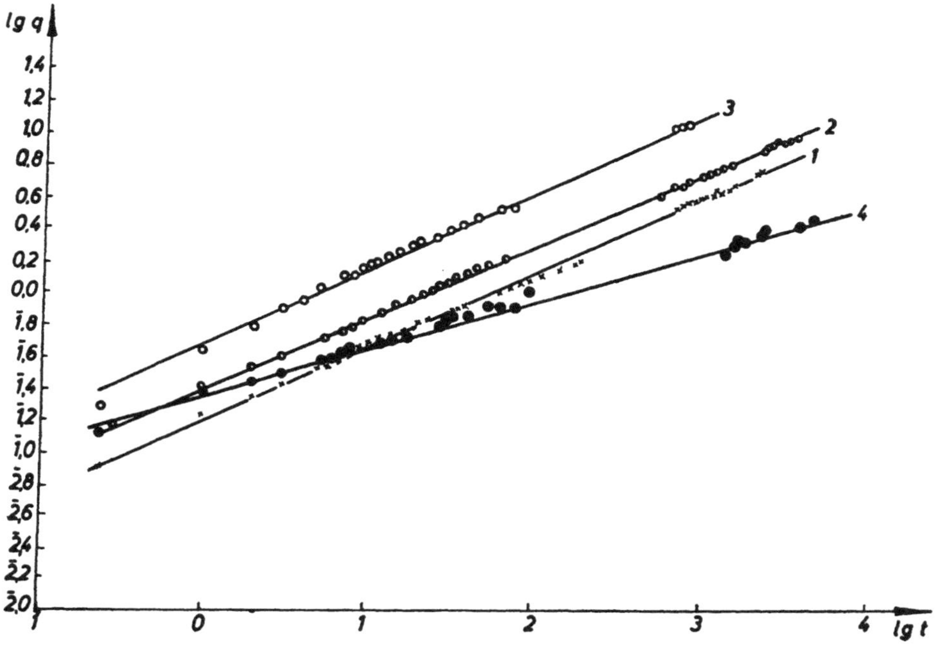

Abb. 215. Kinetik der aktivierten Adsorption von Sauerstoff an aktiver Zuckerkohle in doppeltlogarithmischen Koordinaten. *1*: $T = 216°$, Druck 0,85 Torr; *2*: $T = 216°$, Druck 2,72 Torr; *3*: $T = 216°$, Druck 6,22 Torr; *4*: $T = 0°$, Druck 6,22 Torr.

In Abb. 212 sind kinetische Kurven in den Koordinaten q und $\lg t$ dargestellt. Aus dem Diagramm geht hervor, daß die Anzahl der Bereiche mit wachsendem E schnell ansteigt. Eine Auswertung dieser Daten durch graphische Differentiation liefert die ungefähre Form von $\varrho = \varrho(E)$ (Abb. 213). In einer Reihe von Fällen hängt $\lg \varrho$ linear von E ab (Abb. 214), in anderen Fällen beobachtet man eine ähnliche Abhängigkeit, aber mit gewissen Abweichungen am Ende. Dies gibt Grund zu der Annahme, daß die Verteilung über E nahezu exponentiell ist. Für eine solche Verteilungsform muß die parabolische Gleichung

$$q = A t^{1/n} \tag{5}$$

gelten. Dies wird dadurch bestätigt, daß die kinetischen Isothermen in doppelt-logarithmischer Auftragung Geraden werden. Bei der überwiegenden Mehrzahl der Versuche weichen die Meßpunkte nicht merklich von einer Geraden ab (Abb. 215). Unter Berücksichtigung der Ungenauigkeit der ersten Messungen

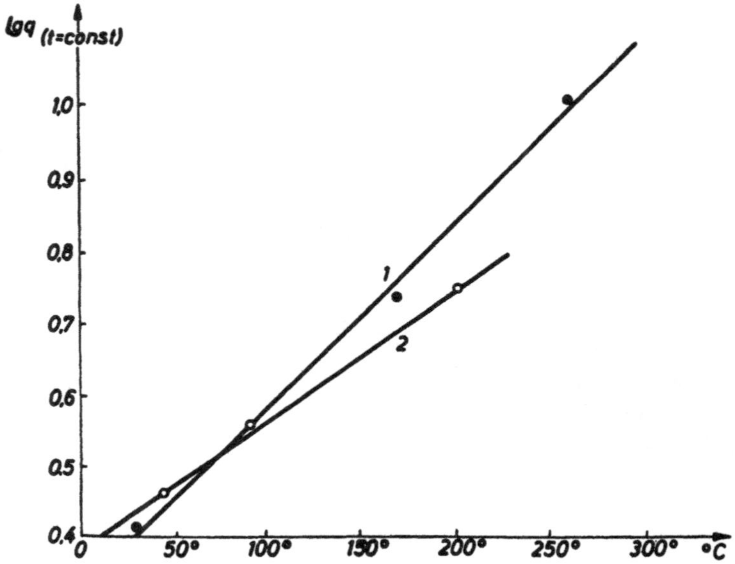

Abb. 216. Isochronen der aktivierten Adsorption von Sauerstoff im logarithmischen Maßstab (nach KEIER und ROGINSKI). Die Kurve *1* bezieht sich auf eine mit Kupferacetat getränkte Kohle, die Kurve *2* auf eine mit Kaliumkarbonat getränkte Kohle. Die Linearität der Isochronen bestätigt den exponentiellen Charakter von $\varrho(E)$.

kann man die Übereinstimmung als befriedigend ansehen. Im Gegensatz dazu wird keine kinetische Kurve in den Koordinaten lg q und t zu einer Geraden.

Zusätzliche Hinweise auf einen exponentiellen Verteilungstyp geben die Isochronen. Für eine exponentielle Verteilung hat die Isochronengleichung die Form

$$q(T)_{t=\text{const}} = H e^{+\beta T}. \tag{6}$$

In Abb. 216 sind die Änderungen der Isochronen mit der Temperatur in logarithmischer Auftragung für eine mit Kupferazetat versetzte Kohle dargestellt (Kurve *1*) sowie für eine Kohle, die Kaliumkarbonat enthielt (Kurve 2).

Man sieht, daß in beiden Fällen die Meßwerte dieser Gleichung gut entsprechen.

Zum Zwecke einer genaueren Prüfung stellten wir Versuche mit reiner Zuckerkohle an. In diesem Fall wurde die Adsorption, angefangen von sehr kleinen Besetzungen, bei konstantem Druck in der in Abb. 217 dargestellten

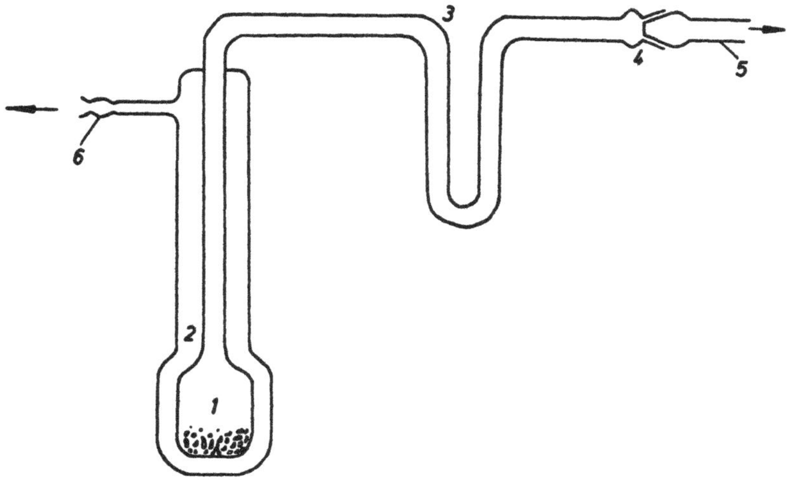

Abb. 217. Die Adsorptionsapparatur aus der Arbeit von KEIER und ROGINSKI. *1*: Adsorptionsgefäß; *2*: Vakuummantel, in dem zur Senkung der Gasdiffusion durch den Quarz bei der Temperung bei hohen Temperaturen ein Druck von etwa 0,1 Torr aufrechterhalten wird; *3*: Kühlfalle, gekühlt mit flüssiger Luft, die das Adsorbens vor den Dämpfen des Fettes schützt, das zum Fetten des Quarz-Glas-Schliffs dient; *4*, *5*: Anschluß an die Vakuumapparatur; *6*: Anschluß an die Pumpe.

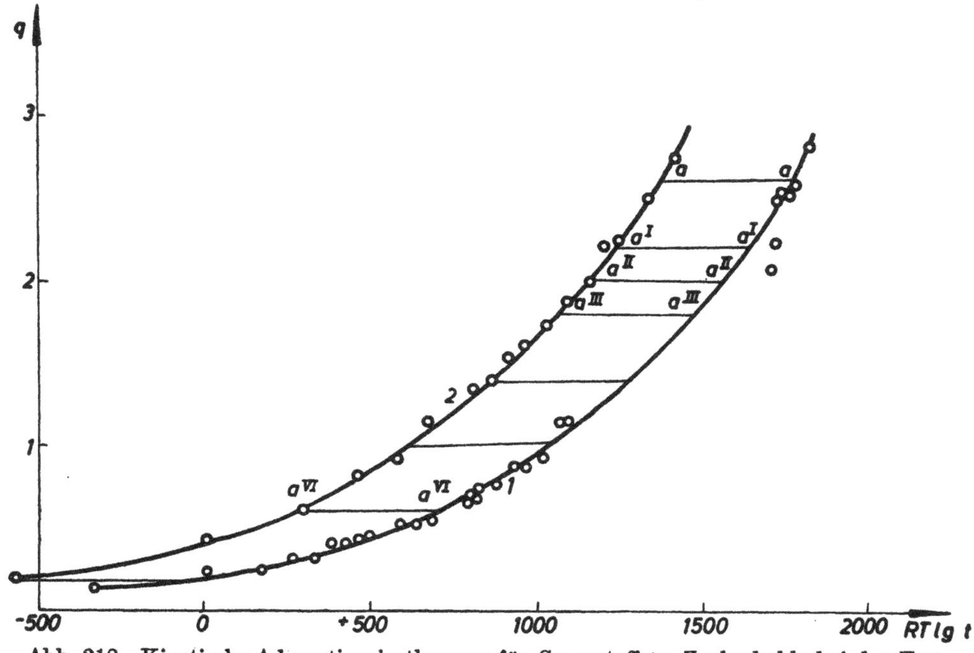

Abb. 218. Kinetische Adsorptionsisothermen für Sauerstoff an Zuckerkohle bei den Temperaturen *1*: 0° C und *2*: 200° C. Die Horizontalverschiebung der entsprechenden Punkte ist für alle Punkte dieselbe.

Apparatur untersucht. In dieser Abbildung ist *1* das doppelwandige Quarzreaktionsgefäß. Zur Herabsetzung des Lufteinstroms durch den Quarz bei der Reinigung bei hoher Temperatur wurde zwischen den Wänden ein verminderter Druck aufrechterhalten. Durch eine Kühlfalle wurde die Kohle von Fett freigehalten. Die Reinigung erfolgte bei Temperaturen von 850 und 900°. An dieser Kohle erfolgten langdauernde Versuche bei verschiedenen Temperaturen und Drucken. Wie die Abb. 215 und 220 zeigen (siehe weiter unten), ist das parabolische Gesetz in einem Zeitintervall von mehr als 10^4, dem eine E-Änderung von mehr als 9 RT entspricht, ausgezeichnet erfüllt. In Abb. 218 ist die Anwendbarkeit des Kriteriums der konstanten Verschiebung bei Temperaturänderung in diesem Fall dargestellt.

Abb. 215 zeigt die Gültigkeit des entsprechenden Kriteriums für den Einfluß des Drucks, der innerhalb jedes Versuches konstant gehalten wurde, auf die Kinetik (Kurven *1*, *2*, *3*). Die Kurve *4* bezieht sich auf eine tiefere Temperatur als die übrigen.

Aus dem angeführten Material über die aktivierte Adsorption des Sauerstoffs kann man folgern, daß die Oberfläche der Aktivkohle hinsichtlich der aktivierten Adsorption des Sauerstoffs energetisch inhomogen ist. In der Arbeit von RHEAD und WHEELER handelt es sich um hohe Besetzungsgrade: nach den Abschätzungen der Verfasser kommt ein Sauerstoffatom auf 100 Kohlenstoffatome des Gitters; in unserer Arbeit untersuchten wir umgekehrt sehr kleine und mittlere Besetzungen, und trotzdem ist das beobachtete Gesetz in beiden Fällen das gleiche. Dies gibt Grund zu der Behauptung, daß die Verteilungsfunktion in einem großen Intervall der Besetzungen exponentiell ist.

Aus den kinetischen Isosteren $t_{q=\text{const}} = t(T)$ kann man die Größenordnung von E und ihre Änderung mit der Besetzung abschätzen. Die Ergebnisse dieser Abschätzung sind in Tab. 13 zusammengestellt.

TABELLE 13

Änderung der Aktivierungsenergie mit der Besetzung für eine Aktivkohle, die Pottasche enthält

Adsorption in cm^3/g	E in kcal/Mol	Adsorption in cm^3/g	E in kcal/Mol
0,47	4,7	0,88	8,0
0,59	4,3	0,87	8,5
0,71	4,8	0,89	8,7
0,83	7,3	0,93	9,0
0,84	7,8		

Bei einer Änderung der Größe q von 0,47 auf 0,89 cm^3 steigt die Aktivierungsenergie von 4,7 auf 9 kcal/Mol, d. h. um etwa 5—6 RT.

Wir erwähnen noch ein Argument für die Richtigkeit unserer Schlußfolgerung über den exponentiellen Charakter unserer Verteilung. Für solche exponentiellen Verteilungen ist das n in der kinetischen Gleichung $q = at^{1/n}$ umgekehrt proportional der Temperatur, $n = 1/\alpha RT$, wobei α der Proportionalitätskoeffizient ist. Es ist also $(n\,RT)^{-1} = \alpha = \text{const.}$ In Tab. 14 sind die nach dieser Gleichung berechneten Werte α für Zuckerkohle zusammengestellt. Für die drei Temperaturen in der Tabelle liegt $1/n$ zwischen 0,32 und 0,57. Dabei bleibt $\alpha = (n\,RT)^{-1}$ in voller Übereinstimmung mit unserer Theorie praktisch konstant (siehe Tab. 14).

TABELLE 14

Werte des Exponenten $1/n$ und des Inhomogenitätskoeffizienten für die Adsorption von Sauerstoff

T °C	p_0 in Torr	$1/n$	$\alpha \cdot 10^{-3}$ in Mol/kcal
0	6,23	0,327	0,60
0	6,23	0,343	0,63
100	6,23	0,447	0,64
204	6,23	0,51	0,54
204	6,23	0,57	0,60

Die aktivierte Adsorption des Wasserstoffs

Wie bei hohen Temperaturen von 400—1000°, so ist auch bei tiefen Temperaturen unterhalb von 0° C die Adsorption von Wasserstoff an Kohle eine Zeitreaktion. Nach den Angaben von BARRER[28]) zeigt die Adsorptionsgeschwindigkeit des Wasserstoffs im Gebiet tiefer Temperaturen keine merklichen Temperaturkoeffizienten, und der Vorgang genügt einer Diffusionsgleichung. Mit dieser Schlußfolgerung steht auch ein Vergleich der Adsorptionsgeschwindigkeiten bei tiefen Temperaturen für Wasserstoff, Stickstoff und Sauerstoff im Einklang. Die Geschwindigkeit ist umgekehrt proportional der Wurzel aus dem Molekulargewicht. Hierbei schwankt die Adsorptionswärme für die verschiedenen Kohlen zwischen 1,4 und 1,6 kcal/Mol. Man kann vermuten, daß es der Verfasser in diesem Fall mit einer molekularen, physikalischen Adsorption zu tun hatte, obwohl Q für diesen Prozeß ziemlich groß war.

Beim Übergang in das Gebiet hoher Temperaturen stößt man auf höhere Adsorptionswärmen. Nach den Angaben des gleichen Verfassers[28]) beträgt die mittlere Adsorptionswärme im Temperaturgebiet zwischen 900 und 950° 50 ± 5 kcal/Mol. Diese Größe wurde rechnerisch an Hand der Gleichung

$$\frac{\partial \ln p}{d\,T} = \frac{Q}{RT^2} \tag{7}$$

aus den isosteren Punkten gewonnen; hierbei ist p der Gleichgewichtsdruck bei konstanter Besetzung der Oberfläche. Die auf diese Weise gewonnene Größe Q hing nicht vom Bedeckungsgrad der Oberfläche ab.

Die Adsorptionsgeschwindigkeit bei hoher Temperatur hat einen beträchtlichen Temperaturkoeffizienten. Seit dem Erscheinen der Arbeit von LENNARD-JONES, in der gezeigt wurde, daß die Lateraldiffusion durch eine Aktivierungsenergie gekennzeichnet ist, ist die Möglichkeit einer genauen Abgrenzung der aktivierten Adsorption von der Lateraldiffusion an Hand der Temperaturabhängigkeit dieser Prozesse endgültig geschwunden. Bei nicht sehr hohen Besetzungen muß aber die Geschwindigkeit des Diffusionsprozesses an einer homogenen Oberfläche proportional $\sqrt{t}$ sein. Die Kinetik der aktivierten Adsorption ist also immer noch ein Mittel zur Aufklärung des eigentlichen Adsorptionsmechanismus.

Bei der Deutung der experimentellen Daten treffen wir in der Literatur beide Gesichtspunkte an. In der zitierten Arbeit von BARRER wird gezeigt, daß die Adsorptionsgeschwindigkeit im Gebiet zwischen 500 und 900° stark von der Temperatur abhängt, dagegen oberhalb von 900° nur schwach. Diese Daten betrachtet man als Nachweis der Existenz zweier Gebiete, eines kinetischen und eines diffusiven; der Übergang zwischen beiden erfolgt etwa bei 900° C. Diese Deutung ist wenig überzeugend. Wie aus den Isobaren, die der gleiche Verfasser angibt, hervorgeht, verläuft oberhalb von 900° die Adsorption reversibel, und die beobachtete Adsorptionsgrenze sinkt bei $p = \text{const.}$ Infolgedessen hat eine Behandlung der Adsorptionskinetik oberhalb 900° als diffusive Kinetik allein auf Grund der Kleinheit des Temperaturkoeffizienten der Geschwindigkeit wenig Wahrscheinlichkeit für sich. Die Beschleunigung des Adsorptionsprozesses mit wachsender Temperatur unterhalb von 900° führt der Verfasser auf das Vorhandensein einer Aktivierungsenergie zurück.

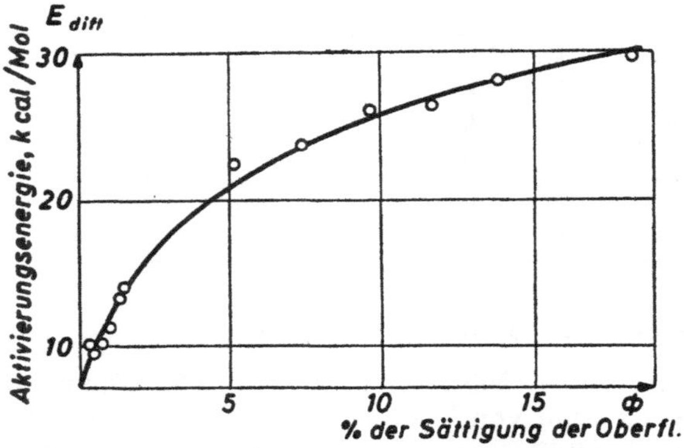

Abb. 219. Änderung der Aktivierungsenergie der aktivierten Adsorption von Wasserstoff mit der Besetzung für Aktivkohle (nach BARRER).

Nach den Angaben von BARRER steigt bei einer Veränderung des adsorbierten Volumens von 0,062 auf 3,61 cm³ (an 5,9 g Kohle) die Aktivierungsenergie von 14,35 auf 29,7 kcal/Mol, und der gesamte Änderungsbereich der Aktivierungsenergie erstreckt sich von 8—30 kcal/Mol, d. h., E ändert sich etwa um 16 RT (Abb. 219).

Die in Abb. 219 dargestellte Kurve für die Änderung der Aktivierungsenergie mit wachsender Besetzung im Temperaturgebiet zwischen 630 und 860° gibt die Möglichkeit, durch graphische Differentiation der Abb. 219 den Charakter der Verteilungsfunktion festzustellen. In Abb. 220 ist der durch graphische Differentiation gewonnene Logarithmus von ϱ als Funktion von E dargestellt. Aus der Abbildung geht hervor, daß die gesuchte Verteilungsfunktion nahezu exponentiell ist.

Die erste eingehende Untersuchung der aktivierten Adsorption des Wasserstoffs an aktiver Zuckerkohle ohne Zusätze und an platinierter Zuckerkohle stammt von BURSTEIN[21]); nach ihren Angaben verläuft bei kleinen Besetzungen die Adsorption nach der Gleichung SELDOWITSCH-ROGINSKI, bei großen Besetzungen nach einem Diffusionsgesetz. Die letzte Behauptung stützt sich auf die geringe Änderung $q/\sqrt{t}$ mit wachsendem q.

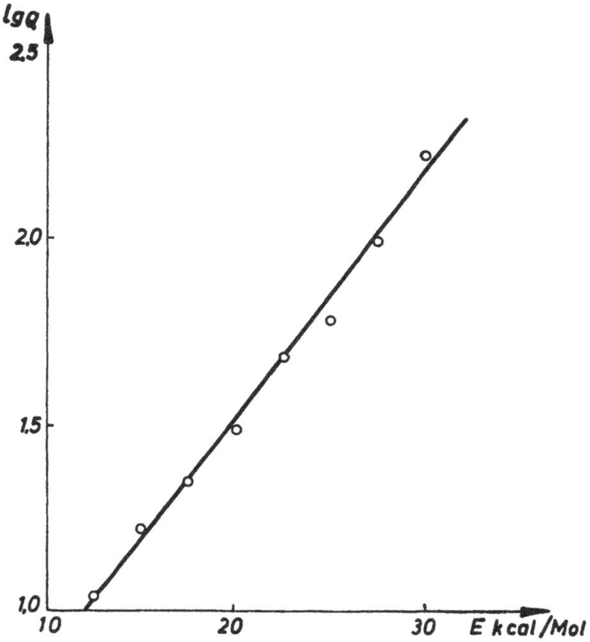

Abb. 220. Verteilungsfunktion der Bereiche über die Aktivierungsenergien der Adsorption von Wasserstoff an Aktivkohle im logarithmischen Maßstab, gewonnen durch die Auswertung der Daten von BARRER. Der lineare Zusammenhang von lg ϱ und E zeigt den exponentiellen Charakter von $\varrho(E)$.

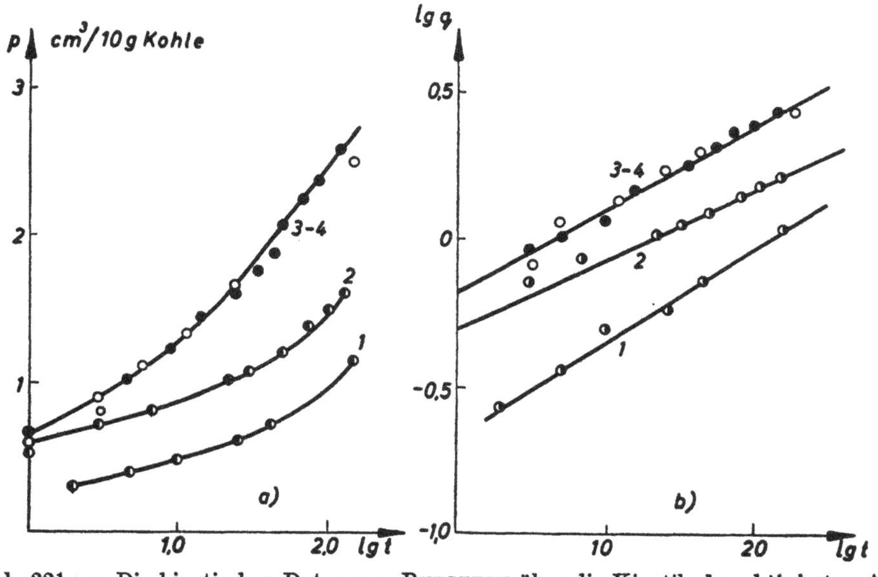

Abb. 221. *a*: Die kinetischen Daten von BURSTEIN über die Kinetik der aktivierten Adsorption von Wasserstoff an Aktivkohle in den Koordinaten q und lg t. *1*: reine Zuckerkohle; *2*: Kohle mit 0,02% Platin; *3*, *4*: Kohlen mit 0,2 und 1% Platin; *b*: die gleichen kinetischen Daten in den Koordinaten lg q und lg t.

Der Vergleich ihrer Messungen mit den theoretischen Formeln an Hand tabellarischer Daten ist in Abb. 221 in den Koordinaten (q; lg t) und (lg q; lg t) dargestellt. Aus den Diagrammen geht hervor, daß für Temperaturen, bei denen BURSTEIN eine Adsorption innerhalb hinreichend weiter Grenzen von t beobachtete, nirgends streng ein logarithmisches Gesetz eingehalten wird. Die Ableitung dieser Kurve, die die Verteilungsfunktion kennzeichnet, deutet auf

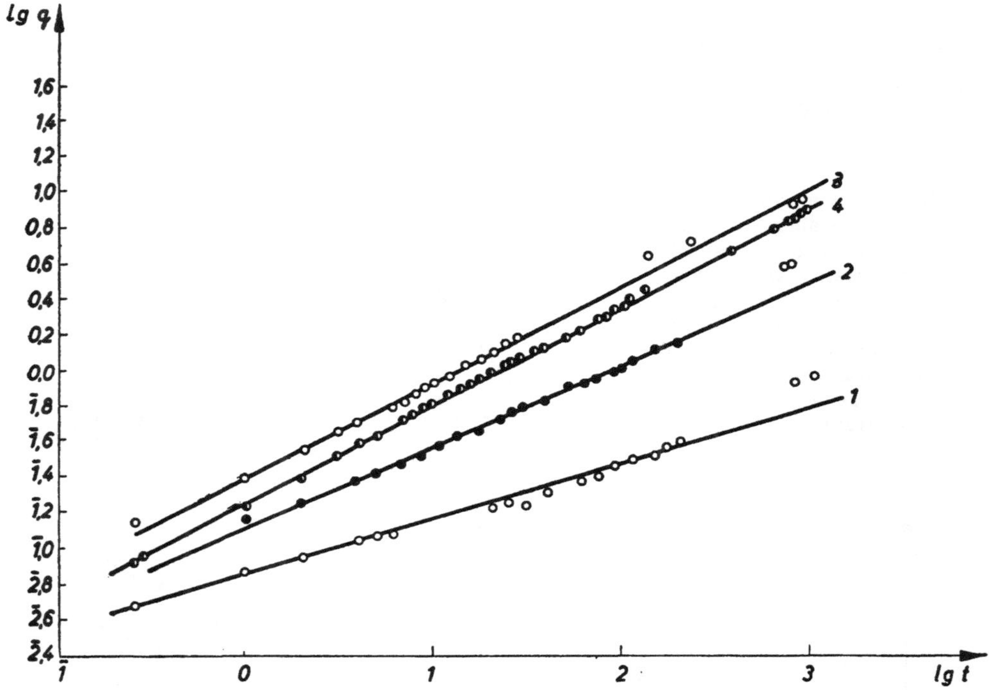

Abb. 222. Kinetik der aktivierten Adsorption von Wasserstoff an aktiver Zuckerkohle in doppeltlogarithmischer Auftragung bei großem Intervall von t (nach KEIER und ROGINSKI). *1*: $t° = 280°$, $p_0 = 2{,}22$ Torr; *2*: $t° = 426°$, $p_0 = 2{,}21$ Torr; *3*: $t° = 540°$, $p_0 = 2{,}21$ Torr; *4*: $t° = 540°$, $p_0 = 0{,}892$ Torr.

ein Anwachsen der Anzahl der Bereiche mit wachsender Aktivierungsenergie hin. Die Daten entsprechen zweifellos bedeutend besser einer parabolischen Formel. Unter dem von uns entwickelten Gesichtspunkt spricht dies Ergebnis für eine exponentielle Verteilung der Bereiche über die Aktivierungsenergien der aktivierten Adsorption des Wasserstoffs.

Eine Auswertung der Daten von BURSTEIN zeigt, daß eine Einführung von Platin das kinetische Gesetz nicht verändert: alle vier Kurven werden in doppeltlogarithmischer Auftragung Geraden. Hierbei liegen die Geraden für die Kohlen mit Platingehalt höher, es gibt jedoch eine Grenze, oberhalb derer eine weitere Steigerung des Metallgehalts keine weitere Hebung der Kurven bewirkt. Das spricht für eine Vergrößerung der Anzahl aktiver Bereiche, d. h.

für eine Zunahme der Höhe H der Verteilung in der Verteilungsfunktion $\varrho = H e^{\alpha E}$. Ein Vergleich der Isothermen der reinen und der platinierten Kohlen läßt keine Aussage über irgendeine gesetzmäßige Änderung des Ungleichmäßigkeitskoeffizienten α zu.

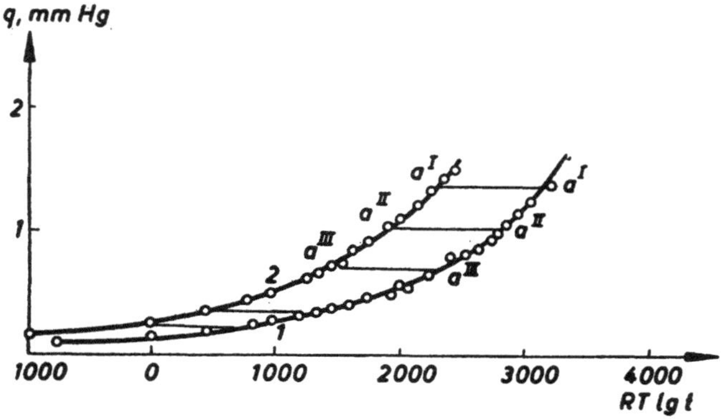

Abb. 223. Veranschaulichung der Regel der konstanten Verschiebung für die aktivierte Adsorption von Wasserstoff an aktiver Zuckerkohle (nach KEIER und ROGINSKI). *1*: $t° = 536°$, $p_0 = 2{,}11$ Torr; *2*: $t° = 426°$, $p_0 = 2{,}2$ Torr.

Die Auswertung der Daten über die Kinetik der aktivierten Adsorption von Wasserstoff an Kohle führt zu einem Widerspruch gegen die Hypothese des Diffusionscharakters des Vorganges. Der Koeffizient $1/n$ in der Gleichung $q = at^{1/n}$ liegt bei diesen Experimenten zwischen 0,27 und 0,31, während für eine Diffusionskinetik $1/n = 0{,}5$ sein müßte.

Ein Mangel der Versuche von BURSTEIN besteht darin, daß der Wasserstoffdruck während des Experiments und der Variationsbereich der Zeit, der an den Grenzen der Anwendbarkeit der Theorie breit inhomogener Oberflächen liegt, nicht konstant sind. Außerdem ist unklar, ob bei diesen Versuchen ausreichende Maßnahmen gegen ein Eindringen von Luft durch den Quarz bei der Reinigung getroffen wurden. Diese Umstände wurden in einer Arbeit von KEIER und dem Verfasser berücksichtigt, deren Ergebnisse im folgenden angegeben werden.

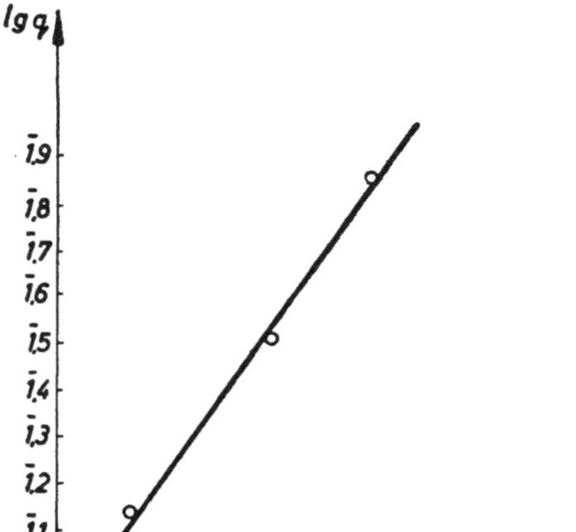

Abb. 224. Adsorptionsisochrone des Wasserstoffs an Zuckerkohle in den Koordinaten lg q und T (nach KEIER und ROGINSKI).

In Abb. 222 ist die Form der kinetischen Kurven in doppeltlogarithmischer Auftragung dargestellt. Das Diagramm zeigt, daß die Formel von BANGHAM-BURT ausgezeichnet erfüllt ist. Abb. 223 zeigt die Gültigkeit des Kriteriums der konstanten Verschiebung. Bestimmungen von $a = (nRT)^{-1}$ für den Wasserstoff liefern wie vorher für den Sauerstoff eine gute Konstanz; übrigens ist das hier weniger beweiskräftig als im Fall des Sauerstoffs, da das Verhältnis der Grenztemperaturen $T_{max} : T_{min}$ für den Wasserstoff kleiner ist. Wir unterstreichen auch die starke Zunahme von E_{diff} mit der Besetzung bei Berechnung dieser Energie aus den kinetischen Isosteren. Abb. 224 zeigt, daß in diesem Fall die für die Exponentialverteilung charakteristische Isochronengleichung gut erfüllt ist.

Aktivierte Adsorption von Kohlenmonoxyd

Die aktivierte Adsorption von Kohlenmonoxyd an Kohle wurde von BURSTEIN untersucht[21]). In ihrer Doktordissertation finden sich tabulierte Werte über die Adsorptionskinetik bei den Temperaturen 600, 700 und 800° für

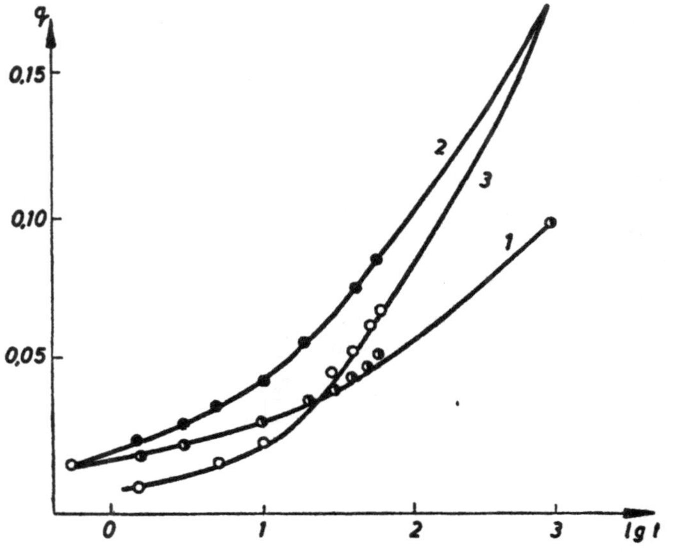

Abb. 225. Kinetik der aktivierten Adsorption von Kohlenmonoxyd an Aktivkohle (nach den Angaben von BURSTEIN, aufgetragen in den Koordinaten q und $\lg t$). *1*: Kohle mit 0,2% Platin, $t° = 600°$; *2*: Kohle mit 0,2% Platin, $t° = 700°$; *3*: reine Kohle $t° = 700°$. Die stark ansteigende Verteilung ist für reine und platinierte Kohle verschieden. Die Platinierung erhöht vorzugsweise die Anzahl der aktivsten Bereiche (Zunahme von q für $\lg t$ fast um den Faktor 3).

Zuckerkohle mit einem Salzgehalt von 0,02%. Die Kohle wurde 24 Stunden lang bei 900 bis 950° und einem Druck von 10^{-6} Torr gereinigt. In den Abb. 225 und 226 sind die Daten von BURSTEIN in den Koordinaten $\lg q$, $\lg t$ und q, $\lg t$ dargestellt. Wieder beschreibt die Formel, die der Exponentialverteilung entspricht, die experimentellen Daten besser.

Die Werte für den Ungleichmäßigkeitskoeffizienten α, die sich aus dem Exponenten $1/n$ für die Temperaturen 600 und 700° ergeben (die Werte des Exponenten sind 0,51 und 0,58), betragen

$$\alpha = 2{,}90 \cdot 10^{-3}$$

und $2{,}91 \cdot 10^{-3}$. Leider ist das T-Intervall zu klein zur Benutzung der Gleichung $n\,T$ = const als Kriterium.

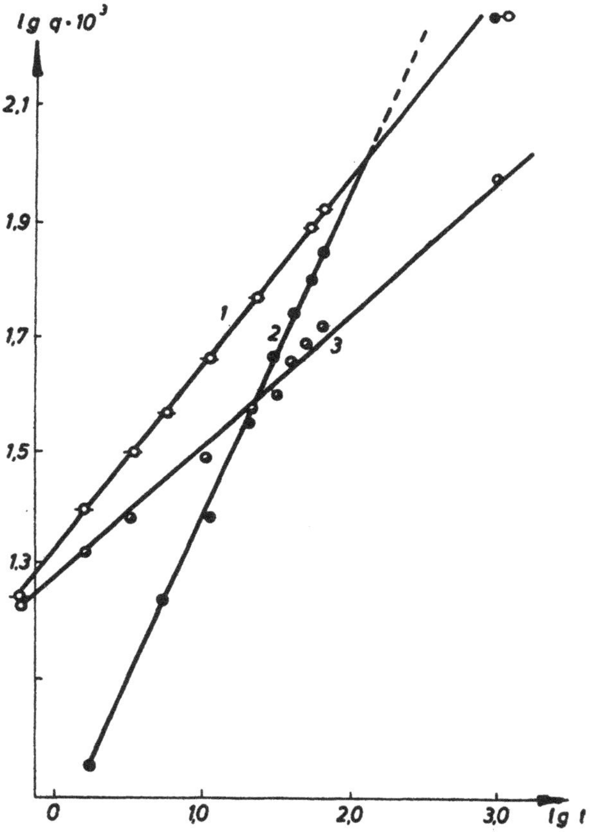

Abb. 226. Die Daten von BURSTEIN in den Koordinaten lg q und lg t. Die Linearität zeigt den exponentiellen Charakter der Verteilung der Bereiche über die Aktivierungsenergien an. *1:* Kohle mit 0,2% Pt, t° = 600°; *2:* reine Kohle, t° = 700°; *3:* Kohle mit 0,2% Pt, t° = 700°.

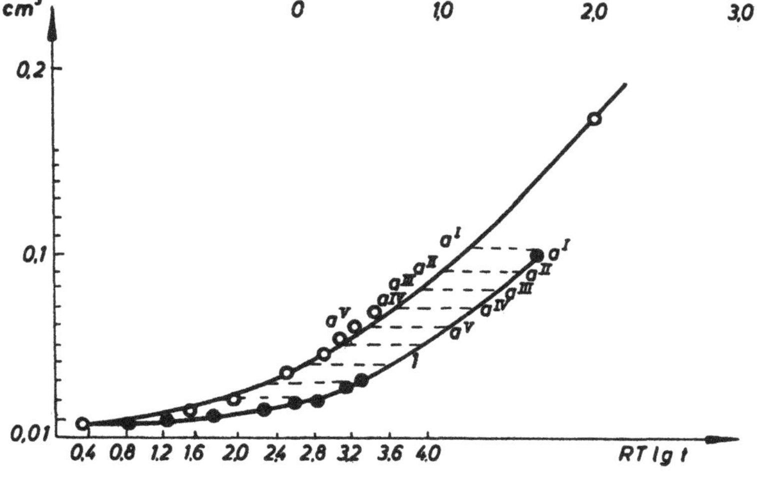

Abb. 227. Prüfung der Regel der konstanten Verschiebung für die aktivierte Adsorption von Kohlenmonoxyd an Aktivkohle (nach den Daten von BURSTEIN). *1:* 600°, *2:* 700°.

Wie erwähnt, fordert die Theorie, daß die Kurven für die Abhängigkeit der Besetzung Φ von $RT \ln t$ bei Änderung der Temperatur und unter sonst gleichen Bedingungen sich um ΔT längs der Abszissenachse verschieben, falls τ_0 nicht von der Temperatur abhängt. Ist jedoch $\tau_0 = \tau_0' T^m$, so wächst die Verschiebung nichtlinear mit wachsendem ΔT. Auch in diesem Fall ist aber die Verschiebung für die einzelnen Punkte zweier beliebiger Kurven konstant.

In Abb. 227 ist die Adsorptionskinetik in den Koordinaten q und $RT \lg t$ dargestellt. Gestrichelt sind die Verschiebungen $\Delta RT \lg t$ angedeutet.

Tab. 15 enthält die Zahlenwerte für die Differenz $\Delta RT \lg t$ bei konstantem q*.

TABELLE 15

Nachprüfung der Regel der konstanten Verschiebung

q	ΔE_0 bei $\Delta T_{700°C-600°C}$	q	ΔE_0 bei $\Delta T_{700°C-600°C}$
0,01	0,6	0,06	0,88
0,02	1,0	0,07	0,88
0,03	0,96	0,08	0,88
0,04	0,88	0,09	0,88
0,05	0,88	0,1	0,90

Das positive Vorzeichen der Differenz deutet auf ein Anwachsen von E_0 mit wachsender Temperatur hin.

Tabelle und Abbildung zeigen überzeugend, daß in diesem Fall die Konstanz der Verschiebung gewahrt ist.

Eine Auswertung der kinetischen Adsorptionskurven von CO an Kohle mit Platingehalt zeigt, daß auch für dieses Gas die parabolische Abhängigkeit gut erfüllt ist, wobei der Exponent $1/n$ und damit auch der Ungleichmäßigkeitskoeffizient geringere Werte haben als in Abwesenheit von Platin und dabei nicht mehr in die diffuse Größenordnung fallen. In dieser Hinsicht verhält sich die Adsorption von CO an platinierter Kohle anders als die Adsorption von Wasserstoff, bei dem eine allgemeine Anhebung der Geraden ohne wesentliche Änderung ihrer Steigung festzustellen war.

Die Auswertung der Adsorptionsisochrone des CO nach der Gleichung für die Exponentialverteilung

$$q\,(T)_{t=\text{const}} = H e^{+\beta T}$$

ist in Abb. 228 dargestellt. Die Werte stimmen mit dieser Gleichung gut überein und bestätigen damit den Schluß auf den exponentiellen Charakter der Verteilungsfunktion. Zu einem ähnlichen Ergebnis führen auch unsere Versuche.

Auch die Auswertung der kinetischen Daten über die aktivierte Adsorption von Kohlenmonoxyd an Kohle deutet also auf eine Exponentialverteilung der aktiven Stellen über die Aktivierungsenergien hin.

---

* Unter der Annahme, daß jedem gegebenen q ein bestimmter Wert E der Aktivierungsenergie entspricht, gilt $RT \ln t = E - E_0$, so daß die Differenz $RT_1 \ln t_{1q} - RT_2 \ln t_{2q} = E_{01} - E_{02} = \text{const}$ ist.

Der Vergleich einer großen Anzahl experimenteller Daten, den wir durchgeführt haben, zeigt, daß das Verhalten der Aktivkohlen bei der aktivierten Adsorption einer Reihe von Gasen gut mit der Vorstellung der Inhomogenität der Oberfläche des Adsorbens im Hinblick auf die Aktivierungsenergie des Adsorptionsprozesses im Einklang steht. Die kinetischen Isothermen für Sauerstoff, Wasserstoff und Kohlenmonoxyd entsprechen einer Exponentialverteilung der Bereiche über E. In den Fällen, wo es gelingt, die Isochrone, d. h. die Abhängigkeit der Größe q von T bei $t = \text{const}$, zu bestimmen, entspricht sie dem gleichen Inhomogenitätstyp. Diese Schlußfolgerung wird ergänzt durch das systematische Anwachsen der Temperaturkoeffizienten der Adsorptionsgeschwindigkeit und der Aktivierungsenergie mit wachsender Besetzung der Oberfläche (vergleiche Tab. 13 und Abb. 219).

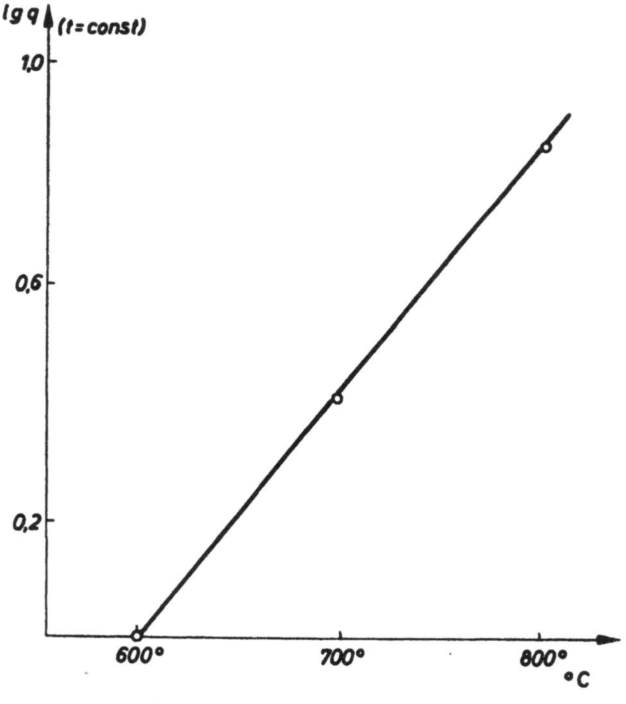

Abb. 228. Linearität der Isochrone der aktivierten Adsorption von Kohlenmonoxyd an Aktivkohle in den logarithmischen Koordinaten lg q und T, charakteristisch für eine exponentielle Verteilung über E (nach den Daten von Burstein).

In den Fällen, wo die Werte zur Nachprüfung des Kriteriums der konstanten Verschiebung ausreichen, fallen die Adsorptionsisothermen bei verschiedenen Drukken bzw. bei verschiedenen Temperaturen bei Änderung der logarithmischen Koordinate um eine konstante Größe zusammen.

Für eine bestimmte Kohlensorte schwankt der Inhomogenitätskoeffizient für die verschiedenen Gase um eine feste Größe. Es läßt sich eine doppelte Einwirkung von Zusätzen auf die Kohle nachweisen: a) eine Änderung des Inhomogenitätskoeffizienten und b) eine Änderung des Faktors vor dem Exponentialausdruck, d. h. der Höhe der Verteilung. Ein Beispiel für die erste Art der Einwirkung ist der Einfluß eines Platinzusatzes zur Kohle auf die aktivierte Adsorption von Kohlenmonoxyd. Ein Beispiel für die zweite Art ist der Einfluß eines Platinzusatzes auf die aktivierte Adsorption des Wasserstoffs. Die Inhomogenitätskoeffizienten sind in allen Fällen klein und steigen bei dem Übergang von der platinierten zur nichtplatinierten Kohle. Bei der

Entmineralisierung der Kohle durch Behandlung mit starken Säuren ändern sich a und H gleichzeitig und in der gleichen Richtung.

Es ist noch nicht an der Zeit, eine ausführliche statistische Charakterisierung der Oberflächen aufzustellen, da in keinem Fall der Bereich der Ausgangsgrößen zur Anwendung der zweiten Näherung, welche die steilen Spitzen und Täler

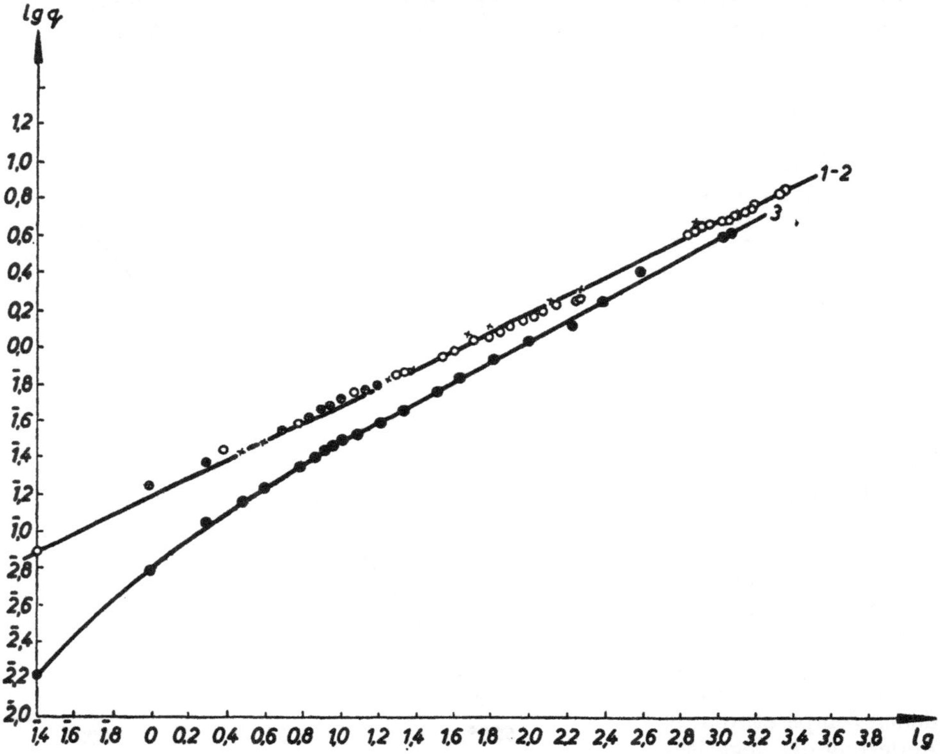

Abb. 229. Geringe Empfindlichkeit der Geschwindigkeit der aktivierten Adsorption von Sauerstoff gegen eine Vorbehandlung der Oberfläche mit Wasserstoff. Alle Messungen wurden bei spezifischen Besetzungen durchgeführt, die nicht größer waren als 1%. *1, 2:* reine Kohle (Kreise) und Kohle, die vorher $3{,}35 \cdot 10^{19}$ H_2-Molekeln pro Gramm Kohle adsorbiert hatte (Kreuze), $p = 0{,}85$ Torr; *3:* Kohle, die $7{,}05 \cdot 10^{19}$ H_2-Molekeln pro Gramm Kohle adsorbiert hatte, $p = 0{,}856$ Torr. In allen drei Fällen ist $T = 208°$.

in der Verteilung zum Vorschein bringt, ausreicht. Man muß sich also mit dem Schluß begnügen, daß bei der Erklärung des Verhaltens der Oberflächen von Aktivkohlen bei der aktivierten Adsorption von Gasen durch die Theorie der breiten exponentiellen Inhomogenität über die Aktivierungsenergien keine inneren Widersprüche auftreten. Die Verteilungsfunktion $\varrho = H \exp{(aE)}$ gibt die kennzeichnenden Züge der Aktivkohle als Adsorbens bei aktivierter Adsorption recht gut wieder. Die andere Erklärungsmöglichkeit für diese Ergebnisse durch den Einfluß einer Abstoßung in der adsorbierten Schicht (vergleiche Kapitel 3) halten wir für wenig wahrscheinlich, besonders im Hinblick auf den atomaren Charakter des Graphitgitters und den kovalenten Bindungstyp zwischen den adsorbierten Molekeln und der Oberfläche.

Das Abstoßungsmodell ist nicht imstande, das Verhalten der Aktivkohle bei der Adsorption zweier Gase nacheinander zu erklären. Solche Experimente führten wir mit Wasserstoff und Sauerstoff durch. Die Adsorption erheblicher

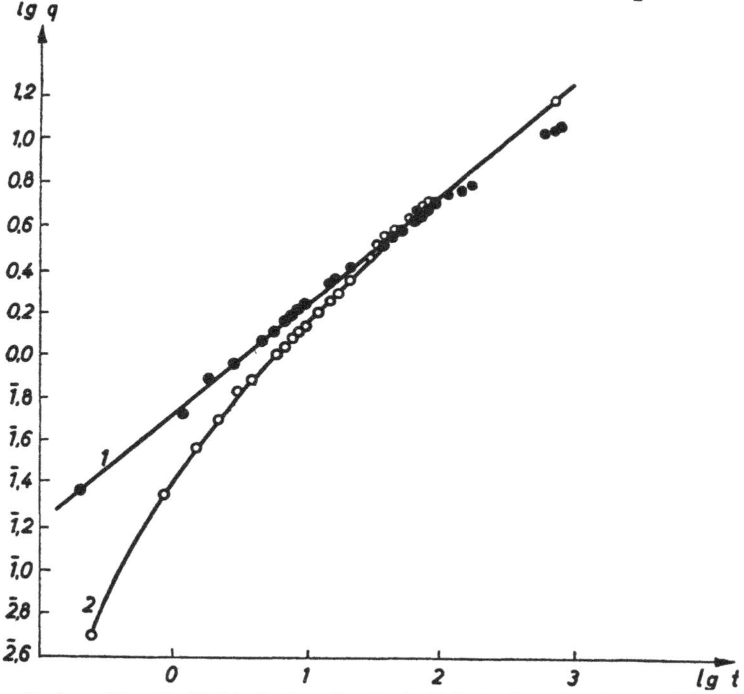

Abb. 230. Geringe Empfindlichkeit der Geschwindigkeit der aktivierten Adsorption von Wasserstoff gegen eine vorherige Adsorption von Sauerstoff bei 525°. Alle Messungen wurden bei Besetzungen angestellt, die nicht größer waren als 1%. *1*: frisch getemperte Kohle, $p_{H_2} = 5{,}56$ Torr; *2*: Kohle, die vorher $12{,}1 \cdot 10^{19}$ Sauerstoffmolekeln pro Gramm adsorbiert hat, $p_{H_2} = 5{,}48$ Torr. Man bemerkt eine wesentliche Verlangsamung zu Anfang, während die beiden Kurven sich am Ende fast decken.

Wasserstoffmengen, die ihre eigene Geschwindigkeit um einen Faktor von der Größenordnung 100 herabdrückt, ist praktisch ohne jeden Einfluß auf die Geschwindigkeit der aktivierten Adsorption des Sauerstoffs (Abb. 229). Diese verläuft fast genau so wie auf einer reinen Oberfläche. Im Modell der inhomogenen Oberfläche läßt sich dies leicht dadurch erklären, daß die Adsorption von Sauerstoff und Wasserstoff an Bereichen verschiedenen Typs erfolgt. Für das Abstoßungsschema müßte man eine beträchtliche Behinderung oder eine wesentliche Beschleunigung erwarten. An Stelle dessen beobachtet man eine fast vollständige Unempfindlichkeit gegen das Vorhandensein des zweiten Gases. Ein sehr ähnliches Bild beobachtet man auch für die Adsorption von Wasserstoff an Kohle, die vorher beträchtliche Mengen Sauerstoff adsorbiert hat (Abb. 230).

Für die stark verlangsamten Prozesse sind die üblichen Methoden zur Bestimmung der Druckabhängigkeit der Adsorptionsgeschwindigkeit unbrauchbar.

Aus der in Teil II, Kapitel 3, entwickelten Theorie geht hervor, daß für jeden der betrachteten Verteilungstypen die elementare Abhängigkeit der Größe k von p aus der Änderung der konstanten Koeffizienten mit wachsendem p bestimmt werden kann. Für die Potenzverteilung steckt diese Abhängigkeit in dem Koeffizienten C_2 der Gleichung $\Phi^{\frac{1}{n+1}} = C_1 \ln t + C_2$, für die Exponentialverteilung entsprechend in $k = k_1 p^s$; in der kinetischen Gleichung

$$\ln \Phi = \frac{1}{n} \ln t + C_1 \tag{7a}$$

ist C_1 eine logarithmische Funktion von p:

$$C_1 = C_2 + \frac{1}{n} \ln p^s \tag{7b}$$

oder

$$n C_1 = C_2' + s \ln p . \tag{7c}$$

Bei Konstruktion des Diagramms $nC_1 = f(\ln p)$ erhalten wir eine Gerade mit einem Richtungsfaktor von s. Diese Versuche erfordern eine besondere Genauigkeit und ein großes t-Intervall, wie es bisher noch nicht realisiert wurde.

Wir fassen die Ergebnisse, die aus den experimentellen Daten über die aktivierte Adsorption von Gasen an Aktivkohle folgen, zusammen und ziehen das Fazit hinsichtlich der Nachprüfung der Anwendbarkeit unserer Theorie in diesem Fall.

Im ganzen kann man die Ergebnisse der Gegenüberstellung als vollauf befriedigend ansehen. In den Fällen, wo das Material zuverlässiger war und durch besondere Experimente ergänzt wurde, stimmen die Hauptschlußfolgerungen aus der Theorie so gut, daß man mit großer Wahrscheinlichkeit den Typ der Verteilungsfunktion über die Aktivierungsenergien ermitteln kann. Diese Daten genügen jedoch noch nicht zur Aufstellung einer vollständigen statistischen Charakteristik.

Die Unbrauchbarkeit des neuen LANGMUIRschen Umlagerungsschemas auf diesen Fall ist offensichtlich[29]), da die kinetischen Kurven keine Anzeichen für scharfe Knicke zeigen.

Dies könnte man dadurch zu erklären versuchen, daß alle Kurven in einem Stadium abgebrochen wurden, in dem die Gesamtbesetzung der Oberfläche noch gering ist; dann müßte aber für das LANGMUIRsche Ausgangsmodell — dieses allein könnte man den Modellen der Inhomogenität der Oberfläche und der Abstoßung in der Schicht gegenüberstellen — der Temperaturkoeffizient konstant sein, was in Wirklichkeit nicht der Fall ist. Folglich spielt für die Aktivkohle der erwähnte Umlagerungsmechanismus keine merkliche Rolle.

Wie am Schluß des Buches genauer gezeigt wird, läßt sich das Modell der inhomogenen Oberfläche nur schwer von dem Modell einer homogenen Oberfläche unterscheiden, an der Molekeln adsorbiert sind, die einander mit einem bei der Annäherung wachsenden Potential abstoßen. Im Fall der Adsorption an

Aktivkohle ist jedoch das Abstoßungsschema auf Grund folgender Überlegungen als wenig wahrscheinlich anzusehen.

Die Störungen, die eine Abstoßung mit sich bringt, müssen mit sinkender Besetzung stark abnehmen. Indessen wurden in einer Reihe von Fällen die Hauptmessungen der Kinetik im Gebiet sehr kleiner Besetzungen von nicht mehr als 1% durchgeführt. Unter diesen Bedingungen beträgt bei gleichmäßiger geometrischer Verteilung der adsorbierten Molekeln zu Beginn des Versuchs der mittlere Abstand zwischen zwei Molekeln einige Dutzend Atomabstände, am Ende des Versuchs etwa 10 Atomabstände. Bei diesen Abständen liefert die COULOMBsche Wechselwirkung eines Dipols mit seinen nächsten Nachbarn selbst bei $\mu = 3 \cdot 10^{-18}$ abs. elektr. Einh. und bei $r = 30$ Å nur etwa 0,06 kcal/Mol. Man müßte also nicht mit der üblichen COULOMBschen Abstoßung, sondern mit einer sehr hypothetischen Übertragung durch das Gitter arbeiten. Sehr zweifelhaft ist schon die Möglichkeit merklicher Wechselwirkungen dieser Art über das typisch homöopolare Kohlenstoffgitter. Im Zusammenhang mit den erwähnten Daten über die Adsorption zweier Gase nacheinander (O_2 nach H_2) sprechen diese Überlegungen entschieden gegen die Gültigkeit eines Abstoßungsschemas.

Die Entscheidung könnten Versuche über die Adsorptionskinetik bei noch kleineren Besetzungen und Isotopenversuche liefern, bei denen nacheinander Gasmengen verschiedener Isotopenzusammensetzung adsorbiert werden und dann die Isotopenzusammensetzung bei der allmählichen Desorption der gleichen Gase untersucht wird. In Teil III, Kapitel 8, werden die Ergebnisse einer solchen Isotopenuntersuchung dargelegt, die unsere oben gezogenen Schlüsse bestätigen[30]).

Als weiteres Beispiel betrachten wir die Kinetik der aktivierten Adsorption von Kohlenmonoxyd an verschiedenen Oxyden.

§ 3: *Adsorption von Kohlenmonoxyd an Mangandioxyd und anderen Oxyden*

Die ersten Hinweise auf die Existenz einer für den Charakter der Oberfläche spezifischen Chemisorption des Kohlenmonoxyds an den Oxyden der Übergangsmetalle neben der unspezifischen VAN DER WAALSschen Adsorption stammen von BENTON[31]). Einige Jahre später machten GARNER und KINGMAN[32]) ähnliche Beobachtungen für Zink-Chrom-Mischkatalysatoren. Im Jahre 1931 wurden diese Arbeiten neben anderen von TAYLOR zur Bestätigung der weiten Verbreitung der aktivierten Adsorption benutzt. Wir erinnern auch an die spätere Arbeit von BENTON[33]) und die Daten von MACKINNEY[34]) über die Adsorption von Kohlenmonoxyd an Palladiumoxyd.

Die ersten ausführlichen Daten über dieses System finden sich offenbar in den Arbeiten unseres Laboratoriums über die Oxydation an aktiven Oxyden bei tiefen Temperaturen, deren Veröffentlichung im Jahre 1934 begann. Vorher schon war bekannt, daß die Gleichgewichtsadsorption von Kohlendioxyd an Mangandioxyd in einem großen Intervall durch die FREUNDLICHsche Gleichung beschrieben wird[35, 36]). In den ersten Arbeiten dieser Serie wurde diese Beobachtung in sehr anschaulicher Form bestätigt (vergleiche Abb. 168). Hierbei wurde auch die große Empfindlichkeit der Oberfläche gegen eine Vorbehandlung (siehe Abb. 169) und die Tendenz zu einer Sättigung nach LANGMUIR bei Besetzungen von einigen Zehnteln der Gesamtfläche bemerkt. Ein ähnliches Bild beobachtet man auch bei der Adsorption von Kohlenmonoxyd. Alle diese Tatsachen geben Grund zu der Annahme, daß die Verteilung der Bereiche des aktiven Mangandioxyds über die VAN DER WAALSschen Adsorptionswärmen stark ungleichmäßig, und zwar nahezu exponentiell ist.

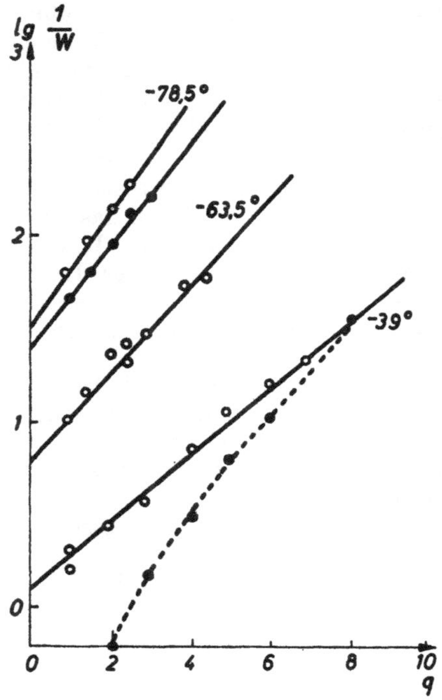

Abb. 231. Kinetik der aktivierten Adsorption von Kohlenmonoxyd an Mangandioxyd (nach ROGINSKI und SELDOWITSCH) bei gleichen Temperaturen. Ein Teil der durch offene Kreise markierten Werte wurde bei 76 Torr aufgenommen, die ausgefüllten Kreise bei 380 Torr. Auf der Abszissenachse ist die adsorbierte Menge, auf der Ordinatenachse der Logarithmus der reziproken Geschwindigkeit aufgetragen.

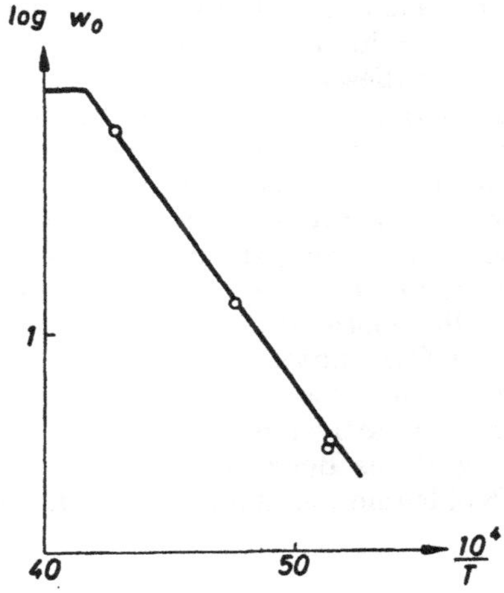

Abb. 232. Berechnung der Aktivierungsenergie für die aktivierte Adsorption an den aktivsten Bereichen (das System ist dasselbe wie in Abb. 231) an Hand der Anfangsgeschwindigkeiten, die man durch graphische Extrapolation aus der Gleichung $\frac{dq}{dt} = w_0 \exp(-\alpha q)$ findet (nach ROGINSKI und SELDOWITSCH). Die Aktivierungsenergie beträgt 6800 cal/Mol.

Noch größer sind die für inhomogene Oberflächen kennzeichnenden Anomalien bei der aktivierten Adsorption von Kohlenmonoxyd. Sowohl das monomolekulare als auch das bimolekulare Gesetz ist offenbar unzureichend zur Beschreibung des ersten und charakteristischsten Teils der kinetischen Kurve. Die Abnahme der Geschwindigkeit mit der Zeit und der Besetzung ist zu steil hierfür. Bedeutend bessere Ergebnisse liefert (Abb. 231) die

Exponentialgleichung $\frac{dq}{dt} = w_0 e^{-\alpha q}$ und die damit äquivalente Gleichung $q = \frac{1}{a} \ln (1 + a w_0 t)$.

Man kann leicht zeigen, daß die Geschwindigkeit des Prozesses mit der Temperatur stark ansteigt. Für die Anfangsgeschwindigkeit $w_0 = w_0(T)$ folgt hieraus eine Aktivierungsenergie von etwas weniger als 7 kcal/Mol (Abb. 232). Wie in dieser Arbeit gesagt wird, läßt sich das kinetische Gesetz $\frac{dq}{dt} = w_0 e^{-\alpha q}$ als Folge einer allmählichen Zunahme der Aktivierungsenergie mit der Besetzung auffassen; zur quantitativen Nachprüfung dieses Schlusses sind jedoch

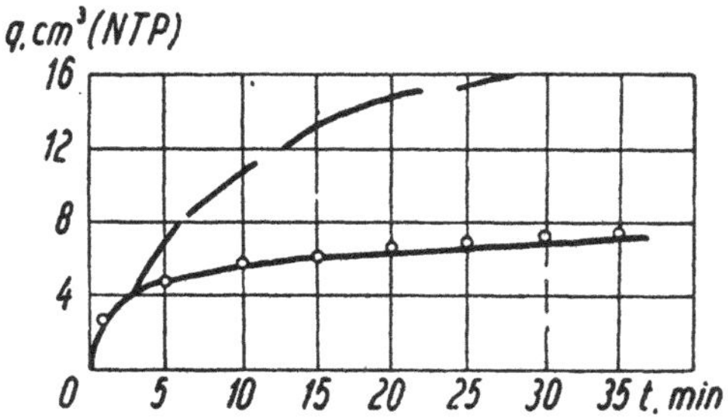

Abb. 233. Vergiftende Wirkung des Kohlendioxyds auf die aktivierte Adsorption von Kohlenmonoxyd an Mangandioxyd nach Experimenten mit dazwischenliegender Temperung (nach ROGINSKI und SELDOWITSCH). Die untere Kurve wurde so aufgenommen, daß das Experiment stets unter statischen Bedingungen verlief, die obere mit periodischem Abpumpen des Kohlendioxyds.

noch genauere Messungen der Werte bei tiefen Temperaturen (—63°, —78°) erforderlich.

In der darauffolgenden Arbeit der gleichen Verfasser finden sich genauere Daten über α; es wird gezeigt, daß die exponentielle Hemmung eng verbunden ist mit einer Blockierung der arbeitenden Bereiche durch Kohlendioxyd. Führt man das Kohlenmonoxyd in geringen Mengen ein und reinigt die Oberfläche vom Kohlendioxyd, das sich bei der Adsorption bildet, so kann man den geschilderten Einfluß des Kohlendioxydes leicht nachweisen (Abb. 233).

Bei kontinuierlicher Entfernung des Kohlendioxyds (bei abnehmendem Druck) folgt die Geschwindigkeit der monomolekularen Gleichung

$$\frac{dq}{dt} = 2{,}130 - 0{,}127\, q \quad \text{(bei } 0°\text{)}. \tag{7d}$$

Solange die Selbsthemmung groß ist, kann man nicht mit einer Druckabnahme rechnen, wie in der zitierten Arbeit durch ein einfaches Zahlenbeispiel gezeigt wird (wenn $e^{-\alpha q}$ auf den hundertsten Teil abnimmt, verringert sich p nur auf die Hälfte).

Formal sprechen die geschilderten Daten für eine streng gleichmäßige Verteilung über die Aktivierungsenergien, obwohl eine solche Schlußfolgerung schon deshalb verfrüht wäre, weil die kinetischen Gleichungen, die für die ungleichmäßig inhomogenen Oberflächen kennzeichnend sind, nicht ausprobiert wurden. Nach den Ergebnissen einer rohen Abschätzung aus den Kurven kann man annehmen, daß die Gleichung $q = a t^{1/n}$ etwa so gut geeignet wäre wie $q = a \ln t$ oder $q^{\frac{1}{n+1}} = a \ln t$. Der Verlust eines Teils des Archivs unseres

Laboratoriums während des Krieges macht einen ausführlicheren Vergleich mit der logarithmischen und der doppeltlogarithmischen Formel in diesem Fall ohne Anstellung neuer experimenteller Untersuchungen unmöglich. Auch die Möglichkeit einer Diffusion des Sauerstoffs aus dem Innern des Adsorbens an seine Oberfläche darf nicht vernachlässigt werden.

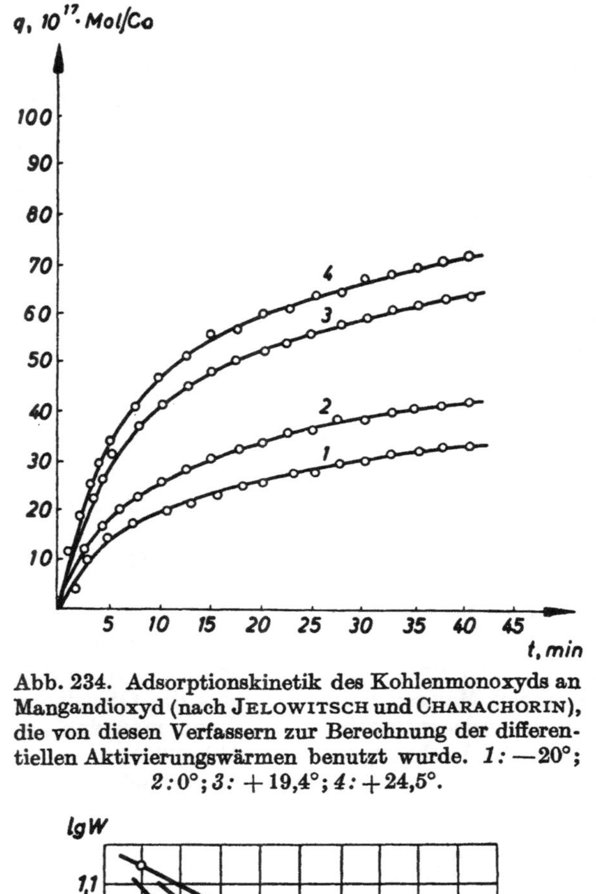

Abb. 234. Adsorptionskinetik des Kohlenmonoxyds an Mangandioxyd (nach JELOWITSCH und CHARACHORIN), die von diesen Verfassern zur Berechnung der differentiellen Aktivierungswärmen benutzt wurde. *1:* —20°; *2:* 0°; *3:* + 19,4°; *4:* + 24,5°.

Die Kinetik der Adsorption des Kohlenmonoxyds an Mangandioxyd wurde von JELOWITSCH und seinen Mitarbeitern eingehend untersucht[37, 38]); sie beobachteten systematische Abweichungen von der logarithmischen Formel, die den Anfang des Prozesses gut beschreibt. Durch Anwendung der CLAUSIUS-CLAPEYRONschen Gleichung auf die reziproken Zeiten, bei denen die verschiedenen Besetzungsgrade erreicht werden, stellten JELOWITSCH und CHARACHORIN die sehr wesentliche Tatsache fest, daß die Aktivierungsenergie mit der Besetzung systematisch anwächst (Abb. 234 und 235). In ihrer Arbeit werden vier Zahlenwerte angegeben: für die Besetzung

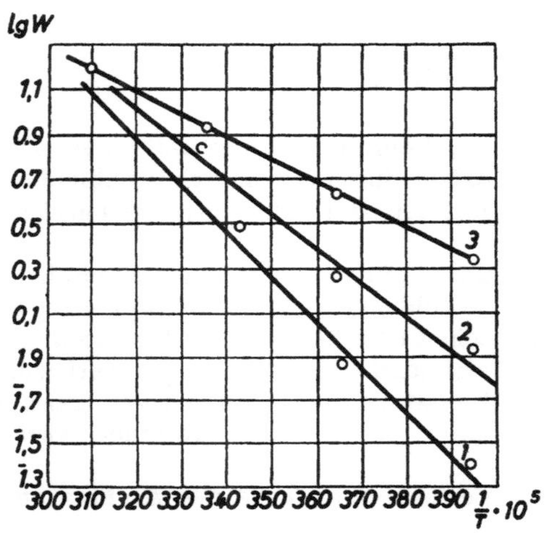

Abb. 235. Berechnung der differentiellen Aktivierungswärmen der aktivierten Adsorption von Kohlenmonoxyd an Mangandioxyd nach Abb. 234 von JELOWITSCH und CHARACHORIN. *1:* Besetzung mit $12 \cdot 10^{17}$ CO-Molekeln pro Gramm Adsorbens; *2:* $20 \cdot 10^{17}$ Molekeln pro Gramm; *3:* $28 \cdot 10^{17}$ Molekeln pro Gramm; Aktivierungsenergien *E:* 9650, 6750 bzw. 5400 cal/Mol.

$1{,}2 \cdot 10^{19}$ Mol/g ist $E = 5400$ cal/Mol, für $2 \cdot 10^{19}$ Mol/g $E = 6750$ cal/Mol, für $2{,}8 \cdot 10^{19}$ Mol/g $E = 9650$ cal/Mol, und schließlich wird erwähnt, daß „bei noch höheren Besetzungen noch größere Werte von E gefunden wurden, die bis zu 13000 cal gingen"! Der Bereich von E ist also größer als 7000 cal oder unter Berücksichtigung von $T \cong 300$, $\Delta E > 11\,RT$.

Der niedrigere Anfangswert $E \leq 5400$ cal/Mol gibt zu gewissen Zweifeln Anlaß, um so mehr, als in der gleichen Arbeit für E_{anf} ein Wert von 6250 cal/Mol angegeben wird. Wir tragen die gefundenen E-Werte in ein Diagramm $E = E(q)$

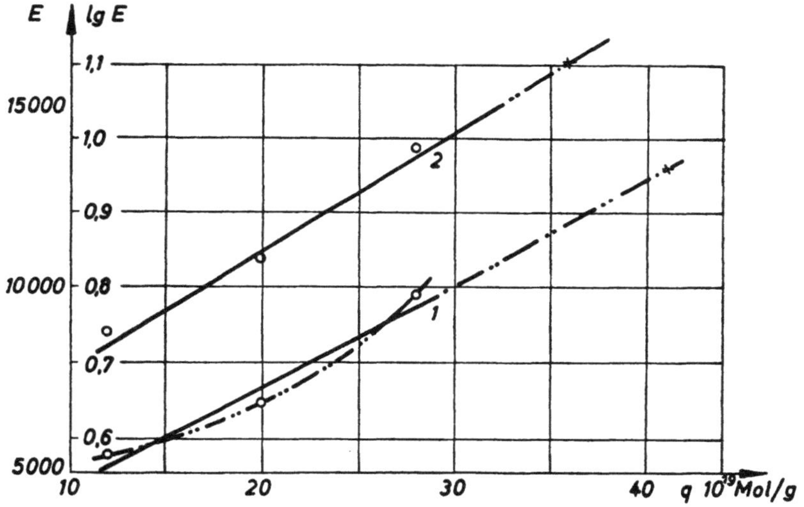

Abb. 236. Abhängigkeit der differentiellen Aktivierungsenergie der aktivierten Adsorption von Kohlenmonoxyd an Mangandioxyd, die wir aus den Daten von JELOWITSCH und CHARACHORIN erhielten. Kurve *1* in den Koordinaten E und q. Einer gleichmäßigen Verteilung würde ein linearer Anstieg von E mit q entsprechen. Gerade *2* in den Koordinaten lg E und q; sie entspricht einer hyperbolischen Verteilung.

ein (Abb. 236) und legen eine Gerade durch die ersten drei Punkte (ein etwas künstliches Verfahren, da der mittlere Punkt etwas zu tief liegt). Nach dieser Geraden würde ein Wert $E = 13000$ cal/Mol einer Besetzung von etwa $q = 4{,}05 \cdot 10^{19}$ Mol/g entsprechen. Wie man leicht aus Abb. 234 entnimmt, ist dies nicht weit entfernt von dem letzten Punkt in der kinetischen Isotherme bei 0°, hinter dem zur Berechnung von E nur die beiden Kurven für 19,4 und 24,5° bleiben. Berücksichtigt man, daß $2{,}8 \cdot 10^{19}$ Mol/g der analoge Wert für die Isotherme bei $-20°$ ist, so kann man annehmen, daß sich die Zahl 13000 tatsächlich auf eine Adsorption von etwa 4,1 Mol/g bezieht und daß E linear mit q zunimmt, d.h. daß die Verteilung nicht sehr von einer gleichmäßigen abweicht. Man kann leicht zeigen (Abb. 236), daß die Abweichungen von der Linearität nicht einer ansteigenden, sondern einer abfallenden Verteilung entsprechen und daß insbesondere die drei erwähnten Punkte gut auf der Kurve $q = \beta \ln E/E_0$ liegen, die der hyperbolischen Verteilung $\varrho = H/E$ entspricht. Auch in diesem Fall würde der vierte Punkt bei wahrscheinlichen q-Werten liegen, und zwar bei etwa $3{,}6 \cdot 10^{19}$. Dieses Ergebnis kennzeichnet nicht so sehr den genauen Typ der Verteilung wie die Größe der Ungenauigkeit, welche die Bestimmungsmethode von E mit sich bringt. Man bestimmt E hierbei aus den reziproken Zeiten, bei denen der gegebene q-Wert bei verschiedenen T erreicht wird; man bekommt dann das mittlere E bei der Adsorption von 0

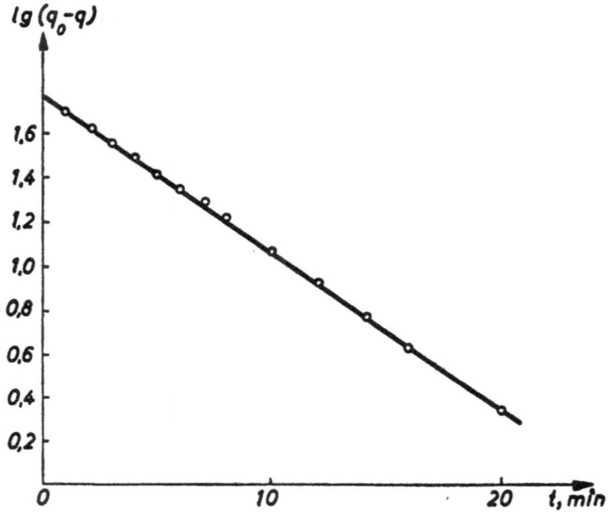

Abb. 237. Verlauf der Reaktion nach erster Ordnung für den Schluß der aktivierten Adsorption von Kohlenmonoxyd an Mangandioxyd (nach JELOWITSCH und CHARACHORIN).

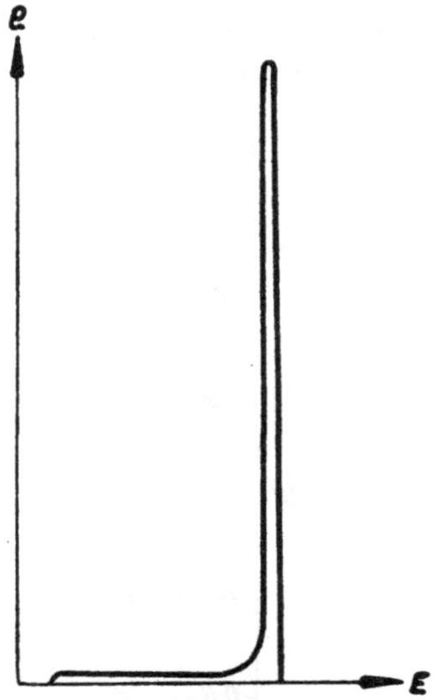

Abb. 238. Graphische Darstellung des von JELOWITSCH und CHARACHORIN angenommenen Typs der Verteilung der Bereiche über die Aktivierungsenergien.

bis q. Je höher q ist, desto mehr unterscheidet dieser Mittelwert sich von dem E_{diff} bei q. Aus der dargelegten statistischen Theorie geht hervor, daß man besser anders rechnet, und zwar nach den Isochronen. Man kann leicht zeigen, daß eine solche Bestimmung an Hand der Änderung von q mit der Temperatur bei konstantem t eine ansteigende Verteilung liefert. JELOWITSCH und CHARACHORIN werteten ihre kinetischen Daten nach der einfachen logarithmischen Gleichung aus, wobei sie erhebliche Abweichungen von der Formel für den Endabschnitt der kinetischen Kurven beobachteten. Nach ihren Angaben folgen diese Endabschnitte einer einfachen Gleichung erster Ordnung (Abb. 237). Dies wird als Hinweis auf eine Homogenität eines beträchtlichen Teils der Oberfläche gewertet.

Die Verteilung der Bereiche dieser Oberfläche über E würde schematisch folgende Form haben (Abb. 238).

Die Verfasser nehmen an, daß ihre kinetischen Daten besser mit folgender empirischer Formel übereinstimmen.

$$\frac{dq}{dt} = A e^{-\frac{\beta q}{1+\gamma q}} (q_0 - q), \tag{8}$$

die den Einfluß des abnehmenden Drucks und in eigenartiger Weise auch der Inhomogenität der Verteilung berücksichtigt.

Zur Bestimmung der konkreten Form dieser Verteilung muß man die Gleichung

$$E = \frac{RT\,\beta q}{1 + \gamma q} \tag{8a}$$

umformen zu $E + \gamma E q = RT\beta q$ oder $q = \frac{E}{RT\beta - \gamma E}$. (8b)

Durch Differentiation nach E erhalten wir

$$\varrho = \frac{dq}{dE} = \frac{1}{RT\beta - \gamma E} + \frac{\gamma E}{(RT\beta - \gamma E)^2} = \frac{\beta}{(RT\beta - \gamma E)^2}. \tag{9}$$

Dies ist eine ansteigende Verteilung, wenn $\gamma E \leq RT\beta$ ist. Zwischen der Form der Funktion $\varrho(E)$, die die Verfasser postulieren, und derjenigen, die sich aus ihren Daten über die Isochronen und aus ihrem Ausdruck für $E = E(q)$ im Exponenten der kinetischen Gleichung bestimmen läßt, bestehen also gewisse Widersprüche. Zu einer endgültigen Orientierung über den Charakter der Oberfläche wäre eine Wiederholung der Arbeiten unter Vergrößerung des Zeit- und Temperaturintervalls und mit einer Auswertung der Daten nach unseren Methoden sehr wünschenswert. Es ist nicht ausgeschlossen, daß letzten Endes eine einfache Exponentialverteilung mit kleinem α herauskommt. Wir betonen, daß die Übereinstimmung der Daten von JELOWITSCH und CHARACHORIN mit ihrer halbempirischen Gleichung

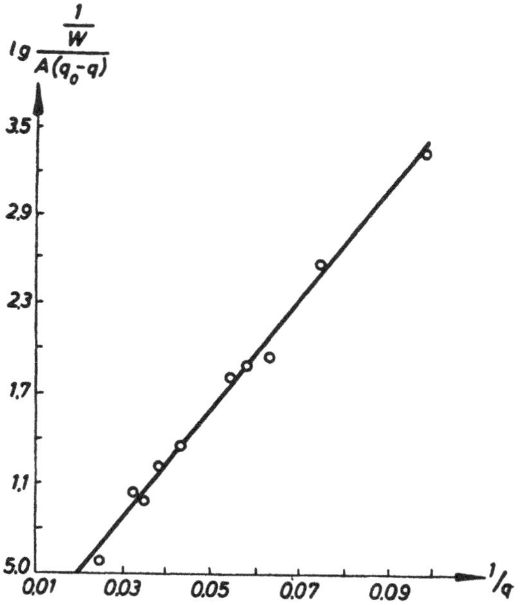

Abb. 239. Anwendbarkeit der von JELOWITSCH und CHARACHORIN vorgeschlagenen kinetischen Gleichung auf die aktivierte Adsorption von Kohlenmonoxyd an Mangandioxyd.

$$\left(\ln \frac{w}{(q_0 - q)A}\right)^{-1} = -\frac{1}{\beta}\frac{1}{q} - \frac{\gamma}{\beta} \tag{10}$$

ausgezeichnet ist. Als Veranschaulichung bringen wir eines ihrer Diagramme (Abb. 239). Man darf jedoch die Bedeutung dieser Übereinstimmung nicht überschätzen, da q und w innerhalb enger Grenzen variiert wurden.

Wir führen auch eine Abschätzung für den Anteil der Oberfläche, der auf die aktiven Bereiche entfällt, an. Nach JELOWITSCH und CHARACHORIN ist er für das MnO_2 sehr groß und erreicht 20% der Oberfläche ($q \cong 10^{20}$ Mol/g).

Trotz gewisser Unklarheiten und Widersprüche, die bei dieser Pionierarbeit verständlich sind, geben die Daten von JELOWITSCH und CHARACHORIN zusätzliche sehr wertvolle Argumente zugunsten des Vorhandenseins einer breiten Verteilung der Bereiche über die Aktivierungsenergien der aktivierten Adsorption des Kohlenmonoxyds an der Oberfläche des Mangandioxyds.

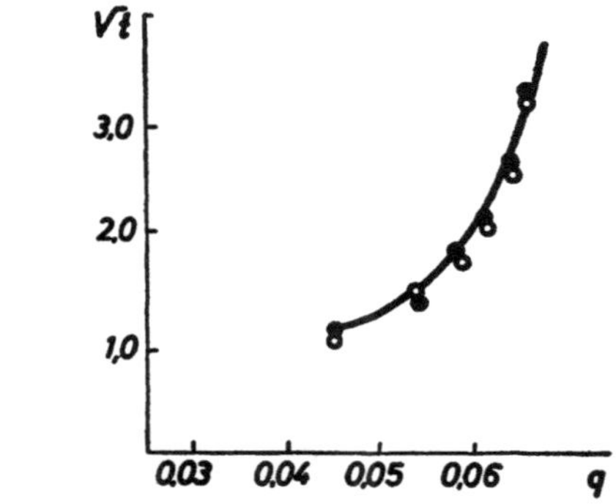

Abb. 240. Unbrauchbarkeit der Diffusionsgleichung $q \sim \sqrt{t}$ bei der aktivierten Adsorption von Kohlenmonoxyd an Nickeloxyd (nach ROGINSKI und ZELLINSKAJA).

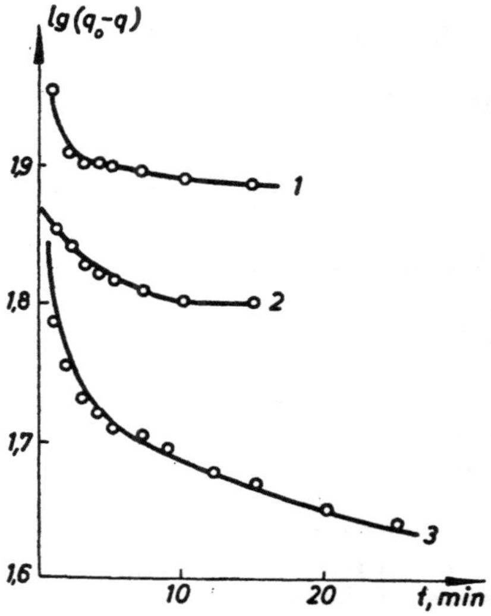

Abb. 241. Unbrauchbarkeit einer Gleichung erster Ordnung für die aktivierte Adsorption von Kohlenmonoxyd an Nickeloxyd. *1:* 60°; *2:* 100°; *3:* 160° (nach ROGINSKI und ZELLINSKAJA).

Spätere Arbeiten unseres Laboratoriums zeigten, daß die Ergebnisse für Mangandioxyd und Kohlenmonoxyd äußerst typisch sind und auch bei anderen Systemen beobachtet werden. So verläuft nach den Angaben von ZELLINSKAJA die aktivierte Adsorption von Kohlenmonoxyd an aktivem pyrolytischem Nickeloxyd ebenso wie am Mangandioxyd. In diesem Fall können weder die Diffusions- noch die LANGMUIRsche Gleichung das kinetische Bild wiedergeben (Abb. 240 und 241). Dagegen liefert die logarithmische Gleichung gute Übereinstimmung (Abb. 242).

Ebenso wie im Fall des Mangandioxyds führt eine Reinigung zu einer Steigerung der Anfangsgeschwindigkeit der Adsorption unter Verringerung der Aktivierungsenergie, was man zwanglos durch eine Befreiung der aktivsten Bereiche von blockierenden Fremdsubstanzen erklären kann. Solche Fremdsubstanzen sind Wasser und Kohlendioxyd, die als Adsorptionsgifte fungieren.

Von großem Einfluß auf die Eigenschaften des Nickeloxyds sind die Herstellungsbedingungen. Präparate, die bei höheren Übersättigungen (bei höherem T oder geringerem Partialdruck des Kohlendioxyds) hergestellt wurden, adsorbieren das Kohlenmonoxyd wesentlich schneller. Dies ist aus Abb. 243 gut ersichtlich; sie zeigt, daß der Unterschied in den Geschwindigkeiten der aktivierten Adsorption im wesentlichen auf der Änderung der Aktivierungsenergie beruht. Für die beiden verglichenen Präparate ist $E_0 = 3700$ bzw. 7600 cal/Mol. Ein ganz ähnliches Bild beobachtet man auch bei der aktivierten Adsorption von Wasserstoff an Nickeloxyd. Für diesen Fall beschränken wir uns auf Abb. 244, die die Gültigkeit des gleichen kinetischen Gesetzes zeigt.

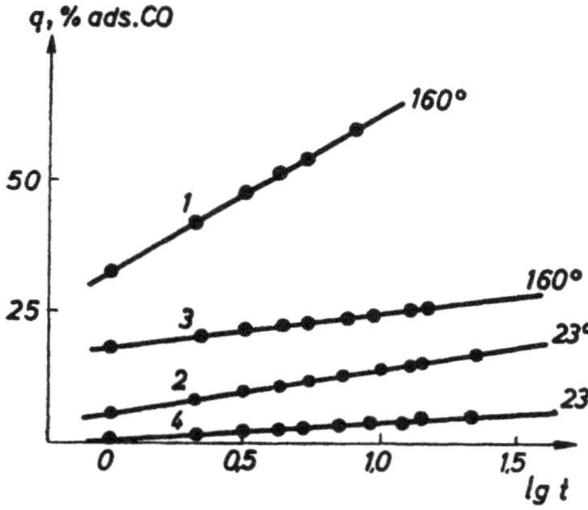

Abb. 242. Gute Brauchbarkeit einer logarithmischen Gleichung für die aktivierte Adsorption von Kohlenmonoxyd an Nickeloxyd (nach ROGINSKI und ZELLINSKAJA). *1* und *2*: aktives Präparat, hergestellt bei geringem Kohlendioxyddruck; *3* und *4*: wenig aktives Präparat, hergestellt bei hohem Partialdruck des Kohlendioxyds (nach ROGINSKI und ZELLINSKAJA).

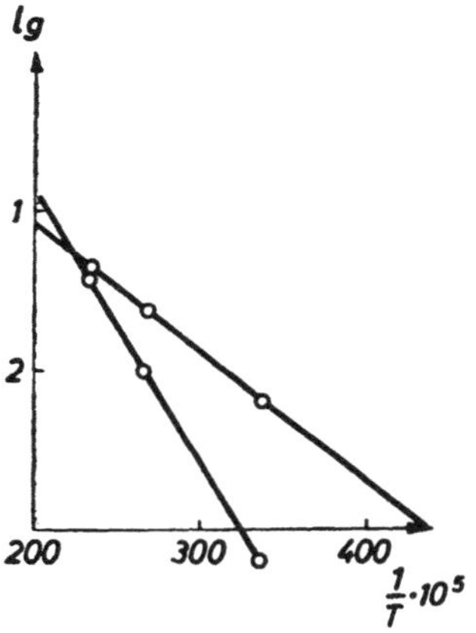

Abb. 243. Unterschiede im Anfangswert der Aktivierungsenergie der aktivierten Adsorption von Kohlenmonoxyd an zwei Nickeloxydpräparaten mit sehr verschiedener katalytischer Aktivität infolge großer Unterschiede in der freien Energie des Bildungsprozesses durch die verschiedenen Herstellungsbedingungen des Präparats (nach ROGINSKI und ZELLINSKAJA).

In allen erwähnten Arbeiten wird das Hauptgewicht auf das Kohlenmonoxyd gelegt, dessen aktivierte Adsorption am unmittelbarsten mit dem katalytischen Prozeß zusammenhängt. Daneben wurde auch die Sorptionskinetik des Sauerstoffs untersucht, die recht gut durch eine Diffusionsgleichung beschrieben wird (Abb. 245) und einen hohen positiven Temperatur-

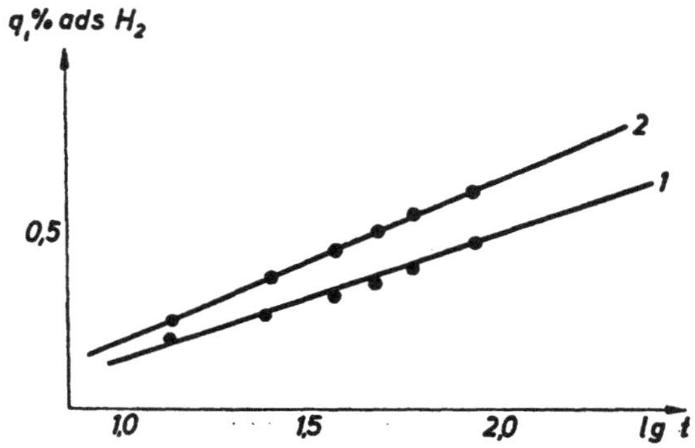

Abb. 244. Kinetik der aktivierten Adsorption von Wasserstoff an Nickeloxyd bei 60° (*1*) und 100° (*2*) in logarithmischer Auftragung (nach ROGINSKI und ZELLINSKAJA).

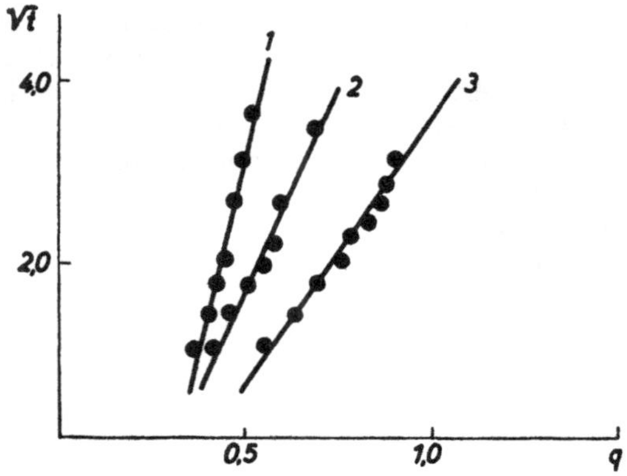

Abb. 245. Aktivierte Sorption von Sauerstoff an Nickeloxyd, die einer Diffusionsgleichung $p \sim \sqrt{t}$ folgt, bei den Temperaturen *1*: 60°; *2*: 100°; *3*: 160° (nach ROGINSKI und ZELLINSKAJA).

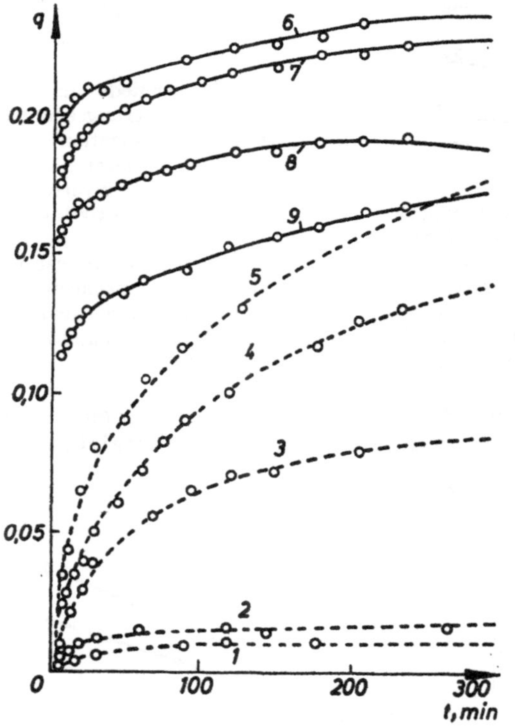

koeffizienten hat, der sehr empfindlich gegen die Herstellungsbedingungen des Oxyds ist.

Eine genauere Untersuchung des letzterwähnten Prozesses an Chromitkontakten wurde von FRAZER und ALBERT durchgeführt[39]). Als Beispiel bringen wir das Ausgangsdiagramm (Abb. 246) und die Tab. 16, in der die differentiellen Aktivierungsenergien, berechnet nach der Gleichung von ARRHENIUS, zusammengestellt sind*.

$$\ln \frac{t_2}{t_1} = \frac{E}{R} \left(\frac{1}{T_2} - \frac{1}{T_1} \right). \qquad (10\text{a})$$

Die Tabellenwerte sind notwendig ungenau, weil sie nur aus zwei Punkten berechnet wurden; trotzdem lassen sie einige interessante Schlußfolgerungen zu:

1. Die Aktivierungsenergie wächst monoton mit der Besetzung (Abb. 247).

2. Dieses Anwachsen ist am stärksten bei den Kurven bei tiefer Temperatur. In der Tat erhöht in Kurve *1* der Übergang von 0,005 zu 0,014, d. h. eine Vergrößerung von q um 0,009, die Größe E etwa um 8400 cal/Mol (für 0,015 ist der Mittelwert von 25,51 und 22,04 verwendet), d. h. um mehr als 10,5 RT.

Abb. 246. Kinetik der aktivierten Sorption von Sauerstoff (gestrichelt) und Kohlenmonoxyd (ausgezogen) an einem Chromitkontakt (nach FRAZER und ALBERT). *1*: O_2, $t° = 100°$; *2*: O_2, $t° = 125°$; *3*: O_2, $t° = 150°$; *4*: O_2, $t° = 175°$; *5*: O_2, $t° = 200°$; *6*: CO, $t° = 125°$; *7*: CO = 150°; *8*: CO, $t° = 175°$; *9*: CO, $t° = 200°$.

* t_1 und t_2 sind die Zeiten, die zur Adsorption einer bestimmten Gasmenge bei den Temperaturen T_1 und T_2 erforderlich sind. Die Geschwindigkeitskonstante wird umgekehrt proportional zu dieser Zeit gesetzt.

TABELLE 16

Aktivierungsenergie der Adsorption von Sauerstoff an Kupferchromit (kcal/Mol)

Adsorbierte Menge cm^3/g	Temperatur in °C					
	100—125	100—150	125—150	150—175	150—200	175—200
0,00500	15,43	—	—	—	—	—
0,00625	15,78	—	—	—	—	—
0,00750	17,41	16,19	14,79	—	—	—
0,00875	17,71	—	—	—	—	—
0,01000	19,11	17,50	15,66	—	—	—
0,01285	20,51	—	—	—	—	—
0,01250	25,51	22,62	18,66	—	—	—
0,01500	22,04	—	—	—	—	—
0,03	—	—	—	9,59	9,31	8,99
0,04	—	—	—	9,46	9,54	9,63
0,05	—	—	—	10,19	10,29	10,40
0,06	—	—	—	11,76	11,53	11,28
0,07	—	—	—	13,07	12,29	11,41
0,08	—	—	—	16,50	13,79	10,76
0,09	—	—	—	—	17,19	10,61
0,10	—	—	—	—	—	10,89
0,11	—	—	—	—	—	10,96
0,12	—	—	—	—	—	11,03
0,13	—	—	—	—	—	11,61
0,14	—	—	—	—	—	12,72
0,15	—	—	—	—	—	15,64

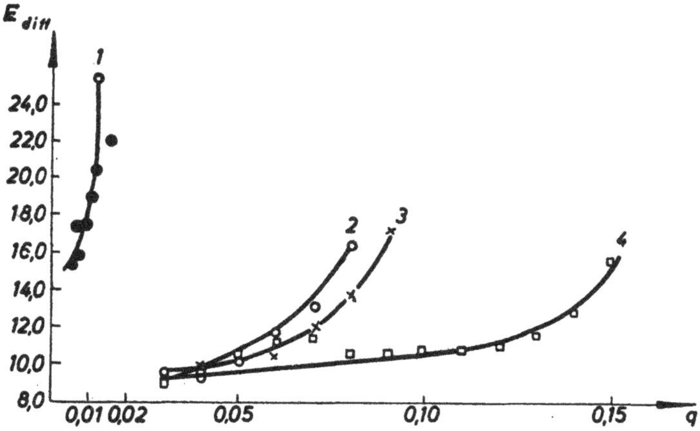

Abb. 247. Änderung der Aktivierungsenergien mit wachsender Besetzung für Sauerstoff an einem Chromitkontakt (nach FRAZER und ALBERT). Kurve *1* wurde durch Vergleich der kinetischen Isothermen, die 100 und 125° entsprechen, gewonnen; Kurve *2* für 150 und 175°, Kurve *3* für 150 und 200°, Kurve *4* für 175 und 200°.

Dagegen erhöht der Übergang von 0,03 auf 0,09, d. h. eine Zunahme um 0,06, in Kurve *3* die Größe E nur um 7900 cal/Mol oder um $9\,RT$. In Kurve *4* beobachtet man beim Übergang von 0,03 auf 0,15 eine Zunahme um 6700 cal/Mol; innerhalb jeder Kurve steigt die Steilheit mit der Besetzung.

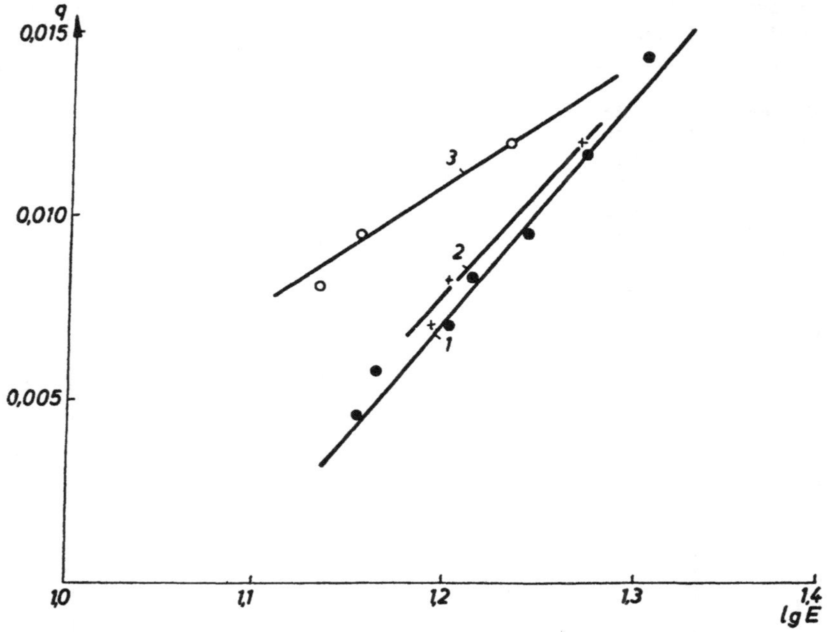

Abb. 248. Prüfung der Anwendbarkeit einer Gleichung $q \sim \lg E$, die einer hyperbolischen Verteilung entspricht, auf die Daten von FRAZER und ALBERT über die Adsorption von Sauerstoff an einem Chromitkontakt. *1*: 100—125°; *2*: 100—150°; *3*: 125—150°.

3. Mit wachsendem T nehmen die Aktivierungsenergien, berechnet nach der erwähnten Gleichung, systematisch ab. Das beobachtete Bild wird bei folgenden Annahmen verständlich:

a) Die Verteilung der Bereiche über die Aktivierungsenergien ist ungleichmäßig.

b) Es sind beträchtliche Entropieglieder vorhanden, die alle Kurven $q = q(\ln t)$ mit wachsendem T nach rechts verschieben, was verständlich wird, wenn mit wachsendem T irgendwelche Freiheitsgrade des Oberflächenkomplexes der Adsorption auftauen.

Eine gewisse Bestätigung für diese Deutung gibt Abb. 247, in der q als Funktion von E aufgetragen ist. Da E proportional $\ln t$ ist, ist das gleichzeitig ein Diagramm $q = q(\ln t)$. Sämtliche Kurven sind gegen die E-Achse hin gekrümmt. Als Beispiel einer abfallenden Verteilung nehmen wir $\varrho = H/E$, die zu einer Gleichung für die differentiellen Aktivierungsenergien führt, in der q proportional $\ln E$ ist. In den Koordinaten q und $\ln E$ werden die Kurven mit einer Streuung, die bei der geringen Reproduzierbarkeit der Daten der zitierten Arbeit verständlich ist, zu Geraden (Abb. 248). Es kann kein Zufall sein, daß die Herleitung der Verteilung aus den Aktivierungswärmen zum Typ H/E führt, den wir schon als eine der topochemischen Verteilungen behandelt haben. Eine Nachprüfung dieser Schlußfolgerung an den kinetischen Daten von FRAZER und ALBERT ist nicht möglich. Mit einer Ungenauigkeit, wie sie bei der Umrechnung von Kurven ohne Zahlenwerte unvermeidlich ist, sind jedoch die drei Gleichungen

$$q = a \ln t; \quad q = a t^{1/n} \quad \text{und} \quad q = a \ln (\ln t) \tag{10b}$$

gut brauchbar, was sich leicht graphisch veranschaulichen läßt. Gegenüber den Ergebnissen der angegebenen Rechnungen, in denen die Werte der zweifelhaften Kurve 7 verwendet werden, muß man große Vorsicht walten lassen, da die Streuung der Werte sehr groß ist und außerdem Mechanismus und Topographie der Adsorption des Sauerstoffs unklar sind. Bekanntlich wird in vielen Fällen der Sauerstoff volumenmäßig in den Oxyden gelöst[40]); andererseits versuchen auf Grund früherer Arbeiten von LORY und LOCKWOOD[41]) die Verfasser, die Adsorption des Sauerstoffs als Oxydation der Oberflächenschichten in Chromate zu deuten, was als spezielle Variante der aktivierten Oberflächenadsorption aufgefaßt werden kann. In dieser Hinsicht bestehen offenbar Unterschiede im Verhalten des Kupferchromits einerseits und der Oxyde von Mangan und Nickel andererseits. Für diese wird die aktivierte Adsorption des Sauerstoffs offenbar recht gut durch ein Diffusionsgesetz beschrieben*. Die große Empfindlichkeit gegenüber den Herstellungsbedingungen zeugt von der erheblichen Bedeutung des Zustandes der Oberfläche, liefert aber keine ausreichenden Daten zur Entscheidung zwischen der Oberflächen- und der Volumendiffusion. Nicht ausgeschlossen ist, daß wir es in diesem Fall mit einem Spezialfall einer allgemeinen Abhängigkeit $q = a t^{1/n}$ mit einem Wert n, der zufällig in die Nähe von Zwei fällt, zu tun haben.

Leider sind die Daten von FRAZER und ALBERT über die Adsorption zu einer kinetischen Auswertung durchaus nicht geeignet, weil der einheitliche Adsorptionsprozeß willkürlich in eine VAN DER WAALSsche und eine aktivierte Adsorption zerlegt wird. Eine erhebliche VAN DER WAALSsche Adsorption des Kohlenmonoxyds am Chromit infolge von Dispersionskräften ist bei so hohen Temperaturen sehr unwahrscheinlich, und die Vermutung eines einheitlichen Prozesses mit steil abfallender Geschwindigkeit liegt nahe. Ferner sind die kinetischen Schlußfolgerungen wenig vertrauenerweckend, die sich auf einen Vergleich der Prozesse bei Temperaturen, für die kaum eine Reversibilität vorhanden ist, und bei Temperaturen, bei denen diese Reversibilität stark ausgeprägt ist, stützen. Hierher rührt auch der äußerst unwahrscheinliche Verlauf der Aktivierungsenergie der Diffusion mit der Besetzung. Noch größere Komplikationen bringen die Daten von SHABROWA in die Frage nach dem Charakter der aktivierten Adsorption von Gasen an Kontakten vom Chromittyp. Die kinetischen Kurven sind in logarithmischen und doppeltlogarithmischen Koordinaten in Abb. 249 dargestellt. Diese Daten sprechen für eine exponentielle Verteilung über die Aktivierungswärmen. Ähnliche Ergebnisse erhielt man auch für Kohlenmonoxyd und Wasserstoff. Da die Daten von SHABROWA sich auf

* Für die Eindeutigkeit des Schlusses auf eine Diffusionskinetik fehlt noch ein experimenteller Nachweis der Temperaturunabhängigkeit von $1/n = 0{,}5$.

ein größeres Zeitintervall beziehen, muß man ihnen den Vorzug geben, aber sie reichen für eine genauere Feststellung des Verteilungstyps bei weitem noch nicht aus. Hier sind eine weitere Vergrößerung des Zeitintervalls und Versuche mit einer künstlich vergifteten Adsorption notwendig.

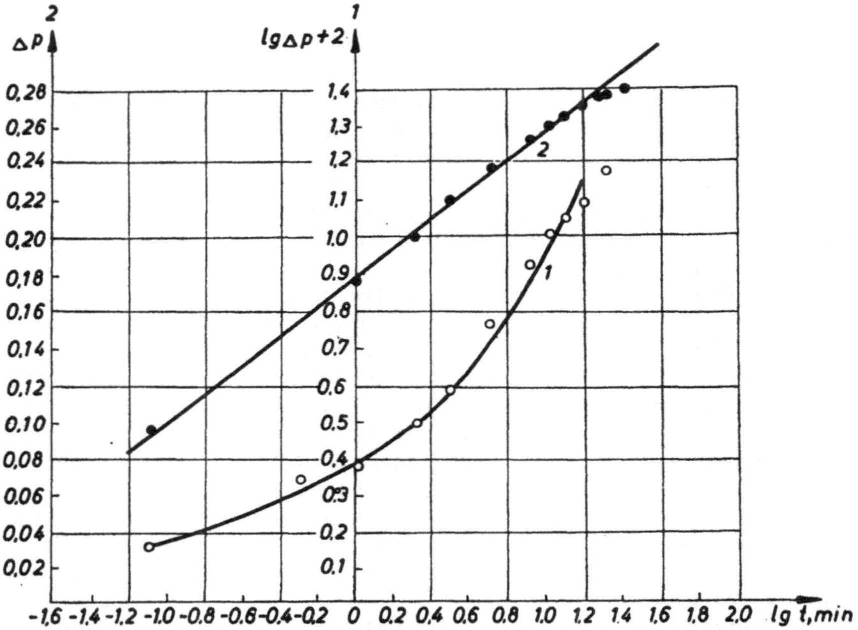

Abb. 249. Aktivierte Adsorption von Kohlenmonoxyd an Kupferchromit in logarithmischer (*1*) und doppeltlogarithmischer (*2*) Auftragung nach den Daten von SHABROWA. Die Kurve deutet auf eine ansteigende Verteilung von exponentiellem Typ hin. Δp dient als Maß für das q der Adsorption.

Im ganzen kann man sagen, daß die Erscheinungen an den aktiven Oxyden komplizierter und weniger untersucht sind als die an Aktivkohle. Man kann jedoch mit der beim vorliegenden experimentellen Material erreichbaren Genauigkeit feststellen, daß keine Widersprüche zu unserer Theorie bestehen. Selbst in ganz schematischer Form kann man keinen Verteilungstyp über die Aktivierungsenergien aufstellen, der dem gleichmäßigen näherkommt als der für die Verteilung an der Kohle; in einzelnen Fällen wird er möglicherweise durch eine abnehmende Höhe mit wachsendem E gekennzeichnet.

Für die aktiven Oxyde sind ebenso wie für die Kohle spezialisierte, ins einzelne gehende kinetische Messungen sehr wünschenswert, und zwar unter Berücksichtigung sämtlicher Forderungen der Theorie, ähnlich den oben geschilderten Messungen für die Aktivkohle.

Zum Schluß dieses Kapitels beschäftigen wir uns noch kurz mit einem lehrreichen Beispiel für eine falsche Orientierung infolge Fehlens einer ausführlichen Theorie.

§ 4: *Die aktivierte Adsorption von Wasserstoff an Kupfer und anderen Metallen*

Bei der Entwicklung unserer Ansichten über die spezifische aktivierte Adsorption spielten die Arbeiten über die Adsorption des Wasserstoffs eine sehr große Rolle. Bei einer ganzen Reihe von Metallen beobachteten verschiedene Forscher die Überlagerung einer sehr schnellen Molekularadsorption über eine bedeutend langsamere spezifische Adsorption. Für viele Metalle, unter anderem für die aktivsten Metall-Hydrierungskatalysatoren (Ni, Pt, Pd, Cu, Co), verläuft die spezifische Adsorption größtenteils sehr schnell (bei Zimmertemperatur), und einer kinetischen Beobachtung sind bei den üblichen Untersuchungsmethoden nur die

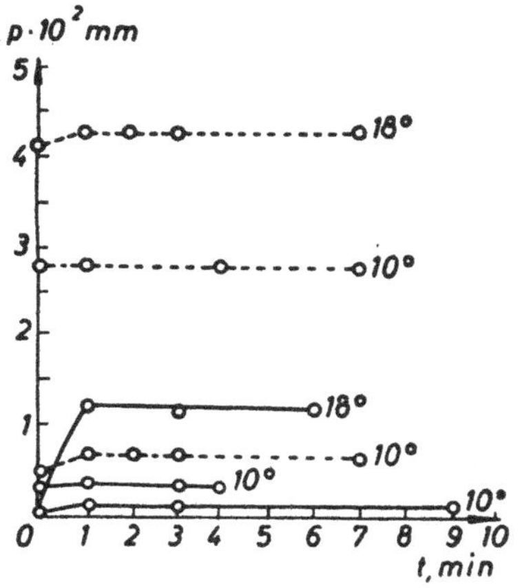

Abb. 250. Kinetik der aktivierten Adsorption von Wasserstoff an reinen (ausgezogene Linie) und mit einem Promotorgas behandelten (gestrichelte Linie) Wolframschichten (nach den Daten von MOTSCHAN u. a.), für drei Temperaturen: 0, 10 und 18°. Δp dient als Maß für das q der Adsorption.

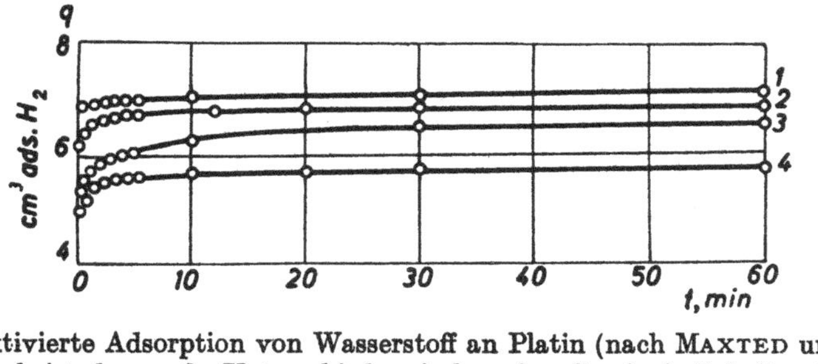

Abb. 251. Aktivierte Adsorption von Wasserstoff an Platin (nach MAXTED und CHASID). Charakteristisch ist der große Unterschied zwischen den Geschwindigkeiten im Anfangs- und Endabschnitt. *1*: $t° = -190°$; *2*: $t° = -79°$; *3*: $t° = 0°$; *4*: $t° = 50°$; *5*: $t° = 100°$.

Endabschnitte der Kurven zugänglich, wie man anschaulich am Beispiel der Messungen der aktivierten Adsorption an Nickel und Wolfram in unserem Laboratorium sieht (Abb. 250), ferner an den Messungen von MAXTED und seinen Mitarbeitern für das Platin (Abb. 251). Bedeutend mehr als die Hälfte der monomolekularen Schicht wird besetzt, bevor eine quantitative Untersuchung möglich ist. Es liegt nahe, zu versuchen, das Beobachtungsintervall durch eine Temperatursenkung zu erweitern; hier beginnt aber der störende Einfluß der VAN DER WAALSschen Adsorption (LEIPUNSKI, MOTSCHAN u. a.). Günstiger liegen die Dinge beim Kupfer. Reine, dünne Kupferschichten, gewonnen durch Aufdampfen auf eine sehr reine Glasoberfläche in

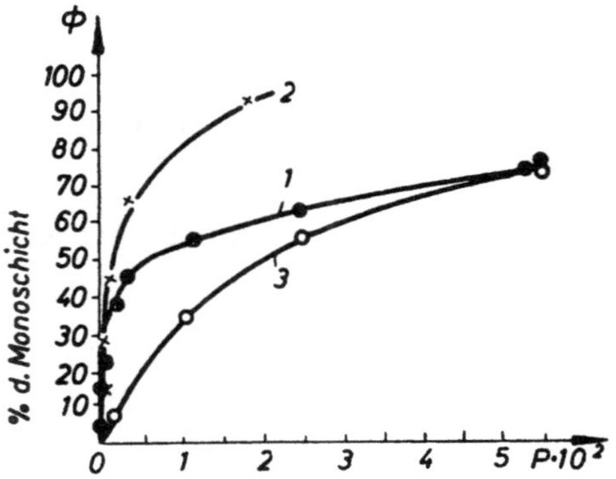

Abb. 252. Daten von LEIPUNSKI über die Unbrauchbarkeit der LANGMUIRschen Isotherme für die Adsorption von Wasserstoff an frisch aufgedampften Nickelschichten. *1:* experimentelle Daten; *2:* Daten zur Konstruktion der LANGMUIRschen Kurve auf Grund der Anfangspunkte der Isotherme; *3:* Daten zur Konstruktion der LANGMUIRschen Kurve aus den Endpunkten der Isotherme.

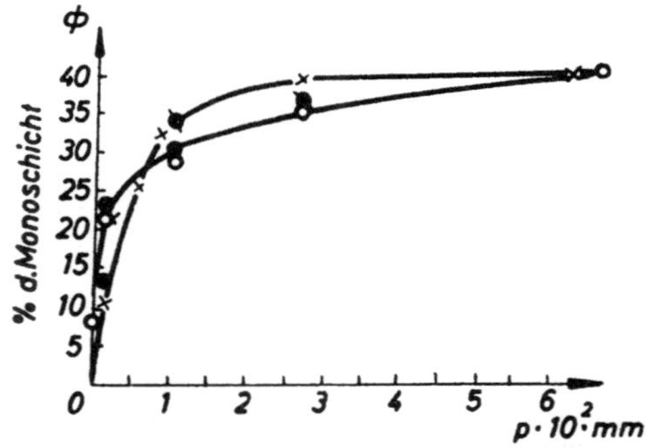

Abb. 253. Veranschaulichung der Unmöglichkeit einer Beschreibung der ganzen Adsorptionsisotherme für Wasserstoff an dünnen Nickelschichten bei 0° durch eine LANGMUIRsche Isotherme (nach LEIPUNSKI). Nach den experimentellen Daten bei verschiedenen Vorstellungen über die Sättigungsgrenze wurden Isothermen berechnet: ○ Versuchsdaten; × Sättigung bei 42,3% und $Q = 12780$; ● Sättigung bei 37,3% und $Q = 13070$; ⌽ Sättigung bei 3,73% und $Q = 13400$. Keine dieser Kurven stimmt mit der experimentellen Isotherme überein.

dem Gebiet, wo die VAN DER WAALSsche Adsorption unmeßbar klein wird, zeigen überhaupt keine merkliche aktivierte Adsorption von Wasserstoff.

LEIPUNSKI konnte in unserem Laboratorium[42]) diese beiden Prozesse für Nickelschichten trennen, indem er für jeden dieser Prozesse entsprechende Temperatur- und Druckintervalle verwendete. Für Nickel reicht das Gebiet merklicher VAN DER WAALSscher Adsorption nur bis etwa —78° C. Von —78 °C bis + 100° C läßt sich eine aktivierte Adsorption verfolgen. Die Aktivierungsenergie dieses Prozesses ist im allgemeinen klein, wodurch es möglich wurde, die Isothermen der aktivierten Adsorption in einem großen Temperaturintervall aufzunehmen und die Adsorptionswärme abzuschätzen. Die Isothermen haben die für inhomogene Oberflächen typische Eigenart: der Anfang ist zu steil. LANGMUIRsche Isothermen, konstruiert an Hand der mittleren und späteren Punkte, liegen am Anfang unter den realen Isothermen, und umgekehrt liegen LANGMUIRsche Isothermen, die durch die Anfangspunkte gehen, oberhalb des wirklichen Mittel- und Endabschnitts (Abb. 252 und 253). Dem Anfang, der Mitte und dem Ende der Isothermen entsprechen LANGMUIRsche Isothermen mit verschiedenen Q; mit der Besetzung fällt also die Größe Q. Auf diesem anschaulichen Wege läßt sich also die starke Inhomogenität der Oberflächen nachweisen. Interessanterweise stimmt die beobachtete Adsorption beim Druck Null (praktisch bei einem Druck $p_{H_2} \leqq 10^{-6}$ Torr) und bei Drucken von etwa 10^{-4} Torr auch nicht mit den Anfangsteilen der Isothermen überein, sondern erfordert noch höhere Q-Werte. Zu dem gleichen Schluß, daß eine starke Inhomogenität hinsichtlich Q herrscht, daß also Q schnell mit der Besetzung abnimmt, führt auch eine Untersuchung der Desorptionskinetik des Wasserstoffs. Äußerst interessant sind die Daten, die für einen symbaten Gang von E_{ads} und Q sprechen. Der Verfasser schätzt E'_{ads} etwa auf 3000 cal. Aus seinen Angaben geht jedoch hervor, daß E_{ads} mit der Besetzung zunimmt, da mit wachsender Temperatur die aus den Isothermen berechneten Q-Werte wachsen. Dies deutet man am besten so: bei höheren Temperaturen beginnen sich die Bereiche mit höheren E merklich an der Adsorption zu beteiligen, aber hierbei wächst auch das beobachtete gemittelte Q von 4000 cal/Mol bei $-183°$ auf 17000 cal/Mol bei $+100°$ C. Für die Punkte am Anfang ist Q größer als 20000 cal/Mol. Parallele Messungen des Photostroms und der Kontaktspannungen, die von RAWDEL[43]) durchgeführt wurden, zeigen, daß der aktiviert adsorbierte Wasserstoff entweder gar nicht oder schwach geladen ist, im Gegensatz zur künstlichen Abscheidung von atomarem Wasserstoff an der Oberfläche. Schon allein hierdurch wird der Schluß unwahrscheinlich, daß die beobachteten Anomalien auf einer Abstoßung beruhen sollen. Ein zusätzliches Argument gegen diese Deutung ist die Beobachtung einer „Hysteresis" der Adsorption in Abhängigkeit von der Temperatur. Bei einer Abstoßung an einer homogenen Oberfläche müßte Q eindeutig von Φ abhängen. In Wirklichkeit kann man durch Steigerung und erneute Senkung der Temperatur erreichen, daß bei einer tieferen Temperatur zusätzliche Gasmengen adsorbiert bleiben und daß gleichzeitig das bei der tieferen Temperatur adsorbierte Gas die Adsorption neuer Gasmengen bei der höheren Temperatur in gewissem Grade unbeeinflußt läßt. Dies läßt sich durch eine Inhomogenität leicht erklären, ist aber mit einer Abstoßung nur schwer in Einklang zu bringen. Die Arbeiten von LEIPUNSKI und RAWDEL über die Adsorption von Wasserstoff an Nickel bestätigen also die Realität der physikalischen Voraussetzungen unseres Schemas für die Adsorption von Wasserstoff an Metallen, wenn sie auch keine hinreichenden Daten zur quantitativen Berechnung der Statistik der Bereiche enthalten. Die Verfasser selbst versuchen auch nicht, ihre Daten mathematisch auszuwerten, und Maßstab und Charakter der Diagramme sowie das Fehlen von Zahlentabellen machen auch für den Leser eine solche Auswertung unmöglich.

Von den späteren Arbeiten über dieses System sind von Bedeutung die Untersuchungen des japanischen Forschers IJIMA, die uns nur aus Besprechungen bekannt sind[44]). Dieser Forscher, der den Mechanimus der Hydrierung von Äthylen an Nickel studierte, führte sehr langzeitige kinetische Versuche über die Adsorption von Wasserstoff bei $-78°$ durch. Bei seinen Experimenten wurden offenbar die ersten Messungen einige Minuten oder Minutenbruchteile nach Einlaß des Gases angestellt, die letzten etwa 22000 Minuten später, d. h. das Zeitintervall umfaßte mehr als vier Größenordnungen. In diesem ganzen Bereich verlief der Prozeß unter einer Selbsthemmung, die wesentlich größer war als die natürliche Selbsthemmung, die auf der Druckabnahme und der Beschränktheit der Oberfläche beruht. Dies veranlaßte den Verfasser, der mit den für eine homogene Oberfläche typischen Gleichungen arbeitete, seine kinetische Kurve in vier Abschnitte zu zerlegen, innerhalb deren je eine Gleichung $\lg\left(\frac{p_\infty}{p - p_\infty}\right) = kt + C$ gilt, und zwar mit vier verschiedenen Werten der Konstanten k und C. Mit großer Wahrscheinlichkeit würden diese Kurven gut durch Gleichungen wiedergegeben werden, wie sie für breit inhomogene Oberflächen kennzeichnend sind. Eine komplexe und eingehende Untersuchung der energetischen Seite der Adsorption von Wasserstoff an aktivem Nickel wurde von EUCKEN und HUNSMANN[45]) veröffentlicht. In dieser Arbeit wurden die Adsorptionswärmen Q_a direkt in einem Temperaturgebiet von -250 bis 0° C gemessen. Die Aktivierungsenergien der Desorption E_D wurden aus den kinetischen Kurven bestimmt. Die Subtraktion von Q_a von E_D lieferte die Aktivierungsenergie der Adsorption E_a ($E_a = E_D - Q_a$). Die Verfasser konstruieren die Verteilungsfunktionen über Q_a, E_D und E_a aber in dem in unserer Monographie ungebräuchlichen Maßstab $E = E(n)$. Die Meßergebnisse deuten auf eine starke Änderung beider E und Q mit der Besetzung, auf das Vorliegen der für das statistische Modell so charakteristischen Umlagerungserscheinungen und anderer für breit inhomogene Verteilungen typische Erscheinungen hin. Das völlige Fehlen einer Ähnlichkeit zwischen $\varrho(Q)$ und $\varrho(E)$ gibt zu gewissen Zweifeln Anlaß.

Für reines Eisen und reines Wolfram ist die Situation hinsichtlich der kinetischen Daten bedeutend ungünstiger, da der irreversible Teil der Adsorption sehr umfangreich und die Geschwindigkeit des Prozesses sehr groß ist. Etwas besser liegen die Dinge bei der Adsorption von Wasserstoff an Kupfer. An sehr reinen Kupferschichten konnte LEIPUNSKI keine Adsorption beobachten, die wesentlich größer war als die Adsorption an Glas. Hierbei ließ sich bis zu einer Temperatur von $+100°$ C keine aktivierte Adsorption des Wasserstoffs feststellen; dies kann nicht auf der Kleinheit der spezifischen Oberfläche beruhen. Messungen dieser spezifischen Oberfläche an Hand der Adsorption atomaren Wasserstoffs, wie sie in unserem Laboratorium zur Untersuchung der Oberflächen in großem Umfang verwendet werden, zeigten, daß die Nickel- und die Kupferschichten sehr ähnliche Werte der spezifischen Oberfläche haben. Auch eine Oxydation der Schicht in der Apparatur durch reinen Sauerstoff mit darauffolgender Reduktion bis zum Metall nützte nichts. Anders verhalten sich pulverförmige Kupferpräparate, die auf chemischem Wege hergestellt wurden. Bei ihnen beobachtete eine Reihe von Verfassern sehr genau die Anomalien, die für eine aktivierte Adsorption kennzeichnend sind. Die vollständigste Untersuchung dieses Systems stammt von WARD[26]); er veröffentlichte im Jahr 1932 mehrere eingehende Arbeiten über dieses Problem [siehe auch die Arbeit von BEEBE, SOLLER und GOLDWASSER[46])]. Ein Vorzug dieser Arbeiten ist die Verknüpfung der Adsorptionsmessungen mit thermochemischen Messungen, ein Nachteil die willkürliche Einschränkung der Prozesse und der Mißbrauch des Begriffs Lösung. WARD sieht die schnelle Adsorption des Wasserstoffs (die der Anfang einer kinetischen Kurve mit variablem E sein kann) als Adsorption und den übrigen Prozeß als Lösung an. Gegen Daten und Deutungsversuche von WARD kann man verschiedenes anführen:

1. Es gibt genaue Messungen der Löslichkeit von Wasserstoff in Kupfer, die von einer Autorität auf diesem Gebiet wie SIEVERTS[47]) veröffentlicht wurden. Die Menge des bei WARD angeblich gelösten Wasserstoffs ist wesentlich größer als seine normale Löslichkeit. Das bedeutet, daß es sich entweder um eine Adsorption und nicht um eine Lösung oder um eine Lösung besonderen Typs in der äußersten Schicht der beschädigten Kristalle handelt.

2. WARD behauptet, daß die Wärmetönung der Adsorption (d. h. des schnellen Teils der Sorption) für jedes Präparat konstant ist (Abb. 254). Indessen ändert sich diese Wärmetönung im stärksten Maße von Versuch zu Versuch und ist sehr empfindlich gegen die Herstellungsbedingungen des Präparats. Eine solche Verknüpfung von Eigenschaften ist sehr wenig wahrscheinlich.

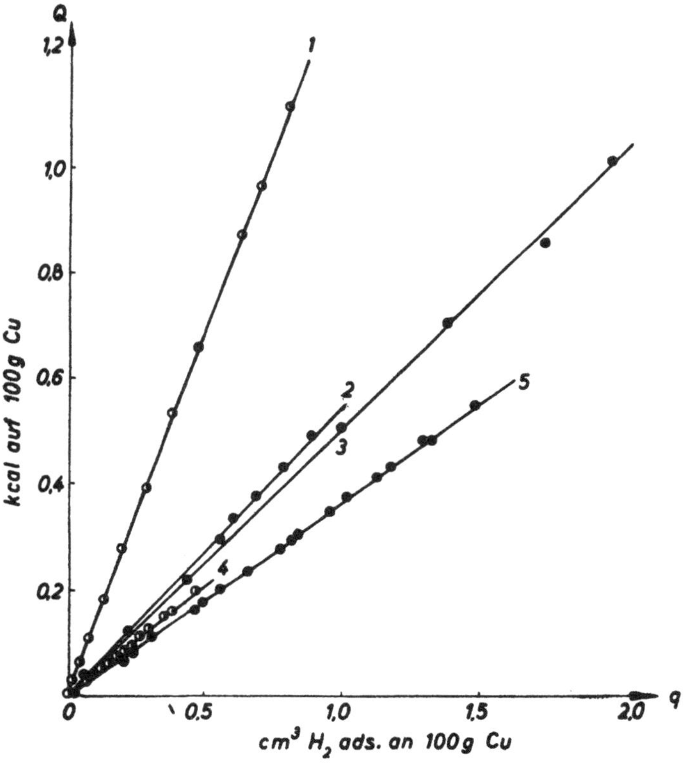

Abb. 254. Kalorimetrisch gemessene Wärmetönungen der aktivierten Adsorption von Wasserstoff an verschiedenen Kupferpräparaten (nach WARD). Leere Kreise: Präparat A; ausgefüllte Kreise: Präparat B. *1*, *4* und *2*, *3*, *5* Präparate, die einer verschiedenen thermischen Behandlung unterworfen wurden. Die Neigung der Geraden gibt den Wert Q für die Präparate: *1:* 32900 cal/Mol; *2:* 12750 cal/Mol; *3:* 11900 cal/Mol; *4:* 9800 cal/Mol und *5:* 8620 cal/Mol.

3. Das Hauptargument zugunsten einer Lösung besteht in der eigentümlichen kinetischen Hysteresis (bei abnehmendem Druck wird ein Teil des Gases desorbiert und dann von neuem adsorbiert usw.) und dem Diffusionscharakter des langsamen Teils des Prozesses, der durch eine Abbildung veranschaulicht wird. Keines dieser Argumente ist zwingend. Sowohl die Hysteresis als auch ein Diffusionsgesetz sind auch für reine Oberflächenprozesse gültig. Infolge-

dessen werden wir von einer aktivierten Adsorption des Wasserstoffs sprechen, ohne näher auf die Frage nach ihrer Topographie oder ihrem Mechanismus einzugehen (gegen die Erklärung der Sorption des Wasserstoffs durch eine Lösung erheben auch TAYLOR und LANGMUIR schwerwiegende Einwände)[48, 49]. Trotz der gewissen Willkür in der Wahl des Nullpunkts geben die Diagramme von WARD zweifellos eine Vorstellung über die Kinetik des Prozesses, so daß eine eingehendere Analyse dieser Daten sehr interessant wird. Ein Vergleich der Diagramme $q(t)$ und $q(\sqrt{t})$ zeigt, daß zwar die Krümmung beim Übergang von t zu $\sqrt{t}$ abnimmt, daß aber von einer strengen Linearität in den Koordinaten q und $\sqrt{t}$ nicht die Rede sein kann. Die von WARD wiedergegebenen Kurven können weder als Argument zugunsten der Lösung noch zugunsten der Diffusion verwendet werden, und der Optimismus des Verfassers in diesem Fall beruht nur auf dem Fehlen anderer Gleichungen und Mechanismen.

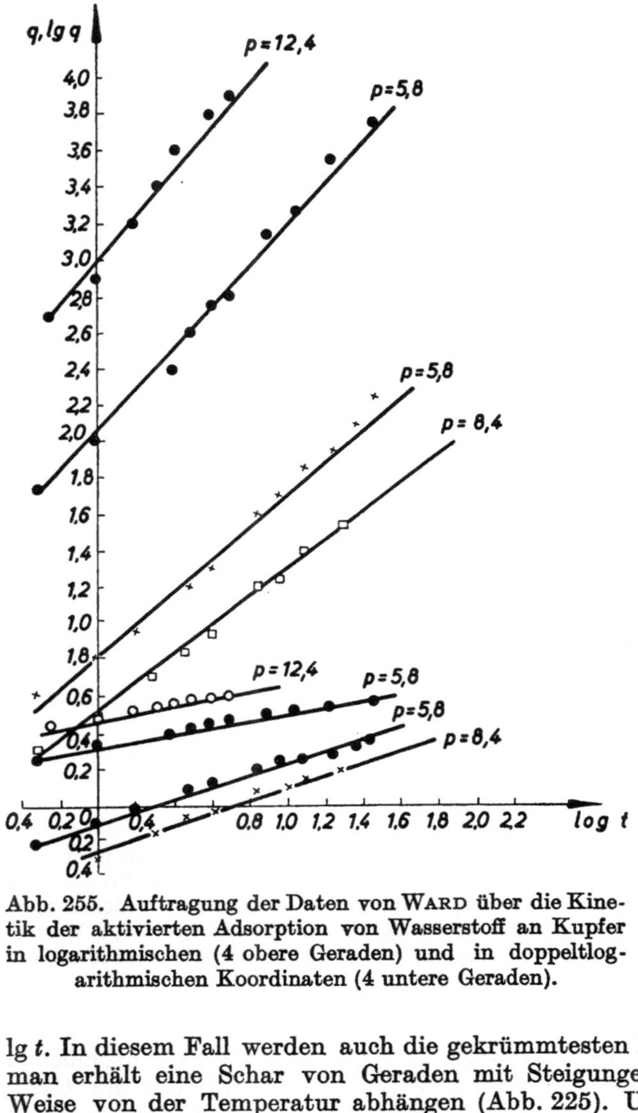

Abb. 255. Auftragung der Daten von WARD über die Kinetik der aktivierten Adsorption von Wasserstoff an Kupfer in logarithmischen (4 obere Geraden) und in doppeltlogarithmischen Koordinaten (4 untere Geraden).

Ganz anders liegen die Dinge beim Übergang zu den Koordinaten q und $\lg t$ und besonders zu $\ln q$ und $\lg t$. In diesem Fall werden auch die gekrümmtesten Kurven zu Geraden, und man erhält eine Schar von Geraden mit Steigungen, die in gesetzmäßiger Weise von der Temperatur abhängen (Abb. 225). Unter bestimmten Bedingungen ist das n in der Gleichung $q = at^{1/n}$ nahezu gleich 2, wodurch sich die Tatsache erklärt, daß in manchen Fällen auch im Diagramm $q - q(\sqrt{t})$ eine Linearität herauskommt.

Hierdurch wird die Annahme gerechtfertigt, daß für die Adsorption von Wasserstoff an Kupfer tatsächlich weder eine Diffusion noch eine chemische Oberflächenreaktion mit einer Kinetik, wie sie für die Oberflächen mit breiter exponentieller Inhomogenität typisch ist, vorliegt. Für diese Deutung sprechen: die gesetzmäßige Änderung von n mit der Temperatur, der Charakter der Änderung der Kurven mit dem Druck und einige andere Umstände, auf die wir hier nicht näher eingehen wollen. Die Anwendung der oben abgeleiteten Gleichungen deutet also auf die Möglichkeit hin, daß ein Oberflächenmechanismus bei der Adsorption des Wasserstoffs vorliegt und daß ein bestimmter Verteilungstyp der Oberflächenbereiche über die Aktivierungsenergien gegeben ist. Die oben genannten Eigentümlichkeiten der experimentellen Ausgangsdaten machen eine eingehendere Analyse dieses Materials wenig zweckmäßig, bevor Messungen veröffentlicht werden, die unter Berücksichtigung der spezifischen Forderungen der statistischen Theorie der Geschwindigkeit der aktivierten Adsorption angestellt wurden.

Der Vollständigkeit des Bildes halber erinnern wir noch an einen Zyklus von Arbeiten über die Adsorption von Wasserstoff an Kupfer, der von GRIFFIN stammt[50, 51]). GRIFFIN zeigte, daß im Gegensatz zur katalytischen Hydrierung von Äthylen, die durch geringe Mengen von Kohlenmonoxyd fast vollständig unterdrückt wird, die Adsorption von Wasserstoff bei 0° C und kleinen Drucken an vergiftetem Kupfer größer ist als an unvergiftetem.

Ausgehend von diesen Beobachtungen und diesen Experimenten über den Einfluß einer wiederholten Erhitzung und Abkühlung auf die Sorption von H_2 sowie von einem Vergleich zwischen den Sorptionsfähigkeiten von massivem und auf einen Träger aufgebrachtem Metall nimmt GRIFFIN ebenso wie BENTON und WHITE[52]) das Vorhandensein einer langsamen Lösung des Wasserstoffs im Gitter neben den beiden Adsorptionstypen an. Auf diesen letzteren Prozeß soll das Kontaktgift in erster Linie von Einfluß sein.

Wegen des paradoxen Charakters dieser Schlußfolgerung und der geringen Genauigkeit des Experiments ist eine eingehende theoretische Analyse dieses Materials unmöglich.

§ 5. *Die Adsorption von Sauerstoff an Platin und Eisen sowie von Stickstoff an Wolfram*

Wir beginnen mit einer kurzen Analyse der im Jahre 1935 veröffentlichten Arbeiten von BONHÖFFER und Mitarbeitern. Die erste Arbeit wurde an kompaktem Platin unter sehr reinen Bedingungen durchgeführt. Untersucht wurde die Adsorption von Sauerstoff, Wasserstoff und Wasser an diesem Metall; parallel dazu wurden photoelektrische Messungen und zum Teil auch katalytische Messungen angestellt. In Übereinstimmung mit den Angaben einer Reihe anderer Forscher beobachteten sie, daß sich Platinoberflächen in sehr verschiedenen Zuständen befinden können. Nach SCHAAF[53]) sind für Platin im inaktiven Zustand, das man durch eine langzeitige Temperung im Vakuum erhält, weder Wasserstoff noch Sauerstoff von merklichem Einfluß auf die untere Grenze des Photoeffekts und die Stärke des Photostroms, obwohl Sauerstoff in merklicher Menge adsorbiert wird. Eine Behandlung mit Knallgas oder abwechselnd mit Wasserstoff und Sauerstoff führt das Metall in einen aktivierten Zustand über, in dem der Wasserstoff den Photostrom stark steigert und die Grenze des Photoeffekts ins langwellige Gebiet verschiebt, während der Sauerstoff umgekehrt den Photostrom verringert und die Grenze ins kürzerwellige Gebiet verschiebt. Nach den Angaben von REISCHAUER[54]) verändert die gleiche Behandlung die Geschwindigkeit der aktivierten Adsorption von Sauerstoff und kann unter günstigen Bedingungen zu einer Adsorption einer solchen Menge dieses Gases führen, die der fünffachen geometrischen Größe der Oberfläche entspricht. Im Gegensatz dazu ist die Adsorption von Wasserstoff unmeßbar schwach. Diese Angaben führen zu folgendem qualitativen Bild:

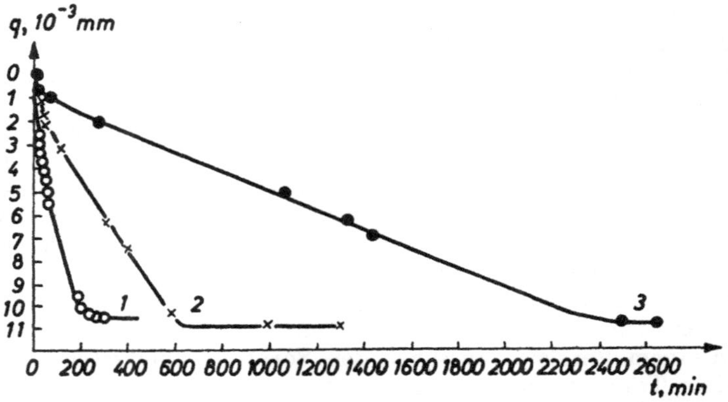

Abb. 256. Kinetik der aktivierten Adsorption von Sauerstoff an einer Platinfolie bei 275° (nach REISCHAUER). *1:* eben mit Knallgas behandelte Folie; *2:* die gleiche Folie nach Vakuumtemperung bei 275° und *3:* die gleiche Folie nach Wiederholung des Versuches und erneuter zweistündiger Temperung bei der gleichen Temperatur.

an einer Platinoberfläche gibt es eine beschränkte Anzahl aktiver Punkte, über die die Adsorption des Sauerstoffs erfolgen muß. Ihre Anzahl steigt bei der Behandlung mit Knallgas. Dies stimmt völlig überein mit den Beobachtungen von LANGMUIR über den Einfluß von Knallgas auf die katalytische Aktivität des Platins, die zu der Hypothese der Auflockerung der Oberfläche durch die katalytische Reaktion führte[55]). Nach REISCHAUER ist die VAN DER WAALSsche Adsorption des Sauerstoffs im gesamten untersuchten Temperaturgebiet zwischen +20 und 800° unmeßbar gering; es gibt aber zwei verschiedene Typen der aktivierten Adsorption des Sauerstoffs, und der Übergang zwischen beiden erfolgt um 200°. Photoelektrische Messungen zeigen, daß es sich in beiden Fällen um eine Adsorption und nicht um eine Lösung handelt. Die Kinetik beider Typen der aktivierten Adsorption ist sehr eigenartig; zunächst erfolgt eine ziemlich schnelle Adsorption mit starker Abnahme der Geschwindigkeit, und dann verläuft die Adsorption mit fast konstanter Geschwindigkeit; erst ganz zum Schluß beobachtet man die normale Verlangsamung. Den steilen Anfangsabschnitt, in dem sich die Abnahme der Geschwindigkeit weder durch die allgemeine Druckabnahme noch durch die Verringerung der Gesamtfläche erklären läßt, kann man durch eine Inhomogenität und das Vorhandensein einer bestimmten Verteilung über die Aktivierungsenergien zu deuten versuchen. Sehr viel schwieriger ist der zweite Abschnitt zu verstehen, innerhalb dessen die Geschwindigkeit trotz der starken Druckabnahme streng konstant bleibt.

In Abb. 256 sind die kinetischen Gesamtkurven, in Abb. 257 ist der lineare Abschnitt der kinetischen Kurve, der sich von $^1/_3$ bis $^2/_3$ der Gesamtbesetzung erstreckt, vergrößert dargestellt. Diese „nullte Ordnung" bei abnehmendem Druck läßt sich kaum anders erklären als durch die Vorstellung einer Adsorptionssättigung irgendwelcher Bereiche, wobei der Übergang von diesen Bereichen auf andere den ganzen Prozeß bestimmt; d. h., es muß „Adsorptionsschleusen" geben, deren Durchlässigkeit vom äußeren Druck unabhängig sein muß. Natürlich handelt es sich hier nicht um die nullte Ordnung, von der im Kapitel 3 die Rede war.

Nach REISCHAUER und SCHAAF sind die Herstellungsbedingungen der Schicht und ihre Vorgeschichte von starkem Einfluß auf die Geschwindigkeit der aktivierten Adsorption. In Abb. 256 entspricht die erste steile Kurve einer kurz vorher mit Knallgas behandelten Folie, die zweite Kurve einer Folie nach der Reaktion und einer zweistündigen Temperung im Vakuum bei 275°; die dritte Kurve wurde aufgenommen, nachdem an die zweite Messung eine neue zweistündige Temperung bei der gleichen Temperatur angeschlossen worden war.

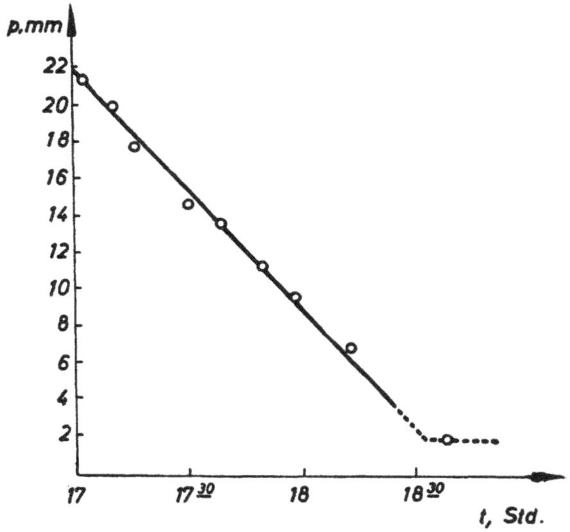

Abb. 257. Der lineare Anfangsabschnitt einer der kinetischen Kurven von REISCHAUER in gedehntem Zeitmaßstab. Die Daten beziehen sich auf Sauerstoff an Platin bei 800°.

Gegenüber der Deutung dieser Daten hat man sich großer Vorsicht zu befleißigen; dies zeigt besonders ihr Vergleich mit den Ergebnissen einer sehr sorgfältigen Arbeit von ROSING, die nur zu einem geringen Teil veröffentlicht wurde *. Nach unseren Daten [56–58]) genügt zur Aktivierung eine starke Erhitzung in Sauerstoff. Die kinetischen Isothermen von ROSING (Abb. 258) zeigen kein so paradoxes Verhalten wie die von REISCHAUER und werden, wie aus Abb. 259 hervorgeht, durch die einfache Gleichung $q \sim \ln t$ gut wiedergegeben. Ähnliche Ergebnisse liefert auch eine Auswertung an Hand einer Gleichung $q \sim t^{1/n}$.

In gewisser Hinsicht stimmen jedoch die Daten unserer Arbeit und der Arbeit von REISCHAUER überein; insbesondere gilt dies für das Fehlen einer merk-

* Die ausgedehnten langjährigen Untersuchungen von G. S. ROSING blieben unvollendet, da der Verfasser den Heldentod im Großen Vaterländischen Krieg fand.

lichen Adsorption von Wasserstoff bei Zimmertemperatur und für die starke Inaktivierung des Metalls durch eine Temperung im Hochvakuum bei höheren Temperaturen. Die Literatur über den Einfluß von Gasen auf die katalytische

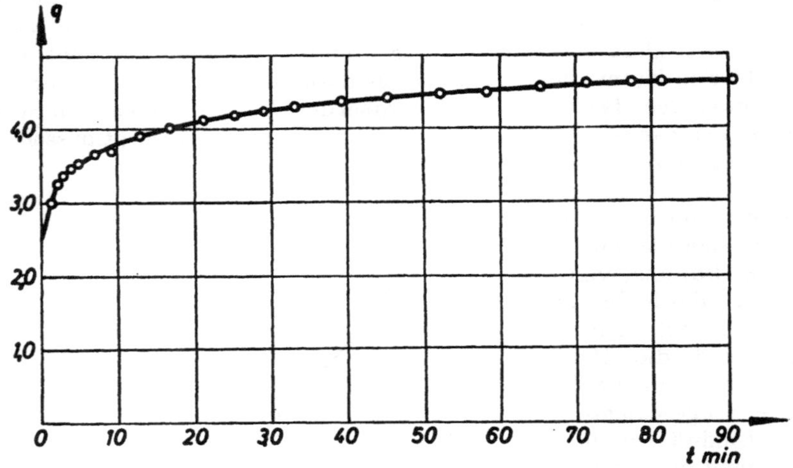

Abb. 258. Kinetik der aktivierten Adsorption von Sauerstoff an Platin bei 510° (nach ROSING). Auf der Ordinatenachse ist die adsorbierte Menge in relativen manometrischen Einheiten aufgetragen.

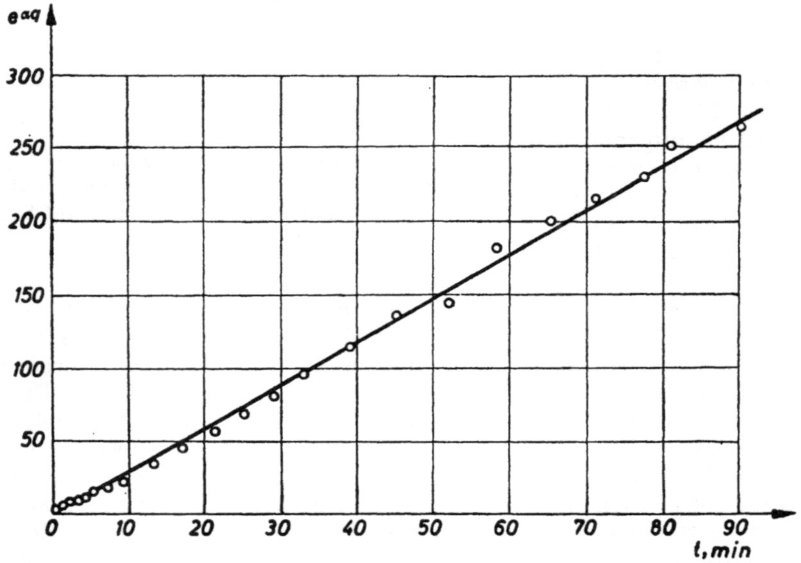

Abb. 259. Auswertung der Kurve in Abb. 258, nach der Gleichung $e^{+aq} = at + \text{const}$, einer der Gleichungsformen für die Adsorptionskinetik bei $\varrho E = \text{const}$. Die Werte e^{aq} in der Abbildung wurden aus den experimentellen Daten für q bei $\alpha = 268$ gewonnen.

und die Adsorptionsaktivität, deren Grund schon durch die berühmten Untersuchungen von FARADAY gelegt wurde[59]), ist überreich an widersprechenden und unerwarteten Effekten. So beobachtete HOFFMANN[60]) bei der Behandlung von Metallen mit Gasen, die bei der Elektrolyse frei werden, eine inaktivierende Wirkung einer langen Behandlung mit Wasserstoff und einen starken Einfluß des Säuregrades der Lösungen, mit denen die Platte vorher behandelt wurde. SPITALSKI und KAGAN[61]) beobachteten dagegen eine starke Aktivierung des Platins durch elektrolytischen Wasserstoff gegenüber dem Zerfall von H_2O_2 und eine Inaktivierung durch elektrolytischen Sauerstoff. Ähnliche Beobachtungen enthalten auch die Arbeiten von PISSARSHEWSKI und seinen Mitarbeitern[62]). Die Untersuchungen dieser ukrainischen Schule gingen aus von einer sehr eigentümlichen Erscheinung, dem von STSCHUKARJOW beschriebenen „chemischen Reaktionsstrom". Dieser Effekt besteht im Auftreten ungeordneter Potentialsprünge bei der Entladung zweier Platinplatten über ein empfindliches Galvanometer in einer wäßrigen Lösung, in der eine Redoxreaktion abläuft. Nach PISSARSHEWSKI und RODENBERG sind diese Effekte stärker, wenn die beiden Platten verschiedene Größe haben[63])*.

Nach PISSARSHEWSKI und SCHULZ zeigt sich bei der teilweisen Entladung zweier solcher aktiver Platten, die von Knallgas umgeben sind, in einer Elektrolytlösung parallel mit der katalytischen Reaktion eine „katalytische Kurve" der Potentialänderungen, die im indifferenten Gas nicht zu beobachten ist[64]). In der gleichen Arbeit, die infolge des vorzeitigen Todes beider Verfasser nur sehr unvollständig veröffentlicht wurde, findet sich umfangreiches und sehr wertvolles Material über den Einfluß einer genau kontrollierten Behandlung der Anoden und Kathoden des Platins auf ihre Aktivität, über die Induktionsperioden, die dabei auftreten, sowie über den Einfluß der Elektrolyten.

Wir erwähnen auch die sehr interessante photochemische Beschleunigung der Oxydation von Wasserstoff an Platin bei der Bestrahlung des Platins mit Ultraviolettlicht eines Quecksilberbogens. Hierbei erreichen die Reaktionen manchmal explosionsartige Geschwindigkeiten[62], [65]).

Man möchte hoffen, daß das ukrainische Institut für physikalische Chemie zum Gedenken an seinen Begründer und einen seiner besten Mitarbeiter diesen Zyklus von Untersuchungen, der jetzt noch in den Archiven aufbewahrt wird, vollständig veröffentlicht.

Weniger paradoxen Charakter haben die Ergebnisse der aus der gleichen Schule hervorgegangenen Arbeiten von REUTER[66]) über den Einfluß einer Entfernung der Gase auf die Aktivität des Platins. Diese wie auch unsere Ergebnisse weichen in mehreren Punkten von den Ergebnissen einer ganzen Reihe von Arbeiten ausländischer Forscher ab[67]). Bei der Untersuchung von ROSING wurden die charakteristischsten Effekte, die in den oben erwähnten Arbeiten beschrieben werden, reproduziert und erwiesen sich als völlig real**. Es handelt

---

* Der Mechanismus, welchen die Verfasser[63]) zur Erklärung des Stroms zwischen den beiden Platten vorschlagen, läßt sich heute nicht mehr aufrechterhalten. An sich hat aber diese Erscheinung noch unzweifelhafte Bedeutung, vor allem wegen ihrer hohen Empfindlichkeit gegenüber Änderungen in der Flüssigkeit und an der Oberfläche der Platten.

** Ausnahmen sind: a) die Arbeit von KOBOSEW und ANOCHIN über das gleiche System, in der in einem Falle eine „Katalyse aus der Entfernung" beobachtet wird, und b) der sich folglich nicht um die Richtigkeit der einen oder die Fehlerhaftigkeit der anderen Beobachtungen, sondern um eine Vielzahl von Zuständen, deren eine Platinoberfläche bei entsprechender Behandlung fähig ist. Dieser Schluß wird bestätigt durch eine Untersuchung der Kinetik der Oxydation von Wasserstoff an massivem Platin im Gebiet tiefer Temperaturen, für die LANGMUIR[71]) wegen ihrer schlechten Reproduzierbarkeit keine kinetischen Gleichungen entwickeln konnte. Unsere Versuche zeigten, daß anscheinend infolge sehr geringer Änderungen in der Vorbehandlung des Metalls der Prozeß unter den gleichen äußeren Umständen nach zwei ganz verschiedenen kinetischen Gleichungen verlaufen kann, die verschiedenen Zwischenreaktionen entsprechen. Besonders deutlich lassen sich diese Erscheinungen an den aktivsten Schichten bei —80° und darunter beobachten. Möglicherweise liegt hier der Schlüssel zur Erklärung der Abweichungen unserer Adsorptionsmessungen von den Angaben von REISCHAUER.

Durch all dies wird die Vorstellung von der großen Labilität einer aktiven Platinoberfläche bestätigt. Zu ihrer Charakterisierung bedarf es neuer experimenteller Methoden und neuer Begriffe. Insbesondere können systematische Untersuchungen über die Statistik der Platinoberfläche in Verbindung mit einer gewissenhaften Normierung der Herstellungsbedingungen dieser Oberfläche weiterhelfen. Es wäre sehr interessant, herauszubekommen, ob man nicht die Bedingungen präzisieren kann, die zu einem Adsorptionszustand führen, der der nullten Ordnung zugrunde liegt, d. h. zu einem symbaten Gang von E und Q bei schnellem Kriechen, daneben die Bedingungen, die zum Auftreten eines bewegten kontrollierenden Streifens auf Grund eines antibaten Verlaufs von E und Q oder infolge einer starken Verlangsamung des Kriechens über die Oberfläche bei symbater Änderung dieser beiden Energien führen. Die Änderung der Oberflächenaktivität erfolgt während des Verlaufs des Prozesses stetig, und eine durch Reaktion mit Knallgas aktivierte Oberfläche hat auch hinsichtlich der Hydrierung des Äthylens eine erhöhte Aktivität (DOBYTSCHIN, HELBARDT[72]).

Möglicherweise ist auch das zweite Beispiel eines Systems, für das man in der Adsorptionskinetik eine nullte Ordnung beobachtet, nicht zufällig die Adsorption von Sauerstoff an einem Metall, und zwar diesmal an Eisen. Die bisherige Literatur über dieses Problem ist in der Arbeit von BURSTEIN und Mitarbeitern zusammengestellt[14]). Von den neuesten Veröffentlichungen verdienen die Arbeiten von KOTSCHETKOW und GULBRANSSON besondere Beachtung.

Sowohl für das pulverförmige als auch für das kompakte Metall erhielt BURSTEIN kinetische Kurven von unerwarteter Form, und zwar mit sehr großen, völlig horizontalen Abschnitten am Anfang (siehe Abb. 210) und einem sehr steilen Abschnitt zum Schluß, der nur noch einen geringen Teil von Φ

PANNETHsche „atomare Wasserstoff“, der sich beim Durchblasen von Wasserstoff an Platin bilden soll. Versuche zur Wiederholung der ersten Arbeit, die gemeinsam mit SELDOWITSCH durchgeführt wurden[68]), zeigten die Fehlerhaftigkeit der Schlußfolgerungen der Verfasser und deckten elementare methodische Fehler auf, die zu diesen falschen Schlußfolgerungen führten[69]). Bedeutend früher hatte BACH[70]) in einer glänzenden Experimentaluntersuchung einen groben experimentellen Fehler in der Arbeit von PANNETH[70]) aufgedeckt. Anlaß zu diesem Irrtum PANNETHS gaben winzige Spuren von Schwefelwasserstoff, die unter diesen Bedingungen an der Platinoberfläche frei werden.

umfaßt. Zur Erklärung dieses Bildes postulieren die Verfasser das Vorhandensein zweier verschiedener Prozesse, einer schnellen Adsorption, die keiner Aktivierungsenergie bedarf, und einer langsamen Adsorption, die mit der Überwindung einer bedeutenden Aktivierungsschwelle verbunden ist.

Für den schnellen Prozeß, der mit völlig konstanter Geschwindigkeit verläuft, nehmen sie einen diffusiven Charakter der kontrollierenden Etappe an.

Diese Erklärung kann für Pulver nicht als bewiesen gelten und ist für massives Metall unter den gegebenen Versuchsbedingungen äußerst unwahrscheinlich. Ebenso wie in anderen Fällen bedarf die Aufteilung des Prozesses in zwei unabhängige Vorgänge einer Begründung. Die bisher veröffentlichten Versuchsdaten würden wahrscheinlich ebenso gut mit einem Schema übereinstimmen, bei dem das Adsorbat über eine „Adsorptionsschleuse" an die Oberfläche gelangt; diese Adsorptionsschleuse bilden die aktivsten Bereiche der Oberfläche, und von ihnen gelangt das Adsorbat zu Bereichen mit kleineren k-Werten der Adsorption, aber höheren Adsorptionspotentialen. Bei einem solchen Mechanismus muß für den Hauptteil des Prozesses, der dem horizontalen Abschnitt der Kurve entspricht, die Aktivierungsenergie den aktivsten Bereichen entsprechen und kann beliebig klein sein. Am Schluß jedoch, wenn die gesamte Adsorptionskapazität erschöpft ist oder nur noch Bereiche übrig sind, die einer Lateraldiffusion nur schwer zugänglich sind, ändert sich der Charakter des Prozesses. Im ersten Fall scheiden die aktivsten Bereiche irreversibel aus, wodurch der Prozeß gebremst wird, aber bei demselben E verläuft. Im zweiten Fall beginnt sich die wesentlich langsamere aktivierte Lateraldiffusion oder ein Prozeß, der unmittelbar bei der Wechselwirkung des Gases mit den verschiedenen wenig aktiven Zentren verläuft, bemerkbar zu machen, wodurch E ansteigt. Leider ist der tiefere Mechanismus dieses Vorgangs noch nicht geklärt.

Die desaktivierende Wirkung von adsorbiertem Sauerstoff und die systematische Vergrößerung der absoluten Oberfläche auf das Mehrfache, berechnet an Hand der im horizontalen Abschnitt adsorbierten Sauerstoffmenge, lassen sich, verglichen mit den Werten, die man aus den Isothermen einer VAN DER WAALSschen Adsorption findet, als Hinweis auf ein teilweises Eindringen des Sauerstoffs in die Oberflächenschichten des Metalls deuten. Es wäre zweckmäßig nachzuprüfen, ob nicht eine gröbere Inhomogenität beim Ablauf des Prozesses durch Bildung bedeutend dickerer Oxydschichten an einzelnen korrosionsaktiven Bereichen vorliegt, wobei sich der Prozeß an der übrigen Oberfläche auf eine monomolekulare oder noch schwächere Adsorption beschränkt.

Die Angaben in der letzten Arbeit von ARMBRUSTER und AUSTIN[74]) zeigen, daß eine Adsorption von Sauerstoff an Eisen durchaus nicht immer so eigentümlich erfolgt wie bei BURSTEIN.

Der Vorgang wurde an glatten Eisenoberflächen untersucht[74]), die vorher zum Teil einmal im Vakuum getempert wurden, zum Teil zusätzlich bei 450° mit Wasserstoff reduziert wurden. In allen Fällen wird die Kinetik gut durch unsere logarithmische Formel ($q \sim \ln t$) beschrieben. Dies ist ein ernsthaftes Argument zugunsten einer Inhomogenität. In der Arbeit von ARMBRUSTER und AUSTIN wurde die Zeitkoordinate in einem Gebiet variiert, das etwas weniger als drei Größenordnungen umfaßt, was etwa 6 RT entspricht. Infolgedessen sind ihre Kurven unzureichend für eine genaue Ermittlung des Verteilungstyps; man kann aber behaupten, daß die Verteilungsfunktion nahezu gleichmäßig ist, was, wie oben angedeutet (in Kapitel 4, Teil 1), für Verteilungen charakteristisch ist, die auf topographisch ausgedehnten aktiven Zonen beruhen. Für Sauerstoff an Eisen beobachteten also die verschiedenen Verfasser ebenso wie für Sauerstoff an Platin eine sehr verschiedenartige Adsorptionskinetik im Gebiet der Besetzungen unterhalb einer monomolekularen Schicht und im Gebiet mehrerer monomolekularer Schichten. Offenbar liegt auch beim Eisen eine solche Labilität der Oberflächen und eine solche Vielfalt der Oberflächenformen vor, wie sie vorher beim Platin erwähnt wurde. Es sieht so aus, als ob die Strukturen, für die ein Zusammenhang von E und Q oder ein Grad der Seitenbeweglichkeit besteht, wie sie zum Auftreten einer Adsorption mit festem kontrollierenden Streifen an einer inhomogenen Oberfläche erforderlich sind, bei einer besonderen, seltenen Verknüpfung von Bedingungen auftreten. Eine Ermittlung dieser Bedingungen ist eine der Aufgaben der weiteren Untersuchung. Versuche mit künstlicher Vergiftung könnten hier weiterführen.

Wie wir gezeigt haben (Kapitel 3, Teil II, Seite 115), ist das Übergangsgebiet im Fall der Adsorptionskinetik schmaler als für das Adsorptionsgleichgewicht. Das kleinste zulässige Zeitintervall, innerhalb dessen die experimentellen Daten zur Kennzeichnung der Verteilung aufgenommen werden müssen, ist also schmaler als das entsprechende Druckintervall im Gleichgewichtsfall. Dabei ist die Verwirklichung großer Zeitintervalle bedeutend leichter als die großer Druckintervalle. Andererseits wirken bei der aktivierten Adsorption gewöhnlich kovalente chemische Kräfte, die mit dem Abstand so schnell abnehmen, daß man die Wechselwirkung der adsorbierten Molekeln bei kleinen Besetzungen, bei denen dieser Vorgang gewöhnlich untersucht wird, vernachlässigen kann. Dieser Umstand in Verbindung mit der großen Bedeutung der aktivierten Adsorption für die katalytischen Prozesse macht im Gegensatz zu den Adsorptionsgleichgewichten ständig genauer werdende Bestimmungen der Verteilungsfunktion aus den Aktivierungsenergien der Adsorption an Hand kinetischer Isothermen notwendig. Der erste Versuch zur Lösung dieses Problems wurde kürzlich von LEWIN[81]) unternommen; er schlug folgendes Verfahren zur Bestimmung von $\varrho(E)$ vor. Unter bestimmten Bedingungen läßt sich die Abhängigkeit des freien Anteils der Oberfläche ψ von der Zeit t in Form der Reihe

$$\psi(t) = \frac{a_1}{t} - \frac{a_2}{t^2} + \frac{a_3}{t^3} - \cdots + (-1)^{n+1}\frac{a_n}{t^n} + \cdots \tag{11}$$

darstellen.

Unter den gleichen Bedingungen wird $\varrho(E)$ durch eine Reihe aus Exponentialfunktionen gegeben

$$\varrho(E) = c_1 e^{-E/RT} - c_2 e^{-2E/RT} + c_3 e^{-3E/RT} - \cdots + (-1)^{n+1} c_n e^{-nE/RT} + \cdots, \tag{12}$$

hierbei besteht zwischen den Koeffizienten c_n und a_n folgender einfache Zusammenhang

$$c_n = \frac{a_n k_0^n}{(n-1)!}. \tag{13}$$

Approximieren wir die Versuchsdaten durch eine Reihe von der Form (12), so können wir die Koeffizienten a_n und mit Hilfe der Formel (14) auch die Koeffizienten c_n berechnen und damit die gesuchte Funktion $\varrho(E)$ ermitteln.

Der Vorzug dieser Methode besteht in der Möglichkeit, mit ihrer Hilfe auch schmale Verteilungen zu untersuchen ($\Delta E < 3\,RT$), auf die unsere oben entwickelte Methode grundsätzlich nicht anwendbar ist.

In der gleichen Arbeit zeigt LEWIN, daß die Verteilungsfunktion $\varrho(E/RT)$ als Reihe aus Ableitungen dargestellt werden kann:

$$\varrho(E/RT) = \frac{d\Phi\,(\ln t)}{d\,(\ln t)} - A_2 \frac{d^2\Phi\,(\ln t)}{d\,(\ln t)^2} + A_3 \frac{d^3\Phi\,(\ln t)}{d\,(\ln t)^3} - \cdots \Big|_{t=\frac{e}{k_0}^{\frac{E}{RT}}}. \tag{14}$$

Aus (14) geht hervor, daß bei $\frac{d^2\,(\ln t)}{d\,(\ln t)^2} = 0$ unsere Näherungsmethode exakte Ergebnisse liefert, und daß allgemein der Fehler, der bei ihrer Anwendung auftritt, kleiner ist als $A_2 \frac{d^2\,(\ln t)}{d\,(\ln t)^2}$. Andererseits erhält man durch Integration von (14)

$$n\left(\frac{E}{RT}\right) = \Phi\,(\ln t) - A_2 \frac{d\Phi\,(\ln t)}{d\,(\ln t)} + \cdots \Big|_{t=\frac{e}{k_0}^{\frac{E}{RT}}}. \tag{15}$$

Bei Anwendbarkeit unserer Näherung (solange man sich auf das erste Glied in (15) beschränken kann) läßt sich also die integrale Verteilungsfunktion $n(E/RT)$ unmittelbar durch Konstruktion des Diagramms $\Phi(RT \ln t)$ oder $q(RT \ln t)$ gewinnen.

§ 6: *Experimentelle Daten über die Desorptionskinetik*

Die Desorptionskinetik ist bedeutend weniger untersucht worden als die Adsorptionskinetik. Es beruht zum Teil auf experimentellen Schwierigkeiten, zum Teil auf der geringen Aufmerksamkeit, die man der Untersuchung dieser Erscheinung schenkte.

In einigen Fällen, wenn es sich um die Desorption eines okkludierten Gases handelt, sind die klassische Diffusionsgleichungen, die für diesen Fall von GREENBERG[77]) entwickelt wurden, recht gut erfüllt. In anderen Fällen nimmt die Desorptionsgeschwindigkeit mit Abnahme der Besetzung ungefähr nach einem Gesetz $e^{+a\Phi}$ ab. Beispiele hierfür sind die Daten von RAWDEL und SCHEINER[78]) über die Kinetik der Gasentwicklung von Glimmer und die Daten von KOBOSEW und GOLDFELD über die Desorptionskinetik von Gasen von Kupferoberflächen.

Keine dieser Arbeiten enthält ausreichend Daten für einen unmittelbaren Vergleich mit der Theorie. Wir versuchten diese Lücke auszufüllen und wählten als Untersuchungsobjekt Desorption von Gasen an Aktivkohle, bei der man für die Statik und Kinetik der Adsorption so klare Ergebnisse erhält. Am eingehendsten wurde die Desorption von Wasserstoff untersucht. Es wurde nach folgender Methode gearbeitet:

Reine Zuckerkohle wurde mit aktiviert adsorbiertem Wasserstoff bis zu verschiedenen Besetzungen gesättigt. Dann wurde nach Abpumpen des im Volumen verbliebenen Gases bei Zimmertemperatur die Temperatur bis auf den gewünschten Wert gesteigert und die Desorptionsgeschwindigkeit unter Bedingungen, die den umgekehrten Prozeß ausschließen, gemessen[80]). Ein typisches

Beispiel für ein Experiment ist in verschiedenen Koordinaten in den Abb. 260 und 261 dargestellt. Der Prozeß verläuft offenbar nicht nach erster Ord-

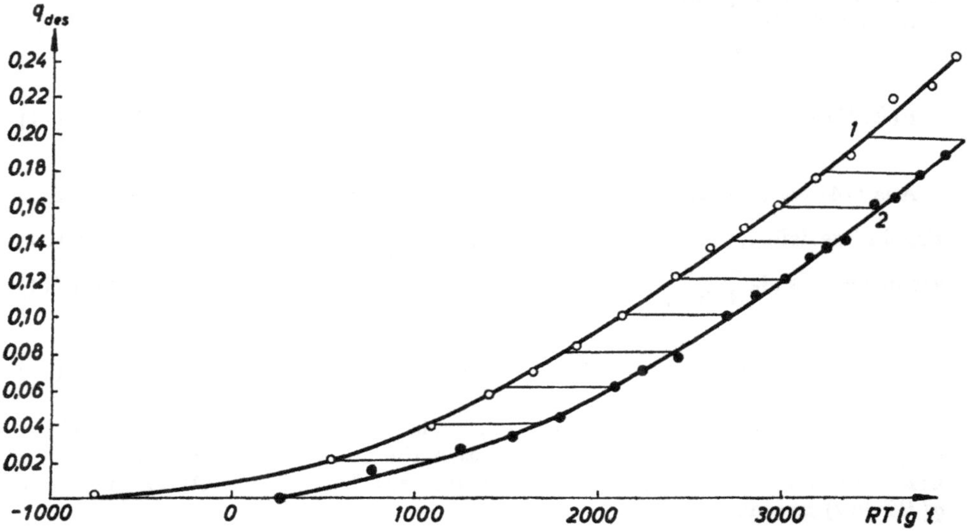

Abb. 260. Desorptionskinetik des Wasserstoffs von Kohle in den Koordinaten q und RT lg t.

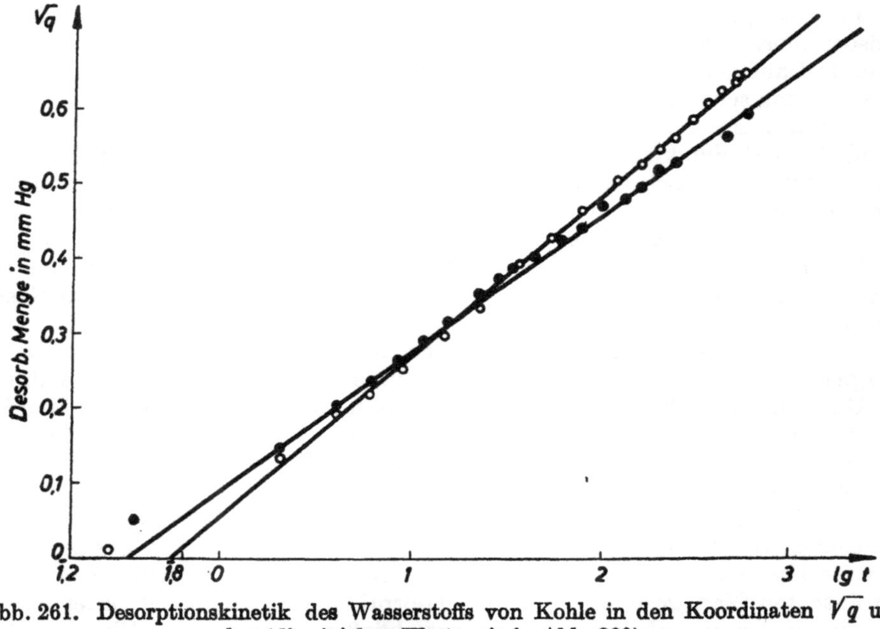

Abb. 261. Desorptionskinetik des Wasserstoffs von Kohle in den Koordinaten $\sqrt{q}$ und lg t (die gleichen Werte wie in Abb. 260).

nung. In halblogarithmischen Koordinaten ist die Kurve stark nach oben gebogen, also ist die Verteilung ansteigend. Offenbar ist sie keine einfache Exponentialverteilung, da in logarithmischen Koordinaten keine Linearität über das ganze Intervall hinweg herrscht. Eine solche Linearität erreicht man erst in den Koordinaten $D^{1/2}$ und lg t; das entspricht einer linearen Verteilung (vgl. Abb. 261). Diese Schlußfolgerung wird durch graphische Differentiation von D nach dem Logarithmus der Zeit bestätigt, deren Ergebnisse in Abb. 262 dargestellt sind. Die Auswertung der Kurven nach zwei unabhängigen Methoden führt also zu einer linearen Verteilung über die Aktivierungsenergie. Dieses Ergebnis ist etwas unerwartet im Hinblick auf die exponentielle Verteilung über E_{ads}. Die Brauchbarkeit der statistischen Methode läßt sich dadurch bestätigen, daß in diesem Fall die Regel der konstanten Verschiebung in halblogarithmischen Koordinaten erfüllt ist (siehe Abb. 260).

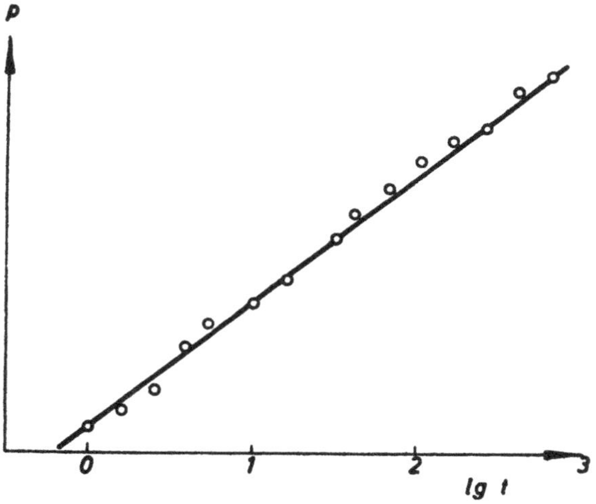

Abb. 262. Verteilungsfunktion der Bereiche der Kohleoberfläche über die Aktivierungsenergien der Desorption von Wasserstoff.

Nimmt man einen quasistatischen Charakter der Verteilung des Gases über die Oberfläche an, so kann man aus zwei Kurven $\varrho(E)$ den Zusammenhang zwischen E_{ads} und E_{des} einerseits und Q_{ads} andererseits ermitteln, der zu einem solchen Bild und zu einer entsprechenden Form der Funktion $\varrho(Q)$ führen kann. Damit die auf diese Weise gewonnenen Ergebnisse[80]) eindeutig werden, muß man die Richtigkeit der Voraussetzung über den quasistatischen Charakter nachweisen. Erforderlich ist auch eine genauere Berücksichtigung der Komplikationen, die auf dem im Kohlenstoffgitter gelösten Wasserstoff beruhen. Bei Wiederholung der Adsorption von Wasserstoff an einer Oberfläche, die von dem adsorbierten Gas nicht vollständig befreit wurde, kann man kinetische Effekte beobachten, wie wir sie oben für die Adsorption an Oberflächen mit Reliktzonen erörtert haben (Seite 142).

Das Verhalten des Wasserstoffs bildet keine Ausnahme. Eine ähnliche Situation erhält man auch bei der Desorption anderer Gase von Kohle, und man kann hoffen, daß in nicht allzu ferner Zukunft genügend Material zur Nachprüfung der Anwendbarkeit der statistischen Theorie auf die Desorption zur Verfügung stehen wird. Besonders wünschenswert ist eine eingehendere Untersuchung der Effekte, die auf den Reliktzonen und auf der Umlagerung beruhen.

§ 7: *Schluß*

Wir ziehen nun einige zusammenfassende Schlußfolgerungen über den Vergleich von Theorie und Experiment, der in den beiden letzten Kapiteln durchgeführt wurde. Der Hauptteil des experimentellen Materials, der zur Gegenüberstellung der kinetischen Folgerungen aus unserer Theorie mit dem Experiment verwendet wurde, ist ohne Berücksichtigung der besonderen Forderungen dieser Theorie gesammelt worden. In den meisten Fällen liegt das Zeitintervall an der Anwendbarkeitsgrenze der Theorie; ungenügend beachtet wird der erste Anfangsabschnitt der Adsorption, wobei eine gewisse Menge, die einer VAN DER WAALSschen Adsorption zugeschrieben wird, willkürlich fortgelassen wird. Die kinetischen Kurven bei verschiedenen Temperaturen entsprechen verschiedenen Besetzungen, fast niemals sind die Ausgangszahlenwerte angegeben, in den Diagrammen fehlt meist ein Maßstab usw. usf. Trotz dieser erschwerenden Umstände kann man die Ergebnisse des Vergleichs im ganzen als befriedigend betrachten. Für diejenigen Systeme, für die das vollständige Material vorliegt (Aktivkohlen), werden die wichtigsten Schlußfolgerungen aus der Theorie bestätigt, und der Typ der Verteilungsfunktionen über die Aktivierungsenergien läßt sich mit großer Wahrscheinlichkeit feststellen. Diese Daten sind unzureichend für eine genaue Ermittlung der Funktion ϱ; hierzu sind zusätzliche Messungen mit bedeutend höherer experimenteller Genauigkeit erforderlich. Zweifellos liegt in allen betrachteten Fällen der Hauptgrund für die eigentümliche Kinetik im Anwachsen der Aktivierungsenergie mit der Besetzung, und offenbar ist in den meisten Fällen dieses Anwachsen eine Folge der kinetischen Inhomogenität der Oberfläche und einer bestimmten Reihenfolge in der Besetzung der Bereiche mit verschiedenen E und nicht eine Folge der gegenseitigen Abstoßung der Molekeln in der Schicht. Gleichzeitig ergab sich eine umfassende Anwendbarkeit der logarithmischen und besonders der doppeltlogarithmischen Formel in der Kinetik der aktivierten Adsorption. In einigen Fällen liefert die Gleichung, die für lineare Verteilungen über E abgeleitet wurde, die besten Ergebnisse.

Von den in diesem und dem vorhergehenden Kapitel behandelten Systemen liegen die vollständigsten Daten über das Gleichgewicht von Wasserstoff an Wolfram und die Adsorptionskinetik verschiedener Gase an Aktivkohlen vor. In beiden Fällen erwies sich die Verteilung als stark ungleichmäßig. Für die Kohle läßt sie sich in erster Näherung als Exponentialverteilung kennzeichnen. Man kann annehmen, daß Verteilungen dieser Art weit verbreitet sind. Beim Wolfram sprechen entgegen der Ansicht von TAYLOR mehr Daten für eine lineare Verteilung. Gleichzeitig erhält man in keinem Fall eine streng gleichmäßige Verteilung. Selbst in den Fällen, die seinerzeit als Beispiele für gleichmäßige Verteilungen behandelt wurden, sprechen die beobachteten Änderungen der differentiellen Aktivierungswärmen mit der Besetzung eher für eine abfallende Verteilung vom Typ H/E. Beachtet man dies, so muß man den Versuch[82]), die gleichmäßige Verteilung und die daraus hervorgehende logarithmische Isotherme als Grundgesetz und die FREUNDLICHsche Isotherme als empirische Formel zu betrachten, ablehnen. Von den weiteren experimentellen Ergebnissen erwähnen wir die zu große Empfindlichkeit des Exponenten von t

gegen die Temperatur. Es ist unklar, ob man diesen Effekt vollständig durch eine Verschiebung des Meßintervalls erklären kann, oder ob bei Temperatursteigerung eine zusätzliche Reinigung der Oberfläche mit Befreiung eines Teiles der aktiven Bereiche, die durch Fremdsubstanzen blockiert waren, und eine Änderung des zugänglichen Teils der Oberfläche erfolgt. Hier sind unmittelbare und sorgfältige Experimente erforderlich.

Alle erörterten Beispiele sind typisch für Adsorptionsvorgänge mit bewegtem kontrollierendem Streifen. Bedeutend ungünstiger liegen die Dinge bei den Beispielen für Adsorptionsvorgänge, bei denen der kinetische kontrollierende Streifen fest ist, und zwar 1. infolge eines symbaten Ganges von E und Q und eines schnellen Kriechens oder 2. infolge einer Nichtkorrelation zwischen diesen beiden Energien.

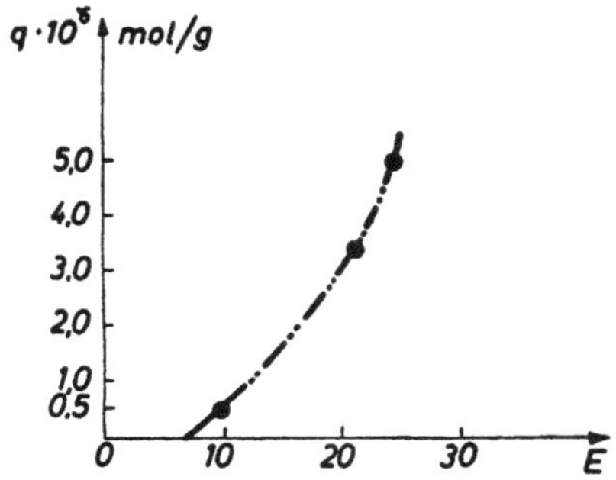

Abb. 263. Änderung der differentiellen Aktivierungsenergie für die aktivierte Adsorption von Stickstoff an Wolfram nach DAVIES. Die geringe Anzahl der Punkte in der Kurve gestattet keine Festlegung der Form dieser ansteigenden Verteilung.

Wie in Kapitel III betont wurde, liegt es in einigen Fällen nahe, eine Nachahmung der einfachen LANGMUIRschen Gesetze zu erwarten, dagegen in anderen Fällen Gesetze nullter und erster Ordnung. Beispiele für solche Kinetiken findet man im Experiment, jedoch reichen in der Regel die Daten nicht aus für eindeutige Schlüsse, und die Lage ist zu kompliziert für eine Erklärung im Sinne unseres Schemas. Man muß zugeben, daß die letzten Arbeiten die Frage nach der Realität der Adsorptionsprozesse, die mit festem kontrollierenden Streifen verlaufen, nicht klären konnten, obwohl man in ihnen auch Beobachtungen findet, die in entsprechender Weise gedeutet werden könnten.

Zur Entwicklung der statistischen Theorie wären eingehende experimentelle Untersuchungen dieses Problems an den erwähnten und neuen Systemen unter Berücksichtigung der Folgerungen und Kriterien der statistischen Theorie erforderlich.

Im Gegensatz dazu haben die neuen Veröffentlichungen die Anzahl der Systeme, in denen die Adsorptionskinetik nach den für die aktivierte Adsorption mit bewegtem kontrollierenden Streifen typischen Gesetzen verläuft, stark vergrößert. Als Beispiel erinnern wir an die letzte Arbeit von DAVIES, die eine Fortsetzung der oben besprochenen Arbeiten von FRANKENBURG darstellt. Die Arbeit von DAVIES[75]) ist der Adsorption von Stickstoff an Wolfram gewidmet. Der Verfasser untersucht eingehend und in einem großen Intervall die Kinetik dieses Prozesses. Leider gibt er die primären Zahlenwerte, die zur direkten Berechnung von $\varrho(E)$ oder zur Feststellung der Form der kinetischen Isothermen und Isochronen notwendig wären, nicht an. In dem Artikel finden sich jedoch fertige Berechnungen der Aktivierungsenergien für drei Besetzungen. Hierbei unterscheiden sich im Temperaturgebiet zwischen 100 und 500° C die Extremwerte von E_{diff} um 15000 cal, d. h. um 13 RT. Dieses Intervall ist zweifellos zu klein, da die Berechnung von E an Hand der reziproken Zeiten zur Erreichung der gegebenen Besetzung bei verschiedenen Temperaturen erfolgt und im wesentlichen ein über die Besetzungen von Null bis zu dem gegebenen Wert gemitteltes E liefert. Je breiter das Intervall ist, desto mehr unterscheidet sich dieses E von der differentiellen Energie der oberen Grenze der Besetzung. Hierdurch wird auch die Bestimmung von $\varrho(E)$ verfälscht. Ihr Typ nach den Ausgangsdaten von DAVIES ist in Abb. 263 dargestellt. Die Verteilung erweist sich als ansteigend. Wahrscheinlich kommt eine leicht abfallende Verteilung der Wahrheit näher, die man durch die gleichen Berechnungen von E_{diff} aus den absoluten Geschwindigkeiten des Prozesses in den einzelnen Punkten der kinetischen Kurven erhält. Zur rationellen Bestimmung von ϱ fehlen die primären Werte.

Zum Schluß geben wir einen Ausschnitt aus einer Tabelle von HUNSMANN[76]) über die Aktivierungswärmen der aktivierten Adsorption von Gasen an verschiedenen Adsorbenten wieder und beschränken uns dabei auf Systeme, für die die Verfasser bei ihren Rechnungen Größen erhielten, die mit der Besetzung ansteigen.

TABELLE 17

Tabelle der veränderlichen Aktivierungsenergien der aktivierten Adsorption

Nr. des Präp.	Gas	Adsorbens	Temperaturgebiet °C	Aktivierungsenergie kcal/Mol
1	Wasserstoff	Diamant	450 ÷ 615	14,5 ÷ 22
2	„	Graphit	> 400	22 ÷ 33
3	„	Aktivkohle	> 400	15 ÷ 33
4	„	„	800 ÷ 950	9 ÷ 33
5	„	Chromoxyd	100 ÷ 182	14 ÷ 27
6	„	Zinkoxyd	0 ÷ 56	3,6 ÷ 6,4
7	„	„	80 ÷ 218	7,7 ÷ 15,3
8	„	„	110 ÷ 132	3,8 ÷ 15,9
9	„	Zinkoxyd u. Chromoxyd . .	80 ÷ 218	1,4 ÷ 13,5
10	„	Manganoxyd	—	12,4 ÷ 20,8
11	„	Manganoxyd u. Chromoxyd	100 ÷ 132	5,9 ÷ 10,4
			100 ÷ 130	4,6 ÷ 12,6
12	„	Zinkoxyd u. Molybdänoxyd	200 ÷ 400	17,2 ÷ 33,9
13	„	Zinkoxyd u. Molybdänoxyd	218 ÷ 351	11,6 ÷ 26
14	Sauerstoff	Diamant	0 ÷ 144	4,3 ÷ 20
15	„	Kupferoxyd u. Chromoxyd	100 ÷ 200	10 ÷ 19

Literatur

1. BAWN, C., J. Amer. chem. Soc., **54**, 72 (1932).
2. TAYLOR, H. S., KISTIAKOWSKI, G., FLOSDORF, J. Amer. chem. Soc., **49**, 2200 (1927); SCHWAB, G. M., BRENNECKE, W., Z. physik. Chem., Abt. B, **16**, 19 (1932).
3. SHERESHEWSKY, J. L., WEIR, C. H., J. Amer. chem. Soc., **58**, 2022 (1936).
4. WARD, A. F. H., Proc. Roy. Soc., **133**, 522 (1931).
5. Смиттельс, К., Газы и металлы, Металлургиздат (K. SMITTELS, Gase und Metalle, Metallurg. Verl.), 1940.
6. LENNARD-JONES, Trans. Faraday Soc., **28**, 333 (1932).

7. DAMKÖHLER, Z. physik. Chem., **174**, 222 (1935); BARRER, R. M., IBBITSON, Trans. Faraday Soc., **40**, 206 (1944).
8. BANGHAM, D. H., BURT, F. F., Proc. Roy. Soc. (L.), **105**, 481 (1924); J. physic. Chem., **29**, 540 (1925); FRANCIS, M., BURT, F. F., Proc. Roy. Soc. (L.), **116**, 586 (1927).
9. Рогинский, С. (S. ROGINSKI), Nature, **134**, 935 (1934); Рогинский, С., и Зельдович, Я. (S. ROGINSKI und J. SELDOWITSCH), Acta Physicochimica URSS, **1**, 554 (1934).
10. Елович, С. Ю., и Жаброва, Т. М., Журнал Физической Химии (S. J. JELOWITSCH und G. M. SHABROWA, J. physik. Chem.), **12**, 1775 (1939).
11. Рогинский, С. З., Проблемы кинетики и катализа (S. S. ROGINSKI, Probleme der Kinetik und Katalyse), Heft 3, 1937, S. 356.
12. Целлинская, Т. Ф., Диссертация (T. F. ZELLINSKAJA, Dissertation), (1945).
13. Елович, С. Ю., и Харахорин, Ф. Ф., Проблемы кинетики и катализа (S. J. JELOWITSCH und F. F. CHARACHORIN, Probleme der Kinetik und Katalyse), Heft 3, 1937, S. 222; Зельдович, Я., Канд. диссертация (J. SELDOWITSCH, Kandidatendissertation), 1937; Рогинский, С. З., [см. [11]]; (S. S. ROGINSKI) [siehe [11]]; Известия Академии Наук СССР, Отделение химических Наук (Nachr. Akad. Wiss. UdSSR, Abt. chem. Wiss.), **1**, 14 (1945).
14. Бурштейн, Р. Х., с сотр., Журнал Физической Химии (R. CH. BURSTEIN und Mitarb., J. physik. Chem.), **20**, 789 (1946).
15. Дубинин, М. М., Структура и сорбционные свойства активных углей. Юбил. Сборник АН СССР к 30-летию Великой Октябрьской Социалистической революции (M. M. DUBININ, Struktur und Sorptionseigenschaften von Aktivkohlen, Jubiläumsband der Akad. Wiss. UdSSR zum 30. Jahrestag der Großen Soz. Okt.-Revolution), 1947, S. 562; Дубинин, М. М., и Чмутов, К., Физико-химические основы противогазового дела (M. M. DUBININ und K. TSCHMUTOW, Physiko-chemische Grundlagen des Gasschutzes), Moskau 1939 und weitere Arbeiten.
16. Алексеевский, Е. А., Общий курс химин защиты ч I и II, Оборонгиз (J. A. ALEXEJEWSKI, Lehrbuch der Verteidigungschemie, Band I und II), Moskau 1936 und 1939.
17. Бах, Н. А. (N. A. BACH), Acta Physicochimica URSS, **14**, 463 (1941).
18. Юровский, А. З., Докторская диссертация. Ин-т горючих ископаемых АН СССР (A. S. JUROWSKI, Doktordissertation, Institut für mineralische Brennstoffe der Akad. Wiss. UdSSR), 1947; Кауш, Активные угли, ОНТИ (KAUSCH, Aktivkohlen, Allg. Wiss. Techn. Verl.), (1933).
19. LENDLE, A., Z. physik. Chem. Abt. A, **172**, 77 (1935).
20. LANGMUIR, I., J. Amer. chem. Soc., **37**, 1139 (1915).
21. Бурштейн, П. Х., Докторская диссертация. Физ.-хим. ин-т. Карпова (R. CH. BURSTEIN, Doktordissertation, Phys. chem. Carpow-Institut), 1940.
22. LOWRY, HULLET, J. Amer. chem. Soc., **42**, 1413 (1920).
23. JUZA, R., LANGHEIM, R., Z. Elektrochem. angew. physik. Chem., **45**, 689 (1939).
24. Шилов, Н. А., и др. Журнал Русского Физико-Химического Общества, ч. хим. (N. A. SCHILOW u. a., J. russ. physik. chem. Ges.), **61**, 1107 (1929); Шилов, Шатуновская и Чмутов (SCHILOW, SCHATUNOWSKAJA und TSCHMUTOW), Z. physik. Chem., **149**, 211 (1930); Л. К. Лепинь (L. K. LEPIN), Z. Sowj. Physik, **4**, 282 (1933); Л. К. Лепинь и Страхова (L. K. LEIPIN und STRACHOWA), Acta Physicochimica URSS, **10**, 175 (1939).
25. Eine Vorstellung über den großen Zyklus der Arbeiten der Schule von A. M. FRUMKIN über den Zustand der an Oberflächen von Aktivkohlen adsorbierten Gasen und den Adsorptionsmechanismus von Elektrolyten gibt der Artikel von KUTSCHINSKI, BURSTEIN und FRUMKIN, Журнал Физической Химии (J. physik. Chem.), **14**, 441 (1940), und der Artikel von LEWIN, Успехи химии (Fortschr. Chem.), **9**, 196 (1940).
26. Раннюю литературу см. Кейер, Н. П., и Рогинский, С. З., Проблемы кинетики и катализа, вып. 5, Методы изучения катализиторов, М. Из-во АН СССР (Die ältere Literatur siehe bei M. P. KEIER, und S. S. ROGINSKI, Probleme der Kinetik und

Katalyse, Heft 5, Methoden zur Untersuchung von Katalysatoren, Moskau, Verl. Akad. Wiss. UdSSR), 1948.
27. Rhead and Wheeler, J. chem. Soc. [London], **103**, 1210 (1913).
28. Barrer, R., Rideal, E., Proc. Roy. Soc., **149**, 231 (1935); Barrer, R., Proc. Roy. Soc. **149**, 253 (1935).
29. Langmuir, I., J. chem. Soc., [London], 339 (**1940**); Доклад на Юбилейной сессии АН СССР (Vortrag auf der Jubiläumssitzung der Akad. Wiss. UdSSR), 1945.
30. Кейер, Н. П., и Рогинский, С. З., Доклады Академии Наук (N. P. Keier und S. S. Roginski, Ber. Akad. Wiss. UdSSR), **57**, 157 (1947).
31. Benton, J. Amer. chem. Soc., **45**, 887, 900 (1923).
32. Garner, Kingman, Nature, **126**, 352 (1930); Trans. Faraday Soc., **28** (1932).
33. Benton, Trans. Faraday Soc., **28**, 202 (1932).
34. McKinney, J. physic. Chem., **37**, 381 (1933).
35. Foot, Dixon, J. Amer. chem. Soc., **52**, 2170 (1930); **53**, 55 (1931).
36. Haskins, Bray, J. Amer. chem. Soc., **48**, 1473 (1928).
37. Елович, С. Ю., и Корндорф, Б. А., Журнал Общей Химии (S. J. Jelowitsch und D. A. Korndorf, J. allg. Chem.), **9**, 673 (1939).
38. Елович, С. Ю., и Качур, Л. А., Журнал Общей Химии (S. J. Jelowitsch und L. A. Katschur), ibid., **9**, 714 (1939).
39. Frazer, Albert, J. physic. Chem., **40**, 201 (1936).
40. Le Blanc, M., Eberius, Z. physik. Chem., Abt. A, **160**, 69 (1932); Biltz, W., Müller, H., Z. anorg. allg. Chem., **163**, 257 (1927); Ehrlich, Z. Elektrochem. angew. physik. Chem., **45**, 310 (1939); Le Blanc, M., Wehner, Z. physik. Chem., Abt. A, **168**, 59 (1934); Dubois, Ann. de Chimie (sér. 5), **2**, 411 (1936).
41. Lory, E. C., J. physic. Chem., **37**, 685 (1933); Lockwood, ibid., **38**, 736 (1934).
42. Лейпунский, О. (O. Leipunski), Acta Physicochimica URSS, **2**, 737 (1935).
43. Равдель, А. А., и Юдин, И. П., Доклады Академии Наук СССР (A. A. Rawdel und I. P. Judin, Ber. Akad. Wiss. UdSSR, **30**, 39 (1941); Равдель, А. А., Труды ЛГУ, сер. физ. (A. A. Rawdel, Arbeiten der Leningr. Staatl. Univ., Abt. Physik), 80 (1939).
44. Ijima, S. I., Rev. physic. Chem. Japan, **12**, 1, 148, 83 (1938).
45. Eucken, A., und Hunsmann, W., Z. physik. Chem., Abt. B, **64**, 163 (1939).
46. Ward, A. E., Proc. Roy. Soc., **133**, 522 (1932); Beebe, R. A., Soller, T., Goldwasser, S., J. Amer. chem. Soc., **58**, 1703 (1936).
47. Sieverts, Z. physik. Chem., **77**, 591 (1911); Röntgen, Möller, Metallwirtschaft, **13**, 81 (1934).
48. Langmuir, I., J. chem. Soc. [London], 339 (**1940**).
49. Taylor, H., Trans. Faraday Soc., **28** (1932), Discussions.
50. Griffin, C. W., J. Amer. chem. Soc., **47**, 1235 (1925); ibid., **49**, 2136 (1927); ibid., **57**, 1206 (1935); **59**, 2431 (1937).
51. Griffin, C. W., J. Amer. chem. Soc. **63**, 2957 (1941); **67**, 63 (1945).
52. Benton, White, J. Amer. chem. Soc., **54**, 1373 (1932).
53. Schaaff, Z. physik. Chem., Abt. B, **26**, 413 (1934).
54. Reischauer, Z. physik. Chem., Abt. B, **26**, 309 (1934).
55. Langmuir, I., Trans. Faraday, Soc., **17**, 607, 621 (1921).
56. Розинг, В. С., и Елович, С. Ю., Проблемы кинетики и катализа (W. S. Rosing und S. J. Jelowitsch, Probleme der Kinetik und Katalyse), Heft 3, 1937.
57. Розинг, В. С., и Рогинский, С. З., Уч. зап. ЛГУ, серия Физ. наук (W. S. Rosing und S. S. Roginski, Gelehrte Schriften der Leningr. Staatl. Univ. Abt. Physik), 67 (1939).
58. Розинг, В. С., и Рогинский, С. З., Сборник рефератов работ химич. ин-тов, АН СССР за 1940 г (W. S. Rosing und S. S. Roginski, Referate und Arbeiten der chemischen Institute der Akad. Wiss. UdSSR seit 1940).
59. Фарадей, М., Экспериментальные исследования по электричеству. 6-я серия, раздел 12 (1834). Из-во АН СССР. под ред. Т. П. Кравца 1947, Seite 227 (M.

FARADAY, Experimentelle Untersuchungen über die Elektrizität, 6. Reihe, Abschnitt 12 [1834]).
60. HOFFMANN, K. A., und Mitarbeiter, Ber. dtsch. chem. Ges., **49**, 2369 (1916); **58**, 298 (1920); **57**, 1969 (1924).
61. Шпитальский, Е. А., и Каган (J. A. SPITALSKI und KAGAN, ibid., **59**, 2900 (1926).
62. Писаржевский, Л. В., Журнал Русского Физико-Химического Общества (L. W. PISSARSHEWSKI, J. russ. physik. chem. Ges.), **61** (1029); см. избраные труды Л. В. Писаржевского, стр. 561, Из-во АН СССР (siehe die gesammelten Werke von L. W. PISSARSHEWSKI, S. 561, Verl. Akad. Wiss. UdSSR), Kiew 1936.
63. Щукарев, А. Н., Журнал Русского Физико-Химическо Общества (A. N. STSCHUKAROW, J. russ. physik-chem. Ges.) 1646, (1915); Писаржевский Л. В., и Розенберг, М. А. (1923) - см. избраные труды Л. В. Писаржевского, стр. 497, Из-во АН УССР, Киев, 1936; Писаржевский, Л. В., и Ройтер, В. А. (L. W. PISSARSHEWSKI und M. A. ROSENBERG (1923) — siehe gesammelte Werke von PISSARSHEWSKI, Seite 497; L. W. PISSARSHEWSKI und W. A. REUTER), (1925); ibid., S. 549.
64. Писаржевский, Л. В., и Шульц, Е. М., Сборник Допитания про механизм каталитичных явищ ДВУ (1930). Избраные труды Л. В. Писаржесвкого, стр. 527, Из-во АН УССР (L. W. PISSARSHEWSKI und J. I. SCHULZ, Arbeiten über den Mechanismus der katalytischen Erscheinungen (1930). Gesammelte Werke von L. W. PISSARSHEWKI, S. 527), Kiew, 1936.
65. Присаржевский, Л. В., Украинський Химичний Журнал (L. W. PISSARSHEWSKI, Ukrain. chem. I.), Band I, 1 (1925).
66. Ройтер, В. А., Катализ. Труды 3. й Физико-химического конференции (W. A. REUTER, Katalyse, Arbeiten der dritten physikochemischen Tagung), S. 130 (1928).
67. BODENSTEIN, M., Z. physik. Chem., **58**, 166 (1905); **60**, 145 (1907); BREDIG, ALLOLIO, Z. physik. Chem., **126**, 41 (1927); CHAPMAN, GREGORY, Proc. Roy. Soc., A, **147**, 68 (1934).
68. Зельдович, А. Б., и Рогинский, С. З. (A. B. SELDOWITSCH und S. S. ROGINSKI), Phys. Z. d. Sowjetunion, **2**, 254 (1932); Z. physik. Chem., Abt. B, **18**, 361 (1932).
69. Кобозев, Н., и Анохин, А. (N. KOBOSEW und A. ANOCHIN), Z. physik. Chem., Abt. B, **18**, 69 (1931).
70. Бах, А. Н. (A. N. BACH), Ber. dtsch. chem. Ges., **58**, 1388 (1925); см. избранные труды акад. А. Н. Баха, стр. 147, ОНТИ, Химтеорет. Л. 1937 (vergleiche die gesammelten Werke von A. N. BACH, S. 147, Allg. Wiss. Techn. Verl. Leningrad, 1937). PANNETH, F., Z. Elektrochem. angew. physik. Chem., **30**, Nr. 12 (1924).
71. LANGMUIR, I., Trans. Faraday Soc., **17**, 621 (1922).
72. Добычин, Д., и Гельбардт (D. DOBYTSCHIN und M. HELBARDT), Acta physicochimica URSS, **6**, 95 (1937).
73. Кочетков, Известия Академии Наук СССР, Отделение Химических Наук (KOTSCHETKOW, Nachr. Akad. Wiss. UdSSR, Abt. chem. Wiss.), 320 (1944).
74. ARMBRUSTER, M., AUSTIN, J. Amer. chem. Soc., **68**, 1347 (1946).
75. DAVIES, R., J. Amer. chem. Soc., **68**, 1395 (1946).
76. HUSMANN, W., Handb. d. Katalyse, **4**, 438 (1943).
77. Гринберг, Г. А., Журнал Эксперименталной и Теоретической Физики (G. A. GREENBERG, J. exp. theor. Physik), **1**, 245 (1931).
78. Равдель, А. А., и Шейнер, Е. М., Журнал Эксперименталной и Теоретической Физики (A. A. RAWDEL und J. F. SCHEINER) ibid. (1938).
79. Кобозев, Н. И., и Гольдфельд, Ю. А., Журнал Физической Химии (KOBOSEW und J. A. GOLDFELD, J. physik. Chem.), **10**, 261 (1937).
80. Кейер, Н. П., и Рогинский, С. З., Доклады Академии Наук СССР (N. P. KEIER und S. S. ROGINSKI, Ber. Akad. Wiss. UdSSR), (1948).
81. Левин, В. И., Доклады Академии Наук СССР (W. I. LEWIN, ibid.), **59**, 269 (1948).
82. Темкин, М. И., Журнал Физической Химии (N. I. TJOMKIN, J. physik. Chem.), **15**, 296 (1941).

TEIL III

Theorie der katalytischen Prozesse

KAPITEL 1

Kinetik der katalytischen Prozesse an homogenen Oberflächen

Man findet kaum eine Gruppe katalytischer Erscheinungen, bei denen die Inhomogenität der Oberfläche keine Rolle spielte.

Nach den bekannten Arbeiten von TAYLOR, der den Begriff der aktiven Zentren an der Oberfläche der Kontakte einführte, wurde die Vorstellung von besonderen aktiven Formen allgemein anerkannt; Ansätze befinden sich bereits in den Arbeiten von D. P. KONOWALOW. Diese Vorstellungen erhoben sich jedoch trotz einzelner erfolgreicher Versuche zu einer statistischen Behandlung dieser Fragen[1, 2, 3]) nicht auf das Niveau einer streng mathematisch formulierten Theorie.

Erst viel später wurde die Inhomogenität in der Theorie der Geschwindigkeiten katalytischer Prozesse berücksichtigt, und erst in den letzten Jahren wurden in den Arbeiten sowjetischer Gelehrter die großen Zukunftsaussichten einer statistischen Behandlung der kinetischen Probleme aufgezeigt[4]). Diese Untersuchungen, die einen bestimmten konkreten Verteilungstyp verwenden, führten nicht zur Formulierung einer allgemeinen statistischen Theorie der Geschwindigkeit katalytischer Prozesse an inhomogenen Oberflächen und ließen eine Reihe wesentlicher Probleme offen.

Im dritten Teil dieser Monographie versuchen wir, die Gesamtheit der katalytischen Erscheinungen, die auf der Inhomogenität der Oberflächen beruhen, von einem einheitlichen Standpunkt aus zu behandeln[5]).

Hierbei wird stets die gleiche allgemeine Analysenmethode angewandt, die in ihren Grundzügen mit der früher bei der Darlegung der Adsorptionstheorie benutzten Methode identisch ist.

§ 1: *Grundannahmen und Theorie des Übergangszustandes*

Im Gegensatz zur Adsorption, die in den typischen Fällen einen Ein- oder Zweistadienprozeß bildet, sind die katalytischen Reaktionen Mehrstadienprozesse.

1. Die Molekeln der Ausgangssubstanzen werden an die Oberfläche des Katalysators durch Strömung oder einfache turbulente oder konvektive Diffusion herangeführt.

2. An der Oberfläche erfolgt eine aktivierte Adsorption einer oder mehrerer Reaktionskomponenten, wobei sich vorübergehend Übergangskomplexe der Adsorption bilden. Diese Übergangskomplexe können mit den Übergangskomplexen der katalytischen Reaktion identisch sein, in diesem Fall fällt das folgende dritte Stadium ganz fort oder ist auf die Form der kinetischen Gleichungen nicht mehr von Einfluß. Der aktivierten Adsorption kann eine Molekularadsorption voraufgehen. Diese Prozesse sind nur schwer von einer aktivierten Adsorption zu unterscheiden, die die Gasmolekeln aus der Gasphase entnimmt.

3. Auf die aktivierte Adsorption folgt eine innere chemische Umwandlung der aktiviert adsorbierten Molekeln oder eine chemische Reaktion mit einer oder mehreren anderen Molekeln, die in der Adsorptionsschicht oder im Gasvolumen enthalten sind. Diese chemische Etappe kann ihrerseits mit einer gewissen Aktivierungsenergie verbunden sein, also über einen gewissen Übergangszustand verlaufen und sich aus zwei oder mehr einzelnen Stadien zusammensetzen.

4. Ferner ist die Desorption der Reaktionsprodukte (die Bildung eines Übergangskomplexes der Desorption und die Verdampfung in die Gasphase) erforderlich.

5. Schließlich werden die Produkte von der Oberfläche des Kontakts ins Gas- oder Flüssigkeitsvolumen fortgeführt (einfache turbulente oder konvektive Diffusion; Strömung *).

In einem zusammengesetzten Mehrstadienprozeß gibt es weder schnelle noch langsame Stadien, weil sonst kein kontinuierlicher Prozeß möglich wäre, sondern alle Etappen verlaufen unter den gegebenen Bedingungen mit verschiedenen Reversibilitätsgraden, angefangen von praktisch irreversiblen bis zu praktisch völlig reversiblen Etappen. Solange die katalytische Reaktion nicht infolge der Einstellung eines dynamischen Gleichgewichts zwischen Anfangs- und Endprodukten ganz aufhört, muß wenigstens eine Etappe irreversibel oder schwach reversibel verlaufen.

Infolgedessen gibt es in der Kette der Zwischenreaktionen und Zwischenformen

$$A \rightleftarrows B \rightleftarrows C \rightarrow D \rightleftarrows E \text{ usw.} \tag{1}$$

Bei den gegebenen äußeren Bedingungen stellen sich bestimmte Funktionalzusammenhänge zwischen den einzelnen Konzentrationen, die die Kinetik der zusammengesetzten Prozesse bestimmen, ein. So kommt die Konzentration einer Übergangssubstanz, für die sowohl der Erzeugungs- als auch der Verwendungsprozeß praktisch reversibel sind, in der endgültigen Gleichung nicht vor, und zwischen den Konzentrationen der Übergangs- und der voraufgehenden Substanzen kann sich eine direkte Abhängigkeit einstellen **. Insbesondere muß im Fall des durch das Schema (1) dargestellten Prozesses die Konzentration von C mit der Konzentration von A folgendermaßen zusammen-

---

* Außer diesen fünf Etappen tritt in den meisten Fällen noch eine sechste auf, nämlich eine Wärmeübertragung. Wir werden sie hier nicht berücksichtigen und uns auf streng isotherme Prozesse beschränken.

** Dies gilt nur dann, wenn die Konzentrationen der ausgeschlossenen Übergangssubstanzen klein gegenüber den Konzentrationen der Ausgangssubstanzen sind.

hängen: $$[C] = K\,[A], \tag{1a}$$

dabei ist $K = \frac{[C]}{[A]}$ die Gleichgewichtskonstante.

Bei einem Stadienprozeß ist ein Teil der Substanzen nur mit den vorhergehenden oder nur mit den darauffolgenden Substanzen durch Gleichgewichte gekoppelt, beispielsweise die Substanzen C und D in Schema (1). Der Kürze halber sprechen wir in solchen Fällen von Halbgleichgewichten oder von halber Reversibilität und verstehen darunter eine Reversibilität in nur einer Richtung. Auch bei halber Reversibilität kann die Konzentration der entsprechenden Substanz C oder D in den Geschwindigkeitsgleichungen fortgelassen und durch die Konzentrationen der mit ihr durch Gleichgewichte gekoppelten Substanzen ersetzt werden, aber von C bzw. D gehen spezifische Geschwindigkeitskonstanten und Potenzkoeffizienten ein, welche die kinetische Ordnung angeben; sie finden ihren Ausdruck auch in der für den Gesamtprozeß beobachtbaren Aktivierungsenergie.

So beträgt etwa die Geschwindigkeit einer homogenen Reaktion, die nach dem Schema (1) verläuft, in der direkten Richtung

$$\omega = k_e\,[C]^{\nu_e} = k_e\,(K[A])^{\nu_e} = k_0^1 \exp\left[-\frac{E - \nu_e Q}{RT}\right][A]^{\nu_e}. \tag{1b}$$

Sind mehrere aufeinanderfolgende „irreversible“ Etappen vorhanden, so stellt sich zwischen den Konzentrationen der verschiedenen Übergangssubstanzen eine Beziehung ein, die durch das Verhältnis der Geschwindigkeitskonstanten und der Ordnungen der einzelnen Etappen usw. auszudrücken ist.

Die endgültigen kinetischen Gleichungen, die die Geschwindigkeit des Gesamtprozesses mit den laufenden Konzentrationen der stabilen Ausgangs- und Endsubstanzen verbinden, lassen sich am einfachsten ausdrücken, wenn man von den Halbgleichgewichten und von den Konzentrationen der Übergangssubstanzen, die mit diesen Halbgleichgewichten gekoppelt sind, ausgeht. Die Geschwindigkeit des Gesamtprozesses stimmt zahlenmäßig überein mit der Geschwindigkeit der irreversiblen Reaktion der Substanz, die mit einem Halbgleichgewicht verbunden ist. Das entsprechende Stadium nennt man gewöhnlich nicht ganz glücklich das b e g r e n z e n d e S t a d i u m; wir wollen diesen Ausdruck vermeiden und vom k o n t r o l l i e r e n d e n o d e r b e s t i m m e n d e n Stadium sprechen, wodurch seine kinetische Rolle besser gewürdigt wird.

Wir beschränken uns zunächst auf Prozesse, die in großer Entfernung vom Gleichgewicht verlaufen (wir meinen hier das Gleichgewicht des Gesamtprozesses und nicht das der einzelnen Stadien). Für die katalytischen Prozesse an homogenen Oberflächen reduziert sich das kinetische Problem auf die Auffindung der bestimmenden Etappe und auf die Ableitung der Abhängigkeit der Geschwindigkeit von den laufenden Konzentrationen der Ausgangs- und Endprodukte aus der Art der Halbgleichgewichte.

Die Kinetik der katalytischen Prozesse unter Bedingungen, wo sie durch die Diffusion der Reagenzien zur Oberfläche bestimmt wird, geht (trotz ihrer technischen Bedeutung) über den Rahmen dieser Monographie hinaus. Durch die Arbeiten von JELOWITSCH, SHABROWA u. a.[6]) über die Hydrierung organischer Verbindungen in flüssiger Phase und durch die theoretischen Untersuchungen von PSCHESHEZKI und RUBINSTEIN über die Dynamik von Kontaktreaktionen[7]) sind Möglichkeiten zur Herleitung der kinetischen Gleichungen des katalytischen Prozesses aus Daten aufgezeigt worden, die unter Bedingungen gewonnen wurden, bei denen viele Eigenschaften des beobachteten Prozesses auf der Diffusion beruhen.

In diesem Fall ist aber der Weg zur Bestimmung der Statistik der Oberfläche aus den kinetischen Gleichungen kompliziert und wenig zuverlässig. Wir beschränken uns deshalb auf die Behandlung von Prozessen, für die der Materialaustausch der Reaktionsprodukte und der Ausgangssubstanzen zwischen der Schicht unmittelbar an der Oberfläche und dem Gasvolumen so schnell erfolgt, daß die dynamische Zusammensetzung der Zone, mit der die Oberfläche im unmittelbaren Austausch steht, mit der chemischen Zusammensetzung des Gases übereinstimmt. Bei einer solchen Selbstbegrenzung sind für die Kinetik des beobachteten Prozesses der Charakter des Übergangskomplexes des bestimmenden Stadiums und die Lage dieses Stadiums in der Folge der Etappen, aus denen dieser Prozeß besteht, entscheidend.

Die Geschwindigkeit des Gesamtprozesses ist gleich dem Produkt der Gleichgewichtskonzentration der Übergangskomplexe mit der reziproken mittleren Lebensdauer der einzelnen Komplexe. Im Gegensatz zu den älteren vereinfachten Modellen von POLANYI und WIGNER u. a.[8],[9]), bei denen die reziproke Lebensdauer unmittelbar der Frequenz der thermischen Schwingungen gleichgesetzt wird, die für die verschiedenen Substanzen zwischen 10^{11} und 10^{13} liegt, wird in der Theorie des Übergangskomplexes angenommen, daß $\tau^{-1} = kT/h$ ist, also von der Temperatur abhängt. Wie man leicht sieht, ist eine solche Ersetzung nur von geringem Einfluß auf das Ergebnis, denn bei $T \cong 600°$ K ist kT/h fast genau gleich 10^{13}, und zur Feststellung des Einflusses der Temperatur müßte man diese sehr stark variieren. Zu einem ähnlichen Schluß kam schon LANDAU[10]). In der Theorie von POLANYI-WIGNER ist der Faktor vor dem Exponentialausdruck nicht streng konstant und hängt ab vom Typ der Bindung der Molekeln an die Oberfläche. Für dreidimensionale Oszillatoren insbesondere wird die Frequenz ν mit $\left(\frac{E}{RT}\right)^2$ multipliziert, nimmt also mit wachsender Temperatur ab.

Eine zweite charakteristische Eigenschaft der Ausdrücke, die man bei einer solchen Behandlungsweise erhält, ist der Umstand, daß an Stelle der vereinfachten Faktoren $\exp\left(-\frac{U}{RT}\right)$ für die Geschwindigkeitskonstanten die vollständigen Ausdrücke $\exp\left(-\frac{F}{RT}\right)$ auftreten, wobei U die innere Energie und $F = Q - TS$ die freie Energie ist.

Infolgedessen tritt in dem Ausdruck für die Geschwindigkeitskonstante ein Zusatzfaktor $e^{S/R}$ auf. Da die Entropie $S = +k \ln P$ ist, wobei P die thermodynamische Wahrscheinlichkeit ist, haben wir

$$e^{+\frac{S}{R}} = P.$$

Setzen wir für P das Produkt $\Pi f_i^{\nu_i}$ ein (f_i ist die statistische Zustandssumme der i-ten Teilchen, die sich am Gleichgewicht beteiligen; sämtliche f_i sind mit einem Exponenten versehen, der gleich dem betreffenden stöchiometrischen Koeffizienten ist), so erhalten wir für die Gleichgewichtskonstante der Reaktion

$$\nu_A A + \nu_B B + \nu_S S = X$$

die Gleichung

$$K = \frac{c_x^*}{c_A^{\nu_A} \cdot c_B^{\nu_B} \cdot c_S^{\nu_S}} = \frac{f_x^*}{f_A^{\nu_A} \cdot f_B^{\nu_B} \cdot f_S^{\nu_S}} e^{-\frac{E_0}{RT}}. \tag{2}$$

Die Geschwindigkeit des katalytischen Prozesses ist nach obigem gleich dem Produkt von $1/\tau$ mit c^*.

Also

$$\omega = \frac{c^*}{\tau} = \frac{kT}{h} c^* \cong 10^{13}\, c^* \tag{3}$$

oder

$$\omega \cong 10^{13}\, K c_A^{\nu_A} c_B^{\nu_B} c_S^{\nu_S} = \frac{f_x^* c_A^{\nu_A} c_B^{\nu_B} c_S^{\nu_S}}{f_A^{\nu_A} f_B^{\nu_B} f_B^{\nu_S}} \exp\left[-\frac{E_0}{RT}\right]. \tag{4}$$

In dieser Gleichung ist w die Geschwindigkeit des Prozesses, c^* die Gleichgewichtskonzentration des Übergangskomplexes, c_A und c_B sind die Konzentrationen der Substanzen A und B, ν_A und ν_B ihre stöchiometrischen Koeffizienten, f_x^*, f_A, f_B die statistischen Zustandssummen der Molekeln des Übergangskomplexes und der Gasmolekeln an der Oberfläche, ferner sind c_s die Oberflächenkonzentration und f_s die statistische Zustandssumme der Oberflächenbereiche, und E_0 ist die Bildungsenergie eines Mols des Übergangskomplexes beim absoluten Nullpunkt.

Der Hauptunterschied der heterogenen kinetischen Gleichuugen von den homogenen ist das Auftreten einer variablen Konzentration der Oberflächenbereiche, proportional zur Größe $1 - \theta = \gamma$ aus der LANGMUIRschen Adsorptionsgleichung. Ist γ nahezu gleich Eins, d. h., ist die Anzahl der besetzten Plätze klein, so sind die kinetischen Gleichungen ihrem Typ nach von den homogenen nicht zu unterscheiden.

Wir beginnen mit Prozessen, bei denen der Übergangskomplex nur Gasmolekeln einer Sorte in Form unveränderter Molekeln einer Ausgangssubstanz oder als Dissoziations- oder Assoziationsprodukte enthält.

In diesem Fall ist die Ausgangsgleichung für die Geschwindigkeit der Katalyse nicht verschieden von der entsprechenden Gleichung für die Adsorptionsgeschwindigkeit, obwohl zwischen den endgültigen kinetischen Gleichungen ein großer Unterschied besteht, der darauf beruht, daß sich die Größe $c_S = c_{S_0} - a\,x$ während des Adsorptionsprozesses ständig ändert, während bei einem katalytischen Prozeß bei konstantem c_A und c_B im Prinzip auch c_S konstant sein muß. Die Größenordnung der absoluten Geschwindigkeiten dieser Prozesse läßt sich in den einfachsten Fällen leicht berechnen.

Falls $c_S \cong c_{S_0}$ ist und der aktivierte Komplex nur eine zweiatomige Molekel enthält, ist

$$\omega \cong c_A c_S \frac{\sigma}{\sigma^*} \frac{\frac{1}{2} S h^4}{8\pi^2 I (2\pi m k T)^{\frac{3}{2}}} \exp\left[-\frac{E_0}{RT}\right] \cdot 10^{13}, \tag{5}$$

wobei S die Gesamtzahl aktiver Plätze innerhalb eines aktiven Zentrums ist; σ und σ^* sind die Symmetriezahlen der Gasmolekeln und der Molekel des Übergangskomplexes; m ist Masse und I das Trägheitsmoment der reagierenden Molekel.

Diese Gleichung wurde unter der Voraussetzung völliger Unbeweglichkeit der Molekeln des Übergangskomplexes abgeleitet (vergleiche Teil II, Kapitel 3).

In einem abgeschlossenen Volumen muß ein Prozeß, welcher der Gleichung (5) folgt, monomolekular verlaufen, und die Berechnungen der Geschwindigkeit nach diesem Modell haben in gewissen Fällen ausgezeichnete Ergebnisse geliefert. So liegt für Jodwasserstoff an einer glatten Platinfläche bei 836° K die Abweichung der Rechnung vom Experiment weit unterhalb der Rechenfehler[9]). Eine ausgezeichnete Übereinstimmung erhält man auch für Stickoxydul an einer glatten Goldfläche bei 1210° K und für Phosphin an Glas, wenn man diese Molekeln als dreidimensionale Rotatoren betrachtet (siehe Tab. 18)[10]).

Falls sich im Übergangskomplex r Molekeln der Substanz A oder umgekehrt nur der n-te Teil einer solchen Molekel befinden, entspricht bei einer unbesetzten Oberfläche der Ablauf des Prozesses kinetisch einer Adsorption mit Dissoziation oder Assoziation, und an die Stelle von Gleichung (5) treten jetzt die Gleichungen

$$\omega = \frac{1}{2}\, s c^r_A \cdot c_S \frac{kT}{h} \frac{f^*}{f^r_A f_S} \exp\left[-\frac{E_0}{RT}\right] = k c^r_A \tag{6}$$

bzw.

$$\omega = \frac{1}{2}\, s c_A^{\frac{1}{n}} c_S \frac{kT}{h} \cdot \frac{f^*}{f_A^{\frac{1}{n}} f_S} \exp\left[-\frac{E_0}{RT}\right] = k c_A^{\frac{1}{n}}. \tag{7}$$

Formal sind die Gleichungen (5), (6) und (7) völlig analog der LANGMUIRschen Gleichung für die Adsorptionskinetik einer einzigen Substanz, die an einer fast leeren Oberfläche ohne Änderung der Molekelgröße (5), mit Dissoziation in n Atome (7) oder mit Assoziation von r Molekeln in eine neue (6) schwach adsorbiert wird.

Die Konzentration der Molekeln des Übergangskomplexes an der Oberfläche ist infolge des endothermen Charakters dieses Gebildes in Verbindung mit seiner geringen Entropie stets klein.

Umgekehrt kann sich die Adsorptionsbesetzung für die üblichen stabilen Molekeln sowie für die aktiven Übergangsformen in sehr weiten Grenzen ändern. Ist die Adsorption stark und erfolgt sie hinreichend schnell, so strebt die Oberfläche gegen eine monomolekulare Bedeckung mit dem Adsorbat. In diesem Fall verknüpft man die Geschwindigkeit des Prozesses am besten mit der Anzahl adsorbierter Molekeln statt mit ihrer Anzahl im Gaszustand. In der Tat ist die Anzahl der Molekeln im Übergangszustand an der Oberfläche stets proportional der Anzahl der adsorbierten Molekeln, diese ist aber nur bei einer schwachen Adsorption einfach proportional der Konzentration der Gasmolekeln. Durch eine entsprechende Auswertung der Daten von TOPLEY erhielten GLASSTONE, LAIDLER und EYRING die in Tab. 19 zusammengestellten Ergebnisse. Die Übereinstimmung der berechneten und der beobachteten Werte von k ist wesentlich schlechter als in Tab. 18.

Wir heben hervor, daß für die Kinetik des Adsorptionsprozesses weder eine nullte Ordnung noch eine Proportionalität mit einem variablen LANGMUIRschen

Bruch möglich sind, weil in diesem Fall vor Abschluß des Prozesses von keinem Adsorptionsgleichgewicht die Rede sein kann. Dieser Fall kommt in der Chemisorptionskinetik nicht vor; diese arbeitet mit Adsorptionsgleichgewichten, die sich schnell einstellen; umgekehrt bleiben alle übrigen Typen der LANGMUIRschen Kinetik mit Hemmung durch die Produkte und durch Fremdgifte, mit optimalen Zusammensetzungen usw. in der Theorie der Geschwindigkeiten, die von Halbgleichgewichten und Übergangskomplexen ausgeht, erhalten.

TABELLE 18

Vergleich der nach der Methode des Übergangskomplexes berechneten katalytischen Reaktionsgeschwindigkeiten mit den experimentell beobachteten Werten.

(Nach GLASSTONE, LAIDLER und EYRING)

Zerlegte Substanz	Katalysator	Temperatur °K	Spezifische Geschwindigkeit des Prozesses in sec^{-1}	
			berechnet	beobachtet
PH_3	Glas	684	$2{,}2 \cdot 10^{-8}$	$4{,}7 \cdot 10^{-7}$
HJ	Platin	836	$1{,}2 \cdot 10^{-3}$	$1{,}0 \cdot 10^{-3}$
N_2O	Gold	1210	$3{,}4 \cdot 10^{-6}$	$1{,}2 \cdot 10^{-4}$

TABELLE 19

Geschwindigkeit katalytischer Reaktionen bei vollständiger Besetzung der Oberfläche

(Nach GLASSTONE, LAIDLER und EYRING)

Zerlegte Substanz	Katalysator	E kcal	Temperatur °K	Geschwindigkeitskonstante	
				berechnet	beobachtet
NH_3	W	38	904	$8{,}0 \cdot 10^{18}$	$4 \cdot 10^{17}$
NH_3	W	41,5	1316	$3{,}4 \cdot 10^{21}$	$2 \cdot 10^{19}$
NH_3	Mo	53,2	1226	$8{,}5 \cdot 10^{18}$	$5{,}20 \cdot 10^{18}$
HJ	Au	25,0	978	$1{,}6 \cdot 10^{17}$	$5{,}2 \cdot 10^{22}$

So ist für eine bimolekulare Reaktion

$$A + B + S_2 \rightleftarrows \begin{pmatrix} A - B \\ | \quad\quad | \\ S - S \end{pmatrix}^{*} \to X + Y + \ldots S_2, \tag{8}$$

wobei der Übergangskomplex zwei Oberflächenbereiche S_2 einschließt:

$$\omega = \frac{1}{2} S \frac{c_A c_B c_S^2}{z} \frac{kT}{h} \frac{f^*}{f_A f_B f_S} \exp\left[-\frac{E_0}{RT}\right], \tag{9}$$

dabei ist

$$z = c_a + c_b + c_S = c_S \left(1 + \frac{c_a}{c_S} + \frac{c_b}{c_S}\right). \tag{9a}$$

Dies ist die Gesamtzahl der Bereiche an der freien Oberfläche.

Bei schwacher Adsorption aller Gase wird daraus

$$\omega = \frac{1}{2} S\, c_A\, c_B\, c_S\, \frac{kT}{h}\, \frac{f^*}{f_A\, f_B\, f_S} \exp\left[-\frac{E_0}{RT}\right] = k_1 c_A c_B, \tag{10}$$

dagegen bei sehr starker Adsorption eines der Gase, etwa B,

$$\omega = \frac{1}{2} S \cdot \frac{z}{L^2}\, \frac{c_A}{c_B} \cdot \frac{kT}{h} \cdot \frac{f^*}{f_A\, f_B\, f_S} \exp\left[-\frac{E_0}{RT}\right] = k_1'\, \frac{c_A}{c_B}, \tag{10a}$$

dabei ist $L = \frac{f_{\mathrm{ads}}}{f_a\, f_s} \exp\left(\frac{E}{RT}\right)$. Bei Anwesenheit eines Kontaktgiftes Y nehmen im einfachsten Fall einer Reaktion erster Ordnung mit schwacher Adsorption der Produkte die Gleichungen den Typ

$$\left.\begin{aligned} \omega &= \frac{k_1\, c_A}{(1 + B c_y)} \\ \omega &= \frac{k_1'\, c_A}{(1 + B c_y)^2} \end{aligned}\right\} \tag{10b}$$

an usw.

Ersetzt man den alten Begriff der Überwindung einer Aktivierungsschwelle E mit einer Wahrscheinlichkeit $\exp\left(-\frac{E}{RT}\right)$ durch den Begriff der Bildung eines aktivierten Gleichgewichts-Übergangskomplexes, so hat sich in der Kinetik qualitativ nichts geändert. Geändert haben sich lediglich die Zahlenwerte der Konstanten.

§ 2: *Kinetik der Prozesse, die Halbgleichgewichte enthalten*

In der Kinetik der Kontaktprozesse kennt man viele Fälle einer starken Hemmung durch die Reaktionsprodukte. In diesem Fall nimmt man naheliegenderweise an, daß für die Reaktionsprodukte ein Adsorptionsgleichgewicht vorhanden ist, das zu einer Blockierung eines Teils der Oberfläche führt.

Man erhält dann Gleichungen mit der Konzentration c_x der Produkte im Nenner:

$$\omega = \frac{\omega_0}{(1 + B c_x)^n} \tag{11}$$

oder bei besonders starker Adsorption dieser Produkte

$$w = \frac{w}{c_x^n},$$

wobei n gewöhnlich gleich Eins ist, aber auch gleich einer ganzen Zahl sein kann. Am Beispiel der Oxydation von Kohlenmonoxyd und molekularem Wasserstoff an Platin zeigte LANGMUIR die Wahrscheinlichkeit für das Vorhandensein von Prozessen, bei denen eine Gasmolekel, die aus dem Volumen stammt, mit einer adsorbierten Molekel unmittelbar beim Stoß reagiert.

Die Benutzung des Schemas des Übergangskomplexes schließt solche Varianten nicht völlig aus. Damit aber dieses Schema in der gewünschten Richtung anwendbar ist, muß eine zusätzliche irreversible Reaktion mit der Molekel aus dem Volumen oder der adsorbierten Molekel möglich sein.

Unsere Beispiele zeigen, daß eine Kenntnis der Zusammensetzung des Übergangskomplexes noch nicht zur Herleitung der kinetischen Gleichungen ausreicht. Deren Charakter hängt in starkem Maße vom Mechanismus der darauffolgenden Umwandlungen ab. Nur wenn die begrenzende irreversible Umwandlung des Übergangskomplexes den Charakter einer spontanen Umgruppierung oder eines spontanen Zerfalls hat, ist die Abhängigkeit der Geschwindigkeit von den Volumenkonzentrationen identisch mit der Abhängigkeit der Größe c^*, der Gleichgewichtskonzentration der Teilchen des Übergangskomplexes, von diesen Volumenkonzentrationen:

$$w = \frac{1}{\tau} c^*.$$

Dabei hängt τ^{-1} nicht von den äußeren Bedingungen ab und ist formal analog der Geschwindigkeitskonstanten einer monomolekularen Umwandlung für den Übergangskomplex.

Wie oben gesagt, ist die Besetzung der Oberflächen durch Molekeln des Übergangskomplexes stets gering; aber die Tatsache, daß er auch Bereiche der Oberfläche enthält, bringt eine Abhängigkeit von der Besetzung mit sich, da die Anzahl der freien Bereiche, die an der Bildung eines Übergangskomplexes teilnehmen können, mit der Besetzung umgekehrt proportional $1 + \Sigma a_i p_i$ abnimmt, wobei a_i der Adsorptionskoeffizient und p_i der Partialdruck der i-ten adsorbierten Substanz sind.

Benutzen wir die Partialdrucke an Stelle der Konzentrationen, so erhalten wir also

$$w = k \frac{p_A^\alpha \cdot p_B^\beta \cdot p_z^\gamma}{(1 + \Sigma a_i p_i)}. \tag{12}$$

Eine genauere Behandlung der anderen Spezialfälle dieser sehr allgemeinen Gleichung ist zwecklos. Offenbar bleiben für eine homogene Oberfläche in der Theorie des Übergangszustandes sämtliche bekannten LANGMUIRschen Gleichungen in Kraft, wobei einige neue Varianten hinzukommen und die Zahlenverhältnisse der Adsorptions- und kinetischen Konstanten sich merklich ändern.

Auf den ersten Blick scheint es bei der größenordnungsmäßigen Übereinstimmung der berechneten Geschwindigkeiten mit den gemessenen vielleicht überflüssig, eine statistische Theorie der Kinetik der Kontaktprozesse an inhomogenen Oberflächen zu entwickeln. Das ist jedoch in Wirklichkeit nicht der Fall. Zunächst bezieht sich alles Gesagte auf glatte Oberflächen mit geringer Aktivität, für welche die Erscheinungen, die auf einer Inhomogenität beruhen, nur schwach ausgeprägt sind. Zweitens wurde die Untersuchung bei sehr hohen Temperaturen durchgeführt, welche die Unterschiede zwischen den Bereichen verwischen. Drittens ist die Genauigkeit einer Absolutrechnung klein, und es sind Fehler denkbar, die einander kompensieren. Schließlich ist der Variations bereich der experimentellen Bedingungen klein. Schon für die wenig typischen Oberflächen, die in den Tabellen 18 und 19 erwähnt sind, kann man also von einer Homogenität nicht voll überzeugt sein. Hierzu wären Versuche mit Vergiftung und mit einer Erweiterung und Genauigkeitssteigerung der üblichen Messungen notwendig. Indessen ist die Summe der Daten, die für eine Inhomogenität der Oberflächen in katalytischer Beziehung sprechen, so groß, daß man kaum an der Realität und der weiten Verbreitung dieser Erscheinung zweifeln kann.

§ 3: *Kennzeichen für die katalytische Inhomogenität der Oberflächen*

Die Argumente für die Inhomogenität der Oberflächen von Katalysatoren kann man in mehrere Gruppen einteilen. Die umfassendste und bedeutendste Gruppe beruht auf den Erscheinungen der Vergiftung von Katalysatoren durch Kontaktgifte.

In der LANGMUIRschen Theorie der Geschwindigkeiten des katalytischen Prozesses an einer inhomogenen Oberfläche muß der Verringerung der Geschwindigkeit des Prozesses unter dem Einfluß des Kontaktgiftes einer Verringerung der freien Oberfläche entsprechen. Die verbleibende Aktivität des Katalysators, ausgedrückt durch das Verhältnis der Geschwindigkeitskonstanten des Prozesses an einem vergifteten Kontakt (k_G) und an einem nichtvergifteten Kontakt (k), ist in den typischen Fällen gleich dem Verhältnis der vom Gift freien Oberfläche $S_0 - S_G$ des Katalysators zur Gesamtoberfläche S_0. Hierbei ändert sich die Aktivierungsenergie gar nicht, und der ganze Effekt beruht auf der Verringerung des Faktors vor dem Exponentialausdruck mit der Abnahme der Oberfläche, die als Faktor eingeht:

$$\lambda_G = \frac{k_G}{k} = \frac{k_{0G}^1}{k_0} \frac{e^{-\frac{E}{RT}}}{e^{-\frac{E}{RT}}} = \frac{S_0 - S_G}{S_0} = 1 - \frac{S_G}{S_0}. \tag{13}$$

Das Verhältnis $S_G/S_0 = \theta_G$ ist durchaus nicht immer leicht zu messen. S_G ist aber proportional der adsorbierten Giftmenge, so daß man der Gleichung (13) auch folgende Form geben kann:

$$\lambda_G = 1 - \gamma G. \tag{14}$$

Bei einer LANGMUIRschen Vergiftung homogener Oberflächen darf die Blockierung eines Teils der Oberfläche weder die Ordnung der Reaktion, noch ihren Mechanismus, noch die Aktivierungsenergie beeinflussen. Die Wirkung des vergifteten Katalysators ist völlig identisch der Wirkung einer geringeren Menge des unvergifteten Katalysators. Sind mehrere Prozesse vorhanden, die an derselben Oberfläche katalytisch beschleunigt werden können, so darf sich also das Verhältnis zwischen den einzelnen Stadien nicht ändern.

Von den angegebenen Kriterien ist der lineare Zusammenhang zwischen λ_G und G verhältnismäßig oft in engen Grenzen erfüllt. Hier sind die langjährigen Arbeiten von MAXTED und seinen Mitarbeitern über die Vergiftung von Katalysatoren gegenüber der Hydrierung in der flüssigen Phase durch Sublimat, Arsen- und Schwefelverbindungen[12-13]) zu nennen. Umfangreiches experimentelles Material findet man auch in der Arbeit von BACCAREDA[14]).

Häufig stößt man jedoch auch auf Fälle, wo die Aktivität mit wachsender Menge adsorbierten Giftes nicht linear abnimmt; der Abfall kann sogar exponentiell erfolgen. Von den neueren Arbeiten, in denen ein solches Gesetz festgestellt wurde, erwähnen wir die Arbeiten von RUSSEL und GHERING über die Vergiftung eines Katalysators der Hydrierung durch Sauerstoff[15]) und die Arbeit von KUBOKAWA[16]). Wir betonen, wie notwendig eine Vorsicht gegenüber den Daten linearer Vergiftungsgesetze ist.

Bei einem geringen Variationsbereich von G und bei entsprechender Wahl der Zahlenkoeffizienten kann eine lineare Abhängigkeit eine gute Näherung für Exponential- und gebrochene Funktionen sein (siehe auch Kapitel 4). Arbeiten, in denen λ_G und G stark variieren, sind selten.

Unmittelbare Hinweise auf das Vorhandensein aktiver Bereiche und auf ihre Verbreitung in der Oberfläche geben Messungen der spezifischen Besetzung der Oberfläche, die einen bestimmten Aktivitätsabfall hervorruft.

Solche Messungen wurden von ALMQUIST und BLACK[17]) für Eisenkatalysatoren der Ammoniaksynthese durchgeführt; sie führten zu einem Wert von 0,5% für den Anteil der gesamten Eisenoberfläche, der auf die aktiven Zentren kommt. Zu noch geringeren Werten dieser Größe führen die Daten von BURSTEIN über die Vergiftung der Tieftemperatur-Isomerisation des para-Wasserstoffs und des Tieftemperatur-Isotopenaustauschs von Wasserstoff und Deuterium an Aktivkohle durch aktiviert adsorbierten Wasserstoff[18]). Wurde vorher an der Oberfläche sorgfältig gereinigter Zuckerkohle 0,14 cm³ Wasserstoff bei etwa 500° adsorbiert, so verlor die Kohle vollständig ihre Fähigkeit, den Isotopenaustausch und die Isomerisation bei —185° zu katalysieren. Diese Kohle kann bei monomolekularer Bedeckung bis zu 140 cm³ Wasserstoff pro Gramm adsorbieren; folglich machen die besonders aktiven Bereiche zusammen nicht mehr als 0,1% der Oberfläche aus.

Seit den ersten Arbeiten von PEARSE und STEWARD[19]) wurden zahlreiche derartige Beobachtungen gemacht.

Zahlreiche Daten liegen auch über die Änderung des Charakters des katalysierten Prozesses bei der Vergiftung vor, wobei diese Erscheinung so verbreitet und charakteristisch ist, daß sie umfangreiche technische Anwendung gefunden hat.

Als Beispiele erwähnen wir die alten Arbeiten von WILLSTÄTTER und HATT über den völligen Verlust der Fähigkeit zur Hydrierung von Benzol und Naphthalin, den aktives Platin in Anwesenheit von Thiophen erleidet[20]), während die Fähigkeit zur Hydrierung der üblichen Doppelbindungen, insbesondere in Limonen, erhalten bleibt, wenn auch in schwächerem Maße. Ähnliche Anomalien beobachtete man bei der Hydrierung verschiedener Verbindungen an Nickel[21]). An aktivem unvergifteten Nickel werden aromatische Kohlenwasserstoffe, Olefine und Nitroverbindungen gut hydriert. Das Thiophen unterdrückt die erste Reaktion vollständig, das Äthylsulfit die erste und zweite.

MIDDLETON zeigte, daß man durch Vergiftung eines Kobalt-Thorium-Katalysators der Kohlenwasserstoff-Synthese (nach FISCHER-TROPSCH) die Ausbeute an Olefinen stark erhöhen kann, da deren Hydrierbarkeit spezifisch herabgesetzt wird[22]).

Im Lichte dieser Daten können Beobachtungen über ein lineares Vergiftungsgesetz nicht als entscheidend angesehen werden; um so mehr deshalb, weil in der erwähnten Arbeit von RUSSEL und GHERING gezeigt wurde, daß ein lineares Vergiftungsgesetz auch an stark inhomogenen Oberflächen gefunden werden kann, und zwar infolge einer schichtweisen Vergiftung, bei der zunächst sämtliche aktiven Bereiche einer dünnen äußeren Schicht vollständig ausscheiden, dann die Bereiche einer zweiten Schicht, die einer dritten usw. Eine solche starke Inhomogenität in der makroskopischen Topographie der Vergiftung kann die vollständige mikroskopische Inhomogenität der einzelnen Bereiche verdecken.

Für unsere Vorstellung einer breiten Verteilung über die Aktivierungsenergie sind besonders wichtig Daten über eine Änderung der Aktivierungsenergie bei der Vergiftung. Eine Bestimmung dieser Größe stößt auf methodische Schwierigkeiten, die darin bestehen, daß auch in der Theorie der Vergiftung an einer homogenen Oberfläche die beobachtete Aktivierungsenergie bei starker reversibler Vergiftung wächst, und zwar infolge der bekannten Regel

$$E_G = E + Q_G, \tag{15}$$

dabei ist E_G die Aktivierungsenergie des reversibel vergifteten Kontaktes, E seine Vergiftungsenergie ohne Gift und Q_G die Adsorptionswärme des Kontaktgiftes an der gegebenen homogenen Oberfläche.

Entscheidend könnten Versuche mit den vollständigen Funktionen $E_G = E(\pi_G)$ sein, wobei π_G die Volumkonzentration des Giftes ist, oder aber Daten, in denen der Wert von E für Kontakte, die an ihrer Oberfläche die gleiche Menge eines Kontaktgiftes enthalten, bei verschiedenen Temperaturen gemessen wird. Diese Bedingung ist bei der irreversiblen Vergiftung manchmal automatisch erfüllt.

Die angegebenen wenigen typischen Daten aus dem umfangreichen experimentellen Material über die Vergiftung lassen sich durch eine Inhomogenität der Oberfläche erklären. Wollte man die Vorstellung einer homogenen Oberfläche aufrechterhalten, so müßte man zur Erklärung der typischen Eigenarten der Vergiftung auf die Vorstellung einer Blockierung der Bereiche als Grund der Vergiftung verzichten und neue Modelle einführen, beispielsweise die Vergiftung als negative Promotorwirkung behandeln, die auf dem Eindringen des Giftes in die Oberflächenschicht des Kontakts und auf den dadurch bedingten Änderungen des Systems der Elektronenterme der Oberfläche beruht.

Die Schlußfolgerungen über die Inhomogenität der Oberfläche vieler Kontakte, die auf Grund einer Untersuchung über ihre Vergiftung gemacht wurden, werden auch durch andere Tatsachen bestätigt. So sprechen insbesondere die Ergebnisse der Untersuchungen von Prozessen in einer festsitzenden monomolekularen Schicht[23, 24]) deutlich für eine starke Inhomogenität der Oberfläche, wie aus den typischen Kurven hervorgeht (siehe Abb. 16, Teil II, Kapitel 1), die aus der Arbeit von SCHUSTER über die Hydrierung des Äthylens stammen.

Zu ähnlichen Schlußfolgerungen führt auch eine Untersuchung des zeitlichen Ablaufs der Prozesse, die häufig Gesetzen folgen, die mit einer Homogenität der Oberfläche unvereinbar sind. Es gibt also zahlreiche unabhängige Hinweise auf die Inhomogenität der Oberflächen vieler aktiver Katalysatoren.

Hierdurch wird eine detaillierte und systematische Behandlung des Verhaltens solcher Oberflächen bei der Katalyse besonders wichtig, schon damit man eine

Möglichkeit zum eindeutigen Vergleich zwischen Theorie und Experiment und zur Aufstellung zuverlässiger Kriterien für die Erkennung katalytisch inhomogener Oberflächen erhält.

Literatur

1. CONSTABLE, H., Proc. Roy. Soc. [London], Ser. A, **108**, 355 (1926); SCHWAB, G. M. und E. CREMER, Z. physik. Chem. Abt. A, **144**, 243 (1929).
2. Жуков, И. И., Сборн. Катализ. Труды 3-ей Физико-хим. конфер. (I. I. SHUKOW, Sammelband Katalyse, Arbeiten der 3. physikochemischen Konferenz), 40, 1928; Лейпунский, А.И. (A. I. LEIPUNSKI), ibid. 33, 1928.
3. Шваб, Г. М., Катализ с коски зрения химической кинетики. ГХТИ (G. M. SCHWAB, Die Katalyse vom Standpunkt der chemischen Kinetik, Staatl. chem. techn. Verl.) 1935.
4. Зельдович, Я. (J. SELDOWITSCH), Acta physicochim. URSS, **1**, 361 (1935); Темкин, М. И., Журнал Физической Химии (M. I. TJOMKIN, J. physik. Chem.), **15**, 314 (1941); Рогинский, С. З., Сборник рефератов работ химич. ин. тов АН СССР за 1940 г. (S. S. ROGINSKI, Sammlung von Referaten über Arbeiten der chemischen Institute der Akad. Wiss. UdSSR seit 1940), Seite 114.
5. Рогинский, С. З., Доклады Академии Наук СССР (S. S. ROGINSKI, C. R. Akad. Sci. URSS), **47**, 430, 497; 579 (1945).
6. Елович, С. Ю., и Жаброва, Г. М., Физико-химические основы гидрирования жиров. Изд. АН СССР (S. J. JELOWITSCH und G. M. SHABROWA, Physikochemische Grundlagen der Fetthydrierung, Verl. Akad. Wiss. UdSSR), 1948.
7. Пшежецкий, С. Я., и Рубинштейн, Р. П., Журнал Физической Химии (S. J. PSCHESNETKI und R. P. RUBINSTEIN, J. physik. Chem., **20**, 1127; 1421(1946); **21**, 449 (1947).
8. POLANYI, M., WIGNER, Z. phys. Chem., **139**, 439 (1929).
9. TOPLEY, B., Nature [London], **128**, 115 (1931).
10. Ландау, Л. Д. (LANDAU, L. D.), Sov. Phys., **10**, 67 (1936).
11. GLASSTONE, S., LAIDLER, K. J., EYRING, H., The theory of rate processes, p. 375, New York, London (1941).
12. MAXTED, E. B., J. chem. Soc., [London] **127**, 73 (1925); MAXTED, E. B., LEWIS, G. J., ibid., 502 (1933); MAXTED, E. B., STONE, V., ibid., **26**, 672 (1934).
13. MAXTED, E. B., und EVANS, J. chem. Soc. [London], 603, 1004 (1937); 455 (1938); MAXTED, E. B., und R. MORRISH, J. chem. Soc. [London], **1940**, 252.
14. BACCAREDA, M., Handbuch der Katalyse, 234.
15. RUSSEL, W. W., und L. G. GEHRING, J. Amer. chem. Soc., **57**, 2544 (1935).
16. KUBOKAVA, M., Rev. physic. Chem. Japan, **11**, 82, 96, 202, 217 (1937).
17. ALMQUIST, J. A., und C. A. BLACK, J. Amer. chem. Soc., **48**, 2814, 2820 (1926).
18. Бурштейн, Р. (R. BURSTEIN), Acta physicochim. URSS, 8, 857 (1938); Trans. Faraday Soc., **32**, 823 (1936).
19. PEASE, R. N., und L. STEWART, J. Amer. chem. Soc., **47**, 1235 (1925).
20. WILLSTÄTTER, R., und D. HATT, Ber. dtsch. chem. Ges., **45**, 1471 (1912).
21. KUBOTA, B., und K. YOSHIKAWA, Sci. Pap. Inst. physic. chem. Res. (Tokio), **3**, 223 (1925). Ипатьев, В. Н., Каталитические реакции при высоких давлениях и температурах. Изд. Академии Наук СССР (W. N. IPATJEW, Katalytische Reaktionen bei hohen Drucken und Temperaturen; Verl. Akad. Wiss. UdSSR) 1936. YOSHIKAWA, K., YAMENAKA und B. KUBOTA, Sci. Pap. Inst. physic. chem. Res. (Tokio), **26**, 566; **27** 573 (1935).
22. MIDDLETON, W. W., Engl. Patent 509325 22 I 1938; Proc. Inst. Fuel, **11**, 477 (1938).
23. DOHSE, H., und KÄLBERER, W., Z. physik. Chem., Abt. B, **5**, 131 (1929); Z. Elektrochem. angew. physik. Chem., **36**, 677 (1930); KÄLBERER, W., Z. physik. Chem., Abt. B, **5**, 147 (1929).
24. Шустер, К., Сб. Проблемы кинетики и катализа (K. SCHUSTER, Probleme der Kinetik und Katalyse), Heft 3, 435 (1937).

KAPITEL 2

Allgemeine Eigenschaften der Katalyse an inhomogenen Oberflächen und ihrer Kinetik bei der Kontrolle durch eine aktivierte Adsorption

§ 1: *Grundannahmen*

Auf dem heute erreichten Niveau der Theorie der Katalyse arbeiten ihre beiden Hauptzweige — die Theorie des Katalysators und die Theorie des katalytischen Prozesses — nicht selten mit grundsätzlich verschiedenen Modellen. Die Theorie des Katalysators betrachtet den Kontakt als realen Festkörper mit stark inhomogener Oberfläche, von dem ein geringer aktiver Teil praktisch alle seine wesentlichen Funktionen ausübt.

In der Theorie des katalytischen Prozesses spielte diese Anschauung bis in die allerletzte Zeit kaum eine Rolle, da das einfachere Schema der Konkurrenz um die Plätze an einer homogenen Oberfläche mit sich schnell einstellenden Adsorptionsgleichgewichten zu kinetischen Gleichungen führt, die bei einem oberflächlichen Vergleich für viele Systeme dem Experiment hinreichend gut Rechnung zu tragen scheinen. Andererseits erweist sich dort, wo die kinetischen Größen unmittelbar als charakteristische Größen des Katalysators benutzt werden, wie z. B. in der Theorie der Aktivität oder der Theorie der Vergiftung, das Modell der ideal homogenen Oberfläche häufig als unzulänglich, und man muß zu einer Theorie der aktiven Zentren oder zu einer statistischen Behandlung der Inhomogenität übergehen.

Diese Situation entspricht einer Übergangsperiode in der Entwicklung unseres Gebietes. Der Hauptgrund dafür liegt in der Schwierigkeit einer mathematischen Analyse der Reaktionskinetik an inhomogenen Oberflächen. Bekanntlich erhält man schon für die einfachsten Prozesse an homogenen Oberflächen nur in bestimmten Grenzfällen einfache und leicht übersehbare Beziehungen. Auf den ersten Blick könnten also Versuche zum Aufbau einer Theorie der katalytischen Reaktionsgeschwindigkeiten an inhomogenen Oberflächen, die Anspruch auf Erfassung eines wesentlichen Teils dieses Gebietes erheben, aussichtslos scheinen. Wie aus dem Folgenden hervorgehen wird, liegen die Dinge in Wirklichkeit nicht so ungünstig. Die Inhomogenität der Oberfläche und das Vorhandensein von Bereichen mit verschiedenen kinetischen und Adsorptionsgrößen, deren Gesamtheit durch bestimmte statistische Verteilungsfunktionen beschrieben wird, führt nicht zu einer unübersehbaren Komplikation der kinetischen Beziehungen, sondern nur zu einer Änderung ihres Charakters, ebenso wie in der Theorie der Adsorption an zusammengesetzten Oberflächen[1]).

Dies beruht auf dem allen Fällen gemeinsamen exponentiellen Zusammenhang der Grundkoeffizienten für Kinetik und Adsorption mit den entsprechenden Energien für jeden der Bereiche, woraus bei einer breiten und stetigen Verteilung über diese Energien eine nicht proportionale Rolle der verschiedenen Bereiche für den beobachteten Gesamtprozeß sowie eigenartige neue Abhängigkeiten der kinetischen und Gleichgewichtsgrößen, welche die Oberfläche als Ganzes kennzeichnen, von den äußeren Parametern resultieren.

Wie in der Adsorptionstheorie gehen wir von der einfachen Vorstellung aus, daß die Prozesse an den einzelnen Bereichen der Oberfläche völlig unabhängig voneinander verlaufen. Jede makroskopische Probe eines inhomogenen Katalysators werden wir hierbei als Summe einer riesigen Anzahl mikroskopischer Katalysatoren auffassen, die gleichzeitig wirken. Jeder Bereich der Oberfläche des Katalysators wird also als Mikrokatalysator aufgefaßt. Der einigende Faktor besteht in der Identität der äußeren Bedingungen (Temperatur, Zusammensetzung usw.); diese werden in jedem gegebenen Zeitpunkt als für sämtliche mikroskopischen Katalysatoren identisch betrachtet. Unter dieser Annahme erstreckt sich jede Änderung, die ein einzelner Bereich in einer Phase variabler Zusammensetzung hervorruft, sofort in ausgeglichener Form auf das gesamte Volumen dieser Phase. Bei einer Gesamtzahl n der Mikrokatalysatorbereiche ist die beobachtete Geschwindigkeit der chemischen Reaktion in jeder Richtung die Summe aller Einzelgeschwindigkeiten:

$$w = \sum_{1 \to n} w_i . \tag{1}$$

Im allgemeinen Fall können sich die einzelnen Bereiche nicht durch die Werte der Geschwindigkeitskonstanten, sondern auch durch den kinetischen Typ der Reaktion und ihren Mechanismus unterscheiden. Bei einem komplizierten Mehrstadienprozeß in mehreren parallelen Richtungen können sich die einzelnen Bereiche nach dem Grade ihrer Spezifität unterscheiden, indem sie auf die verschiedenen Richtungen des Gesamtprozesses verschiedenen Einfluß nehmen. Es sind anerkanntermaßen auch Fälle möglich, in denen für Bereiche verschiedener Aktivität auch der Charakter des kontrollierenden Stadiums verschieden ist.

Wir werden diese Eigentümlichkeiten vorläufig noch nicht berücksichtigen und uns auf Systeme beschränken, in denen der Konzentrationsausgleich der Ausgangssubstanzen und der Reaktionsprodukte zwischen dem Volumen der Phase variabler Zusammensetzung und der Schicht, die unmittelbar an die Katalysatoroberfläche angrenzt, so schnell erfolgt, daß zwischen ihnen keine merklichen Konzentrationsunterschiede bestehen. Gleichzeitig werden wir die gesamte Katalysatoroberfläche als gut zugänglich betrachten; hierbei hängt der Anteil der einzelnen Oberflächengebiete an der Katalyse nur von ihrer Größe und vom Wert ihrer kinetischen und Adsorptionskoeffizienten ab. Unter diesen Bedingungen wird der Ablauf des Prozesses für jeden Bereich durch eine Folge von Adsorptions-, chemischen und Desorptionsstadien bestimmt. Hierbei hängt das Verhältnis der Geschwindigkeiten und der Gleichgewichtskonstanten der einzelnen Stadien in erster Linie von den entsprechenden energetischen

Größen ab, nämlich von den Reaktionsenergien und Aktivierungswärmen dieser Reaktionen*.

Infolge des bereits erwähnten exponentiellen Zusammenhanges der kinetischen und Absorptionskoeffizienten mit den entsprechenden energetischen Größen ist für inhomogene Oberflächen eine vergleichbare Beteiligung von Bereichen verschiedenen Typs an der Gesamtreaktion wenig wahrscheinlich. Man kann annehmen, daß in der Regel nur eine Gruppe von Bereichen mit Werten der Adsorptions- (oder Aktivierungs-) Energie innerhalb enger Grenzen die gesamte Arbeit verrichtet, während alle übrigen kaum eine Rolle spielen. Das kontrollierende Stadium für diese Bereichsgruppe ist gleichzeitig das kontrollierende Stadium für den ganzen Prozeß. Wir sind also zu der Annahme berechtigt, daß in den allermeisten Fällen der katalytische Gesamtprozeß praktisch unter Kontrolle eines bestimmten Stadiums verläuft und daß dieses Stadium sich auch bei einer Änderung der äußeren Bedingungen in nicht allzu weiten Grenzen nicht ändert. Nur dieser Fall wird in unserer Monographie behandelt. Eine weitere Vereinfachung beruht auf der Beschränkung des Untersuchungsgebietes auf Systeme, für die die Partialgeschwindigkeit für einen beliebigen i-ten Bereich w_i, als Produkt $k_i\, f(c)$ ausgedrückt werden kann; hierbei ist die Funktion $f(c)$ für alle Bereiche der Oberfläche ein und dieselbe. Es gilt also für jede Partialgeschwindigkeit

$$w_i = k_i\, f(c) \tag{2}$$

und für die Gesamtgeschwindigkeit

$$w = \sum_{1\to n} w_i = \sum_{1\to n} k_i\, f(c) = f(c) \cdot \sum_{1\to n} k_i . \tag{2a}$$

In Spezialfällen läßt sich $f(c)$ darstellen als Produkt vom Typ

$$f(c) = c_1^{\nu_1} \cdot c_2^{\nu_2} . \tag{3}$$

Solange die Gleichungen (2) und (2a) gelten, läßt sich die Statistik der Geschwindigkeiten durch eine Statistik der Geschwindigkeitskonstanten ersetzen. Diese Vereinfachung besteht also in einer Vernachlässigung der Änderungen von k_0 gegenüber den Änderungen der Aktivierungsenergie E. Ebenso wie in der Theorie der Adsorptionsgeschwindigkeiten hat das zur Folge, daß die Änderungen von k_0 implizit in die Verteilungsfunktion über E eingehen, die sich durch Analyse der experimentellen Daten ergibt.

§ 2: *Prozesse, die durch eine aktivierte Adsorption kontrolliert werden und ohne Selbstvergiftung verlaufen*

In vielen Fällen besteht offenbar die Hauptfunktion eines Katalysators in einer Herabsetzung der Aktivierungsenergie, so daß wir in erster Linie diejenigen Etappen behandeln werden, die die beobachtete Aktivierungsenergie

---

* Zu dieser Formulierung ist noch eine Erläuterung notwendig. Wechseln Stoßstadien mit Stadien innerhalb der Schicht ab, so können sich die Faktoren vor den Exponentialausdrücken um drei oder vier Größenordnungen unterscheiden, und zwar zugunsten der Reaktion in der Schicht, wie wir festgestellt haben[2]). Es gibt auch direkte experimentelle Hinweise darauf, daß die Unterschiede in den Faktoren vor den Exponentialausdrücken in den meisten Fällen nicht vernachlässigt werden können.

des Gesamtprozesses und die Verteilung der Bereiche über diese Größe bestimmen. Bei der Behandlung der Geschwindigkeiten dieser Etappen werden wir den Begriff des Übergangskomplexes benutzen, der, wie oben bemerkt, als vereinfachte Grenzfälle die älteren molekularkinetischen Schemata der Aktivierung und die Schemata mit einfacher Auflösung einer Bindung umfaßt

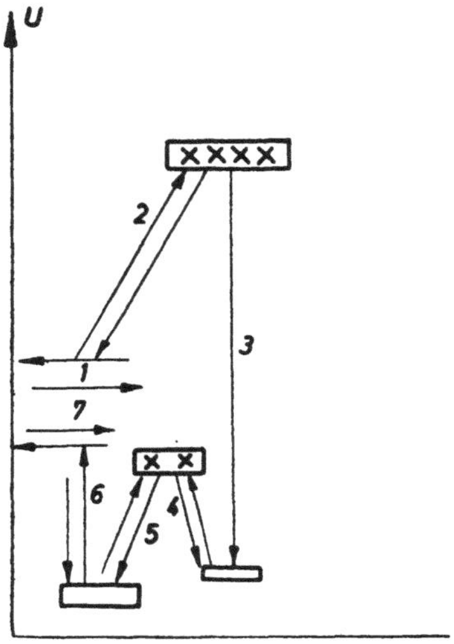

Abb. 264. Stadienschema eines katalytischen Prozesses mit einem aktivierten Adsorptionsprozeß im Halbgleichgewicht. Die einzelnen Stadien sind: *1*: Diffusion der Ausgangssubstanzen; *2*: Bildung des aktivierten Adsorptionskomplexes; *3*: Übergang in den adsorbierten Zustand; *4*: Bildung des aktivierten Komplexes der chemischen Oberflächenreaktion; *5*: Entstehung der Reaktionsprodukte im adsorbierten Zustand; *6*: Desorption des Reaktionsproduktes; *7*: Diffusion der Endprodukte von der Oberfläche.

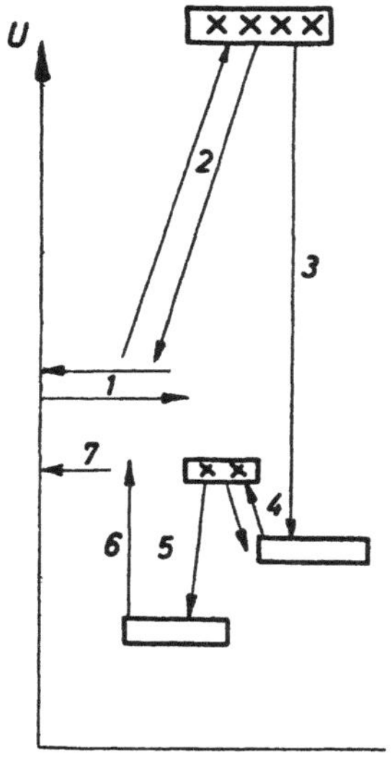

Abb. 264a. Das gleiche Schema wie in Abb. 264 bei schneller Abfuhr der Reaktionsprodukte.

(siehe Teil III, Kapitel 1). Wir beginnen die Betrachtung mit einer Reaktion, die unter Bedingungen abläuft, unter denen eine aktivierte Adsorption die kontrollierende Etappe bildet. Hierfür ist es notwendig, daß der Prozeß keine merkliche lokale Verdichtung des entsprechenden Gases an der Oberfläche bewirkt und daß sämtliche darauffolgenden Stadien vollständig reversibel sind und mit Geschwindigkeiten verlaufen, die eine Desorption der Ausgangsmolekeln ausschließen, wenigstens innerhalb der Grenzen einer normalen Reversibilität des Gesamtprozesses.

Eines der vielen möglichen Stadienschemata eines solchen Prozesses ist in Abb. 264 dargestellt.

Das Wesen dieses Schemas besteht darin, daß eine der Ausgangssubstanzen, die sich an der Oberfläche befinden, in statistischen Gleichgewichtskonzentrationen einen Übergangskomplex der Adsorption bildet, der irreversibel in einen aktivierten Adsorptionszustand übergeht. Die aktiviert adsorbierte

Molekel reagiert dann weiterhin völlig reversibel, so daß zwischen den aktiviert adsorbierten Molekeln und den Reaktionsprodukten ständig ein Gleichgewicht besteht, das dem Gehalt an Reaktionsprodukten entspricht, nicht aber der Menge der Ausgangsmolekeln. Bei Abführung der Reaktionsprodukte nimmt das Schema die in Abb. 264a dargestellte Form an. Die Stadien 5, 6 und 7 werden irreversibel. In der Literatur über die Katalyse finden sich zahlreiche Beispiele für Prozesse, die durch eine aktivierte Adsorption begrenzt werden. Der beste Beweis für das Vorliegen eines solchen Mechanismus ist die Übereinstimmung der Absolutgeschwindigkeit des katalytischen Gesamtprozesses an dem betreffenden Kontakt mit der Geschwindigkeit der aktivierten Adsorption einer der Komponenten, die demselben Katalysator unter gleichen äußeren Bedingungen einzeln zugeführt wird.

Nach den Angaben sowjetischer und amerikanischer Forscher sind die Beziehungen zwischen der aktivierten Adsorption des Stickstoffs und der Geschwindigkeit der Ammoniaksynthese an verstärkten Eisenkatalysatoren eben von dieser Art. Die gleichen Beziehungen liegen nach den Angaben sowjetischer Gelehrter zwischen der aktivierten Adsorption von Kohlenmonoxyd und der katalytischen Oxydation dieses Gases an Katalysatoren vom Hopkalithtyp vor.

Zwischen der Kinetik katalytischer Reaktionen, die durch die aktivierte Adsorption einer der Komponenten kontrolliert werden, und der Kinetik dieser aktivierten Adsorption, wenn sie für sich verläuft, besteht ein wesentlicher prinzipieller Unterschied. Zwar ist die Katalyse ihrem Mechanismus nach stets komplizierter als die Adsorption, dagegen in kinetischer Hinsicht bedeutend einfacher, solange keine Selbstvergiftung durch die Endprodukte der katalytischen Reaktion vorhanden ist.

Bei der Katalyse sind die primären Produkte der aktivierten Adsorption infolge ihrer weiteren Umwandlung nicht in der Lage, eine vergiftende Wirkung hervorzubringen, obwohl diese für eine aktivierte Adsorption sonst so charakteristisch ist. Im Idealfall ändert sich also die kontrollierende Bereichsgruppe nicht (der kontrollierende Streifen im Verteilungsdiagramm ist fest), und von den zahlreichen kinetischen Varianten fallen diejenigen fort, die auf einer Verschiebung dieses Streifens beruhen, d. h. auf einer Steigerung der Aktivierungsenergie und einer entsprechenden starken Selbstbremsung. Unter statischen Bedingungen, falls in den aktivierten Komplex nur eine undissoziierte Molekel eingeht, ist nur eine Kinetik erster Ordnung in Hinsicht auf die Komponente, deren aktivierte Adsorptionsgeschwindigkeit die bestimmende Rolle spielt, möglich, dazu kommt eine Unabhängigkeit von den Konzentrationen der übrigen Substanzen. Bei konstantem Partialdruck der bestimmenden Substanz muß bei beliebiger Zusammensetzung des Übergangskomplexes die Geschwindigkeit konstant sein.

Liegt keine merkliche Blockierung der Oberfläche durch die Endprodukte der Reaktion oder stabile Adsorptionsprodukte vor, so wirkt jede Bereichsgruppe nach Maßgabe ihrer Aktivität und des Anteils der Oberfläche, den sie einnimmt. Dieser Anteil wird im Diagramm $\varrho(E)$ durch die Höhe der Verteilung für die betreffende Gruppe dargestellt. Die Aktivität wird in erster Linie durch den Wert der Aktivierungsenergie bestimmt (Abb. 265). Häufig verwendet man besser die Kurve $\varrho(k)$, wobei $k = k_0 \exp(-E/RT)$ ist. Die Aktivität der Bereiche mit $k = k_i$ beträgt dann $dA = k\varrho(k)\,dk$. In Abb. 265a entspricht dies dem schraffierten Rechteck $ABCD$, dessen Fläche $\frac{dA}{dk}$ ist. Man kann auch unmittelbar die Kurve $f(k) = \varrho(k) \cdot k$ benutzen und insbesondere

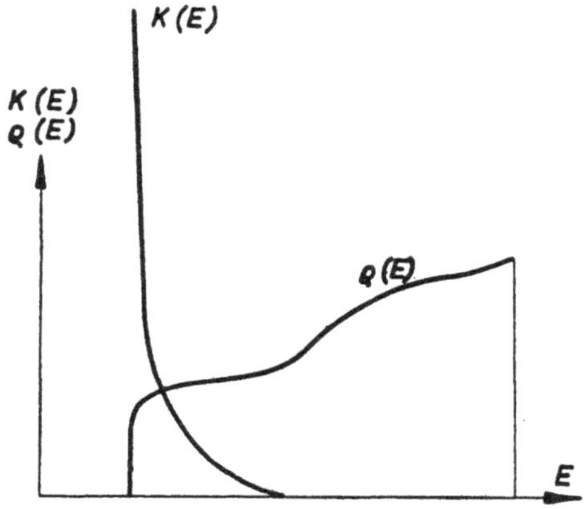

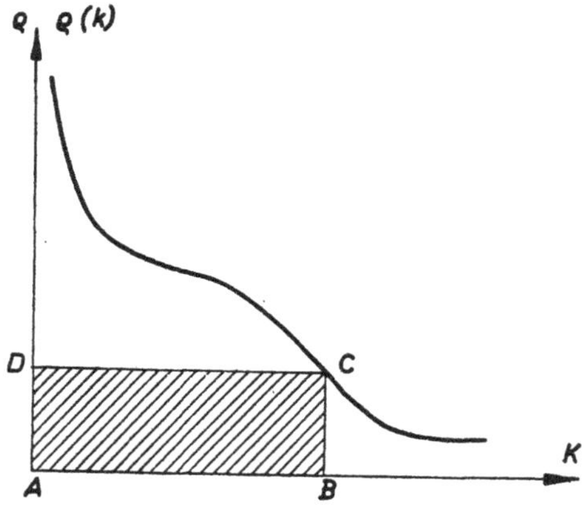

Abb. 265. Verteilung der Bereiche über die Aktivierungsenergien des Adsorptionsstadiums mit Angabe des Verlaufs der Aktivität.

Abb. 265a. Verteilung der Bereiche über die Geschwindigkeitskonstanten. Die Fläche des schraffierten Rechtecks $ABCD$ beträgt $\frac{dA}{dk} = k\varrho$.

auch $\varrho(E) \cdot k = f(E)$ (Abb. 265b); diese Funktion ist in der Regel nicht sehr verschieden von $k(E)$.

Die Geschwindigkeit des katalytischen Prozesses für Bereiche mit der Aktivierungsenergie E_i beträgt

$$w_i = k_i\,\varrho_i\,p = k_{0i}\,\varrho_i\,p \exp\left(-\frac{E_i}{RT}\right), \quad (4)$$

die Geschwindigkeit für die Gesamtoberfläche wird gegeben durch das Integral über diesen Ausdruck von $E_{\max}$ bis $E_{\min}$:

$$w = \int_{E_{\min}}^{E_{\max}} \omega_i\,dE = p \int_{E_{\min}}^{E_{\max}} k_{0i} \exp\left[-\frac{E}{RT}\right] \varrho\,(E)\,dE\,. \quad (5)$$

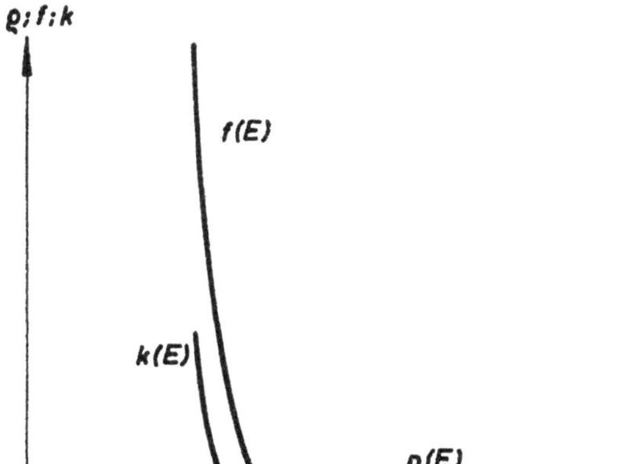

Abb. 265b. Kurve der spezifischen Aktivität $\varrho(E) \cdot k = f(E)$ für eine gleichmäßige Verteilung. Dargestellt sind $\varrho(E)$, $k(E)$ und $f(E)$.

Hieraus erhalten wir in dem einfachsten, aber nicht notwendigen Fall, daß der Wert k_{0i} für alle Bereichstypen übereinstimmt, die Gleichung

$$w = k_{0i}\, p \int_{E_{\min}}^{E_{\max}} \exp\left(-\frac{E}{RT}\right) \varrho\,(E)\, dE\,, \tag{6}$$

nach Integration erhält man daraus

$$w = k_{0i}\, p \Big|_{E_{\min}}^{E_{\max}} S\,(E) \tag{7}$$

(dabei ist $S(E)$ das Ergebnis der Integration).

Bei der Integration wählt man häufig als Variable besser die Geschwindigkeitskonstante k und benutzt statt $\varrho(E)$ und E unmittelbar $\varrho(k)$ und k. Zum Übergang von $\varrho(E)$ zu $\varrho(k)$ benutzt man die Stetigkeitsbedingung

$$\varrho(E)\, dE = |\varrho(k)\, dk|, \quad \text{also} \quad |\varrho(k)| = \varrho(E) \cdot \frac{dE}{dk}.$$

Nach der Ersetzung von $\varrho(E)$ durch $\varrho(k)$ geht die Gleichung (7) über in

$$w = p \int_{k_{\min}}^{k_{\max}} k\varrho\,(k)\, dk = p \Big|_{k_{\min}}^{k_{\max}} S\,(k). \tag{8}$$

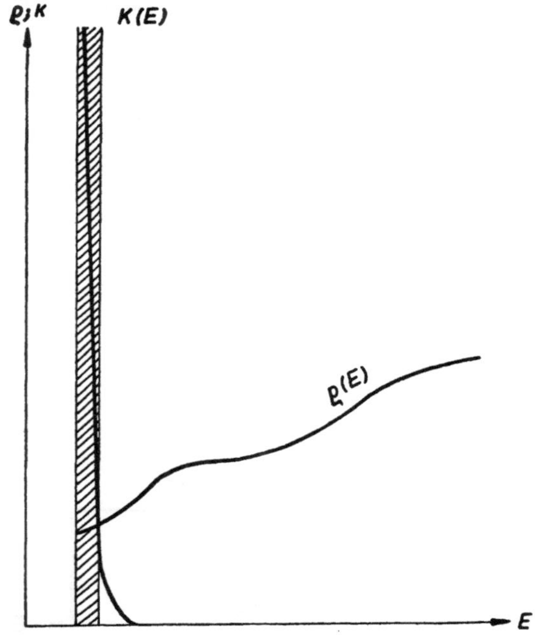

Abb. 266. Lage des kontrollierenden Streifens im Diagramm $\varrho(E)$. Der kontrollierende Streifen ist schraffiert dargestellt.

In den Integranden der Gleichungen (7) und (8) steht eine Exponentialfunktion mit der Aktivierungsenergie im Exponenten. Infolgedessen ist bei einer hinreichend breiten Verteilung über E die Größe $k_{\min}$ verschwindend klein gegenüber $k_{\max}$. Ändert sich also $\varrho\,(E)$ symbat mit k oder ändert es sich antibat, aber nicht so stark wie die Geschwindigkeitskonstante, so ist $S(E_{\min}) \gg S(E_{\max})$ und $S(k_{\max}) \gg S(k_{\min})$, oder schließlich

$$w \cong k_0\, p\, S\,(E_{\min}) = p\, S\,(k_{\max}). \tag{9}$$

Solange p und T konstant sind, ist auch w konstant. Bei abnehmendem p verläuft der Prozeß innerhalb weiter Grenzen streng in erster Ordnung ohne die Tendenz zur Erniedrigung der Ordnung und zum Auftreten einer nullten Ordnung. Hierin besteht der grundlegende Unterschied gegenüber den Kontaktreaktionen erster Ordnung in der Theorie von LANGMUIR-SCHWAB. Die Aktivierungsenergie ist während der ganzen Reaktionszeit konstant gleich $E_{\min}$.

Die physikalische Bedeutung der Gleichung (9) liegt darin, daß von der ganzen Verteilung über E praktisch nur ein schmaler Streifen in Aktion tritt, und zwar der Streifen, der an den tiefsten E-Wert angrenzt; oder daß von der ganzen Verteilung über k nur die Bereiche mit maximalem k arbeiten. Auch in diesem Fall gibt es einen Streifen in der Verteilungskurve, der den Gesamtprozeß kontrolliert und dicht am linken Rand der Verteilung liegt. Zu einer genaueren Einschätzung der Verhältnisse muß man Breite und Höhe des kontrollierenden Streifens kennen (Abb. 266).

Wir erwähnen noch, daß die Potenz, in der p in der Gleichung (9) auftritt, die Zusammensetzung des Übergangskomplexes der Adsorption widerspiegelt. Enthält dieser s Gasmolekeln, so geht p in der s-ten Potenz ein. Umgekehrt tritt bei einem Komplex, der nur den n-ten Teil einer Molekel enthält (Dissoziation), p in der Potenz $1/n$ auf. Hierdurch erhält man die Möglichkeit, an Hand der Druckabhängigkeit der Geschwindigkeit den Charakter des Übergangskomplexes und des begrenzenden Adsorptionsstadiums zu bestimmen.

§ 3: *Statistische Theorie der Aktivität von Kontakten*
Ableitung eines Ausdrucks für die Geschwindigkeit

Wie oben gesagt, wird für die Prozesse, die durch eine Adsorption begrenzt werden, in Abwesenheit einer Vergiftung die Geschwindigkeit durch die Gleichung (9) gegeben, in der die Konzentration (der Partialdruck) in den Potenzen 1, $1/n$ oder s aus der Integration hervorgeht.

Der Wert des Integrals als Ganzes wird zweckmäßigerweise als numerisches Maß für die katalytische Aktivität A angesehen, und zwar bezogen auf eine relative Einheit, beispielsweise auf 1 Gramm oder 1 cm³ des Katalysators. Ist die spezifische Oberfläche des Versuchskörpers hinreichend genau bekannt, so verwendet man zweckmäßigerweise eine Aktivität, dividiert durch die Oberfläche; diesen Wert A/S bezeichnen wir als spezifische Oberflächenaktivität. Offenbar ist für 1 Gramm $w_m = A_m \cdot p^y$, für 1 cm³ $w_v = A_v \cdot p^y$ und schließlich für 1 cm² der Oberfläche $w_s = A_s p^y$. Will man den Einfluß der Verteilungsfunktion berücksichtigen, so muß man den Einfluß dieser Funktion auf die spezifischen Gewichts-, Volumen- oder Oberflächenaktivitäten (A_m, A_v und A_s) kennen. Von ihnen ist jedoch nur A_s ein vernünftiges Maß für die Aktivität. Leider ist diese Größe aber bis in die allerletzte Zeit am allerschwersten genau zu bestimmen, da Methoden zur exakten Messung der Oberfläche poröser und pulverförmiger Körper fehlten[3]). Nach den Arbeiten der letzten Jahre über die multimolekulare Adsorption kann diese Schwierigkeit als behoben gelten[4]). Als Maß für die Aktivität werden wir die Funktion

$$A = \int_{k_2}^{k_1} \varrho(k)\, k\, dk = k_0 \int_{E_2}^{E_1} \varrho\,(E) \exp\left[-\frac{E}{RT}\right] dE \qquad (10)$$

benutzen.

Die Notwendigkeit, eine Integrationsgrenze $E_1 > 0$ einzuführen, resultiert aus dem kinetischen Grundpostulat, daß für alle Bereiche eine Aktivierungsenergie existiere. Naheliegenderweise führt man auch eine zweite Integrationsgrenze (k_2 bzw. E_2) ein, die den Werten dieser Größen für die ungestörten normalen Bereiche der Oberfläche des Festkörpers entspricht. Wie oben bemerkt, hat jedoch für die von uns betrachteten Verteilungen bei der Summation der Wert k_2 oder E_2 keinen merklichen Einfluß auf das Endergebnis, allerdings mit einer Ausnahme. Wesentlich ist nur, daß die Verteilung hinreichend breit ist: $E_2 - E_1 \gg RT$.

Die Integration erfolgt noch besser über k, und zwar unter Benutzung der oben angegebenen Transformation (s. S. 23):

$$\varrho(k) = \varrho(E)\,\frac{dE}{dk}. \tag{11}$$

Aus der Gleichung $k = k_0 \exp(-E/RT)$, d. h.,

$$E = -RT \ln \frac{k}{k_0}, \tag{12}$$

und der Gleichung (11) erhalten wir

$$|\varrho(k)| = \frac{RT}{k}\,\varrho\left(-RT \ln \frac{k}{k_0}\right). \tag{13}$$

Wie in der Adsorptionstheorie werden wir die Oberflächen in homogene, schmal inhomogene und breit inhomogene einteilen. In den letzteren beiden Gruppen werden wir gleichmäßig und ungleichmäßig inhomogene unterscheiden. Schließlich werden wir die ungleichmäßig inhomogenen Oberflächen in ansteigende und abfallende einteilen*. Die Definition der Aktivität durch das Integral (10) ist nur sinnvoll für breit inhomogene Oberflächen.

Als Grundtyp dieser Oberflächen betrachten wir diejenigen mit Potenz- oder Exponentialverteilungen über E.

Für $\varrho(E) = HE^n$ hat Gleichung (13) folgende Lösung:

$$|\varrho(k)| = \frac{HRT}{k}\left(RT \ln \frac{k_0}{k}\right)^n = H\,[RT]^{n+1} \ln \left(\frac{k_0}{k}\right)^n k^{-1}. \tag{14}$$

Zum Vergleich geben wir das Ergebnis für eine Exponentialverteilung wieder, die durch Einsetzen von $\varrho = He^{+\alpha E}$ in Gleichung (13) entsteht:

$$|\varrho(k)| = H\,\frac{RT}{k}\,\exp\left(\alpha\,RT \ln \frac{k_0}{k}\right) \tag{15}$$

oder

$$|\varrho(k)| = HRT\left(\frac{k_0}{k}\right)^{\alpha RT} \cdot k^{-1} = \frac{HRT\,k_0^{\alpha RT}}{k^{1+\alpha RT}}. \tag{16}$$

In den Abb. 267 und 268 sind Beispiele für die Funktionen $\varrho(k)$ für verschiedene $\varrho(E)$ dargestellt. In allen Fällen außer dem einen, von dem wir bereits oben sprachen, nimmt $\varrho(k)$ mit wachsendem k schnell ab und wächst mit wachsendem E noch schneller. Infolgedessen führen nicht nur die gleichmäßige

* Diese Klassifikation erschöpft allerdings nicht die reale Mannigfaltigkeit der Verteilungstypen, denen man experimentell begegnet. Jedoch genügen die angeführten Typen zu einer Orientierung über die Grundgesetze.

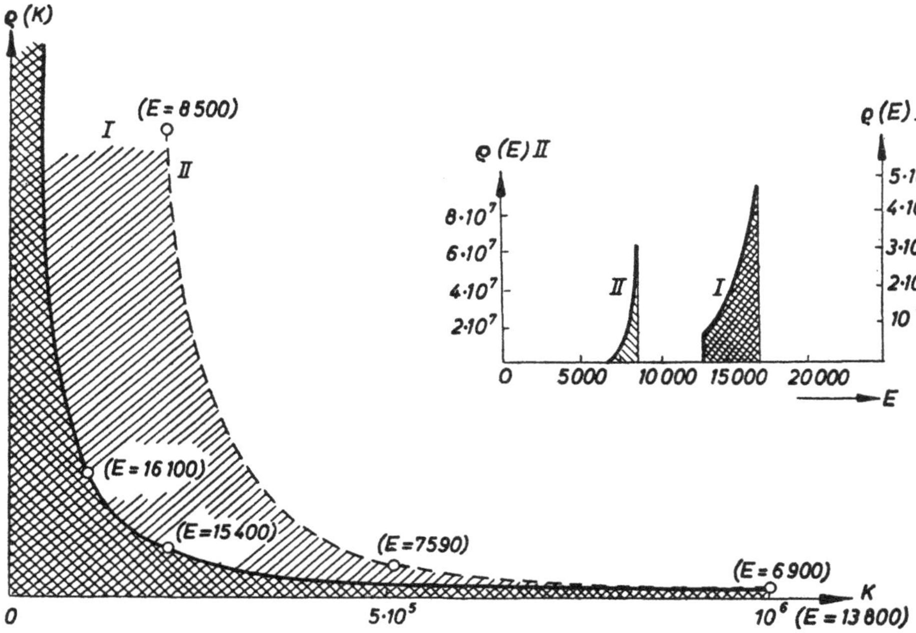

Abb. 267. Verteilung über die Geschwindigkeitskonstanten, entsprechend einer Exponentialverteilung über die Aktivierungsenergien. Rechts sind zwei Beispiele für exponentielle Verteilungen über die Aktivierungsenergien dargestellt (*I* und *II*). Links sieht man die gleichen Verteilungen, transformiert in $\varrho(k)$.

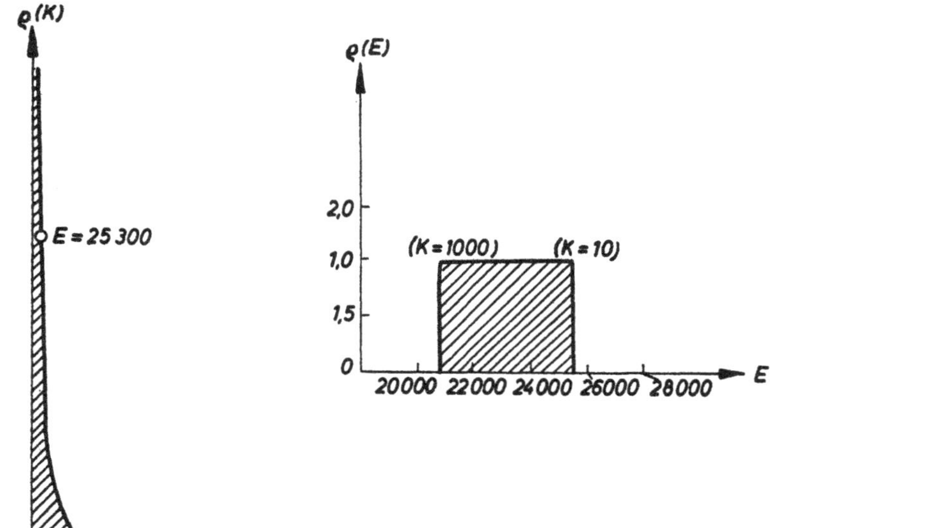

Abb. 268. Verteilung über die Geschwindigkeitskonstanten entsprechend einer gleichmäßigen Verteilung über die Aktivierungsenergien; in der Mitte ist die Verteilung $\varrho(E)$ dargestellt, der Hauptteil des Diagramms zeigt die Kurve $\varrho(k)$, die diesem $\varrho(E)$ entspricht.

Verteilung, sondern auch jede steile, stark ansteigende Verteilung zu einer ähnlichen (hyperbelähnlichen) breiten Verteilung über k. Dies folgt aus der Gleichung

$$\varrho(k) = \varrho(E)\,\frac{dE}{dk}, \tag{17a}$$

in der notwendig der Faktor k^{-1} auftritt:

$$\varrho(k) = \varrho(E)\,\frac{RT}{k}. \tag{17b}$$

Einer Änderung von E um einen Faktor 2, beispielsweise von 10000 auf 20000 cal/Mol bei 500° K, entspricht eine Verminderung von k um den Faktor e^{10}, d. h. um etwa 40000. Bleibt bei einer Steigerung auf das Doppelte $\varrho(E)$ konstant, so nimmt $\varrho(k)$ nach Gleichung (15) um den Faktor 40000 zu. Infolge dieses starken Anwachsens von k mit abnehmendem E ist die äußerst geringe Anzahl von Bereichen mit kleinen E imstande, die Wirkung aller Bereiche mit großen E völlig zu verdecken. Bei allen oben ausgesonderten Verteilungstypen außer einem einzigen, bei dem tatsächlich die Wirkung sämtlicher Bereiche spürbar ist, ist auf das Ergebnis praktisch nur die Arbeit der wenigen Bereiche mit minimalen E-Werten von Einfluß; sie bilden in der Verteilung einen schmalen kontrollierenden Streifen am linken Rande. Man kann dies leicht zeigen, indem man die Rechnungen nach Gleichung (10) ausführt. Zu diesem Zweck hat man für die verschiedenen Verteilungen die entsprechenden Ausdrücke für $\varrho(k)$ mit k und dk zu multiplizieren und von k_2 bis k_1 zu integrieren. Die Integranden in der Gleichung (10), d. h. die Funktionen $\varrho(k)k$, sind für mehrere spezielle Typen der Funktion $\varrho(E)$ in Tab. 20 zusammengestellt. Hierbei wurde $\varrho(k)$ aus den Gleichungen (14) und (16) bestimmt.

Setzen wir irgendeinen der Ausdrücke für $\frac{dA}{dk}$ aus Tab. 20 ein, so liefert die Auflösung der Gleichung (10) in dem interessantesten Spezialfall $k_2 \ll k_1$ (d. h. bei einer breiten Verteilung) näherungsweise

$$A \cong M_1 k_1, \tag{20}$$

so daß also der obere Wert des Integrals $M_1 k_1$ um so viel größer ist als der untere, daß man diesen in dem Ausdruck

$$A = M_1 k_1 - M_2 k_2 \tag{21}$$

vernachlässigen kann.

Wir zeigen dies für konkrete Fälle und bestimmen dabei gleich den Wert von M_1.

1. Hyperbolische Verteilung: $\varrho(E) = HE^{-1}$.

$$A = H\int_{k_2}^{k_1} \frac{dk}{\ln\left(\frac{k_0}{k}\right)} = H\int_{k_2}^{k_1} \frac{dk\cdot RT}{E} \cong \frac{HRT}{E_1}\,k_1. \tag{17'b}$$

TABELLE 20:

Funktionen $\frac{dA}{dk} = \varrho(k) \cdot k$ *für verschiedene* $\varrho(E)$.

Typ der Verteilung über E	Formel für $\frac{dA}{dk} = \varrho(k) \cdot k$	Nummer der Formel
Potenzfunktion n-ten Grades		
$\varrho(E) = HE$	$H\,(RT)^{n+1}\left[\ln\left(\frac{k_0}{k}\right)\right]^n$	(17a)
$n = 0$	HRT	(17b)
$n = 1$	$HR^2T^2/\ln(k_0/k)$	(17c)
Hyperbelfunktion $\varrho(E) = \frac{H}{E}$	$HRT/\ln(k_0/k)$	(17d)
Exponentialverteilung $\varrho(E) = H\exp(\alpha E)$	$HRT\left(\frac{k_0}{k}\right)^{\alpha RT} = \frac{H_1}{k^n}$, wo $n = \alpha RT$ und $H_1 = HRTk_0^n$	(18)
$\varrho(E) = H\exp(-\beta)$	$H_1 k^m$, wo $m = \beta RT$	(19)

Da beim Übergang von den aktivsten zu den am wenigsten aktiven Bereichen der Wert k sich so viel stärker als E ändert, daß man in erster Näherung E als Faktor konstant ansehen kann, gilt

$$A \cong \int_{k_2}^{k_1} \frac{HRT\,dk}{E} \cong \frac{HRT}{\overline{E}}\,k_1 \cong \frac{HRT}{E_1}\,k_1.^* \tag{17c}$$

Folglich ist

$$M_1 \cong \frac{HRT}{E_1} = \frac{H}{\ln\left(\frac{k_0}{k_1}\right)}. \tag{17'' b}$$

2. Verteilung $\varrho(E) = HE^n$.

$$A = H\,(RT)^{n+1}\int_{k_2}^{k_1}(\ln k_0 - \ln k)^n\,dk = H\,(RT)^{n+1}\int_{k_2}^{k_1}\left(\frac{E}{RT}\right)^n dk \tag{20a}$$

* Die Größe $\overline{E}$, der Mittelwert der Aktivierungsenergie, ist wegen der starken Abnahme von k mit wachsendem E praktisch identisch mit E_1.

oder
$$A = HRT\int_{k_2}^{k_1} E^n\,dk. \tag{20b}$$

Bei geringen Werten von n, die auch allein von Interesse sind, gilt
$$\int_{k_2}^{k_1} E^n\,dk \cong \bar{E}^n k_1 \cong E_1^n\,k_1, \tag{17'd}$$

denn bei $k = k_0 \cdot e^{-E/RT}$ kann man den Faktor E^n als konstant ansehen.

Es ist also
$$A \cong HRTE_1^n k_1 = M_1\,k_1. \tag{17''d}$$

Zu dem gleichen Ergebnis kommt man ohne Schwierigkeiten, indem man den gesamten Ausdruck (20a) über k integriert. Jedoch sind in diesem Fall die Rechnungen langwieriger. Als Ergebnis erhalten wir ebenfalls den Ausdruck (17'' d), in dem
$$M_1 \cong HRTE_1^n \tag{17'''d}$$
ist.

3. Exponentialverteilung mit $\alpha > 0$.
$$A = HRT\int_{k_2}^{k_1}\left(\frac{k_0}{k}\right)^{\alpha RT} dk = HRT\int_{k_2}^{k_1} e^{+\alpha E}\,dk, \tag{18a}$$

oder, solange α merklich kleiner als $1/RT$ ist,
$$A \cong HRT\,e^{+\alpha E_1}\,k_1. \tag{18'}$$

In diesem Fall ist die Ungenauigkeit größer. Bei strengerer Lösung
$$A = HRT\,k_0^{\alpha RT}\int_{k_2}^{k_1} k^{-\alpha RT}\,dk \tag{18b}$$

erhalten wir
$$A \cong \frac{HRT\,k_0^{\alpha RT}}{1-\alpha RT}\,k_1^{(1-\alpha RT)} = \frac{HRT\,e^{+\alpha E_1}}{1-\alpha RT}\,k_1. \tag{18''}$$

Die Bedingung für die Anwendbarkeit dieser Lösung ist die Ungleichung
$$k_1^{1-\alpha RT} \gg k_2^{1-\alpha RT}.$$

Bei einem αRT, das wesentlich kleiner als 1 ist, d. h. bei einem α, das wesentlich kleiner als $1/RT$ ist, stimmt (18'') mit (18') überein. Die Größe M_1 lautet im allgemeinen Fall
$$M_1 \cong \frac{HRTe^{+\alpha E_1}}{1-\alpha RT}. \tag{18'''}$$

Bei $\alpha = -\beta$ (wo $\beta > 0$), das heißt bei einer exponentiell abnehmenden Verteilung, erhalten wir ähnliche Ergebnisse:
$$A \cong \frac{HRT\,e^{-\beta E_1}}{1+\beta RT}\,k_1 \tag{19'}$$

und
$$M_1 \cong \frac{HRT}{1+\beta RT}\,e^{-\beta E_1}. \tag{19''}$$

Die für diese Fälle gewonnenen Ergebnisse sind in Tabelle 21 zusammengestellt *.

Wie wir sehen, ist tatsächlich in allen betrachteten Fällen für eine hinreichend breite Verteilung $A \backsimeq M_1 k_1$. Für Potenz- und hyperbolische Verteilungen ist

$$M_1 = \varrho(E_1) \cdot RT. \tag{22}$$

Für Exponentialverteilungen

$$M_1 = \varrho(E_1) \frac{RT}{(1 - \alpha RT)} = \gamma_1 RT \varrho(E_1), \tag{22a}$$

bzw.

$$M_1 = \varrho(E_1) \frac{RT}{(1 + \beta RT)} = \gamma_2 RT \varrho(E_1). \tag{22b}$$

Im allgemeinen hängt M_1 schwach von der Temperatur ab (außer bei der Exponentialverteilung mit einem αRT, das nahezu gleich 1 ist).

TABELLE 21

Werte von M_1 in der Gleichung $A \backsimeq M_1 k_1$

Verteilungstyp	Formel	Wert von M_1
Potenzverteilung .	HE^n	$HRTE_1^n$
Hyperbol. Vert. . .	$\frac{E}{H}$	$\frac{HRT}{E_1}$
Exponentialvert. .	$H \exp(\alpha E)$ $H \exp(-\beta E)$	$\frac{HRTe^{\alpha E_1}}{1 - \alpha RT}$ $\frac{HRTe^{-\beta E_1}}{1 + \beta RT}$

Wie die Tab. 21 zeigt, rührt der Haupteinfluß auf den Prozeß von der Bereichsgruppe mit Werten der Aktivierungsenergie von nahezu E_1 her. Bei einer Zunahme von E um $4RT$ nimmt k etwa um den Faktor 50 ab. Man kann also

---

* Infolge der starken Änderung der Exponentialfunktion in (10) mit Änderung von E kann man bei einer langsamen Änderung von $\varrho(E)$ das Integral (10) folgendermaßen abschätzen:

$$A = \int_{E_1}^{E_2} \varrho(E) k_0 \exp\left\{-\frac{E_1}{RT} - \frac{E - E_1}{RT}\right\} dE \backsimeq \varrho(E_1) k_1 \int_{E_1}^{E_2} \exp\left\{-\frac{E - E_1}{RT}\right\} dE \backsimeq$$
$$\backsimeq \varrho(E_1) k_1 RT \int_0^\infty \exp\left\{-\frac{E - E_1}{RT}\right\} d\left(\frac{E - E_1}{RT}\right) \backsimeq \varrho(E_1) RT k_1 = M_1 k_1. \tag{a}$$

bei einer gleichmäßigen Verteilung den Einfluß der Bereiche mit Energien von $E_1 + 4RT$ und darüber vernachlässigen. Die Größe $\Delta E \cong 4RT$ kann man als Breite des kontrollierenden Streifens für die Verteilung über die Aktivierungsenergien bei katalytischen Prozessen des betrachteten Typs ansehen. Für eine geneigte Verteilung wird dieser Streifen noch schmaler, für eine ansteigende Verteilung breiter. Eine merkliche Korrektur ist nur erforderlich für Exponentialverteilungen mit einem αRT von nahezu 1. Für geneigte Verteilungen dieses Typs kann die Breite des kontrollierenden Streifens gleich $\frac{4RT}{1+\beta RT}$ und für ansteigende entsprechend gleich $\frac{4RT}{1-\alpha RT}$ gesetzt werden.

Formal verhalten sich breit inhomogene Oberflächen wie homogene mit einem Typ aktiver Bereiche, die alle die Aktivierungsenergie E_1 besitzen, wobei der Anteil dieser Bereiche an der Gesamtfläche $\Delta\Phi = \varrho(E_1)\cdot RT$ für gleichmäßige und langsam variierende, aber $\Delta\Phi = \frac{RT\varrho(E_1)}{1-\alpha RT}$ oder $\Delta\Phi = \frac{RT\varrho(E_1)}{1+\beta RT}$ für Exponentialverteilungen ist.

Solange die Menge der arbeitenden aktiven Bereiche konstant bleibt, beschränkt sich die Analyse der Aktivität auf die Betrachtung lediglich des kontrollierenden Streifens. Bei Änderung dieser Menge (infolge einer Vergiftung, einer Alterung, einer Verstärkung) muß man zunächst die Lage- und Höhenänderung des kontrollierenden Streifens verfolgen. Eine Ausnahme von dieser allgemeinen Regel bilden die Exponentialfunktionen mit $\alpha RT \gg 1$.

Eine Exponentialverteilung mit $\alpha RT > 1$ liefert

$$A = M_2 k_2, \tag{23}$$

mit

$$M_2 = \frac{RTH \exp(\alpha E_{\max})}{\alpha RT - 1} \tag{23a}$$

und

$$k_2 = k_0 \exp\left(-\frac{E_{\max}}{RT}\right), \tag{23b}$$

d. h., in diesem Fall wirkt die Hauptmenge der Bereiche mit maximalen E, da der große Wert von α in der Verteilung der Bereiche den Faktor $(RT)^{-1}$ in dem Exponentialausdruck der Geschwindigkeitskonstante überdeckt. Dieser Fall setzt entweder sehr große Werte von α, d. h. fast homogene Verteilungen, oder sehr hohe T voraus. Bewegen wir uns von kleinen T-Werten in Richtung auf $\alpha RT = 1$, so verbreitert sich der kontrollierende Streifen zunächst (Abb. 269a), umfaßt schließlich die ganze Verteilung von E_1 bis E_2 und zieht sich schließlich auf den rechten Rand der Verteilung zusammen. Er bleibt breit, solange αRT nahezu gleich 1 ist und geht gegen $4RT$ bei $\alpha RT \gg 1$ (Abb. 269b).

In der Gleichung (20) ist k_1 die einzige stark temperaturabhängige Größe. In erster Näherung wird also der Temperaturkoeffizient der Aktivität durch die minimale Aktivierungsenergie E_1 der aktivsten Bereiche bestimmt. Berücksichtigt man den Faktor T in dem Ausdruck für M_1, so erhält man bei der Bestimmung von E nach der Gleichung

$$E = RT^2 \frac{d \ln A}{dT} \tag{24a}$$

das Zusatzglied $+RT$ *, also

$$E_{\text{beob}} = E_1 + RT. \tag{24}$$

Für Exponentialverteilungen kommt in der Gleichung für E_{beob} noch ein weiteres Zusatzglied $+\dfrac{\alpha R^2T^2}{1-\alpha RT}$ bzw. $-\dfrac{\beta R^2T^2}{1+\beta RT}$ dazu. Im letzten Falle ist $E_{\text{beob}} < E_1 + RT$.

Zusammenfassend betonen wir, daß für Prozesse, die durch die Absorption reguliert werden, in Abwesenheit einer Vergiftung der Ausdruck für die katalytische Aktivität eines Kontaktes, dessen Oberfläche Bereiche mit einem großen

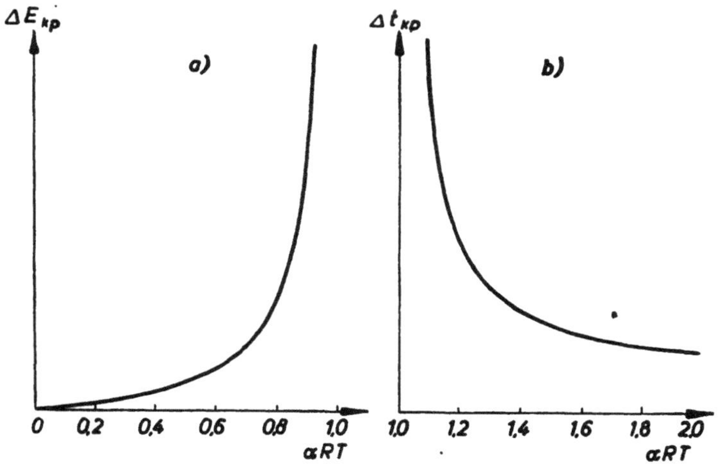

Abb. 269. Änderung der Breite des kontrollierenden Streifens. $\Delta E_{\text{gr}} \sim M_2$ bei einer Temperatursteigerung für eine exponentielle Verteilung; a: bei $\alpha RT < 1$; b: bei $\alpha RT > 1$.

Intervall der Aktivierungsenergien enthält, wenig empfindlich gegenüber der Form der Verteilungsfunktion über diese Aktivierungsenergien ist. Das Verhalten des Systems wird stets physikalisch bestimmt durch einen schmalen Streifen von einer Breite von etwa $4\,RT$.

Für die verschiedensten Verteilungen ist die beobachtete Aktivität gleich dem Produkt der Geschwindigkeitskonstante der aktivsten Bereiche mit einem Koeffizienten, der schwach von der Temperatur abhängt. Dieser Koeffizient hat in allen Fällen die gleiche physikalische Bedeutung: Er bildet das Produkt von RT mit dem Wert $\varrho(E)$ in dem Grenzstreifen bei $E_{\min}$: $M_1 = \varrho(E_1) \cdot RT$. Der Koeffizient ist seinem numerischen Wert nach für verschiedene Verteilungstypen verschieden. Eine Ausnutzung dieser Unterschiede als Kriterium für den Verteilungstyp ist jedoch eine sehr delikate Angelegenheit, da in den Ausdruck für die Geschwindigkeiten der katalytischen Prozesse mehrere Koeffizienten eingehen, die keiner genauen Berechnung zugänglich sind. Eine qualitative Möglichkeit für die Bestimmung des Verteilungstyps beruht auf dem Charakter der Abhängigkeit des Faktors

* Es ist

$$E_{\text{beob}} = RT^2 \frac{d}{dT}\left[\ln T - \frac{E_1}{RT}\right] = RT + E_1. \tag{b}$$

vor dem Exponentialausdruck von der Aktivierungsenergie. Wie man leicht zeigen kann, sind die diesbezüglichen Unterschiede ziemlich groß. Benutzt man in allen Fällen die Gleichung für eine homogene Oberfläche

$$A = A_0 e^{-E/RT},$$

und arbeitet der Anschaulichkeit halber mit der Anzahl der Bereiche statt mit dem Anteil der Besetzung, so hängt im einfachsten Fall einer wirklich homogenen Oberfläche A_0 nicht von E ab und ist in erster Näherung gleich $k_0 z$, wobei $k_0 \cong 10^{12}$ und z die Anzahl der arbeitenden Bereiche pro cm^2 der Oberfläche ist, d. h. etwa 10^{15}; der Koeffizient A_0, bezogen auf 1 cm^2 der Oberfläche, beträgt also etwa 10^{27}.

Für eine gleichmäßig inhomogene Verteilung ist $A_0 = HRTk_0$, d. h. an Stelle von z geht nun $HRT = z_1$ ein. Dieser Wert ist nahezu gleich der Anzahl aktiver Bereiche mit einer Aktivierungsenergie zwischen E_1 und $E_1 + RT$, die nur einen geringen Anteil sämtlicher Bereiche ausmachen. Es ist also $z_1 \ll z$, denn wie bisher sind M_1 und A_0 von E_{beob} völlig unabhängig. Gilt also für ähnliche Katalysatoren und für einen und denselben Katalysator bei verschiedenen Vergiftungsgraden für den Koeffizienten A_0, bezogen auf 1 cm^2, die Ungleichung $A_0 = \text{const} \ll 10^{27}$, so liegt der Verdacht auf eine Inhomogenität nahe. Für ungleichmäßige Verteilungen hängen A_0 und M_1 von E_1 ab. Je weniger gleichmäßig die Verteilung ist, desto stärker ist diese Abhängigkeit; sie geht von $M_1 = HRTE_1^{1/2}$ für $\varrho(E) = HE^{1/2}$ bis

$$M_1 = \frac{HRT \exp(\alpha E_1)}{1 - \alpha RT} \cong HRT\, e^{+\alpha E_1} \tag{25}$$

für eine Exponentialverteilung über E.

Aus dem Gesagten geht hervor, daß für inhomogene Oberflächen neben der SCHWAB-CONSTABLEschen exponentiellen Abhängigkeit der Größe M_1 von E_1 auch andere möglich sind, bis zur völligen Unabhängigkeit.

Bei vernünftiger und vorsichtiger Abwandlung dieser Kriterien in Verknüpfung mit weiteren kann man tatsächlich den Verteilungstyp ermitteln.

Unsere Schlußfolgerungen beziehen sich auf verschiedene stetige und unstetige Verteilungen. Das Vorhandensein diskreter Maxima in der Kurve $\varrho = \varrho(E)$ darf sich praktisch auf das Ergebnis nicht auswirken. Solange der Abstand dieser Maxima voneinander im Diagramm $\varrho(E)$ bedeutend größer ist als RT, wird die gesamte Kinetik durch das Maximum mit dem geringsten Wert der Aktivierungsenergie bestimmt. Hierbei spielen die Bereiche mit minimalen Werten von E innerhalb dieses Maximums die Hauptrolle.

Die Ähnlichkeit der Ausdrücke für die Aktivität von Katalysatoren mit verschiedenen Verteilungen der Bereiche über die Aktivierungsenergien könnte zu der falschen Schlußfolgerung verleiten, daß diese Katalysatoren bei Gleichheit ihrer Werte $E_{\min}$ und bei Anwesenheit von Faktoren, die die Aktivität beeinflussen, katalytisch gleichwertig seien. Dies ist nicht der Fall. Bei einer bestimmten Gesamtzahl von Bereichen und bei identischen minimalen Aktivierungsenergien entsprechen verschiedenen Verteilungsfunktionen verschiedene Werte der Aktivität.

Der Einfachheit halber nehmen wir an, es sei

$$\int_1^2 \varrho(E)\, dE = \int_1^2 \varrho(k)\, dk = 1, \tag{26}$$

d. h., wir normieren dieses Integral auf 1. Wie man leicht einsieht, ist dann für eine gleichmäßige Verteilung der Wert H gleich $(E_2 - E_1)^{-1}$; für eine Potenzverteilung mit dem Exponenten n ist

$$H = (n + 1)\,[E_2^{n+1} - E_1^{n+1}]^{-1} \tag{27}$$

für eine Exponentialverteilung

$$H = a(e^{aE_2} - e^{aE_1})^{-1}. \tag{27a}$$

Setzen wir diese Werte für H in die Gleichung $A = M_1 k_1$ ein, so erhalten wir:
a) für $\varrho(E) = H$

$$A = M_1 k_1 = RT\,[E_2 - E_1]^{-1} k_1; \tag{28}$$

b) für $\varrho(E) = HE^n$

$$A = M_1 k_1 = (n+1)\,RTE_1^n\,[E_2^{n+1} - E_1^{n+1}]^{-1} k_1 \tag{28a}$$

und schließlich
c) für $\varrho(E) = He^{aE}$

$$A = M_1 k_1 = aRTe^{aE_1}(e^{aE_2} - e^{aE_1})^{-1}(1 - aRT)^{-1} k_1. \tag{28b}$$

Bei einem festen Wert E_1 verhalten sich die Aktivitäten wie die entsprechenden Werte M_1.

Für verschiedene Verteilungen mögen nun auch die Werte E_2 übereinstimmen, d. h. die Verteilungen mögen gleiche Breite haben; dann gilt die Beziehung

$$A_H : A_{HE^n} : A_{He^{aE}} = A^{\mathrm{I}} : A^{\mathrm{II}} : A^{\mathrm{III}} = (E_2 - E_1)^{-1} : (n+1)\,[E_2^{n-1} - E_1^{n-1}]^{-1} E_1^n : \\ : ae^{aE_1}(1 - aRT)^{-1}(e^{aE_2} - e^{aE_1})^{-1}. \tag{29}$$

E_2 sei bedeutend größer als E_1; dann ist

$$A^{\mathrm{I}} : A^{\mathrm{II}} : A^{\mathrm{III}} \cong E_2^{-1} : (n+1)\,E_2^{-1}\left(\frac{E_1}{E_2}\right)^n : \frac{ae^{-aE_2}}{1 - aRT}. \tag{29a}$$

Offenbar ist unter den gemachten Voraussetzungen

$$E_2^{-1} \gg (n+1)\,E_2^{-1}\left(\frac{E_1}{E_2}\right)^n. \tag{29b}$$

Bei großen E_2 ist

$$(n+1)\,E_2^{-1}\left(\frac{E_1}{E_2}\right)^n \cdot \gg \frac{ae^{-aE_2}}{1 - aRT}. \tag{29c}$$

Bei vorgegebener Anzahl der Bereiche und übereinstimmenden Grenzwerten von E ist also die Aktivität maximal für eine gleichmäßige Verteilung (abgesehen von homogenen Oberflächen und Oberflächen mit Verteilungen, die in Richtung größerer E abfallen); darauf folgen die Potenzverteilungen mit $n > 0$ und schließlich die Exponentialverteilungen.

Innerhalb eines bestimmten ansteigenden Verteilungstyps ist die Aktivität um so geringer, je steiler und breiter die Verteilung ist. So nimmt bei einer gleichmäßigen Verteilung die Aktivität proportional der Breite des E-Intervalls ab; bei Potenzverteilungen mit $n > 0$ ist die Aktivität um so geringer, je höher n ist, für Exponentialverteilungen um so geringer, je höher der Koeffizient a ist.

Damit verschiedene Verteilungstypen mit gleichen Werten E_1 die gleiche Aktivität der Oberfläche haben (das entspricht einer Übereinstimmung der Werte M_1), muß E_2 um so kleiner sein, je steiler die Verteilung ist, d. h. die für die Aktivität nachteilige Steilheit der Verteilung läßt sich bei einem gegebenen unteren E-Wert nur durch eine Annäherung an die Homogenität kompensieren. Bei fester Anzahl der Bereiche und gegebenem Wert E_1 ist eine homogene Oberfläche aktiver als jede inhomogene.

§ 4: *Kinetik von Prozessen, die durch eine Adsorption kontrolliert werden und mit einer Aktivitätsabnahme verbunden sind*

Solange der kontrollierende Adsorptionsprozeß in keiner Weise gestört wird, kommen die Zusammengesetztheit und die Inhomogenität der Oberfläche nur im Wert des Faktors vor der Exponentialfunktion zum Ausdruck, den man wohl kaum als hinreichendes Charakteristikum ansehen kann, besonders wenn man die Unbestimmtheit in den Messungen der Absolutwerte für die gesamte spezifische, die zugängliche spezifische und die aktive Oberfläche bedenkt.

Charakteristische Unterschiede ergeben sich, wenn zusätzliche Prozesse vorhanden sind, die zu einer Aktivitätsabnahme im Laufe der Reaktion führen.

Es gibt mehrere Faktoren, welche die Aktivität des Katalysators im Laufe der Reaktion vermindern können:

1. Blockierung der Oberfläche durch Endprodukte der Reaktion;
2. Desaktivierung aktiver Bereiche durch Sekundärprozesse, mit denen die Katalyse verbunden ist;
3. eine Desaktivierung, die auf spontanen Alterungsprozessen der Kontakte durch Rekristallisation, Ordnungsprozesse und andere Sekundäreffekte beruht, die sich mit wachsender Temperatur verstärken und weder direkt noch indirekt mit dem katalytischen Prozeß zusammenhängen.

a) Spezifische Vergiftung

Offenbar kann nur eine spezifische Vergiftung der aktivsten Bereiche zu einer wesentlichen Herabsetzung der Aktivität führen. Diese tritt automatisch dann ein, wenn die Vergiftung von der Art einer Desaktivierung der Bereiche ist, auf denen die Reaktion beruht. Die aktivsten Bereiche arbeiten am intensivsten und werden infolgedessen am schnellsten unbrauchbar gemacht. Offenbar ist dies der Fall bei der Oxydation von Kohlenmonoxyd an gewissen aktiven Oxydkontakten (NiO, MnO_2; CuO/Cr_2O_3). Hierbei ist die Vergiftung eine unmittelbare Folge der Reaktion, und ein gewisser Teil der Kohlenmonoxydmolekeln wird je nach den äußeren Bedingungen zur Reduktion des Oxyds statt zur katalytischen Reaktion verbraucht.

Wir nehmen an, von den β reagierenden Molekeln reagiere eines so, daß es einen Bereich seiner Aktivität beraubt. Kinetisch ist dies gleichbedeutend einer Verknüpfung der katalytischen Reaktion mit einer irreversiblen aktivierten Adsorption, deren Geschwindigkeit genau den β-ten Teil der Geschwindigkeit der katalytischen Reaktion im eigentlichen Sinne ausmacht:

$$k_{\text{desakt}} = \frac{k_{\text{Kat. R.}}}{\beta} = \mu \cdot k_{\text{Kat. R.}}. \tag{30}$$

Dabei ist

$$\mu = \frac{1}{\beta}. \tag{30a}$$

Angefangen von dem Gebiet kleiner E-Werte beginnt dann die Verschiebung einer Grenze, welche die ausfallenden Anteile der Verteilung abtrennt (Abb. 270) und den Gleichungen

$$E = RT \ln k_0^1 t = RT \ln k_0 \mu \cdot t; \tag{31}$$

$$q_{\mathrm{ads}} = q_{\infty\,\mathrm{ads}}\, \Phi_{\mathrm{ads}} \cong q_{\infty} \int\limits_{E_{\min}}^{E = RT \ln \mu k_0 t} \varrho(E)\, dE; \tag{32}$$

$$q_{\mathrm{Kat}} = q_{\infty}\, \beta \int\limits_{E_{\min}}^{E = RT \ln \mu k_0 t} \varrho(E)\, dE \tag{33}$$

genügt.

Wir sind deshalb berechtigt, das Auftreten der gleichen Gleichungsgruppe zu erwarten, die wir schon früher (Teil II, Kapitel 3) für die Kinetik der aktivierten Sorption an Oberflächen mit verschiedenen Verteilungsfunktionen abgeleitet haben, d. h.

$$q \cong a \ln t + C \tag{34}$$

für gleichmäßig inhomogene Oberflächen und Gleichungen vom Typ

$$q \cong b t^{aRT} = b t^{\frac{1}{n}} \tag{35}$$

für exponentiell inhomogene Verteilungen usw.

Für Potenzverteilungen wird die Kinetik beschrieben durch die Gleichung $\sqrt[n+1]{q} \cong \ln \frac{t}{\tau_0}$ usw.; hierbei sind die Konstanten b und τ_0 verschieden von den entsprechenden Konstanten für die aktivierte Sorption, die nicht mit katalytischen Reaktionen verbunden ist. Das Verhältnis zwischen den Konstanten wird vollständig bestimmt durch den Wert des Koeffizienten β.

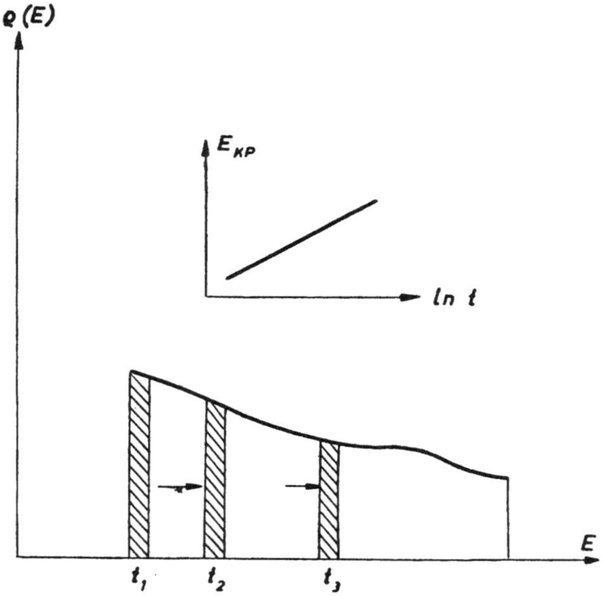

Abb. 270. Zeitliche Verschiebung des kontrollierenden Streifens (schraffiert); sie beruht darauf, daß die Reaktion selbst gewisse Bereiche zum Ausscheiden zwingt. Das untere Diagramm zeigt die Lageänderung des kontrollierenden Streifens in der Verteilung $\varrho(E)$, das obere die zeitliche Änderung der Aktivierungsenergie E_{kr} für die Bereiche des kontrollierenden Streifens.

b) Irreversible Blockierung der Oberfläche durch Reaktionsprodukte. Dieser Typ von Prozessen ähnelt kinetisch sehr den aktivierten Adsorptionsvorgängen, da für den Einfluß auf die Geschwindigkeit gleichgültig ist, wodurch ein Bereich blockiert ist: durch das Sorptiv selbst oder durch Endprodukte. Wesentlich ist, daß das Auftreten der blockierenden Substanz auf der Reaktion beruht und daß weiterhin alles von Anzahl und Art der aus dem Prozeß ausgeschiedenen Bereiche abhängt. Man kann also, ohne die diesbezüglichen Überlegungen zu wiederholen, auf diesen Typ von Prozessen eine Reihe der oben bei der Behandlung der Kinetik der aktivierten Adsorption gezogenen Schlüsse übertragen; beispielsweise kann man ebenso wie bei der spontanen Aktivierung einer Adsorption bei den selbstvergiftenden katalytischen Prozessen, die durch eine aktivierte Adsorption kontrolliert werden, eine starke Verlangsamung erwarten, falls die Produkte vorwiegend die Bereiche mit minimalen E-Werten blockieren. In diesem Fall kann sich der kontrollierende Streifen in Bewegung setzen. Im Laufe des Prozesses kann also die Aktivierungsenergie wachsen. Die Gleichungen, die $\varrho(E)$ mit $\frac{dq(t)}{d \ln t}$ verknüpfen usw., bleiben also wie bisher gültig.

Bei einer reversiblen Vergiftung der Oberfläche durch Reaktionsprodukte muß die Kinetik des Prozesses einzig und allein von dem Charakter der Korrelation zwischen der Aktivität eines Bereiches und der Leichtigkeit seiner Blockierung abhängen. Wir untersuchen einige Fälle einer solchen Vergiftung.

α) Kinetik bei Abwesenheit einer Korrelation zwischen E und Q. Wir nehmen an, es sei überhaupt keine solche Korrelation vorhanden. Dieser Fall ist z. B. möglich bei einer reversiblen Blockierung der Oberfläche durch Reaktionsprodukte, wenn kein Funktionalzusammenhang zwischen der Aktivierungsenergie des kontrollierenden Adsorptionsstadiums und der Adsorptionswärme des blockierenden Produktes am gleichen Bereich vorliegt. Unter diesen Bedingungen behält der Streifen, der die Geschwindigkeit des Prozesses kontrolliert, seine Lage im Verteilungsdiagramm bei, und zwar trotz des Aktivitätsabfalls; es ändert sich nur seine Höhe.

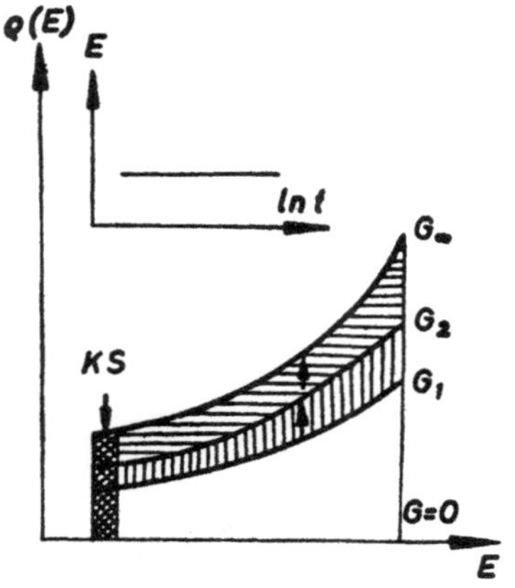

Abb. 271. Verteilung der wirksamen Bereiche zu verschiedenen Zeitpunkten bei unspezifischer Verteilung der Ausgangsprodukte der Reaktion. Das obere Diagramm zeigt die Konstanz von E bei der Vergiftung, das untere die Besetzungsfolge der Verteilung für verschiedene G und Wahrung des festen kontrollierenden Streifens: $G_\infty > G_2 > G_1$. Die Schraffur gibt den besetzten Teil der Verteilung an.

In der Tat gilt für jedes E eine bestimmte Verteilung der Bereiche über Q, und umgekehrt entspricht jedem Wert Q eine bestimmte Verteilung über E. Unter diesen Bedingungen verschiebt sich das blockierende Reaktionsprodukt ohne Rücksicht auf die Größe von E über die Oberfläche und setzt die Anzahl der Bereiche für jedes E in gleichem Maße herab (Abb. 271). Folglich beträgt die Anzahl freier Bereiche mit minimalen E-Werten, die im Zeitpunkt t nach Bildung von q Mol des Reaktionsprodukts übriggeblieben sind,

$$n_E = n_{0E}\left(1 - \frac{G_q}{G_\infty}\right) = n_{0E}\,(1 - \Phi_q). \qquad (36)$$

Dabei ist G_q die Menge des Reaktionsproduktes, die die Oberfläche besetzt, bei einer Gesamtmenge q des gebildeten blockierenden Reaktionsproduktes.

Bei einer derartigen Abhängigkeit ändert sich die Verteilung über die Aktivierungsenergie zeitlich nicht, und die Reaktionsgeschwindigkeit muß den Gleichungen für die Adsorptionskinetik an einer homogenen Oberfläche folgen, die mit einer Blockierung durch Reaktionsprodukte verbunden ist. Bei reversibler Adsorption des Giftes tritt in der Gleichung für n_E und A an Stelle von $1 - \Phi_G$ der Bruch

$$\left(1 + \frac{p_G}{b_G}\right)^{-1} \tag{37}$$

auf. Im Gegensatz zur Vergiftung wirklich homogener Oberflächen gehen die Adsorptionskoeffizienten der Ausgangsgase nicht in die Geschwindigkeitsgleichung ein.

β) Die Blockierung durch die Produkte ist beträchtlich und erstreckt sich auf die aktivsten Bereiche, für die die Adsorptionswärme der Molekeln des Reaktionsproduktes maximal ist; vgl. Abb. 272.

γ) Blockierung infolge Selbstvergiftung durch die Reaktionsprodukte, wenn diese sich auf die weniger aktiven Bereiche erstreckt. Diesen letzten Fall werden wir nicht näher behandeln.

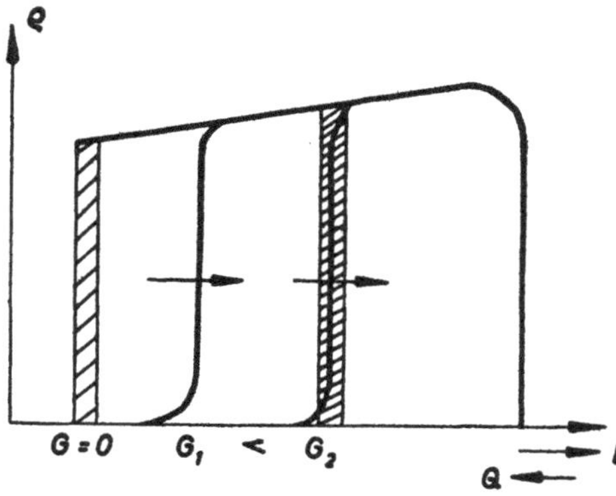

Abb. 272. Abhängigkeit der Lage des kontrollierenden Streifens vom Partialdruck des Giftes für eine Blockierung, die beiden aktivsten Bereichen beginnt. Die Schraffur kennzeichnet die kontrollierenden Streifen bei $G = 0$ und bei G_2; $G_2 > G_1$.

§ 5: *Kinetik eines selbstvergiftenden Prozesses, der durch eine Adsorption begrenzt wird, bei reversibler Vergiftung*

In diesem Fall sind beträchtliche Unterschiede gegenüber der Kinetik einer aktivierten Adsorption zu erwarten. Wir beginnen mit dem Fall antibater E_{Kat} und Q_π und nehmen, um etwas Bestimmtes vor Augen zu haben, an, daß der katalytische Prozeß selbst irreversibel verläuft, daß aber die Adsorption des Produktes in jedem Augenblick völlig reversibel ist. Dann wird in der Verteilung im Laufe des Prozesses ein immer größerer Teil der Bereiche mit kleinem E-Wert der aktivierten Adsorption ausscheiden, und bei hinreichend großem Partialdruck p_x des Reaktionsproduktes kann sich in der Verteilung eine Zone von Bereichen mit $\theta \cong 1$ ausbilden, die durch eine scharfe Grenze von der weiteren Bereichsgruppe mit $\theta \cong 0$ geschieden ist. Diese Grenze verschiebt sich im Laufe des Prozesses in Richtung auf kleinere Q, d. h. größere E, und zwar parallel zu sich selbst. Hierbei muß jedoch der kontrollierende Streifen nicht notwendig wandern: er braucht mit dem Übergangsgebiet von $\theta \cong 1$ zu $\theta \cong 0$ nicht identisch zu sein.

Tatsächlich ist für die freien Bereiche $\gamma = \frac{b}{p_x + b}$. Bei großen θ nimmt dieser Ausdruck die Form an:

$$\gamma \cong \frac{b}{p_x} = \frac{b_0}{p_x} e^{-\frac{Q}{RT}}. \tag{38}$$

Gleichzeitig ändert sich k für die gleichen Bereichsgruppen wie $k = k_0 e^{-E/RT}$, also

$$\gamma k = \frac{b_0 k_0}{p_x} e^{-\frac{Q+E}{RT}}. \tag{39}$$

Wir nehmen an: $E = E_0 - \lambda Q$ und setzen diesen Wert in den obigen Ausdruck ein. Es ergibt sich

$$\gamma k = \frac{b_0 k_0}{p_x} e^{\frac{-E_0}{RT}} e^{\frac{+(\lambda-1)Q}{RT}}. \tag{40}$$

Bei $\lambda > 1$ liegen trotz der Blockierung eines großen Teils der Bereiche mit kleinen E-Werten die Maximalgeschwindigkeit und der kontrollierende Streifen bei beliebigem Wert von p_x auf dem linken Rand der Verteilung über E, d. h. auf den Bereichen, die durch den Wert $E_{\min}$ gekennzeichnet werden.

Bei Bremsung durch ein Reaktionsprodukt ändert sich nur die Breite des kontrollierenden Streifens.

Die Kinetik des Prozesses ähnelt der Kinetik an einer homogenen Oberfläche. In den vollständigen Ausdruck für die Geschwindigkeit geht die Konzentration derjenigen Komponente ein, deren aktivierte Adsorption den Prozeß kontrolliert. Die nach der Formel von ARRHENIUS berechnete Aktivierungsenergie (E_{beob}) setzt sich zusammen aus der minimalen Aktivierungsenergie und der Adsorptionswärme an den entsprechenden Bereichen, die den Maximalwert für die Oberfläche darstellen:

$$E_{\text{beob}} = E_{\min} + Q_{\max} = E_0 - (\lambda - 1)\, Q_{\max}. \tag{41}$$

Eine solche Kinetik ist unmöglich für eine Adsorption, denn dort bedeutet die Erreichung des Gleichgewichts für eine bestimmte Bereichsgruppe Gleichheit der Geschwindigkeiten des direkten und des inversen Prozesses.

Anders liegen die Dinge für Kontaktprozesse, die reversibel durch ein Gift blockiert werden, wenn $\lambda < 1$ ist. In diesem Fall tritt in der Gleichung für γk das Glied $e^{-\beta Q}$ auf, wobei $\beta = \frac{1-\lambda}{RT} > 0$ ist. Folglich spielen im Gebiet großer θ im Gleichgewicht die blockierten Bereiche mit maximalen Aktivitäten die geringste Rolle im Prozeß. Dagegen muß im Gebiet der θ-Werte von nahezu 0 $\gamma \cong 1 = \text{const}$ sein, und k muß mit wachsendem E sehr schnell abnehmen. Folglich muß irgendwo im Gebiet der starken Änderungen von θ in der Nähe der Grenze der kontrollierende Streifen liegen, der sich im Laufe der Reaktion verschiebt. In diesem Fall ist wieder eine wenn auch nicht vollständige Ähnlichkeit mit der Kinetik einer aktivierten Adsorption vorhanden.

In jedem gegebenen Zeitpunkt ist die Geschwindigkeit

$$w = \frac{dp_x}{dt} = M_1 k_{\text{gr}} f(p_t). \tag{42}$$

Der Einfachheit halber setzen wir $f(p_i) = \text{const}$ und ersetzen E_{gr} durch

$$E_{gr} = E_0 + \lambda RT \ln \frac{p_x}{b_{0x}}. \tag{43}$$

Nach einigen einfachen Umformungen erhalten wir

$$w = \frac{dp_x}{dt} = \frac{M_1'}{p_x^\lambda} e^{-\frac{E_0}{RT}} = \frac{k}{p_x^\lambda} \tag{44}$$

mit

$$M_1' = M_1 f(p_i) k_{0gr} b_0^\lambda. \tag{44a}$$

Nach dem oben Gesagten ist $\lambda < 1$.

Von der Gleichung (44) kommt man leicht zu einem Integralausdruck für die zeitliche Änderung von p_x:

$$p_x^{\lambda+1} = p_x^n = k' t + C \quad \text{mit } 1 < n < 2. \tag{45}$$

Bei hinreichend großen t-Werten ist diese Gleichung äquivalent der BANGHAMschen Gleichung

$$p_x \cong (k')^{\frac{1}{n}} \cdot t^{\frac{1}{n}} = k'' t^{\frac{1}{n}} \tag{46}$$

mit der oben erwähnten Einschränkung für den Wert n. Wie Gleichung (44), so können auch die Gleichungen (45) und (46) als allgemeingültig für breit inhomogene Oberflächen mit beliebiger Form der Verteilungsfunktion $\varrho(E)$ gelten.

Die speziellen Eigenschaften der Funktion kommen nur in der Form der zusätzlichen impliziten Abhängigkeit der Größen M_2 und $k'l$ von p_x zum Vorschein; sie zeigen sich bei Änderung von $\varrho(E_{gr})$, die mit der Verschiebung des kontrollierenden Streifens verbunden ist. Eine wesentliche Korrektur bedeutet das nur für die Exponentialverteilung $\varrho = He^{aE}$. In diesem Fall ist

$$M_{1G} = \frac{HRTe^{aE}}{1 - aRT} = HRTe^{aE_0 + a\lambda RT \ln \frac{p_x}{b_0}} \cdot (1 - aRT)^{-1}, \tag{47}$$

also

$$M_{1G} = M_0^1 p_x^{n'} \tag{47a}$$

mit

$$n' = \lambda a RT. \tag{48}$$

Hieraus gelangt man leicht zu einem Ausdruck für $A(p_x)$, der zusätzlich $p_x^{-\lambda}$ enthält:

$$A(p_x) = \frac{A_0}{p_x^{\lambda(1 - aRT)}} = \frac{A_0}{p_x^m}. \tag{49}$$

Dabei ist

$$m = \lambda(1 - aRT)) > 0. \tag{50}$$

In endgültiger Form lautet die allgemeine Geschwindigkeitsgleichung für Prozesse der betrachteten Art

$$w = \frac{dp_x}{dt} = \frac{A_0^*}{p_x^m}. \tag{51}$$

Diese Gleichung, die für gleichmäßig und exponentiell inhomogene Oberflächen (mit verschiedenen Werten m!) streng gilt, enthält auch für andere Verteilungstypen implizit eine unmerklich schwache Abhängigkeit von p_x.

All dies bezieht sich auf Prozesse, die bei konstantem Partialdruck der Ausgangssubstanz, deren aktivierte Adsorption den Gesamtprozeß begrenzt, verlaufen. Geht der Prozeß unter statischen Bedingungen bei abnehmendem Partialdruck p_t der erwähnten Ausgangssubstanz vonstatten, so hängt die letzterwähnte Größe von p_x linear ab:

$$p_t = (p_0 - p_x). \tag{52}$$

Dann ist
$$w = \frac{dp_x}{dt} = A\,\frac{p_t}{p_x^m} = A\,\frac{(p_0 - p_x)}{p_x^m} = \frac{A_0^{\mathrm{I}}}{p_x^m} - \frac{A_0^{\mathrm{II}}}{p_x^{m-1}} \tag{52a}$$

oder
$$\frac{w}{p_0 - p_x} = \frac{w}{p_t} = \frac{A_0}{p_x^m}. \tag{52b}$$

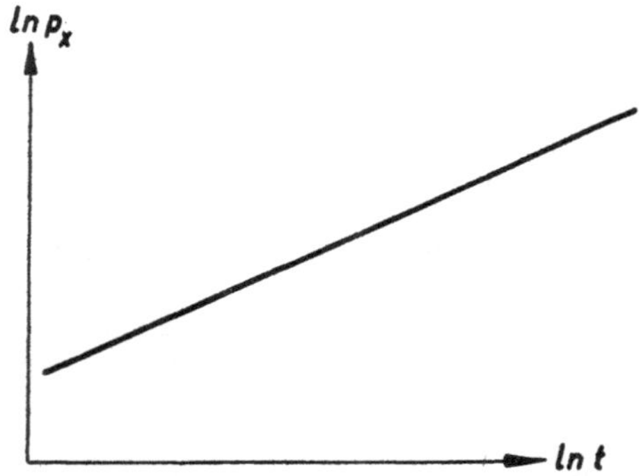

Abb. 273. Zeitliche Änderung des Partialdrucks des Reaktionsprodukts bei einem Prozeß, der unter Vergiftung des Katalysators durch das Reaktionsprodukt x vonstatten geht.

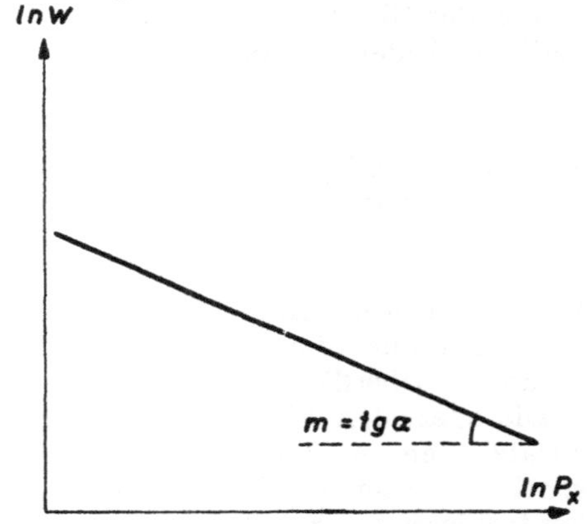

Abb. 274. Zeitliche Änderung der Geschwindigkeit der katalytischen Reaktion bei reversibler Vergiftung der Oberfläche durch das Reaktionsprodukt x.

Unter Beachtung der oben über die Eigentümlichkeiten von A gemachten Bemerkungen kann man diese Gleichung als allgemeine Geschwindigkeitsgleichung für einen selbstvergiftenden Kontaktprozeß an einer inhomogenen Oberfläche, der durch eine aktivierte Adsorption bei antibatem Gang von $E_{\mathrm{akt.ads.}}$ und $Q_{\mathrm{verg.prod.}}$ kontrolliert wird, ansehen.

Bezüglich der Einzelheiten verweisen wir auf das Kapitel über die aktivierte Adsorption (Teil II, Kapitel 3, und Teil III, Kapitel 4) und erwähnen hier nur, daß bei symbatem Gang von $E_{\mathrm{akt.ads.}}$ und $Q_{\mathrm{verg.prod.}}$ für den betrachteten Typ von Kontaktprozessen die Reaktion nach nullter Ordnung verläuft, wenn p_0 auf irgendeine Weise konstant gehalten wird, dagegen in erster Ordnung, wenn p_0 im Verlaufe des Prozesses fällt (insbesondere unter statischen Bedingungen). In den Abb. 273 und 274 ist schematisch die Änderung von ln p_x mit der Zeit sowie die Änderung von ln w bei Änderung des Partialdrucks p_x dargestellt.

All dies bezieht sich auf die Vergiftung einer Oberfläche durch Blockierung seitens eines stabilen Endprodukts der Reaktion.

Die Untersuchung der Kinetik der Ammoniaksynthese und der Oxydation von Schwefeldioxyd (Teil III, siehe Kapitel 6 und 7) zeigte, daß es eine Wahrscheinlichkeit für das Vorhandensein einer reversiblen Blockierung gibt, bei welcher die blockierende Substanz irgendein Zwischenprodukt Y der Reaktion darstellt, dessen Volumenkonzentration und dessen Besetzung einer beliebigen Bereichsgruppe die ganze Zeit hindurch einem beweglichen Gleichgewicht mit den stabilen Endprodukten der Reaktion entspricht.

Bei einer solchen zusätzlichen Blockierung durch eine Übergangssubstanz, die im Halbgleichgewicht mit den Reaktionsprodukten steht, bleiben alle drei betrachteten Typen der Blockierung — die Blockierung nach den Gleichungen von LANGMUIR-SCHWAB, die Blockierung in Anwesenheit kritischer Mengen des adsorbierten Giftes G_{gr} und die Blockierung mit stabilen gebrochenen Potenzen des Giftdrucks — erhalten, aber an die Stelle von p_x und G_x treten in den Gleichungen die Größen p_y, G_y usw.

Bei einer statisch untersuchten Kinetik bringt, wenn man Geschwindigkeit und umgewandelte Mengen unmittelbar als Funktionen der Zeit verwendet, dieser Übergang wenig Neues; anders liegen die Dinge bei allen kinetischen Abhängigkeiten, die unmittelbar die Konzentrationen oder die Partialdrucke der Reaktionskomponenten enthalten. Unter unseren Voraussetzungen hängt der Partialdruck p_y (bzw. die Konzentration c_y) durch das Massenwirkungsgesetz mit den Partialdrucken (bzw. den Konzentrationen) der stabilen Reaktionsprodukte zusammen.

Wir schreiben die stöchiometrische Gleichung schematisch mit den Koeffizienten ν_y, ν_A, ν_{x1}, ν_{x2},

$$\nu_y Y + \nu_A A + \ldots \rightleftarrows \nu_1 X_1 + \nu_2 X_2 + \ldots \tag{53}$$

für die blockierende Zwischensubstanz Y, die stabilen Gasmolekeln der Ausgangssubstanz A und die stabilen Endprodukte der Reaktion X_1, X_2 usw.

Es ist dann

$$K = \frac{p_{x_1}^{\nu_1} \cdot p_{x_2}^{\nu_2} \cdots}{p_y^{\nu_y} \cdot p_A^{\nu_A} \cdots} \tag{54}$$

und

$$p_y = \left(\frac{p_{x_1}^{\nu_1} \cdot p_{x_2}^{\nu_2}}{p_A^{\nu_A}}\right)^{\frac{1}{\nu_y}} \left(\frac{1}{K}\right)^{\frac{1}{\nu_y}} = \frac{\left(\Pi_i^{\nu} p_i\right)^{1/n}}{K^{1/n}}. \tag{55}$$

Dabei ist $n = \nu_y$ eine einfache ganze Zahl.

Setzen wir diesen Ausdruck für p_y in die entsprechenden kinetischen Gleichungen ein, so erhalten wir neue Gleichungen, die den unvollständigen Konzentrationsbruch Π in der festen Potenz $1/n$ als eine kinetische Variable enthalten.

Für den LANGMUIR-SCHWABschen Blockierungstyp (Blockierung durch eine Substanz Y) ist die Geschwindigkeit umgekehrt proportional $\Pi^{1/n}$:

$$w \backsimeq \frac{k \cdot K^{\frac{1}{n}}}{\Pi^{\frac{1}{n}}} = \frac{k'}{\Pi^{\frac{1}{n}}}. \tag{56}$$

Dabei ist $k' = kK^{1/n}$.

Da die Gleichgewichtskonzentration in die beobachtbare Geschwindigkeitskonstante k' in der Potenz $1/n$ eingeht, wird die beobachtbare Aktivierungsenergie um Q/n vermindert, wobei Q die Wärmetönung der Reaktion (54) im Volumen ist.

Bei einer Kinetik mit gebrochener Potenz m hinsichtlich p_y tritt an Stelle der Gleichung (56) die ganz ähnliche Gleichung

$$w \cong \frac{k \cdot K^{\frac{m}{n}}}{\Pi^{\frac{m}{n}}} = \frac{k \cdot K^{\frac{1}{n'}}}{\Pi^{\frac{1}{n'}}} = \frac{k'}{\Pi^{m'}}, \tag{57}$$

in der an Stelle von n die Größe n' steht, die man durch Division des stöchiometrischen Koeffizienten n durch die Größe m erhält.

§ 6: *Diskussion der Ergebnisse und Schlußfolgerungen*

Im vorstehenden Kapitel haben wir die allgemeinen Gesetzmäßigkeiten betrachtet, die für die Kinetik katalytischer Reaktionen an stark inhomogenen Oberflächen, kontrolliert durch das Adsorptionsstadium, kennzeichnend sind.

Die Ableitung dieser Gesetzmäßigkeiten stützte sich auf die Vorstellung, daß die Reaktionen an den einzelnen Bereichen der Oberfläche völlig unabhängig verlaufen und nur durch die gemeinsame Gasphase verknüpft werden, die für einen kontinuierlichen Materialaustausch sorgt und gleiche Bedingungen für alle Bereiche schafft. Unter diesen Annahmen bildet der beobachtete Prozeß einfach die Summe sämtlicher Teilprozesse an den einzelnen Bereichen.

Als Ausgangsgrößen des Oberflächenbereichs haben wir die Aktivierungsenergien der einzelnen Etappen des katalytischen Prozesses und die Wärmetönungen der einzelnen betrachteten Prozesse an diesem Bereich benutzt. In erster Näherung versucht man naheliegenderweise, die spezifischen Unterschiede dieser Teilbereiche des Katalysators auf Unterschiede in diesen Größen zurückzuführen. Alle diese Energien gehen in den Exponenten von Exponentialfunktionen ein, die in erster Linie bestimmend für die kinetischen und Adsorptionsgesetze des Prozesses an dem betreffenden Bereich sind. Unsere Theorie gilt, solange der auf der Oberfläche vorliegende Wertebereich der Energien bedeutend größer als $4\,RT$ ist. Nur unter dieser Voraussetzung ist die oben entwickelte statistische Behandlungsweise von Adsorption und Kinetik angebracht. Ferner müssen die Verteilungen stetig und hinreichend flach sein.

Achtet man besonders auf die energetischen Größen des Bereichs und sieht die Faktoren vor den Exponentialausdrücken b_0 und k_0 als für alle Bereiche und für jeden der Prozesse identisch an, so vereinfacht man die Situation sicherlich in unzulässiger Weise; strenggenommen müßte man die freien Energien für sämtliche Prozesse betrachten oder auch die Statistik der Faktoren vor den Exponentialausdrücken berücksichtigen. Über diese Faktoren wissen wir zur Zeit noch sehr wenig. Handelt es sich nur um Entropiefaktoren, welche die Änderung des Typs der inneren Bewegungen bei Bildung der erwähnten Zwischengebilde berücksichtigen, so kann man annehmen, daß sie sich von Bereich zu Bereich für das betreffende Stadium und ein und denselben

Prozeß nicht wesentlich ändern. Enthalten sie auch eine spezifische Wahrscheinlichkeit für die Ausnutzung der Energie, so ist die Möglichkeit nicht auszuschließen, daß die Faktoren vor den Exponentialausdrücken beim Übergang zwischen Bereichen mit sehr verschiedenen Ausgangsenergien stark variieren. Insbesondere ist auch unklar, ob irgendein Zusammenhang zwischen den häufig festgestellten starken Änderungen der Faktoren k_0 mit Änderung der Aktivierungsenergie E für den Gesamtprozeß und dem Charakter des Zusammenhangs dieser beiden Größen für verschiedene Bereiche vorhanden ist oder ob diese Abhängigkeit nur eine Widerspiegelung der Unterschiede in den Anzahlen der Bereiche mit verschiedenen Energiewerten, also der Statistik der Energieverteilung der Bereiche bildet. Bei einer derartigen Situation liegt es nahe, zunächst k_0 und b_0 als für die ganze Oberfläche konstant anzunehmen, um in erster Linie die Gesetzmäßigkeiten herauszubekommen, die nichts mit diesen wenig erforschten Größen zu tun haben.

Wir heben noch eine bewußte Vereinfachung hervor, die man bei der Analyse des Charakters des kontrollierenden Stadiums vornimmt. Auch in diesem Fall geht man in erster Linie von dem Verhältnis der energetischen Größen der verschiedenen aufeinanderfolgenden Stadien aus und nimmt somit an, daß die Unterschiede in den k_0-Werten für die verschiedenen Etappen weniger wesentlich sind als die Unterschiede in den Werten von $\exp(-E/RT)$. Indessen können bei verschiedenem Charakter der Stadien die Werte k_0 deutlich voneinander verschieden sein, und die Möglichkeit ist nicht auszuschließen, daß in einzelnen Fällen in einer Kette von Stadien der Prozeß mit der maximalen Aktivierungsenergie nicht der langsamste ist, ebenso wie auch die Gleichgewichtskonstante bei maximaler Wärmetönung des Prozesses nicht unbedingt den größten Wert zu haben braucht.

Hierdurch entstehen aber in den darauffolgenden Schlußfolgerungen keine wesentlichen Änderungen; diese bleiben für Prozesse, die durch eine aktivierte Adsorption kontrolliert werden, in Kraft. Wichtig ist nur, daß die im ersten Paragraphen erwähnten Beziehungen zwischen Reversibilität und Irreversibilität gelten. Gleichzeitig vereinfachen unsere Näherungen die Darstellung bedeutend und führen zu keinerlei ernstlichen Mißverständnissen.

Zu Beginn dieses Kapitels erwähnten wir den scheinbaren Widerspruch zwischen der Kompliziertheit des Modells der Oberfläche, das in der Theorie des Katalysators verwendet wird, und der Einfachheit des Modells, aus dem sich die Gleichungen der LANGMUIR-SCHWABschen Kinetik ergeben, die in vielen Fällen den Verlauf katalytischer Prozesse gut beschreiben.

Die in diesem Kapitel durchgeführte Behandlung einer der größten kinetischen Gruppen von Kontaktreaktionen, abgegrenzt nach dem Charakter ihres kontrollierenden Stadiums, macht den Ursprung dieses Widerspruchs und die Fehlerhaftigkeit der häufig gezogenen Schlußfolgerungen deutlich, daß Oberflächen, bei denen die Kinetik katalytischer Reaktionen den erwähnten Gleichungen folgt, notwendig homogen sein müßten. Eine der Eigentümlichkeiten der Oberflächenreaktionen, die sich bei der betrachteten Gruppe besonders deutlich heraushebt, besteht in der Möglichkeit, daß (bei verschiedenen, darunter auch sehr verbreiteten Varianten) die inhomogenen Oberflächen das kinetische Verhalten einfacher homogener Oberflächen überraschend gut nachahmen. An und für sich sagt also die Tatsache, daß ein Prozeß nach Gleichungen vom LANG-

MUIR-SCHWABschen Typ verläuft, noch gar nichts über Homogenität oder Inhomogenität dieses Kontakts aus. Die charakteristischsten Gleichungen dieses Typs kommen in sehr deutlicher Form in der Kinetik der Reaktionen an inhomogenen Oberflächen als Spezialfälle vor. Für Prozesse, die durch die Adsorptionsgeschwindigkeit kontrolliert werden, trägt die Kinetik, falls sie unter Bedingungen untersucht wird, wo die Lage des kontrollierenden Streifens in der Verteilung sich im Laufe der Reaktion nicht ändert, nichts zur Kennzeichnung von Homogenität oder Inhomogenität der Oberfläche bei. Wie im folgenden Kapitel gezeigt wird, bleibt diese Schlußfolgerung auch für die anderen kinetischen Reaktionsgruppen an inhomogenen Oberflächen gültig und hat allgemein Bedeutung.

Damit Vorhandensein und Charakter der Inhomogenität zum Vorschein kommen, muß man den kontrollierenden Streifen in Bewegung setzen. Dies ist möglich durch eine Vergiftung seitens einer Fremdsubstanz sowie durch eine Selbstvergiftung seitens eines Reaktionsprodukts bei bestimmter Lokalisierung der Vergiftung. Dabei wird die Lokalisierung des Giftes in erster Linie durch den symbaten oder antibaten Gang der Aktivierungsenergie der aktivierten Adsorption mit der Adsorptionswärme der vergiftenden Substanz gegeben. Die Art des Zusammenhanges zwischen E und Q, die bei der aktivierten Adsorption eine so entscheidende Rolle spielt, bleibt auch in der Kinetik der katalytischen Reaktionen an inhomogenen Oberflächen ein Faktor von erstrangiger Bedeutung.

Es besteht hierbei jedoch ein interessanter Unterschied zwischen den Abhängigkeiten der Aktivität von der Volumenkonzentration des reversibel zugeführten Giftes und von der Menge des adsorbierten Giftes. Die erstere ist für sämtliche inhomogenen Oberflächen wesentlich verschieden von der analogen Abhängigkeit für homogene Oberflächen, denn für die Konzentration der vergiftenden Substanz treten im Nenner der kinetischen Vergiftungsgleichung konstante Bruchexponenten auf:

$$A(\pi) \backsimeq \frac{A_0}{\pi^m}. \tag{58}$$

Zur Konkretisierung des Verteilungstyps trägt diese Abhängigkeit nicht bei. Ihre einzige Voraussetzung ist ein linearer Zusammenhang zwischen E und Q. Im Gegensatz dazu sind die Abhängigkeiten der Reaktionsgeschwindigkeit und der Aktivität des Katalysators von der adsorbierten Giftmenge sehr empfindlich gegen den Verteilungstyp und führen für jeden der betrachteten Typen zu anderen Gleichungen. Von den übrigen kinetischen Eigentümlichkeiten der Prozesse vom betrachteten Typ erwähnen wir noch die Möglichkeit schwer zerstörbarer erster und nullter Ordnung.

Die in diesem Kapitel durchgeführte kinetische Analyse bezieht sich auf Prozesse, bei denen das kontrollierende Adsorptionsstadium ohne Dissoziation oder Assoziation verläuft. Ihre Ergebnisse lassen sich ohne weiteres auch auf eine Adsorption mit Änderung der Molekelabmessungen übertragen, allerdings unter der Bedingung, daß der Übergangskomplex nur eine der üblichen Molekeln der Ausgangssubstanz enthält, und daß die Dissoziation oder Assoziation in den darauffolgenden Stadien vor sich geht, die die Geschwindigkeit des Gesamtprozesses nicht unmittelbar beeinflussen. In den Fällen, wo der Übergangskomplex seiner Zusammensetzung und Struktur nach dem Endzustand ähnelt und assoziierte oder dissoziierte Molekeln enthält, ändert sich die Abhängigkeit der Geschwindigkeit vom Außendruck (vgl. Kapitel 2). Die Geschwindigkeit wird proportional p_A^s im Fall der Assoziation oder $p_A^{1/n}$ im Falle der Dissoziation.

Zusammenfassend kann man sagen, daß für eine Reihe von speziellen Varianten der Desaktivierung des Kontakts durch Produkte der katalytischen Reaktion oder durch die Reaktion selbst die Kinetik der unter Adsorptionskontrolle verlaufenden Prozesse bedeutend stärker an die Kinetik einer aktivierten Adsorption erinnert als die Kinetik katalytischer Reaktionen vom klassischen Typ. Im Gegensatz dazu ähneln in Abwesenheit einer Desaktivierung des Kontakts durch die Reaktion selbst oder ihre Produkte die durch eine Adsorption kontrollierten Prozesse ihrer Kinetik nach heterogenen Prozessen an homogenen Oberflächen oder homogenen Prozessen.

Bei der Herleitung der kinetischen Gleichungen haben wir in erster Linie Lage und Eigenschaften des kontrollierenden Streifens berücksichtigt. Hinter dem grundlegenden Unterschied zwischen den selbstvergiftenden Prozessen, deren Aktivität umgekehrt proportional π^m und direkt proportional $(1 - \gamma\pi)$ ist, und den quasiklassischen Prozessen, die in erster, halber oder s-ter Ordnung verlaufen, verbirgt sich die stetige Änderung der Aktivierungsenergie für die selbstvergiftenden Prozesse bzw. die Konstanz der Aktivierungsenergie für Prozesse mit stabiler Aktivität.

Literatur

1. Рогинский, С. З., Доклады Академии Наук СССР (S. S. Roginski, C. R. Akad. Sci. URSS), **47**, 430 (1945).
2. Рогинский, С. З., Журнал Физической Химии (S. S. Roginski, J. physik. Chem.), **6**, 334 (1935).
3. Рогинский, С. З., Проблемы кинетики и катализа (S. S. Roginski, Probleme der Kinetik und Katalyse), Heft 3, 1937, S. 356; Райдил, Э., Новые идеи в катализе. Сборник под ред С. З. Рогинского и А. В. Фроста. Химитеорет (E. Rideal Probleme der Kinetik und Katalyse, unter Redaktion von S. S. Roginski und A. W. Frost, Verlag für Theor. Chemie), 1932.
4. Harkins, J., J. Amer. chem. Soc., **66**, 1362 (1944); Брюнауэр, С., Адсорбция газов и паров, М. Гос. Изд. Иностр. Литер. (S. Brunauer, Adsorption von Gasen und Dämpfen, Staatl. Verl. für fremdspr. Lit. Moskau), 1948.
5. Дубинин, М. М., Проблемы кинетики и катализа (M. M. Dubinin, Probleme der Kinetik und Katalyse), Heft 5, 213 (1948).
6. Киселев, А. В., Успехи химии (A. W. Kisseljew, Fortschr. Chem.), **14**, 367 (1945).

KAPITEL 3

Kinetik der Kontaktreaktionen bei Kontrolle durch chemische Stadien oder Desorption

Im vorigen Kapitel haben wir die Eigentümlichkeiten der katalytischen Reaktionen, die unter der Kontrolle einer aktivierten Adsorption verlaufen, analysiert.

Im Stufenschema eines Kontaktprozesses können auf die aktivierte Adsorption chemische Etappen folgen, die mit der Überwindung entsprechender Aktivierungsschwellen verbunden sind, ferner auch eine Desorptionsetappe oder die in kinetischer Hinsicht damit verwandte Etappe der Zerlegung einer exothermen Zwischenverbindung, bestehend aus aktiven Oberflächenbereichen und Produkten der vorangegangenen chemischen und Adsorptionsstadien[1]).

Bei geeigneten Werten der Aktivierungsenergien und der Wärmetönungen der Prozesse kann (unter Berücksichtigung der Korrekturen, die infolge der Verschiedenheit der Faktoren vor den Exponentialausdrücken auftreten) jede dieser Etappen von bestimmendem Einfluß auf die Geschwindigkeit des Gesamtprozesses sein.

Wir behandeln die Kinetik von Kontaktreaktionen, die durch solche Etappen kontrolliert werden. Wie bisher werden wir von dem vereinfachten Modell ausgehen, das im vorigen Kapitel benutzt wurde:

1. Die Reaktionen an den einzelnen Oberflächenbereichen sollen völlig unabhängig voneinander verlaufen, abgesehen von der Wechselwirkung zwischen den Konzentrationen der Komponenten in der für die ganze Oberfläche gemeinsamen Gasphase.

2. Wir werden wieder annehmen, daß der Charakter der kontrollierenden Stadien und die Geschwindigkeit des Gesamtprozesses an jedem Bereich in erster Linie durch die energetischen Größen für Kinetik und Gleichgewicht für die einzelnen Etappen an diesem Bereich bestimmt werden.

3. Wir werden weiterhin annehmen, daß das Intervall dieser Energien an der Oberfläche bedeutend größer als RT ist, und daß somit zur Kennzeichnung der Oberfläche als Ganzes die Benutzung der statistischen Verteilungsfunktionen

$$\varrho(E) = \frac{d\Phi}{dE} \quad \text{und} \quad \varrho(Q) = \frac{d\Phi}{dQ}$$

am Platze ist.

§ 1: *Kinetik von Prozessen, die durch chemische Oberflächenstadien kontrolliert werden*

Wir konstruieren das Schema der einzelnen Etappen des katalytischen Prozesses (Abb. 275) und nehmen an, daß ein chemisches Oberflächenstadium die kontrollierende Etappe bildet; es soll über einen Zwischenzustand erreicht werden, der eine oder mehrere Molekeln der reagierenden Substanzen umfaßt. Dieses chemische Stadium werden wir in der Folge mit Ü. S. (Übergangsstadium) bezeichnen.

Der konkrete chemische Mechanismus dieser Stadien ist mannigfaltig, aber für den Einfluß auf die Geschwindigkeit des Gesamtprozesses gibt es nur wenige Möglichkeiten.

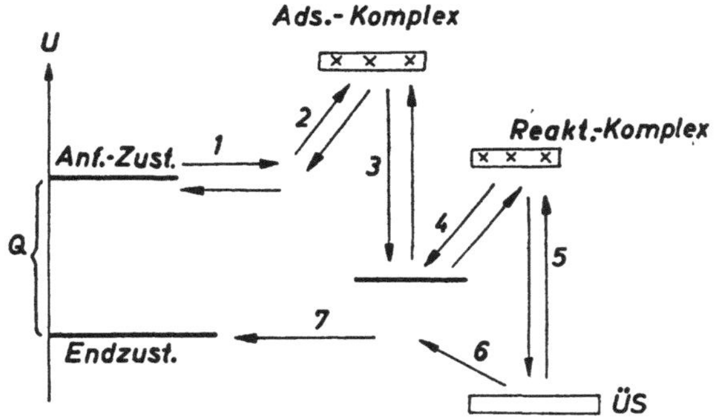

Abb. 275. Potential-Stadienschema eines katalytischen Prozesses, der unter Kontrolle des Desorptionsstadiums 6 steht.

Zunächst ist hier wesentlich das Verhältnis der Energie des Übergangszustandes zu den Energien des Ausgangs- und des Endzustandes.

a) Wir nehmen an, die Energie des Ü. S. sei geringer als die Energie des Ausgangssystems und die des Endsystems, und zwar für sämtliche Oberflächen-

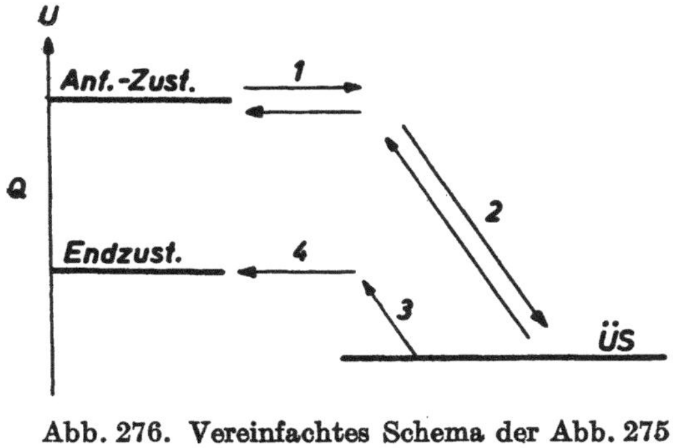

Abb. 276. Vereinfachtes Schema der Abb. 275 bei Kontrolle durch das abschließende Stadium. Die Zwischenstufen, die in der Kinetik nicht zum Ausdruck kommen, sind weggelassen.

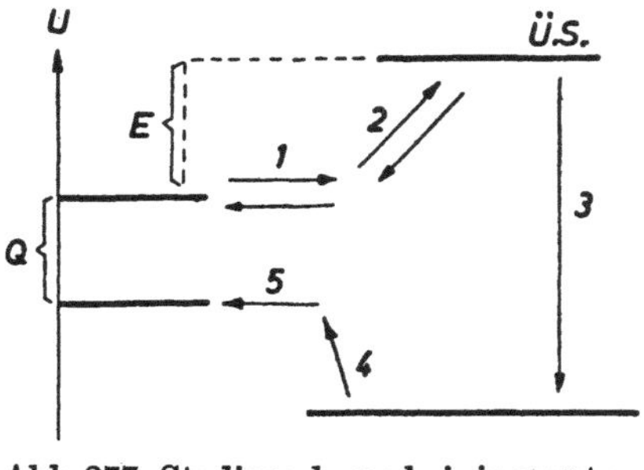

Abb. 277. Stadienschema bei einer potentiellen Energie des chemischen Übergangskomplexes, die größer ist als die Energien des Anfang- und des Endzustandes. Der Gesamtprozeß wird von der dritten Etappe kontrolliert.

bereiche (Abb. 275). Dann kann für die Geschwindigkeit nur das letzte Stadium, das mit einer Hebung in den Endzustand verbunden ist, entscheidend sein, insbesondere eine Desorption. In kinetischer Hinsicht ist diese Siebenetappenreaktion äquivalent einer Vieretappenreaktion (Abb. 276). Aus dem Schema in Abb. 276 geht hervor, daß der untersuchte Fall ein typisches Halbgleichgewicht darstellt und daß die Gesamtgeschwindigkeit der Reaktion durch die Geschwindigkeit der irreversiblen endothermen Etappe bestimmt wird.

Das einfachste Beispiel für einen solchen Mechanismus ist ein Mechanismus, bei dem das dritte Stadium eine Desorption ist; wir werden also diesen Fall gemeinsam mit den von der Desorption kontrollierten Prozessen behandeln.

b) Wir nehmen an, die Energie des Ü.S. sei höher als die Energien der stabilen Zustände (Abb. 277). In diesem Fall spielt das Ü.S. die Rolle eines chemischen Übergangskomplexes. Ein derartiger Typ von Prozessen ähnelt in kinetischer Hinsicht den durch eine aktivierte Adsorption kontrollierten Prozessen. Neu ist lediglich die Möglichkeit einer größeren Kompliziertheit des Übergangskomplexes, der nun nicht mehr unmittelbar nur die Molekeln der Ausgangssubstanzen zu enthalten braucht.

Da die Energie des Ü.S. höher liegt als die Energien des Ausgangs- und des Endzustandes und die Entropie der an der Oberfläche adsorbierten Molekel stets geringer ist als die Entropie der gleichen Molekel im freien Zustand, ist die Oberflächenkonzentration der Ü.S. im Gleichgewicht stets klein, und für die ganze Oberfläche gilt

$$\theta_{i\,(ÜS)}. \sim \pi \frac{p_A^{\nu_A} \cdot p_B^{\nu_B}}{b_i} = \Pi \frac{p_A^{\nu_A} \cdot p_B^{\nu_B}}{b_0} e^{\frac{Q_i}{RT}}, \tag{1}$$

also

$$b = b_0 \exp\left(\frac{-Q_i}{RT}\right). \tag{1a}$$

Die Geschwindigkeit des Prozesses an den Bereichen der i-ten Sorte beträgt

$$w_i = \frac{c_i^*}{\tau_i} \cdot \varrho_{(Q_i)} = \varrho_{(Q_i)} \cdot k_i \Pi p_j^{\nu_j} \cong \varrho_{(Q_i)} \frac{kT}{h b_0} \exp\left(\frac{Q_i}{RT}\right) \Pi p_j^{\nu_j}. \tag{2}$$

Dabei ist c_i die Oberflächenkonzentration des Übergangskomplexes und τ_i seine mittlere Lebensdauer, also

$$k_i = \frac{kT}{h b_0} \exp\left(-\frac{Q_i}{RT}\right) = k_{0i}\, e^{-\frac{(Q_{i_0})}{RT}}, \tag{3}$$

wobei Q_{i_0} die Bildungsenergie des Ü.S. aus den Ausgangssubstanzen ist, äquivalent der Aktivierungsenergie E.

An einer inhomogenen Oberfläche laufen gleichzeitig Prozesse an Bereichen mit verschiedenen E-Werten ab. Solange man die Änderungen von k_{0i} gegenüber den Änderungen von $\exp(-E_i/RT)$ vernachlässigen kann, tritt der einfachste Typ des kontrollierenden Streifens auf: Ein unbewegter Streifen von einer Breite von einigen RT an der Seite kleiner E. Dem entsprechen kinetische Gleichungen, welche die Konzentrationen der reagierenden Substanzen in konstanten ganzen oder gebrochenen Potenzen enthalten, ferner eine konstante Aktivierungsenergie. Die Oberfläche als Ganzes ahmt eine homogene LANGMUIRsche nach, solange man die Vergiftung des Kontaktes durch Fremdsubstanzen oder Reaktionsprodukte vernachlässigen kann. In dieser Hinsicht ist die Situation völlig analog dem Bild, das wir früher für die durch eine Adsorption kontrollierten Prozesse entwarfen.

Neu ist die Möglichkeit höherer (zweiter bis dritter) und komplizierterer Ordnungen *. Von den Prozessen an wirklich-homogenen Oberflächen und von dem trivialen LANGMUIRschen Mechanismus unterscheidet sich der untersuchte Typ durch die Möglichkeit, daß einfache ganze Ordnungen in einem größeren Intervall von Druck und Zusammensetzung erhalten bleiben.

Wir werden noch nicht auf die Feinheiten eingehen, die auf den Eigentümlichkeiten der Konkurrenz der Molekeln des chemischen Übergangsgebildes (Ü. S.) und der stabilen Molekeln an der Oberfläche beruhen. Wir bemerken nur, daß das Hauptgewicht hierbei auf der Frage liegt, ob unveränderte Molekeln in das Ü. S. eingehen oder aber ihre Dissoziations- oder Assoziationsprodukte, und ferner, in welcher Anzahl dieser Eintritt erfolgt.

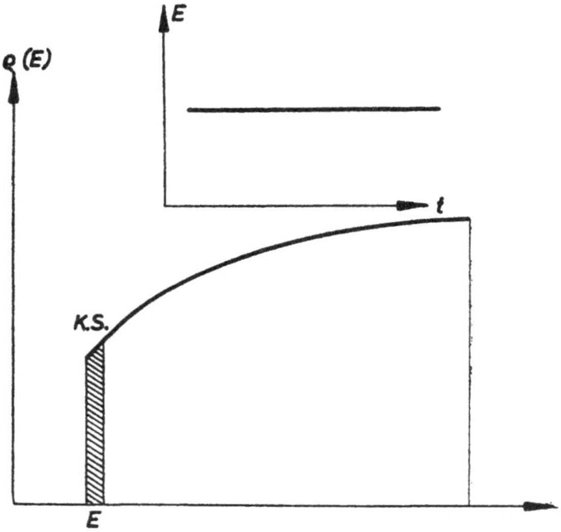

Abb. 278. Lage des kontrollierenden Streifens für die in Abb. 277 dargestellten Prozesse. Oben das Diagramm, das die Konstanz von E zeigt, unten Lage des festen kontrollierenden Streifens (schraffiert) im Diagramm $\varrho(E)$.

Zusammenfassend kann man sagen, daß für durch chemische Stadien kontrollierte Kontaktprozesse Übergangskomplexe, die gegenüber dem Anfangs- und dem Endzustand endotherm sind, die größte Bedeutung haben. Bei diesem Typ des Übergangskomplexes ähnelt die Kinetik des Prozesses der Kinetik an homogenen Oberflächen bei schwacher Adsorption (Abb. 278). Dies ist die Ursache für die einfachen ganzen Ordnungen und für die Konstanz der beobachteten Aktivierungsenergie. Diese stimmt in den meisten Fällen mit der Aktivierungsenergie der aktivsten Bereiche, d. h. der Bereiche mit der minimalen

---

* Solche Ordnungen würden bei Kontrolle durch eine Adsorption eine Assoziation bei dieser Adsorption voraussetzen.

Wir erwähnen den dritten Fall, in dem die Energie der Oberflächen-Übergangsform, des Ü. S., tiefer ist als die Energie einer der stabilen Verbindungen, aber höher als die der anderen.

Damit in diesem Fall das Ü. S. eine kontrollierende Rolle spielt, muß der Übergang von ihm zum darauffolgenden Zustand langsam erfolgen, und es dürfen keine zusätzlichen Schwellen vorhanden sein, was die Existenz gewisser besonderer Verbote oder Erschwernisse in der Korrelation der Bewegung der einzelnen Molekeln voraussetzt. Solange uns die Reaktionen unbekannt sind, für die ein solcher Mechanismus empirisch begründet ist, werden wir uns auf den Hinweis beschränken, daß die Kinetik der Prozesse der erörterten Art durch die Verteilung der Bereiche über die Geschwindigkeiten der kontrollierenden Etappe, die proportional sind den Wahrscheinlichkeiten für den entsprechenden kontrollierenden Übergang, bestimmt würde.

Aktivierungsenergie überein. Bei Exponentialverteilungen liegt im Gebiet tiefer Temperaturen die gleiche Situation vor; beim Übergang zu hinreichend hohen Temperaturen bildet sich der zweite Grenzfall heraus, nämlich der Fall einer Akrivierungsenergie, die den Punkten entspricht, die in größter Anzahl vorhanden sind und durch maximale E-Werte gekennzeichnet werden.

Neu ist die Stabilität der Ordnungen der Konzentrationen der Reaktionskomponenten, die die Zusammensetzung des Übergangskomplexes in einem großen Konzentrationsintervall wiedergeben, ferner die Möglichkeit der Unabhängigkeit von einer von ihnen, falls die betreffende Substanz nicht im Übergangskomplex vorhanden ist.

Hinsichtlich des Einflusses von fremden Kontaktgiften auf den Faktor vor dem Exponentialausdruck und hinsichtlich der Kinetik des Prozesses im Fall einer Selbstvergiftung durch Reaktionsprodukte unterscheiden sich die Vorgänge in keiner Weise von den durch eine aktivierte Adsorption kontrollierten Prozessen.

Grundsätzlich neu ist die Variante einer langsamen Ausnutzung des Übergangskomplexes, die unter geeigneten Bedingungen zu einer Proportionalität der Katalysegeschwindigkeit mit der Konzentration des adsorbierten Übergangskomplexes in Übereinstimmung mit seiner Isotherme (die für den betreffenden Verteilungstyp der Oberfläche hinsichtlich E und Q typisch ist) oder mit der Summe dieser Isothermen für die einzelnen Komponenten führen kann. Die Aktivierungsenergie wäre in diesem Fall das Ergebnis einer einfachen statistischen Mittelung über die ganze Oberfläche. Die Vergiftung durch Fremdgifte und Reaktionsprodukte würde einem monomolekularen Gesetz folgen.

Der dritte Fall der chemischen Übergangsformen mit einer Energie sowohl unterhalb der des Ausgangs- als auch der des Endzustandes schließlich ähnelt kinetisch sehr dem Typ der Desorptionskinetik, zu dessen Behandlung wir jetzt übergehen.

§ 2: *Kinetik der Prozesse, die durch eine Desorption oder eine Zerlegung der adsorbierten Verbindungen kontrolliert werden*

Das Kriterium für die Zugehörigkeit einer Reaktion zu dieser Gruppe ist das Vorhandensein eines stark endothermen Stadiums, das eine größere oder geringere Anzahl völlig reversibler Stadien abschließt. Schematisch ist dies in Abb. 279 dargestellt. Der Prozeß ist reversibel bis zur Bildung der adsorbierten Substanz x, diese kann eines der Reaktionsprodukte oder einen Komplex darstellen, der mehrere Molekeln der Reaktionsprodukte enthält. Die Substanz x verdampft dann endotherm unter Aufwendung einer Wärme Q oder wird endotherm in mehrere Molekeln zerlegt, und zwar mit der gleichen Wärmetönung. In Abb. 279 entspricht O dem Ausgangszustand, die Stadien I, II, III, IV, V, VI entsprechen reversiblen Zwischenformen, über die das System in den Zustand x übergeht; VIII stellt ein Zerfallsprodukt von Stadium VII dar (falls x ein zusammengesetzter Komplex ist); IX ist ein Desorptionsprodukt (falls x eine Molekel mit hoher Adsorptionswärme ist). Die gestrichelte Linie, die zu IX hinführt, entspricht einer Desorption der Zerfallsprodukte, die gestrichelte Linie von IX nach X der Abfuhr der Produkte von der Oberfläche.

Der ausgezogene Pfeil nach IX hin bedeutet den unmittelbaren Abtransport der Produkte ohne ein zusätzliches Stadium; vgl. auch Abb. 280.

Kinetisch kennzeichnend für den Prozeß sind in erster Linie die Eigenschaften der Substanz x. Infolge der reversiblen Bildung dieser Substanz kann das Ergebnis nicht von der Art und Weise der Bildung abhängen. Wir betrachten folgendes Hilfsschema des Prozesses:

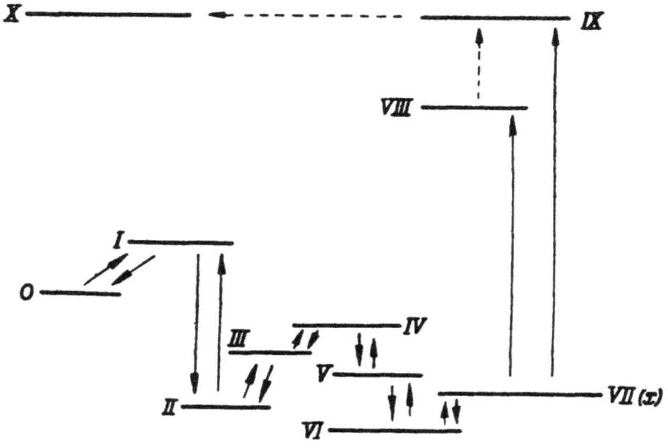

Abb. 279. Stadienschema eines katalytischen Prozesses mit abschließendem endothermen Stadium.

a) $\nu_A A + \nu_B B + + \cdots \rightleftarrows \cdots X_v$;

b) $X_v + S \rightleftarrows X_{\text{Ob}}$, (4)

stellen also zunächst die Bildung des Komplexes X_v im Volumen dar; er soll die gleichen Ausgangsmolekeln enthalten wie der Komplex X an der Oberfläche; darauf folgt die Adsorption an der Oberfläche unter Bildung der Substanz X_{Ob}.

Auf die erste Etappe lassen sich die üblichen Gesetze für Gasgleichgewichte anwenden:

$$p_{x_v} = \frac{p_A^{\nu_A} \cdot p_B^{\nu_B}}{K_x} = \frac{1}{K_x} \Pi p_i^{\nu_i}. \qquad (5)$$

Hierbei bedeutet der Buchstabe Π das Produkt der verschiedenen $p_i^{\nu_i}$ mit Exponenten entsprechend dem Massenwirkungsgesetz. Die Adsorption der Substanz X an einer homogenen Oberfläche liefert eine LANGMUIRsche Isotherme. Das gleiche gilt für jede Gruppe identischer Bereiche an einer zusammengesetzten Oberfläche:

$$\theta_{ix} = \frac{1}{1 + \frac{b_i}{p_{x_v}}} = \left\{1 + \frac{b_{0i} \exp\left[-\frac{Q_i}{RT}\right]}{p_{x_v}}\right\}^{-1}, \qquad (6)$$

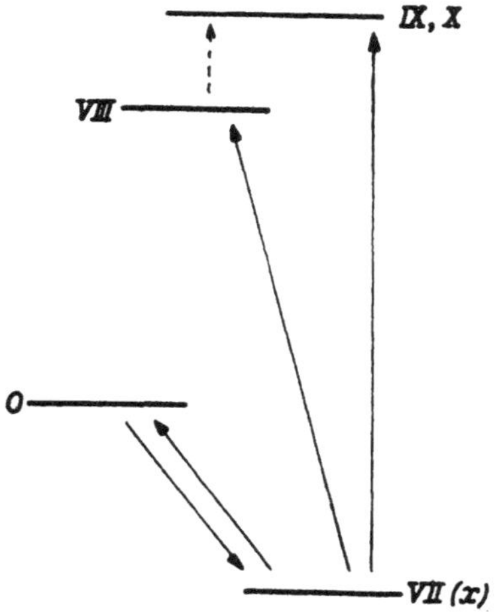

Abb. 280. Vereinfachtes kinetisches Schema, äquivalent zum Schema Abb. 279.

oder

$$\theta_{ix} = \frac{1}{1 + \frac{K_x b_{0i} \exp\left(-\frac{Q_i}{RT}\right)}{\Pi p_i^{\nu_i}}}. \qquad (7)$$

Dabei ist Q_i die Adsorptionswärme der Substanz x_v am i-ten Bereich, bezogen auf 1 Mol. Wir merken an, daß all dies in Abwesenheit einer Adsorption anderer Substanzen an denselben Bereichen gilt. Im allgemeinen Fall ist

$$\theta_{ix} = \frac{p_{x}}{b_{x_i}} \cdot \left[1 + \frac{p_{x_v}}{b_{x_i}} + \sum \frac{p_z}{b_z}\right]^{-1}, \tag{8}$$

wobei man statt P_{x_v} wieder $K_x^{-1} \Pi p_i^{\nu_i}$ setzen kann; man erhält dann

$$\theta_{ix} = \frac{1}{1 + \frac{K_x b_{xi}}{\Pi p_i^{\nu_i}}\left[1 + \sum \frac{p_z}{b_z}\right]}. \tag{9}$$

Ferner kann man offenbar K_x ersetzen durch

$$K_x = K_{0x} e^{+\frac{H}{RT}}, \tag{10}$$

wobei H die Wärmetönung der Reaktion ist. Setzen wir in (7) statt K_x den Wert aus (10) ein und vernachlässigen die Adsorption anderer Substanzen, so erhalten wir

$$\theta_{ix} = \left[1 + (\Pi p_i^{\nu_i})^{-1} K_0 b_{0i} \exp\left(-\frac{Q_i - H}{RT}\right)\right]^{-1} = \frac{1}{1 + \frac{B_i}{\Pi p_i^{\nu_i}}}, \tag{11}$$

wobei

$$B_i = K_0 b_{0i} \exp\left(-\frac{Q_i - H}{RT}\right) = B_{0i} \exp\left(-\frac{\overline{Q_i}}{RT}\right) \tag{12}$$

und

$$B_{0i} = K_0 b_{0i} \quad \text{und} \quad \overline{Q_i} = Q_i - H \tag{12a}$$

ist. Erfolgt an den gleichen Bereichen eine merkliche Adsorption anderer Gase, so ist

$$\theta_{ix} = \frac{1}{1 + \frac{B_i}{\Pi p_i^{\nu_i}}\left[1 + \sum \frac{p_z}{b_z}\right]}. \tag{13}$$

Formal sind die Gleichungen für θ_{ix} sehr ähnlich den Gleichungen für eine einfache Asdorption. Folgende Unterschiede sind dabei vorhanden:

1. An die Stelle der Adsorptionswärme Q (bei Konstanz von p oder v) tritt $\overline{Q_x}$, die Bildungswärme der Oberflächenform X_{Ob}.

2. An die Stelle des Partialdrucks p_A tritt das Produkt der Partialdrucke der Reaktionskomponenten in Potenzen, die der Anzahl der im Übergangsgebilde X vorhandenen verschiedenen Molekelsorten entsprechen.

3. Der Faktor b_0 vor dem Exponentialausdruck im Adsorptionskoeffizienten erhält einen anderen Zahlenwert und eine andere physikalische Bedeutung; er geht über in das Produkt aus b_0 und K_0.

Diese Unterschiede bringen jedoch wenig Neues in das qualitative Bild der Besetzung der inhomogenen Oberfläche.

Bei gegebener Temperatur und gegebenem Wert des Produktes $\Pi p_i^{\nu_i} \equiv \Pi_x$ wird das Bild bestimmt durch die Größe der Oberflächenadsorptionskoeffizienten B_i, die in erster Linie von $\overline{Q_x}$ abhängen.

Der Einfachheit halber nehmen wir an, daß für die ganze Oberfläche B_{i0} = const ist und daß die Adsorption aller übrigen Molekeln an der Oberfläche schwächer ist als die Adsorption von X. Infolge der exponentiellen Abnahme von B_i mit wachsendem $\overline{Q_x}$ müssen bei einer mehr oder weniger breiten Verteilung über $\overline{Q_x}$ an der Oberfläche die beiden Grenzwerte von θ_{ix} vorherrschen: $\theta_{ix} \cong 1$ und $\theta_{ix} = 0$, und nur in einem Streifen von der Größenordnung $4\,RT$ findet man Werte von θ_{ix}, die merklich von diesen beiden Grenzwerten abweichen.

Unter Benutzung der Methode, die wir schon früher in der Theorie der Adsorption reiner Gase und Gasgemische anwandten, können wir leicht zeigen, daß die wahre Besetzung der Oberfläche durch das Gas in guter Näherung durch eine Besetzung ersetzt werden kann, bei der für alle Bereiche mit $\overline{Q_x} \leqq -RT \cdot \ln \frac{\Pi_x}{B_0}$ nun $\theta_x = 1$ gilt, während für alle Bereiche mit $\overline{Q_x} \leqq -RT \cdot \ln \frac{\Pi_x}{B_0}$ $\theta_x = 0$ ist.

Die Grenze des besetzten Teils der Verteilung schneidet die eigentliche Grenzlinie bei $\theta_x = 0{,}5$, d. h. in deren Wendepunkt.

Mit wachsendem Produkt Π_x verschiebt sich die Grenze proportional dem Produkt des Logarithmus dieses Ausdruckes mit RT, und zwar in Richtung kleinerer $\overline{Q_x}$. Mit wachsender Temperatur[2]) verschiebt sich die Grenze proportional T in Richtung größerer $\overline{Q_x}$.

Das kontrollierende irreversible endotherme Stadium verbraucht die Substanz X mit einer Geschwindigkeit, die durch die Energie, die in dieses Stadium investiert ist, und die Faktoren vor den Exponentialausdrücken für jeden Bereichstyp bestimmt wird. Infolge der exponentiellen kinetischen Gleichungen ist für die beiden extremen Varianten des kontrollierenden Stadiums die Geschwindigkeit des Prozesses für jeden Bereich gleich dem Produkt

$$n_0 \varrho\,(\overline{Q_{xi}})\,\theta_{xi}\,k_0 \exp\left[-\frac{E_i}{RT}\right] \cdot \beta = n_x \cdot k_i\,, \tag{14}$$

wobei sich die Unterschiede auf verschiedene Größen des Ausnutzungskoeffizienten β reduzieren, der zur Berücksichtigung einer ergebnislosen Steigerung der Energie der i-ten Teilchen bis auf einen Energiewert oberhalb E_i eingeführt wird.

Da E_i exponentiell in die Gleichung für k_i eingeht, nimmt die Aktivität der Bereiche mit wachsendem E so schnell ab, daß für breite Verteilungen unter den gegebenen Bedingungen häufig nur ein mehr oder weniger homogener Teil der Bereiche mit optimaler Aktivierungsenergie oder mit optimalem Produkt $n_x k_i$ arbeitet, der in der Verteilung einen schmalen Streifen von einigen RT bildet. Die Analyse der Kinetik erfordert in erster Linie eine Ermittlung der Lage dieses kontrollierenden Streifens und seiner Beweglichkeit. Ähnlich ist das Bild bei der Desorptionskinetik, die im Teil II, Kapitel 4 eingehend behandelt wurde. Dies entbindet uns von der Notwendigkeit einer eingehenden Analyse der Voraussetzungen und erlaubt uns, unmittelbar zur Darlegung der Ergebnisse überzugehen.

Der Zustand, von dem aus der Zerfall oder die Desorption in dem untersuchten Fall erfolgt, darf nicht mit einer molekularen Adsorption identifiziert werden. Die Adsorptionswärme Q für solche Substanzen ist in der Regel nicht so groß, daß dieser Prozeß eine kontrollierende Rolle spielen könnte. Es handelt sich entweder um einen Zustand mit bedeutend geringerer Energie oder um einen aktivierten Adsorptionszustand, bei dessen Desorption eine Schwelle überwunden werden muß:

$$E_{i\,\mathrm{des}} = E_{i\,\mathrm{ads}} + Q_{i\,\mathrm{ads}}. \tag{15}$$

Dabei ist $E_{i\,\mathrm{des}}$ die Aktivierungsenergie der Desorption des Produktes, $E_{i\,\mathrm{ads}}$ die Aktivierungsenergie seiner Adsorption und $Q_{i\,\mathrm{ads}}$ die Wärmetönung dieser Adsorption, jeweils am i-ten Bereich. Außerdem kann das exotherme Gebilde X

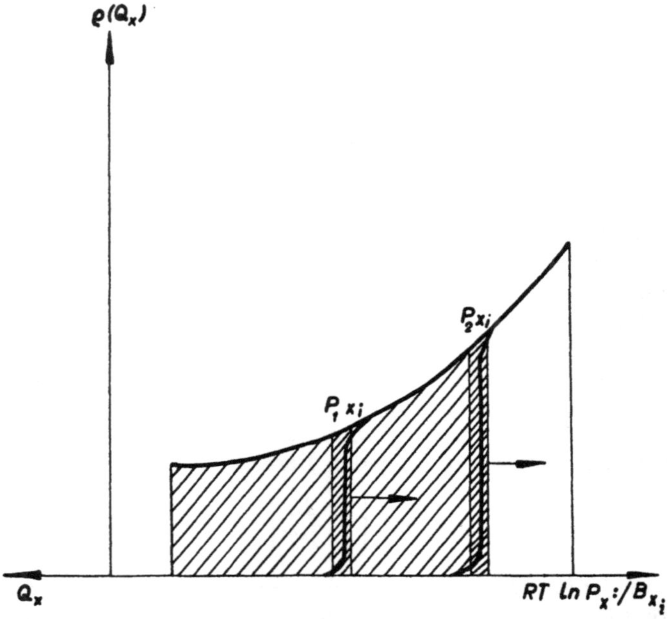

Abb. 281. Verteilung der Bereiche über die Bildungswärmen des exothermen Ü.S. und Besetzung für die verschiedenen Bereiche bei Variation von Π_{x_i}. Der vom Ü.S. besetzte Teil der Verteilung ist gestrichelt dargestellt. Die Lagen des kontrollierenden Streifens für $\Pi_{1\,x_i}$ und $\Pi_{2\,x_i}$ sind angedeutet.

mehrere Molekeln ein und derselben oder verschiedener Substanzen umfassen, was bei einer typischen Molekularadsorption auch nicht der Fall ist.

Wir betonen, daß der Komplex, von dem die Desorption ausgeht, nicht im Gleichgewicht mit den Reaktionsprodukten im Volumen steht und auch nicht stehen kann. Der Oberflächen-Ausgangszustand, mit dem die begrenzende Desorption oder der begrenzende Zerfall beginnt, wird durch eine gewisse Funktion im Verteilungsdiagramm gekennzeichnet. Wir stellen in Abb. 281 schematisch durch $\varrho(Q_x)$ die Verteilung der Bereiche über die Bildungswärmen des Komplexes X aus den Ausgangsmolekeln dar; diese Wärme ist $\overline{Q_x}$. Die spezifische Besetzung $\theta_{i\,x}$ der Bereiche durch das Produkt X wird dann bestimmt durch die Konkurrenz dieser Molekeln mit anderen Molekeln um die Oberfläche (vgl. Gleichung (13)].

Die kontrollierende Rolle der Desorption schließt nicht vollkommen die Möglichkeit vergleichbarer Werte von Q_{ads} für mehrere Gase aus; man nimmt aber am einfachsten an, daß Q_x um so viel größer ist als alle übrigen Adsorptionswärmen, daß für einen bestimmten Teil der Oberfläche

$$\frac{\Pi_x}{B_x} \gg \frac{p_z}{b_z} \tag{16}$$

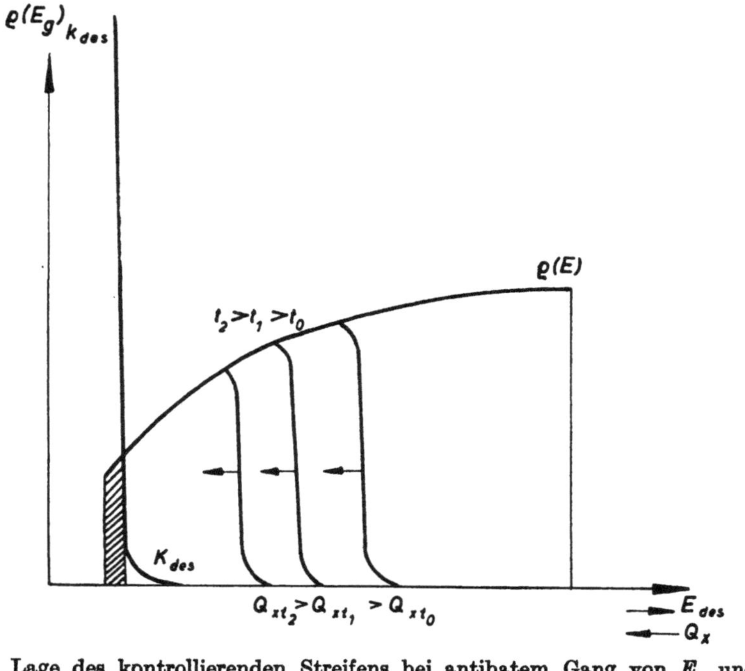

Abb. 282. Lage des kontrollierenden Streifens bei antibatem Gang von E_x und Q im Diagramm $\varrho(E)$ und Lage der Grenze des zu verschiedenen Zeiten vom Ü.S. besetzten Teils der Verteilung.

ist, und zwar für alle Substanzen. Unter diesen Bedingungen werden im Verteilungsdiagramm $\theta = \theta(\overline{Q}_x)$ die freien Bereiche von den besetzten durch einen schmalen Streifen von einer Breite von einigen RT und mit einem Grenzwert $\overline{Q}_x = -RT \cdot \ln \frac{\Pi_x}{B_x}$ getrennt. Gleichzeitig besteht auch eine Verteilung über E_{des} (Abb. 282), wobei jedem E_{des} ein bestimmter Wert

$$k = k_0 e^{-\frac{E_{des}}{RT}} \tag{17}$$

entspricht.

Die kinetische Situation wird bestimmt durch den Zusammenhang zwischen E_{des} und $\overline{Q}_x$. Sind diese beiden Größen antibat,

$$\begin{array}{c} \rightarrow E \\ \overline{Q}_x \leftarrow \end{array},$$

so liegen die Bereiche mit minimalen E_{des} auf der linken Seite der besetzten Verteilung. Die Grenze liegt am Rande und ist unbeweglich. Wir nehmen an, daß das Bildungsgleichgewicht von $\Pi_{x\,Ob}$ während der ganzen Reaktion erhalten bleibt; dann ändert sich unter statischen Bedingungen θ_x nach Maßgabe des Verbrauchs der Ausgangssubstanzen in Übereinstimmung mit dem Wert Π_x (Abb. 282). Rechts in der Verteilung liegen Gebiete, die frei vom Komplex X sind, jedoch bleibt die Geschwindigkeit des Prozesses konstant, da in den Randgebieten mit maximalem $\overline{Q}_x$ und minimaler Aktivierungsenergie E_{des} ein Wert von θ_x aufrecht erhalten wird, der nahezu gleich 1 ist; erst ganz zum Schluß des Prozesses ändert sich diese Lage stark (Abb. 283, 284).

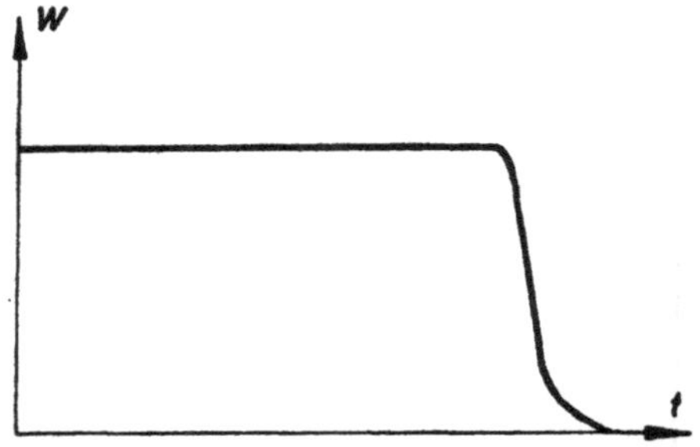

Abb. 283. Kinetik eines Prozesses unter statischen Bedingungen bei antibatem Gang von E und $\overline{Q}_x$. Zeitlicher Verlauf der Geschwindigkeit W des Prozesses.

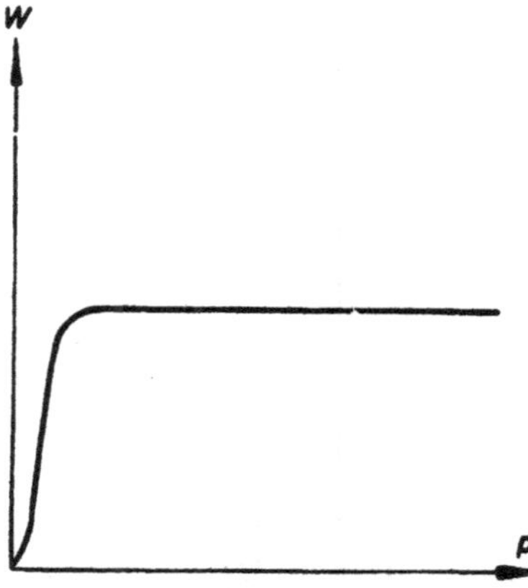

Abb. 284. Kinetik eines Prozesses unter statischen Bedingungen bei antibatem Gang von E und $\overline{Q}_x$. Abhängigkeit der Geschwindigkeit von P_i.

Prozesse dieser Art müssen von nullter Ordnung hinsichtlich aller Komponenten sein, die im Übergangskomplex enthalten sind. Eine nullte Ordnung hinsichtlich zweier Komponenten wurde in der Kinetik organischer katalytischer Reaktionen gelegentlich festgestellt, und zu ihrer Erklärung nahm man seine Zuflucht zu der Vorstellung einer unabhängigen Adsorption der beiden Gase an zwei verschiedenen Bereichsgruppen[3,4]). Diese Deutung enthält nichts Absurdes, jedoch ergibt sich aus unserer statistischen Konzeption die Möglichkeit einer anderen Erklärung, und zwar sowohl für homogene als auch für inhomogene Oberflächen. Mit anderen Worten, dieser spezielle Mechanismus ist nicht mehr verbindlich. Insbesondere erhält man für eine inhomogene Oberfläche bei einem einzigen Typ aktiver Bereiche mit einem Satz verschiedener Werte von $\overline{Q}_x$ leicht eine nullte Ordnung hinsichtlich zweier Komponenten. Die zweite Eigentümlichkeit dieser Deutung der nullten Ordnung besteht in der

Möglichkeit einer nullten Ordnung bei beliebiger Zusammensetzung des Übergangskomplexes, d. h. bei beliebiger elementarer Ordnung. Die Übergangsform kann zwei Molekeln der Substanz, die eine nullte Ordnung liefert, enthalten, oder sogar drei dieser Molekeln. Eine solche Deutung ist auch für homogene Oberflächen möglich. In dem behandelten Fall antibaten Ganges von E_{des} und $\overline{Q_x}$ ist die Aktivierungsenergie konstant und praktisch identisch mit der minimalen Aktivierungsenergie, die in der Verteilung vorkommt. Die ohne Vergiftung zu beobachtende Aktivität wird bestimmt durch die Geschwindigkeitskonstante des Zerfalls (der Desorption) an den aktivsten Bereichen. Von der Verteilung geht in die Gleichung nur ihre Höhe an dem Rand mit minimalen E-Werten ein, aber diese Größe ist an und für sich nicht charakteristisch für den Verteilungstyp; man kann also aus der Aktivität eines unvergifteten Kontaktes keine Rückschlüsse auf den Charakter der Inhomogenität ziehen.

Die Inhomogenität der Oberfläche kann sich bei der Vergiftung durch Fremdgifte oder bei der Selbstvergiftung durch Reaktionsprodukte geltend machen, falls infolge dieser Vergiftung die aktiven Bereiche ausscheiden, angefangen mit den aktivsten, wobei sich E schneller ändert als $Q_{\text{ads}\,G} > \overline{Q_x}$.

Eine Vergiftung des Kontakts liefert den größten Effekt bei symbatem Gang der Werte $\overline{Q_x}$ und $Q_{\text{ads}\,G}$ und bei einem Zusammenhang dieser beiden Wärmen und der Logarithmen der betreffenden Partialdrucke. Hierdurch ist eine Verdrängung des Komplexes x durch das Kontaktgift gewährleistet, in voller Übereinstimmung mit den Adsorptionsgesetzen für Gemische an inhomogenen Oberflächen, wie im Teil II dargelegt wurde[5,6]).

Die Abhängigkeit der Aktivität A von der vom aktiven Teil der Oberfläche adsorbierten Giftmenge G

$$A = A(G)$$

hat verschiedenen Charakter je nach dem statistischen Typ der inhomogenen Oberfläche und der Verteilung des Giftes über diese, die durch den Zusammenhang von E_{des} mit b_e und $\overline{Q_x}$ bestimmt wird (vgl. Kapitel 4).

§ 3. *Kinetik von Prozessen, die bei symbatem Gang von E_x und Q_x durch einen Zerfall oder eine Desorption kontrolliert werden*

Die Fälle symbaten und antibaten Ganges von E_x und $\overline{Q_x}$ sind offenbar etwa gleich häufig. In kinetischer Hinsicht sind diese beiden Fälle sehr verschieden. Wir betrachten wieder eine breite Verteilung, bei der gleichzeitig vollständig besetzte und völlig leere Bereichstruppen vorhanden sind (Abb. 285). Bei symbatem Gang von $\overline{Q_x}$ und E_x sind die Bereiche mit maximalem $\overline{Q_x}$ kinetisch uninteressant, da für diese Bereiche die Geschwindigkeitskonstante k minimal ist, und da der Anteil, den jede Bereichsgruppe am Gesamtprozeß hat, durch das Produkt der drei Funktionen $\varrho(Q)$, $\theta(Q_x)$ und $k = k_0 \exp(-E/RT)$ bestimmt wird. Innerhalb des schraffierten Gebietes sei $\theta(Q) \cong 1$. Da $\varrho(Q)$ sich wesentlich langsamer ändert als k, braucht man praktisch nur die Wirkung der Bereiche in dem Grenzstreifen, der an die freien Bereiche angrenzt, zu berücksichtigen, d. h. die Wirkung der freien Bereiche mit minimalen $\overline{Q_x}$ und E_x.

Links von dem Grenzstreifen ändert sich die Situation, da $\theta = \theta(Q)$ bei gleichzeitiger Zunahme von k abzunehmen beginnt, wobei beide Energien die Geschwindigkeit exponentiell beeinflussen.

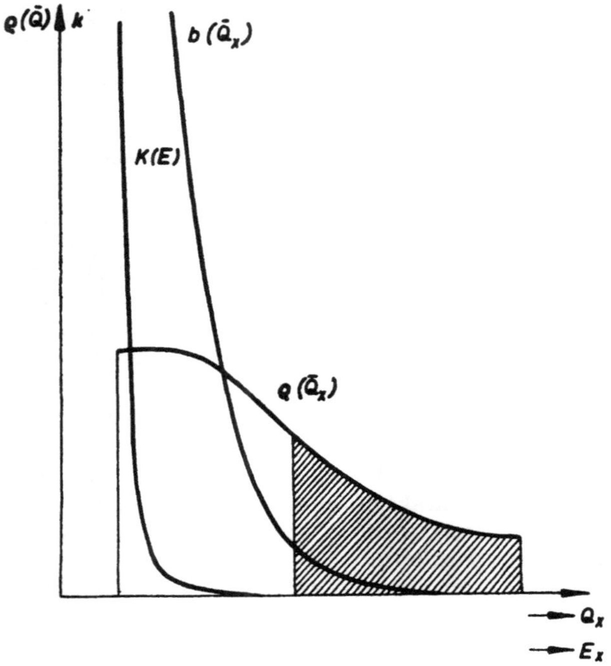

Abb. 285. Verteilung über $\overline{Q_x}$ bei symbatem Gang E_x und $\overline{Q_x}$. Der vom Ü.S. besetzte Teil der Verteilung ist schraffiert dargestellt; ferner sind die Werte k und b für die verschiedenen Bereiche dargestellt.

Es sind also zwei Fälle möglich.

a) Die Aktivierungsenergie E_x ändert sich schneller als die Bildungswärme $\overline{Q_x}$, und infolgedessen verdeckt das Anwachsen von $\exp(-E/RT)$ bei der Verschiebung von der Grenze aus nach links die Abnahme von

$$\varrho(E) \cdot \exp(+Q/RT)$$

(Abb. 286). Unter diesen Bedingungen liegt die entscheidende Bedeutung bei den Bereichen, die sich ganz am linken Rande der Verteilung befinden, also durch minimale E_x-Werte und minimale absolute Besetzungen θ_x gekennzeichnet werden. In diesem Falle liegt erstens der kontrollierende Streifen links und ist unbeweglich; zweitens ist die beobachtbare Aktivierungsenergie praktisch gleich der minimalen Aktivierungsenergie für die betreffende Oberfläche, also konstant, solange keine Vergiftung vorliegt. Unter diesen Bedingungen muß die beobachtbare Ordnung der Reaktion einfach eine feste VAN 'T HOFFsche sein:

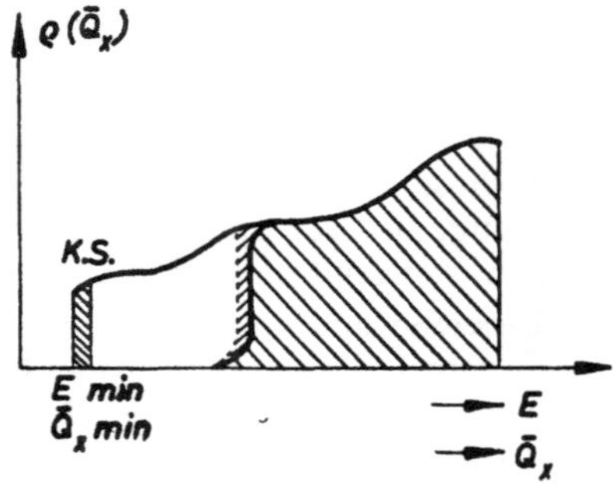

Abb. 286. Lage des kontrollierenden Streifens bei einem E_x, das sich schneller ändert als $\overline{Q_x}$. Punktiert dargestellt ist die Grenze der besetzten Bereiche. Das schraffierte Gebiet links ist der kontrollierende Streifen.

$$w = k p_A^{\nu_A} \cdot p_B^{\nu_B}, \quad (18)$$

wobei die Zahlenwerte der Exponenten vollständig durch die Natur der exothermen Übergangsform bestimmt werden.

Im Hinblick auf die Substanzen, die nicht in diesen Übergangskomplex eingehen, herrscht eine nullte Ordnung, im Hinblick auf die Substanzen, die eine Molekel in ihn entsenden, eine erste Ordnung, bei zwei Molekeln eine zweite Ordnung usw. Es sind auch halbzahlige Exponenten möglich, wenn dieser Komplex Dissoziationsprodukte von Molekeln in zwei Teile enthält*.

In der Regel unterscheidet sich die Ordnung nicht stark von der stöchiometrischen; erfolgt z. B. die Bildung von X in der Form

$$\nu_A A + \nu_B B + \cdots + S \rightleftarrows \nu_x X, \tag{19a}$$

ist ferner

$$p_x = \sqrt[\nu_x]{K p_A^{\nu_A} p_B^{\nu_B}}, \tag{19}$$

so gilt

$$\theta_{x\,\mathrm{ads}} = \Omega p_x e^{+\frac{Q_{\mathrm{ads}}}{RT}} = \frac{p_x}{b} \tag{20}$$

oder

$$w = k\theta_{x\,\mathrm{ads}} = k\,\frac{\sqrt[\nu_x]{K p_A^{\nu_A}\cdot p_B^{\nu_B}}}{b}. \tag{21}$$

Äußerlich ähnelt die Kinetik einer klassischen LANGMUIRschen bei kleinen Besetzungen oder der Kinetik einiger durch chemische Stadien begrenzter Prozesse.

Wir stellen auch fest, daß, falls in der Kinetik katalytischer Prozesse symbater bzw. antibater Gang von E_x und $\overline{Q}_x$ zu sehr großen Unterschieden führen, der Ausdruck für die Aktivität und die Vergiftungsgesetze für sie übereinstimmen.

Dies bezieht sich in dem Fall symbaten Verlaufs von E_x und $\overline{Q}_x$ auf ein E_x, das sich stärker ändert als $\overline{Q}_x$. Ganz anders liegen die Dinge in dem Fall, daß $\exp(-E/RT)$ bei einer Verschiebung über die Verteilung langsamer wächst, als das Produkt $\varrho(E)\cdot\exp(\overline{Q}_x/RT)$ abnimmt.

Im einfachsten Fall eines linearen Zusammenhanges zwischen E_x und $\overline{Q}_x$

$$E_x = E_0 + \alpha\overline{Q}_x \tag{22}$$

hängt alles in erster Linie von der Größe α ab:

$$\exp\left(-\frac{E_x - \overline{Q}_x}{RT}\right) = \exp\left(-\frac{E_0 + \alpha\overline{Q}_x - \overline{Q}_x}{RT}\right) =$$

$$= e^{-\frac{E_0}{RT}}\, e^{+\frac{\overline{Q}_x}{RT}(1-\alpha)} = A_0\, e^{+\frac{\overline{Q}_x}{RT}(1-\alpha)}. \tag{23}$$

Bei $\alpha > 1$ geht der Ausdruck (23) über in

$$A = A_0\, e^{-\frac{Q}{RT}(\alpha-1)}. \tag{24}$$

---

* Es ist nicht prinzipiell ausgeschlossen, daß der Übergangskomplex x auch Molekeln eines Reaktionsproduktes enthält, das in diesem Fall die Rolle eines Autokatalysators spielen würde. Derartige Prozesse verdienen eine gesonderte Betrachtung.

In diesem Fall wächst das Produkt mit abnehmendem Q. Bei $\alpha < 1$ ist umgekehrt der Exponent des Produkts $k\,\theta(Q)$, d. h. des Produkts $b_0 \exp\left[\frac{Q}{RT}(1-\alpha)\right]$ stets positiv, so daß also der ganze Ausdruck mit abnehmendem Q ebenfalls exponentiell abnehmen muß.

b) Ist das Anwachsen von $\exp(-E/RT)$ mit abnehmendem E nicht imstande, die Verringerung von $\exp(Q/RT)\cdot\varrho(E)$ zu kompensieren, so können die Bereiche, die wesentlich links von der Trennlinie liegen (Abb. 287) — gemeint ist die Linie, die in der Verteilung die besetzten von den leeren Bereichen trennt —, in der Kinetik keine wesentliche Rolle spielen. Der kontrollierende Streifen schließt an die Grenze an, die das Gebiet mit $\theta_x \cong 1$ von dem Gebiet mit $\theta_x \cong 0$ trennt, und nicht an die äußere Grenze der Verteilung wie in dem Fall, wo die Abnahme von E das Anwachsen von Q überdeckte. Diese Lage des kontrollierenden Streifens, der in bedeutendem Abstand von der Grenze der Verteilung „schwebt", muß zu einer eigentümlichen Kinetik führen.

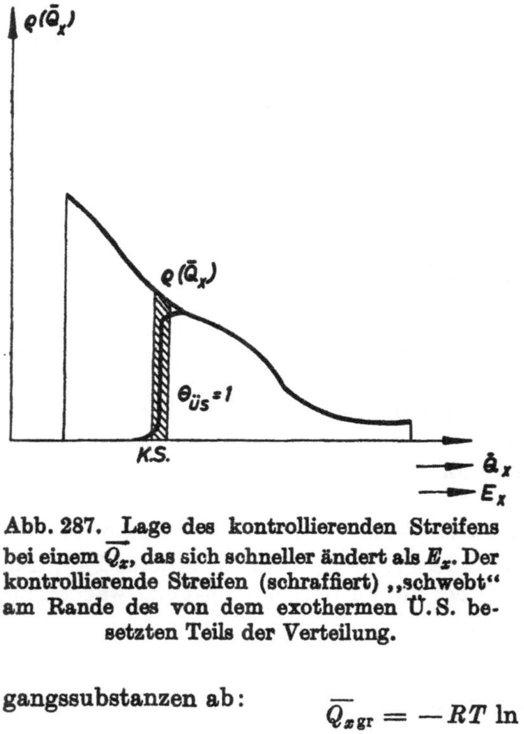

Abb. 287. Lage des kontrollierenden Streifens bei einem $\overline{Q_x}$, das sich schneller ändert als E_x. Der kontrollierende Streifen (schraffiert) „schwebt" am Rande des von dem exothermen Ü.S. besetzten Teils der Verteilung.

Bei konstanter Temperatur hängt die Lage des kontrollierenden Streifens und damit auch der Wert der beobachtbaren Aktivierungsenergie E logarithmisch von den Partialdrucken der Ausgangssubstanzen ab:

$$\overline{Q}_{x\,\mathrm{gr}} = -RT \ln \frac{\Pi_x}{B_x}, \tag{25}$$

nicht aber von den Partialdrucken der Reaktionsprodukte, falls diese nicht durch eine starke vergiftende Wirkung ausgezeichnet sind.

Bei linearem Zusammenhang zwischen Q_{gr} und E_x [siehe (22)], der aber durchaus nicht notwendig ist, führt eine derartige Änderung des Grenzwertes von Q, wie in der Theorie der durch eine aktivierte Adsorption begrenzten Prozesse bemerkt wurde, zu einer gebrochenen Potenz in der Abhängigkeit von Π_x, d. h. von den Partialdrucken der Substanzen, die den Komplex zusammensetzen:

$$E_x = E_0 + \alpha\overline{Q}_x = E_0 + \alpha RT \ln\left(\frac{B_x}{\Pi_x}\right). \tag{26}$$

Es ist also

$$e^{-\frac{E_x}{RT}} = e^{-\frac{E_0}{RT}}\, e^{-\alpha \ln \frac{B_x}{\Pi_x}} = A_0^1\, e^{\ln\left(\frac{\Pi_x}{B_x}\right)^{\alpha}} \tag{27}$$

oder
$$e^{-\frac{E}{RT}} = A_0^1 \left[\frac{\Pi_x}{B_x}\right]^a = A_0 \Pi_x^a. \tag{28}$$

Für die Mehrzahl der Verteilungen muß man hier noch einen schwächeren Einfluß der Größe Π_x/B_x auf den Faktor $\varrho(E)$, der in M_1 vorkommt, hinzufügen; man kann die Funktion $\varrho(E)$ ja als $\varrho_1(\overline{Q_x})$ oder $\varrho_2(\Pi_x/B_x)$ schreiben. Für Potenzverteilungen mit kleinen Werten von n kann man die Änderung von M_1 gegenüber der von Π_x^a vernachlässigen. Der Wert M_1 ist streng konstant bei $n = 0$, d. h. bei gleichmäßig inhomogenen Verteilungen; im Gegensatz dazu ist für Exponentialverteilungen infolge des Auftretens des Faktors $e^{+a_1 E}$ in $\varrho(E)$

$$M_1 = M_0^1 e^{+a_1 E_0} e^{+a_1 a RT \ln \frac{B_x}{\Pi_x}}, \text{ oder } M_1 = M_0 \Pi_x^{-a_1 a RT} = \frac{M_0}{\Pi_x^m}. \tag{29}$$

wobei $m = a_1 a RT$ ist, oder

$$w = M_1 e^{-\frac{E}{RT}} = M_0 A_0 \Pi_x^{(a-m)} = k \Pi_x^{a-m} = k \Pi_x^{m_1}. \tag{30}$$

Die Reaktionsgeschwindigkeit ist also eine Potenzfunktion von Π_x (Abb. 288). Bei einfachen Potenzverteilungen über E und Q führt die Änderung von M_1 zu Abweichungen von der einfachen Potenzabhängigkeit, die um so stärker sind, je größer n ist.

Bei einer Exponentialverteilung führt die Änderung von Q zum Auftreten eines Zuwachsfaktors $(\Pi_x/B_x)^{-a_1 a RT}$ in der Abhängigkeit, die im ganzen Potenzcharakter behält, aber mit einem verringerten Exponenten von Π_x (dieser nimmt gerade um den Wert $m = -a_1 a RT$ ab). Die resultierenden Potenzen $a RT$ oder $a - m$ sind im allgemeinen Fall gebrochen. Da die Größe Π_x in diese Potenz erhoben wird, tauchen die gebrochenen Potenzen nur für die Komponenten auf, die sich an der Bildung des Adsorptionskomplexes beteiligen, wobei, falls der Komplex mehrere Molekelsorten enthält, für jede davon ein eigener Wert m_i auftreten kann:

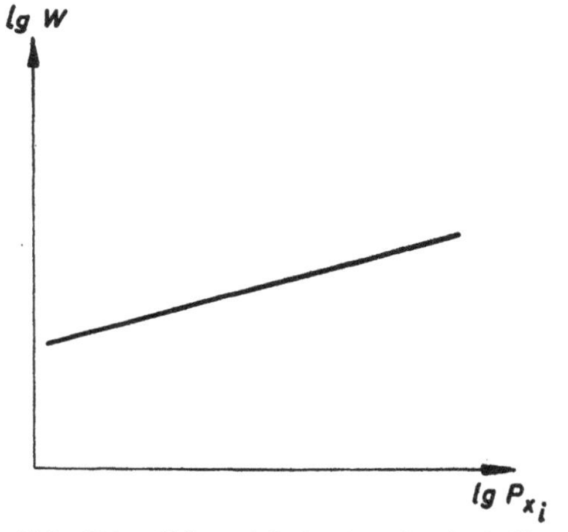

Abb. 288. Abhängigkeit der Geschwindigkeit vom Produkt der Partialdrucke der Reaktionskomponenten in doppeltlogarithmischer Darstellung.

$$w = k p_A^{m_A} \cdot p_B^{m_B}. \tag{31}$$

Dabei müssen aber die Verhältnisse $m_A : m_B$ usw. einfache (meistens ganze) Zahlen bilden, etwa 2; 3; 1/2; 2/3; sie geben unmittelbar das Verhältnis der Molekelanzahlen der betreffenden Sorten im Adsorptionskomplex an.

Die nächste interessante Eigentümlichkeit der Prozesse mit „schwebendem" kontrollierenden Streifen besteht in ihrer verringerten Vergiftbarkeit. Zur Blockierung eines Streifens, der an einem beliebigen Rande der Verteilung liegt, läßt sich verhältnismäßig leicht ein geeignetes Kontaktgift finden. In gewissen Fällen ist hierzu ein symbater, in anderen ein antibater Gang der Adsorptionswärme des Giftes mit dem E oder dem $\overline{Q_x}$ des betreffenden Adsorptionsgebildes erforderlich. Hierbei sind beide Typen des Zusammenhanges real und hängen in erster Linie von der Natur der Kräfte ab, die bei der Adsorption der Substanzen wirken. Der symbate oder antibate Gang ihrer Adsorptionswärmen bestimmt die Blockierungsfolge der Bereiche verschiedener Aktivität.

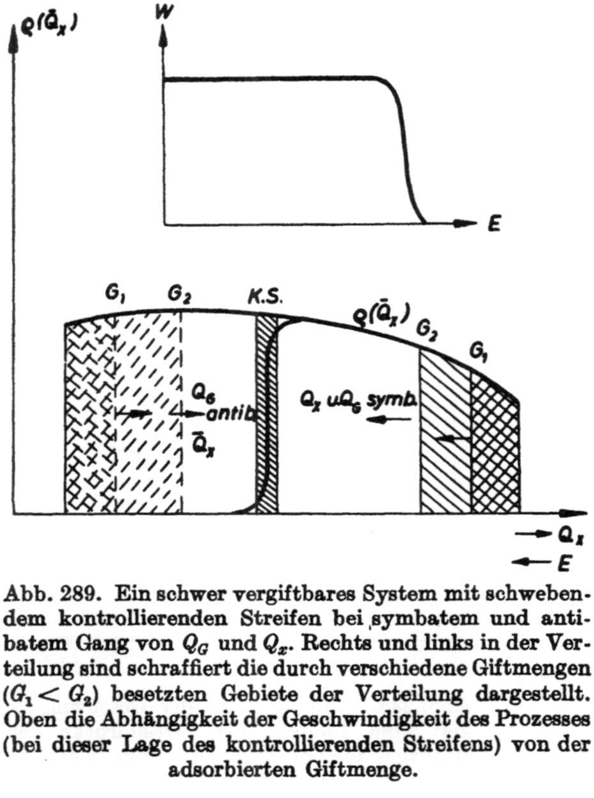

Abb. 289. Ein schwer vergiftbares System mit schwebendem kontrollierenden Streifen bei symbatem und antibatem Gang von Q_G und Q_x. Rechts und links in der Verteilung sind schraffiert die durch verschiedene Giftmengen ($G_1 < G_2$) besetzten Gebiete der Verteilung dargestellt. Oben die Abhängigkeit der Geschwindigkeit des Prozesses (bei dieser Lage des kontrollierenden Streifens) von der adsorbierten Giftmenge.

Falls der kontrollierende Streifen weit von beiden Rändern der Verteilung entfernt „schwebt" (Abb. 289), sind sowohl Substanzen, deren Adsorptionswärme sich symbat mit $\overline{Q_x}$ ändert, als auch solche mit Adsorptionswärmen, die antibat zu $\overline{Q_x}$ sind, nur von geringer Wirksamkeit für eine reversible Vergiftung. Werden sie in geringer Menge eingeführt, so blockieren sie nur entweder die Bereiche an der rechten Flanke des besetzten Teils der Verteilung, die infolge ihrer hohen E-Werte unwirksam sind (falls das Q des Giftes symbat mit $\overline{Q_x}$ ist), oder aber sie blockieren die Bereiche an der linken Flanke des unbesetzten Teiles der Verteilung, die wegen ihres kleinen $\overline{Q_x}$ unwirksam sind (bei antibatem Verlauf von $\overline{Q_x}$ und E). In dieser Hinsicht unterscheiden sich die Prozesse mit „schwebendem" kontrollierendem Streifen in vorteilhafter Weise von allen übrigen.

§ 4: *Schluß*

In diesem und dem vorangegangenen Kapitel haben wir ohne detaillierte mathematische Ableitungen die Hauptvarianten der katalytischen Kinetik an inhomogenen Oberflächen behandelt; in Tabelle 22 sind sie zusammengestellt *. Die Tabelle zeigt, daß es folgende kinetische Typen gibt:

Gruppe I: Prozesse, die ohne Verminderung der Aktivität im Laufe der Reaktion infolge Blockierung oder Alterung verlaufen. Hierbei sind möglich: 1. Eine VAN 'T HOFFsche Kinetik (d. h. die Nachahmung einer homogenen Reaktion). 2. Eine LANGMUIR-SCHWABsche Kinetik, d. h. Nachahmung einer Kinetik an einer homogenen Oberfläche. 3. Feste nullte Ordnung. 4. Auftreten der Konzentration in Form einer festen gebrochenen Potenz. 5. Eine Kinetik mit einer Geschwindigkeit proportional Φ^n.

Gruppe II: Prozesse, die mit einer Blockierung durch Produkte oder einer Alterung des Kontaktes verbunden sind. Für die Prozesse dieser Gruppe sind möglich: 6. LANGMUIR-SCHWABsche Gleichungen für die Blockierung durch Reaktionsprodukte. 7. Eine Adsorptionskinetik. 8. Negative gebrochene Potenzen für die Konzentrationen der reversibel vergiftenden Endprodukte der Reaktion. 9. Negative gebrochene Potenzen für die Konzentrationsprodukte der entstehenden Substanzen.

Die statische Analyse zeigt, daß die kinetischen Eigenschaften der Reaktion in erster Linie bestimmt werden durch

1. die Natur des kontrollierenden Stadiums;

2. die Form des Funktionalzusammenhanges zwischen den energetischen Ausgangsgrößen, d. h. zwischen den Aktivierungsenergien und den Wärmetönungen, mit denen die Entstehung der entsprechenden Oberflächengebilde bei der Einwirkung der Ausgangsmolekeln auf den festen Körper verbunden ist; in erster Linie kommen symbater oder antibater Gang dieser Energien entscheidend in Betracht. Innerhalb jeder großen kinetischen Gruppe hängen die Werte der Koeffizienten und die konkrete Form der kinetischen Gleichungen ab von

3. der molekularen Zusammensetzung der Halbgleichgewichtszwischengebilde, deren quasi-irreversible Umwandlung die Geschwindigkeit des Prozesses bestimmt;

4. der konkreten Form der Verteilungsfunktion der Oberflächenbereiche über die betreffende Energie.

Für alle betrachteten Fälle kann man unter Benutzung der Methode des kontrollierenden Streifens ohne Schwierigkeit die kinetischen Grundbeziehungen ableiten; sie ergeben sich eindeutig, wenn die oben angeführten vier Punkte geklärt sind. Das umgekehrte Problem der Herleitung des Stadienschemas, der primären energetischen Beziehungen usw. aus den kinetischen Daten läßt sich jedoch nicht ganz eindeutig lösen. In einigen Fällen können zwei oder sogar drei Varianten der Verknüpfung von Stadien zum gleichen makroskopischen kinetischen Bild führen. Am schwächsten drückt sich in der Kinetik der Typ der Verteilungsfunktion aus; zu seiner genaueren Feststellung sind zusätzliche Kriterien erforderlich, in erster Linie Experimente mit Vergiftung und Selbstvergiftung des Katalysators durch meßbare Giftmengen. Übrigens führen auch diese Kriterien nicht immer zum Ziel.

In der Kinetik der Prozesse an inhomogenen Oberflächen spielt die Nachahmung einer LANGMUIRschen Kinetik, die für Kontaktprozesse an homo-

* Eine eingehendere Darlegung der statistischen Theorie der Kinetik von Kontaktprozessen an breit inhomogenen Oberflächen wird an anderer Stelle unter Benutzung der analytischen Variante der Methode des kontrollierenden Streifens durchgeführt.

TABELLE 22

Kinetische Klassifikation der Kontaktreaktionen

Reaktionstyp	Charakter der kinetischen Gleichungen
I. Prozesse an homogenen oder nahezu homogenen Oberflächen	
1. Reaktionen ohne Blockierung durch Reaktionsprodukte.	Übliche LANGMUIR-SCHWABsche Kinetik mit der Möglichkeit einer Nachahmung einer VAN 'T HOFFschen Kinetik bei der Kontrolle durch die Adsorptionsstadien.
2. Reaktionen mit Blockierung durch stabile Produkte.	LANGMUIR-SCHWABsche Kinetik mit Selbstvergiftung. In den kinetischen Gleichungen tritt p_x in erster oder höherer Potenz auf, in Anhängigkeit von der Ordnung der Reaktion hinsichtlich der spezifischen Besetzungen Φ_i.
3. Reaktionen mit Blockierung durch eine Zwischensubstanz, die im Halbgleichgewicht mit stabilen Endprodukten der Reaktion steht.	In den kinetischen Gleichungen tritt das Produkt Πp_{xi}, erhoben in eine kleine ganze oder eine einfache gebrochene Potenz auf.
II. Prozesse an breit inhomogenen Oberflächen	
A. Durch eine Adsorption kontrollierte Prozesse	
1. Reaktionen ohne Selbstvergiftung.	Kontrollierender Streifen bei $E_{\min}$. Nachahmung einer VAN 'T HOFFschen Kinetik in einer Ordnung, die die Zusammensetzung des Übergangskomplexes widerspiegelt.
2. Die Reaktion verläuft unter irreversibler Zerstörung oder irreversibler Vergiftung der reagierenden Bereiche.	Adsorptionskinetik ähnlich der einer irreversiblen Adsorption. Die Aktivierungsenergie wächst meist direkt proportional dem Logarithmus der Zeit. Die konkrete Form der kinetischen Gleichung wird bestimmt durch den Typ der Verteilungsfunktion (parabolische, logarithmische usw. Kinetik).
3. Die Reaktion verläuft unter reversibler Selbstvergiftung durch stabile Endprodukte der Reaktion.	In Abhängigkeit von Korrelation oder Nichtkorrelation der Verteilung des Giftes hinsichtlich k oder E kann vorliegen: a) Bei nichtkorrelierender Verteilung des Giftes bei einer Abnahme von γ_i, die stärker wirkt als das Anwachsen von k infolge $\alpha < 1$: Nachahmung einer LANGMUIR-SCHWABschen Kinetik. b) Der gleiche Typ der kinetischen Abhängigkeit bei Vorhandensein kritischer Grenzen hinsichtlich der Menge des bremsenden Produktes. Antibate Verteilung: Die aktivsten Bereiche werden zuletzt blockiert. c) Negative Bruchpotenzen der Volumkonzentration des vergiftenden Reaktionsproduktes (bei einer Blockierung, die bei den aktivsten Bereichen beginnt).

Reaktionstyp	Charakter der kinetischen Gleichungen
4. Die Reaktion verläuft unter reversibler Blockierung durch ein Zwischenprodukt.	In Abhängigkeit vom Typ der Korrelation sind alle oben aufgeführten Typen möglich, jedoch tritt überall an Stelle des Partialdrucks p_x das Konzentrationsprodukt Πp_i auf. Kennzeichnend ist das Auftreten fester gebrochener Potenzen dieses Produkts. Hieraus resultieren die festen Bruchpotenzen von p_{x1}, p_{x2} usw.

B. Prozesse, die durch abschließende endotherme Oberflächenstadien kontrolliert werden, d. h. durch eine Desorption, den Zerfall exothermer Oberflächengebilde usw.

1. Die Aktivierungsenergie der endothermen Etappe und die Wärmetönung der Bildung der exothermen Oberflächenform sind antibat.	a) Für Reaktionen ohne Selbstbremsung besteht eine nullte Ordnung hinsichtlich aller Komponenten, die im Übergangskomplex enthalten sind. b) Bei reversibler Selbstvergiftung durch Reaktionsprodukte ist eine reziproke Potenzabhängigkeit von der Konzentration dieser Produkte möglich. c) Bei irreversibler Vergiftung durch Produkte ändert sich die Menge der reagierenden Substanz proportional $\ln t$; $t^{1/n}$ usw. in Abhängigkeit vom Verteilungstyp.
2. Die Aktivierungsenergie der abschließenden endothermen Etappe und die Bildungswärme der exothermen Übergangsform sind symbat.	a) E ändert sich schneller als Q. Der kontrollierende Streifen liegt fest bei den minimalen E- und Q-Werten. VAN 'T HOFFsche Kinetik. b) E ändert sich langsamer als Q. Der kontrollierende Streifen ist beweglich und „schwebt", ohne einen der Ränder der Verteilung zu berühren. Feste Bruchpotenzen der Konzentrationen der Ausgangssubstanzen. Die Exponenten der einzelnen Komponenten entsprechen der Zusammensetzung des exothermen Zwischengebildes. Die beobachtbare Aktivierungsenergie ist konstant und höher als die Aktivierungsenergie des kontrollierenden Streifens. c) E und die Umwandlungsgeschwindigkeit sind unabhängig von Q. In diesem bisher nur hypothetischen Fall ist die Geschwindigkeit proportional dem von der exothermen Zwischensubstanz besetzten Bruchteil der Gesamtfläche. Für den Übergang zu den Konzentrationen der Ausgangssubstanzen führt man in die kinetische Gleichung Φ explicite als Funktion der Ausgangskonzentrationen ein.

C. Prozesse, die durch die Umwandlung endothermer chemischer Zwischengebilde an der Oberfläche kontrolliert werden.

Nicht näher behandelt, da keine experimentellen Daten vorliegen, die auf das Vorhandensein eines solchen Typs hinweisen. In Abhängigkeit von Vorliegen oder Fehlen einer Blockierung und dem Charakter der Korrelation zwischen E und Q sind eine VAN 'T HOFFsche Kinetik, eine LANGMUIR-SCHWABsche Kinetik und eine Kinetik mit Bruchpotenzen möglich.

genen Oberflächen kennzeichnend ist, eine große Rolle. Jedoch sind trotz der äußerlichen Ähnlichkeit die eigentlichen homogenen Oberflächen und die inhomogenen, die sie nachahmen (die quasihomogenen) in kinetischer Hinsicht durchaus nicht identisch, und bei genauerer Analyse läßt sich die Inhomogenität leicht entdecken.

Eine statistische Deutung der Bruchpotenzen in der Kontaktkinetik wurde schon vor längerer Zeit von TJOMKIN gegeben; seine Arbeit [8]) war eine wesentliche Etappe in der Entwicklung unseres Gebietes, obwohl sie einzelne Vorstellungen enthielt, mit denen man heute kaum noch einverstanden sein kann. Die festen Bruchpotenzen bilden eine allgemeine Eigenschaft der Prozesse mit „schwebendem" kontrollierenden Streifen bei linearem Zusammenhang zwischen Q und E.

Den zweiten ebenso charakteristischen Typ der Prozesse an inhomogenen Oberflächen bilden die Prozesse mit einer Ausbeute, die proportional einer konstanten gebrochenen Potenz der Zeit ist, und mit einer Kinetik, die eine Adsorptionskinetik an stark inhomogenen Oberflächen nachahmt. Wir sahen, welche große Bedeutung die Lage des kontrollierenden Streifens hat. Bei festem kontrollierendem Streifen an dem Rande minimaler E- und maximaler Q-Werte (antibater Verlauf), müssen die Gesetzmäßigkeiten der VAN 'T HOFFschen Kinetik streng erfüllt sein. Bei einer Lage an dem Rand mit minimalen E- und minimalen Q-Werten (symbater Verlauf) tritt nullte Ordnung von der oben angedeuteten Art auf, und bei einem in einiger Entfernung vom Rand „schwebenden" Streifen kommen stabile Bruchpotenzen in Betracht. In diesen Fällen können weder die LANGMUIRschen Gleichungen noch die mit Brüchen vom Typ

$$w = k\left[\frac{a p_1}{1+\Sigma a_i p_i}\right]^{\nu_1}\cdot\left[\frac{a_j p_j}{1+\Sigma a_i p_i}\right]^{\nu j} \qquad (32)$$

gute Näherungen darstellen. Ihre Nachahmung ist nur eine Folge der Übereinstimmung der Extremfälle der LANGMUIRschen Kinetik, die sehr kleiner und sehr großer Adsorption entsprechen, mit den strengen Lösungen für einige verbreitete Varianten der Kinetik an inhomogenen Oberflächen.

Literatur

1. Рогинский, С. З., Доклады Академии Наук СССР (S. S. ROGINSKI, C. R. Acad. Sci. URSS), **47**, 430 (1945).
2. Рогинский, С. З., Журнал Физической Химии (S. S. ROGINSKI, J. physik. Chem.), **19**, 185 (1945).
3. Лозовой, А. В., и Дьякова, М. К., Журнал Общей Химии (A. W. LOSOWOI, M. K. DJAKOWA, J. allg. Chem.), **7**, 2964 (1937).
4. Баландин, А. А., Известия Академии Наук СССР, Отделение Химических Наук (A. A. BALANDIN, Bull. Acad. Sci. URSS, Cl. Sci. chim.), 339 (1945).
5. Рогинский, С., и Тодес, О. (S. ROGINSKI und O. TODES, Acta physicochim. URSS), **20**, 307 (1945).
6. Рогинский, С., и Тодес, О. (S. ROGINSKI und O. TODES), Acta physicochim. URSS, **20**, 695 (1945).
7. Рогинский, С. З., Доклады Академии Наук СССР (S. S. ROGINSKI, C. R. Acad. Sci. URSS), **47**, 497, 579 (1945).
8. Темкин, М. И., Журнал Физической Химии (M. I. TJOMKIN, J. physik. Chem.) **15**, 296 (1941).

KAPITEL 4

Vergiftung von Kontakten durch Blockierung

§ 1: *Grundannahmen*

Man kann die Probleme, die bei der Entwicklung der Theorie der katalytischen Erscheinungen auftreten, in zwei Hauptgruppen einteilen.

Die erste Gruppe umfaßt die Probleme, die mit dem Katalysator selbst, diesem Hauptwerkzeug der Chemie zur Verwirklichung gewünschter Prozesse, zusammenhängen. In diese Gruppe gehören: Die Wahl des Katalysators auf rationeller wissenschaftlicher Grundlage, das Problem der Aktivität des Katalysators, das Problem der Herstellung von Kontakten mit gegebenen Eigenschaften und alle Fragen, die mit Struktur und Eigenschaften der Katalysatoren zusammenhängen.

Die zweite Gruppe umfaßt die Probleme, die mit dem katalytischen Prozeß zusammenhängen. Wir erwähnen das Problem der katalytischen Mechanismen und das Problem der Aufstellung von Gesetzen für den zeitlichen Ablauf katalytischer Prozesse.

Zwischen diesen beiden Gruppen stehen die Probleme, die mit dem Einfluß von Zusätzen, die in Abhängigkeit von der Art ihrer Wirkung als Kontaktgifte, Promotoren, Aktivatoren usw. bezeichnet werden, auf den Katalysator und den katalytischen Prozeß zusammenhängen. Diese Erscheinungen lassen sich mit gleichem Recht zu jeder der genannten Gruppen zählen und spielen in der angewandten Katalyse eine hervorragende Rolle. Wir brauchen nur daran zu erinnern, daß ohne Beseitigung der Arsenikvergiftung von Platinkontakten durch eine verbesserte Reinigung des Schwefeldioxyds keine Kontaktschwefelsäureindustrie denkbar wäre, daß die Einführung von Aluminiumoxyd und Kaliumoxyd-Zusätzen in Eisen zur Lösung des Problems der technischen Katalysatoren der Ammoniaksynthese führte und daß die erfolgreiche industrielle Verwirklichung der Kohlenwasserstoffsynthese auf der Entdeckung von Methoden zur Senkung des Gehalts an Schwefelverbindungen, die den Katalysator vergiften, von einigen Gramm pro Kubikmeter bis zu einigen tausendstel Milligramm im gleichen Volumen beruht.

Nach der üblichen Behandlungsweise sind die positive (verstärkende) und die negative (vergiftende) Wirkung von Zusätzen auf einen Kontakt leicht voneinander zu unterscheiden und gründen sich auf prinzipiell verschiedene Mechanismen: Der Vergiftung liegt eine Blockierung eines Teils der Kontaktoberfläche zugrunde, der dadurch von der Teilnahme am Prozeß ausgeschlossen ist. Hierbei werden keine neuen Bereiche an der Oberfläche erzeugt, und der Teil der Oberfläche, der der Blockierung entgangen ist, arbeitet mit den gleichen Koeffizienten wie vor der Vergiftung. Im Gegensatz dazu werden für die positive Wirkung eines Zusatzes andere Gründe verantwortlich gemacht. In gewissen Fällen verknüpft man die Promotorwirkung mit dem Auftreten neuer Formen an der Oberfläche, beispielsweise mit dem Auftreten von Korngrenzen zwischen den Kristalliten des Katalysators und denen des Promotors oder mit der Bildung einer Oberflächenlegierung des Promotors mit dem Katalysator; in anderen Fällen schreibt man dem Promotor die Fähigkeit zu, die Kinetik und die Topographie des Herstellungsprozesses zu beeinflussen, und zwar durch Erzeugung disperserer oder kompakterer Festkörper; manchmal schließlich behandelt man die verstärkenden Zusätze als Stabilisatoren, die den Kontakt vor der Rekristallisation bewahren usw. Bei einer solchen Behandlungsweise haben Vergiftung und Promotorwirkung nichts miteinander zu tun. Man beobachtete aber schon vor geraumer Zeit einzelne Tatsachen, die mit dieser Vorstellung schlecht übereinstimmten. In letzter Zeit ist ihre Zahl so stark angewachsen, daß eine Revision der erwähnten Anschauungen nicht mehr zu umgehen ist.

Wir beschäftigen uns mit diesen Fragen im Kapitel 5, das der kritischen Gegenüberstellung der Theorie mit den experimentellen Daten über den Einfluß von Zusätzen auf die katalytische Aktivität der Festkörper gewidmet ist. In diesem Kapitel beschäftigen wir uns mit den Grenzen der allgemein verbreiteten Ansicht, daß die Vergiftung das Ergebnis einer Blockierung eines Teils der Katalysatoroberfläche durch ein Kontaktgift ist. Neu ist hierbei die Berücksichtigung der Abänderungen der üblichen Theorie der Vergiftung, die infolge der Inhomogenität der Oberfläche hinsichtlich der kinetischen und Adsorptionskoeffizienten notwendig werden. Wir betonen, daß die Grundanschauungen und Schlußfolgerungen der Theorie der Vergiftung durch Blockierung in gleichem Maße auf alle Oberflächenerscheinungen anwendbar sind, deren Größe als Summe der kleinen Größen dargestellt werden kann, die die entsprechende Erscheinung an den einzelnen Bereichen der Oberfläche kennzeichnen; insbesondere gibt es eine Vergiftung der Adsorption, die Gesetzen gehorcht, die den Gesetzen der Vergiftung von Katalysatoren, der „Vergiftung“ und der „Promotorwirkung“ bei Lumineszenz, Elektronenemission usw. sehr ähneln.

Qualitativ wird die Inhomogenität der Oberfläche der Katalysatoren bei der Behandlung von Vergiftungsprozessen schon seit mehr als zwei Jahrzehnten berücksichtigt. Bis in die allerletzte Zeit gab es jedoch keine ausgearbeitete Theorie zur Berücksichtigung dieser Inhomogenität. Unter Benutzung der in dieser Monographie entwickelten Methoden kann man ohne Schwierigkeit eine Vergiftung durch Blockierung wesentlich genauer analysieren, als das vor der Entwicklung der Methode des kontrollierenden Streifens möglich war.

Da wir jedoch der Vergiftung durch Blockierung nur eine beschränkte Bedeutung beimessen und die Dürftigkeit der experimentellen Daten, die in qualitativer Übereinstimmung mit diesem Mechanismus stehen, berücksichtigen, beschränken wir uns auf eine vorläufige Darstellung der statistischen Theorie dieses Vergiftungstyps; bezüglich der Einzelheiten verweisen wir auf die Zeitschriftenliteratur[1,9]).

§ 2: *Die Blockierung der Oberfläche*

Die zahlreichen konkreten Varianten dieser weitverbreiteten Erscheinung lassen sich auf drei Grenzfälle reduzieren, zwischen denen Übergänge möglich sind. Den ersten Fall bildet die Mikroblockierung einzelner Bereiche ohne Änderung der Eigenschaften der unbesetzten Oberfläche und ihrer Zugänglichkeit. Der zweite Typ besteht in einer Makroblockierung, bei der die Vergiftung auf einer verringerten Zugänglichkeit der Oberfläche als Ganzes oder einiger ihrer Teile beruht. Der dritte Typ besteht in der Ausschaltung ganzer Zonen der Oberfläche infolge einer Kondensation des Giftes in Poren und Kapillaren, angefangen in den Hohlräumen mit maximaler Krümmung.

Ein Beispiel für den ersten Typ der Blockierung ist die reversible Vergiftung metallischer Kontakte durch Dämpfe molekular adsorbierter Kohlenwasserstoffe ohne enge Bindung dieser Molekeln an die Oberfläche, ferner die reversible Vergiftung von Adsorbenden, die Wasserstoff molekular adsorbieren, durch Methan und Stickstoff bei tiefen Temperaturen. Für diesen Vergiftungstyp durch Blockierung sind die Reversibilität und der unspezifische molekulare Charakter der Adsorption des Giftes nicht verbindlich; doch besteht bei einer derartigen Verknüpfung von Eigentümlichkeiten der Giftadsorption keine Möglichkeit, den Prozeß auf andere Typen zu beziehen. Hierfür genügt es, daß die Kombination der Partialdrucke und Temperaturen eine Kondensation in den engsten Poren ausschließt.

Eine Blockierung vom zweiten Typ spielt zweifellos eine Rolle bei der Aktivitätsverringerung vieler Kontakte infolge einer Verkokung, bei der, wie die üblichen und elektronenmikroskopischen Mikrophotogramme zeigen, an der Oberfläche des Katalysators eine poröse Kohlenstoffschicht entsteht, deren Dicke von tausend und zehntausend Atomabständen bis zu makroskopischen mit bloßem Auge erkennbaren Werten variieren kann*. In diesem Fall beteiligt sich die Substanz des Katalysators nicht an der Bildung der vergiftenden Schicht. Es sind jedoch auch Fälle möglich, bei denen die Oberfläche des Kontaktes chemisch verändert wird und eine poröse Schicht entsteht, die den unveränderten Katalysator von den reagierenden Gasen trennt. Effekte dieser Art kommen bei der Vergiftung von Metallkontakten durch Sauerstoff, Quecksilber usw. vor. Offenbar ist eine Makroblockierung bei der Katalyse seltener als eine Mikroblockierung. Sie ist nicht spezifisch für die Katalyse, wohl aber sehr charakteristisch und vorherrschend für chemische Reaktionen an Festkörpern. Insbesondere spielt sie eine beträchtliche Rolle bei der Korrosion und beim topochemischen Zerfall fester Körper unter Bildung anderer Festkörper und Gase. Wir weisen auch auf die Bedeutung dieser Effekte beim Herstellungsprozeß von Katalysatoren hin.

Der dritte Vergiftungstyp kommt nur bei hinreichend tiefen Temperaturen vor. Kennzeichnend für ihn ist der direkte Funktionalzusammenhang der Substanzwirkung mit ihrer Siedetemperatur und mit der Krümmung von Poren und Kapillaren, in denen die Kondensation erfolgt. Sehr wahrscheinlich

---

* Bei der betrachteten Blockierung der Kontakte durch Kohlenstoff hat man die Möglichkeit einer wesentlichen katalytischen Aktivität dieser Substanz zu beachten.

gehören viele Fälle der Vergiftung durch Wasser und leicht flüchtige Gifte bei Tieftemperatur-Gasreaktionen zu dieser Gruppe*. Die Blockierung dritten Typs ist stets reversibel, während die Blockierung zweiten Typs in der Regel völlig irreversibel oder schwer reversibel ist. Die Mikroblockierung kann sowohl reversibel als auch irreversibel sein. Selbst bei einer homogenen Oberfläche des Kontaktes bestehen zwischen den drei angeführten Blockierungstypen wesentliche quantitative Unterschiede. Im ersten Fall tritt die Erscheinung bei Giftmengen auf, die Bruchteilen einer monomolekularen Schicht entsprechen, im zweiten Fall bei Mengen, die die monomolekulare Schicht um Größenordnungen übertreffen und mit der Menge des Katalysators vergleichbar sind. Der dritte Fall nimmt in dieser Hinsicht eine Mittelstellung ein; in der Regel liefert er bei Besetzungen unterhalb einer monomolekularen Schicht keine merklichen Effekte und erstreckt sich auf das ganze Gebiet von der monomolekularen Schicht bis zu Mengen der blockierenden Substanz, die mit der Menge des Katalysators vergleichbar sind.

Für inhomogene Oberflächen müssen die Unterschiede zwischen den drei Typen noch deutlicher werden. Nur der erste, der Mikroblockierungstyp, kann zu Erscheinungen führen, die für Oberflächen mit einem Satz verschiedener Aktivierungswärmen und Adsorptionsenergien kennzeichnend sind, wobei die Grenze der wirksamen Mengen um so niedriger liegen muß, je inhomogener die Oberfläche ist und je schärfer die Tendenz des Giftes zur vorwiegenden Adsorption an den aktivsten Bereichen ausgeprägt ist.

Im Gegensatz dazu müssen sowohl die Schicht- als auch die Kondensationsblockierung in den meisten Fällen für inhomogene Oberflächen den gleichen Charakter haben wie für homogene, und die uns interessierenden Erscheinungen, die auf der energetischen Inhomogenität der Oberfläche beruhen, können hierbei gar keine oder nur eine sekundäre Rolle spielen. Bei der theoretischen Behandlung der Blockierung werden wir also vorzugsweise die Mikroblockierung ins Auge fassen.

Für die Mikroblockierung an homogenen Oberflächen muß die Konstanz der kinetischen Größen des Prozesses der Aktivierungsenergie, des Selektivitätsgrades und des Faktors vor dem Exponentialausdruck, bezogen auf die freie Oberfläche, kennzeichnend sein. Auch im Stadienmechanismus des Prozesses kann es keine Änderungen geben. Bei der Kondensationsblockierung homogener Oberflächen kann man ein ähnliches Bild erwarten. Die Schichtblockierung kann nur beim Vorhandensein einer Behinderung im Materialaustausch an der Oberfläche fühlbar werden, also nur bei einem diffusiven oder einem gemischten diffusiv-kinetischen Charakter des Prozesses. Bei kinetischem Charakter des Prozesses kommt der Einfluß dieses Blockierungstyps dann zur Geltung, wenn die von ihm hervorgerufene Verlangsamung der Diffusion zum Übergang ins Zwischengebiet führt. Bei weiterer Verstärkung der blockierenden Schicht geht der Prozeß ins reine Diffusionsgebiet über und gehorcht dann den für die Schichtvergiftung in diesem Gebiet gültigen Gesetzmäßigkeiten. Die Abhängigkeit der Geschwindigkeit von der blockierenden Giftmenge ist in den drei erwähnten Fällen wesentlich verschieden.

---

* In letzter Zeit zeigte N. N. Semjonow, daß es auch positive katalytische Effekte gibt, die auf einer Kapillarkondensation beruhen[2]).

Ein ernstes Hindernis für die Entwicklung einer mathematischen Theorie ist das Fehlen einer einheitlichen und allgemein verwendeten charakteristischen Größe für die Aktivität des Kontaktes, d. h. derjenigen Größe, deren numerische Änderung als Haupteinfluß der Vergiftung angesehen wird.

Solange man sich bei der Behandlung auf eine Vergiftung beschränkt, die auf einer Blockierung beruht, verwendet man naheliegenderweise als Maß für die Aktivität A die Gesamtgeschwindigkeit K des Prozesses für die Oberfläche als Ganzes und nimmt an, daß sich diese Größe durch Summation der Werte $k_i n_i$ für sämtliche wirksamen Bereiche der Oberfläche oder durch Integration über das Produkt $k \cdot \varrho(k)$ gewinnen läßt:

$$A = k = \sum_{1-z} k_i n_i = \int_{k_{\min}}^{k_{\max}} k \varrho k(k)\, dk. \tag{1}$$

Als Funktionen, die die Vergiftung durch Blockierung kennzeichnen, werden wir die gewichtsmäßigen $A(G)$ und die barischen $A(\pi)$ Vergiftungsisothermen benutzen.

Der erste Typ der Vergiftungsisothermen stellt die Abhängigkeit der Aktivität des vergifteten Kontakts von der Menge G (dem Gewicht) des Giftes dar.

Der zweite Typ der Vergiftungsisothermen drückt die Abhängigkeit der Aktivität vom Partialdruck (π) des Giftes aus.

Verwandt mit den barischen Isothermen sind die Konzentrationsisothermen der Vergiftung, in denen als unabhängige Variable die Konzentration c_G des Giftes in der Gasphase oder in der Lösung auftritt.

Seltener werden wir uns auf die Vergiftungsisosteren und -isobaren beziehen, d. h. auf die Abhängigkeiten der Aktivität des Kontaktes von der Temperatur bei vorgegebener Giftmenge an der Oberfläche bzw. bei vorgegebenem konstantem Partialdruck.

$$\left.\begin{aligned} A &= A(G) \\ A &= A(\pi) \\ A &= A(c_G) \end{aligned}\right\} \text{Vergiftungsisothermen: Gewichtsmäßige, barische und Konzentrationsisotherme}$$

$$\left.\begin{aligned} A &= A(T)_{G=\mathrm{const}} \\ A &= A(T) c_{G,\pi=\mathrm{const}} \end{aligned}\right\} \text{Vergiftungsisostere und -isobare}$$

§ 3: *Die Mikroblockierung einer homogenen Oberfläche*

Die Mikroblockierung einer homogenen Oberfläche im kinetischen Gebiet ist gleichbedeutend einer einfachen Verminderung der absoluten Größe der wirksamen Oberfläche. Es gilt also folgendes:

1. Der Mechanismus des Prozesses und der Zusammenhang zwischen den Geschwindigkeiten der einzelnen parallelen und aufeinanderfolgenden Etappen, aus denen sich der katalytische Gesamtprozeß zusammensetzt, bleiben ungeändert. Infolgedessen kann diese Vergiftung keine Änderungen in Zusammensetzung und Reinheit der Reaktionsprodukte bewirken. Diese Eigenschaften sind nur für kompliziertere Reaktionen wesentlich, die verschiedene Produkte liefern können.

2. Die kinetischen Grundgrößen des Prozesses ändern sich nicht. Für den vergifteten wie für den unvergifteten Kontakt gelten die gleichen kinetischen Gleichungen. Die „Ordnung“ der Reaktion hinsichtlich ihrer Komponenten bleibt konstant. Zur Anwendung dieses Kriteriums muß man für jeden Zustand des reagierenden Systems, der zur Bestimmung der kinetischen Abhängigkeiten benutzt wird, den vom Gift besetzten Anteil der Oberfläche kennen. Diesen Anteil hält man am besten konstant.

3. Die Aktivierungsenergie E des Prozesses, bestimmt bei konstanter Besetzung G der Oberfläche durch das Gift, muß mit der entsprechenden Größe für den am unvergifteten Katalysator ablaufenden Prozeß übereinstimmen:

$$E(G) = E = \text{const}. \tag{2}$$

4. Die einzige Größe, die sich geändert hat, ist die absolute Aktivität A des Kontaktes oder die dieser Konstanten proportionale Reaktionsgeschwindigkeit. Im allgemeinen Fall kann man die Aktivität nicht durch die Ausbeute ersetzen, da diese für reversible Reaktionen bei guten Ausbeuten durchaus nicht proportional den Geschwindigkeitskonstanten ist*.

5. Infolge der Konstanz von E muß die Änderung der Aktivität vollständig auf der Änderung des Faktors vor dem Exponentialausdruck k_0 beruhen:

$$k_{0,G} = k_G\, e^{\frac{E}{RT}}. \tag{3}$$

Dabei ist k_G die Geschwindigkeitskonstante in Anwesenheit eines Katalysators, der bei der Temperatur T durch eine Giftmenge G blockiert ist.

Zur quantitativen Kennzeichnung der Vergiftung benutzt man am besten die gewichtsmäßigen Vergiftungsisothermen, die gleichermaßen auf die reversible und die irreversible Vergiftung anwendbar sind. Für die gewichtsmäßigen Vergiftungsisothermen homogener Oberflächen bei Blockierung ist verbindlich eine lineare Änderung von A bzw. k mit der blockierenden Giftmenge:

$$A_G = k_G = k(1 - \gamma G) = k\Psi_G, \tag{4}$$

wobei Ψ_G der giftfreie Anteil der Kontaktoberfläche ist. Der Koeffizient $\gamma = 1/G_\infty$ muß temperaturunabhängig sein. Bei Reversibilität des Prozesses ersetzt man die gewichtsmäßigen Vergiftungsisothermen zweckmäßigerweise durch die Konzentrations- oder barischen Isothermen. Infolge der Homogenität der Oberfläche erreicht man dies, indem man in Gleichung (4) Ψ_G durch die LANGMUIRsche Isotherme ersetzt:

$$\Psi_G = 1 - \Phi_G = \frac{1}{1 + b_G \pi}. \tag{4a}$$

* Dies geht schon daraus hervor, daß bei einer ins Gleichgewicht gelangten Reaktion der Unterschied zwischen den Katalysatoren verschiedener Aktivität und verschiedener Vergiftbarkeit völlig ausgeglichen wird. Im einfachsten Fall einer reversiblen Reaktion erster Ordnung ist die Ausbeute $x = x_\infty\,[1 - \exp(-kt)]$, wobei $k = k_{\text{dir}} + k_{\text{inv}}$ ist. Das Anwachsen von k proportional zum Anwachsen der Summe $k_{\text{dir}} + k_{\text{inv}}$ der Reaktion wirkt wie ein Anwachsen von t und läßt x asymptotisch gegen die Grenzausbeute x_∞ des entsprechenden Gleichgewichts streben.

Es ist also
$$A_G = k_G = \frac{k}{1 + b_G \pi}. \tag{5}$$

Dieser Ausdruck wird bei $b_G \pi \ll 1$ durch eine lineare Funktion von π approximiert:
$$k_G \backsimeq k(1 - b_G \pi). \tag{5a}$$

Im zweiten Grenzfall $b_G \pi \gg 1$ gilt
$$k_G \backsimeq \frac{k}{b_G \pi}. \tag{5b}$$

All dies bezieht sich auf die Arbeit eines homogenen Katalysators, der durch Mikroblockierung im kinetischen Gebiet vergiftet ist.

§ 4: *Allgemeine Eigenschaften der Vergiftung inhomogener Oberflächen durch Mikroblockierung*

Der Mechanismus dieses Vergiftungstyps ist identisch mit dem Mechanismus der Mikroblockierung homogener Oberflächen. Neu ist die Möglichkeit einer Ungleichwertigkeit der blockierten und der giftfreien Bereiche. Der Einfachheit halber nehmen wir an, daß das Verhalten der giftfreien Bereiche durch das Vorhandensein blockierter Bereiche an der Oberfläche nicht beeinflußt wird, selbst wenn diese in unmittelbarer geometrischer Nachbarschaft der unvergifteten liegt.

Auf den ersten Blick kann es so aussehen, als eröffne die Einführung des Begriffs der inhomogenen Oberfläche und das Arbeiten mit verschiedenen Verteilungsfunktionen über die kinetischen und Adsorptionskoeffizienten unbeschränkte Möglichkeiten zur Erklärung beliebiger Abweichungen von den im vorigen Paragraphen dargelegten Vergiftungsgesetzen für homogene Oberflächen. Das ist aber nicht der Fall, und obwohl das Schema der Mikroblockierung mit unabhängigem Verhalten der einzelnen Bereiche unvergleichlich viel schmiegsamer ist als das Schema der Mikroblockierung einer homogenen Oberfläche, sind die Möglichkeiten für Abweichungen und für mit diesem Schema vereinbare Gesetzmäßigkeiten begrenzt. Insbesondere kann unter keinen Umständen für den dargelegten Vergiftungsmechanismus ein vergifteter Katalysator aktiver werden als ein unvergifteter*. Eine Verletzung dieser Forderung, für die im Kapitel 5 Beispiele angeführt werden, ist ein entscheidendes Merkmal für die Nichtanwendbarkeit des Begriffs der einfachen Blockierung auf die betreffenden Vergiftungserscheinungen. Wir stellen nun die wichtigsten neuen Möglichkeiten zusammen, die beim Übergang zur Mikroblockierung breit inhomogener Oberflächen auftreten.

* Das ist trivial, da mathematisch eine Vergiftung durch Blockierung sich als Fortfall eines Teiles der Summanden in der Summe $\sum_1^z k_i n_i = k$ ohne Erzeugung neuer äußert, beispielsweise im Fortfall aller Summanden vom ersten bis zum j-ten oder aller Summanden vom r-ten bis zum y-ten. Infolgedessen ist $k_G = \sum_j^z k_i n_i$ oder $k_G = \sum_1^r k_i n_i + \sum_y^z k_i n_i$ stets kleiner als k, da der Teil stets kleiner ist als das Ganze.

1. Die für eine homogene Oberfläche verbindliche Eindeutigkeit des Zusammenhanges zwischen der blockierenden Giftmenge und der Größe der Vergiftung fällt fort. Als wesentlicher Parameter geht die statistische und geometrische Topographie der Verteilung des Giftes über die Oberfläche ein. Die gleiche Giftmenge kann durch verschiedene Verteilung über die Oberfläche die Aktivität in verschiedenem Grade beeinflussen. Infolgedessen kann sich, falls das Gift ursprünglich nicht an den Bereichen mit maximalen Adsorptionspotentialen adsorbiert war, die Wirkung einer gegebenen, in den Kontakt eingeführten Giftmenge infolge einer Umlagerung des Giftes auf der Oberfläche mit der Zeit ändern. In Abhängigkeit vom Charakter der Umlagerung kann diese sowohl eine Verstärkung als auch eine partielle Schwächung der Vergiftung bewirken.

2. Im Gegensatz zu homogenen Oberflächen, für die ein mikroblockierendes Gift den Faktor vor dem Exponentialausdruck ändert, ohne die Aktivierungsenergie zu beeinflussen, ändert sich bei der Mikroblockierung inhomogener Oberflächen die Aktivierungsenergie im allgemeinen und hängt ab von der Verteilung des Giftes über die Oberfläche.

3. Es treten neue Typen von Vergiftungsisothermen auf, d. h. neue Funktionen, welche die Aktivitätsänderung des Kontaktes in Abhängigkeit von der adsorbierten Giftmenge bei konstanter Temperatur angeben. Für eine homogene Oberfläche ist immer

$$A = A_0 \Psi_G = A_0(1 - \Phi_G) = A(1 - \gamma G). \tag{6}$$

Für inhomogene Oberflächen sind neben dieser Gleichung noch eine Reihe weiterer möglich, denen wir zum Teil bereits in den vorangegangenen Kapiteln begegnet sind.

4. Bei der Mikroblockierung inhomogener Oberflächen fällt schließlich die Möglichkeit einer eindeutigen Ableitung der Vergiftungsgesetze allein aus den katalytischen Eigenschaften des Kontakts in Verbindung mit seiner Verteilungsfunktion über E fort.

Für einen bestimmten Kontakt sind sehr verschiedene Vergiftungsgesetze möglich, die auf der Möglichkeit einer verschiedenen Topographie der Verteilung dieser Gifte beruhen.

Die Gesamtzahl der Parameter, die die Situation bei der Vergiftung für ein konkretes System im Fall der Mikroblockierung seiner inhomogenen Oberfläche kennzeichnen, ist groß. Von wesentlicher Bedeutung sind:

a) Der Typ des katalytischen Prozesses hinsichtlich des Charakters des kontrollierenden Stadiums: Prozesse, die durch die übliche Diffusion, die turbulente Diffusion, Adsorptions- oder chemische Etappen und weitere Reaktionen kontrolliert werden, verhalten sich verschieden.

Bei Kontrolle durch Übergangsstadien sind auf den Charakter der Vergiftung ferner von Einfluß:

b) Lage und Charakter des kontrollierenden Streifens;

c) Reversibilität oder Irreversibilität der Adsorption des Giftes;

d) der Grad der Oberflächenbeweglichkeit der Giftmolekeln;

e) Vorhandensein oder Fehlen eines Zusammenhanges des E-Wertes des kontrollierenden Stadiums mit dem Q_{ads} des Giftes, und, falls vorhanden;

f) symbate oder antibate Änderung dieser beiden Größen und die Zahlenkoeffizienten in der Gleichung, die diesen Zusammenhang ausdrückt;

g) die Kinetik der Giftadsorption;

h) der Typ der Verteilungsfunktion der Oberflächenbereiche über die Aktivierungs- und Adsorptionsenergien.

Zum Zwecke einer erschöpfenden Kennzeichnung der Vergiftung hat man alle diese Parameter zu berücksichtigen. Wenn jedoch nur die Aufstellung der Grundbeziehungen beabsichtigt ist, reduziert sich die schwer übersehbare Mannigfaltigkeit an speziellen Varianten auf eine sehr geringe Anzahl.

§ 5: *Isothermen der Mikroblockierung bei Besetzung der Oberflächenbereiche durch das Gift ohne Korrelation mit ihrer Aktivität*

Der für die Form der Vergiftungsisothermen und -isobaren in erster Linie entscheidende Faktor ist die Besetzungsfolge der Bereiche mit verschiedenen Aktivitäten durch das Gift.

Der Einfachheit halber nehmen wir an, daß die katalytische Aktivität eindeutig durch die Aktivierungsenergie gegeben wird, und beschreiben die Statistik der Verteilung der Bereiche über die Aktivierungsenergie durch die Funktion $\varrho(E)$ und das Diagramm $\varrho = \varrho(E)$. Alle konkreten Fälle der Vergiftung lassen sich auf drei Grenzfälle zurückführen.

Das Kontaktgift kann sich auf der Oberfläche unabhängig von der Aktivierungsenergie der betreffenden Bereiche verteilen. Bei einer solchen nichtkorrelierenden Verteilung der blockierenden Substanz ist der besetzte Anteil der Bereiche mit einem beliebigem Wert E gleich dem insgesamt besetzten Anteil der Oberfläche:

$$\theta_{E_i} = \theta_{E_j} = \ldots = \Phi_G = G/G_\infty \tag{7}$$

und dementsprechend

$$1 - \theta_{E_i} = 1 - \theta_{E_j} = \ldots = \Psi_G = 1 - \Phi_G = 1 - G/G_\infty . \tag{7a}$$

Unabhängig von der Beteiligung der Bereiche mit verschiedenen E-Werten am Gesamtprozeß und unabhängig von der Lage des kontrollierenden Streifens ist die Restaktivität A_G des vergifteten Kontakts

$$A_G = A_0 \Psi_G = A_0(1 - G/G_\infty) . \tag{8}$$

Wir führen für die relative Restaktivität die dimensionslose Größe

$$\lambda = A_G/A_0 \tag{9}$$

ein. Es ist stets

$$\lambda < 1 . \tag{10}$$

Bei Nichtkorrelation ist

$$\lambda(G) = \Psi(G) = 1 - G/G_\infty = 1 - \gamma G , \tag{11}$$

wobei dieses Gesetz für jeden Verteilungstyp und für beliebige kinetische Gleichungen gelten muß. Eine Nichtkorrelation zwischen der Größe E_i und der Adsorptionsfolge kann verschiedene Ursachen haben:

1. Sie kann auftreten, wenn eine Korrelation zwischen dem E des kontrollierenden Stadiums und dem Q der Adsorption des Kontaktgiftes fehlt, unter der

Bedingung, daß die Besetzungsfolge der Oberflächenbereiche durch die Werte Q_{ads} für diese Bereiche bestimmt wird.

Es gibt auch mehrere Typen nichtkorrelierender Giftverteilung, die auf kinetischen Ursachen beruhen. Wir erwähnen:

2. Eine Nichtkorrelation zwischen dem E der Reaktion und dem E des langsam und unbeweglich adsorbierten Giftes.
3. Eine makroskopische Schichtverteilung des Giftes, wie sie von GHERING und RUSSEL entdeckt wurde[3]).
4. Eine Festsetzung des Giftes am Ort seines zufälligen Auftreffens, falls keine merkliche Aktivierungsenergie vorhanden ist.

Diese Typen, die für die Vergiftung von Prozessen im rein kinetischen Gebiet kennzeichnend sind, ferner auch die Vergiftung durch Blockierung im diffusiven und gemischten Gebiet werden in den Zeitschriftenartikeln eingehender behandelt[4]).

Infolge der nichtkorrelierenden Verteilung ist der besetzte Anteil der Bereiche mit beliebiger Aktivierungsenergie gleich dem besetzten Anteil der Gesamtfläche, und es gelten die Gleichungen (6), (7), (8) und (11).

Für inhomogene Oberflächen kann also ein lineares Gesetz für die Abnahme der Aktivität mit den adsorbierten Giftmengen, das für eine nicht mit der Aktivierungsenergie der Bereiche korrelierende Giftverteilung kennzeichnend ist, in einem statischen und drei kinetischen Fällen auftreten. Ist eine solche Verteilung kinetischen Ursprungs, so ist sie im allgemeinen instabil, und es muß Umlagerungsprozesse geben, die zu einer Giftverteilung führen, die mit den Aktivierungsenergien oder den Adsorptionswärmen der Bereiche korreliert.

Eine solche Umlagerung kann durch Kriechen oder durch wiederholte Desorption und Adsorption erfolgen. In beiden Fällen unterstützen eine Verlängerung der Einwirkung und eine Temperatursteigerung die Umlagerung. Hierdurch wird ein Weg zur Ermittlung des kinetischen Charakters der nichtkorrelierenden Verteilung gewiesen*.

Die interessanteste Eigentümlichkeit der gewichtsmäßigen Vergiftungsisothermen, die sich bei einer Verteilung des Giftes unabhängig von der katalytischen Aktivität der Bereiche der inhomogenen Oberfläche ergeben, besteht in der ausgezeichneten Nachahmung des Verhaltens homogener Oberflächen. Infolgedessen verliert die weit verbreitete Anschauung, die Linearität der Vergiftungsisothermen sei ein eindeutiges und entscheidendes Merkmal für die Homogenität der Oberfläche, ihre Bedeutung. Wir erwähnen, daß in den Fällen, wo die nichtkorrelierende Verteilung des Giftes kinetische Ursachen hat, die Nachahmung des Verhaltens einer homogenen Oberfläche bei hinreichend langer Einwirkung oder bei einer Temperatursteigerung verschwinden kann.

§ 6: *Barische Vergiftungsisotherme bei Nichtkorrelation*

Die barischen und Konzentrationsisothermen für die Vergiftung erhält man am einfachsten aus dem gewichtsmäßigen, indem man G durch c_g oder π aus-

* Wir erwähnen, daß eine nichtkorrelierende Verteilung dieser Art nur für eine irreversible Giftadsorption möglich ist, da eine Reversibilität notwendig zu einer Verteilung der blockierenden Substanz in Übereinstimmung mit den Adsorptionspotentialen der Bereiche ohne Rücksicht auf ihre Aktivierungsenergie führt, und da für eine reversible Vergiftung nur der statische Mechanismus für die Nichtkorrelation in Frage kommt.

drückt. Dieses Verfahren hat nur für die reversible Vergiftung einen Sinn. Folglich fallen für die Behandlung sämtliche Fälle einer kinetischen Verteilung des Giftes über die Oberfläche außerhalb des Gleichgewichts fort.

Eine Nichtkorrelation zwischen E_{kat} und $Q_{\text{ads}\,G}$ läßt verschiedene Beziehungen zwischen G und π zu.

Eine hinsichtlich der katalytischen Aktivität inhomogene Oberfläche kann hinsichtlich der Giftadsorption nahezu homogen sein. Dann ist

$$G = \frac{G_\infty\, \pi/b}{1 + \pi/b} = \frac{G_\infty a\pi}{1 + a\pi}, \tag{12}$$

woraus sich nach Einsetzen in die lineare Gleichung

$$\lambda = \frac{A_G}{A} = 1 - G/G_\infty = (1 + a\pi)^{-1} \tag{13}$$

ergibt, d. h. die LANGMUIRsche Gleichung für die Vergiftung durch Blockierung tritt mit allen ihren speziellen Varianten in Kraft, nämlich

$$\lambda \backsimeq 1 - a\pi \tag{13a}$$

bei $a\pi \ll 1$ und

$$\lambda = \frac{1}{a\pi} \tag{13b}$$

bei $a\pi \gg 1$. Auch in anderer Hinsicht ist dieser Vergiftungstyp nicht verschieden von der Blockierung einer homogenen Oberfläche; das ist selbstverständlich, da die Oberfläche hinsichtlich der Giftadsorption homogen ist und der Einfluß der Inhomogenität auf die Aktivität infolge der Nichtkorrelation nicht ins Spiel kommt.

Ist die Oberfläche hinsichtlich der Giftadsorption inhomogen, so wird die Abhängigkeit der Größe G von π bzw. von c_G durch eine der im zweiten Teil dieser Monographie abgeleiteten Gleichungen ausgedrückt.

Setzen wir die entsprechenden Adsorptionsisothermen in die lineare Gewichtsisotherme der Vergiftung ein, so erhalten wir eine Reihe barischer Isothermen, die für verschiedene Verteilungstypen der Oberflächenbereiche über die Adsorptionswärmen des Giftes kennzeichnend sind, nämlich

$$\lambda \backsimeq 1 - a_1 \pi^{1/n} \tag{14}$$

für die Exponentialverteilung,

$$\lambda \backsimeq 1 - a_1 \ln \pi \tag{14a}$$

für die gleichmäßige Verteilung usw. Für alle diese Fälle ist die schwache Abhängigkeit der Größen λ und A von π bei einfachem linearen Zusammenhang dieser Größen λ und A mit G kennzeichnend. Wir merken an, daß zum Vergleich mit dem Experiment am besten statt der relativen Restaktivität λ der vergifteten Oberfläche die relative Vergiftung der Oberfläche $1 - \lambda$ verwendet wird, die wir mit y bezeichnen:

$$y = 1 - \lambda. \tag{15}$$

§ 7: *Die Isosteren und Isobaren für eine nichtkorrelierende Vergiftung*

Solange die Nichtkorrelation zwischen der Giftverteilung und der katalytischen Aktivität λ eines Bereichs in Kraft bleibt, ist das Verhältnis der Restaktivität A_G des vergifteten Kontakts zur ursprünglichen Aktivität A lediglich eine Funktion von $\Psi(G)$ und hängt bei gegebenem $\Psi(G)$ nicht von der Temperatur ab. In den meisten Fällen ist $\Psi(G)$ bei gegebenem G ebenfalls temperaturunabhängig. Die Vergiftungsisostere wird also gegeben durch die einfache Gleichung

$$\lambda = \text{const} = \Psi_G \big|_{G=\text{const}}. \tag{16}$$

Die Restaktivität A_G ändert sich also mit der Temperatur nach dem gleichen Gesetz wie die ursprüngliche Aktivität des unvergifteten Kontaktes A:

$$A_G = A_{0G}\, e^{-E_1/RT} \quad \text{(dabei ist } G = \text{const)}, \tag{17}$$

wobei E_1 die Aktivierungsenergie der aktivsten Bereiche ist.

Im Gegensatz zu den Isosteren ändern sich die Isobaren der relativen Restaktivität und der relativen Vergiftung bei Nichtkorrelation der Vergiftung mit der Temperatur, und zwar auf verschiedene Weise für homogene Oberflächen und für die verschiedenen Typen der inhomogenen Oberflächen. Ist die Oberfläche hinsichtlich Q_G homogen, so ist

$$\lambda^{-1}_{\pi=\text{const}} = 1 + a\pi = 1 + a^1 \exp\left(\frac{Q}{RT}\right), \tag{18}$$

da $a = a_0 \exp(Q/RT)$ und $a_0\pi = \text{const}$ ist.

Für die Exponentialverteilung ist

$$y_{\pi=\text{const}} = a\pi^{1/n} = \frac{H}{a}\, e^{-aRT \ln \frac{b_0}{\pi}} \tag{19}$$

oder

$$\ln y = C_0 - aRT \ln \frac{b_0}{\pi} = C_0 - C_1 T. \tag{19a}$$

Für die gleichmäßige Verteilung ist

$$y_{\pi=\text{const}} = H\left(Q_{\max} - HRT \ln \frac{b_0}{\pi}\right) = C_0 - C_1 T. \tag{20}$$

Für eine Potenzverteilung n-ten Grades ist

$$y \cong \frac{H}{n+1}\left(Q_{\max} - HRT \ln \frac{b_0}{\pi}\right)^{n+1} = \left(C_0 - C_1 T\right)^{n+1} \tag{21}$$

(vgl. Teil II, Kapitel 2, Seite 85) usw. Diese speziellen Varianten sind bisher experimentell noch nicht beobachtet worden, was bei der Dürftigkeit quantitativer Arbeiten über die Vergiftung auch nicht verwunderlich ist. Des näheren verweisen wir auf die Zeitschriftenartikel[1, 2]).

Das oben Gesagte gilt für beliebigen Charakter des kontrollierenden Stadiums und im gleichen Maße für Katalyse und Adsorption. Folglich sind in der Kinetik der Prozesse an vergifteten Kontakten bei konstanter Zusammensetzung der Gasphase und konstanter nichtkorrelierend absorbierter Giftmenge dieselben drei kinetischen Haupttypen möglich wie für unvergiftete Kontakte: Unabhängigkeit der Geschwindigkeit von der Zeit, starke zeitliche Verringerung der Geschwindigkeit nach einem Gesetz $w = a_1 t^{-m}$ mit $m \gg 1$ und Proportionalität der Geschwindigkeit mit den Partialdrucken in gewissen festen gebrochenen Potenzen $p_1^{\alpha_1}$, $p_2^{\alpha_2}$ usw.

Der Typ der kinetischen Gleichung und alle Eigentümlichkeiten des Prozesses außer dem Absolutwert der Geschwindigkeit bleiben ungeändert. Die nichtkorrelierende Blockierung ändert sämtliche Anfangs- und laufenden Geschwindigkeiten um den Faktor Ψ_G, d. h., die Giftwirkung ist völlig äquivalent einer einfachen Änderung der Menge des Katalysators um diesen Faktor ohne Änderung seiner Eigenschaften.

§ 8: *Allgemeine Eigenschaften einer Vergiftung bei korrelierender Giftverteilung*

Für Oberflächen mit breiten Verteilungen über die Aktivierungsenergien des katalytischen Prozesses ist das Vorhandensein einer kontrollierenden Bereichsgruppe mit Aktivierungsenergien, die innerhalb enger Grenzen liegen, kennzeichnend.

In der Verteilungskurve entspricht dieser Gruppe ein kontrollierender Streifen, der dicht an einem Rand der Verteilung liegen oder bei Abtrennung vom Rand beweglich werden kann.

Die Breite des festen kontrollierenden Streifens beträgt in der katalytischen Kinetik etwa $4\,RT$. In den meisten Fällen läßt sich die Wirkung sämtlicher Bereichsgruppen durch die Wirkung eines schmalen Streifens von der Breite RT und der Höhe $\varrho(E_1)$ ersetzen, wobei E_1 die Aktivierungsenergie am Rande der Verteilung ist. Im Gegensatz dazu kann die Breite eines beweglichen kontrollierenden Streifens unter gewissen Bedingungen 3 oder sogar $4\,RT$ erreichen (vergleiche Teil III, Kapitel 3).

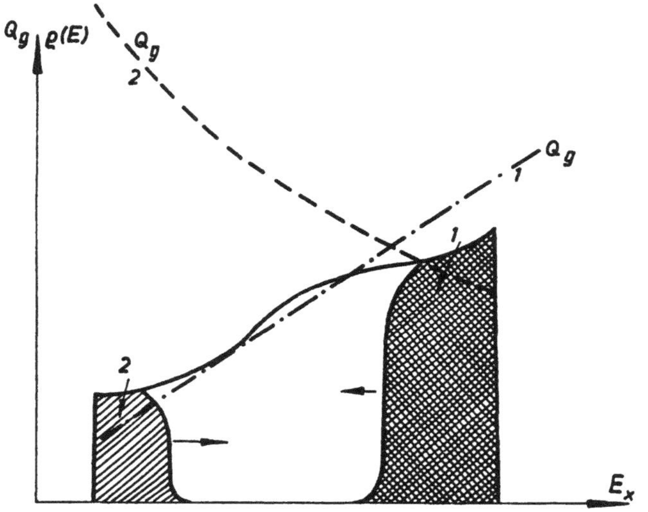

Abb. 290. Verteilung des Giftes bei symbatem (*1*) und antibatem Gang (*2*) der Adsorptionswärme des Giftes Q_G mit der Aktivierungsenergie des katalytischen Prozesses E_k. In beiden Fällen deutet die Schraffur das vom Gift besetzte Gebiet der Verteilung $\varrho(E_k)$ an.

Als korrelierende Verteilung des blockierenden Giftes werden wir jede Verteilung bezeichnen, bei der die Wahrscheinlichkeit für die Besetzung mit dem Gift für die Bereiche mit verschiedenen Aktivierungsenergien des katalytischen Prozesses verschieden ist, so daß in ihrer Blockierung eine bestimmte Folge herrscht.

Erfolgt die Adsorption des Giftes reversibel oder ist bei einer irreversiblen Adsorption eine Umlagerung des Giftes entsprechend den Adsorptionswärmen möglich, so ist für das Auftreten einer Korrelation ein Funktionalzusammenhang zwischen der Aktivierungsenergie des katalytischen Prozesses und der Adsorptionswärme des Giftes an dem betreffenden Bereich notwendig. Die Ursache für das Auftreten eines solchen Funktionalzusammenhanges sucht man naheliegenderweise in einer Korrelation der Adsorptionswärmen für die Komponenten oder die Reaktionsprodukte mit der Adsorptionswärme des Gifts.

In Teil II, Kapitel 5, wurde gezeigt, daß die Adsorptionswärmen der verschiedenen Substanzen sowohl symbat als auch antibat verlaufen können.

Ähnlich nimmt man bei der Korrelation der Adsorptionswärme des Giftes mit der Aktivierungsenergie des katalytischen Prozesses zweckmäßigerweise beide Möglichkeiten an, nämlich sowohl symbaten als auch antibaten Verlauf (Abb. 290). Auch kompliziertere Formen der Korrelation von der Art des in Abb. 291 dargestellten Falles sind nicht ausgeschlossen.

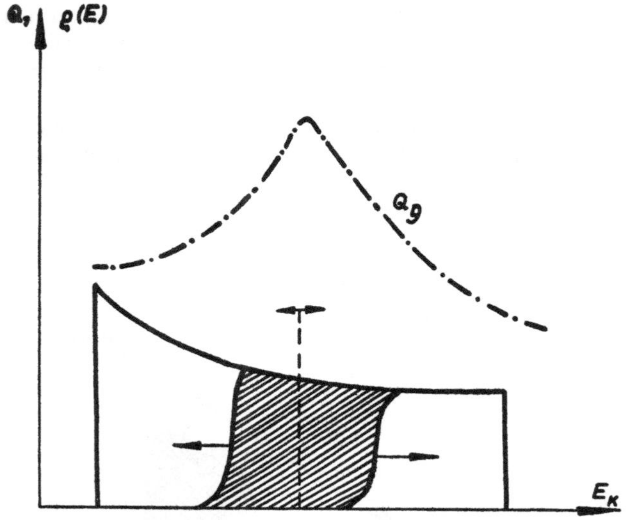

Abb. 291. Verteilung des Giftes bei komplizierterer Korrelation der Adsorptionswärme des Giftes und der Aktivierungsenergie des katalytischen Prozesses. Die vertikale gestrichelte Linie deutet die Lage des Gebietes an, in dem die Vergiftung beginnt. Der vom Gift besetzte Teil der Verteilung $\varrho(E)$ ist schraffiert dargestellt.

Bei beliebigem Korrelationstyp nimmt eine Bereichsgruppe mit einem bestimmten Wert von Q_G einen bestimmten Ort in der Verteilungskurve über die Aktivierungsenergien des katalytischen Prozesses ein.

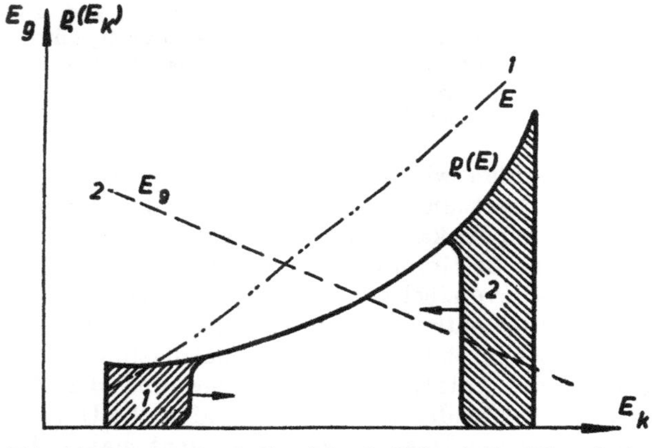

Abb. 292. Besetzungsreihenfolge bei kinetischer Korrelation der Aktivierungsenergie der Giftadsorption und der Aktivierungsenergie des katalytischen Prozesses. *1*: E_G und E_k symbat; *2*: E_G und E_k antibat. Der gestrichelte Teil der Verteilung $\varrho(E_k)$ ist in diesem Fall vom Gift besetzt.

Für die Besetzungsfolge der Bereiche bei praktisch irreversibler Festheftung der adsorbierten Molekeln ohne Umlagerung ist die Größe der Adsorptionswärme ohne Bedeutung. Diese Besetzungsfolge wird gegeben durch die relativen Adsorptionsgeschwindigkeiten, die im einfachsten Fall durch die Aktivierungsenergien bestimmt werden. Es ist also eine kinetische Korrelation möglich, die auf dem Funktionalzusammenhang der Aktivierungsenergien des katalytischen und des Adsorptionsprozesses beruht, etwa nach einem der in Abb. 292 dargestellten Typen*.

* Anmerkung folgende Seite

Der erste und für die Katalyse gefährlichste Korrelationstyp besteht in der Besetzung der zur kontrollierenden Gruppe gehörigen Bereiche. Der Haupteffekt der Blockierung kann hierbei in einer Verschiebung des kontrollierenden Streifens in Richtung höherer E-Werte bestehen. Die Größe dieser Verschiebung ΔE wird bestimmt durch die Form der Funktion $E = E(G)$, den Einfluß auf die Geschwindigkeit erhält man durch Einsetzen dieser Funktion in den Ausdruck

$$A(G) = A_0 e^{-\frac{E_G}{RT}} \backsimeq k_0 \varrho(E_1) e^{-\frac{E_G}{RT}}. \tag{22}$$

Als folgende Näherung hat man den Einfluß der Änderung von $\varrho(E_1)$ auf A zu berücksichtigen, der nur bei gleichmäßigen Verteilungen fortfällt.

Der Charakter der Gewichtsisothermen der Vergiftung ist für Prozesse mit festem und mit „schwebendem" kontrollierenden Streifen verschieden.

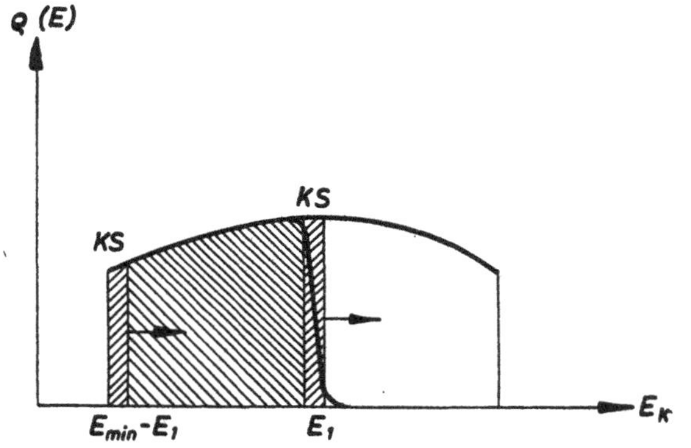

Abb. 293. Verschiebung des kontrollierenden Streifens unter Aufrechterhaltung des kinetischen Gesetzes beim Abschneiden der Verteilung, angefangen von der Seite kleiner E-Werte. Der schraffierte Teil der Verteilung $\varrho(E_k)$ ist vom Gift besetzt. Ferner sind zwei Lagen des beweglichen kontrollierenden Streifens angedeutet.

Im ersten Fall verschiebt sich durch das Abschneiden der Verteilung an der Seite kleiner E-Werte der kontrollierende Streifen, ohne daß sich in der Kinetik des Prozesses etwas ändert: Diese wird nach wie vor bestimmt durch den Prozeß an einer homogenen Bereichsgruppe und den Zusammenhang der Aktivierungsenergie mit der Wärmetönung der Adsorptionsprozesse (Abb. 293). Hierbei beträgt die Breite des kontrollierenden Streifens einige RT. Der genaue Wert für die Breite hängt ab vom Typ der Reaktion und vom Ursprung der Korrelation.

Im Falle eines „schwebenden" kontrollierenden Streifens beeinflußt das Abschneiden der Verteilung nicht nur seine Lage, sondern kann auch seine Beweglichkeit einschränken (Abb. 294). In diesem Fall fällt die Ursache für die festen gebrochenen Potenzen fort, die die Verschiebung des kontrollierenden Streifens infolge der Konzentrationsänderung der Reaktionskomponenten widerspiegeln. Die Aktivitätsabnahme beginnt in dem Augenblick, wo das vergiftete Gebiet

* Bei der kinetischen Korrelation sind sekundäre Aktivitätsänderungen des vergifteten Kontaktes und weitere Komplikationen möglich, die auf dem darauffolgenden Übergang des blockierenden Giftes auf Bereiche mit vorteilhafteren Werten von Q_{ads} beruhen. Die unmittelbare Wirkung des Giftes und das Gesetz für diese Wirkung sind unabhängig von den Ursachen der Korrelation und hängen nur von ihrem Charakter ab.

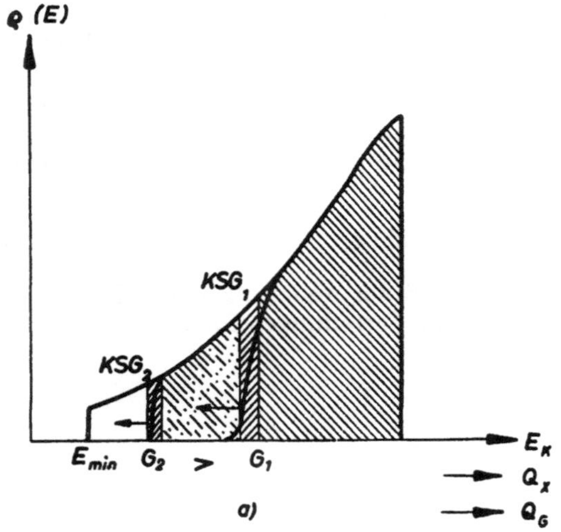

die kontrollierende Bereichsgruppe erreicht. Hierbei werden nullte Ordnungen hinsichtlich der an der Bildung des exothermen Übergangskomplexes beteiligten Komponenten möglich.

Je breiter der vom Gift besetzte Streifen ist, desto breiter wird auch das Gebiet der nullten Ordnung. Diese bleibt in dem ganzen Intervall der Konzentrationen erhalten, das den Werten Q_x für die beiden Ränder des vergifteten Gebiets entspricht.

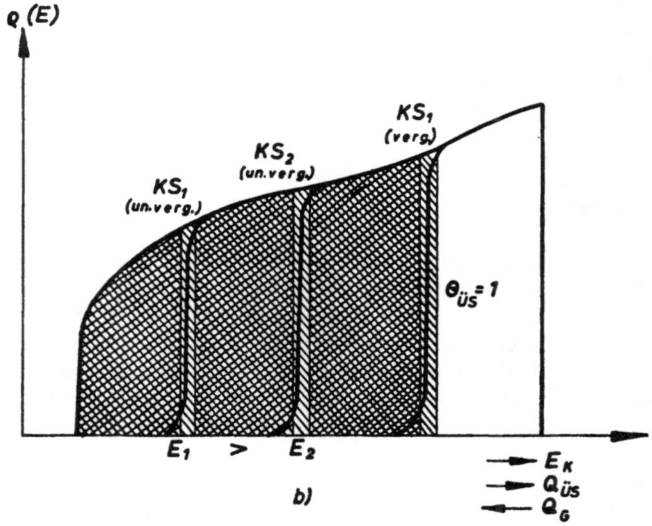

Abb. 294. Zwei Fälle des Einflusses der Vergiftung auf den schwebenden kontrollierenden Streifen und die Kinetik. *a*: Der kontrollierende Streifen gerät in Bewegung nach Adsorption einer gewissen minimalen Giftmenge und verschiebt sich dann gemeinsam mit dem Vergiftungsgebiet, das am rechten Rande der freien Zone liegt. Die Änderung von Π_x ist nicht mehr von Einfluß auf die Lage des kontrollierenden Streifens. Die Blockierung beginnt bei den Bereichen mit maximalen E_k- und Q_x-Werten; VAN 'T HOFFsche Kinetik. *b*: Das Gift trifft von der Seite kleiner E_k-Werte auf den kontrollierenden Streifen; dieser gerät aber in Bewegung in Richtung höherer E_k-Werte (nach rechts) und verliert seine Beweglichkeit infolge der Variation von Π_x. Der von Gift besetzte Anteil der Verteilung ist schraffiert dargestellt.

In Abb. 295 entsprechen die übertrieben dargestellten Kurven *1*, *2* und *3* einer wachsenden Breite des Vergiftungsgebietes. Der Zusammenhang mit diesem Gebiet wird anschaulicher in Abb. 296, in der auf der Abszissenachse

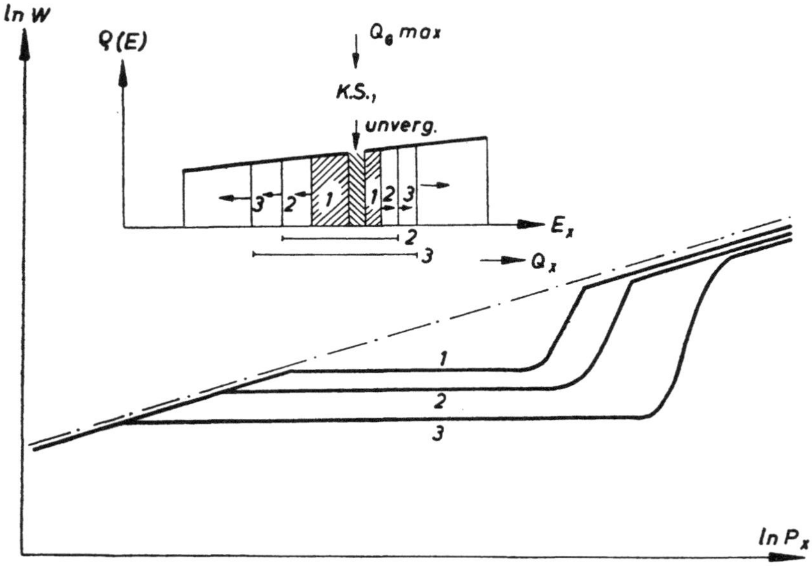

Abb. 295. Änderungsgesetz der Geschwindigkeit mit der Konzentration bei einer Blockierung durch ein Gift, die in der Nähe des in der Mitte gelegenen kontrollierenden Streifens beginnt. Charakteristisch ist das Auftreten horizontaler Abschnitte, in denen $w =$ const ist, im doppeltlogarithmischen Diagramm. Oben: Schema der Giftverteilung in der Verteilung über E_k. Die Kurven *1*, *2*, *3* entsprechen wachsender Breite des Vergiftungsgebietes.

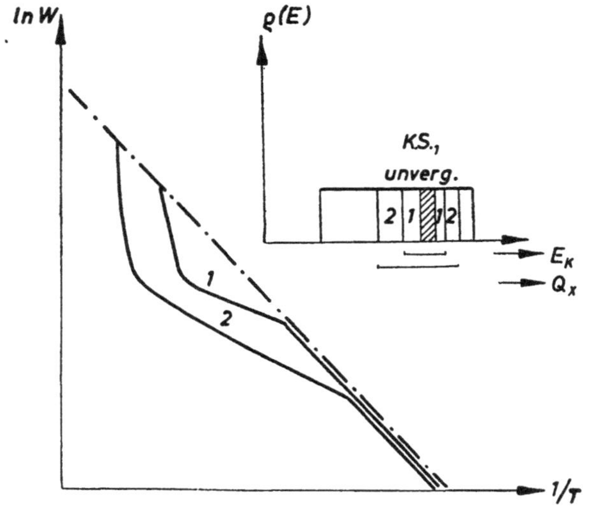

Abb. 296. Temperaturabhängigkeit der Geschwindigkeit bei einer Vergiftung, die bei Bereichen mit einem mittleren E_k-Wert in einer Verteilung über E_k mit schwebenden kontrollierenden Streifen beginnt. Kennzeichnend ist das Auftreten steiler Abschnitte, die der Bewegung des kontrollierenden Streifens durch das blockierte Gebiet entsprechen. Die Kurven *1*, *2* entsprechen wachsender Breite des Vergiftungsgebietes. Oben: Schema der Giftverteilung in der Verteilung über E_k.

ebenfalls die der Grenze zwischen den von der Übergangsform besetzten und den giftfreien Bereichen entsprechenden Werte Q_x aufgetragen sind.

In diesen Diagrammen ist die Möglichkeit einer starken Vergiftung des Kontaktes bei gewissen Konzentrationen der reagierenden Substanzen und gewissen Temperaturen bei gleichzeitiger Unmöglichkeit einer Vergiftung für andere Konzentrationen und Temperaturen deutlich zu sehen. Um den letzteren Fall zu verwirklichen, können sehr große Konzentrationsänderungen erforderlich sein. Üblich sind Konzentrationsänderungen des Giftes bei konstantem oder schwach variierendem Wert Π_x *. Hierbei kann in Abhängigkeit von den konstanten Anfangswerten des Konzentrationsbruchs Π_x und der Temperatur, welche die Lage des kontrollierenden Streifens bestimmen, die vergiftende Wirkung sofort oder bei einem bestimmten kritischen Wert von G einsetzen.

Der letztere Fall ist wahrscheinlicher, da eine genaue Übereinstimmung der für das Gift empfänglichsten Bereiche mit den Bereichen, die den Prozeß kontrollieren, bei der gegebenen zufälligen Verknüpfung von Konzentrationen und Temperaturen nicht sehr wahrscheinlich ist. Wir betonen die Eigenart des Grundeffekts, nämlich das Vorhandensein einer kritischen Giftmenge, unterhalb der die Geschwindigkeit praktisch nicht beeinflußt wird. Gleichzeitig tritt ein Gebiet von Giftkonzentrationen auf, die ohne merklichen Einfluß auf die Aktivität sind. Erscheinungen dieser Art kommen wahrscheinlich in der katalytischen Industrie vor, haben jedoch bisher die Aufmerksamkeit der Kinetiker noch nicht auf sich gezogen.

In Fortführung der qualitativen Behandlung der Vergiftungstypen mit Mikroblockierung betrachten wir nun einen für die Vergiftung ungünstigen Fall der Korrelation. Wir stellen uns eine Verteilung vor, bei der das blockierende Gift die Oberfläche von den Bereichen aus besetzt, die in großer Entfernung vom kontrollierenden Streifen liegen. Bei fester Lage dieses Streifens ist dies Verhalten dann am schärfsten ausgeprägt, wenn das Gift mit der Besetzung der Verteilung am entgegengesetzten Ende beginnt, für das der Wert E_{max} gilt (Abb. 297). Unter diesen Bedingungen bleibt, solange das „Okkupationsgebiet" den kontrollierenden Streifen noch nicht erreicht hat, die Geschwindigkeit des Prozesses konstant. In der Kurve $A = A(G)$ entspricht dies einem horizontalen Abschnitt. Mit Erreichung des kontrollierenden Streifens beginnt dann ein plötzlicher Aktivitätsabfall ungefähr nach dem Gesetz

$$A \cong A_0(1 - \gamma G) \qquad (22a)$$

mit sehr hohem γ-Wert (die Gesamtzahl der Bereiche im kontrollierenden Streifen ist konstant und klein). Bei G_{kr} hat die Kurve einen Knick: Dies ist der kritische Wert für die Giftmenge, die zum Beginn der Blockierung erforderlich ist. Dieser Wert muß nahe bei dem G_∞ liegen, das der monomolekularen Schicht entspricht; er hängt nur schwach von der Temperatur ab.

Im ganzen Verlauf der Vergiftungsisotherme von $G = 0$ bis $G = G_\infty$ bleiben die Aktivierungsenergie und der Typ der kinetischen Gleichung fast unverändert.

---

* Π_x bedeutet wie in Teil III, Kap. 2 und 3, das Produkt der Konzentrationen der reagierenden Substanzen, das dem Gleichgewicht für die Bildung des Zwischenprodukts entspricht.

Diese Eigentümlichkeit kann für die schlecht korrelierende Vergiftung eines beweglichen Kontrollstreifens nicht vorliegen. Hierfür muß die schlechte Korrelation charakteristisch sein, da sowohl bei symbater als auch bei antibater Änderung von E mit der Adsorptionsenergie (oder mit $E_{\text{ads}\,G}$) die Blockierung an einem Rand der Verteilung beginnt.

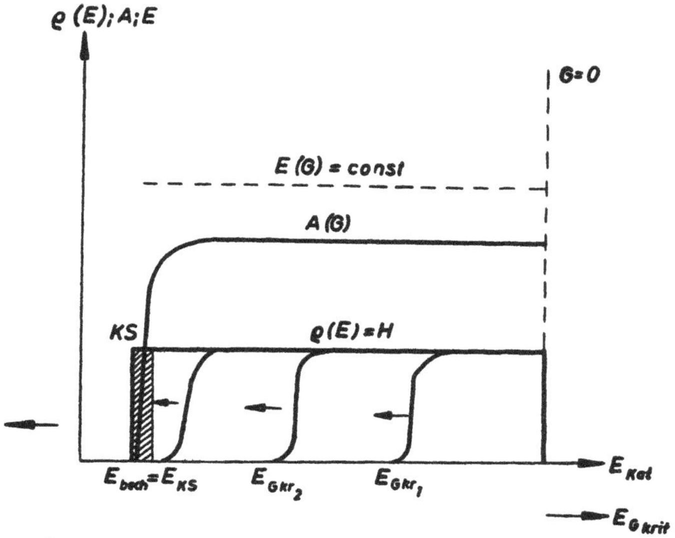

Abb. 297. Gewichtsisotherme der Vergiftung bei einer Blockierung, die bei den Bereichen mit geringster Aktivität beginnt. Das Diagramm zeigt die Bewegung der Grenze zwischen den blockierten und den leeren Bereichen mit wachsendem G; das Gift erreicht den kontrollierenden Streifen erst ganz am Schluß; Konstanz von E_G und Vorhandensein eines großen G-Intervalls, innerhalb dessen der Kontakt gegen das Gift praktisch unempfindlich ist.

Wir nehmen an, dieser Rand entspreche den minimalen E-Werten (Abb. 298 und 299). Dann ist bis zu einem gewissen G-Wert die Aktivität konstant, und bei Erreichen dieses Wertes beginnt ein plötzlicher Abfall, der auf der Verschiebung des kontrollierenden Streifens in Richtung höherer E-Werte beruht. Die Kurvenform nach Erreichen dieses Knicks muß vom Typ der Funktion $\varrho\,(Q)$ abhängen. Von der Berührung des Vergiftungsgebietes und des kontrollierenden Streifens an werden die gebrochenen Ordnungen durch nullte Ordnungen ersetzt, und es treten die Eigentümlichkeiten, die oben für den Fall der korrelierenden Vergiftung dargelegt wurden, in Kraft. Bei einem gegebenen G, das den kontrollierenden Streifen verschiebt, verschwindet die Empfindlichkeit gegenüber dem Gift bei hinreichend starker Senkung der Konzentrationen der reagierenden Substanzen und ihres Produkts Π_x. Gleichzeitig muß sich bei einem hinreichend niedrigen Π_x trotz der Besetzung eines Teils der Oberfläche durch das Gift die ursprüngliche „gebrochene“ Kinetik wiederherstellen. Von ähnlichem Einfluß muß eine Temperatursteigerung bei gegebenem G sein, da sie ebenfalls den kontrollierenden Streifen in Richtung höherer E-Werte verschiebt.

Wir untersuchen nun die Eigenschaften einer Vergiftung bei einer Blockierung, die bei den Bereichen mit maximalen Werten von E und Q_x beginnt. In diesem Fall beginnt die Wirkung des Giftes auf die Reaktion mit den maximal gesättigten und am festesten adsorbierenden Bereichen und erreicht den kontrollierenden Streifen erst nach Besetzung des ganz rechts liegenden Gebietes der Verteilung. Von dem Augenblick an, wo der kontrollierende Streifen erreicht wird, beginnt eine starke Vergiftung, durch die er sich in Richtung kleinerer E- und Q_x-Werte verschiebt, und zwar um so mehr, je größer die adsorbierte Giftmenge G wird. Das Änderungsgesetz der Aktivität wird bestimmt durch die Form der Funktion $\varrho(E)$ und den Zusammenhang zwischen E und Q_x.

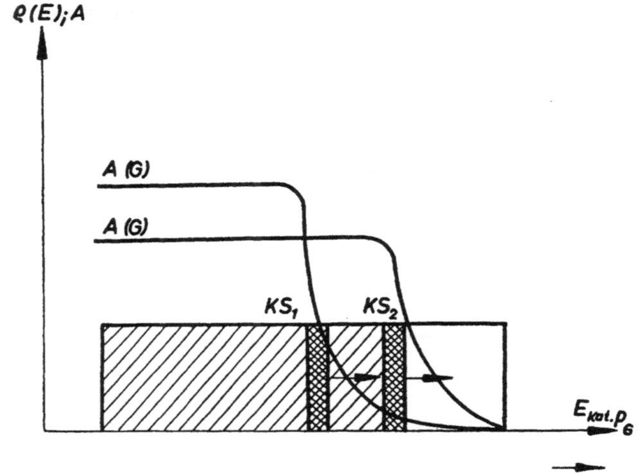

Abb. 298. Gewichtsisotherme bei der Vergiftung eines Prozesses, der durch einen schwebenden kontrollierenden Streifen gekennzeichnet ist. Die Blockierung beginnt bei den Bereichen mit der geringsten Aktivierungsenergie. Ein merklicher Einfluß der Blockierung auf die Aktivität $A(G)$ setzt erst in dem Augenblick ein, wo der kontrollierende Streifen das vom Gift besetzte Gebiet erreicht. Das Diagramm zeigt zwei Streifen, die zwei verschiedenen Werten Π_x entsprechen.

Bei jedem vorgegebenen G-Wert gibt es einen bestimmten Minimalwert von Π_x, oberhalb dessen das Gift nicht mehr wirkt. Zur Beseitigung der Vergiftung bei vorgegebenen Werten G ist es vorteilhaft, Π_x zu steigern und die Temperatur zu senken. Charakteristisch ist das Vorhandensein kritischer Werte Π_x und G für den Übergang von der praktischen Unempfindlich-

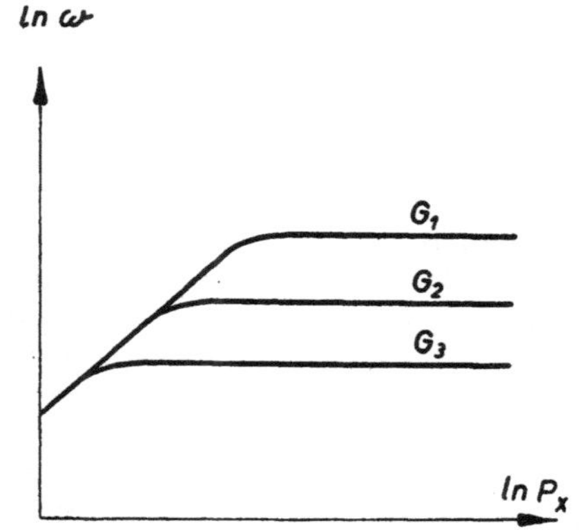

Abb. 299. Abhängigkeit der Geschwindigkeit w eines katalytischen Prozesses mit schwebendem kontrollierenden Streifen vom Konzentrationsprodukt Π_{x_i} in doppeltlogarithmischer Auftragung bei verschiedenen Vergiftungsgraden $G_3 > G_2 > G_1$.

keit gegenüber dem Gift zu sehr starker Vergiftung. In dieser Hinsicht ähnelt die Erscheinung dem Charakter nach der vorhergehenden. Die Unterschiede zwischen den beiden Fällen sind jedoch groß: a) Änderungen von Temperatur und Konzentrationsbruch erzeugen ähnliche Effekte in entgegengesetzter Richtung; b) im Fall der ursprünglichen Besetzung der Bereiche mit minimalen E- und Q_x-Werten verläuft der katalytische Prozeß am vergifteten Kontakt in nullter Ordnung. Werden zunächst die Bereiche mit maximalen E- und Q_x-Werten besetzt, so folgt der Prozeß am vergifteten Kontakt den VAN 'T HOFFschen Gleichungen mit Potenzen, die der Zusammensetzung des Übergangskomplexes entsprechen; c) die wahre Aktivierungsenergie wächst bei der Vergiftung im ersten Fall, während sie im zweiten abnimmt.

In Abb. 300 sind die wichtigsten Eigenschaften für den zweiten Fall dargestellt. Es ist interessant, diese Abbildung mit den Diagrammen für die Besetzung der Verteilung von der Seite kleiner E- und Q_x-Werte aus zu vergleichen (Abb. 301).

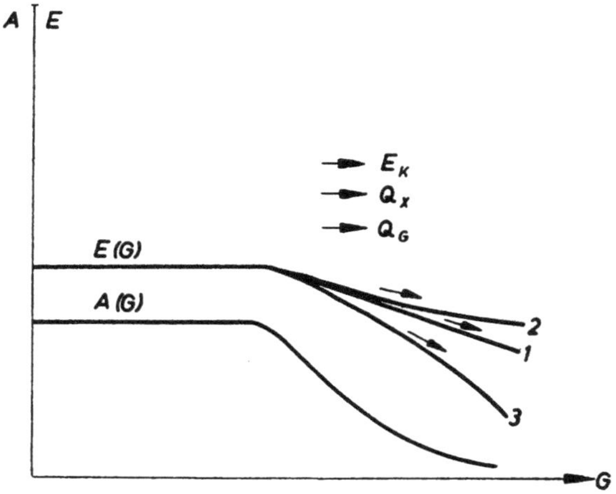

Abb. 300. Abhängigkeit der Aktivität A und der Aktivierungsenergie E_k von der adsorbierten Giftmenge bei symbatem Verhalten der drei Energien E_k, Q_x und Q_G. Die Giftadsorption beginnt bei den Bereichen mit maximalen E_k-Werten. Die krummlinigen Abschnitte in der Kurve $E(G)$ entsprechen verschiedenen Verteilungstypen $\varrho(E_k)$, und zwar *1*: einer gleichmäßigen Verteilung, *2*: einer abfallenden Verteilung und *3*: einer ansteigenden Verteilung. Der horizontale Teil ist allen Verteilungstypen gemeinsam.

Die durchgeführten qualitativen Überlegungen und Diagramme geben eine ausreichende Vorstellung von den Vergiftungsgesetzen für inhomogene Oberflächen bei der Mikroblockierung, falls als Ausgangsgröße die adsorbierte Giftmenge gewählt wird.

Dies ist in ganz kurzen Zügen die angenäherte statistische Theorie der Vergiftung von Katalysatoren, die zur ersten Orientierung ausreicht.

Zur Feststellung der Grenzen ihrer Anwendbarkeit und zum Übergang zur folgenden Näherung sind folgende Ergänzungen anzubringen.

1. Wir haben bisher angenommen, daß der kontrollierende Streifen jedesmal in Bewegung gerät, wenn er bei antibatem Gang von Q_G und E_k von der beweglichen Vergiftungszone berührt wird. In Wirklichkeit ist diese Berührung notwendig, sie führt aber nur dann zu dem erwähnten Ergebnis, wenn die Änderung von Q_G schneller vor sich geht als die von E_k. Angenommen, die Adsorption des Giftes erfolge schneller als die Adsorption der Reaktionskomponenten und der chemischen Zwischenform, falls sich eine solche bildet. Dann ist in dem vom Gift blockierten Teil der Verteilung für jede Bereichsgruppe nach

der bekannten Gleichung der LANGMUIRschen Kinetik die Geschwindigkeit umgekehrt proportional dem Partialdruck des Giftes und direkt proportional ihrem reziproken Adsorptionskoeffizienten, und die Geschwindigkeitskonstante wird

$$\omega_i(G) \sim \frac{b_i(G)\, k_i\, f(p_i)}{\pi}. \tag{22b}$$

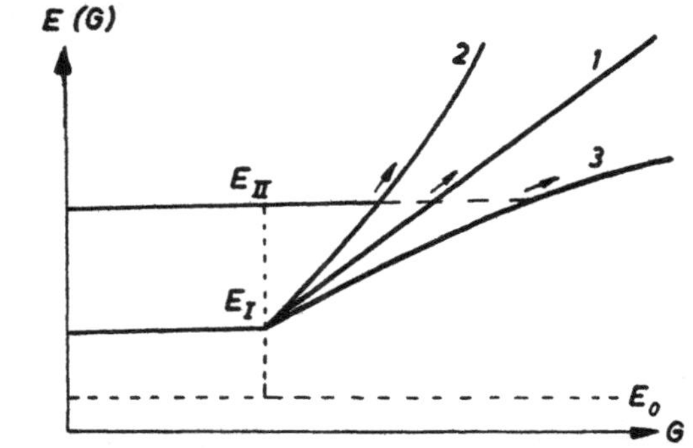

Abb. 301. Abhängigkeit der Größe E_k von der Giftmenge G für eine Vergiftung, die bei $E_{\min}$ beginnt (bei schwebendem kontrollierenden Streifen); E_0 ist die aus $\frac{dk}{d \ln T}$ für die unvergiftete Oberfläche berechnete Aktivierungsenergie; E_I und E_{II} sind die wahren Aktivierungsenergien, die den Lagen des kontrollierenden Streifens bei der gleichen Temperatur, aber verschiedenen Π_x entsprechen: $\Pi_{1x_i} > \Pi_{2x_i}$. Die Numerierung der Abschnitte entspricht dem Verlauf von E nach Erreichen des kritischen Wertes G für eine gleichmäßige (*1*), eine abfallende (*2*) und eine ansteigende Verteilung (*3*).

Offenbar gehen in den Ausdruck für die Geschwindigkeit zwei Exponentialfunktionen ein, die Energien enthalten:

$$\exp\left(-\frac{Q}{RT}\right)$$

$$\text{und} \exp\left(-\frac{E}{RT}\right). \tag{22c}$$

Damit bei einer solchen Form von $w_i(G)$ der kontrollierende Streifen in Bewegung gerät, ist notwendig, daß innerhalb des Vergiftungsgebietes das auf der Verringerung von Q_{iG} beruhende Anwachsen von $b_i(G) = b_{0i}(G)\, e^{-Q_i(G)/RT}$ die Verringerung von k, die gleichzeitig infolge des antibaten Ganges von E_k und Q_G erfolgt, überkompensiert.

Hierzu muß die Verringerung der Größe E um ΔE_G kleiner sein als die damit verbundene Vergrößerung des blockierten Gebietes ΔQ_G, d. h., es muß sein $\Delta Q_G > \Delta E_G$. Andernfalls behalten trotz der wachsenden Vergiftung die Bereiche des ursprünglichen kontrollierenden Streifens ihre Rolle, und das Vergiftungsgesetz hat etwa die gleiche Form wie für eine homogene Oberfläche.

Der Einfachheit halber behandeln wir den linearen Fall $E_k = E_0 - \alpha Q_G$. In diesem Fall ist

$$\omega_i = \frac{b_0(G)\, k_0 f(p_i)}{\pi}\, e^{-\frac{E_0}{RT}} \cdot e^{+\frac{(\alpha-1)Q_G}{RT}} = \omega^* \cdot e^{\frac{(\alpha-1)Q_G}{RT}}. \tag{22d}$$

Bei $\alpha > 1$ wächst w mit wachsendem Q_G, d. h., trotz der Vergiftung wird der Prozeß nach wie vor von den aktivsten Bereichen gesteuert. Die Oberfläche ahmt eine homogene nach. Bei $\alpha < 1$ ist der Exponent der Exponentialfunktion negativ, und infolgedessen ist im vergifteten Gebiet die Geschwindigkeit an den Bereichen mit maximalen Q_G und minimalen E minimal, der kontrollierende

Streifen gerät in Bewegung und liegt ständig am Rande des Vergiftungsgebietes, bei den minimalen Q_G-Werten und maximalen E-Werten für dieses Gebiet.

Die entsprechenden Betrachtungen führen wir auch für den Fall der Vergiftung eines Prozesses durch, der durch einen am Rande gelegenen kontrollierenden Streifen bei Desorptionskinetik mit chemischen Zwischenprodukten gekennzeichnet ist (Seite 400).

In diesem Fall treten drei Energien auf: Q_x, Q_G und E_{des}. Die ersten beiden ändern sich symbat miteinander, jede von ihnen antibat mit E_{des}.

Der Charakter der reversiblen Vergiftung ist vollständig bestimmt durch die relativen Geschwindigkeiten des Anwachsens von E_{des} und der Abnahme von Q_G und Q_x. Unter den Bereichen mit einem beliebigen Wert Q_G, also auch unter den Bereichen, die am Rande der Verteilung mit $E_{\text{des min}}$ und $Q_{x\,\max}$ liegen, gibt es einen, wenn auch sehr kleinen Teil, der von dem Zwischenprodukt x besetzt ist. Unter unseren Annahmen beträgt dieser Teil

$$\theta_{ix} \backsimeq \frac{\Pi_x\, b_i(G)}{\pi \cdot B_{ix}} = \frac{\Pi_x}{\pi}\, b_0 \exp\left[-\frac{Q_G - \overline{Q}_x}{RT}\right]. \tag{22e}$$

Dabei ist

$$Q_G = a_1 \overline{Q}_x \quad \text{und} \quad E = E_0 - a_2 Q_G \quad \text{mit} \quad a_1 > 1\,. \tag{22f}$$

Dann ist

$$Q_G - \overline{Q}_x = (a_1 - 1)\,\overline{Q}_x \quad \text{und} \quad E = E_0 - a_1 a_2 \overline{Q}_x\,. \tag{22g}$$

Die Restaktivität der vergifteten Bereiche in dem Gebiet hoher Giftbesetzungen ist

$$\omega_i(G) \backsimeq \theta_i k_i \sim k_0 e^{-\frac{E}{RT}} \cdot e^{-\frac{Q_G - \overline{Q}_x}{RT}} = \overline{k}_0 e^{-\frac{E_0}{RT}} \exp\left\{\left[\frac{a_2 a_1 - a_1 + 1}{RT}\right]\overline{Q}_x\right\}. \tag{22h}$$

Bei $a_1 a_2 + 1 > a_1$ wird die Reaktion von den Bereichen mit maximalen $\overline{Q}_x$-Werten gesteuert; bei $a_1 a_2 + 1 < a_1$ dagegen verschiebt sich der kontrollierende Streifen an den inneren Rand des blockierten Gebiets, d. h. zu kleinen $\overline{Q}_x$.

2. Auch die kinetischen Größen der Vergiftung der Oberfläche sind nicht hinreichend genau (unter anderem auch die für die Reaktion mit „schwebendem" Streifen).

So gibt es beispielsweise in dem eben erwähnten Fall bei $a_1 a_2 + 1 < a_1$ und bei einem an den Rand der vom Gift besetzten Zone verschobenen kontrollierenden Streifen, falls diese Zone schmaler ist als das Gebiet mit $\theta_x \backsimeq 1$, streng genommen keine nullte Ordnung, da im kontrollierenden Streifen θ_G eine meßbare Größe hat und der Bruch

$$\theta_x(G) = \frac{\Pi_x}{B_x\left(1 + \dfrac{\Pi_x}{B_x} + \dfrac{\pi}{b_G}\right)} \tag{22i}$$

nicht identisch mit Π_x/B_x ist.

Jedoch kann man sowohl in diesem als auch in anderen Fällen näherungsweise $\theta_{x\,\text{kontr}} \backsimeq 1$ setzen und die hieraus resultierende Abhängigkeit von Π_x benutzen.

3. Für eine Blockierung, die bei den Zentren mit geringster Aktivität beginnt, sowie für eine Vergiftung im Fall eines „schwebenden" kontrollierenden Streifens sprechen wir von kritischen Giftmengen G_{kr} und kritischen Partialdrucken π_{kr}. Für die Giftmenge kommt dieser Begriff den Tatsachen ziemlich nahe, obwohl auch in diesem Fall natürlich keine lineare kritische Grenze vorliegt, sondern ein gewisser Wertebereich, der bei demjenigen E-Wert, bei dem die Blockierung sich stark geltend zu machen beginnt, größer als RT ist. Auch mit der Genauigkeit der Näherung, der die Methode des kontrollierenden Streifens zugrunde liegt, kann man für die Abhängigkeit der Größe A von π nur mit großer Vorsicht von einem kritischen π sprechen, da die Abhängigkeit im wesentlichen eine LANGMUIRsche ist:

$$A = \frac{A_0}{1 + \Sigma\, p_i/b_i + \pi/b_G}, \tag{22k}$$

aber mit einem sehr kleinen Wert b_G.

§ 9: *Gewichtsisothermen für eine Vergiftung, die bei den aktivsten Bereichen beginnt und den kontrollierenden Streifen verschiebt*

In allen Fällen, wo die Besetzung der Oberfläche mit den aktivsten Punkten beginnt und den kontrollierenden Streifen in Bewegung setzt, kann man die gleichen Typen der Abhängigkeit der Aktivität des Katalysators von der adsorbierten Giftmenge erwarten.

In kinetischer Hinsicht ist die Sachlage einfacher als bei einer nichtkorrelierenden Verteilung des Giftes, da die Möglichkeit fester gebrochener Ordnungen fortfällt und nur die VAN 'T HOFFsche Kinetik und die nullte Ordnung hinsichtlich aller Komponenten, die einen Beitrag zum Übergangskomplex leisten, bleiben. Die Möglichkeit einer direkten Funktionalabhängigkeit von der Zeit, wie sie für Prozesse mit Selbstvergiftung kennzeichnend ist, bleibt bestehen; bei einer solchen Vergiftung ändern sich nur die Anfangsaktivität und der Anfangswert der Aktivierungsenergie, während die Gesetze für den weiteren Verlauf der Reaktion erhalten bleiben.

Eine VAN 'T HOFFsche Kinetik entspricht einer Adsorptions- oder chemischen Kontrolle ohne Selbstvergiftung. Hierbei beträgt die Reaktionsgeschwindigkeit für jede i-te Gruppe unvergifteter Bereiche

$$\omega_i = k_i p_A^{\nu_A} \cdot p_{B\ldots}^{\nu_B} = k_i \Pi p_\alpha^{\nu_\alpha} \tag{23}$$

und für die Gesamtfläche

$$\omega_G = \Pi p_\alpha^{\nu_\alpha} \int\limits_{k_{\min}}^{k_{\max\,\mathrm{verg}}} \varrho(k)\, k\, dk = k_G\, \Pi p_\alpha^{\nu_\alpha}\,. \tag{24}$$

Nullte Ordnung ist kennzeichnend für vergiftete Oberflächen bei Desorptionskontrolle, und zwar sowohl bei symbatem als auch bei antibatem Gang von E_{kat} und Q_x, während an unvergifteten Oberflächen ein symbates Verhalten von E_{kat} und Q_x zu festen gebrochenen Ordnungen führt. Für die i-te Gruppe unvergifteter Bereiche ist

$$w_i = k_i = k_0 \exp\left(-\frac{E_i}{RT}\right), \tag{25}$$

für die ganze Oberfläche

$$w_G = \int\limits_{k_{\min}}^{k_{\max\,\text{verg}}} \varrho(k)\,k\,dk. \tag{25a}$$

In den Integralen in den Gleichungen (24) und (25a) sind die Werte $k_{\max}$ nicht identisch mit den Werten dieser Größe für die reine Oberfläche, denn die Blockierung durch das Gift setzt die untere Grenze von E herauf und damit die obere Grenze der Werte $k_{\max}$ herab.

Jeder gegebenen Giftmenge G entspricht ein bestimmtes Integral

$$G \cong \gamma_1 \int\limits_{E_{\min}}^{E_G} \varrho(E)\,dE, \tag{26}$$

welches sich über die Aktivierungsenergien der katalytischen Reaktion erstreckt. Liegt der Korrelation ein symbater Gang des E_{kat} der Reaktion mit dem E der Giftadsorption zugrunde, so gilt ein ähnlicher Ausdruck auch für das Integral

$$G \cong \gamma_1^1 \int\limits_{E_{\min}}^{E(G)\,\text{ads}\,G} \varrho(E_{\text{ads}\,G})\,dE_{\text{ads}\,G}, \tag{26'}$$

wobei der Index ads G andeutet, daß sich die Aktivierungsenergie auf den Adsorptionsprozeß des Giftes bezieht.

Bei einer Korrelation, die auf einem antibaten Gang des E der katalytischen Reaktion mit der Adsorptionswärme des Giftes beruht, muß die Gleichung

$$G \cong \gamma_2 \int\limits_{Q_{\min G}}^{Q_{\max G}} \varrho(Q)\,dQ \tag{26a}$$

gelten.

Diese Integrale gestatten, in ausgewerteter Form nach einer Transformation die Größe $E\,(G_{\min})$ durch G bzw. durch π auszudrücken. Unter den oben genannten Bedingungen kann man die Aktivität des vergifteten Kontaktes stets als Produkt eines konstanten Koeffizienten mit $k_i(G)$ schreiben.

$$A_G = M_{1G}\,k_{1G} = M_{1G}\,k_{01}\,e^{\frac{-E\,(G)_{\min}}{RT}}. \tag{27}$$

Durch Einsetzen $E(G)_{\min} = E(G)$ bzw. $E(G)_{\min} = E(\pi)$ kann man zu den Gleichungen für die gewichtsmäßige bzw. die Konzentrationsisotherme übergehen, ohne die Abhängigkeit der Größe M_{1G} von G bzw. von π zu berücksichtigen. Für gleichmäßige oder flache Potenzverteilungen ist dies eine gute Näherung. Im Falle einer Exponentialverteilung wird in derselben Näherung im Endergebnis der Exponent $-E_G/RT$ zur Berücksichtigung des steilen Anstiegs von $\varrho(E_1)$ mit der Vergiftung durch $-\delta E_G/RT$ ersetzt, wobei

$$\delta = 1 - a RT \tag{28}$$

ist.

Wir beschränken uns auf die Herleitung von $\lambda(G)$ für einige Verteilungsfunktionen über das E_{kat} der Reaktion. Wie man leicht einsieht, liefert die Auswertung des Integrals (26) für die Potenzverteilung

$$E_G = (E_{\min}^{n+1} + \beta_1 G)^{\frac{1}{n+1}} \tag{29}$$

mit

$$\beta_1 = \frac{n+1}{H\gamma_1}. \tag{29a}$$

Für die Exponentialverteilung liefert das Integral

$$E_G = \frac{1}{a} \ln\left[e^{+aE_{\min}} + \beta_2 G\right] \tag{30}$$

mit

$$\beta_2 = \frac{a}{H\gamma_1}. \tag{30a}$$

Durch Einsetzen dieser beiden Werte für E_G unter Berücksichtigung des Korrekturfaktors δ in der Gleichung (27) erhält man

$$A_G \cong M_1 k_0 \exp\left[-\frac{(E_{\min}^{n+1} + \beta_1 G)^{\frac{1}{n+1}}}{RT}\right], \tag{31}$$

$$A_G \cong M_1 k_0 \left[e^{+aE_{\min}} + \beta_2 G\right]^{\frac{aRT-1}{aRT}} \tag{32}$$

speziell für die gleichmäßige Verteilung

$$A_G = M_1 k_0 e^{-\frac{E_{\min} + \beta_1 G}{RT}}. \tag{33}$$

Für die relative Restaktivität $\lambda = A_G/A$ ergibt das für eine Potenzverteilung über E

$$\lambda \cong \exp\left[-\frac{(E_{\min}^{n+1} + \beta_1 G)^{\frac{1}{n+1}} - E_{\min}}{RT}\right] = \exp\left[-\frac{E_G - E_{\min}}{RT}\right], \tag{31a}$$

$$RT \ln \lambda \cong E_{\min} - \left[E_{\min}^{n+1} + \beta_1 G\right]^{\frac{1}{n+1}} = E_{\min} - E_G. \tag{31b}$$

$$E_G \cong E_{\min} - RT \ln \lambda. \tag{34}$$

Für eine Exponentialverteilung über E gilt

$$\lambda \cong \frac{1}{\left[e^{+aE_{\min}} + \beta_2 G\right]^{\frac{1-aRT}{aRT}} e^{-\frac{E_{\min}}{RT}}} = \frac{e^{+\frac{E_{\min}}{RT}}}{z^m}, \tag{32a}$$

dabei ist also $z = e^{+\alpha E_{\min}} + \beta_2 G$ und $m = \frac{1 - \alpha RT}{\alpha RT}$,

$$RT \ln \lambda \cong E_{\min} - m RT \ln z = E_{\min} - \frac{\delta}{\alpha} \ln z, \tag{32b}$$

oder

$$E_G \cong \frac{1}{\delta} E_{\min} - \frac{RT}{\delta} \ln \lambda \tag{35}$$

und schließlich für die gleichmäßige Verteilung

$$\lambda = e^{-\beta G} \tag{36}$$

mit $\beta = \beta_1/RT$.

Aus den Gleichungen (1) und (11) ergibt sich, daß der Zusammenhang zwischen E_G und $\ln \lambda$ für verschiedene Verteilungstypen ungefähr vom gleichen Typ ist. Wir erhalten also eine sehr allgemeine Gleichung für den Zusammenhang zwischen $\varrho(E)$, G und λ.

Nach einer bekannten Eigenschaft der bestimmten Integrale gilt für den Integranden:

$$\varrho(E) = \frac{dG}{dE_G} \cong \frac{dG}{-\gamma d \ln \lambda}, \tag{37}$$

wobei für gleichmäßige und Potenzverteilungen $\gamma = RT$ und für Exponentialverteilungen $\gamma = RT/(1 - \alpha RT)$ ist.

Im Prinzip wird hierdurch ein direkter, wenn auch natürlich nur angenäherter Weg zur analytischen und graphischen Bestimmung von $\varrho(E)$ aus der Abhängigkeit der Größe λ von G gewiesen. Zu diesem Zweck hat man die Vergiftung für ein großes Intervall von G-Werten, etwa 2—3 Größenordnungen, zu untersuchen, was durchaus möglich ist, aber, soweit uns bekannt ist, bisher noch nicht durchgeführt wurde.

Um ein übermäßiges Anschwellen dieses Kapitels über die Vergiftung durch Blockierung zu vermeiden, werden wir die für die gewichtsmäßigen Isothermen gewonnenen Gleichungen nicht mehr erörtern[1,9]). Wir erwähnen nur, daß die Gleichung $\lambda = e^{-\beta G}$, die für gleichmäßige Verteilungen in jedem Intervall von λ und G gilt, auch für die anderen Verteilungen in einem beschränkten Wertebereich der genannten Größen eine gute Näherung darstellen kann.

Für hinreichend große G, für die $\beta_2 G \gg e^{+\alpha E_{\min}}$ ist, muß für eine Exponentialverteilung in grober Näherung die Gleichung

$$\lambda \cong \frac{C}{G^m} \tag{38}$$

gelten, die schon früher von KUBOKAWA vorgeschlagen wurde[9]).

Für Potenzverteilungen schließlich gilt bei $\beta_1 G \gg E_{\min}^{n+1}$

$$\lambda \cong \exp\left[-\frac{E_{\min} - \beta^1 G^{\frac{1}{n+1}}}{RT}\right] = \lambda_0 e^{-\beta'' G^{\frac{1}{n+1}}}. \tag{39}$$

Unter unseren Voraussetzungen kann die relative Aktivitätsabnahme, die auf dem gegebenen G-Wert beruht, praktisch von der Temperatur nicht abhängen.

Wir heben die Bedeutung der Gleichungen (34) und (35) hervor, die bei konstantem λ eine sehr einfache und allgemeine Temperaturabhängigkeit von E_G liefern:

$$E_G = C_1 - C_2 T. \tag{40}$$

Dabei ist

$$C_1 = \frac{E_{\min}}{\delta} \quad \text{und} \quad C_2 = \frac{R \ln \lambda}{\delta}. \tag{40a}$$

§ 10: *Andere Fälle der Korrelation*

Wie oben bemerkt, führt eine Mikroblockierung, die bei den Bereichen mit geringster Aktivität und Lage des Grenzstreifens am Rande beginnt, zu einer Unabhängigkeit der Größe A von G in einem großen Intervall der Giftbesetzungen, nämlich von $G = 0$ bis zu einem bestimmten G_{kr}, das nahe G_∞ liegt und weder von der Temperatur noch von der Konzentration der Reaktionskomponenten abhängt. Der Wertebereich von E, angefangen von dem Wert, der G_{kr} entspricht, bis $E_{\min}$ bzw. $E_{\max}$ ist in gewissen Fällen von der Größenordnung RT, in anderen beträgt er etwa 4 RT. Erst die Blockierung der zum kontrollierenden Streifen gehörigen Bereiche führt zu einer merklichen Aktivitätsabnahme, die etwa durch die lineare Abhängigkeit

$$A(G) \cong A_0[1 - \gamma\,(G - G_{\mathrm{kr}})] \tag{41}$$

mit $G \geqq G_{\mathrm{kr}}$ wiedergegeben wird.

Eine eigenartige Situation liegt vor, wenn die Vergiftung im Fall eines schwebenden kontrollierenden Streifens am Rande der Verteilung beginnt. Auch in diesem Fall erwartet man natürlich kritische Werte G_{kr}, unterhalb derer praktisch keine Vergiftung eintritt. Der Wert G_{kr} hängt bei diesem Vergiftungstyp sowohl von der Temperatur als auch von den Konzentrationen der Komponenten ab. Bei G_{kr} erreicht das Gift, das sich an der Oberfläche ausbreitet, den kontrollierenden Streifen, d. h., es beginnt die Bereiche aus der Reaktion auszuschließen, die unter den gegebenen Bedingungen den Hauptanteil daran haben.

Beginnt die Besetzung der Oberfläche durch das Gift an den Bereichen mit minimalen E-Werten, so verschiebt sich der kontrollierende Streifen unter dem Einfluß des Giftes in Richtung höherer E-Werte, und die ganze Vergiftung ist dann völlig analog einer Mikroblockierung mit einem kontrollierenden Streifen am Rand der Verteilung, nur daß E_{kr} jetzt die Rolle von $E_{\min}$ spielt. Es gelten also die oben abgeleiteten Gewichtsisothermen sowie auch die zur Bestimmung von $\varrho(E)$ abgeleitete Gleichung (37). Wir heben hervor, daß die festen gebrochenen Ordnungen von Beginn der Aktivitätssenkung an verschwinden und ungefähr nullter Ordnung hinsichtlich aller Komponenten, die einen Anteil am Desorptionskomplex stellen, Platz machen. Gleichzeitig nimmt die bei gegebenem konstanten G aus dem Temperaturkoeffizienten der Geschwindigkeit bestimmte Aktivierungsenergie die Bedeutung der echten Aktivierungsenergie der bei dem gegebenen G noch unversehrten aktivsten Bereiche an. Wir erinnern daran, daß für einen unvergifteten Kontakt bei schwebendem kontrollierenden Streifen die aus dem Temperaturkoeffizienten der Aktivität bestimmte Aktivierungsenergie durch die Konstante C in der Gleichung $E = C + \alpha Q$ gekennzeichnet wird, die in unserer Näherung der Aktivierungsenergie der Bereiche mit geringster Aktivität entspricht.

Verläuft die Vergiftung ab G_{kr} von großen in Richtung auf kleine E-Werte, so gerät der schwebende Streifen ebenfalls in Bewegung. Hierbei wird die darauf folgende Geschwindigkeitsabnahme nicht durch die Änderung von E, sondern durch die Änderung der Differenz $Q - E$ bestimmt. Der Charakter der Gewichtsisothermen ist wieder derselbe wie bei der klassischen Vergiftung, die bei den aktivsten Bereichen beginnt, jedoch liefert Gleichung (37) die Verteilung über $Q - E$ statt über E. Die Bedeutung dieses Umstandes wird verringert, wenn infolge symbater Änderung von E und Q der Typ der Verteilung über E, Q und $Q - E$ der gleiche ist. Dann erhält man also doch wieder eine Vorstellung vom Typ der Funktion $\varrho(E)$.

Wir erinnern daran, daß die Kinetik vom Augenblick der Vergiftung an hinsichtlich der Komponenten der exothermen Zwischenform VAN 'T HOFFschen Charakter hat. E_{beob} liefert uns in diesem Fall die Differenz $E - Q$. Dies ist ein weiteres Beispiel für die Tatsache, daß breit inhomogene Oberflächen häufig das Verhalten von homogenen nachahmen.

§ 11: *Konzentrationsisothermen und -isobaren für eine korrelierende Vergiftung*

Die Konzentrationsisothermen sind bei korrelierender und nichtkorrelierender Giftadsorption von verschiedenem Charakter. An Stelle des in Kapitel 3, § 4, abgeleiteten Gleichungssystems treten zwei neue Abhängigkeiten auf, nämlich eine für den Fall einer Blockierung, die bei den aktivsten Bereichen beginnt, und eine andere für eine Blockierung, die von den Bereichen mit geringster Aktivität ihren Ausgang nimmt.

Im ersten Fall besteht der Haupteffekt in der Erhöhung des Grenzwertes von E, der bei der Adsorption der ersten Giftmengen beginnt. Im zweiten Fall ist innerhalb mehr oder weniger weiter Konzentrationsintervalle praktisch von einer Vergiftung nicht die Rede, obwohl auch hier die Oberfläche Gift adsorbiert. Bei weiterer Konzentrationssteigerung des Giftes beginnt sich eine Vergiftung geltend zu machen, die LANGMUIRschen Gesetzen folgt.

Wir beginnen mit einer Vergiftung, die von den aktivsten Bereichen ausgeht. Zur Ableitung der Konzentrationsisothermen benutzen wir die Gleichung

$$A = A_0 e^{-\frac{\delta E_G}{RT}}, \tag{42}$$

wobei für alle Verteilungen außer der Exponentialverteilung $\delta = 1$ und für diese $\delta = 1 - \alpha RT$ ist. Damit bei reversibler Vergiftung die Blockierung bei den aktivsten Bereichen beginnt und den kontrollierenden Streifen in Bewegung setzt, müssen das E der katalytischen Reaktion und das Q der Giftadsorption sich antibat ändern. Im einfachsten Fall lautet eine solche Abhängigkeit

$$E = E_{max} - \gamma Q, \tag{43}$$

γ muß größer als 1 sein.

In dem betrachteten Fall ergibt diese Gleichung bei der Ersetzung von Q durch Q_G auch das E_G. Bei beliebiger Verteilung ist

$$Q = -RT \ln \frac{p}{b_0}. \tag{43a}$$

Hieraus folgt

$$E_G = E_{\max} - \gamma Q_G, \tag{44'}$$

oder

$$E_G = E_\pi = E_{\max} + \gamma RT \ln \frac{\pi}{b_{0_G}}, \tag{44}$$

wobei π der Partialdruck des Giftes ist.

Durch Einsetzen in Gleichung (42) erhalten wir den allgemeinen Ausdruck für die Konzentrationsisotherme der Vergiftung bei linear antibatem Zusammenhang zwischen dem E der katalytischen Reaktion und dem Q der Giftadsorption:

$$A(\pi) \cong A_0 e^{-\frac{\delta E_{\max}}{RT}} e^{-\delta\gamma \ln \frac{\pi}{b_0}} = A_0 e^{-\frac{\delta E_{\max}}{RT}} \left(\frac{b_{0_G}}{\pi}\right)^{\delta\gamma}. \tag{45}$$

Diese Gleichung kann man auf die bequemere Form

$$A(\pi) \cong \frac{A_{0G}}{\pi^m} \tag{46}$$

bringen, wobei $m = \delta\gamma$ ist und in weiten Grenzen konstant bleibt; ferner ist

$$A_{0G} = A_0 \exp\left[-\frac{\delta E_{\max}}{RT}\right] b_{0_G}^{\delta\lambda}. \tag{47}$$

Für die Exponentialverteilung gilt

$$A_0 = \frac{HRT\, k_0}{1 - aRT}. \tag{48}$$

Analog erhält man für die Potenzverteilung

$$A_0 = HRT\, k_0 \cdot [E_{\min}^{n+1} + \beta G]^{\frac{n}{n+1}}, \tag{49}$$

also bei $n = 1$

$$A_0 = HRT\, k_0 \cdot [E_{\min}^2 + \beta G]^{\frac{1}{2}} \tag{49a}$$

und bei großen Werten von n

$$A_0 = HRT\, k_0 \cdot [E_{\min}^n + \beta G]. \tag{49b}$$

Für die gleichmäßige Verteilung schließlich ist

$$A_0 \cong HRT\, k_0. \tag{50}$$

Interessant ist die vollständige Unabhängigkeit der Form der Konzentrationsisotherme vom Typ der Verteilung trotz der starken Abhängigkeit der Gewichtsisothermen von $\varrho(E)$. Hierin liegt gleichzeitig der Vor- wie der Nachteil der Gleichung (46). Der Vorteil liegt darin, daß diese Gleichung sich auf beliebige stetige breite Verteilungen, also sehr universell anwenden läßt; der Nachteil darin, daß diese Gleichung zur Feststellung des statistischen Typs der Oberfläche unbrauchbar ist.

All dies ist richtig, wenn die Temperatur während des Versuchs konstant bleibt. Ist die Temperatur variabel, so beginnen sich Unterschiede geltend zu machen, die unter gewissen Bedingungen wesentlich werden können. Die Exponentialverteilung unterscheidet sich von den übrigen durch die nicht ganz ARRHENIUSsche Temperaturabhängigkeit von $A(G)$*.

Wir heben noch zwei Eigentümlichkeiten der Konzentrationsisothermen der Vergiftung hervor:

1. Der Exponent der Größe π ist für alle Verteilungen außer der Exponentialverteilung nur schwach temperaturabhängig; bei dieser ist

$$m = \delta\gamma = (1 - aRT)\gamma. \tag{50a}$$

2. Eine Extrapolation auf $\pi = 0$ liefert das falsche Ergebnis $A = \infty$; das beruht darauf, daß die Grenze zwischen dem vergifteten und dem aktiven Gebiet sich nur bei endlichen und nicht allzu kleinen Werten π einstellen kann. Dies kommt in der Ausgangsgleichung (44) richtig zum Ausdruck, denn bei $\pi = 0$ verliert unsere Näherung ihren Sinn.

Wir betrachten nun die Eigenschaften der Vergiftungsisobaren.

Bei $\pi = \text{const}$ ist wegen $m = \text{const}$

$$A_{\pi=\text{const}} = A_1 e^{-\frac{\delta E_{\max}}{RT}}. \tag{51}$$

Die Aktivität des vergifteten Kontakts wächst mit der Temperatur exponentiell an, wobei seine Aktivierungsenergie nahezu gleich der Aktivierungsenergie der Bereiche mit der geringsten Aktivität ist.

$$E_{\text{beob}} = \delta E_{\max}. \tag{52}$$

Nach Gleichung (42) sind die Vergiftungsisosteren, d. h. die Funktionen $A(T)_{G=\text{const}} = A(T)_{E_G=\text{const}}$ ebenfalls streng exponentiell; in diesem Fall ist aber

$$E_{\text{beob}} = \delta E_G = \delta E_{\max} - \delta\gamma\, Q_G. \tag{53}$$

Im Zusammenhang hiermit ist ein Vergleich der Vergiftungsisobaren und -isosteren für ein bestimmtes blockierendes Gift von besonderem Interesse. Die Bedingung für das Auftreten der angegebenen Gesetze ist der lineare Zusammenhang zwischen E und Q. Bei anderen Typen des Zusammenhanges ist das Bild nicht so durchsichtig. Bei nicht allzugroßen Änderungen von Q ist die lineare Abhängigkeit eine ausreichende Näherung für viele andere.

In welchem Umfange diese Formeln in weiteren Grenzen anwendbar sind, kann nur das Experiment zeigen. Aus qualitativen Überlegungen über den Einfluß der Reaktionswärmen auf die Aktivierungsenergie kam POLANYI[7]) in Ausführung eines Gedankens von BRÖNSTED[6]) zu einer linearen Abhängigkeit gleicher Art für die E- und Q-Werte der Reaktion ähnlicher Molekeln und der

---

* In der Tat wird in diesem Fall die Temperaturabhängigkeit durch den Ausdruck $\frac{\exp(-\delta E_{\max}/RT)}{1 - aRT}$ gegeben. Bei einem aRT, das sehr verschieden von 1 ist, kann man diesen Bruch durch $\exp(-E_{\max}RT)$ ersetzen. Bei $aRT \approx 1$ beginnt die Änderung von $A(G)$ mit der Temperatur stärker zu werden als exponentiell. Übrigens wird bei $aRT \approx 1$ die Methode des kontrollierenden Streifens unbrauchbar.

Reaktion in Lösungen. TJOMKIN und FRUMKIN übertrugen diese Abhängigkeit auf Oberflächenreaktionen[8]). Die rein spekulativ gewonnenen Schlußfolgerungen sind jedoch mit großer Vorsicht aufzunehmen, wenn es sich um so komplizierte Beziehungen wie die zwischen der Aktivierungsenergie eines bestimmten Prozesses und der Adsorptionswärme einer Fremdmolekel handelt.

Wir wenden uns nun den Konzentrationsisothermen für eine Blockierung, die bei den Bereichen mit geringster Aktivität beginnt, zu. In diesem Fall breitet sich die Besetzung bei wachsendem Druck gebietsweise aus, und zwar in Richtung auf den kontrollierenden Streifen.

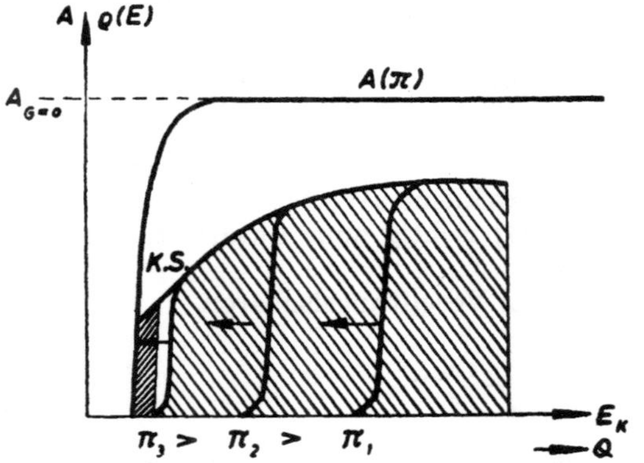

Abb. 302. Abhängigkeit der katalytischen Aktivität A vom Giftdruck π (barische Vergiftungsisotherme) für eine breit inhomogene Oberfläche bei symbatem Gang von E_k und Q_G bei einem bei $E_{\min}$ gelegenen kontrollierenden Streifen.

Liegt dieser Streifen fest am entgegengesetzten Rande der Verteilung, so bleibt er innerhalb eines großen Druckintervalls praktisch leer, und die Aktivität nimmt nicht ab (Abb. 302).

Nimmt k mit wachsendem E exponentiell ab, so entspricht einer Zunahme von E um $2\,RT$ eine Abnahme der Geschwindigkeitskonstante um den Faktor 7,3; einer Zunahme um $4\,RT$ eine Abnahme dieser Konstante um den Faktor 53. Man kann also dem kontrollierenden Streifen näherungsweise eine Breite von $4\,RT$ zuschreiben. Liegt die Mitte des Grenzgebietes, das die leeren von den besetzten Bereichen trennt, in diesem Abstande vom Rand, so beginnt sich die Vergiftung geltend zu machen; der Einfluß wird bedeutend, wenn $Q_{0,5}$ nur noch $2\,RT$ von $Q_{\min}$ entfernt ist.

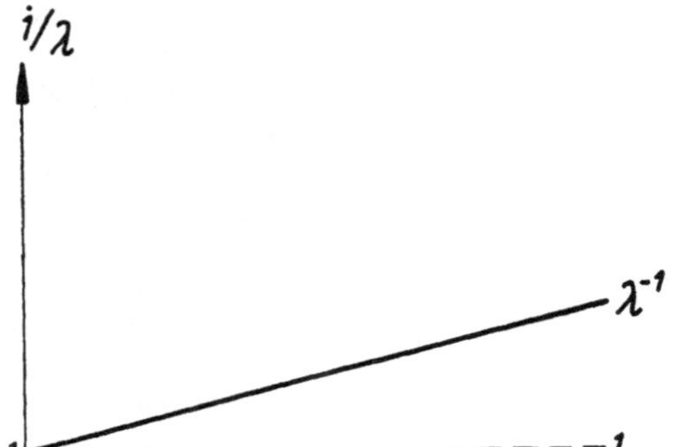

Abb. 303. Abhängigkeit der Größe λ von π in den Koordinaten λ^{-1} und π.

In erster Näherung kann man sich bei der Bestimmung der Geschwindigkeit auf eine Berücksichtigung des Einflusses auf die aktivsten Bereiche beschränken; es wird dann k_G proportional $\gamma(E_{\min})$, dem giftfreien Anteil der Bereiche mit Energien von etwa $E_{\min}$:

$$A_G = \frac{A}{1 + a_G \pi}, \qquad (54)$$

wobei der Koeffizient a_G sehr klein ist. Die Gleichung (54) muß im allgemeinen das Vergiftungsgesetz recht gut wiedergeben, da für den katalytischen Prozeß alle Bereiche, die in großer Entfernung von $E_{\min}$ liegen, uninteressant sind und der ganze Vergiftungseffekt auf der Blockierung einer verhältnismäßig schmalen Bereichsgruppe beruht (Abb. 303).

Die nächste Näherung würde die Integration des Ausdrucks

$$\frac{Hk_0 \exp(-E/RT)}{1 + a_0\pi \exp(+Q/RT)}$$

in einem Intervall von einigen RT Breite erfordern, wobei $E = E(Q)$ ist. Selbst im einfachsten Fall

$$E = E_{\min} + aQ$$

führt das nicht auf eine Quadratur. Wir beschränken uns also auf den Hinweis, daß das Vorhandensein des breiten inaktiven „Schwanzes" zu Beginn kaum zu spüren ist (d. h. solange $a\pi \ll 1$ ist), zum Schluß bei $a\pi \gg 1$ dagegen kann er zu großen Abweichungen des Exponenten der Größe π von Eins führen.

Anders liegen die Dinge bei einer schwebenden Grenze. In diesem Fall ist zu Beginn bis zu einem gewissen π-Wert das Vorhandensein des Giftes praktisch nicht zu spüren; dann aber beginnt die übliche Vergiftung nach dem Gesetz

$$A_\pi = \frac{A}{\pi^a}.$$

§ 12: *Die Methode des kontrollierenden Streifens in analytischer Form*

Auf Grund der theoretischen Analyse der Kinetik von Kontaktreaktionen und Vergiftungsprozessen von Katalysatoren wurde in dieser Monographie die anschauliche graphische Methode des kontrollierenden Streifens entwickelt, die oben auf die Theorie der Adsorptionsvorgänge angewandt wurde. Je komplizierter der Prozeß ist, desto größere Vorsicht muß man bei der Anwendung dieser Methode walten lassen, da es schwer ist, mit Hilfe einer graphischen Methode die Ergebnisse des gleichzeitigen Einflusses mehrerer Parameter abzuschätzen, die unter gewissen Bedingungen in entgegengesetzter Richtung wirken können. Es ist also notwendig, eine analytische Variante der Methode des kontrollierenden Streifens zu entwickeln[9]), mit deren kurzer Darlegung wir jetzt beginnen.

Wir wenden uns wieder der Gleichung für die Geschwindigkeit des Kontaktprozesses an der i-ten homogenen Bereichsgruppe zu:

$$w_i = -\frac{dc_j}{dt} = \mu \frac{dc_x}{dt} = k_0 e^{-E_i/RT} \gamma_i^{\nu_i} \cdot \prod_j c_j^{\nu_j} \Omega_i. \tag{55}$$

In dieser Gleichung ist c_j die Konzentration der j-ten Ausgangssubstanz, γ_i der freie Anteil der i-ten Bereichsgruppe, Ω_i der Anteil der Gesamtfläche, den diese Bereiche einnehmen. Verläuft der Prozeß über einen endothermen aktiven Oberflächenkomplex, der sich unmittelbar aus Teilchen der Ausgangssubstanzen zusammensetzt, so sind die stöchiometrischen Koeffizienten ν_j positive ganze Zahlen (ein Spezialfall ist die aktivierte Adsorption). Gibt es dagegen einen exothermen Zwischenzustand, der mit dem Ausgangszustand im Halbgleichgewicht steht, so können die ν_j ganzzahlig oder einfache Brüche sein, und zwar sowohl positiv als auch negativ, und die Konstante $k_0 e^{-E_i/RT}$ muß die entsprechende Gleichgewichtskonstante enthalten. Der Exponent ν_s gibt die Anzahl der vom Zwischenkomplex besetzten Adsorptionsbereiche an. Gleichung (55) läßt sich auch auf den Fall der Vergiftung von Katalysatoren unter der Bedingung anwenden, daß γ_i als Funktion der Konzentration des reversibel wirkenden Kontaktgiftes oder als Funktion der vom Kontakt adsorbierten Giftmenge dargestellt ist; das gilt sowohl für die reversible als auch für die irreversible Vergiftung. Bei Selbstvergiftung des Prozesses kann man schließlich von der Gleichung für γ als Funktion der Zeit ausgehen. Solange an der Oberfläche ein Adsorptionsgleichgewicht mit den festest adsorbierten Substanzen besteht, läßt sich γ durch die Gleichung

$$\gamma = \left(1 + \sum \frac{c_j}{b_j}\right)^{-1} \tag{56a}$$

$$\text{mit} \quad b_j = b_{0j} \exp\left(-\frac{Q_j}{RT}\right) \tag{56b}$$

darstellen. Hierbei kann eines der b_j der reziproke Adsorptionskoeffizient des reversibel adsorbierten Kontaktgiftes (b_G) sein; Q_j ist dann dessen Adsorptionswärme (Q_G).

Ebenso wie bei der graphischen Analyse beschränken wir uns auf den Fall, daß für die ganze Oberfläche das Produkt $\prod_j c_j^{\nu_j}$ den gleichen Wert hat, ebenso wie auch alle $k_{0,i}$; wir führen folgende Bezeichnung ein:

$$f(c) = k_0 \Pi c_j^{\nu_j}. \tag{57}$$

Bei Unabhängigkeit sämtlicher energetischen Größen kann man die Differentialgleichung für die Geschwindigkeit des Prozesses an einer inhomogenen Oberfläche mit den Verteilungsfunktionen $\varrho(E)$, $\varrho(Q_1)$, $\varrho(Q_2)$ usw. formal folgendermaßen schreiben:

$$w = \sum_i w_i = f(c) \int \ldots \iint e^{-E/RT} \cdot \varrho(E) \gamma^{\nu_s}(E, Q_1, Q_2, \ldots) \varrho(Q_1) \cdot \varrho(Q_2) \ldots dE \, dQ_1 dQ_2 \ldots \tag{58}$$

Zur genauen Berechnung des Integrals (58) muß man sämtliche Verteilungsfunktionen sowie die Abhängigkeiten $\gamma(E, Q_1, Q_2, \ldots)$ kennen. Unter dieser Bedingung wäre aber die Lösung äußerst schwierig und praktisch undurchführbar. Infolge der besonderen Eigenschaften der Exponentialfunktionen kann man jedoch für breite Verteilungen in vielen Fällen einfache Näherungslösungen finden. Das Ergebnis einer solchen Lösung hängt in erster Linie davon ab, ob ein Funktionalzusammenhang zwischen E und den verschiedenen Q vorhanden ist oder fehlt, und wenn ja, wie er beschaffen ist.

1. Wir beginnen mit dem interessantesten Fall, daß alle Q mit E zusammenhängen, also auch untereinander. In diesem Fall besteht zwischen γ und E ein direkter Funktionalzusammenhang, der zu einer Ab- oder Zunahme von γ beim Übergang von den Bereichen mit minimalen zu denen mit maximalen

E-Werten führen kann. In diesem Fall kann man die Integration in (58) über die einzige unabhängige Variable E ausführen, und der Ausdruck für die Geschwindigkeit nimmt folgende Form an:

$$w = f(c) \int\limits_{E_{\min}}^{E_{\max}} e^{-E/RT} \cdot \gamma^{\nu_s}(E) \cdot \varrho(E)\, dE. \tag{59}$$

Zur angenäherten Berechnung des Integrals (59) muß man vor allem bestimmen, welchem Wert von E das Maximum des Integranden entspricht, also die Maximalgeschwindigkeit w_i. Wachsen alle Q_i mit wachsendem E (symbates Verhalten), so nehmen $\gamma(E)$ und $\exp(-E/RT)$ mit wachsendem E ab, und das Maximum des Integranden entspricht der minimalen Aktivierungsenergie. Hieraus ergibt sich die bereits bekannte Tatsache, daß die Bereiche mit einer Aktivierungsenergie von nahezu $E_{\min}$ die Hauptrolle spielen, ferner der Schluß auf eine VAN 'T HOFFsche Kinetik, der ebenfalls nicht neu ist:

$$w \cong f(c) \cdot e^{-E_{\min}/RT}. \tag{60}$$

In diesem Fall ist also das Integral (59) praktisch gleich dem Wert des Integranden bei $E \approx E_{\min}$, dem $\gamma \cong 1$ entspricht (außer bei sehr hohen Besetzungen der Oberfläche).

Sind für die ganze Oberfläche die Besetzungen groß, so ist nach (56a) $\gamma^{\nu_s} \cong [\Sigma c_j/b_j]^{-\nu_s}$. Wir beschränken uns auf den Fall einer einzigen stark adsorbierten Substanz, die das Kontaktgift darstellen möge, und erhalten für die Geschwindigkeit den Ausdruck

$$w = f(c) \int\limits_{E_{\min}}^{E_{\max}} e^{-E/RT} \cdot \frac{b_0^{\nu_s}}{\pi^{\nu_s}}\, e^{-\frac{\nu_s Q_G}{RT}} \cdot \varrho(E)\, dE, \tag{60a}$$

der nach Einführung der neuen Variablen $E + \nu_s Q_G$ leicht zu integrieren ist:

$$w = f(c)\, \frac{b_0^{\nu_s}}{\pi^{\nu_s}}\, e^{-\bar{E}/RT}, \quad \text{mit} \quad \bar{E} = \overline{E + \nu_s Q_G} \cong E_{\min} + \nu_s Q_{G\,\min}. \tag{61}$$

Sind E und Q antibat, so ändern sich die Funktionen $\gamma(E)$ und $\exp(-E/RT)$ in entgegengesetzter Richtung, d. h., mit wachsendem E nimmt γ zu und $\exp(-E/RT)$ ab. Offenbar muß hierbei der Integrand in (59) ein Maximum haben, dessen Lage man auf die übliche Weise durch Differentiation des Produkts $e^{-E/RT} \cdot \gamma^{\nu_s}$ nach E erhält; das ergibt folgende schematische Bedingung für das Maximum

$$\frac{d \ln \gamma}{dE} = \frac{1}{\nu_s RT}. \tag{62}$$

Sie nimmt bei Benutzung konkreter Funktionen $\gamma(E)$, denen ein bestimmter Zusammenhang zwischen Q und E entspricht, eine bestimmte Form an. Bei nicht zu schmalen und zu steilen Verteilungen wird der Wert des Integrals (59) vorwiegend durch den Wert des Integranden in der Nähe seines Maximums bestimmt, und man kann $\varrho(E)$ vor das Integralzeichen ziehen, wobei man es durch das $\varrho(E^*)$ ersetzt, das dem Maximum der Geschwindigkeit w_i entspricht. Auf diese Weise kann man prinzipiell ein vollständiges Gleichungssystem für die Kinetik der Kontaktprozesse mit und ohne Vergiftung durch End- und Zwischenprodukte oder Fremdsubstanzen gewinnen:

$$w = f(c) \cdot \varrho(E^*) \int\limits_{E_{\min}}^{E_{\max}} e^{-E/RT} \cdot \gamma^{\nu_s}(E)\, dE. \tag{63}$$

Wir untersuchen den Fall, daß γ durch den Gleichgewichtsdruck einer bestimmten Substanz, etwa den Druck π des Kontaktgifts gegeben wird:

$$\gamma = \frac{b_G}{b_G + \pi} \tag{64}$$

und daß zwischen E und Q_G der Zusammenhang

$$E = E_0 - \alpha Q_G \tag{65}$$

besteht.

Die Lage des Geschwindigkeitsmaximums findet man leicht mit Hilfe der Bedingung (62) und der Gleichungen (64) und (65):

$$\frac{d \ln \gamma}{dE} = \frac{1}{\gamma} \cdot \frac{d\gamma}{dE} = \frac{1}{\gamma} \cdot \frac{d}{db_G}\left(\frac{b_G}{b_G + \pi}\right) \cdot \frac{db_G}{dQ_G} \cdot \frac{dQ_G}{dE} =$$

$$= \frac{(\pi + b_G)\pi \cdot b_G}{b_G(\pi + b_G)^2 \alpha RT} = \frac{\pi}{(\pi + b_G)\alpha RT} = \frac{1}{\nu_s RT}, \quad \text{also} \quad b_G = \pi \cdot \frac{\nu_s - \alpha}{\alpha} \tag{66a}$$

oder

$$E = E_0 - \alpha Q_G = E_0 - \alpha RT \ln \frac{b_{0G}}{b_G} = E_0 - \alpha RT \ln \cdot \frac{b_{0G} \cdot \alpha}{\pi(\nu_s - \alpha)}. \tag{66b}$$

Das gefundene Maximum ist so steil, daß der Integrand von (63) innerhalb eines Intervalls von wenigen RT schon vernachlässigbar klein wird. Das gibt uns das Recht, die Integrationsgrenzen über E bis 0 und ∞ zu erweitern, so daß wir das Integral (63) auswerten können. Wir erhalten so schließlich den bereits bekannten allgemeinen Ausdruck für eine Vergiftung bei antibatem Gang von Q_G und E:

$$w = \frac{A}{\pi^\alpha}. \tag{67}$$

Dabei ist

$$A = f(c) \cdot \varrho\left(E_0 - \alpha RT \ln \frac{b_0 \alpha}{\pi(\nu_s - \alpha)}\right) \cdot \frac{RT b_0^\alpha G(\nu_s - \alpha) G(\alpha)}{G(\nu_s)} \cdot e^{-E_0 RT}, \tag{67a}$$

und $G(x)$ ist die Gammafunktion.

Wir weisen darauf hin, daß (66a) und (66b) nur bei $\alpha < \nu_s$ einen Sinn haben, da wir sonst sinnlose negative Werte von b_G erhalten würden. Das weist direkt auf die Einschränkungen hin, die man dem Zusammenhang zwischen E und Q_G, der bei antibatem Gang zu einem bewegten Streifen und zu gebrochenen Potenzen in π führt, auferlegen muß.

2. **Selbstvergiftung.** Wie zu Beginn dieses Kapitels erwähnt wurde, wird $\gamma(E)$ durchaus nicht immer durch die Gleichgewichtsbesetzungen bei gegebenem E bestimmt. Häufig, besonders bei selbstvergifteten Prozessen, wird die Größe γ für jede Bereichsgruppe durch die Kinetik der Giftadsorption, die Adsorptionskinetik oder die Reaktionskinetik selbst gegeben. Für kinetische γ ist die Analyse am einfachsten im Fall völlig irreversibler Giftadsorption und in Abwesenheit einer Umlagerung. In diesen Fällen kann man, wenn man sich auf $\nu_s = 1$ beschränkt und die Gleichungen von Teil II, Kapitel 3, benutzt, ferner p durch $f(c)$ ersetzt, schreiben

$$\gamma = e^{-m f(c) t \exp(-E/RT)}, \tag{68}$$

wobei m der stöchiometrische Koeffizient ist. Unter Benutzung der Bedingung (62) erhält man die Größe E^*

$$E^* = RT \ln m f(c) t. \tag{69}$$

Setzen wir nun wieder $\varrho(E^*)$ vor das Integral, so kommen wir zu folgendem Ausdruck für die Geschwindigkeit des Prozesses:

$$w \cong f(c)\, \varrho(E^*) \int\limits_{E_{\min}}^{E_{\max}} e^{-E/RT} \cdot e^{-m f(c) t \exp(-E/RT)}\, dE. \tag{70}$$

Angenommen, das Intervall, innerhalb dessen der Integrand praktisch von Null verschieden ist, sei schmaler als das Intervall ($E_{\min}$, $E_{\max}$). Das gibt uns das Recht, die Integrationsgrenzen nach $-\infty$ und $+\infty$ zu verlegen. Ersetzen wir noch die Variable E durch $x = m f(c) t e^{-E/RT}$, so nimmt das Integral (70) folgende Form an:

$$w = \frac{RT \varrho(E^*)}{mt} \int\limits_0^\infty e^{-x}\, dx = \frac{RT \varrho(RT \ln m f(c) t)}{mt}. \tag{71}$$

Aus (71) erhalten wir für verschiedene $\varrho(E)$ verschiedene kinetische Gleichungen: $w \sim t^m$, $w \sim 1/t$ usw. In diesem Fall stimmt das Endergebnis bis auf konstante Koeffizienten mit dem früher für die Kinetik von Prozessen mit Selbstvergiftung erhaltenen Ausdruck überein.

3. In dem Fall, daß zwischen E und Q keine Korrelation besteht, kann man die Ausgangsgleichung (58) folgendermaßen schreiben:

$$w = f(c) \int\limits_{E_{\min}}^{E_{\max}} e^{-E/RT} \varrho(E)\, dE \int \ldots$$
$$\ldots \int \gamma^{\nu_s}(Q_1, Q_2, \ldots)\, \varrho(Q_1)\, \varrho(Q_2) \ldots dQ_1\, dQ_2 \ldots \tag{72}$$

Entsprechend der Bedeutung der Verteilungsfunktion ist das Integral

$$\int\limits_{E_{\min}}^{E_{\max}} e^{-E/RT} \varrho(E)\, dE \tag{72a}$$

gleich der Größe $\exp(-E/RT)$ an einem Mittelwert des Arguments ($\delta E_{\min}$):

$$\int_{E_{\min}}^{E_{\max}} e^{-E/RT} \varrho(E)\, dE = e^{-\delta E_{\min}/RT}, \tag{72b}$$

wobei für sämtliche untersuchten Verteilungstypen $\delta \backsimeq 1$ ist.

Man kann also (72) folgendermaßen darstellen:

$$w = f(c)\, e^{-\delta E_{\min}/RT} \int \ldots \int \gamma^{\nu_s}(Q_1, Q_2, \ldots)\, \varrho(Q_1)\, \varrho(Q_2) \ldots dQ_1\, dQ_2 \ldots \tag{73}$$

Eine Auswertung des Integrals auf der rechten Seite der Gleichung (73) führt zu verschiedenen Ergebnissen je nach dem Charakter der Funktionen γ, $\varrho_1(Q_1)$, $\varrho_2(Q_2)$ usw. und dem Zusammenhang zwischen den verschiedenen Q_i. Diese Probleme werden eingehend in einer besonderen Arbeit behandelt[9]; hier geben wir nur als Beispiele einige Gleichungen an, ohne auf ihre Herleitung einzugehen.

Wird an der Oberfläche eine Substanz reversibel adsorbiert (eine Reaktionskomponente oder ein Gift), so liefert die Anwendung der oben beschriebenen analytischen Methode für die Reaktionsgeschwindigkeit den Ausdruck

$$w = f(c)\, e^{-\delta E_{\min}/RT} \cdot \psi(\nu_s p), \tag{74}$$

wobei

$$\psi(\nu_s p) = \int_{Q_{\min}}^{Q = RT \ln \frac{b^0}{\nu_s p}} \varrho(Q)\, dQ \tag{74a}$$

ist. In Gleichung (74) ist $\psi(\nu_s p)$ der Anteil der freien Oberfläche, der dem Druck der adsorbierten Substanz entspricht; ferner ist $p^* = \nu_s p$, wobei p ihr tatsächlicher Druck ist.

Wie oben in dem Kapitel über die Adsorption von Gemischen gezeigt wurde, lassen sich die Gesetzmäßigkeiten für diese Vorgänge aus den entsprechenden Gesetzmäßigkeiten für die Adsorption der Komponenten des Gemisches in reinem Zustand gewinnen. Die Größe ψ für die Adsorption mehrerer Substanzen läßt sich also stets mit Hilfe der Gleichungen für die Adsorptionsisothermen dieser Substanzen allein ausdrücken. Dementsprechend läßt sich die Reaktionsgeschwindigkeit in Abwesenheit eines Zusammenhanges zwischen E und Q_i und für beliebigen Zusammenhang zwischen den einzelnen Q_i in allgemeiner Form durch die Gleichung

$$w = f(c)\, e^{-\delta E_{\min}/RT} \cdot \psi(\nu_s p_1, \nu_s p_2 \ldots) \tag{75}$$

darstellen.

Aus Gleichung (74) erhält man leicht die Abhängigkeit für die Vergiftung bei reversibler nichtkorrelierender Giftadsorption; dieser Ausdruck ist sehr ähnlich dem mit Hilfe der graphischen Methode des kontrollierenden Streifens gewonnenen:

$$w = f(c)\, e^{-\delta E_{\min}/RT} \cdot [1 - \Phi(\nu_s \pi)]. \tag{76}$$

Daß jetzt statt π die Größe $\nu_s \pi$ auftritt, beruht auf der Annahme, daß sich ν_s Oberflächenbereiche an der Bildung des aktivierten Komplexes beteiligen.

Die angeführten Beispiele genügen zur Klärung des Wesens der analytischen Methode und ihrer Wirksamkeit. Sie hat nicht die Anschaulichkeit der graphischen Methode des kontrollierenden Streifens und erfordert zur Lösung jedes neuen Problems wesentlich mehr Zeit und eine speziellere mathematische Analyse. Ein Vorzug ist ihr systematischer Charakter und das Verfahren, das die Wahrscheinlichkeit für Fehler und den Verlust von Koeffizienten verringert; bei der Behandlung komplizierterer Fälle hat man ihr also den Vorzug zu geben. Von der analytischen Methode aus kommt man leichter zu den folgenden Näherungen. Schließlich kann man mit ihrer Hilfe in bestimmten Fällen die Natur und die Zahlenwerte der zweitrangigen Koeffizienten in den statistischen Gleichungen genauer ermitteln. Zum Zwecke einer vorläufigen Übersicht über neu auftretende Probleme beginnt man aber zweckmäßigerweise mit den schneller zum Ziel führenden graphischen Methoden; deren Ergebnisse kann man dann durch Behandlung desgleichen Problems nach der analytischen Methode nachprüfen und korrigieren.

Das sind die Mittel, mit denen die statistische Theorie eine angenäherte Analyse der Kinetik von Kontakt- und Vergiftungsprozessen zuwege bringt. Zum Schluß dieses Kapitels über die Theorie dieser Prozesse betonen wir, daß in diesem Fall das Ergebnis der statistischen Analyse weniger vollständig ist und kein so abgeschlossenes und systematisches Bild liefert wie auf dem Gebiet der Adsorptionserscheinungen. Infolge der größeren Kompliziertheit der Kontaktreaktionen und der Tatsache, daß sie vom statistischen Standpunkt aus weniger gut durchforscht sind, ist es bisher noch nicht gelungen, die Erscheinungen weiter in Gruppen einzuteilen und Gruppengleichungen abzuleiten. Die Schaffung einer abgeschlossenen statistischen Theorie der Kontakterscheinungen ist eine Aufgabe der Zukunft. Zu ihrer Lösung ist vor allen Dingen eine Intensivierung der quantitativen Experimentalarbeiten auf diesem Gebiet notwendig.

Literatur

1. Рогинский, С. З., Доклады Академии Наук СССР (S. S. Roginski, C. R. Akad. Sci. URSS), **47**, 497, 579 (1945); Известия Академии Наук СССР, Отделение Химических Наук (Bull. Acad. Sci. URSS, Cl. Sci. chim.), (1948). Журнал Физическоий Химии (J. physik. Chem.), (1948).
2. Семенов, Н. Н., Гольданский, В., и Чирков, Н., Доклады Академии Наук СССР (N. N. Semjonow, W. Goldanski und N. Tschirkow, C. R. Acad. Sci., URSS), **52**, 783 (1946).
3. Russel, W. W., und Ghering, L., J. Amer. chem. Soc., **57**, 2544 (1935).
4. Рогинский, С. З., Журнал Физической Химии (S. S. Roginski, J. physik. Chem.), (1948).
5. Рогинский, С. З., Известия Академии Наук СССР, Отделение Химических Наук (S. S. Roginski, Bull. Acad. Sci. URSS, Cl. Sci. chim.), (1948).
6. Brönsted, Chem. Reviews, **5**, 322 (1928); Brönsted und Pedersen, Z. physik. Chem. **108**, 185 (1924); Bell, R. P., Handb. der Katalyse, II (1940).
7. Horiuti, I., und Polanyi, M., Acta physicochim. URSS, **2**, 505 (1935); Ogg, M., und Polanyi M., Trans. Faraday Soc., **31**, 604, 1735 (1935); Evans, H., Polanyi, M., ibid., **34**, II (1938).
8. Темкин, М., Журнал Физической Химии (M. Tjomkin, J. physik. Chem.), **15**, 296 (1941).
9. Левин, В. И., Успехи Химии (W. I. Lewin, Fortschr. Chem.), **17**, 174 (1948); Левин, В. И., и Рогинский, С. З., Известия Академии Наук СССР, Отделение Химических Наук (W. I. Lewin und S. S. Roginski, Bull. Acad. Sci. URSS, Cl. chim.), (1948).

KAPITEL 5

Experimentelle Daten über die Vergiftung und die Modifizierung von Kontakten

§ 1: *Experimentelle Daten, die mit der statistischen Theorie im Einklang stehen*

Trotz der großen praktischen und theoretischen Bedeutung der Vergiftung von Katalysatoren gibt es auf diesem Gebiet nur wenige zuverlässige quantitative Daten, die zudem häufig unter Bedingungen gewonnen wurden, die ihre Ausnutzung für eine theoretische Analyse unmöglich machen. Insbesondere wurden die wesentlich lehrreicheren Gewichtsisothermen der Vergiftung weitaus seltener aufgenommen als barische und Konzentrationsisothermen, aus denen man keinerlei Rückschlüsse auf den Verteilungstyp ziehen kann. In der Regel ist der Variationsbereich der relativen Aktivitäten λ sehr klein. Trotzdem kann man aus diesem unvollkommenen Material bestimmte Aussagen über die Anwendbarkeitsgrenzen der oben entwickelten statistischen Theorie der Vergiftung durch Mikroblockierung entnehmen.

Im vorigen Kapitel wurde gesagt, daß bei mehreren grundsätzlich verschiedenen Vergiftungsmechanismen lineare Vergiftungsisothermen auftreten können. Hierdurch wird eine weite Verbreitung dieses Gewichtsisothermentyps wahrscheinlich gemacht; entsprechende Verhältnisse liegen offenbar auch tatsächlich vor. Es sind jedoch bei weitem nicht immer hinreichende primäre Daten zur differenzierten Untersuchung vorhanden.

Eines der günstigsten Beispiele ist die Vergiftung von Nickeloxyd durch Wasser und Kohlendioxyd, die in unseren Laboratorien untersucht wurde[1]). Dieser Fall der Vergiftung ist für die hochaktiven Oxyde der Übergangselemente, die als Tieftemperaturkatalysatoren zur Oxydation von Wasserstoff und Kohlenmonoxyd verwendet werden, äußerst typisch. Die Vergiftbarkeit durch Kohlendioxyd und Wasser und die Aktivität, die nach deren Adsorption in Mengen, die ihren Gehalt in der Luft und in den Reaktionsprodukten entsprechen, übrig bleibt, ist ein entscheidendes Charakteristikum für die Brauchbarkeit dieser Gruppe von Kontakten zur Oxydation von Kohlenmonoxyd unter praktischen Bedingungen.

Unsere Arbeiten wurden mit Nickeloxydproben durchgeführt, die unter sehr verschiedenen Bedingungen hergestellt wurden und durch verschiedene Aktivitäten und verschiedenen Oberflächentyp gekennzeichnet waren. Die aktivsten Präparate (siehe Teil II Kapitel 9,) enthalten an der Oberfläche außer einer großen Anzahl identischer Bereiche von geringer Aktivität eine absolut genommen geringe Anzahl hochaktiver Bereiche mit einer breiten Verteilung über die Aktivierungsenergien. Im Gegensatz dazu verhalten sich die Präparate mit geringster Aktivität in mancher Hinsicht wie Oberflächen, die bezüglich der kinetischen und Adsorptionskoeffizienten homogen sind.

Bei der Untersuchung der Vergiftung wurden systematisch die Oberflächen mit extremen Werten der Aktivität verglichen, um die gesuchten Unterschiede noch mehr hervorzuheben. Die Versuchsmethodik war durch unmittelbares Abwägen des Giftes auf einer McBAINschen Quarzfederwaage unter ständiger Kontrolle seines Gehalts gekennzeichnet. In Abb. 304 ist die Abhängigkeit der Aktivität eines Kontakts mit geringer Aktivität von der Menge des vor dem Versuch an der Oberfläche adsorbierten Kohlendioxyds aufgetragen. Als Maß der Aktivität diente die Anfangsgeschwindigkeit des Prozesses. Die untersuchte Reaktion war die Oxydation von Wasserstoff.

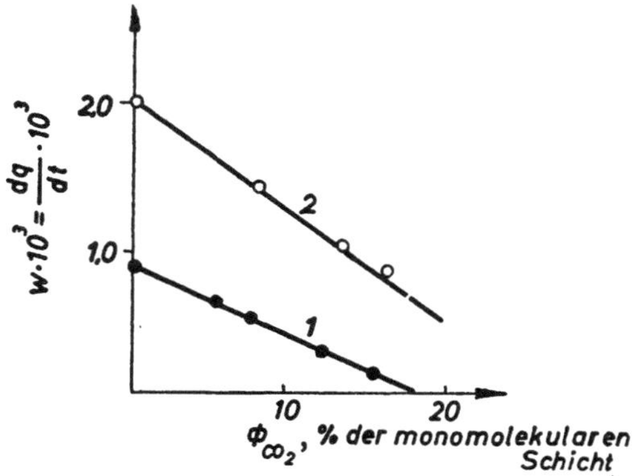

Abb. 304. Gewichtsisothermen der Vergiftung von bei geringer Übersättigung hergestelltem Nickeloxyd von geringer Aktivität durch Kohlendioxyd. Die Isotherme *1* wurde bei 60°, die Isotherme *2* bei 100° aufgenommen. Untersucht wurde die Reaktion $2\,H_2 + O_2 \rightleftharpoons 2\,H_2O$.

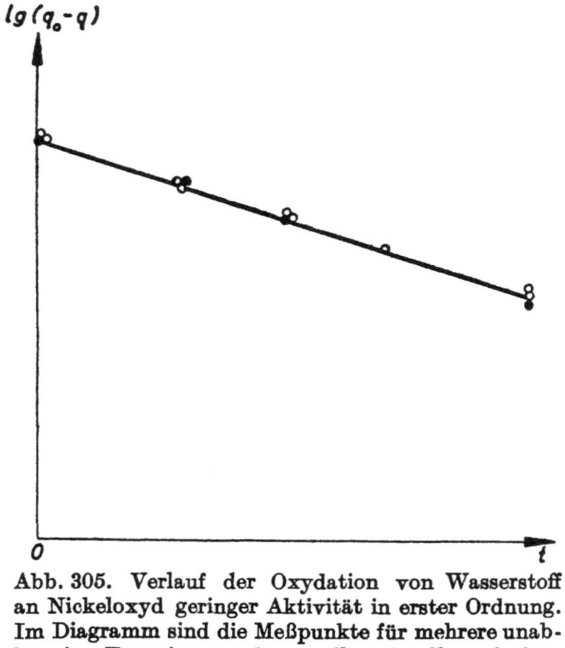

Abb. 305. Verlauf der Oxydation von Wasserstoff an Nickeloxyd geringer Aktivität in erster Ordnung. Im Diagramm sind die Meßpunkte für mehrere unabhängige Experimente dargestellt, die alle auf einer Geraden liegen.

Für 60 und 100° war die Abhängigkeit der Größe λ von der Konzentration des Giftes innerhalb eines Intervalls von 0 bis 15% Bedeckung linear. Man kann also schreiben: $\lambda = 1 - \gamma G$. Es ist aber $\lambda \neq \psi_G$, denn die Aktivität nimmt um mehr als den Faktor 2 ab, wenn die Besetzung mit dem Kohlendioxyd erst 15% erreicht hat. Offenbar ist nicht die gesamte Oberfläche des Pulvers, die in der Lage ist, Kohlendioxyd zu adsorbieren, katalytisch aktiv, sondern nur etwa ihr dritter Teil; man kann also nicht von einer vollständigen Homogenität sprechen. Es ist aber immer noch möglich, daß homogene Bereichsgruppen vorhanden sind, die etwa 30% der Gesamtfläche einnehmen und von den übrigen 70% der Oberfläche verschieden sind. Dieser Vorstellung widerspricht aber die Kinetik. Der Prozeß wurde bei abnehmendem Druck untersucht. Für eine homogene Oberfläche entspricht dies einer kinetischen Gleichung mit zwei Faktoren, einem LANGMUIRschen

$$\frac{a_1^{\nu_1}\cdot p_{H_2}^{\nu_1}\, a_2^{\nu_2}\cdot p_{O_2}^{\nu_2}}{(1+\Sigma a_i p_i)^{\nu_1+\nu_2}} \tag{1}$$

und einem weiteren, der den durch die Besetzung mit irreversibel adsorbierten Reaktionsprodukten hervorgerufenen Oberflächenverlust kennzeichnet:

$$\Psi_G = 1 - a(p_{0\,H_2} - p_{t\,H_2}). \tag{2}$$

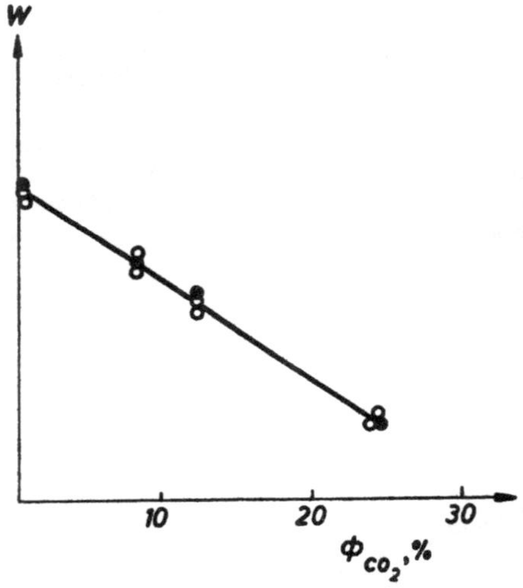

Abb. 306. Gewichtsisotherme der Vergiftung eines bei geringer Übersättigung hergestellten Nickeloxydkontakts geringer Aktivität durch Kohlendioxyd. Die Isotherme wurde bei 23° aufgenommen. Untersucht wurde die Reaktion $2CO + O_2 \rightleftharpoons 2CO_2$.

Der zweite Faktor liefert eine erste Ordnung in der Zeit. Im Experiment verläuft der Prozeß als Ganzes in erster Ordnung (Abb. 305). Das bedeutet, daß der erste Faktor von Druck und Zusammensetzung praktisch nicht abhängt.

Bei $\psi_G = \text{const}$ muß also die Reaktion bei konstantem Druck in nullter Ordnung verlaufen. Eine solche Kinetik mit gewissen Anomalien wurde für die Oxydation von Kohlenmonoxyd an Mangandioxyd von BRUNS und SCHURMOWSKAJA beobachtet[2]). Es gibt also keine unmittelbaren Widersprüche gegen die Annahme einer Homogenität; berücksichtigt man jedoch die direkten Versuche mit Nickeloxyd über den Einfluß einer Änderung der ursprünglichen Zusammensetzung auf die Geschwindigkeit, so erscheint das Schema der Vergiftung einer inhomogenen Oberfläche mit Oberflächenkriechen und mit symbatem Verhalten der Adsorptionswärme des Giftes und der Aktivierungsenergie der Kontaktreaktion genau so wahrscheinlich. Hier fehlen offenbar unmittelbare Experimente, die unter Beachtung der besonderen Forderungen der Theorie angestellt werden müssen.

Ganz ähnlich ist die Situation bei der Vergiftung der gleichen Kontaktsubstanzen durch Kohlendioxyd gegenüber der Oxydation von Kohlenmonoxyd (Abb. 306). In diesem Fall setzt eine 22%ige Besetzung der Oberfläche die Geschwindigkeit um den Faktor 4 herab. Eine Extrapolation auf $A = 0$ liefert für die völlige Unterdrückung der Reaktion den Wert $\Phi_{CO_2} \approx 0{,}3$. Die drei Geraden in den Abb. 304 und 306 lassen sich aber durch eine Maßstabsänderung der Ordinate nicht zur Deckung bringen. Das bedeutet, daß das Änderungsgesetz von λ mit wachsendem Φ_{CO_2} für die beiden Reaktionen bei den drei untersuchten Temperaturen 27, 60 und 100° nicht ganz identisch ist (Abb. 307). Bei gleichem Φ (G) insbesondere wird die Reaktion $2H_2 + O_2$ stärker verlangsamt als die Reaktion $2CO + O_2$. Mit wachsender Versuchstemperatur nimmt die Vergiftbarkeit ab. Alle diese Tatsachen stimmen mit einer einfachen Blockierung einer völlig homogenen Oberfläche nicht überein und erfordern eine weitere Untersuchung. Möglicherweise haben wir es in dem beschriebenen Fall mit einer Nachahmung des Verhaltens einer homogenen Oberfläche zu tun.

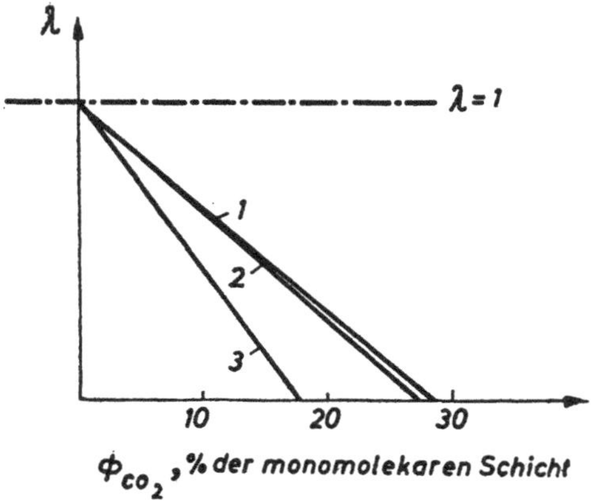

Abb. 307. „Inkongruenz" der drei Geraden $\lambda(G)$ für Präparate mit geringer Aktivität. Gerade *1*: Aktivität hinsichtlich der Oxydation von Kohlenmonoxyd bei 23°; Gerade *2*: Aktivität hinsichtlich der Oxydation von Wasserstoff bei 100°; Gerade *3*: Aktivität hinsichtlich der Oxydation von Wasserstoff bei 60°.

Ein sehr ähnliches Bild beobachtet man an diesen Präparaten auch bei der Vergiftung mit Wasser[3]).

Ganz anders ist dagegen die Situation bei der Vergiftung der hochaktiven Präparate, die hinsichtlich der Größe der spezifischen Oberfläche mit den wenig aktiven fast identisch sind, mit den gleichen Kontaktgiften. Der Charakter des Aktivitätsabfalls bei der Vergiftung ist in den Abb. 308 und 309 angedeutet. In beiden Diagrammen ist die Abhängigkeit der Größe A von der Bedeckung der Oberfläche durch das Gift deutlich nichtlinear. Die Meßpunkte wurden innerhalb eines Intervalls aufgenommen, dessen Breite zu einer genauen Feststellung der Abhängigkeit $A(G)$ nicht ausreicht, da sich A nur um einen Faktor von der Größenordnung 10 bis 20 ändert. Natürlich geben die Gleichungen $\lambda \cong \exp(-aG)$ und $\lambda \cong \lambda_0 G^{-n}$ den Kurvenverlauf gleich gut wieder. Das Ergebnis spricht für eine Inhomogenität der Oberfläche, gibt aber keine Möglichkeit, den Typ der Verteilungsfunktionen über E und Q_G genau zu ermitteln.

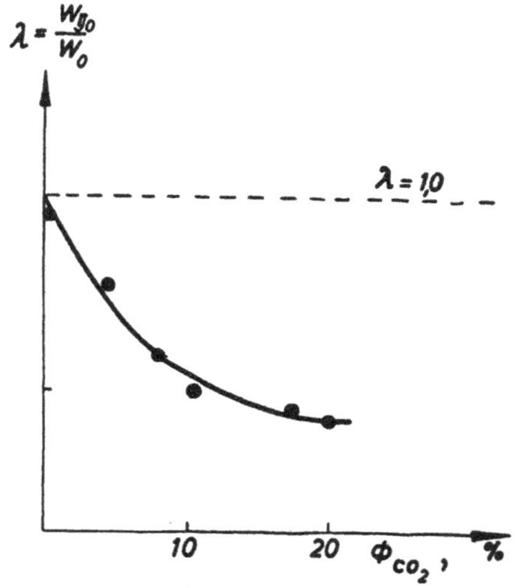

Abb. 308. Gekrümmte Gewichtsisotherme $\lambda(G)$ für die Vergiftung eines aktiven Nickeloxydpräparates durch Kohlendioxyd gegenüber der Oxydation von Wasserstoff bei 100°.

Für die aktiven Bereiche stimmen die bei verschiedenen Temperaturen aufgenommenen Kurven $\lambda(G)$ offenbar nicht überein, und je stärker die Vergiftung ist, desto höher ist die Aktivierungsenergie der katalytischen Reaktion.

Bei der Oxydation des Kohlenmonoxyds ändert sich die Aktivierungsenergie mit wachsendem Giftgehalt von 1000 bis 7000 cal/Mol. Für einen wenig aktiven Kontakt beträgt sie im ganzen Verlauf des Prozesses etwa 9000 cal/Mol. Diese Daten bilden ein schwerwiegendes Argument für eine starke Inhomogenität der aktiven Oberfläche hinsichtlich der Aktivierungsenergie des katalytischen Prozesses. Unsere Theorie ist innerhalb der durch die Besonderheiten des Materials bedingten bescheidenen Grenzen gut brauchbar.

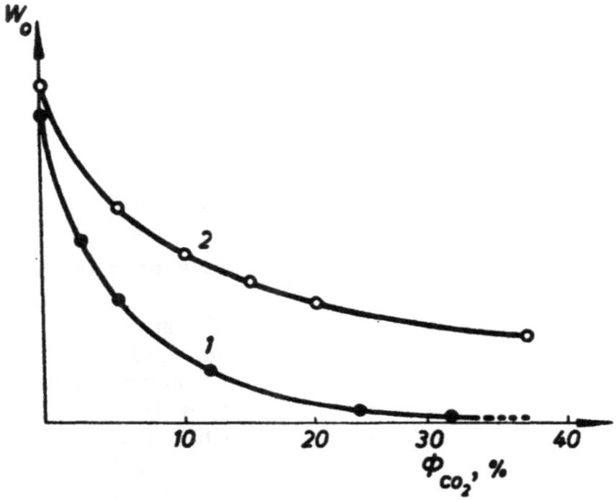

Abb. 309. Gewichtsisothermen der Vergiftung eines aktiven Kupfer-I-oxydpräparats durch Kohlendioxyd gegenüber der Oxydation von Kohlenmonoxyd. Isotherme *1*: aufgenommen bei 23°; Isotherme *2* bei 100°.

Die Daten über die Selbstvergiftung der arbeitenden Oberfläche im Laufe des Prozesses durch die Reaktionsprodukte (H_2O und CO_2) stehen ebenfalls gut im Einklang mit der Vorstellung, daß die aktiven Oberflächen stark inhomogen sind, während die Oberflächen der wenig aktiven Präparate hinsichtlich der Aktivierungsenergie des katalytischen Prozesses völlig homogen sind.

Leider hat sich das Fehlen einer ausgearbeiteten Theorie der inhomogenen Oberflächen zur Zeit der wichtigsten Arbeiten über das Nickeloxyd auf die Experimente negativ ausgewirkt, und eine Wiederholung der Hauptmessungen unter verbesserten Bedingungen ist eine wünschenswerte Aufgabe der Zukunft. Die Vergiftung ist durchaus nicht immer mit einem Anwachsen der Aktivierungsenergie verbunden. Insbesondere konnten MAXTED und LEWIS keine Änderung der Aktivierungsenergie des Zerfalls von Wasserstoffperoxyd an Platin bei der Vergiftung durch Sublimat feststellen[14]). CONSTABLE[62]) gibt praktisch konstante E-Werte für reine und vergiftete Kupferkatalysatoren des Alkoholzerfalls an, usw.

Als zweites Beispiel erwähnen wir die Daten des japanischen Forschers KUBOKAWA[4]). Seine Arbeiten beschäftigten sich mit der vergiftenden Wirkung des Sublimats auf die katalytische Zerlegung von Wasserstoffperoxyd an Platin, auf den Zerfall von Ammoniak an Platin sowie mit der vergiftenden Wirkung von Kohlenstoff auf die Zerlegung von Methan an Platin und auf die BOUDOUARDsche Reaktion an Nickel.

Soweit man aus den Ergebnissen, die in den referierenden Zeitschriften[4]) und dem Artikel von TAYLOR erwähnt werden, schließen kann, hat bei KUBO-

KAWA die Abhängigkeit der Reaktionsgeschwindigkeit von der am Kontakt adsorbierten Giftmenge Potenzcharakter: $\lambda \cong c^{-n}$ mit $n > 1$. Diese Abhängigkeit ist zu stark für eine homogene Oberfläche. Der Verfasser zieht offenbar hieraus den Schluß auf eine Inhomogenität der Oberfläche und benutzt das spezielle Modell einer eingefrorenen Exponentialverteilung der Bereiche über die Aktivierungsenergie des Kontaktprozesses im Sinne von SCHWAB und CREMER. Wie er zu dieser Schlußfolgerung kommt, ist aus dem Referat nicht ersichtlich; jedenfalls ist sie formal richtig. Eine Potenzabhängigkeit von π und c_G mit $n < 0$ ist in der statistischen Theorie der Vergiftung durch Mikroblockierung ein Näherungsausdruck für die Konzentrationsisothermen einer Vergiftung breit inhomogener Oberflächen, unter anderem auch an Oberflächen mit einer Exponentialverteilung über die Aktivierungsenergien. Zur Ermittlung des Typs der Funktion $\varrho(E)$ sind jedoch die Gewichts- und nicht die Konzentrationsisothermen notwendig (siehe Kapitel 4). Da sie bei KUBOKAWA nicht erwähnt werden, kann man den Schluß auf eine Inhomogenität der Oberfläche bei Vorhandensein eines umfangreichen Wertebereichs der Aktivierungsenergien nur als wahrscheinlich ansehen und muß die Frage nach dem konkreten Typ der Verteilungsfunktion offen lassen. Wir erwähnen noch, daß die Potenz, in der die Größe c_G in den Nenner des Bruches $\lambda \sim 1/c^n$ eingeht, bei KUBOKAWA nicht sehr verschieden von 1 ist, wodurch sich der Wert der experimentellen Daten vermindert.

In dieser Hinsicht sind die Daten von MORIKAWA über die vergiftende Wirkung von Wasserstoff auf das Cracking gesättigter Kohlenwasserstoffe an Nickel von größerem Interesse. Für die Aufspaltung einer C—C-Bindung beträgt der Exponent in dem Bruch, der die Bremsung durch den Wasserstoff kennzeichnet, etwa 2,6.

Von den weiteren Beispielen gebrochener Konzentrationsisothermen erwähnen wir die Daten von PEASE und STEWART[7]) über den Einfluß von Kohlenmonoxyd auf die katalytische Hydrierung des Äthylens, die nach KUBOKAWA in guter Näherung diesem Gesetz folgt.

Wie in Kapitel 4 angedeutet wurde, ist die Aktivitätsabnahme mit wachsender absorbierter Giftmenge bei den gleichmäßig inhomogenen Verteilungen am stärksten ausgeprägt. In diesem Fall ist $\lambda(G) \cong e^{-\beta G}$.

Abhängigkeiten dieser Art wurden in der Katalyse unter Bedingungen, wo die Eindeutigkeit des Ergebnisses zweifelhaft erscheint, gelegentlich beobachtet. Wir erwähnen in diesem Zusammenhang die Vergiftung von Eisenkatalysatoren der Ammoniaksynthese bei ALMQUIST und BLACK[8]) *. Beachtung verdienen auch die alten Daten von BREDIG[9]) über die Vergiftung von Platinsolen durch Schwefelwasserstoff und Cyanwasserstoff: Innerhalb eines bestimmten Gebiets beobachtet man hier eine sehr starke Abhängigkeit der Zerfallskonstante des Wasserstoffperoxyds von der Giftkonzentration.

Die oben genannten Arbeiten zeigen, daß es eine bestimmte Gruppe von Tatsachen gibt, die in allgemeinen Zügen mit den Ergebnissen der Theorie der

* Eindeutiger wurden die exponentiellen Vergiftungsisothermen für die Geschwindigkeit einer aktivierten Adsorption nachgewiesen. Es genügt, auf die Daten unseres Laboratoriums über die Kinetik der Adsorption von Kohlenmonoxyd an Mangandioxyd, vergiftet durch CO_2, sowie die Daten von IJIMA über die Kinetik der Wasserstoffadsorption an einem durch Dicyan vergifteten Nickelkontakt hinzuweisen[10]).

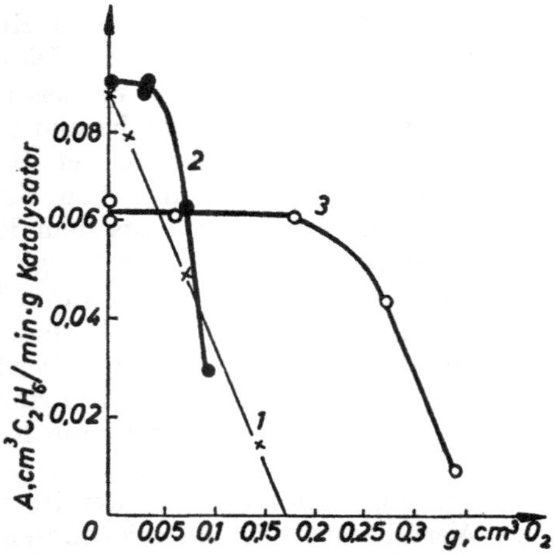

Abb. 310. Gewichtsisothermen der Vergiftung eines Kupferkontakts der Äthylenhydrierung durch N_2O und Sauerstoff nach RUSSEL und GHERING. *1*: lineare Isotherme der Vergiftung durch molekularen Sauerstoff; *2* und *3*: Vergiftungsisothermen des Kontaktes für den Sauerstoff des N_2O bei verschiedenen Einführungsbedingungen des Giftes. Aus beiden Isothermen geht hervor, daß die ersten Giftmengen ohne merklichen Einfluß auf die Aktivität des Kontaktes sind.

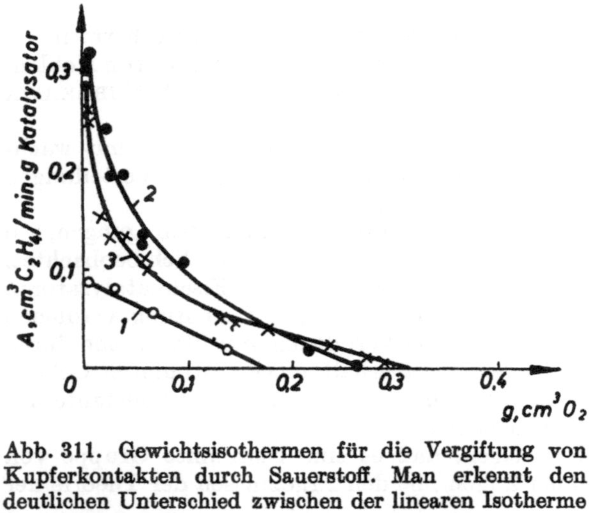

Abb. 311. Gewichtsisothermen für die Vergiftung von Kupferkontakten durch Sauerstoff. Man erkennt den deutlichen Unterschied zwischen der linearen Isotherme für die Vergiftung durch direkte Einwirkung molekularen Sauerstoffs (Isotherme *1*) und den gekrümmten (exponentiellen?) Isothermen für die allmähliche Entnahme des Sauerstoffs aus dem Kupfer vermöge einer Reduktion durch Wasserstoff (Isothermen *2* und *3*).

Prozesse an breit inhomogenen Oberflächen übereinstimmen. Da aber klare Vorstellungen über die Forderungen, die an die experimentellen Daten zur Untersuchung der Statistik der Oberfläche zu stellen sind, fehlten, kann keine dieser Arbeiten ein vollständiges quantitatives Bild vermitteln, und wir halten es daher zur Zeit noch für richtig, auf die Benutzung der Daten über die Vergiftung zur Aufstellung konkreter Verteilungstypen zu verzichten.

Im vorigen Kapitel haben wir gezeigt, daß es mehrere Mechanismen gibt, die zu linearen Gewichtsisothermen der Vergiftung führen. Hierdurch wird ihre weite Verbreitung verständlich. Ein Beispiel wurde zu Beginn dieses Kapitels angeführt. Möglicherweise war hier die Oberfläche homogen. Ein Beispiel für einen anderen Typ, nämlich den Schichttyp der Vergiftung, der zu ähnlichen Isothermen führte, wurde im Jahre 1935 von RUSSEL und GHERING beschrieben[51]). Wir wollen uns nun näher mit den Ergebnissen dieser interessanten Untersuchung befassen, die für unser Problem grundlegende Bedeutung hat.

Die Verfasser untersuchten die Vergiftung von Kupferkontakten der Äthylenhydrierung durch

Sauerstoff und Distickstoffmonoxyd. In beiden Fällen liegt die vergiftende Wirkung beim Sauerstoff, der fest an die Oberfläche gebunden ist, bei der Erhitzung im Wasserstoff aber entfernt wird.

Für einen bestimmten Kontakt wurden die Gewichtsisothermen bei der Vergiftung durch unmittelbare Behandlung mit Sauerstoff bzw. mit N_2O und bei der allmählichen Sauerstoffabgabe durch Reduktion aufgenommen. Im ersten Fall (O_2) ist die Isotherme linear (Abb. 310, Kurve *1*), im zweiten (N_2O) wird das Gift zunächst ohne Einfluß auf die Aktivität adsorbiert, und erst nach Erreichen einer kritischen Sauerstoffbesetzung der Oberfläche, die für die nach verschiedenen Verfahren hergestellten Präparate verschieden war, zeigte sich ein starker nichtlinearer Aktivitätsabfall (Abb. 310, Kurven *2* und *3*). Bei der Aufnahme der Vergiftungsisothermen des Sauerstoffs in umgekehrter Richtung durch Regeneration des stark vergifteten Kontaktes durch nach und nach zugeführte geringe Wasserstoffmengen (Abb. 311, Kurven *2* und *3*) besteht von Anfang an eine deutlich ausgeprägte nichtlineare Abhängigkeit der Aktivität von der Giftmenge.

Russel und Ghering deuten die geschilderten Ergebnisse folgendermaßen: Die Oberfläche ist stark inhomogen, und zwar mit einer breiten Exponentialverteilung der Bereiche über die Aktivität. Der Sauerstoff wird praktisch sofort adsorbiert und schaltet infolgedessen die Kupferoberfläche Schicht für Schicht aus der Reaktion aus, indem er in jeder Schicht Bereiche verschiedener Aktivität erfaßt. Dies führt zu der linearen Abhängigkeit von G. Bei der langsamen Reduktion der Oberfläche verläuft der Prozeß nicht mehr schichtweise, sondern im ganzen Kontakt, angefangen mit den Bereichen mit minimalen E-Werten. Infolgedessen treten Gewichtsisothermen auf, die die wahre breite Verteilung der Bereiche über die Aktivität enthüllen. Wir erwähnen, daß die Verfasser in diesem Fall fälschlicherweise die exponentielle Vergiftungsisotherme als Beweis für den exponentiellen Charakter der Verteilung ansehen, während sie doch eher als Argument für eine gleichmäßige Verteilung über die Aktivierungsenergie dienen könnte; der Variationsbereich der Aktivität ist jedoch zu klein für eine wirkliche Ermittlung des Verteilungstyps. Eine interessante Situation beobachtet man bei der Ersetzung des Sauerstoffs durch N_2O. Die ersten Mengen dieser Substanz haben keinen Einfluß, dann aber beginnt eine starke Vergiftung. Die für das N_2O beobachteten Tatsachen lassen sich leicht dadurch erklären, daß die Bereiche maximaler Wechselwirkungsgeschwindigkeiten mit diesem Gift nicht identisch mit den Bereichen maximaler Aktivität sind. Bei einer solchen antibaten Änderung müssen notwendig kritische Giftmengen auftreten, wie im vorigen Kapitel festgestellt wurde.

Wir geben ein Diagramm wieder, in dem der Zusammenhang der beiden E dargestellt ist, der zu der erwähnten Korrelation führen kann (Abb. 312). Interessanterweise kann der Sauerstoff aus dem N_2O das Kupfer hinsichtlich der Hydrierungsreaktion nicht völlig unwirksam machen, da bedeutend früher die weitere Zerlegung des N_2O, die Voraussetzung für die vergiftende Wirkung des Sauerstoffs, aufhört.

Russel und Ghering führen eine Reihe scharfsinniger thermochemischer Argumente für eine Deutung der Erscheinung an. Man muß jedoch feststellen, daß ihre Argumente zugunsten des Schichtcharakters der Sauerstoffadsorption durchaus qualitativ sind und daß man alle von ihnen beschriebenen Tatsachen auch etwas anders erklären kann, indem man nämlich folgendes annimmt: 1. Die Festsetzung des molekularen Sauerstoffs erfolgt am Ort des Auftreffens nicht schichtweise, sondern unabhängig von dem k-Wert des Bereichs hinsichtlich der Hydrierung, aber angefangen an den Bereichen mit den höchsten Q-Werten für die Sauerstoffadsorption; 2. zwischen k_{hydr} und k_{regen} der vorher vom Sauerstoff besetzten Bereiche besteht eine stark antibate Abhängigkeit, und 3. die Abhängigkeit zwischen k_{hydr} und k_{ads} des Sauerstoffs aus dem zer-

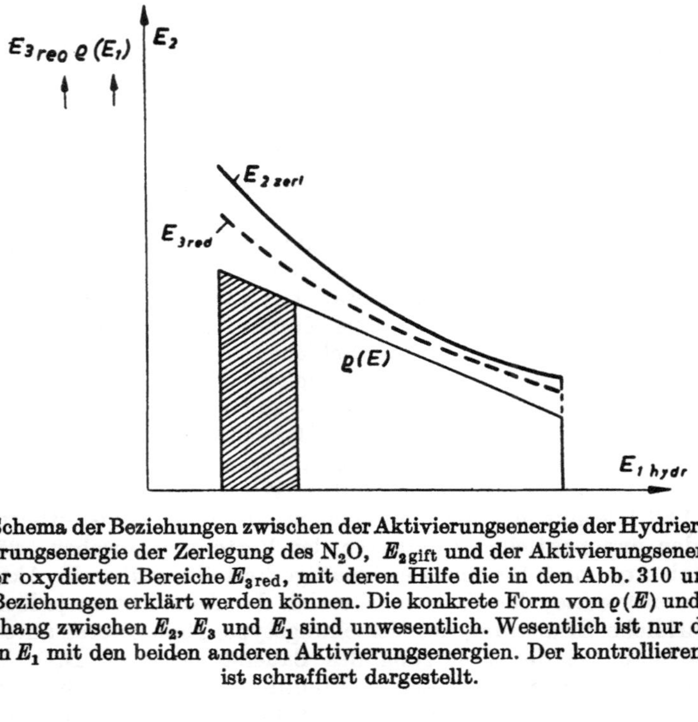

Abb. 312. Schema der Beziehungen zwischen der Aktivierungsenergie der Hydrierung $E_{1\text{hydr}}$, der Aktivierungsenergie der Zerlegung des N_2O, $E_{2\text{gift}}$ und der Aktivierungsenergie der Reduktion der oxydierten Bereiche $E_{3\text{red}}$, mit deren Hilfe die in den Abb. 310 und 311 dargestellten Beziehungen erklärt werden können. Die konkrete Form von $\varrho(E)$ und der genaue Zusammenhang zwischen E_2, E_3 und E_1 sind unwesentlich. Wesentlich ist nur der antibate Verlauf von E_1 mit den beiden anderen Aktivierungsenergien. Der kontrollierende Streifen ist schraffiert dargestellt.

fallenden N_2O ist antibat. Wir betonen, daß die von Russel und Ghering beschriebenen Beziehungen ganz und gar nicht durch das von Kobosew und Tjomkin[12]) vorgeschlagene Schema einer Vergiftung infolge von Abstoßungskräften zu erklären sind.

Die Arbeiten von Maxted und seinen Mitarbeitern[13]) über die Vergiftung von Hydrierungskontakten und Kontakten für den Zerfall von Wasserstoffperoxyd enthalten viele Beispiele für lineare Vergiftungsisothermen. Eine eindeutige Interpretation dieser Daten wird durch zwei Umstände erschwert, und zwar durch die Unbestimmtheit der absoluten Größe der Oberfläche, derzufolge man den Wert $\psi_{(G)}$ nicht genau feststellen kann, und das ungesunde Vorurteil gegenüber den Konzentrationsisothermen der Vergiftung. In einer Reihe von Fällen erhielten der Verfasser und seine Mitarbeiter zweifelsfrei lineare Isothermen:

$$kc = k_0(1 - ac), \tag{3}$$

die sich bis zu fast verschwindenden Aktivitäten erstreckten. Gewichtsisothermen dieser Art könnte man als Argument zugunsten einer Homogenität der Oberfläche auffassen; wie jedoch im vorigen Kapitel festgestellt wurde, kann man für homogene Oberflächen eine Linearität mit c nur für ein schmales λ-Intervall um $\lambda = 1$ erwarten. Bei den von MAXTED beobachteten erheblichen Änderungen ist ein derartiger Verlauf entgegen der Ansicht des Verfassers ohne besondere Hypothesen mit einer Homogenität nicht zu vereinbaren. Die erwähnten Daten zwingen zu der Annahme, daß bei MAXTED eine eigenartige, nicht ganz vollständige Nachahmung des Verhaltens einer homogenen Oberfläche durch eine inhomogene vorlag.

Für die Kontakte, mit denen MAXTED arbeitete, d. h. für Palladium, Platin und Nickel in Form hochaktiver disperser Präparate, ist kaum eine andere Deutung möglich. Zu dem gleichen Schluß, daß also die Kontakte von MAXTED das Verhalten homogener Oberflächen nachahmen, kommt auch TAYLOR. Mit dieser Deutung stimmen die Beobachtungen über die Konstanz von E innerhalb bestimmter Vergiftungsintervalle völlig überein; MAXTED und LEWIS beobachteten dies bei der Vergiftung von Platin durch Sublimat[14]).

Wir erwähnen, daß MAXTED neben den streng linearen Konzentrationsisothermen auch Isothermen mit Knick, mit kritischen Giftkonzentrationen usw. beschrieben hat. Die Verfasser erklären jedoch in jedem speziellen Fall die Abweichungen von der Linearität durch besondere sekundäre Faktoren.

Daß wir die Richtigkeit und Fundiertheit der Deutung, die MAXTED seinen Ergebnissen gibt, bestreiten, soll nicht heißen, daß wir versuchen, den Wert einer Reihe der in diesen Arbeiten beobachteten Gesetzmäßigkeiten zu schmälern.

Die große Bedeutung der Versuche, die Gifte nach der Größe des Koeffizienten α in Gleichung (3) in eine Reihe zu bringen, sowie der Versuche zur Auffindung eines Zusammenhanges zwischen der Größe der Giftmolekeln und ihrer chemischen Zusammensetzung einerseits und der katalytischen Aktivität andererseits ist klar. Das ganze umfangreiche experimentelle Material läßt sich jedoch ohne eindeutige Klärung der Herkunft der linearen Konzentrationsisothermen, für die neue Experimentalarbeiten erforderlich sind, nicht theoretisch auswerten. Die große Popularität der Ergebnisse der MAXTEDschen Schule gibt Grund zu der Hoffnung, daß eine solche Nachprüfung in nicht allzu ferner Zukunft folgen wird.

Bei der Darlegung der Daten von RUSSEL und GHERING stellten wir fest, daß bei der Vergiftung von Kupfer durch N_2O kritische G-Werte vorhanden sind. Ähnliche Effekte, die für inhomogene Oberflächen sehr kennzeichnend sind, wurden auch in einigen anderen Fällen beobachtet. So wurde beispielsweise in älteren Arbeiten von BREDIG über anorganische Enzyme festgestellt, daß bei Giftkonzentrationen unterhalb einer gewissen Grenze keine Vergiftung eintritt. Bei Konzentrationen unterhalb $3 \cdot 10^{-7}$ Mol/Liter vergiftet der Schwefelwasserstoff das Platin praktisch nicht; bei einer Steigerung der Konzentration auf $3 \cdot 10^{-6}$ Mol/Liter nimmt die Aktivität des Platins etwa um den Faktor 2 ab, bei $3 \cdot 10^{-5}$ Mol/Liter dagegen ist sie schon auf Bruchteile eines Prozents abgefallen; in dem Gebiet der H_2S-Konzentrationen von $3 \cdot 10^{-6}$ bis $3 \cdot 10^{-5}$ verringert also ein Anwachsen der Konzentrationen um den Faktor 10 die Aktivität um weit mehr als den Faktor 10.

Ähnliche Ergebnisse erhielt man auch für Cyanwasserstoff. Diese Situation, die bei der Vergiftung einer homogenen Oberfläche nicht eintreten kann, läßt sich mit Hilfe der Theorie der Mikroblockierung einer breit inhomogenen Oberfläche leicht erklären.

Wir erwähnen noch ganz kurz einige Beispiele für eine grobe Makrovergiftung. Eins der anschaulichsten Beispiele hierfür ist die Selbstvergiftung von Fetthydrierungskontakten der Stearinsäure bei einer Temperatur unterhalb deren Schmelzpunkt. Das feste Produkt, das sich an der Oberfläche des Katalysators ansammelt, verhindert mechanisch den Zutritt neuer Mengen der reagierenden Substanzen zu dieser Oberfläche[15]). Eine ähnliche Wirkung wurde vor fast 100 Jahren von FARADAY beschrieben; er stellte fest, daß das Vorhandensein von Fettspuren an einer Platinoberfläche deren katalytische Wirkung gegenüber der Reaktion von Wasserstoff mit Sauerstoff herabsetzt[16]).

Der wichtigste und typischste Fall einer Makroblockierung ist die Makroblockierung von Alumosilikatkatalysatoren des katalytischen Crackings durch Kohlenstoff, der in Form großer Kristalle frei wird. Das ist sehr deutlich an durchscheinenden Präparaten zu sehen, deren Querschnitt ein klares Bild von der Verteilung der schwarzen Kohlenstoffschicht auf der durchscheinenden Masse des Kontaktes gibt. Mikroskopische Aufnahmen von BALANDIN und PATRIKEJEW für einen ähnlichen Fall zeigten, daß der freigesetzte Kohlenstoff Dendritstrukturen bildet, die die Teilchen des Kontaktes als „Filz" umgeben[17]). Man kann annehmen, daß bei hinreichender Dicke und Dichte dieser „Filzschicht" beträchtliche Diffusionswiderstände auftreten. Man muß jedoch noch klären, ob nicht gleichzeitig eine Mikroblockierung der Oberfläche infolge der engen Berührung der „Wurzel" der fadenförmigen Kristalle mit der Oberfläche der Alumosilikatteilchen eintritt, und ob nicht parallel mit der Verdickung und Verdichtung der Schicht diese Wurzeln über die ganze Oberfläche wachsen, so daß die Adsorption der Molekeln der Produkte an den scheinbar freien Gebieten unmerklich wird.

Die Bremsung durch die Kohlenstoffschicht ist eine sehr verbreitete Erscheinung. Das ist ganz natürlich, da in den allermeisten Fällen die Abscheidung freien Kohlenstoffs aus der organischen Molekel thermodynamisch vorteilhaft ist; dieser Abscheidung steht nur die Schwierigkeit der Bildung von Keimen der neuen Phase im Wege. Ein Katalysator, der zur Verstärkung anderer katalytischer Reaktionen bestimmt ist, beschleunigt in der Regel in gewissem Umfange auch diese Reaktion. Infolgedessen begräbt sich, nach einem bildhaften Ausdruck von SELINSKI, der Katalysator selbst unter den Kohlenstoffbruchstücken der reagierenden Molekeln*. Die angegebenen Beispiele zeigen die Realität aller von uns erwähnten Typen der Vergiftung durch Blockierung. In kaum einem Fall sind jedoch detaillierte quantitative Untersuchungen vorhanden, mit deren Hilfe sich das entscheidende Vorherrschen eines bestimmten Vergiftungstyps bestätigen läßt; ferner lassen sich niemals alle unsere unabhängigen Kriterien zur Unterscheidung der Erscheinungen anwenden[2,4]). Zweifellos

* In allerletzter Zeit beschrieben G. BRAUDE und B. BRUNS[75]) einen weiteren Typ der Vergiftung von Kontakten durch Kohlenstoff, wobei dieser in den Kontakt eindringt und hierbei ein Karbid (etwa Fe_4C) bildet. Interessanterweise ist bei dieser Volumentopographie des Prozesses die Gewichtsisotherme der Vergiftung streng linear.

bildet die Vergiftung hinsichtlich des experimentellen Niveaus und des ganzen Standes der Untersuchung das rückständigste Gebiet der Katalyse; die Notwendigkeit neuer quantitativer Untersuchungen ist hier besonders dringend.

§ 2: *Erscheinungen, die mit einer Blockierung unvereinbar sind*

Die im vorigen Paragraphen angeführten Beispiele könnten den falschen Eindruck erwecken, daß es mit der Nachprüfung der statistischen Begriffsbildungen recht gut bestellt sei. In Wirklichkeit ist das aber nicht der Fall. Die mit dem Schema der Vergiftung durch Blockierung unvereinbaren Tatsachen sind so zahlreich, daß diese Beobachtungen nur deshalb ohne Einfluß auf die allgemeine Theorie geblieben sind, weil unmittelbare Kriterien fehlen.

Die umfangreichste und wichtigste Gruppe dieser Beobachtungen bezieht sich auf den Einfluß einer Vergiftung auf den Verlauf und auf die Zusammensetzung der Endprodukte komplizierter Kontaktreaktionen. Wie oben bemerkt, muß eine Vergiftung durch einfache Blockierung sowohl für homogene als auch für breit inhomogene Oberflächen im einfachsten Fall lediglich die Aktivität, d. h. die summarische Geschwindigkeitskonstante, beeinflussen, welche die Oberfläche als Ganzes kennzeichnet, ohne die relativen Geschwindigkeiten der Reaktionen in verschiedenen Richtungen und die Zusammensetzung der Produkte zu verändern.

Strenggenommen ist diese einfachste Vorstellung nicht verbindlich, da beim Übergang von Bereich zu Bereich die Möglichkeit einer systematischen Änderung der E- und Q-Werte für die einzelnen Etappen und Richtungen eines zusammengesetzten Prozesses besteht. Infolgedessen kann das Verhältnis der einzelnen Stadien für die Bereiche mit verschiedener Aktivität verschieden sein, wodurch ein Einfluß auf die Zusammensetzung der Produkte zustande kommt. Möglicherweise haben in gewissen Fällen die Abweichungen von dem einfachsten Schema diesen Ursprung, was also den Grundvoraussetzungen keinen Abbruch tut. Es gibt jedoch zahlreiche Beobachtungen, die nicht nur mit den einfachsten, sondern auch mit komplizierteren statistischen Begriffsbildungen schwer vereinbar sind.

In der Entwicklung unserer Vorstellungen über die Vergiftung spielten die Arbeiten von Vavon und Husson[18]) eine wesentliche Rolle; diese Forscher verglichen den Einfluß der Vergiftung von Platinkontakten durch Schwefelwasserstoff auf die Hydrierung verschiedener Verbindungen: des Acetophenons, des Propylketons, der Korksäure, des Piperonals, des Benzols, des Cyclohexens und des Nitrobenzols. Nach ihren Angaben kann man kolloidales Platin hinsichtlich der Hydrierung von Propylketon oder Acetophenon völlig desaktivieren, ohne daß die Aktivität des Kontaktes gegenüber Nitrobenzol merklich berührt wird. Man kann ferner auch die Fähigkeit zur Hydrierung von Nitrobenzol völlig vernichten und dabei der Hydrierung von Benzol keinen Abbruch tun usw. Hier hängt alles von der Giftmenge an der Oberfläche ab. Eine derartige spezifische progressive Vergiftung führt zu starken qualitativen Änderungen für die darauffolgenden Reaktionen. Als Beispiel kann die Arbeit der indischen Forscher Ghosh und Bakshi[19]) über die Dehydrierung von Methanol und Formaldehyd an Kupfer, verstärkt durch Cer, dienen. Schwefelwasserstoff und Chloroform in kleinen Mengen vergiften den Kontakt stark gegenüber der Dehydrierung von Formaldehyd, ohne die Aktivität des gleichen Kontakts gegenüber der Dehydrierung von Methanol merklich zu beeinflussen. Infolgedessen wächst die Ausbeute an Formaldehyd: Das Kontaktgift hat eine Schutzwirkung.

Wir erwähnen noch die entsprechenden Beobachtungen von MIDDLETON bei der Kohlenwasserstoffsynthese (FISCHER-TROPSCH). Schwefelverbindungen setzen die Fähigkeit aktiver Kobalt-Thorium-Katalysatoren zur Hydrierung der Olefine stark herab, ohne die primäre Reduktion des Kohlenmonoxyds zu beeinflussen. Es ergeben sich also Benzine, die reich an ungesättigten Verbindungen sind.

Wir erinnern auch an die Daten über die Vergrößerung der Ausbeute an Acetaldehyd aus Alkoholen bei der Vergiftung der Kupferkontakte durch Wasser[20]) und an die Daten japanischer Forscher über die Fähigkeit geringer Zusätze von Schwefelverbindungen zum Nickel, die Hydrierung von Nitrobenzol zu Anilin zum Stehen zu bringen[21]).

Um diese Beobachtungen mit dem Modell einer breit inhomogenen Oberfläche in Einklang zu bringen, müßte man den einzelnen Teilen der Verteilung qualitativ verschiedene katalytische Eigenschaften zuschreiben. Die Bereiche an einem Rand der Verteilung müßten sich qualitativ von denen am anderen Rand unterscheiden, wobei für die verschiedenen Etappen des zusammengesetzten Prozesses mehrere kontrollierende Streifen vorhanden sein müßten. Hieraus ergibt sich die Notwendigkeit eines Kriechens der Molekeln von Bereich zu Bereich im Laufe des Prozesses oder weitere Komplikationen, die nicht absurd sind, aber kaum sehr häufig vorkommen können. Dagegen sind Beispiele, bei denen progressive stufenweise oder selektive Vergiftung beobachtet wurde, sehr zahlreich. In der Technik hat sich sogar eine ganze Richtung gebildet, die die partielle Vergiftung von Kontakten zu Änderungen des beschleunigten Prozesses in der gewünschten Richtung ausnutzt. Alle diese Tatsachen sind mit dem einfachsten Modell der Blockierung durchaus unvereinbar. Ein Teil von ihnen ist auch mit dem oben erwähnten komplizierteren Schema schwer zu vereinbaren.

Weitere Schwierigkeiten für das Schema der einfachen Blockierung ergeben sich im Zusammenhang mit den Arbeiten unseres Laboratoriums über Verstärkung und Vergiftung durch Gase. Diese Arbeiten wurden im Zusammenhang mit dem Umstand ausgeführt, daß die Rolle, die von Metallen okkludierte Gase bei der Bildung der aktiven Oberfläche spielen, noch unklar ist. Bezüglich dieser Frage enthält die Literatur Widersprüche, die auch heute noch nicht völlig zu beseitigen sind[22]). Um Klarheit in dieses Grundproblem zu bringen, führten wir zunächst während der Herstellung dosierte Mengen von Fremdsubstanzen in das Metall ein[23]), wobei wir die Methode der Herstellung dünner Metallschichten durch Kondensation von Metalldämpfen an gekühlten Oberflächen benutzten. Die bei diesen und analogen Arbeiten benutzte Apparatur ist in Abb. 313 dargestellt.

Das sorgfältig gereinigte Metall wurde im Vakuum auf die gekühlte Wand eines zylindrischen Gefäßes aufgedampft. Besondere Gettersubstanzen schützten die wachsende Schicht und den erhitzten Draht vor den Dämpfen des Hahnfettes. Durch den Hahn und die Kapillare 11 wurde mit konstanter dosierter Geschwindigkeit das Gas eingelassen, wobei während der ganzen Aufdampfung das ins Gefäß gelangte Gas hundertprozentig von der Schicht aufgenommen wurde. Die katalytischen Eigenschaften der Schichten gegenüber der Äthylenhydrierung wurden bei Zimmertemperatur untersucht. Die Reaktion ist einfach, und in diesem Fall sind keine Alternativrichtungen vorhanden*. Die Abhängig-

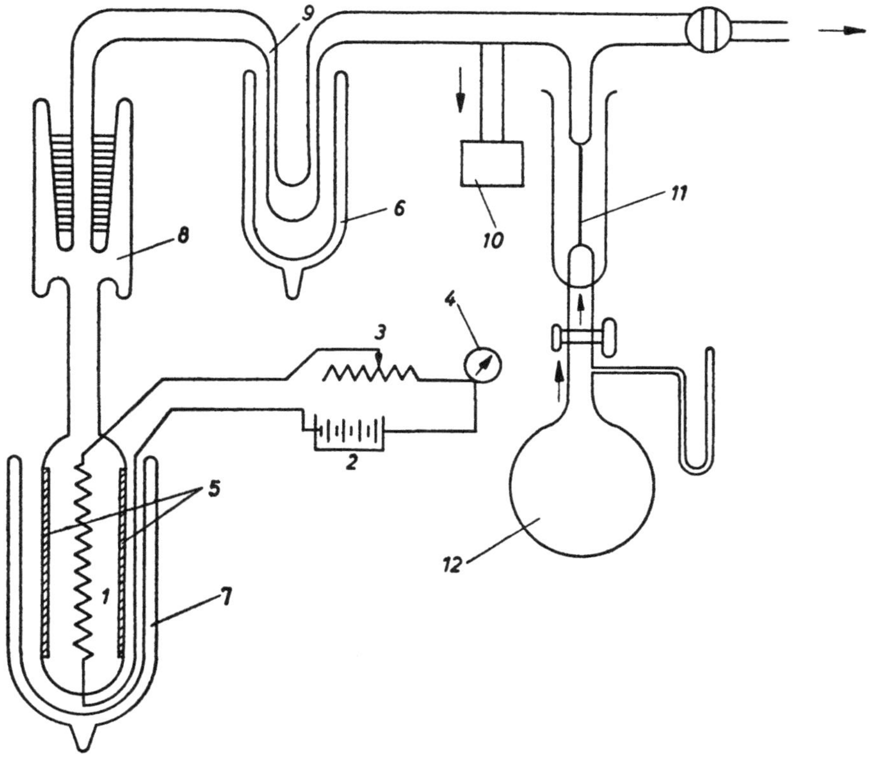

Abb. 313. Die in den Arbeiten des katalytischen Laboratoriums des Instituts für physikalische Chemie zur Herstellung aktivierter Schichten verwendete Apparatur. *1*: Metallspirale, geheizt durch einen Strom aus Akkumulatoren; *2*, *3*: Regelwiderstände; *4*: Amperemeter. Die Schaltung zur Messung des Widerstandes (der Temperatur) des gereinigten Drahtes ist nicht dargestellt; *5*: kondensierende Kontaktschicht; *6* und *7*: Dewargefäße zur Konstanthaltung der Temperatur; *8* und *9*: Kühlfallen zum Schutz vor Hahnfettdämpfen; *10*: Vakuummanometer; *11*: Kapillare mit konstanter Temperatur, durch die mit konstanter Geschwindigkeit das aktivierende Gas einströmt; es befindet sich in dem Kolben *12*, der mit dem Manometer *13* versehen ist.

keit der Aktivität von der Menge der eingefangenen Fremdsubstanz war nicht ganz einfach: Bis zu einem bestimmten Fremdzusatz steigt die Aktivität der Schicht nach dem Exponentialgesetz $A = A_0' \exp \cdot (aG)$ steil an (G ist die von der Schicht eingefangene Fremdsubstanzmenge). Nach Erreichen eines

* Abgesehen von der Polymerisation des Äthylens in der Schicht.

bestimmten Wertes G_{opt} nimmt die Aktivität nach einem ähnlichen Gesetz wieder ab:

$$A = A_{max} \exp [-\beta (G - G_{opt})].$$

Dies ist in Abb. 314, die aus den Arbeiten von MOTSCHAN u. a. stammt, gut zu sehen[24]).

Für eine Schicht, die von vornherein eine Gasmenge G_{opt} oder größer enthielt, setzt jede weitere Steigerung des Gehaltes der Fremdsubstanz die Aktivität herab, d. h. die Fremdsubstanz wirkt wie ein Gift an einer gleichmäßig inhomogenen Oberfläche. Das ist vereinbar mit einer Blockierung, der ansteigende Teil der Kurve, der mit ihrem abfallenden Teil ein Ganzes bildet, ist dagegen damit völlig unvereinbar. Die Behandlung dieses Falles als einfache Blockierung ist also gekünstelt, um so mehr, als die Gasmengen, die diesen Effekt hervorrufen, sehr klein sind und kaum imstande sein können, einen erheblichen Teil der Oberfläche zu blockieren. Noch wesentlicher ist der in diesen Arbeiten aufgedeckte enge innere Zusammenhang zwischen Vergiftung und Verstärkung, die in der oben entwickelten statistischen Theorie der Blockierung keine Beziehung zueinander haben.

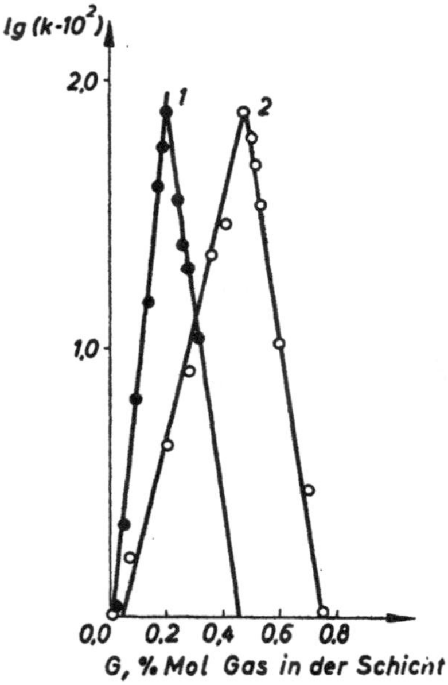

Abb. 314. Isothermen für die Verstärkung von Wolfram durch Sauerstoff (*1*) und Wasserstoff (*2*) in logarithmischem Maßstab.

Gegen diese Schlußfolgerungen kann man Einwände erheben, indem man auf den für eine Vergiftung nicht typischen Volumencharakter der Aufnahme der Fremdsubstanz hinweist. Ein solcher Einwand ist aber nicht hinreichend gerechtfertigt. Die Methode der Einführung der Fremdsubstanz ist nicht so wichtig wie die Art ihrer Wirkung, und man kann aus der üblichen Praxis eine ganze Reihe von Beispielen für eine Vergiftung der Kontakte durch die im Herstellungsprozeß des Katalysators aufgenommenen Fremdsubstanzen anführen.

Ein charakteristisches Beispiel für diesen Vergiftungstyp ist die von FRAZER und seinen Schülern[25]) sowie von ALEXEJEWSKI und SOSKIND[26]) beobachtete und eingehend untersuchte starke Herabsetzung der katalytischen Wirkung einer Reihe aktiver Oxyde, die zur Oxydation des Kohlenmonoxyds benutzt werden, durch Salze, die sie aus der Mutterlösung aufgenommen haben. Nach den Angaben von FRAZER ist die Aktivität von Nickeloxyd, Eisenoxyd, Mangandioxyd und anderen Oxyden um so höher, je sorgfältiger sie von Ionen gereinigt worden sind.

Ähnlichen Beispielen begegneten wir bei der Untersuchung der katalytischen Eigenschaften binärer Oxyde, die auf verschiedene Weise hergestellt wurden. Hierbei zeigte es sich, daß die Aufnahme geringer Mengen von Sulfationen im

Herstellungsprozeß für das Dehydrierungs- und Aromatisierungsvermögen von Kupfer- und Eisenchromiten und den Aluminaten und Ferriten einer Reihe von Metallen äußerst schädlich ist. Von entscheidender Bedeutung ist hierbei offenbar der Schwefelwasserstoff, der sich bei hoher Temperatur im reduzierenden Medium bildet. Wahrscheinlich hat also das Sulfation überhaupt keinen Einfluß auf die Fähigkeit dieser Oxyde zur Katalyse der Dehydrierung von Kohlenwasserstoffen.

Zwischen der Wirkung der im Herstellungsprozeß aufgenommenen und der in den fertigen Kontakt eingeführten Fremdsubstanzen besteht also kein grundsätzlicher Unterschied, und man kann annehmen, daß auch bei einer Vergiftung fertiger Katalysatoren die Wirkung kleiner und großer Fremdsubstanzmengen von verschiedenem Charakter ist. Als zweites Argument für das Vorhandensein ähnlicher Effekte bei der Behandlung von Kontakten mit Giften kann man eine ganze Reihe spezieller Beobachtungen anführen. So wirkt nach CORSON[27]) das Blei bei einer Konzentration von 0,01% und darunter verstärkend auf einen Kupferkontakt zur Benzolhydrierung, während 0,09% Blei zu einer vollständigen Vergiftung dieses Kontaktes führen. BREDIG und IKEDA[9]) beschrieben die verstärkende Wirkung einer kurzzeitigen Behandlung von aktivem Platin mit Kohlenmonoxyd und der Einführung kleiner Mengen dieser Substanz in die Oberfläche auf den katalytischen Zerfall von Wasserstoffperoxyd. PLATONOW und TOMILOW[76]) beobachteten die gleiche Wirkung kleiner Giftmengen auf den katalytischen Zerfall der Ameisensäure an Nickel usw. Diese Tatsachen lassen sich durch eine einfache Blockierung nicht erklären und erfordern eine Abänderung der Grundannahmen. Hierbei beginnt man naheliegenderweise bei der Annahme der vollständigen Undurchdringbarkeit der Kontakte und der rein äußerlichen Aufnahme der Fremdsubstanzen.

Die übliche Theorie der Vergiftung geht von dem Begriff der Undurchdringbarkeit des Festkörpers aus. Die Wirkung der dem System zugeführten Fremdsubstanzen soll sich also auf die Oberfläche, die den Katalysator von den Reaktanden abgrenzt, beschränken. Von hier aus ergibt sich ein zwangloser Übergang zum Schema der Vergiftung durch Blockierung, das von BODENSTEIN und LANGMUIR in die Wissenschaft eingeführt wurde.

In Wirklichkeit ist die Undurchdringbarkeit eines festen Körpers ebensogut eine Idealisierung wie seine absolute Freiheit von Fremdsubstanzen oder seine völlige Ordnung und die strenge Periodizität der Lage sämtlicher Atome des Festkörpers entsprechend dem Raumgitter oder die genau stöchiometrische Zusammensetzung im Gasvolumen und in jedem beliebig kleinen Volumen, das gleich dem Volumen der Elementarzelle oder größer ist. Selbst bei den idealsten Kristallen, die aus den Abmessungen nach identischen und dichtest gepackten Teilchen bestehen, gilt die Undurchdringbarkeit nur beim absoluten Nullpunkt. Es gibt nun alle Übergangsformen von diesen äußerst seltenen Strukturen zu den Zeolith-(Permutit-)Strukturen, die ein mehr oder weniger festes Skelett aus Atomen enthalten, die durch chemische Austauschkräfte eng gebunden sind; dieses Skelett ist umgeben von Atomen und Molekeln, die weniger fest gebunden sind. Hierbei handelt es sich manchmal ebenfalls um Austauschkräfte, aber mit geringerer Bindungsenergie, häufiger jedoch um Polarisations- oder Dispersionskräfte. Die weniger fest gebundenen Teilchen können sich aus dem Gitter entfernen, ohne dieses zu zerstören. Hierbei bleiben Fehlstellen und

Löcher zurück, die dann durch andere Teilchen geeigneter Größe ausgefüllt werden können. Auch ein Eindringen fremder Teilchen vom Typ einer Substitution ist leicht möglich. Solche Erscheinungen sind in der Mineralogie längst bekannt; sie führen zur Entstehung großer Gruppen von Mineralien (beispielsweise der Blenden, Zeolithe, Spinelle usw.), bei denen bei streng vorgegebenem Strukturtyp für jedes Mineral große Variationen des Kationenaufbaus möglich sind. In der letzten Zeit wurden solche Fälle auch bei sehr einfachen und massiven Festkörpern beobachtet.

Wir führen einige Beispiele an, die die weite Verbreitung und die Mannigfaltigkeit dieser Erscheinungen für die als Katalysatoren verwendeten Festkörper veranschaulichen sollen. Dabei heben wir hervor, daß aus dem Vorhandensein von Skelettstrukturen unter anderem die Möglichkeit des Eindringens einer Fremdsubstanz ins Innere des Gitters folgt. Vor einigen Jahren zeigte eine Gruppe französischer Forscher, daß bei einer besonderen elektrischen Reinigungsmethode die im Metall okkludierten Gase sehr vollständig und in der Kälte entfernt werden können[28]). Wendet man diese Methode auf eine feste Lösung von Wasserstoff in Palladium an, die in ihrer Zusammensetzung der Formel Pd_2H nahekommt und eine Gitterkonstante hat, die von der Gitterkonstanten des reinen metallischen Palladiums verschieden ist, kann man das Metall unter Aufrechterhaltung des für das Palladiumhydrid charakteristischen Interferenzbildes und somit auch unter Aufrechterhaltung der Skelettstruktur der Palladiumatome vollständig reinigen (die auf den Wasserstoffatomen beruhende Streuung der Röntgenstrahlung kann man vernachlässigen). Wo vorher der Wasserstoff war, bleiben jetzt in dem Skelettmetall winzigste Poren offen.

Ähnliche Erscheinungen beobachtet man beim Tempern von Messing im Vakuum; dies führt zu einer Entfernung des Zinks und zur Bildung eigentümlicher Molekelnetze. In weniger reiner Form bilden sich solche Strukturen beim Herauslösen der unedleren Komponenten aus Legierungen. Hierauf gründet sich die RANEYsche Methode der Herstellung von Skelettkontakten[29]), bei der nach den Röntgenmessungen von A. TAYLOR und WEISS die Struktur der Legierung $NiAl_3$ und die in dieser Legierung herrschenden Abstände der Nickelatome bis zu einer 95%igen Entfernung des Aluminiums ungeändert erhalten bleiben. Bei einer Senkung des Aluminiumgehalts unter 5% kontrahiert sich das Gitter und geht in das übliche Nickelgitter über[30]).

Wesentlich leichter treten die Skelettstrukturen bei binären Verbindungen, insbesondere bei Oxyden und Sulfiden verschiedener Zusammensetzung, bei der Entfernung eines Teils des Nichtmetalls auf. Für die Oxyde von Blei, Tantal, Mangan, Uran, Kobalt, für die Sulfide von Eisen, Zink, Nickel usw. erhält man leicht Präparate mit einem Nichtmetallgehalt, der gegenüber der Stöchiometrie wesentlich vermindert ist, aber ohne Änderung des Gitters[31]). Neu ist die Möglichkeit einer Abweichung in entgegengesetzter Richtung: ein binäres Gitter von streng stöchiometrischer Zusammensetzung kann merkliche Mengen überschüssigen Nichtmetalls im Volumen lösen, wobei die Verschiebung der überschüssigen Atome und Fehlstellen im Gitter so schnell vor sich geht, daß man mit HÜTTIG[32]) von „vagabundierenden" Bestandteilen des Gitters sprechen kann. Wir heben hervor, daß unter günstigen Bedingungen die Fehlstellen in solchen binären Gittern durch fremde Teilchen von geeigneter Größe besetzt werden können und daß die oben erwähnten speziellen Systeme und die damit verwandten Verbindungen als Katalysatoren in weitem Umfang Verwendung finden. Besonders deutlich beobachtet man diese Erscheinungen bei natürlichen und künstlichen Zeolithen, die außer einem sehr festen Alumosilikatgerüst auch große Wassermengen enthalten, die man leicht entfernen kann, ohne die durchscheinenden dichten Kristalle und Mineralkörner zu verändern.

Man erhält dadurch ein stark entwickeltes System von Poren und Kanälen von molekularen Dimensionen, die die Kristalle durchsetzen und eine riesige innere Oberfläche haben. Diese Poren und Kanäle können leicht von den verschiedensten neutralen Molekeln und Ionen besetzt werden, sofern diese geeignete Abmessungen haben. Ein solches Eindringen in Fehlstellen und schwache Punkte der Skelettstrukturen muß in der Katalyse sehr weit verbreitet sein, da ein großer Teil der in der Katalyse verwendeten Festkörper hinsichtlich der Eigenschaften ihres endgültigen Gitters oder hinsichtlich des Herstellungsverfahrens in diese Gruppe gehören. Wir erwähnen die Alumosilikat- und Alumotitanat-Katalysatoren des Crackings und der Isomerisation von Kohlenwasserstoffen, die ihrem Typ nach den Zeolithen sehr ähneln, ferner die Eisenkatalysatoren der Ammoniaksynthese, die aus Magnetitkristallen und insbesondere aus komplexen Eisencyaniden gewonnen werden, die Schwermetallsulfide, die aus Heterosäuren gewonnenen Molybdänkontakte usw. Wir weisen dabei darauf hin, daß zum Eindringen in die Lücken der Skelettstruktur keine Ähnlichkeit der chemischen Eigenschaften, sondern nur eine Übereinstimmung gewisser Abmessungen notwendig ist[33]). Ist eine solche Übereinstimmung vorhanden, so kann man in den Festkörper Zusätze einführen, die seine chemischen und physikalischen Eigenschaften stark ändern. Nicht immer erstreckt sich die Skelettstruktur auf das ganze Korn. Man kennt viele Fälle, wo sie nur bis in eine bestimmte Tiefe reicht, die durch eine beschränkte Anzahl von Schichten gegeben wird. Von dieser Art sind insbesondere die Skelettstrukturen, die als Oberflächenschicht das Glas von chemischen Gefäßen bedecken, die mit Wasser und Säuren behandelt werden.

Alle bisher betrachteten Strukturen bilden im wesentlichen das Skelett eines Festkörpers; in den meisten normalen dichten Strukturen sind jedoch auch Lücken vorhanden, in denen fremde Teilchen von geeigneter Größe untergebracht werden können. In gewissen Fällen sind diese Lücken ganz normale Struktureinheiten. So kann man sich nach RIEHL[34]) das Zinksulfidgitter als zusammengesetzt aus ineinandergeschachtelten Tetraedern vorstellen, an deren Spitzen die Schwefelatome sitzen. In der Mitte einer Hälfte der Schwefeltetraeder sitzen die Zinkatome. Die andere Hälfte der Schwefeltetraeder hat kein Zentralatom. In den Mittelpunkt dieser Tetraeder können sich Fremdatome setzen, die als Aktivatoren der Phosphoreszenz wirken (d. h. Substanzen, die die für praktische Zwecke erforderlichen Phosphoreszenzintensitäten gewährleisten). Als Aktivatoren kommen Kupfer-, Silber- und andere Metallatome in Frage. Da die Silberatome größer sind und eine andere Ladung haben, dringen sie schwerer ins Zinksulfid ein als Kupferatome. Sehr große Atome können überhaupt nicht nach diesem Mechanismus gelöst werden. Zu einem ähnlichen Typ gehören die Lücken, die im Fall der Gitter mit merklichen Unterschieden im Durchmesser von Kation und Anion zwischen den Gitteratomen offen bleiben. Auch diese Zwischengitterplätze können, wenn auch in begrenzter

Menge, durch Fremdatome mit geeigneten Abmessungen besetzt werden. Eine Reihe interessanter Beispiele für die begrenzte Volumenlöslichkeit wurde radiochemisch entdeckt. Als Beispiel kann die Lösung geringer Mengen von Bleichlorid im Kochsalz- und Kaliumchloridgitter dienen.

Neben den normalen Strukturfehlstellen, die rein geometrischen Ursprungs sind, sind auch Fehlstellen, die auf der thermischen Bewegung beruhen, sehr weit verbreitet[35, 36]). Diese Fehlstellen wurden von FRENKEL[35]) und SCHOTTKY[37]) behandelt; diese Forscher zeigten, daß in metallischen und polaren Gittern notwendig Fehlstellen auftreten müssen, die auf der thermischen Bewegung beruhen. Die Konzentration dieser Fehlstellen wächst exponentiell mit der Temperatur; in gewissen Fällen sind sie ausheizbar und wirken häufig als Zentren der Sorption und der Aufnahme von Fremdsubstanzen ins Gitter.

Alle betrachteten Typen der Aufnahme von Fremdsubstanzen können durch direkte Wechselwirkung eines Gitters, das Fehlstellen enthält, mit einer Fremdsubstanz verwirklicht werden. Es gibt aber auch mindestens ebenso viele Strukturtypen, die beim tiefen Eindringen der Atome einer der Substanzen ins Gitter der anderen entstehen, ohne daß diese fertige Fehlstellen enthält. Die Erforschung der Topochemie und der Diffusion in der festen Phase liefert ein reichhaltiges Material über Erscheinungen dieser Art[38]).

Die Arbeiten der letzten Jahrzehnte über Reaktionen von Pulvermischungen in Temperaturgebieten, die die Beteiligung von Schichten einer wäßrigen Lösung ausschließen, haben eine schwer übersehbare Mannigfaltigkeit von Reaktionen aufgedeckt, wie z. B. den Austausch der Bestandteile zweier sich berührender Kristallite eines Festkörpers. In gewissen Fällen erfaßt dieser Austausch beide Gitter, in anderen herrscht das Eindringen der Teilchen eines Gitters in das andere entschieden vor, ohne daß sich merklich analoge Systeme bilden, in denen diese beiden Körper ihre Rollen vertauschen[39]). Nach TAMMANN liegt diesem Austausch ein Platzwechsel zugrunde, d. h. eine Besetzung der vorher von den Atomen der Grundsubstanz eingenommenen Plätze durch Fremdatome.

Ein solcher Platzwechsel ist ein Grundstadium vieler topochemischer Reaktionen, der Sinterung kleinster Teilchen zu größeren Aggregaten und der Diffusion ins Innere der festen Phase[40]).

Zweifellos sind Erscheinungen dieser Art unter gemischten, verstärkten und Trägerkontakten weit verbreitet. Hiervon zeugen die zahlreichen Beobachtungen über Änderungen der Gitterkonstante der Grundsubstanz, die für feste Lösungen typisch sind, sowie über das Auftreten neuer Phasen[41, 42, 43]).

Direkte Hinweise auf die Rolle von Effekten dieser Art in der Katalyse finden sich in den Arbeiten von HÜTTIG und seiner Schule über Oxydgemische, die als Kontakte benutzt werden[44]). In diesem Zusammenhang verdienen auch die letzten amerikanischen Arbeiten über die katalytischen Eigenschaften der Produkte der Wechselwirkung von Eisenoxyd mit Bariumcarbonat Beachtung[45]).

Die Angaben von HÜTTIG stehen in vollem Einklang mit den radiochemischen Daten über den intensiven Ionenaustausch der Oberflächen von Bodenkörpern mit eigenen und Fremdionen aus der Lösung, wobei sich dieser Austausch häufig nicht auf eine einatomige Schicht beschränkt und eng mit Abweichungen der Struktur des Festkörpers von der Idealität verbunden ist[46]). Wir erwähnen schließlich die umfangreiche Literatur über die Okklusion von Gasen durch

Festkörper mit Eindringen ins Innere des Gitters[47]). Neben so krassen Beispielen wie Sauerstoff in Silber, Wasserstoff in Palladium oder Nitridstickstoff in Eisen, entstanden bei der Einwirkung von Ammoniak auf Metall, beobachtet man auch stets ein weniger intensives, aber völlig reales Eindringen geringerer Gasmengen in die Metalle[47]).

Es ist nicht unsere Aufgabe, hier einen Überblick über die vielfältigen Typen der Sorption von Fremdsubstanzen durch Festkörper zu geben; wir beschränken uns also auf einen kurzen Hinweis auf die umfangreiche Klasse von Systemen, bei denen die Sorption nicht homogen, sondern an bestimmte Strukturelemente des Festkörpers, an die Oberfläche einzelner Kristallite, die das polykristalline Aggregat zusammensetzen, usw. gebunden ist. Beispiele sind die Kaliumionen, die längs der Spaltbarkeitsflächen in den Graphit eindringen. Diese sind schwache Punkte der Struktur[48]). Analog dringen Halogene und gewisse organische Farbstoffe in die feinen Spalten in den kristallinen Aufdampfungen von Erdalkalihalogeniden ein[49]).

Infolge der hohen Empfindlichkeit der radiochemischen und der unmittelbaren radiographischen Methode zur Untersuchung der Topographie der Sorption hat man so viele und so mannigfache Typen der Adsorption von Fremdsubstanzen entdeckt, daß die Formulierung besonderer Adsorptionsregeln notwendig geworden ist: der „Gesetze" von PANNETH, HAHN, FAJANS u. a. Sie können, trotz ihrer sehr elastischen Formulierung, immer noch nicht die ganze Vielfalt der Erscheinungen erfassen[50]). Dies ist besonders typisch für die hochdispersen Festkörper mit nichtidealer Struktur, zu denen die allermeisten guten Katalysatoren gehören.

Unsere kurzen Hinweise und Beispiele zeigen, daß bei der Berührung von Festkörpern mit gasförmigen, gelösten und festen Fremdsubstanzen eine Vielfalt von Einfangprozessen vor sich geht, die sich nicht in die primitive Konzeption des einfachen Anhaftens der Molekeln des Adsorbats an der äußeren Oberfläche des Festkörpers und des groben mechanischen Kontakts zweier idealer Oberflächen einordnen lassen. In gewissen Fällen kommen die Erscheinungen der Bildung von chemischen Oberflächenverbindungen sehr nahe, in anderen Fällen der Bildung von festen Lösungen. Ein tiefes Eindringen der Fremdsubstanz ist besonders wahrscheinlich für Festkörper, die von der idealen Ordnung weit entfernt sind und einen merklichen Überschuß freier Energie besitzen, wie das bei den typischen guten Katalysatoren der Fall ist. All dies wird in dem üblichen Schema der Vergiftung von Kontakten, das die äußere Blockierung der Oberfläche eines undurchdringbaren, zusammenhängenden Festkörpers als einzigen und universellen Vergiftungsmechanismus betrachtet, nicht berücksichtigt.

Eine solche Konzeption ist gerechtfertigt für den hemmenden Einfluß großer und chemisch wenig aktiver Molekeln, etwa für die Vergiftung von Kontakten durch Fettdämpfe, Paraffin, Harze; wenig wahrscheinlich ist jedoch, daß ein solch grobes Schema die Erscheinungen der spezifischen Vergiftung durch kleine und chemisch aggressive Molekeln richtig wiedergeben kann.

Es ist anzunehmen, daß es neben der Vergiftung durch Blockierung noch eine Vergiftung gibt, die auf einer Änderung der Eigenschaften der Oberfläche des Festkörpers durch eingedrungene Fremdsubstanzen in ungünstiger Richtung beruht; diese Fremdsubstanzen können die Abstände zwischen den Atomen in ungewünschtem Sinne verändern, das System der Elektronenterme des Festkörpers verschlechtern (vom Standpunkt des katalytischen Prozesses), neue katalytisch inaktive Oberflächenphasen bilden. Die Wirkung dieser Fremdsubstanzen auf den Katalysator beschränkt sich nicht allein auf eine Änderung der Aktivität des Kontaktes infolge der Ausschaltuug eines Teils der Oberfläche aus dem Prozeß und kann mit einer Änderung der qualitativen Seite der Erscheinung, der relativen Rolle der einzelnen Stadien oder sogar des elementaren Mechanismus verbunden sein. Eine solche Vergiftung, die zu tiefgreifenden qualitativen Änderungen (Modifikationen) der Oberfläche führt, muß hinsichtlich des Typs der Änderungen, die der Festkörper erfährt, einer Verstärkung durch Fremdsubstanzen ähneln, die in die Oberflächenschicht des Festkörpers eindringen und Abstände, Elektronenterme und chemische Eigenschaften der Oberfläche in einer für die Katalyse vorteilhaften Richtung verändern.

Die Erscheinungen der positiven und negativen Modifikation von Kontakten lagen bis in die allerletzte Zeit hinein außerhalb des Gesichtskreises der Forschung, und der einzige Vergiftungstyp, der einer dabei auch noch recht unvollkommenen Analyse unterzogen wurde, war die Vergiftung durch Blockierung. In allerletzter Zeit wurde diese Lücke durch die Experimentalarbeiten unseres Laboratoriums zum Teil ausgefüllt.

§ 3: *Modifikation von Kontakten*

Schon im Jahre 1940 kamen wir auf Grund der Ergebnisse unseres Laboratoriums über die Verstärkung durch Gase und auf Grund einer Analyse der Literaturangaben über Stabilität und Spezifität der Wirkung aktiver Oberflächen zu dem Schluß, daß eine verstärkende Wirkung sehr kleiner Giftmengen, die beim Herstellungsprozeß des Katalysators aufgenommen worden sind, sehr wahrscheinlich und möglicherweise sehr verbreitet ist[51]). Diese Vorstellung, die im Jahre 1940 recht ungewöhnlich schien, erhielt in der Folge eine Reihe interessanter Bestätigungen (Verstärkung durch Gifte bei der katalytischen Hydrierung des Benzols[27]) usw.). Ein Anhänger dieser Anschauung ist LOHSE, der den im Kontakt befindlichen geringen Fremdsubstanzmengen eine führende Bedeutung beimißt und es für notwendig hält, jedem Kontakt einen gewissen kennzeichnenden Satz an Fremdsubstanzen zuzuordnen, der sich am einfachsten spektralanalytisch feststellen läßt[52]). Wie man aus der Patentliteratur entnehmen kann, findet in mehreren Fällen die verstärkende Wirkung kleiner Giftmengen auch technische Anwendung. Ein Beispiel ist die Behandlung von Silberkontakten, die zur Herstellung von Äthylenoxyd aus Äthylen dienen, mit Halogenderivaten des Benzols[53]). Zweifellos beginnt infolge der besseren Dosierung und der differenzierteren Verfahren bei den Technologen, die auf dem Gebiet der Kontaktindustrie arbeiten, die panische Angst vor Schwefel, Arsen und Phosphor zu verschwinden, und in einer Reihe von Fällen zeigen sich Möglichkeiten zur nutzbringenden Verwendung dieser Zusätze.

Etwas abseits stehen die Ergebnisse von BEECK und seinen Mitarbeitern[54]), die die Hydrierung an Metallfilmen untersuchten und die verstärkende Wirkung von Gasen auf eine Änderung der Kristallisationsform und die Entstehung von für die Katalyse vorteilhafteren Kristallflächen zurückführen. Da in diesen

Arbeiten kein Versuch zur dosierten Einführung der Fremdsubstanzen gemacht wird, sind sie mit unseren Daten nur schwer zu vergleichen, und wahrscheinlich haben die relativ schwachen Effekte bei BEECK, die auf der Orientierung beruhen, und die stärkeren von uns beobachteten Effekte verschiedenen Ursprung und keinen unmittelbaren Zusammenhang. Wir heben auch hervor, daß das Niveau der kinetischen und Adsorptionsmessungen in den Arbeiten von BEECK nicht allzu hoch ist.

Wir geben noch einige zusätzliche Daten zur Bestätigung unserer Anschauungen über die verstärkende Wirkung geringer Giftmengen an. Alle früheren Experimente unseres Laboratoriums erfolgten mit Fremdsubstanzen, die aus der Gasphase im Augenblick der Kondensation in die Metallschichten eingeführt wurden. Zur Durchführung dieser Experimente in reiner Form war es angebracht, mit Substanzen zu arbeiten, die bei Temperaturen von $-100°$ und darunter noch einen wesentlichen Dampfdruck haben. Dieser Bedingung genügen die charakteristischsten Kontaktgifte wie AsH_3, PH_3, H_2S, HCN usw. nicht. Wir versuchten also, bei der Elektrolyse dosierte Mengen der entsprechenden Metalloide in die Schicht einzuführen. Dies war in vielen Fällen möglich. Insbesondere kann man durch Variation der Bedingungen der Elektrolyse und der chemischen Zusammensetzung des Elektrolyten Schwefel in jedem beliebigen Prozentsatz von Bruchteilen eines Prozents bis nahezu 100% in elektrolytisches Nickel einführen.

KEIER stellte unter Benutzung dieses Verfahrens eine Reihe von Nickelschichten mit einem in weiten Grenzen variierenden Schwefelgehalt her. Es wurde die katalytische Wirkung dieser Schichten auf den Zerfall von Wasserstoffperoxydlösungen bei tiefen Temperaturen untersucht. Die Kinetik des Prozesses erwies sich im Zusammenhang mit der Selbstaktivierung des Kontaktes im Laufe des Prozesses als zusammengesetzt. Sowohl die geringe Aktivität zu Anfang als auch die höhere Aktivität des eingearbeiteten Katalysators zum Schluß lagen für Präparate mit geringen Schwefelzusätzen höher.

Zur Klärung der Möglichkeit ähnlicher Effekte bei den üblichen chemischen Methoden zur Herstellung von Katalysatoren untersuchten BRESHNEWA und OSIRANER den Einfluß von Phosphationen, die während der Herstellung von Palladium- und Platinkontakten nach der Formiatmethode anwesend waren. Zur Kontrolle über die Aufnahme des Phosphors wurde dieser durch Radiophosphor P^{32} mit einer Halbwertszeit von 14,3 Tagen markiert; dieses Isotop erhielt man durch Neutronenbeschuß des Schwefels auf Grund der Reaktion

$$\overset{32}{\underset{16}{S}} + \overset{1}{\underset{0}{n}} = \overset{32}{\underset{15}{P}} + \overset{1}{\underset{1}{H}}. \tag{5}$$

Bei jedem Experiment wurde die Verteilung der Radioaktivität auf Lösung und Katalysator gemessen. Auf diese Weise konnte man die stark verstärkende Wirkung sehr kleiner Phosphorkonzentrationen nachweisen. Als Beispiel möge Abb. 315 dienen, in der auf der Abszissenachse der Phosphorgehalt in Gewichtsprozenten, auf der Ordinatenachse die Aktivität des Kontaktes in relativen Einheiten, nämlich in den reziproken Zeiten für die Erreichung eines bestimmten Umwandlungsgrades (prozentuale Hydrierung des Äthylens) aufgetragen sind[55]).

Kontrollversuche mit Behandlung der gleichen fertigen Kontakte mit Phosphationen zeigten, daß unter diesen Bedingungen die Phosphataufnahme schwächer ist und daß die Gewichtsisotherme ein niedrigeres und in einem anderen Konzentrationsgebiet gelegenes Maximum hat.

Bei allen Grundversuchen wurde die aktive Fremdsubstanz während der Herstellung aufgenommen, während der frisch hergestellte Festkörper noch aus lose verbundenen primären Teilchen besteht und infolgedessen eine stark entwickelte innere Porenstruktur und einen geringeren Ordnungsgrad besitzt, wie in elektronenmikroskopischen Aufnahmen zu sehen ist[56,57]).

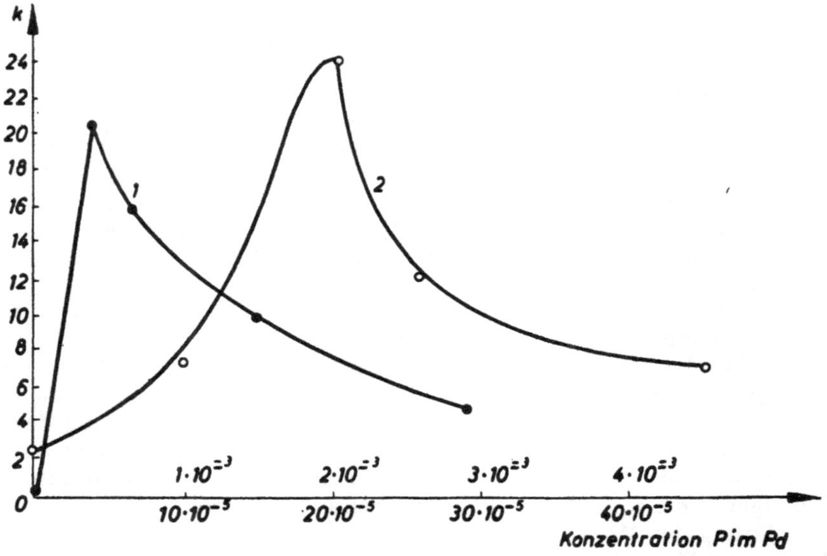

Abb. 315. **Einfluß der während der Abscheidung des metallischen Palladiums eingefangenen Phosphationen auf dessen katalytische Aktivität.** *1*: **Zerfallsreaktion des H_2O_2 mit einem Maximum bei 0,001% P;** *2*: **Hydrierung des Äthylens mit einem Maximum bei 0,2% P.**

In der Radiochemie ist längst bekannt, daß ein Festkörper im Augenblick seiner Entstehung große Fremdsubstanzmengen aufnehmen kann. Ein Nachteil dieser Experimente ist der Volumencharakter des Einfanges, auf Grund dessen dieser schwer mit der üblichen Oberflächenblockierung zu vergleichen ist. Der nächste Schritt war demgemäß eine Untersuchung des Einflusses von Fremdsubstanzen auf fertige Kontakte[58]).

Wir beginnen mit den interessanten Versuchen von ANDREJEW, KAWTARADSE und SHABROWA, in denen der Einfluß einer Vorbehandlung mit Phosphin auf die katalytische Aktivität von Kupferchromit hinsichtlich des Zerfalls von Wasserstoffperoxyd untersucht wurde. In diesen Experimenten befand sich der Katalysator auf einer MACBAINschen Waage und adsorbierte hier Phosphin in Mengen, die gewichtsmäßig registriert wurden; dann wurde das Pulver aus der Waage entnommen und in das Reaktionsgefäß mit Wasserstoffperoxyd gebracht. Die Zerlegung wurde volumetrisch an Hand des freigesetzten Sauerstoffs registriert. Eine typische „Promovierungskurve" ist in Abb. 316 dargestellt. Die Einführung von etwa 1,2% PH_3, das wahrscheinlich schon vor Beginn der katalytischen Reaktion oxydiert in der Schicht vorlag, in die Oberfläche erhöht die Aktivität um den Faktor 20; bei 1,7% erreicht dann die Aktivität bei einem Wert von etwa $300 A_0$ ein Optimum. Wie Kontrollversuche zeigten, kann die einfache Benetzung der porösen indifferenten Körper durch die Phosphorsäure für diesen Aktivitätswert nicht aufkommen, und die Phos-

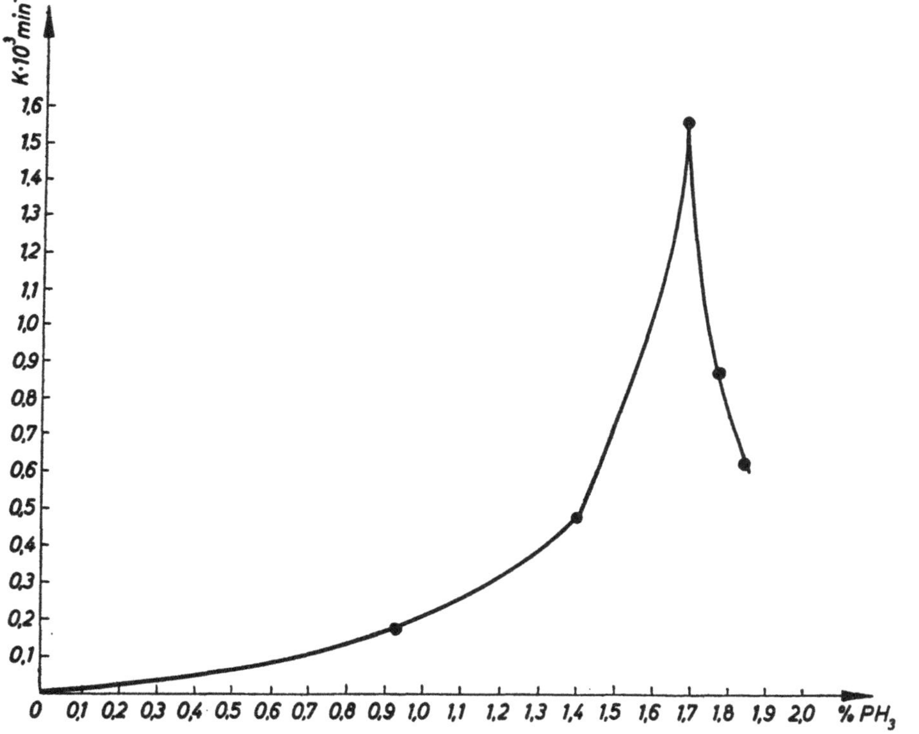

Abb. 316. Einfluß des aktiviert adsorbierten Phosphins auf die katalytische Aktivität von Kupferchromit hinsichtlich des Zerfalls von Wasserstoffperoxyd.

phorsäure selbst stabilisiert das konzentrierte Wasserstoffperoxyd. Es handelt sich hier also um ein weiteres Beispiel für die verstärkende Wirkung geringer Mengen eines Kontaktgiftes, deren detaillierter Charakter nicht leicht festzustellen ist, da man hierzu große Temperaturänderungen zur Verfügung haben müßte, um den ARRHENIUSschen Verlauf der Geschwindigkeitskonstanten und den Einfluß der Fremdsubstanz auf die Aktivierungsenergie und auf den Faktor vor dem Exponentialausdruck (bei Gültigkeit der ARRHENIUSschen Gleichung) nachprüfen zu können. Für Wasserstoffperoxydlösungen ist das nicht durchführbar. Außerdem sind die geringe chemische Stabilität des Wasserstoffperoxyds, der Kettencharakter seines homogenen Zerfalls und dessen schlechte

Reproduzierbarkeit Faktoren, die die Zerlegung des Wasserstoffperoxyds zu einem sehr ungeeigneten Untersuchungsobjekt machen. Es wurde also eine andere Reaktion gewählt, die in den letzten Jahren in unserem Laboratorium von TODES und MARGOLIS eingehend untersucht wurde, und zwar die katalytische Oxydation einzelner Kohlenwasserstoffe zu Wasser und Kohlendioxyd. Dieser Prozeß, der ohne praktische Bedeutung ist, wurde unter dynamischen Bedingungen für die Kohlenwasserstoffe verschiedener homologer Reihen untersucht. Verwendet wurden Iso-Oktan, n-Oktan, n-Pentan, i-Heptan, Cyclohexan, Benzol und Äthylen, ferner auch Kohlenmonoxyd[59]).

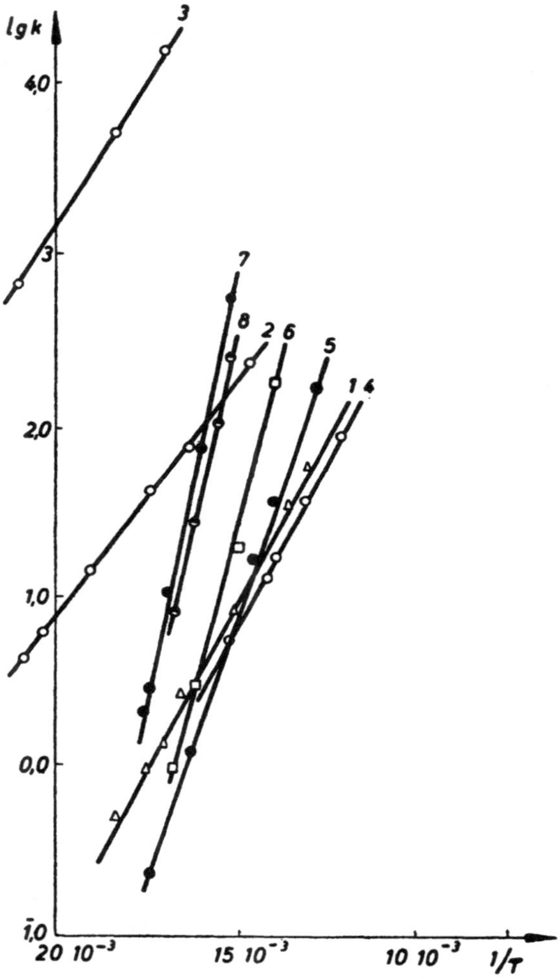

Abb. 317. Temperaturabhängigkeit der Geschwindigkeitskonstanten der weitgehenden Oxydation von Isooktan an verschiedenen Katalysatoren. Die Numerierung der Geraden entspricht folgenden Katalysatoren: *1*: Kupfer-Chrom-Kontakt mit Kupferoxydüberschuß; *2*: Kupferchromit; *3*: Platin; *4*: Kupfer- und Eisenaluminat; *5*: Silbermanganit; *6*: Eisen-Chrom-Kontakt; *7*: Magnesium-Chrom-Kontakt; *8*: Kupfer-Chrom-Kontakt, in fertigem Zustand mit Tetraäthylblei behandelt.

Der Prozeß wird durch viele Kontakte beschleunigt, von denen wegen der Stabilität ihrer Aktivität bei hohen Temperaturen binäre Systeme aus den Oxyden und Chromiten von Kupfer, Mangan und Eisen, einer Reihe von Aluminaten usw. ausgewählt wurden.

Bei der Auswahl der Katalysatoren kamen einfache und klare Gesetzmäßigkeiten zum Vorschein[60]). Die Kinetik war in einigen Fällen sehr einfach. Bei isothermer Führung des Prozesses verläuft dieser im kinetischen Gebiet. Der Übergang der Reaktion in das Diffusionsgebiet ist mit Schwierigkeiten verbunden. Häufig beobachtet man eine feste zweite Ordnung, die offenbar die Abhängigkeit der Geschwindigkeit von der Kohlenwasserstoffkonzentration bei schwacher Abhängigkeit von der Sauerstoffkonzentration wiedergibt. So verläuft insbesondere die am besten untersuchte Oxydation des Isooktans an vielen Kontakten und die Oxydation des Cyclohexans. Im Gegensatz dazu folgt für die Grenzkohlenwasserstoffe normaler Struktur (Pentan, Heptan, Oktan) und für das Äthylen unter denselben Bedingungen der Prozeß einer ersten Ordnung. Die Ordnung ist temperaturabhängig und nimmt bei starker Temperatursteigerung ab.

Beim Aufbringen aus der Suspension auf einen indifferenten Träger, besonders auf Asbest, ändern sich die katalytischen Eigenschaften der Kontakte der untersuchten Gruppe praktisch nicht, und man beobachtet eine lineare Abhängigkeit der Geschwindigkeitskonstante des Prozesses von der eingeführten Menge aktiven Materials. Durch Verminderung des Prozentgehaltes des auf Asbest aufgebrachten Kontakts ist es möglich, bei höheren Temperaturen die Geschwindigkeit und die Ausbeuten, die zur quantitativen Untersuchung der Aktivität notwendig sind, zu erzielen. Man kann also die Temperaturabhängigkeit der Geschwindigkeit des Prozesses in einem großen Temperaturgebiet von 150 bis 300° und darüber untersuchen. Die Ergebnisse dieser Untersuchung für Isooktan und eine Reihe von Katalysatoren sind in Abb. 317 dargestellt. Auf der Ordinatenachse sind die Logarithmen der Geschwindigkeitskonstante, auf der Abszissenachse die reziproke Temperatur aufgetragen. Das Diagramm zeigt, daß die ARRHENIUSsche Formel gut erfüllt ist ohne Hinweis auf irgendwelche systematischen Änderungen der Aktivierungsenergie mit der Temperatur.

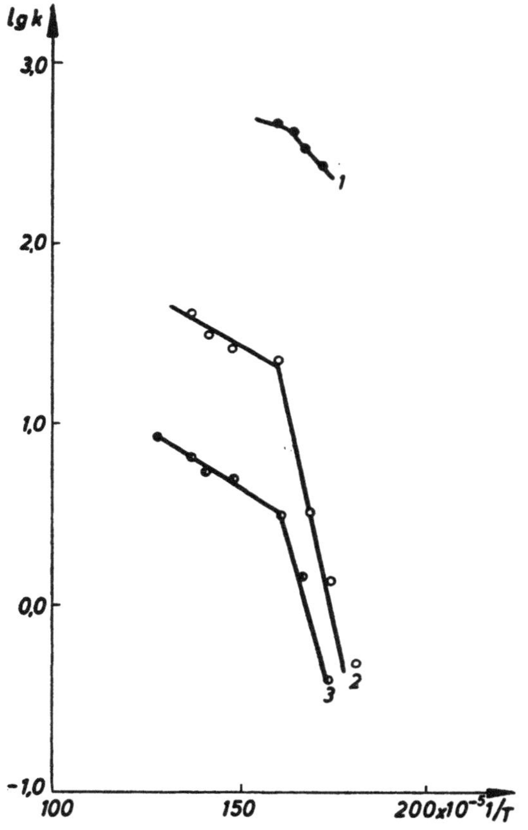

Abb. 318. Temperaturabhängigkeit der Geschwindigkeitskonstanten der weitgehenden Oxydation von n-Heptan an Platin (*1*), Magnesium-Chrom- (*2*) und Kupfer-Chrom-Kontakten (*3*) (nach MARGOLIS und TODES).

Dies gilt nicht für alle untersuchten Systeme. Insbesondere beobachtet man beim Heptan und beim n-Pentan für eine Reihe von Kontakten einen scharfen Knick in den Geraden (Abb. 318). Unabhängig vom Ursprung des Hochtemperaturastes kann man sagen, daß der Tieftemperaturast in mehreren Fällen ein so großes Temperaturintervall umfaßt, daß an der Realität des exponentiellen Zusammenhanges in diesem Fall kein Zweifel sein kann. Nach den Zahlenwerten von E für einen und denselben Kontakt zu schließen, sind die Geraden, die für das Isooktan ohne Knick über das ganze Temperaturintervall hinweggehen, analog dem Tieftemperaturast für Heptan und Pentan.

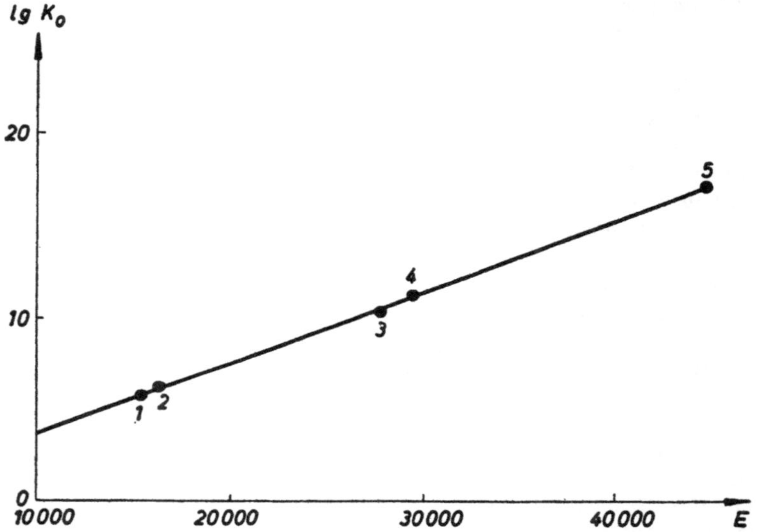

Abb. 319. Zusammenhang zwischen den Logarithmen von k_0 und E für verschiedene Kontakte für die weitgehende Oxydation von Isooktan. *1*: Kupfer-Chrom; *2*: Eisen-Aluminium und Kupfer-Aluminium; *3*: Silbermanganit; *4*: Nickel-Chrom; *5*: Magnesium-Chrom (nach MARGOLIS und TODES).

Ein Charakteristikum im Verhalten der Oxydkontakte bei der weitgehenden Oxydation ist die Tatsache, daß sich die Geraden, die den einzelnen Kontakten entsprechen, schneiden. Wie aus Tab. 23 hervorgeht, beruht dies auf dem deutlich ausgeprägten symbaten Gang zwischen den Größen k_0 und E. In erster Näherung kann man annehmen, daß der Logarithmus von k_0 mit wachsendem E linear ansteigt. Hierbei liegen die Punkte, die einer bestimmten Kombination von E und lg k_0 für verschiedene Kontakte entsprechen, in einem engen Intervall, und man kann in erster Näherung eine einheitliche Gerade $\lg k_0 = \text{const} + aE$ für alle untersuchten Kontakte annehmen. Eine Abhängigkeit dieser Art wurde bisher in der Kinetik der homogenen und heterogenen Reaktionen mehrfach beobachtet[61, 62], aber niemals war der Änderungsbereich von k_0 so groß wie bei TODES und MARGOLIS, wo er etwa 13 Größenordnungen erreicht (zwischen 10^6 für einen Kupfer-Chrom- und 10^{17} für einen Magnesium-Chrom-Kontakt). Wie auch bei den analogen Daten anderer Autoren kann man die Unterschiede in den Werten k_0 zum Teil auf Unterschiede in den Dispersitäten zurückführen; diese können aber nie so groß sein, und es besteht kein

Grund für eine so starke und gesetzmäßige Zunahme der Größe der spezifischen Oberfläche mit wachsendem E. In der Tat zeigen direkte Adsorptionsmessungen der spezifischen Oberfläche bei den Kontakten von TODES und MARGOLIS keinen solchen Zusammenhang[63]).

Der Schnitt der Geraden $\lg k = \lg k_0 - E/RT$ führt zu einem sehr paradoxen Ergebnis von grundsätzlicher Bedeutung: die Verteilung der Katalysatoren über die Aktivität (die Aktivitätsreihe) ändert sich mit der Temperatur. Während bei tiefen Temperaturen die Kupfer-Chrom-Kontakte aktiver sind als die Eisen-Chrom-Kontakte, diese wieder aktiver als die Magnesium-Chrom-Kontakte, werden bei etwa $T = 320°$ die Aktivitäten des ersten und des letzten Kontaktes vergleichbar, während oberhalb dieser Temperatur der Magnesium-Chrom-Kontakt sowohl den Kupfer-Chrom- als auch den Eisen-Chrom-Kontakt übertrifft. Die relative Aktivität der Kontakte, die bei einer Temperatur oder in einem schmalen Temperaturgebiet gewonnen wurde, büßt also als charakteristische Größe an wissenschaftlicher Bedeutung ein.

Infolge der oben dargelegten besonderen Eigenschaften der weitgehenden Oxydationsprozesse sind sie ein vielversprechendes Objekt zur Untersuchung der Wirkung von Fremdsubstanzen. Die einzige Schwierigkeit besteht darin, daß die meisten üblichen Kontaktgifte unter unseren Bedingungen „ausgebrannt“ und desaktiviert werden. Hinreichende Stabilität und Reproduzierbarkeit lagen bei den Versuchen mit Behandlung der Kontakte durch Lösungen von Phosphor- und Borsäure vor. Die Schwefelsäure hat offenbar ähnliche Wirkungen, wird aber schlecht an der Oberfläche festgehalten. Ihre Wirkung wird bei darauffolgender Behandlung der mit Säure getränkten Kontakte mit Lösungen eines Bariumsalzes hinreichend stabil. Die in der Arbeit von TODES und MARGOLIS verwendeten binären Oxyde sind hochdisperse Pulver, deren Phasenzusammensetzung nicht hinreichend genau festgestellt werden konnte.

TABELLE 23:

Aktivierungsenergie und Faktor vor dem Exponentialausdruck für verschiedene Kontakte der weitgehenden Oxydation von Isooktan

Kohlenwasserstoff	Katalysator	Aktivierungs-energie in cal	Dekadischer Logarithmus des Faktors vor dem Exponential-ausdruck
Isooktan	Magnesium-Chrom	45000	17,0
Cyclohexan	Magnesium-Chrom	38000	16,4
Isooktan	Eisen-Chrom	30000	11,0
Isooktan	Silbermanganit	28000	10,0
Isooktan	Kupfer-Aluminium	16000	6,0
Isooktan	Eisen-Aluminium	16000	6,0
Isooktan	Kupfer-Chrom	15500	6,0
Cyclohexan	Kupfer-Chrom	17500	6,5
Isooktan	Platin	14000	9,0
Isooktan	Palladium	15000	11,0

Den Hauptteil machen gewöhnlich feste Verbindungen des Oxyds des zweiwertigen Metalls mit dem Oxyd des dreiwertigen Metalls vom Spinelltyp aus. Wie man weiß, neigen die Spinelle sehr zur Aufnahme von Fremdionen unter Bildung fester Lösungen. In den von MARGOLIS und TODES benutzten Kontakten ist häufig auch eine gewisse Menge freien Oxyds des zweiwertigen Metalls vorhanden. Der fertige Katalysator wird in Pulverform vor dem Aufbringen auf den Träger mit der Säure (dem Salz) behandelt. Die eingeführte Fremdsubstanzmenge wird dosiert. Die Adsorption der Fremdsubstanz ist schon bei Zimmertemperatur recht fest; sie kann durch Wasser praktisch nicht ausgewaschen werden. Ein Auswaschen mit Basen liefert Ergebnisse, die bei der Behandlung eines ungetemperten Kontakts wesentlich sind, dagegen weniger erheblich, wenn der Kontakt mit der Fremdsubstanz vor der Behandlung bei hoher Temperatur arbeiten konnte. Infolge der chemischen Aktivität der Säuren ist es sehr wahrscheinlich, daß sie chemisch mit der Oberfläche des Pulvers reagieren; jedoch handelt es sich hier nicht einfach um die Bildung der üblichen Volumenphosphate (Borate) usw., denn die katalytischen Eigenschaften fertiger Phosphate sind sehr verschieden von den katalytischen Eigenschaften der Katalysatoren von TODES und MARGOLIS, die die gleichen Säuren enthalten.

Der Einfluß der Fremdsubstanz auf die Aktivität des Kontakts kann auf verschiedene Weise gekennzeichnet werden. Das verbreitetste und in der Industrie vorherrschende Verfahren ist die Kennzeichnung der Kontakte durch die Ausbeute eines bestimmten Produkts. Bei identischen äußeren Bedingungen kann eine solche Kennzeichnung eine richtige Vorstellung vom praktischen Wert eines bestimmten Kontakts geben; sie kann jedoch nicht als wissenschaftliche Kennzeichnung angesehen werden. Die verglichenen Effekte beziehen sich für die verschiedenen Kontakte in der Regel auf verschiedene Absolutwerte der Oberfläche und auf Oberflächen verschiedener Zugänglichkeit. Der Beschleunigungsmechanismus und der kinetische Typ der Reaktion können verschieden sein usw. usf. Ein Teil dieser Nachteile läßt sich vermeiden, wenn man Präparate eines bestimmten Kontaktes mit verschiedenen Fremdsubstanzmengen hinsichtlich ihrer Ausbeute vergleicht.

In Abb. 320 sind die Ergebnisse eines solchen Vergleichs für einen Magnesium-Chrom-Kontakt (Magnesiumchromit mit stöchiometrischem Überschuß von MgO) und einen Kupfer-Chrom-Kontakt, in die verschiedene Phosphorsäuremengen eingeführt wurden, dargestellt. Bei allen Versuchen betrug die Strömungsgeschwindigkeit 40 Liter pro Stunde, die Luft enthielt etwa 20% Isooktan, die Temperatur des Versuchs lag bei etwa 350°. Die Kurven sind von sehr eigenartiger Form: der MgCr-Kontakt (2) ohne künstlich eingeführte Beimischung verbrennt das Isooktan zu etwa 55%. Geringe Zusätze steigern die Ausbeute auf 85%. Bei 3% Fremdsubstanz fällt die Ausbeute auf 28%, um dann wieder auf 50% bei 7% Fremdsubstanz anzusteigen. Ähnliche Minima und Maxima beobachtet man auch für den Kupfer-Chrom-Kontakt (1). Es handelt sich hier nicht um Eigentümlichkeiten der Phosphorsäure, denn man erhält auch mit anderen Fremdsubstanzen ähnliche Ergebnisse. Auf den ersten Blick erregt unser Diagramm ungläubiges Staunen. Eine solche Zickzackkurve, bei der bei einer Änderung der Fremdsubstanzmenge diese zweimal aktivierend, als Promotor und zweimal als Kontaktgift wirkt, scheint unmöglich. Die mehrfache Wiederholung schließt die Annahme einer Undurchdringbarkeit aus, um so mehr, als sich zeigt, daß die Kinetik des Prozesses an Kontakten, die verschiedenen Abschnitten der Kurven $A = A(G)$ entsprechen, verschieden ist. An einem reinen Kontakt verläuft bei diesen Temperaturen die Reaktion in zweiter Ordnung. Durch Einführung von 1% Fremdsubstanz entsteht unter den gleichen Bedingungen ein Prozeß erster Ordnung; bei weiterer Steigerung des Giftgehalts auf 7% verläuft der Prozeß in nullter Ordnung.

Man sieht leicht ein, daß allein diese Tatsache einen Vergleich der Aktivität von Kontakten mit verschiedenem Säuregehalt erschwert, da eine Konzentrationsänderung der reagierenden Substanzen ihr Verhältnis verändert. Ein sorgfältiger Vergleich der Daten für jede der auftretenden drei kinetischen Ordnungen zeigt, daß innerhalb einer bestimmten Ordnung mit Einführung einer Fremdsubstanz gleichzeitig die Aktivierungsenergie des Prozesses und der Faktor vor der Exponentialfunktion in der ARRHENIUS-Gleichung verändert werden. Natürlich kann eine solche gleichzeitige Änderung dreier Parameter, die von Einfluß auf die Ausbeute sind, nämlich der Ordnung der Reaktion, der Aktivierungsenergie und des Faktors vor dem Exponentialausdruck, ein sehr kompliziertes Bild schaffen; zum Verständnis der Wirkung der Fremdsubstanz reicht ein einfacher Vergleich der Ausbeuten nicht aus, und differenziertere Kriterien werden notwendig. Grundsätzlich wurde deshalb der Vergleich von den Autoren so durchgeführt, daß die Proben durch Abstimmung der Temperatur, der Kontaktzeiten usw. unter Bedingungen gehalten wurden, die die Gültigkeit einer bestimmten Ordnung gewährleisteten.

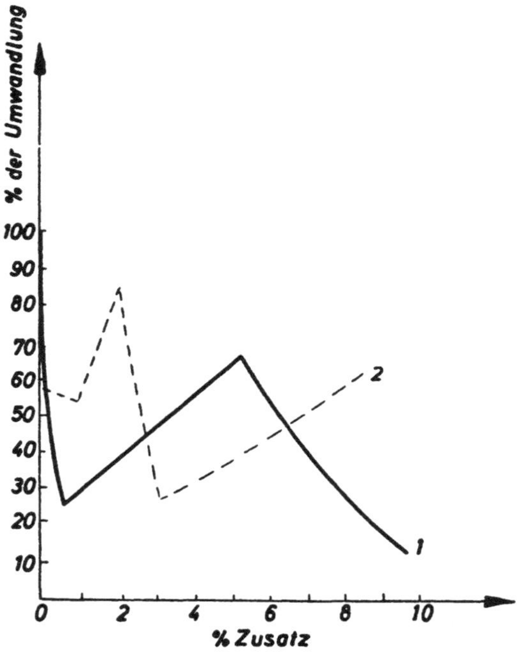

Abb. 320. Ausbeuteänderung der Oxydation von Isooktan mit Änderung des Fremdsubstanzgehalts (Phosphorsäure) im Kontakt. *1*: Kupfer-Chrom-Kontakt; *2*: Magnesium-Chrom-Kontakt (nach MARGOLIS und TODES).

Die Ergebnisse dieses Vergleichs unter Bedingungen, unter denen die Reaktion in erster Ordnung verläuft, sind in Abb. 321 dargestellt; sie zeigt die Änderung der Aktivierungsenergie und des Faktors vor dem Exponentialausdruck mit wachsender Fremdsubstanzmenge, die in Gewichtsprozenten ausgedrückt ist. Für die Aktivierungsenergie gilt dabei eine lineare Skala, für die Werte k_0 eine logarithmische. In der Abbildung ist zu sehen, daß die Aktivierungsenergie

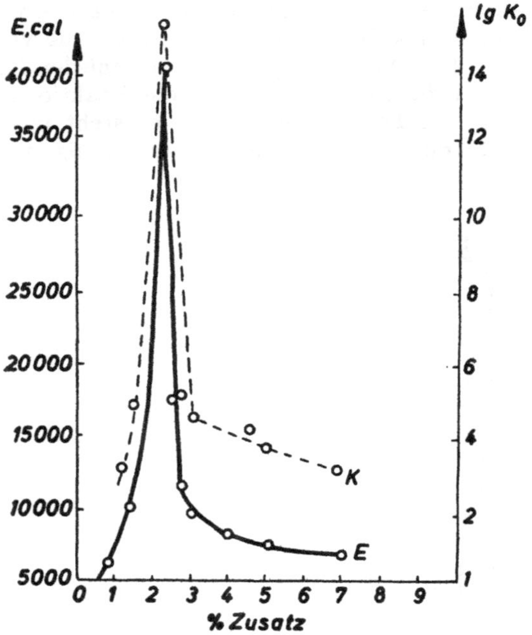

Abb. 321. Änderung der Aktivierungsenergie E und des Faktors k_0 vor dem Exponentialausdruck für die weitgehende Oxydation von Isooktan an einem Magnesium-Chrom-Kontakt (mit wachsendem Gewichtsprozentgehalt an Phosphorsäure). Verglichen werden die Geschwindigkeitskonstanten für die erste Ordnung.

zunächst wächst, bei einem Fremdsubstanzgehalt von etwa 2% ein Maximum erreicht und dann wieder bis auf eine sehr kleine Größe abfällt. Die absoluten Änderungen von E sind sehr groß: von 7000 bis 35000 cal/Mol. Gleichzeitig mit E ändert sich symbat auch der Logarithmus von k_0, wobei diese Größe ihr Maximum bei den gleichen Präparaten erreicht, bei denen auch die Aktivierungsenergie maximal ist. Für ein solches Präparat ist k_0 um einen Faktor 10^{12} größer als für den reinen Katalysator. Weiterhin fällt k_0 symbat mit E. Ähnliche Ergebnisse erhält man auch beim Vergleich der Geschwindigkeitskonstanten für andere Ordnungen und andere Kontakte (Abb. 322).

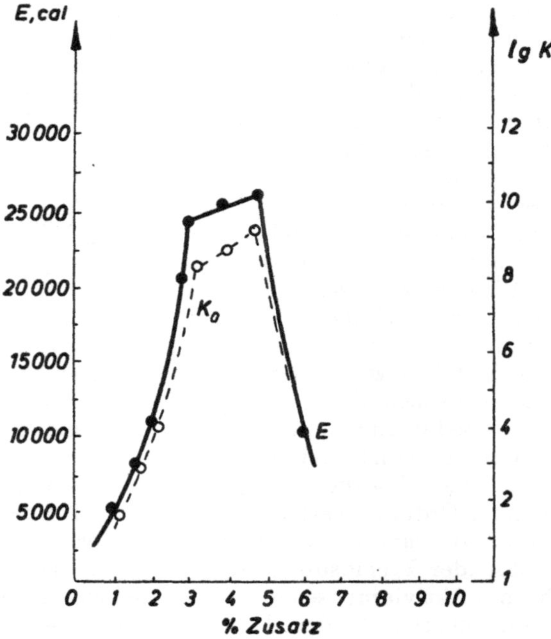

Abb. 322. Einfluß der Phosphorsäure auf die Werte E und log k_0 für die weitgehende Oxydation des Isooktans an einem Kupfer-Chrom-Kontakt.

Der symbate Gang von E und k_0 für große absolute Änderungen von k_0 führt zu einem Schnitt der Geraden $\lg k = f(1/T)$, die sich auf das gleiche Präparat mit verschiedenen Fremdsubstanzmengen beziehen, wie die Abb. 323 zeigt.

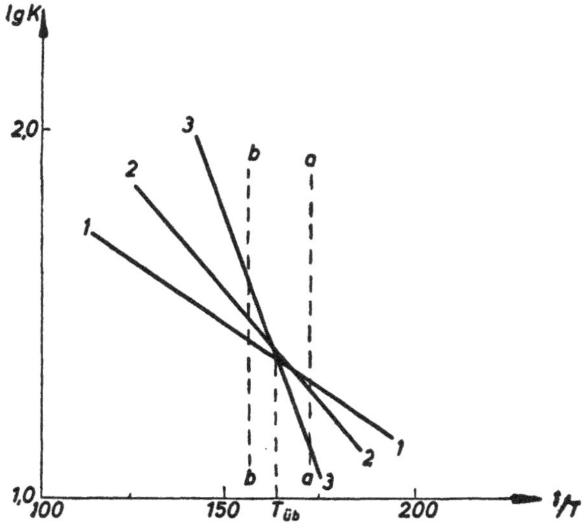

Abb. 323. Einfluß des Schnittes der Geraden $\lg k = f(1/T)$ für die einzelnen Kontakte auf die Reihenfolge der Aktivitäten. Rechts von dem Temperaturgebiet der Schnittpunkte der drei Geraden (an der Senkrechten *aa*) ist der reine Kontakt (*1*) am aktivsten, dann kommt der Kontakt mit einer Giftmenge, die höher ist als die optimale (*2*), schließlich der Kontakt mit der optimalen Giftmenge. Links von T_{schn} (an der Senkrechten *bb*) ist die Reihenfolge umgekehrt.

Wir konstruieren die Geraden *aa* und *bb*, die dem Vergleich der Kontakte bei zwei verschiedenen Temperaturen entsprechen. Da sich die Geraden, die die Temperaturabhängigkeit für verschiedene Kontakte angeben (ausgezogen), schneiden, ist die Reihenfolge der Aktivität bei tiefen Temperaturen (rechts) und bei hohen Temperaturen (links) genau entgegengesetzt. Die Kontakte, die bei hohen Temperaturen die besten sind, sind bei tiefen am schlechtesten und umgekehrt. Solche Beispiele für die Umkehrung von Aktivitätsreihen haben wir schon bei der Darlegung der Ergebnisse eines Vergleichs verschiedener Kontakte erwähnt. In dem jetzt betrachteten Fall ist die Lage ähnlich; es besteht jedoch keine Möglichkeit, den Effekt auf Sekundärerscheinungen zurückzuführen, da es sich immer um den gleichen Kontakt handelt.

Wir betrachten jetzt die Lage der Geraden für zwei Temperaturwerte genauer. Für die Senkrechte *aa* bei tiefer Temperatur ist der reine Kontakt *1* am aktivsten; sämtliche Katalysatoren mit Fremdsubstanz haben eine geringe Aktivität, darunter auch der Katalysator *3* mit dem Gehalt G,

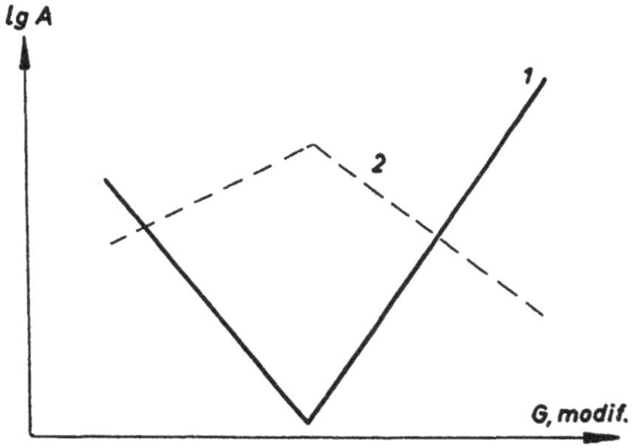

Abb. 324. Änderung des Logarithmus der Aktivität mit wachsender Menge des Modifikators G_{modif} bei je einer Temperatur unterhalb (*1*) und oberhalb (*2*) des Schnittgebietes. $T_1 \ll T_2$.

der dem Optimum entspricht. Vergleichen wir die Kontakte hinsichtlich der Absolutwerte der Geschwindigkeit, so müssen wir sagen, daß in diesem Fall die Fremdsubstanz als Kontaktgift wirkt, wobei der Kontakt mit G_{opt} am stärksten vergiftet ist, unter anderem auch stärker als der Kontakt *2* mit einem Giftgehalt, der über dem optimalen liegt ($G > G_{opt}$). Die Wirkung dieses Kontaktgiftes bei tiefen Temperaturen ist aber eigentümlich: der stetige Abfall der Aktivität fehlt. Mit Vergrößerung des Giftgehaltes nimmt $A(G)$ zunächst verhältnismäßig stark ab und steigt dann wieder an, wobei es zum Ausgangszustand zurückkehrt. Ganz anders liegen die Dinge auf der Senkrechten *bb* bei höheren Temperaturen. Hier hat der reine Kontakt die geringste und der Kontakt 3 mit $G = G_{opt}$ die größte Aktivität. Wie aus Abb. 324 hervorgeht, wird jeder Aktivitätsgrad bei beliebiger Temperatur zweimal bei zwei verschiedenen Giftmengen durchlaufen, wobei in diesen beiden Punkten sowohl die E- als auch die k_0-Werte ähnlich sind.

Das Vorhandensein eines ausgeprägten Extremums in der Abhängigkeit der Aktivität von der Menge der Fremdsubstanz steht in Analogie zu den Daten über die Verstärkung durch Gase, wo ebenfalls ein Extremum vorhanden ist. Für hohe Temperaturen ist die äußerliche Übereinstimmung vollkommen. Im Gegensatz dazu kehrt sich bei Todes und Margolis für tiefe Temperaturen das Extremum um: hier gibt es ein Minimum statt des Maximums. Unter diesen Bedingungen wirkt die Fremdsubstanz in Form einer Desaktivierung. Hiermit stimmen auch die starken Änderungen der Aktivierungsenergie, denen wir die Hauptrolle in der starken Aktivitätsänderung bei der Mikroverstärkung durch Gase zuschrieben, überein.

Neu und verwickelt ist die starke Änderung von k_0, die weitaus größer ist, als sich mit der einfachen statistischen Deutung vereinbaren ließe. Es wäre aber falsch, die eingeführten Fremdsubstanzen H_3PO_4, H_3BO_3, SiO_2 usw. einfach als Gifte anzusehen. Die Änderungen von E und k_0, die sie hervorrufen, führen in ihrem Zusammenwirken bei hohen Temperaturen automatisch zu einer Änderung des Verhältnisses der Aktivitäten der einzelnen Kontakte. An die Stelle einer Kurve mit einem Minimum tritt eine Kurve mit einem Maximum, die schon zur Genüge erwähnte Mikroverstärkungskurve, wobei an diesem Punkt des Optimums wie auch vorher am Minimum die Aktivierungsenergie maximal ist (siehe Abb. 324). Auch bei hohen Temperaturen entsprechen jedem Absolutwert k zwei Werte G, d. h., es besteht kein eindeutiger Zusammenhang zwischen A und G, der bei der üblichen Behandlung sowohl der homogenen als auch der inhomogenen Oberflächen als selbstverständlich angenommen wird. Die Anwendung der Begriffe „Kontaktgift" und „Promotor" auf diesen Fall ist sehr anfechtbar und wenig glücklich. Die Phosphorsäure ist sowohl Gift als auch Promotor, ihre vergiftende Wirkung bei tiefer Temperatur und ihre aktivierende Wirkung bei hoher Temperatur sind untrennbar verbunden: sie sind zwei Seiten einer und derselben Erscheinung, die auf dem gleichzeitigen Einfluß der Fremdsubstanz auf E und k_0 bei einer Veränderung des Kontakts beruht. Ein bestimmtes Präparat wird infolge der symbaten Änderung von E und k_0 für bestimmte Temperaturen vergiftet und für andere aktiviert. In dem Temperaturgebiet, in das mehrere Schnittpunkte fallen, haben die Aktivitäten ähnliche Werte, und es ist eine Übergangsverteilung der Kontakte über die Aktivitäten möglich. Diese Eigentümlichkeiten in Verbindung mit dem verschiedenartigen

Einfluß einer Zunahme von G an den beiden Seiten des Maximums machen die Anwendung der bisherigen Terminologie auf diesen Fall sehr unrationell. In diesem Fall spricht man statt von Vergiftung und Verstärkung besser von einer Modifizierung, wobei man unter diesem neuen Begriff, der mit der Modifizierung in der Metallurgie nichts zu tun hat, jede komplexe Aktivitätsänderung unter dem Einfluß von Fremdsubstanzen versteht, unter anderem die doppelte und eigenartige Änderung, die man weder als Vergiftung noch als Verstärkung bezeichnen kann und deren Charakter gleichermaßen unvereinbar mit den Theorien der Vergiftung von homogenen und inhomogenen Oberflächen ist. Man kann annehmen, daß in diesem Fall der Mechanismus der geometrischen Blockierung überhaupt unbrauchbar wird und daß die Wechselwirkung der in den Kontakt eingeführten Fremdsubstanz weitaus tiefgreifender und spezifischer ist. Sie beeinflußt die chemische Zusammensetzung der Oberfläche und die Elektronenkonfiguration der Oberfläche des Festkörpers, welche bei den Vorgängen des Elektronenaustausches bei den Oxydationsprozessen von entscheidender Bedeutung ist. Jede Kontaktprobe mit einem neuen Fremdsubstanzgehalt hat neue chemische Oberflächeneigenschaften, die auf einer neuen Elektronenkonfiguration beruhen. Allerdings hängen alle diese Zustände eng miteinander zusammen. Die Folge ist eine Änderung der spezifischen katalytischen und Adsorptionseigenschaften. Hinsichtlich der Oberflächeneigenschaften handelt es sich um einen neuen Festkörper, nicht aber um den gleichen Festkörper, bei dem nur ein Teil der Oberfläche aus der Reaktion ausgeschieden ist. Eine Reihe dieser neuen Festkörper hängt aber durch eine gemeinsame Eigenschaft zusammen, nämlich den einheitlichen Zusammenhang von E und k_0.

Es besteht kein Anlaß, die primitiveren älteren Schemata für die Wirkung von Fremdsubstanzen rundweg abzulehnen. Wie oben gezeigt wurde, gibt es anerkanntermaßen eine Vergiftung durch Blockierung. Wir neigen aber zu der Annahme, daß sie für grobe, wenig spezifische Gifte wie Wasser, Fett Verkohlungsprodukte usw. typisch ist. Die tiefgreifenderen und komplexeren Änderungen der katalytischen Eigenschaften, die die Einführung der neuen Bezeichnung „Modifizierung" notwendig machen, sind offenbar typisch für ein äußerst interessantes und wichtiges Gebiet der starken spezifischen Wirkung von Fremdsubstanzen.

Bei der Modifizierung von Kontakten erwartet man nicht nur eine einfache Änderung des Absolutwerts der Aktivität, sondern eine tiefgreifende qualitative Veränderung der Oberfläche, die für kompliziertere Prozesse mit einer Änderung der relativen Bedeutung der einzelnen Reaktionsrichtungen, der Zusammensetzung der Produkte usw. verbunden sein muß. Hierdurch werden auch die Fälle einer starken Änderung der katalytischen Wirksamkeit von Katalysatoren gegenüber einigen Reaktionen unter Beibehaltung ihrer Wirksamkeit hinsichtlich anderer Reaktionen verständlich, außerdem die Sekundäreffekte, die auf dem Gebiet der Vergiftung von Kontakten weitverbreitet und mit den ursprünglichen Ansichten nur schwer zu vereinbaren sind. Wir weisen auf eine weitere bemerkenswerte Eigentümlichkeit der Ergebnisse von TODES und MARGOLIS hin: trägt man die Daten für verschiedene reine und modifizierte Oxydkontakte in einem gemeinsamen Diagramm in den Koordinaten lg k_0 und E auf, so liegen die Punkte, die zu den verschiedenen Kontakten gehören, innerhalb eines ziemlich schmalen Streifens, der gradlinig ansteigt. Auf dieser

„universellen Geraden" bewegen wir uns aufwärts und abwärts; bei der Modifizierung liegen auf ihr die Daten für die verschiedenen Kontakte. Hierbei durchläuft bei Einführung wachsender Fremdsubstanzmengen der Kontakt die Reihe der Werte auf dieser einheitlichen Geraden zunächst aufwärts und dann auf derselben Geraden wieder abwärts (Abb. 325). Dies ist ein klares und vielleicht das klarste Beispiel für den häufig diskutierten Exponentialzusammenhang zwischen E und k_0, dessen Natur noch nicht als hinreichend aufgeklärt gelten kann, dessen Existenz aber heute nicht mehr anzuzweifeln ist[64]). Die gegenwärtige Theorie der chemischen Reaktionsgeschwindigkeiten neigt dazu,

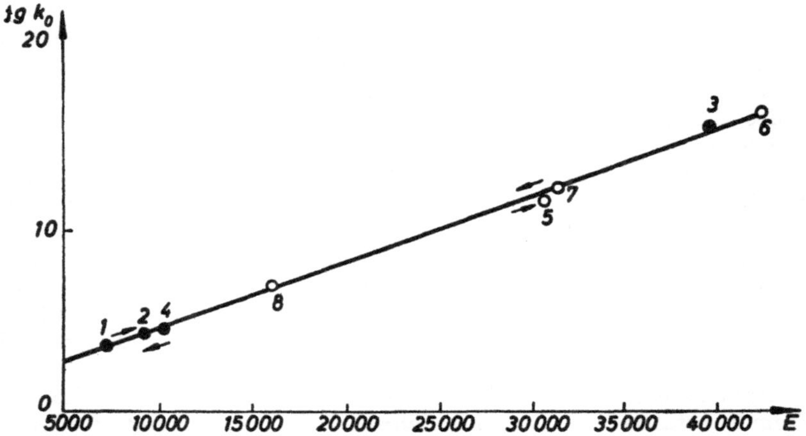

Abb. 325. Änderung der Lage des Kontaktes auf der Geraden $\lg k = f(E)$ bei allmählicher Änderung der Giftmenge, einschließlich des Wertes G_{pot}. Zunächst rücken die Punkte auf der Geraden aufwärts und dann nach Erreichen der optimalen Giftmenge auf derselben Geraden wieder abwärts (nach MARGOLIS und TODES). *1*: 1,0%; *2*: 1,5%; *3*: 2%; *4*: 2,5%; Phosphorsäure *5*: 1%; *6*: 2%; *7*: 3%; *8*: 4% Bariumsulfat. Modifiziert wird hier ein Magnesium-Chrom-Katalysator.

die Größe k_0 als Produkt der Größe der arbeitenden Oberfläche Ω mit einer Übergangsfrequenz und einem Entropiefaktor $e^{+S/R}$ aufzufassen. Kennt man S, E und T, so kann man leicht F, die überschüssige freie Energie des Übergangskomplexes berechnen. Es zeigt sich, daß sich der Wert F bei der Modifizierung der von TODES und MARGOLIS untersuchten Kontakte nicht sehr ändert; k_0 und E einzeln ändern sich innerhalb sehr weiter Grenzen, aber der Wert F der Reaktion bleibt damit verglichen fast konstant.

Bei den oben erörterten Beispielen für die Modifizierung steigert die Einführung einer Fremdsubstanz bei geringem Fremdgehalt die Aktivierungsenergie, während sie sie bei großem Gehalt unter gleichzeitiger symbater Änderung des Logarithmus von k_0 senkt. Es liegt nahe, die Möglichkeit eines entgegengesetzten Typs der Wirkung der Fremdsubstanz anzunehmen, bei dem also bei geringem Fremdsubstanzgehalt die Aktivierungsenergie abnimmt, während sie bei großem Gehalt wieder zunimmt. Einen solchen Modifizierungstyp könnte man zur Unterscheidung von der vorher beschriebenen Modifizierung erster Art als Modifizierung zweiter Art bezeichnen. Bei symbater Änderung von E und dem Logarithmus von k_0 muß die Abhängigkeit der Aktivität vom Fremdsubstanzgehalt bei tiefen Temperaturen ein Maximum und bei hohen Temperaturen bei dem gleichen Wert von G_{opt} ein Minimum haben. Es gibt Hinweise auf die Möglichkeit einer solchen Situation bei der Einwirkung der Phosphorsäure auf die katalytische Aktivität von Nickeloxyd.

Die Modifizierungserscheinungen müssen für Fremdsubstanzen, die zu einer chemischen Wechselwirkung mit der Oberflächenschicht des Festkörpers befähigt sind, charakteristisch sein.

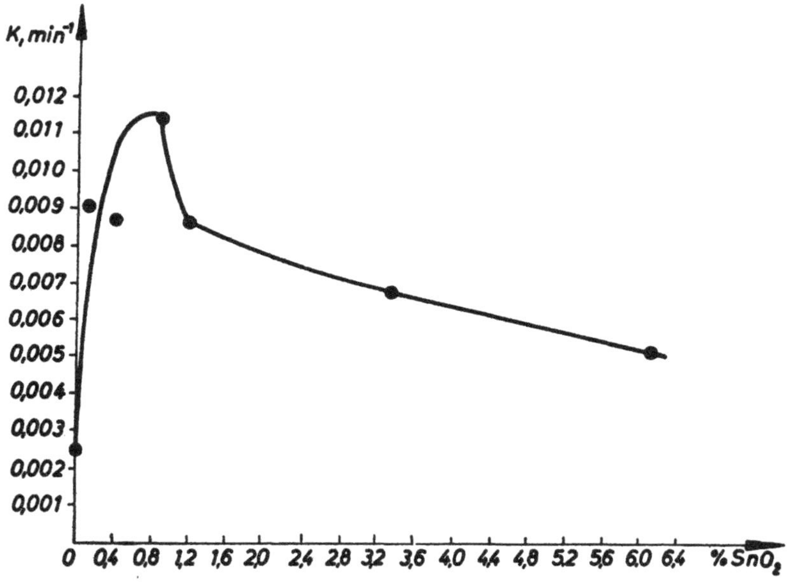

Abb. 326. Einfluß einer Behandlung mit Tetraphenylzinn auf die Aktivität von Magnesiumoxyd hinsichtlich des katalytischen Zerfalls von Wasserstoffperoxyd (nach SHABROWA und FOKINA). Das Zinn wird vom Kontakt offenbar in Form des Oxyds festgehalten. Sein Gehalt wurde polarographisch bestimmt.

Unter diesem Gesichtswinkel haben wir schon vor verhältnismäßig langer Zeit auf die unstabilen metall- und metalloidorganischen Verbindungen aufmerksam gemacht. Es war wahrscheinlich, daß bei Einwirkung dieser Verbindungen auf Kontakte Oberflächenprozesse vonstatten gehen, die zu einem Eindringen von Molekelteilen in die Oberflächenschicht des Kristalls und anderen den Kontakt modifizierenden Prozessen führen. Qualitativ wurde diese Hypothese wieder durch Experimente mit den Oxydkontakten der weitgehenden Oxydation von Kohlenwasserstoffen bestätigt. So zeigte es sich, daß die Behandlung von Kupferchromit mit Tetraäthylblei und Diphenylquecksilber auf diesen Kontakt eine starke modifizierende Wirkung ausüben kann. Das Ergebnis dieser Behandlung ist eine wesentliche Steigerung der katalytischen Aktivität und der Stabilität der Oxyde bei hohen Temperaturen.

Systematischer wurde das Verhalten von mit metallorganischen Substanzen behandelten Kontakten an Hand von Tieftemperaturreaktionen, und zwar der Zerlegung des Wasserstoffperoxydes und der katalytischen Oxydation des Wasserstoffs, untersucht.

Wie die chemische Analyse der Pulver unter unseren Bedingungen zeigt, ist die prozentual aufgenommene Menge des Hauptelements (Blei, Zinn usw.) sehr klein, nicht größer als einige Prozent der über den Kontakt geleiteten Menge.

Die Zerlegung des Wasserstoffperoxyds wurde volumetrisch untersucht, wobei sich der Katalysator mit der Wasserstoffperoxydlösung in einer Schüttelapparatur befand. Die Oxydation des Wasserstoffs wurde statisch bei geringen Drucken untersucht.

In den meisten untersuchten Fällen liefert die Einführung wachsender Metallmengen in Form der metallorganischen Verbindung charakteristische Verstärkungskurven mit einem Aktivitätsmaximum bei geringen absoluten Prozentgehalten der Fremdsubstanz (Abb. 326).

Die Aktivitätssteigerung, gemessen durch das Verhältnis der Geschwindigkeitskonstanten für den Kontakt mit dem optimalen Fremdsubstanzgehalt und für den reinen Kontakt, liegt innerhalb ziemlich weiter Grenzen. So erreicht sie für Kupfer-Chrom-Kontakte, modifiziert durch Tetraäthylblei, den Wert 30, für Nickeloxyd mit dem gleichen Modifikator 70, für Antimon auf Manganoxyd nur 5, für Phosphin an Kupferchromit 300.

Der Einfluß des Radikals auf Höhe und Lage des Maximums ließ sich bisher noch nicht hinreichend genau feststellen, da eine Änderung des Radikals gleichzeitig die prozentual aufgenommene Menge und die Aktivität beeinflußt und eine genaue Trennung dieser beiden Faktoren schwierig ist. Wir erwähnen übrigens eine Beobachtung über Unterschiede im chemischen Verhalten des Bleis, das durch Behandlung von Magnesiumoxyd mit Tetraäthylblei bzw. Tetraphenlyblei gewonnen wurde.

Die einfachste und trivialste Erklärung der beobachteten Erscheinungen besteht in der Annahme, daß an der Oberfläche des Ausgangskontakts in geringen Mengen das hochaktive Oxyd des entsprechenden Metalls entsteht. Gegen diese Annahme sprechen aber folgende Tatsachen.

Antimon- und Zinnoxyd, die auf besonderen Trägern für sich untersucht wurden, katalysieren den Zerfall von Wasserstoffperoxyd praktisch gar nicht, während die Oxyde des Bleis diesen Prozeß verhältnismäßig schwach katalysieren.

Eine Abhängigkeit der Aktivität von der zugesetzten Menge mit einem Maximum ist bei einer solchen Deutung unverständlich; einem derartigen Aktivierungsmechanismus würden eher Kurven vom abklingenden Typ wie die in Abb. 327 dargestellte entsprechen.

Die bei der Zerlegung von Wasserstoffperoxyd beobachteten Effekte treten auch bei der Oxydation von Wasserstoff auf (Abb. 328). Auch in diesem Fall ergeben sich Aktivitätskurven mit einem Maximum. In dem in Abb. 328 dargestellten Fall der Behandlung von Kupferchromit mit Tetraäthylblei liegt die Aktivität des endgültigen Kontaktes mit einem hohen Prozentgehalt der Fremdsubstanz wesentlich unterhalb der ursprünglichen Aktivität des „reinen“ Katalysators.

Diese Beispiele zeigen mit hinreichender Deutlichkeit, wie weitverbreitet die Modifizierungserscheinungen sind; man muß hierbei an die alten Kurven

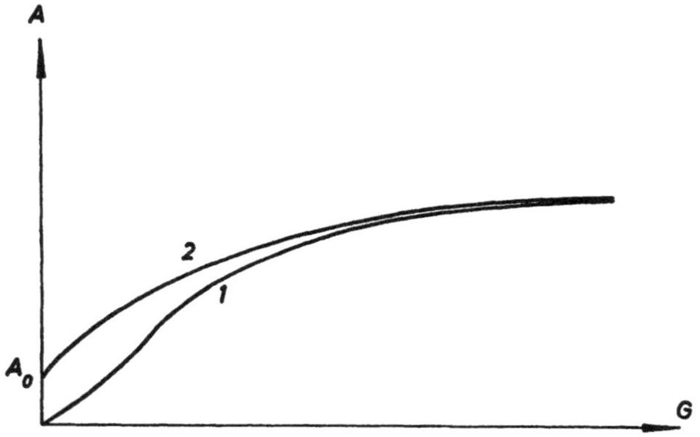

Abb. 327. Zwei mögliche Formen der Abhängigkeit der Aktivität von der Fremdsubstanzmenge *G*, die selbst eine Aktivität besitzt, die sich der Aktivität des ursprünglichen Festkörpers überlagert. *1*: indifferenter Träger; *2*: Träger mit merklicher eigener katalytischer Aktivität A_0, die geringer ist als die Aktivität der Fremdsubstanz.

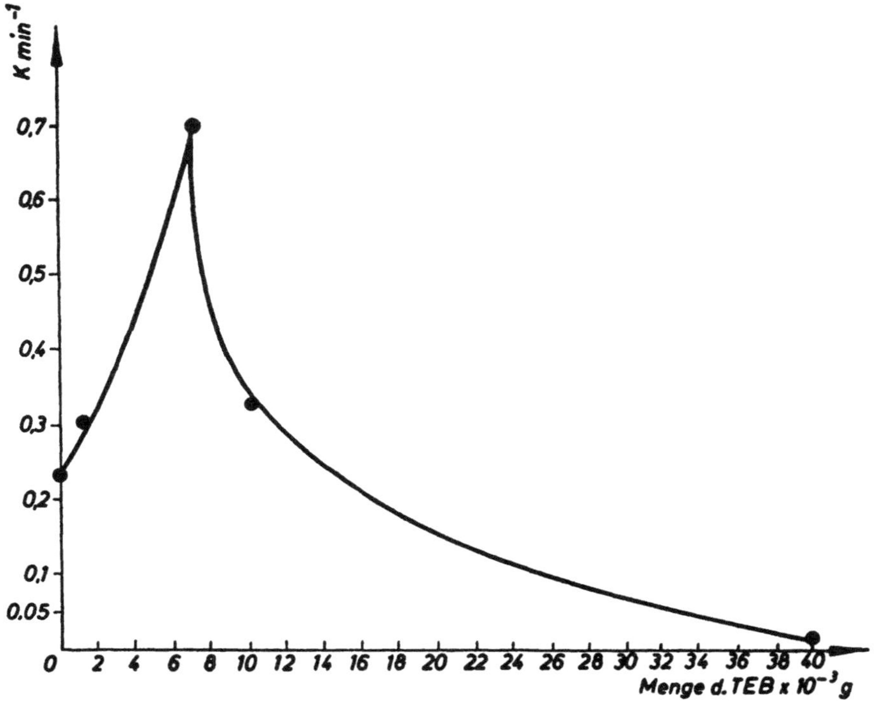

Abb. 328. Aktivierung von Kupferchromit durch Tetraäthylblei gegenüber der Knallgasreaktion (nach SHABROWA und FOKINA).

Aktivität—Prozentgehalt von MITTASCH denken, die er für gemischte Katalysatoren erhielt (Abb. 329). In Abb. 329 finden wir formale Analoga für die von uns untersuchten Kurven; jedoch ändert diese Analogie nichts daran, daß unsere Daten neue wesentliche Züge enthalten.

Nach MITTASCH kennzeichnet jede der in Abb. 329 dargestellten Kurventypen eindeutig die Wechselbeziehung eines bestimmten Stoffpaares, unabhängig von der Temperatur und den übrigen Bedingungen (aber für eine gegebene Reaktion). Nach unseren Daten gehen bei einer Modifizierung mit symbater Änderung von E und k_0 die Kurven vom Typ 1 mit ausgeprägtem Maximum bei einer Temperaturänderung in Kurven mit genau so ausge-

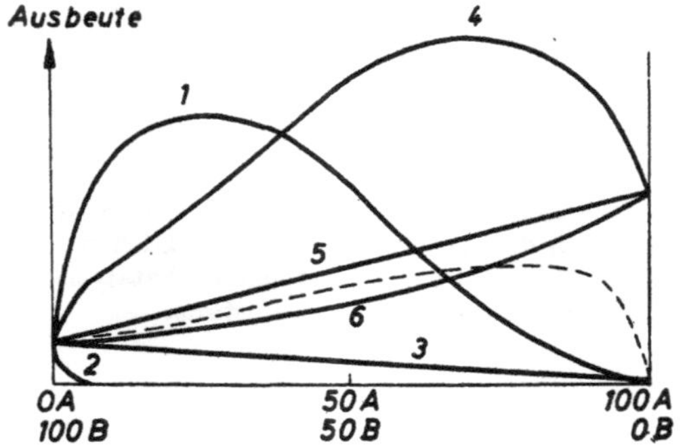

Abb. 329. Verschiedene Varianten der Abhängigkeit der katalytischen Aktivität binärer Gemische von ihrer Zusammensetzung (nach MITTASCH). *1*: *A* wirkt als Verstärker (Promotor) für *B*; *2*: *A* vergiftet *B*; *3*: *A* hat keinen Einfluß auf *B* (Träger in reiner Form); *4*: gegenseitige Verstärkung der beiden Katalysatoren; *5*: additive Wirkung der Komponenten im gemischten Kontakt; *6*: schwache gegenseitige Vergiftung (Desaktivierung) der Komponenten im gemischten Kontakt.

prägtem Minimum bei dem gleichen Fremdsubstanzgehalt über. Kurven dieses Typs sind bei MITTASCH überhaupt nicht vorhanden, sie bilden also einen ganz neuen Typ der Abhängigkeit der Größe A von der Zusammensetzung eines gemischten Katalysators. Völlig neu ist auch die Möglichkeit eines Überganges von 1 zu 2. Die Daten von MITTASCH bezogen sich auf Gemische verschiedener fester Körper, vorwiegend im Augenblick ihrer Herstellung. Die Daten unseres Laboratoriums zeigen, daß ebenso deutliche und sogar noch ausgeprägtere Effekte vorliegen, wenn eine der Substanzen ein Gas oder ein gelöster Stoff ist, wobei diese Substanz in den fertigen Katalysator in geringen Mengen eingeführt werden kann.

Ferner heben wir hervor, daß bei MITTASCH differenzierte kinetische Untersuchungen der Kontakte fehlen. Aus seinen Daten und Kurven erfährt man nichts über E und k_0, gewöhnlich sogar nicht einmal etwas über k. Er operiert im wesentlichen einfach mit den Ausbeuten. Eine Erweiterung des untersuchten Kreises von Katalysatoren, Fremdsubstanzen und Reaktionen muß parallel mit der Untersuchung des eigentlichen Mechanismus der Erscheinungen vor sich gehen. Die Unzulänglichkeit der primitiven geometrischen Schemata, die die aktiven Bereiche der Kontaktoberfläche als einzelne Zellen eines chemischen Schachbretts, unabhängig von der Besetzung durch eine bestimmte Figur, auffassen, ist in diesen Fällen schon klar. Klar ist auch die Unzulänglichkeit der ursprünglichen und allgemein anerkannten Vorstellungen über die Abnahme der Aktivierungsenergie als universellen kinetischen Effekt, auf dem die Wirkung des Katalysators bei der Reaktion beruht. Unter bestimmten Bedingungen wächst die Aktivität gleichzeitig mit einem Anwachsen der Aktivierungsenergie des katalysierten Prozesses, weil eben die Größe k_0, die man als konstant oder gegenüber $e^{-E/RT}$ schwach veränderlich ansah, noch stärker ansteigt. Diese Annahme ist eben falsch, und man hat in der Änderung von k_0 einen Faktor erster Ordnung zu sehen und darf die Änderungen von E und k_0, die unmittelbar und eindeutig zusammenhängen, nicht voneinander trennen. Bei der Diskussion des möglichen Mechanismus der Modifizierung ist die Abhängigkeit der Lage des Optimums vom Charakter der beschleunigten Reaktion wesentlich. Tatsächlich liegt, wie die Versuche von SHABROWA und FOKINA zeigten, beim Vergleich einer Reihe von Präparaten mit verschiedenen Gehalten an modifizierendem Blei hinsichtlich des Zerfalls von Wasserstoffperoxyd und der Oxydation von Wasserstoff der optimale Wert in beiden Fällen bei einem bestimmten Gehalt der modifizierenden Fremdsubstanz, aber diese Lage des Optimums ist für beide Reaktionen verschieden. Die Präparate mit optimalem Bleigehalt hinsichtlich des Zerfalls von Wasserstoffperoxyd erwiesen sich als sehr wenig aktiv gegenüber der Oxydation von Wasserstoff und umgekehrt. Allgemein kann sich die Lage des Extremums in verschiedenen Fällen in sehr weiten Grenzen ändern: von etwa 0,001% für das Phosphation an Platin über zehntel und hundertstel Prozente für Blei und Zinn an Kupferchromit zu zehntel Prozenten für gasförmige Verstärker und schließlich zu einigen Prozenten für die Modifizierung von Kontakten durch Mineralsäuren. Diese Daten sprechen gegen die Zweckmäßigkeit der Versuche, den Effekt auf die einfache Bildung einer neuen chemischen Verbindung mit neuen katalytischen Eigenschaften bei der Einwirkung des Modifikators auf den Kontakt zurückzuführen. Man kommt indessen schwer ohne die Vorstellung einer chemischen Wechselwirkung der Modifikatoren mit der Oberfläche der Kontakte aus. Das Schachbrettmodell muß durch das Modell einer labilen Oberflächenstruktur ersetzt werden, die verschiedene Fremdsubstanzen in der Oberflächenschicht lösen und zum Eintritt in diese Schicht bewegen kann. Selbst dann, wenn wir keine vorsätzliche Behandlung der Oberfläche vornehmen, können also modifizierende Veränderungen in verborgener Form infolge einer Wechselwirkung mit den bei der Entstehung des Kontakts anwesenden Fremdsubstanzen vor sich gehen, ebenso wie bei der Wechselwirkung mit den Reaktionskomponenten und -produkten im Laufe des katalytischen Prozesses.

Eine Modifizierung eines Kontakts kann sowohl zu einer Aktivitätssteigerung als auch zu einer Aktivitätssenkung führen. Diese beiden Effekte hängen in diesen Fällen eng zusammen, sie sind zwei Seiten einer und derselben Erscheinung.

Durch das Vorhandensein scharfer Maxima rücken die Modifizierungserscheinungen näher an die Änderungen der elektrischen Leitfähigkeit, der Lumineszenz und einiger anderer physikalischer Erscheinungen heran, die in der festen Phase unter der Einwirkung von Fremdsubstanzen vor sich gehen. Man kann daher annehmen, daß bei der Modifizierung von Kontakten die tiefere Ursache der Änderung der katalytischen Eigenschaften in der Veränderung der Elektronenkonfiguration der Katalysatoroberfläche liegt, die in der Änderung aller Oberflächeneigenschaften zum Ausdruck kommt.

Das Vorhandensein eines exponentiellen Zusammenhanges zwischen E und k_0 wurde in der Literatur mehrfach festgestellt. Eine vernünftige Erklärung für diese Abhängigkeit ist jedoch zur Zeit noch nicht vorhanden. Die Versuche, sie innerhalb der Theorie des Übergangskomplexes zu deuten, würden die Mobilisierung einer unwahrscheinlich großen Anzahl von Freiheitsgraden für die Entropie und die Aufteilung von E in viele kleine Anteile erfordern, ähnlich wie EYRING bei der Erklärung der Eigentümlichkeiten der Kinetik der Denaturierung von Eiweiß verfuhr. Näher liegt es, andere Mechanismen zu suchen, beispielsweise große Unterschiede in den Umwandlungswahrscheinlichkeiten für die verschiedenen E, wie das ROSENKIEWITSCH und der Verfasser[65]) für den monomolekularen Zerfall und PELTZER und WIGNER[66]) für die para-ortho-Umwandlung des Wasserstoffs taten. Man könnte auch an eine Beteiligung von Elektronenübergängen in der Art eines Tunneleffekts und an verschiedene Wahrscheinlichkeitskoeffizienten für die Prozesse mit verschiedenen E denken. Hierzu müßte man eigenartige Kettenmodelle einführen, in denen auf einen ersten schwierigen Prozeß mit hohem Wert von E eine Kette leichterer Reaktionen folgt, die zu dem gleichen Endprodukt führen. Gedanken dieser Art verdienen für den stark exothermen Prozeß der weitgehenden Oxydation mit der Freisetzung einer Energie $E + Q$ bei der für mehrere Fälle nachgewiesenen Möglichkeit eines Eindringens der Reaktion in das Volumen besondere Beachtung; ohne neue scharfsinnige Experimente ist jedoch keine Grundlage für eine Entscheidung zwischen den einzelnen Mechanismen vorhanden.

Die in diesem Kapitel dargelegten Versuchsdaten zeigen, daß es zwei grundsätzlich verschiedene Typen der Aktivitätssenkung von Katalysatoren gibt, nämlich a) die Blockierung, die in ihren verschiedenen beobachteten Varianten im Rahmen unserer statistischen Vergiftungstheorie gut zu beschreiben ist, und b) die Aktivitätsabnahme infolge einer Modifizierung des Kontakts und infolge einer ungünstigen Kombination der gleichzeitig variierenden Werte des Exponentialausdrucks $e^{-E/RT}$ und des Faktors k_0 vor diesem Ausdruck. Für das Auftreten dieses zweiten Vergiftungstyps ist eine bestimmte Kombination äußerer Bedingungen Voraussetzung. Es genügt, die Versuchstemperatur oder den spezifischen Fremdsubstanzgehalt in geeigneter Weise zu ändern, damit der Katalysator hinsichtlich der gleichen Reaktion eine gesteigerte Aktivität erhält. Offenbar vermeidet man, wenn man die Wirkung modifizierender Fremdsubstanzen kennzeichnen will, besser die Ausdrücke „Vergiftung" und „Verstärkung". Ferner muß man natürlich, wenn man einen negativen Einfluß einer Fremdsubstanz auf einen Kontakt beobachtet, in erster Linie klären, ob es sich bei dieser Wirkung um eine blockierende Vergiftung oder um eine Modifizierung in ungünstiger Richtung handelt. Es erhebt sich weiter das Problem, ob es eine echte Verstärkung geben kann, d. h. eine Wirkung von Fremdsubstanzen, die einen Katalysator in Hinsicht auf eine einfache Reaktion bei beliebigen Anwendungsbedingungen und insbesondere sowohl bei tiefen als auch bei hohen Temperaturen aktiver macht. Grundsätzlich ist ein solcher Typ der Wirkung von Fremdsubstanzen möglich, obwohl er bis heute in keinem Fall zuverlässig nachgewiesen ist.

Wir stellen uns eine Fremdsubstanz vor, die in einen fertigen Kontakt (oder während der Herstellung in die Ausgangssubstanzen) eingeführt wird und, ohne die aktiven Bereiche, die die Oberfläche ohne diese Fremdsubstanz enthalten würde, zu berühren, neue aktive Bereiche schafft, die den in der Ausgangsverteilung vorhandenen gleichwertig sind oder anderen Werten entsprechen. Im Diagramm $\varrho(E)$ entspricht diesen beiden Möglichkeiten eine Anhebung ohne

Erweiterung ihrer Grenzen und eine Erweiterung der Verteilung (Abb. 330a und b).

Da wir die Aktivität als Summe aller partiellen Geschwindigkeitskonstanten für die einzelnen Bereiche der Oberfläche definiert haben, muß jedes Auftreten neuer aktiver Bereiche, das nicht mit einem Verschwinden alter Bereiche verbunden ist, unter beliebigen Bedingungen zu einer Aktivitätssteigerung des Kontakts führen. Nur eine derartige Wirkung der Fremdsubstanz auf den Kontakt kann man mit Recht als echte Verstärkung bezeichnen, im Unterschied zu einer positiven Modifizierung, die unter gewissen Bedingungen auftritt, während sie für andere Bedingungen in eine negative Wirkung übergeht. Formal fällt unter diesen Begriff der echten Verstärkung auch die Aktivitätssteigerung infolge einer Dispersitätszunahme des Kontakts unter der Einwirkung einer Fremdsubstanz ohne qualitative Veränderung der Oberfläche. Wo so etwas möglich ist, muß man die Aktivität nicht auf die Massen-, sondern auf die Oberflächeneinheit beziehen, um den Einfluß der Fremdsubstanzen auf die Dispersität von ihrem Einfluß auf die Qualität der Oberfläche trennen zu können.

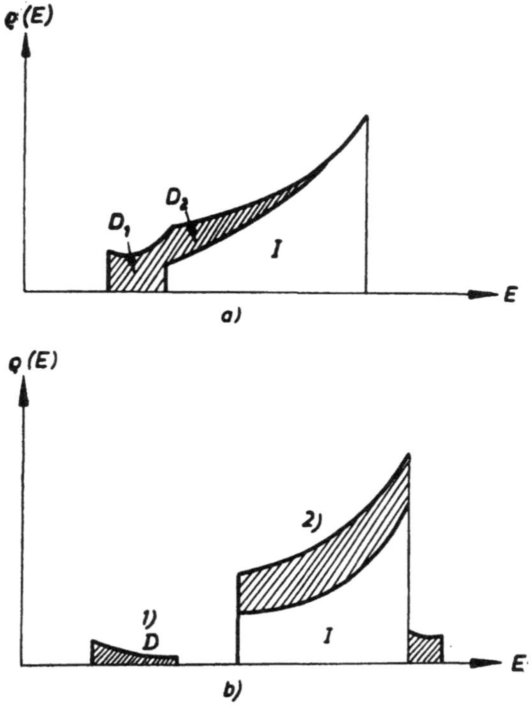

Abb. 330. Beispiele für die Neuschaffung von Bereichen in der Verteilung unter dem Einfluß einer Verstärkersubstanz. a) Die Fremdsubstanz erzeugt Bereiche D_1 von neuer Beschaffenheit und vergrößert die Anzahl der in dem ursprünglichen reinen Kontakt vorhandenen Bereiche D_2; b) zwei Varianten für die Änderung der Statistik der Bereiche über E; 1. zu der ursprünglichen Verteilung I kommen Bereiche D, die mit diesen nicht zusammenhängen; 2. die neuen Bereiche liegen ausschließlich auf der Seite hoher k- und kleiner E-Werte, die Hauptzunahme erfolgt aber für die Bereiche mit den bereits vorher vorhandenen E-Werten. Die neuen Bereiche, die im Zusammenhang mit der Einführung der Fremdsubstanz auftauchen, sind schraffiert dargestellt.

In der Literatur erfüllen die Daten über die Verstärkung in den meisten Fällen nicht die Voraussetzungen für eine differenzierte Analyse der Erscheinungen; wir werden uns dementsprechend auf einen kurzen Hinweis auf einzelne Arbeiten beschränken, die die verschiedenen Typen der Verstärkung veranschaulichen.

Ein Beispiel für eine einfache Verstärkung ist möglicherweise die Wirkung von gasförmigem Sauerstoff auf massives metallisches Platin. Reines Platin ist nicht imstande, die Knallgasreaktion bei tiefen Temperaturen zu katalysieren[68]). Bei der Erhitzung im Sauerstoff erfolgt eine starke Aktivierung, die gegen eine bestimmte Grenze strebt (Abb. 331).

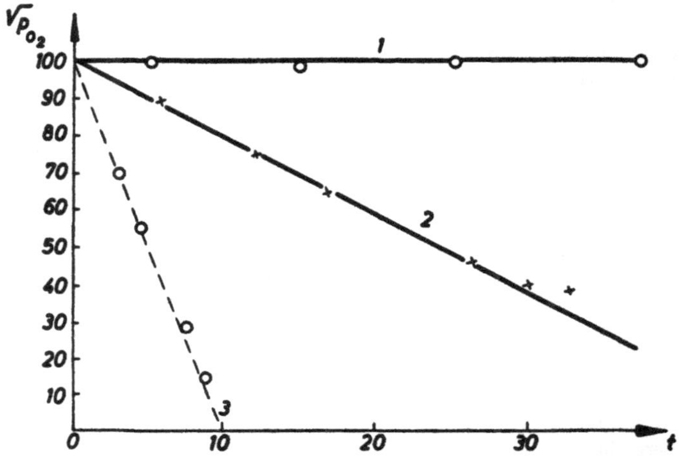

Abb. 331. Aktivierung von Platinkontakten durch Sauerstoff; hierbei bleibt das kinetische Gesetz $w \sim (a - x)^{1/2}$ in unveränderter Form bestehen. Auf der Abszissenachse ist die Zeit in Minuten, auf der Ordinatenachse die Anzeige eines McLeodschen Manometers mit quadratischer Skala aufgetragen. *1*: Unbehandelter ursprünglicher Kontakt; *2*: derselbe nach Temperung in Sauerstoff bei 180°; *3*: derselbe nach Temperung in Sauerstoff bei 252°.

In einem sehr großen Temperaturintervall (von —130 bis +500°) sind die mit Sauerstoff behandelten Schichten wesentlich aktiver als unbehandelte. Zweifellos bilden sich unter dem Einfluß des Sauerstoffs neue aktive Zentren. Eine differenziertere Untersuchung des Effekts erwies sich als schwierig, da die Reaktion das Platin aktiviert, so daß man die Ordnung und den Temperaturkoeffizienten der Geschwindigkeit mit einem Zwischenwert der Aktivität nicht hinreichend genau untersuchen konnte. Ähnlich verhält sich auch das Palladium[69]). Die aktiven Zentren, die durch Behandlung der Oberfläche mit der Reaktion $H_2 + O_2$ erzeugt worden sind, sind auch hinsichtlich der Hydrierung von Äthylen wirksam. Im Aktivierungsmechanismus des Platins und des Palladiums durch Sauerstoff spielt die Vergrößerung der spezifischen Oberfläche eine geringe Rolle. Bei der Aktivierung durch die Reaktion dagegen beobachtet man eine starke Auflockerung der Oberfläche, analog der Auflockerung der gleichen Metalle bei der Kontaktoxydation des Ammoniaks (siehe Abb. 3), die die Gesamtoberfläche mehrfach erhöhen kann.

Als zweites mögliches Beispiel für eine echte Verstärkung führen wir die Daten über die Adsorptionsaktivität gemischter Oxydkatalysatoren an.

In gewissen Fällen liegen für binäre Systeme die Absolutgeschwindigkeiten der aktivierten Adsorption wesentlich höher und die Anfangswerte der Aktivierungsenergie erheblich tiefer als für reine Oxyde. Solche Beobachtungen liegen insbesondere für die durch Chromoxyd verstärkte aktivierte Adsorption von Wasserstoff an Nickeloxyd und Manganoxyd vor[70]).

Tabelle 24 gibt eine vereinfachte Vorstellung von den wirklichen Zusammenhängen, denn in Wirklichkeit ist sowohl für die reinen Oxyde als auch für die Gemische die Aktivierungsenergie eine stark mit der Besetzung veränderliche (und zwar zunehmende) Größe[71]). Zweifellos steigt aber die Adsorptionsaktivität bei Abnahme der Aktivierungsenergie. Parallel dazu wächst auch die

TABELLE 24

Senkung der Aktivierungsenergie der aktivierten Adsorption von Wasserstoff durch verstärkende Fremdsubstanzen (nach TAYLOR *und* HOWARD)

Adsorbens	An 1 Gramm physikalisch adsorbierte Gasmenge	Aktivierungsenergie in kcal pro Mol H_2
ZnO	0,2	11
MnO	0,1	20
Cr_2O_3	0,7	19
ZnO/Cr_2O_3	0,6	1
MnO/C_2O_3	0,5	6

katalytische Aktivität gegenüber den einfachen Oxydationsreaktionen von Kohlenmonoxyd und Wasserstoff durch molekularen Sauerstoff in derselben Richtung. Infolge der Ähnlichkeit der Kinetik der aktivierten Adsorption der erwähnten Gase und der Kinetik ihrer Kontaktoxydation[72]) kann man annehmen, daß auch die Aktivierungsenergie der Kontaktoxydation für die binären Systeme tiefer liegt.

Da auch bei einer Modifizierung zweiter Art der Wert E für das Gemisch tiefer liegt als der für die einzelnen Substanzen, sind besondere Experimente mit exakter Messung von $k_0(G)$ und $E(G)$ notwendig, um die Eingliederung dieser Fälle in die Kategorie der Verstärkung zu rechtfertigen.

Die Daten von FRAZER zeigen, daß in mehreren Fällen die Wirkung des Zusatzes eines zweiten festen Oxydes durch eine sehr starke Entfernung der adsorbierten Ionen ersetzt werden kann. Dies rechtfertigt die Annahme, daß es einen besonderen Mechanismus der Verstärkung durch „Absaugung" der störenden Ionen gibt, durch die neue aktive Zentren auftreten. In welchem Umfange dieser Mechanismus allgemein ist, ist noch unklar. Die günstige Wirkung einer Reinigung von Ionen kann auch darauf beruhen, daß hierdurch die Wasseraufnahme des Oxydes verringert wird (Wasser ist ja ein wichtiges Gift). In diesem Fall bestünde die Verstärkung durch einen Kupferoxydzusatz im wörtlichen Sinne in einer umgekehrten Blockierung.

Als drittes Beispiel zur Veranschaulichung der Mannigfaltigkeit der Verstärkungsmechanismen erwähnen wir die Wirkung von Aluminium und Kalium auf die Eisenkatalysatoren der Ammoniaksynthese. Nach röntgenographischen

Daten liegt das Aluminium in diesen Kontakten als α-Aluminiumoxyd vor; der Zustand des Kaliums ist nicht so klar; nach der Möglichkeit des Eintritts ins Volumen in Ionenform und nach dem Einfluß auf die photo-elektrischen Eigenschaften des Eisens zu urteilen, liegt das Kalium mindestens teilweise in Form eines Oxyds vor, das die Metalloberfläche bedeckt.

Der Einfluß von Aluminium- und Kaliumoxyd ist so groß, daß sie als Zusatz zu allen in der chemischen Industrie aller Länder verwendeten Ammoniakkontakten nicht mehr wegzudenken sind. Wie jedoch MITTASCH und KÜNECKE[73]) u. a. zeigten, steht frisch reduziertes reines Eisen in seiner Aktivität nicht hinter diesem promovierten Eisen zurück; dieses behält aber seine Aktivität monatelang, während jenes sie im Laufe von Minuten verliert*.

Nach diesen Angaben besteht die Rolle der Zusätze vorwiegend in der Stabilisierung der aktiven Oberfläche, nicht aber in der Schaffung einer neuen. Dies ist die Funktion des Trägers und nicht des Promotors, was MITTASCH zu dem logischen, wenn auch paradoxen Schluß führt, daß das Aluminiumoxyd die Rolle eines „Mikroträgers" spielt. Die Rolle des Kaliumoxyds ist weniger klar; möglicherweise handelt es sich vorwiegend um einen Einfluß auf die Reduktionskinetik der ursprünglichen Magnetitschmelze, d. h. auf eine Etappe der Herstellung des Kontakts. Nach den Angaben von WYKOFF und CRITENDEN[74]) gibt es ein Optimum des prozentualen Kaliumgehalts im Kontakt, oberhalb dessen dieses Oxyd die Aktivität des Eisens wieder vermindert. Die bremsende Wirkung auf die Sinterung ist einer der verbreitetsten Mechanismen der positiven Wirkung von Fremdsubstanzen, für den man formal nach der üblichen Bezeichnungsweise den ursprünglichen Ausdruck „Verstärkung" beibehalten sollte. Wir betonen, daß er dem Charakter seiner Wirkung und seinem Mechanismus nach nichts mit einer Aktivierung des Kontakts infolge Verbesserung der Oberflächenbeschaffenheit zu tun hat. In der Literatur werden Fälle beschrieben, in denen einer negativen Wirkung von Fremdsubstanzen, die als Vergiftung gedeutet wurde, eine Beschleunigung der Kristallisation zugrunde lag. Die analoge Wirkung von Fremdsubstanzen — „Mineralisatoren" — ist in der Mineralogie wohlbekannt.

Unsere Beispiele zeigen die Realität der zu Beginn dieses Paragraphen erwähnten Verstärkungstypen, ferner die Aktualität einer klaren und konsequenten Scheidung der Erscheinungen und Begriffe. Ohne diese und ohne eine grundsätzliche Revision der Bezeichnungsweise und der Klassifizierung der Wirkungen von Fremdsubstanzen auf die Aktivität ist ein wirklicher wissenschaftlicher Fortschritt in Richtung auf eine Lösung unseres Problems unmöglich.

Literatur

1. Целлинская, Т. Ф., Ин-т хим. Физики, АН СССР, кандидатская диссертация (T. F. ZELLINSKAJA, Inst. für chem. Phys. der Akad. Wiss. UdSSR, Kandidatendissertation) (1944).

---

* Die Ansichten von MITTASCH und KÜNECKE werden von mehreren Autoren angezweifelt (KAGAN und MOROSOW, KOBOSEW und Mitarbeiter u. a.), die eine wesentliche qualitative Änderung der Adsorption an Eisen unter dem Einfluß von Aluminium- und Kaliumoxyd beobachteten. Diese Autoren postulieren eine bestimmte Arbeitsteilung zwischen den einzelnen Bestandteilen des Kontakts.

2. Шурмовская и Брунс, Журнал Физической Химии (SCHURMOWSKAJA und BRUNS, J. physik. Chem.), **14**, 1183 (1940).
3. Рогинский, С. З., и Целлинская, Т. Ф., Журнал Физической Химии (S. S. ROGINSKI und T. F. ZELLINSKAJA, J. physik. Chem.), **21**, **919** (1947); (1948).
4. KUBOKAWA, M., Rev. physic. Chem. Japan, **11**, 82, 96, 202, 217 (1937); KUBOKAWA, M., C. A., **32**, 2817[7] (1938).
5. TAYLOR, H., 12 Rep. on Catalysis, 41 (1940).
6. MORIKAWA, K., J. Amer. chem. Soc., **58**, 1445, 1795 (1936); **59**, 1103 (1937).
7. PEASE, R., STEWART, L., J. Amer. chem. Soc., **47**, 1235 (1925).
8. ALMQUIST, J., BLACK, C., J. Amer. chem. Soc., **48**, 2814 (1926).
9. BREDIG, G., IKEDA, K., Z. physik. Chem., **37**, I (1901); BREDIG, G., MÜLLER, BERNECK, ibid., **31**, **324** (1899).
10. Елович, С., и Харахорин, И., Проблемы кинетики катализа (S. JELOWITSCH und I. CHARACHORIN, Probleme der Kinetik und Katalyse), Heft 3, 1937, S. 222.
11. RUSSELL, W., GHERING, L., J. Amer. chem. Soc., **57**, 2544 (1935).
12. Кобозев, Н., и Гольдфельд, Ю., Журнал Физической Химии (N. KOBOSEW und J. GOLDFELD, J. physik. Chem.), **10**, 261 (1937); Темкин, М., Журнал Физической Химии (M. TJOMKIN, ibid.), **15**, 296 (1941).
13. MAXTED, E., und Mitarbeiter, J. Amer. chem. Soc., **117**, 1501 (1920); **119**, 225 (1921); **121**, 1760 (1922); **60**, 2041 (1938); **62**, 252 (1940).
14. MAXTED, E., LEWIS, G., J. chem. Soc. (London), 502 (**1933**).
15. Мэкстед, Катализ и его промышленное значение. ОНТИ (E. MAXTED, Die Katalyse und ihre industrielle Bedeutung, Allg. Wiss. Techn. Verl.), 1936.
16. Фарадей, М., Исследования по электричеству (M. FARADAY, Untersuchungen über die Elektrizität), Band **1**, 239, 247, 254, Из-во АН СССР (Verlag der Akad. Wiss. UdSSR), 1947.
17. Баландин, А. А., и Патрикеев, В. В., Доклады Академии Наук СССР (A. A. BALANDIN und W. W. PATRIKEJEW, C.R. Acad. Sci. URSS), **40**, 171 (1943).
18. VAVON, G., HUSSON, A., C. R., hebd. Seances Acad. Sci. **175**, 277 (1922).
19. GHOSH, I., BAKSHI, I., J. Indian Chem. Soc., **3**, 415 (1926); **6**, **749** (1926).
20. ARMSTRONG, E., HILDITSCH, T., Proc. Roy. Soc. (London), A **97**, 262 (1920).
21. JOSHIKAWA, K., Sci. Pap. Inst. physic. chem. Res. (Tokyo), **24**, 512 (1933); **25**, 235 (1934); Bull. Inst. physic. Chem. Res. (Abstr.), **13**, 54 (1934); JOSHIKAWA, K., IAMANAKAWA, T., KUBOTA, B., Sci. Pap. Inst. physik. chem. Res. (Tokyo), **26**, 566 (1935); **27**, 573 (1935); Bull. Inst. physic. Chem. Res. (Abstr.), **14**, 23, 29 (1935).
22. TAYLOR, H., GAUGER, J. Amer. chem. Soc., **45**, 920 (1923); ALLOLIO, Z. physik. Chem., **126**, **41** (1927); CHAPMAN and GREGORY, Proc. Roy. Soc. (London), **147**, 68 (1934); KÄB, G., Z. physik. Chem., **115**, 224 (1925).
23. Аблезова, К., и Рогинский, С., Доклады Академии Наук СССР (K. ABIESOWA und S. ROGINSKI, C.R. Acad. Sci. URSS), **1**, 487 (1935); Рогинский, Основы гетерогенного (контактного) катализа (ROGINSKI, Grundlagen der heterogenen [Kontakt-] Katalyse), Band II, Moskau 1935; Аблезова и Целлинская, Журнал Физической Химии (ABLESOWA und ZELLINSKAJA, J. physik. Chem.), **9**, 252 (1937); Аблезова, Рогинский и Целлинская, Доклады Академии Наук СССР (ABLESOWA, ROGINSKI und ZELLINSKAJA, C.R. Acad. URSS), **30**, 29 (1941).
24. Мочан и др., Доклады Академии Наук СССР (MOTSCHAN u. a., C.R. Acad. Sci. URSS), **30**, 22, 35 (1941).
25. FRAZER, I., J. physic. Chem., **35**, 405 (1931).
26. Алексеевский и Соскинд, Журнал Общей Химии (ALEXEJEWSKI und SOSKIND, J. allg. Chem.), **7** (69), 1683 (1937).
27. CORSON, B., u. a., J. physik. Chem., **45**, 431 (1941).
28. MOREAU, CHADRON, PORTEVIN, Chem. Reviews, **201**, 212 (1935); **204**, 1252 (1937); **207**, 235 (1937).

29. Raney, Amerik. Patent, 1628190 (1927); Ind. Engng. Chem., **32**, 1199 (1940).
30. Taylor, A., Weiss, I., Nature, **141**, 1055 (1938).
31. Le Blanc, M., Sachse, H., Z. Elektrochem. angew. physik. Chem., **32**, 204 (1926); Ber. der Sächs. Akad. d. Wiss., **82**, 33 (1930); Le Blanc, M., Eberius, Z. physik. Chem., **160**, 69 (1932); Biltz, W., Müller, H., Z. anorg. allg. Chem., **163**, 257 (1927).
32. Hüttig, G., 6 Mitt. Fortschr. Chem. Phys.; Phys. Chem., **18**, 1 (1924).
33. Barrer; Barrer, Ibbitson, Trans. Faraday Soc., **40**, 195, 206; 374, 555 (1944); Rabinowitch, E., Z. physik. Chem., (B), **16**, 43 (1932).
34. Риль, Н., Люминесценция, ОГИЗ (H. Riehl, Die Lumineszenz), 1946.
35. Френкель, Я., (J. Frenkel), Z. Physik, **35**, 652 (1926).
36. Hewesy, G., Z. physik. Chem., **101**, 337 (1922).
37. Schottky, Z. physik. Chem., (B) **29**, 335 (1935); Z. Elektrochem. angew. physik. Chem., **45**, 33 (1939); Wagner, C., Schottky, Z. physik. Chem. (B), **11**, 163 (1931).
38. Бугаков, Диффузия металлов (Bugakow, Diffusion der Metalle), Charkow, 1937; Кузнецов, Физика твердого тела (Kusnezow, Physik des festen Körpers), Band I, Tomsk, 1937.
39. Jost, W., Diffusion und chemische Reaktion in festen Stoffen (1937); Fricke, R., Handb. d. Katal., **IV**, 1 (1943); Hedvall, A., Reaktionsfähigkeit fester Stoffe (1938); Hüttig, Handb. d. Katal., **VI**, 313 (1943).
40. Tammann, G., Z. anorg. allg. Chem., **149**, 21 (1925); Z. angew. Chem., **39**, 869 (1926).
41. Фролич, Дэвидсон и Фенске. Новые идеи в катализе (Frolich, Davidson und Fenske, Neue Gedanken in der Katalyse), 1932, S. 156; Aborn, Davidson, J. physic. Chem., **34**, 522 (1930).
42. Long, Frazer, Ott, J. Amer. chem. Soc., **56**, 1101 (1934); Eckell, Z. Elektrochem. angew. physik. Chem., **39**, 433 (1933).
43. Рубинштейн, А. М., с сотр., Известия Академии Наук СССР ч. хим. (A. M. Rubinstein und Mitarbeiter, Nachr. Akad. Wiss. UdSSR, Abt. Chemie), 427 (1943); 509 (1945).
44. Hüttig und Mitarbeiter, 113, Z. Elektrochem. angew. physik. Chem., **44**, 571 (1938); Handb. d. Katal., **IV**, 318 (1943); Hedvall, Handb. d. Katal., **IV**, 578 (1943).
45. Erchak, Ward, R., u. a., J. Amer. chem. Soc., **68**, 2085, 2093 (1946).
46. Ратнер, Радиоактивные индикаторы и их применение, ОНТИ (Ratner, Radioaktive Indikatoren und ihre Anwendung, Allg. Wiss. Techn. Verl.), 1936; Хлопин, В. Г., Труды Радиевого института (W. G. Chlopin, Arbeiten des rad. Instituts), **4**, 34 (1937); Хлопин, В. Г., Радий и его получение из русского сырья (W. G. Chlopin, Das Radium und seine Gewinnung aus russischen Rohstoffen), Leningrad 1924; Труды по изучению радия и радиактивных руд (Arbeiten über das Radium und die radioaktiven Erze); Старик, И. Е., Успехи химии (I. J. Starik, Fortschr. Chem.), **12**, 287 (1943).
47. Смиттельс, К., Газы и металлы. Металлургиздат (K. Smittels, Gase und Metalle, Metallurg. Verl.), 1940; Sieverts und Mitarbeiter, Z. physik. Chem., **74**, 295 (1910); **77**, 591 (1911); Z. Metallkunde, **21**, 37 (1929); Z. analyt. Chem., **187**, 155 (1930); **199**, 384 (1931).
48. Berl, E., Trans. Faraday Soc., **34**, 1040 (1938).
49. Де Бур, Ж., Электронная эмиссия и явления адсорбции, ОНТИ (J. de Boer, Elektronenemission und Adsorption), 1938; Теренин, А. Н., Фотохимия красителей, изд. АН СССР (A. N. Terenin, Photochemie der Farbstoffe, Verl. d. Akad. d. Wiss. d. UdSSR), 1947.
50. Panneth, F., Radio-Elements as Indicators (1928); Хан, О., Прикладная радиохимия, Гостехиздат (O. Chan, Angewandte Radiochemie, Staatl. Chem. Verl.), 1947.
51. Рогинский, С., Журнал Физической Химии (S. Roginski, J. physik. Chem.), **15**, 1 (1941). (Vortrag auf der Unionskonferenz über Katalyse, Mai 1940).
52. Lohse, H., Catalytic Chemistry, N. Y. 1945.

53. Зимаков, П. В., Окись этилена, Гостехиздат (P. W. Simakow, Das Äthylenoxyd, Staatl. Chem. Verl.), 1946, S. 172/173.
54. Beeck, O., Smith, A., Wheeler, A., Proc. Roy. Soc. (London), **177**, 62 (1940); Beeck, O., Rev. mod. Physics, **17**, 61 (1945).
55. Брежнева, Н. Е., и Озиранер, С. Н., Сборник рефератов работ хим. инто-в АН СССР за 1940 г (N. J. Breshnewa und S. N. Osiraner, Referate-Sammelband von Arbeiten der chemischen Institute der Akad. Wiss. UdSSR seit 1940).
56. Шехтер, А. Б., Рогинский, С. З., и Сахарова, Т. Н., Доклады Академии Наук СССР (A. B. Schochtjor, S. S. Roginski und T. N. Sacharowa, C.R. Acad. Sci. URSS), (1946).
57. Шехтер, А. Б., Рогинский, С. З., и Сахарова, Т. Н., Известия Академии Наук, СССР, Отделение Химических Наук (A. B. Schochtjor, S. S. Roginski und T. N. Sacharowa, Bull. Acad. Sci. URSS, Cl. Sci. chim.), 491 (1946); Acta physicochim., **21**, 849 (1946); ibid., 463.
58. Рогинский, С. З., Вестник АН СССР (S. S. Roginski, Nachrichtenbl. d. Akad. Wiss. UdSSR, 1947).
59. Марголис, Л. Я., и Тодес, О. М., Доклады Академии Наук СССР (L. J. Margolis und O. M. Todes, C.R. Acad. Sci. URSS), **58**, 421 (1947).
60. Елович, С. Ю., Жаброва, Г. М., Марголис, Л. Я., и Рогинский, С. З., Доклады Академии Наук СССР (S. J. Jelowitsch, G. M. Shabrowa, L. J. Margolis und S. S. Roginski, C.R. Acad. Sci. URSS), **52**, 425 (1946).
61. Рогинский, С. З., Усп. физ. наук (S. S. Roginski, Fortschr. Chem.), **2**, 885 (1931); Рогинский, С. З., и Розенкевич, Л. В., Журнал Физический Химии (S. S. Roginski und L. W. Rosenkewitsch), **1**, 298 (1931).
62. Constable, Proc. Roy. Soc. (London), (A), **108**, 355 (1936); Cremer, Schwab, Z. physik. Chem., **144**, 243 (1929).
63. Тодес, О. М., и Марголис, Л. Я., Известия Академии Наук СССР, Отделение Химических (O. M. Todes und L. J. Margolis, Bull. Acad. Sci. URSS, Cl. Sci. chim.), 443 (1947); Доклады Академии Наук СССР (C.R. Acad. Sci. URSS), **58**, 421 (1947).
64. Fairclough, R., Hinshelwood, C. J., J. chem. Soc. (London), 588 **(1937)**; 236 **(1938)**; Raine, H., Hinshelwood, C., ibid., 1378 **(1939)**; Kilpatrick, M., Handb. d. Katal., 249 (1940); Hinshelwood, J. chem. Soc. (London), (1947).
65. Рогинский, С. З., Успехи Физических Наук (S. S. Roginski, Fortschr. physik. Wiss.), **2**, 710 (1931).
66. Peltzer, H., Wigner, P., Z. physik. Chem., B, **15**, 445 (1932).
67. Бутягин, П. Ю., и Елович, С. Ю., Доклады Академии Наук СССР (P. J. Butjagin und S. J. Jelowitsch, C.R. Acad. Sci. URSS), **54**, 607 (1947).
68. Рогинский, С. З., и Розинг, В. Г., Уч. зап. ЛГУ, Отд. физ. наук (S. S. Roginski und W. G. Rosing, Gelehrte Schriften der Leningr. Staatl. Univ. Abt. phys. Wiss.), 67 (1939).
69. Елович, С. Ю., и Розинг, В. Г., Проблемы кинетики и катализа (S. J. Jelowitsch und W. G. Rosing, Probleme der Kinetik und Katalyse), Heft 3, 1937, S. 449.
70. Taylor, H., und Mitarbeiter, J. Amer. chem. Soc., **53**, 2168 (1931); **56**, 586; 2259 (1934).
71. Hunsmann, W., Handb. d. Katal., IV, 438 (1943).
72. Рогинский, С., и Зельдович, Я. (S. S. Roginski und J. Seldowitsch), Acta physicochim. URSS, **1**, 554, 595 (1934).
73. Mittasch, A., Kuenecke, E., Z. Elektrochem. angew. physik. Chem., **38**, 666 (1932).
74. Wykoff, Critenden, J. Amer. chem. Soc., **47**, 2866 (1925).
75. Брауде, Г., и Брунс, Б., Журнал Физической Химии (G. Braude und B. Bruns, J. physik. Chem.), **22**, 487 (1948).
76. Прлатонов и Томилов, Журнал Общей Химии (Platonow und Tominow, J. allg. Chem.), **8**, 346 (1938).

KAPITEL 6

Experimentelle Daten über die Kinetik der Kontaktoxydation und -dehydratation

Die Kontaktreaktionen sind komplizierter als die Adsorptionsvorgänge. Ihr Mechanismus kann sehr vielgestaltig sein und ist in keinem Fall vollkommen geklärt. In der Katalyse sind eine verborgene Vergiftung und Verstärkung durch geringe Beimischungen sehr verbreitet, wodurch eine eindeutige Beschreibung der Erscheinungen außerordentlich erschwert wird. Bei erheblichen Variationen der äußeren Bedingungen — Temperatur, Druck usw. — kann sich die Natur des kontrollierenden Stadiums und häufig sogar die vorherrschende Richtung des Prozesses ändern. Hierdurch wird ein einfacher quantitativer Vergleich des Ablaufs des Prozesses in verschiedenen Gebieten sinnlos. Häufig kommt hierzu noch eine beschränkte Stabilität der Katalysatoren, deren Aktivität und sonstige Eigenschaften sich bei einer starken Änderung der äußeren Bedingungen ebenfalls ändern können. Man kann demgemäß die Grundparameter selten in einem Umfang variieren, der zur eindeutigen Ermittlung der kinetischen Gesetze notwendig wäre. Abgesehen davon ist infolge der gleichzeitigen Empfindlichkeit der Geschwindigkeit gegen die Konzentrationen mehrerer Substanzen, den Zustand der Oberfläche des Katalysators und die Temperatur selbst eine formale Aufstellung der Kinetik unmöglich.

Bei dieser Lage des Problems ist das experimentelle Material, das zur Gegenüberstellung mit unserer Theorie geeignet ist, notgedrungen beschränkt und muß mit größter Vorsicht behandelt werden. Es bezieht sich auf einfachere Kontaktreaktionen, für die eine bestimmte Richtung vorherrscht.

Die oben entwickelte statistische Theorie der Kinetik von Kontaktprozessen stützt sich auf die Vorstellung, daß die Aktivierungsenergie eine entscheidende Rolle spielt. Schon in der LANGMUIRschen Theorie der Katalyse an homogenen Oberflächen wurde gezeigt, daß diese Größe, die den Prozeß an einem bestimmten Bereich kennzeichnet, von der beobachteten Größe um die algebraische Summe der Adsorptionswärmen der Ausgangssubstanzen und der Reaktionsprodukte verschieden sein kann; nur für eine Reaktion nullter Ordnung stimmen die beobachtete und die wahre Aktivierungsenergie überein.

Für inhomogene Oberflächen sind die Bedingungen noch verwickelter. Bei bewegtem kontrollierenden Streifen weicht der Wert E_{beob}, der sich aus dem Temperaturkoeffizienten ergibt, stark von dem wahren E-Wert ab. In manchen

Fällen ist E_{beob} konstant gleich E_0, in anderen ergibt es sich als $E_{wahr} + \Sigma Q_i$, wobei Q_i die Adsorptionswärme der i-ten Substanz ist.

Unmittelbar haben wir es nur mit den beobachteten Aktivierungsenergien zu tun, und gewöhnlich reichen die Daten für einen Übergang von dieser Größe zu der wahren Aktivierungsenergie, die den kontrollierenden Streifen kennzeichnet, nicht aus.

Allgemein verbreitet ist die Ansicht, daß die Abnahme der Aktivierungsenergie der kinetische Haupteffekt des Katalysators sei. In vielen Fällen führt ein unmittelbarer Vergleich der experimentell ohne Korrektur hinsichtlich der Adsorptionswärmen gewonnenen Aktivierungsenergie zu einer Verletzung dieser Annahme. So beobachteten wir beispielsweise in den letzten Arbeiten unseres Laboratoriums über die vollständige katalytische Oxydation von Kohlenwasserstoffen[1]) an Oxydkontakten eine deutliche Verletzung dieser Regel. Die aktivsten Kontakte waren durch die höchsten Aktivierungsenergien ausgezeichnet. Formal entspricht dies einem Anwachsen des Faktors vor der Exponentialfunktion, der die Verringerung dieser Funktion infolge der Zunahme der Aktivierungsenergie überkompensiert. Bedeutend öfter schwächt der Faktor vor der Exponentialfunktion den Einfluß der Zunahme der Aktivierungsenergie ab, ohne ihn ganz ausgleichen zu können. Auf diese weit verbreitete Erscheinung gründeten sich die ersten Versuche zur Ermittlung der Statistik der katalytischen Oberflächen hinsichtlich der Aktivierungsenergie von CONSTABLE[2]) und SCHWAB und CREMER[3]). Für die Kupferkontakte der Dehydrierung und die Oxydkontakte der Dehydratation von Alkoholen führte dies zu der Anschauung, daß auf der Oberfläche eine Exponentialverteilung über die Aktivierungsenergien des Kontaktprozesses vorliege. Unten werden wir sehen, daß diese Schlußfolgerung trotz ihrer Wahrscheinlichkeit und ihrer guten Übereinstimmung mit den Ergebnissen der Untersuchung der Oberflächenstatistik für die aktivierte Adsorption als nicht hinreichend gerechtfertigt angesehen werden muß.

Bei der oben geschilderten experimentellen Situation ist ein detaillierter Vergleich von Theorie und Experiment unmöglich. Man kann aber nachprüfen, in welchem Umfange die Schlußfolgerungen der Theorie über die möglichen kinetischen Reaktionstypen und über ihren Zusammenhang mit dem Verlauf der Aktivierungsenergie und der Beweglichkeit der Molekeln richtig sind.

§ 1: *Die Dehydratation der Alkohole*

Die Dehydratation von Alkoholen hat in theoretischer Hinsicht eine Reihe vorteilhafter Eigentümlichkeiten. An vielen Katalysatoren herrscht die einfache Dehydratation entschieden vor, und alle Sekundäreffekte wie auch die umgekehrten Prozesse können vernachlässigt werden. Die Flüchtigkeit eines der Produkte, nämlich des Olefins, steigert die Flüchtigkeit des Alkohols, der als Ausgangssubstanz dient, erheblich, so daß sich die Reaktionen in der Schicht untersuchen lassen. Man findet leicht auch Bedingungen, unter denen der Prozeß nach der nullten Ordnung verläuft, die in der Theorie von LANGMUIR und SCHWAB unmittelbar die wahren kinetischen Aktivierungsenergien liefert.

In den Arbeiten von SCHWAB und CREMER wurde diese Eigentümlichkeit zur Untersuchung des Zusammenhanges der Aktivität des Katalysators mit seiner Aktivierungsenergie ausgenutzt, in den Arbeiten von BORK und BALANDIN[4, 5]) zur Untersuchung des Zusammenhanges zwischen der Struktur der Alkohole und der Leichtigkeit ihres Zerfalls. Auf den ersten Blick sind die Ergebnisse der Arbeiten von SCHWAB und CREMER sehr eindrucksvoll.

Der Faktor vor dem Exponentialausdruck steigt exponentiell mit wachsender Aktivierungsenergie. Hierher rührt der Schluß auf die exponentielle Verteilung der Bereiche über die Aktivierungsenergien. Sie wird von den Verfassern auf das Einfrieren einer Verteilung der Bereiche über die Energien zurückgeführt, die einer höheren Temperatur entspricht. Hierbei liegt die aus den kinetischen Daten berechnete Ausgangstemperatur sehr nahe an der Herstellungstemperatur des Kontaktes. Ein ähnliches Ergebnis erhielten CREMER und FLÜGGE vorher für Adsorbenten an Hand der Exponenten der FREUNDLICHschen Gleichung[6]). Gerade diese Übereinstimmung gibt aber zu Zweifeln Anlaß, da sie unwahrscheinlich gut ist. Die Herstellungstemperatur kann schon deshalb nicht als bestimmender Faktor im Entstehungsprozeß angesehen werden, weil es eine Vielzahl von Methoden zur „kalten" Herstellung von Katalysatoren und Adsorbenten gibt, bei denen ihre Entstehungstemperatur unter ihrer Verwendungstemperatur liegt. Hierzu kommen weitere Zweifel, die sich auf die experimentelle Methodik beziehen.

Alle Angaben deutscher Autoren beziehen sich auf gleiche Gewichte der verschiedenen Kontakte statt auf gleiche Oberflächen. Daß die spezifischen Oberflächen verschiedener Oxyde von dreiwertigen Metallen (Aluminiumoxyde, Lanthanoxyd usw.) gleich sein sollen, ist unwahrscheinlich. Selbst bei völlig identischen Herstellungsverfahren muß man zwangsläufig wesentliche Unterschiede in der Größe der spezifischen Oberfläche erwarten; noch viel mehr gilt dies für Präparate verschiedener chemischer Zusammensetzung, die unter verschiedenen Bedingungen hergestellt wurden (leider auch für die Kupferkontakte von CONSTABLE).

Es sind verschiedene Annahmen über die möglichen Ursachen dieser für die Kontaktreaktionen so typischen Situation möglich:

1. Man kann annehmen, daß aus irgendwelchen nicht näher bekannten sekundären Ursachen, die in den Aggregationsbedingungen liegen, die zugänglichen spezifischen Oberflächen von Pulvern verschiedener Zusammensetzung und Entstehung wesentlich weniger voneinander abweichen als die kinetischen Parameter der einzelnen Bereiche. In diesem Fall wäre die oben erwähnte, allgemein anerkannte Deutung zutreffend.

2. Man könnte annehmen, daß der Faktor vor dem Exponentialausdruck sich vorwiegend infolge von Änderungen der spezifischen Oberfläche ändert, wobei die zugängliche Oberfläche um so kleiner ist, je kleiner E ist. Dies könnte seinen Grund beispielsweise in einer stärkeren und dichteren sekundären Aggregation der aktiveren Teilchen mit der darauf beruhenden Verringerung der Porosität des Korns oder in der Alternativverteilung des vom aktiven Präparat adsorbierten Energieüberschusses auf Dispersionsenergie und Energie der aktiven Bereiche haben[7]). Bei einer solchen Sachlage würde für die Aktivierung im eigentlichen Sinne um so weniger übrigbleiben, je mehr Energie auf die Dispersion aufgewandt wird, und umgekehrt. Zur Entscheidung zwischen diesen

beiden Hypothesen würden parallele Messungen der Röntgendispersität und der spezifischen Oberfläche ausreichen, die nach den Arbeiten der letzten Jahre[8, 9]) sehr leicht auszuführen wären, aber leider noch nicht vorliegen.

Wir erwähnen noch eine weitere Erklärungsmöglichkeit:

3. Je fester ein Teilchen an der Oberfläche haftet, desto geringer ist seine Entropie und damit auch die Wahrscheinlichkeit für diesen Zustand. Nimmt man an, daß kleinen E-Werten große Q-Werte entsprechen, und umgekehrt, so kann man sich leicht vorstellen, daß die Molekeln an Bereichen mit verschiedenen Aktivitäten verschiedene Beweglichkeiten haben und daß damit auch die Faktoren vor den Exponentialfunktionen bestimmte Unterschiede aufweisen. Die Richtung dieser Veränderungen kommt hierbei richtig heraus. Dieser Mechanismus kann jedoch keine erheblichen Unterschiede in der Größe der Faktoren vor dem Exponentialausdruck liefern.

Hiermit sind die Erklärungsmöglichkeiten für den untersuchten Effekt noch nicht erschöpft. Wegen der Unbestimmtheit seiner Natur muß man es vorläufig vermeiden, ihn zur Kennzeichnung der Oberflächen zu verwenden, um so mehr, als sich ähnliche Abhängigkeiten auch in mehreren anderen Fällen ergeben: für die Kinetik nachweislich homogener Reaktionen, für Löslichkeiten, für die Ionenbeweglichkeit in Kristallen usw. Trotz der Wahrscheinlichkeit des Hauptergebnisses (der exponentiellen Verteilung über E) muß es also noch als unbewiesen gelten. Abgesehen davon bleibt noch ungeklärt, ob wir es mit einem antibaten Gang der Adsorptionswärme mit der Aktivierungsenergie zu tun haben, bei dem der kontrollierende Streifen am linken Rand der Verteilung liegt, oder mit einem symbaten Verhalten dieser beiden Energien bei hohem Besetzungsgrad der ganzen Oberfläche usw. Die statistische Analyse der Autoren ist zu unsystematisch, um eine Entscheidung zwischen diesen Möglichkeiten zuzulassen.

Sehr viel eindeutiger und vollständiger ist eine andere Gruppe von Untersuchungen von MARK und seinen Schülern[10]), die in diesem Fall die fruchtbringende Methode der Reaktion in der Schicht benutzen.

Nach den Angaben von DOHSE[11]) hat die katalytische Dehydratation von Alkoholen im durchströmten System bei fortwährender Entfernung des Wassers nullte Ordnung. Sammelt sich das Wasser an, so verläuft der Prozeß innerhalb eines schmalen Variationsbereichs der äußeren Bedingungen in erster Ordnung, hierbei nimmt aber die Geschwindigkeitskonstante mit wachsendem Anfangsdruck ab:

$$w = k\,\frac{p_{\text{Alk}}}{p_0}. \tag{1}$$

Dabei ist p_{Alk} der laufende Partialdruck des Alkohols im Volumen und p_0 der Anfangswert dieser Größe. Eine solche Sachlage läßt sich innerhalb der LANGMUIRschen Theorie durch eine vergiftende Wirkung der Produkte erklären, falls

$$\frac{p_0}{b_x} \gg p_{\text{Alk}}\left(\frac{1}{b_{\text{Alk}}} - \frac{1}{b_x}\right) \tag{2}$$

ist.

In Gleichung (2) ist b_x der reziproke Adsorptionskoeffizient des vergiftenden Produkts x. Direkte Versuche zeigen, daß von den beiden Hauptreaktionsprodukten das Olefin keinerlei Einfluß hat, während das Wasser tatsächlich

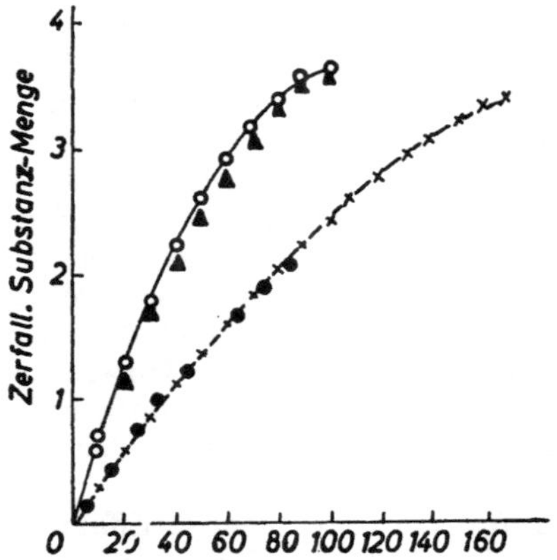

Abb. 332. Vergiftende Wirkung des Wassers auf den katalytischen Zerfall des Isopropylalkohols an Aluminiumoxyd (nach DOHSE). Leere Kreise: reiner Alkohol; Dreiecke: Alkohol + Propylen; schwarze Kreise: Alkohol + Wasser; Kreuze: Alkohol + Wasser + Propylen.

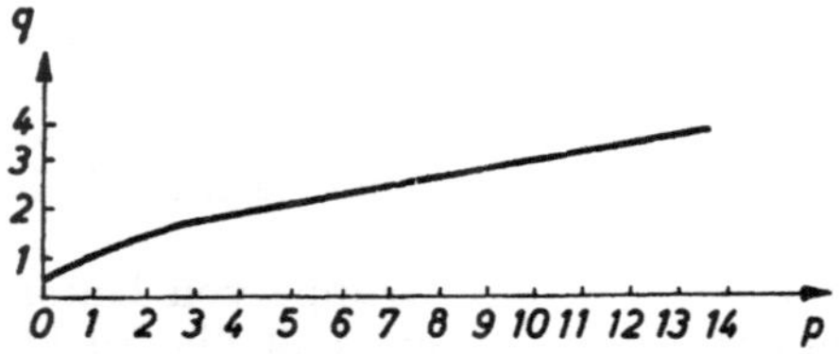

Abb. 333. Adsorptionsisotherme von Isopropylalkohol an Bauxit bei 135° (nach DOHSE).

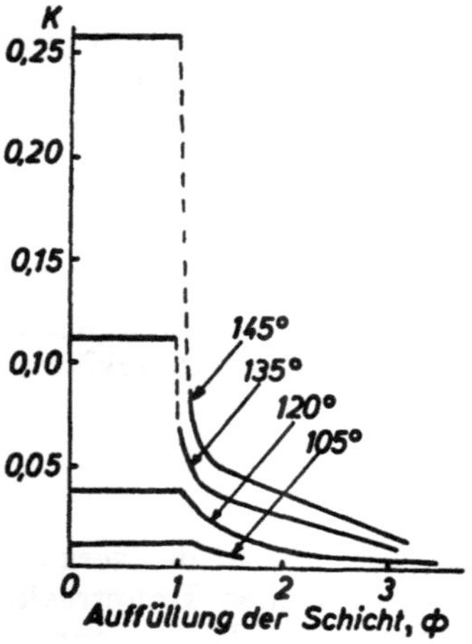

Abb. 334. Abhängigkeit der Geschwindigkeitskonstanten des Isopropylalkoholzerfalls in der adsorbierten Schicht von der Besetzung, aufgenommen von DOHSE und seinen Mitarbeitern an Aluminiumoxyd.

vergiftende Wirkung zeigt, und zwar in genau demselben Maße wie das Gemisch der Produkte. Dies ist in der aus der Arbeit von DOHSE[11]) stammenden Abb. 332 zu sehen. In Wirklichkeit ist der Mechanismus des Prozesses viel komplizierter.

Wie die an dem Katalysator aufgenommenen äußerst typischen Adsorptionsisothermen für die Alkohole zeigen, ist die Oberfläche des Katalysators hinsichtlich der Adsorption inhomogen[12]). Die ersten Mengen werden bei der Reaktionstemperatur sehr stark, fast irreversibel adsorbiert. Läßt man weitere Mengen ein, so bleibt der meßbare Dampfdruck bestehen und wächst fast linear mit der Besetzung. Eine Isotherme für den Isopropylalkohol ist in Abb. 333 dargestellt. In dieser Abbildung ist der Anfang der Isotherme senkrecht und liegt auf der Ordinatenachse; sehr wahrscheinlich handelt es sich in Wirklichkeit um einen FREUNDLICHschen Abschnitt mit großem n. Eine solche Isotherme ist unvereinbar mit der klassischen Deutung der nullten Ordnung, da sie keine Sättigung zeigt. Da kein wirklicher Grund besteht, am Zusammenhang dieser Isotherme mit dem katalytischen Prozeß zu zweifeln, muß man annehmen, daß die Oberfläche stark inhomogen ist und daß die aktiven Bereiche bei Drucken, die zur Sättigung der ganzen Oberfläche unzureichend sind, bereits gesättigt sind.

Infolge des verschwindend kleinen Gleichgewichtsdrucks des Alkohols bei kleinen Φ-Werten bei wesentlich schwächerer Adsorption der Reaktionsprodukte kann man für Alkohole an Aluminiumoxyd folgende methodische Untersuchung der Reaktion anstellen.

Am Adsorbenten wird durch Adsorption und darauffolgendes Abpumpen des leicht desorbierbaren Alkohols nur der fest adsorbierte Anteil belassen; im Verlauf des Prozesses registriert man das Anwachsen des Olefindrucks. Am genauesten wurde der Zerfall des Isopropylalkohols untersucht. Wie sich zeigte, verläuft in einem ziemlich großen Φ-Intervall von dem hohen Anfangswert Φ_0 bis zu einem neuen Wert Φ_{kr}, der einen kleinen Bruchteil davon ausmacht ($^1/_4$, $^1/_5$ usw. in Abhängigkeit von der Temperatur), der Prozeß mit streng konstanter Geschwindigkeit, trotz der starken Abnahme der Besetzung. Nach Erreichen dieses Wertes Φ_{kr}, der für alle untersuchten Temperaturen nahezu konstant ist[12]), beginnt dann die Geschwindigkeit proportional zu Φ abzunehmen. Für die Geschwindigkeitskonstante, berechnet an Hand der monomolekularen Gleichung, ergeben sich die in Abb. 334 dargestellten Kurven.

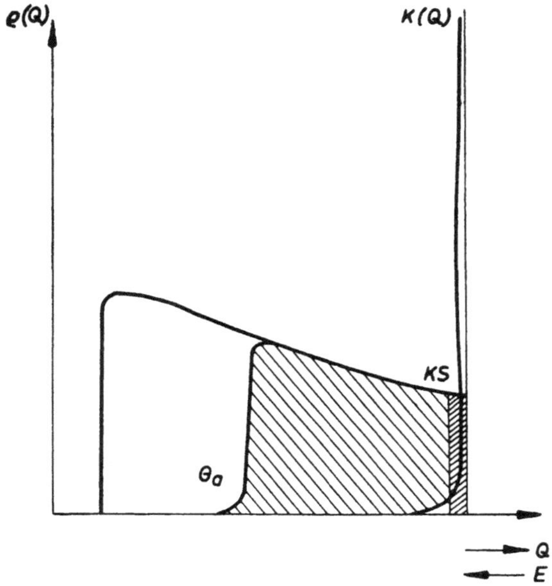

Abb. 335. Schema der Entstehung einer nullten Ordnung beim Zerfall von Alkohol infolge antibaten Ganges der Aktivierungsenergie und der Adsorptionswärme. Die vom Alkohol besetzten Bereiche der Verteilung sind schraffiert dargestellt.

Aus diesen Daten geht hervor, daß dem irreversiblen Teil der Adsorptionsisotherme für den Alkohol Bereiche mit sehr verschiedenen kinetischen Koeffizienten entsprechen. Die Autoren und mit ihnen eine Reihe anderer Forscher[13, 14]) sehen in diesen Ergebnissen einen Beweis für die Existenz einer ganz bestimmten Gruppe identischer aktiver Bereiche auf einem inaktiven Untergrund; die Zahl dieser Bereiche wird auf $2-3 \cdot 10^{19}$ pro Gramm des Kontakts geschätzt. Ferner nehmen die Autoren eine schnelle Verschiebung des Alkohols von den inaktiven zu den aktiven Bereichen an, so daß diese ständig besetzt bleiben.

Die zweite Schlußfolgerung ist nahezu eindeutig, die erste etwas willkürlich. Die experimentellen Daten sind mindestens ebensogut mit dem Schema einer breit inhomogenen Oberfläche mit antibater Änderung der Adsorptionswärme und der Aktivierungsenergie zu vereinbaren. Ist eine schnelle Umlagerung durch Kriechen möglich, so muß dies zum Typ B1 unserer Klassifizierung und zu einer nullten Ordnung mit konstanter Aktivierungsenergie führen, wobei diese gleich der Aktivierungsenergie der aktivsten Bereiche ist, die einen schmalen Bereich am Rand der Verteilung in Richtung kleiner E-Werte bilden (Abb. 335).

Der Zerfallsprozeß des Alkohols in der Schicht ist kinetisch völlig analog einer Desorption bei antibatem Gang von Q und E. Solange die Reinigung der Oberfläche die aktivsten Punkte noch nicht erfaßt hat, sind w und E konstant. Erreicht die Grenze der besetzten Bereiche den kontrollierenden Streifen, so muß w nach einem Gesetz abzunehmen beginnen, das von einem monomolekularen nicht sehr abweicht. Da die Aktivierungsenergie der katalytischen Reaktion durch den kontrollierenden Streifen bestimmt wird und dessen Breite von der Größenordnung $4RT$ ist, muß zum Schluß des Prozesses die Geschwindigkeit nahezu linear abnehmen, wobei E bis auf $2RT$ konstant bleibt. Bei dieser Deutung entspricht dem horizontalen Abschnitt in Abb. 334 ein E-Intervall von der Größenordnung einiger RT.

Der Unterschied zwischen unserer Deutung und der der Autoren muß bei einer Vergiftung der Kontakte zum Vorschein kommen. Nach DOHSE und KÄLBERER muß eine Vergiftung mit etwa $3 \cdot 10^{19}$ Giftmolekeln pro Gramm Katalysator die Aktivität vollkommen zerstören. Nach unserer Deutung muß man dagegen eines der in den Kapiteln 4 und 5 dargelegten Vergiftungsgesetze erwarten. Da entsprechende Messungen nicht vorhanden sind, wird die Wirksamkeit der Untersuchungsmethode des Prozesses in der Schicht in dem diskutierten Fall bedeutend herabgesetzt. Wir erwähnen, daß sie sich auch in komplizierteren Fällen von Prozessen des gleichen Typs anwenden ließ, beispielsweise beim Zerfall von Methylalkohol an Bauxit, der in zwei Stadien verläuft: 1. Methanol $\rightarrow$ Formaldehyd und 2. Formaldehyd $\rightarrow CO_2 + H_2$. Interessante, wenn auch nur vorläufige Daten erhielt WASSERBERG[16]) im Laboratorium von A. A. BALANDIN bei der Untersuchung des Zerfalls von Isopropylalkohol an einem gemischten Zink-Aluminium-Katalysator. In diesem Fall war die Aktivität des Kontaktes bei ganz kleinen Φ-Werten stark vermindert, während gleichzeitig E vergrößert war. Dies deutet man zwanglos als Folge eines symbaten Ganges von E und Q für die aktivsten Bereiche. Das konkrete kristallchemische Schema, das der Autor zur Erklärung des beobachteten Ergebnisses postuliert, liegt außerhalb des Problemkreises dieser Monographie. Dagegen ist die erwähnte Abhängigkeit als solche für uns interessant. Sie deutet auf die Möglichkeit hin, daß maximale Q-Werte nicht bei minimalen E-Werten liegen. Man braucht nur einen Zusammenhang von E und Q von dem in Abb. 336 dargestellten Typ anzunehmen, um die von WASSERBERG und BALANDIN beschriebene Situation zu erhalten. Tatsächlich ist bei kleinen Φ nur der Teil der Verteilung mit $E \approx 18000$ cal/Mol besetzt, der durch Schraffur angedeutet ist (Abb. 337). Bei allen hohen Besetzungen sind Bereiche mit verschiedenen E wirksam, möglicherweise auch mit E-Werten oberhalb von 18000 cal/Mol, jedoch arbeiten infolge des Kriechens und des exponentiellen Zusammenhanges von E und Q im wesentlichen die Bereiche mit $E \approx 9000$ cal/Mol. Die Autoren nehmen an, dieser eigenartige Charakter von $E = E(Q)$ beruhe auf der Zusammengesetztheit des benutzten Kontaktes. Trotz der Unvollständigkeit der nach der Methode von DOHSE-MARK durchgeführten Arbeiten sind ihre Ergebnisse von großer grundsätzlicher Bedeutung. Sie beweisen eindeutig die Inhomogenität der Aluminiumoxydoberfläche hinsichtlich k und Q, die Möglichkeit eines Kriechens, durch die eine ständige Speisung der aktiven Zentren gewährleistet wird, und die Realität unserer Schlußfolgerungen über die Möglichkeit einer weitgehenden Nachahmung einer homogenen Oberfläche durch eine inhomogene. In letzter Zeit konnte man Kontakte für den Zerfall des Methanols herstellen, bei denen die Effekte, die auf der Umlagerung durch Kriechen beruhen, fortfallen. Für diese Oxydkontakte erhält man aus der Kinetik des Zerfalls in der Schicht Verteilungen $\varrho(E_{\text{kat}})$, die in ihrem Hauptteil durch eine

Abb. 336. Ein Typ des Zusammenhanges zwischen E und Q, der die Daten von WASSERBERG-BALANDIN erklären kann. Unten ist der Zusammenhang zwischen E und Q dargestellt, auf Grund dessen die ersten Bereiche mit maximalen Q-Werten hohe E-Werte haben. Rechts von der Senkrechten *1—1* liegen die Bereiche, für die E und Q sich symbat ändern; links davon liegt antibates Verhalten vor. Oben ist in einem kleineren Maßstab das Arbeitsschema dargestellt. Solange in dem Gebiet *a* links von dem kontrollierenden Streifen K.S. besetzte Bereiche vorhanden sind, ist die Geschwindigkeit des Prozesses maximal und konstant und die Aktivierungsenergie minimal. Die Grenze zwischen den besetzten und den leeren Bereichen *3—3* verschiebt sich nach rechts. Beim Erreichen des kontrollierenden Streifens beginnt die Geschwindigkeit abzunehmen, und E wächst mit der Verschiebung der Grenze im Gebiet *b* in Richtung auf den rechten Rand der Verteilung.

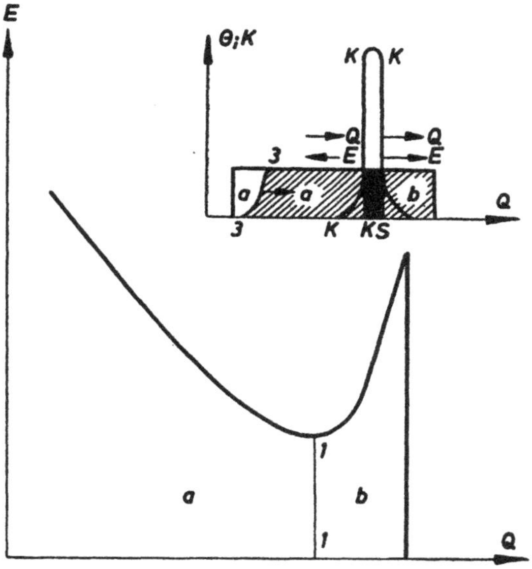

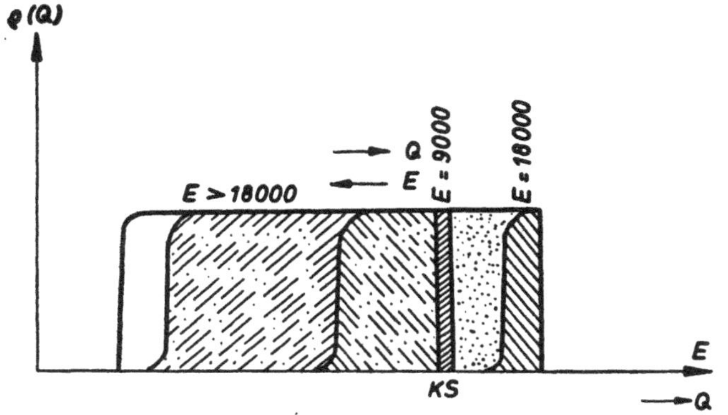

Abb. 337. Besetzung der Bereiche mit verschiedenen E bei wachsenden Besetzungsgraden im Diagramm $\varrho(E)$. Die einfache Schraffur (rechts) deutet das bei kleinen Φ-Werten besetzte Gebiet der Verteilung an, die Punkte und die gemischte Schraffur das bei mittleren Φ-Werten zusätzlich besetzte Gebiet, die strichpunktierte Schraffur das bei $\Phi \leqq 1$ zusätzlich besetzte Gebiet.

Exponentialfunktion beschrieben werden. Auf diese Weise konnte LEWIN die Ungleichmäßigkeit der Verteilung nachweisen.

Die oben erörterten Eigentümlichkeiten der Zerfallskinetik von Alkoholen an Oxyden sind äußerst typisch für den weitgehenden Zerfall sauerstoffhaltiger organischer Verbindungen. Die unmittelbare Ursache für diese Kinetik ist die erhebliche Steigerung des Chemisorptionsvermögens einer Molekel bei der Einführung charakteristischer Sauerstoffgruppen, der Carbonyl-, der Carboxylgruppe usw. Infolgedessen können die Ausgangsmolekeln an den aktiven Bereichen in nullter Ordnung entscheidend vorherrschen, wobei diese Ordnung nur durch die vergiftende Wirkung des Wassers verfälscht wird. Bei der Beseitigung dieser Komplikation erhält man die oben gekennzeichnete Nachahmung einer homogenen Oberfläche und das Bild, das für einen antibaten Zusammenhang von E und Q in Abwesenheit einer Vergiftung charakteristisch ist. Wir erwähnen, daß bei höheren Temperaturen, sowohl bei einer echten LANGMUIRschen Kinetik als auch bei ihrer Nachahmung durch eine inhomogene Oberfläche, der Prozeß seinen Charakter ändern und über gewisse Zwischenstadien, die LANGMUIRschen Bruchpotenzen entsprechen, in einen Prozeß erster Ordnung übergehen muß. Diese Änderung der Kinetik ist bisher für den Zerfall von Alkoholen an Oxyden nicht beobachtet worden.

§ 2: *Die vollständige Oxydation mit molekularem Sauerstoff*

Die vollständige Oxydation mit molekularem Sauerstoff an aktiven Oxyden ist im gewissen Sinne der Antipode der oben erörterten Dehydratationsprozesse. In diesem Fall hat keine der Ausgangssubstanzen das Adsorptionsvermögen, das zur Besetzung der aktiven Zentren erforderlich ist, und umgekehrt werden die Oxydationsprodukte in der Regel sehr stark adsorbiert. Die Aktivität der Kontakte hängt eng mit dem Gehalt an aktivem Sauerstoff in ihrer Oberflächenschicht zusammen; dies ist scharf von der üblichen Adsorption von Sauerstoff zu trennen. Die Aktivität ist maximal bei einer bestimmten Durchsetzung dieser Schicht mit Sauerstoff; man beobachtet infolgedessen bei der Durchführung der erwähnten Reaktionen häufig Aktivitätsänderungen, die auf einer Reduktion oder Oxydation beruhen.

Für die Oxyde handelt es sich hierbei meistens um eine Aktivitätsabnahme infolge Ausschaltung der aktiven Bereiche durch Blockierung seitens der Reaktionsprodukte oder durch Änderung der Sauerstoffanreicherung. Seltener beobachtet man zunächst ein Ansteigen der Aktivität, das auf einer günstigen Veränderung des Sauerstoffgehalts der Oberfläche beruht. Der Charakter dieser Änderungen hängt vom Verhältnis des Sauerstoffs zur oxydierenden Substanz im Gemisch ab.

Etwas anders liegen die Dinge bei den Metallen. Bei sorgfältiger Reinigung der Metalle und Entfernung des Sauerstoffs von der Oberfläche nimmt ihre Aktivität stark ab[17]). Sie läßt sich sowohl durch eine vorherige Aktivierung als auch unmittelbar während der Reaktion durch Einfang von Reaktionsprodukten oder durch Auflockerung der Oberfläche infolge überschüssiger Reaktionsenergie wiederherstellen[18]).

Sowohl die Aktivitätsabnahme als auch die Aktivitätszunahme des Kontakts bei der Reaktion sind auch bei anderen Prozessen zu beobachten. In gewissem Umfange dauert der Entstehungsprozeß des Katalysators während der Reaktion immer noch an, wobei sich der Kontakt an die Arbeitsbedingungen anpaßt und sich so lange ändert, bis ein Quasigleichgewichtszustand der Oberfläche erreicht ist, der den gegebenen Bedingungen des Prozesses entspricht. Diesem Zustand entspricht eine ganz bestimmte katalytische Aktivität. Man braucht nur die Bedingungen des Prozesses — Temperatur, Konzentrationen usw. — etwas zu ändern, und schon beginnt wieder die Anpassung des Kontaktes an diese veränderten Bedingungen. In vielen Fällen ist jedoch diese Anpassungsperiode kurz gegenüber der darauffolgenden Periode, in der der Kontakt unter konstanten Bedingungen arbeitet. Häufig sind die Unterschiede in den Aktivitäten des ruhenden und des in einen bestimmten quasistationären Zustand gebrachten Kontaktes klein.

Ein Beispiel für eine langdauernde Anpassung geben die Eisenkatalysatoren der Ammoniaksynthese, die nach Einbringung in den Kontaktapparat erst nach mehreren Stunden auf ihren schließlichen Aktivitätswert gelangen, den sie dann mehrere Monate beibehalten (vergleiche weiter unten den Paragraphen über die Ammoniaksynthese). Ein zweites Beispiel sind offenbar die oben behandelten Oxyde dreiwertiger Metalle, wie z. B. die Katalysatoren der Dehydratation von Alkoholen.

Für die Katalysatoren, die bei diesen Reaktionen die Oxydation durch molekularen Sauerstoff beschleunigen, wie z. B. für Ammoniak an Platin oder Kohlenmonoxyd an Hopkalith, weiterhin auch die Katalysatoren des katalytischen Crackings, umfaßt die Aktivitätsänderung bei der Katalyse die gesamte Zeit, während der der Kontakt benutzt wird. Diese Änderungen können sowohl zu einer Selbstaktivierung als auch zu einer Zerstörung des Kontakts bei der Reaktion führen. Im ersten Fall ist das Anwachsen der Aktivität durch eine bestimmte obere Schranke begrenzt, und der Kontakt gerät früher oder später in einen Zustand mit einer höheren stationären Aktivität; im zweiten Fall, bei der Zerstörung des Katalysators durch die Reaktion oder ihre Produkte, können die Änderungen zur Einstellung einer stationären verminderten Aktivität führen oder bis zu deren völligem Verlust andauern.

Die allgemeinen Ausdrücke „Selbstaktivierung“ und „Zerstörung“, angewandt auf die Oberflächenreaktionen, umfassen je zwei engere Begriffe, zwischen denen im Experiment nicht immer leicht zu entscheiden ist: a) eine Selbstaktivierung infolge unmittelbarer Beteiligung der Oberfläche an der Reaktion: ein Einarbeiten der Oberfläche und b) eine Selbstaktivierung infolge der Adsorption aktivierender (promovierender) Reaktionsprodukte durch die unveränderten Oberflächenatome; analog sind bei der Zerstörung möglich: a) eine Zerstörung infolge Veränderung (Unbrauchbarwerden) von Bereichen der Oberfläche und b) eine Zerstörung infolge Adsorption von Reaktionsprodukten durch die Oberfläche.

Vom Standpunkt der Theorie der inhomogenen Oberflächen sind die Prozesse des Einarbeitens und des Unbrauchbarwerdens der Oberfläche unter unmittelbarem Einfluß des katalytischen Prozesses einfacher als die Vergiftungs- und Verstärkungsprozesse, da ein unmittelbarer Zusammenhang zwischen der Anzahl der Umwandlungen für eine bestimmte Bereichsgruppe und der Wahr-

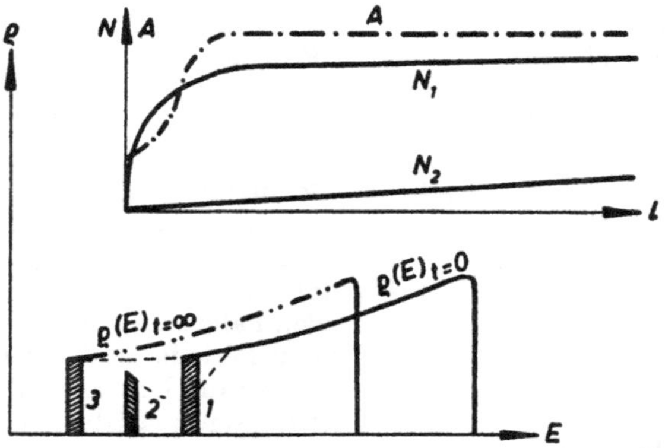

Abb. 338. Zwei Fälle einer Selbstaktivierung einer Katalysatoroberfläche, bei denen die Unterschiede zwischen den Bereichen mit verschiedenen Anfangswerten der Aktivierungsenergie erhalten bleiben. 1. Obere Abbildung: Die Grenzen der Verteilung über E ändern sich nicht. Die Kurven N_1 und N_2 zeigen die zeitliche Änderung der Anzahl der Bereiche mit hoher bzw. mittlerer Aktivität, die Kurve A die Änderung der Gesamtaktivität A infolge der Selbstaktivierung. 2. Bei der Selbstaktivierung verschiebt sich die ganze Verteilung in Richtung kleinerer E-Werte, wobei sich aber die Gesamtzahl N der Bereiche nicht ändert. Unten ist die hierbei eintretende Modifikation der Verteilung $\varrho(E)$ beim Übergang vom Ausgangszustand $\varrho(E)_{t=0}$ zum Endzustand $\varrho(E)_{t=\infty}$ dargestellt. Zu Beginn hat der kontrollierende Streifen die Lage *1*, zum Schluß die Lage *3*; die Lage *2* entspricht einem dazwischenliegenden Zeitpunkt.

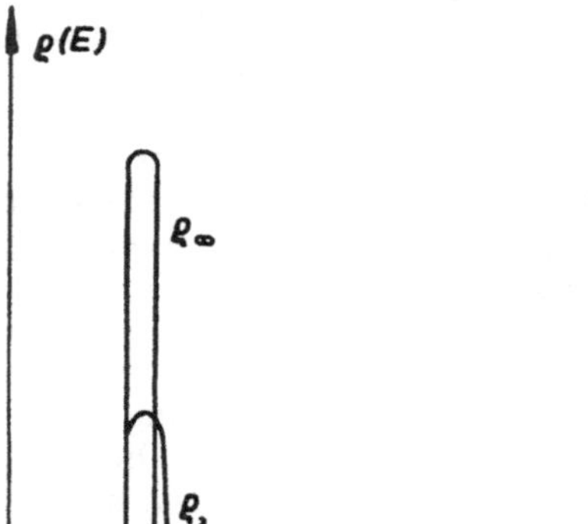

Abb. 339. Selbstaktivierung einer Oberfläche, durch die diese homogen wird. ϱ_1: ursprüngliche Verteilung; ϱ_∞: schließliche Verteilung auf der vollständig aktivierten Oberfläche, ϱ_2 und ϱ_3 Zwischenformen der Verteilung.

scheinlichkeit ihrer Veränderung besteht. Wächst die Aktivität unter dem Einfluß der Reaktion, so muß die Rolle der aktivsten Bereiche sich zunächst verstärken, und das System muß sich bis zu einem bestimmten Zeitpunkt wie ein homogenes, sich autokatalytisch einarbeitendes System verhalten.

Hierbei muß E abnehmen und k_0 konstant bleiben. Wenn später der Grenzwert der Aktivität der aktivsten Bereiche erreicht ist, können entweder k_0, E und die Kinetik konstant bleiben (falls die Grenze der Selbstaktivierung der Bereiche mit der niedrigsten Anfangsaktivität erheblich tiefer liegt als die gleiche Grenze für die aktivsten Bereiche), oder k_0 kann bei Konstanz von E ständig anwachsen (falls die Endwerte von E und k_0 für sämtliche Bereiche übereinstimmen). Diese beiden Fälle sind schematisch in den Abb. 338 und 339 dargestellt. Beispiele für Beziehungen dieser Art wurden bei der Reaktion von Wasserstoff mit Sauerstoff an Platin und Palladium beobachtet[19]).

Im Gegensatz dazu führt ein Unbrauchbarwerden der Bereiche bei der Reaktion zu ihrem allmählichen Ausscheiden, angefangen mit den aktivsten Bereichen; dabei verschiebt sich der kontrollierende Streifen fortwährend (Abb. 340). Die Kinetik des Ausscheidens der Oberfläche aus der Reaktion und die Übergangswerte von E sind in diesem Fall dieselben wie bei einer Selbstvergiftung der Oberfläche durch Reaktionsprodukte.

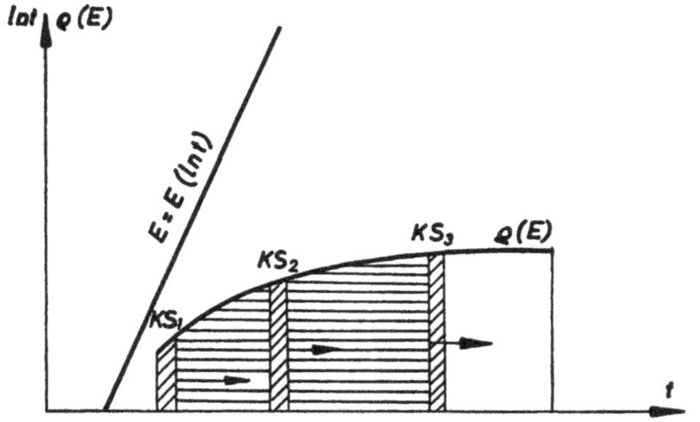

Abb. 340. Schema der Ausschaltung der Bereiche und des Aktivitätsabfalls beim Unbrauchbarwerden einer Oberfläche. Dargestellt sind aufeinanderfolgende Lagen des kontrollierenden Streifens KS_1, KS_2 und KS_3 sowie der zeitliche Anstieg von E.

§ 3: *Die katalytische Oxydation von Kohlenmonoxyd an aktiven Oxyden*

Dank der Arbeiten der letzten Jahre ist die katalytische Oxydation des Kohlenmonoxyds verhältnismäßig gut erforscht. Am eingehendsten wurde der Prozeß an Mangandioxyd und teilweise auch an den Hopkalithen untersucht, weniger ausführlich an Chromiten und an Nickeloxyd.

Die wertvollsten Daten ergaben sich bei der Untersuchung der Kinetik unter statischen Bedingungen bei niedrigen Temperaturen. Eine notwendige Bedingung für die Reproduzierbarkeit ist die Verwendung gut ausgetrockneter Präparate; schon in den ersten amerikanischen Arbeiten, in denen die praktische Benutzung dieser interessanten Reaktion erprobt wurde, wurde die hohe Empfindlichkeit der Mangankontakte gegen die Einwirkung von Wasserdampf als Gift nachgewiesen[20]). Die Kinetik wurde in dem großen Druckintervall von $5 \cdot 10^{-3}$ Torr bis zu 1 atm untersucht.

Arbeiten mit aktiven elektrolytischen Mangandioxydpräparaten unter genormten Bedingungen zeigten, daß diese Präparate bei der Arbeit mit nahezu stöchiometrischen Gemischen auch bei hohem Druck ihre Aktivität ziemlich schnell verringern. Je höher der Druck und je reicher das ursprüngliche Gasgemisch an Kohlenmonoxyd ist, desto schneller erfolgt diese Aktivitätsabnahme.

Diese Abnahme ist keine direkte Funktion des Partialdrucks des Kohlendioxyds im Volumen. Bei einem bestimmten Druck des bei der Reaktion entstehenden oder zusätzlich in das System eingeführten Kohlendioxyds kann die

Abnahme der Anfangsaktivität verschieden sein; dabei ist die Wirkung des von außen zugeführten Kohlendioxyds stets weitaus geringer als die des Kohlendioxyds, das an der Kontaktoberfläche entsteht. Hierdurch erhält man Grund, den Aktivitätsabfall als Ergebnis einer Abnutzung der aktiven Bereiche oder einer besonderen Vergiftung durch das Kohlendioxyd in statu nascendi als Ergebnis einer einfachen reversiblen Vergiftung zu betrachten. Parallel damit erfolgt eine wesentlich schwächere und weniger charakteristische Vergiftung durch das Kohlendioxyd.

JELOWITSCH und seine Mitarbeiter zeigten, daß die Aktivierungsenergie des Prozesses im Laufe des Unbrauchbarwerdens des Mangandioxyds wächst. Der Anfangswert E_0 der Aktivierungsenergie hängt vom Trocknungsgrad des Präparats ab. Gleichzeitig wächst bei stärkerem Trocknen der FREUNDLICHsche

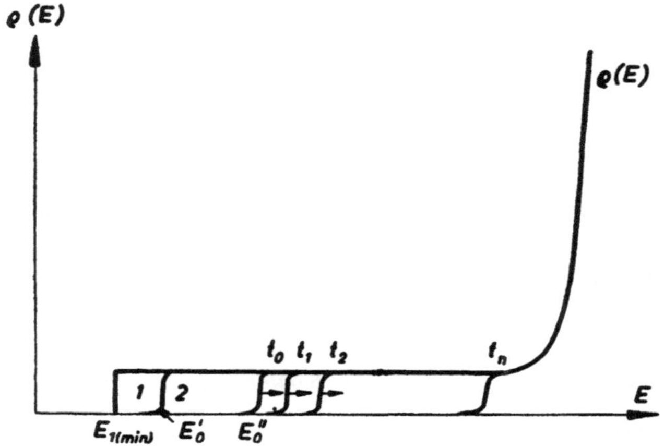

Abb. 341. Schema der Vergiftung von Mangandioxyd durch Wasser. Links: die Gebiete *1* und *1* + *2*, die bei schwacher und bei starker Vergiftung vom Wasser besetzt sind; E_0 und E_0'' sind die Anfangswerte der Aktivierungsenergie dieser Präparate; t_1, t_2 usw. deuten die Lagen der Grenze zwischen den besetzten und den freien Bereichen in den betreffenden Zeitpunkten an.

Teil der statischen Isotherme des Kohlenmonoxyds[21]), während der Wert n konstant bleibt. Der Anfangswert der Aktivierungsenergie der Reaktion an einem gut gereinigten Präparat wurde zuerst von SELDOWITSCH und ROGINSKI[22]) an Hand der Daten von LAMB und VAIL berechnet. Bei direkten Messungen ergab sich die Aktivierungsenergie zu 6800 cal/Mol. Dieser Wert liegt sehr nahe an dem für die gleichen Präparate unter den gleichen Bedingungen gemessenen Anfangswert der Aktivierungsenergie des Adsorptionsprozesses[23]).

Das ist auch durchaus verständlich, denn bei der Katalyse mit hohem Sauerstoffüberschuß behalten die aktivsten Bereiche der ursprünglichen Verteilung ihre führende Rolle ziemlich lange. Je nach der Abnutzung der Oberfläche wächst E_{kat} und strebt gegen den gleichen Wert $E \approx 12000$ cal/Mol wie die Aktivierungsenergie für die aktivierte Adsorption.

Diese Daten lassen sich folgendermaßen zwanglos deuten: Die ursprüngliche Oberfläche wird durch ein breites Intervall von E-Werten gekennzeichnet. Ein Teil dieser Verteilung von den kleinsten Werten E_1 bis zu einem $E_{(H_2O)}$ ist durch Wasser blockiert. Dieser Wert $E_{(H_2O)}$ spielt die Rolle des Wertes E_0. Bei Verringerung von $E_{(H_2O)}$ ändert sich E_0, wie in Abb. 341 dargestellt. Im Verlauf des Prozesses verschiebt sich unter dem Einfluß der Abnutzung der aktiven Bereiche die Grenze nach rechts. Interessanterweise wurde niemals der einfache Versuch gemacht, das Präparat, das lange Zeit mit bedeutender Anfangsfeuchtigkeit gearbeitet hatte, stark zu trocknen und dann den Prozeß zu wiederholen.

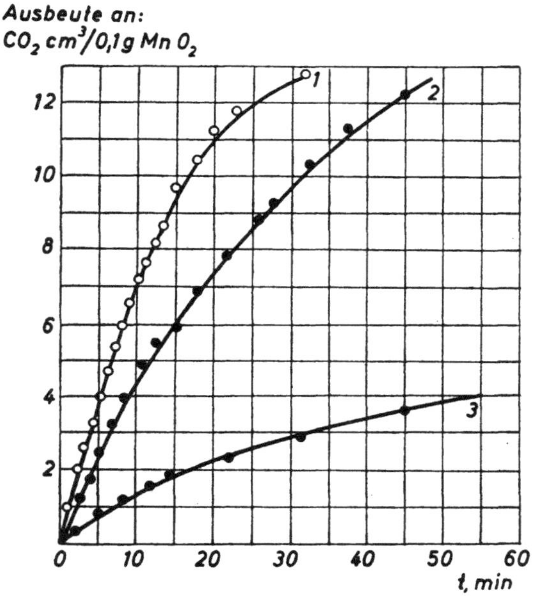

Abb. 342. Erste Ordnung der katalytischen Oxydation von Kohlenmonoxyd (nach JELOWITSCH und ROGINSKI). *1*: $p_{CO} = 410$ Torr; *2*: $p_{CO} = 160{,}5$ Torr; *3*: $p_{CO} = 40$ Torr. In allen Fällen war p_{O_2} etwa gleich 40 Torr. Auf der Ordinatenachse ist die Menge des entstandenen Kohlendioxyds in cm³ pro 0,1 Gramm Katalysator aufgetragen.

Ist diese Deutung richtig, so kann man bei derartiger Behandlung eine sehr hohe Anfangsaktivität erwarten, wobei der Wert E_{02} kleiner ist als der Wert E_{01} für den vorhergehenden Versuch, und die kinetischen Kurven nach Erreichen von $E_t = E_{01}$ einen deutlichen Knick aufweisen.

Die Kinetik des Prozesses ist durch eine Reihe interessanter Eigentümlichkeiten ausgezeichnet.

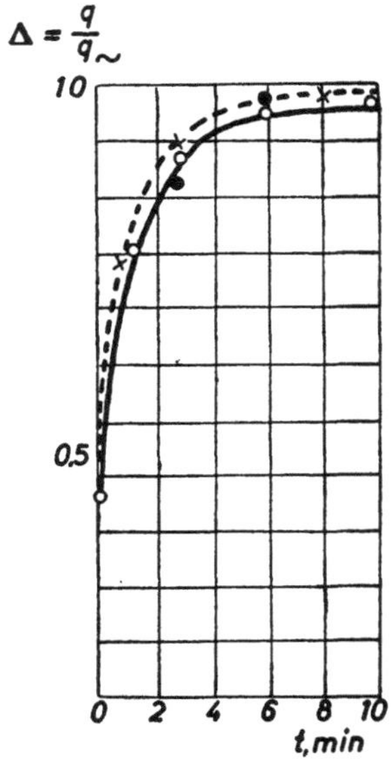

Abb. 343. Abhängigkeit der Reaktionsgeschwindigkeit für die katalytische Oxydation des Kohlenmonoxyds an Mangandioxyd vom Gesamtdruck (nach JELOWITSCH und KATSCHUR). Die Ergebnisse sind in den Koordinaten dimensionslose Ausbeute und Zeit aufgetragen: auf der Ordinatenachse die Ausbeute in Bruchteilen der Gleichgewichtsausbeute: $\Delta = q/q_\infty$, auf der Abszissenachse die Zeit. Die leeren Kreise entsprechen einem Druck des Gemisches von 0,077 Torr, die Kreuze einem Druck von 0,0439 Torr, die schwarzen Kreise einem Druck von 0,011 Torr.

1. Die Geschwindigkeit ist direkt proportional der Größe P_{CO} und dem Gesamtdruck des Gemisches, falls seine Zusammensetzung konstant ist, wie man in den Abb. 342 und 343 deutlich sieht.

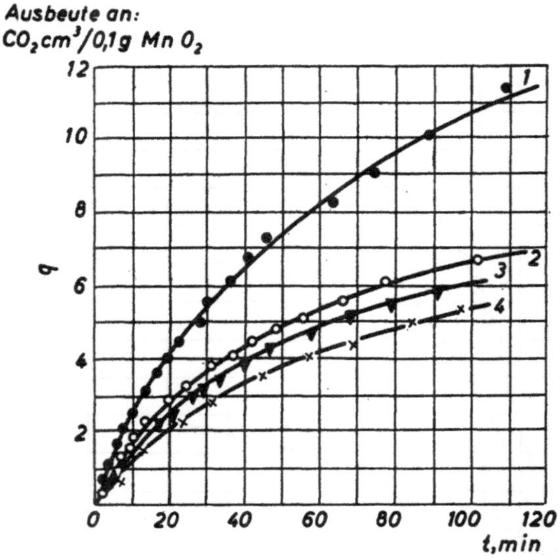

Abb. 344. Schwache Abhängigkeit der Reaktionsgeschwindigkeit vom Sauerstoffpartialdruck (nach JELOWITSCH und ROGINSKI). *1*: $p_{CO} = 40{,}7$ mm; $p_{O_2} = 418{,}3$ mm; *2*: $p_{CO} = 39{,}5$ mm; $p_{O_2} = 39{,}5$ mm; *3*; $p_{CO} = 40{,}7$ mm; $p_{O_2} = 20{,}3$ mm; *4*: $p_{CO} = 40$ mm; $p_{O_2} = 4{,}0$ mm.

2. Eine Änderung des Sauerstoffpartialdrucks bleibt ohne Einfluß auf die Reaktionsgeschwindigkeit (Abb. 344 und 345). Wir heben hervor, daß die Experimente von JELOWITSCH und ROGINSKI bei Drucken zwischen 30 und 500 Torr angestellt wurden, die von JELOWITSCH und KATSCHUR bei Drucken von $5 \cdot 10^{-3}$ bis 0,1 Torr. In dem ganzen Druckintervall von 5 Größenordnungen gelten die gleichen Abhängigkeiten.

Ein Vergleich zwischen der Sauerstoff- und der Kohlenmonoxydmenge, die aus der Gasphase verschwinden, und der gebildeten Kohlendioxydmenge zeigt, daß im ganzen Intervall von 5 Größenordnungen des Druckes das verschwundene Kohlenmonoxyd zum überwiegenden Teil als Kohlendioxyd wiedererscheint.

Bei nicht allzu geringen Drucken erfolgt die Oxydation fast ausschließlich auf Kosten des molekularen Sauerstoffs, nicht aber auf Kosten des Sauerstoffs des Katalysators.

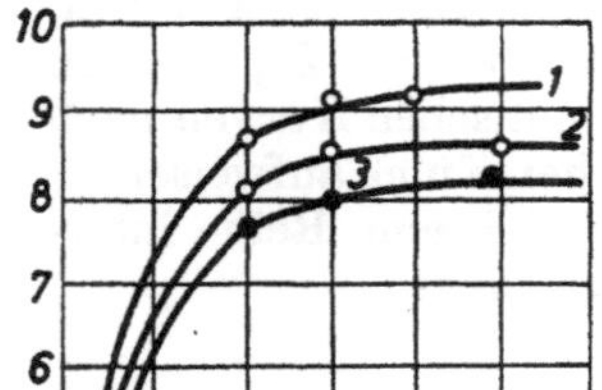

Bei hinreichend niedrigem Druck ändert sich die Situation. Die katalytische Reaktion hört ganz und gar auf, die aktivierte Adsorption des Kohlenmonoxyds und die Bildung von Kohlendioxyd geht aber weiter, und zwar auf Kosten des Sauerstoffs des Mangandioxyds. Das Verhältnis der Chemisorption des Kohlenmonoxyds zu seiner katalytischen Oxydation wächst bei Adsorption von Wasser am Präparat schnell an. Im Gegensatz dazu hat Kohlendioxyd nur geringen Einfluß auf dieses Verhältnis[21]).

Infolge dieser Eigentümlichkeit kann man das Stadienschema des Prozesses an frischen hochaktiven

Abb. 345. Schwache Abhängigkeit der Geschwindigkeit vom Sauerstoffpartialdruck (nach JELOWITSCH und KATSCHUR). *1*: $p_{CO} = 0{,}022$ mm; $p_{O_2} = 0{,}011$ mm; *2*: $p_{CO} = 0{,}022$ mm; $p_{O_2} = 0{,}031$ mm; *3*: $p_{CO} = 0{,}022$ mm; $p_{O_2} = 0{,}073$ mm.

Präparaten mit ziemlicher Bestimmtheit angeben. Der Prozeß, der primär die Geschwindigkeit der Gesamtreaktion bestimmt, ist die Bildung eines Übergangskomplexes in Form aktivierten Kohlenmonoxyds; er enthält eine Molekel dieser Substanz und keinen Sauerstoff:

$$CO_{gas} + \boxed{MnO_2} \rightleftarrows CO^*_{akt\,ads}\boxed{MnO_2} - E. \tag{3}$$

Die spezifische Besetzung der Oberfläche mit dem endothermen Übergangskomplex θ_{CO*} ist stets klein und proportional dem Druck des CO:

$$\theta_{CO*} = a p_{CO}. \tag{4}$$

Hieraus ergibt sich die strenge Gültigkeit einer ersten Ordnung hinsichtlich des CO für das gesamte Druckintervall. Unter günstigen Bedingungen besteht der Hauptprozeß für das aktiviert adsorbierte CO in seiner Oxydation durch den molekularen Sauerstoff; unter ungünstigen Bedingungen herrscht die Chemisorption des CO mit seinem Übergang in Kohlendioxyd auf Kosten des Sauerstoffs aus dem Mangandioxyd vor. Der Übergang:

$$\boxed{MnO_2} \cdot CO^* \rightarrow \boxed{MnO} \cdot CO_2 \tag{5}$$

kann nicht sehr schnell sein. Durch Anwendung der Methode von BODENSTEIN auf die Reaktionen

$$\begin{aligned} MnO_2 + CO &= \boxed{MnO_2}\,CO^* = A^*; & w_1 &= k_1\,[CO] \\ A^* &= MnO_2 + CO; & w_2 &= k_2 A^* \\ A^* &= \boxed{MnO}\,CO_2 = Mn\,O + CO_2; & w_3 &= k_3 A^* \\ 2A^* + O_2 &= MnO_2 + 2CO_2; & w_4 &= 2k_4 A^*[O_2] \end{aligned} \tag{6}$$

erhält man

$$w = \frac{k_1 k_4\,[CO]\,[O_2]}{k_3 + k_2 + k_4\,[O_2]} \tag{7}$$

mit den Grenzfällen

$$w_1 = k_1\,[CO] \quad \text{bei} \quad k_4\,[O_2] \gg k_2 + k_3 \tag{8}$$

und

$$w_2 = \frac{k_1 k_4}{k_2 + k_3}\,[CO]\,[O_2] \quad \text{bei} \quad k_4\,[O_2] \ll k_2 + k_3. \tag{9}$$

Für das Geschwindigkeitsverhältnis von Katalyse und Chemisorption

$$\Delta = \frac{w_{kat}}{w_{chem}} \tag{10}$$

liefert dieses Schema

$$\Delta = \frac{k_1 k_4\,[CO]\,[O_2]\,\{k_2 + k_3 + k_4\,[O_2]\}}{\{k_2 + k_3 + k_4\,[O_2]\} \cdot k_3 k_1\,[CO]} = \frac{k_4}{k_3}\,[O_2], \tag{11}$$

d. h. ein lineares Anwachsen des Verhältnisses Δ mit wachsendem Sauerstoffpartialdruck im Gemisch. Der oben betrachtete Mechanismus entspricht dem verzweigten Schema

$$MnO_2 + CO \rightarrow MnO_2\,(CO)^* \overset{+O_2}{\nearrow} MnO_2 + CO_2 \;;\; \searrow MnO + CO_2. \tag{12}$$

Zu einer sehr ähnlichen Situation führt ein etwas komplizierteres Schema, in dem außer dem Gleichgewichtsübergangskomplex der aktivierten Adsorption des CO eine zweite Zwischensubstanz vorhanden ist, nämlich das frisch reduzierte Mangandioxyd, das durch Absorption von Sauerstoff seine Aktivität vollständig wiederherstellen kann[24]).

Die experimentellen Daten bestätigen die Richtigkeit dieser Anschauung[25, 21]).

In dem dargelegten Schema spielt die Bildungsenergie des endothermen Komplexes $\boxed{MnO_2}CO^*$, der der aktivierten Adsorption und der Aktivierung gemeinsam ist, die Rolle der Aktivierungsenergie. Für eine inhomogene Oberfläche muß die Verteilung der Bereiche über diese Größe von entscheidender Bedeutung sein. Da der Prozeß mit einer Chemisorption verbunden ist, die die aktivsten Bereiche ausschaltet, muß dieses Ausscheiden um so schneller erfolgen, je geringer E ist. Die Kinetik des Prozesses muß also nach dem in Teil II, Kapitel 3 erwähnten Typ verlaufen und mit einer Verschiebung des kontrollierenden Streifens in Richtung höherer E-Werte verbunden sein.

Bei vorgegebenem Sauerstoffpartialdruck p_{O_2} kann man Δ und sein Reziprokes $\beta = 1/\Delta$ als konstant für alle Bereiche mit allen E-Werten betrachten (vergleiche Seite 54). In diesem Fall muß die Kinetik der katalytischen Reaktion der Kinetik der aktivierten Adsorption ähneln; nur die Zahlenwerte der entsprechenden Koeffizienten sind verschieden. Bei gleichmäßig inhomogenen Oberflächen haben wir Grund, eine exponentielle Änderung der Geschwindigkeit mit der durch die Reaktion gegangenen Substanzmenge zu erwarten; bei einer exponentiellen Verteilung werden Gleichungen auftreten, die die Zeit sowohl für die Geschwindigkeit als auch für die durch die Reaktion gegangene Menge usw. in gebrochener Potenz als Faktor enthalten. Der Unterschied beschränkt sich auf den Zahlenwert des Ungleichmäßigkeitskoeffizienten α in der Gleichung

$$w = a \exp(-\alpha q) \tag{13}$$

und des Koeffizienten m in der Gleichung

$$w = a q^{-m}, \tag{14}$$

sie unterscheiden sich um den Faktor β von den entsprechenden Koeffizienten für die Chemisorption (siehe Teil II, Kapitel 3).

Die vorliegenden experimentellen Daten über die Kinetik dieser Reaktion stimmen mit unserem Schema gut überein. Leider war zur Zeit ihrer Veröffentlichung noch keine ausgearbeitete Theorie der Prozesse an breit inhomogenen Oberflächen vorhanden, so daß die Auswertung nur nach der Gleichung (13) [bzw. der Gleichung[26]) $q = a \ln(t + t_0)$] und nach den Gleichungen erster Ordnung erfolgte. Wie sich zeigte, folgt der Prozeß in einem großen Intervall der äußeren Bedingung und der Abnutzung der Oberfläche gut der Gleichung

$$\frac{dq}{dt} = w = a e^{-\alpha q} (q - q_0). \tag{15}$$

Solange die aktiven Bereiche noch nicht zerstört sind und ihre Abnutzung anhält, bestimmt der Faktor $e^{-\alpha q}$ die Situation, und die experimentellen Daten entsprechen recht gut der Gleichung (13); die Abb. 346 und 347, die aus den Arbeiten von JELOWITSCH und ROGINSKI und von JELOWITSCH und KATSCHUR stammen, lassen dies deutlich erkennen.

Die Zahlenwerte von a und besonders auch von α schwanken von Versuch zu Versuch ohne einfachen gesetzmäßigen Zusammenhang mit der Zusammensetzung des Gasgemisches, falls die übrigen Bedingungen nicht streng normiert sind. Aus diesem Grunde gelang es in den ersten Arbeiten nicht, die Gesetz-

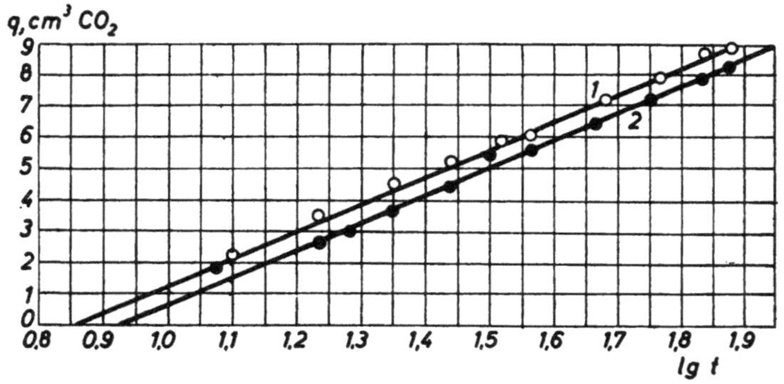

Abb. 346. Anwendbarkeit der logarithmischen Gleichung auf die Kinetik der katalytischen Oxydation von Kohlenmonoxyd an Mangandioxyd (nach JELOWITSCH und ROGINSKI). *1*: 26,4% CO, Anfangsdruck 171,0 Torr; *2*: 26,4% CO, Anfangsdruck 172,5 Torr.

mäßigkeiten in den Änderungen von a und α mit der Zusammensetzung des Gemisches und seinem absoluten Anfangsdruck zu ermitteln. In den späteren Arbeiten wurden die Experimente in dieser Hinsicht verfeinert. Äußerst wesentlich war für uns der Vergleich der Werte α für die Katalyse und die aktivierte Adsorption. Im zweiten Fall ist α um einen Faktor von der Größenordnung 10 höher als im ersten Fall, was dem angenommenen Schema entspricht. Wir erwähnen ferner die quantitative Übereinstimmung der Anfangswerte der Aktivierungsenergie, die sowohl für die Katalyse als auch für die aktivierte Adsorption etwa 6000 cal/Mol betragen. Diese Ergebnisse rechtfertigen unsere Behandlungsweise der Reaktion und zeigen, daß es richtig war, sie zu den Prozessen mit Selbstvergiftung an inhomogenen Oberflächen zu zählen. Leider ist infolge des Verlustes der ursprünglichen Zahlenwerte während des Krieges die Eindeutigkeit des Schlusses, daß die Oberfläche eine gleichmäßige Verteilung aufweist, ohne zusätzliche Messungen nicht zu klären. Bei dem kleinen t-Intervall ist auch die gute Erfülltheit des Gesetzes $q(\ln t)$ nicht als entscheidendes Argument zu werten.

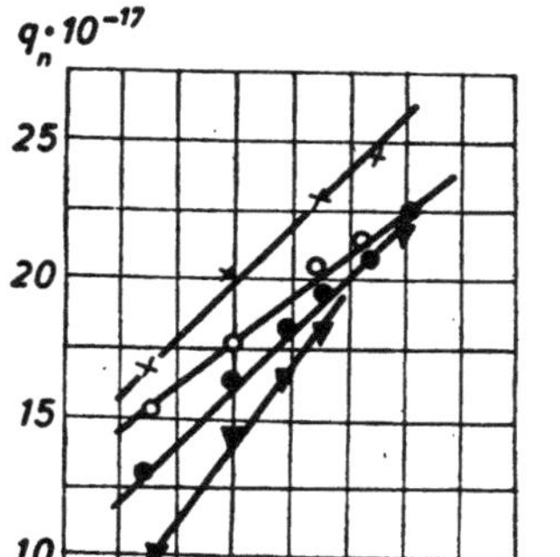

Abb. 347. Anwendbarkeit der logarithmischen Gleichung auf die Kinetik der katalytischen Oxydation von Kohlenmonoxyd an Mangandioxyd für verschiedene Katalysatorproben (nach JELOWITSCH und KATSCHUR).

Möglicherweise wäre die Linearität in doppeltlogarithmischer Auftragung genau so gut oder sogar noch besser; dieses ist möglich bei einem Gesetz

$q \sim \ln RT \ln t$, das der hyperbolischen Verteilung H/E entspricht, oder bei einem Gesetz $q^{1/2} \sim \ln t$, das einer linearen Verteilung HE entspricht.

Ganz anders liegen die Dinge bei stark abgenutzten Oberflächen, für die E seinen Grenzwert erreicht hat. In diesem Fall wird das Exponentialglied in Gleichung (15) konstant, und diese geht in eine Gleichung erster Ordnung über. Die Abb. 348 und 349 zeigen, wie gut diese Gleichung von stark abgenutzten Präparaten erfüllt wird. Die oben geschilderte Situation gilt mit geringen Abänderungen auch für das Nickeloxyd.

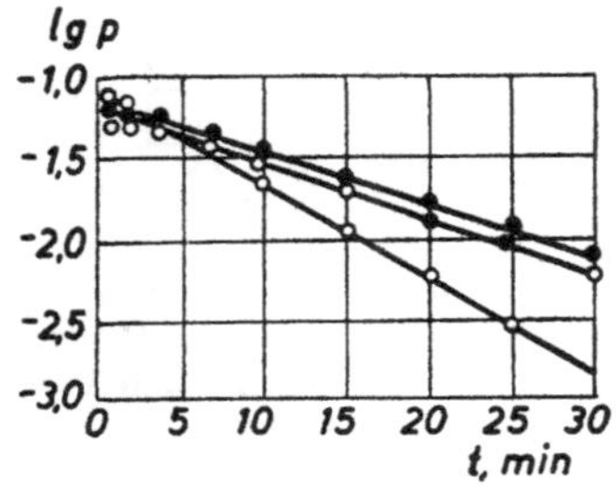

Abb. 348. Erste Ordnung für die katalytische Oxydation von Kohlenmonoxyd an Mangandioxyd für lange in Betrieb befindliche Katalysatoren (nach JELOWITSCH und CHARACHORIN).

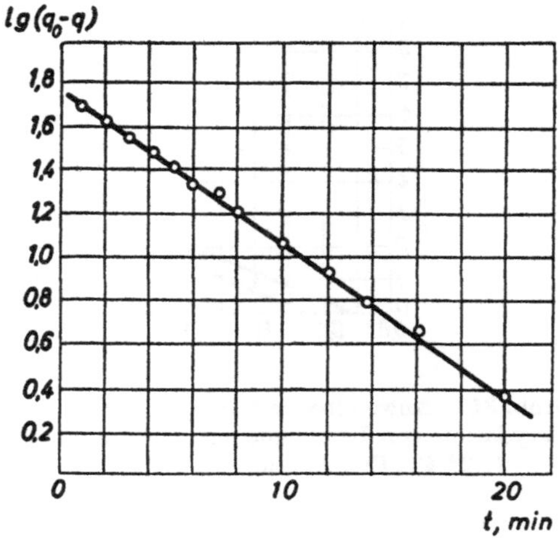

Abb. 349. Erste Ordnung für die aktivierte Adsorption von Kohlenmonoxyd an einem lange in Betrieb befindlichen Mangandioxydkatalysator (nach JELOWITSCH und CHARACHORIN).

Dieses System wurde in einer Reihe von Arbeiten unseres Laboratoriums eingehend untersucht, wobei sich die Aktivität des Oxyds bei Änderung der Herstellungsbedingungen ebenfalls stark änderte[27]). An frischen aktiven Präparaten erfolgt die Oxydation von Kohlenmonoxyd nach einem logarithmischen Gesetz (Abb. 350). Bei Präparaten, die schon längere Zeit gearbeitet haben, und bei Präparaten von geringer Aktivität verläuft im Gegensatz dazu die Reaktion in erster Ordnung, wie die Abb. 351 zeigt. Eine sehr ähnliche Sachlage beobachtet man auch bei der katalytischen Oxydation von Wasserstoff durch molekularen Sauerstoff an aktiven und inaktiven Nickeloxydpräparaten (Abb. 352 und 353). Die Temperaturabhängigkeit beider Prozesse ist bei geeigneter Wahl der entsprechenden Punkte streng exponentiell. Die Aktivierungsenergie hängt von der Aktivität des Kontakts und von seiner Arbeitsdauer ab. In Abb. 354 ist dies für die Anfangsgeschwindigkeiten gezeigt. Die Gerade *1* bezieht sich auf aktives Nickeloxyd, das durch Zerlegung von Nickelcarbonat bei einigen tausendstel Torr hergestellt wurde; die Gerade *2* beschreibt das Verhalten eines Präparats von mittlerer Aktivität, das bei mittleren Kohlendioxyddrucken (2 Torr) hergestellt wurde. Abb. 355 veranschaulicht den exponentiellen Charakter der Temperaturabhängigkeit der Anfangsgeschwindigkeit für die Oxydation von Wasserstoff an Nickeloxyd. Infolge des recht gut exponentiellen

Verlaufs läßt sich die Richtigkeit der zugrunde gelegten Anschauung, nämlich der Zurückführung der Kinetik auf das Ausscheiden der Oberflächenbereiche, angefangen bei den aktivsten, die durch die geringsten Aktivierungsenergien gekennzeichnet werden, unmittelbar experimentell nachprüfen.

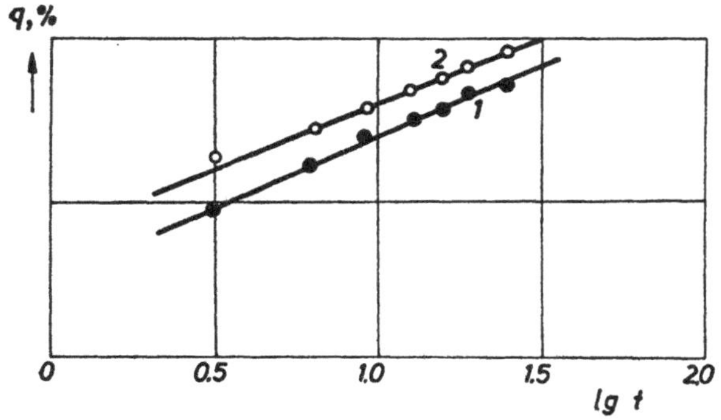

Abb. 350. Logarithmische Kinetik für die Oxydation von Kohlenmonoxyd an frischem Nickeloxyd (nach ROGINSKI und ZELLINSKAJA) bei den Temperaturen 60° (*1*) und 100° (*2*).

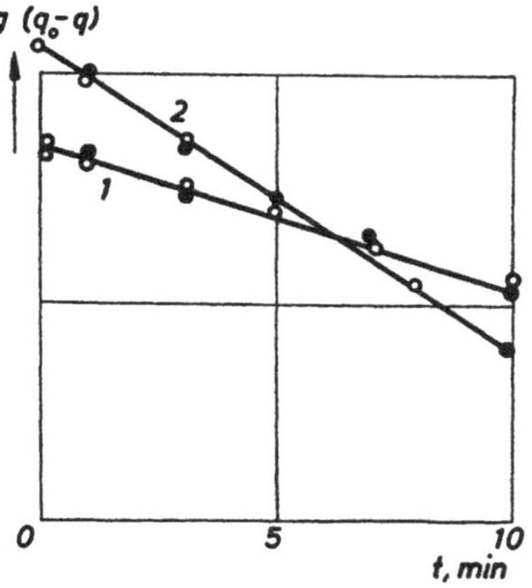

Abb. 351. Erste Ordnung für die Oxydation von Kohlenmonoxyd an Nickeloxyd mit geringer Aktivität (nach ROGINSKI und ZELLINSKAJA). *1*: $t° = 23°$; *2*: $t° = 160°$; um die Kurve für den Versuch bei hoher Temperatur auf dem gleichen Diagramm unterzubringen, mußte der Maßstab gestaucht werden.

Die Ergebnisse dieser Prüfung sind in Abb. 356 für Kohlenmonoxyd und Wasserstoff dargestellt. Dieses Diagramm zeigt die Richtigkeit unserer Deutung der logarithmischen Kinetik.

Man kann annehmen, daß der von uns für die Katalyse an Mangandioxyd vorgeschlagene Stadienmechanismus auch für das Nickeloxyd gilt. Hierfür spricht die Ähnlichkeit der Kinetik der aktivierten Adsorption mit der Kinetik der eigentlichen Reaktion (Abb. 357) sowie die Übereinstimmung der Absolutgeschwindigkeiten und der Anfangswerte der Aktivierungsenergien für diese beiden Prozesse. Neu ist die höhere Beständigkeit des Kohlenmonoxyds in der adsorbierten Schicht. Nach der Dissertation von ZELLINSKAJA kann ein erheblicher Teil des aktiviert adsorbierten Kohlenmonoxyds in seiner ursprünglichen Form vom Nickeloxyd wieder desorbiert werden. Im adsorbierten Zustand reagiert dieses Oxyd mit dem molekularen Sauerstoff, wie Abb. 358 zeigt. Hierdurch wird die völlige Unbrauchbarkeit des trivialen chemischen Stadienschemas von BENTON bewiesen, während die Verhältnisse mit unserem Schema gut übereinstimmen. Man kann annehmen, daß die Situation auch bei der Oxydation des Kohlenmonoxyds an Chromiten ähnlich liegt.

Wir müssen darauf hinweisen, daß unsere Ergebnisse zum Teil von den Angaben anderer Autoren abweichen.

So beobachteten BRUNS und seine Mitarbeiter unter bestimmten Bedingungen eine nullte Ordnung des Prozesses hinsichtlich des Kohlenmonoxyds.

SCHWAB und seine Mitarbeiter erhielten eine ausgezeichnete Übereinstimmung mit den LANGMUIRschen Gleichungen in ihrer komplizierteren Form usw.[28]). BRUNS erklärt diese Diskrepanz durch Unterschiede im Zustand des Kontaktes.

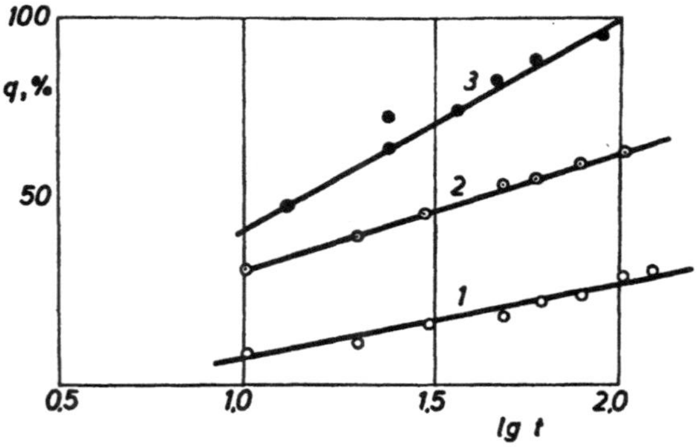

Abb. 352.

Kinetik der Reaktion $2H_2 + O_2 = 2H_2O$ an aktivem Nickeloxyd in den Koordinaten q und $\lg t$ (nach ZELLINSKAJA). Hierbei ist q in Prozenten der Umwandlung ausgedrückt. *1*: $t° = 50°$; *2*: $t° = 100°$; *3*: $t° = 150°$.

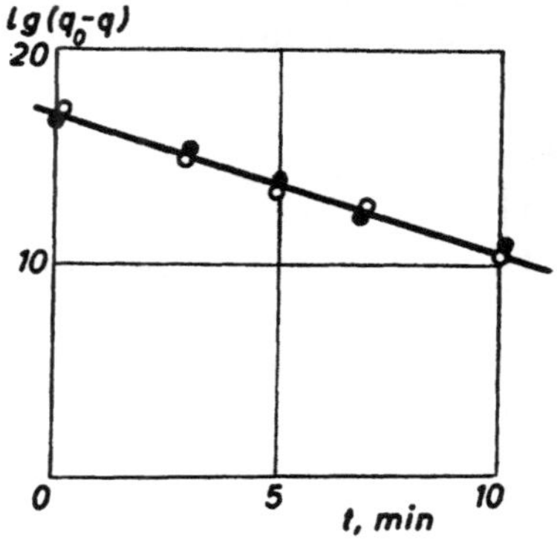

Abb. 353.

Erste Ordnung für den zeitlichen Ablauf der Oxydation von Wasserstoff an Nickeloxyd von geringer Aktivität bei 160° (nach ZELLINSKAJA).

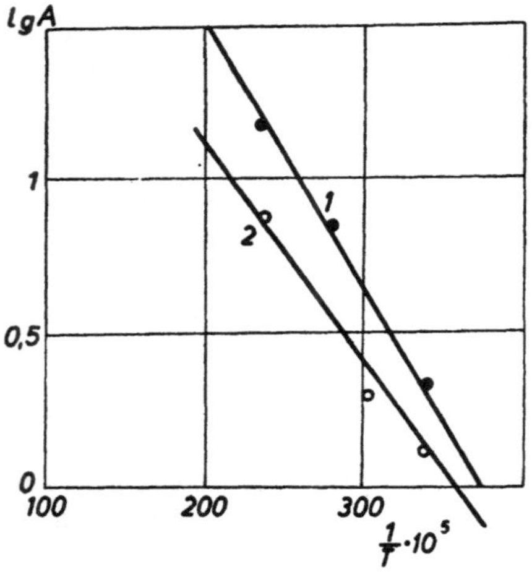

Abb. 354. ARRHENIUSsche Abhängigkeit der Anfangsgeschwindigkeit A für die Oxydation von Kohlenmonoxyd an zwei Nickeloxydpräparaten, die bei verschiedenen Übersättigungen hergestellt wurden (nach ZELLINSKAJA). *1*: für das aktivere, *2*: für das weniger aktive Präparat.

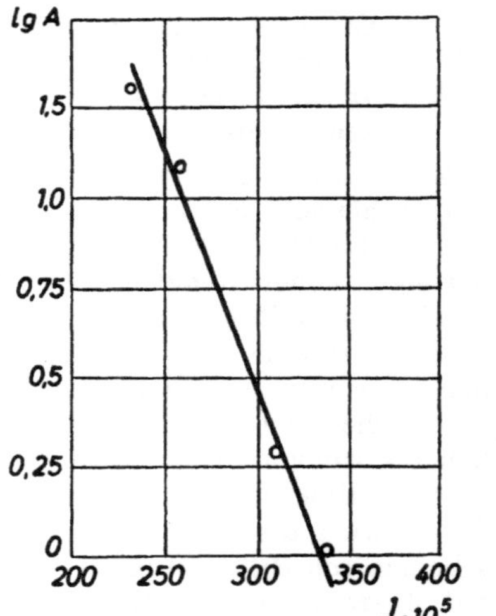

Abb. 355.

ARRHENIUSsche Abhängigkeit der Anfangsgeschwindigkeit A für die Oxydation von Wasserstoff an Nickeloxyd.

Bei seinen Versuchen wurde die Kinetik im Gegensatz zu den unseren an lange in Betrieb befindlichen Kontakten untersucht, die in einen Quasigleichgewichtszustand eingetreten waren.

In der Tat muß unter diesen Bedingungen der Faktor e^{-aq} bzw. der analoge Faktor a/q^m verschwinden, so daß nur die Abhängigkeit übrigbleibt, die den Einfluß der Zusammensetzung und die kinetischen Gleichungen für eine unveränderliche Oberfläche kennzeichnet.

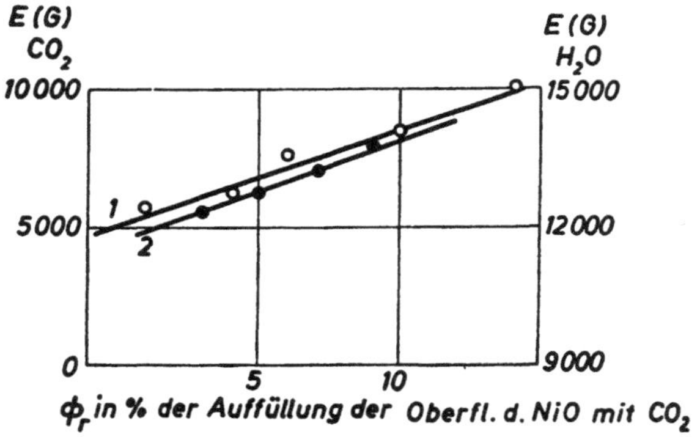

Abb. 356. Abhängigkeit der Aktivierungsenergie für die Oxydation von Kohlenmonoxyd (*1*) und Wasserstoff (*2*) an Nickeloxyd. Für jede Reaktion ist ein besonderer *E*-Maßstab gewählt.

Obwohl die nullte Ordnung bei Prozessen an inhomogenen Oberflächen sehr verbreitet ist, ist ihr Auftreten bei den Versuchen von BRUNS wegen der Eigentümlichkeiten der Methodik möglicherweise irreführend und kann auf seine dynamische Methode zurückgeführt werden. In der Arbeit von BRUNS finden sich verborgene Widersprüche, auf Grund deren man die Realität der nullten Ordnung anzweifeln muß; besonders ist unverständlich, wie bei einer nullten Ordnung mit wachsendem Partialdruck des Kohlenmonoxyds die Selbsterwärmung steigen kann. In seinen letzten Arbeiten hat BRUNS die Richtigkeit unseres Schemas für frische Präparate anerkannt.

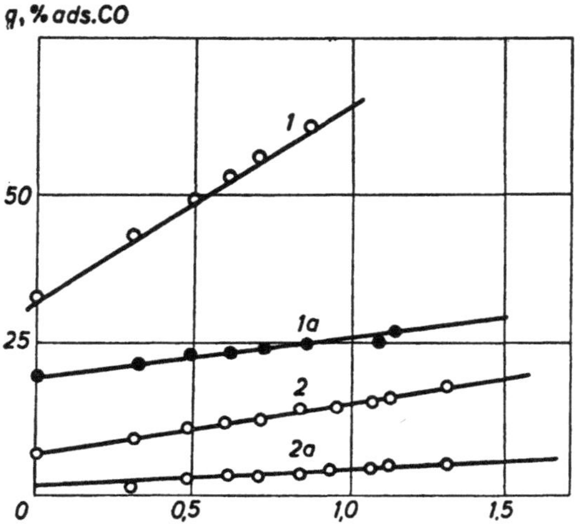

Abb. 357. Gültigkeit einer logarithmischen Geschwindigkeitsgleichung für die aktivierte Adsorption von Kohlenmonoxyd an Nickeloxyd. Die Geraden *1* und *2* beziehen sich auf einen aktiveren und die Geraden *1a* und *2a* auf einen weniger aktiven Kontakt. *1*: $t° = 160°$, *2*: $t° = 23°$.

Die Gleichung von SCHWAB und DRIKOS gilt zum Teil auch für einen eingearbeiteten Katalysator und enthält ziemlich willkürliche Konstanten, mit deren Hilfe beliebige experimentelle Daten mit dieser Gleichung in Einklang gebracht werden können. Insgesamt beweisen die Daten über die Oxydation an Mangandioxyd die Realität der Gruppe II A 2 unserer kinetischen Klassifikation und die Übereinstimmung der wichtigsten Eigenschaften dieser Reaktion mit den Schlußfolgerungen der Theorie der Prozesse an inhomogenen Oberflächen.

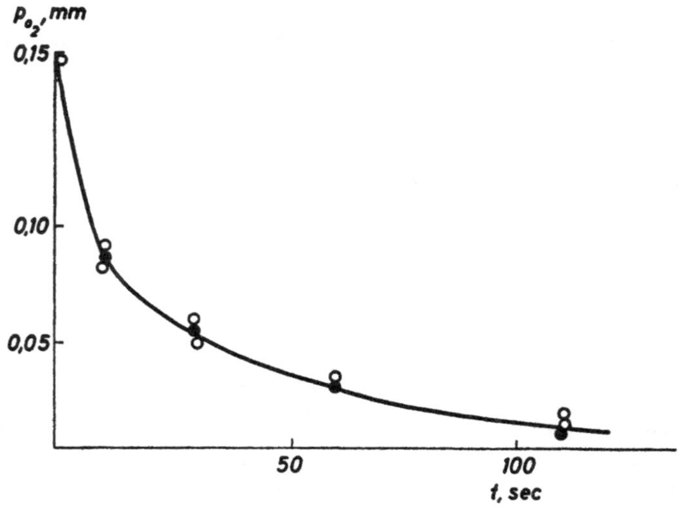

Abb. 358. Kinetik der Oxydation von aktiviert adsorbiertem Kohlenmonoxyd an Nickeloxyd durch molekularen Sauerstoff (nach ZELLINSKAJA).

§ 4: *Die Oxydation von Schwefeldioxyd an metallischen und Oxydkatalysatoren*

Die Kinetik dieser industriell äußerst wichtigen Reaktion wurde in den letzten Jahren von einer Reihe ausländischer und sowjetischer Autoren eingehend untersucht. Von den bisher genannten Oxydationsreaktionen unterscheidet sich dieser Prozeß durch eine erhebliche Reversibilität, durch die die Kinetik wesentlich kompliziert wird und die insbesondere zum Auftreten optimaler Ausbeuten bei bestimmten Temperaturen führt.

Schon vor längerer Zeit bemerkte man, daß die Geschwindigkeit des Prozesses an Platin mit wachsender Konzentration des Schwefeltrioxyds stark abnimmt, und zwar auch bei Temperaturen, bei denen man die inverse Reaktion vernachlässigen kann. Auf das Schema, das BODENSTEIN zur Erklärung dieser Gesetzmäßigkeit vorgeschlagen hat, und das eine begrenzende Rolle der Diffusion der Gase durch eine monomolekulare Trioxydschicht annimmt[29]), mußte verzichtet werden. Auch die Anwendung der LANGMUIRschen Theorie in ihrer ursprünglichen Form und mit den TAYLORschen Korrekturen führte zu keinem befriedigenden Ergebnis.

In letzter Zeit untersuchten BORESKOW und seine Mitarbeiter diese Reaktion an Vanadium-, Eisen- sowie auch an Platinkatalysatoren eingehend und zeigten, daß die Kinetik des direkten Prozesses an allen diesen Katalysatoren durch Gleichungen mit konstantem positiven Bruchexponenten für Sauerstoff und Schwefeldioxyd und mit einer negativen Bruchpotenz für das Schwefeltrioxyd beschrieben wird[30]). Wir veranschaulichen die Ergebnisse des Autors am Beispiel der von ihm und SOKOLOWA zuletzt untersuchten Oxydation des Schwefeldioxyds an Eisenoxyd[31]).

In der betreffenden Untersuchung lieferten die Ausgangsmessungen die Abhängigkeit des Prozentsatzes der Umwandlung von der Einwirkungszeit τ. Hierbei änderte sich die Konzentration des Schwefeldioxyds von 3,47 auf 13,50% und die Sauerstoffkonzentration von 8,08 auf 32,88%, d.h. etwa um den Faktor 4. Nach den angegebenen Kurven ohne Meßpunkte ist es leider nicht möglich, den Änderungsbereich von τ festzustellen. In der Tab. 3 der genannten Arbeit, wo die Ausbeuten um nicht mehr als einen Faktor 2 schwankten, änderte sich τ offenbar um nicht mehr als den Faktor 10. Diese zur Analyse der Inhomogenität der Oberfläche zu kleinen Variationsbereiche, ferner die genannten Komplikationen infolge der Reversibilität des Prozesses legen große Vorsicht gegenüber den Zahlenkoeffizienten in der endgültigen kinetischen Gleichung

$$\frac{d c_{SO_3}}{d\tau} = k_1 \left(\frac{c_{SO_2}}{c_{SO_3}}\right)^{1,5} c_{O_2} - k_2 \left(\frac{c_{SO_3}}{c_{SO_2}}\right)^{0,5} \tag{16}$$

nahe; dies gilt in noch stärkerem Maße für den Vergleich der experimentellen Daten mit dieser Gleichung in ihrer Integralform

$$k_1 = \frac{a}{\tau} \int\limits_0^x \frac{x^{1,5}\, dx}{(1-x)^{1,5}\left[\left(b - \frac{ax}{2}\right) - \frac{1}{k_2 \beta}\left(\frac{x}{1-x}\right)^2\right]}, \tag{17}$$

wobei x die Konzentration zur Zeit τ ist.

Durch eine graphische Integration bestimmte der Autor die Werte von k, die in Tab. 25 zusammengestellt sind. In dieser Tabelle ist die Anfangskonzentration des Sauerstoffs im Gemisch mit b, die Anfangskonzentration des Schwefeldioxyds mit a bezeichnet. Beide Größen sind in Prozent angegeben.

Aus der Tabelle geht hervor, daß die Streuung der Werte k_1 ziemlich hoch ist: der Mittelwert von k_1 schwankt zwischen 0,22 und 0,33, d. h. um 50%, wenn man die kleinere der beiden Zahlen zugrunde legt. Betrachtet man die Extremwerte der einzelnen Zahlen, so ist die Streuung von k_1 noch größer: von 0,39 bis 0,18 oder mehr als 100%, wenn man die kleinere dieser beiden Zahlen, und etwa 80%, wenn man die Mittelwerte zugrunde legt.

Wie mehrfach betont wurde, hängen die Adsorptionsenergie und die Aktivierungsenergie mit der Konzentration logarithmisch zusammen: die Abhängigkeiten sind vom Typ $E = RT \ln \frac{x_1}{C}$. Damit sich also der wahre Energiewert um RT ändert, muß sich x_1 um den Faktor 2,7 ändern, so daß die Gesamtänderung der E und Q des kontrollierenden Streifens, die dem Variationsbereich der Konzentrationen in der Arbeit von BORESKOW und SOKOLOWA entspricht, nur etwa 2 bis 3 RT beträgt, was nicht ausreicht, um den Einfluß der Inhomogenität zweifelsfrei nachzuweisen, und erst recht nicht zur Ermittlung der Verteilung. Die Verfasser nehmen an, daß die Geschwindigkeit des direkten Prozesses durch die Geschwindigkeit des langsamsten Prozesses, d. h. der aktivierten Adsorption des Sauerstoffs, bestimmt wird, die exponentiell von der Besetzung abhängt:

$$\frac{d(SO_3)}{dt} = -\frac{d(O_2)}{dt} = k_0 e^{\frac{-E_0}{RT}} \cdot p_{O_2}\, e^{-\beta f \cdot \Phi} \sim e^{-\alpha q}, \tag{18}$$

sie verwenden also die Formel von SELDOWITSCH-ROGINSKI:

$$\frac{dq}{dt} \sim e^{-\alpha q} \tag{19}$$

in ihrer TJOMKINschen Variante.

Indem sie die Vorstellung eines Quasigleichgewichtszusammenhanges der Größen $Q_{2\,\mathrm{ads}}$ und θ_{O_2} mit den Konzentrationen der beiden Schwefeloxyde einführen, erhalten die Autoren dann ein Analogon zu der vorstehenden kinetischen Gleichung. Vom Standpunkt der statistischen Theorie der inhomogenen Oberflächen ist in dieser Schlußfolgerung einiges unklar. Wie in Teil III, Kapitel 3 gezeigt wurde, ist für das Auftreten konstanter Bruchpotenzen in der Kinetik einer Reaktion an einer inhomogenen Oberfläche wesentlich das Vorhandensein eines schwebenden kontrollierenden Streifens und ein linearer Zusammenhang zwischen E und Q für das entsprechende Gleichgewicht, nicht aber der Verteilungstyp. Die experimentellen Ergebnisse der Verfasser könnten also wohl als Argument für eine Inhomogenität, nicht aber für eine Gleichmäßigkeit dienen.

TABELLE 25

Berechnete Werte für die Geschwindigkeitskonstante bei verschiedenen Anfangskonzentrationen von O_2 und SO_2 nach BORESKOW *und* SOKOLOWA

Ursprüngliche Zusammensetzung	Umwandlungsgrad	Geschwindigkeitskonstante
$b = 8{,}08\%$, $a = 7{,}53\%$	0,30	0,39
	0,35	0,31
	0,40	0,29
Mittelwert		0,33
$b = 19{,}32\%$, $a = 7{,}92\%$	0,30	0,23
	0,35	0,29
	0,40	0,33
	0,45	0,36
	0,50	0,32
Mittelwert		0,31
$b = 3{,}64\%$, $a = 20{,}23\%$	0,35	0,18
	0,40	0,19
	0,45	0,26
	0,50	0,20
	0,55	0,25
Mittelwert		0,22

Ursprüngliche Zusammensetzung	Umwandlungsgrad	Geschwindigkeitskonstante
$b = 11{,}66\%$, $a = 18{,}35\%$	0,35	0,19
	0,40	0,23
	0,45	0,25
Mittelwert		0,22
$b = 12{,}50\%$, $a = 7{,}74\%$	0,30	0,26
	0,35	0,28
	0,40	0,30
	0,45	0,28
Mittelwert		0,28
$b = 32{,}86\%$, $a = 7{,}77\%$	0,40	0,24
	0,45	0,28
	0,50	0,30
	0,55	0,30
	0,60	0,28
Mittelwert		0,28

Ursprüngliche Zusammensetzung	Umwandlungsgrad	Geschwindigkeitskonstante
$a = 8{,}97\%$, $b = 19{,}11\%$	0,30	0,21
	0,35	0,25
	0,40	0,27
	0,45	0,27
	0,50	0,29
Mittelwert		0,26
$a = 13{,}60\%$, $b = 18{,}14\%$	0,30	0,27
	0,35	0,26
	0,40	0,26
Mittelwert		0,26

Die zweite Schwierigkeit beruht auf dem Schema selbst: damit die von den Autoren abgeleitete Beziehung gilt, muß in Abb. 359 im wesentlichen der Streifen *z* arbeiten, während alle Bereiche mit kleineren *E*-Werten für den Adsorptionsprozeß wegen ihrer hohen Besetzung mit Sauerstoff im Halbgleichgewicht mit SO_3 nur von geringer Wirksamkeit sein können. Dies ist nur möglich, wenn θ_{O_2} mit wachsendem *E* stark abnimmt, d. h., wenn die Wärmetönung der Bildung von SO_3 aus O_2^* und SO_2 mit *E* antibat abnimmt, was bei antibatem Verhalten der Adsorptionswärme von O_2 mit der Aktivierungsenergie der Adsorption dieses Gases möglich, aber durchaus nicht notwendig ist; beide *Q* müssen sich also symbat zueinander und antibat zur Aktivierungsenergie der Adsorption des Sauerstoffs *E* verhalten.

In der diskutierten Arbeit fehlt ein direkter Beweis für die Realität dieser Beziehungen, ohne die die beschriebenen Gesetzmäßigkeiten, falls sie auf einer breiten Inhomogenität der Oberfläche beruhen, nicht auftreten können.

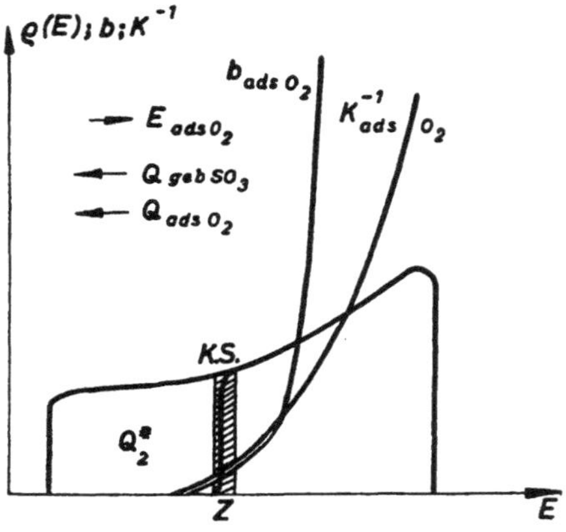

Abb. 359.
Schema einer Verteilung mit schwebendem kontrollierenden Streifen, der für die gebrochenen Ordnungen bei BORESKOW und SOKOLOWA verantwortlich sein könnte.

Für den Autor waren diese Schwierigkeiten nicht vorhanden, denn seiner Analyse lag die Theorie der Prozesse an homogenen Oberflächen mit einer Aktivierungsenergie, die infolge der gegenseitigen Abstoßung der adsorbierten Molekeln in der Schicht von der Besetzung abhängt, zugrunde. In diesem Fall sind bei jeder gegebenen Kombination von Bedingungen die Eigenschaften der Molekeln des Übergangskomplexes an jedem Bereich der Oberfläche bis auf zufällige Schwankungen der Bildungsenergie dieser Molekeln gleich, ändern sich aber (für die gesamte Oberfläche) bei einer Änderung der Zusammensetzung des Adsorbats und seines Besetzungsgrades. Ihrer physikalischen Bedeutung nach ist diese von TJOMKIN entwickelte Anschauung grundsätzlich verschieden von der Konzeption der breit inhomogenen Oberflächen; beachtet man jedoch die schon in den ersten Untersuchungen von TJOMKIN festgestellte formale Ähnlichkeit der Kinetik an inhomogenen Oberflächen mit der Kinetik bei Beteiligung von Abstoßungskräften, so ist nicht einzusehen, welche unmittelbaren Daten uns veranlassen sollten, der Abstoßungstheorie den Vorzug zu geben. Alle Argumente, die im betreffenden Fall zugunsten dieser Theorie vorgebracht werden können, lassen sich gleichermaßen auch zugunsten der Inhomogenität verwenden.

Hierdurch wird eine ausführlichere Darlegung der Theorie von TJOMKIN und ihre Anwendung auf die Oxydation des Schwefeldioxyds sehr interessant.

Die Grundlage der Theorie von TJOMKIN bildet die Gleichung für die Abhängigkeit des chemischen Potentials μ der aktiven Komplexe an der Oberfläche von ihrer Wechselwirkung untereinander und mit den übrigen adsorbierten

Molekeln:

$$\mu = -RT \ln \frac{G f^* n_0}{n^*} + Q_0^* + RT \sum_k A_{*k}\, \theta_k. \tag{20}$$

In dieser Gleichung, die man durch Anwendung des Virialsatzes auf die Theorie der Adsorption von Gemischen mit einer Wechselwirkung erhält[37]), bedeutet n^* die Anzahl der aktiven Komplexe an der Oberfläche, f^* ihre statistische Zustandssumme, n_0 die Gesamtzahl der Elementarbereiche, Q_0^* die Wärmetönung der Bildung eines Mols des aktivierten Komplexes an der Oberfläche beim absoluten Nullpunkt und in Abwesenheit von Wechselwirkungskräften, G das statistische Gewicht des aktivierten Komplexes, das gleich der Anzahl seiner möglichen Lagen an der Oberfläche ist, wenn die von ihm eingenommene Fläche festgehalten wird, θ_k die spezifische Besetzung der Oberfläche mit adsorbierten Molekeln der Sorte k, A_{*k} ein Koeffizient, den man prinzipiell berechnen kann, wenn man das Wechselwirkungsgesetz zwischen den adsorbierten Molekeln und denen des aktivierten Oberflächenkomplexes kennt.

Im Gleichgewicht mit den Ausgangssubstanzen ist das chemische Potential des Übergangskomplexes, der aus $a_1, a_2, \ldots$ Molekeln der adsorbierten Gase und $r_1, r_2, \ldots$ freien Gasmolekeln besteht, gleich der Summe der chemischen Potentiale der Ausgangssubstanzen

$$\mu^* = a_1\mu_1 + a_2\mu_2 + \ldots + r_1\mu_1' + r_2\mu_2' + \ldots, \tag{21}$$

Hieraus erhält man leicht die Gleichgewichtsanzahl der aktiven Komplexe n^* und die Geschwindigkeit w des Prozesses, die einfach $n^* \frac{kT}{h}$ beträgt (falls man die Durchlässigkeit gleich Eins setzt).

In ihrer endgültigen Form lautet die Gleichung für die Geschwindigkeit

$$w = \frac{kT}{h} n_0 G \frac{f^*\, e^{\frac{Q_0^*}{RT}}}{f_1^{a_1} f_2^{a_2} \cdots f_1'^{r_1} f_2'^{r_2} \cdots} \exp\left(-\sum A_{*k}\, \theta_k\right) \exp\left(\sum_i a_i \sum_k A_{ik}\, \theta_k\right) \times$$
$$\times \prod_i \theta_i^{a_i} \prod_j c_j^{r_j}. \tag{22}$$

In dieser recht unübersichtlichen Gleichung, deren Anwendbarkeit sich auf Besetzungen beschränkt, die weit von der Sättigung entfernt sind, erstreckt sich die Summation $\sum_i$ über sämtliche adsorbierten Molekelsorten einschließlich der nicht an der Reaktion beteiligten, aber an der Oberfläche befindlichen Molekeln. Die Summation $\sum_k$ erstreckt sich über alle Molekeln, die vom adsorbierten Zustand aus in die Reaktion eintreten. Aus der durchaus nicht notwendigen Gleichung

$$\sum_k A_{ik}\theta_k = \ln p_i/b_i$$

geht hervor, daß die Exponentialfunktion mit der Summe im Exponenten in das Produkt der entsprechenden Partialdrucke in a_i-ter Potenz übergeht. Die endgültige Form der kinetischen Gleichungen ist abhängig von den Annahmen über den Charakter der kontrollierenden Etappe und die Stärke der Adsorption der einzelnen Gase; im Fall der Versuche von Boreskow handelt es sich um O_2, SO_2 und SO_3. Unter der Annahme, daß die Adsorption des O_2 mit einer

Dissoziation in die Atome verbunden ist, erhält BORESKOW folgende Ausdrücke für die spezifischen Besetzungen der Oberfläche mit Sauerstoff, Schwefeldioxyd und Schwefeltrioxyd:

$$\theta_{O_2} = A_1 \ln \sqrt{p_{O_2}/b_{O_2}} - A_2 (\ln p_{SO_2}/b_{SO_2} + \ln \sqrt{p_{O_2}/b_{O_2}}) + A_3 \ln p_{SO_3}/b_{SO_3},$$

$$\theta_{SO_2} = -A_4 \ln \sqrt{p_{O_2}/b_{O_2}} + A_5 (\ln p_{SO_2}/b_{SO_2} + \ln \sqrt{p_{O_2}/b_{O_2}}) - A_6 \ln p_{SO_3}/b_{SO_3},$$

$$\theta_{SO_3} = A_7 \ln \sqrt{p_{O_2}/b_{O_2}} - A_8 (\ln p_{SO_2}/b_{SO_2} + \ln \sqrt{p_{O_2}/b_{O_2}}) + A_9 \ln p_{SO_3}/b_{SO_3}. \quad (23)$$

Unter Benutzung dieser und der vorhergehenden Gleichungen sowie des von TJOMKIN angenommenen linearen Zusammenhanges der Aktivierungsenergien E_1 und E_2 mit der Adsorptionswärme trennt BORESKOW die Fälle, in denen der Prozeß durch die Adsorption des Schwefeldioxyds, die Reaktion $SO_{2ads} + O_{ads} \rightarrow SO_{3ads}$, die Desorption des Schwefeltrioxyds bzw. die Adsorption des Sauerstoffs begrenzt wird. Für die Katalyse am massiven Platin spricht eine Analyse der Daten in der Literatur für die begrenzende Rolle der Adsorptionsgeschwindigkeit des Schwefeldioxyds an der sauerstoffbedeckten Oberfläche. Für Vanadium- und Eisenoxyd kann man auf die begrenzende Rolle der Bindung des Sauerstoffs durch die Katalysatoroberfläche schließen. Alle diese konkreten Schlußfolgerungen sind auch für die statistische Deutung von Interesse, die bisher in keinem Fall systematisch durchgeführt worden ist.

§ 5: *Andere Oxydationsprozesse*

Die beiden erörterten Kontaktoxydationen haben die Übereinstimmung der statistischen Theorie mit den vor ihrem Erscheinen angesammelten Daten, die also ohne Berücksichtigung der besonderen Forderungen der Theorie gewonnen wurden, hinreichend anschaulich gezeigt; diese Forderungen bezogen sich auf den Fall, daß aus den experimentellen Daten Schlüsse auf die Statistik der Oberfläche gezogen werden sollen.

Wir erwähnen einige weitere Daten, die die Vielfalt der Erscheinungsformen der Inhomogenität in der Kinetik der Oxydationsreaktionen veranschaulichen. Kürzlich führten MARGOLIS und TODES eine umfassende Untersuchung der Kinetik der weitgehenden Oxydation von Kohlenwasserstoffen an binären aktiven Kontakten durch[32]).

Die Ordnung des unter dynamischen Bedingungen ablaufenden Prozesses war eine zweite hinsichtlich des Kohlenwasserstoffs und nullte hinsichtlich des Sauerstoffs. Im Gebiet hoher Temperaturen scheint die Verteilung der Katalysatoren über die Aktivitätswerte widernatürlich (vergleiche auch Abb. 317, Seite 480). Bei hohen Temperaturen haben die aktivsten Kontakte die höchsten E-Werte (Tab. 26). Zur Erklärung weisen die Verfasser auf die Möglichkeit sehr großer Unterschiede in den Anzahlen aktiver Bereiche mit verschiedenen E-Werten hin. Diese Deutung ist aber abzulehnen, da man bei Gleichheit der spezifischen Oberflächen annehmen müßte, daß bei den weniger aktiven Kontakten von 10^9—10^{12} Bereichen nur einer arbeitet, was mit allen übrigen Abschätzungen für dies Verhältnis unvereinbar ist. Wir stoßen hier auf eines der wichtigsten Probleme der Kinetik der katalytischen Reaktionen, nämlich auf die Ursachen für die teilweise und vollständige Kompensation der kleinen

E-Werte durch kleine k_0-Werte. Diese Erscheinung ist in der Kinetik der Kontaktprozesse sehr verbreitet und harrt noch ihrer Aufklärung.

Bei symbatem Verhalten der wahren Aktivierungsenergie und der Wärmetönung für die Bildung des exothermen Adsorptions-Übergangskomplexes bei schwebendem kontrollierenden Streifen sind noch andere Erklärungsmöglichkeiten vorhanden, die keine so unwahrscheinlichen ϱ_1 voraussetzen. Solange noch keine guten systematischen Messungen der spezifischen Oberfläche und des Einflusses der Reaktionsprodukte vorliegen, ist eine eingehende Erörterung dieser Erklärungsmöglichkeiten nicht am Platze.

TABELLE 26

Aktivierungsenergien und Faktoren vor dem Exponentialausdruck für die Oxydation von Isooktan an verschiedenen Katalysatoren

Katalysator	Aktivierungs-energie E in cal/Mol	Faktor vor dem Exponential-ausdruck k_0
Magnesium-Chrom	45000	10^{17}
Eisen-Chrom	30000	10^{11}
Silbermanganit	27800	10^{10}
Nickelchromit	30000	10^{11}
Kupfer-Chrom	15500	10^{6}
Kupferchromit	15200	$10^{7,3}$
Kupfer-Aluminium Eisen-Aluminium	} 16200	10^{6}
Platin	13900	$10^{9,2}$
Palladium	15000	10^{11}

Eine zweite Gruppe interessanter kinetischer Beobachtungen, die möglicherweise ebenfalls auf einer Inhomogenität der betreffenden Oberflächen beruht, liegt für die Kontaktoxydation von Stickoxyd zu Stickstoffdioxyd an Silicagel bei tiefen Temperaturen vor. Die Reaktion wird durch eigenartige kritische Grenzen hinsichtlich des Drucks in der Gasphase (Abb. 360) und hinsichtlich der Besetzung der Oberfläche (unterhalb erfolgt keine Reaktion) sowie auch hinsichtlich der Zusammensetzung des Gemischs (Abb. 361) gekennzeichnet[33])*.

In diesem Fall versucht man naheliegenderweise die Theorie der Adsorption von Gemischen an inhomogenen Oberflächen anzuwenden, nach der, wie in Teil II, Kapitel 5, gezeigt wurde, die beiden Komponenten an der Oberfläche sowohl bei symbatem Gang beider Q (die in dem erörterten Fall naheliegt) als auch bei antibatem Gang dieser beiden Größen von bestimmten Q-Werten (d. h. bestimmten Φ-Werten) an geometrisch übereinstimmende Lagen ein-

* Diese umfangreiche Untersuchung blieb in ihrem Hauptteil infolge des Heldentodes von L. S. GIBJANSKI bei der Verteidigung Leningrads leider unveröffentlicht.

zunehmen beginnen. Diese Φ-Werte müssen sich mit der Temperatur in der experimentell beobachteten Richtung etwas ändern. Zur Prüfung der Anwendbarkeit dieses Gedankens sowie auch der anderen Erklärungsmöglichkeiten ist eine weitere detaillierte Untersuchung dieser interessanten Erscheinung erforderlich. Als letztes Beispiel für die kinetischen Erscheinungen, die bei der Oxydationskatalyse zu beobachten sind und deren Erklärung vermutlich in der Theorie der inhomogenen Oberflächen zu suchen ist, nennen wir die Kinetik der katalytischen Oxydation von Wasserstoff an Palladium und Platin. Bei diesem

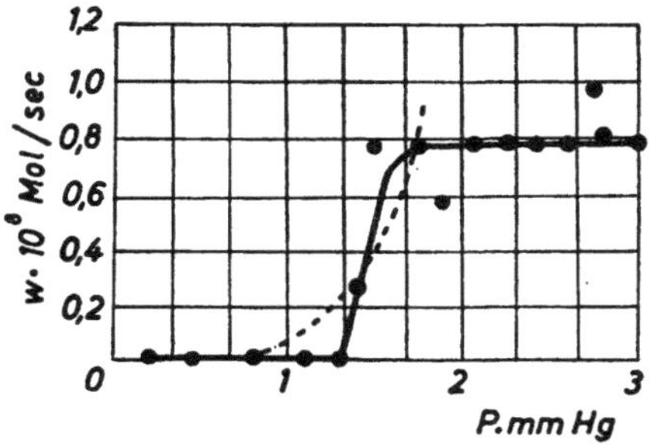

Abb. 360. Abhängigkeit der Oxydationsgeschwindigkeit von Stickoxyd an Silicagel vom Gesamtdruck des Gemisches $2\,NO + O_2$ (nach GIBJANSKI und ROGINSKI). Das für eine Reaktion dritter Ordnung zu erwartende Anwachsen von w ist gestrichelt dargestellt.

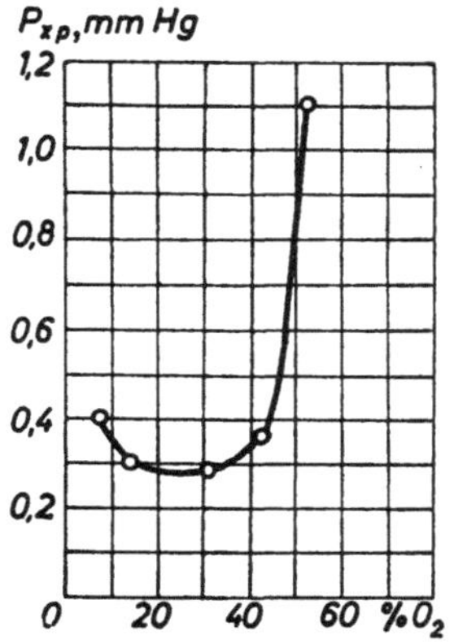

Abb. 361. Kritische Grenzen für die Reaktion $2\,NO + O_2 = N_2O_4$ an Silicagel (nach GIBJANSKI und ROGINSKI). Auf der Abszissenachse ist der Prozentgehalt des Sauerstoffs in der Oberflächenschicht, auf der Ordinatenachse der kritische Druck p_{kr} des Gemisches $2\,NO + O_2$, bei dem die Reaktion einsetzt, aufgetragen.

Prozeß spielt die Selbstaktivierung des Metalls durch die Reaktion eine außerordentlich große Rolle; sie setzt sich aus qualitativen Veränderungen der einzelnen Bereiche der Oberfläche[34]), die offenbar auf dem Eindringen von Sauerstoff in die Oberflächenschicht des Metalls beruhen, und aus einer Vergrößerung des geometrischen Reliefs der Oberfläche zusammen, die bei geringen mikroskopischen Vergrößerungen und häufig sogar mit unbewaffnetem Auge leicht zu bemerken ist. Elektronenmikroskopische Aufnahmen liefern die genaue Topographie der Oberfläche; als Beispiel diene die Abb. 3, Teil I, Kapitel 1. Ähnliche Veränderungen vollziehen sich an den gleichen Metallen auch bei anderen Oxydationsreaktionen, unter anderem auch bei der Oxydation des Ammoniaks.

Das einfache autokatalytische Schema mit seiner Proportionalität zwischen der Geschwindigkeit und dem Produkt einer einfachen Potenz von $(A - x)$ und einer einfachen Potenz von x beschreibt den Verlauf der Selbstaktivierung recht gut. Hierbei erhält man die besten Ergebnisse[35]) mit einer Gleichung, die beide Konzentrationen in der Potenz 1/2 enthält.

Diesem Gesetz entspricht integriert die Gleichung

$$\operatorname{arc\,tg} \frac{\sqrt{x}}{\sqrt{A-x}} = \text{const} - at \quad \text{(Abb. 362).} \tag{24}$$

Diese Beobachtungen kann man im Sinne der topographischen Schemata von Teil I, Kapitel 4, zu deuten versuchen. Bei der Reaktion breitet sich um jedes ursprüngliche Zentrum eine Aktivitätszone aus, wobei als Aktivatoren die Bereiche an der Grenze zwischen der oxydierten Fläche und dem reinen Metall fungieren (Abb. 363). Hieraus folgt eine Proportionalität der Geschwindigkeit mit der Quadratwurzel aus x.

Der zweite Faktor läßt sich dadurch erklären, daß der Übergangskomplex der Reaktion ein Sauerstoff- oder Wasserstoffatom enthält. Dieses einfache

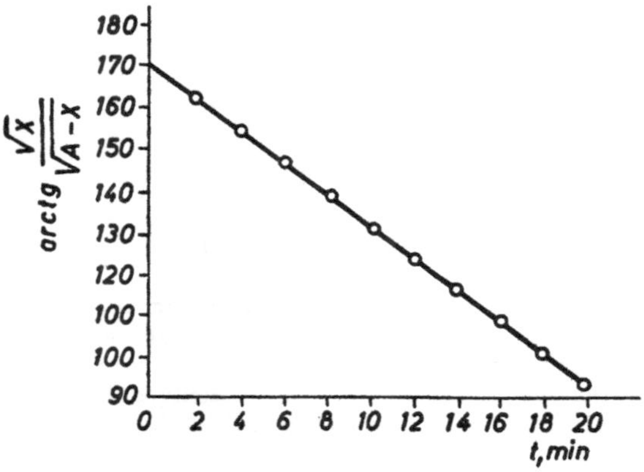

Abb. 362.
Kinetische Kurve für die Oxydation des Wasserstoffs an Platin in den Koordinaten $\operatorname{arc\,tg} \sqrt{\frac{x}{A-x}}$ und t (nach ROGINSKI und ROSING). $A-x$ ist der gesamte Restdruck des stöchiometrischen Gemisches.

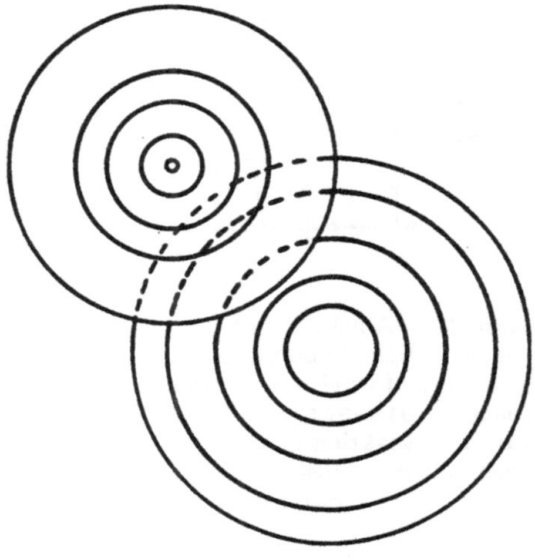

Abb. 363. Schema der Ausbreitung der aktiven Zonen, die unter dem Einfluß der katalytischen Reaktion entstehen, und Überschneidung benachbarter Zonen.

Schema mit Änderung der Anzahl der an der Grenze liegenden aktiven Bereiche mit mehr oder weniger konstanter Aktivität erklärt einen wesentlichen Teil der Tatsachen. Dieses Schema widerspricht nicht der Kinetik der aktivierten Adsorption der Gase an einer breit inhomogenen Oberfläche, denn in der Adsorption kommt die Statistik zum Vorschein, während sie in der Kinetik, die eine homogene Oberfläche nachahmt, verborgen bleibt. Diese Probleme werden in unseren Veröffentlichungen über die Kinetik der Oxydation von Wasserstoff an Platin und die elektronenmikroskopische Ausmessung von Kontaktoberflächen während ihrer Arbeit eingehender erörtert.

In dem umfangreichen experimentellen Material über die Kinetik der Kontaktoxydationen fehlten bis vor ganz kurzer Zeit Angaben über die Kinetik von Reaktionen in der Schicht, die wesentliche Hinweise auf den Charakter der aktiven Oberfläche geben können. ANDREJEW und KAWTARADSE[35]) konnten am Beispiel der katalytischen Oxydation des Phosphins an Aktivkohlen, die Kupferoxyde enthielten, diese Lücke schließen. Die Oxyde des Kupfers spielen die Rolle eines Katalysators, der auf die Graphitkristallite der porösen Aktivkohle als Träger aufgebracht ist. Die Oxydation des Phosphins an Aktivkohle läßt sich leicht als Stadienprozeß durchführen. Zu diesem Zweck wird zunächst das Phosphin aktiviert adsorbiert. Die Adsorptions- und die Desorptionskinetik folgen einer für breit inhomogene Oberflächen typischen kinetischen Gleichung (Abb. 364, 365). Die Adsorptionsisotherme des Phosphins ist parabolisch. Das Phosphin, das sich in der Schicht befindet und bei entsprechender Wahl der experimentellen Bedingungen praktisch nicht desorbiert wird, kann zur Reaktion mit dem molekularen Sauerstoff gezwungen werden. Führt man dieses zweite Stadium des Prozesses bei verschiedenen Temperaturen durch und

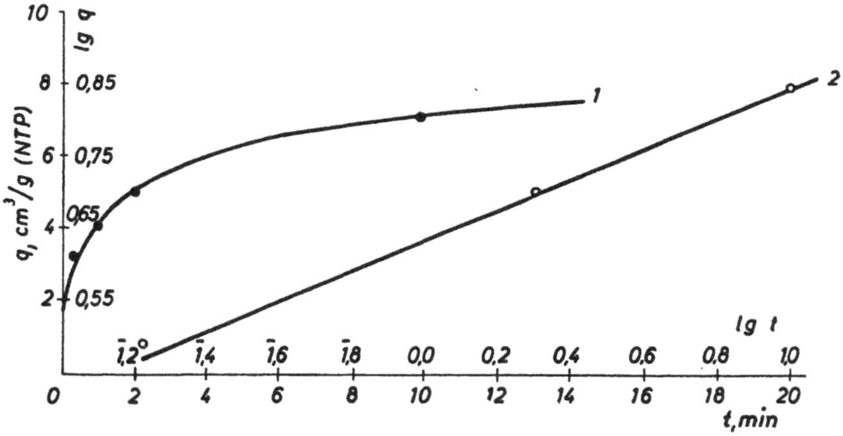

Abb. 364. Kinetik der aktivierten Adsorption (Chemisorption) des Phosphins an Aktivkohle in den Koordinaten $q = q(t)$ und $\lg q = f(\lg t)$. Die Linearität der zweiten Funktion spricht für eine ansteigende Verteilung über E.

vergleicht die Temperaturkoeffizienten der Geschwindigkeiten für verschiedenen Phosphingehalt in der Schicht, so erhält man leicht die Abhängigkeit der Aktivierungsenergie für die Oxydation des adsorbierten Phosphins von der Besetzung.

Die Ergebnisse dieser Versuche sind in der Abb. 366 dargestellt, in der auf der Abszissenachse die oxydierte Phosphinmenge in Torr pro Gramm Aktivkohle bei NTP, auf der Ordinatenachse die entsprechende Aktivierungsenergie aufgetragen ist. Wie Abb. 366 zeigt, liefern die ersten Mengen (etwa 2 Torr), für die man die Messung bei mehreren Temperaturen durchführen konnte, etwas mehr als 4 kcal/Mol; bei mittleren Werten von 4 Torr erhält man nahezu 6 kcal/Mol und bei etwas über 6 Torr nahezu 10 kcal/Mol. Diese Daten deuten auf eine Autonomie der einzelnen Molekeln in der Schicht hin, ferner darauf, daß ein Kriechen, welches mehrfaches Ausnutzen der aktivsten Bereiche gestattet, ausgeschlossen ist, und schließlich auf eine starke Inhomogenität der Oberfläche hinsichtlich der Aktivierungsenergie E. Wahrscheinlich ist der wirkliche Änderungsbereich von E noch größer, als das Diagramm zeigt. Hierfür spricht die stark heraufgesetzte Oxydationsgeschwindigkeit der ersten Mengen von 1 ml und besonders von 0,5 ml sowie die stark herabgesetzte Oxydationsgeschwindigkeit für Mengen oberhalb 7 ml/g. Leider begegnet eine quantitative Bestimmung des Temperaturkoeffizienten der Reaktionsgeschwindigkeit in der Schicht für diese beiden Extremwerte der Besetzung gewissen experimentellen Schwierigkeiten.

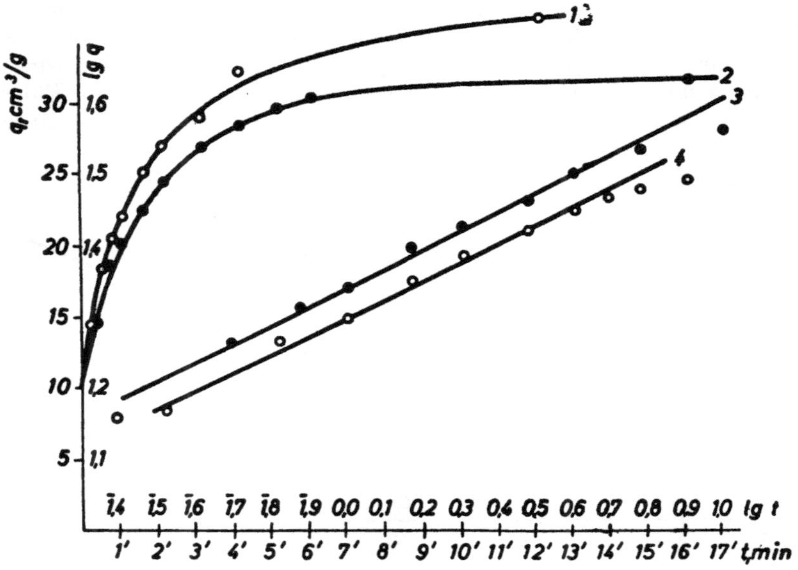

Abb. 365. Kinetik der Gesamtreaktion von Adsorption und Desorption des Phosphins an Aktivkohle (undifferenziert). Die Koordinaten sind dieselben wie in Abb. 364. Die Kurven und Geraden *1* und *3* beziehen sich auf die Adsorption, *2* und *4* auf die Desorption.

Beachtung verdient die konvexe Form der Abhängigkeit der Aktivierungsenergie von der in der Schicht zur Reaktion gelangten Phosphinmenge.

Eine solche Kurve entspricht bei unserer Betrachtungsweise einer ansteigenden Verteilung über E; schon bei der Analyse der Daten über die Oxydation des Kohlenmonoxyds an Mangandioxyd erhielten wir einen Hinweis auf eine solche Verteilung.

Unsere Ausführungen geben eine ausreichende Vorstellung von den kinetischen Erscheinungen bei der Kontaktoxydation und von ihrem Verhältnis zur Theorie der inhomogenen Oberflächen.

Selbst in den kompliziertesten und zweifelhaftesten Fällen gibt die Konzeption einer Inhomogenität der Oberfläche und ihre statistische Behandlung uns einen Leitfaden, der bei der genaueren Analyse der Erscheinungen gute Dienste leistet. Einer vollständigen Ausnutzung der Möglichkeiten der Theorie steht die Tatsache im Wege, daß es noch keine experimentellen Arbeiten gibt, die unter Berücksichtigung der Forderungen der Theorie hinsichtlich des Konzentrations- und des Temperaturintervalls usw. angestellt wurden; zum Teil ist auch die Theorie selbst noch nicht genügend durchgearbeitet. Die Ergebnisse der katalytischen Arbeiten geben also heutzutage zur Nachprüfung der statistischen Theorie noch bedeutend geringere Möglichkeiten als die Ergebnisse von Adsorptionsuntersuchungen.

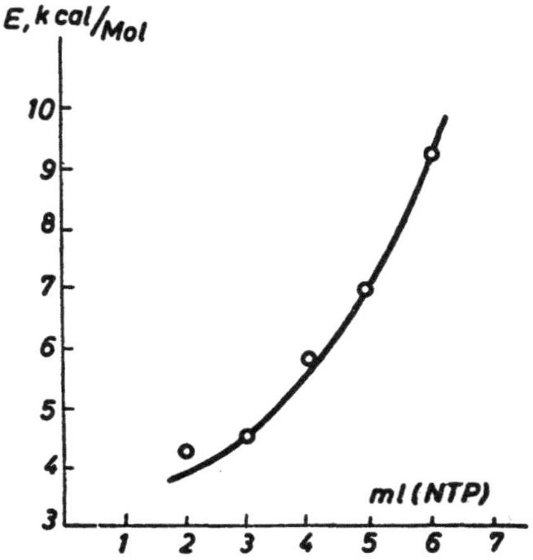

Abb. 366. Anstieg der Aktivierungsenergie mit oxydierter Phosphinmenge in Torr (NTP) pro Gramm Aktivkohle.

Literatur

1. Марголис, Л. Я., Диссертация, Ин-т Физ. хим. АН СССР (L. J. Margolis, Dissertation, Inst. für phys. Chem. d. Akad. Wiss. UdSSR), (1945); Марголис, Л. Я., и Тодес, О. М., Доклады Академии Наук СССР (L. J. Margolis und O. M. Todes, C.R. Acad. Sci. URSS), **58**, 421 (1947).
2. Constable, H., Proc. Roy. Soc. (London), A **108**, 355 (1926).
3. Schwab, G. M., Cremer, E., Z. physik. Chem., A **144**, 243 (1929).
4. Борк, А., и Баландин, А. (A. Bork und A. Balandin), Z. physik. Chem., B **33**, 54 (1936); Борк, А. Х., Журнал Физической Химии (A. Ch. Bork, Z. physik. Chem.), **13**, 421 (1934).
5. Баландин, А. А., Марушкин, М. Н., и Иконников, Б. А., Учен. Зап. МГУ (A. A. Balandin, M. N. Maruschkin und B. A. Ikonnikow, Gelehrte Schriften der Mosk. Staatl. Univ.), **2**, 221 (1934).
6. Cremer, E., Flügge, S., Z. physik. Chem., **41**, 453 (1939).
7. Рогинский, С. З., Журнал Физической Химии (S. S. Roginski, J. physik. Chem.) **15**, 707 (1941); Журнал Приклалной Химии (J. angew. Chem.), **17**, 3, 97 (1944).
8. Дубинин, М. М., Проблемы кинетики и катализа (M. M. Dubinin, Probleme der Kinetik und Katalyse), Heft 5, 1948, Seite 213.
9. Киселев, А. В., Успехи Химии (A. W. Kisseljew, Fortschr. Chem.), **14**, 369 (1945).
10. Dohse, H., Kälberer, W., Schuster, C., Z. Elektrochem. angew. physik. Chem., **36**, 677 (1930).
11. Dohse, H., Kälberer, W., Z. physik. Chem., B **5**, 131 (1929); Dohse, H., ibid., **6**, 343.
12. Kälberer, W., Z. physik. Chem., B **5**, 147 (1929); Dohse, H., Chemie-Ingenieur, Leipzig, 177 (1937).
13. Шваб, Г. М., Катализ с точки зрения химической кинетики, ОНТИ (G. M. Schwab, Die Katalyse vom Standpunkt der chemischen Kinetik), 1934; Мэкстед, Катализ, ОНТИ (Maxted, Die Katalyse), 1938.
14. Lohse, H. W., Catalytic Chemistry, Brooklyn (1945).

15. Dohse, H., Z. physik. Chem., B 8, 159 (1930).
16. Вассерберг, В. Э., Проблемы кинетики и катализа (W. E. Wasserberg, Probleme der Kinetik und Katalyse), Heft 5, 1948, Seite 306.
17. Рогинский, С. З., Журнал Физической Химии (S. S. Roginski, J. physik. Chem.), 15, 1 (1941).
18. Рогинский, С. З., и Розинг, В. С., Уч. зап. ЛГУ (S. S. Roginski und W. S. Rosing, Gelehrte Schriften der Leningr. Staatl. Univ.), Nr. 38, 67 (1939).
19. Елович, С. Ю., и Розинг, В. С., Проблемы кинетики и катализа (S. J. Jelowitsch und W. S. Rosing, Probleme der Kinetik und Katalyse), Heft 4, 1940, Seite 206.
20. Lamb, A., Vail, W. E., J. Amer. chem. Soc., 47, 123 (1925).
21. Елович, С. Ю., и Качур, Л. А., Журнал Общей Химии (S. J. Jelowitsch und L. A. Katschur, J. allg. Chem.), 9, 714 (1939).
22. Рогинский, С. З., и Зельдович, Я. Б. (S. S. Roginski und J. B. Seldowitsch), Acta physicochim. URSS, 1, 595 (1934).
23. Елович, С. Ю., и Харахорин, Ф. Ф., Проблемы кинетики и катализа (S. J. Jelowitsch und F. F. Characharin, Probleme der Kinetik und Katalyse), Heft 3, 1937, Seite 222.
24. Елович, С. Ю., и Рогинский, С. З., Бюллетень ГИА (Roginski, Nachrichtenbl. d. Staatl. Inst.), Nr. 14 (1938).
25. Брунс, Б. П., К вопросы о стадийном катализе, Журнал Физической Химии (B. P. Bruns, Zum Problem der Stadienkatalyse, J. physik. Chem.), 21, 1011 (1947).
26. Елович, С. Ю., и Рогинский, С. З., Журнал Физической Химии (S. J. Jelowitsch und S. S. Roginski, J. physik. Chem.), 10, 677 (1947).
27. Целлинская, Т. Ф., Диссертация, Ин-т физ. хим. АН СССР (T. F. Zellinskaja, Dissertation, Inst. phys. Chem., Akad. Wiss. UdSSR), (1943).
28. Schwab, G. M., Drikow, G., Z. physik. Chem., 185, 405 (1940).
29. Bodenstein, M., und Fink, Z. physik. Chem., 60, 1 (1907), sowie auch Taylor, H., und Lehner, S., Z. physik. Chem., Bodenstein Festband, 30 (1931); Боресков, Г., и Плигунов, В., Журнал Прикладной Химии (G. Boreskow und W. Pligunow, J. angew. Chem.), 6, 785 (1933).
30. Боресков, Г. К., Журнал Физической Химии (G. K. Boreskow, J. physik. Chem.), 19, 535 (1945); Боресков, Г. К., и Соколова, Т. И., Журнал Физической Химии (G. K. Boreskow und T. I. Sokolowa, J. angew. Chem.), 14, 1241 (1937); Боресков, Г. К., и Плигунов, В., Журнал Прикладной Химии (G. K. Boreskow und W. Pligunow, J. angew. Chem.), 13, 329, 653 (1940).
31. Боресков, Г. К., и Соколова, Т. И., Журнал Физической Химии (G. K. Boreskow und T. I. Sokolowa, J. physik. Chem.), 18, 87 (1944).
32. Марголис, Л. Я., и Тодес, О. М., Известия Академии Наук СССР, Отделение Химических Наук (L. J. Margolis und O. M. Todes, Bull. Acad. Sci. URSS, Cl. Sci. chim.), 443 (1947).
33. Гибянский, Л. С., и Рогинский, С. З., Журнал Физической Химии (L. S. Gibjanski und S. S. Roginski, J. physik. Chem.), 14, 1347 (1940).
34. Добычин, Журнал Физической Химии (Dobytschin, J. physik. Chem.), 7, 925 (1936).
35. Андреев, Е. А., и Кавтарадзе, Н. Н., Доклады Академии Наук СССР (J. A. Andrejew und N. N. Kawtaradse, C.R. Acad. Sci. URSS), 60, 1193 (1948).
36. Темкин, М. И., Журнал Физической Химии (N. I. Tjomkin, J. physik. Chem.), 15, 296 (1941).

KAPITEL 7

Experimentelle Daten über die Kontaktreaktionen des Wasserstoffs

Infolge der Einwertigkeit seines Atoms sind für den molekularen Wasserstoff die Reaktionen besonders typisch, bei denen er sich einfach an eine Molekel anschließt. Von diesen Reaktionen ist die Addition an die Mehrfachbindungen organischer Verbindungen am besten untersucht. Zweifellos sind diese Reaktionen, die von einer Reihe russischer und ausländischer Forscher um das Jahr 1900 in die katalytische Chemie eingeführt wurden, am umfassendsten durchforscht. Gelehrte verschiedener Länder untersuchten die Hydrierung von mehreren hundert organischen Verbindungen in reiner Form und in Gemischen unter normalen, erhöhten und herabgesetzten Drucken. Zu dieser Gruppe gehören so wichtige selbständige katalytische Industrien wie die Verseifung von Fetten und die Hydrierung der Kohle (eine Kombination von Hydrierung, Cracking, Isomerisation usw.). Gleichzeitig ist eine Hydrierung als wesentliche Etappe für viele andere Industrien wichtig, wie z. B. für die Produktion synthetischen Isooktans.

Trotz der großen Anzahl von Arbeiten bleibt in der Kinetik und im Mechanismus der Hydrierung noch vieles unklar und widerspruchsvoll. Eine der Hauptursachen hierfür liegt darin, daß bei den meisten organischen Arbeiten eine konsequente Differenzierung der kinetischen Bedingungen fehlt. Beim Vorherrschen einer Hydrierung in der flüssigen Phase ignoriert man in der Regel die spezifischen Eigentümlichkeiten der Kinetik in einem Medium mit hoher Viskosität und langsamer Diffusion. Diese Probleme sind in letzter Zeit besonders eingehend von JELOWITSCH untersucht worden[1]); er gab einfache Kriterien zur Unterscheidung des kinetischen und des Diffusionsgebietes und nahm vergleichende kinetische Charakteristiken für die Hydrierung mehrerer Verbindungen in beiden Gebieten auf.

Eine Reihe überzeugender Merkmale (die generelle Wirksamkeit von Katalysatoren und Giften, das Vorhandensein ähnlicher Anomalien in der Kinetik usw.) deutet auf einen einheitlichen Elementarmechanismus für die Hydrierung der verschiedenen ungesättigten Verbindungen hin; die für ein System abgeleiteten Schlußfolgerungen lassen sich also mit geringen Abänderungen auch auf andere übertragen.

Am besten untersucht ist die Hydrierung von gasförmigem Äthylen an Nickel, Platin und metallisierten Kohlen.

§ 1: *Die Hydrierung in der Oberflächenschicht*

Von den drei Komponenten der katalytischen Reaktion wird das Äthan bei tiefen Temperaturen an Metallen nur molekular adsorbiert. Im Gegensatz dazu zeigen das Äthylen und der Wasserstoff auch eine deutlich ausgeprägte aktivierte Adsorption. Einer Ausnutzung dieses Unterschiedes zur Untersuchung der Hydrierung in der Oberflächenschicht im Fall des Nickels und des Platins steht die vergiftende Wirkung des aktiviert adsorbierten Äthylens im Wege[2]). Prinzipiell kann man aber nach einem Kontakt mit starker aktivierter Adsorption von Äthylen und Wasserstoff und mit schwacher Adsorption von Äthan suchen; bei einem solchen Kontakt wäre die Reaktion mit einer Drucksteigerung infolge der Desorption des Äthans verbunden.

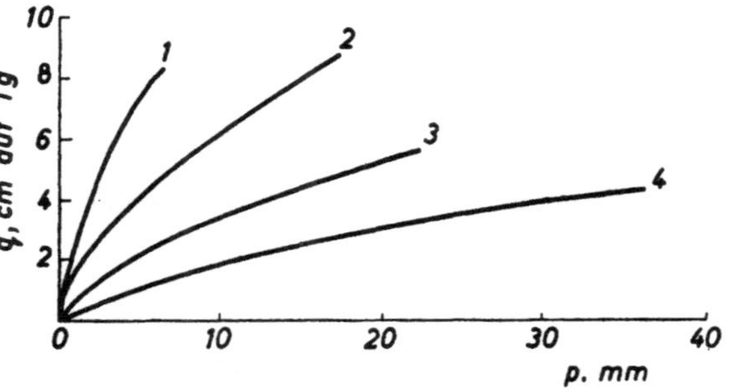

Abb. 367.
Adsorptionsisothermen des Äthylens an Aktivkohle (nach SCHUSTER). *1*: 0°; *2*: 25°; *3*: 50°; *4*: 75°.

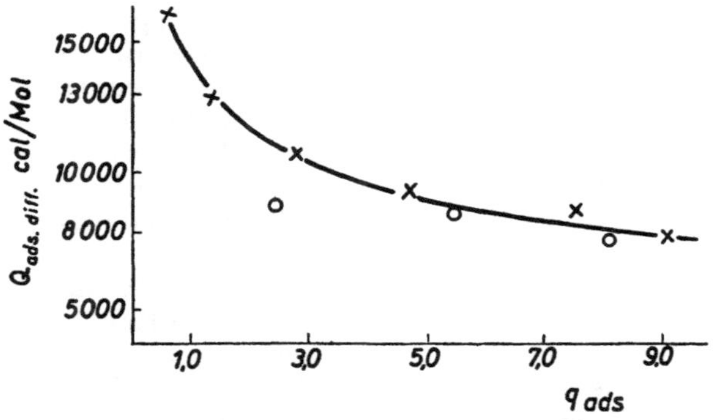

Abb. 368. Molare differentielle Adsorptionswärmen für Äthylen (Kreuze) und Äthan (Kreise) an Aktivkohle bei verschiedenen Besetzungen der Oberfläche (nach SCHUSTER).

Dieses Verfahren ist für die Metalle bisher noch nicht ausgenutzt worden, und die Hydrierung in der Oberflächenschicht ist für einen wesentlich weniger typischen Kontakt, nämlich eine bei der Herstellung mit Phosphorsäure aktivierte Aktivkohle untersucht worden. Die Kohle enthielt 7,8% Salze, von denen etwa 2,9% auf Eisen und 0,39% auf Kupfer kommen. Vor dem Experiment wurde die Kohle längere Zeit im Hochvakuum bei 300° entgast.

Die Kohlen besitzen ein Adsorptionsvermögen gegenüber Äthan und Äthylen. Die Adsorptionsisothermen für Äthylen sind in Abb. 367 dargestellt. Abb. 368 zeigt die differentiellen molaren Adsorptionswärmen von Äthylen und Äthan, berechnet an Hand der Isosteren[3]).

Wir machen besonders auf den sehr hohen Anfangswert der Adsorptionswärme des Äthylens aufmerksam, der höher ist als 16000 cal/Mol und mit wachsender Besetzung um nahezu den Faktor 2, d. h. um etwa 8000 cal/Mol oder um 12—14 RT abnimmt.

Für das Äthan verläuft die Kurve der differentiellen Wärmen flacher; sie beginnt bei 10000 cal/Mol bei kleinen Besetzungen und geht etwa gegen 8000 cal/Mol. Da die Adsorptionswärmen beider Gase anomal hoch sind, können Zweifel entstehen, ob es richtig ist, die Prozesse als molekulare Adsorption anzusehen, und ob die numerische Abschätzung von SCHUSTER zutrifft. Für den Wasserstoff beobachtet man in dem untersuchten Temperaturgebiet die für die aktivierte Adsorption charakteristischen Anomalien und die für eine inhomogene Oberfläche typischen Isothermen. Die Adsorptionsdaten deuten also auf eine breite Verteilung der Bereiche über die Adsorptionswärmen für beide Ausgangsgase hin. Zur genaueren Ermittlung der Funktion $\varrho(Q)$ reichen die Angaben nicht aus. Die Adsorptionswärme des Wasserstoffs beträgt etwa 1000 cal/Mol, liegt also eine Größenordnung unterhalb der entsprechenden Werte für Äthylen und Äthan. Man kann also in erster Näherung die Adsorption des Wasserstoffs vernachlässigen.

Die Kinetik der Hydrierung in der Oberflächenschicht wurde sowohl bei konstantem als auch bei abnehmendem Wasserstoffdruck untersucht.

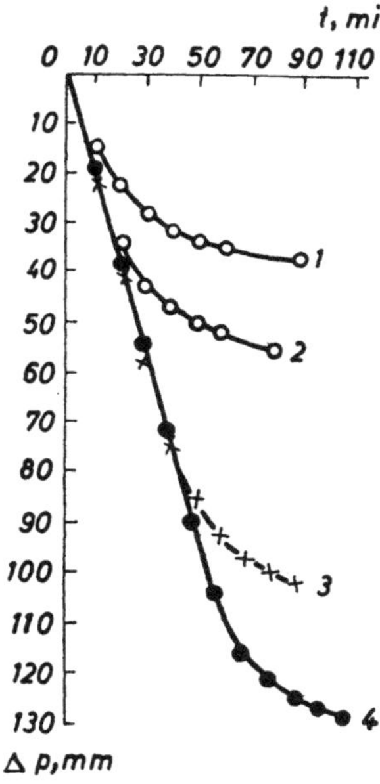

Abb. 369.

Hydrierung von Äthylen an Aktivkohle bei konstantem Wasserstoffdruck (nach SCHUSTER). Auf der Abszissenachse ist die Zeit, auf der Ordinatenachse die verbrauchte Wasserstoffmenge aufgetragen. Bei allen vier Versuchen betrug der Wasserstoffdruck etwa 174 Torr. Die in die Oberfläche eingeführte Äthylenmenge betrug für die Kurve *1*: 0,46 cm³ pro Gramm Kohle, für die Kurve *2*: 0,68, für die Kurve *3*: 1,38 und für die Kurve *4*: 1,84 cm³ pro Gramm Kohle.

Im ersten Fall verläuft der Prozeß bis zu einer bestimmten Besetzung, die vom Autor auf $6 \cdot 10^{-4}$ monomolekulare Schichten geschätzt wird, mit konstanter Geschwindigkeit (Abb. 369). Unterhalb dieser Besetzung ist der Prozeß monomolekular.

Im zweiten Fall verläuft der Prozeß oberhalb der oben genannten Besetzung in erster Ordnung und dann in zweiter Ordnung (Abb. 370 und Tabelle 27).

Die Konstante k_1 nimmt systematisch, wenn auch langsam zu, und zwar angefangen von der 360. Minute, bei der $a - x$ und x etwa den gleichen Wert haben.

Die folgenden Daten zeigen, wie gut der Wert k bei Änderung des Anfangsdrucks des Wasserstoffs und bei konstantem Anfangsgehalt des Äthylens in der Adsorptionsschicht von 1,7 konstant bleibt:

Anfangsdruck, $[H_2]_0$	78,6	150,8	290,8	503,4	751,2
Geschwindigkeitskonstante, $k \cdot 10^4$	8,5	9,3	7,0	7,5	8,0

Bei konstanter Geschwindigkeit zeichnet sich der Prozeß durch einen ungewöhnlich kleinen Temperaturkoeffizienten der Geschwindigkeit aus, der etwa 2000 cal/mol entspricht. Der Autor erklärt seine Beobachtungen folgendermaßen: Die Oberfläche der Kohle ist stark inhomogen und enthält etwa 10^{19} aktive Bereiche pro Gramm Kohle. Dies kommt einem Φ-Wert von $6 \cdot 10^{-4}$ ziemlich nahe. Nur das an diesen Bereichen adsorbierte Äthylen (Adsorptionsenergie etwa 16000 cal/Mol, Aktivierungsenergie nahezu Null) kann durch den Wasserstoff mit merklicher Geschwindigkeit hydriert werden. Solange an einem Gramm Kohle mehr als 10^{19} Äthylenmolekeln adsorbiert sind, sind alle aktiven Bereiche besetzt und arbeiten mit voller Kraft, indem sie mit dem durch Diffusion herangebrachten Wasserstoff reagieren. Das entstehende Äthan, für das an den aktiven Bereichen die Adsorptionsenergie kleiner ist als 6000 cal/Mol (dies entspricht einem Unterschied in den entsprechenden Adsorptions-

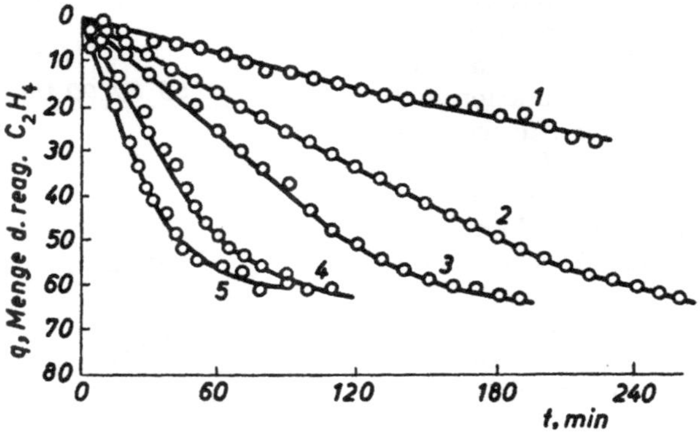

Abb. 370. Äthylenhydrierung an Aktivkohle bei abnehmendem Wasserstoffdruck (nach SCHUSTER). Anfangswerte des Wasserstoffdrucks *1*: 78,6; *2*: 150,8; *3*: 290,8; *4*: 503,4; *5*: 750,0 Torr.

TABELLE 27

Auswertung der Geschwindigkeitskonstanten für einen der in Abb. 370 dargestellten Versuche von SCHUSTER *nach der Gleichung* $k = \frac{1}{t} \ln \frac{a}{a-x}$ *für eine monomolekulare Reaktion*

Zeit in Minuten	x	$a-x$	$\ln a/a-x$	$k_1 \cdot 10^4$
60	8,7	69,9	0,0510	8,50
120	16,2	62,9	0,1000	8,34
180	23,1	55,5	0,1510	8,38
270	29,3	49,3	0,2026	8,43
300	34,8	43,8	0,2570	8,46
360	40,2	38,4	0,3110	8,63
420	44,7	33,9	0,3652	8,78
480	48,8	29,8	0,4210	8,90
540	52,6	26,0	0,4800	8,88
600	56,0	22,6	0,5406	9,01
660	59,2	19,6	0,6024	9,10
720	61,5	17,7	0,6611	9,20
780	63,9	14,7	0,7264	9,33
840	66,2	12,4	0,7867	9,38

wahrscheinlichkeiten etwa um den Faktor 50000!), geht auf die inaktiven Bereiche der Kohleoberfläche über und gibt so die aktiven Bereiche für neue Äthylenmolekeln frei. Die Beobachtungen von SCHUSTER sind ebensogut mit der Annahme breiter Verteilungen $\varrho(Q)$ und $\varrho(E)$ bei antibatem Verlauf von Q und E und bei schneller Umlagerung durch Kriechen vereinbar. Am besten stimmen hiermit die in Abb. 368 dargestellten Daten über das Q_{diff} des Äthylens überein. Leider hat der Autor die differentiellen Aktivierungsenergien für Besetzungen unterhalb $6 \cdot 10^{-4}$ nicht gemessen; auch ohne diese Messungen steht aber die starke Inhomogenität außer Zweifel. Für die Träger der Aktivität hält der Autor das Eisen und das Kupfer der Salze und identifiziert sie mit den aktiven Bereichen. Das ist zwar wahrscheinlich, aber in keiner Weise bewiesen. Noch weniger begründet ist der Versuch des Verfassers, auf Grund der heute völlig veralteten Theorie von BORN, FRANK und WEISSKOPF[4]) den kleinen E-Wert durch Tunnelübergänge des Wasserstoffs an der Oberfläche zu erklären. Von großem Nutzen wären Versuche mit einem künstlich vergifteten Kontakt, etwa unter Verwendung von Kohlenmonoxyd, dessen stark vergiftende Wirkung besonders hervorgehoben wird. Der von SCHUSTER benutzte Katalysator ist sehr wenig aktiv und für die Hydrierung nicht typisch; man kann also seine Ergebnisse nur mit großer Vorsicht auf andere Systeme übertragen, von denen besonders eingehend das Kupfer und das Nickel untersucht worden sind.

§ 2: *Kinetik der katalytischen Hydrierung an Metallen*

Die Hydrierung von ungesättigten Verbindungen an Metallkontakten bildete in den beiden letzten Jahrzehnten ein beliebtes Objekt für kinetische Untersuchungen.

Die in den letzten Jahren veröffentlichten grundlegenden Arbeiten von BALANDIN zeigten, daß man eine strenge Theorie der Hydrierungs- und Dehydrierungsgeschwindigkeiten aufbauen kann, ohne zu statistischen Vorstellungen zu greifen, und zwar unter Beschränkung auf die Hypothese zweier Typen aktiver Zentren, von denen die einen die ungesättigten Verbindungen und die anderen den Wasserstoff aktivieren[5]).

Hierbei weist der Autor auf die Möglichkeit quantitativer Unterschiede zwischen den Bereichen des gleichen Typs hin, kommt aber bei der Herleitung der kinetischen Gleichungen ohne diese Annahme aus, da auch einfachere Voraussetzungen zu guten Ergebnissen führen.

Das vom Autor herangezogene umfangreiche experimentelle Material, das zum großen Teil aus den Arbeiten seiner Schule stammt, steht in guter Übereinstimmung mit der Theorie, ebenso wie eine Reihe späterer Daten, die von JELOWITSCH und seinen Mitarbeitern veröffentlicht wurden[1]). Es wäre aber unvorsichtig, hieraus eine Homogenität der Oberfläche der zur Hydrierung benutzten Metallkontakte und die Unbrauchbarkeit der statistischen Theorie für diesen Fall zu folgern. Tatsächlich läßt sich das der Hydrierungstheorie von BALANDIN[6]) zugrunde liegende physikalische Modell (das Multiplettmodell) gleichermaßen auf homogene und inhomogene Oberflächen anwenden. Andererseits weist die statistische Theorie überzeugend nach, daß hinsichtlich der Kinetik bestimmter Reaktionstypen inhomogene Oberflächen häufig das Verhalten von homogenen nachahmen.

Obwohl also die Hydrierung an Metallkontakten eine Gruppe von Reaktionen darstellt, für die die Abweichungen von den kinetischen Konzeptionen von LANGMUIR-SCHWAB minimal sind, ist eine nähere Betrachtung der Daten, die dafür sprechen, daß auch in diesem Fall die für breit inhomogene Oberflächen typischen Erscheinungen vorliegen, sehr interessant.

Wir haben schon weiter oben darauf hingewiesen, daß die Daten von MAXTED über die Vergiftung von Hydrierungskontakten Hinweise auf Inhomogenitäten enthalten. In den alten Arbeiten von ECKELL und PEASE u. a. finden sich einzelne Beobachtungen über Aktivitätsänderungen der Kontakte, die ohne die Vorstellung einer Verteilung der aktiven Bereiche über die verschiedenen Eigenschaften kaum zu erklären sind.

Zum Zwecke einer zutreffenden Orientierung muß man sich mehr mit dem Stadienmechanismus der Prozesse beschäftigen. Von der großen Anzahl kinetischer und Adsorptionsuntersuchungen über diese Systeme sind für uns am interessantesten die Arbeiten von JELOWITSCH und SHABROWA[7]) sowie die Arbeiten der Brüder FARKAS[8]). In diesen Arbeiten wird die wichtigste Literatur, die bis zum Jahre 1939 vorlag, hinreichend vollständig zitiert. Die späteren Veröffentlichungen werden in einer neuen Arbeit von BALANDIN erörtert[5]). Besondere Beachtung verdienen in dieser Hinsicht die sehr originellen Arbeiten von RIDEAL und von BECKMANN, PUHFALL und HOUGHEN[9]) sowie die etwas abseits stehende Untersuchung der Äthylenhydrierung am Eisen von EMMETT und SKAU[10]). Die eingehenden Untersuchungen einer Reihe von Autoren[11]) und insbesondere von FARKAS[12]) zeigten, daß ein äußerst enger Parallelismus zwischen der katalytischen Hydrierung, der Parawasserstoff-Umwandlung und dem Isotopenaustausch der beiden Formen des Wasserstoffs besteht; hieraus ergibt sich sehr überzeugend die Notwendigkeit einer aktivierten Adsorption des Wasserstoffs an den Metallen, die mit einer für die Katalyse vorteilhaften starken Abschwächung der Bindung der beiden Atome in der Molekel Hand in Hand geht.

Eine Untersuchung des Einflusses der Hydrierung auf die Stereoisomerie[12]) zeigt, daß beide Atome der adsorbierten Wasserstoffmolekel sich an die gleiche Molekel der ungesättigten Verbindung anschließen. Hierzu ist entweder eine Reaktion der Wasserstoffmolekel H_2 (bzw. D_2) oder eine momentane Verwendung der adsorbierten Atome im Augenblick ihrer Bildung, bevor sie sich durch Kriechen über die Oberfläche trennen können, erforderlich.

Wesentlich komplizierter ist die Rolle des Äthylens: alle ungesättigten Verbindungen geben eine charakteristische aktivierte Adsorption, die am besten für das Äthylen untersucht worden ist. JELOWITSCH und SHABROWA betonen, daß diese Adsorption kein Stadium der Katalyse sein kann: hierzu ist ihre Aktivierungsenergie zu hoch und ihre Geschwindigkeit zu gering. Im konkreten Fall des Äthylens an aktivem Nickel, hergestellt durch Reduktion von Nickeloxyd bei 250°, beträgt der Anfangswert, also das Maximum der Geschwindigkeit für die aktivierte Adsorption des Äthylens bei 0° an 0,04 g Nickel nur 0,318, während die Hydrierungsgeschwindigkeit in denselben relativen Einheiten 21,32 beträgt. An dem gleichen Kontakt beträgt die Geschwindigkeit der aktivierten Wasserstoffadsorption 0,324. Für den gleichen Fall beträgt der Wert E_0 der aktivierten Adsorption des Äthylens 9000

$\pm$ 1000 cal/Mol, der Wert E_0 für den Wasserstoff 16000 $\pm$ 1000 cal/Mol und die Aktivierungsenergie der Hydrierung 5000 $\pm$ cal/Mol*.

Die kinetischen Eigentümlichkeiten der Reaktion, die hinsichtlich des Anfangsdrucks des Wasserstoffs in erster Ordnung verläuft, die eine schwache Abhängigkeit vom Anfangsdruck des Äthylens und ein logarithmisches Gesetz für den Ablauf des Prozesses aufweist:

$$q \simeq \ln t + C, \tag{1}$$

oder genauer

$$\frac{dq}{dt} - a e^{-\alpha q} (q_0 - q) \tag{2}$$

führen zu folgendem Schema des Prozesses.

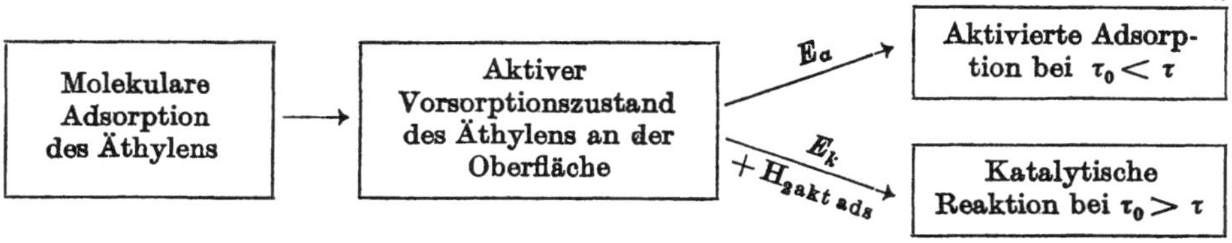

In diesem Schema bedeutet τ die mittlere Zeit zwischen der Überführung der adsorbierten Molekel in den aktiven Zustand und ihrem Zusammentreffen mit dem adsorbierten Wasserstoff; τ_0 ist die mittlere Lebensdauer der Äthylenmolekel im aktiven Zustand an der Oberfläche.

Das Schema ähnelt in gewisser Hinsicht dem Schema für die Oxydation des Kohlenmonoxyds, jedoch stimmte dort das E_0 für die aktivierte Adsorption mit dem E_0 der katalytischen Reaktion überein.

Die offenbaren und verborgenen Schwierigkeiten im Schema von JELOWITSCH lassen sich beheben, wenn man zwei Chemisorptionszustände der ungesättigten Verbindungen am Nickel annimmt, die sich eindeutig aus einem Vergleich der Hydrierung, der Parawasserstoff-Umwandlung und des D_2-H_2-Austausches einerseits mit dem Isotopenaustausch des Wasserstoffs im Kohlenwasserstoff mit D_2 und H_2 (und dem entsprechenden Austausch der Kohlenwasserstoffmolekeln) andererseits ergeben. Im ersten Fall haften die ungesättigten Verbindungen an der Oberfläche ohne Zerstörung der C-H-Bindungen, und die Temperaturkoeffizienten aller damit verbundenen katalytischen Reaktionen entsprechen E-Werten von einigen 1000 cal/Mol. Im zweiten Fall entsprechen die Temperaturkoeffizienten wesentlich höheren E-Werten und kennzeichnen die Adsorption und die Bildung von Radikalen.

Als Beispiel erwähnen wir die Daten für ein Platinpräparat, das von den Brüdern FARKAS untersucht wurde: für die Hydrierung $E = 10000$ cal/Mol, für den Wasserstoffaustausch $E = 22000$ cal/Mol. Man könnte annehmen, daß die langsame aktivierte Adsorption, die wir in Abwesenheit von Wasserstoff untersuchen, einen zweiten aktivierten Adsorptionstyp mit Entstehung der Radikale $C_2H_3 + H$, $C_6H_5 + H$ usw. darstellt.

---

* Dieser Schluß ist nicht als ganz eindeutig anzusehen, da bei der Kleinheit der Nickelmenge der Beginn des Adsorptionsprozesses nicht zu beobachten ist.

Während die meisten Autoren eine molekulare Adsorption des Äthylens annehmen, handelt es sich in Wirklichkeit um eine Chemisorption, da bei den nahezu identischen Siedepunkten von Äthylen und Äthan (—103,8° und —88,31°) bei den Temperaturen, wo die Adsorption des Äthans unmeßbar gering ist, auch die VAN DER WAALSsche Adsorption des Äthylens ebenso gering sein müßte, während sie in Wirklichkeit groß ist. Mit dieser Korrektur, indem man nämlich die molekulare Adsorption des Äthylens durch eine schnelle aktivierte Adsorption vom ersten Typ ersetzt, könnte man das Schema von JELOWITSCH-SHABROWA zugrunde legen.

Man versteht dann, warum eine vorherige aktivierte Adsorption von Äthylen den Kontakt vergiftet, warum das nach dem ersten Mechanismus aktiviert adsorbierte Äthylen nicht an der Hydrierung teilnimmt usw. *

Weniger klar ist die Frage nach dem Wasserstoff, der im aktiviert adsorbierten Zustand nicht hydrieren kann, gleichzeitig aber die katalytische Reaktion nicht vergiftet. Dieser Wasserstoff vergiftet aber die Oberfläche gegenüber seiner eigenen weiteren aktivierten Adsorption.

Die Kinetik des katalytischen Prozesses genügt in erster Näherung recht gut den LANGMUIRschen Gleichungen. Die Änderung der Anfangskonzentration des Kohlenwasserstoffs ist in vielen Fällen ohne merklichen Einfluß auf die Hydrierungsgeschwindigkeit; so liegen die Dinge insbesondere beim Benzol. In anderen Fällen nimmt mit wachsender Kohlenwasserstoffkonzentration die Geschwindigkeit ab, und bei Acetylen führt die Steigerung seines Gehalts im Gemisch über einen bestimmten Wert zum völligen Aufhören der Hydrierung. Umgekehrt beeinflußt beim Äthylen eine Steigerung des Olefingehalts den Prozeß in positiver Richtung, wenn auch nur schwach. Hinsichtlich des Wasserstoffs beobachtet man meistens eine erste Ordnung.

Alle diese Eigentümlichkeiten sind mit dem üblichen LANGMUIRschen Schema für verschiedene Besetzungsgrade der Oberfläche durch die Reaktionskomponenten vereinbar; die nun folgenden experimentellen Daten zeigen jedoch, daß die Oberfläche in Wirklichkeit inhomogen ist und daß es sich nur um eine Nachahmung einer Homogenität handelt, die für bestimmte Typen von Oberflächen mit breiter Verteilung charakteristisch ist.

§ 3: *Merkmale für die Inhomogenität der Oberflächen von Hydrierungskontakten*

Die ersten Hinweise auf eine Inhomogenität ergeben sich schon bei genauerer Untersuchung der Kinetik. Bei einer eingehenden Betrachtung der Kinetik bei niedrigen Drucken beobachtet man eine starke Selbstbremsung der aktiven Präparate, die nicht auf eine Vergiftung durch die Reaktionsprodukte zurückgeführt werden kann, da das Äthan nur äußerst schwach adsorbiert wird. Wie aus den Abb. 371 und 372 hervorgeht, wächst die Menge des umgesetzten Äthylens proportional dem Logarithmus der Zeit. Die logarithmische Formel ist gut erfüllt, was als Hinweis auf eine Inhomogenität der Oberfläche gewertet werden,

---

* Ganz kürzlich hat BEECK einen anderen Standpunkt für den Mechanismus der langsamen Chemisorption des Äthylens entwickelt; er behandelt sie als Polymerisationsreaktion in der Oberflächenschicht[13]).

aber nicht zu bestimmteren Schlußfolgerungen ausgenutzt werden kann, da das Zeitintervall der Beobachtung klein ist (in der logarithmischen Skala kleiner als eine Einheit).

In den Arbeiten von JELOWITSCH und SHABROWA finden sich interessante kinetische Beobachtungen, die Grund zu gewissen Hypothesen über das statistische Modell der Oberfläche geben, obwohl deren Nachprüfung unmöglich ist, weil der betreffende Artikel keinerlei tabulierte Zahlenwerte enthält. Die Verbindung der logarithmischen Kinetik bei abnehmender Äthylenkonzentration mit einer einfachen Monomolekularität hinsichtlich des Wasserstoffs bei konstanter Äthylenkonzentration (Abb. 373) ließe sich durch ein symbates

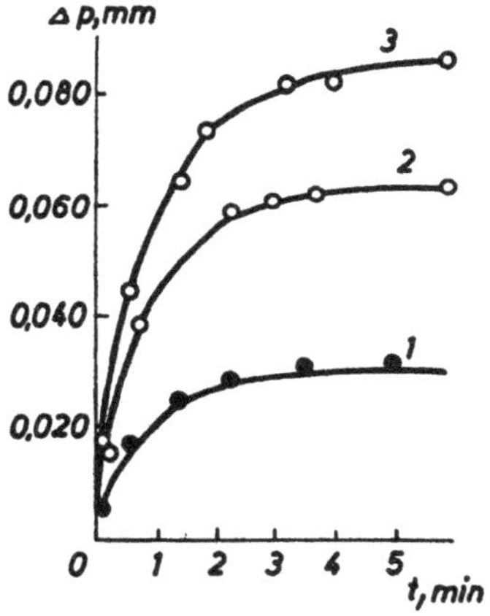

Abb. 371. Kinetik der Äthylenhydrierung an Nickel $\Delta p \sim q = q(t)$ (nach JELOWITSCH und SHABROWA) bei $t° = 0°$ und verschiedenen Anfangsdrucken. Die Ni-Menge betrug 0,0154 g. *1*: $p_0 = 0{,}0612$; *2*: $p_0 = 0{,}123$; *3*: $p_0 = 0{,}1655$.

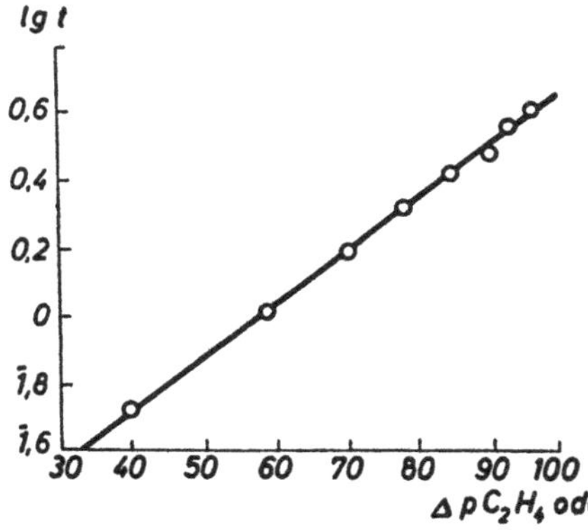

Abb. 372. Kinetik der Äthylenhydrierung an Nickel in logarithmischen Koordinaten.

Verhalten der Aktivierungsenergie der Hydrierung und der Bildungswärme des Äthylen-Adsorptionskomplexes, der beim Auftreffen von Wasserstoff aus dem Volumen reagiert, erklären. Dann müßte man aber bei abnehmendem Gesamtdruck eine Kinetik mit $q \sim t^{1/n}$ und eine Konstanz von E_{beob} erwarten. Eine Bestätigung dieser Schlußfolgerung wäre ein ernsthaftes Argument für das in Abb. 374 dargestellte Schema. Nach den Angaben der Autoren ist die Differentialgleichung

$$\frac{dq}{dt} = a e^{-\alpha q} \tag{3}$$

bei kleinen Änderungen von p eine gute Näherung. Sind diese Änderungen groß, so tritt ein Zusatzfaktor $q_0 - q$ auf, der den Restdruck berücksichtigt.

Die logarithmische Abhängigkeit sowie die gebrochenen Potenzen in p sind charakteristisch für eine Kinetik mit einem kontrollierenden Streifen, der sich in Richtung höherer E-Werte verschiebt. In der Arbeit von JELOWITSCH und SHABROWA wird beiläufig an das Anwachsen von E sowohl für die Katalyse als auch für die Adsorption der beiden Gase erinnert; insbesondere steigt für den Wasserstoff E von 16000 auf 27000 cal/Mol, jedoch sind noch keine systematischen quantitativen Angaben zu diesem Problem vorhanden, so daß der Charakter des Prozesses, der den Streifen verschiebt, noch nicht vollständig geklärt werden kann. Es handelt sich hierbei kaum um eine einfache aktivierte Adsorption des Äthylens, die nach der gleichen Arbeit die Reaktion zwar etwas, aber nicht sehr stark bremst. Möglicherweise handelt es sich um eine Form der Abnutzung des Katalysators oder um eine Polymerisation, jedoch steht das Vorhandensein eines ziemlich großen E-Intervalls außer Zweifel. Bei einem schwebenden kontrollierenden Streifen müßte E_{beob} konstant sein. Bei einem bewegten Streifen am Rande muß E_{beob} systematisch wachsen. Alle diese Angaben sind vereinbar mit einem Schema, in dem als begrenzendes Stadium die Bildung eines Übergangskomplexes angesehen wird, der ungesättigte Molekeln, die an die Oberfläche durch Aufrichtung einer Mehrfachbindung gebunden sind und Wasserstoff in Form von möglicherweise stark deformierten Gasmolekeln enthält. Hierbei hat man ein breites E-Intervall bei symbatem Verhalten der Größen E und Q für die Adsorption des Äthylens anzunehmen; dieses stellt im adsorbierten Zustand ein exothermes Oberflächengebilde dar (vergleiche das Schema in Abb. 374). Hierbei muß auch eine hinreichende Beweglichkeit des Äthylens in der Oberflächenschicht vorausgesetzt werden. Über den Verteilungstyp kann man nichts aussagen, da das t- und das p-Intervall zu klein und keine tabulierten Werte vorhanden sind.

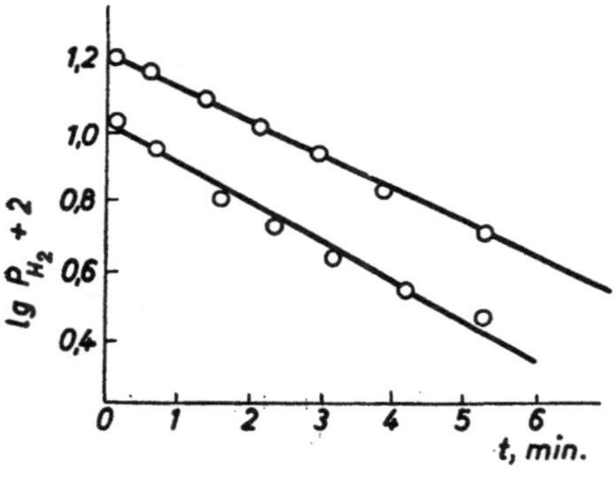

Abb. 373. Kinetik der Äthylenhydrierung (nach JELOWITSCH und SHABROWA) bei $t° = 0°$ und zwei verschiedenen Anfangswerten des Wasserstoffdrucks.

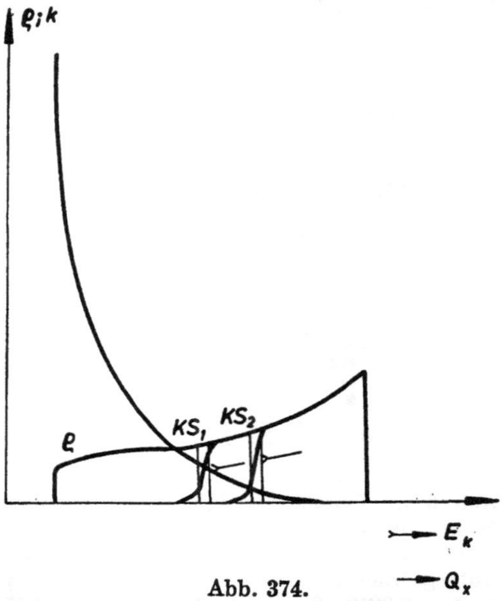

Abb. 374. Wahrscheinliche Lage der kontrollierenden Streifen bei der Äthylenhydrierung am Nickel. KS_1 und KS_2 entsprechen verschiedenen Drucken.

In einigen Fällen beobachtete man bei der Hydrierungskinetik auch noch eigentümlichere Anomalien: es gibt z. B. Hinweise darauf, daß die Reaktion bei höheren Drucken in eine nullte Ordnung hinsichtlich beider Komponenten übergeht. Dies gilt offenbar insbesondere für die Hydrierung des Benzols[14]. Die übliche Erklärung für eine solche Kinetik durch das Vorhandensein zweier verschiedener Bereichstypen (ein Typ für jede der Komponenten) ist auf Grund der Daten über die Vergiftung der Oberfläche durch die ungesättigten Verbindungen und über die Unterbrechung des Prozesses in Gemischen mit höherem Acetylengehalt zweifelhaft. Man kann an die Möglichkeit eines anderen Zwischengebildes denken, das sowohl die ungesättigte Verbindung als auch den Wasserstoff enthält. Bei symbatem Verlauf der Bildungswärme dieses exothermen Komplexes $Q_{\text{Ü. S.}}$ und der Aktivierungsenergie für den Übergang zum Äthan E_k und bei einer breiten Verteilung über E führt dieses Schema zu einer nullten Ordnung hinsichtlich beider Komponenten. Als letztes Argument erwähnen wir die neuen Daten, die auf Grund der differentiellen Isotopenmethode

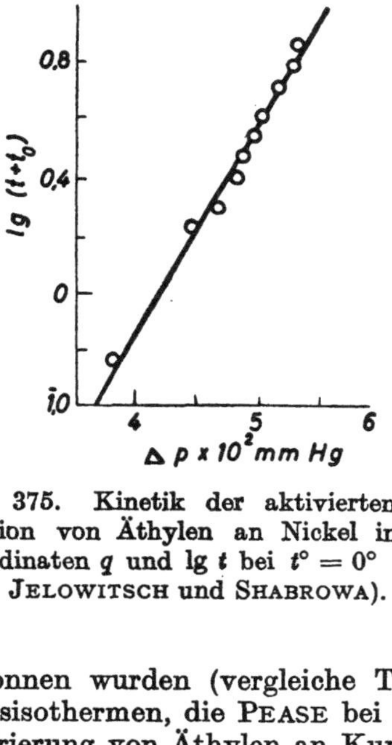

Abb. 375. Kinetik der aktivierten Adsorption von Äthylen an Nickel in den Koordinaten q und lg t bei $t^\circ = 0^\circ$ (nach Jelowitsch und Shabrowa).

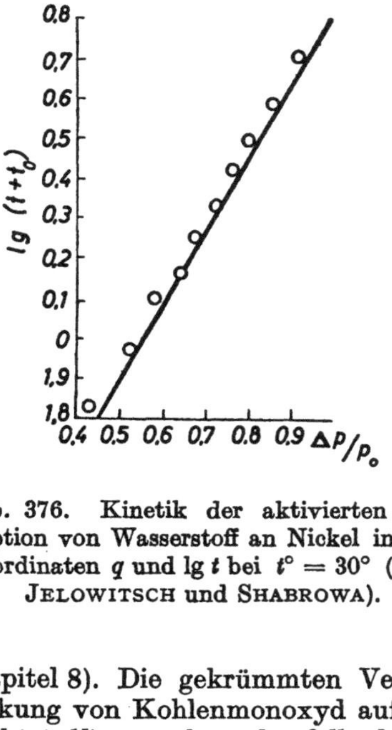

Abb. 376. Kinetik der aktivierten Adsorption von Wasserstoff an Nickel in den Koordinaten q und lg t bei $t^\circ = 30^\circ$ (nach Jelowitsch und Shabrowa).

gewonnen wurden (vergleiche Teil III, Kapitel 8). Die gekrümmten Vergiftungsisothermen, die Pease bei der Einwirkung von Kohlenmonoxyd auf die Hydrierung von Äthylen an Kupfer beobachtete[15], sprechen ebenfalls dafür, bedürfen aber noch einer Bestätigung.

Sämtliche erwähnten Daten sprechen für eine Inhomogenität der Oberfläche, ohne genaue Aussagen über deren Typ zuzulassen. Eine gewisse Vorstellung von diesem Typ gibt eine Untersuchung der Adsorptionskinetik von Äthylen und Wasserstoff.

Wie aus den Abb. 375 und 376 hervorgeht, beschreibt sowohl für das Äthylen als auch für den Wasserstoff an Nickel eine logarithmische Formel den Prozeß recht gut. Das gleiche trifft für Wolframschichten zu; leider liefert eine Auswertung nach einer Potenzformel ungefähr gleich gute Ergebnisse (Abb. 377 und 378). Die Entscheidung zwischen den beiden Gleichungen ist infolge der

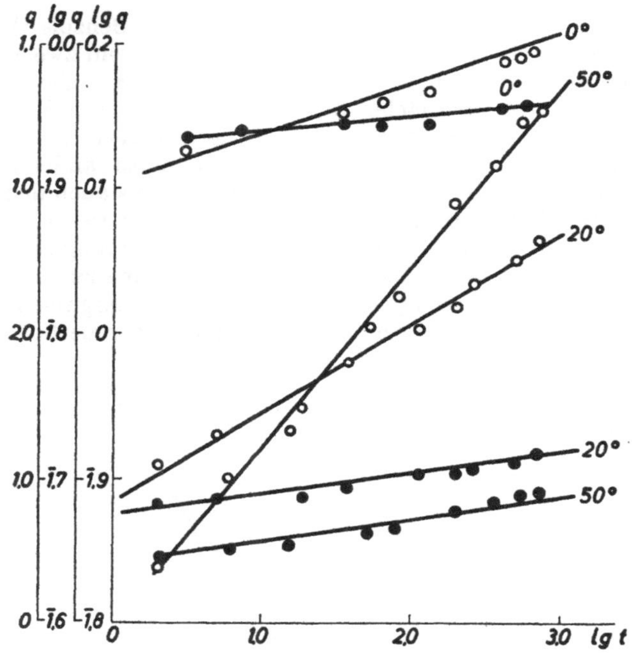

Abb. 377. Kinetische Daten über die aktivierte Adsorption des Äthylens an Nickel aus der Arbeit von STEACIE und STOVEL, aufgetragen in den Koordinaten q und lg t (schwarze Kreise) und in den Koordinaten lg q und lg t (weiße Kreise). Für die Experimente bei 0° ist ein besonderer Maßstab gewählt.

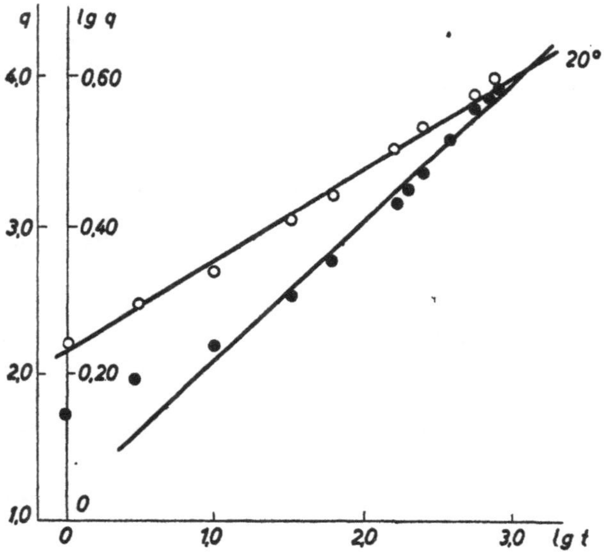

Kleinheit des Zeitintervalls schwierig; man hat nämlich in einem Experiment nie Bereiche mit sehr verschiedenen Aktivierungsenergien vor sich.

Der Übergang von der logarithmischen Abhängigkeit zur ersten Ordnung sowohl in der Adsorptionskinetik als auch bei der Katalyse spricht für das Vorhandensein einer großen Anzahl von Bereichen mit geringen Aktivitäten, d. h. für eine ansteigende Verteilung.

Die gleichen Daten wie im Fall der katalytischen Oxydation des Kohlenmonoxyds schließen die Möglichkeit aus, die beobachteten Anomalien in Adsorption und Kinetik auf die Wirkung von Abstoßungskräften zurückzuführen. Diese müssen um so stärker zur Geltung kommen,

Abb. 378. Auswertung eines Versuches von STEACIE und STOVEL über die aktivierte Adsorption des Äthylens in vergrößertem Maßstab; aufgetragen in logarithmischem (schwarze Kreise) und in doppeltlogarithmischem Maßstab. In diesem Fall liegen die Werte besser auf der doppeltlogarithmischen Geraden, die einer exponentiellen Verteilungsfunktion über E_{ads} entspricht.

je näher die Molekeln einander liegen, d. h., je größer Φ ist. Alle Anomalien bei der Hydrierung sind aber charakteristisch für kleine Besetzungen und verschwinden bei hohen Φ.

§ 4: *Kinetik der katalytischen Synthese und des katalytischen Zerfalls des Ammoniaks*

In den letzten zwanzig Jahren ist keine katalytische Reaktion so eingehend untersucht worden wie die Synthese von Ammoniak aus Stickstoff und Wasserstoff und dessen katalytische Zersetzung. Dies beruhte auf der Verknüpfung der verhältnismäßigen Einfachheit der Reaktion mit ihrer führenden Rolle in der modernen chemischen Schwerindustrie. Die kinetischen Messungen sind in diesem Fall durch die geringen Ausbeuten bei gewöhnlichen Drucken erschwert. Die direkte Synthese wurde vorwiegend an den auch in der Industrie gebräuchlichen Eisenkatalysatoren untersucht.

Der inverse Prozeß, der Zerfall des Ammoniaks ist für eine große Anzahl anderer Metalle recht gut untersucht. Zweifellos liegt die Hauptschwierigkeit bei der Ammoniaksynthese in der Aktivierung des Stickstoffs. Dies geht sehr anschaulich aus Modellversuchen über die Ammoniaksynthese in der elektrischen Entladung und beim Stoß positiver Ionen hervor[16]). Nach den Daten unseres Laboratoriums stimmen die kritischen Potentiale, bei denen die Synthese einsetzt, ziemlich genau mit bestimmten hohen angeregten Termen des Stickstoffs überein und sind ohne Beziehung zum Termsystem des Wasserstoffs. Unklar ist noch, ob sich im Primärakt ein Teilchen N_2^* oder $N + N^*$ bildet[17]). Damit aber noch nicht genug: Es bedarf noch einer festen Oberfläche, etwa der Glaswände des Gefäßes sowie einer Erzeugung atomaren Wasserstoffs infolge thermischer Dissoziation[18]).

Ähnlich liegen die Dinge auch an der Oberfläche des Katalysators. EMMETT und BRUNAUER[35]), KAGAN und seine Mitarbeiter[36]) u. a. wiesen überzeugend nach, daß die aktivierte Adsorption des Stickstoffs die Geschwindigkeit der Ammoniaksynthese an verstärkten Eisenkontakten begrenzt. Der aktiviert adsorbierte Stickstoff wird bei recht geringen Temperaturen leicht unter Bildung von Ammoniak hydriert.

Man kann kaum mit Bestimmtheit sagen, ob die aktivierte Adsorption des Stickstoffs mit einer völligen Zerlegung seiner stabilen Molekel in Atome verbunden ist, oder ob die Abschwächung der Bindung nicht so weit geht; jedenfalls kommt aber der aktiviert adsorbierte Stickstoff seinen Eigenschaften nach als Zwischenprodukt des Kontaktprozesses in Frage.

Eine Untersuchung der Geschwindigkeit des Isotopenaustausches zwischen N^{15} und N^{14} in den Stickstoffmolekeln an der Oberfläche von Eisenkontakten mit Aluminium- und Kaliumzusatz und ein Vergleich dieser Geschwindigkeit mit der Adsorptions- und Desorptionsgeschwindigkeit bei den gleichen Temperaturen spricht gegen die Möglichkeit einer Dissoziation in Atome. Ähnliche Ergebnisse erhält man auch für das Osmium[19]).

WINTER unterstrich in seiner Untersuchung des katalytischen Zerfalls von Ammoniak an Eisen[20]) die führende Rolle der Adsorption und der Desorption des Stickstoffs bei den untersuchten Prozessen. Die Geschwindigkeit dieses

Prozesses an einem auf Tonziegelchen aufgebrachten Metall erwies sich als direkt proportional der Ammoniakkonzentration hoch 0,9 und umgekehrt proportional der Wasserstoffkonzentration hoch 1,5. Infolge der Ähnlichkeit des Verhältnisses dieser Potenzen zum Konzentrationsverhältnis der entsprechenden beiden Gase im Gleichgewicht $N_2 + 3H_2 \rightleftharpoons 2NH_3$

$$\frac{[N_2]\,[H_2]^3}{[NH_3]^2} = K = K_0 e^{+\frac{Q}{RT}} \tag{4}$$

suchte WINTER die Erklärung für diese Abhängigkeit im Vorhandensein von Stufen

$$2NH_3 \rightleftarrows 2N + 6H \rightleftarrows 2N_{Ob} + 3H_2 \rightleftarrows N_2 + 3H_2 \tag{4a}$$

in der Reaktionskette; diese Prozesse sollen einem Halbgleichgewicht zwischen den Ammoniak- und Wasserstoffkonzentrationen im Gas und der Konzentration der Stickstoffatome an der Oberfläche genügen (das Vorhandensein einzelner Stickstoffatome kann man als das einfachste, obwohl nicht das einzige Modell für den aktiviert adsorbierten Stickstoff ansehen). In diesem Fall werden die spezifische Besetzung der homogenen Oberfläche θ_N oder die spezifische Besetzung der i-ten Bereichsgruppe einer inhomogenen Oberfläche θ_{i_N} für jede i-te Gruppe identischer Bereiche durch eine Isotherme vom LANGMUIRschen Typ gegeben

$$\theta_N = \frac{\frac{1}{b^*}\frac{[NH_3]}{[H_2]^{1,5}}}{1 + \frac{1}{b^*}\frac{[NH_3]}{[H_2]^{1,5}}}. \tag{5}$$

Der Adsorptionskoeffizient b^* enthält implizit als Faktor den Adsorptionskoeffizienten der Stickstoffatome

$$b_N = b_{0N}\, e^{-\frac{Q_N}{RT}} \tag{5a}$$

und die Gleichgewichtskonstante für die Dissoziation des Ammoniaks in Stickstoffatome und molekularen Wasserstoff:

$$2NH_3 \rightleftarrows 2N + 3H_2$$

$$[N] = K_1^{1/2} \sqrt{\frac{[NH_3]^2}{[H_2]^3}}, \quad \text{mit} \quad K_1 = K_0 e^{-\frac{2D}{RT}}. \tag{6}$$

Hierbei ist D die Wärmetönung der Reaktion in der Richtung von rechts nach links, bezogen auf ein Grammatom gasförmigen Stickstoffs; der Koeffizient b^* lautet also

$$b^* = b_{0_N} \cdot K_{0_N}^{1/2}\, e^{-\frac{Q_N}{RT}} \cdot e^{+\frac{D}{RT}}. \tag{7}$$

In Abhängigkeit von dem Wert $D = Q_N$ und dem Bruch $\frac{[NH_3]}{[H_2]^{1,5}}$ kann die LANGMUIRsche Isotherme in eine lineare HENRYsche Isotherme mit

$$\theta_N = a\,\frac{[NH_3]}{[H_2]^{1,5}}, \quad \text{oder für die Sättigung mit } \theta_N \approx 1 \tag{8}$$

übergehen.

Nimmt man den ersten Wert an und betrachtet die Desorption des Stickstoffs ins Volumen als begrenzendes Stadium, so kann man mit WINTER das kinetische Gesetz erklären, die anderen Widersprüche jedoch nicht beseitigen. Insbesondere ergibt sich aus den Arbeiten von WINTER selbst, daß der Zerfall an kompaktem Eisen einer anderen kinetischen Formel folgt:

$$w \sim k \frac{(NH_3)^{0,8}}{(H_2)^{0,9}}, \tag{8a}$$

was dem Ergebnis von HINSHELWOOD und BURK[38]) für das Platin

$$w \sim k \frac{[NH_3]}{[H_2]} \tag{8b}$$

sehr nahe kommt.

Dieser Umstand, dazu noch die mechanische Anwendung der Gleichungen der Theorie der Kontaktreaktionen an homogenen Oberflächen ließen WINTER seinen Versuch zum Aufbau einer Theorie der Ammoniaksynthese nicht zu Ende führen.

In der Literatur gibt es indessen schon seit langem Hinweise auf die Inhomogenität der Oberfläche der Eisenkatalysatoren für die Ammoniaksynthese. Schon DIXON fand, daß die Vergiftungsisothermen der Eisenkatalysatoren nicht vom LANGMUIRschen Charakter, sondern exponentiell sind, und das ist, wie in Kapitel 5 gezeigt, ein charakteristisches Merkmal für eine Oberfläche mit einer breiten Energieverteilung[21]).

Den nächsten Schritt bildeten die Arbeiten unseres Laboratoriums über die aktivierte Adsorption, die zunächst als empirische Formeln und dann als äußerst vernünftige Gleichungen die Beziehungen $w \sim e^{-aq}$ und $q \sim \ln t$ lieferten[22]). Schon im Jahre 1937 zeigten wir, daß diese Gleichungen die Daten von EMMETT und BRUNAUER über die Kinetik der aktivierten Adsorption des Stickstoffs an verstärkten Eisenkatalysatoren recht gut beschreiben, und daß hieraus Schlüsse über die Inhomogenität der Eisenoberfläche hinsichtlich des führenden Stadiums der Ammoniaksynthese folgen[23]) (Abb. 379).

Einen weiteren wesentlichen Schritt vorwärts bildete die Arbeit von TJOMKIN und PYSHEW[24]), die auf diesen Fall die Theorie der gleichmäßig inhomogenen Oberflächen anwandte[25]). Man muß hervorheben, daß die statistische Bedeutung des in diesen Arbeiten benutzten Modells durch den komplizierten mathematischen Apparat und durch die zugrundegelegten weniger anschaulichen integralen Verteilungsfunktionen etwas verschleiert wird. Zusätzliche Mißverständnisse für den Leser können sich daraus ergeben, daß zur Bezeichnung der Zustandssumme der Ausdruck „Verteilungsfunktion“ benutzt wird und daß schließlich die Analyse der Kinetik sich im wesentlichen auf das Abstoßungsmodell stützt, das die Verfasser als äquivalent der Inhomogenität betrachten.

Um uns über die Ergebnisse von TJOMKIN und seinen Schülern besser orientieren zu können, werden wir sie also in der in dieser Monographie benutzten Nomenklatur darlegen.

In seinen theoretischen Arbeiten über allgemeine Probleme der Kinetik der katalytischen Reaktionen betrachtet TJOMKIN als Haupttyp der Inhomogenität die gleichmäßige Verteilung, d. h. ein mehr oder weniger breites Plateau von der in Abb. 380 dargestellten Art. Diesen Verteilungstyp über Q und E sieht der

Autor als grundlegend an und betrachtet die Gleichungen, die sich aus der Vorstellung einer exponentiellen Verteilung ergeben, wie z. B. die FREUNDLICHsche Gleichung nach SELDOWITSCH, als empirische Formeln (l. c.)*. Im Fall einer gleichmäßigen Verteilung erhält man leicht das statistische Integral und damit auch die statistische Isotherme

$$q \sim \ln \frac{1 + p/b_{\min}}{1 + p/b_{\max}}.$$

Für den mittleren Teil der statischen Isotherme gilt als gute Näherung die logarithmische Gleichung für die Adsorptionsisotherme, $q \sim a \ln p$. Unter der Annahme eines antibaten Verhaltens von Q_{des} und E_{ads} kommt TJOMKIN zu einer gleichmäßigen Verteilung über E und zu exponentiellen Gleichungen für die Adsorptions- und die Desorptionskinetik:

$$w \sim a e^{-\alpha q} \quad \text{und} \quad w \sim a e^{+\beta q},$$

die der Autor in dieser Arbeit als

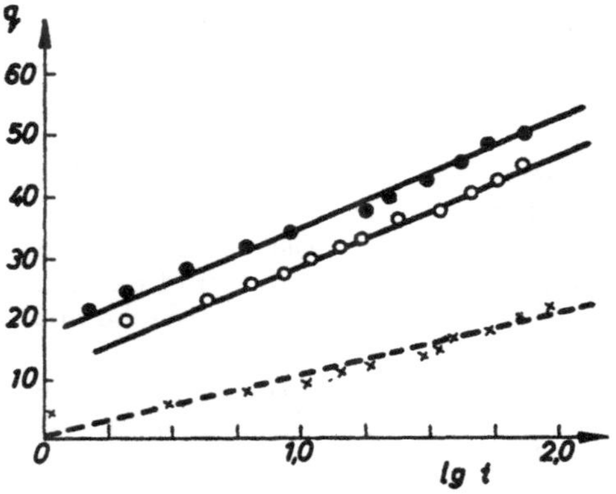

Abb. 379. Auswertung der Daten von EMMETT und BRUNAUER über die Kinetik der aktivierten Stickstoffadsorption an den Eisenkatalysatoren der Ammoniaksynthese nach der logarithmischen Gleichung.

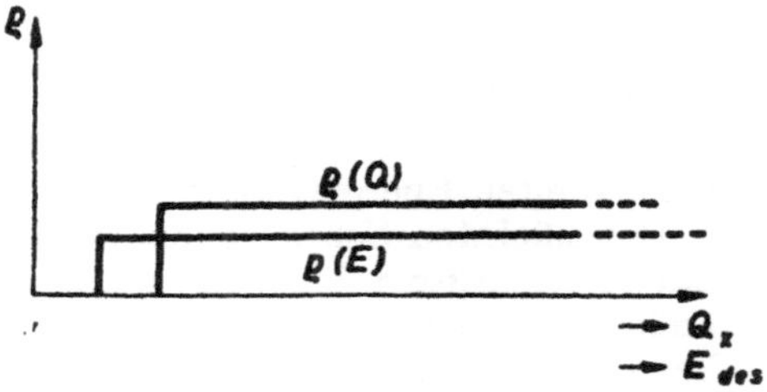

Abb. 380.
Die von TJOMKIN angenommenen Verteilungen über Q_x und E_{des}.

grundlegende und universelle Gleichungen sowohl für inhomogene Oberflächen als auch für homogene Oberflächen mit starker Abstoßung betrachtet.

Das Vorhandensein einer streng rechteckigen Verteilung ist sehr zweifelhaft. Adsorptionsuntersuchungen zeigen, daß derartige Verteilungstypen selten vorkommen, und ein Versuch, diese Verteilungen als physikalisch allein vernünftig und grundlegend zu behandeln, ist kaum gerechtfertigt. Ihr einziger Vorteil besteht in der Einfachheit ihrer mathematischen Behandlung, die in unserer Theorie einer Berücksichtigung lediglich der Änderung von θ und k mit wachsendem Q und E ohne Änderung von ϱ entspricht. In den Fällen, wo wir durch Anwendung dieses Modells zu Ergebnissen kommen, die für viele oder alle Verteilungen gelten, können wir also zu ihnen volles Vertrauen haben; sind dagegen

* In allerletzter Zeit, nach Beendigung dieser Monographie, hat TJOMKIN offenbar seinen Standpunkt in dieser Frage geändert und betrachtet jetzt auch exponentiell inhomogene Verteilungen als gleichberechtigt mit den gleichmäßigen[42]).

die Schlußfolgerungen spezifisch für $\varrho = \text{const}$, so haben wir sie mit Vorbehalt aufzunehmen.

In dem Abschnitt über die Desorptionskinetik (Teil II, Kapitel 4) erhielten wir für die gleichmäßigen Verteilungen eine exponentielle Abhängigkeit der Geschwindigkeit vom Besetzungsgrad der inhomogenen Oberfläche:

$$w = a e^{+\beta \Phi}. \tag{9}$$

Diese Gleichung gilt sowohl für eine Desorption ohne Umlagerung als auch für eine Desorption mit Umlagerung bei symbatem Gang des E-Wertes für die Desorption und des Q-Wertes für die Adsorption (Abb. 381). Damit ein solches

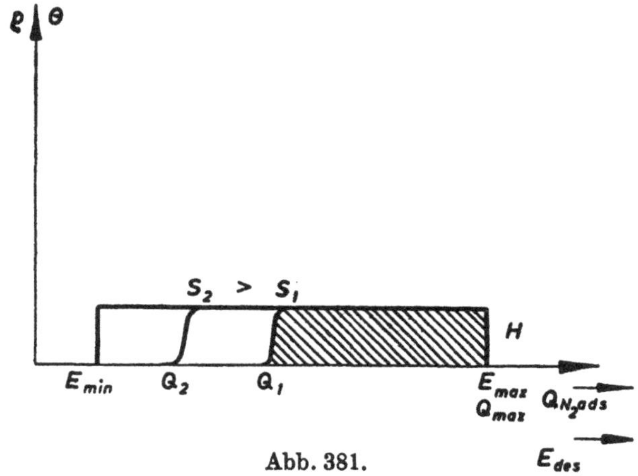

Abb. 381.

Symbates Verhalten von E_{des} und $Q_{N_2\text{ads}}$, das zu einem exponentiellen Desorptionsgesetz führt: $w \sim \exp(-E_{\text{des}}/RT)$, aber $E_{\text{des}} = E_0 + \beta Q_{N_2}$ und $q = H(Q_{\max} - Q)$, also $w \sim e^{+\gamma q}$.

Bild für den elementaren Mechanismus von WINTER zutrifft, ist notwendig, daß in der Besetzung eine scharfe Grenze der Gleichgewichtswerte N_{ads} vorhanden ist. Gilt ein bewegliches Halbgleichgewicht, so ist hierfür ein symbates Verhalten der Bildungswärme von N_{ads} aus NH_3 und der Aktivierungsenergie für die Desorption des Stickstoffs von der Schicht erforderlich. Die Bildungswärme des N_{ads} aus den Gasen kann sich aber nur infolge einer Änderung von $Q_{N_{\text{ads}}}$ ändern (da $D = \text{const}$ ist), so daß die Größe $E_{\text{des}\,N_2}$, die Summe von $Q_{\text{des}\,N_2}$ und E (Abb. 382), symbat mit $Q_{N_{\text{ads}}}$ sein muß. Nur bei Gültigkeit solcher Beziehungen bricht der vom N_{ads} besetzte Teil der Verteilung steil ab, und die Gleichung (9) kann unter der Bedingung, daß die Abnahme von b mit abnehmendem Q den Anstieg von k mit abnehmendem E überkompensiert, gültig sein. Hierzu ist notwendig, daß in der Gleichung $E = E_0 + \alpha Q$ gilt $\alpha < 1$. In der zitierten Arbeit wird das nicht direkt ausgesprochen, und die Anwendung der Gleichung von BRÖNSTED und POLANYI

$$E = E_0 - \alpha Q \tag{10}$$

kann bei flüchtigem Lesen den falschen Eindruck erwecken, daß der Kinetik von TJOMKIN und PYSHEW ein antibates Verhalten von E und Q zugrunde liegt. TJOMKIN und PYSHEW gehen von der Gleichung (9) aus, setzen für Φ_N den Wert aus der logarithmischen Isotherme

$$\Phi_N = a \ln p_N \tag{11}$$

ein und ersetzen p_N durch $K \frac{[NH_3]}{[H_2]^{1,5}}$; sie gelangen so zu der WINTERschen Gleichung in der Form

$$w = k_2 \left(\frac{p^2_{NH_3}}{p^3_{H_2}}\right)^\beta \tag{12a}$$

oder

$$w = k_2 \frac{p_{NH_3}}{p_{H_2}^{1,5}} \tag{12}$$

mit $\beta = 0{,}5$.

Ähnlich finden sie die Ausdrücke für die direkte Synthese (ohne Berücksichtigung des Zerfalls) unter Verwendung des Koeffizienten α aus Gleichung (10), in der $\alpha = 1 - \beta$ beträgt:

$$w = k_1 \frac{p_{N_2} p_{H_2}^{1,5}}{p_{NH_3}}. \tag{13}$$

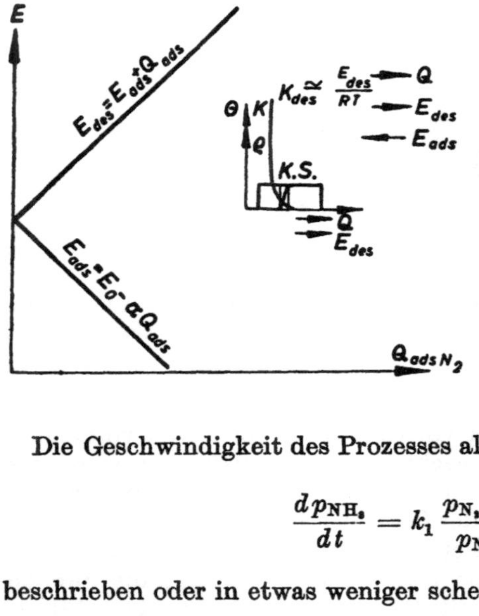

Abb. 382. Schema des Zusammenhangs zwischen Q_{ads}, E_{ads} und E_{des}, der zu der kinetischen Gleichung der Synthese führt. Der antibat lineare Zusammenhang zwischen E_{ads} und $Q_{ads_{N_2}}$ führt bei $\alpha < 1$ zu einem symbaten Zusammenhang zwischen E_{des} und $Q_{ads_{N_2}}$. In der Mitte ist in kleinem Maßstab der Typ der Verteilung und die Lage des kontrollierenden Streifens angedeutet.

Die Geschwindigkeit des Prozesses als Ganzes wird dann durch die Gleichung

$$\frac{d p_{NH_3}}{dt} = k_1 \frac{p_{N_2} p_{H_2}^{1,5}}{p_{NH_3}} - k_2 \frac{p_{NH_3}}{p_{H_2}^{1,5}} \tag{14}$$

beschrieben oder in etwas weniger schematischer Form

$$\frac{d p_{NH_3}}{dt} = k_1 p_{N_2} \left(\frac{p_{H_2}^3}{p_{NH_3}^2}\right)^{1-\beta} - k_2 \left(\frac{p_{NH_3}^2}{p_{H_2}^3}\right)^\beta. \tag{14a}$$

Der Hauptwiderspruch der Theorie von WINTER ist hier also beseitigt.

Die kurz dargelegte Theorie bildet eine erfolgreiche Synthese einer Reihe vorangegangener Arbeiten, ergänzt durch die Wahl einer bestimmten Variante der Theorie der Abstoßungskräfte oder eines bestimmten Inhomogenitätstyps. In den darauffolgenden Arbeiten wurde diese Theorie auf andere Kontakte für Zerfall und Synthese des Ammoniaks ausgedehnt, insbesondere auf die von

HABER untersuchten Wolfram-Uran- und Molybdänkontakte, ferner auf das Gebiet hoher Drucke[26]); dabei wurde eine überraschende Ähnlichkeit der beobachteten Aktivierungsenergien für die verschiedenen Kontakte festgestellt, die bisher noch nicht erklärt werden konnte.

Die Theorie besitzt aber auch Mängel, die ihrer weiteren Vervollkommnung im Wege stehen.

1. Zwischen dem gewählten Verteilungstyp und den Ergebnissen besteht kein eindeutiger Zusammenhang. Wie wir erwähnten, sehen die Autoren das zur Ableitung benutzte Hilfsmodell als genaue Darstellung der wirklichen Verhältnisse an. In Wirklichkeit führt jede breite Verteilung, bei der die Änderung der Geschwindigkeitskonstanten und der Desorptionskoeffizienten mit einer Änderung der Aktivierungswärmen bzw. der Adsorptionsenergien in gleicher Richtung wirkt wie die Änderung von ϱ, oder, falls sie in entgegengesetzter Richtung wirkt und diese Änderung von ϱ überkompensiert, zu den gleichen Beziehungen, falls der Zusammenhang zwischen E und Q linear ist[27]).

2. Die vom Autor aufgestellten physikalischen Postulate sind ziemlich undurchsichtig.

3. Die Ableitungen zeichnen sich nicht immer durch hinreichende Allgemeinheit aus und sind außerdem unnötig kompliziert.

Durch Anwendung unserer Methode auf dieses System kommen wir wesentlich einfacher auf gewisse Eigentümlichkeiten des Prozesses.

In Anbetracht ihrer praktischen Wichtigkeit und der Rolle, die die Theorie der Ammoniaksynthese in der Theorie der Katalyse spielt, ist es zweckmäßig, die Ergebnisse dieser Analyse in einer Präzisierung der von den genannten Autoren eingeführten Postulate nochmals kurz darzulegen.

Als erstes Postulat nehmen wir die Inhomogenität der Oberfläche für die Aktivierungsenergie des katalytischen Prozesses und für die Bildungswärmen sämtlicher Oberflächenstadien an und setzen zunächst voraus, daß in dem Ausdruck für die Zerfallsgeschwindigkeit des Ammoniaks das Verhältnis der Potenzen, in dem die Konzentrationen des Ammoniaks bzw. des Wasserstoffs in diesen Ausdruck eingehen, nahezu gleich 1 : 1,5 ist (was nicht immer zutrifft):

$$w_{\text{zerf}} = k_1 \left(\frac{\mathrm{NH_3}}{\mathrm{H_2^{1,5}}}\right)^{2\beta}, \tag{15}$$

dabei ist $\beta > 0$ ein konstanter Bruch.

In der Theorie der Geschwindigkeiten der Kontaktprozesse wurden zwei mögliche Ursachen für das Auftreten stabiler Bruchpotenzen erwähnt: ein schwebender kontrollierender Streifen infolge symbaten Verhaltens von E und Q und eine reversible Vergiftung der Reaktion. Der Charakter des in Gleichung (15) auftretenden Bruches spricht eher für die erste Möglichkeit, der die Abb. 383 und 384 entsprechen. In diesen Abbildungen ist die Lage des kontrollierenden Streifens (K. S.) in einer Verteilung von willkürlichem Typ bei symbatem Verhalten der Aktivierungsenergie des katalytischen Zerfalls und der Bildungswärme des chemischen Zwischenzustandes dargestellt; als Zwischenzustand betrachten wir den aktiviert adsorbierten Stickstoff im beweglichen Halbgleichgewicht mit Ammoniak und Wasserstoff. Zur Ableitung der endgültigen Gleichungen führen wir ein zusätzliches Gleichgewicht zwischen dem gasförmigen Ammoniak, dem gasförmigen Wasserstoff und dem ebenfalls gasförmigen atomaren Stickstoff, für den wir seinerseits ein normales dynamisches Gleichgewicht mit den adsorbierten Atomen annehmen, ein.

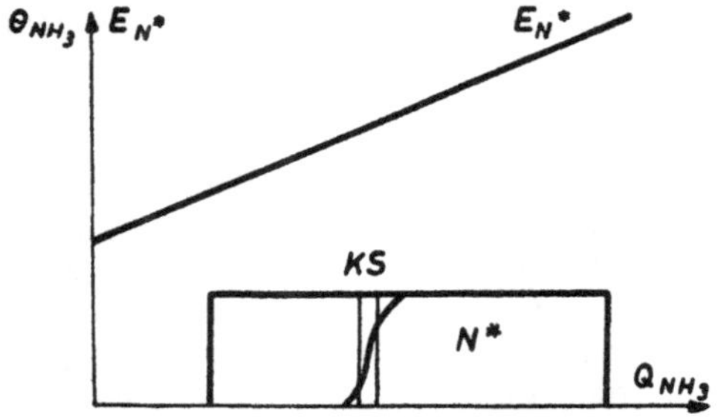

Abb. 383. Zusammenhang zwischen der Aktivierungsenergie der Stickstoffadsorption E_{N_2} und Bildungswärme des Ammoniaks Q_{NH_3}, der zu einem schwebenden Streifen und zu Bruchpotenzen führt.

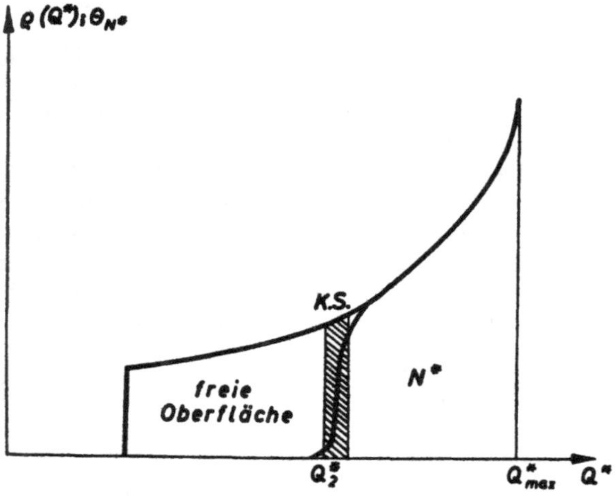

Abb. 384.
Schema der Entstehung von Bruchpotenzen bei schwebendem kontrollierenden Streifen und einer ansteigenden Verteilung der Bereiche über die Aktivierungsenergien.

Mit WINTER nehmen wir an, daß die Desorption des quasireversibel aus dem Ammoniak gebildeten Stickstoffs das begrenzende Stadium des kontrollierenden Prozesses bildet. Die Desorptionsgeschwindigkeit läßt sich folgendermaßen berechnen.

Der Partialdruck des atomaren Stickstoffs in der Gasphase ist

$$p_{N^*} = K^{1/2} \frac{p_{NH_3}}{p_{H_2}^{1,5}}; \qquad K = K_0 e^{-\frac{2D}{RT}}, \tag{15a}$$

wobei D die Dissoziationswärme eines Mols NH_3 in 1 Grammatom Stickstoff und $^3/_2$ Mol Wasserstoff ist.

Die Besetzung der Bereiche eines bestimmten Typs durch N-Atome wird außer durch p_N nur durch den Wert des reziproken Adsorptionskoeffizienten der Atome

$$b^* = b_0^* e^{-Q_{ads}/RT}$$

bestimmt. Hieraus folgt für die Adsorptionswärme der Atome am linken Rand des besetzten Teils der Verteilung

$$Q_{ads\,at} = -RT \ln \frac{p_{N^*}}{b_0^*} = RT \ln b_0 + RT \ln \frac{p_{H_2}^{1,5}}{p_{NH_3}} - RT \ln K_0^{1/2} + D, \tag{16}$$

und für die Adsorptionswärme eines Stickstoffatoms aus einer Ammoniakmolekel

$$Q_{N^*}^* = Q_{ads\,at} - D = RT \ln \frac{b_0}{K^{1/2}} + RT \ln \frac{p_{H_2}^{1,5}}{p_{NH_3}} = C + RT \ln \Pi. \tag{17}$$

Die Bereiche mit diesen Werten Q^*_{gr} besitzen in unserer Näherung die minimalen E_{des}-Werte für den besetzten Teil der Verteilung mit $\theta_{N*} \approx 1$. Der kontrollierende Streifen kann also nicht rechts von diesem Wert Q^* liegen. Solange sich Q^* schneller ändert als E, d. h. solange der Koeffizient β in der Gleichung

$$E_{des} = E_{0des} + \beta Q^*_{gr} \tag{18}$$

kleiner als Eins ist, leisten die Bereiche, die an Q^*_{gr} anschließen, einen größeren Beitrag zur Reaktion als alle links von Q^*_{gr} gelegenen Bereiche, und der kontrollierende Streifen liegt bei Q^*_{gr}. Im Gegensatz dazu stammt bei $\beta > 1$ der Hauptbeitrag von den Bereichen mit der minimalen Aktivierungsenergie; der kontrollierende Streifen liegt fest bei E_{min}.

Eine Eigentümlichkeit der Desorption der N-Atome ist ihre Assoziation zu N_2-Molekeln. An einer homogenen Oberfläche kann die Geschwindigkeit dieses Prozesses proportional dem Quadrat der Besetzung θ_{N*}, proportional dem Quadrat des LANGMUIRschen Bruchs oder ganz unabhängig von der Besetzung sein.

Noch reicher an kinetischen Möglichkeiten ist die Desorption von einer inhomogenen Oberfläche. Wir betonen, daß man in diesem Fall die Ähnlichkeit von Werten Q^* im Diagramm $\varrho(Q^*)$ von der geometrischen Nähe der betreffenden Bereiche scharf zu trennen hat. Bei gegebenem Φ_{N*} können die einzelnen adsorbierten Atome mit übereinstimmenden Werten von Q_{gr} und $E_{gr\,des}$ weit voneinander entfernt sein. Hierbei kann die Geschwindigkeit für die Desorption in Form von N_2 quadratisch von θ_N abhängen.

Außer dem Exponentialfaktor, der $E_{gr\,des}$ enthält, kann in der kinetischen Gleichung eine Größe auftreten, die proportional Φ^2_N ist, das seinerseits im gegebenen Fall linear von p_N abhängt, ebenso wie alle Teilgrößen θ_{iN}. Für diese Variante wird die Desorptionsgeschwindigkeit schematisch gegeben durch

$$w \cong M_0 \Phi^2{}_N \cdot e^{-\frac{\delta E_{gr\,des}}{RT}}. \tag{19}$$

Entspricht dagegen dem gegebenen $\frac{p_{NH_3}}{p^{1,5}_{H_2}}$ ein Φ_{N*} von nahezu Eins und hat somit das Atom N* bei beliebigem Wert von Q^* und E_{des}, unter anderem auch bei Q^*_{gr} und $E_{gr\,des}$, hinreichend viele Nachbarn, so hängt die Desorptionsgeschwindigkeit nicht mehr unmittelbar von $\frac{p_{NH_3}}{p^{1,5}_{H_2}}$ ab, enthält aber noch eine implizite Abhängigkeit von dieser Größe über $E_{gr\,des}$; hierbei ist

$$w = M_0 e^{-\frac{\delta E_{gr\,des}}{RT}}. \tag{19a}$$

Es sind auch kompliziertere Gleichungen möglich, mit denen wir uns nicht befassen werden.

Wir formen die Gleichungen (19) und (19a) um, indem wir $E_{gr\,des}$ aus den Gleichungen (17) und (18) einsetzen; wir erhalten

$$w = M'_0 \frac{p^2_{NH_3}}{p^3_{H_2}} e^{-\frac{\delta E_0 + \beta\delta C}{RT}} \cdot e^{\frac{1}{2}\beta\delta \ln \frac{p^2_{NH_3}}{p^3_{H_2}}} = M'_0 \cdot e^{-\frac{E'_0}{RT}} \left[\frac{p^2_{NH_3}}{p^3_{H_2}}\right]^{1+\frac{\beta\delta}{2}} \tag{20}$$

und entsprechend

$$w = M_0 e^{-\frac{E_0 + \beta\delta C}{RT}} \cdot e^{\frac{1}{2}\beta\delta \ln \frac{p^2_{NH_3}}{p^3_{H_2}}} = M_0 e^{-\frac{E'_0}{RT}} \left[\frac{p^2_{NH_3}}{p^3_{H_2}}\right]^{\frac{1}{2}\beta\delta}. \tag{20a}$$

Schematisch gilt also die Gleichung

$$w \backsimeq k \left[\frac{p^2_{NH_3}}{p^3_{H_2}}\right]^{\beta'} \tag{20b}$$

aus den Arbeiten von WINTER und TJOMKIN. Der Wert von β' aus Gleichung (20) ist aber explizit unbrauchbar.

Die empirischen Koeffizienten β' sind stets kleiner als Eins, wobei der übliche β'-Wert gleich 0,5 ist. Dem entsprechen Werte β in der Gleichung (18), die etwas größer als Eins oder gleich Eins sind. Bei diesem Wert von β hört aber bei den meisten Verteilungstypen die Beweglichkeit des kontrollierenden Streifens auf.

Da die Gleichungen (20) und (20a) Grenzfälle hinsichtlich der Rekombinationsbedingungen darstellen, ist schon die Möglichkeit, auf diesem Wege ohne zusätzliche Hypothesen einen annehmbaren Wert β zu gewinnen, zweifelhaft.

Die erwähnten Schwierigkeiten lassen sich auf zweifache Weise beseitigen: a) man kann annehmen, daß nicht das Stickstoffatom, sondern ein adsorbiertes Teilchen, das zwei Atome enthält, die chemische Zwischenform darstellt. In diesem Fall erhält man automatisch das gesuchte Ergebnis. b) Die zweite Möglichkeit ist der Übergang zu einem festen kontrollierenden Streifen.

In diesem Fall erhält man für den kontrollierenden Streifen leicht die Gleichung

$$\theta_{N*} \approx \left(\frac{p^2_{NH_3}}{p^3_{H_2}}\right)^{1/2}.$$

Für die Desorption müßte man annehmen, daß die Geschwindigkeit proportional der ersten Potenz von θ_{N*} ist; das ist möglich, wenn das rekombinierende Atom aus Bereichen stammt, die praktisch vollständig besetzt sind und große Q und E haben. Auch Abweichungen von dieser Größe in Richtung auf kleinere Werte wären möglich, und zwar infolge der Abweichungen der Größe θ_N von Eins.

Beide Mechanismen können den Übergang zur nullten Ordnung bei hohen Ammoniakkonzentrationen erklären, der von mehreren Autoren für Wolfram, Molybdän und andere Katalysatoren beobachtet wurde. Im ersten Fall entspricht er dem Eintreffen des bewegten kontrollierenden Streifens am Rande der Verteilung, im zweiten Fall der vollständigen Besetzung des festen Streifens.

Man muß also zu dem Zerfallsmechanismus noch zusätzliche Annahmen hinzufügen, um die Gleichungen von TJOMKIN und PYSHEW zu erhalten. Die Komplikationen sind am größten für die Synthese. In diesem Fall ist die Hypothese des Halbgleichgewichts von N^*_{Ob} mit NH_3 und N_2 bei praktischer Irreversibilität des direkten Überganges vom gasförmigen N_2 zum N^*_{Ob} nur schwer mit der Kinetik

$$w = k_1 p_{N_2} \left[\frac{p^3_{H_2}}{p^2_{NH_3}}\right]^{\beta} \quad \text{bei} \quad \beta = 0{,}5 \tag{21}$$

der direkten Reaktion in Einklang zu bringen.

Formal ist alles sehr einfach. Damit Bruchpotenzen auftreten, genügt eine Bewegung des kontrollierenden Streifens in Richtung wachsender E bei reversibler Adsorption der Substanz, die den Streifen verschiebt.

Zur Bestätigung dieser Behauptung betrachten wir zwei Varianten:

1. Vergiftung durch ein reversibel adsorbiertes Gift X. Bei beliebigem Verteilungstyp gilt

$$w \cong \frac{w_0}{[X]^m} \sim \frac{w_0}{p_x^m}, \tag{21a}$$

wobei $m > 0$ und im allgemeinen Fall ein Bruch ist.

Um (21a) in (21) überzuführen, muß man $[X]$ gleich $\frac{p_{NH_3}}{p_{H_2}^{1,5}}$ und $m = 2\beta$ setzen. Bei den Werten der Exponenten in dem Bruch muß X eine wasserstofffreie Form des Stickstoffs sein, etwa atomarer Stickstoff, adsorbierter atomarer, adsorbierter molekularer Stickstoff usw. Dann ist

$$p_x = K^l \left(\frac{p_{NH_3}}{p_{H_2}^{1.5}}\right)^l = K_0^l e^{-\frac{lD}{RT}} \left[\frac{p_{NH_3}}{p_{H_2}}\right]^l. \tag{21b}$$

In der Verteilungsfunktion in den Koordinaten ϱ und θ entspricht dies dem Vorhandensein eines bestimmten vom Gift besetzten Teils, der durch eine scharfe Grenze vom freien Gebiet der Verteilung getrennt ist. Paradox ist die vergiftende Wirkung der direkten Reaktion einer der Stickstofformen, die Übergangsformen der Synthese bilden. Die physikalische Bedeutung dieser Annahme wird beim zweiten Ableitungsverfahren klarer werden.

2. Wir nehmen an, daß ebenso wie beim Zerfallsmechanismus als Übergangsform eine Oberflächenform des zweiatomigen Stickstoffs N_2^*, $\overset{|}{N} = \overset{|}{N}$ an je einem Bereich vorliegt. Die Volumenkonzentration dieser Form wird gegeben durch die Gleichung

$$[N_2^*] = K_0 e^{-\frac{2D}{RT}} \cdot \frac{[NH_3]^2}{[H_2]^3}. \tag{22}$$

Lassen wir der Kürze halber die Gleichung für $\theta_{N_2^*}$ weg und schreiben gleich den Ausdruck für die Adsorptionswärme dieser Form hin

$$Q_{N_{2\,gr}^*} = RT \ln b_{0N_2} - RT \ln K_0 + 2D - RT \ln \frac{p_{NH_3}^2}{p_{H_2}^3} \tag{22a}$$

oder

$$Q_{N_{2\,gr}^*} = C'' + RT \ln \frac{p_{H_2}^3}{p_{NH_3}^2}, \tag{23}$$

so erhalten wir

$$\frac{p_{H_2}^3}{p_{NH_3}^2} = e^{\frac{Q_{N_{2\,gr}^*} - C''}{RT}} \tag{23a}$$

oder nach Einsetzen in Gleichung (21)

$$w = k_0' p_{N_2} e^{\frac{\beta Q_{N_{2\,gr}^*} - \beta C'' - E_0}{RT}} = k_0' p_{N_2} e^{-\frac{E_{gr}}{RT}}, \tag{24}$$

also

$$E_{gr} = E_0' - \beta Q_{N_{2\,gr}^*} \tag{24a}$$

mit

$$E_0' = E_0 + \beta C'' = E_0 + 2\beta D + \beta RT \ln \frac{b_{0N_2}}{k_0}. \tag{24b}$$

Nach Gleichung (24a) muß ein antibater Zusammenhang zwischen der Adsorptionswärme der Übergangsform N_2 oder, physikalisch deutlicher ausgedrückt, der Bildungswärme dieser Übergangsform des zweiatomigen Stickstoffs und der Aktivierungsenergie der Etappe, die den ganzen Prozeß kontrolliert, bestehen. Nach EMMETT-BRUNAUER und TJOMKIN-PYSHEW ist dieser Prozeß die aktivierte Adsorption des Stickstoffs. Das physikalische Bild, das sich hinter der Theorie von TJOMKIN-PYSHEW verbirgt, sieht also folgendermaßen aus (vergleiche Abb. 384).

An einer inhomogenen Oberfläche erfolgt eine aktivierte Adsorption des Stickstoffs, die für einen Teil der Oberfläche zu einer vollständigen Besetzung führt. Diese Bereiche können nicht mehr katalysieren: sie sind im Gleichgewicht mit NH_3 und H_2 vergiftet. Bei jedem konkreten Wert von p_{NH_3} und p_{H_2} reicht das vom N_2 besetzte Gebiet der Verteilung bis zu einem bestimmten Q_{N_2} und dem entsprechenden E. Hier konzentriert sich auch die Reaktion, denn β ist kleiner als Eins, und b_{N_2} nimmt infolgedessen schneller ab, als k zunimmt.

Für die Verteilung über E_{ads}, die links vom kontrollierenden Streifen endet, findet bei den gegebenen Werten p_{NH_3} und p_{H_2} keine Katalyse statt. Im Gegensatz dazu würde eine Oberfläche, bei der für diese gegebenen Partialdrucke die Verteilung mit $E \gg E_{gr}$ und $Q_{N_2} \ll Q_{gr}$ beginnen würde, mit einer von diesen beiden Partialdrucken unabhängigen Geschwindigkeit arbeiten. Für ein solches Bild lassen sich kaum eindeutige Argumente beibringen, und es muß noch als Hypothese angesehen werden, die sich auf die niemals eindeutige Auswertung der kinetischen Daten gründet. Auch in diesem Fall wäre es sinnvoll, andere Schemata auszuprobieren, insbesondere solche mit kleinen Besetzungen von N_2 und H_2 bei einer vergiftenden Wirkung des Ammoniaks.

Man kann nicht umhin festzustellen, daß die Mechanismen der direkten und der inversen Reaktion in einer Beziehung gut miteinander übereinstimmen. In der Tat verlaufen in Abb. 384 sowohl der Zerfall als auch die Synthese an der Grenze der Gleichgewichtsbesetzung mit N*, d. h., sie haben einen gemeinsamen kontrollierenden Streifen, der sich sowohl nach rechts als auch nach links verschieben kann; das Prinzip der mikroskopischen Reversibilität ist dadurch automatisch gewahrt, und man kann aus der Kinetik bei den Gleichgewichtsdrucken p_i leicht das Massenwirkungsgesetz ableiten.

Für diesen günstigen Umstand muß man aber sehr teuer bezahlen. Das Bild wäre weniger künstlich, wenn man einen Vorsorptionszustand einführte, da in diesem Fall die abgeschlossene aktivierte Adsorption des N_2 ein Sekundärprozeß ist, der einen Teil der Oberfläche ausschaltet.

Aus unserer Analyse geht hervor, daß das Hauptergebnis, nämlich die gebrochenen Potenzen hinsichtlich der Reaktionskomponenten und -produkte, durch Einführung der Adsorptionswärme (ausgedrückt durch die Logarithmen der Partialdrucke) in den Ausdruck für die Aktivierungsenergie erzielt wird. Um die Ergebnisse ganz allgemein zu machen, müßte man überall außer β noch einen Faktor δ einführen, einen Ungleichmäßigkeitsfaktor, der für die meisten Verteilungen nahezu gleich Eins, dagegen für die Exponentialverteilungen $\delta = 1 - aRT$ ist. Dieser Faktor im Exponenten fehlt in der Arbeit von TJOMKIN und PYSHEW.

Wir erwähnen noch eine weitere interessante Eigentümlichkeit des betrachteten Mechanismus, der allen Prozessen mit schwebendem kontrollierenden

Streifen gemeinsam ist. Der variable Teil von E wurde in einen Bruch verwandelt, der das Produkt der Partialdrucke enthält (Πp_i). Infolgedessen liefert eine Anwendung der ARRHENIUSschen Gleichung

$$\frac{\partial \ln K}{\partial T} = -\frac{E}{RT^2} \tag{25}$$

zur Berechnung von E ein ungewöhnliches Ergebnis. Das gewonnene, d. h. das beobachtbare E, darf von der Zusammensetzung des Gasgemisches und der Temperatur nicht abhängen und muß sich aus mehreren Größen zusammensetzen, nämlich aus dem E_0 von Gleichung (18), dem $2D$ des Ammoniaks, dem Logarithmus von b_0/K_0 usw. Dieser Ausdruck für E gibt keinerlei Vorstellung darüber, welchen E-Wert die einzelnen Bereiche haben, aus denen der kontrollierende Streifen in Wirklichkeit besteht. Zur Bestimmung von E_{KS} müßte man bei einer Variation von T die Zusammensetzung des Gemisches so ändern, daß Φ_{N_2} konstant bleibt, was leicht durchzuführen ist. Im Zusammenhang damit hat die Gegenüberstellung der Werte E_{beob} nicht viel Sinn, da diese Größe weder die Zusammensetzung der arbeitenden Bereiche noch die Breite der Verteilung, noch ihren Typ kennzeichnet. Dieser Umstand wurde offenbar nicht in genügendem Maße berücksichtigt, denn in einer Reihe von Arbeiten steht gerade der Vergleich der Werte E_{beob} für verschiedene Kontakte im Mittelpunkt.

Bezüglich der weiteren Einzelheiten verweisen wir auf die betreffenden Artikel und betonen, daß die experimentelle Grundlage der Theorie von WINTER und TJOMKIN noch dürftig ist. In der grundlegenden Arbeit von WINTER war der Variationsbereich der Zusammensetzung der Konzentrationen klein: für das Konzentrationsverhältnis Ammoniak zu Wasserstoff 1 : 1 bis 1 : 30, wobei die endgültigen Abhängigkeiten etwas von den später von TJOMKIN und PYSHEW erhaltenen abweichen. Ferner wurden alle Versuche unter dynamischen Bedingungen durchgeführt, d. h. unter Bedingungen, die für eine Nachprüfung der kinetischen Formeln wenig günstig sind. Die veröffentlichten Experimentalarbeiten, die unter Berücksichtigung der Schlußfolgerungen aus der Theorie (24) angestellt wurden, enthalten infolge der benutzten dynamischen Methode für die Aufnahme der Kinetik und der kleinen Variationsbereiche von Zusammensetzung und Geschwindigkeit nicht die zu einer genauen Bestimmung der kinetischen Konstanten erforderlichen Daten.

Die einzige unmittelbar gemessene Größe ist die Konzentrationsänderung des Ammoniaks nach dem Durchtritt des Ausgangsgemisches durch den Reaktionsraum. Aus dieser Größe erhalten die Autoren die Geschwindigkeitskonstanten für den Zerfall, wobei sie komplizierte Ausdrücke benutzen, in denen die zweigliedrige Differentialgleichung (14) über die Länge der Kontaktschicht, durch die das Gas strömt, integriert wird. Der für diesen Fall gewonnene Ausdruck wird graphisch integriert. Der Zusammenhang zwischen der experimentell bestimmten Größe und der gesuchten Geschwindigkeitskonstante ist also kompliziert, und die Bestimmungsmethode für diese ist recht ungenau. Damit unter diesen Umständen ein Vergleich Beweiskraft hat, müssen Konzentrationen und Kontaktzeiten innerhalb sehr weiter Grenzen variiert werden, was nur sehr schwer durchzuführen ist. Man kann zeigen, daß die Änderungen von E', die man durch Subtraktion des Produkts $RT \ln p_N/b_0$ bei den Extremwerten von p_{NH_3} erhält, innerhalb eines Bereichs von 3—4 RT liegen. Da bei diesen unbedeutenden Variationen der Ausgangsbedingungen die Bedeutung einer Konstanz des nach der angegebenen Methode bestimmten Wertes k_1 gering ist, bedarf auch die Eindeutigkeit der Ergebnisse noch einer Nachprüfung. Die Gleichung (14) ist wahrscheinlich nicht die einzige mit den experimentellen Daten vereinbarte Gleichung.

Eine dritte Schwierigkeit zeigt sich im Zusammenhang mit den Daten von CHRISMAN[28]), EMMETT und LOVE[29]) sowie auch mit den Angaben anderer Forscher. Selbst bei den erwähnten engen Variationsbereichen der kinetischen Parameter sind die Gleichungen von WINTER und TJOMKIN bei weitem nicht auf alle Fälle anwendbar. In einer Arbeit von CHRISMAN erwies sich insbesondere die Zerfallsgeschwindigkeit des Ammoniaks an einem Eisenkontakt mit Aluminium- und Kaliumoxydzusatz als proportional $[NH_3]^{2,2}[H_2]^{0,2}$. Von vier Präparaten der von EMMETT und LOVE untersuchten Eisenkatalysatoren konnte nur bei einem von einer guten Gültigkeit der Gleichungen von TJOMKIN und PYSHEW die Rede sein. In zwei Fällen hätte man $\beta = 1$ setzen müssen, um den alten Gleichungstyp zu retten, was kaum zulässig ist; in einem Fall schließlich wuchs die Zersetzungsgeschwindigkeit des Ammoniaks mit wachsendem Wasserstoffpartialdruck und fiel mit wachsendem Ammoniakpartialdruck. An der Realität des Ergebnisses ist kein Zweifel, da die Autoren an und für sich die Theorie von TJOMKIN und PYSHEW anerkennen. Im Zusammenhang damit erinnern wir an die Ergebnisse von WINTER, der in der Gleichung für die Zerfallsgeschwindigkeit des Ammoniaks an reinem kompakten Eisen den Bruch $\frac{[NH_3]^{0,8}}{[H_2]^{0,9}}$ erhielt.

Die Argumentation, daß die anomalen Präparate von EMMETT und LOVE keinen Promotor enthalten sollen, ist nicht überzeugend, denn CHRISMAN arbeitete mit normalen Kontakten, die Alkali enthielten. Gleichzeitig weiß man schon lange[30]), daß reines, nicht verstärktes Eisen, das man durch Reduktion von Magnetit unter den gleichen Bedingungen wie verstärktes hergestellt hat, tagelang nicht schlechter arbeitet als dieses; erst nach sehr langen Zeiten beginnt sich ein Unterschied zu zeigen, der auf der schnelleren Alterung der nichtverstärkten Präparate beruht. Bei den Laboratoriumsversuchen war indessen die Gesamtarbeitsdauer des Kontakts gewöhnlich gering. Die Frage nach der Rolle der Aluminium- und Kaliumoxyde, die der Magnetitschmelze zugesetzt werden, ist noch nicht ganz geklärt. Neben den erwähnten kategorischen Behauptungen von MITTASCH und KUENECKE, die diese beiden Zusätze als besondere Stabilisatoren und Mikroträger auffassen, gibt es auch Hinweise auf eine unmittelbar verstärkende Wirkung des Alkalis[31]) und des Aluminiumoxyds[32]) sowie auf eine genetische Rolle der beiden Zusätze, die die Reduktionskinetik des Magnetits in Richtung auf höhere Dispersitäten beeinflussen sollen. Jedoch darf sich in diesem Fall die Reaktionskinetik am reinen Eisen ihrem Typ nach nicht von der Kinetik an einem verstärkten Kontakt unterscheiden, um so mehr, als die Reaktion an anderen Metallen in reiner Form Gleichungen vom gleichen Typ befolgt[26]).

Zur Klärung der wahren Sachlage fehlen noch systematische Versuche über die Katalyse an kompaktem Eisen (Drähten, Folien), das mit Alkali und Aluminiumverbindungen behandelt wurde, sowie Versuche über den Einfluß dosierter Mengen der beiden Ingredienzien in fertigen pulverförmigen Kontakten aus reinem Eisen. Hierbei müssen wir daran erinnern, daß die Aktivität der Eisenkontakte der Ammoniaksynthese in eigenartiger und ungewöhnlicher Weise vom Reduktionsgrad abhängt und ein Maximum aufweist, das weit vor der vollständigen Überführung des Oxyds in metallisches Eisen liegt.

In allerletzter Zeit beschrieben EMMETT und GRAY[33]) sehr interessante Tatsachen, die beweisen:

1. die ungewöhnlich hohe Aktivität der Ammoniak-Eisen-Kontakte bei der Hydrierung von Äthylen und

2. die starke Aktivitätsabnahme der Kontakte bei dieser Reaktion infolge Einführung von Alkalien und Aluminiumoxyd, d. h. gerade der Zusätze, die nach der üblichen Anschauung das Eisen bei der Ammoniaksynthese verstärken. Wir weisen darauf hin, daß die Aktivierungsenergie der Äthylenhydrierung außerordentlich klein sein muß, da der Prozeß bei einer Temperatur von —120° mit ausgezeichneter Geschwindigkeit verläuft.

Berücksichtigt man die geringe Empfindlichkeit und die geringe Spezifität der Endgleichungen, die TJOMKIN und PYSHEW bei der Auswertung der dynamischen Experimente benutzten, ferner das geringe Intervall der Konzentrationen und ihrer Verhältnisse, schließlich die merkliche Streuung der berechneten Geschwindigkeitskonstanten und das Vorhandensein von Kontakten, an denen die Kinetik nicht durch die vorgeschlagenen Gleichungen beschrieben wird, so muß man vor einer umfassenden Nachprüfung gegenüber den konkreten Schlußfolgerungen der genannten Arbeit hinsichtlich des eigentlichen Mechanismus und des Verteilungstyps recht vorsichtig sein, trotz der Tiefe und Originalität der Gedankengänge der Autoren. Diese Situation wird durch die Daten der Experimentalarbeiten von REUTER und seinen Mitarbeitern[34]) über die Kinetik der Synthese und Adsorption von Gasen an Eisen-Molybdän-Katalysatoren noch verschärft. Diese Katalysatoren besitzen nach MITTASCH eine gesteigerte Aktivität, besonders bei tiefen Temperaturen, sind aber wenig stabil. Die Stabilität läßt sich ohne Verlust an Aktivität durch die gleichen Zusätze, die das reine Eisen stabilisieren, sehr erhöhen.

Diese Daten und die erwähnten Arbeiten des Laboratoriums von TJOMKIN[26]) geben allen Anlaß, für die Eisen-Molybdän-Kontakte einen Synthesemechanismus zu erwarten, der dem Synthesemechanismus an den üblichen Eisenkatalysatoren sehr ähnelt. Man kann aber gleichzeitig an den Eisen-Molybdän-Katalysatoren keine aktivierte Adsorption von Stickstoff entdecken, deren Vorhandensein und deren Eigenschaften einen wichtigen Ausgangspunkt zum Aufbau allgemeiner Theorien der Synthese bilden könnten. Das Schema eines von der langsamen Adsorption des Stickstoffs begrenzten Prozesses ist also zweifelhaft*. Gleichzeitig ähneln die Kontakte von REUTER in den übrigen Eigenschaften sehr den üblichen Eisenkontakten der Ammoniaksynthese. Insbesondere kann man, obwohl der Druckbereich bei den Untersuchungen der Adsorptionsgleichgewichte und der Kinetik der aktivierten Adsorption von

---

* Dieser Einwand ist nicht ganz eindeutig, da bei geringer Anzahl aktiver Bereiche $w_{\text{akt ads}}$ unmerklich sein könnte. Die Übereinstimmung der Werte E_{Mo}, E_{W} und E_{Fe} macht aber diese Erklärung recht unwahrscheinlich.

Wasserstoff an den Eisen-Molybdän-Kontakten zu einer ernsthaften statistischen Analyse nicht ausreicht, gewisse Eigentümlichkeiten der Adsorption als Hinweise auf eine Inhomogenität betrachten.

Die Adsorptionsisotherme für Wasserstoff ist parabolisch. Die Kinetik wird durch die für selbstvergiftete Prozesse typische Kurven dargestellt. Trägt man diese Kurven in doppeltlogarithmischen Koordinaten auf, so erhält man recht gute Geraden; wir geben sie hier nicht wieder, weil in den Ausgangskurven keine experimentellen Punkte angegeben sind. Schließlich fallen für das Adsorptionsgleichgewicht des molekular adsorbierten Stickstoffs die von den Autoren angegebenen differentiellen Wärmen mit wachsender Besetzung von 5600 auf 3700 cal/Mol. Das Vorhandensein von „verstärkendem" Aluminiumoxyd steigert den Anfangswert der Adsorptionswärme auf 12000, läßt also Bereiche mit stark erhöhten Adsorptionswärmen in Erscheinung treten.

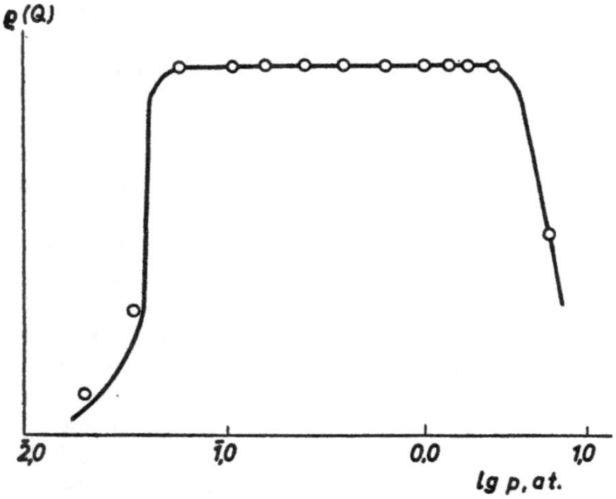

Abb. 385. Verteilungstyp der Oberflächenbereiche eines Eisenkontakts der Ammoniaksynthese über die Adsorptionswärmen des Stickstoffs (nach DOBYTSCHIN aus den Daten von EMMETT und BRUNAUER). Zweifelhaft ist, ob sich die Daten bei dem kleinen p-Intervall überhaupt auswerten lassen.

Etwas besser liegen die Dinge bei den Adsorptionsmessungen für die Eisenkatalysatoren der Ammoniaksynthese. Für diesen Fall findet man bei EMMETT und BRUNAUER Daten[35]), auf Grund deren man, wenn auch mit Vorsicht, die Isothermen differenzieren kann und auf diese Weise einen Hinweis auf den Charakter der Verteilung über die Adsorptionswärmen erhält. Das wurde von DOBYTSCHIN durchgeführt; er erhielt eine eigenartige Rechteckskurve von einer Breite von etwa $2RT$, also im wesentlichen eine nahezu gleichmäßige Verteilung[1]) (Abb. 385). Auch in dieser Hinsicht sind die Eigenschaften der üblichen Eisen- und der Eisenmolybdänkontakte offenbar verschieden.

In den Arbeiten von EMMETT und BRUNAUER findet man Daten über die Adsorptionskinetik des Stickstoffs an diesen Eisenkatalysatoren. Wir erwähnten bereits (vergleiche Abb. 379) die Anwendbarkeit unserer logarithmischen Gleichung auf diese Daten. Eine vergleichende Auswertung zeigt jedoch, daß eine Rechnung nach der parabolischen Formel von BANGHAM und BURT genau so gute oder sogar vielleicht noch etwas bessere Ergebnisse liefert (Abb. 386). Ein endgültiger Schluß läßt sich infolge der Beschränktheit des Wertebereiches noch nicht ziehen; ebensowenig läßt sich die Verteilung über E direkt bestimmen. Im ganzen sprechen die Daten für eine Inhomogenität über E_{ads}, ohne den Typ der Verteilung genauer festzulegen. Zu ähnlichen Schlußfolgerungen führt die Analyse der Ergebnisse von MOROSOW und KAGAN[36]). Für kompaktes Eisen beobachteten ARMBRUSTER und seine Mitarbeiter eine gute Übereinstimmung des Gleichgewichts und der Kinetik mit parabolischen Gleichungen, was für eine Ungleichmäßigkeit der Verteilung spricht.

In letzter Zeit lieferten Daten über die Vergiftung eine zusätzliche Bestätigung für die Inhomogenität der Oberfläche. Die Gewichtsisothermen der Vergiftung, die man aus kinetischen Daten erhält, sind gekrümmt und werden im Meßbereich der Aktivitäten als nahezu exponentiell angesehen. Die letzten Angaben von BRUNS und SCHURMOWSKAJA bestätigen jedoch diese Annahme nicht. Die Isotherme für die Vergiftung durch Sauerstoff wird wesentlich besser durch zwei sich schneidende Geraden mit sehr verschiedenen Steigungen beschrieben, was bei der geringen Anzahl der Punkte bei den vorher genannten Autoren leicht als Exponentialfunktion aufgefaßt werden kann. Unmittelbare Messungen der Gewichtsisothermen für die Adsorption des Giftes führen zu dem Schluß, daß zwei schmale Bereichsgruppen vorliegen, und sprechen gegen eine breite Inhomogenität. Leider kann man infolge der Vernachlässigung der besonderen Forderungen an Messungen, die zur Bestimmung des Verteilungstyps dienen sollen, keine eindeutige Nachprüfung dieser Schlußfolgerung an Hand der kinetischen Daten vornehmen. Es ist sogar unklar, ob die Sachlage für alle Eisenpräparate die gleiche ist und wie sie durch die Hauptfaktoren der Herstellung, durch Zusätze von Aluminium- und Alkalioxyd, die Übersättigung der Reaktion, die irreversible Vergiftung usw. beeinflußt wird. In dieser Hinsicht sind die Eisenkontakte ein recht problematisches Objekt, schon weil die Aktivität sich bei der Herstellung nicht stetig ändert.

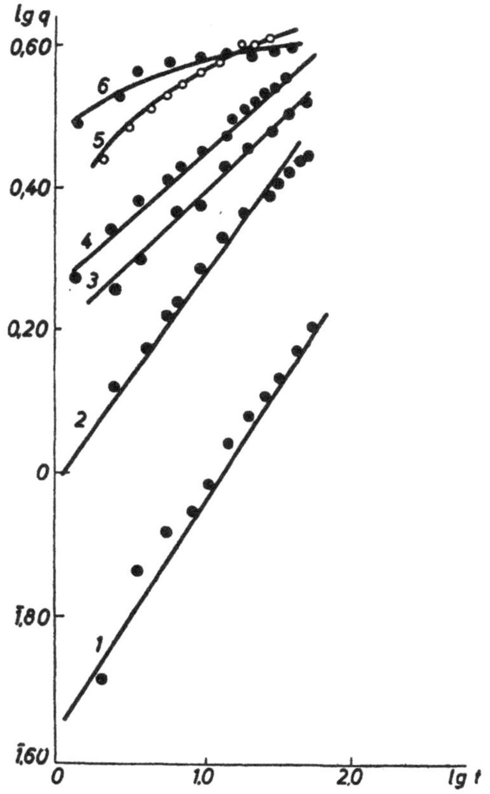

Abb. 386. Aktivierte Adsorption von Stickstoff an Eisen nach EMMETT und BRUNAUER bei verschiedenen Temperaturen in doppeltlogarithmischer Auftragung. *1*: 224°; *2*: 271°; *3*: 328°; *4*: 330°; *5*: 405°; *6*: 449°.

Eine Möglichkeit, Analogien zwischen den aufgeführten Beziehungen zu finden, liegt in der Untersuchung des Prozesses an Katalysatoren anderer Art. Nach KIPERMAN ist unter dynamischen Bedingungen bei mittleren und hohen Drucken die Kinetik an Wolfram und einer Reihe anderer Metalle sehr ähnlich der Kinetik an Eisen. Unter statischen Bedingungen wurde der Zerfall an reinem Wolfram ziemlich eingehend untersucht. Die einfachste und bequemste Untersuchungsmethode besteht in der Zerlegung gesättigten Ammoniakdampfes bei niedrigen Drucken. Unter diesen Bedingungen ist der Partialdruck des Ammoniaks ständig konstant, und die Partialdrucke von Wasserstoff und Stickstoff wachsen im Laufe der Reaktion. Wie aus den Abb. 387 und 388, die aus den Arbeiten von MOTSCHAN, PEREWERSENZEW und ROGINSKI[37]) stammen, hervorgeht, erfolgt der Druckanstieg streng linear, d. h., im Gegensatz zum Zerfall an Eisen hängt die Geschwindigkeit in einem bestimmten Intervall nicht von Partialdrucken der Reaktionsprodukte ab. Die Temperaturabhängigkeit ist streng exponentiell und führt zu einem E-Wert von 54000 cal/Mol (Abb. 389).

Für hinreichend hohen Ammoniakpartialdruck hängt die Geschwindigkeit

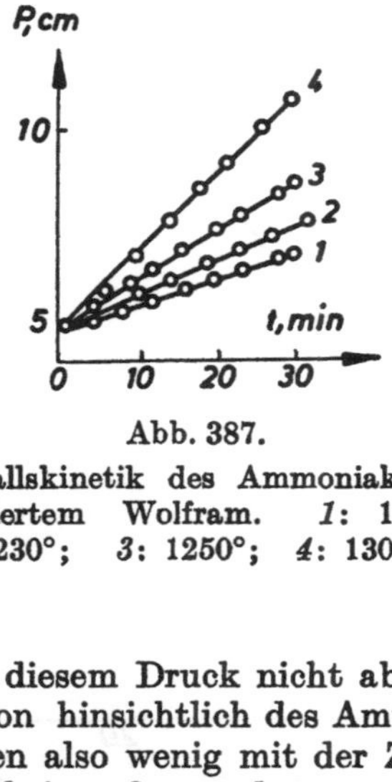

Abb. 387.
Zerfallskinetik des Ammoniaks an thoriertem Wolfram. *1*: 1220°; *2*: 1230°; *3*: 1250°; *4*: 1300° K.

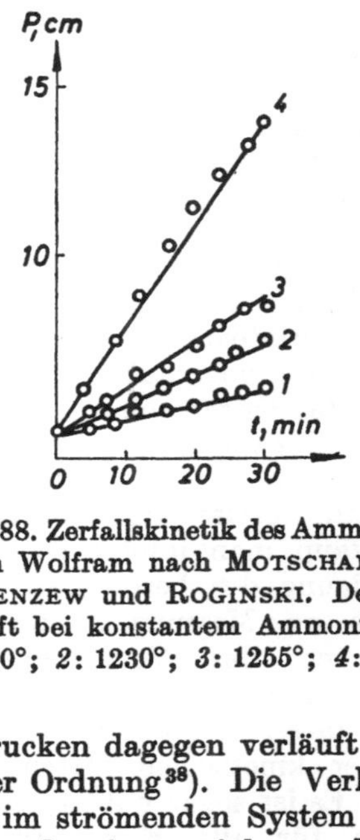

Abb. 388. Zerfallskinetik des Ammoniaks an reinem Wolfram nach MOTSCHAN, PEREWERSENZEW und ROGINSKI. Der Prozeß verläuft bei konstantem Ammoniakdruck. *1*: 1210°; *2*: 1230°; *3*: 1255°; *4*: 1325° K.

von diesem Druck nicht ab. Bei niedrigen Drucken dagegen verläuft die Reaktion hinsichtlich des Ammoniaks nach erster Ordnung[38]). Die Verhältnisse haben also wenig mit der Zersetzungskinetik im strömenden System gemein. Hierbei muß man betonen, daß das Verhalten des Ammoniaks am Wolfram gleichzeitig recht gut durch eine LANGMUIRsche Kinetik an einer homogenen Oberfläche beschrieben wird, einschließlich der richtigen Größenordnung des Absolutwertes der Geschwindigkeit, was zweifellos ein Argument gegen die Anwendbarkeit des Modells der breit inhomogenen Oberfläche auf diesen Fall ist. Die oben genannten Adsorptionsdaten von FRANKENBURG und DAVIES[39]) widersprechen dem nicht, da sie sich auf die molekulare Adsorption von Stickstoff und Wasserstoff beziehen.

Zieht man das Fazit über den heutigen Stand des Problems der Anwendbarkeit der statistischen Theorie auf Synthese und Zerfall des Ammoniaks an metallischen Katalysatoren, so muß man zugeben, daß trotz des Überflusses an Arbeiten und der großen Beachtung, die man dieser Reaktion immer geschenkt hat, noch keine vollständige Klarheit erzielt worden ist. Die Adsorptionsmessungen an Eisenkontakten[41]) wurden ohne Beachtung der besonderen Forderungen durchgeführt, die an Messungen zu stellen sind, die zur Ermittlung des statistischen Charakters der Oberfläche dienen sollen; man kann ihnen also die gewünschten Auskünfte nicht entnehmen. Etwas besser liegen die Dinge beim kompakten Eisen, aber die Daten für diesen Fall lassen sich nicht ohne weiteres auf disperse Eisenkontakte übertragen.

In der Kinetik der Synthese gibt es neben der großen Anzahl von Daten, die den Gleichungen von WINTER und TJOMKIN-PYSHEW entsprechen, eine ganze Reihe von Tatsachen, die mit diesen Gleichungen sehr schlecht übereinstimmen; im Zusammenhang mit der Schwierigkeit der Herleitung des exakten kinetischen Gesetzes aus Ausbeutemessungen im strömenden System an porösem Material gelingt es demzufolge nicht, Endgültiges über die Übereinstimmung mit dem Experiment auszusagen.

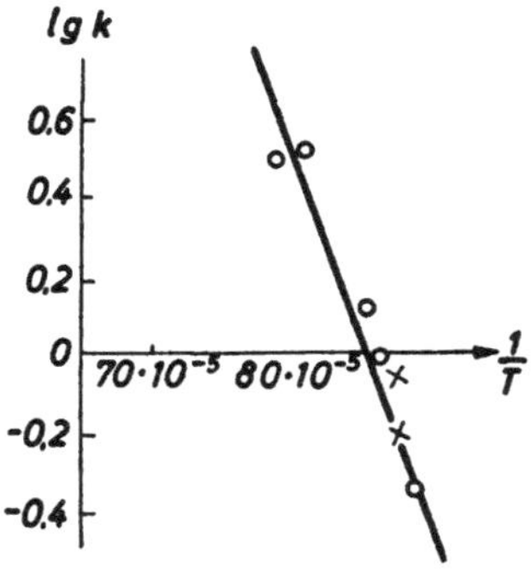

Abb. 389. Berechnung der Aktivierungsenergie für den Zerfall des Ammoniaks an Wolfram aus den Daten von MOTSCHAN, PEREWERSENZEW und ROGINSKI.

Die Angaben über die Vergiftung der Kontakte sprechen gegen eine breite Inhomogenität der Oberflächen. Wir erwähnten bereits die Schwierigkeiten, die bei der Deutung der Daten von REUTER über die Eisen-Molybdän-Katalysatoren infolge des Fehlens einer meßbaren Adsorption des Stickstoffs im Temperaturbereich der Synthese auftreten. Für die Ammoniaksynthese an anderen Metallen liegen die Dinge im allgemeinen ganz ähnlich. Am besten untersucht ist das Wolfram[39]), für das ausgezeichnete Adsorptionsdaten vorliegen, die für eine breite Inhomogenität hinsichtlich der Energien der molekularen Adsorption sprechen. Zur Katalyse haben sie keine unmittelbare Beziehung. Für die Katalyse im strömenden System wurde Übereinstimmung mit den Gleichungen von TJOMKIN-PYSHEW beobachtet; für das Wolfram konnte man nicht einmal eine quantitative Übereinstimmung der Kinetik und der Absolutgeschwindigkeiten des Prozesses mit der Theorie der Kontaktprozesse an homogenen Oberflächen auf Grund der Methode des Übergangszustandes erhalten[40]).

Bei der konsequenten Durchführung des Stadienschemas von WINTER-TJOMKIN mit Halbgleichgewichten stößt man auf Schwierigkeiten und ungeklärte Punkte.

Diese Situation beruht auf der ungenügenden Beachtung der Elementar- und Stadienexperimente bei der großen Kompliziertheit des Prozesses und der Schwierigkeit seiner Untersuchung. Infolgedessen haben der Scharfsinn, die Hartnäckigkeit und die Findigkeit der Forscher, die über die Theorie dieser Reaktion gearbeitet haben, noch nicht zum endgültigen Erfolg geführt. Um hier zum Ziel zu kommen, bedarf es noch großer Anstrengungen. Notwendige Bedingungen hierzu sind eine vollständige Berücksichtigung der Forderungen der statistischen Theorie und die Durchführung direkter Versuche über das

Problem der Homogenität oder Inhomogenität und über die Abstoßungskräfte. Vor allem ist eine Anwendung der differentiellen Isotopenmethode auf dieses System angebracht. Aber auch die Möglichkeiten der gewöhnlichen kinetischen Messungen sind nicht als völlig erschöpft anzusehen. Dies wird überzeugend durch die letzte Arbeit von TJOMKIN und KIPERMAN bewiesen, die nach der Drucklegung dieser Monographie veröffentlicht wurde[42]). In dieser Arbeit wird der Versuch gemacht, die Ergebnisse der langjährigen Arbeiten von TJOMKIN und seinen Schülern über die Kinetik der Ammoniaksynthese zusammenzufassen und abzuschließen. Auch diesmal gründet sich die Darstellung von Anfang bis zu Ende auf die Konzeption einer inhomogenen Oberfläche. Für diese wird eine gleichmäßige Verteilung über die Adsorptionswärmen des atomaren Stickstoffs angenommen, jedoch wird im Text und in den Anmerkungen stets darauf hingewiesen, daß die Ergebnisse auch auf Oberflächen, an denen das Adsorptionsgleichgewicht einer parabolischen Isotherme mit positiver oder negativer Bruchpotenz folgt, anwendbar sind. Die Methode zur Berechnung der Geschwindigkeitskonstanten des direkten und des inversen Prozesses an Hand dynamischer Daten ist wesentlich vervollkommnet. Einige der oben erwähnten Lücken und Widersprüche sind damit also beseitigt. Es wird der interessante Versuch unternommen, den Übergang zur ersten und nullten Ordnung zu begründen und die Bedingungen für diesen Übergang zu präzisieren; ferner werden die Zahlenwerte der konstanten Koeffizienten in den kinetischen Gleichungen abgeschätzt. Die Ursachen für die Ähnlichkeit der Aktivierungsenergien für verschiedene Kontakte werden im Rahmen der statistischen Theorie und der BRÖNSTEDschen Gesetzmäßigkeiten erklärt. Der physikalische Inhalt der Theorie wird in bedeutend klarerer Form dargelegt. Da wir hier den Inhalt dieser sehr eingehenden Untersuchung nicht näher darlegen können, beschränken wir uns auf die Feststellung, daß auch diese Arbeit die erwähnten Schwierigkeiten nicht völlig beseitigen kann; hierdurch wird man der Notwendigkeit direkterer Experimentaluntersuchungen über den Mechanismus des Prozesses und über die Statistik der Kontaktoberflächen unter Heranziehung neuer Kriterien und Methoden also nicht enthoben. Möglicherweise wird sich letzten Endes zeigen, daß die Oberflächen der Eisenkatalysatoren der Ammoniaksynthese, von denen die Entwicklung der statistischen Theorie der Geschwindigkeiten von Kontaktprozessen mit Bruchexponenten ihren Ausgang nahm, nicht zur Gruppe der breit inhomogenen Oberflächen gehören.

Literatur

1. Елович, С. Ю., Докторская диссертация, Ин-т физ. хим. АН СССР (S. J. JELOWITSCH, Doktordissertation, Inst. physik. Chem. Akad. Wiss. UdSSR), (1946); Елович, С. Ю., и Жаброва, Г. М., Теоретические основы процесса гидрирования жиров, Из-во АН СССР (S. J. JELOWITSCH und G. M. SHABROWA, Theoretische Grundlagen der Fetthydrierung, Verl. Akad. Wiss. UdSSR), 1948.
2. Брунс, Б. П., и Аблезова, К. (B. P. BRUNS und K. ABLESOWA), Acta Physicochimica URSS, 1, 95 (1934).
3. Шустер, К.,Проблемы кинетики и катализа (K. SCHUSTER, Probleme der Kinetik und Katalyse), Heft 3, Seite 435, 1937.

4. Born, M., AH CCCP (Akad. Wiss. UdSSR), Frank, J., Nachr. Ges. Wiss. Göttingen, Math.-physik. Kl., Abt. 2, 77 (1930); Born, Weisskopf, Z. physik. Chem., Abt. B, **12**, 206 (1931).
5. Баландин, А. А., Известия Академии Наук СССР, Отделение Химических Наук (A. A. Balandin, Nachr. Akad. Wiss. UdSSR, Abt. chem. Wiss.), 339 (1945).
6. Баландин, А. А., Юбилейн. сборн, посвящ. 30-летию Великой Октябрьской Социалистической Революции, Изд. АН СССР (A. A. Balandin, Jubiläumsband zur Feier des 30. Jahrestages der Großen Sozialistischen Oktoberrevolution, Verl. Akad. Wiss. UdSSR), 1947, Seite 647.
7. Елович, С. Ю., и Жаброва, Г. М., Журнал Физической Химии (S. J. Jelowitsch und G. M. Shabrowa, J. physik. Chem.), **12**, 1761, 1775 (1939).
8. Farkas, A., Trans. Far. Soc., **35**, 906 (1939).
9. Rideal, E., Chem. and Ind., **62**, 336 (1943); Beckmann, Puhfall, Houghen, Ind. Engng. Chem., **35**, 558 (1943).
10. Emmett, P. H., Skau, N., J. Amer. chem. Soc., **65**, 1029 (1943).
11. Гориути, И., и Поляни, И., Проблемы кинети и катализа (I. Gornuty und I. Polanyi, Probleme der Kinetik und Katalyse), Heft 3, 1937, Seite 423.
12. Farkas, Farkas, Trans. Faraday Soc., **33**, 837 (1937).
13. Beeck, O., Wheeler, Smith, Proc. Roy. Soc., **177**, 62 (1940); Beeck, O., Rev. Mod. Physics, **17**, 61 (1945).
14. Лозовой, А. В., и Дьякова, М. К., Журнал Общей Химии (A. W. Losowoi und M. K. Djakowa, J. allg. Chem.), **7**, 2964 (1937); Алчуджан, А. А., Введенский, А. А., Жаркова, В. Р., и Фрост, А. В. (A. A. Altschudshan, A. A. Wwedenski, W. R. Sharkowa und A. W. Frost, ibid.), **4**, 1168 (1934).
15. Pease, R., Stewart, I., J. Amer. chem. Soc., **47**, 1235 (1925); Corson, B. B., usw., J. physik. Chem., **45**, 431 (1941); V. N., Corson, B. B., usw., ibid., **45**, 440 (1941).
16. Мочан, И., Рогинский, С., Шехтер, А., и Федоров, П., Доклады Академии Наук СССР (I. Motschan, S. Roginski, A. Schochtjor und P. Fjodorow, Ber. Akad. Wiss. UdSSR), **2**, 365 (1934).
17. Мочан, И., Шехтер, А., Рогинский, С., и Федоров, П. (I. Motschan, A. Schochtjor, S. Roginski und P. Fjodorow), Acta Physicochimica URSS, **4**, 757 (1936).
18. Гельбарт, А., и Мочан, И. (A. Gelbart und I. Motschan), Acta Physicochimica URSS, **7**, 767 (1937).
19. Joris, G. G., Taylor, H. S., J. Chem. Physics, **7**, 893 (1939); Gueyer, W. R., Jonsa, J. J., Taylor, N. S., ibid., **9**, 287 (1941).
20. Winter, Z. physik. Chem., **13**, 401 (1931).
21. Dixon, J. Amer. chem. Soc., **53**, 1763 (1931).
22. Рогинский, С. З., Рогинский, С. З. (S. S. Roginski, S. S. Roginski), Nature, **134**, 935 (1934); Известия Академии Наук СССР, Отделение Химических (Nachr. Akad. Wiss. UdSSR, Abt. chem. Wiss.), **1**, 14 (1945).
23. Рогинский, С. З., Проблемы кинетики и катализа (S. S. Roginski, Probleme der Kinetik und Katalyse), Heft 3, 1937, Seite 356; Елович, С. Ю., и Харахорин, Ф. Ф. (S. J. Jelowitsch und F. F. Charachorin), ibid., Seite 222.
24. Темкин, М., и Пыжев, В., Журнал Физической Химии (M. Thomkin und W. Pyshew, J. physik. Chem.), **13**, 851 (1939).
25. Темкин, М. И., Журнал Физической Химии (M. I. Tjomkin, ibid.), **15**, 296 (1941).
26. Киперман, С., и Темкин, М., Журнал Физических Химии (S. Kiperman und M. Tjomkin, ibid.), **20**, 369, 623 (1946); Этерман, А. И., Диссертация, ГИАП (A. I. Etermann, Dissertation), (1945).
27. Рогинский, С. З., Доклады Академии Наук СССР (S. S. Roginski, Ber. Akad. Wiss. UdSSR), **47**, 480 (1945).

28. Хризман, Я. А., и Корнейчук, Г. П., Изв. Укр. Инст. Физ. хим. АН (J. A. CHRISMAN und G. P. KORNEJTSCHUK, Nachr. Ukrain. Inst. physik. Chem. Ukrain. Akad. Wiss.), **6**, 95 (1935); Хризман, Я. А., (J. A. CHRISMAN), Acta physicochimica URSS, **4**, 899 (1936).
29. LOVE, K. S., EMMETT, P. H., J. Amer. chem. Soc., **63**, 3297 (1941).
30. MITTASCH, A., KEUNECKE, E., Z. Elektrochem. angew. physik. Chem., **38**, 666 (1932).
31. Ерофеев, Б. В., Кобозев, Н. И., и Богоявленская, Н. В. (B. W. JEROFEJEW, N. I. KOBOSEW und N. W. BOGOJAWLENSKAJA), Acta physicochimica URSS, **1**, 483 (1934).
32. Кобозев, Н. И., Ерофеев, Б. В., и Слуховский (N. I. KOBOSEW, B. W. JEROFEJEW und SLUCHOWSKI), Z. Elektrochem., angew. physik. Chem., **41**, 274 (1935); Журнал Физической Химии (J. physik. Chem.), **6**, 677 (1935); Блох, О., и Кобозев, Н. И. (O. BLOCH und N. I. KOBOSEW), Acta physicochimica URSS, **5**, 417 (1936).
33. EMMETT, P. H., GRAY, J., J. Amer. chem. Soc., **66**, 1338 (1941).
34. Ройтер, Гаухман и Леперсон, Журнал Физической Химии (REUTER, GAUCHMANN und LEPERSON, J. physik. Chem.), **7**, 120 (1936).
35. EMMETT, P. H., BRUNAUER, S., J. Amer. chem. Soc., **56**, 35 (1934).
36. Морозов, Н. И., и Каган, М. Я., Журнал Физической Химии (N. I. MOROSOW und M. J. KAGAN, J. physik. Chem.), **12**, 1 (1938).
37. Мочан, И., Переверзенцев, И., и Рогинский, С., Журал Физической Химии (I. MOTSCHAN, I. PEREWERSENZEW und S. ROGINSKI, ibid.), **6**, 762 (1935).
38. HINSHELWOOD, BURK, J. chem. Soc. (London), **127**, 1105 (1925).
39. FRANKENBURG, W., J. Amer. chem. Soc., **66**, 1827 (1944); DAVIES, ibid., **68** (1946).
40. GLASSTONE, LAIDLER, EYRING, The Theory of rate processes. 1941.
41. Коженова, К. Т., и Каган, М. Я., Журнал Физической Химии (K. T. KOSHENOWA und M. J. KAGAN, J. physik. Chem.), **14**, 1250 (1940); ferner Морозов, Н. И., и Каган, М. Я., см 36 (N. I. MOROSEW und M. J. KAGAN, siehe [36]).
42. Темкин, М., и Киперман, Журнал Физический Химии (M. TJOMKIN und KIPERMANN, J. physik. Chem.), **21**, 927 (1947).

KAPITEL 8

Schlußfolgerungen und Ergebnisse

§ 1: *Allgemeine Gesetzmäßigkeiten*

Das Modell, das der in dieser Monographie entwickelten Theorie zugrunde liegt, wird gekennzeichnet durch:

1. die Annahme einer breiten Verteilung der Bereiche über die Adsorptions- und Aktivierungsenergien;
2. die Berücksichtigung der Möglichkeit einer ebenen Diffusion der adsorbierten Molekeln;
3. das Vorhandensein einer Aktivierungsschwelle bei der spezifischen chemischen Adsorption.

Gleichzeitig werden die Erscheinungen, die an den einzelnen Oberflächenbereichen ablaufen, als unabhängig voneinander betrachtet. In diesem Modell behalten die LANGMUIRschen Gleichungen für Adsorption und katalytische Kinetik ihre Gültigkeit zur Beschreibung des Verhaltens eines einzelnen Bereichs oder einer Gruppe verwandter Bereiche, sind aber in der Regel auf die Oberfläche als Ganzes nicht anwendbar. Die Lage ähnelt in gewissem Maße derjenigen in der Kinetik der zusammengesetzten Prozesse, in der für jede Etappe und für jede einzelne Reaktion die VAN 'T HOFFschen Gleichungen gelten, während bei ihrer Summierung völlig neue Gesetze auftreten, die bei einfachen Reaktionen nicht vorkommen[1]).

Da der Theorie eine Statistik über die Energien der Bereiche zugrunde liegt, ist die Situation um so einfacher, je weniger unabhängige Energien (etwa die Adsorptionsenergien der verschiedenen Gase, die Aktivierungsenergien und Adsorptionswärmen usw.) sich an dem Prozeß beteiligen.

Sind auf den Prozeß zwei oder mehrere Q und E von Einfluß, so ist die Art des Funktionalzusammenhanges zwischen den einzelnen Energieformen — symbates, antibates oder nichtkorrelierendes Verhalten —, ferner der Grad der Oberflächenbeweglichkeit der einzelnen Molekeln von entscheidender Bedeutung. Dies gilt für die Adsorptionsgleichgewichte von Gemischen; hier muß man den Zusammenhang zwischen den Adsorptionswärmen der einzelnen Komponenten an den gleichen Bereichen berücksichtigen. So liegen die Dinge auch bei der aktivierten Adsorption einer einzigen Substanz; hier ist entscheidend die Art des Zusammenhanges der Aktivierungsenergie des

Adsorptionsprozesses mit der Adsorptionswärme. Ein ähnliches Bild liegt auch bei der Vergiftung von Katalysatoren durch Mikroblockierung vor. Im einfachsten Fall hängt die Form der Funktionen, die diese Erscheinung beschreiben, von der Art des Zusammenhanges zwischen der Aktivierungsenergie des katalytischen Prozesses und der Adsorptionswärme des Giftes sowie vom Beweglichkeitsgrad des Giftes ab. Mit den gleichen Erscheinungen hat man es in der Kinetik der katalytischen Prozesse zu tun usw.

Zum Zwecke einer Orientierung ist der Begriff des kontrollierenden Streifens sehr nützlich. Haben wir geklärt, welche Möglichkeiten für seine Lage und Beweglichkeit bestehen, so haben wir ein Bild der Erscheinung mit einer Genauigkeit, die der Genauigkeit der Ausgangsnäherung entspricht. Die Anzahl dieser Möglichkeiten ist gering. In Verbindung mit der Einfachheit und Eindeutigkeit des Zusammenhanges zwischen den Eigenschaften des kontrollierenden Streifens und dem Charakter des Prozesses wird hierdurch eine formale Klassifizierung der Erscheinungen nahegelegt, die vom Typ des kontrollierenden Streifens ausgeht. Auch zur schnellen Orientierung über neue Probleme ist dieser Begriff sehr zweckmäßig. Hierbei darf man nicht vergessen, daß einer bestimmten Variante der Lage und Beweglichkeit des kontrollierenden Streifens mehrere konkrete Mechanismen entsprechen können. Für kompliziertere Fälle benutzt man besser die analytische Variante dieser Methode.

Auf den ersten Blick könnte es so aussehen, als ob in allen Fällen der Typ der Verteilungsfunktion entscheidend für das Verhalten der zusammengesetzten Oberfläche sei. In Wirklichkeit ist das nicht der Fall. In der Theorie der Adsorption und Katalyse gibt es Beziehungen von verschiedenem Allgemeinheitsgrad und verschiedener Empfindlichkeit gegenüber dem Verteilungstyp.

So gilt z. B. die Gleichung für die Gleichgewichtsisostere der Adsorption

$$p(T, Q)_{\Phi=\mathrm{const}} \cong b_0 \exp\left(-\frac{Q}{RT}\right) \tag{1}$$

für das Adsorptionsgleichgewicht eines Gases an einer beliebigen breit inhomogenen Oberfläche und ist völlig unempfindlich gegenüber dem Typ der Funktion $\varrho(Q)$. Das gleiche gilt in allen Fällen für die kinetischen Isosteren von Adsorption und Desorption. Bei Irreversibilität des Prozesses in Verbindung mit der Unmöglichkeit eines Kriechens, aber auch bei völliger Oberflächenbeweglichkeit der aktiviert adsorbierten Molekeln und bei einem Zusammenhang zwischen E und Q, der zu einer Verschiebung des kontrollierenden Streifens in Richtung zunehmender E-Werte im Laufe der Reaktion führt (siehe Teil II, Kapitel 3), gilt für Adsorption und Desorption die Gleichung

$$t(T; E)_{\Phi=\mathrm{const}} = \tau_0 \exp\left[-\frac{E}{RT}\right]; \tag{2}$$

sie ist völlig unempfindlich gegen den Typ der Funktion $\varrho(E)$. Die gleiche Unempfindlichkeit ist typisch für die kinetischen Adsorptionsisosteren, falls der kontrollierende Streifen infolge symbaten Verhaltens von E und Q unbeweglich ist, ebenso aber auch für die kinetischen Desorptionsisosteren bei antibatem Gang von E und Q. Auch in diesen Fällen wird die Isostere beschrieben durch die Gleichung

$$t(T) = \tau_0^* e^{-\frac{E^*}{RT}}. \tag{3}$$

Nur ist in diesem Fall $E^* = E_{\min}$, wobei $E_{\min}$ der Mindestwert der Aktivierungsenergie für die gegebene Oberfläche ist.

Auch die kinetische Gleichung

$$w = k = \text{const}, \tag{4}$$

die für den erörterten Fall charakteristisch ist, ist völlig unempfindlich gegen den Typ der Verteilungsfunktion.

In der Theorie der Katalyse sind ebenso unempfindlich gegen die Form der Verteilung:

1. Die Konzentrationsisosteren der Vergiftung

$$A = \frac{A_0}{\pi^m}. \tag{5}$$

2. Die Gleichungen für die Geschwindigkeit eines Prozesses mit festen Bruchpotenzen der Konzentrationen. Keine dieser Gleichungen ist jedoch so universell wie die Gleichungen (1) und (2); ihr Auftreten beruht aber trotzdem nicht auf einem bestimmten Verteilungstyp, sondern auf dem linearen Zusammenhang von E und Q (vergleiche Teil III, Kapitel 4, und Teil III, Kapitel 2), der theoretisch unbegründet ist und nur wegen seiner Einfachheit benutzt wird.

3. Fast ebenso unempfindlich gegen die Verteilungsfunktion sind die Ausdrücke für die Aktivität des Katalysators. In den meisten Fällen ist

$$A = M_1 \exp\left[-\frac{E_{\min}}{RT}\right], \quad \text{mit} \quad E_{\min} = E_1 + RT, \tag{6}$$

d. h. der wesentlichste Faktor, der Exponentialausdruck, hängt nicht vom Verteilungstyp ab, sondern dieser ist nur von Einfluß auf die Größe M_1, was man häufig ohne viel Erfolg zur Bestimmung des Typs der Verteilung über E auszunutzen versuchte. In Wirklichkeit ist der Einfluß von ϱ auf M_1 gering. In dem einzigen Fall, in dem nach der physikalischen Bedeutung unserer Problemstellung Größe und Typ des ϱ von erheblichem Einfluß auf das Ergebnis sein könnten, beeinflußt infolge der besonderen Eigenschaften der Exponentialfunktion das Vorhandensein einer steilen Verteilung die Größe M_1 überhaupt nicht, sondern führt nur zu einer Änderung von $E_{\min}$. Ebenso unempfindlich gegen den Verteilungstyp sind die meisten Gleichungen, die die Lage der Grenzen bei der Adsorption von Gemischen und den Einfluß äußerer Bedingungen auf diese Grenzen beschreiben (vergleiche Teil II, Kapitel 5). In der Theorie der Adsorption stehen durchaus im Gegensatz dazu die Gleichungen, die Gleichgewichtsisothermen und -isobaren kennzeichnen, die Gleichungen für die differentiellen Adsorptionswärmen, die Gleichungen für kinetische Isothermen, Isochronen und differentielle Aktivierungswärmen und die drei analogen Funktionen für die Desorption.

In der Theorie der Katalyse sind gegen den Typ der Verteilungsfunktion empfindlich die Gewichtsisothermen der Vergiftung, die Kinetik eines Prozesses ohne Selbstvergiftung usw.

Jede Größe, die gegen den Verteilungstyp empfindlich ist, läßt sich prinzipiell zu dessen Bestimmung benutzen. Eine Reihe der zur analytischen und graphischen Lösung dieses Problems brauchbaren Gleichungen sind im Text angegeben (vergleiche Teil II, Kapitel 7).

Wir erwähnen nochmals die Möglichkeit einer Bestimmung von $\varrho(Q)$ an Hand der experimentell gefundenen Funktionen $Q_{\text{diff}} = Q(q)$. Man erhält die Verteilungsfunktion, indem man diese Gleichung in $q = q(Q_{\text{diff}})$ umkehrt und diese nach Q differenziert:

$$\varrho(Q) = \frac{dq(Q_{\text{diff}})}{dQ}. \tag{7}$$

Zur ersten Orientierung bedient man sich häufig einfacher eines Vergleichs der experimentellen Daten mit den Endfunktionen, die q mit p und t, G mit A usw. verknüpfen, und den entsprechenden Verteilungsfunktionen (vergleiche Teil III, Kapitel 7, und Teil III, Kapitel 4). Gewöhnlich erhält man die Haupteigenschaften von ϱ qualitativ schon, wenn man die experimentellen Daten in einem bestimmten Maßstab aufträgt, etwa die Isothermen in einem logarithmischen p—t-Koordinatensystem, die Isobaren oder Isochronen linear über T usw.

Wie mehrfach betont wurde, ist der Hauptteil der älteren experimentellen Daten weder zu einer quantitativen Nachprüfung der Theorie noch zur Herleitung des Verteilungstyps geeignet, und zwar aus folgenden Gründen.

Damit $\Delta U_{1,2}$ größer ist als aRT — dies ist die Bedingung für den Übergang von schmalen, nahezu homogenen Verteilungen zu breiten Verteilungen —, muß $\ln(x_1/x_2)$ mindestens gleich a sein, wobei für das Gleichgewicht $a = 4$ und für die Adsorptionskinetik $a = 2{,}7$ ist. Für $a = 4$ muß also gelten: $x_1/x_2 \gg e^4$ (also größer als 50). Bei einem Bereich von dieser Art kann man hoffen, eine Entscheidung über Homogenität oder Inhomogenität der Oberfläche fällen zu können, jedoch kann man noch keine Rückschlüsse auf den Charakter von ϱ ziehen. Hierzu muß $\Delta U_{1,2}$ mindestens gleich $8RT$ sein, d. h. das Verhältnis muß mindestens $e^8 \approx 2500$ betragen.

Derartige Variationen von t und q sind durchaus realisierbar. Man braucht nur die ersten kinetischen Messungen etwa eine Sekunde nach Beginn des Prozesses, die letzten nach 40 Minuten anzustellen, oder bei 10 Sekunden bzw. 7 Stunden, damit dieses Intervall vorhanden ist. Analog sind Variationen des Drucks von 0,1 bis 250 Torr durchaus nicht unmöglich. Ein Bereich von x_1/x_2 von 3 oder 4 Größenordnungen ist experimentell realisierbar, erfordert aber gewisse Anstrengungen des Experimentators. Da man sich über die Bedeutung dieser großen Variationen nicht klar war, findet man nur selten Arbeiten, in denen so große Variationen von Zeit und Druck verwirklicht sind. Ähnliches gilt auch für die Vergiftung von Kontakten. In diesem Fall ist

$$\varrho(E) = -\frac{dG}{RT\, d\ln\lambda} \tag{8}$$

und die Beobachtungen müssen sich über Änderungen von λ bzw. der Aktivität von 2 oder 3 Größenordnungen erstrecken.

Falls es sich um eine exakte Ermittlung der Verteilungsfunktion aus den experimentellen Daten handelt, kommt zur Forderung eines breiten Intervalls noch die nicht minder wichtige Forderung einer hohen Genauigkeit und einer möglichst großen Anzahl der Einzelmessungen in diesem Intervall.

Ein zweiter Grund, der die Nachprüfung der Theorie an Hand von Literaturdaten erschwert, besteht in der ungünstigen Wahl der experimentellen Bedingungen. Bei der Vergiftung nimmt man nur äußerst selten die besonders wichtigen Gewichtsisothermen auf. Bei der Untersuchung der Adsorptionskinetik werden die Messungen in der Regel bei variablem Druck angestellt, wodurch strenggenommen die Mehrzahl der integralen kinetischen Gleichungen unbrauchbar wird.

Diese Situation ergibt sich ganz selbstverständlich daraus, daß man bei der Ansammlung experimentellen Materials ohne eine konsequente mathematische Theorie die zweckmäßigsten Bedingungen für ein produktives Experiment nicht vorhersehen konnte. Die Arbeiten der letzten Zeit (vergleiche Teil II, Kapitel 8 und 9) und besonders die Arbeiten unserer sowjetischen Forscher haben die Möglichkeit von Arbeiten, die den Forderungen der statistischen Theorie vollauf Rechnung tragen, überzeugend nachgewiesen. Mit einem systematischen Vergleich zwischen Theorie und Experiment ist aber gerade erst begonnen worden, und man kann erst ganz vorläufige Schlüsse auf die Verbreitung der einzelnen Verteilungstypen ziehen. Bei geringen Variationen der Grundparameter geben die Extremfälle der Gleichungen, die der exponentiellen bzw. der gleichmäßigen Verteilung entsprechen, Ergebnisse von ähnlichem Genauigkeitsgrad. In den genauesten experimentellen Arbeiten der letzten Zeit ergab sich aber die beste Übereinstimmung mit Gleichungen, die ungleichmäßigen Verteilungen entsprechen, vorwiegend linearen, hyperbolischen und exponentiell abnehmenden Verteilungen über die Adsorptionswärmen, linearen oder exponentiell ansteigenden für die Aktivierungsenergien usw. Hierbei zeigte sich, daß häufig die auftretende Verteilung keiner einfachen analytischen Funktion entspricht.

In Teil I, Kapitel 4, wurden die möglichen Ursachen für die Inhomogenität behandelt. Hierbei wurde festgestellt, daß in den beiden untersuchten Fällen — bei Quasigleichgewichtsschwankungen und bei Zonen mit abnehmenden Potentialen um eingedrungene Fremdatome — mit wachsender Übersättigung der Entstehungsreaktion die Verteilung breiter und gleichmäßiger werden muß. Es wäre interessant, diese Abhängigkeit experimentell zu verfolgen, indem man untersucht, wie sich die Verteilung und ihre charakteristischen Größen bei Variation der Entstehungsbedingungen des Kontakts bzw. des Adsorbenten ändern.

Die Möglichkeit einer experimentellen Untersuchung dieses Problems ist ein wesentliches Ergebnis unserer Untersuchung. Neue und verhältnismäßig leicht realisierbare Möglichkeiten zu einer differenzierten Charakteristik der aktiven Oberflächen an Hand ihrer statistischen Eigenschaften, die ihr Verhalten als Katalysatoren und Adsorbenten wesentlich bestimmen, werden dadurch enthüllt. Die Realisierung dieser Möglichkeiten ist eine unserer nächsten Aufgaben. Bei der Benutzung der gefundenen Methoden und Kriterien muß man jedoch die Mehrdeutigkeit der Ausgangspostulate im Auge behalten. Ein großer Teil der Ergebnisse, die man auf Grund der Vorstellung einer Inhomogenität der Oberfläche gewinnt, läßt sich auch aus der Konzeption von Abstoßungskräften zwischen adsorbierten Molekeln an einer homogenen Oberfläche ableiten. Die Vorstellung, daß in diesem Fall Abstoßungskräfte eine Rolle spielen, ist nicht neu. Schon LANGMUIR benutzte sie für den Fall der Adsorption von Cäsium an Wolfram zur Erklärung der eigenartigen Desorptionskinetik des Cäsiums[2]). Später erhielt diese Hypothese eine strengere Entwicklung infolge der Übertragung der aus dem Gebiet der Legierungen entnommenen geometrischen und statistischen Methode auf die Wechselwirkung in der adsorbierten Schicht. Das Grundmodell besteht hierbei in der Hypothese eines starken additiven

Abstoßungspotentials, das mit wachsendem Abstand so schnell abnimmt, daß man sich bei der vollständigen Analyse auf die Berücksichtigung der Wechselwirkung allein mit den unmittelbaren Nachbarn beschränken kann. Die Theorie wurde für zwei spezielle Varianten entwickelt, und zwar für ein bewegliches zweidimensionales Gas, in dem die Molekeln auf möglichst günstige Art angeordnet sind, mit möglichst wenig Nachbarn für jede Molekel (Abb. 390a) und für eine chaotische Zufallsverteilung, die einem festen Haften am Auftreffort entspricht (Abb. 390b)[3]. Diese Theorie wurde zur Erklärung der systematischen Abnahme des thermischen Effekts für die Adsorption von Wasserstoff an Wolfram mit der Besetzung angewandt. Nach ROBERTS[4]) stimmen die Ergebnisse mit dem Modell einer gegenseitigen Abstoßung von ungeordnet an der

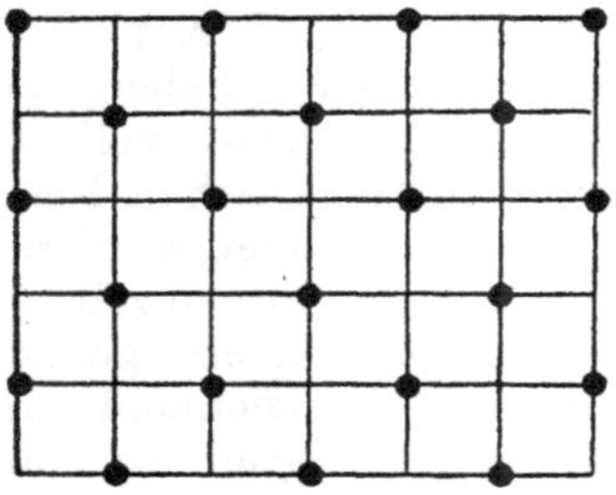

a

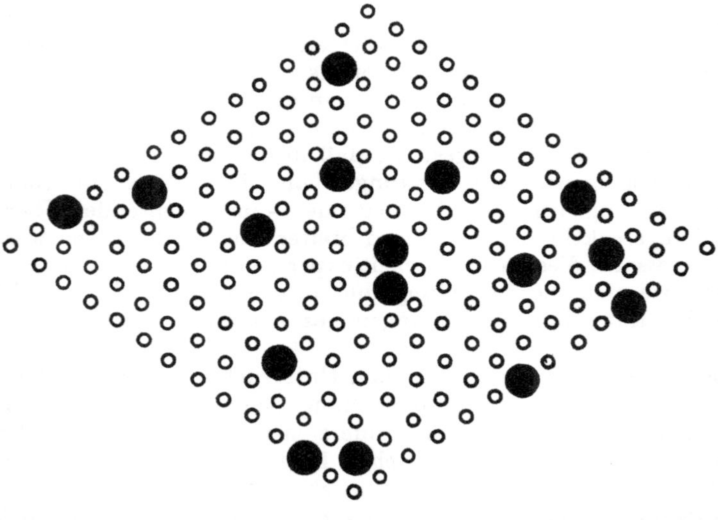

Abb. 390. Modelle zur Berechnung der Wechselwirkung in der Oberflächenschicht. *a*: adsorbierte Atome (schwarze Kreise), die mit den größtmöglichen gegenseitigen Abständen gleichmäßig verteilt sind; *b*: ungeordnet verteilte adsorbierte Atome.

Oberfläche verteilten Molekeln überein, nicht aber mit den Schlußfolgerungen aus der Abstoßungstheorie für das Modell eines beweglichen ebenen Gases. Die gleiche Theorie wurde von KOBOSEW auf die Vergiftung von Katalysatoren und die Adsorption angewandt. Unter Benutzung des Virialsatzes bearbeitete TJOMKIN das gleiche Problem und zeigte die fast vollständige Identität der mit dieser Methode bei Berücksichtigung der Abstoßungskräfte gewonnenen Ergebnisse mit den Gleichungen der statistischen Theorie gleichmäßig inhomogener Oberflächen[5]). Die allerletzten Daten über die Adsorptionsvorgänge[6]) haben jedoch die experimentellen Ergebnisse von ROBERTS nicht bestätigt und sprechen, wie wir gezeigt haben[7]), entschieden für eine Inhomogenität der Oberfläche, wodurch die ganze Argumentation des englischen Forschers hinfällig wird.

Die Frage nach dem Zusammenhang der Adsorptionsvorgänge bei Inhomogenität und Abstoßung wurde kürzlich von WOLKENSTEIN behandelt[8]); er versuchte die Beziehungen zwischen den Ergebnissen der Theorie der breit inhomogenen Oberflächen und der Abstoßungstheorie in allgemeiner Form aufzustellen.

§ 2: *Die Adsorption bei Vorhandensein von Abstoßungskräften*

Zu diesem Zweck betrachtet WOLKENSTEIN ein stark schematisiertes Modell, in dem an einer ideal homogenen Oberfläche die adsorbierten Teilchen auf möglichst günstige Weise angeordnet sind, nämlich gleichmäßig; dabei soll die Energieänderung bei der Adsorption $\mathfrak{Z} = \Delta\mu$ gleich dem thermischen Effekt mit dem entgegengesetzten Vorzeichen sein:

$$\mathfrak{Z} = -Q_{\text{ads}}. \tag{9}$$

Bezeichnet man den effektiven Durchmesser einer Molekel an der Oberfläche mit r_0, so kann man leicht die Gleichung hinschreiben, die die Größe Φ mit dem mittleren Abstand zwischen den Molekeln an der Oberfläche verknüpft. Für eine zweidimensionale Adsorptionsschicht ist

$$\Phi = \theta = \left(\frac{r_0}{r}\right)^2 = \frac{N}{N_\infty} = \frac{q}{q_\infty}. \tag{10}$$

In erster Näherung zerlegt der Autor $\mathfrak{Z}$ in zwei Anteile, von denen einer die Wechselwirkungsenergie mit dem Gitter, der andere die Wechselwirkungsenergie mit den anderen adsorbierten Molekeln darstellt[1]):

$$\mathfrak{Z} = \mathfrak{Z}_0(l) + \mathfrak{Z}(r). \tag{11}$$

Hierbei kann man $\mathfrak{Z}(r)$ schreiben als $\sum_{g_1}\sum_{g_2} \varphi(r_{g_1 g_2})$, wobei φ die Wechselwirkungsenergie zweier Molekeln und g_1 und g_2 ganze Zahlen sind.

Bei dem Näherungscharakter des ganzen Modells kann man sich auf eine Berücksichtigung des zweiten Gliedes beschränken und das erste als für alle Molekeln konstant und unabhängig von ihren gegenseitigen Abständen ansehen.

Setzen wir die Geschwindigkeiten von Adsorption und Desorption für das Gleichgewicht einander gleich und berücksichtigen, daß der Ausdruck für die Desorptionsgeschwindigkeit im Exponenten die Größe

$$Q = Q(\theta) = Q_0 - \Delta Q(\theta) \tag{11a}$$

enthält, so kommen wir nach einigen leichten Rechnungen zu der Gleichung

$$\Delta Q(\theta) + RT \ln \frac{1-\theta}{\theta} = RT \ln \frac{b}{p} \tag{12}$$

mit

$$b = \frac{4\nu}{\pi r_0^2} \sqrt{mkT}\, e^{-\frac{Q_0}{RT}} = b_0 e^{-\frac{Q_0}{RT}}. \tag{13}$$

Nach dem oben Gesagten ist

$$\Delta Q(\theta) = -\Delta З(r)|_{r=\frac{r_0}{\sqrt{\theta}}}. \tag{13a}$$

Hieraus erhalten wir durch Einsetzen sofort

$$RT \ln \frac{1-\theta}{\theta} - \Delta З\left(\frac{r_0}{\sqrt{\theta}}\right) = RT \ln \frac{b}{p}. \tag{14}$$

Durch Auflösen dieser Gleichung nach θ erhalten wir die gesuchte Isotherme

$$\theta = \theta(p),$$

die für sehr große und für sehr kleine Besetzungen in die LANGMUIRsche Isotherme übergeht.

Wenn

$$RT \ln \frac{1-\theta}{\theta} \ll З\left(\frac{r_0}{\sqrt{\theta}}\right) \tag{15}$$

ist, kann man das erste Glied auf der linken Seite von Gleichung (14) vernachlässigen.

Die Ungleichung (15) ist stets erfüllt in der Nähe von $\theta = 1/2$, denn für diesen Wert gilt $\ln \frac{1-\theta}{\theta} = 0$. Beiderseits von $\theta = 0{,}5$ liegt ein mittleres Gebiet, in dem die Ungleichung (15) erfüllt ist.

Ist dieses Intervall hinreichend breit, so vereinfacht sich die Gleichung und nimmt die Form

$$\Delta З\left(\frac{r_0}{\sqrt{\theta}}\right) \cong RT \ln \frac{p}{b} \tag{16}$$

an. Im Rahmen der Anwendbarkeit dieser etwas zweifelhaften Näherung vereinfachen sich sowohl das direkte Problem der Bestimmung der Isotherme aus der Potentialfunktion $\varphi(r)$ als auch umgekehrt die Bestimmung von $\varphi(r)$ aus $q(t)$ usw. erheblich. Es gilt dann die sehr einfache Gleichung

$$\Delta З(r) \cong a \ln \left[\frac{p\left(\frac{r_0^2}{r^2}\right)}{b}\right], \tag{17}$$

auf deren Herleitung wir hier verzichten. Ersetzen wir $\theta = \theta(p)$ durch $p = p(\theta)$ und substituieren $p = p(\theta) = p\left(\frac{r_0^2}{r^2}\right)$, so erhalten wir an Hand dieser Gleichung aus der Isotherme unmittelbar den Ausdruck $З(r)$.

Die Theorie von WOLKENSTEIN stellt eine einfache Entsprechung zwischen dem aus Adsorptionsdaten angenähert ermittelten Verteilungsfunktionen und dem Abstoßungsgesetz fest; beide können zu den gleichen Abhängigkeiten der Größe θ von p führen. Die Grundlage unserer Theorie der Adsorptionsgleichgewichte bildet die Gleichung

$$\Phi(p) \cong \int_{RT \ln \frac{b_0}{p}}^{Q_{max}} \varrho(Q)\, dQ. \tag{18}$$

Nach WOLKENSTEIN ist

$$\Phi = \theta \cong \left(\frac{r_0}{r}\right)^2 \tag{19}$$

und

$$\mathfrak{Z} = RT \ln \frac{p}{b_0} = Q_0 - RT \ln \frac{b_0}{p}. \tag{20}$$

Setzen wir diese Werte in Gleichung (18) ein, so erhalten wir

$$\left(\frac{r_0}{r}\right)^2 \cong \int\limits_{Q_0 - \mathfrak{Z}}^{Q_{\max}} \varrho(Q)\, dQ, \tag{21}$$

d. h. eine Gleichung, mit der man jeder Funktion $\varrho(Q)$ das betreffende Kraftgesetz $\mathfrak{Z}(r)$ zuordnen kann, das zur gleichen Isotherme führt.

Das inverse Problem der Bestimmung von $\varrho(Q)$ zu einem bekannten Wechselwirkungsgesetz läßt sich genau so einfach lösen.

In unserer Theorie gilt für die Adsorptionsisothermen

$$\varrho(Q) \cong \left[\frac{d\Phi}{-RT\, d \ln \frac{p}{b_0}}\right]_{RT \ln \frac{b_0}{p} = Q}. \tag{22}$$

Nach Gleichung (21) ist $\quad RT \ln b_0/p = Q_0 - \mathfrak{Z},$

also

$$\varrho(Q) \cong -\left[\frac{-d\left(\frac{r_0}{r}\right)^2}{d(Q_0 - \mathfrak{Z})}\right]_{Q_0 - \mathfrak{Z} = Q} \tag{23}$$

oder

$$\varrho(Q) \cong -2 r_0^2 \left\{\frac{1}{r^3(\mathfrak{Z})} \cdot \frac{d[r(\mathfrak{Z})]}{d\mathfrak{Z}}\right\}_{\mathfrak{Z} = Q_0 - Q}. \tag{24}$$

Unter Benutzung dieser Gleichungen, deren Anwendbarkeit durch die obengenannten Bedingungen eingeschränkt wird, erhält WOLKENSTEIN die Tab. 28, die den Zusammenhang zwischen den Ergebnissen der beiden Theorien für das Adsorptionsgleichgewicht veranschaulicht.

In dieser Tabelle werden für die gleichmäßige, die hyperbolische und die Potenzverteilung sowie auch für die Exponentialverteilung die Wechselwirkungsgesetze angegeben, die zu den gleichen Isothermen führen. Für eine Potenzverteilung mit einem Exponenten n (besonders bei $n < 1$) ergibt sich eine verhältnismäßig langsame Abnahme von $\mathfrak{Z}$ nach dem Gesetz

$$\mathfrak{Z} \cong a_1 + \frac{a_2}{r^k} \quad \text{mit} \quad k = \frac{2}{n+1}. \tag{25}$$

Für die Exponentialverteilung erhält man das etwas kompliziertere Gesetz

$$\mathfrak{Z} \cong a_0 \ln (a_1 + a_2/r^2).$$

Sämtliche Verteilungstypen liefern bei großem H und kleinem Inhomogenitätskoeffizienten näherungsweise dasselbe quadratische Wechselwirkungsgesetz.

TABELLE 28

***Gegenüberstellung der verschiedenen Verteilungsfunktionen $\varrho(Q)$ mit den Wechselwirkungsgesetzen $\ni(r)$, die zu den gleichen Isothermen führen (nach* Wolkenstein[8])**

Nr.	Verteilungs-funktion $\varrho(Q)$	Wechselwirkungsgesetz $\ni(r)$	Isotherme $\theta(p)$
I	Potenz-verteilung $\varrho = H(Q_{max} - Q)^n$ mit $n \neq -1$	$\ni = \alpha_1 + \frac{\alpha_2}{r^\beta}$, wobei $\alpha_1 = Q_0 - Q_{max}$, $\alpha_2 = \left[\frac{n+1}{H} r_0^2\right]^{\frac{1}{n+1}}$, $\beta = \frac{2}{n+1}$	$\theta = (c_1 \ln p - c_2)^m$, wobei $c_1 = \left(\frac{H}{n+1}\right)^{\frac{1}{n+1}} kT = \frac{kT}{\alpha_2} r_0^\beta$, $c_2 = \left(\frac{H}{n+1}\right)^{\frac{1}{n+1}} kT \ln b_0 e^{\frac{Q_{max}}{kT}} = \frac{\alpha_1 + r_0^\beta kT \ln b_0 e^{-\frac{Q_0}{kT}}}{\alpha_2}$, $m = n + 1 = \frac{2}{\beta}$
II	Gleichmäßige Verteilung $\varrho = H$ (Spezialfall der Potenzverteilung für $n = 0$)	$\ni = \alpha_1 + \frac{\alpha_2}{r^2}$, wobei $\alpha_1 = Q_0 - Q_{max}$, $\alpha_2 = \frac{r_0^2}{H}$	$\theta = c_1 \ln p - c_2$, wobei $c_1 = HkT = \frac{kT}{\alpha_0} r_0^2$, $c_2 = HkT \ln b_0 e^{\frac{Q_{max}}{kT}} = \frac{\alpha_1 + r_0^2 kT \ln b_0 e^{-\frac{Q_0}{kT}}}{\alpha_2}$
III	Hyperbolische Verteilung $\varrho = H/Q$	$\ni = \alpha_1 - \alpha_2 e^{-\frac{\beta}{r^2}}$, wobei $\alpha_1 = Q_0$, $\alpha_2 = Q_{max}$, $\beta = \frac{r_0^2}{H}$	$\theta = c_1 - c_2 \ln\left(kT \ln \frac{b_0}{p}\right)$, wobei $c_1 = H \ln Q_{max} = \frac{r_0^2}{\beta} \ln \alpha_2$, $c_2 = H = \frac{r_0^2}{\beta}$
IV	Exponentialverteilung $\varrho = He^{-cQ}$	$\ni = \alpha_0 \ln\left(\alpha_1 + \frac{\alpha_2}{r^2}\right)$, wobei $\alpha_0 = \frac{1}{c}$, $\alpha_1 = e^{-c(Q_{max} - Q_0)}$, $\alpha_2 = \frac{cr_0^2}{H} e^{cQ_0}$	$\theta = c_1 p^{\frac{1}{m}} - c_2$, wobei $c_1 = \frac{H}{cb_0^{ckT}} = \frac{r_0^2}{\alpha_2 b_0^{\frac{kT}{\alpha_0}} e^{\frac{-Q_0}{\alpha_0}}}$, $c_2 = \frac{H}{c} e^{-cQ_{max}} = \frac{\alpha_1}{\alpha_2} r_0^2$, $m = \frac{1}{ckT} = \frac{\alpha_0}{kT}$

Wie wir sehen, kann man bei bestimmten groben Annahmen, die aber nichts physikalisch Absurdes enthalten, viele experimentell beobachtete Isothermen mit Hilfe einer Wechselwirkung erklären.

Das Schema für die Herleitung des Wechselwirkungsgesetzes ist durchaus formal; die auf diese Weise gewonnenen Kraftstrukturen sind manchmal kompliziert, jedoch läßt sich die Möglichkeit dieser und ähnlicher Gesetze für die Chemisorption von Molekeln, die sowohl unmittelbar als auch unter Vermittlung des Gitters wechselwirken, noch nicht ausschließen. Man kann annehmen, daß sich empirisch ähnliche Adsorptionsgesetze in gewissen Fällen auf eine Inhomogenität, in anderen auf Abstoßungskräfte zurückführen lassen. Für den Spezialfall der gleichmäßigen Verteilung hat TJOMKIN dies schon früher streng nachgewiesen. Die Entwicklung einer entsprechenden Theorie der Geschwindigkeiten für die aktivierte Adsorption und der Kinetik der Kontaktreaktionen ist nicht mit grundsätzlichen Schwierigkeiten verbunden.

§ 3: *Methoden zur Unterscheidung zwischen Inhomogenität und Abstoßung*

Unter diesem Gesichtspunkt betrachten wir die Eigentümlichkeiten der beiden Konzeptionen.

1. Beiden gemeinsam ist die stetige Änderung von Q mit der Besetzung.

2. Im Fall einer ideal inhomogenen Oberfläche gibt es jedoch bei jeder gegebenen Besetzung gleichzeitig Bereiche mit verschiedenen Werten von Q_{ads}, während für Abstoßungskräfte im Idealfall die Wärmen an allen Bereichen übereinstimmen, sich aber

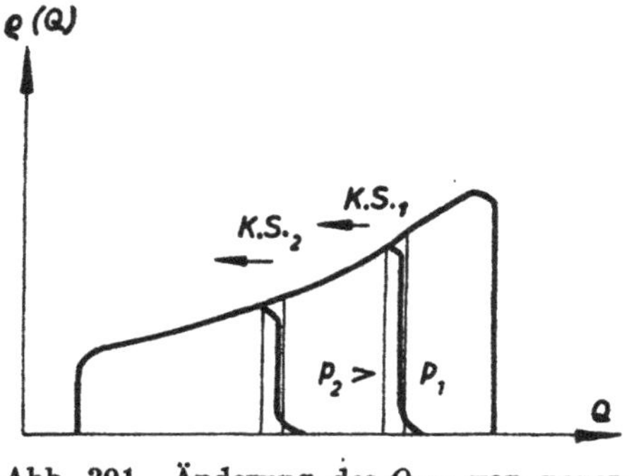

Abb. 391. Änderung des Q_{diff} von neuerdings besetzten Bereichen bei der Adsorption einer breit inhomogenen Oberfläche. Die Besetzungsfolge wird bestimmt durch die Werte Q_i. Für jedes p und jedes Φ gibt es Bereiche mit verschiedenen Q-Werten.

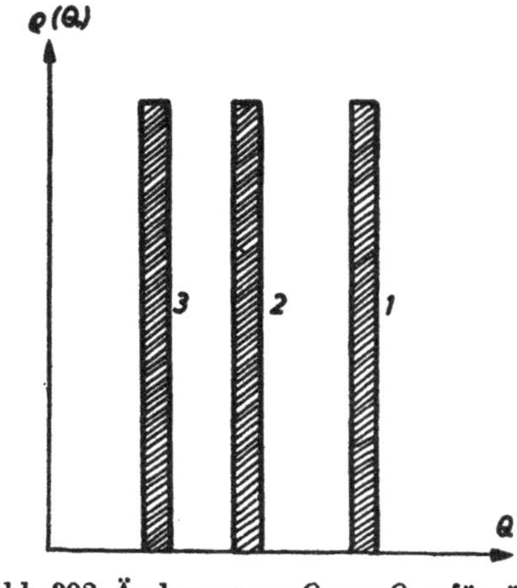

Abb. 392. Änderung von $Q_{diff} \equiv Q_{ads}$ für sämtliche Bereiche bei der Adsorption an einer homogenen Oberfläche unter Beteiligung zentraler Abstoßungskräfte. *1*, *2* und *3* sind die Verteilungen der Bereiche über Q_{ads} bei verschiedenen zunehmenden Besetzungen.

mit der Besetzung ändern (Abb. 391 und 392). Diese Tatsachen reichen zu einer thermochemischen Unterscheidung nicht aus.

3. Eine monotone Änderung von Q_{diff} und E mit der Besetzung läßt sich auf Grund beider Konzeptionen erklären, und zwar sogar noch einfacher auf Grund der zweiten; an und für sich bedarf jedoch das Vorhandensein einer Abstoßung in der Oberflächenschicht eines Nachweises, und in den meisten Fällen ist eine Anziehung genau so wahrscheinlich. Das Vorhandensein von Maxima und Minima in den Kurven $\varrho(Q)$ und $\varrho(E)$ läßt sich mit einem Abstoßungsschema ohne Zusatzhypothesen nur schwer vereinbaren. In der Literatur hat man mehrfach Kurven mit Maxima für die differentiellen Adsorptionswärmen beschrieben, deren Realität sehr zweifelhaft ist. Im Gegensatz dazu sind die beobachteten Knicke in den Isothermen sicherlich real. In solchen Fällen, besonders wenn der Knick bei kleinen Besetzungen liegt, hat man der Inhomogenität den Vorzug zu geben.

4. Die Größe $\mathfrak{Z}$ nimmt mit wachsendem r, d. h. mit abnehmendem Φ ab, so daß das Hauptwirkungsgebiet der Abstoßungskräfte im mittleren Teil der Isothermen bei Abständen von einigen Atomradien liegen muß. Je kleiner der Wert Φ ist, bei dem man Anomalien beobachtet, desto wahrscheinlicher beruhen diese Anomalien auf einer Inhomogenität. In dieser Hinsicht sind die in Teil II, Kapitel 8 und 9, angeführten Beispiele besonders lehrreich; es handelte sich hier um Abweichungen von den Gesetzen für homogene Oberflächen bei geringen Besetzungen in dem Gebiet vor der Linearität. Messungen in diesem Gebiet sind besonders wichtig zum Nachweis einer Inhomogenität. Arbeitet man mit den üblichen Adsorptionsmethoden, so kommt man kaum unter Φ-Werte von etwa 1%; hierbei beträgt aber der mittlere Abstand zwischen den adsorbierten Molekeln etwa $10 r_0$, wobei r_0 der Abstand bei dichtester Packung der monomolekularen Schicht ist. Erheblich weiter kommt man durch Anwendung der exakten Differentialmethode von BERING und SERPINSKI, der elektrochemischen Methode von FRUMKIN und besonders der radiochemischen Methode. Schon jetzt deuten diese Methoden, deren Möglichkeiten noch ganz unvollkommen ausgenutzt sind, unmittelbar auf die Realität der Inhomogenitäten als Ursachen der anomalen Isothermen hin. Ganz und gar streitet sie niemand ab, und sogar ein so extremer Anhänger der Abstoßungskräfte wie ROBERTS[8]) gibt zu, daß bei den Versuchen von WILLIAMS[9]) zur Messung der differentiellen Adsorptionswärmen von Schwefeldioxyd an Aktivkohle die anfängliche starke Abnahme der Größe Q von 11000 auf 8500 cal/Mol bei kleinen Besetzungen auf einer Inhomogenität der Oberfläche beruht. Für das gleiche System ist übrigens nach POLANYI und WALKE der anfängliche steile Abfall von Q größer als 7000 cal/Mol (von 14000 auf 6500 cal/Mol).

5. Zur Abgrenzung des Gebietes der Abstoßungskräfte vom Wirkungsbereich der Inhomogenität können Experimente über Umlagerung und Verdrängung sehr nützlich sein.

In der Tat bleiben bei einer Abstoßung an einer homogenen Oberfläche die Molekeln beliebig lange in einer bestimmten einmal eingenommenen Lage; im Gegensatz dazu sind an einer inhomogenen Oberfläche verschiedene Nachwirkungen möglich, die darauf beruhen, daß die Bereiche mit kleinen E-Werten nicht gleichzeitig auch große Q-Werte haben. Hieraus resultieren verschiedene Sekundärerscheinungen und insbesondere die Änderung des „Gleichgewichtswertes" von Φ mit der Zeit. Dieses Kriterium ist sehr typisch; man hat es aber vorsichtig anzuwenden, da auch Nachwirkungen anderer Art möglich sind, etwa solche, die auf der Diffusion ins Innere des Gitters beruhen.

Besondere Beachtung verdient das folgende Kriterium.

6. Ohne Beteiligung von Abstoßungskräften kann eine Molekel eine oder höchstens zwei Molekeln einer anderen Substanz verdrängen. Dies gilt sowohl für homogene als auch für inhomogene Oberflächen. Wo die Abstoßungskräfte vorherrschen, ist prinzipiell die „Verdrängung“ mehrerer Molekeln durch eine andere mit hohem Abstoßungspotential und hohem Adsorptionspotential möglich. In der Tat ändert eine Einführung einer geringen Anzahl dieser Molekeln mit hohem Abstoßungspotential in die Schicht den Wert Q_{ads} für die gesamte Oberfläche und kann dadurch den Gleichgewichtsdruck verschieben. Bisher wurde noch keine quantitative Abschätzung dieses Effektes versucht; wahrscheinlich ist er tatsächlich nicht groß, da die freie Energie des Systems bei der Adsorption einer verdrängenden Molekel auf jeden Fall abnehmen muß und da zweifelhaft ist, ob wir berechtigt sind, zu erwarten, daß zwischen der verdrängenden und der verdrängten Substanz keine Äquivalenz oder einfache Stöchiometrie besteht, wie sie für die statistischen Theorien mit autonomen Bereichen verbindlich ist. KOBOSEW versuchte in einem Spezialfall eine Überäquivalenz nachzuweisen, jedoch beruhten seine Rechnungen auf einem Mißverständnis, und er beobachtete in Wirklichkeit keine überäquivalente Verdrängung[10]). Trotz des Fehlschlages dieser Arbeit verdient die Verdrängung als Untersuchungsmethode für die Natur der Adsorptionsanomalien an und für sich Beachtung. Insbesondere wäre es interessant, eine überäquivalente oder überhaupt eine stark nichtäquivalente Verdrängung mit einem mit wachsendem Φ zunehmenden Verdrängungskoeffizienten in dem Gebiet der hypothetischen Abstoßung zu finden. Überzeugendere elektrochemische Daten erhielt kürzlich SCHLYGIN[11]) *.

7. Nimmt man eine Abstoßung an, so muß man auch eine Anziehung zulassen. Hieraus ergibt sich die Möglichkeit einer Verstärkung der Adsorption durch Fremdsubstanzen, die die adsorbierten Molekeln anziehen und die Abstoßung teilweise kompensieren. Etwas Ähnliches hat man experimentell gelegentlich beobachtet (vgl. z. B. den Einfluß des CO auf das H_2 bei GRIFFIN[12]), jedoch sind die Messungen wenig zahlreich, und die Möglichkeiten für andere, trivialere Erklärungen wurden nicht vollständig ausgeschlossen. Das oben Gesagte ist typisch für die Abstoßung. Dagegen sind folgende Effekte für eine Abstoßung wenig wahrscheinlich, für eine inhomogene Oberfläche aber durchaus möglich.

8. Konstante Adsorptionsgeschwindigkeiten sind vom Standpunkt der Abstoßungstheorie völlig unerklärlich. Im Rahmen dieser Theorie könnte man bestenfalls bei konstantem Druck eine erste Ordnung erwarten. Indessen beobachtet man konstante Geschwindigkeiten, wenn auch selten.

9. Änderungen der Ordnung der Reaktion und ihrer Kinetik unter dem Einfluß äußerer Bedingungen, der Temperatur, der Aktivität des Kontakts usw. Es liegt nahe anzunehmen, daß für eine homogene Oberfläche mit Abstoßungskräften die Natur des Sorbenten und des Adsorbats sowie die reale Besetzung als Faktor, der den mittleren Abstand zwischen den Molekeln bestimmt, von entscheidender Bedeutung sind. Dagegen sind für eine inhomogene Oberfläche

* Leider lassen sich diese Daten auch anders erklären, und zwar durch das Ausscheiden von Fremdzentren, die Gebiete von einigen Atomen des Festkörpers deformieren.

auch starke Änderungen des Gesamtcharakters des Prozesses bei geringen Änderungen der genetischen Faktoren bei unveränderter spezifischer Oberfläche möglich. Derartige Fälle sind in der Literatur häufig beschrieben worden; insbesondere wurden sie in unserem Laboratorium bei der Untersuchung der Katalyse an Nickeloxyd festgestellt. Für Präparate, die bei verschiedenen Übersättigungen, aber nach demselben Verfahren hergestellt worden waren, erwiesen sich die Vergiftungsisothermen und die Adsorptions- und die Reaktionskinetik für die gleiche spezifische Oberfläche als durchaus verschieden. Dies ist zweifellos ein Argument für die Inhomogenität und gegen die Abstoßung.

Mit Hilfe dieser qualitativen Kriterien kann man Ansätze zur Einordnung dieser Erscheinungen machen; sie liefern jedoch kein eindeutiges Ergebnis, das man als unmittelbaren Beweis werten könnte.

Als ein solcher Beweis können Experimente mit markierten Atomen dienen.

10. Angenommen, die Adsorption an der untersuchten Oberfläche erfolgte zunächst mit einem Isotop und dann mit einem anderen, und zwar unter Bedingungen, wo Kriechen und Umlagerung ausgeschlossen sind. Dann haben die Molekeln an Oberflächenbereichen mit verschiedenen Q- oder verschiedenen E-Werten verschiedene Isotopenzusammensetzung.

Wir führen nun eine Reaktion durch, die die Oberfläche von den Molekeln befreit (im einfachsten Fall handelt es sich um eine Desorption, jedoch kann auch irgendeine chemische Hilfsreaktion das gleiche Ergebnis haben); dann müssen, falls die Oberfläche homogen ist, alle entnommenen Gasmengen die gleiche Isotopenzusammensetzung haben. Dagegen kann man für eine stark inhomogene Oberfläche zuerst vorwiegende Entfernung eines Isotops und zum Schluß die Abtrennung des anderen erwarten. Eine solche Wahrung der Individualität der Atome ohne eine Vermischung kann bei richtiger Durchführung des Versuchs als experimentum crucis zum Beweis der Inhomogenität dienen. Leider kann das entgegengesetzte Ergebnis, nämlich eine Konstanz der Isotopenzusammensetzung entsprechend der mittleren Zusammensetzung des Adsorbats, nicht als Beweis für eine Homogenität und eine Abstoßung gelten, da an einer inhomogenen Oberfläche ein unmittelbarer Isotopenaustausch in der Oberflächenschicht oder über das Gas-(Flüssigkeit-)Volumen erfolgen kann, der im Laufe einer bestimmten Zeit das gleiche Ergebnis zeitigt.

Der oben skizzierte Gedanke der differentiellen Isotopenmethode konnte zum erstenmal für die Adsorption des Wasserstoffs an Aktivkohle realisiert werden[13]). Aktive Zuckerkohle wurde bei höherer Temperatur im Hochvakuum getempert, und dann wurde Wasserstoff in verschiedenen Mengen von verschiedener Isotopenzusammensetzung adsorbiert. Mit Hilfe einer Reihe von Vorsichtsmaßregeln gelang es, den Isotopenaustausch über die Gasphase zu verhindern und das Gas nach und nach in der Form, wie es an der Oberfläche vorlag, zu desorbieren. Eine vorherige Behandlung der Aktivkohle mit Wasserstoff bei hoher Temperatur muß nach den Angaben von BURSTEIN[14]) einen katalytischen Isotopenaustausch von Atomen zwischen den Wasserstoff- und den Deuteriummolekeln in der Schicht ausschließen. Die Desorption erfolgte nach und nach.

Die Maßnahmen zur Beseitigung eines Isotopenaustausches vereinfachen die Zusammensetzung des desorbierten Gases, das nur D_2- und H_2-Molekeln, aber keine HD-Molekeln enthalten kann. Das Mengenverhältnis zwischen D_2 und H_2

in jeder desorbierten Gasmenge wurde an Hand der Wärmeleitfähigkeit bestimmt. Die Ergebnisse zweier typischer Versuche mit einem bei —180° adsorbierten Gas sind in Abb. 393 und 394 dargestellt. In beiden Fällen entsprechen die beiden ausgezogenen Kurven der Widerstandsänderung des Drahtes eines PIRANIschen Manometers mit dem Druck für den schweren (obere Kurve) und für den leichten Wasserstoff (untere Kurve).

Bei gegebenem Druck entspricht jedem Mischungsverhältnis von D_2 und H_2 ein bestimmter Punkt, dessen Abstand von der entsprechenden Ordinate der Kurve für den leichten bzw. den schweren Wasserstoff die Abweichung der

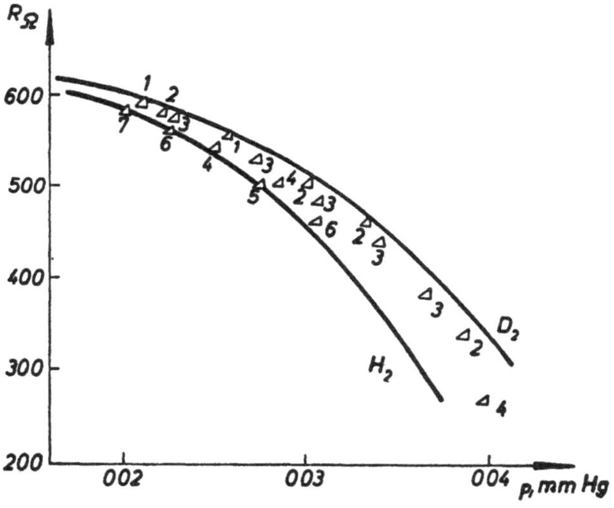

Abb. 393. Untersuchung der molekularen Adsorption von Wasserstoff an Aktivkohle mit Hilfe der differentiellen Isotopenmethode. Die Kurven stellen die Druckabhängigkeit des Widerstandes R_Ω eines Piranischen Manometers in schwerem und gewöhnlichem Wasserstoff dar. Die bezifferten Dreiecke geben die Widerstandswerte für verschiedene desorbierte Teilmengen an. Der gewöhnliche Wasserstoff wurde zuerst adsorbiert, während bei der Desorption zunächst fast reiner schwerer Wasserstoff frei wird.

Zusammensetzung von der Zusammensetzung des üblichen Wasserstoffs bzw. des reinen Deuteriums angibt.

Die Isotopenzusammensetzung einer gegebenen desorbierten Menge ergibt sich durch die Lage des Dreiecks mit der entsprechenden Nummer auf der Senkrechten durch die beiden Punkte der beiden Kurven, die zu einem bestimmten p_{H_2}-Wert gehören. In den meisten Fällen wurden der Zuverlässigkeit halber für Mengen einer bestimmten Zusammensetzung die Wärmeleitfähigkeiten bei mehreren Drucken gemessen; dementsprechend treten im Diagramm mehrere Dreiecke mit einer bestimmten Nummer bei verschiedenen Abszissenwerten auf.

In dem in Abb. 393 dargestellten Versuch wurde zunächst der gewöhnliche Wasserstoff und dann das Deuterium adsorbiert. Bei der Desorption bestand die erste Teilmenge praktisch vollständig aus schwerem Wasserstoff, und jede folgende enthielt einen ständig wachsenden Anteil leichten Wasserstoffs, während die letzten Teilmengen praktisch aus reinem H_2 bestanden. Bei einer solchen aufeinanderfolgenden Festsetzung an der Oberfläche vermischen sich also die Molekeln nicht, und die deutlichen Unterschiede zwischen den zu verschiedenen Zeiten adsorbierten Molekeln bleiben bestehen. Was sich später festgesetzt hat, wird früher wieder entfernt. Der Grund dafür kann nur in einer Inhomogenität der Oberfläche liegen. Dieser Schluß bestätigt sich bei Versuchen mit der umgekehrten Adsorptionsfolge, bei denen also die gereinigte Oberfläche zunächst Deuterium und dann gewöhnlichen Wasserstoff adsorbierte. In diesem Fall änderte sich die Zusammensetzung der desorbierten Teilmengen im umgekehrten Sinne. Die ersten Mengen bestanden aus gewöhnlichem Wasserstoff, die mittleren hatten gemischte Zusammensetzung und die letzten bestanden aus reinem Deuterium (siehe Abb. 394).

Bei der molekularen Adsorption von Wasserstoff wahren also die adsorbierten Molekeln in der Oberflächenschicht ihre Individualität und vermischen sich nicht, was dem Modell der inhomogenen Oberfläche vollauf entspricht, mit dem Abstoßungsschema aber unvereinbar ist. Gleichzeitig deutet die Nichtlinearität der Adsorptionsisothermen[12]), die in ihrem Anfangsteil nahezu FREUNDLICHschen Charakter haben, auf das Vorhandensein der Anomalien in diesem Fall hin, die als Ausgangspunkt der Entwicklung der statistischen Begriffsbildungen dienten.

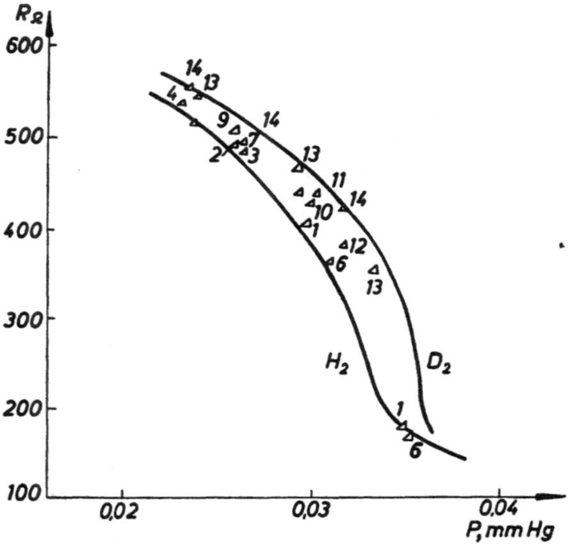

Abb. 394. Ein Experiment analog zu dem in Abb. 393 dargestellten. Die Bezeichnungen sind dieselben. Hier wurde zuerst schwerer Wasserstoff adsorbiert, während der leichte zuerst desorbiert wird.

Es liegt nahe anzunehmen, daß in diesem Fall die parabolische Isotherme auf einer Inhomogenität hinsichtlich der Adsorptionswärmen und nicht auf einer Abstoßung beruht; dabei müssen die ersten Teilmengen mit bedeutend höheren Adsorptionswärmen adsorbiert werden als die letzten.

Für die molekulare Adsorption von Wasserstoff an Kohle kommt dieses Ergebnis nicht unerwartet und hat keine selbständige Bedeutung, da man auch auf Grund anderer Überlegungen keine Ursache hat, in diesem Fall eine merkliche Abstoßung anzunehmen. Jedoch hat der erste Beweis für die reale Möglichkeit, auf diese Weise eine eindeutige Entscheidung zwischen Abstoßung und Inhomogenität zu fällen, erstrangige prinzipielle Bedeutung. Man kann hoffen, mit Hilfe der differentiellen Isotopenmethode in Zukunft auch für solche Systeme eindeutige Ergebnisse zu erhalten, für die die Entscheidung zwischen Inhomogenität und Abstoßung nicht so leicht zu treffen ist. Dies gelang bisher nur für das Nickel.

Die differentielle Isotopenmethode eröffnet in Verbindung mit der Durchführung des Prozesses in der Oberflächenschicht einen Weg zur unmittelbaren Lösung der Frage nach der relativen Beteiligung der Oberflächenbereiche mit verschiedenen Adsorptionspotentialen am katalytischen Prozeß und damit zu einer unmittelbaren Klärung der Frage nach dem symbaten oder antibaten Gang der Koeffizienten, die die kinetischen und Adsorptionseigenschaften der Oberfläche kennzeichnen. All dies liegt noch in der Zukunft. Gegenwärtig muß man sich auf qualitative Daten stützen, die im großen und ganzen für eine vorherrschende Rolle der Inhomogenität und eine untergeordnete Rolle der Abstoßung für die meisten katalytisch interessanten Fälle sprechen. Ein besonders wesentliches Argument hierfür ist die Tatsache, daß in den neuesten äußerst genauen Arbeiten kein Anzeichen für ein Verschwinden oder eine Abschwächung der für inhomogene Oberfläche kennzeichnenden Anomalien im Gebiet sehr kleiner Besetzungen, für die der Einfluß der Abstoßung verschwinden oder sich zumindest abschwächen muß, vorhanden ist.

Ein weiteres schwerwiegendes Argument für die Inhomogenität ist die Tatsache, daß eine Reihe von Kriterien, die sich aus der statistischen Theorie der inhomogenen Oberflächen ergeben, im Experiment erfüllt sind, und zwar: die Regeln für die Konstanz der Verschiebung, für eine gewisse Übereinstimmung zwischen Isothermen, Isochronen und Isobaren, für ein bestimmtes Änderungsgesetz des Exponenten n in den parabolischen Isothermengleichungen mit der Temperatur usw. Eine endgültige Abgrenzung der Anwendungsgebiete von Inhomogenität und Abstoßung werden erst weitere direkte Versuche liefern; schon jetzt ist jedoch klar, daß die statistische Theorie der breit inhomogenen Oberflächen im Gebiet der Adsorption für kleine Besetzungen und auf dem Gebiet der Katalyse zu mathematischen Abhängigkeiten führt, die unvergleichlich viel besser mit dem Experiment übereinstimmen als die analogen Abhängigkeiten, die sich in älteren Theorien ergeben.

Der Forscher hat heute zum ersten Mal ein einfaches und von inneren Widersprüchen freies Gleichungssystem zur Verfügung, das die Adsorptionsgleichgewichte, die Kinetik von Adsorption und Desorption, die Kinetik der Kontaktreaktionen und die Vergiftung von Katalysatoren beschreibt. Dies muß natürlich auch auf den Charakter der folgenden Experimentalarbeiten von Einfluß sein. Man hat allen Anlaß, auf den positiven Einfluß der entwickelten Methoden und Vorstellungen auf die Theorie der konkreten Prozesse an realen Katalysatoren zu rechnen. Zu diesem Zweck ging man in den meisten Fällen von einer LANGMUIR-SCHWABschen Kinetik aus, deren Anwendung nur selten befriedigende Ergebnisse zeitigte. Das zur Veranschaulichung der Übereinstimmung von Theorie und Experiment herangezogene experimentelle Material umfaßt eine Vielzahl detaillierter Arbeiten über Kinetik und Adsorption, die zu einem Vergleich geeignet sind, daneben die Ergebnisse besonderer Experimente über Kinetik und Statik von Adsorptionsprozessen. Dieses Material liefert die ersten Hinweise auf den Charakter der vorkommenden Verteilungen und auf ihre relative Verbreitung.

Auf Grund der vorhandenen Daten kann man sagen, daß bei den aktiven Körpern sehr breite stetige Verteilungen vorherrschen, daß aber die Verteilungsfunktion häufig nicht im ganzen E- und Q-Intervall, das die Oberfläche umfaßt, durch einen geschlossenen einfachen analytischen Ausdruck dargestellt werden kann, so daß der Versuch sinnlos wird, ϱ durch Wahl einfacher analytischer Funktionen für statische und kinetische Isothermen, Isochronen usw., die dann in die allgemeinen Gleichungen zur Gewinnung der Funktionen $\varrho(Q)$ und $\varrho(E)$ aus den experimentellen Daten eingesetzt werden, auszudrücken.

Die aus dem Experiment gewonnene Breite und Neigung von ϱ macht die Näherung sinnvoll, die der Methode des kontrollierenden Streifens zugrunde liegt, und erklärt die gute Übereinstimmung unserer Theorie mit dem Experiment.

Da eine ganze Reihe von Faktoren in der statistischen Theorie keine Berücksichtigung finden und da die Empfindlichkeit der Grundgesetze von Adsorption und Katalyse gegen die Form der Verteilungsfunktion nur gering ist, ist eine genauere Auswertung der experimentellen Daten nur in Ausnahmefällen zweckmäßig. Die experimentellen Daten lassen noch eine weitere allgemeine Schlußfolgerung zu: der Typ der Verteilungsfunktion und ihre charakteristischen Größen sind sehr empfindlich gegen die Herstellungsbedingungen des Adsorbens bzw. des Katalysators. Sie können sich bei einer Änderung des Herstellungsverfahrens, bei anschließender thermischer oder chemischer Behandlung, beim Aufbringen auf einen Träger erheblich ändern.

Gleichzeitig unterscheiden sich Kontakte und Adsorbenten mit verschiedenen Verteilungen in ihrer Arbeit, und im Zusammenhang damit wird die Aufnahme statistischer „Kennkarten" zur Kennzeichnung der Energetik der Oberfläche für die zahlreichen in der modernen Chemie benutzten Adsorbenten und Katalysatoren aktuell.

Unsere Untersuchung erhebt keinen Anspruch darauf, eine komplexe Behandlungsmethode für die diskutierten Probleme an die Hand zu geben. Sämtliche Erscheinungen werden von einem einheitlichen Standpunkt aus behandelt, wobei nur die Rolle einer Gruppe von Faktoren berücksichtigt wird, die wir zu den beherrschenden Faktoren der Katalyse zählen. Diese Einseitigkeit läßt sich nicht vermeiden, wenn man eine wirkliche saubere Trennung der Begriffe und ein Verständnis der Erscheinungen verschiedenen Ursprungs erreichen will. Die Gegenüberstellung der auf diese Weise gewonnenen Ergebnisse mit dem Experiment gibt Grund zu der Annahme, daß in vielen Fällen tatsächlich das Vorhandensein breiter Verteilungen über die energetischen Größen (E und Q) und die statistische Summierung der Erscheinungen an den einzelnen Bereichen ein entscheidendes Moment ist, das in erster Linie für das Verhalten der Kontakte und Adsorbenten verantwortlich ist.

Diese Schlußfolgerung ist von wesentlicher Bedeutung für die Theorie der aktiven Oberflächen, in der unter anderem die Konzeptionen Zweifel erregen müssen, die mit der Vorstellung einer völligen Identität aller aktiven Bereiche arbeiten (beispielsweise die Ensembletheorie). Ändern sich Q und E systematisch mit der Besetzung — solche Fälle sind zweifellos außerordentlich zahlreich —, so sind Konzeptionen dieser Art unbrauchbar.

Die statistische Theorie hat in der Behandlung der einzelnen Probleme ein recht ungleichmäßiges Niveau erreicht.

Die abgeschlossenste Form hat die Theorie der Adsorption einzelner Substanzen im Gebiet kleiner Besetzungen erreicht; mit ihrer Hilfe kann man grundsätzlich immer die statischen und die kinetischen Adsorptionsisothermen sowie die Isobaren, Isochronen usw. zur Aufnahme der „statistischen Kennkarten" der aktiven Oberflächen hinsichtlich der Adsorptions- und Aktivierungsenergien benutzen. Solche „Kennkarten" sind zweifellos in vielen Fällen als direkte quantitative Charakteristik des qualitativen Vorstellungskomplexes, der sich hinter dem üblichen Ausdruck „Aktivität" verbirgt, äußerst nützlich. Man kann hoffen, daß eine systematische Ansammlung zuverlässiger Daten über dieses Problem zur Entdeckung des Zusammenhanges zwischen der Inhomogenität der Oberfläche und ihren Typen und den Typen und Strukturen der Festkörper sowie ihren Herstellungsmethoden und -bedingungen aufdecken und einen Weg zur bewußten Regulierung der Statistik weisen wird, die heute noch auf rein empirischen Grundlagen beruht.

Der schnelle Fortschritt der Experimentiertechnik bei unseren Adsorptions- und kinetischen Arbeiten wird vielleicht in gewissen Fällen die Benutzung weiterer Näherungen möglich machen, die zu diesem Zweck vereinfacht werden und auf eine Form gebracht werden müssen, die ihre tägliche praktische Anwendung zuläßt.

Die statistische Adsorptionstheorie ist die natürliche Grundlage für den Aufbau der Kinetik katalytischer Prozesse und der Theorie der Vergiftung von Kontakten. Zuzugeben ist, daß im großen und ganzen die Theorie der Kontaktprozesse nicht so weit entwickelt ist wie die Adsorptionstheorie; das beruht natürlich auf der Kompliziertheit der Kontaktprozesse, gegenüber denen die Adsorption mit allen ihren Erscheinungsformen nur ein Teil eines größeren Komplexes bildet. Eine der Bedingungen für eine weitere Vervollkommnung der statistischen Theorie der Kontaktprozesse ist eine organische Berücksichtigung des rätselhaften Funktionalzusammenhanges zwischen der Aktivierungsenergie und dem Faktor vor dem Exponentialausdruck. Diese Gesetzmäßigkeit, die noch keine physikalische Deutung erfahren hat, läuft als roter Faden durch die ganze Kinetik und hat eine Reihe wesentlicher Erscheinungen auf dem Gebiet der Katalyse zur Folge. Eine Theorie, die eine Änderung der Aktivierungsenergie bei Konstanz des Faktors vor dem Exponentialausdruck zugrunde legt, arbeitet also mit einem unvollständigen Modell.

Die Behebung dieses Mangels, der allen bis heute veröffentlichten Arbeiten gemeinsam ist, wird zweifellos in nicht allzu ferner Zukunft gelingen.

Obwohl die chemischen Kräfte, die bei der Katalyse vorherrschen, mit dem Abstand sehr schnell abnehmen, kann man sich trotzdem in vielen Fällen nicht mit einer Theorie zufrieden geben, die die Wechselwirkung der adsorbierten Molekeln untereinander vernachlässigt. Die Korrektur, die infolge der Wechselwirkung auftritt, ist um so größer, je höher die absoluten Besetzungen sind; will man in die Theorie auch Prozesse bei hohen Besetzungen einbegreifen, so muß man sowohl Inhomogenität als auch Wechselwirkung berücksichtigen.

Das sind die dringlichsten Aufgaben der statistischen Theorie von Adsorption und Katalyse. Ihre Lösung beruht in wesentlichem Maße auf einer Klärung der Fragen nach der physikalischen Natur der Inhomogenitäten, dem Charakter der Kräfte zwischen den adsorbierten Teilchen und dem Festkörper sowie dem Zustand der adsorbierten Teilchen. Dieser Berührungspunkt zwischen der statistischen Theorie der heterogenen Prozesse und der Physik des realen Festkörpers erfordert besondere Beachtung. Die Möglichkeiten für rechnerisch-theoretische Arbeiten über die sehr komplizierten Probleme darf jedoch nicht überschätzt werden. Von entscheidender Bedeutung ist eine Vervollständigung und Erweiterung der experimentellen Grundlagen der Theorie.

In den letzten Jahren konnten auf Grund der Arbeiten sowjetischer Forscher beträchtliche Erfolge auf dem Gebiet der Methoden zur Entdeckung und Untersuchung von Inhomogenitäten bei Adsorptionsprozessen erzielt werden.

Interessante und aussichtsreiche Ergebnisse erhielt man auch durch Anwendung dieser Methoden auf die Desorptionserscheinungen.

Auf dem Gebiet der experimentellen Untersuchung der statistischen Effekte in der Katalyse ist bisher bedeutend weniger geleistet worden. Das liegt in erster Linie an der größeren Kompliziertheit der katalytischen Prozesse, die ihre eindeutige Interpretation erschwert. Die bisher gewonnenen Ergebnisse betrachtet man am besten nur als Vorbereitung für die Anwendung der statistischen Methoden und Vorstellungen auf den Einfluß von Fremdsubstanzen auf die Aktivität von Katalysatoren sowie auf die Kinetik von Kontaktprozessen. Eine weitere vertiefte Untersuchung ist eine Sache der Zukunft. Notwendig sind vor allem verstärkte Arbeiten über den Mechanismus und die Physik der Elementarerscheinungen, die sich hinter den komplizierten statistischen Gesetzmäßigkeiten verbergen.

Die schwerwiegenden Erfolge, die in der Sowjetunion bei der Entwicklung der statistischen Theorie der Prozesse an inhomogenen Oberflächen erzielt wurden, und der schnelle Fortschritt der von unseren Laboratorien entwickelten experimentellen Methoden geben Anlaß zu der Hoffnung auf eine baldige Lösung der erwähnten Probleme und auf eine schnelle Entwicklung dieses wichtigen Gebiets der Theorie der heterogenen Prozesse.

Literatur

1. Семенов, Н. Н., Цепные реакции, ОНТИ (N. N. SEMJONOW, Kettenreaktionen, Allg. Wiss. Techn. Verl.), 1934; Эмануэль, Н. М., Промежуточные продукты газовых реакций, Изд. АН СССР (N. N. EMANUEL, Zwischenprodukte von Gasreaktionen, Verl. Akad. Wiss. UdSSR), 1947; Кассель, Л. С., Кинетика гомогенных газовых реакций, ОНТИ (L. S. KASSEL, Kinetik homogener Gasreaktionen, Allg. Wiss. Techn. Verl.), 1937.
2. Ленгмюр, И., Успехи химии (I. LANGMUIR, Fortschr. Chem.), **2**, 649 (1933).
3. WANG, Proc. Roy. Soc., **161**, 127 (1937); PAIERLS, Proc. Cambr. Phil. Soc., **32**, 477 (1936); Proc. Roy. Soc., **154**, 207 (1936); TONKS, J. Chem. Physics, **8**, 477 (1940); 577 (1938); **36**, 53 (1940).
4. ROBERTS, J., Some problems in adsorption, Cambridge (1939); Proc. Cambr. Phil. Soc., **36**, 53 (1940).
5. Кобозев, Н. И., и Гольдфельд, Ю. М. (N. I. KOBOSEW und J. M. GOLDFELD), Acta Physicochimica URSS, **7**, 495 (1937); Темкин, М. И., Журнал Физической Химии (M. I. TJOMKIN, J. physik. Chem.), **15**, 296 (1941).
6. FRANKENBURG, J. Amer. chem. Soc., **66**, 1827, 1838 (1944).
7. Рогинский, С. З., Пробл. кинет. катал. (S. S. ROGINSKI, Probleme der Kinetik und Katalyse), Heft 5 (1948), Seite 258.
8. Волькенштейн, Ф. Ф., Журнал Физической Химии (F. F. WOLKENSTEIN, J. physik. Chem.), **21** (1947).
9. WILLIAMS, Proc. Roy. Soc. Edin., **31**, 161 (1917).
10. Кобозев, Н. И., и Гольдфельд, Ю. М., Журнал Физической Химии (N. I. KOBOSEW und J. M. GOLDFELD, J. physik. Chem.), **15**, 257, 275 (1941).
11. Шлыгин, А. И., Докторская диссертация, ИФХ АН СССР (A. I. SCHLYGIN, Doktordissertation, Inst. physik. Chem. Akad. Wiss. UdSSR), 1948.
12. GRIFFIN, K. W., J. Amer. chem. Soc., **47**, 1235 (1925); **67**, 63 (1945).
13. Кейер, И. П., и Рогинский, С. З., Доклады Академии Наук СССР (I. P. KEIER und S. S. ROGINSKI, Ber. Akad. Wiss. UdSSR), **57**, 157 (1947).
14. Бурштейн, Р. Х., и Каштанов, П., Журнал Физической Химии (R. CH. BURSTEIN und P. KASCHTANOW, J. physik. Chem.), **9**, 19, 1937.

Ergänzendes Literaturverzeichnis

v. ARDENNE, M., Tabellen zu der Elektronenphysik, Ionenphysik u. Übermikroskopie. Berlin 1956/1957.

BORN, M., Die Gültigkeitsgrenzen der Theorie der idealen Kristalle und ihre Überwindung. Berlin 1951.

DRECKSLER, M., Kristallstufen von 1 bis 1000 Å. „Z. f. Elektrochemie", (Ber. Bunsen-Ges. f. Physikalische Chemie), **61** (1957), 48—55.

HAUFFE, K., Reaktionen in und an festen Stoffen. Berlin 1955.

HEDVALL, I. A., Einführung in die Festkörperchemie. Braunschweig 1952.

KNACKE, O. u. STANSKI, I. M. N., Die Theorie des Kristallwachstums. „Erg. exabl. Naturwiss.", **26**, Berlin 1952.

LEISEGANG, S., Elektronenmikroskope. FLÜGGE, S., Handb. d. Phys./Encycl. of Phys., Bd. 33, Berlin 1956.

MAYER, H., Physik dünner Schichten. Bd. I, Stuttgart 1950; Bd. II, Stuttgart 1955.

METHFESSEL, S., BÖTTCHER, O. u. MOHR, Th., Dünne Schichten. Halle 1953.

MÜLLER, E. W., Feld-Emission. „Ergebn. exakt. Naturwiss.", **27** (1953), 290.

MÜLLER, E. W., Einzelne Atome jetzt sichtbar. Das Feldionenmikroskop an der Grenze mikroskopischer Auflösung. „Umschau", **57** (1957), 579/582.

RIENÄCKER, G., Beiträge zur Kenntnis der Wirkungsweise von Katalysatoren und Mischkatalysatoren. Berlin 1956.

RAETHER, H., Elektroneninterferenzen. FLÜGGE, S., Handb. d. Phys./Encycl. of Phys., Bd. 32, Berlin 1956.

SCHWAB, G. M., Handbuch der Katalyse. Bd. IV, Heterogene Katalyse. I. Wien 1943; Bd. V, Heterogene Katalyse. II. Wien 1943; Bd. VI, Heterogene Katalyse. III. Wien 1956.

SEITH, W., Diffusion in Metallen. 2. Aufl., Berlin 1955.

SMEKAL, A., Strukturempfindliche Eigenschaften der Kristalle. GEIGER-SCHEEL, Handbuch d. Physik. XXIV, 2. Berlin 1933.

SMEKAL, A., Über die Abmessungen idealer Kristallgitter. „Acta physica austrica", **7** (1954), 110/122; **7** (1953), 324/333.

VOLMER, M., Kinetik der Phasenbildung. Dresden und Leipzig 1939.

WOLF, K. L., Physik und Chemie der Grenzflächen. 1. Bd., Berlin 1957.

Виноградов, А. П., Применение меченных атомов в аналитической химии. (WINOGRADOW, A. P., Die Anwendung markierter Atome in der analytischen Chemie), Moskau 1955.

Дубинин, М. М., Исследования в области адсорбции газов и паров углеродными адсорбентами. (DUBININ, M. M., Untersuchungen auf dem Gebiet der Adsorption von Gasen und Dämpfen an Kohlenstoffadsorbenten), АН СССР, ИФХАН, (1956).

Елович, С. Ю. и Яновский, М. И., Доклады на Всесоюзном совещании по применению изотопов в катализе. (JELOWITSCH, S. JU. und JANOWSKI, M. I., Referate, gehalten anläßlich der All-Unions-Tagung über Anwendung von Isotopen in der Katalyse), Moskau 1956.

Кобозев, И. И., Физические и математические основы теории активных центров. (KOBOSEW, I. I., Physikalische und mathematische Grundlagen der Theorie aktiver Zentren), Усп. хим. 25, вып. 5 (1956) 545.

Кузнецов, В. Д., Кристаллы и кристаллизация. (KUSNEZOW, W. D., Kristalle und Kristallisation), Moskau 1953.

Лебедев, А. А., Электронная микроскопия. (LEBEDJOW, A. A., Elektronenmikroskopie), Moskau 1954.

Лихтман, В. Ю., Ребиндер, П. А. и Карпенко, Г. В., Влияние поверхностно-активной среды на процессы деформации металлов. (LICHTMAN, V. JU., REHBINDER, P. A. und KARPENKO, G. W., Der Einfluß grenzflächenaktiver Stoffe auf die Deformation von Metallen), Moskau 1954.

Пекар, С. П., Исследования по электронной теории кристаллов. (PEKAR, S. P., Untersuchungen über die Elektronentheorie der Kristalle), Moskau-Leningrad 1951.

Пинскер, З. Г., Диффракция электронов. (PINSKER, S. G., Elektronenbeugung), Moskau 1949.

Рогинский, С. З., Проблемы кинетики и катализа. Т. УII: Статистические явления в гетерогенных системах. (ROGINSKI, S. S., Probleme der Kinetik und Katalyse. Bd. VII: Statistische Erscheinungen in heterogenen Systemen), Moskau 1949.

Рогинский, С. З., Теоретические основы изотопных методов изучения химических реакций. (ROGINSKI, S. S., Theoretische Grundlagen von Isotopen-Methoden bei der Untersuchung chemischer Reaktionen), Moskau 1956.

Рогинский, С. З., Доклады на Всесоюзном совещании по гетерогенному катализу в химической промышленности. (ROGINSKI, S. S., Referate, gehalten auf der All-Unions-Tagung über die heterogene Katalyse in der chemischen Industrie), Moskau 1955.

Сушкин, Н. Г., Электронный микроскоп. (SUSCHKIN, N. G., Das Elektronen-Mikroskop), Moskau-Leningrad 1949.

Спицин, В. И., Колочигов, П. Н., Голутвина, М. М., Кузина, А. Ф. и Соколова, З. А., Методы работы с применением радиоактивных индикаторов. (SPICIN, V. I., KOLOTSCHIGOW, P. N., GOLUTWINA, M. M., KUSINA, A. F. und SOKOLOWA, S. A., Arbeitsmethoden bei der Anwendung radioaktiver Indikatoren), Moskau 1955.

Третьяков, П. П., Стенд для электронного проектора. (TRETJAKOW, P. P., Ein Arbeitsstand für Elektronen-Projektoren), АН СССР И. Т-Э. И., Тема 3/Пс-55-50 (1955).

BEECHEN, W. W., KAESBER, P., ANDEREGG, J. W. and WEBB, M. B., Size of Particles and Lattice Defects. FLÜGGE, S., Handb. d. Phys./Encycl. of Phys., Bd. XXXII, (Berlin 1957).

BOWDEN, T. and TABOR, D., Properties of the metalie Surfaces. Inst. of Metals 1953, (London 1953).

EVANS, T. and MITCHELL, J. W., Crystal Imperfections and chemical Reastivity. Rep. Conf. „Defects in Cristalin Solids". (Bristol-Conference 1954), London 1955.

FRANKENBURGER, W. G., KONSAREWSKY, V. J., RIDEAL, E. K., Advance in Catalysis and Related Fields. New York, Bd. I, 1948; Bd. II, 1950; Bd. III, 1951; Bd. IV, 1952; Bd. V, 1953; Bd. VI, 1954; Bd. VIII, 1956; Bd. IX, 1957.

GOOD, R. H. jr. and MÜLLER, E. W., Field Emission. FLÜGGE, S., Handb. d. Phys./ Encycl. of Phys., Bd. XXI, (Berlin 1957).

GOMER, R. and SMITH, C. S., Structure and Properties of solid surfaces. Chikago 1953.

GRIFFITH, R. H. and MARSH, J. D. F., Contact Catalysis. Oxford 1957.

KIRKPATRICK, P. and PATTEE, H. H. jr., X-Ray-Microscopy. FLÜGGE, S., Handb. d. Phys./Encycl. of Phys., Bd. XXX, (Berlin 1957).

JOST, W., Diffusion in Solids, Liquids and Gases. New York 1952.

MOTT, N. F., Defects in Crystalline Solids. (Rep. of the „Bristol Conference 1954"), London 1955.

RINGO, G. R., Neutron Diffraction and Interference. FLÜGGE, S., Handb. d. Phys./Encycl. of Phys., Bd. XXXII, (Berlin 1957).

SKOCKLEY, W., HOLLOMON, J. H., MAURER, R., SEITZ, J., Imperfections in nearly perfects Crystals. New York 1952.

TOLANSKY, S., Multiple Beam Interferometrige. Oxford 1948.

VERMA, A. R., Crystal Growth and Dislocations. London 1953.

GUINIER, A., v. ELLER, G., Les méthodes experimentelles des recherches structurelles au moyen des Rayons. FLÜGGE, S., Handbuch d. Phys./Encycl. of Phys. Bd. 32, Berlin 1956.